钢结构与绿色建筑技术应用

中国建筑金属结构协会钢结构专家委员会

中国建筑工业出版社

图书在版编目（CIP）数据

钢结构与绿色建筑技术应用/中国建筑金属结构协会钢结构专家委员会. —北京：中国建筑工业出版社，2019.5

ISBN 978-7-112-23572-8

Ⅰ.①钢… Ⅱ.①中… Ⅲ.①钢结构-建筑工程-工程施工 Ⅳ.①TU758.11

中国版本图书馆CIP数据核字（2019）第064133号

本书共分五大部分，从钢结构工程研究开发、钢结构住宅工程、钢结构桥梁工程、金属板屋面墙面围护结构系统工程、钢结构工程施工技术方面，介绍了国内近几年在钢结构和绿色建筑中的设计理论、规程规范、BIM技术研究、桥梁技术应用及新材料、新技术、新产品的最新研究成果；对近两年建设竣工的机场航站楼、大剧院、会展中心、超高层建筑、组合桥梁结构、工业建筑等工程，介绍了其中钢结构施工技术研究与应用的最新实践经验。

本书对于从事钢结构的研究、设计、施工和管理工作的从业人员会有所帮助和启发，对钢结构专业的师生具有参考价值。

* * *

责任编辑：万　李　张　磊

责任校对：李美娜

钢结构与绿色建筑技术应用

中国建筑金属结构协会钢结构专家委员会

*

中国建筑工业出版社出版、发行（北京海淀三里河路9号）

各地新华书店、建筑书店经销

北京红光制版公司制版

北京建筑工业印刷厂印刷

*

开本：880×1230毫米　1/16　印张：42½　插页：4　字数：1316千字

2019年5月第一版　2019年5月第一次印刷

定价：**123.00**元

ISBN 978-7-112-23572-8

（33868）

《钢结构与绿色建筑技术应用》
编 写 委 员 会

主　编：党保卫

副主编：弓晓芸　罗永峰

编　委：胡育科　董　春　刘　民　王晓波　戴立先　周观根
舒兴平　任自放　顾　军　孙　彤　肖　瑾　陈振明
刘贤才　王丰平　戴　阳　孙晓彦　林　冰　谢庆华
王赛宁　苗泽献　阮新伟　张　伟　胡新赞　王文达
陈华周　彭明祥　朱　华　邓再春　王昌兴　周进兵
段启金

秘书处：顾文婕　周　瑜

前　言

绿色建筑是我国建筑业发展的必然趋势，钢结构建筑不但符合绿色建筑的发展方向，而且还具有良好的发展前景。目前，我国正处于加快推进工业化、城镇化和新农村建设的关键时期，发展绿色建筑面临极好机遇。钢结构是一种绿色建造技术，具有节省人力资源、提高生产效率、确保品质功能的优势，在建设领域广泛应用钢结构，会有效推动绿色建筑可持续发展、促进产业结构调整、化解钢铁产能过剩，近两年国家制定的诸多发展钢结构建筑的利好政策和钢结构独有的优势也必将使钢结构建筑具有更为广阔的发展空间。

为了及时总结协会会员单位和专家在钢结构建筑方面的研究开发、科技创新成果；推广应用建筑钢结构新产品、新工艺、新工法、新技术；交流钢结构工程在深化设计、加工制作及施工安装技术等方面的经验，提高我国钢结构建筑的整体技术水平，中国建筑金属结构协会钢结构专家委员会编著《钢结构与绿色建筑技术应用》一书。

本书介绍了近两年来大专院校、设计研究单位、建筑施工企业的钢结构专家和技术人员在钢结构建筑设计理论、规程规范、BIM 技术研究、施工技术、钢结构住宅工程、桥梁技术应用、金属板围护结构系统应用及各种新材料、新技术、新产品的最新研究成果和工程实践。

在此，对积极投稿的作者，审稿的钢结构专家，以及为本书出版给予支持的企业，一并表示感谢。

对于论文编审中出现的错误，敬请读者批评指正。

目　录

五、钢结构工程施工技术

一、钢结构工程研究开发

既有钢结构检测抽样方法研究现状

迟昊炜　罗永峰　刘　俊

（同济大学建筑工程系，上海　200092）

摘　要　对既有钢结构进行检测和鉴定，是保障钢结构安全和正常使用的前提和必要条件。通过现场检测可以获得结构现状信息和资料，是进行结构鉴定的前提和基础。本文介绍了既有钢结构的检测内容和现有检测抽样方法，说明了相关规范抽样检测的方法原理，研究分析了现行规范关于抽样方法选择、计数抽样检测、计量抽样检测和百分比抽样方案等存在的一些问题和不合理之处，进而提出了一些相应的建议。

关键词　既有钢结构检测鉴定；检测抽样；抽样方案；计数抽样检测；计量抽样检测

1　引言

随着国民经济的飞速发展，科技水平的不断提高，特别是近年来国内外在材料科学、计算技术、设计方法、制作工艺、施工技术等方面不断取得创新成果，钢结构在我国的应用越来越广泛，特别是在体育场馆、航站楼、影剧院等大型公共建筑以及各种厂房、仓库、超高层建筑等中已经占有很大比例。钢结构材料轻质高强、施工安装方便等优点，使得钢结构在大型公共建筑和重要设施中更是越来越成为主导的建筑结构形式。然而，在钢结构飞速发展和广泛应用的同时，国内外既有钢结构都曾发生过许多不同程度的工程事故，造成了不同程度的人员伤亡和经济损失，部分统计表明钢结构工程事故发生在使用阶段比例达到60%。2000年，我国一个跨度70.68m的干煤棚钢网壳，由于腐蚀严重得不到适时的检测维护，在投入使用的第5年倒塌；2004年，法国巴黎戴高乐机场2E候机厅顶棚发生坍塌，造成人员伤亡和经济损失；2009年，我国沿海一大型厂房钢结构，由于建造时地基处理不当且使用期间检测维护不及时，导致厂房使用仅两年部分柱子沉降就达40cm，造成停产；2013年，我国一大型炼钢厂的除尘设备支架结构，投入使用数年后结构瞬间坍塌，造成了人员伤亡和企业停产。这些工程事故发生的主要原因都是使用者在使用过程中未对结构进行适时或及时的检测鉴定与维护，没有了解到结构已处于不安全的状态并采取维护措施。我国钢结构建筑建设发展已经历经几十年时间，许多钢结构建筑都已经历过自然灾害或在使用环境中受到侵蚀，结构变形、损伤等积累，承载或使用性能发生变化，因此，对既有钢结构进行定期或适时的检测、鉴定与维护，是保障钢结构建筑安全和正常使用的前提和必要条件。既有钢结构检测鉴定理论与方法，也成为结构工程师和科研工作者们必须不断深入研究和完善的重要问题。

2　既有钢结构检测鉴定

检测是指为获取能反映结构现状的信息和资料而进行的现场调查和测试活动。为评定建筑结构工程的质量或鉴定既有建筑结构的性能等所实施的检测工作，称为建筑结构检测。钢结构由构件、节点等元素组成，结构中杆件、节点既处在各自的工作状态中，又共同影响着结构整体的工作性能，所以，无论是构件、节点还是结构整体的检测鉴定都是以构件、节点等为基本检测单元。

鉴定是根据结构或构件（节点、连接）的检测和计算结果，对其可靠性等级或抗震等级进行评定。既有钢结构鉴定分为可靠性鉴定和抗震性能鉴定，可靠性鉴定又分为结构安全性、适用性和耐久性鉴定三个方面。对于既有钢结构，在设计之初、施工过程中和使用期间都可能产生缺陷或损伤，这些都会给钢结构的安全使用埋下隐患。因此，为了保障既有钢结构的安全使用，必须对结构现状进行定期的检测、性能鉴定与安全性评估。既有钢结构需要改变用途、改变使用条件、延长建筑物使用年限或对其进行改造扩建等时，也必须要有可靠的依据保证其安全性，因此，也必须要对结构进行检测和鉴定。同样，由于灾害、事故等原因导致既有钢结构出现明显损伤，结构是否能够继续使用，同样必须由结构检测鉴定提供可靠的依据来判断。《钢结构检测与鉴定技术规程》DG/TJ 08—2011—2007 第 1.0.3 条详细说明了既有钢结构在哪些情况下需要进行检测鉴定，检测鉴定的最终目的都是为了保障既有钢结构的安全和使用性能。

早期人们对既有建筑结构的鉴定完全依赖经验和主观判断，随着建筑科技水平不断提高，既有建筑结构的检测鉴定技术水平也随之提高。20 世纪 40 年代，一些在役结构工程事故的发生，使得人们开始重视既有建筑结构检测和鉴定。同时，检测设备制造技术发展和数理统计理论在工程领域的应用，也使得既有建筑结构检测鉴定逐渐发展为一门学科。目前，结构安全性鉴定主要有四种方法：传统经验法、实用鉴定法、模糊评定法和可靠概率鉴定法。

我国已经颁布的与既有钢结构检测鉴定有关的标准或规范有：《工业建筑可靠性鉴定标准》GB 50144、《民用建筑可靠性鉴定标准》GB 50292、《危险房屋鉴定标准》JGJ 125、《钢结构现场检测技术标准》GB/T 50621、《建筑结构检测技术标准》DG/T 50344、《既有建筑物结构检测与评定标准》DG/TJ 08—804 和《钢结构检测与鉴定技术规程》DG/TJ 08—2011。这些标准或规范采用的鉴定方法，主要是实用鉴定法和模糊评定法两种方法，即将鉴定内容大体上划分为结构构件（节点和连接）和结构体系两个层级，对结构构件（节点和连接）的鉴定采用实用鉴定法，根据对结构构件（节点和连接）的鉴定，对结构体系采用模糊评定法鉴定。

无论是哪种鉴定方法，都是建立在具有结构现状的信息和资料的基础上。构件（节点、连接）的鉴定，一般可以根据现场检测获取的数据资料直接进行评定，而结构整体的鉴定则是建立在构件（节点、连接）等项目检测结果的基础上，需要综合考虑结构、构件和节点的变形、缺陷、损伤以及实际的材料性能，因此，既有钢结构的检测是鉴定的前提和基础。

检测为结构鉴定提供可靠的数据资料，检测内容必须具有明确性和针对性，检测结果必须能全面正确反映结构现状或能提供足够的数据资料。既有钢结构检测需要考虑的问题包括以下几个方面：

（1）材料性能（强度、冲击韧性等）退化；

（2）构件、节点及连接的缺陷或损伤以及腐蚀情况；

（3）结构、构件、节点及连接的变形及承载力变化；

（4）结构构件在承受反复动力荷载情况下所出现的疲劳损伤；

（5）结构表面涂层和外观的状况；

（6）结构整体的承载力和动力性能。

为使结构鉴定合理准确，相关的标准和规范也较为全面地考虑了既有钢结构可能存在的问题，提出需要检测的内容和参数，以《高耸与复杂钢结构检测与鉴定标准》GB 51008—2016 等规范保证复杂钢结构的安全使用，也对既有钢结构检测的内容作出了更详细且全面的规定。

3 既有钢结构检测抽样方法

钢结构建筑往往由大量的构件组成，对构件进行全数检测是非常不经济且没有必要的，检测所有的构件、节点和连接也是难以实现的，可行而又经济的方法是抽样检测，即获得一部分结构数据信息，并在具有一定可靠度的基础上进行结构鉴定。既有钢结构由于正在使用或检测条件难以满足等原因，现场检测的测点选取必须要综合考虑多种因素，因此，如何合理且经济地选取检测样本成为既有钢结构检测鉴定的首要问题。

3.1 工程上常用的抽样方法

抽样是一种应用广泛的调查方式，区别于普查，抽样调查指的是从研究对象的全体（总体）中抽取一部分作为样本，根据对样本的调查分析推断总体情况的方法。建筑结构抽样检测，就是选取部分构件、节点或连接等作为样本进行检测，通过检测技术手段了解样本的变形、损伤或缺陷等情况，并据此推断出其余构件、节点或连接及结构整体的情况。根据抽取样本方法的不同，抽样可以分为随机抽样和非随机抽样两类。

随机抽样也称概率抽样，是按照随机的原则，从总体中抽取部分单元作为样本，每个单元被抽中的概率是一定且已知的。一般情况下是从具有 N 个单元的有限总体中抽取样本（简单随机抽样），抽取的样本数量 n 称为样本容量，用于估计总体参数的样本估计量主要有样本均值 $\bar{y}$ 和样本方差 s^2，即

$$\bar{y}=\frac{1}{n}\sum_{i=1}^{n}y_i \tag{1}$$

$$s^2=\frac{1}{n-1}\sum_{i=1}^{n}(y_i-\bar{y})^2 \tag{2}$$

式中 y_i——第 i 个样本的观测值；

n——样本容量。

采用点估计方法，$\bar{y}$ 和 s^2 分别是总体均值 μ 和总体方差 σ^2 的无偏估计。不同于数理统计，抽样理论在有限总体的情况下，样本均值 $\bar{y}$ 作为随机变量，其方差是

$$V(\bar{y})=\frac{1-f}{n}S^2 \tag{3}$$

式中 $f=n/N$，为抽样比。

可以看出，样本容量越大，样本均值的方差就越小，一定置信水平下对总体均值区间估计的区间也会缩小，即抽样效果越好。但是样本容量增大，会使得抽样成本增加，因此，随机抽样需要合理地选取样本。随机抽样方法在结构检测中应用广泛，《建筑结构检测技术标准》DG/T 50344—2004 中就指出按检测批检测的项目应采用随机抽样。

非随机抽样没有严格的定义，是不同于随机抽样的抽样方法的统称，包括判断选样、方便抽样、自愿抽样和配额调查等。判断选样是一种应用较为广泛的非随机抽样方法，这种抽样方法主要依据人为判断来选取样本。调查人员通过经验或其他方式判断选取出能够代表大多数单元情况的单元作为样本的方法，称为“众数型”抽样；调查人员通过经验或其他方式选取出能够代表很好或很差情况的典型单元作为样本，这种抽样方法称为“特殊型”抽样（以下称特殊抽样），这两种抽样方法就是典型的判断选样方法。建筑结构的可靠性鉴定，往往由最不利情况决定，所以，结构检测时检测人员希望了解那些处于最危险情况下的构件、节点或者连接的工作性能。例如，受压柱的变形对其稳定性影响很大，进行安全性鉴定时，检测人员会通过结构计算，判断出受力较大的柱子，选取这些柱子作为检测样本。因此，特殊抽样在建筑结构检测中是应用广泛且有效的一种抽样方法。

3.2 现行相关规范采用的检测抽样方法

目前，我国有关既有钢结构检测规范对检测内容的规定中，不同的检测项目采用的方法也不同。本文总结了《建筑结构检测技术标准》GB/T 50344—2004、《钢结构检测与鉴定技术规程》DG/TJ 08—2011—2007、《既有建筑结构检测与评定标准》DG/TJ 08—804—2005 三本规范中的既有钢结构检测不同检测内容抽样方法，归纳为以下几个方面：

（1）采用目测观察法检测的项目，包括构件、节点或连接外部缺陷、外观质量（表面涂层脱皮、皱皮等）等项目采用全数检查。构件、节点的缺陷、损伤较为严重时的检测以及重要构件、节点的缺陷、

损伤检测也采用全数检查。

(2) 钢结构材料的检测和钢结构构件、节点及连接的形状、尺寸等项目检测多采用随机抽样方法检测，这些检测项目与材料、构件、节点或连接在结构中所处的位置、受力状况和使用情况相关性较小，而受生产、建造施工过程等因素影响较大，具有较为明显的随机特征。例如，对于材料化学成分、力学性能等以及节点缺陷、损伤等项目检测多采用百分比抽样方法，即规定了样本占总体数量的最小比例；构件尺寸、使用变形等项目检测有最小样本容量（计数抽样检测最小样本容量）和判定方法规定。

(3) 除上述检测项目以外的项目检测抽样一般都不采用随机抽样方法，而是采用特殊抽样。例如，对于钢结构构件、节点或连接的腐蚀情况，选择环境较为恶劣、钢材易受腐蚀的位置进行检测；结构连接构造的检测，应选择对结构安全影响大的部位进行抽样。

4 现行规范检测抽样方法的探讨

现行规范针对不同检测项目的特点和要求提出不同的抽样方法，总体上能满足结构鉴定的要求。但是，既有钢结构整体安全性的鉴定理论尚不成熟，规范中关于既有钢结构材料、构件、节点及连接检测抽样方案的规定，也存在着一些不足之处。

4.1 抽样方法选择

随机抽样与非随机抽样建立在完全不同的理论基础上，随机抽样是为了根据检测样本判断整批产品质量，前提是同一批产品质量概率分布相同且已知，具有确定的生产方和使用方风险。由于钢结构构件的工厂化生产，所以，工程质量检测多采用随机抽样。文献 [8] 认为既有建筑结构检测和安全性鉴定与工程质量检测是两个不同范畴的问题，采用相同的检测抽样方法是欠妥的。工程质量检测主要是针对材料质量、构件尺寸等的量测，采用随机抽样更合理；结构安全性鉴定更加关注结构的实际工作状态和最危险的部位，应针对薄弱部位进行重点检测，随机抽样并不一定能够满足结构安全性鉴定的需求。

现行标准和规范对抽样方法的选择均较为模糊，如《建筑结构检测技术标准》GB/T 50344—2004 第 6.4.1 条钢构件尺寸检测指出按计数抽样判定标准进行合格判定，但没有明确说明按随机抽样检测，反而提到“特殊部位或特殊情况下，应选择对构件安全性影响较大的部位或损伤有代表性的部位进行检测”。

建筑结构抽样检测特殊抽样的目的是了解结构中最不安全区域的情况，对于鉴定具有非常重要的意义。目前的研究尚未完善，既有结构鉴定规范中虽然指出，应检测对结构安全影响较大部位或根据构件重要性不同分别抽样检测，但没有明确给出抽样的定量标准，部分规范采用计数抽样检测、计量抽样检测及百分比抽样检测等方式对不同检测内容进行了定性规定。模糊的概念不利于检测工作人员建立清晰的抽样概念，实际工程中随机抽样经常被加入人为的主观判断，而非随机抽样由于没有明确标准，所以经常出现随意抽取样本的情况。因此，本文按照抽样类型对既有规范内容进行分析并提出建议，并明确随机抽样及非随机抽样的概念及方法。

4.2 计数抽样检测

根据不同的质量评定方式，可以将抽样检测方法划分为计数抽样检测与计量抽样检测。计数抽样检测是将检测对象以“合格－不合格”方式来表示，然后，通过样本中总的不合格数（或合格数）与预先确定的“判定准则”相比较进行判断。

(1) 计数抽样检测原理

计数抽样方案是指在总体单元数量 N 已知的情况下，依据生产方风险 α 及生产方风险质量 p_0（以不合格百分数表示）、使用方风险 β 及使用方风险质量 p_1（以不合格百分数表示）确定两个参数：样本量 n 和判定接受标准——接受数 A_c（或判定拒收标准——拒收数 R_e），通常表示为 (n, A_c) 或 $(n \mid A_c)$。由于抽样检测不是百分之百的检测，所以，对于一个确定的抽样方案，其接受的概率 $L(p)$（被判定合格的概率）是关于实际合格率 p 的函数，一般情况下

$$L(p) = P(d \leqslant A_c) = \sum_{d=0}^{A_c} \frac{C_d^D C_{n-d}^{N-D}}{C_n^N} \tag{4}$$

式中 $D = p \times N$，为实际不合格数。

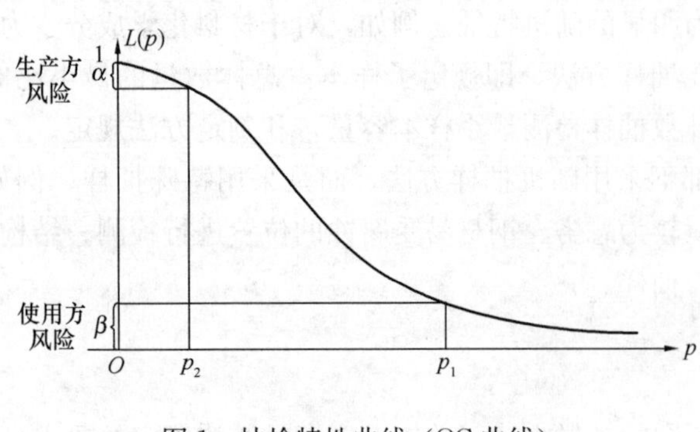

图1 抽检特性曲线（OC曲线）

此函数被称为抽检特性函数，可以用抽检特性曲线（OC曲线）描述（图1），可以看出，不合格率为 p_0（实际产品合格）时，有概率为 α 的可能被判定为不合格（生产方风险）；不合格率为 p_1（实际产品不合格）时，有概率为 β 的可能被判定为合格品（使用方风险）。国际标准《Sampling procedures for inspection by attributes》IOS 2859 和国家标准《计数抽样检验程序》GB/T 2828 均以控制生产方风险 α 和使用方风险 β 为目标确定计数抽样方案（n，A_c）。

（2）既有钢结构检测计数抽样方案特点

《建筑结构检测技术标准》GB/T 50344—2004 等规范中指出，一般项目的几何尺寸、尺寸偏差及工程质量的检测，宜选用一次或二次计数抽样方案，其抽样方案（n，A_c）依据《逐批检查计数抽样程序及抽样表》GB/T 2828—1987 等专业验收规范给出。

1）取代 GB/T 2828—1987 的现行规范《计数抽样检验程序（第1部分：按接收质量限（AQL）检索的逐批检验抽样计划）》GB/T 2828.1—2003 采用接收质量限（AQL）（生产方风险质量 p_0 的限值）来检索，其抽样计划可用于一次抽样或多次抽样，样本数量过大时可汇集成可识别的批，就实用而言，每批应同等级、同类、同尺寸和同成分，在基本相同的时段和一致条件下制造的产品组成。在抽样分批检测中提出转移得分的概念，利用转移得分放宽或加严检验，即发现质量变劣便通过加严检验为使用方提供保护；发现质量较好便通过放宽检测减少检验费用。既有钢结构检测时作为检测对象的钢结构构件不是具有连续系列批的产品，而是已经存在的数量确定的孤立批产品，在没有进行抽检特性分析的情况下采用包含转移得分的检索抽样方案，对某些实际工程来说可能是不合理的。

2）根据《逐批检查计数抽样程序及抽样表》GB/T 2828—1987，通常一次抽样的管理难度和每个产品的抽样费用均低于二次或多次抽样方案，《结构检测技术标准》GB/T 50344—2004 中对于一般项目和主控项目均提出一次及二次抽样结果的判定标准，并未提出对两种抽样方案的选择依据。既有钢结构检测难度往往比普通生产产品检测难度大，且检测成本也更高，采用二次抽样会较大地增加检测成本，反而采用一次抽样方案合理增加样本容量更加合理。

3）《建筑结构检测技术标准》GB/T 50344—2004 及《钢结构检测鉴定技术规程》DG/T J08—2011—2007 等规范在建筑结构的检测中，运用计数抽样检测概念，并按照检测批的容量和工程的重要等级对抽样检测的最小样本容量进行规定，但是没有明确解释生产方风险和使用方风险，对工程的重要等级的分类过于粗略，在应用过程中难以根据实际工程情况进行调整。

（3）计数抽样方案建议

本文分析研究现有国内外相关规范的抽样方法后认为：

1）现行规范采用计数抽样方案应说明计数抽样检测原理（包括生产方风险、使用方风险和接收质量限等概念），才能有利于检测人员建立清晰的抽样检测概念，对抽样判定结果有更深的理解；对《计数抽样检验程序》GB/T 2828.1—2003 中提出的转移得分概念，实际工程应谨慎使用。

2）建议既有钢结构检测应避免采用二次抽样方案，而通过适当增加一次抽样的样本量保证抽样方案的有效性。

3）一次抽样的样本容量和合格判定数应配对使用，应避免用计数抽样检测的样本容量而选用其他判定方式，样本容量和合格判定数可参照《建筑结构检测技术标准》GB/T 50344—2004 等规范中给定的数值，并根据实际工程结合结构形式、重要等级、荷载模式及不利因素等综合考虑。

4.3 计量抽样检测

计量抽样检测是获得检测对象的确定测量值，根据样本均值和方差确定置信区间，再将置信区间与“判定准则”相比较进行判断。与计数抽样的区别在于对数据类型的不同要求以及处理数据的不同统计原理，因此，两种抽样检测方法的样本容量也不相同。一般情况下，计量型抽样方案样本容量比计数型少约 30%。计量抽样要求数据是连续的，在制定抽样方案时，需要知道这一连续变量所服从的分布，通常是正态分布。既有钢结构建筑中材料的力学性能、构件的尺寸偏差、节点的几何位置偏差等都可以合理地假定为正态分布，因此，可以都采用计量抽样检测。《建筑结构检测技术标准》GB/T 50344—2004 第 3.3.15 条还指出计量抽样检测批的检测结果，宜提供推定区间。

(1) 计量抽样检测原理

计量抽样检测是通过样本均值 $\overline{y}$ 和样本方差 s^2 在一定置信水平上对总体平均水平 μ 进行估计。计量抽样根据判定方法分为上质量限、下质量限及双侧质量限三种抽样检验方式。由于既有钢结构检测一般仅材料力学性能检测采用计量抽样检测，力学性能要求不低于某值，故本文仅对下质量限详细介绍。一般情况下总体方差 σ^2 也未知，故本文仅介绍“s”法（适用于总体方差 σ^2 未知的情况）确定抽样方案。

计量抽样检测本质上是一种假设检验，对总体的参数进行某种假设，根据概率论和数理统计理论确定有关样本参数的拒绝域（或接受域），最后按照抽样调查结果是否落在拒绝域（或接受域）确定是否接受原假设形成判定。下质量限抽样检验假设为

$$\mu \geqslant \mu_0 \tag{5}$$

式中　μ_0——可接受的最低质量。

抽样检测之前，μ 的估计量样本均值 $\overline{y}$ 为未知的统计量，也服从正态分布，在 $\overline{y}$ 的基础上构造检验统计量

$$Q = \sqrt{n}\,\frac{\overline{y} - \mu_0}{s} \tag{6}$$

式中　n——样本容量；

　　　s——样本标准差（样本方差 s^2 的算术平方根）。

由数理统计理论知 Q 服从 t 分布，即 $Q \sim t(n-1)$。令 k 为 $t(n-1)$ 的 $1-\alpha$ 分位数（α 称为显著性水平，是假设检验的可信度，一般 $1-\alpha=0.95$），即

$$k = -t_{1-\alpha}(n-1) \tag{7}$$

则

$$P(Q \geqslant k) = 1-\alpha \tag{8}$$

由抽样检测结果计算出统计量 Q，若 $Q < k$（$\overline{y}$、s^2 落在拒绝域）时，拒绝原假设 $\mu \geqslant \mu_0$，即判定该检测产品不合格，此时会犯第一类错误（实际上 $\mu \geqslant \mu_0$ 但却被认定不合格）；若 $Q \geqslant k$（$\overline{y}$、s^2 落在接受域），接受原假设 $\mu \geqslant \mu_0$，即判定该检测产品合格，此时会可能会犯第二类错误（实际上 $\mu < \mu_0$ 但却被认定合格）。对于接受域

$$Q \geqslant k \tag{9}$$

也可以写成

$$\overline{y} - \frac{k_s}{\sqrt{n}} \geqslant \mu_0 \tag{10}$$

故，可以通过由置信水平 $1-\alpha$、样本均值 $\overline{y}$ 和样本标准差 s 确定单侧置信区间 $\left(\overline{y} - \frac{k_s}{\sqrt{n}}, \infty\right)$ 判定，若下质量限 μ_0 落在区间外，则判定检测合格，否则判定检测不合格。这种检测方法也称为显著性检验，

显著性检验只能控制犯第一类错误的概率为α，不能控制犯第二类错误的概率。

（2）既有钢结构检测计量抽样方案特点

既有钢结构计量抽样检测的判定一般不是总体均值μ达到某一条件，而是具有一定的可靠度，例如Q235钢材材料力学性能的检测，目标不是屈服强度的平均值达到235MPa，而是屈服强度有95%的保证率在235MPa以上。用可靠度来表示

$$R=P(y\geqslant\mu_{L})=0.95 \tag{11}$$

式中　$\mu_{L}=235\text{MPa}$；

y——材料强度，一般假定$y\sim N(\mu,\sigma^{2})$。

对于一个给定的下规范限μ_{L}，可靠度

$$R=1-\Phi\left(\frac{\mu_{L}-\mu}{\sigma}\right) \tag{12}$$

其中，$\Phi(x)$为标准正态分布函数。

用统计量$\bar{y}$和s^{2}估计μ和σ^{2}，由数理统计理论知R服从非中心t分布。此时，建立新的假设

$$R\geqslant R_{0} \tag{13}$$

其中，R_{0}为可靠度的判定界限（例中$R_{0}=95\%$），在置信水平$1-\alpha$上进行显著性检验。同样，接受域可以写成置信区间(R_{L},∞)，通过下质量限R_{0}是否落在置信区间内进行判定。

对于给定μ_{L}和确定实际抽样统计量$\bar{y}$及s^{2}，可以唯一确定可靠度置信下限R_{L}，《正态分布完全样本可靠度置信下限》GB/T 4885—2009给出了查表法和直接法两种计算方法。

《建筑结构检测技术标准》GB/T 50344—2004为更加直观地进行检验判定给出了实用方法，通过给定R_{L}，计算唯一确定值μ_{L}，得到置信区间(μ_{L},∞)进行判定。对于上例实用方法为给定$R_{L}=95\%$、$\bar{y}$和s^{2}实际值、置信水平$1-\alpha$确定μ_{L}，若$\mu_{0}=235\text{MPa}\leqslant\mu_{L}$则接受假设判定合格。

但是，规范对计量抽样检测的规定存在一定缺陷：

1）《建筑结构检测技术标准》GB/T 50344—2004等规范中没有说明显著性检验原理，也没有解释清楚分位数的概念，不利于检测人员对实际检测结果做出很好的概念判断。文献[10]则将其理解为判定合格应该是混凝土强度大于20MPa概率为95%，正是因为没有理解规范使用显著性检验方法。规范仅给出可靠度置信下限为0.5和0.95时的推定区间计算方法，若使用方和生产方商定某检测项目可靠度置信下限为0.9，检测人员将难以根据规范进行判断。

2）规范中采用显著性检验原理进行抽样检测，但显著性检测无法控制犯第二类错误的概率，因此，规范提供的计量抽样检测方法无法同时考虑生产方风险和使用方风险。规范第3.3.21条的判定准则只能考虑生产方风险，正如计数抽样检测一样，仅考虑生产方风险可能会使得抽样检验过松。

3）不同时考虑生产方风险和使用方风险的计量抽样检测，由于缺少约束条件，故对样本容量没有严格的要求。一般情况下，推定参数的方差越小所需样本容量越小；方差较大则需要较大的样本容量。《建筑结构检测技术标准》GB/T 50344—2004采用了计数抽样检测最小样本容量，在实际工程中可能会使检测结果与实际结果产生出入。

（3）计量抽样方案建议

本文分析研究现有国内外相关规范的抽样方案后认为：

1）规范中应补充说明显著性风险的概念，并明确规范中给出置信区间的显著性水平，利于检测人员针对不同实际工程的可靠度要求，确定合理的推定置信区间。

2）规范应对推定区间上下限的计算原理及其与生产方风险、使用方风险之间的关系，给出更加详细的解释说明，特别是应该说明判定标准仅考虑了生产方风险，以引导检测人员建立清晰的计量抽样概念，并清楚地了解判定结果中含有的风险，在对使用方风险较高的实际工程中采用合理的方式考虑使用方风险。

3）建议计量抽样方法依据《计量标准型一次抽样检验程序及表》GB/T 8054—2008 给出，综合考虑使用方风险和生产方风险，同时给出抽样方案和判定准则，为结构检测提供可靠的依据。

4.4 百分比抽样方案

百分比抽样方案就是无论总体数量 N 的大小，样本容量 n 与 N 的比值都为一个固定的百分数。既有钢结构检测鉴定有关规范中大量使用百分比抽样方案，例如《钢结构检测鉴定技术规程》DG/TJ08—2011—2007 第 4.4.4 条规定对既有钢结构工程，应对主要承重构件（节点）的缺陷和损伤部位的钢材进行 100%的检测，其余部位应进行不小于 20%的检测。

概率统计和抽样检验理论已经证明了百分比抽样方案的不合理性。举例说明：N 个产品不合格率为 p，从中抽出 1 个进行检验，抽到不合格品的概率为 p；而 $2N$ 个产品不合格率同样为 p，按照同样的比例抽样，即抽出 2 个产品，抽到不合格品的概率将变成 $1-(1-p)^2$ 而不再是 p，由此可见，固定比例抽样具有严重的不合理性。文献通过抽检特性曲线对结构检测抽样进行分析，指出百分比抽样和双百分比抽样对大批量抽样过严，对小批量抽样过松，而抽样验收国际标准则具有可靠的理论依据，因此，建议在既有房屋结构检测中逐步采用抽样验收国际标准。

百分比抽样方案方法多来自于经验，不具有科学依据且不经济。既有钢结构检测关乎人们的生命和财产安全，一旦既有钢结构建筑发生工程事故，往往会产生较大的社会影响，作为重要性很高的一项检测工作，必须要将抽样方法建立在科学的理论基础上，摒弃经验主导的百分比抽样方法。

4.5 其他抽样检测问题

既有钢结构检测与在建钢结构检测的条件存在很大差异，既有钢结构往往正在使用，对一些部位进行检测往往会对建筑造成一定的破坏，经济成本很高；在建钢结构尚未投入使用，且具有临时施工设备、平台等，使得测点选择较为自由。规范中规定的随机抽样方法，在应用于既有钢结构时，未考虑到一些难以检测或者检测成本非常高的测点，实际检测过程中，检测人员往往会在抽样中有意避开难以检测或检测成本非常高的区域，也就意味着随机抽样并没有完全按照随机的原则，导致检测结果判定不具有足够的可靠性。因此，建议在概率论和数理统计理论基础上，规范应提出针对既有钢结构检测抽样的考虑剔除难以检测或检测成本非常高的随机抽样方法。

此外，《钢结构检测与鉴定技术规程》DG/TJ 08—2011—2007 第 7.3.3 条指出对结构系统的鉴定应建立合理的计算模型进行分析，对大跨度钢结构，应同时计算结构的整体稳定性并进行综合评定。建立既有钢结构模型需要的参数数据，规范中既没有给出相应的抽样检测方法，也未给出根据测得信息建立结构整体计算模型的方法。既有钢结构模型必须要考虑实际缺陷，目前此方面的研究也尚未深入。

5 结论及展望

对既有钢结构进行检测和鉴定，是保障结构安全和正常使用的前提和必要条件。目前，以现行《建筑结构检测技术标准》GB/T 50344—2004 为代表的国内有关既有钢结构检测鉴定的规范，对抽样检测方法和抽样方案有不同程度的规定或者建议，但其中存在着一些缺陷和欠妥之处。

（1）规范有随机抽样与非随机抽样概念模糊之处，理论基础完全不同的两种抽样方法在使用时应明确区分，同时，规范应给出非随机抽样方法的定量标准。

（2）计数抽样检测和计量抽样检测存在着最小样本容量不够合理、判定标准过于宽松、无法控制使用方风险等问题，应该选择更为合理的抽样方案或判定准则。此外，规范应对抽样方法的原理给出一定的说明。

（3）百分比抽样作为一种不合理的抽样方法，规范应谨慎使用。

（4）对于既有钢结构中有难以检测或者检测成本非常高的测点等问题，现行规范尚未考虑，应当针对这些问题给出相应的抽样方法。

抽样检测方法不甚合理，导致结构鉴定结果不可靠，不仅可能达不到既有钢结构检测鉴定目的，更有可能会导致结构安全隐患不能被及时发现，因此，应对规范抽样检测存在的问题进行研究改善。

参考文献

[1] 罗立胜．既有钢结构损伤评估与安全性评定方法研究[D]．上海：同济大学，2014.
[2] 马汀．既有建筑钢结构健康检测与监测框架体系的研究[D]．上海：同济大学，2007.
[3] 周红波，高文杰，黄誉．钢结构事故案例统计分析[J]．钢结构，2008，23(6)：28-31.
[4] 江见鲸，王元清，龚晓南，等．建筑工程事故分析与处理[M]．北京：中国建筑工业出版社，2003.
[5] 上海市建设和交通委员会．钢结构检测与鉴定技术规程 DG/T J08—2011—2007[S]．上海，2007.
[6] 中华人民共和国建设部．建筑结构检测技术标准 DG/T 50344—2004[S]．北京：中国建筑工业出版社，2004.
[7] 罗永峰．国家标准《高耸与复杂钢结构检测与鉴定标准》编制简介[J]．钢结构，2014，29(4)：44-49.
[8] 吴福成，毛珊．建筑结构安全性鉴定中的检测问题[J]．建筑监督检测与造价，2008(8)：48-49.
[9] 冯长根．抽样检验[M]．北京：北京工业学院出版社，1992.
[10] 沈培荣，龙海涛，宋泽勋．对建筑结构计量抽样检测结果判定的商榷[J]．工程质量 A 版，2008(10)：28-29.
[11] 赵为民，蔡乐刚，赵鸿．既有房屋结构检测抽样方案分析[J]．工程质量，2006(8)：1-4.

钢结构拼装及模拟预拼装尺寸检测技术研究

茹高明　戴立先　王剑涛　隋小东　李立洪　孙　朋

（中建钢构有限公司，深圳）

摘　要　通过对钢结构拼装及模拟预拼装尺寸检测技术的研究，提出了基于BIM模型的拼装及模拟预拼装尺寸检测方法。方法采用了3D扫描技术获取实体构件的点云模型，实现了点云模型与理论模型精确拟合对齐的迭代算法，解决了复杂空间钢结构拼装及模拟预拼装尺寸检测难的问题。

关键词　钢结构；拼装及模拟预拼装；尺寸检测；拟合对齐算法

随着建筑行业的不断发展，各种超高、超大、造型新颖的建筑也在不断涌现，而在这些建筑背后都离不开为其受力做支撑的钢结构。从而大量的结构和外形复杂的钢结构构件便被设计师设计了出来，而这些复杂的钢构件给钢结构加工厂和安装施工单位在进行尺寸检测、定位拼装、构件预拼装等环节带来了不小挑战，另一方面复杂钢结构的实体预拼装需要耗费大量的人工、材料、机械设备、场地、时间等资源，给钢结构制造和施工企业带来巨大的制造成本和施工工期压力。借助建筑行业近年来兴起并迅速发展的BIM技术和高精度测量扫描仪器，通过开发软件实现实测模型与理论模型的偏差分析，给复杂钢结构拼装及模拟预拼装尺寸检测难的困扰带来了福音。

1　钢结构拼装尺寸检测现状

在传统钢构件制作过程中，对于零件、半成品和成品构件的尺寸检验通常采用人工测量的方式进行，即质检人员根据加工图纸中描述的零构件尺寸信息，采用卷尺或钢尺等测量工具，对零构件进行尺寸检验或尺寸定位检验等等，质检人员往往需要花费大量时间和精力去研究图纸中零构件之间的尺寸关系，再对构件进行尺量检验，这对质检人员的识图能力、工作经验甚至工作状态都提出了较高要求，见图1。对于一些关键部位，质检人员还需多次复核，以保证检验结果的正确性，这无疑大大降低了钢构件的检测效率，延长了构件加工周期，对工程进度也往往受到一定的影响。对于一些特别复杂的构件，如空间弯扭类型构件等，难以依靠平面的尺寸检测方法来检验构件的定位尺寸，测量过程容易出错，不易保证精确度，构件质量也不易保证。

图1　人工测量钢构件的尺寸

2 钢结构预拼装现状

对于复杂的钢构件为了保障现场安装能准确顺利进行，往往需要对实体构件进行预拼装作业，以便当构件出现偏差时可进行及时整改及减小累积误差，见图 2。实体构件预拼装不仅耗费大量人力、物力、运输、场地等资源，对工程进度管理提出了更高要求，预拼装作业不但拼装需要大片的预拼装场地、检测过程繁琐、测量时间长、检测费用高，而且检测精度却比较低，作业过程中也存在一定的安全隐患。

图 2 现场构件实体预拼装

3 模拟预拼装发展情况

目前国内用于钢结构检测的软件，主要用于船舶制造领域的测量业务[1][2]，例如青岛海徕天创科技有限公司的造船精度控制软件、上海龙禹船舶设备有限公司的钢结构检测软件，主要从事船舶行业的测量业务。软件的特点是利用 AutoCad 的 DXF 文件，人工指定控制点，测量仪器包括全站仪、三维扫描、照相等技术。

国外发达国家在船舶、钢桥梁制造领域对精度控制方面研究较多。在钢结构领域，日本技术最为先进。日本横河桥梁公司和长冈理工大学联合开发了一种新的检测系统，它被称作 CATS（Computerized Assembly Test System）计算机预拼装检测系统，采用照相技术对控制点的坐标进行提取。意大利 FCase 等学者则研究了通过数学算法，在钢结构不满足要求的精度时如何进行安装。

在工程应用方面，当前国内已经在多个实际工程中使用了计算机模拟预拼装。实际工程经验表明，利用计算机进行钢结构模拟预拼装，可以有效地缩短预拼装时间、提高预拼装效率、节省预拼装费用。

如昆明新机场航站楼，其钢彩带体系主要由彩带结构和悬臂钢柱组成，钢彩带共有 7 根，主要由大截面箱梁构成。鉴于钢彩带构件外形尺寸大、分段制作，且对构件制作精度、接口尺寸要求高，采用计算机模拟拼装技术，见图 3。如上海中心大厦环带桁架，因对构件间接口的制作精度要求很高，仅靠控制单体构件精度无法满足现场安装要求，采用了数字模拟预拼装方法解决这一问题，见图 4。

图 3 昆明新机场航站楼彩带体系结构

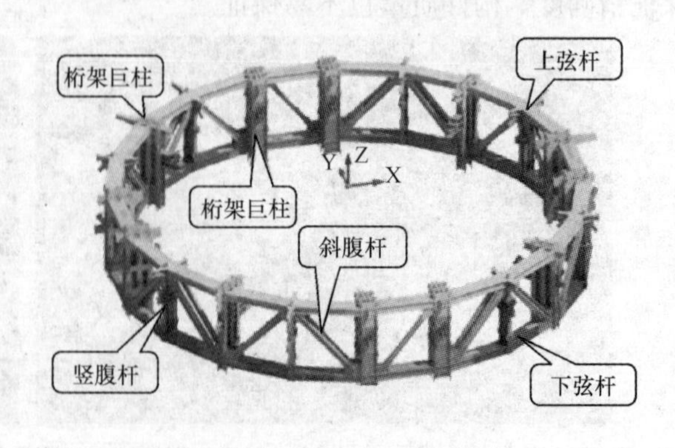

图 4 上海中心环带桁架

4 基于 BIM 的空间钢结构拼装及模拟预拼装尺寸检测技术研究

基于 BIM 的空间钢结构拼装及模拟预拼装尺寸检测技术的研究主要包括钢结构 BIM 模型应用技术研究、三维激光扫描应用技术研究、软件算法研究等内容，将依托开发一套软件系统，实现对空间钢结构拼装及模拟预拼装尺寸的检测，主要应用流程设计见图 5。

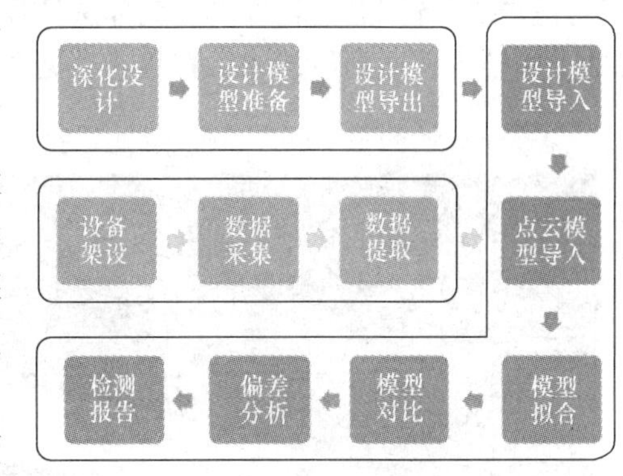

图 5 软件系统应用流程

4.1 钢结构 BIM 模型应用技术研究

当前钢结构工程在建造之前都需要对工程进行深化设计，采用钢结构专业的建模软件对工程进行建模和出图，然后再根据施工图进行工程建造。目前钢结构行业最常用的深化设计软件有 Tekla 和基于 CAD 平台开发的建模软件，见图 6、图 7。采用建模软件对钢结构工程进行 BIM 建模，以获得钢结构的理论设计模型，为后续的空间钢结构拼装及预拼装尺寸检测提供理论模型基础。钢结构 BIM 模型建模完成后，系统建立了模型传输接口，可将钢构件 3D 实体模型进行导入。

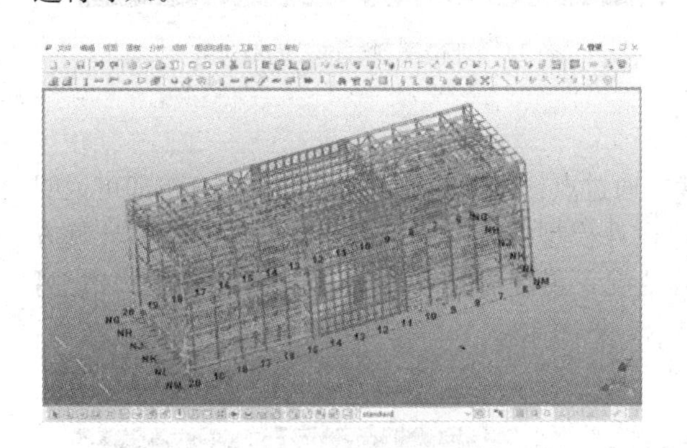

图 6 Tekla 软件建模

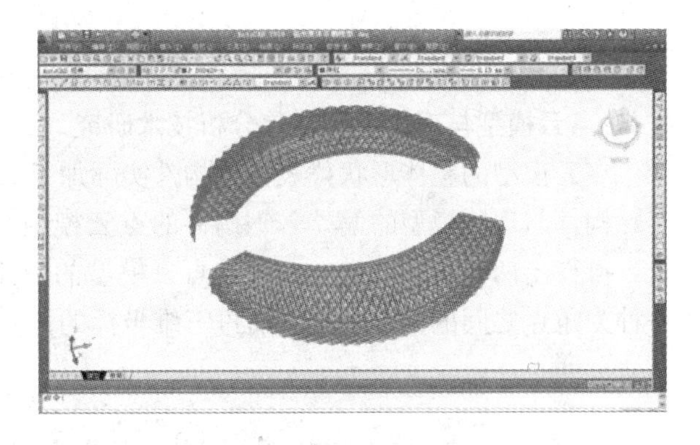

图 7 CAD 软件建模

4.2 三维激光扫描应用技术研究

依据施工图加工制造钢构件，当构件制造成型后，需进行尺寸检测，常规简单钢构件一般采用人工尺量的方式检测尺寸，但对于空间复杂钢构件，例如多分支节点，空间弯扭构件等，常规测量无法对构件的尺寸进行检测，此时可采用 3D 扫描的方式，通过三维激光扫描仪，对构件进行全方位或关键部位的扫描，获取构件激光点云的坐标文件，见图 8、图 9。后续通过软件系统来对比分析点云模型与理论模型的偏差。

图 8 三维激光扫描仪扫描

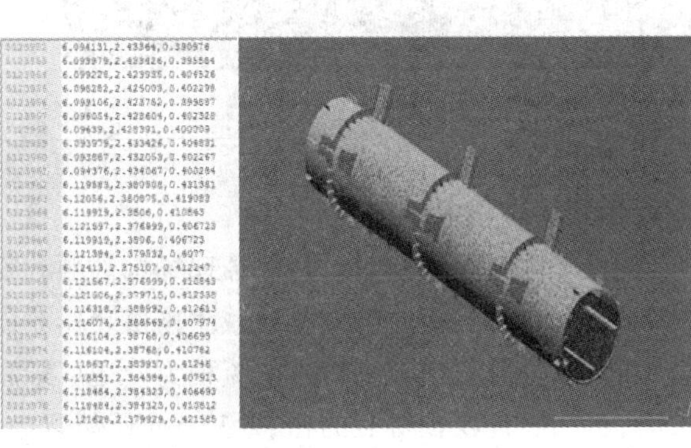

图 9 获得的点云数据文件及点云模型

4.3 理论模型与点云模型拟合对齐技术研究

通过将钢结构 BIM 模型和三维激光扫描获得的点云模型导入到对比分析软件内，见图 10，通过软件实现两种模型的拟合对齐。拟合对齐分为粗对齐和精对齐，分别需要相应的算法支持。其中，粗对齐可采用三点对齐的方式进行，分别在理论模型和点云模型上选取三点，然后根据坐标变换将两个模型合并对齐；精对齐则通过软件内相应算法计算出点云模型的旋转矩阵和平移矩阵，使两个模型在粗对齐的基础上旋转平移达到最佳的对齐状态，见图 11。

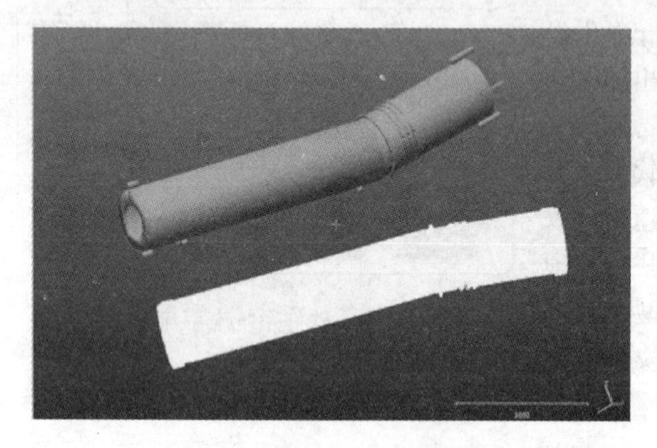

图 10　理论模型与点云模型导入

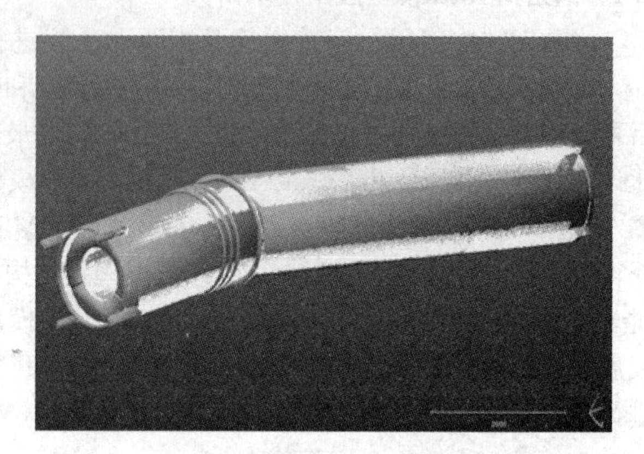

图 11　理论模型与点云模型对齐

4.4 点云模型与理论模型偏差分析技术研究

点云模型的整体形状代表了钢构件实际加工的形状，通过点云模型与理论模型的偏差分析即可说明实际构件与理论模型的偏差。钢构件的点云模型与理论设计模型拟合对齐后，通过软件的偏差计算方法，可得出两种分析结果，一种是点云模型的整体偏离情况，正常情况下呈现正态分布，见图 12。另一种为角点之间的偏差结果，通过三维坐标的偏差来显示，见图 13。

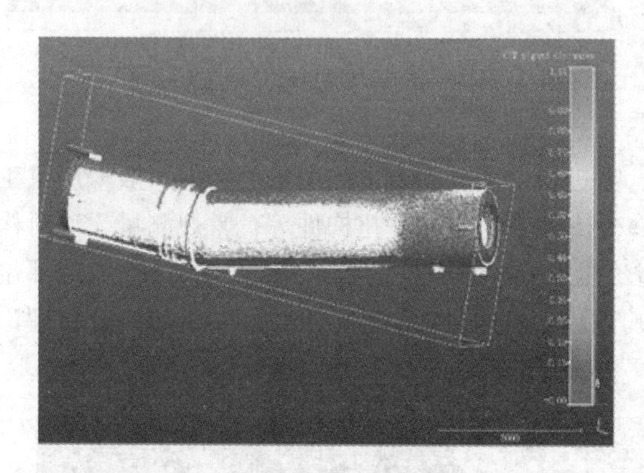

图 12　点云模型的整体偏离情况

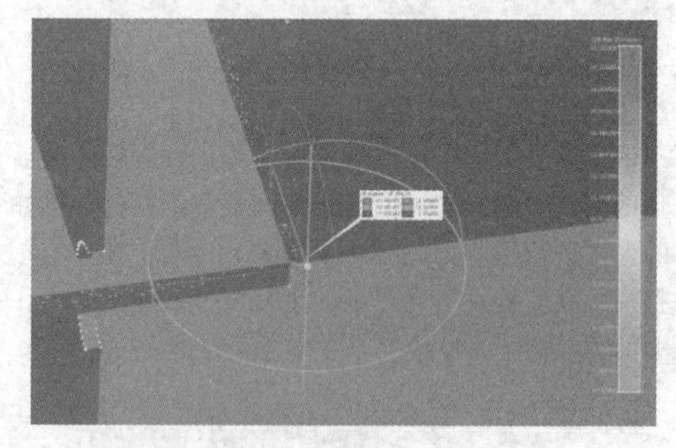

图 13　关键测控点的局部偏离情况

4.5 模拟预拼装技术研究

当构件形式比较复杂时，为保证现场构件顺利安装，构件在出厂之前需要进行预拼装作业，另一方面，为了提高预拼装作业的效率，减少预拼装作业成本，可以采用计算机模拟预拼装来代替复杂构件的实体预拼装。计算机模拟预拼装的流程为使用三维激光扫描仪分别扫描要预拼装的构件，获取构件的点云模型，然后将需要预拼装的相邻构件 BIM 模型导入软件系统中，再逐一导入预拼装的点云模型构件，以理论模型为参考，分别进行拟合对齐和偏差分析，最终达到整体预拼装效果，见图 14。

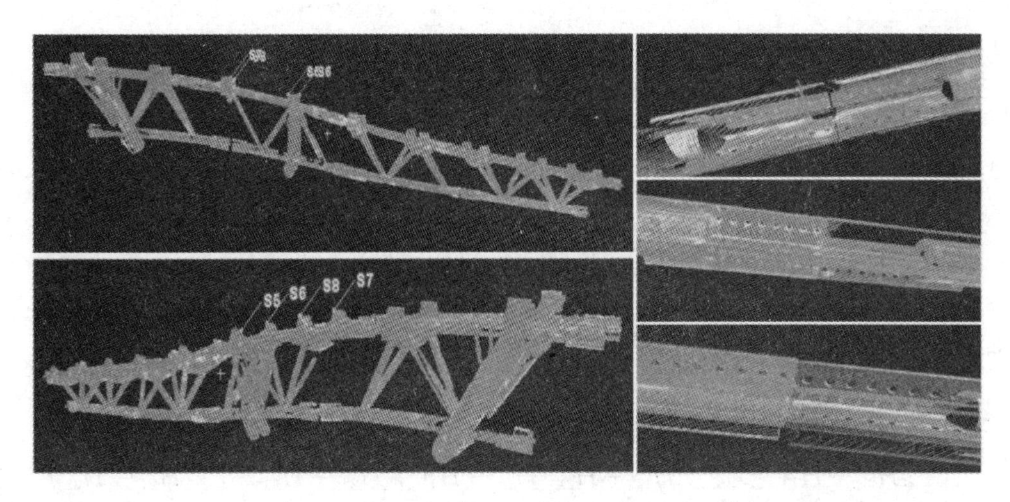

图 14 模拟预拼装

5 坐标变换理论与算法研究

5.1 点云模型粗对齐算法

点云模型在软件内相当于一个刚体，在模型空间内进行移动和旋转，相当于从一个坐标系变换到了另一个坐标系，因此可以将模型对齐问题转换为坐标系的变换问题。

基本思路为：点云模型是一个整体，三个不同点可以确定一个完整的坐标系，首先从理论模型中同样选取三个有代表性的特征点，然后在点云模型中选取相对位置一致的三个点，通过将代表点云模型的三点矩阵进行坐标转换，达到代表理论模型的三点举证的坐标，即完成了点云模型的对齐目标。

设理论模型中三个点为基准点，组成的坐标矩阵为 $T_{基}$，平移和旋转之后得到的矩阵为 T^{*}，平移矩阵为 T_{T}，旋转矩阵为 T_{S}，则存在如下的关系变换：$T_{基}\ T_{T}T_{S}=T^{*}$，现假设 $T=T_{T}T_{S}$，则有

$$T_{基}\ T=T^{*} \tag{1}$$

其中，

$$T_{基}=\begin{Bmatrix} x_1 & y_1 & z_1 & 1 \\ x_2 & y_2 & z_2 & 1 \\ x_3 & y_3 & z_3 & 1 \\ 0 & 0 & 0 & 1 \end{Bmatrix}\quad T^{*}=\begin{Bmatrix} x_1{}^{*} & y_1{}^{*} & z_1{}^{*} & 1 \\ x_2{}^{*} & y_2{}^{*} & z_2{}^{*} & 1 \\ x_3{}^{*} & y_3{}^{*} & z_3{}^{*} & 1 \\ 0 & 0 & 0 & 1 \end{Bmatrix}$$

$$x_i,y_i,z_i\ 与\ x_i{}^{*},y_i{}^{*},z_i{}^{*}\ (i=1,2,3)$$

分别为三个基准点和经过平移及旋转之后得到的基准点的坐标值。由公式（1）可求得 T，如下式表示：

$$T=T_{基}^{-1}\ T^{*} \tag{2}$$

设点集组成的矩阵为 $T_{顺}$，经过平移和旋转运算之后的矩阵为 $T_{后}$，则存在如式（3）的关系：

$$T_{顺}\ T=T_{后} \tag{3}$$

经过平移和旋转之后得到的矩阵 $T_{后}$ 即为最后所求。

5.2 点云模型精对齐算法

点云模型与理论模型精准对齐的方式完全由算法完成。

（1）ICP 算法

Besl 和 Mckay 提出的 ICP 算法[7]采用四元数计算变换参数，进而计算平移变换参数。假设构件点云模型的点集为 $P=\{P_1,P_2,\cdots\cdots P_{np}\}$，理论模型点集为 $Q=\{Q_1,Q_2,\cdots\cdots Q_{nq}\}$，且满足 $P\subset Q$，ICP 算法的主要步骤如下：

Step 1：对 $\forall p_i \in P$ 搜索其最近点 q_i，计算质心 μ_p、μ_q 及坐标差 $\tilde{P}_i$、$\tilde{q}_i$。

$$\mu_p = \frac{1}{n_p}\sum_{i=1}^{np} p_i, \mu_Q = \frac{1}{n_p}\sum_{i=1}^{np} q_i, \tilde{p}_i = p_i - \mu_p \tag{4}$$

Step 2：由点集 P、Q 计算 3x3 阶协方差矩阵 H。

$$H = \frac{1}{n_p}\sum_{i=1}^{n_p} \tilde{P}_i \tilde{Q}_i^T = \begin{bmatrix} H_{11} & H_{12} & H_{13} \\ H_{21} & H_{22} & H_{23} \\ H_{31} & H_{32} & H_{33} \end{bmatrix} \tag{5}$$

Step 3：由 H 构造 4x4 阶对称矩阵 W。

$$W = \begin{bmatrix} H_{11}+H_{22}+H_{33} & H_{23}-H_{32} & H_{31}-H_{13} & H_{12}-H_{21} \\ H_{23}-H_{32} & H_{11}-H_{22}-H_{33} & H_{12}+H_{21} & H_{13}+H_{31} \\ H_{31}-H_{13} & H_{12}+H_{21} & -H_{11}+H_{22}-H_{33} & H_{23}+H_{32} \\ H_{12}-H_{21} & H_{13}+H_{31} & H_{23}+H_{32} & -H_{11}-H_{22}-H_{33} \end{bmatrix} \tag{6}$$

Step 4：计算 W 的特征值，提取最大特征值对应的特征向量 $\bar{q} = [q_0, q_1, q_2, q_3]^T$，进而求解旋转矩阵 R 和平移矩阵 t。

$$R = \begin{bmatrix} q_0^2+q_1^2-q_2^2-q_3^2 & 2(q_1q_2-q_0q_3) & 2(q_1q_3+q_0q_2) \\ 2(q_1q_2+q_0q_3) & q_0^2-q_1^2+q_2^2-q_3^2 & 2(q_2q_3-q_0q_1) \\ 2(q_1q_3-q_0q_2) & 2(q_2q_3+q_0q_1) & q_0^2-q_1^2-q_2^2+q_3^2 \end{bmatrix} \tag{7}$$

$$t = \mu_Q - R \times \mu_p$$

Step 5：将刚体变换矩阵 $g = (R, t)$ 作用于 P，完成点云模型与理论模型的对齐。

(2) TDM 算法

Pottmann 等推导了控制点发生微小扰动时点一切面距离函数，提出了 TDM 算法，TDM 为高斯牛顿方法求解非线性最小二乘问题，而 ICP 算法仅仅具有线性收敛性。假设构件点云模型的点集为 $P = \{P_1, P_2, \cdots\cdots P_{np}\}$，理论模型点集为 $Q = \{q_1, q_2, \cdots\cdots q_{nq}\}$，且满足 $P \subset Q$，TDM 算法的主要步骤如下：

Step 1：对 $\forall p_i \in P$ 搜索其最近点 q_i。

Step 2：计算点云中点 P_i 和理论模型点 q_i 的法矢 n_i 的叉乘 yn_i。

Step 3：构造 6X6 的矩阵 A。

$$A = \sum_{i=1}^{n_p} \begin{bmatrix} yn_{ix} \cdot n_{ix} & yn_{ix} \cdot n_{iy} & yn_{ix} \cdot n_{iz} & yn_{ix} \cdot yn_{ix} & yn_{ix} \cdot yn_{iy} & yn_{ix} \cdot yn_{iz} \\ yn_{iy} \cdot n_{ix} & yn_{iy} \cdot n_{iy} & yn_{iy} \cdot n_{iz} & yn_{iy} \cdot yn_{ix} & yn_{iy} \cdot yn_{iy} & yn_{iy} \cdot yn_{iz} \\ yn_{iz} \cdot n_{ix} & yn_{iz} \cdot n_{iy} & yn_{iz} \cdot n_{iz} & yn_{iz} \cdot yn_{ix} & yn_{iz} \cdot yn_{iy} & yn_{iz} \cdot yn_{iz} \\ n_{ix} \cdot n_{ix} & n_{ix} \cdot n_{iy} & n_{ix} \cdot n_{iz} & n_{ix} \cdot yn_{ix} & n_{ix} \cdot yn_{iy} & n_{ix} \cdot yn_{iz} \\ n_{iy} \cdot n_{ix} & n_{iy} \cdot n_{iy} & n_{iy} \cdot n_{iz} & n_{iy} \cdot yn_{ix} & n_{iy} \cdot yn_{iy} & n_{iy} \cdot yn_{iz} \\ n_{iz} \cdot n_{ix} & n_{iz} \cdot n_{iy} & n_{iz} \cdot n_{iz} & n_{iz} \cdot yn_{ix} & n_{iz} \cdot yn_{iy} & n_{iz} \cdot yn_{iz} \end{bmatrix} \tag{8}$$

Step 4：构造矩阵 B。

$$dot_i = (p_i - q_i) \cdot n_i$$

$$b = -\sum_{i=1}^{n_p} [yn_{ix} \cdot dot_i \quad yn_{iy} \cdot dot_i \quad yn_{iz} \cdot dot_i \quad n_{ix} \cdot dot_i \quad n_{iy} \cdot dot_i \quad n_{iz} \cdot dot_i]^T \tag{9}$$

Step 5：计算速度矩阵 υ 和旋转矩阵 Ω。

$$k = inv(A) \times b$$

$$\upsilon = [k_1 \quad k_2 \quad k_3]$$

$$\Omega = [k_4 \quad k_5 \quad k_6] \tag{10}$$

Step 6：计算齐次坐标变换矩阵 H。

$$\tilde{\Omega}=\begin{bmatrix}0 & -\Omega_3 & \Omega_2 & v_1\\ \Omega_3 & 0 & -\Omega_1 & v_2\\ -\Omega_2 & \Omega_1 & 0 & v_3\\ 0 & 0 & 0 & 0\end{bmatrix}\quad H=\exp m(\tilde{\Omega})=\begin{bmatrix}H_{11} & H_{12} & H_{13} & H_{14}\\ H_{21} & H_{22} & H_{23} & H_{24}\\ H_{31} & H_{32} & H_{33} & H_{34}\\ H_{41} & H_{42} & H_{43} & H_{44}\end{bmatrix} \tag{11}$$

Step 7：求解旋转矩阵 R 和平移矩阵 t。

$$R=\begin{bmatrix}H_{11} & H_{12} & H_{13}\\ H_{21} & H_{22} & H_{23}\\ H_{31} & H_{32} & H_{33}\end{bmatrix}$$

$$t=[H_{14}\quad H_{24}\quad H_{34}]^T \tag{12}$$

6 结语

本技术及系统在研究开发过程中，充分考虑了当前在复杂空间钢结构拼装及模拟预拼装过程中面临的难题，即不规则外形构件的尺寸定位测控问题，引入了三维激光扫描技术对构件整体或局部关键部位外形进行采集扫描，形成点云模型，再通过软件算法实现了点云模型与理论模型的对齐和偏差分析。通过工程示例测试，所开发的软件系统可以顺利快速地完成空间钢结构的拼装及预拼装尺寸检测。

参考文献

[1] 王勇．船体建造精度测量 DACS 系统探析[J]．南通航运职业技术学院学报，2010，09(3)：32-34.

[2] 魏大韩．船舶巨型总段建造法关键技术研究[J]．哈尔滨工程大学，2012.

[3] 张陕锋，郭正兴．当代日本钢桥梁制造技术介绍[J]．世界桥梁，2006(01)：4-8.

[4] 唐际宇，吴柳宁，廖功华．昆明新机场航站楼钢结构模拟拼装技术应用[J]．施工技术，2009(12)：21-24.

[5] 李亚东．数字模拟预拼装在大型钢结构工程中的应用[J]．施工技术，2012(373)：23-26.

[6] 锁小红．复杂曲面点云数据三维重构及软件开发[D]．河南科技大学硕士学位论文，2005：29-30.

[7] Besl P，Mckay H. A Method for Registration of 3-D Shapes. IEEE Trans. Pattern Anal. Mach. Intell. ，1992，14(2)：239-256.

[8] Pottmann H，Huang Q，Yang Y，et al. Geometry and Convergence Analysis of Algorithms for Registration of 3D Shapes. Internaltional Journal of Computer Vision，2006，67(3)：277-296.

[9] Wang W，Pottmann H，Liu Y. Fitting B—spline curves to point clouds by curvature-based squared distance minimization. ACM Trans. Graph. ，2006，25(2)：214-238.

减轻非抗侧自重的节材技术

王昌兴　牟艳君　孙晓彦

（北京清华同衡规划设计研究院有限公司，北京）

摘　要　本文将地震作用下的建筑物自重分为抗侧自重和非抗侧自重，通过理论推导和案例分析，研究两者对地震作用下结构水平位移的影响，结果表明减轻非抗侧自重是抗震结构节材设计的关键。通过减轻非抗侧自重，一定程度地减轻抗侧自重，最终实现节省材料、减少碳排放量的目的，并降低结构造价。本文还探讨了减轻非抗侧自重的途径及其在工程中的应用。

关键词　减轻自重；非抗侧自重；抗震结构；碳排放量

1　引言

根据我国新的抗震标准，所有地区均为抗震设防区。抗震结构设计工作的重点之一是研究如何通过减轻建筑物自重来减小结构的地震作用。按照传统分类方法，建筑物自重分为结构自重和非结构自重。为了更加系统地研究建筑物自重与地震作用的关系，本文将地震作用下的建筑物自重分为抗侧自重和非抗侧自重，分析抗侧自重和非抗侧自重与结构地震作用下水平位移的关系，找到影响结构地震作用的关键，从而更好地指导设计。

本文对抗侧自重和非抗侧自重的定义如下：在地震作用下，能够提供抗侧刚度的基本结构构件如框架柱、框架梁、剪力墙（及其连梁）、支撑等的自重称为抗侧自重；除此之外的建筑自重统称为非抗侧自重，包括楼（屋面）板、次梁、填充墙、建筑工程做法等的重量。

高烈度区地震作用下的结构设计往往由结构整体的水平位移控制，因此研究抗侧自重和非抗侧自重分别对结构水平位移的影响有重要意义。

2　抗震结构水平位移与建筑物自重的关系

结构一般为多自由度体系，当符合一定的假定条件时，可转化为与其等效的单自由度体系，如图1所示。

多自由度体系各质点的水平位移 u_i 可由等效单自由度体系的等效位移 u_{eff} 求得：

$$u_i = \gamma_1 \phi_{1i} u_{\mathrm{eff}} \tag{1}$$

式中　γ_1 ——表示第一振型的振型参与系数；

ϕ_{1i} ——表示第一振型第 i 质点的振型值。

$$\gamma_1 = \frac{\sum_{i=1}^{n} m_i \phi_{1i}}{\sum_{i=1}^{n} m_i {\phi_{1i}}^2} \tag{2}$$

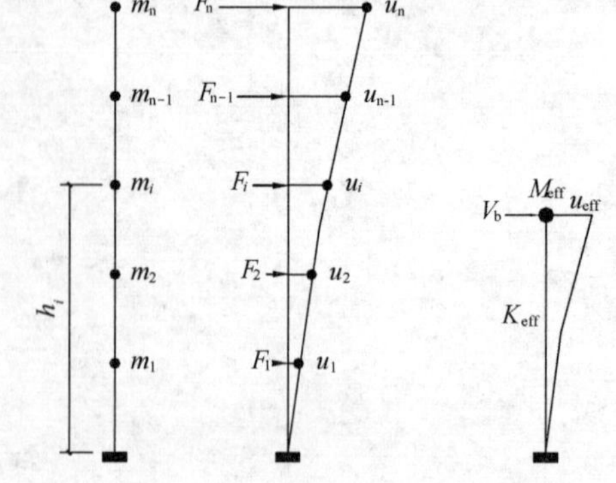

图1　多自由度体系及等效单自由度体系

等效单自由度体系的等效位移 u_{eff} 可由下式求得：

$$u_{\mathrm{eff}}=\frac{V_{\mathrm{b}}}{K_{\mathrm{eff}}}=\frac{\alpha_1 G_{\mathrm{eq}}}{K_{\mathrm{eff}}} \tag{3}$$

式中：K_{eff}——等效刚度；

α_1——相应于结构基本自振周期的水平地震影响系数值；

G_{eq}——结构等效总重力荷载。

等效单自由度体系的等效周期 T_{eff}可按下式计算：

$$T_{\mathrm{eff}}=2\pi\sqrt{\frac{M_{\mathrm{eff}}}{K_{\mathrm{eff}}}} \tag{4}$$

$$M_{\mathrm{eff}}=\frac{(\sum_{i=1}^{n} m_i \phi_{1i})^2}{\sum_{i=1}^{n} m_i {\phi_{1i}}^2} \tag{5}$$

近似取 $G_{\mathrm{eq}}=M_{\mathrm{eff}}$，$\alpha_1=\left(\frac{T_{\mathrm{g}}}{T_{\mathrm{eff}}}\right)^{\gamma}\eta_2\alpha_{\max}$，并与式（4）一同代入式（3）和式（1），则 u_i可表示为：

$$u_i=K_{\mathrm{u}i}\left(\frac{M_{\mathrm{eff}}}{K_{\mathrm{eff}}}\right)^{1-\frac{\gamma}{2}} \tag{6}$$

其中

$$K_{\mathrm{u}i}=\gamma_1\phi_{1i}\left(\frac{T_{\mathrm{g}}}{2\pi}\right)^{\gamma}\eta_2\alpha_{\max} \tag{7}$$

式中　M_{eff}——等效质量；

T_{g}、γ、η_2、$\alpha_{\max}$——地震影响系数的计算参数，详见参考文献［2］。

假定各层的抗侧自重和非抗侧自重均等比例变化，此时结构的位移形状即振型保持不变，式（6）中 $K_{\mathrm{u}i}$保持不变，各质点水平位移仅与等效质量 M_{eff}和等效刚度 K_{eff}的比值相关。

3 钢筋混凝土剪力墙结构水平位移与抗侧自重和非抗侧自重的关系

假定建筑物自重中非抗侧自重所占的比例为 p，各层的非抗侧自重、抗侧自重分别以比例系数 a、b 进行调整。调整后的等效质量为：

$$M'_{\mathrm{eff}}=[ap+b(1-p)]M_{\mathrm{eff}} \tag{8}$$

剪力墙结构中的抗侧构件为剪力墙及其连梁，连梁刚度较大时，剪力墙结构的侧向刚度与墙厚成正比。在此，仅改变剪力墙及连梁的厚度，则调整后侧向刚度为：

$$K'_{\mathrm{eff}}=bK_{\mathrm{eff}} \tag{9}$$

因此，调整后的水平位移 u'_i 为：

$$u'_i=\left(\frac{ap+b(1-p)}{b}\right)^{1-\frac{\gamma}{2}}u_i \tag{10}$$

$$\frac{u'_i}{u_i}=\left(\frac{a}{b}p-p+1\right)^{1-\frac{\gamma}{2}} \tag{11}$$

由式（11）可知，非抗侧自重占比 p 越大，水平位移随 a、b 的变化关系曲线越陡，即水平位移随 a、b 的变化越明显。以钢筋混凝土剪力墙结构非抗侧自重初始占比 $p=45\%$为例，水平位移随 a、b 的变化关系曲线见图 2。可见，水平位移随非抗侧自重的增加而增大，近似呈线性比例关系；随抗侧自重的增加而减小，减小趋势趋于平缓；当抗侧自重和非抗侧自重同比例变化时，水平位移保持不变。

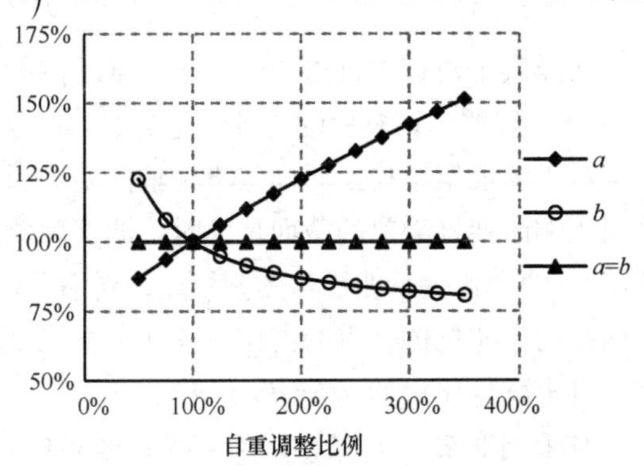

图 2　剪力墙结构水平位移与自重的关系（$p=45\%$）

4 钢筋混凝土框架结构水平位移与抗侧自重和非抗侧自重的关系

同样假定建筑物自重中非抗侧自重所占的比例为 p，各层的非抗侧自重、抗侧自重分别以比例系数 a、b 进行调整。调整后的等效质量见式（8）。

框架结构中的抗侧构件为框架柱和框架梁，多层框架结构中，柱轴向变形引起的侧移很小，可以忽略。结构的侧向刚度与框架柱截面惯性矩成正比，并与框架梁的截面尺寸相关。在此，框架柱截面高、宽同比例调整，同时同比例改变框架梁的截面尺寸，则调整后侧向刚度为：

$$K'_{\mathrm{eff}} = b^2 K_{\mathrm{eff}} \tag{12}$$

因此，调整后的水平位移 u'_i 为：

$$u'_i = \left(\frac{ap + b(1-p)}{b^2}\right)^{1-\frac{\gamma}{2}} u_i \tag{13}$$

$$\frac{u'_i}{u_i} = \left(\frac{ap}{b^2} + \frac{1-p}{b}\right)^{1-\frac{\gamma}{2}} \tag{14}$$

同样，非抗侧自重占比 p 越大，水平位移随 a、b 的变化关系越明显。以钢筋混凝土框架结构非抗侧自重初始占比 $p=70\%$ 为例，水平位移随 a、b 的变化关系曲线见图 3；当水平位移保持不变时，a 与 b 的相互关系见图 4。可见，水平位移随非抗侧自重的增加而增大，近似呈线性比例关系；随抗侧自重的增加而减小，减小趋势趋于平缓；当水平位移保持不变时，抗侧自重的减少比例约为非抗侧自重减少比例的 0.25～0.6 倍。

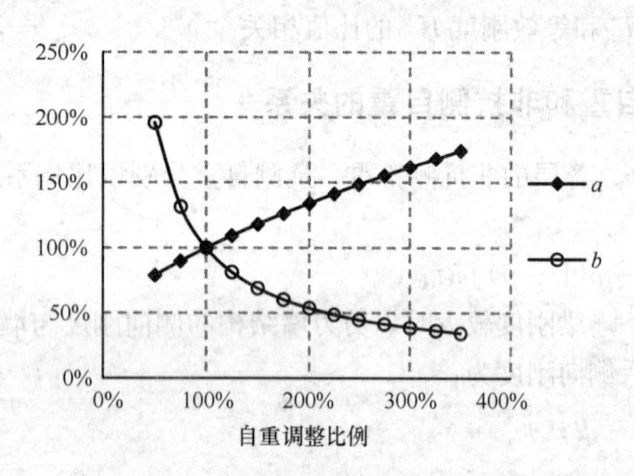

图 3 框架结构水平位移与自重的关系（$p=70\%$）

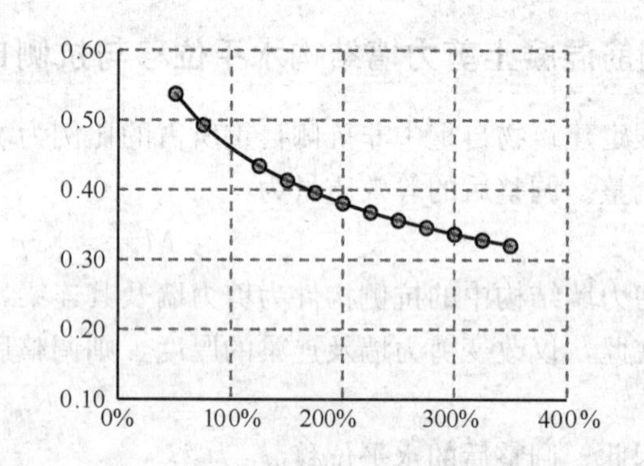

图 4 框架结构水平位移不变时 a 与 b 的关系（$p=70\%$）

5 钢结构水平位移与抗侧自重和非抗侧自重的关系

同样假定建筑物自重中非抗侧自重所占的比例为 p，各层的非抗侧自重、抗侧自重分别以比例系数 a、b 进行调整。调整后的等效质量见式（8）。

对于钢框架结构，同样忽略柱轴向变形引起的侧移，框架柱截面高、宽、板材厚度同比例调整，同时同比例改变框架梁的截面尺寸时，调整后侧向刚度同式（12），调整后水平位移同式（14），水平位移随 a、b 的变化关系曲线与图 3 相近；当水平位移保持不变时，a 与 b 的相互关系与图 1.1.4 相近，但由于钢结构中非抗侧自重的占比 p 更大，相比钢筋混凝土框架结构，抗侧自重的减少比例更多，约为非抗侧自重减少比例的 0.3～0.65 倍。

对于钢框架-支撑结构，当支撑、框架柱和框架梁的截面高、宽、板材厚度同比例调整时，调整后侧向刚度介于式（9）和式（12）之间，调整后水平位移介于式（11）和式（14）之间。当水平位移保持不变时，抗侧自重的减少比例约为非抗侧自重减少比例的 0.3～1.0 倍。

6 减轻建筑物自重与碳排放量的关系

减轻建筑物自重，节约建筑材料用量，相应减少碳排放量。建筑中常用材料的碳排放因子见表1。

单位重量建筑材料生产过程中碳排放指标 X_i (t/t) **表1**

建筑材料名称	排放系数 (t/t)	建筑材料名称	排放系数 (t/t)
钢材	2.0	建筑卫生陶瓷	1.4
铝材	9.5	实心黏土砖	0.2
水泥	0.8	混凝土砌块	0.12
建筑玻璃	1.4	木材制品	0.2

经统计，一般高层钢筋混凝土剪力墙结构住宅的单位建筑面积碳排放量约为0.24t，其中占比最大的建筑材料为混凝土，约占55%；一般钢结构住宅的单位建筑面积碳排放量为0.13～0.18t，其中占比最大的建筑材料为钢材，占40%～55%。相比钢筋混凝土结构，钢结构不仅减轻建筑物自重，还有利于减少碳排放量，尤其是采用石膏板隔墙和网络架空地板做法时，效果更明显。不同方案住宅的自重、碳排放量以及成本对比的统计结果见图5。成本统计时已经计入了近期砂石等材料成本的上涨因素。

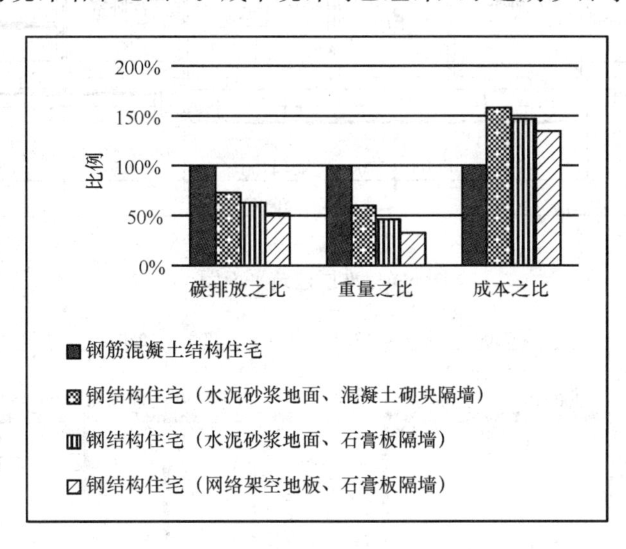

图5 不同方案住宅自重、碳排放量及成本之比

7 抗侧自重和非抗侧自重对结构水平位移影响的案例分析

层间位移角是结构设计的主要位移指标，下面以某高层住宅建筑为例，分析抗侧自重和非抗侧自重对层间位移角即结构水平位移的影响。

7.1 工程概况

某高层住宅，钢筋混凝土剪力墙结构，地上41层，8度区，0.2g，建筑高度129m。标准层楼面恒荷载为5.5kN/m^2（含楼板自重），楼面活荷载为2kN/m^2。以此为基准模型，通过同比例调整各层剪力墙的墙厚，调整抗侧自重；非抗侧自重主要是楼板自重及楼面附加荷载，通过同比例调整各层的楼面荷载（含楼板自重）调整非抗侧自重。标准层建筑平面图见图6，基准模型中标准层结构平面简图见图7。

7.2 抗侧自重对层间位移角的影响

墙厚分别取基准模型的50%、100%、150%、200%、300%进行整体计算，对比结构最大层间位移角与墙厚即抗侧自重的关系，结果见图8。

可见，墙厚减小，最大层间位移角明显增大，墙厚减小至50%时，最大层间位移角已超出规范的

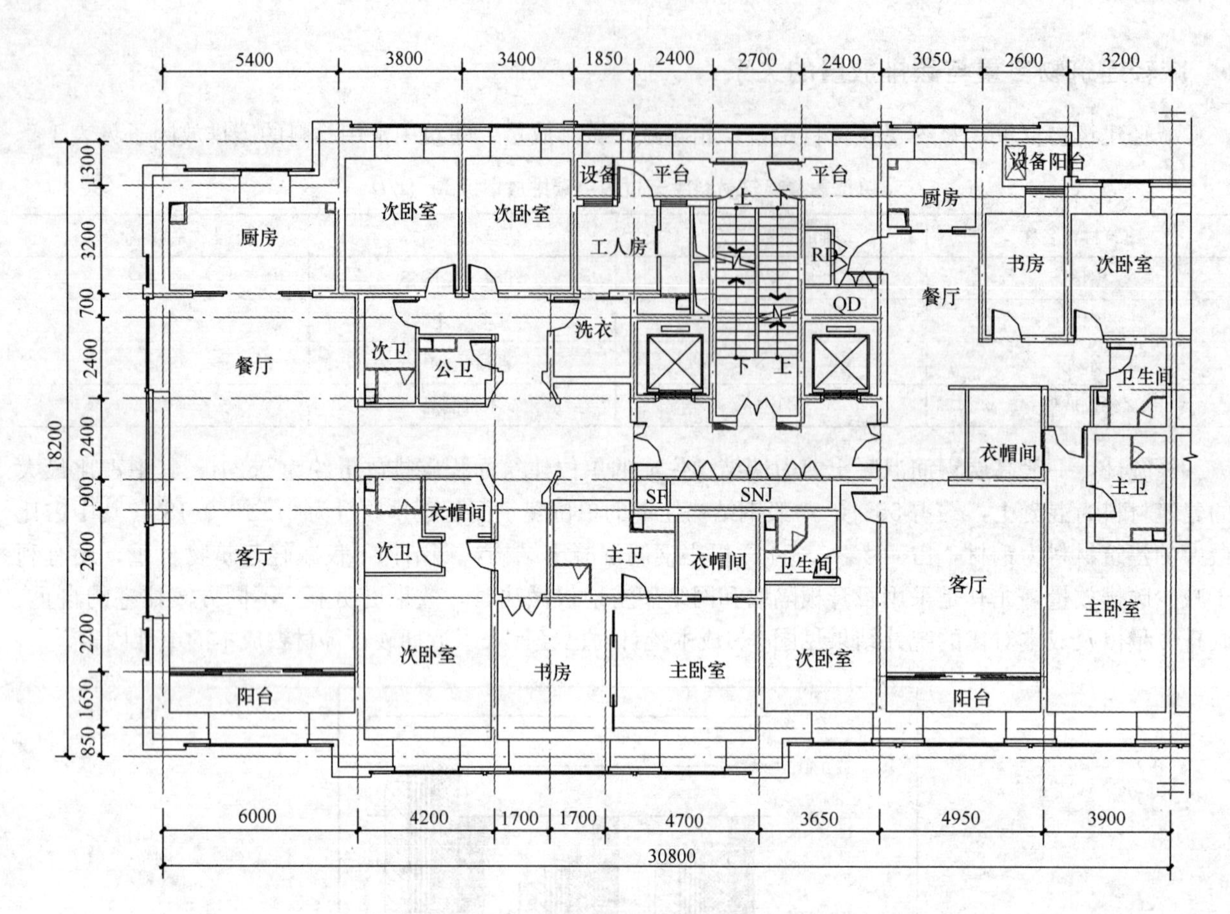

图 6　标准层建筑平面图

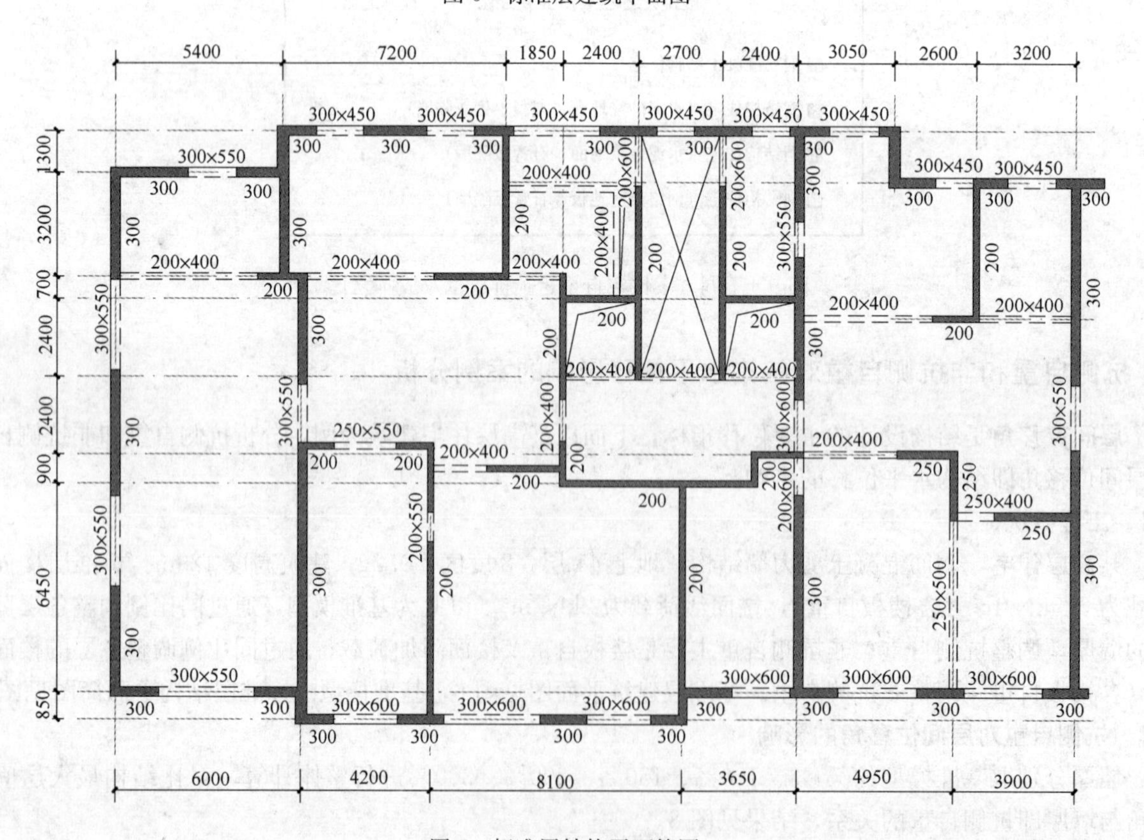

图 7　标准层结构平面简图

限值，不满足设计要求；墙厚增加，最大层间位移角减小，趋势较平缓。曲线形状与图 1.1.2 中位移与抗侧自重调整系数 b 的关系曲线基本相同。

7.3 非抗侧自重对层间位移角的影响

楼面荷载（含楼板自重）分别取基准模型的 50%、100%、150%、200%、300%进行整体计算，对比结构最大层间位移角与荷载即非抗侧自重的关系，结果见图 9。

可见，荷载减小，最大层间位移角减小；荷载增大，最大层间位移角增大，两者成正比例关系。曲线形状与图 2 中位移与非抗侧自重调整系数 a 的关系曲线基本相同。

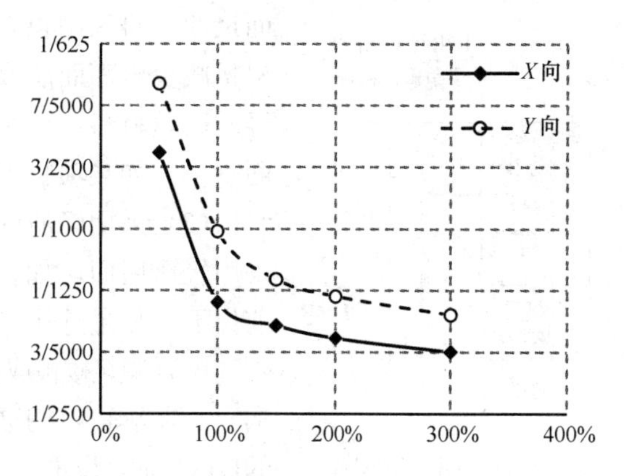

图 8　层间位移角与墙厚关系曲线

7.4 两种自重同比例变化对层间位移角的影响

墙厚和楼面荷载同时取基准模型的 100%、200%、300%、400%、500%进行整体计算，对比结构最大层间位移角的变化，结果见图 10。

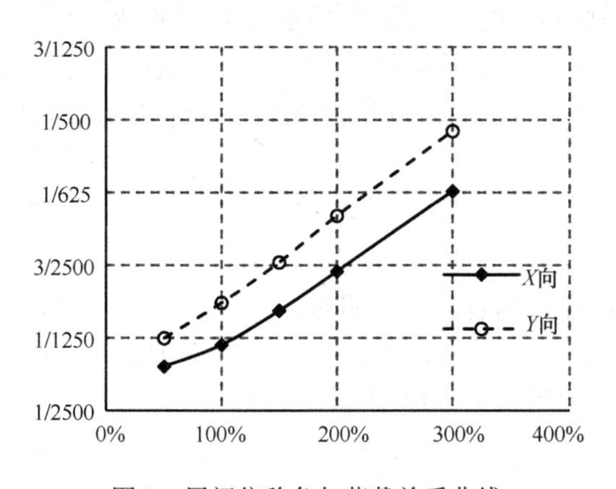

图 9　层间位移角与荷载关系曲线

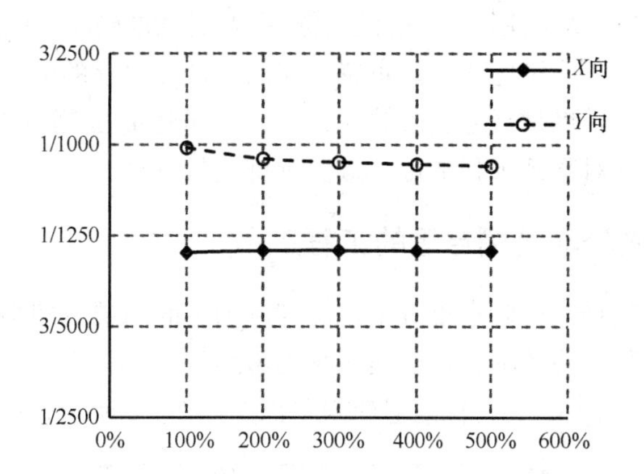

图 10　墙厚、荷载同比例变化时的层间位移角

可见，墙厚和荷载同比例变化时，结构的最大层间位移角基本保持不变。

以上案例分析结果与前文的理论推导结果一致。结果表明，对于抗震结构，减轻抗侧自重，结构水平位移增加，在保证结构位移指标满足要求的前提下，抗侧自重的减轻幅度有限。而减轻非抗侧自重，结构水平位移减小，在保证结构位移指标不变的同时，还可以同时减轻抗侧自重。因此，对于由水平位移控制的抗震结构，减轻建筑物自重的关键是减轻非抗侧自重。

8 减轻非抗侧自重的途径

减轻非抗侧自重的途径有多种，且随建筑材料和建筑技术的发展不断更新。建议的途径有以下几方面：

（1）采用轻质隔墙及墙面做法。目前通常采用的轻质隔墙有以轻钢龙骨石膏板隔墙为代表的骨架隔墙板、玻璃隔墙、板材隔墙以及活动隔断等，相比普通轻质砌块隔墙，重量更轻，施工更方便；同时由于轻质隔墙墙面平整度高，还可减薄墙面抹灰厚度甚至取消墙面抹灰。

尽量选用轻质的墙面做法，如采用外墙饰面石材干挂法代替传统的湿作业施工，采用外墙保温装饰一体板、内墙面砖薄贴法、人造石材等轻质的墙面装饰材料、清水混凝土等结构构件与装饰于一体的技术等。

（2）采用轻质的楼面做法。采用网络活动地板楼面、木质地板楼面、涂层楼面、地毯楼面等轻质的楼面做法代替普通铺地砖楼面做法，可有效减轻梁、板等结构构件的负荷，从而进一步可减小梁、板截

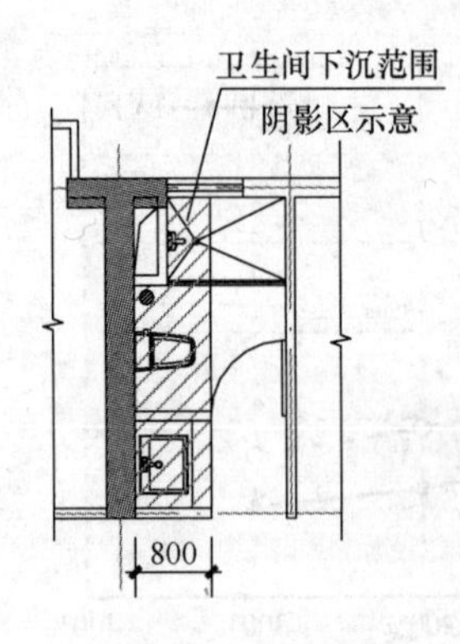

图 11　同层排水卫生间缩小下沉范围

面尺寸。对采用辐射采暖的楼面，通过合理布置管道等措施避免管道交叉，尽量减少楼面面层厚度。对于目前常见的同层排水下沉式卫生间，通过选用轻质回填材料、缩小下沉范围或在卫生间砌筑单独的排水空间等方法减轻楼面重量。如某项目卫生间下沉范围如图 11 所示。

（3）采用轻质的屋面做法。在满足保温、隔声和使用要求前提下，尽量采用轻质屋面，如金属夹心板屋面等。在满足设计师对于美观、防水等要求前提下，尽量选用轻质屋面装饰材料，如合成树脂瓦等新兴建材。

（4）减轻楼板或屋面板自重。首先选用轻质的楼板或屋面板结构，如采用钢结构、木结构等。对于混凝土楼板，可通过在满足计算和构造要求的前提下选用较小的板厚、适当设置次梁以减小板厚，大跨度楼板采用空心楼盖等途径，减轻楼板的自重。对于不上人的屋面板，还可以选用太空板等轻质复合材料。另外，混凝土材料采用轻质混凝土可直接降低混凝土构件的自重。

（5）提高施工精度。提高施工精度，可避免二次找平、减少抹灰工程量，减小面层做法重量，是减轻建筑物自重的重要途径。提高施工精度一是选用工厂化生产的构件，二是加强现场施工的管理、提高施工技术和设备，如采用铝合金模板更易保证构件的准确度、平整度和垂直度，可达到清水混凝土的效果。

（6）通过优化结构布置，在满足计算要求的前提下，采用轻质隔墙代替部分抗侧效率较低的混凝土剪力墙，也是行之有效的途径之一。虽然非抗侧自重有所增加，但抗侧自重减小，建筑物总的自重减小，且对降低工程造价、减少碳排放量有利。

9　减轻非抗侧自重的工程应用

减轻非抗侧自重对于地震控制为主的高层或超高层建筑的意义尤为明显。

某办公楼项目，框架一核心筒结构，8 度区，0.2g，地下 2 层，地上 26 层，建筑高度 99.15m，标准层层高 3.5m，标准层建筑平面图如图 12 所示，标准层结构平面简图如图 13 所示。

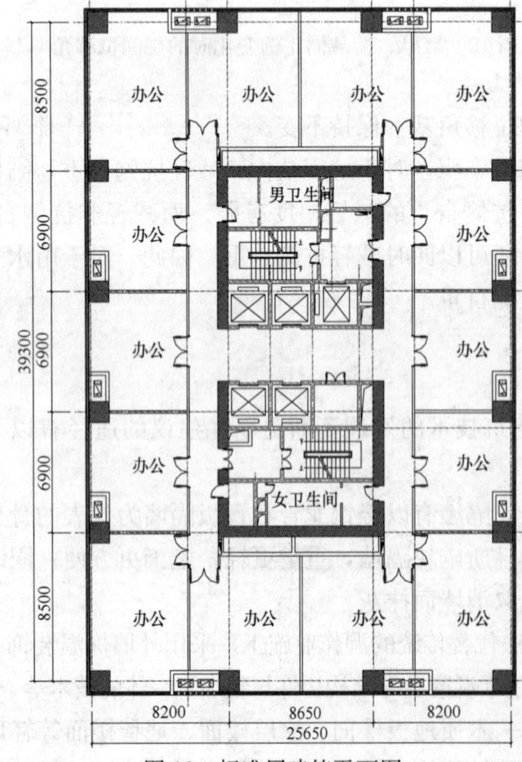

图 12　标准层建筑平面图

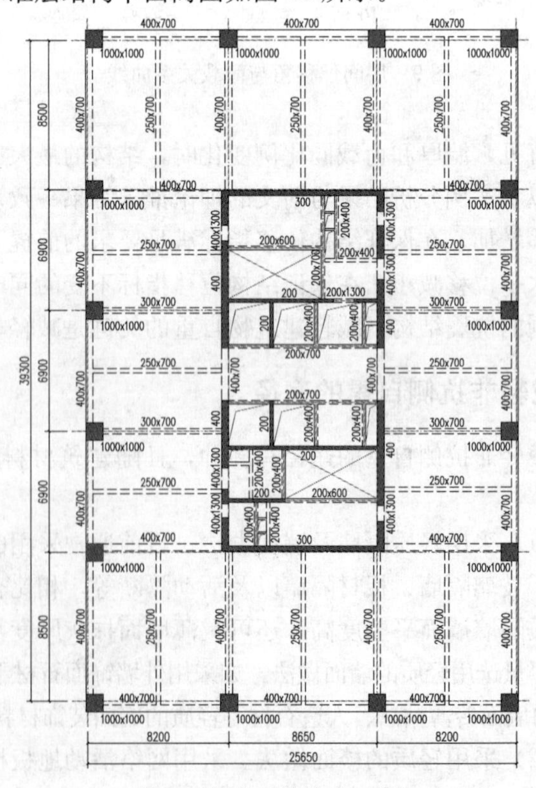

图 13　标准层结构平面简图

本项目的抗侧构件为核心筒剪力墙、框架柱和框架梁，其自重之和即为抗侧自重；其余建筑物自重包括楼板、楼面次梁、楼面建筑做法、填充墙及其建筑做法等为非抗侧自重。设计过程中针对减轻非抗侧自重进行优化设计，对标准层非抗侧自重的调整如表2所示。经统计，初步方案单位建筑面积非抗侧自重约0.79t，调整后约为0.60t，减轻约24%，整楼非抗侧自重减轻约4680t。

标准层非抗侧自重的调整 **表2**

	初步方案		调整后	
	做法	模型输入荷载	做法	模型输入荷载
外围护墙	200厚承重空心砖墙（容重15kN/m³），仿石材面砖墙面	7.5kN/m	玻璃幕墙	5.3kN/m
办公区隔墙	100厚非承重空心砖墙（容重12.5kN/m³），涂料墙面，抹灰厚15mm	5.3kN/m	轻钢龙骨石膏板	1.2kN/m
卫生间隔墙	200厚承重空心砖墙，釉面砖防水墙面，厚20mm	10.0kN/m	加气混凝土砌块（容重6.5kN/m³）	5.8kN/m
核心筒内的其他隔墙	200厚非承重空心砖墙，涂料墙面，抹灰厚15mm	7.8kN/m	加气混凝土砌块	4.5kN/m
楼板自重	四个角部130mm	3.25kN/m²	边跨120mm 内跨110mm	3.0kN/m² 2.75kN/m²
	其余110mm	2.75kN/m²	不变	不变
卫生间楼面	同层排水，有防水铺地砖楼面	8.0kN/m²	下层排水	4.0kN/m²
办公室楼面	50厚铺地砖楼面1.2kN/m²	1.7kN/m²	活动网络地板0.65kN/m²	1.0kN/m²
办公区走道	100厚铺地砖楼面2.0kN/m²	—	不变	—

在此基础上，在保证结构位移指标基本不变的前提下，进一步减小核心筒剪力墙、框架柱和框架梁的截面尺寸，减轻抗侧自重。经统计，初步方案单位建筑面积抗侧自重为0.45t，调整后约为0.40t，减轻了约10%，整楼抗侧自重减轻约1100t。

初步方案结构最大层间位移角X、Y向分别为1/872、1/1329，调整后结构最大层间位移角X、Y向分别为1/887、1/1384，保持基本不变。

经初步统计，初步方案单位建筑面积碳排放量约为0.39t，调整后约为0.26t，减轻了约33%；初步方案单位建筑面积结构造价约为400元，调整后约为360元，降低了约10%。

本项目通过减轻非抗侧自重，适当减轻抗侧自重，较好地实现了节省材料、减少碳排放的目的，同时降低了结构造价。

10 结论

（1）本文抗侧自重指抗震结构中在地震作用下能够提供抗侧刚度的基本结构构件如框架柱、框架梁、剪力墙（及其连梁）、支撑等的自重；除此之外的建筑物自重为非抗侧自重，包括楼（屋面）板、次梁、填充墙、建筑工程做法等的重量。

（2）通过理论及案例分析表明，减轻抗侧自重，结构水平位移增加，在保证结构位移指标满足要求的前提下，抗侧自重的减轻幅度有限。而减轻非抗侧自重，结构水平位移减小，在保证结构位移指标不变的同时，还可以同时减轻抗侧自重。因此，对于由水平位移控制的抗震结构，减轻建筑物自重的关键是减轻非抗侧自重。

（3）根据分析结果，在保证结构位移指标不变的前提下，对于钢筋混凝土剪力墙结构，减轻非抗侧自重的同时，可同比例减轻抗侧自重；对于钢筋混凝土框架结构，抗侧自重的减小比例约为非抗侧自重减小比例 0.25～0.6 倍；对于钢框架结构，抗侧自重的减小比例约为非抗侧自重减小比例的 0.3～0.65 倍；对于钢框架一支撑结构，抗侧自重的减小比例约为非抗侧自重减小比例的 0.3～1.0 倍。

(4) 减轻非抗侧自重的途径包括采用轻质隔墙及墙面做法、采用轻质楼（屋面）板及楼（屋面）做法、加强施工管理、提高施工精度以及在满足计算要求的前提下合理优化结构布置等。

(5) 本文最后介绍了减轻非抗侧自重在一个高层办公楼工程中的应用，通过减轻非抗侧自重，适当减轻抗侧自重，节省材料，减少碳排放，并降低结构造价，实现了较好的效果。

(6) 本文主要以钢筋混凝土结构为例进行分析和探讨，其结论同样适用于钢结构工程。且在钢结构建筑中，由于非抗侧自重的比例较大，减轻非抗侧自重的节材效果更为显著。

参考文献

[1] 梁兴文，叶艳霞．混凝土结构非线性分析[M]．北京：中国建筑工业出版社，2007.

[2] 中华人民共和国国家标准，建筑抗震设计规范(2016 年版)GB 50011—2010[S]．北京：中国建筑工业出版社，2016.

[3] 绿色奥运建筑研究课题组．绿色奥运建筑评估体系[M]．北京：中国建筑工业出版社，2003.

[4] 汪达尊．论减轻建筑物自重[J]．土木工程学报，1960，10.

[5] 冯克康．再述上海高层建筑减轻自重的问题[J]．结构工程师，2006，22(2).

钢管混凝土柱-钢梁端板连接装配式节点抗倒塌性能研究

王文达　郑　龙　陈润亭

（兰州理工大学土木工程学院，兰州　730050）

摘　要　随着我国建筑结构产业的蓬勃发展，高层及超高层建筑的应用越来越广泛，结构体系中钢与混凝土组合结构的应用程度远高于钢筋混凝土结构和钢结构。其中，钢管混凝土结构作为一种近年来兴起的新型组合结构，具有性学性能高、抗火性能好、变形能力强等优点，并且由于外包钢管的存在，大量节省混凝土的浇筑模板，是一种绿色、环保的天生的装配式结构，选取一种既满足装配式要求又安全可靠的钢管混凝土柱-钢梁节点连接形式是实现装配式结构产业化亟需解决的关键问题。结构在全生命周期里还可能遭受爆炸、撞击等偶发荷载，而突发事件可能使建筑物局部构件失效，失效构件相邻梁柱体系通过拉结作用形成新的传力路径并进行力和变形的重新分配，梁柱节点作为重要传力构件对剩余结构的传力机制影响甚大，这便需要节点具有较好的抗连续倒塌性能。本文针对方钢管混凝土柱一钢梁端板式节点，分别设计平齐端板式节点SJ-FD和外伸端板式节点SJ-ED，并利用有限元的方法对其进行抗连续倒塌性能分析，研究结果表明，钢管混凝土柱-钢梁端板式节点在连续倒塌情况下表现出较好的抗力和延性，具有良好的抗连续倒塌能力；其承载力曲线在加载前期表现为弹性特征，而在加载后期曲线持续上升，直到节点达到极限承载力后曲线不再上升；钢管混凝土柱-钢梁平齐端板式节点的破坏模式为螺栓群由下至上被拉断，且平齐端板由下至上与钢管脱开；而钢管混凝土柱-钢梁外伸端板式节点的破坏模式为形心轴下方螺栓群被拉长，且与钢梁下翼缘连接的外伸端板的部分截面与钢管脱开。

关键词　钢管混凝土；节点；装配式；抗连续倒塌性能；平齐端板；外伸端板

1　研究背景

随着我国建筑结构产业的蓬勃发展，高层及超高层建筑的应用越来越广泛，对于不同类型的高层及超高层建筑，结构体系包括：框架-核心筒、框筒-核心筒、巨型框架-核心筒和巨型框架-核心筒-巨型支撑结构，其中钢与混凝土组合结构的应用程度远高于钢筋混凝土结构和钢结构。装配式钢与混组合结构作为安全可靠的全生命周期建筑形式，具有平面布置灵活、构件预制标准化、结构施工装配化、工程管理信息化等优点，是一种满足建筑工业化需求的新型装配式建筑体系。钢管混凝土结构，作为一种近年来兴起的新型组合结构，具有截面小、刚度大、抗火性能好、变形能力强、可用高强度混凝土等优点，已经成为强风、强震地区高层及超高层建筑的一种主导结构类型。并且，由于外包钢管的存在，大量节省混凝土的浇筑模板，是一种绿色、环保的天生的装配式结构。

钢管混凝土柱-钢梁节点作为钢管混凝土结构体系组成和受力的主要部分，承担着结构连接梁、柱、板的作用，设计一种既满足装配式要求又安全可靠的节点连接形式是实现装配式结构产业化亟需解决的关键问题。而本文主要针对钢管混凝土柱-钢梁端板式节点，分别就平齐端板和外伸端板两种构造展开研究。

另外，结构在全生命周期里还可能遭受爆炸、撞击等偶发荷载，而突发事件可能使建筑物局部构件失效，失效构件相邻梁柱体系通过拉结作用形成新的传力路径并进行力和变形的重新分配。二十世纪以来，随着国际上恐怖活动逐年增多，各国开始重视建筑抗倒塌规范的制定，美国总务局（GSA）出台针对联邦政府等重要建筑的抵抗连续倒塌设计指南 GSA，美国国防部（DoD）出台结构防连续性倒塌准则 DoD。上述两本规范均推荐采用备用路径分析设计法（Alternate path analysis and design）抵抗结构连续倒塌的发生，即假定结构某处出现初始失效，通过确定剩余结构的破坏响应来评估此结构抵抗连续性倒塌性能。而从上述介绍不难看出，结构中各组分的有效拉结是抵抗连续倒塌最有力的方法，若连接各个构件的节点失效，将导致拉结作用消失，结构很难避免连续性倒塌的发生。因此在中柱失效的情况下，梁柱节点作为重要传力构件对剩余结构的传力机制影响甚大，这便需要节点具有较好的抗连续倒塌性能。

2 国内外研究现状

Lee 等通过对不同跨高比的钢节点进行静力倒塌试验，得到刚性节点弯曲铰模型。Sadek 等对普通钢节点和翼缘削弱型钢节点进行抗倒塌对比试验，分析削弱翼缘后塑性铰外移对节点抗倒塌性能的影响。李爽等利用非线性有限元程序 OpenSEES 建立三种不同节点单元的 RC 框架模型，并对比建模方法的准确性。霍静思等进行栓焊连接下的钢节点的抗倒塌性能试验研究，分析对比了普通型栓焊连接节点、盖板加强型栓焊连接节点和翼缘加强型栓焊节点在动态倒塌过程中的破坏形态及其冲击作用下位移时程曲线。王宁利用 ABAQUS 有限元软件进行了钢框架梁柱节点子结构抗冲击性能的非线性动态响应数值仿真分析。易建伟等对钢筋混凝土框架结构进行抗连续倒塌可靠度分析，利用 Monte-Carlo 抽样方法对板柱节点等关键构件进行失效概率计算。孟宝等利用 ABAQUS 有限元软件对钢框架平齐端板螺栓接梁柱节点在倒塌工况下的破坏模式和力学机理进行模拟分析研究，分析跨高比在 10～30 变化时梁柱子结构悬链线机制的发挥程度。工伟等进行不同类型连接方式的钢管柱－钢梁节点抗连续性倒塌试验和数值研究，分析连接方式对节点抗连续倒塌能力的影响。王文达等针对环板式和穿心构造式的钢管混凝土柱－钢梁节点进行抗连续倒塌性能有限元研究，考察构造形式对节点承载力及变形的影响。

基于上述研究现状不难发现，目前国内外对钢节点的抗连续倒塌性能的研究较为完善，而针对钢与混凝土组合节点的性能研究较少，有必要开展对该种节点的抗连续倒塌性能研究。本文主要针对方钢管混凝土柱-钢梁平齐端板式节点，建立合理的有限元模型，并分析其抗连续倒塌性能。

3 节点设计

本文针对方钢管混凝土柱－钢梁端板式节点，分别设计一个平齐端板式节点（编号为 SJ-FD）和外伸端板式节点（编号为 SJ-ED）。两个节点具体尺寸如下：钢管混凝土截面规格为 300mm×300mm×6mm，柱高为 2000mm；钢梁截面规格为 H 300mm×200mm×6mm×8mm，梁跨为 3570mm；平齐端板规格为 350mm×200mm×16mm；外伸端板规格为 490mm×200mm×16mm；螺栓规格为 M 16。节点 SJ-FD 和节点 SJ-ED 的具体构造分别见图 1 和图 2。节点材料属性选取如下：钢管、钢梁和平齐端板均选取

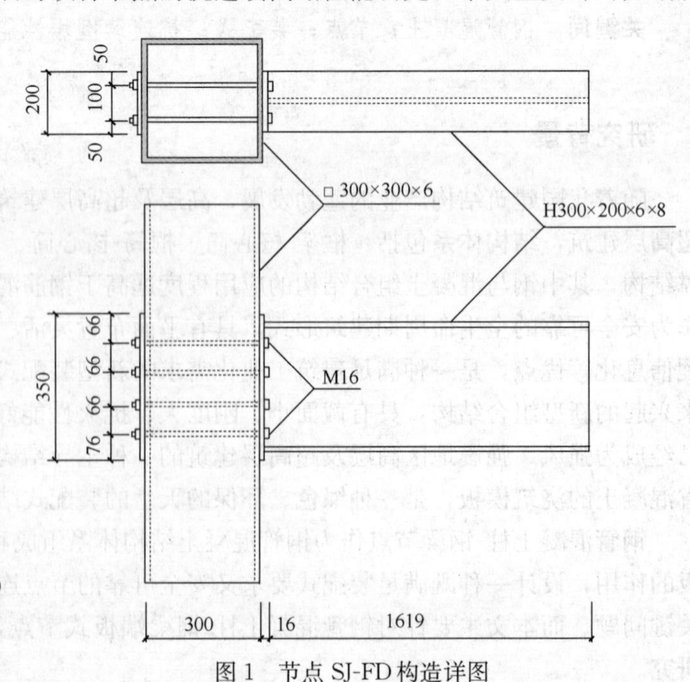

图 1 节点 SJ-FD 构造详图

Q 345 级钢；螺栓选取 10.9 S 高强度螺栓；核心混凝土选取 C 50 级混凝土。

4 有限元建模方法

采用 ABAQUS/Standard 建立节点 SJ-FD 有限元模型，其中钢梁采用壳体建模，而钢管混凝土柱、端板和螺栓采用实体建模。钢管与混凝土、螺栓与端板、螺栓与钢管、端板与钢管的接触关系均采用面-面接触，而钢梁与端板采用绑定接触。钢材选取各向同性模型，定义钢梁梁端为铰支，加载方式为在钢管混凝土柱上端施加竖向位移，节点有限元模型示意见图 3。

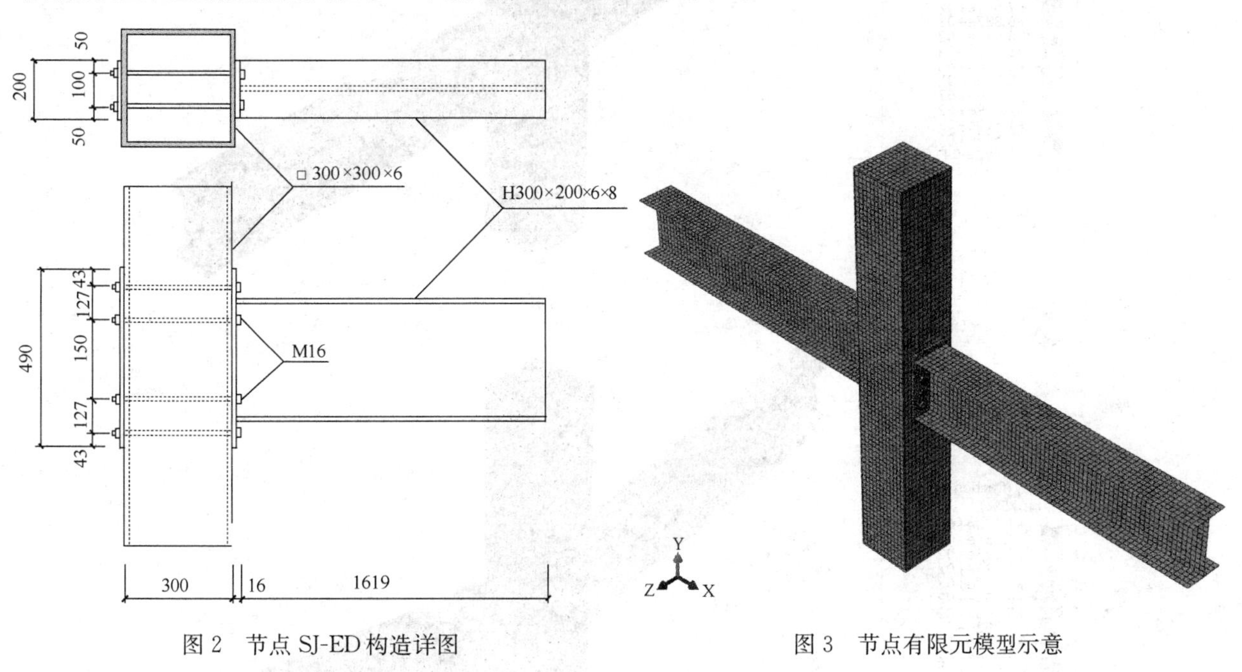

图 2 节点 SJ-ED 构造详图

图 3 节点有限元模型示意

5 节点 SJ-FD 抗连续倒塌性能分析

图 4 给出节点 SJ-FD 在连续倒塌加载下的承载力曲线。由曲线图可以看出，节点竖向位移在 0～28.8mm 时，曲线主要为平滑的直线，该阶段是节点的弹性阶段，竖向位移到达 28.8mm（A 点）时柱顶承载力为 117.8kN。节点竖向位移在 28.8～272.0mm 时，节点承载力持续上升，但曲线斜率先减小后增大，竖向位移到达 272.0mm（B 点）时柱顶承载力为 386.4kN，达到节点的极限承载力。此后节点进入破坏阶段，承载力曲线开始下降。

图 5 给出节点 SJ-FD 在竖向位移为 28.8mm（A 点）和 272.0mm（B 点）时的整体应力云图。由图 5（*a*）可以看出，当节点竖向位移达到 28.8mm 时，节点应力主要分布于螺栓群，且靠近节点核心区域的钢梁截面也有一定应力分布，但节点在此阶段还处于弹性阶段。由图 5（*b*）可以看出，当节点竖向位移达到 272.0mm 时，节点发生较为严重的变形，其中最下端的两颗螺栓已被拉长，平齐端板也由下至上与钢管脱开，此时应力集中于形心轴下方的螺栓群。此后，由于螺栓群从下至上被拉断，节点承载力不再上升，节点进入破坏阶段。

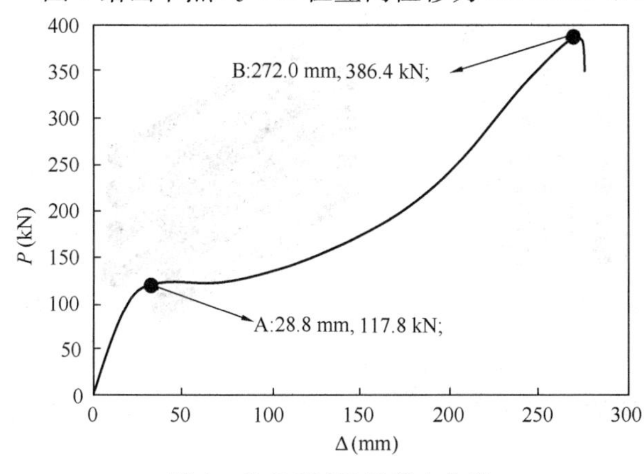

图 4 节点 SJ-FD 承载力曲线

图 6 给出节点 SJ-FD 在竖向位移为 28.8mm

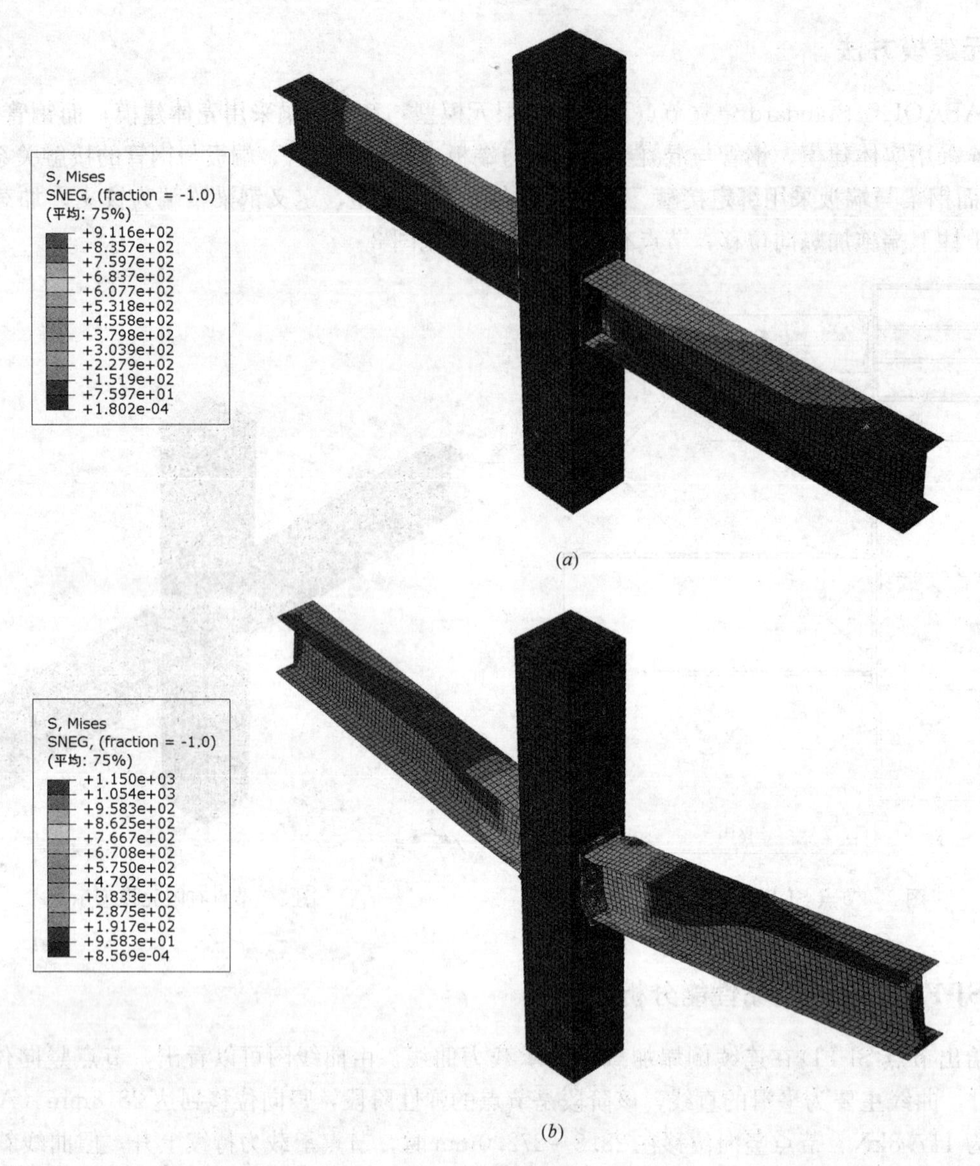

图 5　节点 SJ-FD 整体应力云图

(*a*) A 点；(*b*) B 点

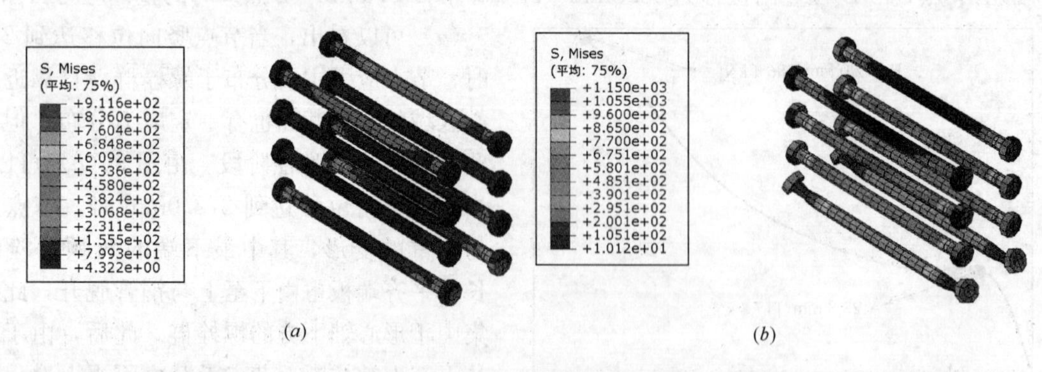

图 6　节点 SJ-FD 螺栓应力云图

(*a*) A 点；(*b*) B 点

（A点）和272.0mm（B点）时的螺栓应力云图。由图6（a）可以看出，当节点竖向位移达到28.8mm时，螺栓群的应力分布较为均匀，其最大应力为911.6MPa，可见螺栓群处于弹性应力阶段。由图6（b）可以看出，当节点竖向位移达到272.0mm时，部分螺栓变形较为严重，其中最下端的两颗螺栓的应力相对较大，变形也较严重，其最大应力值达到1150MPa，可见这两颗螺栓已具备被拉断的条件。

图7给出节点SJ-FD在竖向位移为28.8mm（A点）和272.0mm（B点）时的平齐端板应力云图。由图7（a）可以看出，当节点竖向位移达到28.8mm时，平齐端板的应力主要集中在螺栓孔，其最大应力为345MPa，达到钢材的屈服极限。由图7（b）可以看出，当节点竖向位移达到272.0mm时，平齐端板变形较为严重，其中由于最下端的两颗螺栓被拉长，平齐端板由下至上向外发生变形，但应力依然集中于最下端螺栓孔处，其最大应力值达到511.3MPa。

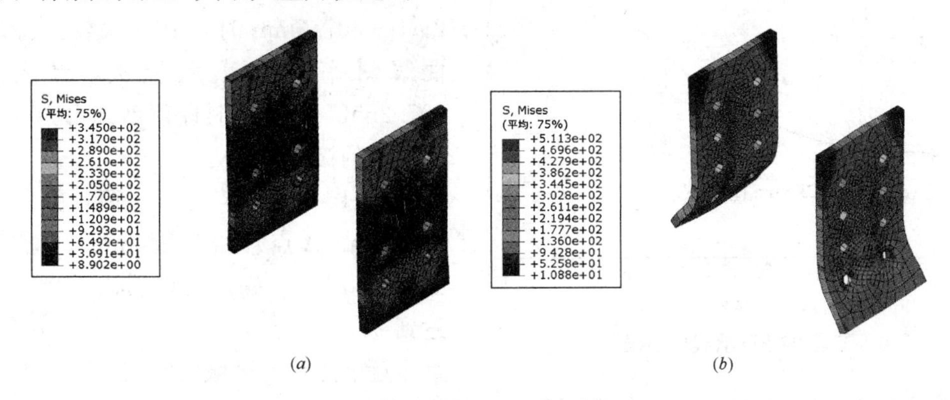

图7 节点SJ-FD平齐端板应力云图

（a）A点；（b）B点

图8给出节点SJ-FD在竖向位移为28.8mm（A点）和272.0mm（B点）时的钢梁应力云图。由图8（a）可以看出，当节点竖向位移达到28.8mm时，Mises应力主要集中在与平齐端板连接的钢梁上翼

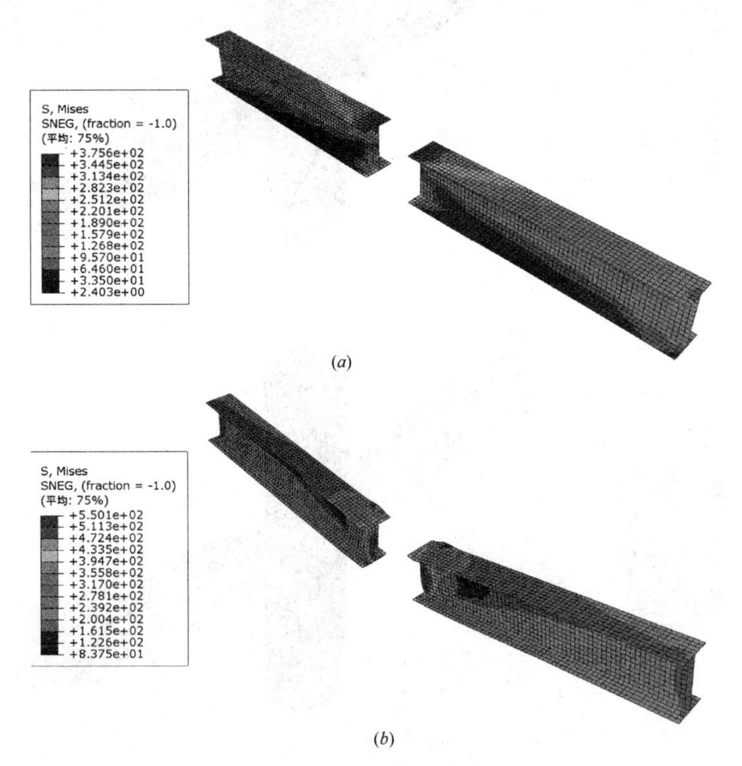

图8 节点SJ-FD钢梁应力云图

（a）A点；（b）B点

缘截面，其最大应力为 375.6MPa。由图 8（*b*）可以看出，当节点竖向位移达到 272.0mm 时，钢梁部分上翼缘截面发生屈曲现象，而应力集中于与平齐端板连接的钢梁截面，尤其是中性轴下方的腹板及下翼缘截面，其最大应力值达到 550.1MPa。

6 节点 SJ-ED 抗连续倒塌性能分析

图 9 给出节点 SJ-ED 在连续倒塌加载下的承载力曲线。由曲线图可以看出，节点竖向位移在 0～23.5mm 时，曲线主要为平滑的直线，该阶段是节点的弹性阶段，竖向位移到达 23.5mm（A 点）时柱顶承载力为 125.1kN。节点竖向位移在 23.5～307.2mm 时，节点承载力持续上升，但曲线斜率先减小后增大，竖向位移到达 307.2mm（B 点）时柱顶承载力为 630.2kN，达到节点的极限承载力。

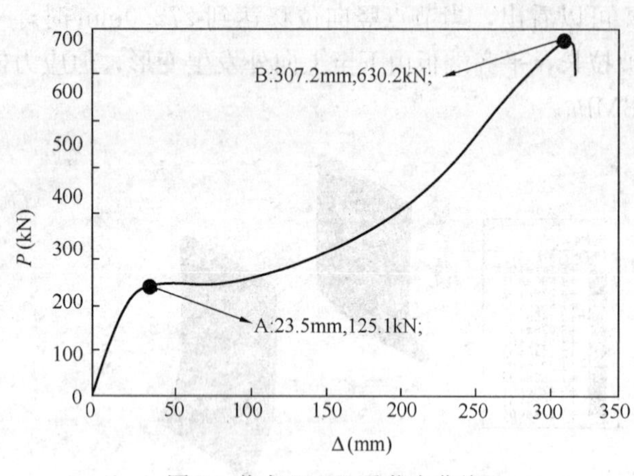

图 9 节点 SJ-ED 承载力曲线

图 10 给出节点 SJ-ED 在竖向位移为 23.5mm（A 点）和 307.2mm（B 点）时的应力云图。由图 10（*a*）可以看出，当节点竖向位移达到 23.5mm 时，节点应力主要分布于螺栓群，且靠近节点核心区域的钢梁截面也有一定应力分布，但节点在此阶段还处于弹性阶段。由图 10（*b*）可以看出，当节点竖向位移达到 307.2mm 时，节

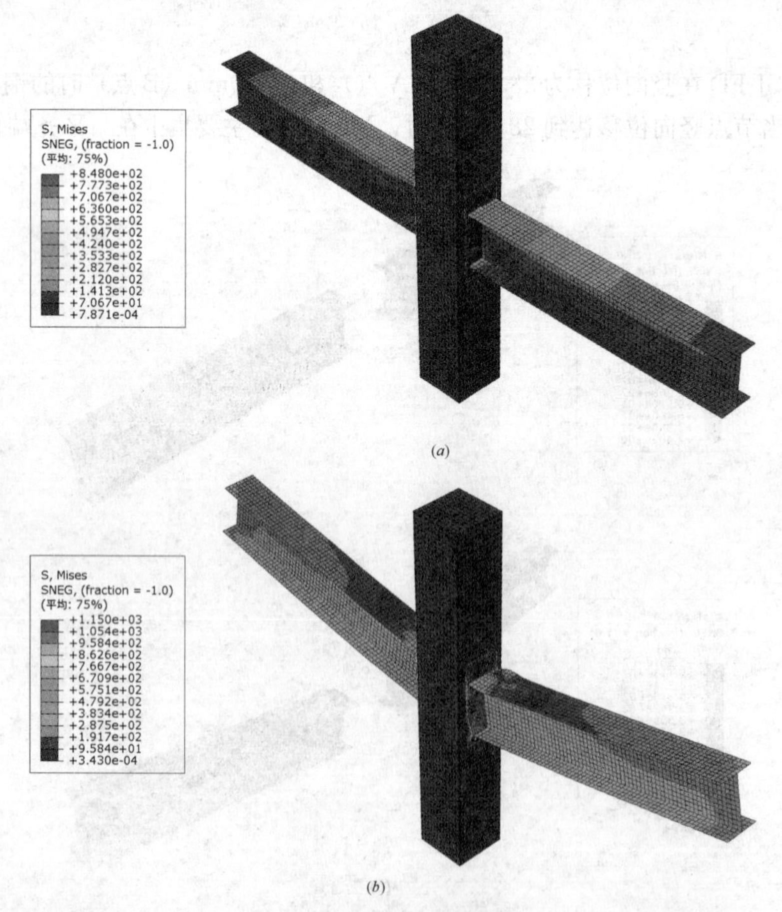

图 10 节点 SJ-ED 整体应力云图

（*a*）A 点；（*b*）B 点

点发生较为严重的变形，其中形心轴下方四颗螺栓变形较大，且与钢梁下翼缘连接的外伸端板变形也很大，部分外伸端板截面也与钢管脱开。

图 11 给出节点 SJ-ED 在竖向位移为 23.5mm（A 点）和 307.2mm（B 点）时的螺栓应力云图。由图 11（a）可以看出，当节点竖向位移达到 23.5mm 时，螺栓群的应力分布较为均匀，但形心轴下方四颗螺栓的应力相对更大，其最大应力为 848.0MPa，可见螺栓群还处于弹性应力阶段。由图 11（b）可以看出，当节点竖向位移达到 307.2mm 时，部分螺栓变形较为严重，其中形心轴下方的四颗螺栓的应力相对较大，变形也较严重，其最大应力值达到 1150MPa，具有明显的断裂倾向。

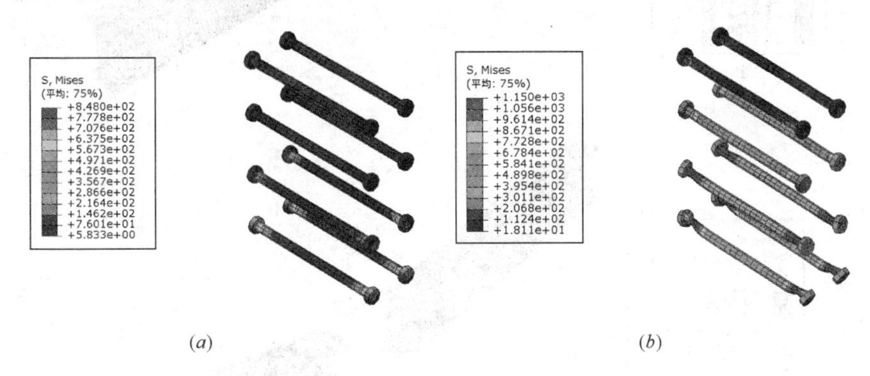

图 11 节点 SJ-ED 螺栓应力云图

（a）A 点；（b）B 点

图 12 给出节点 SJ－ED 在竖向位移为 23.5mm（A 点）和 307.2mm（B 点）时的外伸端板应力云图。由图 12（a）可以看出，当节点竖向位移达到 23.5mm 时，外伸端板的应力主要集中在螺栓孔，其最大应力为 592MPa。由图 12（b）可以看出，当节点竖向位移达到 307.2mm 时，外伸端板变形较为严重，其中由于形心轴下方的四颗螺栓变形较大，与钢梁下翼缘连接位置的外伸端板发生较大变形，其最大应力值达到 789.8MPa。

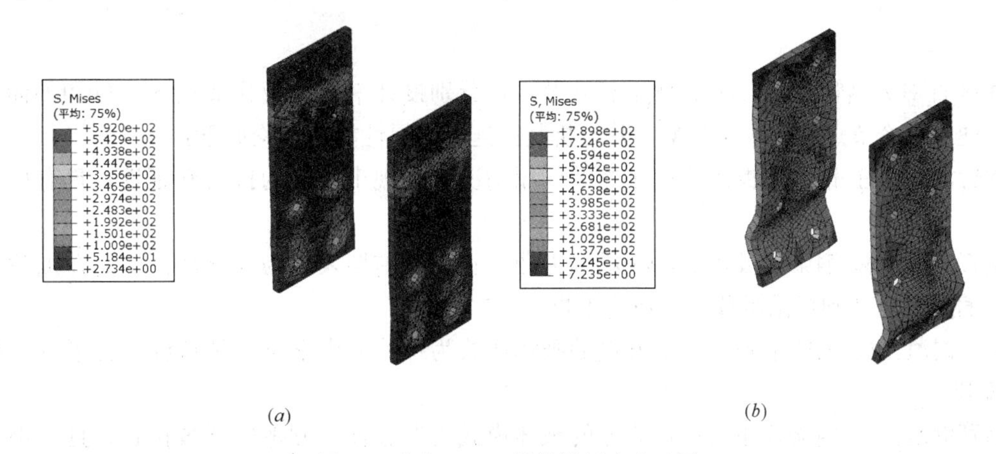

图 12 节点 SJ-ED 外伸端板应力云图

（a）A 点；（b）B 点

图 13 给出节点 SJ-ED 在竖向位移为 23.5mm（A 点）和 307.2mm（B 点）时的钢梁应力云图。由图 13（a）可以看出，当节点竖向位移达到 23.5mm 时，Mises 应力主要集中在与外伸端板连接的钢梁截面，其最大应力为 345.0MPa，达到钢材的屈服应力。由图 13（b）可以看出，当节点竖向位移达到 307.2mm 时，钢梁部分上翼缘截面发生屈曲现象，而应力集中于与外伸端板连接的钢梁截面，尤其是中性轴下方的腹板及下翼缘截面，其最大应力值达到 491.7MPa。

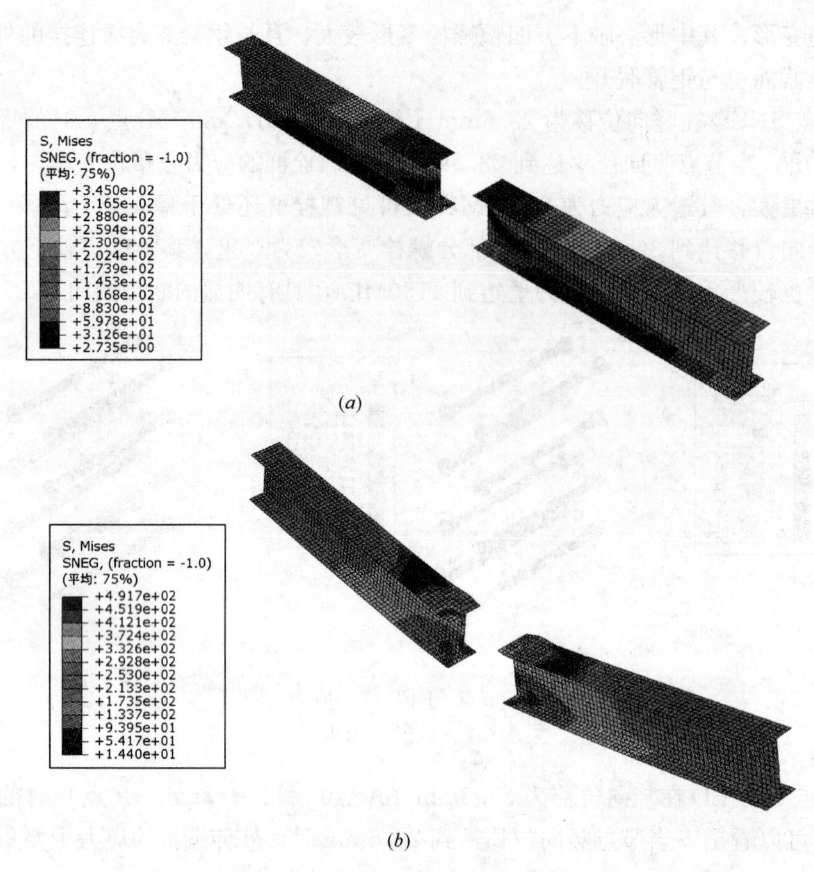

图 13　节点 SJ-ED 钢梁应力云图

(*a*) A 点；(*b*) B 点

7　结论

本文主要针对方钢管混凝土柱-钢梁端板式节点，分别设计平齐端板式节点 SJ-FD 和外伸端板式节点 SJ-ED，建立两个节点的有限元模型，并分析其抗连续倒塌性能。结论如下：

(1) 钢管混凝土柱-钢梁端板式节点在连续倒塌情况下表现出较好的抗力和延性，具有良好的抗连续倒塌能力。

(2) 钢管混凝土柱-钢梁端板式节点的承载力曲线在加载前期表现为弹性特征，而在加载后期曲线持续上升，直到节点达到极限承载力后曲线不再上升。

(3) 钢管混凝土柱-钢梁平齐端板式节点的破坏模式为螺栓群由下至上被拉断，且平齐端板由下至上与钢管脱开。

(4) 钢管混凝土柱-钢梁外伸端板式节点的破坏模式为形心轴下方螺栓群被拉长，且与钢梁下翼缘连接的外伸端板的部分截面与钢管脱开。

参考文献

[1] 韩林海. 钢管混凝土结构-理论与实践(第 3 版)[M]. 北京：科学出版社，2016.

[2] General Services Administration (GSA), Alternate path analysis and design guidelines for progressive collapse resistance[S]. Washington, DC: Office of Chief Architects, 2013.

[3] Department of Defence (DoD), Design of building to resist progressive collapse[S]. Washington, DC: Unified Facilities Criteria, 2013.

[4] Lee C H, Kim S, Han K H, et al. Simplified nonlinear progressive collapse analysis of welded steel moment frames

[J]. Journal of Constructional Steel Research, 2009, 65(5): 1130-1137.

[5] Lee C H, Kim S, Lee K. Parallel axial－flexural hinge model for nonlinear dynamic progressive collapse analysis of welded steel moment frames[J]. Journal of Structural Engineering, ASCE, 2010, 136(2): 165-173.

[6] Sadek F, Main J A, Lew H S, et al. Testing and analysis of steel and concrete beam-column assemblies under a column removal scenario[J]. Journal of Structural Engineering, 2011, 137(9): 881-892.

[7] 李爽，赵颖，翟长海，等．节点对RC框架结构抗连续倒塌能力影响研究[J]．工程力学，2012，29(12)：80-87.

[8] 霍静思，王宁，陈英．钢框架焊接梁柱节点子结构抗倒塌性能试验研究[J]．建筑结构学报，2014，04：100-108.

[9] 霍静思，王海涛，王宁，张素青．钢框架加强型梁柱节点子结构的抗冲击性能试验研究[J]．建筑结构学报，2016，06：131-140.

[10] 王宁，陈英，霍静思．钢框架梁柱节点子结构抗冲击力学性能有限元仿真研究[J]．振动与冲击，2015，18：51-56.

[11] 易伟建，水淼．基于节点冲切破坏的板柱结构连续倒塌可靠性分析[J]．工程力学，2015，32(07)：149-155＋175.

[12] 孟宝，钟炜辉，郝际平，等．平齐端板连接钢框架梁柱子结构的抗倒塌性能分析[J]．西安建筑科技大学学报(自然科学版)，2016，48(3)：376-382.

[13] 王伟，李玲，陈以一．方钢管柱-H形梁栓焊混合连接节点抗连续性倒塌性能试验研究[J]．建筑结构学报，2014，35(4)：92-99.

[14] 王伟，秦希．基于结构鲁棒性提升的隔板贯通节点加固构造[J]．同济大学学报(自然科学版)，2015，43(05)：685-692.

[15] 王伟，秦希．提升抗连续倒塌能力的钢框架梁柱刚性节点设计理念与方法[J]．建筑结构学报，2016，06：123-130.

[16] 史艳莉，石晓飞，王文达，等．圆钢管混凝土柱－H钢梁内隔板式节点抗连续倒塌机理研究[J]．振动与冲击，2016，35(19)：148-155.

[17] Wang Wenda, Li Huawei, Wang Jingxuan. Progressive collapse analysis of concrete-filled steel tubular column to steel beam connections using multi-scale model[J]. Structures, 2017, 9: 123-133.

[18] 史艳莉，李天昊，王文达．不同构造的圆钢管混凝土柱－H钢梁环板节点抗连续性倒塌性能分析[J]．自然灾害学报，2017，26(03)：28-38.

[19] 王文达，郑龙，魏国强．穿心构造的钢管混凝土柱-钢梁节点抗连续性倒塌性能分析与评估[J]．工程科学与技术，2018，50(06)：39-47.

非对称高低跨钢结构滑移施工技术研究

林　冰[1]　史一剑[1]　陈晓东[1]　丛　峻[1]　杜亚军[2]

（1. 中国建筑股份有限公司技术中心；2. 河北恒运晟建筑工程有限公司）

摘　要　本文以某工程实例为背景，介绍非对称高低跨钢结构滑移施工方法及关键点；重点介绍滑移支座位置倾角的确定方法；对工程的滑移施工步骤进行了简要的介绍，给出了类似工程滑移施工方案的设计方法。

关键词　滑移；非对称；高低跨；倾角；模拟分析；方案设计

1　工程概况

本工程为某钢铁企业综合原料厂环保改造项目。项目主体为不等高双跨网壳料棚，该料棚跨度为150m＋198m大小双跨，两端坐落在2m高的混凝土柱柱顶，连跨部分坐落在混凝土框架结构顶部，顶部标高19.85m。每个单跨为非对称结构，每榀桁架采用一根横向拉索拉紧，料棚三维示意图如图1所示，断面如图2所示。

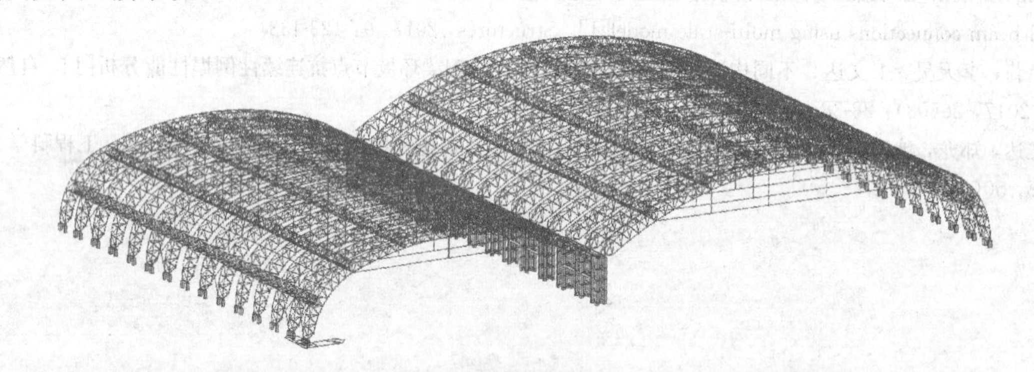

图1　料棚三维示意图

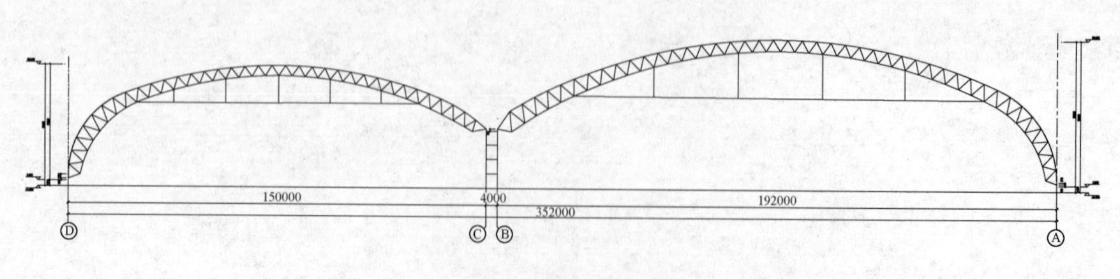

图2　料棚断面图

2　重难点分析及解决方法

由于业主要求在料棚施工期间不能停产，施工过程中堆料场地不能清理，场内设备正常运行，故只能排除满堂脚手架施工法、高空散装法和整体提升法等对场地要求较高的施工方法，采用滑移法进行施工，即将部分结构单元在具备拼装条件的位置组装成型，再在预先设置的轨道上滑移到设计位置拼接成整体的安装方法。

针对本工程双跨结构特点，选择滑移施工方法之后，面临双跨同步滑移还是单跨分别滑移的问题，分析本工程特点，相邻两跨桁架跨度和高度相差较大，故自重相差也较大，所需的顶推点个数不同，如果采用双跨同步滑移，则会造成顶推器的浪费，同时降低施工速度，增加施工成本。故本工程采用单跨分别滑移的方法。

滑移过程中，支座底部位置横向约束释放，支座会产生横向位移，对本工程结构进行有限元分析，发现结构支座底部横向位移较大，影响滑移的正常实施，需要采取一定措施。一种措施是在每跨桁架两端支座处增加一条竖向轨道，给滑移支座提供水平力来抵抗其横向位移，如图 3 所示，另一种措施是将两端轨道进行倾斜处理，依靠轨道的水平分力抵抗支座的横向位移，示意图如图 4 所示。由于第一种措施成本较高，也不方便实施，故本工程采用第二种措施进行处理。

图 3　措施一示意图

图 4　措施二示意图

3　滑移轨道倾角的确定

将双跨分离出来进行独立分析，每跨桁架为非对称结构，故所需轨道倾斜角度也不同，如何确定每条轨道的倾斜角度，成为滑移施工的关键问题。经过分析与讨论，轨道倾角的确定方法如下。

（1）初步确定轨道倾角范围

采用 midas gen 有限元软件对结构模拟分析，滑移支座位置边界条件采用铰接约束，跨中平衡点支座横向固定，荷载只考虑自重，计算各点支反力，并统计水平荷载和竖向荷载合力夹角，初步确定轨道倾角范围，以本工程大跨为例进行计算统计，计算模型如图 5 所示，荷载统计表如表 1 所示。

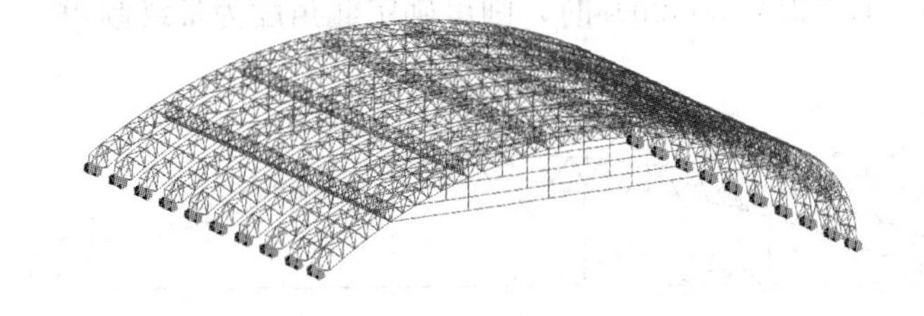

图 5　大跨计算模型示意图

荷载统计表 **表 1**

中部	F_x	F_z	角度	端部	F_x	F_z	角度
	kN	kN	°		kN	kN	°
A1	−211.161	437.4666	25.76612	B1	232.5346	339.1515	34.43595
A2	−215.749	459.7065	25.14152	B2	233.1424	385.5783	31.15952
A3	−224.501	453.771	26.32368	B3	237.0491	360.4034	33.33423
A4	−230.813	476.4778	25.84628	B4	242.1135	371.765	33.07435
A5	−218.53	440.8915	26.36552	B5	231.1813	386.1013	30.91141
A6	−233.396	473.774	26.22632	B6	234.5238	341.6139	34.47026
A7	−214.957	432.3009	26.43833	B7	219.9734	358.7275	31.51682
A8	−224.4	457.6837	26.1185	8	219.8554	352.5406	31.94897
A9	−213.475	427.38	26.54195	B9	218.4457	357.0623	31.45771
A10	−224.4	460.193	25.99488	B10	220.6858	353.7412	31.95849
A11	−220.45	440.6989	26.57556	B11	228.2145	342.3638	33.68682
A12	−225.246	455.5991	26.30754	B12	228.2894	380.2927	30.97636
A13	−218.654	438.2903	26.5137	B13	218.4881	380.2427	29.88174
A14	−233.286	473.8671	26.21117	B14	223.1792	333.4854	33.79172
A15	−217.14	434.0014	26.57974	B15	220.0272	358.6465	31.52884
A16	−226.064	459.4486	26.19872	B16	221.9604	355.1641	32.00339
A17	−221.057	444.9171	26.42044	B17	220.8915	339.0316	33.08572
A18	−223.117	451.687	26.2877	B18	221.0206	377.2039	30.36794
A19	−207.035	423.4909	26.05291	B19	173.6234	354.5261	26.09255
A20	−219.225	445.1099	26.22115	B20	177.4561	305.5114	30.15014

（2）试算位移值确定最终倾角

在以上基础上，在范围内选择某一角度值，对支座位置进行局部坐标旋转，如图 6 所示，约束局部坐标 Z 向位移，进行施工过程模拟分析，计算每一个施工阶段支座位置局部坐标横向位移，当各阶段位移值均满足施工要求（本工程为 30mm）时，则可确定此角度为最终倾角。

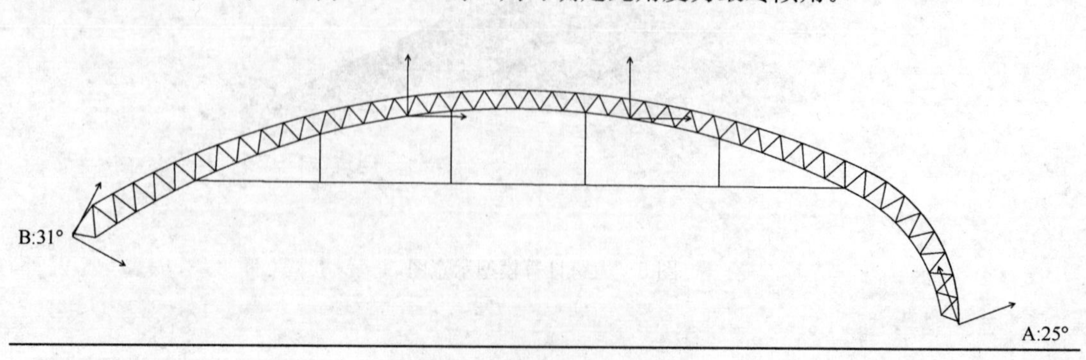

图 6　局部坐标旋转示意图

本工程经过反复验证，最终确定中部轨道倾角为 31°，端部为 25°，每一步滑移结果不一一列出，以第三榀滑移为例，位移云图及位移统计表如图 7 和表 2 所示。

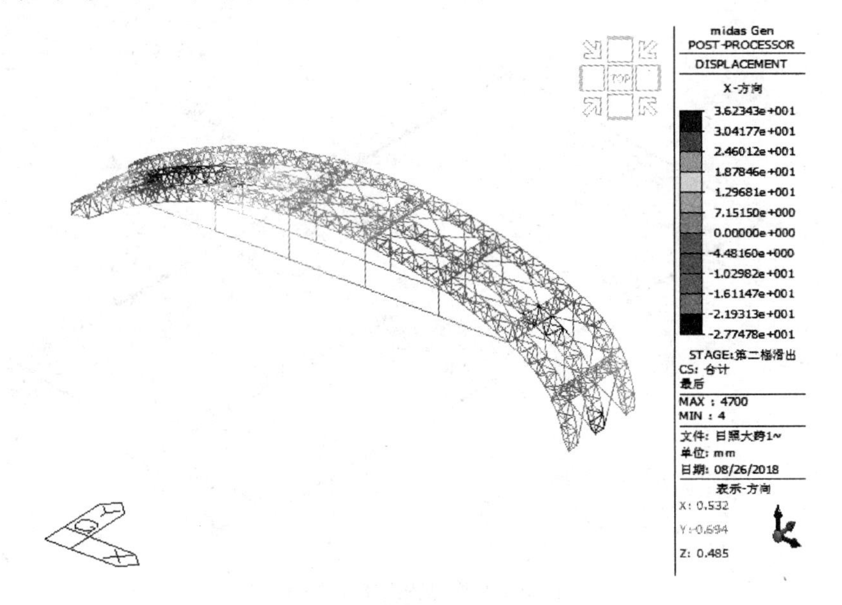

图 7　第三榀滑移 X 向位移云图

支座横向位移统计　　**表 2**

节点	UX（mm）	节点	UX（mm）
A1	5.1	B1	−30.3
A2	−1.8	B2	−26.9
A3	−22.9	B3	−21.1
A4	−29.5	B4	−15.1
A5	−22.7	B5	−16.6
A6	−29.9	B6	−12.3

（3）流程图

滑移轨道倾角的确定方法总结如图 8 所示。

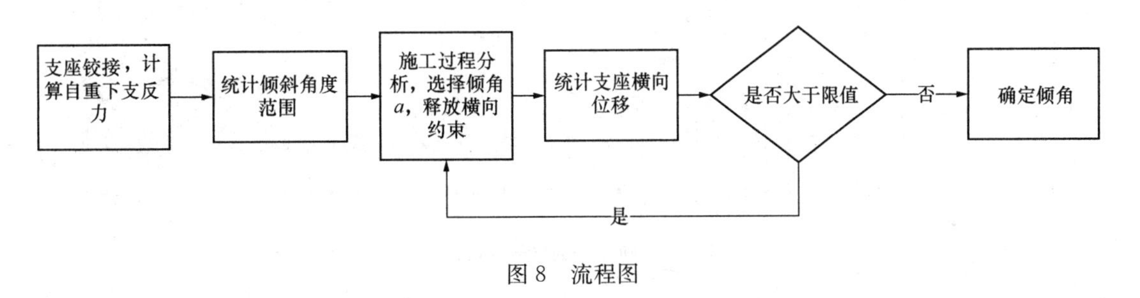

图 8　流程图

4　滑移施工步骤

确定重点滑移思路后，根据工程特点、工期要求及现场条件，本工程选择中间拼装，往两侧滑移的顺序，四个工作面同时施工，三维示意图如图 9 所示，在 20—21、27—28 轴临时支撑区设置拼装胎架，设置四条通长轨道，大跨中部临时支撑区设置两条轨道，小跨中部临时支撑区设置一条轨道，轨道布置及顶推点设置如图 10 所示，以大跨部分为例，具体滑移步骤如下。

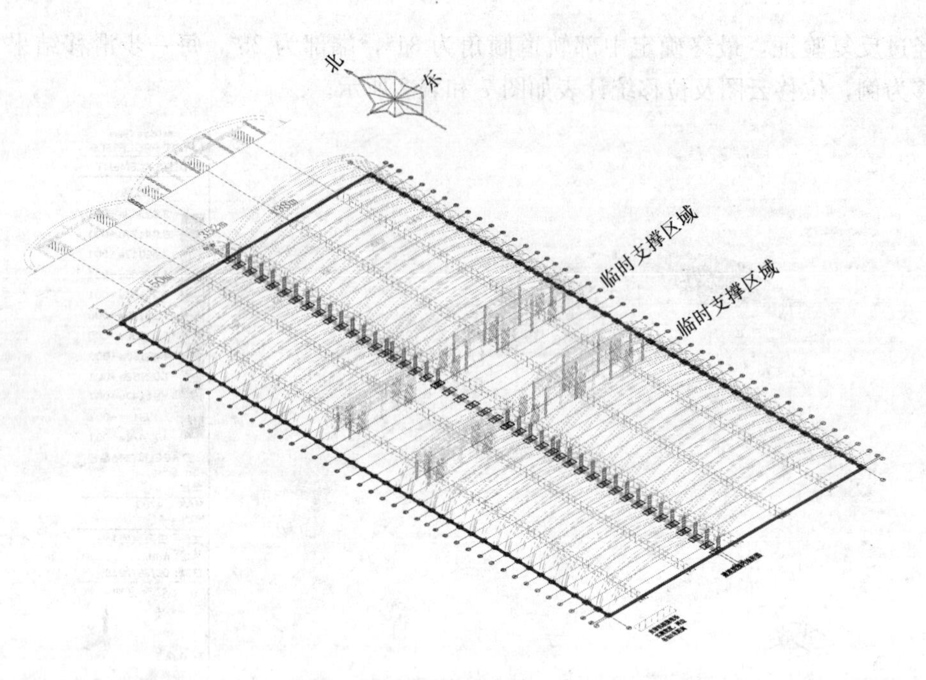

图 9　滑移过程三维示意图

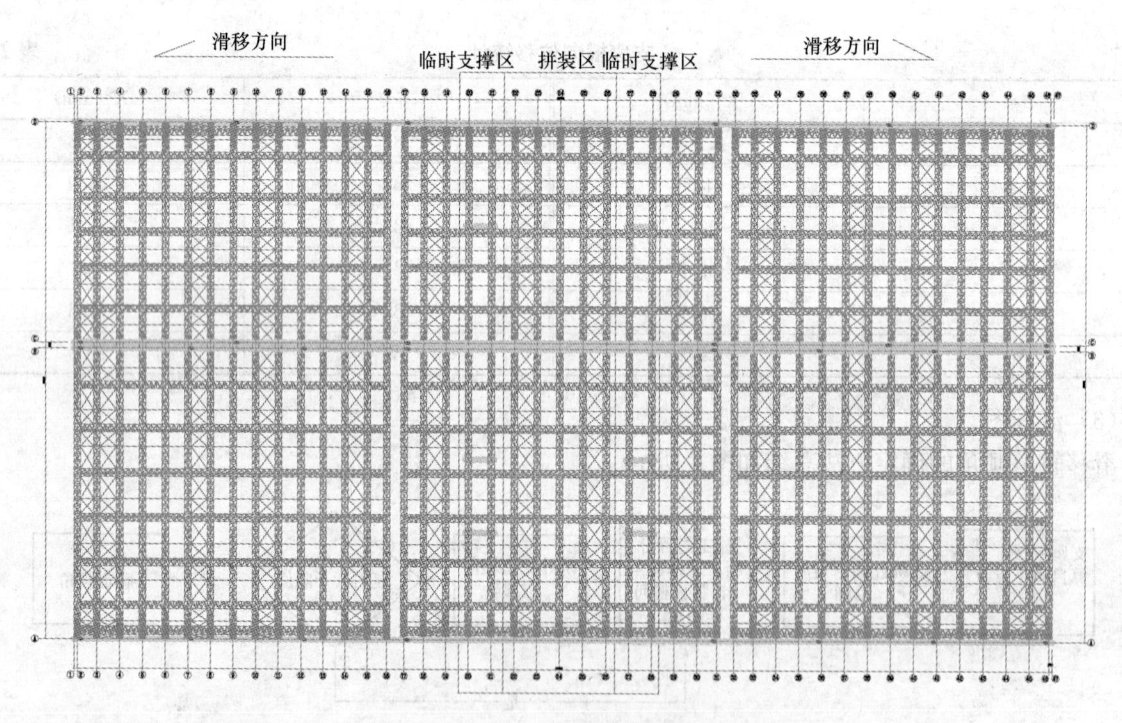

图 10　轨道及顶推点布置图

步骤一：计算并确定各条轨道倾斜角度，混凝土浇筑时提前预留相应轨道面及预埋件，并铺设相应轨道。

步骤二：在临时支撑区域设置两榀拼装胎架，并在胎架上相应位置设置轨道。

步骤三：首先拼装前两榀桁架单元，拼装完毕后，拆除除轨道外的胎架支撑点，对第一榀桁架进行拉索张拉，准备开始滑移。

步骤四：开始滑移，将第一榀桁架滑出轨道，滑移一个柱距 16m。

步骤五：累计拼装下一榀桁架进行滑移，每拼装一次，拉索拉紧一次，滑移一个柱距，每次滑移柱距均为16m。

步骤六：累计滑移5榀后，以5榀为一个单元整体，整体滑移到设计位置，进行卸载安装。

步骤七：同样的方法完成两端15榀的滑移安装，剩余中间部分，采用反方向滑移完成安装。

步骤八：安装滑移单元之间的次梁连接，并拆除胎架。

5 结语

滑移施工是一种常用的钢结构施工方法，由于很多钢结构设计考虑的是结构的最终状态，而滑移施工过程中结构边界条件会发生很大变化，故需要采取一定的应对措施，本文提出了一种非对称高低跨结构的方案设计方法，可为类似工程提供一定参考。

参考文献

[1] 林源．某大跨度双连跨柱面网壳整体滑移施工技术[J]．山西建筑，2018(3)：106-107.
[2] 鲍广鉴，曾强，陈柏全．大跨度空间钢结构滑移施工技术[J]．施工技术，2005，34(10)：2-4.
[3] 何文滔，冯玩豪，顾磊．钢结构滑移施工计算及边界条件探讨[J]．工程建设与设计，2016(6)：32-34.

方套圆中空夹层钢管混凝土柱-钢梁节点在低周往复荷载下有限元模拟

王慧智　戚本豪　李宏飞　刘东东　肖伟志　罗苏阳

（1. 华东交通大学土木建筑学院，南昌　330013；2. 中铁隧道集团四处有限公司，南宁　530000）

摘　要　利用 ABAQUS 有限元软件，对方套圆中空夹层钢管混凝土柱—钢梁节点在低周往复荷载下进行建模分析。有限元模型合理考虑了球铰连接情况，模拟了四个节点试件在低周往复荷载下的试验，计算得到的柱端水平荷载-水平位移（P-Δ）滞回曲线与试验吻合度良好。在此基础上，研究空心率、柱轴压比、外钢管强度和内钢管强度对方套圆中空夹层钢管混凝土柱-钢梁外加强环节点力学性能的影响。绘制柱端水平荷载-水平位移（P-Δ）骨架曲线进行参数分析，并详细地分析评价结构的延性，结果表明空心率大的构件所施加的轴力小，增大柱空心率，构件的承载力略有提高；增大柱轴压比，会降低节点水平极限承载力；增大外钢管强度和内钢管强度，会提高节点水平极限承载力，但延性较差。

关键词　钢管混凝土；节点；有限元模拟；低周往复；参数分析

中空夹层钢管混凝土具有承载力高、塑性延性好、拓展能力强、耐火性能优越和施工方便等一系列优点，具有良好的应用前景。由于钢管混凝土处于复杂的应力状态，因此，有限元模拟研究方法成为研究其受力性能的有效方法。现有的研究主要集中在对中空夹层钢管混凝土构件，尤其是对中空夹层钢管混凝土节点的研究相对较少。

目前，国内外研究者对中空夹层钢管混凝土构件进行了大量的试验和理论研究。黄宏等（2006）、曾祺（2009）、Hong Huang 等（2010）、Wei Li 等（2012）对圆中空夹层钢管混凝土短柱的轴压力学性能进行了理论与实验研究。Xiao-Ling Zhao 等（2002）、黄宏和张安哥（2008）、黄宏等（2016）对方中空夹层钢管混凝土短柱的轴压力学性能进行了理论与实验研究。Kojiro Uenaka 和 Hiroaki Kitoh（2011）和黄宏等（2013，2015，2016）及谢力（2015）分别对圆、方中空夹层钢管混凝土压、弯、剪、扭复合受力进行理论和试验研究。Lin-Hai Han 等（2006，2009）分别对往复荷载作用下的圆、方中空夹层钢管混凝土的滞回性能进行了理论与试验研究。闫煦（2011）对圆套圆中空夹层钢管混凝土柱-钢梁节点进行了实验研究，研究了在低周往复荷载作用下参数变化对节点承载力、刚度、延性、耗能能力、变形等的影响规律。

本文采用 ABAQUS 有限元程序，对方套圆中空夹层钢管混凝土柱-钢梁外加强环节点进行非线性分析，绘制柱端水平荷载-水平位移（P-Δ）骨架曲线进行参数分析，并详细地分析了外钢管强度、内钢管强度、空心率和柱轴压比对节点力学性能的影响。

1　有限元模型

（1）钢材和混凝土的本构关系模型

本文采用通过 ABAQUS 有限元软件建立了方套圆中空夹层钢管混凝土柱-钢梁节点的理论分析模型，具体方法如下：

1）本文钢管与钢梁采用各向同性强化模型，服从 Von Mises 屈服准则与相关联的塑性流动法则；为便于计算，在 ABAQUS 钢管与钢梁的单轴应力应变关系本文采用理想弹塑性模型。钢筋采用双折线线性随动强化模型，强化段刚度取 $0.01E_s$，（E_s 为钢筋弹性模量）。

2）本文 ABAQUS 中采用混凝土塑性损伤模型（CDP 模型）模拟混凝土在往复荷载作用下的性能，该模型服从非关联的塑性流动法则，并考虑各向同性损伤。ABAQUS 中的 CDP 模型通过引入受拉损伤因子与受压损伤因子考虑混凝土在拉压状态下的损伤。针对损伤因子定义，本文采用 Li 和 Han（2011）提出的损伤定义方法进行计算。混凝土采用韩林海（2004）提出的模型，该模型充分考虑钢管对混凝土的约束作用，并通过“约束效应系数”的方法来反映钢管混凝土截面的“组合作用效应”。

（2）单元选取及网格划分

1）内外钢管均采用四节点完全积分格式的壳单元（S4），在壳单元厚度方向采用 9 个积分点的 Simpson 积分。

2）混凝土和加载板均采用八节点减缩积分格式的三维实体单元（C3D8R）。对于实验中存在的盖板或者加载板均采用三维实体单元（C3D8R）来模拟。

3）网格划分采用结构化网格（Structured）划分网格，将区域几何信息转换为具有规则六面体形状的区域网格。模型中对于节点域附近的关键部位和应力梯度较大的地方进行局部网格加密。

（3）钢管与混凝土界面模型

钢管与混凝土之间的接触包括法向接触和切向接触。选择“硬”接触作为内外钢管与夹层混凝土的法向接触行为，并且允许接触后分离。切向接触采用库仑摩擦模型，摩擦系数取 0.25。对于盖板或加载板与混凝土之间的相互作用采用“硬”接触来实现，即忽略两者之间的切向作用。由于建模过程中盖板采用实体单元而钢管采用壳单元建模，需要进行耦合。钢梁与外钢管实际工程中一般采用焊接，采用绑定约束将两者接触部位的共有节点的自由度完全耦合。

（4）边界条件

本文采用梁端加载方式说明模型边界条件的确定，图 1 为有限元模型的边界条件和加载方式。本文模型采用在钢管混凝土柱顶、柱底、钢梁加载两端，分别建立参考点，将约束及荷载加至参考点上。其中柱底的四棱锥是为了模拟球铰，在柱底约束中线 x、y、z 向线位移；柱顶施加 x 向水平位移和竖向

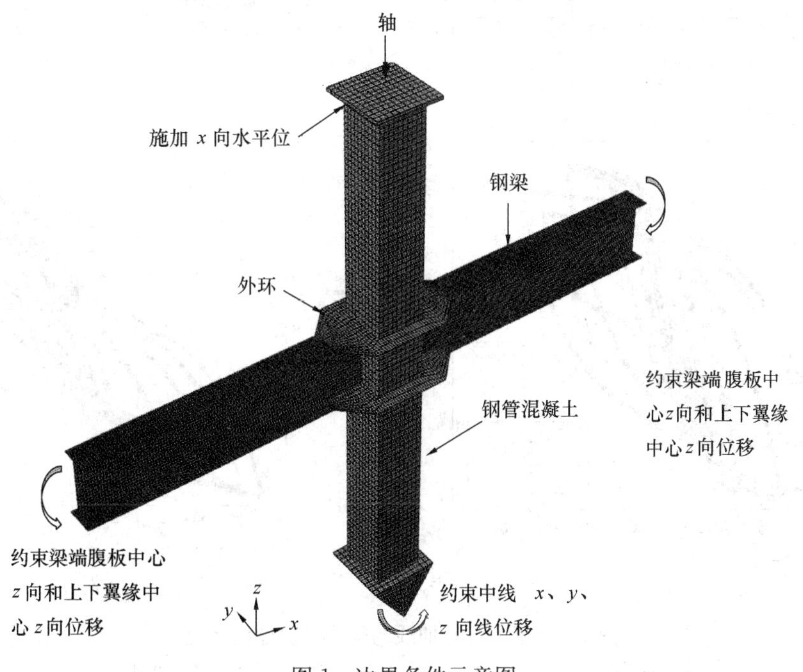

图 1 边界条件示意图

轴力，可以在竖向产生位移及在平面内位移：东西梁端面参考点处施加约束梁端腹板中心 z 向和上下翼缘中心 z 向位移，以防止钢梁在加载过程中出现扭转现象。有限元模型加载分为两步进行，首先在柱顶参考点处施加竖向轴力，第二步在柱顶参考点处同时施加水平往复位移荷载。

2 有限元模型验证

将闫煦的圆套圆中空夹层钢管混凝土柱-钢梁节点的实验结果与本文模拟结果进行比较。表 1 给出了闫煦的圆套圆中空夹层钢管混凝土柱-钢梁节点的试验试件的详细设计资料，其中，D_i、D_o、t_i、t_o、f_{yi}和 f_{yo}分别为内外钢管的外径、厚度和屈服强度，L 为试件高度；H、b_f、t_w、t_f和 f_{yb}分别为钢梁的截面高度、翼板宽度、腹板厚度、翼板厚度和屈服强度，L_0 为钢梁长度；f_{cu}为混凝土强度。图 2 中给出了部分节点的荷载-位移曲线，两者的误差较小。

闫煦试验中部分试件参数 **表 1**

试件编号	L (mm)	$D_o \times t_o$ (mm)	$D_i \times t_i$ (mm)	$H \times b_f \times t_w \times t_f$ (mm)	L_0 (mm)	N_0 (kN)	n	f_{yb} (MPa)	f_{yo} (MPa)	f_{yi} (MPa)	f_{cu} (MPa)
CDS Ⅰ-1	1170	273×6	159×6	250×125×9×5.5	1015	273	0.1	264.55	227.2	188.7	19.2
CDS Ⅰ-2	1170	273×6	159×6	250×125×9×5.5	1015	819	0.3	264.55	227.2	188.7	19.2
CDS Ⅰ-3	1170	273×6	159×6	250×125×9×5.5	1015	1638	0.6	264.55	227.2	188.7	19.2
CDS Ⅱ-1	1170	273×6	180×6	250×125×9×5.5	1015	273	0.1	264.55	227.2	200.8	19.2

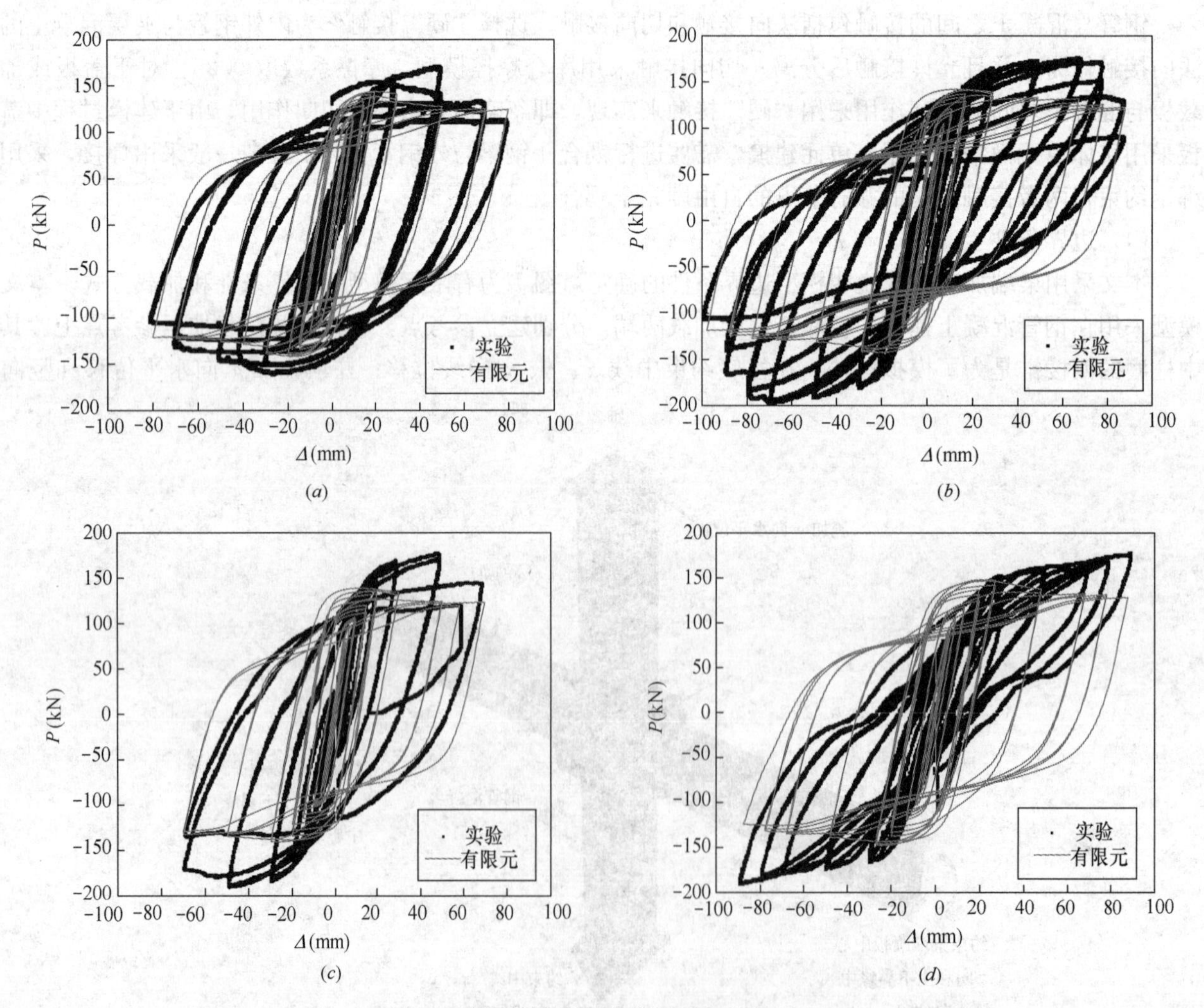

图 2 有限元计算曲线与闫煦试验曲线对比

(*a*) CDS Ⅰ-1；(*b*) CDS Ⅰ-2；(*c*) CDS Ⅰ-3；(*d*) CDS Ⅱ-1

通过有限元计算结果与闫煦试验结果相对比，结果表明，两者的吻合度良好，验证了本文有限元建模的正确性。

3 参数分析

为了能够分析不同因素下力学性能变化，建立了不同的模型，具体共同参数见表 2。其中，L 为构件高度，D_i、D_o、t_i和 t_o分别为内外钢管的边长、厚度和屈服强度；H、b_f、t_w和 t_f分别为钢梁的截面高度、翼板宽度、腹板厚度、翼板厚度，L_0 为钢梁长度；f_{cu}为混凝土强度。

本文方套圆中空夹层钢管混凝土柱-钢梁节点构件共同参数 **表 2**

构件编号	L (mm)	$D_o \times t_o$ (mm)	$D_i \times t_i$ (mm)	$H \times b_f \times t_w \times t_f$ (mm)	L_0 (mm)	f_{cu} (MPa)
/	3475	350×10	133×8	400×100×8×13	4500	30

通过滞回曲线正负方向各次加载的荷载的极值点依次相连得到构件的骨架曲线。骨架曲线是每次循环加载达到的水平力最大峰值的轨迹，反映了构件受力与变形的各个不同阶段及特性。

（1）空心率、轴压比影响

对方套圆中空夹层钢管混凝土柱-钢梁节点构件，空心率与轴压比均是影响其受力过程的主要参数。为了研究不同空心率对节点力学性能的影响，设置了 0.4、0.6、0.7 三种不同空心率，0.1、0.2、0.3、0.4、0.5、0.6 不同轴压比。

在相同轴压比参数的情况下，对不同空心率的节点构件的骨架曲线进行比较，分析不同空心率对节点构件水平极限承载力的影响。不同空心率时的试件的骨架曲线见图 3。

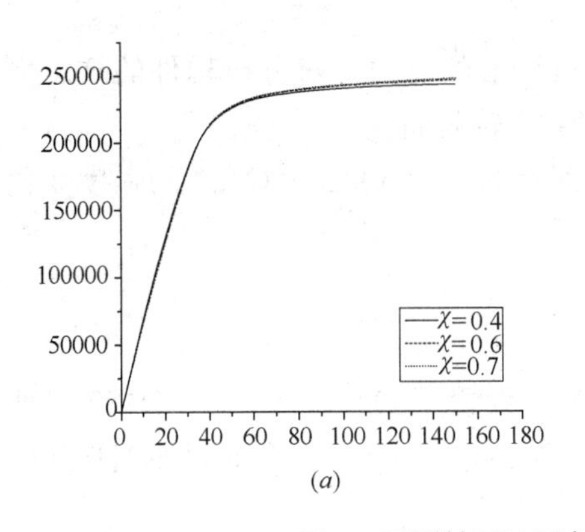

(a)

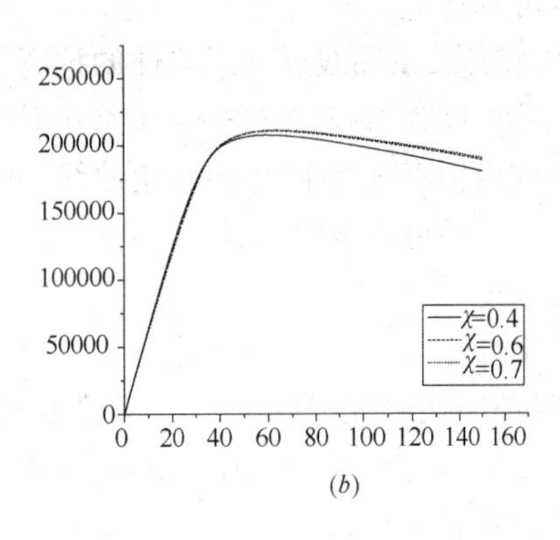

(b)

图 3 不同轴压比下各空心率骨架曲线对比

(a) $n=0.1$；(b) $n=0.3$

从图 3 中可以看出，当轴压比分别为 0.1、0.3 时，随着空心率的增大，构件的水平极限承载力略有提高。这是由于在相同的轴压比下，空心率大，所施加的轴力略小，所以表现出来的承载力略高。

轴压比对节点的承载力和破坏形态也有较大的影响。当空心率分别为 0.4、0.6、0.7 时，不同轴压比时的试件的骨架曲线见图 4。

观察比较可发现，轴压比对构件的影响规律为：在空心率一定的条件下，随着轴压比的增加，节点的水平承载力和延性都明显下降，而且空心率越大，这种趋势变得越明显。

（2）内钢管强度影响

1）荷载-位移曲线

为了研究不同内钢管强度对节点力学性能的影响，设置了 Q235、Q345、Q420 三种不同内钢管强度，外钢管选用 Q235，进行计算分析。得到荷载-位移曲线见图 5，计算不同内钢管强度构件在低周往复荷载下延性系数见表 3。

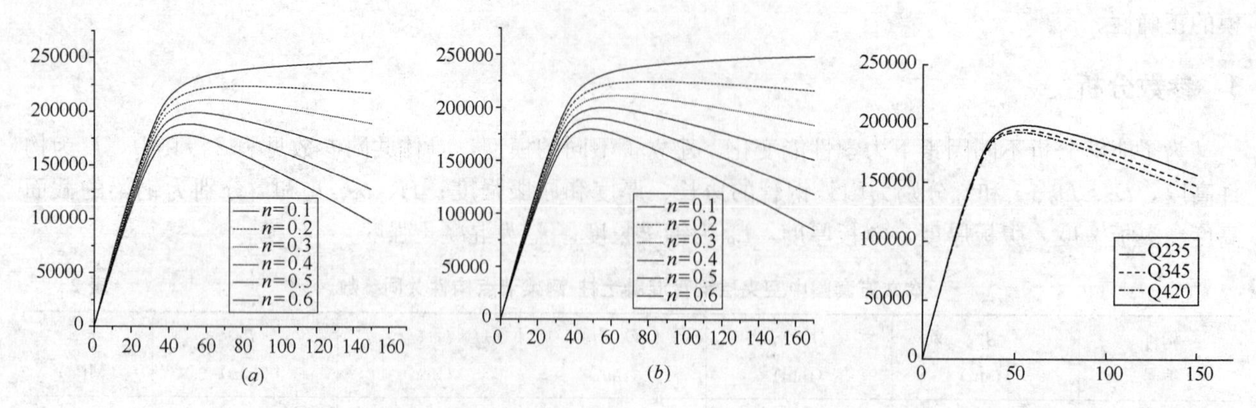

图 4　不同空心率下各轴压比骨架曲线对比

(a) χ=0.6；(b) χ=0.7

图 5　不同内钢管强度下骨架曲线对比

不同内钢管强度构件在低周往复荷载下延性系数　　表 3

内管强度	屈服点		最大荷载点		极限荷载点		延性系数
	P_y	Δ_y	P_u	Δ_p	$0.85P_u$	Δ_u	μ
Q235	175.0002	32.80	198.795	55.7686	168.9758	128.22	3.91
Q345	172.7014	32.73	195.181	55.5187	165.9039	119.26	3.64
Q420	1707421	32.58	192.747	52.0187	163.835	113.56	3.49

通过对比，在其他条件相同的情况下，随着内钢管强度的增大，节点的水平极限承载力在降低，并且荷载一位移曲线下降的速度也更快，这表明，节点的延性也随着内钢管强度的增大而越差。

2）弯矩-转角曲线

节点的弯矩-转角关系曲线反映了构件的抗弯、抗变形的能力，对分析构件的抗震性能具有重要意义。图 6 为内钢管强度为 Q235、Q345、Q420 下的弯矩-转角曲线。

通过对比不同内钢管强度下弯矩-转角曲线，内钢管 Q235、Q345、Q420 的强度变化对构件的抗弯承载力影响不大，几乎可以忽略不计。

(3）外钢管强度

1）荷载-位移曲线

为了研究不同外钢管强度对节点力学性能的影响，设置了 Q235、Q345、Q420 三种不同外钢管强度，内钢管选用 Q235，进行计算分析。得到荷载-位移曲线见图 7，计算不同外钢管强度构件在低周往复荷载下延性系数见表 4。

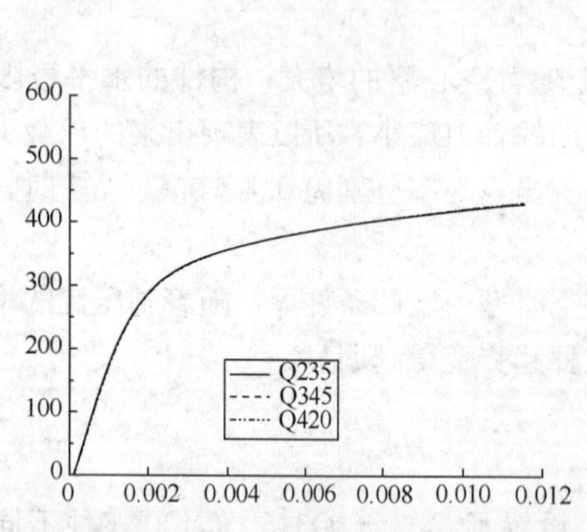

图 6　不同内钢管强度下弯矩-转角曲线对比

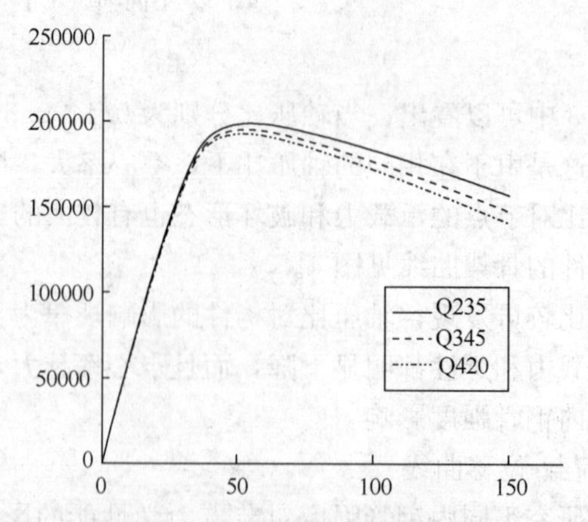

图 7　不同外钢管强度下骨架曲线对比

不同外钢管强度构件在低周往复荷载下延性系数　　表 4

外管强度	屈服点		最大荷载点		极限荷载点		延性系数
	P_y	Δ_y	P_u	Δ_p	$0.85P_u$	Δ_u	μ
Q235	165.3607	31.09	191.92	63.4356	163.1346	131.29	4.22
Q345	172.7014	32.73	195.18	53.5187	165.9039	119.26	3.64
Q420	168.9915	32.54	190.72	52.0188	162.1129	109.02	3.35

通过对比，在其他条件相同的情况下，随着外钢管强度的增大，节点的水平极限承载力在降低，并且荷载-位移曲线下降的速度也更快，这表明，节点的延性也随着外钢管强度的增大而越差。

2）弯矩-转角曲线

通过 ABAQUS 提取节点不同外钢管强度下的弯矩一转角关系曲线，图 8 为外钢管强度为 Q235、Q345、Q420 下的弯矩-转角曲线。

通过对比可知：在其他条件相同的情况下，随着外钢管强度的增大，节点的抗弯承载力在增大，这表明，增加外钢管的强度，可以提高节点的抗弯性能。

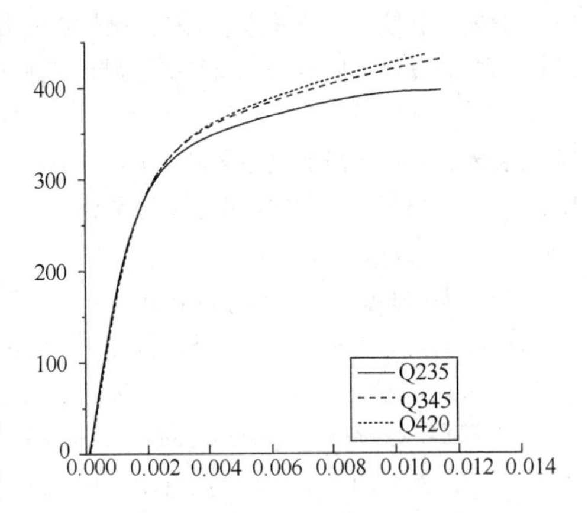

图 8　不同外钢管强度下弯矩-转角曲线对比

4　结论

（1）本文运用 ABAQUS 建模，合理确定钢与混凝土的本构模型边界条件，并考虑了球铰连接方式，建立了方套圆中空夹层钢管混凝土柱-钢梁节点模型，有限元分析与试验结果吻合度良好，进一步为此类节点进行参数分析提供了可靠的基础。

（2）在相同的轴压比下，随着空心率的增大，由于空心率大的构件所施加的轴力略小，所以表现出来的承载力略高；在相同的空心率下，随着轴压比的增大，构件的水平极限承载力下降，同时，节点的位移延性也随着轴压比的增大而减小。

（3）随着内外钢管强度的增大，节点的水平极限承载力与延性均降低；内钢管的强度对节点的抗弯承载力影响甚小，但增加外钢管的强度可以提高节点的抗弯性能。

参考文献

[1] 蔡绍怀. 现代钢管混凝土结构[M]. 北京：人民交通出版社，2003.
[2] 钟善桐. 铜管混凝土结构[M]. 北京：清华大学出版社，2003.
[3] 韩林海. 钢管混凝土结构[M]. 北京：科学出版社，2004.
[4] 陶忠，于清. 新型组合结构柱—试验、理论与方法[M]. 北京：科学出版社，2006.
[5] 黄宏，陶忠，韩林海. 圆中空夹层钢管混凝土柱轴压工作机理研究[J]. 工业建筑，2006，36(11)：11-14.
[6] 曾祺. 中空夹层钢管混凝土的轴心受压研究[D]. 浙江：浙江大学，2009.
[7] Hong Huang，Lin-Hai Han，Zhong Tao，et al. Analytical behaviour of concrete-filled double skin steel tubular (CFDST) stub columns[J]. Journal of Constructional Steel Research，2010，66(4)：542-555.
[8] Wei Li，Lin-Hai Han，Xiao-Ling Zhao. Axial strength of concrete-filleddouble skin steel tubular (CFDST) columns with preload on steel tubes[J]. Thin-walled Structures，2012，56(4)：9-20.
[9] Xiao-Ling Zhao，Byoungkee Han，Raphael H. Grzebieta. Plastic mechanism analysis of concrete-filled double-skin (SHS inner and SHS outer) stub columns[J]. Thin-Walled Structures，2002，40(5)：815-833.
[10] Xiao-Ling Zhao，Raphael Grzebieta. Strength and ductility of concrete filled double skin (SHS inner and SHS outer) tubes[J]. Thin-Walled Structures，2002，40：199-213.

[11] 黄宏，张安哥. 方中空夹层钢管混凝土柱轴压工作机理的研究[J]. 铁道建筑，2008，(4)：105-108.

[12] 黄宏，朱彦奇，陈梦成，许开成. 矩形中空夹层再生混凝土钢管短柱轴压试验研究[J]. 实验力学，2016，01：67-74.

[13] Kojiro Uenaka，Hiroaki Kitoh. Mechanical behavior of concrete filled double skin tubular circular deep beams[J]. Thin-Walled Structures，2011，49：256-263.

[14] 黄宏，范志杰，陈梦成. 圆中空夹层钢管混凝土压扭构件工作机理研究[J]. 广西大学学报. 2013，2(38)：42-47.

[15] 黄宏，郭晓宇，陈梦成. 圆中空夹层钢管混凝土压扭构件试验研究[J]. 实验力学，2015，30(01)：101-110.

[16] 黄宏，孙微，陈梦成，曾根平. 圆形截面中空夹层钢管混凝土短柱复合受力试验研究[J]. 建筑结构学报，2015，36(9)：53-59.

[17] 黄宏，朱琪，陈梦成，李婷. 方中空夹层钢管混凝土压弯扭构件试验研究[J]. 土木工程学报，2016，03：91-97.

[18] 谢力，林博洋，袁方，黄宏，陈梦成. 方中空夹层钢管混凝土柱压-弯-剪受力性能试验研究[J]. 建筑结构学报，2015，36(S1)：230-234.

[19] Lin-Hai Han，Hong Huang，Zhong Tao，Xiao-Ling Zhao. Concrete-filled double skin steel tubular (CFDST) beam-columns subjectedto cyclic bending[J]. Engineering Structures，2006，28(12)：1698-1714.

[20] Lin-Hai Han，Hong Huang，Xiao-LingZhao. Analytical behaviour of concrete-filled double skin steel tubular (CFDST) beam-columns under cyclic loading[J]. Thin-Walled Structures，2009，47(6-7)：668-680.

[21] 闫煦. 圆套圆中空夹层钢管混凝土柱-钢梁节点滞回性能试验研究[D]. 沈阳：沈阳建筑大学，2011.

[22] Li W，Han L H. Seismic performance of CFST column tosteel beam joint with RC slab：analysis[J]. Journal of Constructional Steel Research，2011，67(1) ：127-139

[23] 黄宏. 中空夹层钢管混凝土压弯构件的力学性能研究[D]. 福州：福州大学，2006.

武汉京东方B17项目钢结构BIM深化设计应用

周进兵　陈海峰　余贞铵　王　典

（中建三局第一建设工程有限责任公司，武汉）

摘　要　本文通过在武汉京东方B17钢结构项目中运用的BIM技术，着重介绍了Tekla软件在该项目钢结构深化设计流程、设计依据、深化中遇到的重点难点等；阐述了BIM技术对于钢结构深化设计的重要性。

关键词　钢结构；BIM；Tekla

1　工程概况

武汉京东方项目位于临空港经济技术开发区，总建筑面积约142万m^2，是湖北省单体投资规模最大的液晶显示项目。其中，我司承建的三个标段总建筑面积86万m^2，由彩膜及成盒厂房（约359220m^2）、成盒及模组厂房（304900 m^2）和其他相关综合配套区组成（图1）。

2号彩膜及成盒厂房钢结构主要包括：回风夹道钢结构、核心区屋面钢结构、外墙檩条用钢梁、1C、1B、2B工艺平台、DECK板、钢梯及屋面零星钢结构等的施工，用钢量约18600t，DECK板规格为YXB76-305－915，施工面积76000m^2。

3号成盒及模组厂房钢结构主要包括：核心区屋面钢结构、外墙檩条用钢梁、DECK板、钢梯及屋面零星钢结构等的施工，用钢量约7520t，DECK板规格为YXB76－305－915，施工面积56000m^2。

图1　项目效果图

2　BIM技术的重要性

目前，国内大部分大型工业建筑都以钢结构、钢管混凝土结构为主。本项目钢结构工程由钢结构混凝土框架结构组成，不仅能保证结构稳定，而且施工方便，降低成本，符合我国绿色建筑发展要求。由于钢结构的零件和构件都是在工厂内由大型设备进行加工生产，钢结构体量大、结构复杂，混凝土钢筋纵横交错与钢结构的衔接复杂。所以要确保工厂下料和制作构件的精确度，就需要使用 Tekla Stuctures 软件进行详图深化设计，让设计图纸表达的更清楚，材料采购更合理，以便于加工制作。

2.1 Tekla Stuctures 对钢骨混凝土结构的影响

该项目建筑钢混结构和钢筋连接复杂，而且所有的设计资料都是平面的，在深化设计过程中，如果不能很好地解决这一系列问题，不仅会给制作和安装带来麻烦，还会造成间接的经济损失。运用 Tekla 软件，可以将二维的设计资料在三维模型中进行表达，不仅能准确反映设计资料已包含的所有信息，还能及时发现其中存在信息缺少，标高位置不对以及加工厂制造困难等问题。

2.2 Tekla BIM Sight 对工程的影响

Tekla BIM Sight 是 Tekla 为建造行业提供专业的建筑信息建模程序，可以将不同专业所建造的三维模型通过此软件合并在一个模型中，以达到审核模型和检查碰撞的作用，从而达到优化施工流程目的。整个项目中的碰撞问题在发生之前就能预先确定，事前进行解决，节省事后的工程签证，缩短工程工期，同时也可以在三维模型的基础上做到较为精准的成本核算。在现场施工中，也可使用该软件做到层层过滤，剖面剪切、透视观察模型的室内结构形式。该软件有强大的兼容性能，通过各专业的模型合并，在现场更直观、更迅速地了解会议中所讨论的项目重点位置的施工情况。

3 BIM 技术在该项目中的应用

3.1 项目深化设计中的重点、难点

（1）钢混结构的特点

本项目钢结构工程由钢结构混凝土框架结构组成，钢结构体量大、结构复杂。

（2）建模阶段的重点、难点

1）回风夹道钢结构部分要主要由钢骨柱、钢梁及钢支撑系统组成。混凝土钢筋纵横交错与钢结构的衔接复杂，避免产生遗漏、现场开孔、临时焊接搭接板等，在深化设计时要考虑整体钢结构的建模准确度，完整性；重点在于构件分段定位，要进行接口设计，焊缝收缩量量化补偿；图纸还要与现场焊接的配合，如坡口方向、连接板设计等。钢混结构钢筋布置复杂，钢结构与混凝土钢筋需要组合建模，是该工程深化设计的难点（图 2）。

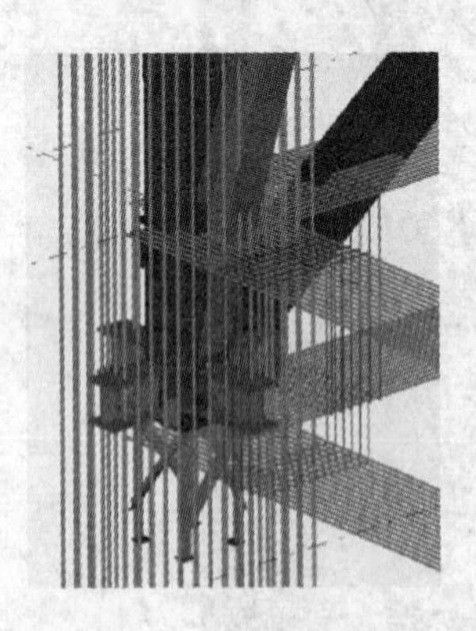

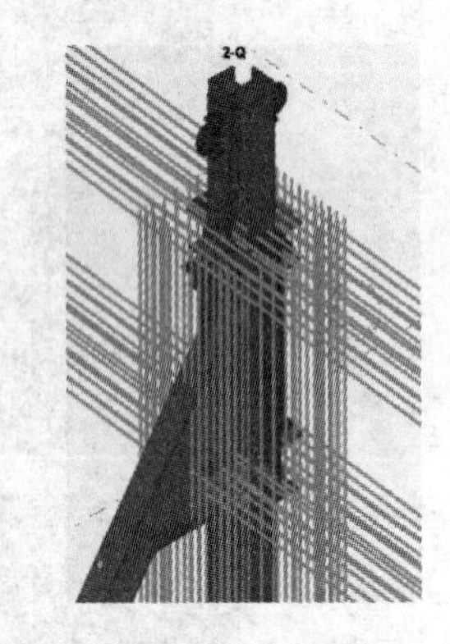

图 2　复杂的钢筋结构

2）2 号、3 号建筑屋面结构由主次钢梁及钢支撑系统组成。原结构设计里钢立柱与钢梁独立设置，深化过程中通过节点优化将两部分归为钢梁构件整体制作，来实现构件的整体安装，同时按实际施工情况重新调整了主钢梁的分段分节，以满足构件运输及现场吊装需求（图 3～图 6）。

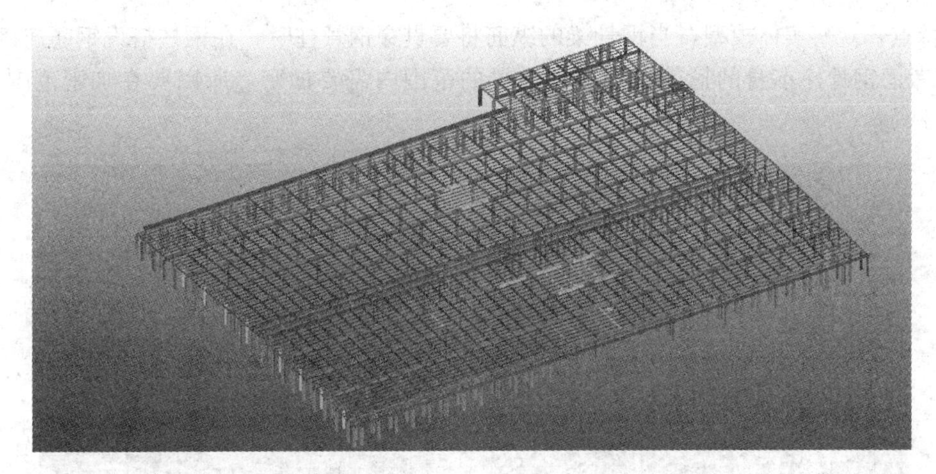

图 3　2 号建筑屋面整体三维模型

图 4　3 号建筑屋面整体三维模型

图 5　钢立柱与钢梁整体制作

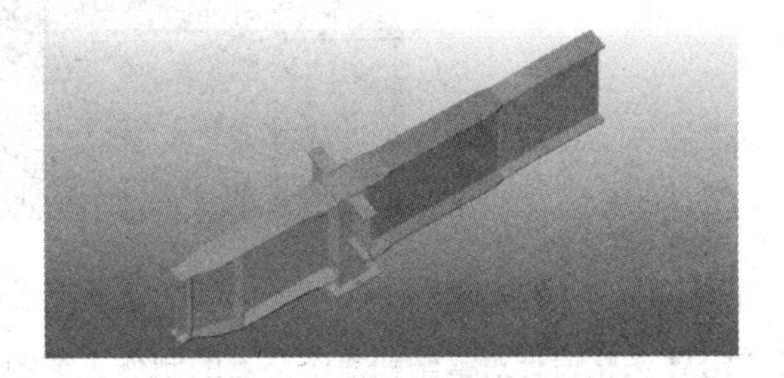

图 6　梁柱整体制作并处理分段

(3) BIM 技术在钢混结构中的应用

回风夹道整体桁架与钢筋混凝土的交叉碰撞及节点连接方式的选择。

节点的设计主要利用 BIM 将深化设计完成后钢结构的模型与各专业软件统一接口，将各专业施工内容和施工条件转换到模拟的现场施工环境中，将设计蓝图以三维可视化的形式展现出来，再由各专业共同组织模型会审，与以往传统的图纸会审相比，BIM 深化设计的应用相比更加直观形象，在多视口、各专业的讨论中，迅速制定出节点交叉碰撞时的处理方案，各节点的工况互不相同，在三维空间里进行展示，不易产生遗漏。在该项目中设计图与立体实物模型相结合，通过模型可看到每个细节，包括主构件样子、钢筋的位置、连接板角度将复杂的钢筋结构进行良好的展示。

1）由于此项目是钢桁架钢柱与混凝土连接结构，首先应考虑到钢柱本身纵筋的分布情况。通过

BIM 可视化特点，观察实体模型，当钢骨梁的纵筋将要贯穿钢骨柱时，在钢柱搭设钢筋连接板（图 7）。

2）要求考虑钢骨柱本身的箍筋在穿过钢骨梁的范围内需要加密，所以要在加密范围内进行补强（图 8）。

图 7　钢骨梁纵筋与钢骨柱连接

图 8　穿孔补强

3）当弱轴方向的上钢筋和下钢筋穿过钢骨柱时，一排钢筋要进行补强，二排钢筋应用搭筋进行焊接（图 9）。

图 9　上钢筋补强和搭筋板焊接

3.2　BIM 深化设计对钢结构复杂节点的制作工艺的指导及优化设计

（1）优点分析：

1）建立钢结构 BIM 模型，能将设计图纸内容更加直观形象地表达出来，在可全过程模拟构件制作工艺流程，便于同制作单位进行工艺交流探讨。

2）对于构件制作过程坡口、焊缝等细部的处理能及时得到制作单位的反馈，在构件制作前即可对模型进行优化、修整。

3）利用 BIM 模型进行构件制作工艺流程指导，极大缩短了各项复杂流程，提高了工作效率。

4）BIM 模型对钢构件制作工艺进行优化，可从工艺上解决构件加工质量问题，确保工程的施工质量。

（2）缺点分析：

1）BIM 软件对电脑等硬件配置要求较高。

2）对 BIM 深化设计人员技术能力要求高。

3）要求BIM深化设计人员对钢构件的制作工艺相对熟悉，具有一定的钢结构加工制作经验。

3.3 经济性分析

回风夹道桁架与钢筋混凝土的交叉碰撞及节点连接方式的选择。利用钢结构BIM深化设计完成各专业对接交叉对接节点的设计，再由各专业与设计单位共同组织模型会审，与以往传统的图纸会审相比，BIM深化设计的应用相比更加直观形象，在多视口、各专业的讨论中，迅速制定出各节点交叉碰撞时的处理方案，不易产生遗漏。为现场施工质量控制提供了技术保障，避免产生现场开孔、临时焊接搭接板等，极大地节省了人力、物力，从源头杜绝了现场更改对项目工期的影响，由此产生良好的经济效益。

BIM深化设计对回风夹道整体桁架复杂节点的制作工艺的指导及优化设计。传统深化绘图过程中因未及时或未予考虑构件制作工艺流程，往往造成后期构件不能按照设计要求进行制作，或构件制作质量不能满足结构设计要求，后期深化改图、制作返工等将消耗大量的人力、物力，极大地影响了项目施工工期，给工程建设造成了严重的损失。

BIM深化设计，通过三维BIM的多方展示，制作单位可迅速发现构件深化设计模型中容易出现的问题。为后期构件加工制作可能出现的工艺问题提供了三维可视化环境，构件节点深化设计内容不仅直观、形象，更极大地简化了常规图纸审核复杂的流程，缩短了常规图纸审核时间，充分保证了构架制作工艺的合理性，为确保项目质量工期创造了良好的条件。

4 结束语

钢结构BIM深化设计，将设计蓝图以三维可视化的形式展现出来，由各专业联合设计院共同进行图纸三维模型会审，迅速制定出节点交叉碰撞时的处理方案，极大提高了工作效率，降低了设计错误率，实施效果良好，为工程保质保量顺利进行打下了坚实的基础（图10、图11）。

图10 混凝土结构钢筋放样

图11 深化设计确定连接位置及连接形式

钢结构BIM对复杂节点的制作工艺的优化及指导，通过与制作单位进行联动，在复杂构件加工制作前，综合考虑各节点复杂的制作工艺流程，及时发现构件制作过程板件无法实现有效焊接或构件质量无法保证的问题，并提出工艺优化、改进的处理方案，有效地解决了深化设计与构件制作过程的工艺问题，确保了构件焊接加工的质量。

基于 ANSYS 的钢结构防倒塌棚架可靠性探讨

付海龙

（中建三局集团有限公司北京分公司，北京　100097）

摘　要　本文以北京体育大学新建武术及体育艺术综合馆项目汽车坡道钢结构防倒塌棚架为应用背景，应用 ANSYS 有限元仿真模拟软件，建立钢结构防倒塌棚架模型，根据实际使用条件，通过施加荷载和重力，计算分析钢结构防倒塌棚架的变形、最大应力，将得到的计算结果与施工经验计算得到的结果进行比较分析，证明 ANSYS 仿真模拟计算得到的结果偏差率控制在 5%以内。同时得到结果：应用 ANSYS 有限元仿真模拟软件，简单有效地建立钢结构仿真模型基础上，优化选择钢结构材料及组合形式，在保证钢结构防倒塌棚架的承载力、刚度及稳定性的基础上，节省资源基础上降低成本，满足工期及施工安全的要求，进而做到绿色施工的目的。

关键词　钢结构；防倒塌棚架；ANSYS；变形；应力

1　引言

防倒塌棚架的设计是民防以及公共建筑地下室设计的重要内容。如何保证所设计的防倒塌棚架的高度、宽度及构造界面是否保证防倒塌棚架的承载力、强度和稳定性，是施工过程中重点考虑的内容之一。

当采用手算的方法，如何将水平等效荷载及竖向等效荷载具体作用在防倒棚架上是难点之一，且手算过程极其繁琐，本文通过采用 ANSYS 有限元仿真模拟分析软件建立钢结构防倒塌棚架模型，真正做到施工现场的模拟的真实性。根据现场施工条件及正常使用后的实际条件，对模型进行施加荷载，模拟模型的破坏情况，做到及时对钢构件进行调整、更换，从而优化钢结构防倒塌棚架的设计及施工，在降低施工成本的基础上，优化工期，达到绿色安全施工的目的。

2　工程概况

本工程汽车坡道钢结构防倒塌棚架由四个除标高不同外其他完全一样的钢结构组成。该钢结构防倒塌棚架正式投入使用时，考虑到本工程为人员较为密集的学校场所，为保证其质量和安全的要求，如何选用最佳的钢结构来保证其足够的承载力、刚度及稳定性是本文研究主要内容。现选中取四分之一防倒塌棚架进行分析研究。

钢结构防倒塌棚架的最低标高为－5.75m，最高标高为 2.55m。具体的工程施工图纸见图 1～图 3。

3　模型建立概况

ANSYS 是一个功能非常强大的有限元分析软件，其中结构静力分析是最为常用的分析功能之一，通过仿真钢结构材料，建立钢结构防倒塌棚架模型，求解外荷载作用下引起的变形、应力。根据求解得到的变形和应力，选取最佳的钢结构材料类型和组合形式。

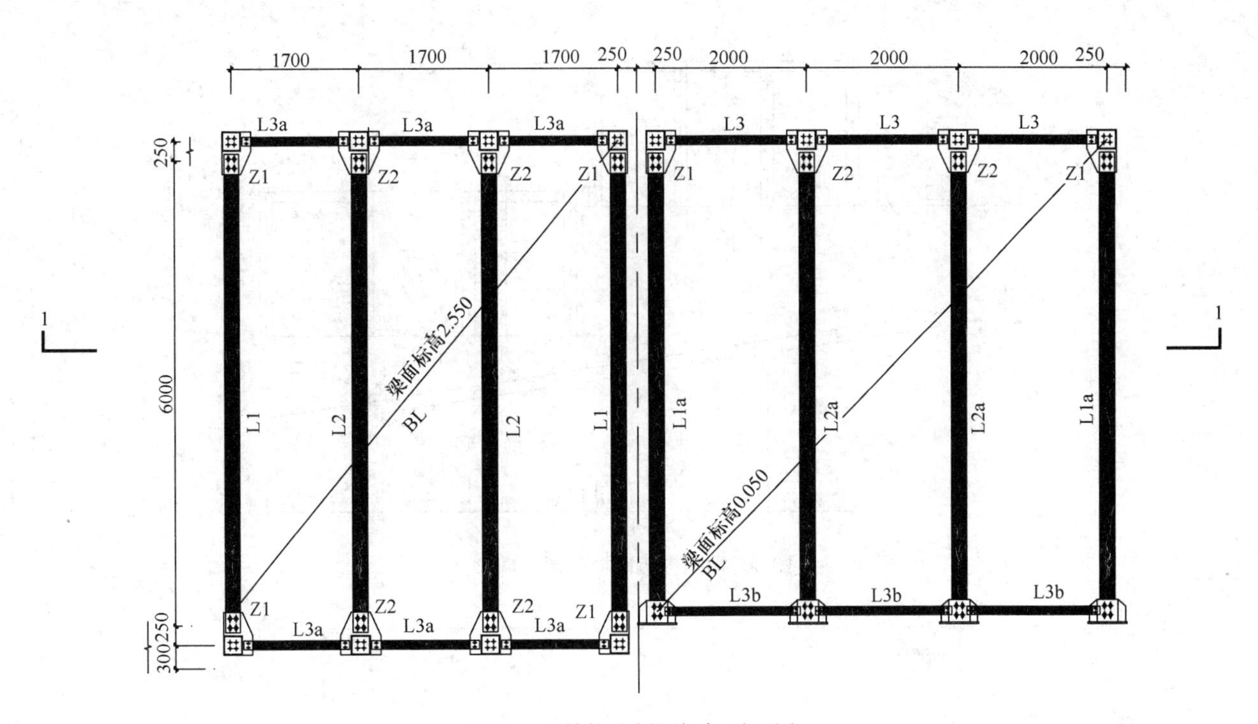

图 1　钢结构防倒塌棚架平面图

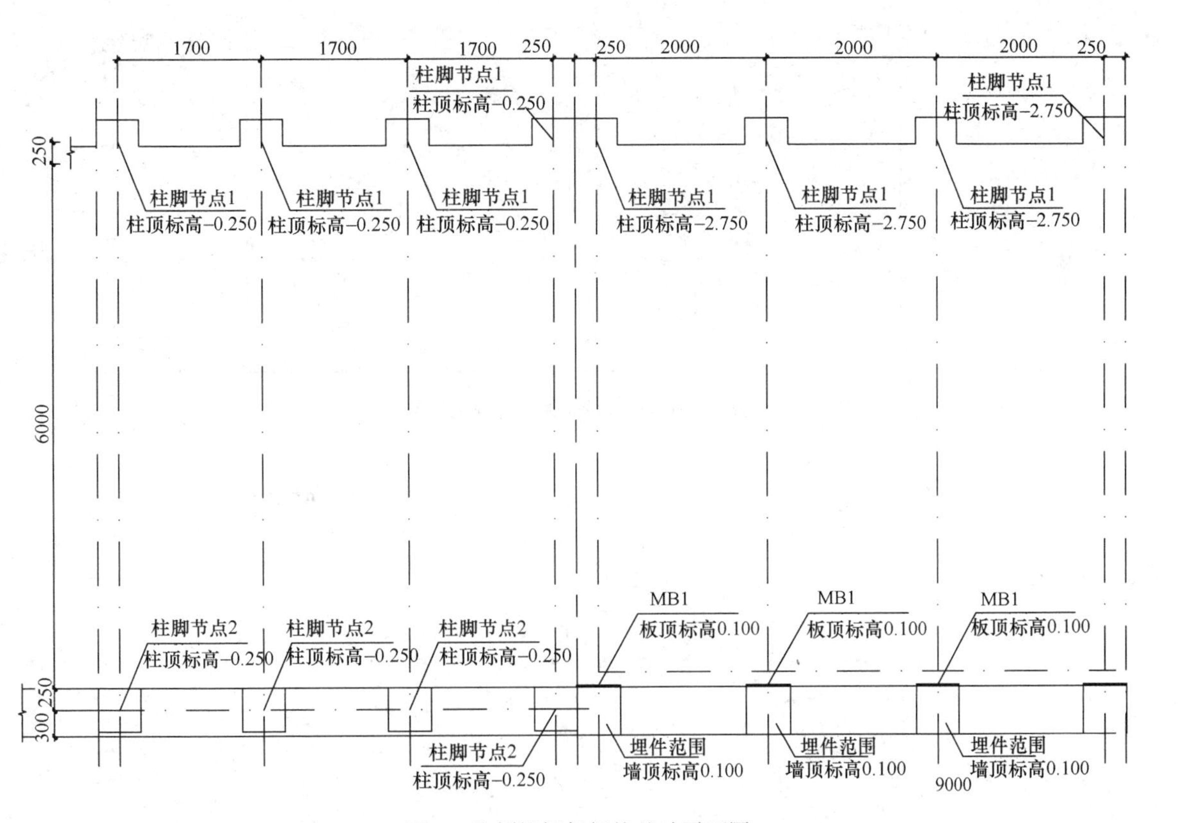

图 2　防倒塌棚架钢柱基础平面图

3.1　计算模型和坐标数据

通过应用 ANSYS 有限元软件建立计算模型，如图 4、图 5 所示。

在建立有限元模型过程中，选取主要节点作为关键点，共选取 32 个关键点，每个关键点的坐标数据如表 1 所示。

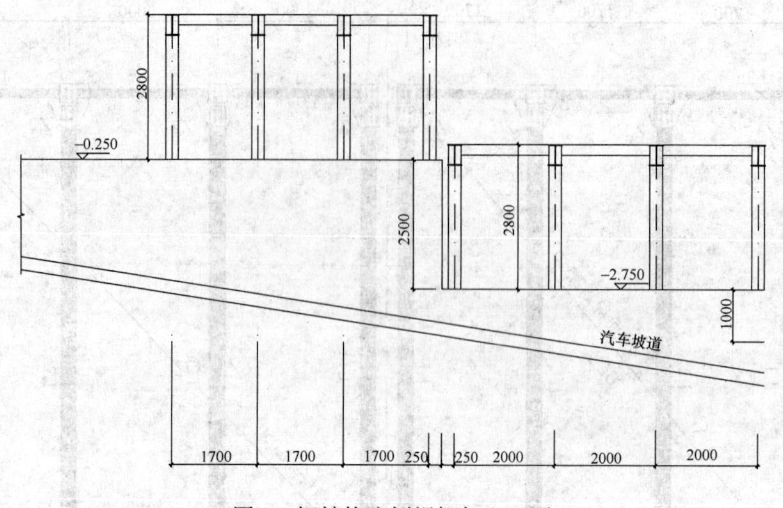

图3　钢结构防倒塌棚架立面图

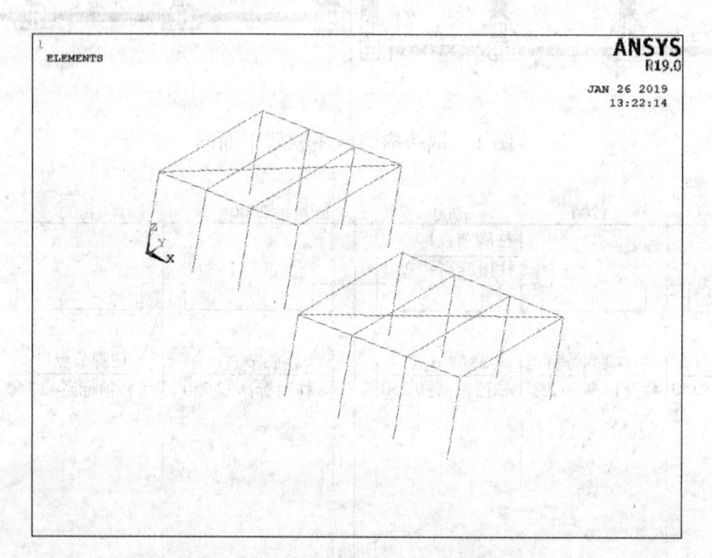

图4　四分之一钢结构防倒塌棚架

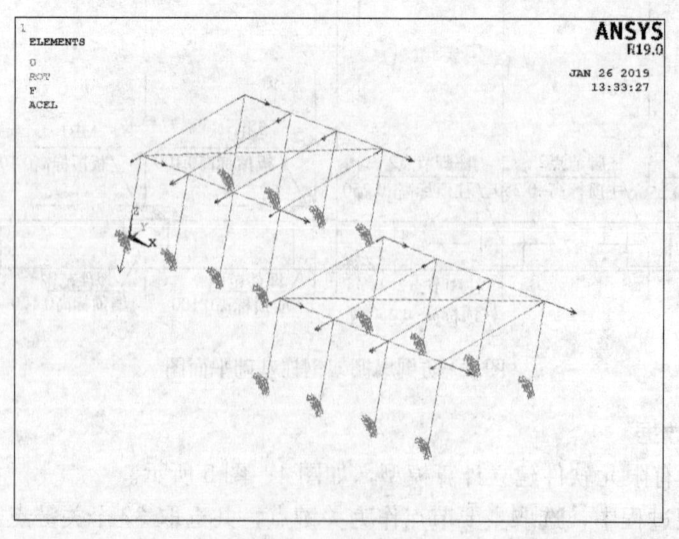

图5　计算模型

坐标数据统计表 **表 1**

坐标点	X	Y	Z	坐标点	X	Y	Z
1	0	0	0	17	5600	0	0
2	1700	0	0	18	7600	0	0
3	3400	0	0	19	9600	0	0
4	5100	0	0	20	11600	0	0
5	0	6500	0	21	5600	6500	0
6	1700	6500	0	22	7600	6500	0
7	3400	6500	0	23	9600	6500	0
8	5100	6500	0	24	11600	6500	0
9	0	0	2800	25	5600	0	−2800
10	1700	0	2800	26	7600	0	−2800
11	3400	0	2800	27	9600	0	−2800
12	5100	0	2800	28	11600	0	−2800
13	0	6500	2800	29	5600	6500	−2800
14	1700	6500	2800	30	7600	6500	−2800
15	3400	6500	2800	31	9600	6500	−2800
16	5100	6500	2800	32	11600	6500	−2800

3.2 材料数据

依据钢结构材料厂家提供的数据资料，本工程钢结构防倒塌棚架所使用的钢材性能参数有：弹性模量 $E=2.06\times10^5$，泊松比 $\mu=0.3$，质量密度 $\rho=7.85\times10^{-9}$。

3.3 荷载数据

计算分析时考虑到了北京市海淀区属于 C 类地区最大风荷载、雪荷载、玻璃的重量和结构的自重，同时考虑 8 度抗震的作用。风荷载、雪荷载均为分布荷载，将其转化为集中荷载作用在节点上，结构自重和地震的影响作为惯性力，以加速度的方式施加。

（1）风荷载

1）基本风压

$w_0=0.50\text{kN/m}^2$，标高 $H=2.8\text{m}$

立面风荷载设计值

$$\mu_z = 0.713\times(z/10)^{0.4} = 0.713\times(2.8/10)^{0.4} = 0.429$$

$$w_k = 2.25\times0.429\times0.8\times0.5 = 0.3861$$

$$w = 1.4\times0.3861 = 0.541\text{kN/m}^2$$

2）钢结构防倒塌棚架顶风荷载设计值

$$w_k=2.25\times0.429\times0.6\times0.5=0.2896$$

$$w=1.4\times0.2896=0.4050\text{kN/m}$$

（2）钢结构防倒塌棚架顶雪荷载

$$p=0.5\text{kN/m}^2$$

（3）地震力

地震力 α_{max}=0.16（按8度）；

水平地震最大加速度 α_{max}=1569.6；

垂直地震最大加速度 α_{maxy}=0.65×1569.6=1020.24；

考虑到动力放大系数5.0、组合系数0.5和分项系数1.3后，水平地震最大加速度 α_x=3.25×1569.6=5101.2；垂直地震最大加速度 α_y=3.25×1020.24=3315.78。

3.4 荷载处理

（1）立面

风荷载设计值

$$w=0.541\text{kN/m}^2$$

立面分格面积

小格 A_1=1.6×2.7=4.32m²；大格 A_2=1.7×2.7=4.59m²

分格荷载

小格风荷载 F_1=0.541×4.32=2.3371kN

大格风荷载 F_2=0.541×4.59=2.4832kN

（2）钢结构防倒塌棚架顶

风荷载设计值 w=0.4054kN/m²；雪荷载：0.5kN/m²

钢结构防倒塌棚架顶分格面积

小格 A_1=1.6×2.0=3.2m²；大格 A_2=1.7×2.0=3.4m²

分格荷载：小格 F_1=0.4054×3.2=1.2973kN，大格 F_2=0.4054×3.4=1.3784kN

（3）加速度

最大水平加速度：α_x=5101.2mm/s²

最大垂直加速度（为最大垂直地震加速度与重力加速度和合成）

$$\alpha_{yg}=\alpha_y+9810=13125.78\text{mm/s}^2$$

（4）边界条件

钢结构防倒塌棚架与地连接点的三个方向的位移及转角全部约束。

（5）单元类型、实常数及截面类型（表2）

钢结构构件单元类型、实常数及截面类型统计表 **表2**

编号	单元类型	截面	材质
L1	梁	H390mm×300mm×10mm×16mm	Q345
L2	梁	H390mm×300mm×10mm×16mm	Q345
L3	梁	工18a	Q235
Z1	柱	箱250mm×8mm	Q235
Z2	柱	箱250mm×8mm	Q235
BL	梁	工10	Q235

4 计算结果分析

4.1 ANSYS有限元结果输出

应用ANSYS有限元软件，通过前处理建立好模型，如图6所示，在风荷载、雪荷载、结构自重并考虑地震荷载的作用下对仿真模型进行加载求解，最后进行后处理得到本文研究所需的数据及影像资料。

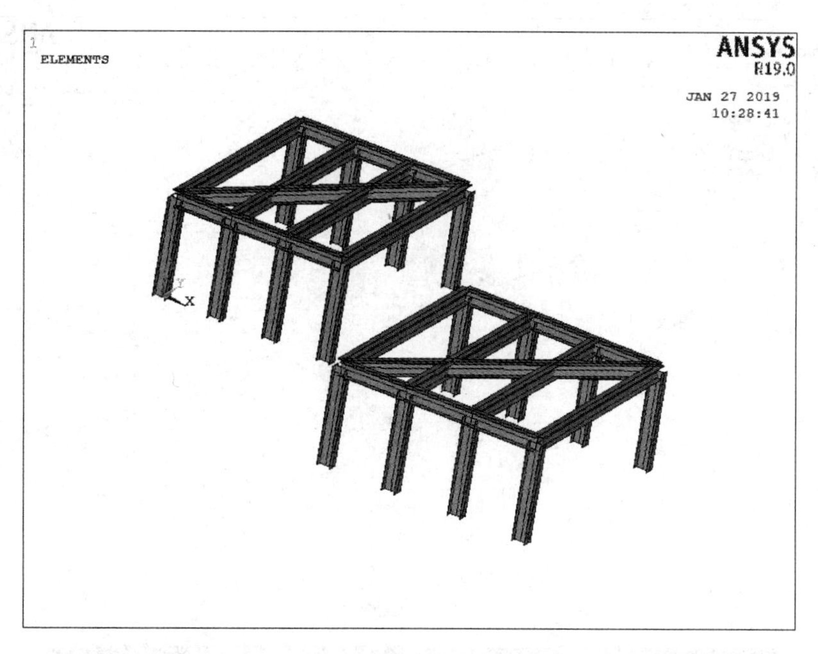

图6 钢结构防倒塌棚架 ANSYS 有限元模型效果图

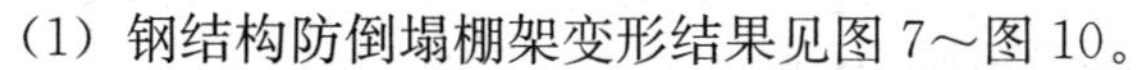

(1) 钢结构防倒塌棚架变形结果见图7～图10。

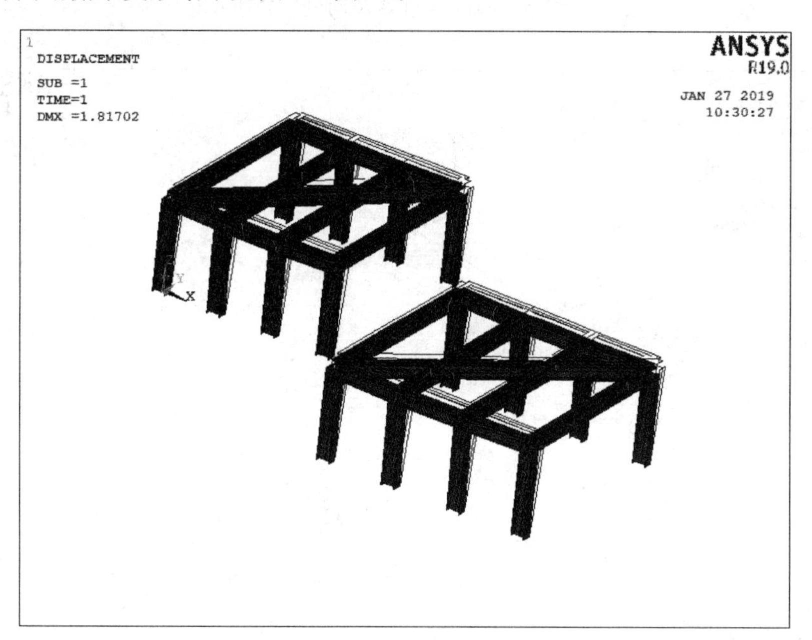

图7 钢结构防倒塌棚架整体变形效果图

钢结构防倒塌棚架在 X 向、Y 向及 Z 向三个方向的最大变形均为 1.76391mm，即最大变形为：$U_X=U_Y=U_Z=1.76391$mm。

(2) 钢结构防倒塌棚架应力结果见图11。

模拟计算结果有钢结构防倒塌棚架在荷载作用下的最大应力 $\sigma_v=1.81702$。

综上，该钢结构防倒塌棚架在所有荷载和重力的作用下，X 向、Y 向及 Z 向最大变形均发生在防倒塌棚架顶部，最大值均为 1.76391mm，最大当量应力发生在前立面柱与横梁交叉处，其值为 $\sigma_v=1.81702$。

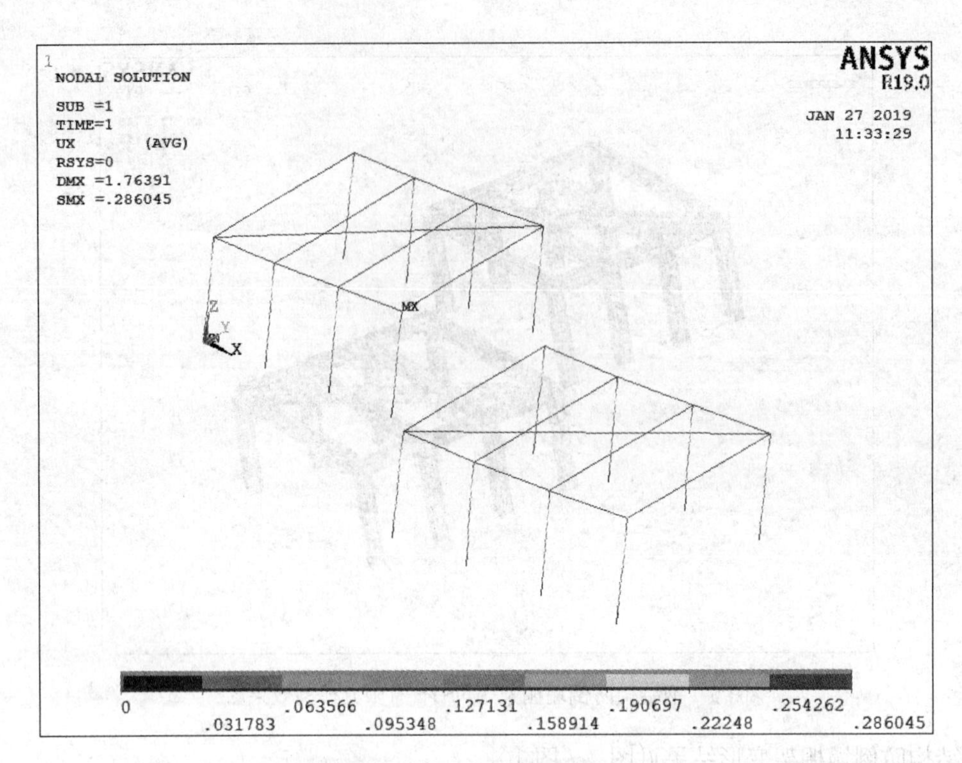

图 8　钢结构防倒塌棚架 X 向变形分部云图

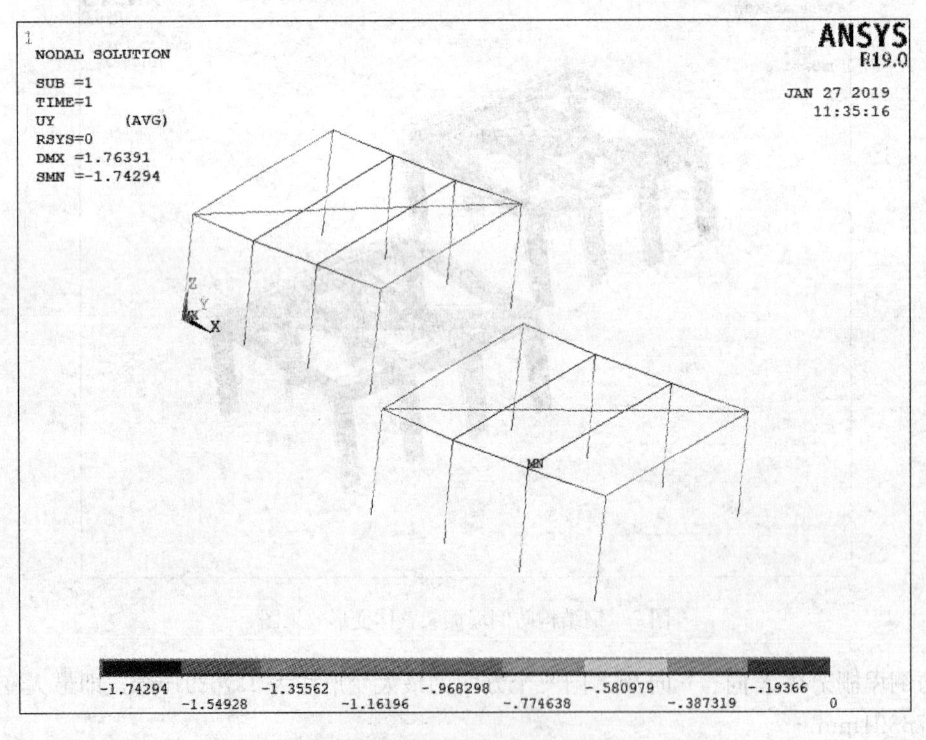

图 9　钢结构防倒塌棚架 Y 向变形分布云图

4.2 计算结果分析比较

总包单位对钢结构方面有着丰富的施工经验，通过查阅相类似的钢结构防倒塌棚架的施工资料，并对查询得到的数据资料进行汇总、统计。以此为基础得到本项目钢结构防倒塌棚架在荷载作用下的变形量及应力变化值。将施工经验得到的数据与 ANSYS 有限元模拟计算得到的数据结果进行比较分析，如表 3 所示。

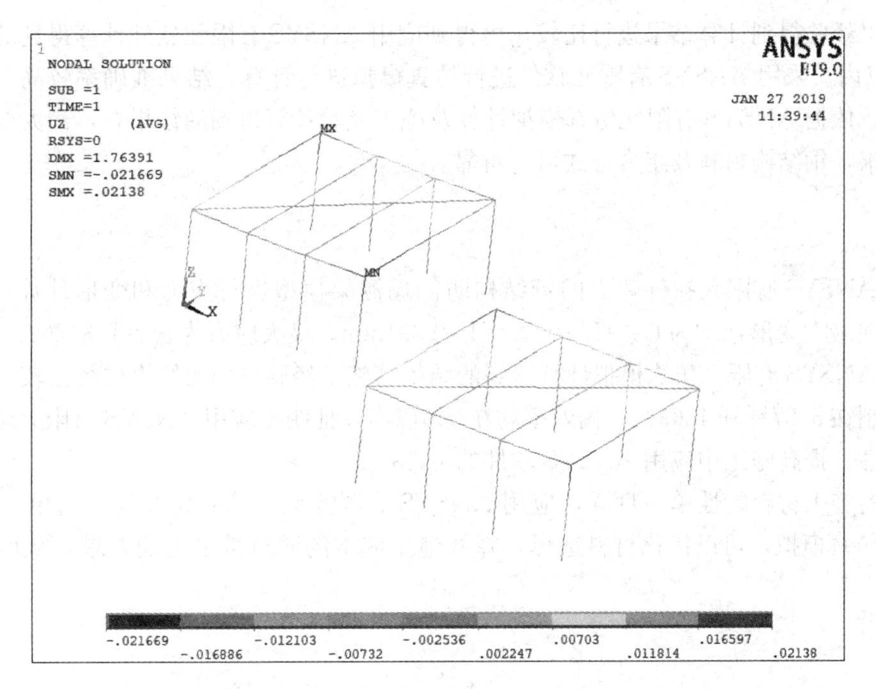

图 10　钢结构防倒塌棚架 *Z* 向变形分布云图

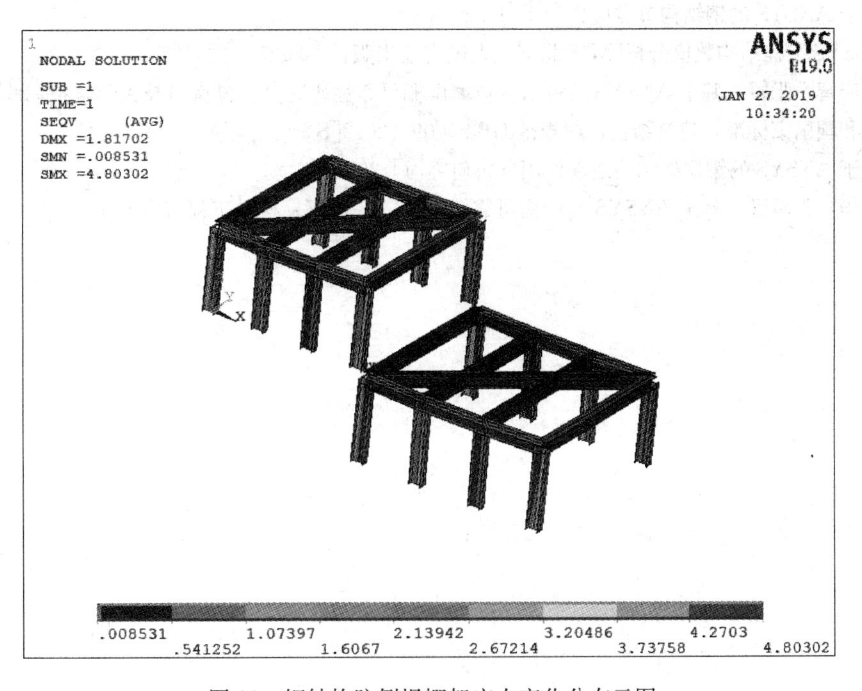

图 11　钢结构防倒塌棚架应力变化分布云图

钢结构防倒塌棚架应力应变偏差分析表　　　　**表 3**

计算方式 / 计算指标	ANSYS 计算结果 (mm)	施工经验计算结果 (mm)	偏差率［（ANSYS 计算结果－经验结果）/经验结果］
X 方向最大变形量	1.76391	1.6982	3.87%
Y 方向最大变形量	1.76391	1.6982	3.87%
Z 方向最大变形量	1.76391	1.6982	3.87%
最大应力	1.81702	1.7356	4.69%

通过与施工经验得到计算结果进行比较，可得到应用 ANSYS 有限元软件计算得到的结果的偏差率均控制在 5%以内。采用 ANSYS 有限元软件进行仿真模拟进行计算，结果准确率较高，可以在实际工程施工中应用。依据 ANSYS 有限元仿真模拟计算及施工经验计算得到的结果看，最大变形和最大应力均满足设计要求，钢结构材料及组合形式可行可靠。

5 结语

（1）应用 ANSYS 有限元软件建立的钢结构防倒塌棚架模型进行应力和变形计算，得到结果：X 向、Y 向及 Z 向最大变形量均为 $U_X = U_Y = U_Z = 1.76391$mm，最大应力为 $\sigma_v = 1.81702$。

（2）应用 ANSYS 有限元仿真模拟计算得到的结果与施工经验得到的结果进行比较，变形及应力的偏差率分别控制在 3.87%和 4.69%，偏差率均在 5%以内，证明了应用 ANSYS 有限元软件进行仿真模拟计算的准确性，提高施工中应用 ANSYS 软件的可能性。

（3）钢结构施工材料特性单一性强，应用 ANSYS 有限元软件建立仿真模型简单方便。通过 ANSYS 软件进行仿真模拟，可以优化材料选择，降低施工成本的同时满足工期要求，从而达到绿色施工目的。

参考文献

[1] 杨晓靖．PKPM 在防倒塌棚架计算中的应用和民防地下室出入口的核爆动荷载问题[J]．重庆建筑，2004.
[2] 刘福林．基于 ANSYS 的钢结构节点应力分析[J]．2018.
[3] 王新敏．ANSYS 工程结构数值分析[M]．北京：人民交通出版社，2007.
[4] 石小洲，颜庆智，张媛．基于 ANSYS 的钢结构玻璃雨棚可靠性研究[J]．湖南科技大学学报．2016.
[5] 中华人民共和国国家标准，建筑结构荷载规范 GB 50009—2012[S].
[6] 周晓慧．基于 ANSYS 的钢框架结构地震作用分析研究[J]．2014.
[7] 叶勇，郝艳华，张昌汉．基于 ANSYS 的结构可靠性分析[J]．武汉：机械工程与自动化，2004.

钢结构在大跨度仿古建筑中的应用

舒 涛 孙晓彦

（北京清华同衡规划设计研究院有限公司，北京）

摘 要 本文通过对东林寺大念佛堂大跨度钢结构仿古建筑的结构设计进行了分析研究，总结了大跨度仿古建筑结构设计中应注意的相关问题，针对这些问题提出了相关措施和解决方案，并对关键构件进行补充分析。根据分析研究提出以下建议：对大跨度斜梁应按压弯构件设计；对大跨度平面外受力构件应按双向受弯构件设计并考虑扭转影响；为保证屋面整体刚度和梁的整体稳定应设置可靠的屋面支撑系统，对局部托柱梁应适当放大内力以提高安全度。

关键词 钢结构；仿古建筑；大跨度；斜梁

1 工程概况

东林寺位于江西省九江市庐山西麓，建成于东晋太元十一年（386 年），为中国佛教净土宗（又称莲宗）的发源地，南方佛教中心。东林净土苑自建设以来，承担了净土法门越来越多的弘法重任，尤其是重大法会活动期间，信众云集，成为大众朝礼的圣境，念佛堂等功能缺口显现，因此在东林净土苑山门前广场西侧设立大念佛堂建筑组团，满足寺院发展需要。

图 1 东林寺大念佛堂效果图

大念佛堂为仿唐式单层大跨度仿古建筑，建筑面积约为 5922m²，大堂可容纳 2100 人。建筑群中间为念佛堂，两侧设配套用房，念佛堂西侧设有 3 层僧寮，带一层地下室，僧寮为多层混凝土建筑。整个建筑群均为仿古建筑，其中念佛堂檐口高度 8.13m，屋脊高度 22m，为坡屋顶单层建筑，两侧设备用房局部二层，结构跨度较大，屋顶造型复杂。建筑室内外高差为 1.5m。室内地面架空，下面可以布置设备管线。建筑效果图见图 1，建筑平面、剖面图见图 2，图 3。

2 设计条件

结构设计使用年限为 50 年，建筑结构安全等级为二级，结构重要性系数为 1.0，结构体系为纯钢框架结构。建筑抗震设防烈度为 6 度，设计基本地震加速度值 0.05g，设计地震分组为第一组，建筑抗震设防类别为标准设防类（丙类）。依据抗震规范规定，6 度多层钢框架结构可以不考虑抗震，但考虑到本建筑跨度较大同时考虑甲方要求，钢框架结构抗震等级确定为四级，板件宽厚比按 S3 级控制。地

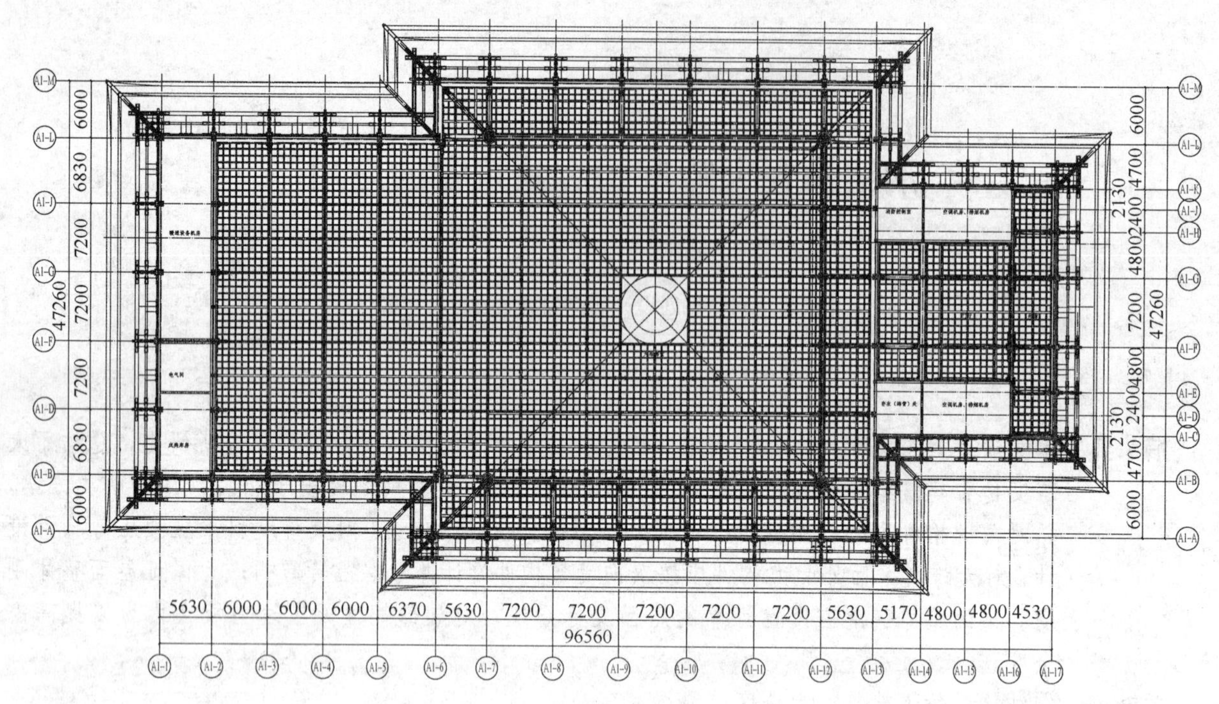

图 2　东林寺大念佛堂建筑平面图（仰视）

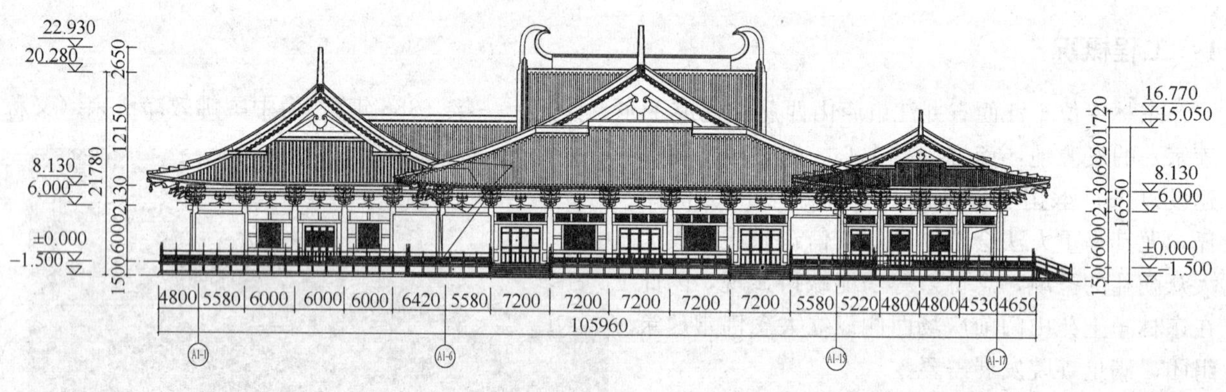

图 3　东林寺大念佛堂建筑剖面图

基基础设计等级为丙级，工程勘察等级为乙级。工程场地类别为Ⅱ类，设计特征周期值为 0.45s。根据勘察报告，工程场地范围内为微腐蚀性地下水，地基土无液化土层。

基本风压取 0.40kN/m^2（50 年一遇），基本雪压取 0.35kN/m^2（50 年一遇），考虑到大跨度轻质屋面对风、雪荷载比较敏感，基本风压取 0.45kN/m^2（100 年一遇），基本雪压取 0.40kN/m^2（100 年一遇），屋面考虑雪荷载不均匀分布。仿古建筑屋面做法、室内装饰相对复杂，本建筑周边檐口，室内吊挂有大量实木斗拱，最大的有 4.8m^3，荷载较大，结构设计根据建筑所提条件详细核算相关荷载，最终屋面恒荷载取 2.0kN/m^2，活荷载取 0.5kN/m^2，相比通常意义的轻质屋面，屋面较重。

3　结构分析

从建筑平面、剖面和效果图可以看到，大念佛堂除两侧配套建筑为多跨外，中间大厅室内建筑不允许有柱，为大空间结构，最大跨度 36m，为 36m×72m 的无柱空间。整个中央大厅主要承重结构为 4 个斜梁，四个水平框架梁，四个圆钢管柱，主梁之间设次梁形成四坡屋顶。整个大念佛堂屋面为三个坡屋顶，每个屋顶均为仿古建筑风格造型，西侧两个坡屋顶连接到一起。整个结构屋面形状复杂，跨度大，如何精确地进行空间结构分析，保证结构模型与实际建筑相符，保证分析模型和设计模型一致，并保证分析结果的符合性及准确性是设计重点考虑的问题。本项目采用 YJK 软件进行结构分析，并利用 SAP2000 进行关键构件的复核。

结构中间大厅的四个大柱采用钢管柱（直径 1200），其他均采用箱形柱，截面分别为 500×500，300×300，600×900，梁均采用焊接 H 型钢，最大截面高度 1200。在考虑屋面方案时，曾选择了空间桁架和网架结构，相比 H 型钢梁，桁架或网架至少要 2m 高度，无法满足建筑所要求的室内净空和室内效果的要求，因此最终选择了实腹 H 型钢梁结构，所有钢材材质均为 Q345B。

3.1 结构平面图和计算模型简图

结构分析采用精确的建模方式，影响结构受力的坡屋面斜梁、屋顶起坡等构件等均按建筑空间定位并体现在模型中，梁柱采用刚性连接，梁梁铰接连接，结构平面图见图 4，计算模型图见图 5。

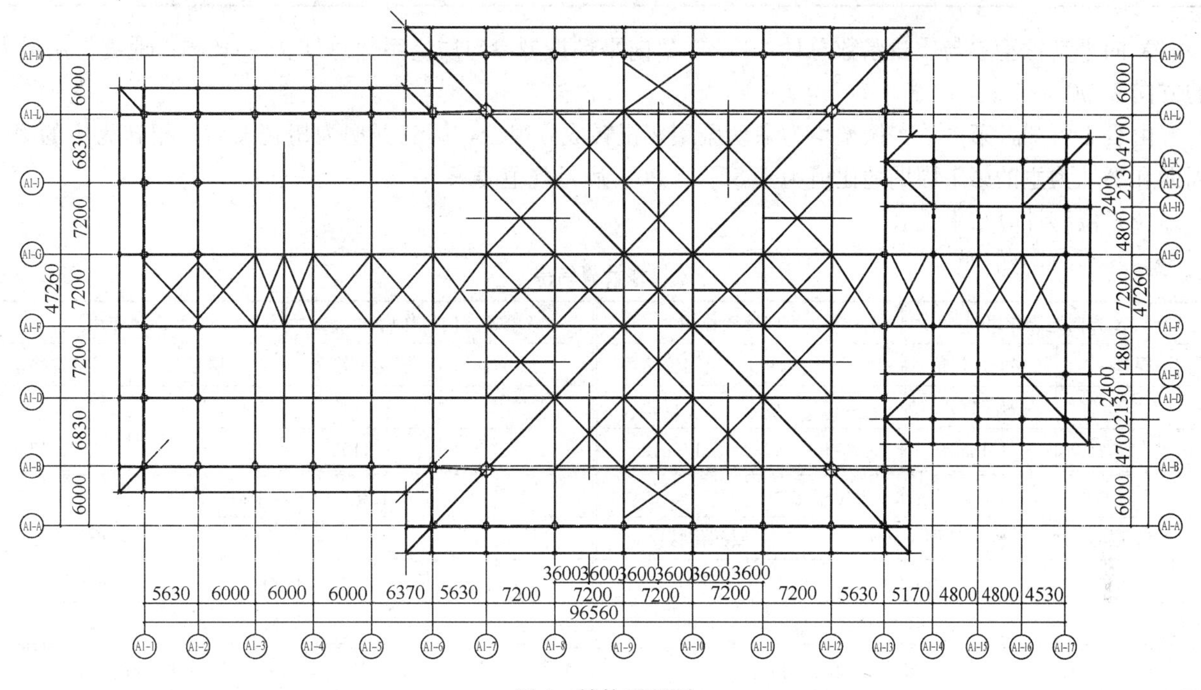

图 4　结构平面图

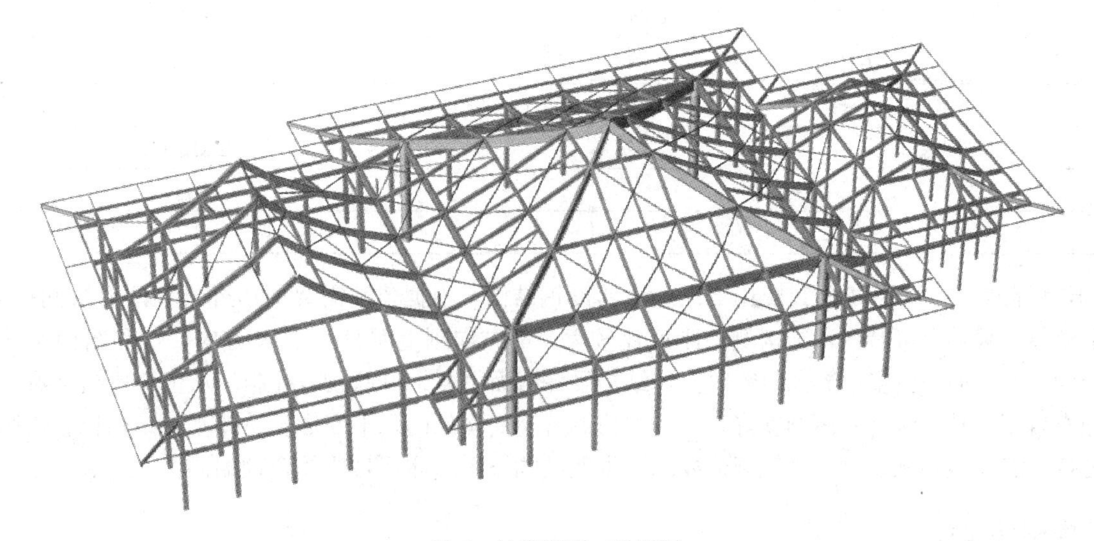

图 5　计算模型三维简图

3.2 整体计算分析结果

（1）周期、振型计算结果（前6阶振型）见表1。

周期、振型计算结果　　表1

振型号	周期	转角（°）	平动系数（X）	平动系数（Y）	扭转系数（Z）
1	0.7312	90.2866	0.00	0.94	0.05
2	0.6827	0.2817	1.00	0.00	0.00
3	0.6415	90.3341	0.00	0.04	0.96
4	0.1331	82.8284	0.00	1.00	0.00
5	0.1286	89.9929	0.01	0.98	0.00
6	0.1192	90.4605	0.13	0.81	0.06

X向平动振型参与质量系数总计：99%，Y向平动振型参与质量系数总计：99.42%；地震作用最大的方向 =90.334°。

由表1可知，第一、二振型均为平动振型，扭转成分很少，第三振型为扭转振型，扭转为主的第1周期和平动为主的第1周期的比值为0.88<0.90，满足规范要求。

（2）位移计算结果见表2。

位移计算结果　　表2

X方向地震作用		Y方向地震作用		X方向风作用		Y向风作用	
层号	层间位移角	层号	层间位移角	层号	层间位移角	层号	层间位移角
2	1/5476	2	1/1762	2	1/1145	2	1/553
1	1/1852	1	1/6612	1	1/4192	1	1/2357

X方向规定水平力位移比			X正偏心规定水平力位移比		
层号	层位移比	层间位移比	层号	层位移比	层间位移比
2	1.04	1.04	2	1.06	1.06
1	1.00	1.00	1	1.00	1.00

X负偏心规定水平力位移比			Y方向规定水平力位移比		Y方向正偏心规定水平力位移比		
层号	层位移比	层间位移比	层号	层位移比	层号	层位移比	层间位移比
2	1.06	1.06	2	1.02	2	1.18	1.18
1	1.00	1.00	1	1.00	1	1.18	1.00

Y方向负偏心规定水平力位移比		
层号	层位移比	层间位移比
2	1.21	1.21
1	1.21	1.00

1层为地面架空层，高度1.5m，2层为大跨度钢结构，根据建筑需要周边外檐柱间有层间框架梁。从以上整体计算结果可看出，结构侧向刚度比较大，Y方向刚度明显小于X方向，这和结构实际布置是符合的，X方向跨数多，Y方向跨数少，结构梁柱截面主要是由承载力控制。从位移比结果看，屋盖合理地布置了支撑系统，平面刚度好，可较好协调各竖向构件的水平变形。总体来看结构比较规则，抗扭刚度好，各参数均满足相关规范限值要求，说明结构布置和体系是比较合理的。

4 结构构件设计

本工程特点是屋面双向跨度都较大，有大量的斜梁构件，斜梁构件存在轴力，应按压弯构件设计。

YJK 软件虽然可以指定斜梁按压弯构件设计，但不能单独指定构件的面内计算长度，尤其中央大厅的 4 个斜梁，跨度大，内力大，最大弯矩 2900kN·m，最大轴力 4000kN，有必要单独复核这几个构件，复核方法一是选用别的软件整体计算复核，本工程选用 SAP2000 软件，二是利用规范公式提取构件最不利内力利用工具单独复核。

利用 YJK 软件的模型转换功能，将 YJK 模型转成 SAP2000 模型，先核对 SAP2000 的计算模型，核对构件截面、荷载和构件约束均和 YJK 一致。比对 SA2000 整体分析结果的相关参数和钢构件设计结果基本和 YJK 一致，对四个大斜梁构件内力重点进行了对比，两个软件结果基本一致。在 SAP2000 软件中可对四个斜梁单独指定计算长度。依据相关文献，斜梁面外计算长度可取支撑间距，斜梁面内计算长度可将斜梁当成柱构件，考虑斜梁底部一端连接的柱对斜梁的约束，考虑斜梁顶部一端连接的另一坡斜梁对此斜梁的约束，利用两端梁柱线刚度之比查表可得出斜梁的面内计算长度系数大约为 1.5，斜梁自由长度大约 30m。利用 SAP2000 指定斜梁的计算长度复核后，SAP2000 软件算出的稳定应力比 YJK 大 20%，手算复核结果和 SAP2000 接近。计算结果的差异是因为 YJK 斜梁面内、面外计算长度都是按支撑间距取值，且不能单独指定，面内计算长度比实际小的多，而斜梁轴力很大，对稳定验算影响显著。一般情况下，斜梁虽然有轴力，但轴力不大或面外、面内计算长度差别不大的时候，YJK 计算结果可以接受，但如同本工程的大跨度斜梁构件，必须用别的软件或手算单独复核。

大厅圆柱顶大跨度水平 H 型钢框架梁支撑屋面次斜梁，是双向受弯构件，应重点校核并应设置支撑系统，减少斜梁轴力对大梁面外的水平作用。西侧两个坡屋顶之间的屋面造型由下面屋面梁上立柱+屋面梁构成，托梁柱应进行地震力放大，放大系数 1.5。

设计中还对梁柱截面进行了优化处理，大跨度梁柱构件控制应力比不大于 0.75，一般框架梁柱构件应力控制不大于 0.85，支撑、次梁、檩条等次要构件的应力比可控制不大于 0.95，本工程结构梁柱、支撑截面均为承载力控制，水平位移和构件变形都较小，满足规范要求。结构梁柱规格见表 3、表 4。

结构钢柱构件表 **表 3**

截面编号	H型截面 箱型截面 构件截面 $H\times B\times t_w\times t_f$	材质	备注
GKZ1	□500×16	Q345B	
GKZ2	□300×16	Q345B	
GKZ3	□600×900×25×25	Q345B	
GKZ4	ϕ1200×25	Q345B	
GKZ5	□300×12	Q345B	

结构钢梁构件表 **表 4**

截面编号	H型截面 箱型截面 构件截面 $H\times B\times t_w\times t_f$	材质	备注
GKL1	H700×330×12×20	Q345B	
GKL2	H1200×350×40×35	Q345B	
GKL2a	H1200×350×40×35	Q345B	
GKL3	H500×250×10×16	Q345B	

续表

截面编号	H型截面 箱型截面 构件截面 $H\times B\times t_w\times t_f$	材质	备注
GKL4	H500×250×8×16	Q345B	
GKL5	H500×250×8×12	Q345B	
GKL6	H600×300×8×16	Q345B	
GKL7	H700×350×14×18	Q345B	
GKL8	H1200×350×20×35	Q345B	
GKL9	H1200×350×20×40	Q345B	
GKL10	H600×350×10×20	Q345B	
CL1	H300×220×6×10	Q345B	
CL2	H500×250×8×12	Q345B	
CL3	H500×220×8×14	Q345B	
CL4	H500×300×10×16	Q345B	
CL5	H500×250×8×16	Q345B	

5 其他

梁柱连接均采用栓焊混合节点，翼缘熔透焊接，腹板高强度螺栓连接，梁梁连接均采用高强度螺栓连接，框架梁柱连接满足强节点的要求。檩条与屋面梁，斗拱与结构梁柱，屋顶、室内建筑装饰构件均采用螺栓与主体连接连接，大量的建筑造型构件尽可能和结构一体化设计。构件尽可能采用螺栓连接，螺栓连接的好处是可减少工地焊接工作量，保证施工质量，加快施工进度，并体现钢结构装配化的优势。

柱下竖向最大反力 2000kN，地基承载力相对较好，基础可选用独立基础，控制基础地面零应力区不大于 5%。采用独立基础相对简单，节省工程造价，并满足规范要求。大斜梁轴力对柱顶有很大的推力作用，但与柱连接的两个方向的水平框架梁可通过受拉承担此推力，与大圆柱连接的 4 个水平框架梁承担的拉力可自平衡，传递到柱底的水平力并不大，基础最大 4.8m×4.8m。

按建筑防火规范，防火等级二级，柱、支撑耐火极限 2.5h，梁耐火极限 1.5h，楼板耐火极限 1.0h，钢结构梁、柱、支撑应按耐火极限要求进行防火设计，通常可采用防火涂料。钢材表面按所处环境类别的要求进行防腐、防锈涂装以满足耐久性要求。

6 结论

对东林寺大念佛堂大跨度钢结构仿古建筑的结构设计进行了分析研究，得出以下结论：

(1) 仿古建筑造型复杂，计算分析应采用精确模型，充分了解构件的空间关系，力求计算模型、设计模型、建筑模型的一致性以充分反映结构的实际受力符合实际。

(2) 仿古建筑多是坡屋面，结构有大量的斜构件，应按压弯构件设计。本工程斜梁跨度大，轴力大，应选用相关软件或手工单独计算复核以保证结构安全。

(3) 本工程屋面采用轻质屋面，水平刚度小，为提高屋面整体刚度和屋面钢梁的整体稳定，应设置可靠的屋面水平和纵向支撑系统，梁面外稳定计算长度可取支撑间距。

(4) 本工程位于抗震 6 度设防区，按规范要求多层钢结构可不考虑抗震，考虑本工程跨度较大和业主要求，钢框架抗震等级采用4级，板件宽厚比S3，提高了整个结构的抗震能力。

参考文献

[1] 李星荣，魏才昂，丁崎岷等．钢结构连接节点设计手册[M]北京：中国建筑工业出版社，2005.
[2] 刘其祥．多高层房屋钢结构梁柱刚性节点的设计建议[J]．建筑结构，2003(9)：3-7.
[3] 刘坤，王士奇，王玉华．钢结构梁柱栓焊混合连接节点的设计方法[J]．钢结构，2008，23(7)：20-22.
[4] 董全利，周颖．南昌国际体育中心综合体育馆结构设计[C]// 第十届全国现代结构工程学术研讨会论文集，2010.
[5] 陈骥．钢结构稳定理论与设计[M]．北京：科学出版社，2008.
[6] 陈岱林．结构软件难点、热点问题应对和设计优化[M]．北京：中国建筑工业出版社，2014.

基于BIM技术的特大型多方协作智慧管理

李立洪　胡保卫　崔志勇　杨明杰

（中建钢构有限公司，深圳　518040）

摘　要　随着我国科技技术水平的快速发展，在建筑施工领域可通过BIM技术、无人机技术、智慧工地管理平台等信息化手段的综合应用，实现对施工现场关键要素的全过程、全方位管控。本文结合深圳国际会展中心施工总承包工程，针对BIM技术、进度管理、质量管理、安全管理等内容的智慧管理进行简单介绍和总结。

关键词　智慧工地；BIM技术；信息化

1　工程概况

1.1　项目简介

深圳国际会展中心项目位于深圳宝安机场以北、空港新城南部，周边河道、配套商业、地铁、市政路、综合管廊等与会展中心同期开发，施工交通组织、施工部署相互影响。总建筑面积达158万m^2，整体建成后，将成为全球第一大会展中心。如图1所示。

图1　深圳国际会展中心项目效果图

1.2　工程特点和难点

深圳国际会展中心作为超级工程，具有三个显著特点。

（1）体量大，工期紧。深圳国际会展中心总建筑面积达158万m^2，地处临海滩涂区，淤泥土方的开挖与转运超过360万m^2，钢结构安装量达27万t。周边地铁综合管网、市政道路等多个项目并行施工；工期仅710d，却跨两个台风雨期施工，跨两个春节劳动力资源调配。

（2）协同作业难度大。截至目前，设计方案修改了6版，施工图纸修改了12版；土建总包2家、钢结构总包1家、幕墙分包7家、其他各类专业分包近30家。

（3）资源投入量大。7个工区平行组织施工，用工高峰期，现场劳动力近20000人，321台大型机械设备，48 台塔吊同期投入使用，日进场和转运材料超过 15 万 t。

2　BIM 组织与应用环境

2.1　BIM 应用目标

编制项目的 BIM 相关标准，建立施工阶段 BIM，完成各专项应用，辅助风险识别，提高项目整体管理水平，为工程建设的顺利实施提供有力的技术保障，并为后期 BIM 运维奠定坚实基础。建立基于 BIM 的施工管理平台，实现 BIM 资源的规范、有序管理，在工程建设全过程对多参与方的 BIM 应用进行协同管控，提高整体协作效率。

2.2　实施方案

基于 BIM 技术的特大型多方协作智慧建造管理，是深圳国际会展中心施工管理利器。项目建立了统一标准，以科技手段提升建造管理，打造智慧工地，提高施工各环节的管控水平，优质高效的推进建设目标。

项目开发智慧工地管理平台，如图 2 所示，集成了塔吊防碰撞系统、GPS 定位管理系统、物料验收称重系统和物料跟踪系统、质量和安全巡检系统、多方协同系统，运用了无人机逆向建模和热感成像技术以及 TSP 环境监测系统对现场进行智慧管理。项目指挥部以智慧大屏实时动态展示，并与 BIM 结合应用，便捷高效地进行智慧建造管理。

图 2　智慧工地管理平台

2.3　团队组织

为确保满足合同中对项目 BIM 管理的相关要求顺利实现，以及考虑到本项目组织架构的复杂性，在总包技术部设 BIM 团队，统筹管理三个项目部的 BIM 应用工作。如图 3 所示。

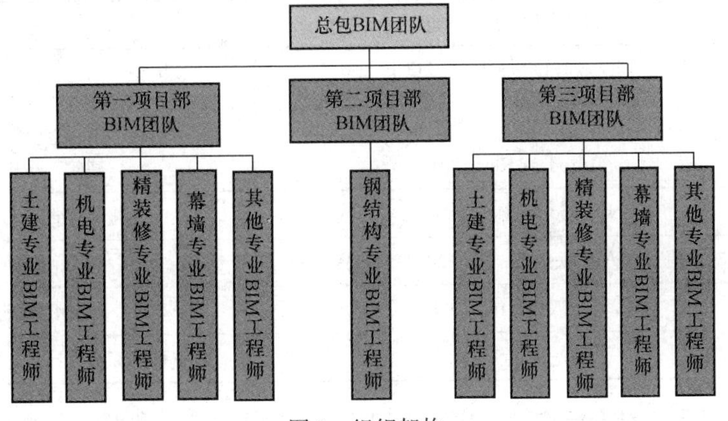

图 3　组织架构

2.4 应用措施

本项目依托大数据平台，将规划、建设、管理统一在 BIM 中，数据互联互通，提升人工智能管理协同办公、进度、质量、安全和绿色环保等方面的施工管理，打造智慧工地三级架构，如图 4 所示，探索出了全新的管理模式。

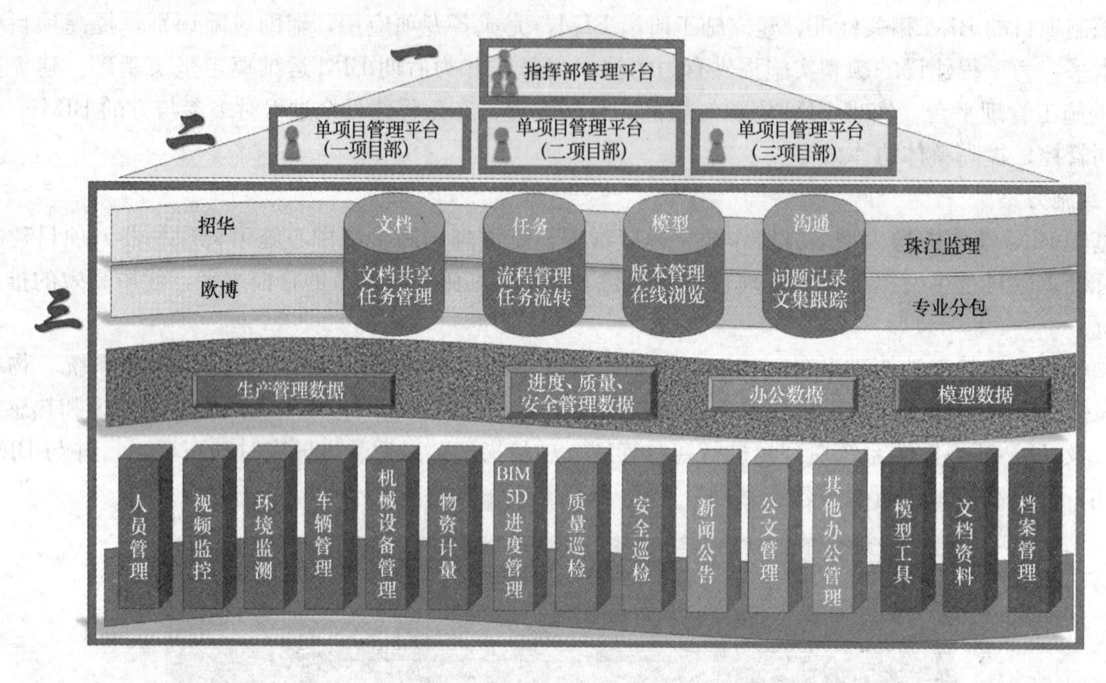

图 4 智慧工地三级架构

指挥部管理平台：实现项目整体目标执行的可视化、基于生产要素的现场指挥调度、基于 BIM 模型的项目协同管理。

单项目管理平台：通过整合终端应用集成现有系统，实现对各项目部管理范围内的生产管理、质量管理、安全管理、经营管理等目标执行监控。

工具管理层终端工具应用：聚焦于工地现场实际工作，紧密围绕人、机、料、法、环开展建设，提升了各岗位工作效率，实现了项目专业化、场景化、碎片化管理。广泛应用新技术，形成“端＋云＋大数据”的管理模式，打通一线操作与后台监控的数据链条，实现智能化、信息化管理。

2.5 软硬件环境

本项目主要应用软件为 Revit、Tekla、Navisworks 等，详见表 1。

软件配置表 **表 1**

序号	软件名称及版本要求	软件功能
1	Microsoft Office 2007 及以上	文档处理
2	AutoCAD 2007 及以上	绘图
3	Autodesk Revit 2018	建筑、结构、机电建模
4	Navisworks Manage 2018	碰撞检查，四维、五维仿真
5	Autodesk 3ds Max 2018	动画展示
6	Tekla16.1	钢结构深化设计
7	Rhino	幕墙深化设计，异性曲面定位及处理

项目自建 BIM 服务器，结合云空间，用于模型建立、数据处理等操作，主要硬件配置详见表 2。

硬件配置表　　表 2

序号	硬件名称	应用环境
1	项目自建服务器	项目图纸、模型、方案资料的存储与共享；视频监控数据本地收集；物料验收信息处理与分析
2	云空间	网络储存空间，用于多方协同数据的存储与分享
3	高配置台式机	模型创建、多专业模型整合，点云模型处理，720 全景制作等
4	定位芯片	人员和机械设备的现场定位管理
5	移动终端设备	主要是手机端（多采用手机 APP，既减少项目成本，又便于各项 BIM 技术的推广）
6	无人机	航拍、点云模型
7	红外摄像头	热感监测

3　BIM 应用

3.1　BIM 建模

总包 BIM 团队组织编写 BIM 管理策划、统一建模标准，用于指导项目 BIM 工作的开展。整体模型精细程度需达到 LOD300，细部节点模型精细程度需达到 LOD350 及以上。

3.2　BIM 应用情况

(1) 搭建项目模型，辅助技术管理提效益

通过搭建土建、钢结构、幕墙、机电等各专业模型，如图 5 所示，各自专业模型进行软硬碰撞监测，通过模型整合，对专业间进行碰撞检测，减少返工，为项目提高效益。

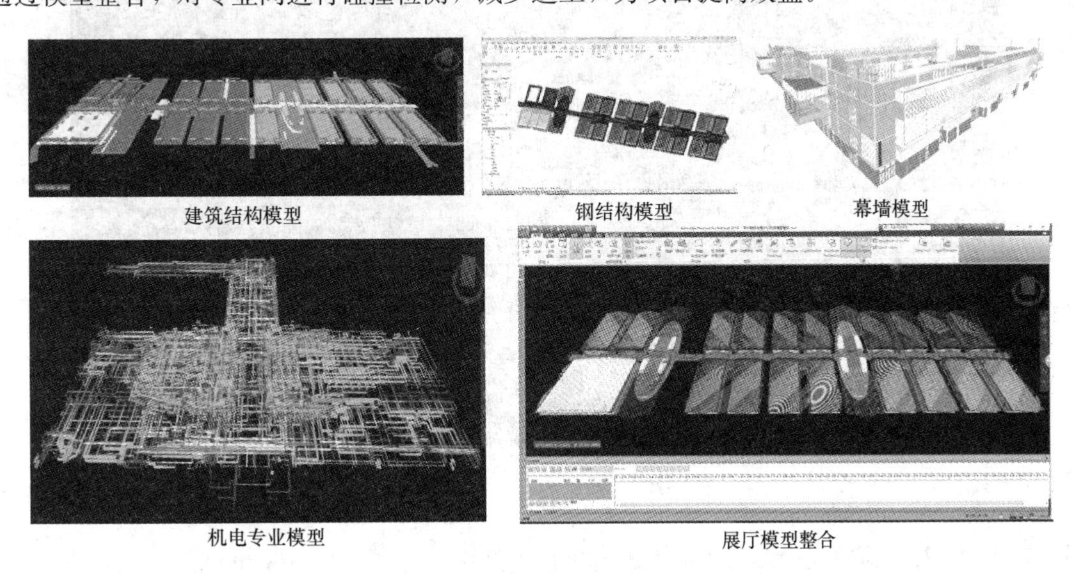

图 5　各专业模型

(2) 劳务实名制系统，让人员管理促生产提效能

项目高峰期人员近 20000 人，规模大、流动频繁。项目严格推行劳务实名制管理，通过劳务实名制系统，如图 6 所示，利用物联网技术，集成各类智能终端设备，实现实名制管理、考勤管理、安全教育管理、后勤管理以及基于业务的各类统计分析等，提高项目现场劳务用工管理能力、辅助提升政府对劳务用工的监管效率，同时保证了劳务工人与企业利益。

(3) 物料跟踪验收系统，让大宗物资全方位精益管理

施工现场商品混凝土、预拌砂浆、地材、水泥、废旧材料、钢构件等进出场频繁，现场物资进出场需要全方位精益管理。运用物联网技术，通过地磅周边硬件智能监控作弊行为，自动采集精准数据，如

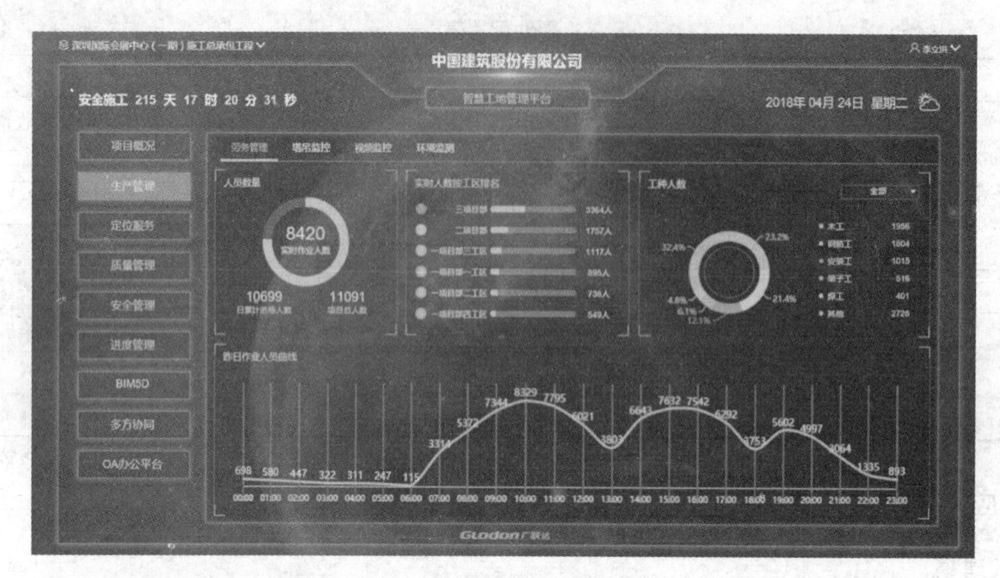

图6　劳务实名制系统

图7所示。运用数据集成和云计算技术，及时掌握一手数据，有效积累物料数据资产。运用互联网和大数据技术，多项目数据监测，全维度智能分析。运用移动互联技术，随时随地掌控现场情况并识别风险，零距离集约管控、可视化智能决策。从而实现实施智慧工地的主要目的——智能化决策支持。

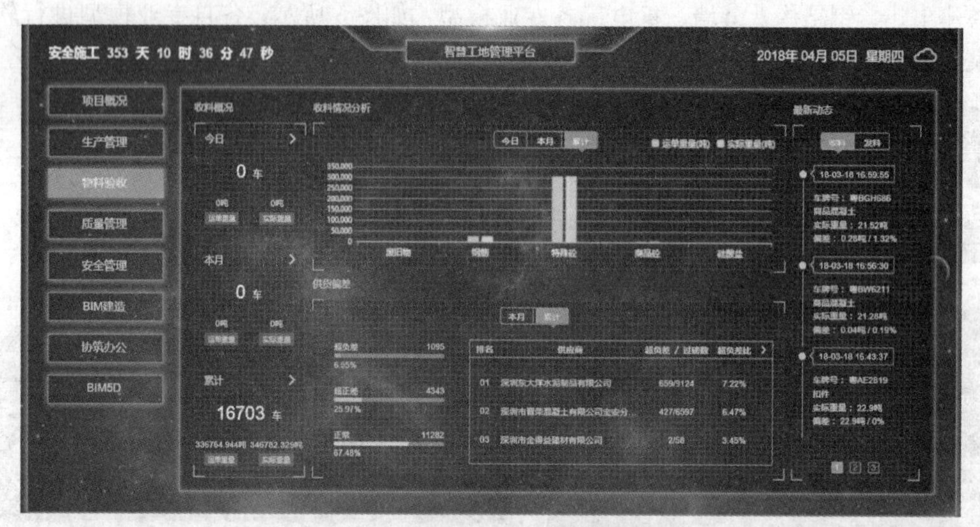

图7　物料跟踪验收系统

（4）BIM+无人机的进度管理，让工程进度一目了然

本工程作业面广、工期紧，分区平行施工，需要通过信息化手段提升进度管理效率。

通过BIM5D的应用，如图8所示，完成项目进度计划的模拟和资源曲线的查看，直观清晰，方便相关人员对项目进度计划和资源调配的优化。将日常的施工任务与进度模型挂接，建立基于流水段的现场任务精细管理。通过后台配置，推送任务至施工人员的移动端进行任务分派。同时工作的完成情况也通过移动端反馈至后台，建立实际进度报告。

通过无人机进行进度跟踪。项目属于禁飞区，且地上结构为钢结构，对无人机飞行增加难度。通过办理解禁相关手续，搭建无人机飞控平台，每周进行两次固定航线拍摄，方便项目各方及时了解现场施工进度，如图9所示，过程中也可积累大量现场影像资料供后期使用。

（5）质量巡检系统，让施工现场尽收眼底

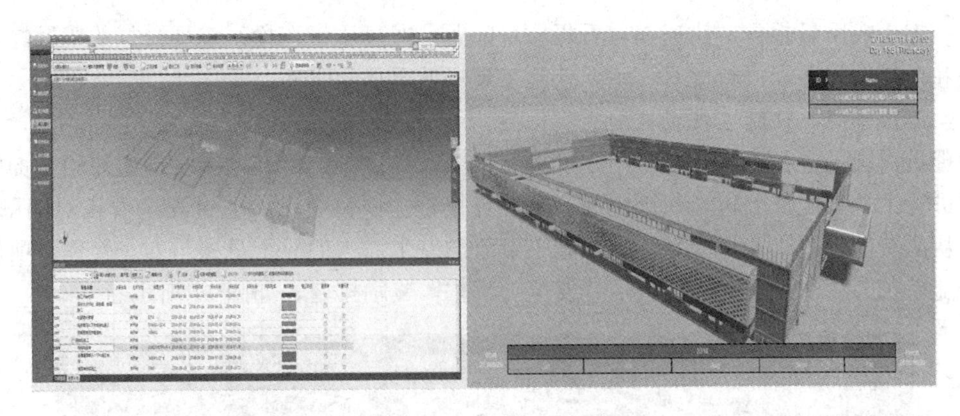

图 8　BIM5D 进度挂接

图 9　航拍施工进度

由于施工中存在复杂性、多变性、高空作业的危险性等因素。仅依靠人工管理的粗放式施工管理方式，难以做到全过程、全方位的实施监督管理。

通过日常施工现场质量巡检管理、隐蔽工程质量监管等环节的检查、整改反馈、复查以及相应处罚信息录入，移动端同步上传，最终进行相关的业务流转，辅以现场照片、位置定位、拍照时间、上传时间等信息，最终上传到项目质量巡检系统，如图 10 所示，后台对质量数据进行汇总，可以对质量问题

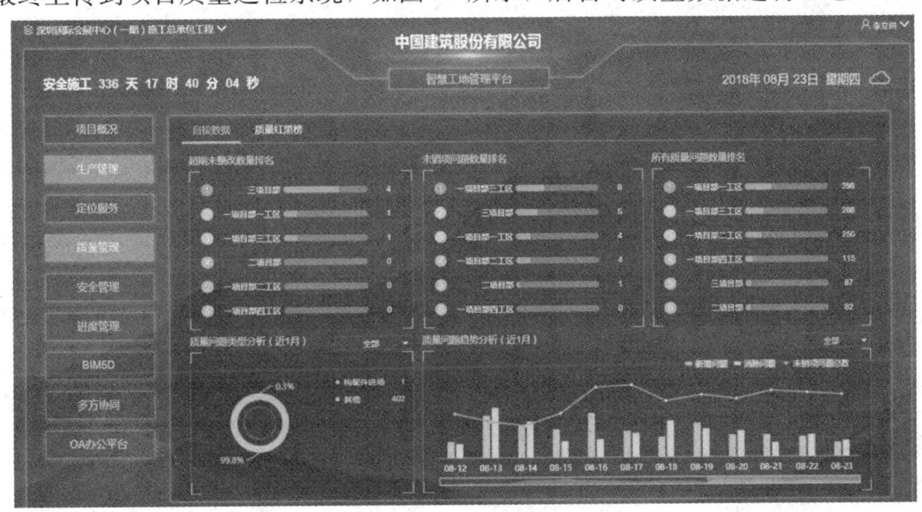

图 10　质量巡检系统

统计分析，一键生成质量报告，快速查看看板质量问题。通过质量巡检系统平台打造质量红黑榜，对优秀施工做法和质量缺陷警示进行按月公示，让施工现场情况尽收眼底。

（6）安全巡检系统，让施工现场提前风险预控

安全管理员对现场进行检查时可对问题点进行拍照、描述、上传，系统自动通知相关责任人。后台对安全问题进行汇总和统计分析，一键生成安全检查报告。项目负责人通过安全看板对问题快速查看、及时整改，从源头监管施工安全问题，降低施工事故的发生。为倡导全员参与安全管理，项目上开展了APP“安全随手拍”活动，平台定期公示“安全随手拍”奖励排名，如图 11 所示。

图 11　安全随手拍

（7）多方协同系统，让沟通便捷高效

本工程图纸版本多、模型文件多、参与单位多、报审资料种类多，通过多方协同系统，如图 12 所

图 12　多方协同系统

示，实现资料统一管理，并可以支持多种建筑行业常见文件格式在线预览，无需安装专业软件，随时随地查看，提升工作效率。

4 应用效果

（1）为项目安全施工保驾护航

通过点云模型搭建，实现对基坑监测、已完成主体结构的巡查，确保安全、精准施工；通过合理划分工区，责任到人，借助质量巡检系统等信息化措施，保障现场安全隐患在最短时间内完成整改；实现BIM+VR的安全体验与多媒体安全教育培训，提高管理人员、劳务人员安全意识；通过BIM施工模拟、机械定位、群塔作业监控系统，合理布置群塔，保障塔吊与其他起重机械的平稳运行。

（2）为项目如期履约奠定基础

项目周边同期开发工程多，通过BIM技术对地铁、凤塘大道、电缆沟等影响本项目的区域进行施工模拟，提前介入相关单位进行交叉施工方案的解决沟通，将影响程度降至最低；通过施工日志、周报、BIM5D进度模拟、现场航拍相结合，对计划工期与实际进度进行分析，及时纠偏确保履约。

（3）为项目参与方降本增效

通过BIM专业间碰撞检测12568处，将问题提前消化在施工前，降低损耗、减少返工；通过总平面模型进行堆场布置、物料转运路线规划、通过超大平面的进度管理是本项目管理的重难点，通过无人机航拍提升进度巡查效率，按一周2次计，仅施工总承包方管理人员就可节约5050天（600人）；通过内外部的协作管理系统，实现了高效的无纸化办公，确保各方沟通、文件流转方便、高效，降低沟通成本。

5 结语

5.1 创新点

在本项目中，主要实现了以下几个方面的创新：

（1）智慧工地管理平台

项目的智慧工地管理平台根据三个层面的管理需求进行搭建。以工区管理层终端工具应用为数据基础，整合集成到单项目的管理平台，最后汇总到指挥部管理平台。紧紧围绕着施工现场业务，针对现场作业人员具体工作，从作业指导、检查、验收等，到施工各参与方之间的沟通管理，通过信息化手段实现要素的智能监控、预测报警、实时协同等。在满足施工现场管理基础上，实现政府、企业对项目建造过程的监管。

（2）全生命期钢构件跟踪

通过钢结构全生命期信息管理平台，如图13所示，对现场构件实现生产、安装、验收的全程跟踪，

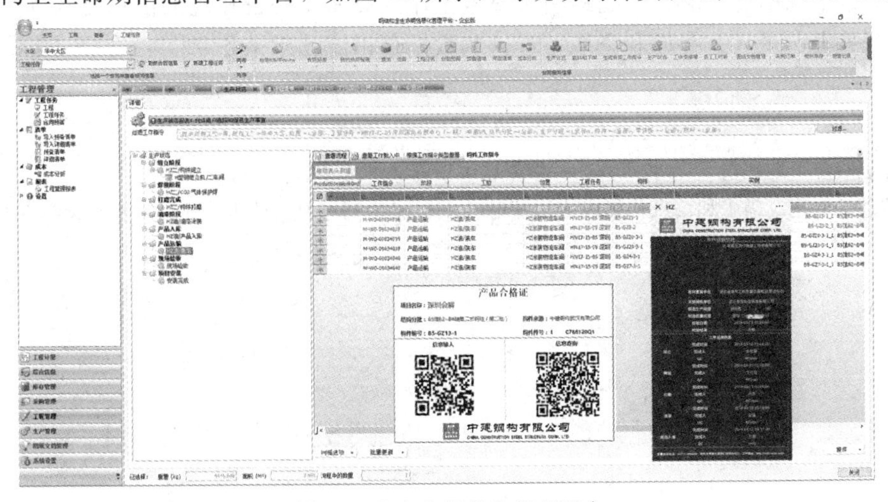

图13 全生命期信息管理平台

将构件信息情况生成二维码，现场可随时查看检查记录，解决传统工程长期存在的施工过程信息记录零散、资料档案难以长期保存、追溯信息不准确、管理精细化水平不一、协调效率低下等问题。

（3）塔吊防碰撞系统

将项目不同品牌的塔吊监控系统接入同一项目管理平台，如图 14 所示。可以实时了解塔吊基本信息，运转情况及力矩比、载重比等，实现对现场安全监控、运行记录、声光报警、实时动态的远程监控。

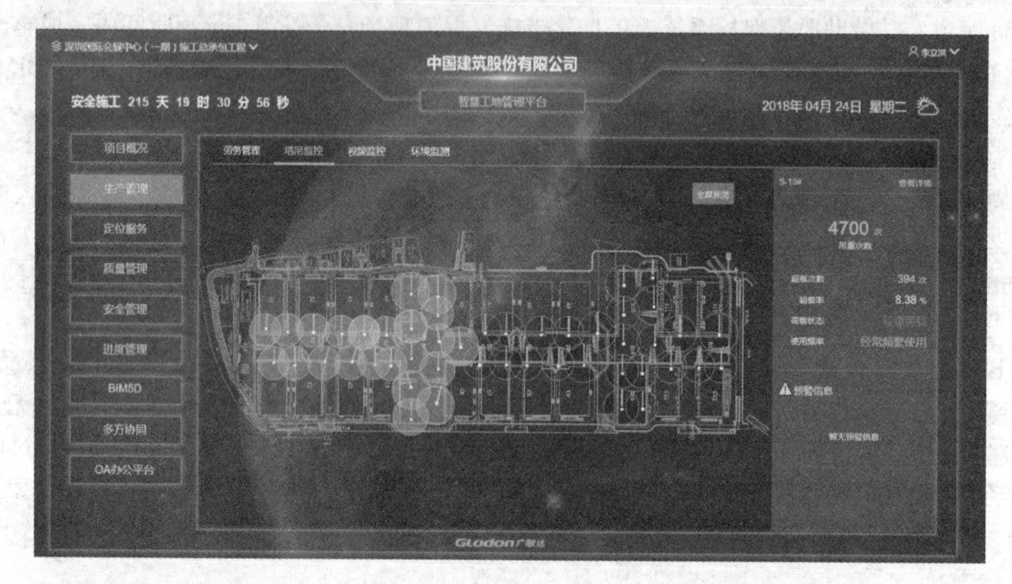

图 14 塔吊防碰撞系统

5.2 经验教训

（1）BIM 与生产一线的结合

目前推广 BIM 时多数人都会提及投入资金不足、人员能力不够等制约因素，通过本项目，其实根本问题是 BIM 是否与生产一线相结合，BIM 人员不能只会软件，还需要会规范、会工艺、会现场管理，这样的 BIM 在施工现场才会得到真正的推广与效益。

（2）BIM 技术与项目管理平台的关系

通过项目实践，BIM 技术可以为项目管理赋能，BIM 技术与管理相结合是项目管理的升级，如本项目的智慧工地管理平台。传统的项目管理平台，在现场数据采集、录入工作量大，通过 BIM 人员对智慧工地管理平台基础信息的准备，通过引导每位工作人员需要必备相应的信息化管理工具，实现高效准确的进行数据采集、录入、存储和读取，让这些数据真正流动起来。

参考文献

[1] 毛志兵．推进智慧工地建设 助力建筑业的持续健康发展[J]．工程管理学报，2017.
[2] 张艳超．智慧工地建设需求和信息化集成应用探讨[J]．智能建筑与智慧城市，2018，(5)：86-88.

辐射式张弦梁结构的施工仿真分析

谢庆华[1]　罗宇能[2]　姜正荣[2]

（1. 广州建筑集团，广州　510640；2. 华南理工大学土木与交通学院，广州　510640）

摘　要　以椭圆形辐射式张弦梁结构为研究对象，以初应变法引入拉索预应力，分别采用一阶段张拉法和三阶段张拉法对结构进行施工仿真分析，以此对比两种张拉方案的优劣。研究表明：与一阶段张拉法相比，三阶段张拉法对拉索的受力和结构的变形较为有利，可有效避免拉索出现超应力的情况，保证施工过程结构的可靠性。工程实践中，对类似结构的施工仿真分析，建议采用三阶段张拉法。

关键词　辐射式张弦梁结构；预应力；施工仿真

1　概述

张弦梁结构是由刚性压弯构件上弦拱、柔性拉索（钢拉杆）及撑杆组合而成的屋盖弯矩结构体系，最初由日本大学的 Masao Saitoh 教授于 20 世纪 80 年代提出。该结构通过撑杆减小拱弯矩和变形的同时，由索抵消拱端推力，降低对边界条件的要求，从而充分发挥拱结构的受力优势和高强索的抗拉特性，使整体结构的受力更加合理。辐射式张弦梁由数榀张弦梁沿屋盖中心辐射布置而成，节点构造简单，施工方便，适用于圆形和椭圆形平面。

大跨度钢结构的施工，通常是基本构件到部分结构再到整体结构的演变过程。施工过程中，结构的外形、拓扑、刚度、支座条件和荷载等不断发生变化，同时，不同的施工方法和施工顺序均对结构的最终形态和受力状态产生不同的影响。因此，仅关心最终成型状态的传统设计方法已不能满足要求，对大跨度钢结构设计而言，不仅要重视其最终设计状态，也应注重结构的施工成型过程。为确保整个施工过程结构的安全性和施工完成后结构的可靠性，有必要对其进行施工全过程分析。

目前，对辐射式张弦梁结构的施工仿真分析相关文献较少，如何方便、准确地对该结构进行施工全过程分析，仍需值得深入研究。本文对辐射式张弦梁结构进行施工仿真分析，分别采用一阶段张拉法和三阶段张拉法对辐射式张弦梁结构进行拉索张拉全过程分析，以此对比两种张拉方案的优劣。

2　分析模型

图 1 为具有实际工程意义的辐射式张弦梁分析模型，由 32 榀张弦梁辐射布置而成，平面为椭圆形（100m×80m）。结构高度 8m，其中，拱矢高 4.8m，拉索垂度 3.2m。为避免屋盖中心构件汇交过于密集，设置了椭圆形中心环（10m×8m）。为改善结构的动力特性，在上部结构面内对称设置刚性斜杆。构件和材料规格见表 1，构件自重由程序自动计算，支承条件采用周边固定铰支座。

构件和材料规格　　**表 1**

构件	规格	材质
上弦径向杆	□400×16	Q345B
中心环上、下环杆	□500×400×20×20	
中间环杆	□250×6	

续表

构件	规格	材质
最外圈环杆	□500×400×20×20	Q345B
斜杆	ϕ180×6	
撑杆（包括中心环竖杆）	ϕ203×6.5	
下弦拉索	ϕ5×127	1670级平行钢丝束

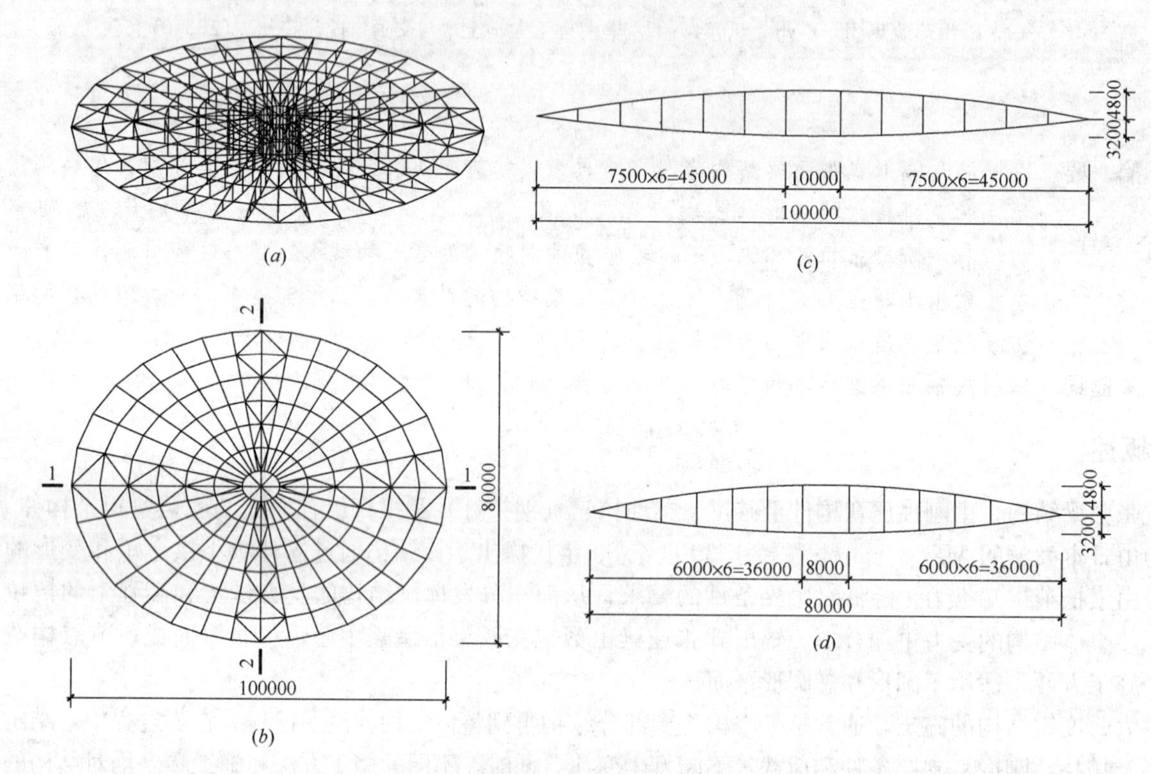

图1 分析模型

(*a*) 轴测图；(*b*) 平面图；(*c*) 1-1剖面；(*d*) 2-2剖面

采用有限元软件ANSYS进行分析，撑杆及斜杆采用LINK8单元模拟，拉索采用LINK10单元模拟，其他构件采用BEAM189单元模拟。

3 施工模拟方法

采用虚拟张拉技术来模拟拉索的施工张拉过程，即运用计算机及网络技术，将整个拉索张拉过程逼真地反映在计算机中，以便工程技术人员充分了解整个张拉施工的全过程，从而避免实际张拉过程中可能产生的安全隐患。因此，利用虚拟张拉技术，可以科学有效地制定预应力拉索张拉方案，为工程实践提供技术指导。

3.1 拉索预应力的仿真方法

拉索预应力的仿真，主要有以下几种方法。

（1）等效荷载法

等效荷载法，即将预应力等效为作用在结构上的外荷载。该方法概念清晰，但忽略了拉索自身的刚度，不能考虑拉索大位移和应力刚化等效应，且不能反映张拉过程中拉索之间的索力影响。因此，等效荷载法不适用于考虑拉索相互作用和结构相对较柔的施工仿真分析中。

（2）初应变法

初应变法是指在索单元中施加初应变，从而使其产生预张力，并考虑拉索刚度。该方法适应性强，能考虑结构复杂的非线性行为，计算精度高，应用广泛。

（3）等效降温法

等效降温法通过降低索单元的环境温度，使其收缩产生预应力，实质是施加温度作用间接使索单元产生初应变，其效果同初应变法。

初应变法和等效降温法因其计算精度及可操作性更佳，目前应用最广泛。本文采用初应变法来引入预应力。

3.2 拉索初应变的确定方法

一般情况下，设计图纸仅提供拉索的实际索力值，而初应变与初始预应力直接对应，而不是结构内力重分布后的索单元实际内力值。因此，如何快速高效地根据实际索力值来反推各拉索的初应变，是预应力钢结构进行虚拟张拉分析的关键问题。本文采用文献［7］提出的索力迭代新策略—初应变比值法进行初应变确定，并编制了基于 ANSYS 软件平台的 APDL 语言程序，以用于拉索张拉的全过程分析。限于篇幅，其公式推导及迭代求解过程不再一一赘述。

3.3 拉索张拉全过程的仿真分析方法

拉索张拉过程的仿真分析方法主要有正算法和倒拆法。

（1）正算法

正算法，又称顺序法、张力补偿法等。按照拉索实际张拉顺序进行仿真分析，通过循环补偿得到各阶段的拉索实际张力及其他施工控制参数。

（2）倒拆法

倒拆法，又称逆序法、张力松弛法等。该法按照与拉索实际张拉顺序相反的过程进行仿真分析，假定结构按照设计最终状态成型，并按照与张拉方案相反的张拉顺序，进行逆序放松直至拆除相应的拉索，便可得到各阶段的拉索张拉力及其他施工控制参数。

相比于正算法，倒拆法具有更高的计算效率。本文采用倒拆法对辐射式张弦梁结构进行施工仿真分析。

4 拉索张拉方案的选取

预应力拉索张拉方案的选择应遵循以下基本要求：① 张拉过程中，拉索索力不应超过承载能力极限状态下的设计索力；② 张拉过程中，不得出现超应力杆件，且结构内力和变形的变化梯度不宜过大；③ 张拉完成时，所有拉索索力均达到设计预应力；④ 在满足上述条件的同时，张拉方案的选取应兼顾实际张拉的可操作性及经济性等。

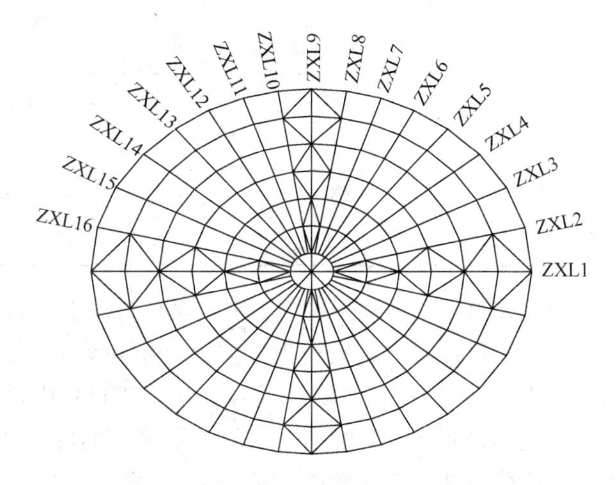

图 2　拉索编号

根据上述原则，并考虑到辐射式张弦梁结构的对称性，对拉索进行编号（图 2），最终确定拉索总体张拉顺序：① ZXL1、ZXL9→② ZXL5、ZXL13→③ ZXL3、ZXL15→④ ZXL7、ZXL11→⑤ ZXL2、ZXL16→⑥ ZXL8、ZXL10→⑦ ZXL4、ZXL14→⑧ ZXL6、ZXL12。

为了解不同的施工张拉方案对辐射式张弦梁结构仿真分析的影响，分别选取了两种张拉方案：①方案一：预紧→100％设计索力（一阶段张拉法）；②方案二：预紧→50％设计索力→90％设计索力→100％设计索力（三阶段张拉法）。

5 结构的施工仿真分析

采用计算效率较高的倒拆法进行拉索张拉施工的全过程仿真分析，并对张拉过程中各拉索索力及屋盖中心节点的位移进行动态追踪。采用初应变法施加预应力，并结合初应变比值法来确定拉索的初应变值。构件自重由程序自动计算，对图 1 的模型进行初始态分析，得各拉索设计目标索力（表 2）。分别使用一阶段张拉法和三阶段张拉法对椭圆形辐射式张弦梁结构进行拉索张拉全过程施工仿真分析，张拉过程中拉索的张拉力见表 2。

拉索实际施工张拉力 **表 2**

张拉顺序	拉索编号		设计索力（kN）	实际施工张拉力（kN）			
				方案一	方案二		
				预紧→100%设计索力	预紧→50%设计索力	50%设计索力→90%设计索力	90%设计索力→100%设计索力
1	①	ZXL1	570.9	717.5	251.7	579.7	587.5
		ZXL9	381.6	408.1	369.2	413.3	381.1
2	②	ZXL5	427.2	553.3	287.0	455.6	437.0
		ZXL13	427.2	553.3	287.0	455.6	437.0
3	③	ZXL3	512.8	578.6	296.8	504.5	522.5
		ZXL15	512.8	578.6	296.8	504.5	522.5
4	④	ZXL7	387.7	454.1	235.5	400.9	389.9
		ZXL11	387.7	454.1	235.5	400.9	389.9
5	⑤	ZXL2	551.6	544.8	278.1	500.1	552.7
		ZXL16	551.6	544.8	278.1	500.1	552.7
6	⑥	ZXL8	380.1	391.5	203.7	340.3	380.7
		ZXL10	380.1	391.5	203.7	340.3	380.7
7	⑦	ZXL4	472.5	481.6	241.3	426.7	473.2
		ZXL14	472.5	481.6	241.3	426.7	473.2
8	⑧	ZXL6	406.5	406.5	203.2	365.9	406.5
		ZXL12	406.5	406.5	203.2	356.9	406.5

由表 2 可见，两种张拉方案中，仅有第⑤组拉索的施工张拉力小于设计索力，其他拉索的施工张拉力均不小于设计索力。最先张拉的第①组拉索施工张拉力最大，方案一中其实际张拉力为 717.5kN，明显大于设计索力 570.9kN，说明张拉施工过程中，其他拉索对该组拉索的索力影响较大。

对比两种张拉方案可知，一阶段张拉法的施工张拉力较大，第①组拉素张拉力峰值（717.5kN），比三阶段张拉法相应的数值（587.5kN）大 22.13%。最先张拉的前 4 组拉索实际施工超张拉程度较高，第①～④组拉索分别超张拉 25.68%、29.52%、12.83%及 17.13%。三阶段张拉法中，最先张拉的前 4 组拉索的施工控制张拉力与设计索力较为接近，第①～④组拉索分别超张拉 2.91%、6.65%、1.89%及 3.40%。由此可见，方案一中，各拉索之间的索力影响较为显著，方案二在方案一的基础上增加了两个张拉循环，有效降低了拉索张拉力的峰值，实际张拉索力变化较为平缓。

根据分析结果，列出拉索索力和屋盖中心点竖向位移的动态变化曲线，限于篇幅，仅列出前 3 组拉索的分析结果（第①组中仅给出 ZXL1 的索力动态变化情况），见图 3～图 6。

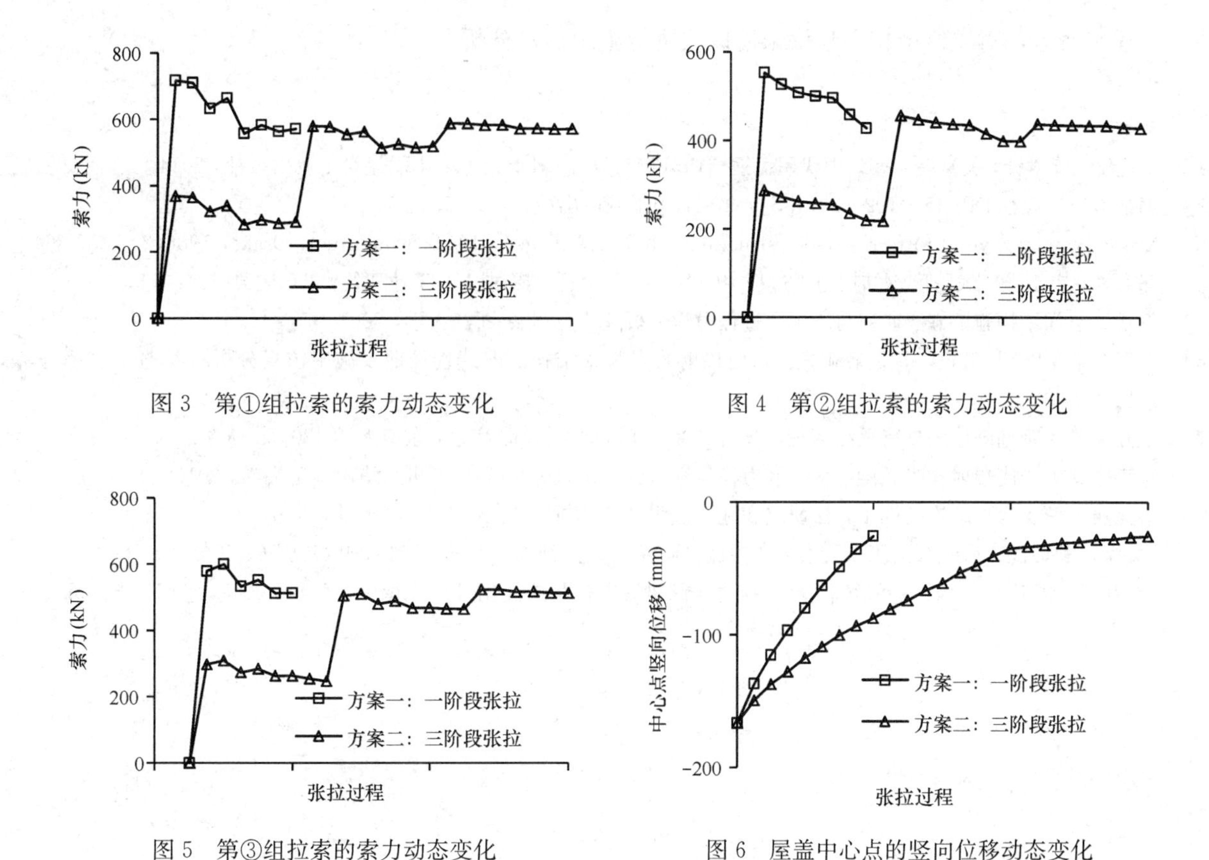

图 3　第①组拉索的索力动态变化

图 4　第②组拉索的索力动态变化

图 5　第③组拉索的索力动态变化

图 6　屋盖中心点的竖向位移动态变化

由图 3～图 5 可知，一阶段张拉法下，第①组（ZXL1）和第②组拉索的峰值索力出现在张拉起始阶段，而第③组拉索的峰值索力未出现在该阶段，各拉索之间索力影响较大。相比于三阶段张拉法，一阶段张拉法的超张拉幅度较大，索力变化梯度也较大；另一方面，各拉索的变化梯度与张拉顺序有关，先张拉的拉索索力变化梯度大于后张拉的拉索。由此可知，不同的张拉方案、张拉顺序对拉索的索力变化幅值和梯度均会产生影响。

根据图 6，一阶段张拉法的曲线较陡，表明张拉过程中，屋盖中心点的竖向位移变化较为剧烈，而三阶段张拉法对应的节点竖向位移变化较缓和。两种方案的节点竖向位移变化幅度相同，均为 140.6mm，与一阶段张拉法相比，三阶段张拉法的变化梯度更平缓。

综上所述，拉索张拉过程中，索力影响较为显著。不同的张拉方案、张拉顺序，均对拉索的索力和关键节点的位移动态变化产生影响。与一阶段张拉法相比，采用三阶段张拉法时，拉索的索力和屋盖中心点竖向位移的变化梯度均较平缓。因此，可认为三阶段张拉法有利于拉索的受力和结构的变形，可有效避免拉索出现超应力的情况，保证施工阶段结构的可靠性，但随着张拉阶段的增加，也相应增加了张拉工作量。综合以上利弊，工程实践中建议采用三阶段张拉法。

6　结语

（1）采用一阶段张拉法对结构进行施工仿真分析时，拉索超张拉幅度较大，各拉索之间的索力影响较显著，屋盖中心点的竖向位移变化梯度也较大，由此表明，该法对索力控制及结构的变形均较为不利。

（2）采用三阶段张拉法对结构进行施工仿真分析，可有效降低各拉索的索力峰值，张拉过程中，索力的动态变化也较为缓和，屋盖中心点的竖向位移变化梯度也较平缓。相比于一阶段张拉法，三阶段张拉法对拉索的受力和结构的变形更有利，可有效避免拉索出现超应力的情况，保证施工阶段结构的可靠性。工程实践中，对类似结构，建议采用该法进行施工仿真分析。

参考文献

[1] 王仕统，薛素铎，关富玲，等．现代屋盖钢结构分析与设计[M]．北京：中国建筑工业出版社，2014.
[2] 钢结构设计规程 DBJ 15—102—2014[S]．北京：中国城市出版社，2015.
[3] Masao Saitoh. Hybrid form-resistance structure[C]. Proceedings of IASS Symposium，Osaka，1986(2)：257-264.
[4] 郭彦林，崔小强．大跨度钢结构施工过程中的若干技术问题及探讨[J]．工业建筑，2004，34(12)：1-5.
[5] 卓新．空间结构施工方法研究与施工全过程力学分析[D]．杭州：浙江大学，2001.
[6] 姜正荣，石开荣，徐牧，等．某椭圆抛物面辐射式张弦梁结构的非线性屈曲及施工仿真分析[J]．土木工程学报，2011，44(12)：1-8.
[7] 石开荣．大跨椭圆形弦支穹顶结构理论分析与施工实践研究[D]．南京：东南大学，2007.
[8] 罗宇能．大跨度辐射式张弦梁结构的静力稳定性及施工仿真分析[D]．广州：华南理工大学，2016.
[9] 秦亚丽．弦支穹顶结构的施工方法研究和施工过程模拟分析[D]．天津：天津大学，2007.
[10] 吴捷．索形优化后的双向张弦梁索力特性试验研究[J]．天津大学学报，2016，49(1)：86-95.
[11] 石开荣，郭正兴，罗斌．环形辐射状预应力张弦梁钢屋盖张拉优化[J]．东南大学学报，2005，35(1)：55-60.

三维激光测量技术在空间弯扭钢构件制作中的应用研究

隋小东　李立洪　孙　朋　肖　川　魏金满

（中建钢构有限公司，深圳　518054）

摘　要　本文介绍了三维激光测量技术在空间弯扭钢构件制作中的应用案例，阐述了弯扭钢构件的制作工艺和三维激光测量方法。通过实践得出了此技术在钢结构行业中应用的优缺点。通过对多构件同时采集和分析的实践摸索，提出了三维激光测量技术可广泛应用的方案。

关键词　三维激光测量技术；钢结构制作；空间弯扭钢构件

1　概述

随着设计的多样化和装配式建筑的快速发展，采用钢结构形式的建筑近几年得到了广泛应用，钢结构构件结构形式也越来越复杂。钢结构制作测量方法还是采用传统的人工放样、卷尺测量，已经不能满足构件快速测量、复杂构件精确测量的需求。

三维激光测量技术利用激光测距的原理，通过记录被测物表面的点三维坐标，建立被测构件的线、面、体等各种图件数据，并可将测量的点位与设计模型进行比对，分析尺寸偏差。该技术在特大异型工程现场施工、古迹保护、变形检测、交通事故处理等领域已有实践应用。

空间弯扭构件制作是钢结构制造中属难度较高的类型，传统测量技术很难快速、精确的得到构件的尺寸数据。本文将介绍三维激光测量技术在这类复杂构件的制作中的应用，阐述了扭曲钢构件的制作工艺和三维激光测量方法。通过实践得出了此技术在钢结构行业中应用的优缺点。并通过对多构件同时采集和分析的实践摸索，提出了三维激光测量技术可广泛应用的方案。

2　应用案例

2.1　工程介绍

某市文体中心项目，总建筑面积约 8 万 m^2，大量采用弯曲箱形钢构件达成设计造型，造型模型如图 1 所示。本文选取的构件最大截面 1200mm×1200mm，板厚 45mm，材质 Q345GJCZ15，总长 54m，单根构件长 14m，为复杂的双扭曲箱形梁，示意图见图 2。

图 1　某项目结构示意图

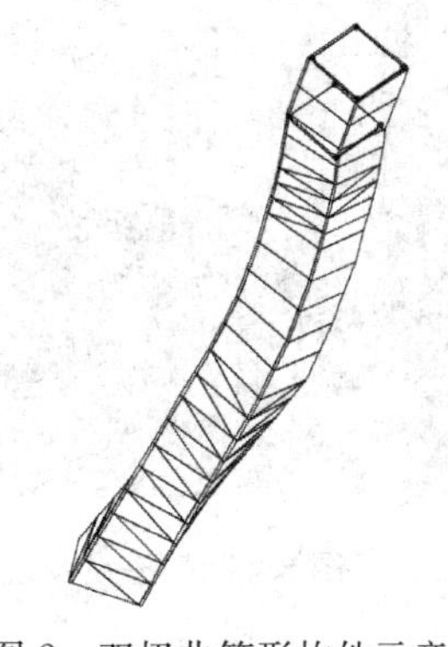

图 2　双扭曲箱形构件示意图

2.2 设备介绍

选用 Leica AT402 三维激光跟踪仪进行自动跟踪监测，实现特征点的全方位捕捉，激光仪作为被测构件三维特征点捕捉设备，配置 Powerlock 自动目标识别技术，可实现被测物特征点的快速捕捉，具有无线操作性能，可完成各种测量，实现全导向型的测量。用 Spatial Analyzer New River Kinematics 软件将点云导入系统，将 CAD 线模转化为支持该系统的格式，对点云和模型进行比对。

2.3 工艺流程介绍

空间弯扭构件的制作主要工艺有：零件展开、样箱制作、零件下料折弯、胎架搭设及装配、焊接、检验测量、喷砂涂装等。与简单结构的钢结构相比，零件展开、箱制作和三维测量为特殊工序，重点介绍如下。

（1）零件展开

绘制 Auto CAD 构件模型，应用 AutoPOL 软件进行零件展开放样，标注零件详细工艺信息和零件坡口方向，长度方向加适当收缩余量。

（2）样箱制作

样箱的制作是为了检验放样和折弯点的准确性，为钢板下料折弯提供模拟数据。通常选择 5mm 厚胶合板 1∶1 制作，龙骨规格选择 50×50 木方。制样箱制作时先组立木方龙骨，再安装底板并加设内隔板，最后安装腹板。木制样箱组立制作完就需使用三维激光测量技术对模型空间尺寸进行检测，对超出偏差的点反馈到零件板上，进而追溯到下料和折弯工序进行相应改进。

（3）胎架搭设及装配

根据构件空间三维坐标图纸确定原点坐标，以它为基准建立其他坐标轴，Z 向定位时需用水准仪保证各点位基准在同一水平面上，如图 3 所示。

（4）焊接

焊接采用对称分段焊接，控制热输入，减少焊接应力对空间尺寸的影响。因结构不规范，无法使用埋弧自动焊，全焊缝采用 CO_2 气体保护焊接，焊丝选用直径 1.2 的实芯焊丝，电流打底 180～240A，电压 30～32V，焊接速度 34～38cm/min；填充盖面电流 240～280A，电压 32～36V，焊接速度 32～36cm/min。焊缝为一级全熔透焊缝，为了保证一次合格减少返修产生的应力变形，焊接过程必须严格控制。定位焊厚度不应小于 3mm，长度不应小于 40mm，间距 300～600mm；焊件组对前，应将待焊表面和坡口两侧附近不小于 25mm 宽度范围内的油、锈、毛刺等清理干净。焊接严禁在坡口外引弧、熄弧；气体保护电弧焊作业区最大风速不宜超过 2m/s；导电嘴与工件距离 12～18mm；气体喷嘴尺寸 20mm；引弧板、引出板长度应大于 25mm 。

（5）检验测量

测量取点方案为端面平面 3 个点，四个侧面曲面每个折弯线附近范围取 3 个点，共取得了 135 个三维坐标点，检测过程如图 4 所示。

图 3　胎架搭设及装配

图 4　构件取点测量

2.4 测量结果

通过数据采集，建立扭曲构件的三维模型坐标集，如图 5 所示。用 Spatial Analyzer New River Kinematics 软件将点云导入系统，对点云和模型进行比对，如图 6 所示。最终分析结果满足钢结构检验要求，如图 7 所示。

图 5 采集三维点云

图 6 点云与模型进行拟合比对

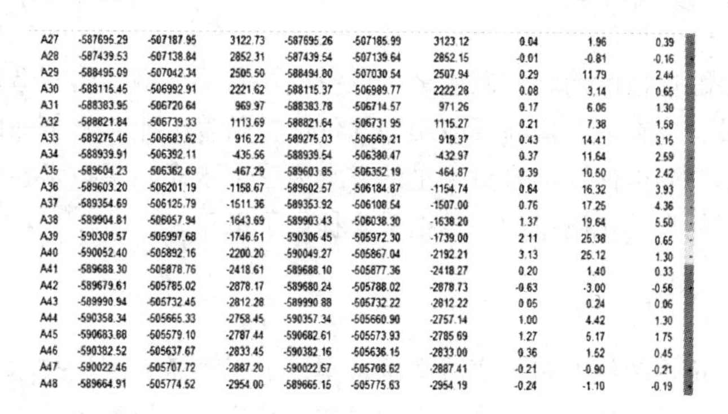

A27	-587695.29	-507187.95	3122.73	-587695.26	-507185.99	3123.12	0.04	1.96	0.39
A28	-587439.53	-507138.84	2852.31	-587439.54	-507139.64	2852.15	-0.01	-0.81	-0.16
A29	-588495.09	-507042.34	2505.50	-588494.80	-507030.54	2507.94	0.29	11.79	2.44
A30	-588115.45	-506992.91	2221.62	-588115.37	-506989.77	2222.28	0.08	3.14	0.65
A31	-588383.95	-506720.64	969.97	-588383.78	-506714.57	971.26	0.17	6.06	1.30
A32	-588821.84	-506739.33	1113.69	-588821.64	-506731.95	1115.27	0.21	7.38	1.58
A33	-589275.46	-506683.62	916.22	-589275.03	-506669.21	919.37	0.43	14.41	3.15
A34	-588939.91	-506392.11	-435.56	-588939.54	-506380.47	-432.97	0.37	11.64	2.59
A35	-589604.23	-506362.69	-467.29	-589603.85	-506352.19	-464.87	0.39	10.50	2.42
A36	-589603.20	-506201.19	-1158.67	-589602.57	-506184.87	-1154.74	0.64	16.32	3.93
A37	-589354.69	-506125.79	-1511.36	-589353.92	-506108.54	-1507.00	0.76	17.25	4.36
A38	-589904.81	-506057.94	-1643.69	-589903.43	-506038.30	-1638.20	1.37	19.64	5.50
A39	-590308.57	-505997.68	-1746.51	-590306.45	-505972.30	-1739.00	2.11	25.38	0.65
A40	-590052.40	-505892.16	-2200.20	-590049.27	-505867.04	-2192.21	3.13	25.12	1.30
A41	-589688.30	-505878.76	-2418.61	-589688.10	-505877.36	-2418.27	0.20	1.40	0.33
A42	-589679.61	-505785.02	-2878.17	-589680.24	-505788.02	-2878.73	-0.63	-3.00	-0.56
A43	-589990.94	-505732.45	-2812.28	-589990.88	-505732.22	-2812.22	0.05	0.24	0.06
A44	-590358.34	-505665.33	-2758.45	-590357.34	-505660.90	-2757.14	1.00	4.42	1.30
A45	-590683.88	-505579.10	-2787.44	-590682.61	-505573.93	-2785.69	1.27	5.17	1.75
A46	-590382.52	-505637.67	-2833.45	-590382.16	-505636.15	-2833.00	0.36	1.52	0.45
A47	-590022.46	-505707.72	-2887.20	-590022.67	-505708.62	-2887.41	-0.21	-0.90	-0.21
A48	-589664.91	-505774.52	-2954.00	-589665.15	-505775.63	-2954.19	-0.24	-1.10	-0.19

图 7 比对后的数据分析报告

3 优缺点分析

通过实际案例应用，激光三维测量技术较传统测量技术有着如下明显优缺点：

3.1 优点

各坐标系自动切换，采集点捕捉简单迅速，点云与模型比对准确可见，可实现对各种大型的、复杂的、不规则的、非标准的实体三维数据的完整采集。对于复杂的空间结构，传统的测量只能检查放样和胎架的尺寸，直接对成品扭曲构件进行测量难度较高。而三维激光测量技术对实体结构形状无限制，可适用于任何的结构。

3.2 缺点

设备成本较高，使用需专人操作，不便于现场高频次使用。测量精度过高，本设备测量误差≤0.03mm，比钢结构行业规范允许误差精度（毫米级）高几十倍，一定程度上降低了此技术的性价比。

4 应用前景展望

钢结构构件类型大体包括钢板剪力墙、H 型柱、十字柱、箱型、圆管、管桁架、多牛腿柱（图 8）以及弯扭结构等。三维激光测量技术应用在复杂钢结构制作测量过程中，有着传统方法不具备的优势。但复杂钢构件只占少量，在常规构件测量中此技术相对传统测量方法成本高、操作复杂，因此一直未得到大面积推广应用。

激光覆盖范围广，测量范围可达 100m，靶标配套加长杆的无线测头，可将生产线上的成品构件一次性选点，通过不同构件的基准点设定，将三维模型依次导入进行比对。笔者在实践中，将三维激光测量由单件测量改为多件同时测量的方案，降低了此技术应用的综合成本，如图 9 所示。平面选点时采用三点定面的思路，最大限度减少特征点采集，提高效率。

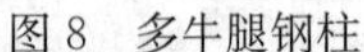

图 8　多牛腿钢柱

图 9　多构件同时采集特征点

目前市场上的激光跟踪仪精度均高达微米级，设备成本高，与钢结构制造规范精度要求不匹配；若适当降低精度，减少其设备成本，会提高其应用的性价比。随着工业 4.0 革命的深入推进，传统钢结构制作工艺将迎来重大变革。多构件同批采集测量的方案为三维激光测量技术在钢结构制造行业广泛应用提供了方案，为智慧工厂的自动化测量和云数据采集提供了思路。

5　结论

本文通过复杂空间弯扭钢构件的制作实践案例，阐述了三维激光测量技术的应用过程，分析了此技术在钢结构制作行业中应用的优缺点。三维激光测量技术采集点捕捉简单迅速，点云与模型比对准确可见，可实现对各种大型的、复杂的、不规则的构件三维数据的采集，具有传统测量技术无法达到的高精度；同时其设备昂贵，操作复杂，精度过高，在广泛推广使用时性价比较低。通过采用多件同时选点测量的方案，提高了此技术的性价比，为三维激光测量技术在钢结构制造行业广泛应用提供了方案，为智慧工厂的自动化测量和云数据采集提供了思路。

参考文献

[1]　周克勤，吴志群．三维激光测量技术在特异型建筑构件检测中的应用探讨[J]．测绘通报，2011.
[2]　肖川．矿机筒体制造过程中的尺寸控制及校正[J]．一重技术，2012.
[3]　张文军．三维激光测量技术及其应用[J]．测绘标准化，2016.
[4]　马立广．地面三维激光扫描测量技术研究[D]．武汉大学，2005.
[5]　刘春，杨伟．三维激光扫描对构筑物的采集和空间建模[J]．工程勘察，2006，34(4)：49-53.
[6]　顾永清，蒲伟斌，王磊，李可军，周军红．某大型主题乐园多单体钢结构深化设计[J]．钢结构，2015(10)：49.

基于 Dynamo for Revit 的空间网架 BIM 设计应用

马嘉伟　夏伟平　费建伟

（浙江中南建设集团钢结构有限公司，杭州　310052）

摘　要　本文结合上海市某项目屋顶空间网架设计方案实例，提出了一种使用 Dynamo for Revit，将 MSTCAD 等设计软件中的设计成果在 Revit 软件中自动建模的新方法。

关键词　空间网架；Dynamo；BIM；参数化建模

1　工程概况

上海某项目主厂房，建筑结构形式为抗震墙＋框、排架结构，屋顶采用钢网架，局部为钢筋混凝土框架结构。建筑面积 141177m^2，最高点建筑标高约 51.2m，网架最大跨度约 138m。该建筑整体为波浪造型，南北厂房围合的空间做绿化处理形成中庭，建筑平面布置如图 1 所示。

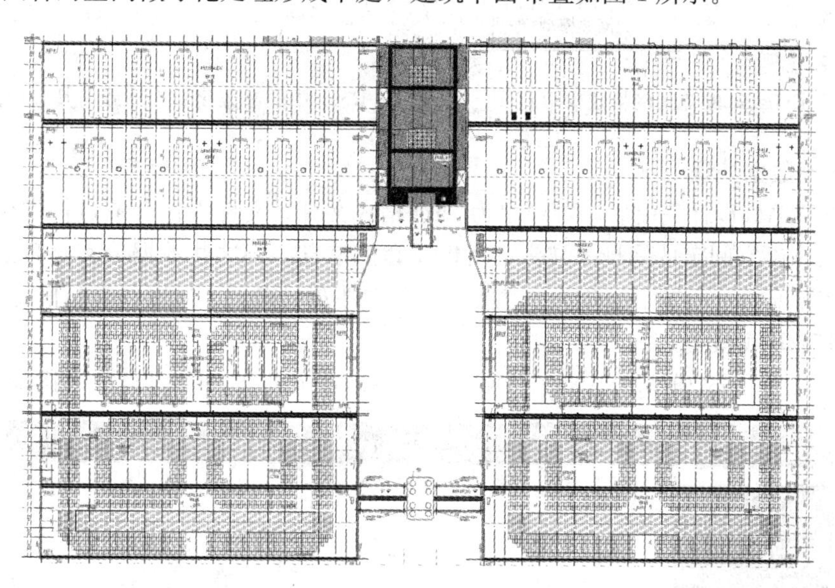

图 1　网架建筑平面布置图

2　网架模型建立

2.1　应用思路

在传统 Revit 平台下，BIM 模型联动性差，容易造成使用者大量的重复劳动。在此基础上，Revit 的 API 二次开发又需要厚实的编程基础，专业性太强。Dynamo for Revit（下文简称 Dynamo）是一款基于 Revit 软件的开源插件，该附加程序是一款能让使用者针对工程实例指定修改参数，利用参数修改，实现建筑物自我分析、自我计算，从而提高设计效率，节约设计成本的可视化编程工具。

基于 Dynamo for Revit 进行空间网架建模的思路是：首先在 Revit 软件中制作 Revit 参数化构件族，

然后将 MSTCAD、3D3S 等钢结构设计软件的计算结果以文本形式输出并整理，以 CSV 文件传入 Dynamo 中，通过运行编写的程序生成空间线模型，再调用 Revit 中的空间网架参数化构件族，在对应空间位置布置网架结构构件，最后再依照提取的杆件详细数据修改对应位置构件，最终完成空间网架 BIM 模型。图 2 为基于 Dynamo 的空间网架 BIM 建模流程图，结构计算软件以 MSTCAD 为例。

2.2 制作 Revit 参数化构件族

Revit 是一款在建筑工程领域有强大设计能力的建模软件，使用者可针对同类型构件创建一个参数化族，见图 3。通过 Dynamo 程序使用输入端接收的数据来修改实体模型的空间位置及尺寸参数。空间网架构件族库包含螺栓球、焊接球、一端焊接一端锥头杆件、一端焊接一端封板杆件、两端锥头杆件、两端封板杆件、两端焊接杆件及底部支座等。

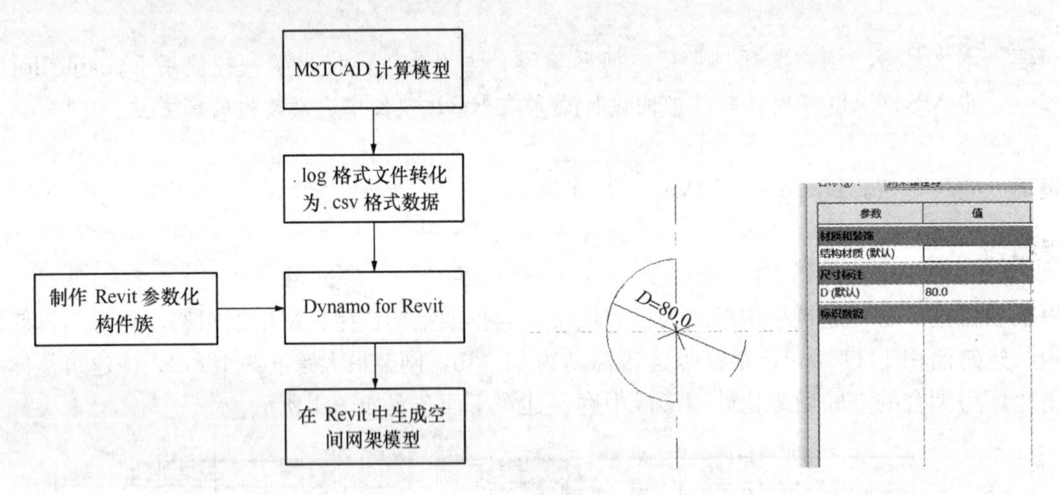

图 2 基于 Dynamo 的空间网架建模流程图　　图 3 Revit 中的参数化螺栓球族与其直径控制参数

2.3 MSTCAD 输出数据处理

网架经由 MSTCAD 设计完成后，可导出为.log 格式文件，文件内包含节点构件位置及规格信息，杆件类型、规格及杆件空间定位信息，锥头、封板及套筒信息。将这些数据分类整理后保存为 CSV 文件，应包含“节点信息.csv”文件、“杆件信息.csv”文件及“锥头、封板及套筒信息.csv”文件。

2.4 生成空间网架 BIM 模型

（1）在 Revit 软件“附加模块”中打开 Dynamo，载入图 4 所示空间网架自动建模程序，读取 CSV

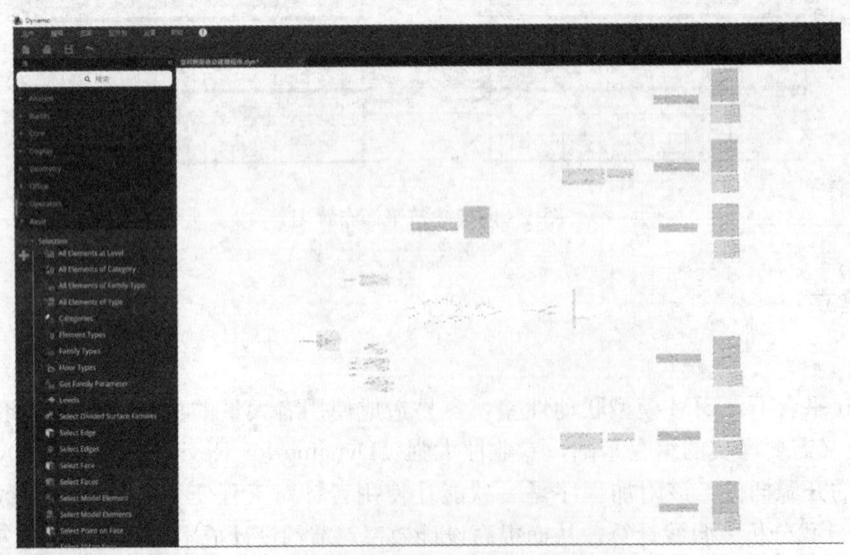

图 4 空间网架自动建模程序

文件中的节点 x、y、z 坐标值按编号生成空间点，见图 5。应注意的是：

1）当采用 MSTCAD 默认输出左手坐标系时，z 值需乘以−1；

2）MSTCAD 输出坐标默认以米为计量单位，Revit 默认以毫米为计量单位，需将两个软件的坐标值进行换算。

读取“节点信息.csv”文件，判断空间点对应的节点构件类型并将其放置在对应的空间点之上，提取节点构件直径、壁厚信息，进一步修改已放置的节点构件参数化族，在 Dynamo 中利用“Parameter. ParameterByName”节点自动修改对应螺栓球直径参数数值。完成空间网架节点构件的创建。

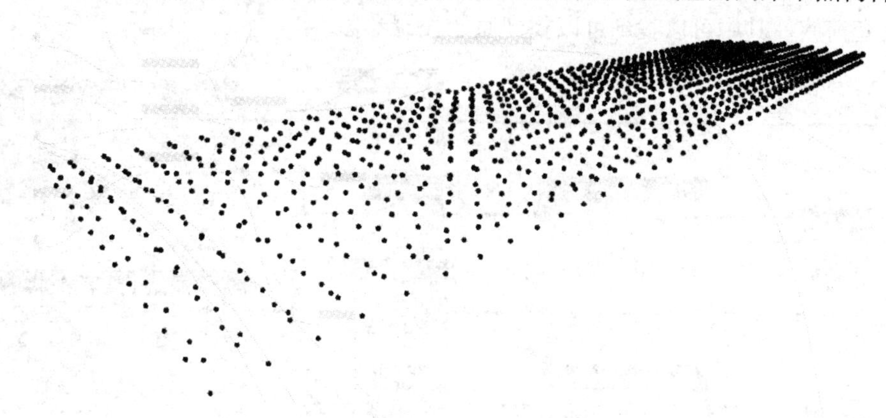

图 5　读取 x、y、z 坐标值生成空间点

（2）导入“杆件信息.csv”文件，提取杆件连接顺序将杆件的起点和终点相连，生成网架结构的空间线模型。应注意这里的杆件连接线也要按照杆件类别的不同分类完成，具体应包含一端焊接一端锥头杆件、一端焊接一端封板杆件、两端锥头杆件、两端封板杆件及两端焊接杆件。该案例工程网架结构杆件类型种类较单一，节点构件均为螺栓球，杆件分为图 6 所示两端锥头杆件、两端封板杆件两种类型。

图 6　不同种类的参数化构件族

整个建模过程中如何判别不同种类杆件并确定其准确的空间位置是实施的难点，要实现图 7 不同种类杆件分类的重点是：

1）提取杆件左、右端连接的节点编号生成数组，根据编号判断有无焊接球，进而判别杆件类型；

2）若在杆件两端节点编号数组中，焊接球编号数量为 2，则杆件为两端焊接杆件，输出其杆件编号；

3）若在杆件两端节点编号数组中，焊接球编号数量为 1，则为一端焊接一端锥头杆件或一端焊接一端封板杆件，将其编号输出做二次判别。

根据判别出的两端焊接杆件编号及左、右端点坐标放置两端焊接杆件，并提取 CSV 文件中的管径、壁厚等信息，修改两端焊接杆件参数。Revit 软件“族”类型中不包含“杆件”类型，故空间网架 BIM 模型中的杆件在 Dynamo 中要以“结构梁”的“族”类型被识别放置。

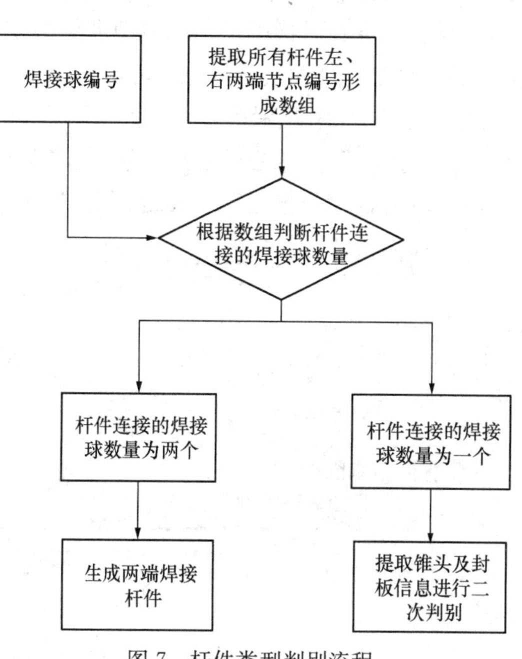

图 7　杆件类型判别流程

(3) 读取“锥头、封板及套筒信息.csv”文件，提取杆件管径、锥头、套筒、螺栓等几何信息，对上一步输出的一端焊接一端螺栓杆件作二次判别，分为一端焊接一端锥头杆件及一端焊接一端封板杆件。继续运行程序，修改杆件对应的杆件直径、杆件壁厚、螺栓直径、锥头封板及套筒等参数值。

应当注意的是，图 8 中的“套筒 _ L”、“套筒 _ s”、“套筒 _ d”、“锥头 _ L”、“锥头 _ d1”及“锥头 _ d2”等控制锥头、套筒的参数仅仅在锥头杆件族中是不可见的，因为这里在创建参数化构件族的时候使用了嵌套族（将族 A 载入族 B 作为其一部分，再将族 A 的控制参数与族 B 相互关联，以实现通过修改族 B 的控制参数，来使族 A 相应的控制参数发生变更的目的）的方法，需要在锥头杆件族中继续打开锥头族及套筒族，其中可以找到可以找到原始控制参数。

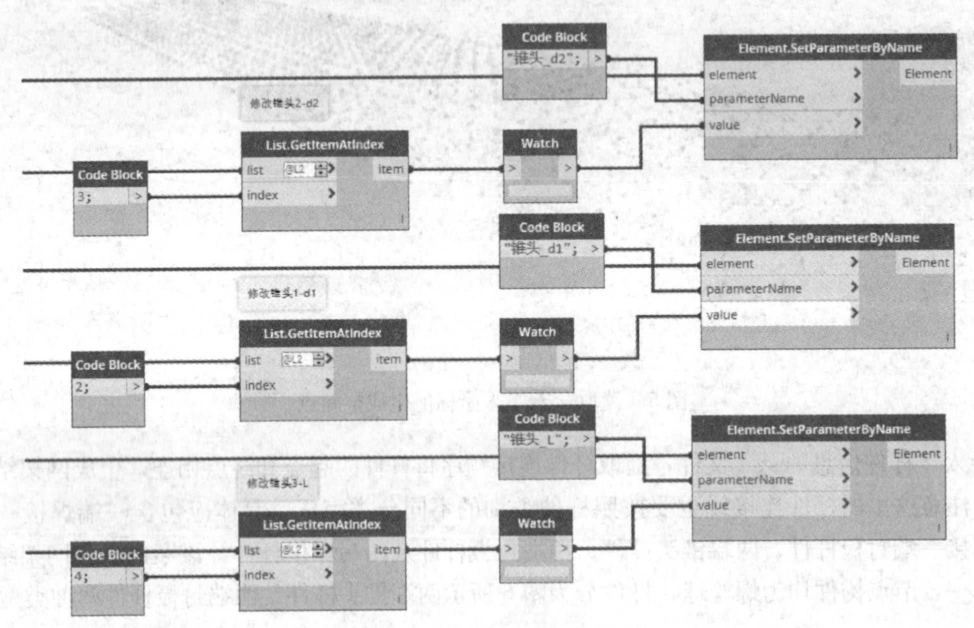

图 8 提取锥头信息并修改构件族参数

继续运行程序调整杆件长度。杆件长度由左、右节点空间位置确定，并与左、右球径相关联。本案例螺栓球劈面在 Revit 软件中通过软件自带的剪切功能实现，见图 9。在锥头杆件族中的套筒两端添加“空心形状”（空心形状可对实体模型进行剪切）并附着，再添加名为“左/右端控距”的参数来驱动该“空心形状”与杆件两端螺栓球形心的距离。由于 MSTCAD 输出的.log 格式文件内不含有“劈面”这项信息，故“左/右端控距”需通过获取杆件两端节点“左/右球径”值进行劈面值程序自动计算，从而驱动“空心形状”与球心的距离，进而实现对节点构件劈面的功能。

(4) 以上程序分步运行完成后，返回 Revit 界面，如图 10、图 11 空间网架模型已自动生成。

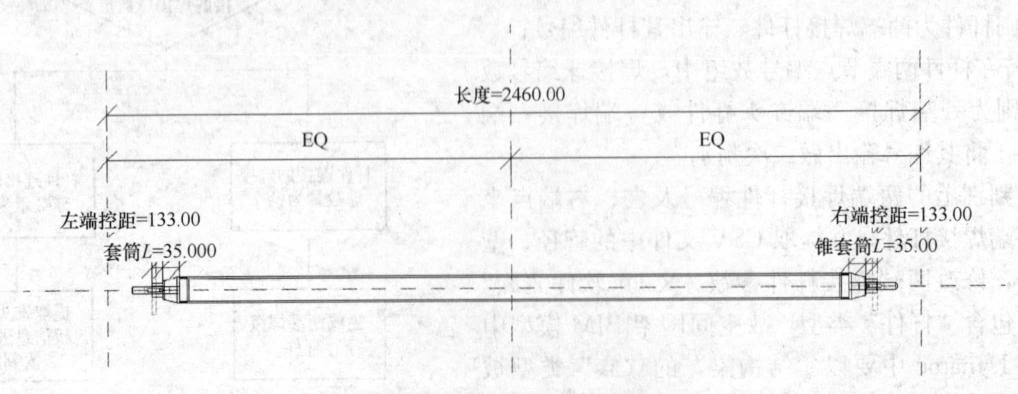

图 9 锥头杆件族部分控制参数

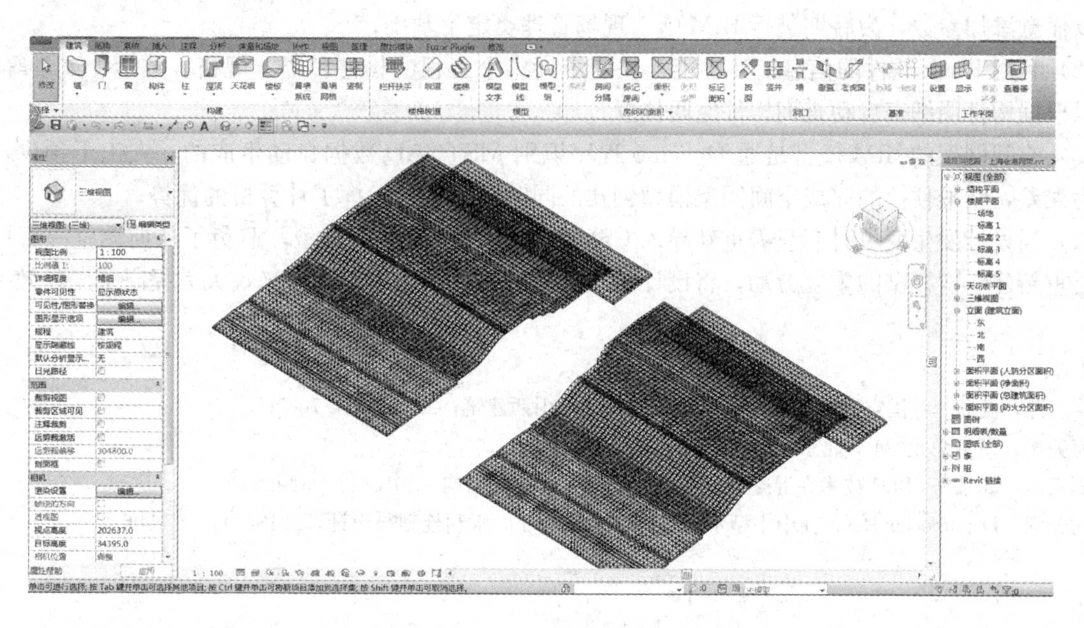

图 10　最终生成的空间网架结构模型

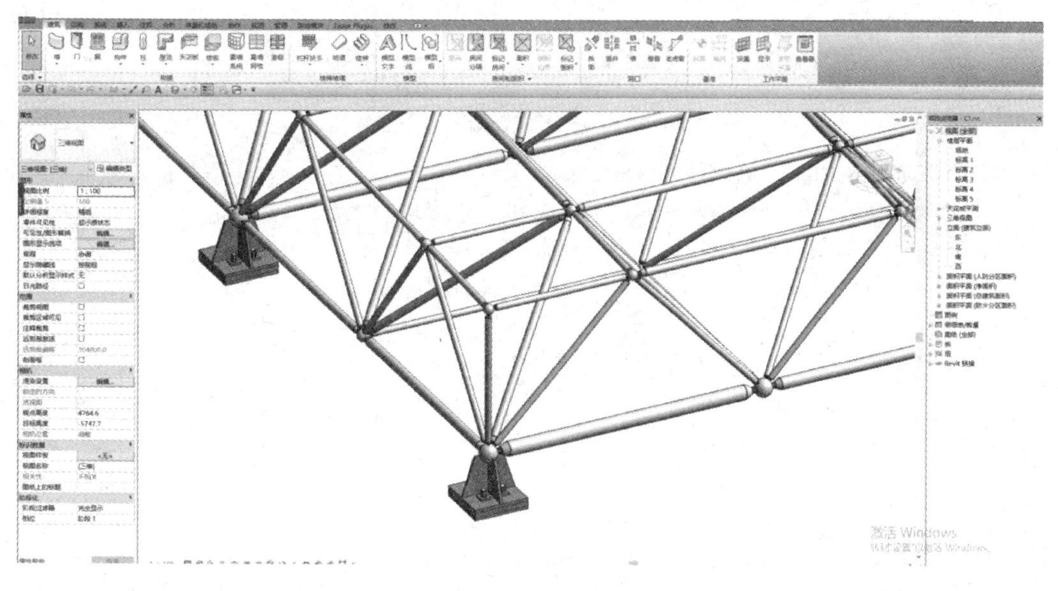

图 11　最终生成的空间网架螺栓球节点结构模型

3　结论

本文以上海某项目主工房网架结构设计为例，探究了基于 Dynamo for Revit 的 BIM 技术在空间网架建模中的应用。说明了使用 Dynamo for Revit 进行可视化编程的原理，并详细介绍了使用 MSTCAD 等设计软件完成的空间网架模型计算信息在 Revit 软件中自动生成 BIM 模型的具体方法。使用此方法可以直接转化 MSTCAD、3D3S 等结构计算软件设计成果，同时在 Revit 软件中自动生成任意造型曲面的空间网架，所建立的 BIM 模型完全符合结构设计师的设计思路，并可与其他专业 BIM 模型进行碰撞检测，分析问题并反馈信息，辅助各专业设计师及时调整设计图纸，从而实现跨专业协同设计。

本方法的优势还体现在以下几个方面：

（1）最终生成的 BIM 模型中的构件所采用的都是 Revit 软件中绘制的构件族，可以选择并编辑，也可以任意添加参数，为后期进行 BIM 施工现场管理奠定了基础；

（2）利用 Revit 软件的信息统计功能，快速统计整个工程的构件种类、规格、数量、重量等信息，并可以根据构件明细表自动查询构件空间位置；

（3）空间网架的 BIM 模型是通 Dynamo 程序识别 MSTCAD 数据自动生成的，人工干预少，减少了人为误差，精准便捷的完成空间网架模型创建的同时，也充分发挥了计算机的优势；

（4）当设计发生变更时，只需重新导入 CSV 数据即可自动更新模型，避免了从前调整一下网架高度就要重新建一次模型的重复劳动，将设计师从繁复的建模工作中解脱出来，大大提高了工作效率。

参考文献

[1] 张玉萍，温欣．我国空间网架结构应用发展分析[J]．山西建筑，2010(19)：70-71.
[2] 何关培，BIM 总论[M]．北京：中国建筑工业出版社，2011.
[3] 刘天居，龚景海．BIM 技术在混凝土球壳中的应用[J]．空间结构，2018(1)：62-67.
[4] 胡金鹏，Dynamo for Revit 在中小型水利项目中的应用[J]．水利规划与设计，2018(2)：182-186.

S460 高强度钢焊接工艺研究与应用

吴招兵　张　薇　赵中原　周　克

（中国建筑第八工程局有限公司，上海　200125）

摘　要　S460 是欧标高强度板，在正火或正火十回火状态有较高的综合力学性能，在大型船舶，桥梁，电站设备，中、高压锅炉，高压容器，机车车辆，起重机械，矿山机械及建筑等大型焊接结构中得到应用。但由于其强度高、碳当量大，焊接工艺性较差。本文采用大西洋 CHW60C 实芯焊丝，严格控制原材料、坡口加工、焊前预热、焊接工艺及焊后热处理等工序环节，进行一系列焊接试验，探究其焊接工艺，成功地应用于吉隆坡标志塔项目的焊接过程中。

关键词　S460；高强度钢；焊接工艺；试验研究

马来西亚 Signature Tower 位于吉隆坡市中心 TRX 金融国际中心，建成后将成为吉隆坡又一标志性建筑。本工程塔楼地下 7 层，地上 93 层，东西两侧裙楼地上 4 层，南侧裙楼地上 6 层，建筑总高度 438.37m。结构采用框架一核心筒结构，外框架为钢结构。本工程结构采用约 3000t S460 材质工字钢柱，该钢强度高、塑性差，焊后易产生裂纹，并且现场有大量的厚板焊接，最厚板可达 82mm。针对欧标高强度厚板焊接以及现场的环境条件，对这类钢进行了研究和试验，采用 CO_2 气体保护焊焊接工艺方法，达到了该工程需要得焊接质量要求。

1　S460 钢化学成分及力学性能

钢厂为吉隆坡标志塔开发的欧标 S460 高强度钢板用于制作构件，对其钢材进行材料复测，利用 X 射线荧光光谱仪 XRF-1800 测定钢材化学成分，结果如表 1 所示，并对其力学性能进行测试，结果如表 2 所示。

S460N 钢板化学成分　　**表 1**

元素	C	Si	Mn	P	S	Ni	N	Cu	V	Ti	Nb	Al
%	0.20	0.60	1.70	0.03	0.025	0.80	0.025	0.55	0.20	0.05	0.05	0.02

S460N 钢板力学性能　　**表 2**

牌号	厚度（mm）	屈服强度（MPa）	抗拉强度（MPa）	伸长率（%）	冲击值（J）	执行标准
S460N	82	483	637	23	69（−20℃）	BS EN 10025-3

2　焊接工艺性

目前钢结构领域中常用的低合金高强度钢通常是指抗拉强度在 500～1000MPa 的钢材，而抗拉强度在1000MPa以上的一般称为超高强度钢。低合金高强钢的种类可以分为非调质钢和调质钢。经常应用的是热轧钢、控轧钢和正火钢等，一般非调质钢指常温抗拉强度600MPa以下的钢材。

随着钢种合金元素的增加，强度级别的提高（屈服强度大于315MPa），钢材的焊接性能逐渐变差，容易可能出现以下四个主要问题：

（1）热影响区的淬硬倾向：焊接时快速冷却会导致热影响区出现马氏体组织。

（2）冷裂纹：焊接时冷裂纹的倾向加大，并且具有延迟性。如定位焊缝很容易开裂，其原因就是焊缝尺寸小、长度短、冷却速度快。

（3）热裂纹：屈服强度在315～400MPa的热轧、正火钢热裂倾向不大，但在厚壁板材高稀释率焊道中会出现热裂纹。

（4）粗晶区脆化：热影响区被加热至1100℃以上的粗晶区，焊接热输入过大时晶粒将迅速长大或出现魏氏组织，产生脆化现象。

S460高强度钢焊接具有淬硬倾向、冷裂纹倾向、热裂纹倾向、粗晶区脆化的敏感性强等特点。碳当量作为评定焊接焊缝裂纹倾向的方法，以此判别钢对各种裂纹的敏感性。按照碳当量经验计算公式：

$$C_{当量}=\left(\mathrm{C}+\frac{\mathrm{Mn}}{6}+\frac{\mathrm{Cr}+\mathrm{Mo}+\mathrm{V}}{5}+\frac{\mathrm{Ni}+\mathrm{Cu}}{15}\right)\times 100\%$$

S460高强度钢的碳当量为0.54，大于标准值0.45，因此焊接时会有淬硬倾向。为防止或减少焊接裂纹的产生，焊前需进行预热处理，焊后及时进行热处理以消除焊接应力。焊接过程中应尽量保持低氢条件，故采用CO_2气体保护焊方式。

3 焊丝选择

根据焊接强度匹配原则，可分为“高强匹配”、“低强匹配”及“等强匹配”。对于承受静载荷或者一般载荷的工件或结构，为尽可能保证焊缝质量，避免焊接裂纹产生，通常选用抗拉强度与母材相等的焊丝。本次试验依照“等强匹配”匹配原则，采用大西洋品牌CHW60C实芯焊丝。试验所选实芯焊丝的实测化学成分及力学性能见表3和表4。

大西洋品牌CHW60C焊丝化学成分 **表3**

元素	C	Mn	Si	S	P	Cr	Ni	Cu	Mo	Ti
%	0.074	1.68	0.64	0.0055	0.0088	0.018	0.0046	0.096	0.25	0.11

大西洋品牌CHW60C焊丝力学性能 **表4**

牌号	屈服强度（MPa）	抗拉强度（MPa）	伸长率（%）	冲击值（J）	执行标准
CHW60C	584	648	25	126、88、119（−30℃）	EN ISO 14341-B

4 焊接工艺

4.1 焊接顺序

安排两名焊工依据图1焊接顺序对称施焊，尽可能避免厚度方向的焊接残余应力的产生，减少焊接接头的拘束应力的集中，从而保证高强度钢柱焊接的质量。

为了控制焊接质量，对于82mm厚的钢板采用多层多道焊接，每一道焊缝一次性焊完，层间温度控制在250℃以内，开始下一道焊缝施工，焊道层数的分布考虑厚板母材与焊缝金属的局部缓冲，焊缝的焊道顺序如图2所示。

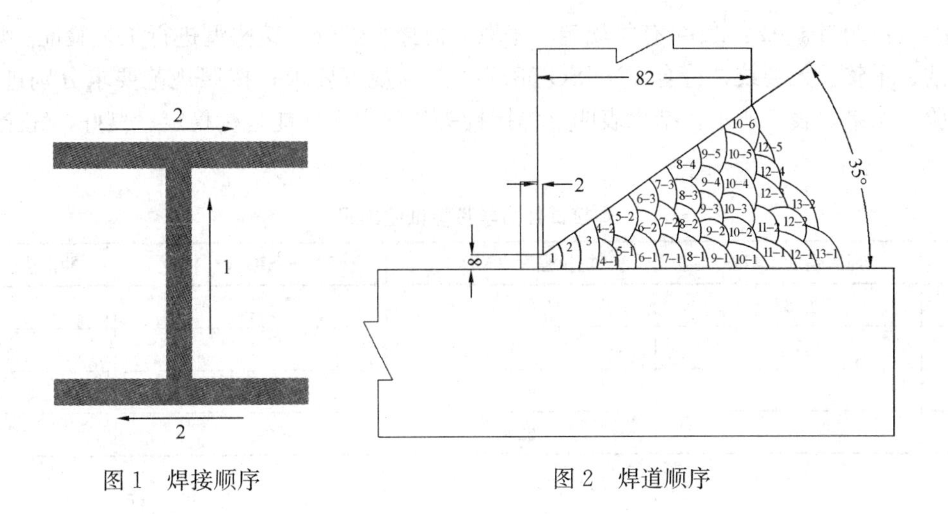

图 1　焊接顺序　　　　图 2　焊道顺序

4.2　焊接参数

S460 高强度钢焊接过程中严格执行焊接工艺卡参数，尽量控制焊接热输入量，采用比较小电流进行焊接，焊接参数如表 5 所示。

S460 钢柱焊接参数　　　　**表 5**

焊道	电流(A)	电压(V)	极性	焊接速度(cm/min)	热输入(KJ/mm)
全部	220～260	28～32	DCEP	3.1～4.0	1.2～2.2

4.3　焊接温度

高强度厚板焊接前，必须进行预热处理，并根据钢板厚度确定合理的预热温度，在保证在不产生附加应力的前提下，应适当提高焊接接头的预热温度。焊前预热可以防止一般拘束度接头焊接时裂纹的产生，焊前预热可以控制焊缝金属及邻近母材的冷却速度。较高的温度可使氢较快扩散且减少冷裂倾向。焊接热处理温度参数如表 6 所示。

预热温度、层间温度、后热温度及后热时间要求　　　　**表 6**

母材	厚度 t（mm）	预热温度（℃）	层间温度（℃）	后热要求
S460	82	100	100～250	250℃＋2h

4.4　焊接接头设计

（1）在满足焊透深度要求和焊缝致密性条件下，采用 35°焊接坡口角度及收缩间隙，降低作用于收缩方向上的焊缝厚度。见图 3。

（2）板厚方向承受焊接拉应力的板材端头伸出接头焊缝区。

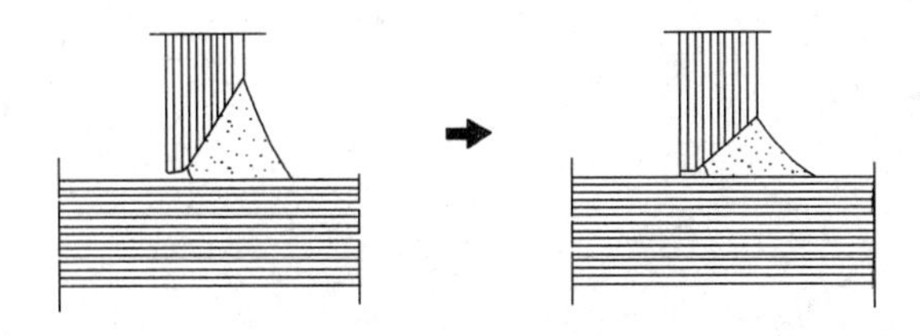

图 3　设计较小的焊接坡口角度

5　焊接工艺试验

采用以上工艺手段，选用 S460 试板，尺寸为 350mm×150mm×82mm，单边 V 形坡口，依据 BS

EN ISO 15614-1：2004＋A2：2014 有关规定，采取“对接全熔透”接头型进行工艺验证。焊后经观察，试件外观光洁、平整、无裂纹，符合 EN ISO 5817：2014 规范要求；按照规范要求分别进行拉伸、冲击和弯曲试验，结果如表 7 所示。结果表明，焊接接头各项力学性能指标稳定、良好，完全可以满足使用要求。

焊接试件力学性能试验结果　　表 7

试件序号	屈服强度（MPa）	抗拉强度（MPa）	伸长率（%）	冲击值（－30℃）/J
1	582	644	27	127
2	569	632	25	116
3	576	658	24	93
4	572	624	29	121

6　结语

欧标高强度 S460 钢材焊接采用 CO_2 气体保护焊焊接方式，根据“等强匹配”焊丝选用原则，采用 CHW60C 实芯焊丝，从钢材原料的控制，坡口的加工，焊接工艺，焊接热处理等各个工艺的严格控制，试验结果表明：焊接后的试板符合 ISO 17640：2010 超声波检测要求，并通过力学性能试验证明，此工艺方法可以获得良好的焊接质量。目前，此工艺在马来西亚标志塔的实际焊接生产中得到应用，并为以后欧标类似材质的焊接工艺提供技术参考。

参考文献

[1] CEN. EN 1090-2：2008＋A1 Execution of steel structures and aluminum structures-Part 2：Technical requirements for steel structures，2011.

[2] CEN. EN 15614，Specification and qualification of welding procedures for metallic materials-Welding procedure test-Part 1：Arc and gas welding of steels and arc welding of nickel and nickel alloys，2014.

[3] CEN. EN 5817，Welding-Fusion-welded joints in steel，nickel，titanium and their alloys（beam welding exclued）-Quality levels for imperfections，2014.

[4] CEN. EN 17640，Non-destructive testing of welds-Ultrasonic testing-Techniques，testing levels，and assessment，2010.

波形钢板组合墙弹性屈曲分析

费建伟　李志安

（浙江中南建设集团钢结构有限公司，杭州 310052）

摘　要　钢结构是装配式建筑的发展趋势，满足标准化设计、工厂制作、工地安装等建筑工业化发展要求。在分析现有剪力墙性能的基础上，提出一种新型剪力墙结构——波形钢板组合墙，具有构造简单、建筑布局灵活等特性。波形钢板组合墙两个方向具有不同的抗弯刚度，类似异形墙板。采用解析法求解四边简支墙板的弹性屈曲承载力，以及采用能量法求解三边简支墙板的弹性屈曲承载力，并与有限元数值计算结果进行对比，吻合较好，相关公式可供工程参考。

关键词　装配式；波形钢板组合墙；异形墙板；解析法；能量法；弹性屈曲

1　前言

2013 年 1 月，国务院办公厅关于转发发展改革委、住房和城乡建设部绿色建筑行动方案的通知，文件指出绿色建筑是在建筑的全寿命期内，最大限度地节约资源、保护环境和减少污染，为人们提供健康、适用和高效的使用空间，与自然和谐共生的建筑。2016 年 3 月政府工作报告中提出积极推广绿色建筑和建材，大力发展钢结构和装配式建筑，提高建筑工程标准和质量。

基于上述国家宏观政策导向，公司调整发展战略，进行高层结构装配化研发。众所周知，高层结构的核心抗侧力结构为剪力墙，钢筋混凝土剪力墙整体性好、布置灵活，但其结构延性和耗能能力相对较差，且施工工艺复杂；钢板剪力墙抗剪承载力高、延性好、自重轻等优点被广泛应用于工程实践中，但其稳定性差，要发挥较高的水平刚度和剪切滞回性能，需要设置加劲肋，或在钢板侧边设置混凝土板。为了解决现有产品存在的问题，提出波形钢板组合墙结构，具有自重轻、机械化生产、装配化组装的特性。波形钢板组合墙将两块波形钢板通过对拉螺栓进行连接，并在两块钢板中间灌注混凝土形成；将组合墙肢与边缘构件相结合，构成竖向承力的主体结构。其充分利用了波形钢板面外刚度大，并且受压、受剪不易屈曲的特点，有效提升了钢板的稳定性能，最大程度上规避了板件局部屈曲的发生，显著降低钢材的用量。波形钢板组合墙布置型式包括一字形、L 形、T 形等，如图 1 所示。

2　波形钢板组合墙弹性屈曲分析

由于波形钢板组合墙承受竖向荷载，因此，保证该墙体的整体稳定与局部稳定至关重要，本文以波形钢板组合墙的整体弹性屈曲为研究对象。对于一字形墙体，其弹性稳定承载力根据欧拉公式可以得到，本文就异形墙体（L 形，C 形，Z 形）的分肢稳定进行分析。由于波形钢板组合墙两方向抗弯刚度不同，类似各向异性板，其稳定方程有别于常规的各向同性板。

2.1　四边简支波形钢板组合墙弹性屈曲分析

以某 C 形波形钢板组合墙的腹板为研究对象，计算模型按四边简支考虑，假设层高 2.8m，墙宽度 2m，波形钢板厚度 4mm，材质 Q345B，混凝土强度等级 C45。采用 ANSYS 有限元软件建模，两边和

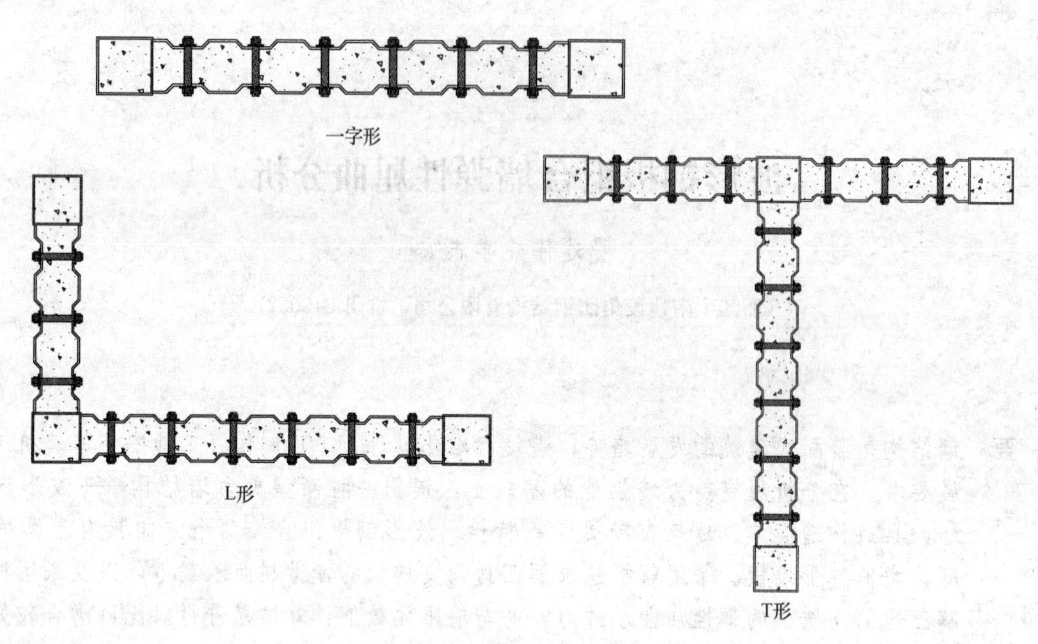

图 1 波形钢板组合墙布置型式

顶边约束面外线位移模拟简支边，对于底面，为了模拟铰接约束，在底面中间设置一条线，进行 x、y、z 三向线位移约束，为了不至于底面应力在中间线位置产生应力集中，将底面的节点与中间线上某点进行转动角耦合，实现底面刚性转动。施加顶面单位面荷载 1MPa，进行特征值计算，得到一阶弹性屈曲临界值 560.89MPa，屈曲模态见图 2。

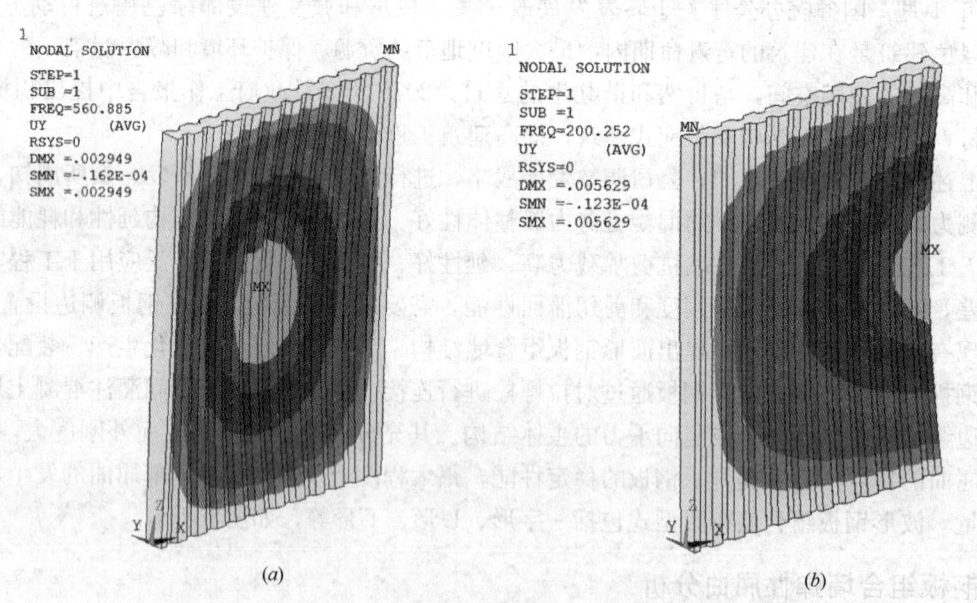

图 2 屈曲模态

(a) 四边简支屈曲模态；(b) 三边简支屈曲模态

根据铁木辛柯板壳理论，异性板的稳定平衡方程为，

$$D_x \frac{\partial^4 w}{\partial x^4} + 2H \frac{\partial^4 w}{\partial x^2 y^2} + D_y \frac{\partial^4 w}{\partial y^4} = p_x \frac{\partial^2 w}{\partial x^2} + p_y \frac{\partial^2 w}{\partial y^2} + 2p_{xy} \frac{\partial^2 w}{\partial xy} \tag{1}$$

其中，

ω 是板的变形挠曲面方程；

p_x 、p_y 、p_{xy} 是面内各项薄膜内力。

设置坐标系，令高度方向为 x 向，宽度方向为 y 向。沿 x 向顶面施加均布荷载，因此中面力 $p_y = 0$ 、$p_x = -p$ 、$p_{xy} = 0$ ，代入式（1）得到，

$$D_x \frac{\partial^4 w}{\partial x^4} + 2H \frac{\partial^4 w}{\partial x^2 y^2} + D_y \frac{\partial^4 w}{\partial y^4} + p \frac{\partial^2 w}{\partial x^2} = 0 \tag{2}$$

其中，

D_x 是波形钢板 x 向单位宽度的抗弯刚度；

D_y 是波形钢板 y 向单位宽度的抗弯刚度；

H 是与波形钢板抗扭刚度有关的一个参数；

根据铁木辛柯板壳理论，当波形钢板组合墙看成是一个方向有等距加劲肋的板，此时 $H = D_y$ ；根据板的边界条件，确定板的挠曲面方程为，

$$w = \sum_{m=1}^{\infty} \sum_{n=1}^{\infty} A_{mn} \sin \frac{m\pi x}{a} \sin \frac{n\pi y}{b} \tag{3}$$

其中，m ，n ，a ，b 分别代表 x 向半波数，y 向半波数，墙体高度，墙体宽度。

代入上述微分方程（2）得到，

$$\sum_{m=1}^{\infty} \sum_{n=1}^{\infty} A_{mn} \left(D_x \frac{m^4 \pi^4}{a^4} + 2D_y \frac{m^2 n^2 \pi^4}{a^2 b^2} + D_y \frac{n^4 \pi^4}{b^4} - p \frac{m^2 \pi^2}{a^2} \right) \sin \frac{m\pi x}{a} \sin \frac{n\pi y}{b} = 0 \tag{4}$$

屈曲条件为括弧内的式子为零，则

$$D_x \frac{m^4 \pi^4}{a^4} + 2D_y \frac{m^2 n^2 \pi^4}{a^2 b^2} + D_y \frac{n^4 \pi^4}{b^4} - p \frac{m^2 \pi^2}{a^2} = 0 \tag{5}$$

$$p = D_y \frac{\pi^2}{b^2} \left(\frac{D_x}{D_y} \frac{m^2 b^2}{a^2} + 2n^2 + \frac{n^4 a^2}{m^2 b^2} \right) \tag{6}$$

因墙体高度受限在层高范围内，因此一阶失稳模态时一般 $n = 1$ ，$m = 1$ ，得到

$$p_{cr} = D_y \frac{\pi^2}{b^2} \left(\frac{D_x}{D_y} \frac{b^2}{a^2} + 2 + \frac{a^2}{b^2} \right) \tag{7}$$

弹性临界应力 σ_{cr} 为

$$\sigma_{cr} = \frac{p_{cr}}{t_{eq}} = \frac{\pi^2 D_x}{b^2 t_{eq}} \left(\frac{b^2}{a^2} + \left(2 + \frac{a^2}{b^2} \right) \frac{D_y}{D_x} \right) \tag{8}$$

其中，t_{eq} 为波形钢板组合墙截面等效厚度。

根据波形钢板组合墙截面尺寸，得到 $D_x = 1.25e10\text{N} \cdot \text{mm}^2$ ，$D_y = 4.79e9\text{N} \cdot \text{mm}^2$ ，$a = 2800\text{mm}$，$b = 2000\text{mm}$ ，$t_{eq} = 114.5\text{mm}$ ，代入式（8）得到临界弹性应力 546MPa，与有限元计算值误差 2.54%。

2.2 三边简支波形钢板组合墙弹性屈曲分析

采取四边简支相同的模型，只是将边界条件进行修改，进行有限元特征值分析，得到一阶特征值 200MPa，屈曲模态如图 2 所示。

三边简支墙板的理论推导过程如下，

墙板的 x 向弯矩方程为 $M_x = D_x \frac{\partial^2 w}{\partial x^2} + \mu D_y \frac{\partial^2 w}{\partial y^2}$ ，y 向弯矩方程 $M_y = \mu D_x \frac{\partial^2 w}{\partial x^2} + D_y \frac{\partial^2 w}{\partial y^2}$ ，扭矩方程 $M_{xy} = 2D_{xy} \frac{\partial^2 w}{\partial y \partial x} = (1-\mu)\sqrt{D_x D_y} \frac{\partial^2 w}{\partial y \partial x}$ 。

将上述方程代入弯曲应变能方程，

$$U = \frac{1}{2} \int_0^a \int_0^b \left(M_x \frac{\partial^2 w}{\partial x^2} + M_y \frac{\partial^2 w}{\partial y^2} + 2M_{xy} \frac{\partial^2 w}{\partial x \partial y} \right) \mathrm{d}x\mathrm{d}y \tag{9}$$

得到，

$$\begin{aligned} U = & \frac{1}{2} \int_0^a \int_0^b \left(D_x \left(\frac{\partial^2 w}{\partial x^2} \right)^2 + \mu D_y \frac{\partial^2 w}{\partial y^2} \frac{\partial^2 w}{\partial x^2} + \mu D_x \frac{\partial^2 w}{\partial x^2} \frac{\partial^2 w}{\partial y^2} + D_y \left(\frac{\partial^2 w}{\partial y^2} \right)^2 \right. \\ & \left. + 2(1-\mu)\sqrt{D_x D_y} \left(\frac{\partial^2 w}{\partial y \partial x} \right)^2 \right) \mathrm{d}x\mathrm{d}y \end{aligned} \tag{10}$$

荷载势能，

$$V=-\frac{1}{2}\int_0^a\int_0^b\left(p_x\left(\frac{\partial w}{\partial x}\right)^2+p_y\left(\frac{\partial w}{\partial y}\right)^2+2p_{xy}\frac{\partial w}{\partial y}\frac{\partial w}{\partial x}\right)\mathrm{d}x\mathrm{d}y \tag{11}$$

总势能方程为 $\prod=U+V$

对于单向受压波形钢板组合墙，其总势能方程为，

$$\begin{aligned}\prod=&\frac{1}{2}\int_0^a\int_0^b\left(D_x\left(\frac{\partial^2 w}{\partial x^2}\right)^2+\mu D_y\frac{\partial^2 w}{\partial y^2}\frac{\partial^2 w}{\partial x^2}+\mu D_x\frac{\partial^2 w}{\partial x^2}\frac{\partial^2 w}{\partial y^2}+D_y\left(\frac{\partial^2 w}{\partial y^2}\right)^2\right.\\&\left.+2(1-\mu)\sqrt{D_xD_y}\left(\frac{\partial^2 w}{\partial y\partial x}\right)^2\right)\mathrm{d}x\mathrm{d}y-\frac{1}{2}\int_0^a\int_0^b p_x\left(\frac{\partial w}{\partial x}\right)^2\mathrm{d}x\mathrm{d}y\end{aligned} \tag{12}$$

假定三边简支一边自由的墙板失稳状态的挠曲面函数为，

$$w=fy\sin\frac{m\pi x}{a} \tag{13}$$

代入总势能方程（12）得到，

$$\prod=\frac{1}{2}f^2\frac{m^2\pi^2}{a^2}\left(D_x\frac{m^2\pi^2}{6a^2}b^2+(1-\mu)\sqrt{D_xD_y}\right)ab-\frac{p}{12}f^2\frac{m^2\pi^2}{a^2}ab^3 \tag{14}$$

令 $\frac{\partial\prod}{\partial f}=0$，得到，

$$p=\frac{D_x}{b^2}\left(\frac{m^2\pi^2b^2}{a^2}+6(1-\mu)\sqrt{\frac{D_y}{D_x}}\right) \tag{15}$$

当 $m=1$，$\mu=0.3$，得到临界值为

$$p_{\mathrm{cr}}=\frac{\pi^2D_x}{b^2}\left(\frac{b^2}{a^2}+0.425\sqrt{\frac{D_y}{D_x}}\right) \tag{16}$$

临界应力为，

$$\sigma_{\mathrm{cr}}=\frac{p}{t_{\mathrm{eq}}}=\frac{\pi^2D_x}{b^2t_{\mathrm{eq}}}\left(\frac{b^2}{a^2}+0.425\sqrt{\frac{D_y}{D_x}}\right) \tag{17}$$

根据波形钢板组合墙截面尺寸，得到 $D_x=1.25e10\mathrm{N}\cdot\mathrm{mm}^2$，$D_y=4.79e9\mathrm{N}\cdot\mathrm{mm}^2$，$a=2800\mathrm{mm}$，$b=2000\mathrm{mm}$，$t_{\mathrm{eq}}=114.5\mathrm{mm}$，代入式（17）得到临界弹性应力 208MPa，与有限元计算值误差 3.92%。

3 小结

（1）研制装配化技术，提升企业现有设计、制作、施工水平，带来技术和工艺创新。符合国家建筑节能环保发展要求，提高企业在装配化建筑市场的影响力。

（2）波形钢板组合墙在工程应用中必要环节就是稳定承载力，本文就异形墙板的分肢弹性屈曲进行理论研究和有限元数值计算，两者能较好吻合，相关公式可供工程设计参考。

（3）对于四边简支和三边简支一边自由墙板的弹性屈曲分别采用了解析法和能量法，得到临界应力公式。

（4）至于考虑初始缺陷等因素的弹塑性稳定承载力有待进一步分析。

参考文献

[1] 郝际平，孙晓岭，薛强等．绿色装配式钢结构建筑体系研究与应用[J]. 工程力学，2017，34(1)：1-13。
[2] 金天德，叶再利．箱型钢板剪力墙稳定性分析[J]. 建筑结构学报，2014，35(9)：40-47。
[3] 王新敏．ANSYS 工程结构数值分析[M]. 北京：人民交通出版社，2011。
[4] 铁木辛柯．板壳理论[M]. 北京：科学出版社，1977。
[5] 陈骥．钢结构稳定理论与设计(第五版)[M]. 北京：科学出版社，2011。

钢结构涂装与伸缩式喷漆房新技术运用

段启全　汪汉柱　赵卫民

（陕西正天钢结构有限公司，陕西中能防腐建设发展有限公司，西安　710000）

摘　要　钢结构具有强度高、受荷能力强、环保、安装方便等优点，并广泛地应用于工业与民用建筑、桥梁工程中，是装配式建筑的主要构成部分。但钢材的抗氧化性和耐锈蚀性差的缺陷不仅给社会造成经济损失，也给结构安全带来隐患，是当前科研单位、制造企业面临和必须注意解决的问题。本文就钢结构涂装与伸缩式喷漆房新工艺运用技术作了较为详细的介绍和探讨。

关键词　钢结构；涂装；新工艺；运用技术

1　喷砂房设计及工作原理

1.1　喷砂房体设计

钢构件喷砂房体采用型钢做基本框架，外面采用 50mm 厚彩钢岩棉夹芯板建造。彩钢板夹芯层岩棉将喷砂时产生的 1500Hz—2000Hz 的高频尖锐噪音降到 500Hz 以下，极大地降低作业噪音，还具有隔热保温功能；在喷砂房体四周全部安装 3mm 耐磨橡胶板保护喷砂房体，当耐磨橡胶板损坏时可快捷更换，也能减小噪音；在喷砂房体设备一侧设置小门，便于操作人员调整喷砂主机和设备检修，小门设观察窗，方便操作人员观察喷砂房内的工作情况。

房体内地面设收砂地板，地板采用 4mm 钢板制作，吸砂管路采用 6mm 厚 16Mn 板制作，吸砂管路换向处采用快速更换结构换气阀，并加厚至 18mm。

1.2　工作流程

本项目采用环保型蜂窝式风力循环喷砂工艺，砂粒回收、清砂、除尘全自动工作。其核心技术为引进目前先进的蜂窝式吸砂地板，磨料回收通过气动风力循环。其工作流程如下：

工件放置台车上→开入大门（进口）→关闭大门→喷砂处理→风清扫工件表面灰尘（手动吸尘）→开出大门（出口）进入下一道工序。具体操作：

（1）用台车将工件送入喷砂室内，关闭大门；

（2）打开风机和照明，往蜂窝地板倒入砂料，砂料自动进入到喷砂系统中；

（3）室外空气经进气孔流入喷砂室，新鲜空气自上而下进行压制，再利用大功率抽风系统，使室内形成较低的负压，保证了喷砂产生的粉尘不易外溢；

（4）打开喷枪控制开关，开起喷砂罐上的组合阀，将喷砂罐上的封丸托顶起、喷砂罐充压，砂料被强行从砂阀入口压出至出砂口；同时，喷砂罐下面的砂阀、助推阀打开；压缩空气将从罐体里的砂料压入喷枪（即压入式喷砂），实现喷砂处理；

（5）喷砂作业产生的砂料、杂质和一部分粉尘等被空气带入蜂窝回收地板下的抽风风管内，经吸砂管送入砂料分选器；

（6）大部分粉尘由喷砂房两侧抽风系统将废气吸入管道；

（7）砂料、杂质、粉尘在砂料分选器里实现砂料分选，可再利用的砂料经分选后落入储斗，再进入喷砂罐实现连续喷砂；

（8）砂料分选器内被分选出的细小杂质、粉尘被气流带入除尘器，经多级除尘装置除尘后的杂质、粉尘进入储尘斗，通过自动集尘装置收集洁净的空气，再经风机烟囱排到大气中。见图1。

(a)

(b)

图1 喷砂房部分工作装置

（a）砂料分选装置；（b）风清扫作业

1.3 蜂窝式收砂系统

喷砂室设计风力蜂窝吸砂系统，蜂窝式吸砂地板底部均匀布满蜂窝式的小斗，下部布置吸砂管路与风机的主管连接，管路的风速均大于砂料的悬浮速度；当喷砂作业时，喷出来的砂料全部落到蜂窝式的小斗中，再从小斗落入气管中，通过主管路抽吸进砂分选器；蜂窝式砂料及粉尘回收的进气口全部设计在室体的下层，室体顶部设计送风系统实行强制送风，气流及粉尘始终是自上而下，粉尘被压制在喷砂房地面0.5m以下的空间，保证了职业环境安全健康和作业工况清晰可见。

1.4 砂尘分选系统

回收的砂料及粉尘的混合气流需经过砂尘分离器将砂料与粉尘分离之后，砂料送往储料斗循环使用，砂尘气流送进除尘器通过过滤处理后排放。

砂尘分离器采用三级分离：第一级为惯性离心分离器；第二级为气流清洗；第三级为筛网式分离器。通过砂尘分选将回收系统中的异物、磨料、粉尘进行分离，分离出的粉尘及碎砂送至除尘器过滤后并储存，等待定期清除。

1.5 除尘系统

（1）除尘设备包括：吸、排尘管道、沉降室、除尘器、风机等。

（2）除尘采用滤筒方式：喷砂室内产生的粉尘随吸砂风流进入除尘器。除尘器为多个滤筒折叠形，外径为350mm，内径250mm，筒高660mm。一个标准滤筒过滤面积为15m²。

（3）滤筒滤料：100%聚酯纤维，厚度0.75mm，耐热最高温度80℃，空气渗透率220m³/m²/h，重量240g/m³，过滤精度5～10μm，过滤阻力≤45Pa，过滤效率≥99%。见图2。

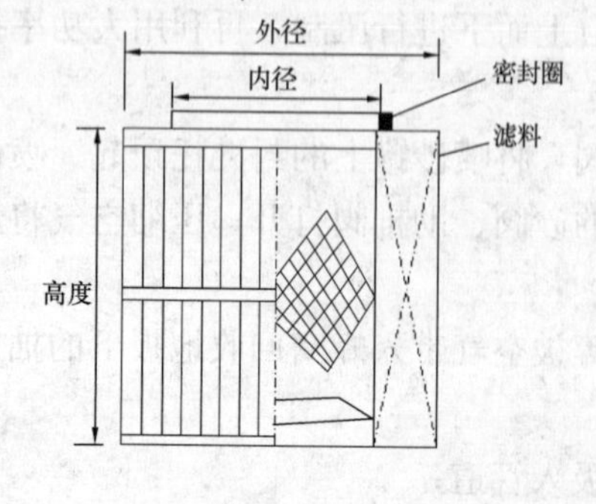

图2 除尘器及内部结构

（4）清灰方式：除尘器采用脉冲反吹清灰方式，由继电器来控制反吹的次数与分吹的时间。

（5）工作原理是：当脉冲控制仪发出信号时，脉冲控制阀排气口被打开，形成泄压，膜片两面产生压差，膜片因压差作用产生位移，脉冲阀打开。此时压缩空气通过脉冲阀经喷吹管小孔喷出（为一次风）；当高速气流通过文氏管导致了数倍于一次风的周围空气（为二次风）进入滤袋，形成滤袋内瞬时正压，实现清灰的目的。见图 3。

图 3　24 组型（48 个滤筒）滚轴砂尘过滤器

2　油帘热喷涂

2.1　工艺流程

工件到工位→开启油帘、电弧喷涂机→喷枪高压电弧热熔锌、铝丝→高压空气吹出粉末附着于构件表面→废气及粉尘通过油帘过滤→废气进入 UV 光氧机进行处理→达标排放。见图 4。

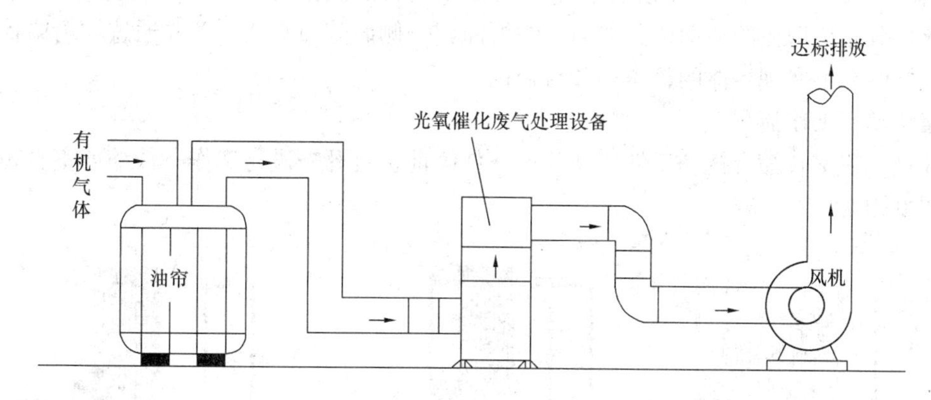

图 4　热喷涂废气处理工艺图

2.2　工艺流程要点

油帘过滤是在水帘过滤的基础上发展起来的，可根据气体浓度、颗粒大小选用不同的粉尘处理方式。本工艺主要改进是将收集的粉尘介质由水改为油，并设置专门的过滤介质。因热喷涂粉末颗粒微小，所以不能选用粉尘过滤器，热喷涂后产生的铝粉不宜用水处理，因为：2Al＋6H2O＝2Al（OH）3↓＋3H2↑，若用水的话，会产生氢气，聚集在密闭管道内浓度过大易产生危险。

2.3　主要优点

热喷涂车间还可进行喷漆作业，主要有如下优点：

（1）延长了喷漆房的使用寿命。油帘喷漆房一般使用机油，机油可保护金属室体等不致生锈腐蚀，提高了喷漆房使用寿命。见图 5。

（2）漆雾过滤效果更好，定期清理不易发生堵塞现象。

2.4　油帘基本参数

处理风量：50000m^3/h；

图 5　油帘过滤粉尘作业

油帘主机尺寸：7500×1500×3000（两套）；

设备室体：采用2.0mm冷板，3.0mm热板及型钢制作；

挡板：采用δ=1.0mm，201不锈钢；

油槽：采用3mm热板防锈处理后喷涂丙烯酸自干漆；

油泵：两台立式防爆排污泵，功率1.5kW/台。

2.5 注意事项

油帘的维护使用需注意以下几点：

（1）每日清理作业现场，擦除室内残留粉尘、漆雾颗粒，保持整洁；

（2）每周清理油池、油槽内沉淀的粉尘、漆渣；

（3）定期清理排风机扇叶；

（4）定期检查油箱油量和定期更换滤网；

（5）保持电控箱开关按钮清洁无污染。

3 伸缩式移动喷漆房设计

3.1 伸缩移动室体工作原理

伸缩式喷漆房设计是利用平行四边形具有不稳定性的特点制作而成，是将若干个连杆通过销轴连接成平行四边形，分布在房体的从动架、主动架的侧面，每侧面分布有两组，并通过均衡梁控制其同步伸缩，在双减速机驱动下实现房体的整体展开与合拢。

（1）伸缩移动室工作流程

工件预处理→前室收缩合拢→工件移动就位→伸缩前室打开→进行工作→伸缩前室合拢→工件移出场地（流程图见图6）。

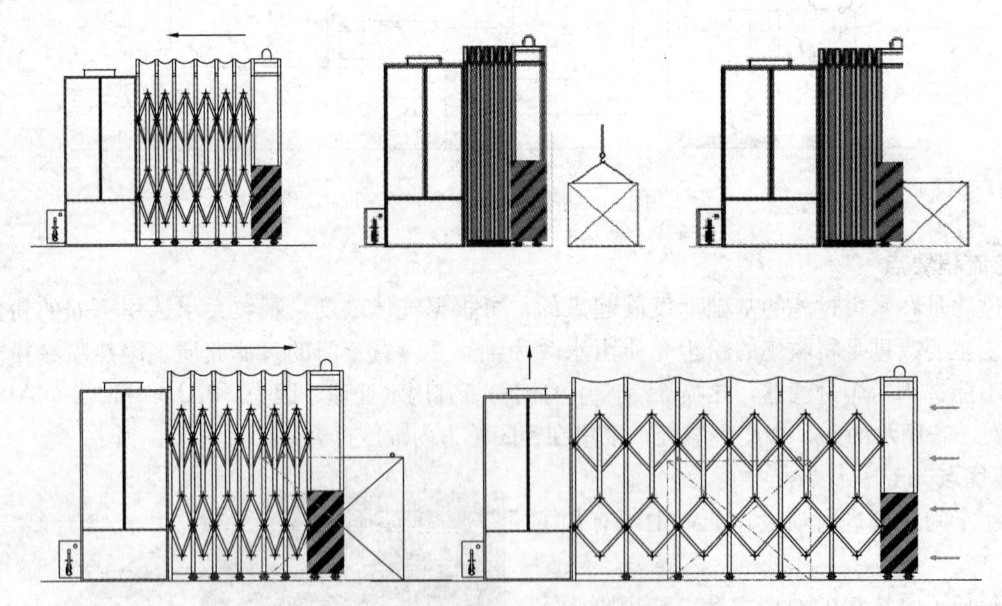

图6 伸缩移动室工作流程

（2）作业原理

在工作状态下，排风机启动，室外新鲜空气由喷漆房门帘下部约1m高的空间以平均大于0.3m/s的速度进入室内，空气接触工件后，工件四周的气流沿工件表面向两侧流动，在工件周围形成高速气流，根据流体力学原理，气流速度越快的区域压强越小。依此原理，经过雾化的油漆颗粒会迅速贴向压强小的工件表面，由于压强差的存在，漆雾反弹很少，漆雾不易向四周弥散，而随气流移动，更好地保护操作者职业健康条件，而且能够节省大约20%的油漆。

(3) 废气处理

漆雾是在排风机的引力作用下，经过折流、沉降和吸附的方式进行处理：

1) 在喷漆室内两侧地面设置与喷漆房长度等长的序列式吸风口。为确保漆雾效果，可在两个吸风口各安装一套漆雾处理装置，漆雾通过吸风口分别进入两个喷淋塔，将绝大多数漆雾和油漆小颗粒通过自上而下的碱性水喷淋沉降到水槽中，其他气体再通过风琴折流板。

2) 气体经过折流板后，气流速度迅速下降，漆雾在惯性及重力的作用下继续向前移动，经带有活性炭的净化箱后再通过管道内的立铺过滤棉，剩余少量的漆雾随气流被过滤棉再吸附，当过滤棉吸附饱和后，可进行更换。

饱和的过滤底棉需委托有资质单位收运处理，以防污染环境。

3) 最后气体通过UV光氧装置将VOC（有机废气）进行光化学反应，以达到废气处理目的。

4) 处理后的气体通过排风烟囱排出室外，过滤底棉的作用是拦截漆雾中的固体成分，拦截效率>98%。环保箱用来吸附溶剂中的有害气体，如苯系列物等。经过二级处理后，漆房排放满足GB 16297—1996标准。见图7。

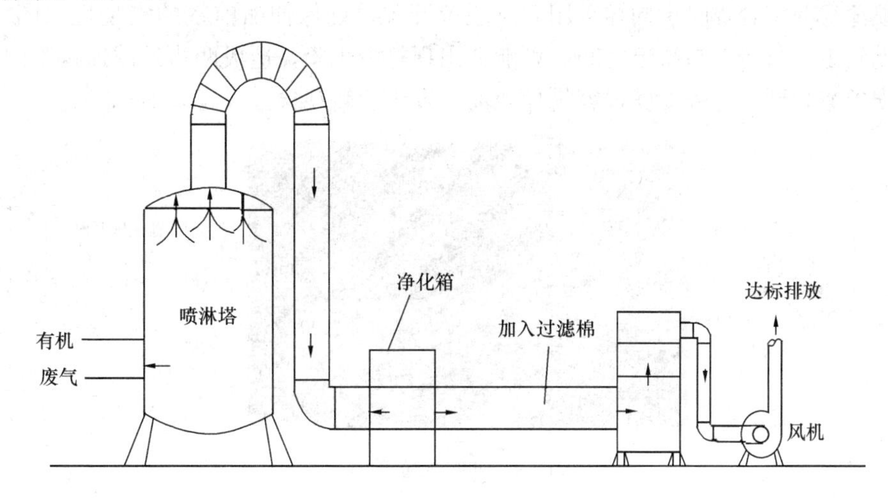

图7 伸缩房废气处理系统

3.2 房体设计

伸缩式喷漆室房体尺寸为40m×6m×5m（可根据产能和所喷涂工件大小核定尺寸）钢框架、PVC阻燃布围护结构，形成伸缩式移动喷漆室。骨架采用为80×40的型钢组成的桁架梁，桁架梁之间用若干个连杆通销轴连接成平行四边形，分布在房体的从动架、主动架的侧面，并用自攻螺钉将PVC布紧固在桁架上。

室体封闭篷布：篷布为高强度阻燃PVC布，该布能够自动有序折叠；PVC布基料选用高强度纤维织成，折叠次数超过20000次。见图8。

室体强度、稳定性、保温性、密封性、抗冲击性、抗震性达到国家或行业标准要求。室体所用涂料具有良好的防腐性和耐候性，其耐盐雾性能≥500h。PVC布能够自动有序折叠伸缩，框架间设有防损挡块，确保前室合拢时PVC布不被夹破。

该喷漆房伸缩行走总功率12kW，空气净化度≤95%，空气流动速度平均大于0.3m/s，废气处理80000m^3/h。

3.3 减速机设置

喷漆房两台减速机设置在主动梁下侧方，箱体为可拆式安全警示板组合而成。两台减速机采用互锁，当一台发生故障时，系统会自动报警，另一台减速机同时关闭。

图 8 伸缩式喷漆房展开内部图

3.4 伸缩限位开关

在伸缩移动前室的起点与终点均设有一个限位开关挡块，当喷漆房前室完全打开时，第一个限位开关接触到挡块后减速机自动停止，若第一个限位开关失灵，第二个限位开关继续起作用，因此起到双重保护作用；当喷漆房前室合拢时也同样采用双重限位开关，确保伸缩前室的安全性（图 9）。由于伸缩前室采用的滚动行走，行走轮与轨道之间有可能会出现打滑现象，造成两边的减速机不同步，若不及时将误差消除，误差累积到一定程度就很容易导致前室发生脱轨现象。

图 9 伸缩限位开关

3.5 驱动累计误差消除

为避免出现减速机驱动累计误差，可采用双限位开关，能很好地将误差消除。当伸缩前室展开时，若在行走过程中发生了误差（一个减速机行走靠前、另一个靠后），在前室完全展开的终点时，靠前的减速机限位开关先接触到挡块而停止下来，此时另一个减速机不会停止，直到碰到另一挡块后才会停止。由于两挡块在安装时是在一个水平面对齐的，因此前室在每次行走时在其起始点和终点都能够自动消除误差，不会产生累计误差而导致脱轨。

采用双主动轮驱动，一个主动轮在前，一个在后，通过链条链接。当其中一个主动轮要发生打滑时，会被另一个主动轮通过链条阻止其打滑，以进一步提高伸缩房的安全性；室体驱动轮前安装有扫轨装置，可清除轨道上的障碍物，防止滚轮出轨。见图 10。

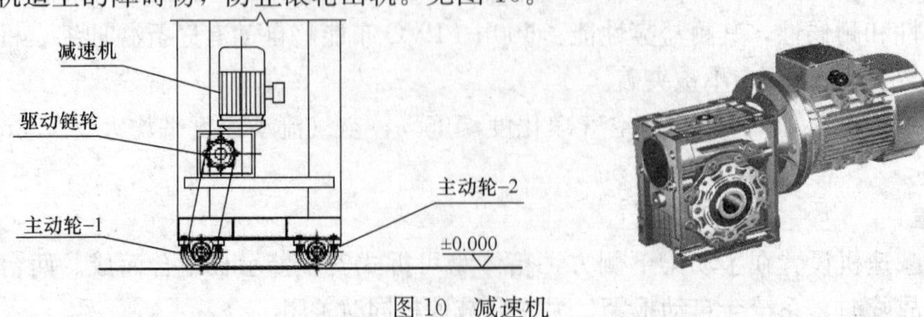

图 10 减速机

3.6 移动室体驱动装置

伸缩室前室两侧安装有独立的行走电机，两台电机具有较高的同步性，且行走电机控制系统安装有自检装置，当一侧电机工作不正常时，能自动报警并停止工作。

3.7 移动轨道

移动室体轨道采用24kg轻轨，轨道上表面与地面平齐（或在地表面安装）。

3.8 处理方式

本房体采用VOC（有机气体）处理，分为以下两种方式：

（1）UV光氧废气处理原理

1）利用高臭氧UV紫外线光束分解空气中的氧分子产生游离氧，即活性氧，因游离氧所携正负电子不平衡，所以需与氧分子结合而产生臭氧。$UV+O_2 \longrightarrow O-+O$（活性氧）$O+O_2 \longrightarrow O_3$（臭氧），臭氧对有机物具有极强的氧化作用，对恶臭气体及其他刺激性异味气体进行分解，高能UV紫外线光束及臭氧对恶臭气体进行协同分解氧化反应，将恶臭气体物质降解转化成低分子化合物、水、二氧化碳，再通过排风道、过滤层排除机外。

2）催化剂（二氧化钛）在受到紫外线光照射时生成化学活泼性很强的超氧化物阴离子自由基和氢基自由基，分解有机物，达到降解的作用。二氧化钛属于非溶出型材料，在彻底分解有机污染物和杀灭菌的同时，自身不分解、不溶出，催化作用持久，并具有持久杀菌、降解污染物的效果。

（2）活性炭吸附＋脱附＋催化燃烧设备

1）原理介绍：有机废气由排风管引入干式过滤净化器，除去有机废气中的漆雾、粉尘和水，有机废气进入活性炭吸附净化设备，干净的废气由风机出口烟囱排放。活性炭吸附净化设备用热空气对吸附饱和后的净化设备进行脱附再生，脱附下来的高浓度有机废气经换热器进入催化床进行催化燃烧，生成CO_2和H_2O，并放出热量。

2）吸附饱和的活性炭脱附再生由热空气脱附和催化燃烧两种工艺实现。由热风机把从催化净化系统来的热气流送入吸附饱和的吸附室进行脱附操作。脱附出来浓缩的有机废气进入催化净化系统的热交换器，与催化床反应净化后的热空气交换热量提高温度后进入预热器和催化床；脱附出来的浓缩有机废气在催化床进行氧化分解成无害气体并释放热量，然后经过热交换器与从脱附系统出来的有机废气交换热量，温度降到150℃左右时作为脱附热空气进入脱附系统。

3）重要指标参数：

① 漆雾处理方式：干式漆雾过滤，去除率≥95％；

② VOC（有机废气）处理：采用活性炭吸附＋脱附＋催化燃烧；

③ VOC预处理：二层干式过滤（去除少量杂质和气体中的水分）；

④ VOC吸附方式：蜂窝活性炭，吸附率＞90％；

⑤ 活性炭床数量：四用一备，处理风量3500m^3/h，可根据风量大小选择活性炭吸附床的个数或活性炭用量；

⑥ 催化剂种类：贵金属催化剂；

⑦ 催化剂寿命：＞8500h。

本伸缩式喷漆房选用UV光氧废气处理系统。

4 喷涂主要原材料及材料特性

4.1 防锈涂料

防锈涂料是可保护金属表面免受大气、海水等化学或电化学腐蚀的涂料。在金属表面涂上防锈涂料能够有效的避免大气中各种腐蚀性物质的直接入侵，使得最大化的延长金属使用期限。防锈涂料可分为物理性和化学性防锈漆两大类。前者靠颜料和漆料的适当配合，形成致密的漆膜以阻止腐蚀性物质的侵入，如铁红、铝粉、石墨防锈漆等；后者靠防锈颜料的化学抑锈作用，如红丹、锌黄防锈漆等。

4.2 除锈钢砂

钢砂的原材料是高碳钢或合金钢的废钢料，它不仅耐磨、抗压、抗冲击，还具有防湿、耐酸碱腐蚀、抗高温等性能。

5 主要污染源及防治措施

涂装作业的污染源主要来自于生产过程中产生的废气、固废和噪声。具体如下：

5.1 粉尘

除锈工序过程会产生粉尘。产生的粉尘经除尘器处理后，达标的尾气通过15m高排气筒排入大气。

5.2 有机废气

工序作业中会产生有机废气，主要污染物为苯、甲苯、二甲苯等。

5.3 噪声

除锈涂装作业的噪声源主要为生产线运行过程中产生噪声。本工艺通过设备间隔声、基础减振，在设备正常工作情况下，厂内昼间、夜间噪声预测值均满足《工业企业厂界环境噪声排放标准》GB 12348—2008规定，生产作业的噪声对周围环境影响较小，不存在扰民问题。

5.4 固体废弃物产生量与处置措施

（1）固体废弃物产生量

依据钢桥箱梁防腐为例，按年涂装钢构件40000t的产能统计所产生的固体废弃物：干式漆雾过滤棉一年更换约4次18m³；活性炭更换约2.4t；漆渣、锌铝粉末、钢砂粉末约11t；废油漆桶、固化剂、稀料桶约4.05t。这些固体废弃物的产生是传统涂装工艺固体废弃物的75左右%。

（2）处置措施

依据《危险废物贮存污染控制标准》GB 18597—2001、《危险废物填埋污染控制标准》GB 18598—2001对危险废物贮存场所采取防护措施：

1）所有固体废弃物统一收集贮存，定期送于有资质处置固体废物的单位；

2）建设危废品暂存间。房间基础进行了防渗处理，防渗层为2mm厚的防渗材料（渗透系数≤1.0～10cm/s），设置专用容器，将危险废弃物妥善收集于专用容器中，并在容器上设置危废警示标志；

3）外运时严格按照国家环境保护总局令第5号文件《危险废物转移联单管理办法》执行。

6 结束语

钢结构涂装与伸缩式喷漆房新技术的运用，是钢结构制造与金属结构防腐专业深度融合研发的成果。本项目工艺技术的各项技术参数符合设计要求，依据国家法律法规要求，通过了环保部门对该设施（设备）运转的噪声、水土污染、废气及粉尘排放标准的合格检测。同时，在设备运行管理中应对操作人员进行专业技能操作培训，严格生产管理，完善设备维护检修制度和环境监测，保持设备始终处于良好的技术状态；强化固体废弃物的收集、贮存与处置管理，并使各项排放要求达到或优于国家相关标准。

随着国家更加严格的环境保护和大力发展装配式建筑政策的推进，新型涂装技术与伸缩式喷漆房技术可为钢结构抗氧化、耐锈蚀性能的提升提供了理论参考；为制造业基础设施改造升级提供实践探索；为钢结构制造质量、环境保护、职业健康安全提供体系保障；为新建钢结构制造厂房的工艺布局提供思路。

碳纤维环氧树脂铝合金叠层复合材料研究综述

高舒羽　郭小农❶　罗永峰　邹家敏

（同济大学土木工程学院，上海　200092）

摘　要　碳纤维增强复合材料（CFRP）因具有自重小、物理性能、力学性能及化学性能优异等优点被广泛使用，可以被称为目前最为先进的复合材料之一。其中，使用最广泛的是碳纤维增强环氧树脂基复合材料（CF/EP复合材料）和碳纤维增强铝基复合材料（CF/Al复合材料）。近年来，随着科技水平的提高以及制备技术的发展，碳纤维环氧树脂铝合金叠层复合材料（CF/EP/Al复合材料）也成为应运而生，并逐渐成为研究热点，其应用也逐步在各个领域得到推广。鉴于此，本文将对碳纤维增强复合材料的研究现状及应用现状进行介绍，以增加对CFRP的系统性认识，为今后CFRP的研究及应用提供参考和借鉴。

关键词　CFRP；CF/EP复合材料；CF/AL复合材料；CF/EP/Al复合材料

随着现代科学技术的不断进步和发展，尤其是高精尖科技的突飞猛进，各行各业对材料的综合性能要求越来越高。单一材料的性能已经无法满足当代科学技术的飞速发展，复合材料在此背景下应运而生。复合材料（Composite Materials）是指由有机高分子、无机非金属或金属等几类不同材料通过复合工艺结合而成的多相新型材料，通常由两种或两种以上不同物质以不同方式组合而成。它可以发挥各种材料的优点，克服单一材料的缺陷，使得各组分的性能相互补充并彼此联系，扩大了材料的应用范围。复合材料的力学性能通常优于各单一材料的力学性能，这是复合材料最大的优点。此外，复合材料还具有力学性能可设计、比强度和比刚度高、抗疲劳性能良好、耐高温、耐磨、耐腐蚀和成形工艺方便等特点。实际上人类早在远古时期，就已经掌握了简单的复合材料的制备与使用方法，例如利用麦秸、稻草增强黏土做墙，用芦苇增强沥青造船等。而在经济发展迅速的今天，现代科技的发展更是与复合材料的发展息息相关。先进的复合材料被广泛应用于航空航天、医疗器材、土木建筑、交通运输等各个领域；先进材料的制备、研发与应用全面反映了一个国家的科技和工业水平，更关系着国家的社会生产力和综合国力。

碳纤维增强复合材料（Carbon Fiber Reinforced Plastics，简称CFRP）因具有自重小、物理性能、力学性能及化学性能优异等优点被广泛使用，可以被称为目前最为先进的复合材料之一。CFRP是以碳纤维或碳纤维织物为增强体，以树脂、金属、陶瓷、水泥、碳质或橡胶等为基体所形成的复合材料。作为复合材料中的增强体，碳纤维具有力学性能优异、耐腐蚀性能优良、耐高温性能良好等特点，被誉为21世纪最有生命力的新型材料。碳纤维的使用可以大大提高复合材料的强度、降低其重量、延长使用寿命和增加安全可靠性。同时，根据使用目的的不同，碳纤维可以和各种基体材料形成新型复合材料。目前使用最广泛的是碳纤维增强环氧树脂基复合材料（Carbon Fiber Reinforced Epoxy Resin Matrix Composites，简称CF/EP复合材料）和碳纤维增强铝基复合材料（Carbon Fiber Reinforced Aluminum Matrix Composites，简称CF/Al复合材料）。近年来，由于科技水平对复合材料的要求越来越严格，人

❶　基金项目：国家自然科学基金（51878473）。

们也开始研发三相及多相复合材料。例如，近年来碳纤维环氧树脂铝合金复合材料（CF/EP/Al复合材料）也成为研究热点，并逐渐向各个领域进行推广应用。鉴于此，本文将对以上复合材料的研究现状进行简单的介绍，增加对CFRP的系统性认识，为今后CFRP的研究及应用提供参考和借鉴。

1 CF/EP复合材料研究现状

碳纤维增强树脂基复合材料中，碳纤维为增强体，树脂为基体。双相材料之间存在明显的界面，其中树脂基体可使复合材料成型为一个共同承受外力的整体，并通过界面将荷载传递给碳纤维。因此树脂的性能对复合材料的力学性能和成型工艺都有重要影响。环氧树脂具有优异的力学、热学性能，耐化学介质性、耐候性好，同时具有良好的浸润性和粘结性，故已成为复合材料热固性树脂基体中应用最重要的基体材料之一。目前，国内外对CF/EP复合材料进行了一系列研究，涵盖环氧树脂改性、碳纤维表面处理、CF/EP复合材料的制备及切削加工技术等各个方面。

1.1 环氧树脂改性

相比于其他热固性树脂，固化的环氧树脂具有优于其他材料的粘结性、恶劣环境下的化学稳定性、良好的电绝缘性和极低收缩率等独特优点，因此环氧树脂基复合材料被广泛应用于轻工、建筑、机械和航空航天等领域。但是固化后的环氧树脂耐冲击损伤能力差、耐热性较低、在湿热环境下力学性能明显下降，这大大限制了环氧树脂的应用范围。所以为拓宽环氧树脂的应用范围，各国都在对环氧树脂的增韧改性进行研究。橡胶对环氧树脂的改性是近年来人们研究的热点之一，国内外很多学者都对此进行了研究。张健等研究了液体橡胶增韧环氧树脂的形态和力学性能，从宏观和微观上探讨了增韧机理。纳米粒子的增韧改性也是近年来发展较为迅速的方向之一，研究表明纳米粒子本身颗粒尺寸极小且比表面积极高，当其加入到环氧树脂后可以与基体形成良好的界面作用力。但同时由于颗粒尺寸太小，容易引起颗粒团聚，使得基体材料变得不均匀。在基体受到外力作用时，纳米粒子的团聚体容易形成应力集中而导致环氧树脂整体性能下降。此外，聚氨酯也可以用来增加环氧树脂的韧性。近年来，国内外研究表明使用聚氨酯可以提高环氧树脂的剥离强度和剪切强度，同时聚氨酯分子量须在一定范围内才能有效地阻止截面微裂纹扩展，提高复合材料截面粘结性，从而提高环氧树脂复合材料的力学性能。还有学者提出可采用刚性粒子作为填料增加环氧树脂的韧性，刚性粒子可以更好地控制环氧树脂的热胀冷缩性能。Ishizu等研究表明橡胶与玻璃微珠粒子可以使得环氧树脂的韧性进一步提高。

1.2 碳纤维表面处理

由于碳纤维和环氧树脂表面化学成分不同，两者之间粘结性能较差，导致复合材料界面强度较低，限制了复合材料整体优异性能的发挥。因此，为充分利用复合材料的优异性能，对碳纤维表面进行处理是十分必要的。目前，对碳纤维表面处理的方法有很多，常见的有等离子体处理、氧化处理、纤维表面涂覆、表面接枝处理等。其中，等离子体处理是指在一定气体环境中高聚物在等离子体引发的状态下进行自由基裂解、转移等化学反应，使得纤维表面极性增加以提高碳纤维表面的浸润性，从而明显改善复合材料的界面结合力。研究表明采用此种方法处理碳纤维表面，可有效提高复合材料的层间剪切强度。氧化处理也是常用的处理方法之一，碳纤维表面经过氧化处理后，其表面极性和浸润性得到大幅度改善，进而增加碳纤维与树脂基体之间的界面结合力。常用的氧化方式有气体氧化、液体氧化和电化学氧化等三种处理方式，其中电化学氧化是最具有使用价值的方法之一。在众多处理方法中，纤维表面涂覆最为简便，其对纤维表面的损伤小，并可根据性能要求进行界面设计，而且它可以在碳纤维和树脂基体之间形成过渡层，此过渡层可以有效地将碳纤维和树脂基体结合起来，增强两者的界面结合力。国内外对此方法及其对复合材料性能的研究均有报道，如Dujardin等人在碳纤维表面涂覆聚吡咯（PP）可使层间剪切强度提高10%。表面接枝处理是指在碳纤维表面接枝化合物。李宝峰等在碳纤维表面接枝处理的研究中发现，将马来酸嫁接到碳纤维表面之后，其力学性能有了明显的提高，碳纤维复合材料的层间剪切强度从113MPa增加到127MPa。

1.3 CF/EP 复合材料的切削技术

由于 CFRP 具有硬度高、导热性差、各向异性等特点，在切削加工过程中易出现基体开裂、脱胶、分层、纤维断裂等问题。因此，国内外学者对 CFRP 的切削技术进行了较多的研究。国内北京航空航天大学较早地开展了复合材料的相关钻削研究，张厚江和陈五一等人采用硬质合金麻花钻对碳纤维复合材料的钻削加工技术进行研究，并专门研制出了卧式和立式两种试验台。鲍永杰等对碳纤维复合材料钻削加工，分析了钻孔缺陷产生的过程，通过有限元仿真与试验相结合的方法分析了钻削温度，并比较了普通麻花钻和金刚石套料钻的钻削性能，研究表明采用金刚石套料钻的钻削质量更加优秀。此外，华南理工大学对高速钻削条件下刀具、切削参数、制孔个数、材料厚度等因素对切削力的影响进行了全面系统的试验研究。同时，国外在复合材料钻削方面也开展了许多相关研究。C. C. Taso 试验研究了碳纤维复合材料钻削参数（直径比、进给速度、主轴转速）对钻削轴向力的影响。试验结果表明，直径比和进给速度对钻削轴向力影响最大。J. P. Davim 等人采用螺旋面刃尖硬质合金钻钻削复合材料，研究减少分层缺陷的钻削方法，研究表明选择合理的刀具参数和钻削工艺参数可避免分层缺陷的产生。

2 CF/Al 复合材料

2.1 制备方法

碳纤维增强树脂基复合材料中的树脂基体易老化、易蠕变且耐燃性差，这些缺点限制了它的进一步应用。为了克服这些缺点，金属基碳纤维复合材料开始被研发并使用。铝合金具有比重小、耐蚀性强、散热性能好、比强度高、无低温脆性、易加工、冶炼简便、美观、资源丰富等优点，通常采用铝合金作为复合材料中的金属基体。CF/Al 复合材料是以碳纤维为强化体，以铝或铝合金为基体的复合材料。这种材料不仅有碳纤维的优点，还具有耐磨、耐疲劳、高比模量和比强度等优异的综合性能。但由于铝合金和碳纤维在结构和性能上有较大差异，使得 CF/Al 复合材料的制备工艺比较困难。而其制备工艺在很大程度上会影响复合材料的性能，制约该复合材料的发展和推广应用，所以国内外很多相关科研人员对 CF/Al 复合材料的制备方法进行了深入的研究。下面将对常用的 CF/Al 复合材料制备方法进行介绍。

（1）粉末冶金法

粉末冶金法是将铝合金粉末与碳纤维均匀混合，经过压实，烧结、成型等工艺最后制成所需构件。日本东京大学采用此方法制备出短 CF/Al 复合材料以及各种形状的 CF/Al 复合材料制品。国内学者也对此方法进行了研究。例如，卢文成采用粉末冶金法将碳纤维和铝或铝合金粉末按照一定比例均匀混合，根据需要进行热压、热等静压、冷压烧结使其成形。结果表明此方法有效地解决了室温碳纤维分布不均匀和高温下基体结合等问题。采用粉末冶金法制备的 CF/Al 复合材料具有成形精密、节省材料、界面反应易控制等优点，可较大范围的使用。

（2）搅拌铸造法

搅拌铸造法主要用于短 CF/Al 复合材料的制备，可分为液态搅拌铸造法和半固态搅拌铸造法。此方法先将铝合金基体在炉内融化，然后在液态或者半固态状态下进行搅拌，并在搅拌过程中加入碳纤维，使碳纤维在铝合金基体中均匀分散，最后根据成型要求将混合均匀的复合材料进行浇铸、液态模锻，并进一步轧制或挤压成型，从而获得所需的 CF/Al 复合材料。Lągiewka M 采用搅拌铸造法制备了体积分数为 15%的短 CF/Al 复合材料，其抗拉强度等力学性能均有显著提高。此方法工艺简单、生产效率高，所制成的复合材料易成型，是目前工业大规模生产最具竞争力的方法。

（3）真空压力浸渗法

利用真空压力浸渗法，林磊等人制备了连续 CF/Al 复合材料，试验结果表明增大浸渗压力有利于浸渗过程的进行，从而减少复合材料中的空洞，提高材料致密度。真空压力浸渗法是将碳纤维预制体放进承压模具内，然后将整个装置真空密封，依靠惰性气体加压，将液态铝合金液体压入碳纤维预制体中，进一步凝固成型。这种方法有效改善碳纤维与铝合金基体间的浸润性，制备的 CF/Al 复合材料无气孔、疏松等缺陷，碳纤维分布均匀，且操作简单、工艺参数可控，从而易于实现大规模商业生产。

2.2 材料性能

随着 CF/Al 复合材料应用越来越广泛，人们对其力学性能、耐磨损性能和物理性能等进行了大量的研究。Tang Y 等研究了不同镀层的短 CF/Al 复合材料的力学性能，发现当镀层为氧化铝时，其抗拉强度、屈服强度和延伸率提高最大。Liu L 等研究了短 CF/Al 复合材料的摩擦磨损性能，结果表明加入碳纤维可以显著提高复合材料的抗磨损能力，并且随着碳纤维质量分数的增大，摩擦系数和磨损量会下降。哈尔滨工业大学系统地研究了镁含量对 CF/Al 复合材料的物理性能的影响规律，研究表明随着镁含量的增加可以增加复合材料的导热性能。此外，还有大量研究表明，CF/Al 复合材料比强度和比刚度高，具有良好的耐蚀耐磨性、尺寸稳定性好等优点，在航天飞机、人造卫星、高性能飞机等方面拥有广阔的应用前景。

3 CF/EP/Al 复合材料

随着 CF/EP 复合材料和 CF/Al 复合材料的广泛应用以及制备工艺的发展，CF/EP/Al 复合材料也应运而生。其中，CF/EP/Al 叠层复合板是一类性能优良的结构材料，它可以兼具金属和碳纤维增强树脂基复合材料的优点，通常采用叠层热压法进行制备，将铝合金薄片和碳纤维增强复合材料通过中间的粘合剂叠层复合而成。

由于 CF/EP/Al 叠层复合板具有强度高、尺寸稳定性好、耐疲劳性能好等优点，已经被制成工字梁在英国使用，日本也将其应用到汽车传动机构中。目前，国内对 CF/EP/Al 复合材料的研究和应用却相对较少，现有的研究大多停留在 CFRP 增强铝合金组合材料的阶段。冯鹏等对圆管截面和方管截面的 CFRP 增强铝合金构件的受力性能进行了系统的试验研究，提出了相关的承载力设计公式，并为合理应用 CFRP 增强铝合金组合构件提供了设计依据。郭晓燕等通过轴向拉伸试验研究了铝合金复合连接的荷载传递机理和承载能力，试验发现 CFRP 增强铝合金构件具有较好的受力性能，可显著提高连接部件的抗拉强度。周建国等研究了碳纤维增强铝合金叠层复合材料的拉伸性能、弯曲性能和抗冲击性能，发现该复合材料具有优异的力学性能；并对碳纤维含量、纤维方向等对复合材料力学性能的影响进行了深入探究。

鉴于 CF/EP/AL 复合材料的优越性能，同济大学近年来研发出了一种新型 CF/EP/AL 复合型材，如图 1 所示。该型材以软铝、碳纤维和环氧树脂为基材，通过多层叠合然后热压成型的工艺制备而成。根据材料性能要求对成型工艺进行设计，如改变碳纤维铺设方向、改变基材厚度比等。同济大学完成的试验表明，该复合材料的密度仅为铝材的 50%，而截面平均强度可达到 500MPa 以上。随着该材料加工工艺的不断改进，其力学性能还有望进一步得到提高，在土木工程领域具有较为广阔的应用前景。

4 结论与展望

目前，国内外针对 CF/EP 复合材料和 CF/Al 复合材料的研究已经比较成熟，国内外均有大量学者对碳纤维表面处理、环氧树脂改性、CFRP 界面强度增强机理、CFRP 制备及加工方法、CFRP 材料性能等进行了深入的研究，使 CF/EP 复合材料和 CF/Al 复合材料得到更加广泛的推广和应用。然而，相较于以上两种复合材料，对于 CF/EP/Al 复合材料的研究却相对缺乏。本文系统梳理了 CF/EP 复合材料和 CF/Al 复合材料的研究现状，为今后对 CF/EP/Al 复合材料研究和应用提供了参考和借鉴。在以后的 CF/EP/Al 叠层复合材料研究中，除增加试验和理论方面的研究，还应进行系统的归纳总结，形成具有普遍适应性的系列成果，以提高 CF/EP/Al 叠层复合材料的理论设计水平，促进 CF/EP/Al 叠层复合材料的应用与发展。

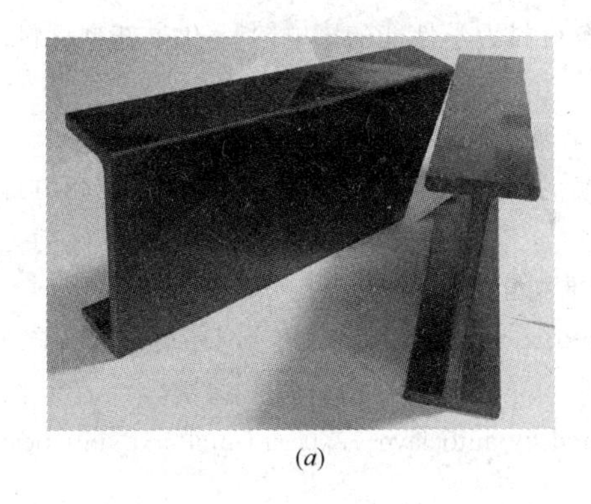

(a)

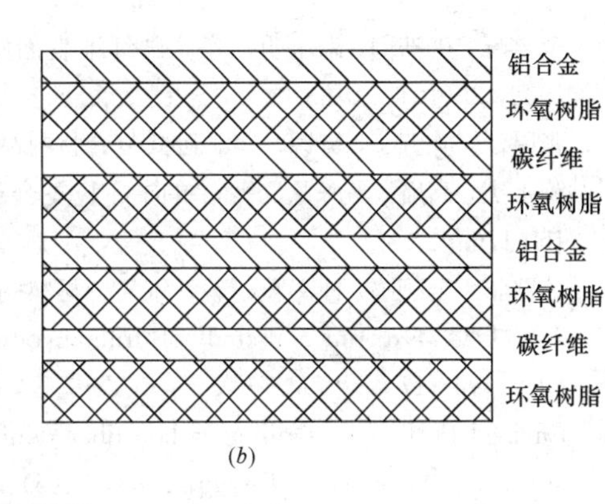

(b)

图1 CF/EP/Al 叠层复合材料

(a) CF/EP/Al 叠合柱构件；(b) 叠层示意图

参考文献

[1] 沈观林，胡更开．复合材料力学[M]．北京：清华大学出版社，2006.

[2] 张晓虎，孟宇，张炜．碳纤维增强复合材料技术发展现状及趋势[J]．纤维复合材料，2004，21(1)：50-53.

[3] 邢雅清，郭扬．复合材料用高性能环氧树脂基体的新发展[J]．纤维复合材料，1996(2)：1-6.

[4] Klug J H, Seferis J C. Phase separation influence on the performance of CTBN-toughened epoxy adhesives[J]. Polymer Engineering & Science, 1999, 39(10): 1837-1848

[5] 张健，韩孝族．液体橡胶增韧环氧树脂/咪唑体系的形态与力学性能[J]．应用化学，2005，22(12)：1333-1337.

[6] Toldy A, Szabó A, Novák C, et al. Intrinsically flame retardant epoxy resin-Fire performance and background- Part II [J]. Polymer Degradation & Stability, 2008, 93(11): 2007-2013.

[7] Chen C, Justice R S, Schaefer D W, et al. Highly dispersed nanosilica-epoxy resins with enhanced mechanical properties[J]. Polymer, 2008, 49(17): 3805-3815.

[8] 宋丽贤，卢忠远，李军，等．纳米 SiO_2/环氧树脂灌封材料的制备和力学性能研究[J]．中国胶粘剂，2009，18(5)：32-34.

[9] Hsieh T H, Kinloch A J, Masania K, et al. The mechanisms and mechanics of the toughening of epoxy polymers modified with silica nanoparticles[J]. Polymer, 2010, 51(26): 6284-6294.

[10] Harani H, Fellahi S, Bakar M. Toughening of epoxy resin using synthesized polyurethane prepolymer based on hydroxyl-terminated polyesters[J]. Journal of Applied Polymer Science, 2015, 70(13): 2603-2618.

[11] 黄先威，刘竞超，万金涛，等．芳香型聚氨酯改性环氧树脂共混材料的研究[J]．中国塑料，2004(12)：8-12.

[12] 赵世琦，云会明．刚性粒子增韧环氧树脂的研究[J]．中国塑料，1999(9).

[13] Palumbo M, Donzella G, Tempesti E, et al. On the compressive elasticity of epoxy resins filled with hollow glass microspheres[J]. Journal of Applied Polymer Science, 1996, 60(1): 47-53.

[14] Ishizu K. Application of a series of novel curing agent and toughing modified for epoxy resin[J]. Progress in Polymer Science, 1998, 23: 1383-1408.

[15] Lu C, Chen P, Yu Q, et al. Interfacial adhesion of plasma - treated carbon fiber/poly(phthalazinone ether sulfone ketone) composite[J]. Journal of Applied Polymer Science, 2010, 106(3): 1733-1741.

[16] Ho K K C, Lamoriniere S, Kalinka G, et al. Interfacial behavior between atmospheric-plasma-fluorinated carbon fibers and poly(vinylidene fluoride)[J]. Journal of Colloid & InterfaceScience, 2007, 313(2): 476-484.

[17] 郭云霞，刘杰，梁节英．电化学改性对 PAN 基碳纤维表面状态的影响[J]．复合材料学报，2005，22(3)：49-54.

[18] 曹海琳，黄玉东，张志谦，等．电解液对 PAN-基碳纤维电化学改性效果的影响[J]．材料科学与工艺，2004，12(1)：24-28.

[19] Gulyás J, Földes E, Lázár A, et al. Electrochemical oxidation of carbon fibres: surface chemistry and adhesion[J]. Composites Part A Applied Science & Manufacturing, 2001, 32(3): 353-360.

[20] S. Dujardin, R. Lazzaroni, L. Rigo, et al. Electrochemically polymer-coated carbon fibres: Characterization and potential for composite applications[J]. Journal of Materials Science, 1986, 21(12): 4342-4346.

[21] 李宝峰，王浩静，朱星明，等．碳纤维表面嫁接马来酸对碳纤维复合材料力学性能的影响[J]．化工新型材料，2008，36(10)：81-83.

[22] 张厚江，陈五一，樊锐，等．卧式复合材料高速钻削试验台的研制[J]．航空制造技术，1998，12(5)：26-27.

[23] 鲍永杰，高航，马海龙，等．单向 C/E 复合材料磨削制孔温度场模型的研究[J]．机械工程学报，2012，48(1)：169-176.

[24] 孙路华，全燕鸣，钟文旺．碳纤维复合材料高速钻削力的研究[J]．纤维复合材料，2005(4)：30-32.

[25] Tsao C C. Experimental study of drilling composite materials with step-core drill[J]. Materials & Design，2008，29(9)：1740-1744.

[26] Davim J P，Reis P. Drilling carbon fiber reinforced plastics manufactured by autoclave—experimental and statistical study[J]. Materials & Design，2003，24(5)：315-324.

[27] Kiuchi M，Sugiyama S. Application of mashy state extrusion[J]. Journal of Materials Shaping Technology，1990，8(1)：39-51.

[28] 卢文成．短碳纤维表面处理及粉末冶金法制备 Cf/Al 复合材料的研究[D]．郑州大学，2011.

[29] Łągiewka M. Mechanical and Tribological Properties of Metal Matrix Composites Reinforced with Short Carbon Fibre[J]. Archives of Metallurgy \ s& \ smaterials，2014，59(2)：707-711.

[30] 林磊．连续碳纤维增强铝基复合材料的制备及性能研究[J]．2016.

[31] Tang Y，Liu L，Li W，etal. Interface characteristics and mechanical properties of short carbon fibers/Al composites with different coatings[J]. Applied Surface Science，2009，255(8)：4393-4400.

[32] Liu L，Li W，Tang Y，et al. Friction and wear properties of short carbon fiber reinforced aluminum matrix composites[J]. Wear，2009，266(7)：733-738.

[33] 王晨充．Mg 含量对沥青基碳纤维增强铝复合材料组织及物理性能的影响[D]．哈尔滨工业大学，2013.

[34] Parry T V，Wronski S. Selective reinforcement of an aluminium alloy by adhesive bonding with uniaxially aligned carbon fibre/epoxy composites[J]. Composites，1981，12(4)：249-255.

[35] 冯鹏，林旭川，钱鹏，等．CFRP 增强铝合金组合杆件的受力性能与设计方法[J]．建筑钢结构进展，2008，10(1)：34-43.

[36] 郭晓燕，蒋首超，王奔，等．CFRP 增强铝合金焊缝受力性能研究[C]．钢结构工程研究，2012.

[37] 周建国，胡福增，吴叙勤．碳纤维增强铝合金层压材料的研究[J]．复合材料学报，1994(04)：26-32.

二、钢结构住宅工程

首钢钢结构住宅绿色建筑技术应用

阮新伟　张双健

（北京首钢建设集团有限公司钢构分公司，北京　100041）

摘　要　目前，在国家大力发展装配式住宅的政策指导下，新一轮建筑业改革也拉开了序幕。钢结构建筑以其抗震、高效、节能环保等优势成为装配式建筑市场的主流。装配式钢结构以其建造速度快、绿色环保、受气候制约小、节约劳动力、建筑质量容易把控等优势，逐步在建筑市场占据了主导地位。为了转型发展、开拓市场，我公司于2012年“门头沟保障房项目”建造了北京首例高层钢结构装配式住宅，该项目为钢框架-混凝土核心筒结构体系。历时6年经过一系列的升级创新，开发出新一代钢框架-钢支撑结构体系产品。本文重点介绍钢框架-钢支撑结构体系在高层装配式钢结构住宅中绿色建筑技术的应用。

关键词　钢框架；钢支撑；高层；钢结构住宅；绿色建筑

1　工程概况

首钢铸造村钢结构住宅4号、7号楼项目为北京市住房和城乡建设委员会批准的北京市住宅产业化试点工程，是北京市科学技术委员会科技计划“绿色装配式高层钢结构住宅产业化设计与建造”立项课题项目。建筑面积35164m^2，其中地上共30711m^2，地下共4453m^2。地下二层，地上4号楼13层、7号楼15层，层高2.9m。结构类型地下为钢筋混凝土剪力墙结构构，地上为钢框架—钢支撑结构体系。效果见图1。

图1　首钢铸造村钢结构住宅4号、7号楼项目

2　工程技术特点

首钢总公司集资建房4号、7号钢结构装配式住宅项目工程装配构件共九大类，包括主体钢框架-钢支撑体系，预制叠合楼板、预制阳台板、预制空调板、预制楼梯及平台板、ALC墙体条板，架空地板，外装保温装饰一体板，装配式集成厨卫。装配率达到90%，是目前全国装配率较高民用住宅。

结构体系布置见图2，项目选用预制构件见下文。

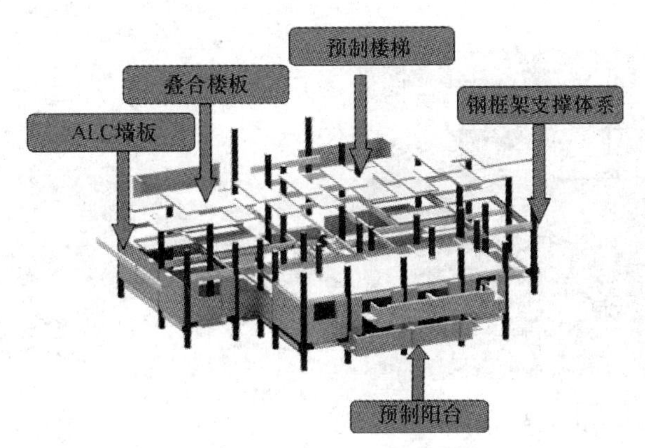

图2 预制构件布置示意图

3 关键技术

3.1 先进的设计理念

该结构体系采用了国际先进的SI技术体系，将S（支撑体）部分和I（填充体）部分分离，减少设备、内装对结构主体的损害，延长房屋整体使用寿命，方便设备、内装的使用维护、更换，解决结构支撑体和填充体不同寿命的问题，保证住宅建筑长远性全生命周期的前提下，方便地实现住宅设备设施和内装产品的检修和更新。图3为SI体系效果图。

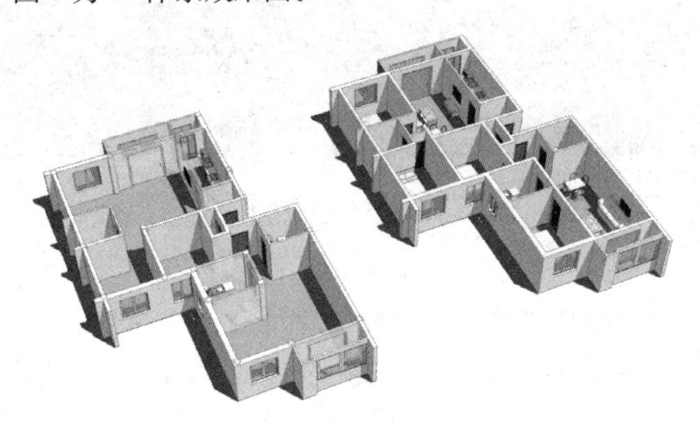

图3 SI体系

3.2 BIM技术的应用

通过搭建PKPM-BIM施工协同管理平台，实现了各专业之间的协同工作，将设计问题消化在起步阶段，为后续施工的顺利进行奠定了基础。建立全专业模型，生成NWC格式的文件，做全专业管线综合，出现问题进行调整与优化。通过BIM的调整，能够精确定位管线与管件，做到零碰撞。为施工建造过程节约了时间和经济成本。见图4～图8。

图4 BIM技术的应用场地布置

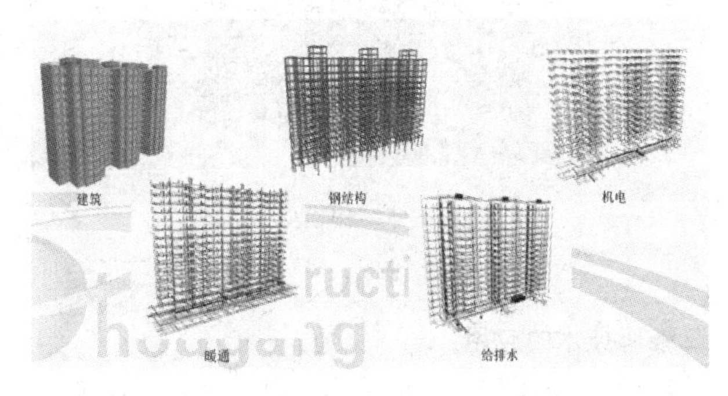

图5 BIM技术的应用各专业模型搭设

图 6　BIM 技术的应用模型整合

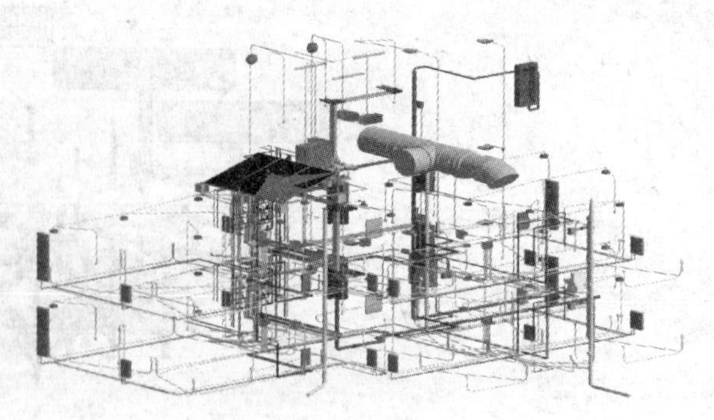

图 7　管线综合碰撞校核

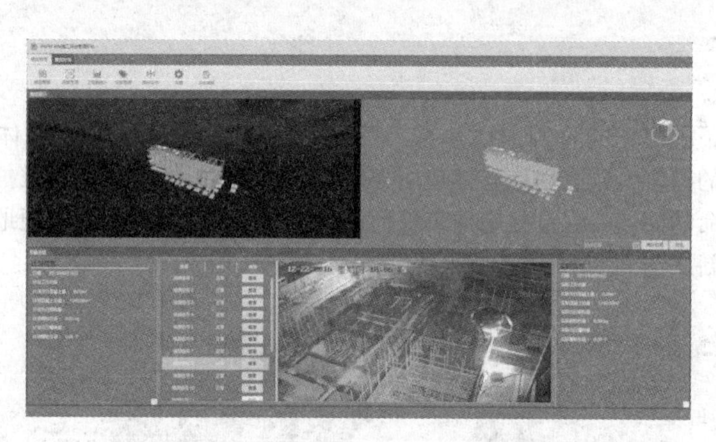

图 8　BIM 协同管理平台与施工现场的对接

3.3　钢结构深化技术

采用 Tekla Structures 软件整体建模，典型复杂节点先由专门的结构设计部进行设计及有限元计算分析，然后由深化设计部门结合现场安装及制作运输的分段、构件组装、焊接工艺和以往的设计经验，进行零件图设计。见图 9、图 10。

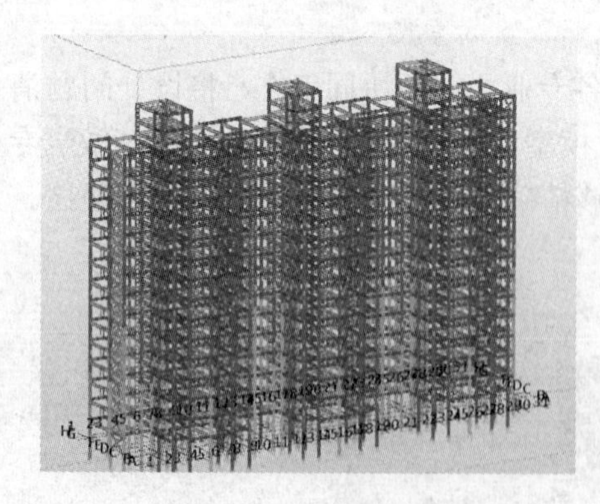

图 9　主体结构模型

图 10　细部节点设计

3.4　二维码技术的应用

二维码信息管理技术：钢结构下料、组装、焊接、出厂验收、进场验收、安装验收全周期实现可查询、可追溯、可统计。见图 11～图 13。

图 11 条码打印

图 12 构件进场验收扫码

图 13 构件状态信息

3.5 钢结构分段技术

分段总体原则：

综合考虑钢结构与土建工序的交接穿插形成等节奏流水节拍，考虑钢结构安装质量把控，对本工程钢柱进行分段。

各栋楼的首节柱对应一层梁的设置缩短了首节柱的安装时间，能够更早地完成验收交给土建进行地下一层的施工，首节柱有 3m 段浇筑混凝土，将首节柱设置一层梁，缩短了钢柱的柱身长度，降低了钢柱在混凝土浇筑过程中扭曲变形，偏移的风险。

二节及二节以上柱对应三层梁，各栋号三层梁的设置使得钢结构与土建穿插作业形成等节拍流水施工，三层梁的布置，塔吊可以一次串吊 3 根钢梁，加快了施工进度。

3.6 钢结构加工制作技术

下料→U 形组立→本体焊接→埋弧焊接→二次组装→二次焊接→无损检测→抛完除锈→油漆喷涂，见图 14。

图 14 钢结构加工制作

3.7 钢结构安装技术

钢柱安装→钢梁安装→柱间支撑安装

→临时螺栓固定→高强度螺栓紧固→节点焊接→无损检测→节点补漆，见图 15。

图 15　钢结构安装工艺流程

钢结构安装防护方法

1）行走扶手绳（生命线）的拉设

待每节柱的柱梁吊装完成后，为确保后工序工作人员的安全，在各轴线的柱与柱间系挂规格不小于 28mm 的行进扶手绳（生命线），该安全绳设置在每层梁上方 1.2m 处的每根柱上。先在柱子上安装 40mm×4mm 的两个直角扁钢和 Φ16mm 螺栓连接成的固定包箍，在包箍的一个角上焊有用 Φ10mm 圆钢制成的穿绳鼻子，绳子两端柱分别用花篮螺栓紧固。安全绳的主要作用是：保证次梁安装、高强螺栓安装、压型钢板铺设、洞口临边防护栏杆焊接、梁/柱焊接等工作人员的行走和工作安全（工作人员将自己的安全带挂设在安全绳上），见图 16。

2）临边防护

由于本工程的施工工艺特点，结构安装时无脚手架施工楼层临边处无法设置常规的防护栏杆，特采用一种装配式多用途安全防护装置，作为安装、叠合楼板吊装、混凝土浇筑等工作的防护措施，同时，在楼层周边布设挑网，挑网架可利用钢柱安装耳板进行铰接。挑网架设应里底外高。挑网首层铺设两层安全网，距离地面 4m，层间为 3 层一道单层挑网，层间挑网间距不得大于 20m，见图 17。

图 16　扶手绳示意图

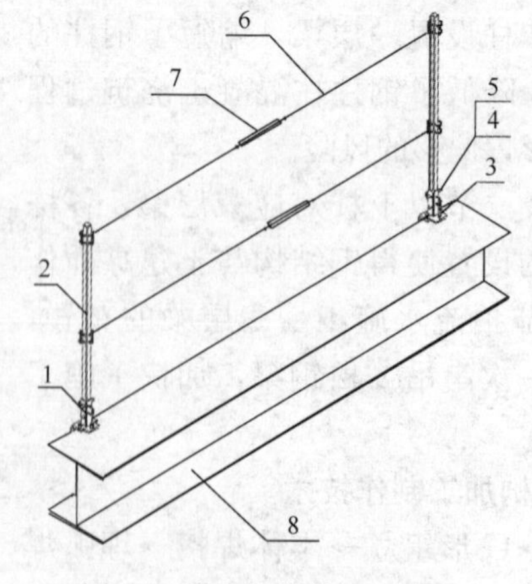

图 17　临边防护装置示意图

3.8　楼板、楼梯、阳台、空调板体系

楼板为 60mm 厚预制混凝土叠合楼板与 70mm 现浇层，叠合楼板的主要连接节点见图 18。

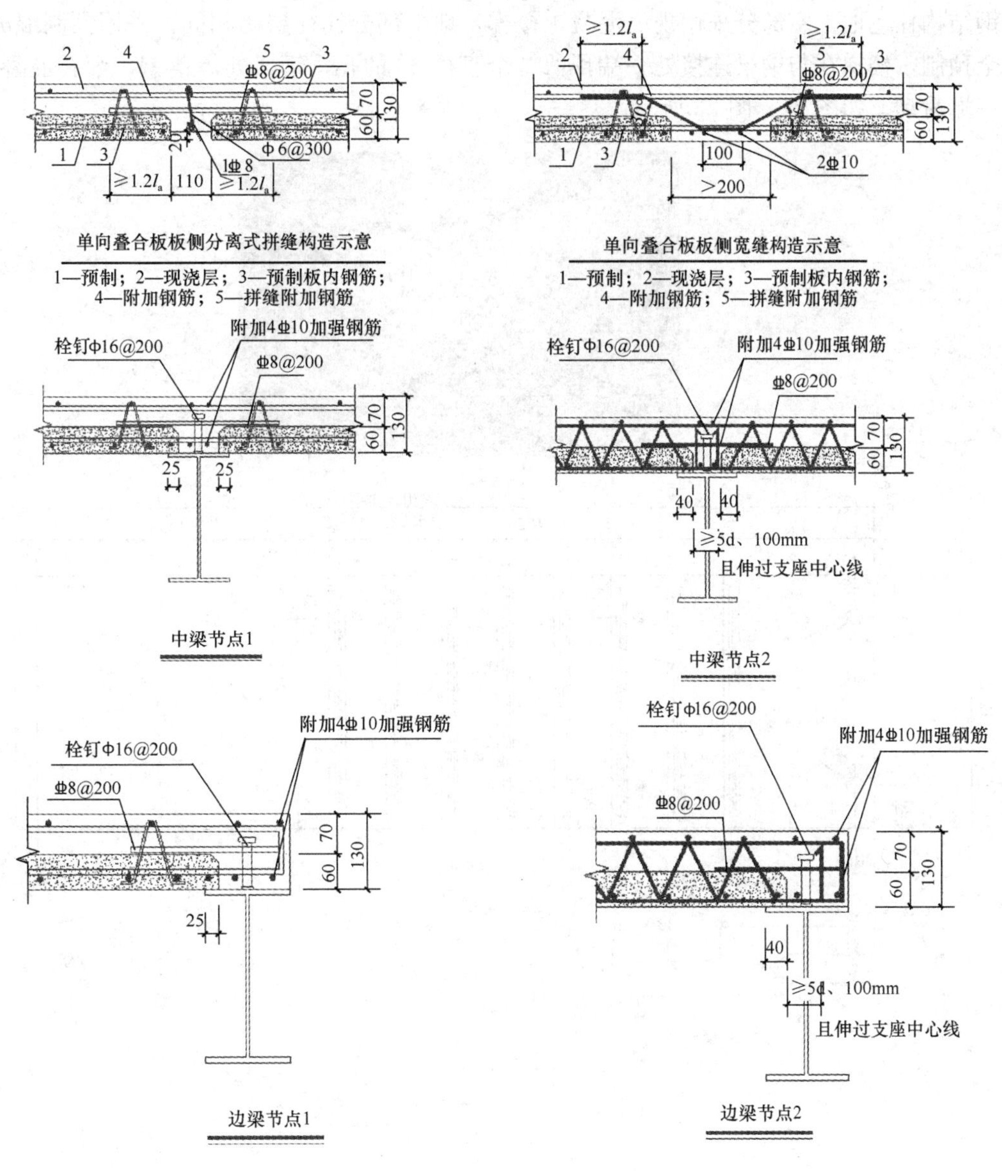

图 18 叠合楼板构造示意图

楼板、阳台板安装的支撑体系须具备足够的强度和刚度，支撑体系的水平度必须达到精准的要求，以保证楼板浇注成型后楼板底面平整。独立钢支撑体系的应用解决了这一难题，亦保证了板上作业的安全，见图 19、图 20。

图 19 叠合楼板安装示意图

图 20 楼板安装支撑体系示意图

首钢钢结构住宅地下室部分采用现浇混凝土楼梯，地上部分往往层高相同，采用预制混凝土楼梯。楼梯梯段全预制，楼梯在与钢梁连接处一端预留 2 个直径 80 的孔，钢梁处焊槽钢，细石混凝土灌实孔洞，另外一端滑动。如图 21、图 22 所示。

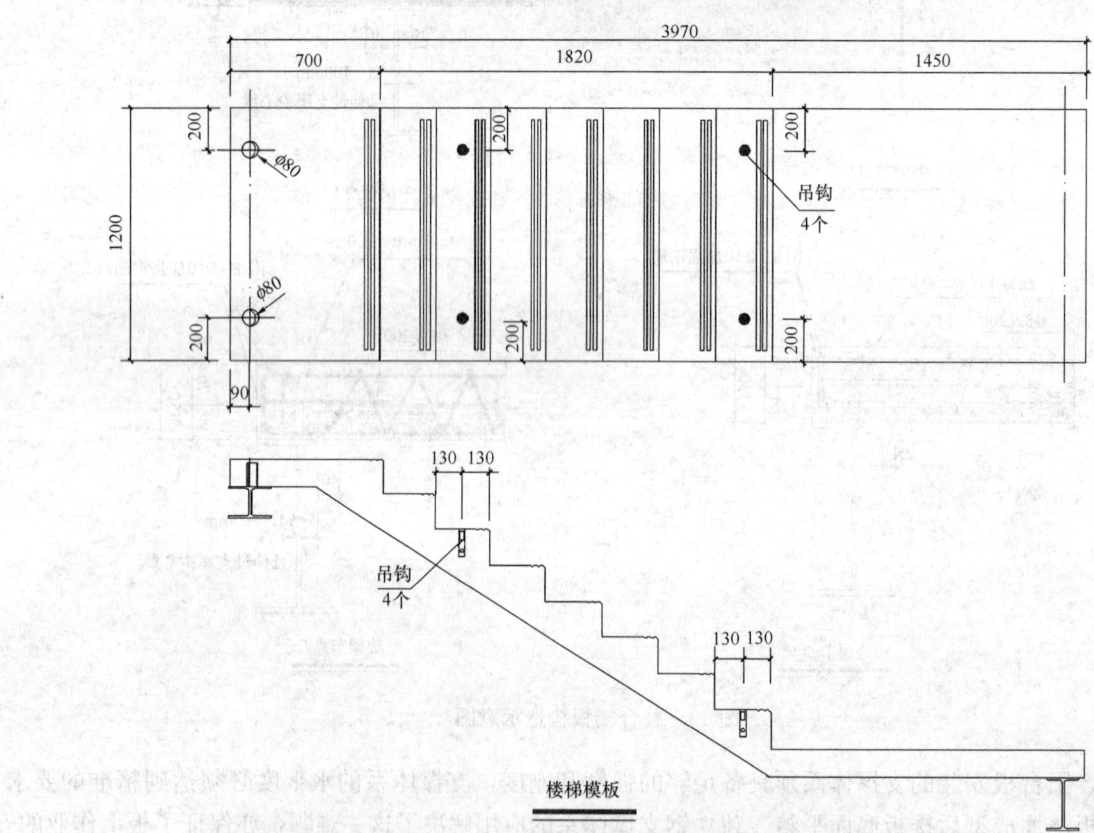

图 21 楼梯节点示意图

图 22 楼梯的吊装

首钢钢结构住宅阳台板可实现外挑 1400mm 的长度，预制阳台板与主体结构采用三边支撑，空调板支撑于反梁上，这两块部件可指定工厂单独定制。见图 23～图 28。

图 23　预制阳台板

图 24　预制空调板

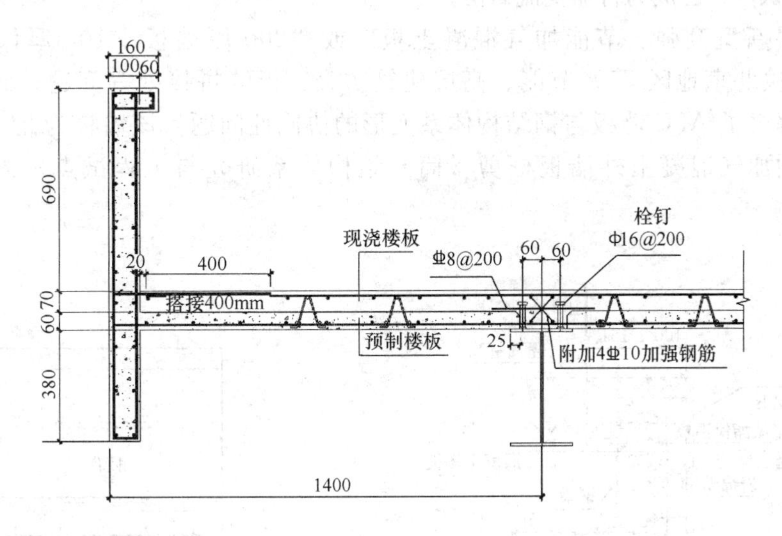

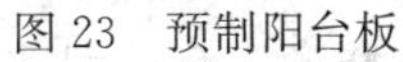

图 25　预制阳台板连接图

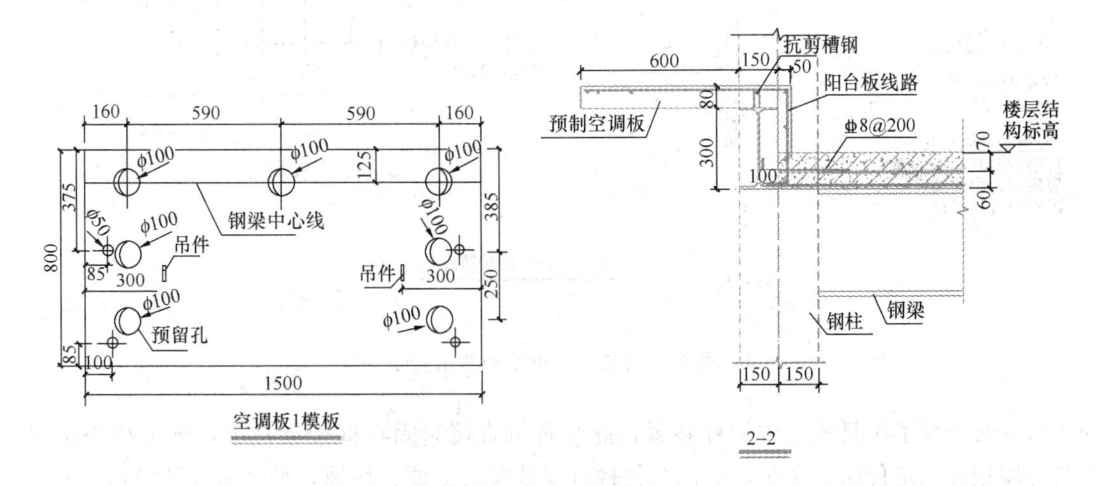

图 26　预制空调板连接图

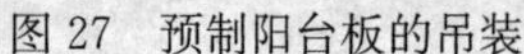

图 27　预制阳台板的吊装

图 28　预制空调板的吊装

3.9　创新的墙板体系

墙板体系，尤其是外墙板体系已经成为钢结构住宅的技术瓶颈，我公司在行业内首次提出的内嵌式外墙体系得到业内认可，已成为行业主流做法。

外墙："300 厚新型高强、节能加气混凝土板"或"200 厚墙板＋100 厚保温装饰一体板系统"，能够有效解决北京地区 75％节能、高层建筑防火、板缝拼接处等问题；研发了摇摆自复位连接节点，有效解决了 ALC 墙板与钢结构体系变形的协同性问题。该墙板为北京市住建委重点课题《居住建筑预制加气混凝土外墙板框剪（筒）结构体系研究与工程试点》的研究成果。见图 29、图 30。

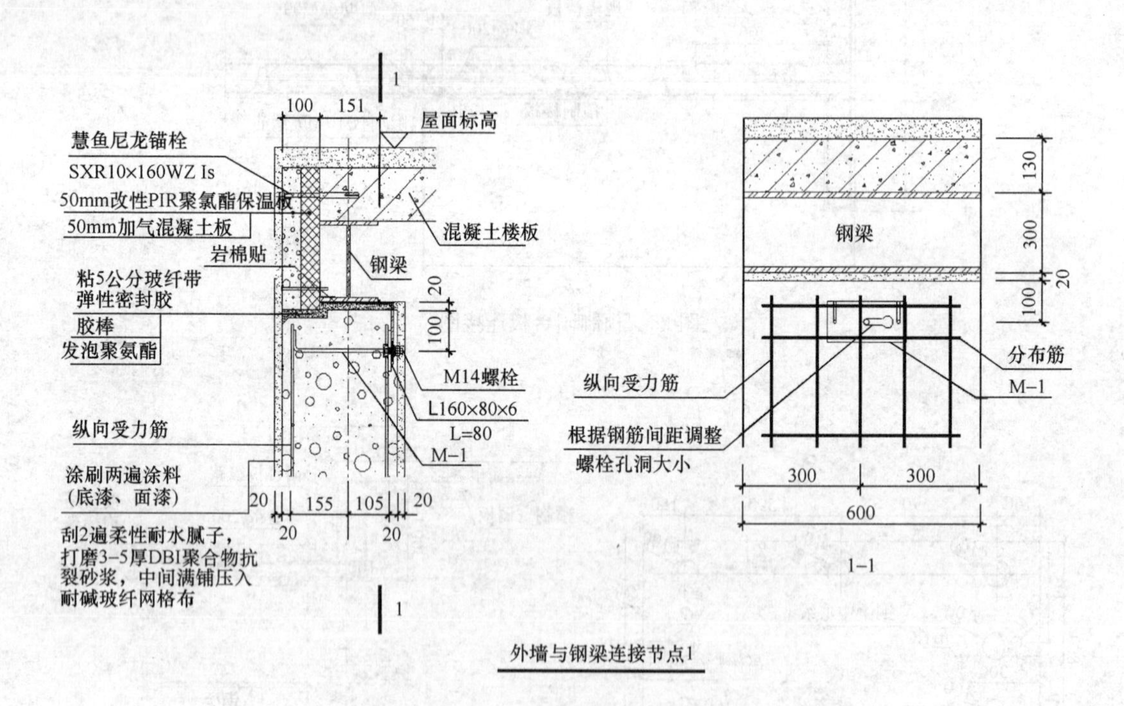

图 29　外墙板与钢梁构造示意图

外墙板安装研发了工具式定位栏杆装置，此装置可直接紧固在框架钢柱上，既可作为楼层防护栏杆，亦是外墙板施工定位防护系统，定位防护栏杆系统安拆方便、快捷，使墙板安装定位准确；研发了立板机进行安装，极大地加快了工程的施工进度。见图 31～图 36。

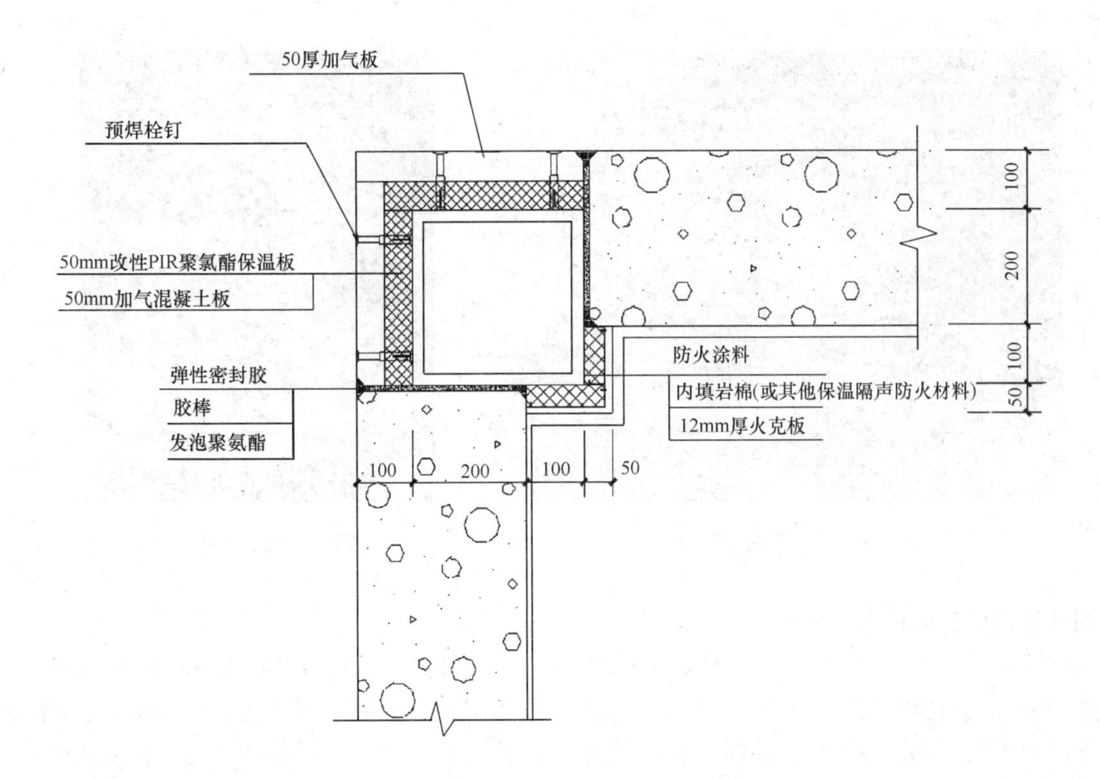

图 30　外墙板与钢柱构造示意图

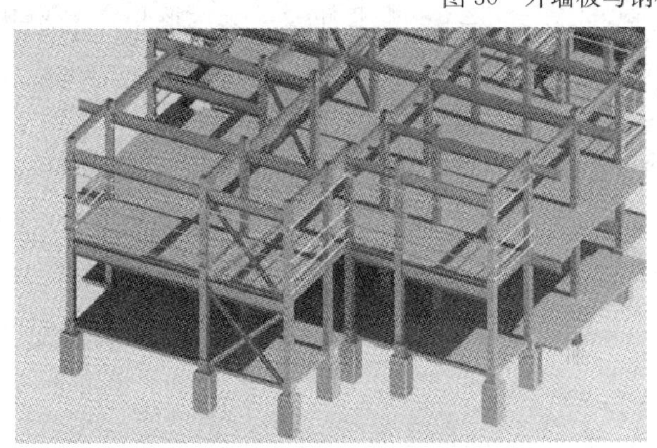

图 31　外墙安装临边防护装置

图 32　外墙安装图示

图 33　外墙安装水平运输机

图 34　外墙安装立板机

图 35　外墙安装实景

图 36　外墙安装整体效果

3.10　钢结构防腐防火技术

钢结构除锈后刷漆要求：底漆采用环氧富锌漆，1 道，漆膜厚 60um；中间漆采用环氧底漆，1 道，漆膜厚度 70μm，钢柱内部灌注混凝土，外部涂装 25mm 厚型防火涂料，满足钢柱 2.5h 耐火极限要求，钢梁防火涂料采用 15mm 厚型防火涂料，满足钢梁 1.5h 耐火极限要求。另外为满足装修要求，增加了火克板对梁、柱进行包裹保护。节点连接如图 37 所示。

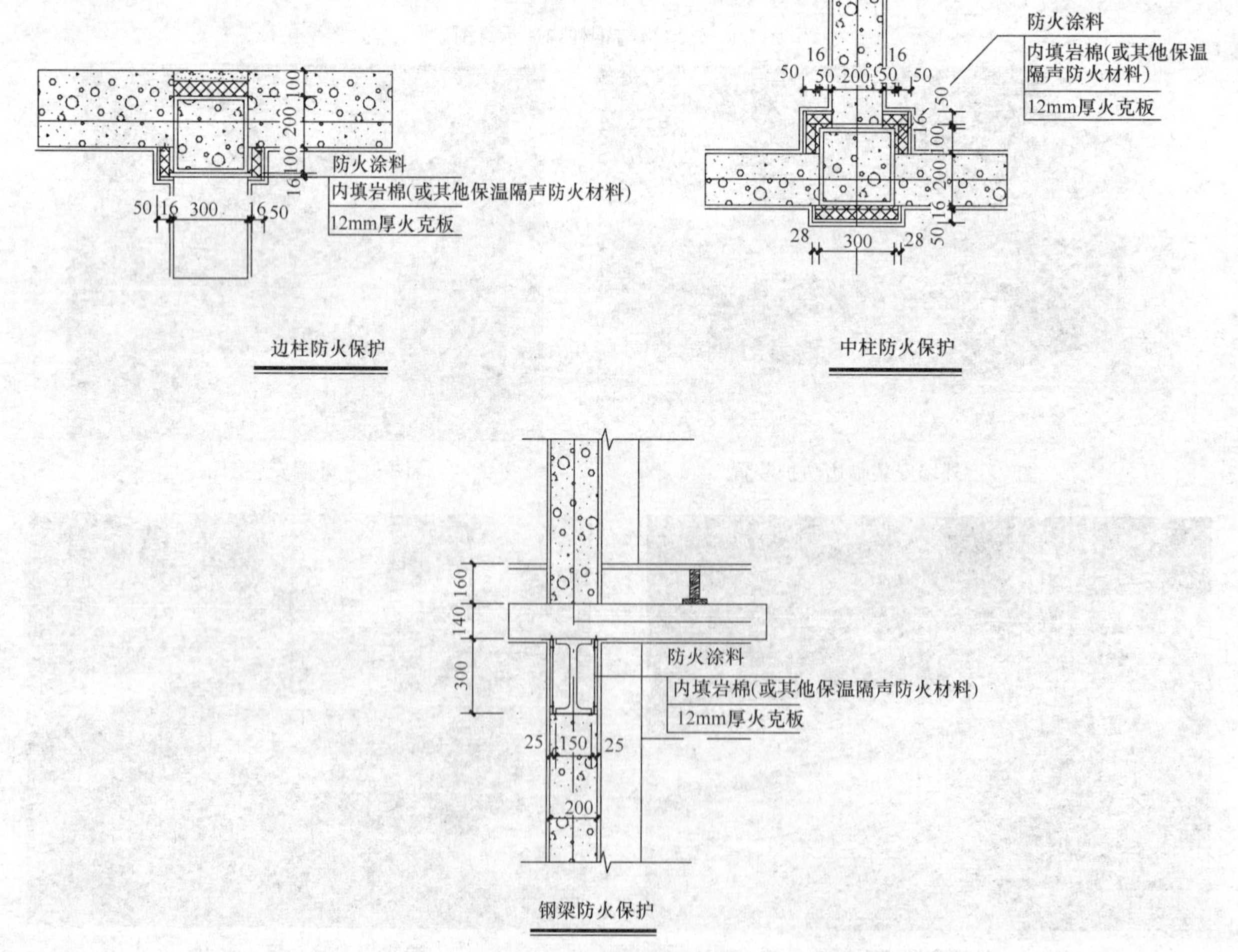

图 37　防火构造示意图

3.11 装饰装修一体化

设计标准化是实现内装工业化的前提，通过对部品标准化的设计来实现内装的产业化。此项目采用了标准化的集成厨卫系统，地板采用了架空地板，便于管线检修，实现了装修全部干式作业，不仅提高装修系统的产业化率，而且大大提高了施工质量和住宅品质。见图 38～图 41。

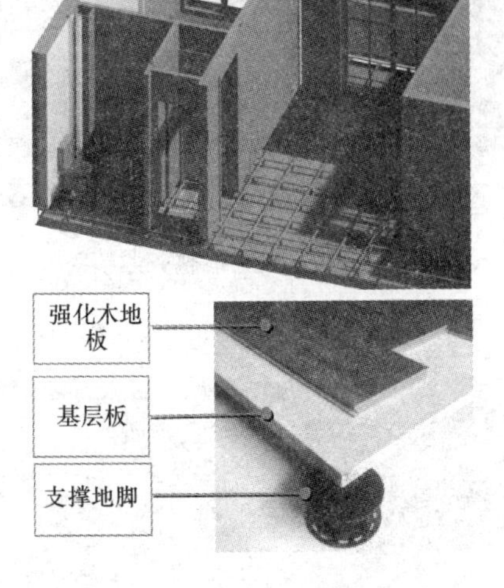

图 38 架空地板

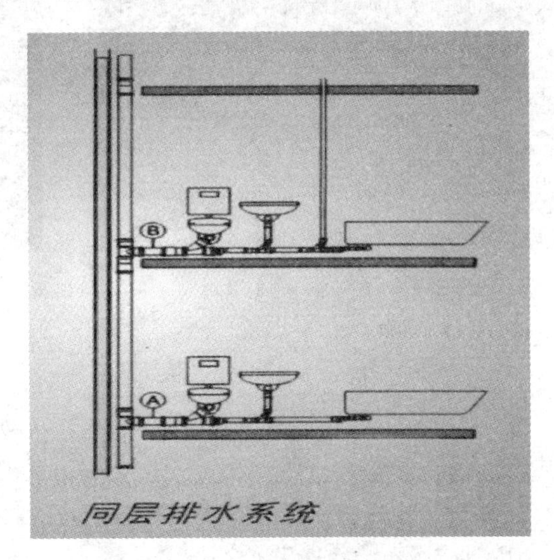

图 39 同层排水

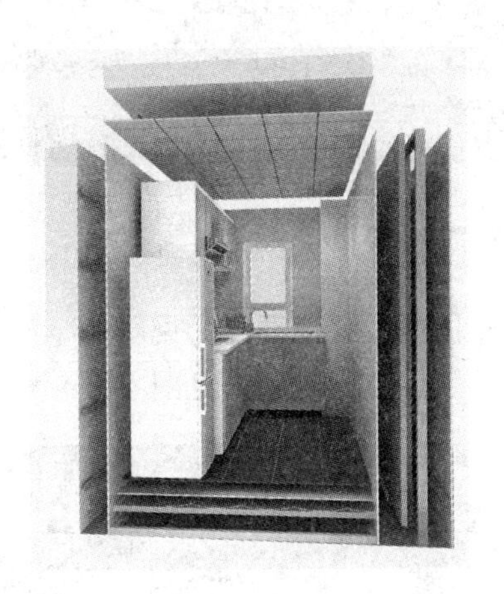

图 40 集成厨房

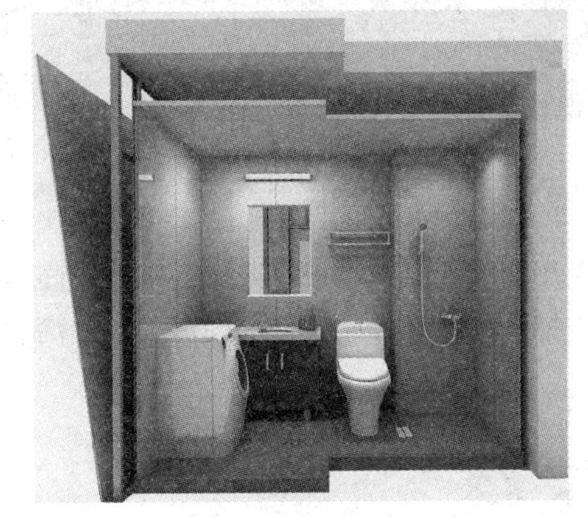

图 41 集成卫浴

3.12 “四节一环保”应用

本工程积极响应国家环境保护政策，采取了“四节一环保”绿色环保措施，主要体现在以下几方面。

1）节水措施

雨水收集系统：在工地东侧大门砌筑雨水收集池，利用收集雨水洒水降尘。见图 42。

2）节地措施

工程用地整齐紧凑，大大提高了土地利用率。见图 43。

3）节材措施

① 装配式钢结构全生命周期永久绿色、环保；见图 44。

② 结构顶板采用叠合楼板，节约材料，无周转材料、无建筑垃圾，绿色环保。见图 45。

图 42　雨水收集池

图 43　工程用地整齐紧凑

图 44　钢结构建筑节材环保

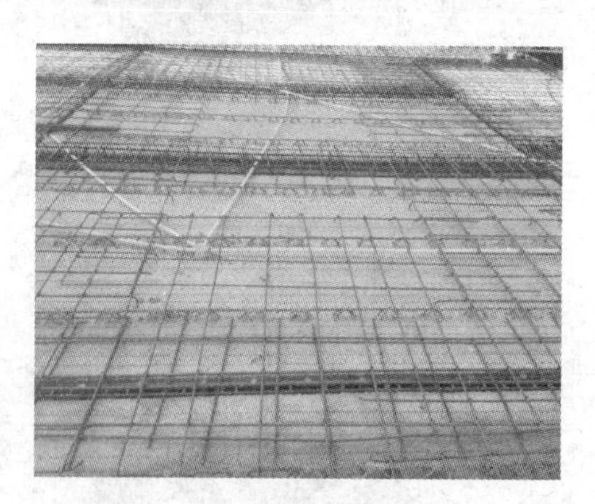

图 45　叠合楼板应用

③ 外墙板采用加气混凝土条板，减少污染，提高装配化率，绿色环保；见图 46。

④ 三脚架支撑：绿色环保减少造成的污染，提高利用率，节约时间。见图 47。

图 46　加气混凝土条板应用

图 47　独立支撑体系应用

4）节能措施

照明系统：办公区、生活区及地下室全部采用 LED 节能型灯具。见图 48。

5）环保措施

① 扬尘治理：施工现场对裸露地面全部采用绿密目网覆盖，定期洒水，抑制扬尘；见图 49。

图 48　LED 光源应用

图 49　密目网覆盖扬尘治理

② 绿化设施：对现场利用空地进行绿化，并设有 360°旋转洒水设施，见图 50。

③ 洗车池：对驶出车辆进行冲洗，防止工地泥土产生扬尘，见图 51。

图 50　场地绿化

图 51　洗车池

4　结束语

首钢铸造村 4 号、7 号钢结构住宅项目在竣工验收中结构实体几何尺寸全部符合规范要求，达到 75%节能，隔声性能经检测为 54.0dB，撞击声隔声性能为 6 级。施工过程中总结并申报了多项工法、科技成果及专利，本工程先后获得了“北京市结构长城杯金奖”、“中国钢结构金奖”。项目通过节能与室外环境、节能与能源利用、节水与水资源利用、节材与材料资源利用、室内环境质量提高与创新几项指标的综合评比最终评定为“三星级绿色建筑”，经装配式住宅装配率专家评审组一致意见，该项目达到了“装配式建筑 AA 级评价标准”。项目封顶图见图 52。

采用首钢钢结构住宅绿色建筑施工技术建设全周期均以绿色施工为理念，是绿色建筑的代表，项目建设过程中湿作业少，无周转材料，无建筑垃圾，无脚手施工，“现场建造”为“工厂制造”，质量稳定，大大降低了施工现场劳务用工量及劳务管理队管理难度，增加了安全系数，施工周期比混凝土缩短 30%以上，制作、运输、安装、维护方便。该工程为钢结构住宅产业化战略的实施和一些新材料新技术在住宅工程中的应用起到了良好的推动和示范作用，对钢结构住宅及住宅产业化的发展具有重要意义。

图 52　项目主体结构封顶图

钢板组合剪力墙在高烈度地区装配式钢结构住宅中的工程实践

王士奇　孙　彤　李贯林

（山东省冶金设计院股份有限公司，济南　210101）

摘　要　本文主要介绍了钢板组合剪力墙在高烈度地区装配式钢结构住宅中应用以及相关构件和连接节点设计。钢板组合剪力墙具有保证风荷载作用下的变形和舒适度要求的刚度，同时又具有保证地震作用下较好耗能能力的延性，是一种比较适用于高地震烈度区的新型高层钢结构抗震体系。由于钢板组合剪力墙结构的工程实践较少，设计上还存在诸多不足之处，许多方面尚须进一步深入研究，以逐步推进装配式钢结构住宅的快速发展。

关键词　钢板剪力墙；装配式建筑；钢管混凝土；组合剪力墙；高层钢结构

1　引言

现阶段，高层建筑主要采用钢筋混凝土结构。但混凝土结构存在自重大、施工周期长、抗震性能较钢结构差等缺点。而钢结构最大的优势是强度高、自重轻，可以实现更大的跨越，可灵活布置。因此能够做到不同家庭人口模式下自由分隔空间，从而满足不同人生阶段家庭生活需求，更容易实现可自由分隔的“百变户型”，以最大程度体现出钢结构住宅的优势。钢结构在地震作用下具有良好的延性和耗能性能，尤其位于抗震设防烈度较高地区的建筑，采用钢结构还具有明显的经济效益，是高烈度地区比较理想的一种结构形式。

国家要求以发展新型建造方式为重点，深入推进建筑业供给侧结构性改革。大力发展钢结构等装配式建筑，积极化解建筑材料、用工供需不平衡的矛盾，加快完善装配式建筑技术和标准体系。目前装配式混凝土建筑主要基于传统“现浇结构”思维，设计以“等同现浇”为准则，缺乏针对装配式结构体系特性的设计理论和方法。能实现高效生产、高效装配且性能优越的结构体系尚不够成熟；框架梁柱节点受力复杂，节点性能难以保证；剪力墙钢筋密集，施工不便，整体性差；连接节点多，仍存在较大湿作业，未能充分利用装配式施工的小构件、易组装、可更换等优点。钢结构的装配式建筑是指在工厂化生产的钢结构部件，在施工现场通过组装和连接而成的钢结构建筑。其强度高、自重轻、抗震性能好、施工速度快、结构构件尺寸小、工业化程度高的特点，同时钢结构又是可重复利用的绿色环保材料。

由钢板和混凝土板组合而成的新型抗侧力构件—组合钢板剪力墙，其墙体厚度和重量均有所减小，不仅可以节省使用空间，并且降低基础的费用和减小地震作用。钢板组合剪力墙旨在利用钢板承载力高、延性好、施工快捷和混凝土板刚度大、抗火性能好的优点，两种材料取长补短，形成一种综合性能较优的构件形式。组合钢板剪力墙具有以下优势：显著提高其抗剪承载力；通过合理设计可以避免钢板和混凝土在小、中震中受损，从而可以免去小、中震后的维修成本；可以避免屈曲带来的巨大噪声；双层钢板可作为浇筑混凝土的模板，实现装配式施工。钢板剪力墙具有较大的刚度，能够保证风荷载作用下的变形和舒适度要求，同时又具有较好的延性，以保证在较高地震作用下具有较好的耗能能力，是一种比较适用于高地震烈度区的新型高层钢结构抗震体系（图 1）。

图 1 所示为两种钢板组合剪力墙截面形式，一是内嵌钢板混凝土组合剪力墙；一种是双钢板混凝土

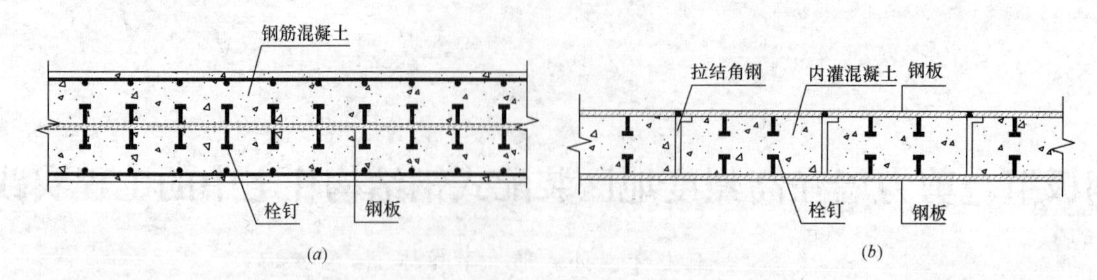

图1 钢板组合墙截面形式

(a) 内嵌钢板混凝土组合剪力墙；(b) 双钢板-混凝土组合剪力墙

组合剪力墙。内嵌钢板组合剪力墙是在钢筋混凝土内部内嵌一层钢板，相比传统钢筋混凝土剪力墙轴压承载力大幅提高，混凝土板的存在能够在一定程度上抑制钢板的整体和局部屈曲，充分发挥钢板的力学性能，保证剪力墙在侧向荷载作用下的承载力和耗能能力。对于内嵌钢板组合剪力墙，外包混凝土还可起到防火和防腐作用。但内嵌钢板组合剪力墙应用于超高层建筑结构主要存在以下不足：

(1) 由于混凝土位于钢板外侧，在大变形的情况下，混凝土板可能会发生开裂剥落，对钢板的约束作用大大减弱，使剪力墙在大震作用下的延性耗能能力大幅降低。

(2) 剪力墙构造较为复杂，钢板运输安装难度较大，现场需支模板绑钢筋等工序，不能实现混凝土免支模装配施工。

采用双钢板—混凝土组合剪力墙是有效解决上述问题的途径之一：

(1) 混凝土填充于外侧钢板之内，能始终对钢板起到约束作用，而外侧钢板对内填混凝土同样具有约束作用，从而提高内填混凝土的变形能力，使得剪力墙在大震作用下的延性及耗能能力大幅提高，设计时可将层间位移角控制在1/400。此外，对于有横向拉结措施的双钢板组合剪力墙，钢板可对混凝土起到更强的约束作用，使得高强混凝土在超高层抗震剪力墙中应用成为可能，从而真正实现“高轴压、高延性、薄墙体”的优化目标。

(2) 双钢板混凝土组合剪力墙构造简单，钢结构运输安装方便，外侧钢板在施工阶段兼做混凝土模板，能够实现装配施工，简化现场施工工序。

2 工程概况

该项目为建设部装配式建筑科技示范工程，地下2层，地上34层，建筑高度98.50m，标准层建筑平面图如图2所示。楼、电梯竖向交通核布置在北侧，两交通核之间采用连廊连接，为两梯四户。在建

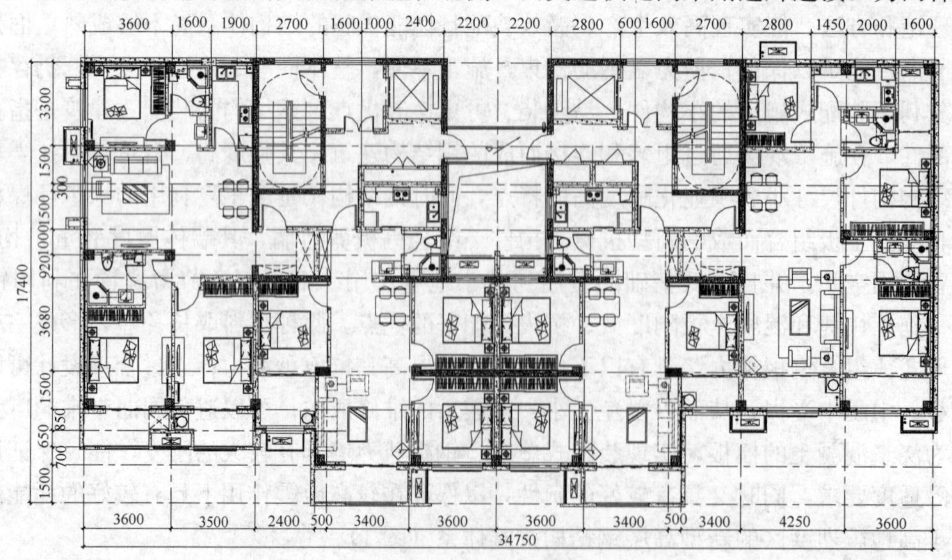

图2 标准层建筑布置图

筑布局上，要求剪力墙布置在交通核周边，住户内采用钢管混凝土柱，结合使用功能，尽量避免客厅内钢柱外露，效果美观。内、外填充墙均采用ALC加气混凝土条板。

3 结构设计

3.1 结构体系选型

项目所在地的抗震设防烈度按8度（0.20g），设计地震分组为第二组，场地类别：Ⅲ类，特征周期为0.55s；风荷载取0.40kN/m^2（重现期50年），地面粗糙度B类。由于该项目位于高烈度地区，地震作用比较大；然后风荷载相对较小，就以下三种结构体系进行比较。

钢框架—钢筋混凝土剪力墙混合结构体系：钢筋混凝土剪力墙抗侧刚度大、舒适性好，在低烈度区具有较好的应用前景，但在高烈度区，地震作用较大，需要的墙体厚度较大，墙体布置较多。该项目交通核处的墙体厚度需要设计到500～600mm厚度，并且房间内还需要设置较多剪力墙才能满足层间变形的要求，混凝土浇筑需要支模，不能实现装配化施工。

钢框架—支撑结构体系：具有较好的抗侧刚度，但由于普通中心支撑受压会产生屈曲现象，在强烈地震作用下，支撑受压屈曲后的刚度和承载力急剧降低。支撑在拉压往复变化下的滞回性能差，容易发生破坏。外墙设置支撑时会影响窗户布置，内墙布置支撑时也会占用较多的房间使用面积。

钢框架—钢板组合剪力墙结构体系：具有较大的抗侧刚度，能够保证风荷载作用下的舒适度；同时墙体厚度较薄，对建筑使用功能影响小；混凝土被包裹在钢板内部，并通过拉结对混凝土形成了很好的约束，其在地震作用下其层间位移角限值可控制在1/400，延性较好，在较高地震作用下仍具有较好的耗能能力；具备类钢筋混凝土结构的刚度和类纯钢结构的延性，是一种比较适用于高地震烈度区的新型高层钢结构抗震体系。

综合三种方案的优缺点和计算结果，本工程选用钢框架—钢板组合剪力墙结构体系。

由于住宅建筑竖向交通核布置在北侧，刚度偏心较大，为避免刚度偏心的不利影响，设计时尽量减小北侧墙体的墙肢长度，加大南侧墙体的墙肢长度，并在南侧房间内设置一道剪力墙。钢柱均采用截面长宽为400mm的方钢管，内灌高强自密实混凝土。为保证围护等配套部品部件的通用性，柱自下至上采用相同外轮廓尺寸，仅调整钢管壁厚；钢梁采用热轧和焊接H型钢，并全部统一钢梁的截面高度和翼缘宽度，通过调整钢板厚度满足不同承载力的要求。这样不仅梁柱节点连接较为标准统一，同时也便于墙板安装，更容易实现结构构件和部品部件的标准化、通用化。标准层结构布置图如图3所示。

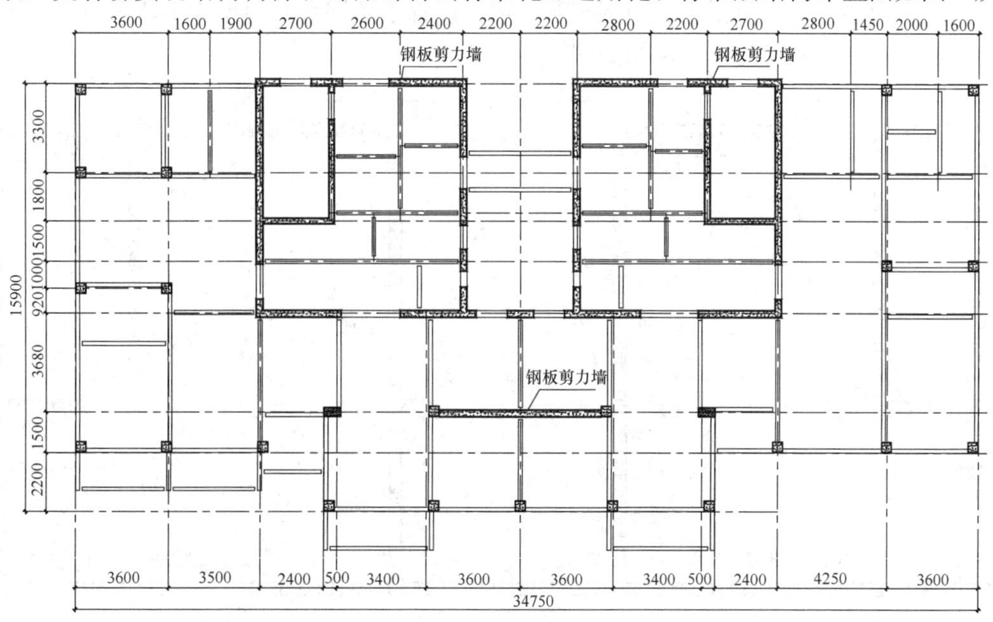

图3 标准层结构布置图

3.2 结构分析

采用 PKPMSATWE V4.3 对该结构进行整体内力和变形计算，整体指标的计算结果如表 1 所示。

整体指标计算结果　　表 1

类型		指标	规范限值
基本周期	T_1（Y 向平动）	3.40	$T_3/T_1=0.24<0.85$
	T_2（X 向平动）	2.08	
	T_3（扭转）	0.83	
刚心偏心率	X 向偏心率	0.050	<0.15
	Y 向偏心率	0.136	
风荷载作用顶点加速度和层间位移角	X 顺风向顶点最大加速度（m/s^2）	0.051	<0.20
	X 横风向顶点最大加速度（m/s^2）	0.105	
	Y 顺风向顶点最大加速度（m/s^2）	0.113	
	Y 横风向顶点最大加速度（m/s^2）	0.095	
	最大层间位移角—X 向	1/4369	<1/400
	最大层间位移角—Y 向	1/ 707	
地震作用下位移比和层间位移角	X 向位移比	1.43	<1.5
	Y 向位移比	1.15	
	最大层间位移角—X 向	1/848	<1/400
	最大层间位移角—Y 向	1/433	
刚重比	X 方向	5.27	>1.4
	Y 方向	1.96	

从计算结果可以看出，扭平周期比 $T_3/T_1<0.85$，位移比小于 1.5，说明结构具有较好的抗扭刚度。风荷载作用下 X、Y 方向层间位移角分别为 1/4369 和 1/ 707，远小于规范限值 1/400，并且接近钢筋混凝土框剪结构的位移角限值 1/800；风荷载作用下的最大风振加速度为 0.105 m/s^2，远小于限值 0.20 m/s^2，说明结构在正常使用情况下的变形和舒适度均接近于钢筋混凝土框剪结构，具有较高的舒适度。地震作用下 X、Y 方向层间位移角分别为 1/848 和 1/433，接近规范限值 1/400，说明结构在满足规范要求的刚度同时，还具有较好的变形能力。总之，钢板组合剪力墙具有保证风荷载作用下的变形和舒适度要求的刚度，同时又具有保证地震作用下较好耗能能力的延性。

3.3 钢板组合剪力墙设计

在楼梯间和竖向交通核周边设置钢板组合剪力墙，墙体厚度 250mm，钢板厚度为 6mm，钢板上设栓钉和拉结角钢，内灌自密实混凝土。角部和洞口边缘设置矩形钢管并根据受力要求将管壁加厚，形成钢管混凝土边缘构件。钢板剪力墙布置图如图 4 所示。

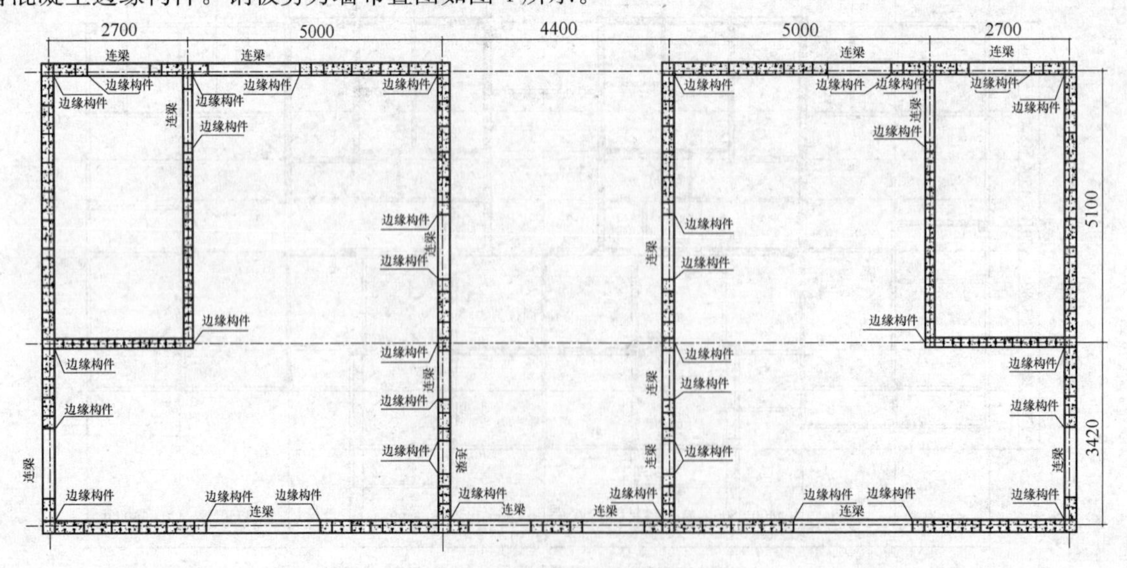

图 4　钢板剪力墙布置图

3.4 剪力墙连梁设计

钢板组合剪力墙的连梁采用与钢板组合剪力墙相同的做法，两侧腹板厚度同钢板组合剪力墙的钢板厚度，上、下壁板根据连梁受力情况予以调整钢板厚度；连梁内设栓钉和拉结钢板，内灌自密实混凝土，形成承载力较高、延性较好的箱形钢管混凝土梁。连梁配置如图 5 所示。

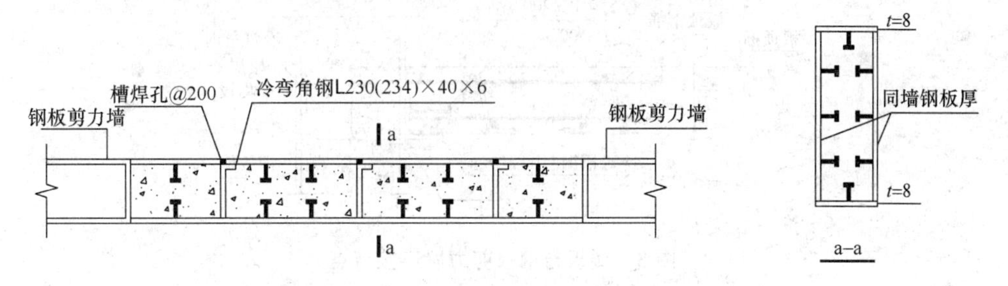

图 5 剪力墙连梁连接节点详图

4 装配式节点设计

钢结构连接节点是钢结构工程设计的一大重点和难点，节点设计好坏，不仅影响构件传力效果和施工难度以及连接节点的标准化和通用化；同时也影响与主体结构连接的围护结构、设备管线以及内装的标准化和通用化。所以节点设计应通盘考虑，尽量做到标准统一，以便为后续施工和安装提供标准统一基础。

4.1 梁与柱连接节点

方钢管设置内隔板，通过悬臂梁段与 H 型钢梁采用栓焊混合刚性连接。翼缘采用焊缝连接，腹板采用高强度螺栓双剪连接。本工程节点较为统一，高度相同的梁均采用如图 6 所示的通用连接节点。

4.2 钢梁与钢板组合剪力墙连接节点

考虑到钢板组合剪力墙面外刚度和承载力较低，为尽量减少钢板组合剪力墙面外受力，钢梁与钢板组合剪力墙连接仅腹板采用高强度螺栓柔性连接。为保证剪力的可靠传递，与钢梁连接处钢板组合剪力墙进行局部加厚处理。本工程节点较为统一，高度相同的梁与钢板组合剪力墙的连接节点均采用如图 7 所示的通用连接节点。

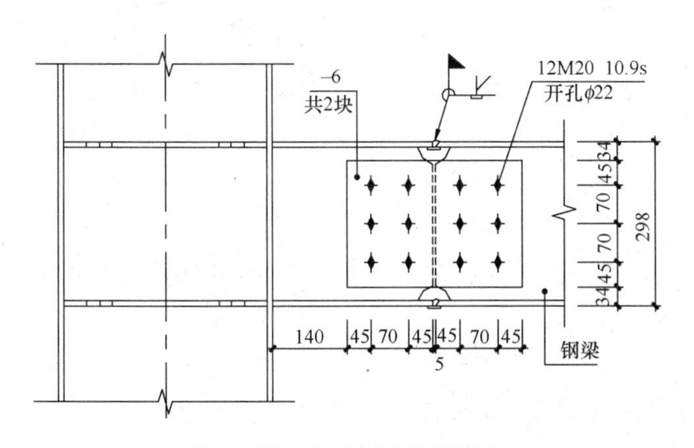

图 6 梁柱通用连接节点详图

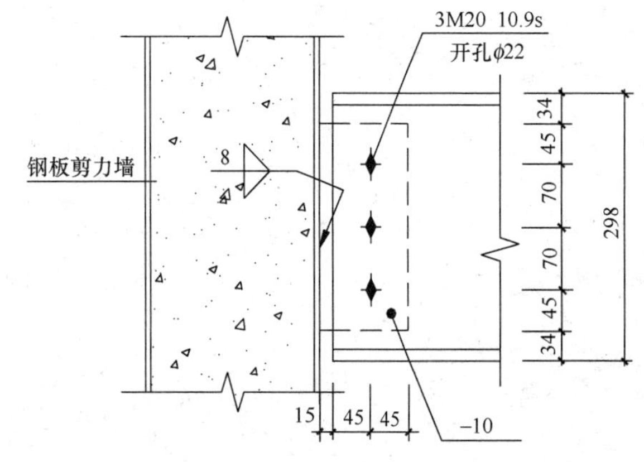

图 7 钢梁与钢板组合剪力墙通用连接节点详图

4.3 楼板与钢板剪力墙连接节点

楼板采用钢筋桁架楼承板，由于楼板钢筋在钢板组合剪力墙位置无法支承在钢板组合剪力墙上，在钢板组合剪力墙上开孔穿钢筋也较为复杂，因此在钢板组合剪力墙的楼板高度位置焊接冷弯槽钢，槽钢下肢支承楼板下部钢筋；槽钢上肢支承楼板上部钢筋，并与之焊接；为保证楼板水平剪力的可靠传递，在槽钢腹板中部焊接栓钉；为保证楼板位置内外侧钢板共同作用，在楼板标高位置设置拉结角钢对钢板组合剪力墙内外侧钢板进行拉结处理。设置的通长槽钢同时也对钢板组合剪力墙起到了加强作用。楼板与钢板组合剪力墙连接节点如图 8 所示。

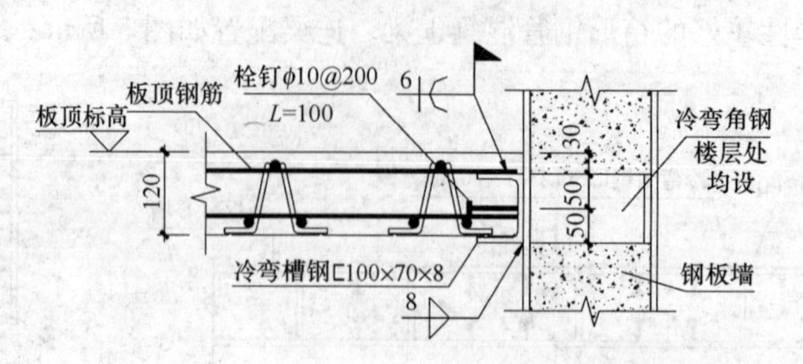

图 8　楼板与钢板剪力墙连接节点

5　结语

钢板组合剪力墙具有较大的刚度能够保证风荷载作用下的变形和舒适度要求，同时又具有较好的延性，在较高地震作用下具有较好的耗能能力，并且钢板组合剪力墙的墙体厚度较薄，对建筑使用功能影响小，是一种比较适用于高地震烈度区的新型高层钢结构抗震体系，浇筑混凝土时可以免支模，符合装配式钢结构建筑的建造理念。该工程理论用钢量 1895t，单位面积用钢量约 102kg/m^2，相对而言，在高烈度区已具有较好的经济性。由于钢板组合剪力墙结构的工程实践较少，设计和施工方面还存在诸多不足之处，许多方面的尚须进一步深入研究，以逐步推进装配式钢结构住宅的快速发展。

参考文献

[1]　中华人民共和国行业标准．钢板剪力墙技术规程 JGJ/T 380—2015[S].
[2]　中华人民共和国行业标准．高层建筑混凝土结构技术规程 JGJ 3—2010[S].
[3]　中华人民共和国行业标准．高层建筑民用钢结构技术规程 JGJ 99—2015[S].

适合西北地区装配式钢结构住宅体系研究及应用

马张永　严永红　连小荣

（甘肃建投钢结构有限公司，兰州　730060）

摘　要　本文介绍我公司通过钢结构住宅体系研究、单栋钢结构住宅项目试点、成规模钢结构住宅小区的建设等一系列工作，研发成功适合西北地区的新型装配式钢结构住宅体系，可为同类工程提供了参考。

关键词　西北地区；装配式钢结构住宅；施工工艺；BIM 技术

1　引言

2015 年 11 月 4 日国务院常务会议指出要结合棚改和抗震安居工程等开展钢结构建筑试点，2018 年 12 月 24 日全国住房城乡建设工作会议上明确提出要“大力发展钢结构等装配式建筑”，在近三年的时间内，国务院、住房城乡建设部针对装配式建筑发展相关政策密集发布，全国 30 多个省市也出台了相关的政策措施；《装配式钢结构建筑技术标准》、《装配式建筑评价标准》等标准的发布为装配式钢结构住宅的发展提供了技术保障；国内不少建筑企业、高校、设计院所，甚至非传统建筑企业都开展了装配式钢结构住宅体系的研究和实践。但是，这些新型体系受到不同区域的技术水平、部品部件供应、经济条件、作业队伍素质、配套政策等多方面的约束，大范围的推广遇到一定的障碍。各地区要结合本地条件，研发适合本区域的装配式钢结构建筑体系。甘肃建投作为中国五百强企业及西北地区有影响力的建筑企业，依托于自身的投融资能力、研发团队、技术水平、产业链基础，以发展适合西北地区的装配式钢结构住宅体系为己任，通过体系研究、单栋钢结构住宅项目试点、成规模钢结构住宅小区建设等，研发了适合西北地区的新型装配式钢结构住宅体系、体系构造工艺和施工工艺、开发了配套新型建筑材料，应用了自主 BIM 管理平台，为装配式钢结构住宅在西北地区的推广应用积累了经验，为我国装配式钢结构住宅的发展做出了贡献。

2　体系概况及特点

依据甘肃省装配式钢结构住宅必须满足抗震性能好、成本相对较低、装配速度快、保温性能好、适应较大温差、紫外线强和气候干燥的特点，经过三年的实践和探索，开发了两代高层装配式钢结构住宅体系，第一代是钢框架－支撑结构承重体系＋蒸压砂加气砌块＋乳胶漆面保温装饰一体板外墙围护体系。第二代是钢框架＋密肋钢板剪力墙承重结构体系＋轻质预制构件围护体系。

2.1　装配式高层钢结构住宅新体系

（1）甘肃建投第一代装配式钢结构住宅体系——钢框架－支撑结构承重体系＋蒸压砂加气砌块＋乳胶漆面保温装饰一体板外墙围护体系（图 1）

图 1　第一代体系样板楼

结构体系。采用钢管混凝土框架－屈曲约束支撑体系，钢框架采用矩形钢管混凝土柱，焊接 H 型钢梁；屈曲约束支撑采用车间加工的方管套圆管的构造形式，代替成品支撑，降低了造价；楼板采用悬挂式模板支撑体系现浇板（专利号：ZL2015 2 0698006.0 和 ZL2016 2 0091143.2）；这种结构体系，抗震性能好，体系成熟，造价低，施工速度快，自重轻，基础成本低，技术门槛相对较低，推广相对容易。

外墙采用优等品蒸压砂加气砌块＋适合西北地区的保温装饰一体板（专利号：ZL2017 2 0202435.3），优等品蒸压砂加气砌块尺寸精度高，质量轻，保温隔热性能好，砌筑完成可以达到免抹灰，成型效果非常好，保温装饰一体板代替传统的薄抹灰系统，具有产品稳定性好、寿命长、绿色节能、施工周期短、安全可靠等优点，特别是采用我们专门针对西北地区昼夜温差大、气候干燥、紫外线强开发了新型乳胶漆面层保温装饰一体板（专利号：ZL2017 2 0202435.3）。

内墙采用 90mm 蒸压砂加气条板，质量轻，施工速度快，产品性能稳定，隔音效果好。楼梯采用钢楼梯＋薄混凝土面层，钢楼梯可以在工厂机器人加工，现场直接吊装，薄混凝土面层成本低，成型效果好。

（2）甘肃建投第二代装配式钢结构住宅体系——钢框架＋密肋钢板剪力墙承重结构体系＋轻质预制构件围护体系（图 2）

采用 H 型钢柱－H 型钢梁框架－密肋钢板剪力墙结构承重体系，钢框架采用 H 型钢柱及热轧 H 型钢梁；楼板采用预应力叠合板，免支模，节省造价，条板铺装完成后浇筑面层，施工速度快；采用了密肋钢板剪力墙作为抗侧力体系，结构自重大大降低，抗侧性能得到了大幅提高，结构的耗能能力增强，提高了结构的抗震性能。

外墙采用 ALC 条板＋保温装饰一体板，这种外围护墙体施工速度快，装配率高，由于两种材料均为工业化产品，能够很好地满足“防水，保温，隔热，隔音，抗震，抗风”的要求。

图 2 第二代体系住宅小区

内墙采用“带预埋管线的水泥基复合夹心墙板”，利用 BIM 技术提前确定好管线的位置，在墙板生产工厂内提前预埋好管线，这种墙体工业化程度高，施工速度快，隔音性能好，表面成型效果好，避免了二次装修的开槽。钢框架＋密肋钢板剪力墙承重结构体系＋轻质预制构件围护体系，结构性能好，外墙、内墙、楼板均采用预制的轻型材料，装配率高，造价合理，符合国家对装配式建筑发展的要求。

2.2 配套新型建筑板材的研发

公司研发的适合西北地区的新型装配式钢结构住宅体系包括新型保温装饰一体板和带预埋件的水泥基复合夹芯板两种新型板材。

（1）新型乳胶漆面层的保温装饰一体板

这种乳胶漆面层的一体板饰面效果好，成本低廉，与湖南省金海科技有限公司联合开发了耐紫外线、耐干燥气候、耐高温差的乳胶漆及其工厂加工工艺，在这种类型一体板中得到了很好的应用，经检测，完全符合相关技术标准要求，并且取得了专利“一种保温装饰一体板连接构件”（专利号：ZL2016 2 0907650.9）和“一种乳胶漆面保温装饰一体板”（专利号：ZL2017 2 0202435.3）。

（2）带预埋管线的水泥基复合夹芯墙板

这种墙板为工厂化生产的产品，由于内部含有发泡水泥，条板的自重减轻，强度高，保温、隔音性能提高，而且发泡水泥和水泥面层为同一种材料，克服了水泥发泡复合板两种不同材料复合引起的开裂问题。利用 BIM 技术，提前确定好水电管线的位置，在工厂加工阶段将管线提前预埋到条板中，大大提高了现场的施工效率，避免了后期墙体开槽，墙体成型效果良好。

2.3 新工艺的开发

（1）新构造工艺的开发

1）保温装饰一体板在钢结构住宅中的应用工艺：针对保温装饰一体板连接件遇到钢梁、钢柱无法钻孔固定的问题，经过研究，采用钢板条过渡的方式解决这一难题。

2）装配式钢结构住宅中钢梁预开孔工艺（图3）。装配式钢结构住宅中，上下穿管线遇到钢梁比较难处理，通常采用绕过钢梁翼缘的做法，这样会增加钢梁后期处理的难度，我们结合BIM技术，提前确定好穿过管线在钢梁上的开孔位置，并确定钢梁的补强方案，在工厂内完成钢梁的预开孔。

3）装配式钢结构住宅中钢梁构件的包覆工艺见图4。

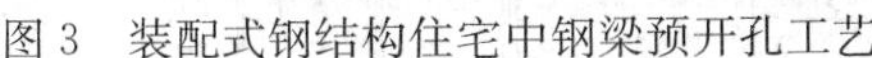

图3 装配式钢结构住宅中钢梁预开孔工艺

图4 装配式钢结构住宅中钢梁构件的包覆工艺

4）为满足隔音要求，在钢梁腹板两侧凹槽空隙填充具有隔音效果的挤塑板、岩棉。并使用三防板进行包裹。

装配式钢结构住宅中钢楼梯的包覆工艺

钢楼梯底部及侧面采用轻钢龙骨三防板包裹装饰。楼梯踏步采用5cm的平面细石混凝土、砂浆抹面，很好地解决了钢楼梯振动、噪声大等问题，这种构造也满足了钢楼梯的防火要求（图5）。

图5 装配式钢结构住宅中钢梁楼梯包覆工艺

5）密肋钢板剪力墙包覆构造工艺：在钢板剪力墙上设置方管龙骨，将保温装饰一体板粘挂于外墙（图6）。

（2）新施工工艺的开发

1）钢结构住宅钢柱脚锚栓预埋定位技术

为控制单根钢柱锚栓的位移，和防止筏板基础位移引起锚栓整体位移。我单位在施工时特别采用了单根柱锚栓整体固定和筏板周边顶撑减小筏板位移的方法—钢结构住宅钢柱脚锚栓定位装置（专利号：201520812604.6），使得最终位置偏差均在允许范围值内，钢柱安装顺利完成，效果良好（图7、图8）。

图 6　密肋钢板剪力墙包覆构造工艺

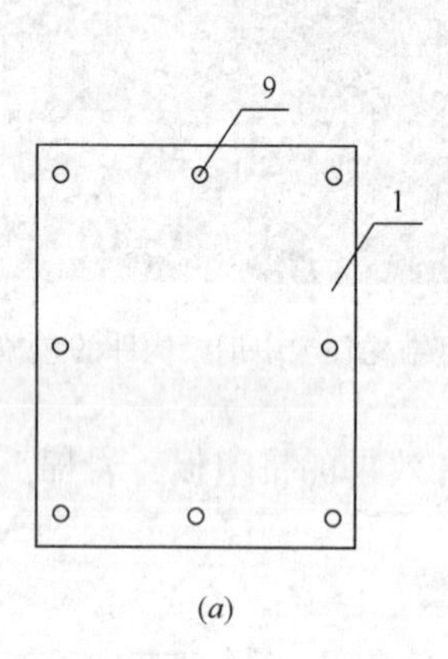

(*a*)

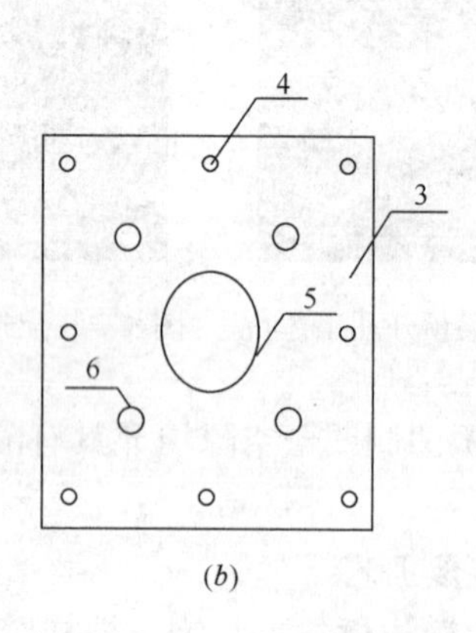

(*b*)

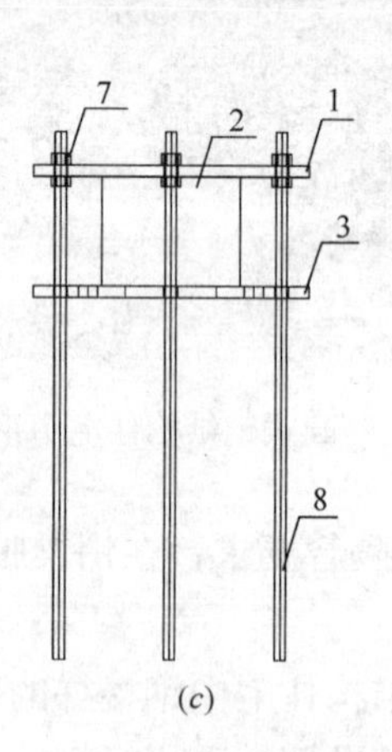

(*c*)

图 7　钢柱脚锚栓定位装置示意图

（*a*）固定模板；（*b*）定位模板；（*c*）示意图

(*a*)

(*b*)

图 8　钢柱脚锚栓定位装置实物图

（*a*）使用锚栓定位装置；（*b*）取掉定位模板后

2）适用于钢结构住宅的悬挂式模板支撑体系现浇板施工工艺

利用钢框架结构成型后即可作为模板支撑的优点，开发了悬挂式模板支撑体系，操作简便，工人易掌握，可基本摆脱对下部楼板混凝土强度的依赖，节约用工，设备投入量少，容易做到文明施工，垂直运输量少，对塔吊依赖少，并且支撑牢固，拆模后可以达到清水效果，混凝土质量有保证。获得了专利悬挂式模板支撑体系现浇板（专利号：ZL2015 2 0698006.0 和 ZL2016 2 0091143.2）

3）钢结构住宅塔吊附着工艺

钢结构住宅施工过程中塔吊的附着没有成熟的工艺可以参考，专门开展了研发，开发了“一种钢结构住宅塔吊附着可拆卸钢箱梁的固定装置”，本装置通过钢箱梁和横向连接板将塔身和混凝土楼板连接在一起，将塔吊的附着力通过楼板平面内传递到结构上，该装置制作安装方便、结构简单、安全可靠，可拆卸重复使用，适用于钢结构住宅工程的塔吊附着。（专利号：ZL2016 1 0732048.0）

2.4 “两化融合”在装配式钢结构住宅中的应用

装配式钢结构住宅是工业化建筑的主要体系之一，由于构件在工厂内生产，现场装配化施工，容易和信息化融合，实现建筑工业化和信息化的深度融合。

BIM 技术具有三维可视化、建筑性能分析、可模拟、可优化、可出图等功能特性，公司从设计到施工阶段均应用了 BIM 技术。

在设计阶段应用了 BIM 技术，建立了 Revit 模型，各专业在统一模型上进行协同设计，对建筑物的性能进行了分析，在模型中进行了管线综合和碰撞检查，大大降低了管线碰撞出错量（图 9）。

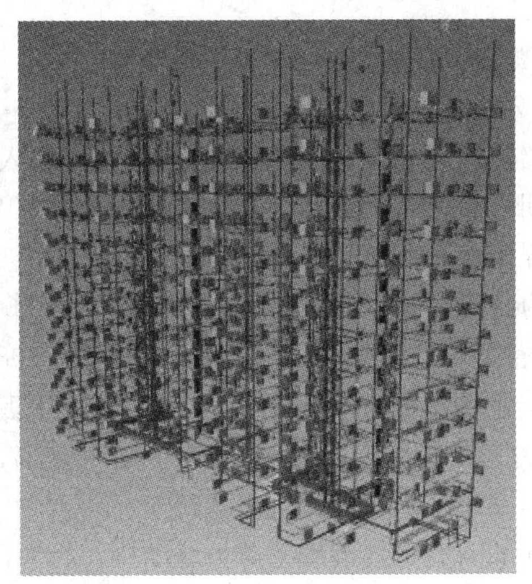

图 9　结构和机电专业 BIM 模型

在深化阶段应用了 BIM 技术，首先是利用 Tekla 软件进行了钢结构的深化设计，其次是对钢梁开孔的位置进行了深化和优化设计，再次是利用 BIM 技术确定了内隔墙中预埋管线的位置，保障了“带预埋管线的水泥基夹心复合板”在本项目中的成功应用。

在加工制作及施工阶段采用“甘肃建投钢结构有限公司 BIM 信息化管理平台”

公司开发了 BIM 信息化管理平台。对装配式钢结构住宅从构件入库到安装完成的全过程进行了信息化管理。传统钢结构项目管理，通常采取“计划上墙”，用人工红蓝黄线在图纸上标注工程进度。本工程采用 BIM 信息化管理技术，利用数字化技术、信息化手段，以整合 Revit 模型为基础，通过二维码物流跟踪技术及现场实施快照，对项目实现了可视化管理。成千上万的钢构件，随意扫扫其二维码，工程名称、安装位置、规格、重量、材质、底标高等“身份”信息便一目了然，而且入库、出厂、进场验收、安装完毕等物流“轨迹”也可一清二楚。此外，还将资料管理、精细化成本管理和内部市场化运营等纳入在内，由于所有的数据利用互联网存储在“云端”，整个管理过程都以在 PC 和手机端实时查看，而且各环节、各专业的管理过程可以在管理平台交流、沟通、协调，真正实现了信息化和建筑工业化的融合（图 10）。

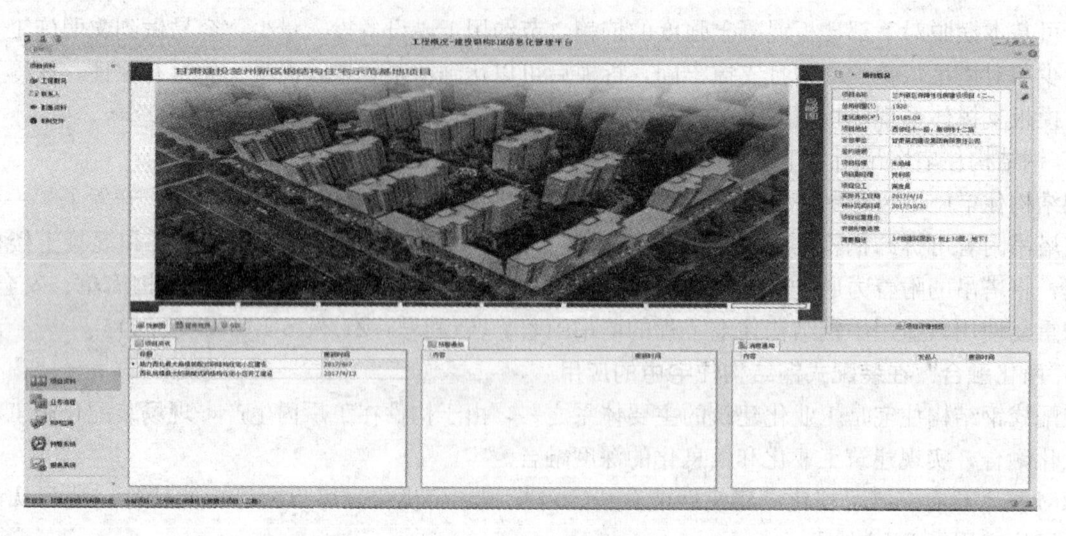

图 10　BIM 信息化管理平台

3　工程应用实例

3.1　第一代装配式钢结构住宅体系应用实例

钢框架-支撑结构承重体系＋蒸压砂加气砌块＋乳胶漆面保温装饰一体板外墙维护体系——甘肃建投兰州新区出城入园企业保障性住房建设（一期）23 号住宅楼（以下简称 23 号楼）。

（1）工程概况

本工程为甘肃建投兰州新区出城入园企业保障性住房建设（一期）23 号住宅楼（图 11、图 12）。总建筑面积 9108.41m^2，地上 12 层为住宅，层高为 2.85m，地下 2 层，负一层为设备夹层，层高为 2m，负二层为车库，层高 4.9m，建筑总高度为 37.65m，建筑物长 53.1m，宽 14.85m。基础采用筏板基础。

图 11　23 号楼现场图

23 号楼原设计是钢筋混凝土剪力墙结构，后为试点钢结构住宅，在筏板钢筋已经全部绑扎完毕的情况下，保持原建筑方案不变，改为方钢管混凝土柱－H 型钢梁框架－支撑结构，在 11、12 两层采用装配式节点，其余楼层采用普通的栓焊混合节点或螺栓连接节点；楼梯采用钢梯；楼板仍采用现浇混凝土楼板。

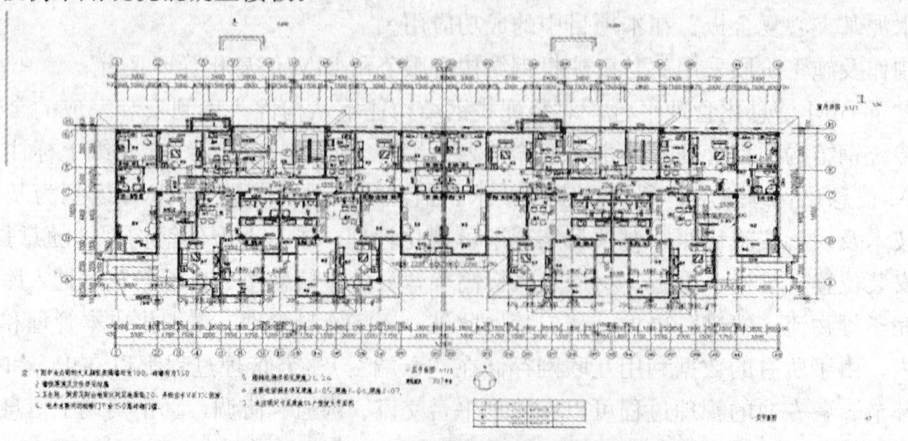

图 12　23 号楼平面布置图

(2) 小结

23 号楼钢结构住宅是在国家发展绿色建筑，推广建筑工业化的政策号召下，公司自主投资建设开发的第一栋钢结构住宅，也是甘肃省第一栋钢结构住宅。在项目施工过程中，公司采用了新材料，开发了新工艺，对于装配式钢结构住宅中的楼板、墙板、外保温等维护体系，钢梁、钢柱的装饰装修等进行了尝试，取得了较好的效果。但是，在装配率，施工工艺的先进性，新材料的采用，BIM 技术的应用等方面还有很大的改进空间。在此基础上，公司相关人员总结经验、研发了第二代体系，并在实际项目中应用。

3.2 第二代装配式钢结构住宅体系应用实例

钢框架＋密肋钢板剪力墙承重结构体系＋轻质预制构件围护体系——甘肃建投兰州新区出城入园企业保障性住房建设（二期）。

(1) 工程概况

甘肃建投兰州新区出城入园企业保障性住房建设（二期）项目包括 10 栋住宅楼及附属临街商业和满铺地下车库，总建筑面积约 101316m²，地上 11 层（部分 10 层）为住宅，层高为 2.85m，地下 2 层，负一层为设备夹层，层高为 2m，负二层为车库，基础为桩筏基础，车库及商铺基础形式为载体桩－承台基础，楼板采用叠合板，内墙采用甘肃建投生产的水泥基复合夹芯墙板，外墙采用砂加气墙板，外墙保温装饰采用甘肃建投生产的保温装饰一体板（图 13）。

图 13 甘肃建投兰州新区出城入园企业保障性住房建设（二期）项目效果图

(2) 施工关键技术

1) 以建筑设计为主导，充分发挥钢结构优势：优化建筑布局，尽量做到不露梁柱；设计大空间，充分发挥钢结构优势（图 14）。

2) 按照绿色建筑二星设计：公司根据《绿色建筑评价标准》GB/T 50738—2014 对该项目进行了预评价，总分为 62.6，大于二星要求，满足绿色建筑二星级设计标志要求（图 15）。

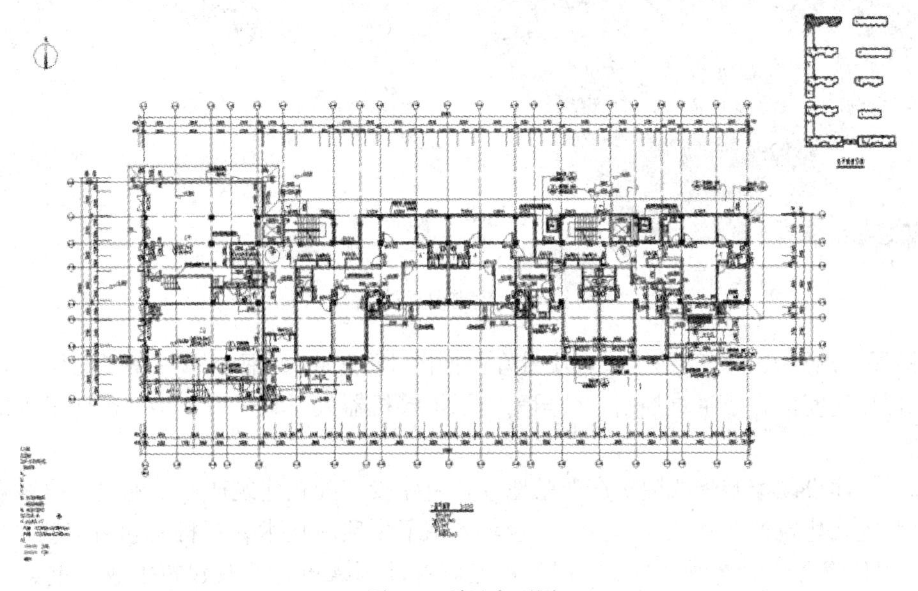

图 14 项目户型图

天津大学建筑设计研究院　　兰州新区保障性住房建设项目绿色建筑设计导则

二 达标分数统计表

对项目进行预评情况汇总，总分为62.15分，大于二星要求的60分，满足绿色建筑二星级设计标识要求，如下表：

表 绿色建筑预评估得分分析

	节地与室外环境w1	节能与能源利用w2	节水与水资源利用w3	节材与材料资源利用w4	室内环境质量w5	创新分
权重	0.21	0.24	0.20	0.17	0.18	1
参评分	100	84	86	75	89	—
得分	74	53	53	51	51	0
计算得分	74	63.10	59.30	54.67	57.30	0
加权后	15.54	15.14	11.86	9.29	10.31	0
总分	62.15					

三 自评估结论

依据《绿色建筑评价标准》(GB/T 50738-2014)，对本项目初步设计阶段进行自评估，总得分62.15分，满足二星级绿色建筑评价标准。

图15 绿色建筑二星级自评图

3）SP叠合板项目部采用可拆卸式钢筋桁架楼承板以及悬挂式模板支撑体系两种楼板施工工艺，并对楼板的质量、成本、外观、可操作性方面进行比较。可拆卸式钢钢筋桁架楼承板，把钢底板改为木工板，在木工板上穿孔，通过螺栓和塑料底拖将木工板和钢筋桁架板连接，底拖高度根据混凝土保护层厚度可以调整，经过试验，由于混凝土浇筑时对模板冲击较大，底拖存在滑丝现象。

悬挂式模板支撑体系，操作简便，工人易掌握，可基本摆脱对下部楼板混凝土强度的依赖，节约用工，设备投入量少，容易做到文明施工，垂直运输量少，对塔吊依赖少，并且支撑牢固，拆模后可以达到清水效果，混凝土质量有保证。获得了专利悬挂式模板支撑体系现浇板（图16）。

图16 免支模板体系

4）钢楼梯焊接机器人（焊接速度快，质量好，如图17所示）：钢楼梯在焊接过程中工序多、工艺复杂，且人工焊接速度慢，质量难控制，公司采用了焊接机器人对其进行焊接，确保了工期和质量。

（3）小结

该项目以甘肃建投国家装配式建筑产业基地（甘肃建投装配式建筑产业基地是住房城乡建设部认定的第一批国家装配式建筑产业基地）为技术平台，采用了多项新技术、新材料和新工艺。2017年10月12～14日在中国住博会上，该项目获批“国家重点研发计划绿色建筑及建筑工业化重点专项科技示范工程”。在全省乃至整个西北地区起到示范带头作用，推动了装配式钢结构住宅在西北地区的快速发展，为我省建筑业转型升级做出贡献。同时，该项目依托公司“绿色工厂”，实现新型材料的绿色制造，利

图 17　焊接机器人进行钢楼梯焊接

用新技术、新工艺，利用绿色施工技术，助力“绿树青山”及“兰州蓝”建设。研发的新型节能外围护材料采用工厂化生产，现场装配安装，是一种绿色、环保、低碳新型装配式建筑材料，通过提高系统的保温性能，降低建筑物能源消耗，改善居住环境，为建筑节能做出贡献。

4　结语

本文根据国家及各地政府推广装配式钢结构住宅方面的指导性政策，结合西北地区的特点，依托于甘肃建投自身的企业条件，通过确立科研课题、解决项目重难点问题、开展试点项目等总结了新型装配式钢结构住宅体系、新型建筑材料的研究及应用技术。为同类工程施工提供参考，为我国装配式钢结构住宅的发展做出自己的贡献。

参考文献

[1]　张爱林. 工业化装配式多高层钢结构住宅产业化关键问题和发展趋势[J]. 住宅产业，2016.

[2]　陈志华、赵炳震、于敬海等. 矩形钢管混凝土组合异形柱框架-剪力墙结构体系住宅设计[J]. 建筑结构，2017

[3]　刘亮俊、高维忠. 装配式钢结构住宅体系推广与应用[J]. 住宅产业，2018.

[4]　陈以一、王伟、童乐为、赵宪忠. 装配式钢结构住宅建筑的技术研发和市场培育[J]. 住宅产业，2012.

[5]　陈以一、宁燕琪、蒋路. 框架-带缝钢板剪力墙抗震性能试验研究[J]. 建筑结构学报，2012.

钢结构装配式住宅的研究及应用

池　伟　付　聪　胡　宇　崔丽芳

（山西莱钢绿建置业有限公司，太原　　）

摘　要　本文以太原龙城一品项目高层钢结构住宅项目为例，介绍了钢结构体系的造型、节点试验及外墙板的造型，可供类似工程参考。

关键词　装配式；钢结构住宅；节点构造；外墙板；BIM 技术

1　山钢地产钢结构装配式住宅项目概况

1.1　结构体系造型

山西莱钢绿建置业有限公司开发的龙城一品项目为太原市首个装配式高层钢结构住宅。项目位于太原市小店区红寺村、嘉节村，用地面积为 130298.3m^2，总建筑面积 484703.82m^2。项目设计目标为三星级绿色建筑，AAA 装配式建筑。户型面积区段为 85m^2 两居和 120m^2 三居为主（图 1）。

图 1　项目效果图

项目结构体系采用钢框架-支撑体系，钢框架柱以冷弯成形的矩形钢管柱为主，辅以部分 L、T 形异形钢管柱，为避免在客厅和卧室等主要工程空间出现露梁露柱，影响用户使用，钢管柱腔内均灌注自密实高强混凝土形成钢管混凝土柱，这样既提高结构的抗侧刚度，又对隔音、防火性能有所提高。钢梁为焊接 H 型钢及热轧 H 型钢，外包防火板可以满足不同等级建筑的消防要求，防火板与钢梁间填充岩棉板起到隔音的作用。支撑形式为中心支撑，支撑构件采用冷弯成形的矩形钢管。

1.2　项目定位：装配式钢结构一绿色三星一宜居智能住宅

为响应国家加快推进住宅产业化发展，大力推广装配式钢结构建筑的政策，将项目定位为住建部钢结构装配式科技示范工程、三星级绿色建筑标准示范项目，并结合BIM集成化应用，提高施工效率，减少返工，为市场提供高性价比的住宅产品。

（1）装配式-钢结构技术体系：

1）项目采用钢框架支撑体系，有利于产业化生产，大幅减少了混凝土湿作业和现场加工作业，工程施工速度快、精度高，有效保障施工质量和施工安全。

2）内外墙板采用AAC墙板，外墙板采用AAC板外挂保温装饰一体化外墙，现场主要以安装为主，无湿作业，工序简单，施工速度快、现场高空作业少，安全隐患大大降低。

3）钢筋桁架楼承板，具有可靠的耐火性能，施工简单便利，模板重量轻，搬运、堆放及安装都非常方便，不仅节省了大量劳动力，改善了工人施工条件，施工完毕并达到设计强度后，底模可拆除回收利用，不仅满足了楼板底面观感的需要，又有利于环保。

4）装配式装修：采用土建工程与装修工程一体化设计，住宅全部精装修交付，所用板材优先选用装配式装修板材，实现现场干作业施工。

（2）绿色三星技术体系：按照《绿色建筑评价标准》GB/T 50378—2014进行施工图绿色专篇设计，围绕“四节一环保”结合项目定位需求，在绿色设计部分采用以下内容，包括围护结构热工性能指标优于山西省现行有关建筑节能设计标准、设置太阳能热水系统、设置可调节遮阳系统、玻璃采用三玻两空、结构采用Q345及高强钢材、合理采用可再利用材料和可循环材料等。

（3）宜居智能住宅体系：户内设置五恒系统（恒温、恒湿、恒氧、恒静、恒洁），恒温全年室内温度控制在20～26℃；恒湿全年室内湿度控制在30%～70%，夏季除湿，冬季加湿；恒氧新风量不低于$30m^3/h$·人，采用集中式新风系统；恒静户内告别传统空调系统噪声，环境噪声日间≤40dB，夜间≤30dB；恒洁确保新风系统连续不间断更换室内空气，排除VOC污染，新风除霾，室内PM2.5数值不高于30，新风机出口测量的PM2.5值不得高于15（在室外空气PM2.5低于500时）。

设置户内智能化系统，包括智能灯控系统、安防监控系统、家电及气候系统、智能电动窗帘系统，主机采用魔镜系统，实现全屋无线智能控制。

1.3 结构体系的研究重点

项目中为了避免在客厅和卧室等主要工程空间出现露梁露柱，影响用户使用，在局部采用了异形截面柱。而异形钢管混凝土柱，在现有的结构规范中并没有明确的抗震分析及截面验算的相关内容，所以在设计过程中，如何对异形钢管混凝土柱在有限元计算分析中进行模拟，及其对整体结构抗侧刚度计算方法，构件的承载力如何计算，如何保证异形钢管混凝土柱的抗震安全性便成为关键技术难点。

这里将异形钢管混凝土柱类比为短肢剪力墙，参考混凝土高规对短肢混凝土剪力墙相关规定，如下：

7.1.8 抗震设计时，高层建筑结构不应全部采用短支剪力墙，B级高度高层建筑以及抗震设防烈度为9度的A级高度高层建筑，不宜布置短肢剪力墙，不应采用具有较多短肢剪力墙的剪力墙结构，当采用具有较多短肢剪力墙的剪力墙结构时，应符合下列规定：

一，在规定的水平……；

二，房屋使用高度应……

注：1.…………

2.具有较多短肢剪力墙的剪力墙结构是指，在规定的水平地震作用下，短肢剪力墙承担的底部倾覆力矩不小于结构底部总地震倾覆力矩的30%的剪力墙结构。

通过上述条文的要求，可以得出在高层混凝土结构中，当短肢墙的数量不多时（通过承担底部倾覆力矩的比例来判断），可以忽略其对结构的不利影响。遵照此条规范的原则，为降低异形柱对结构整体的影响，采取了以下措施：

（1）严格控制异形柱数量，使每一结构单元中异形柱在抗倾覆力矩和剪力的分担比例均比较小（1

号楼控制在 X 向约 20%，Y 向约 15%），远小于普通方矩形柱在抗倾覆力矩和剪力的分担比例（1号楼普通方矩形柱分担比例：X 向约 60%，Y 向约 50%）；

（2）不在异形柱所在跨布置斜撑，减轻可能的扭转；

（3）从严控制异形柱轴压比和应力比，并在构件计算时充分考虑扭转效应的影响（扭转稳定）；

（4）控制异形柱长宽比≤3。

为解决梁柱节点连接困难问题，研究新型节点-外套管节点，直接在柱外侧贴焊钢板，省去隔板工艺（将钢管柱截断以安装板），提升钢结构加工效率 80%以上；采用根据实验理论分析的套管厚度，可以使套管节点满足设计对刚性连接的要求；无需增加内隔板，保证了冷弯管的应用；柱芯内浇筑混凝土较为密实，尤其是异型柱截面宽度较小（200mm 以下），传统节点的隔板将会造成混凝土质量问题；节点构造简单，对住宅户内装修影响较小。

2 钢套筒节点的技术分析

钢套筒连接节点技术研究从以下几点考虑：①规范，标准；②理论分析；③有限元分析；④实验验证。

（1）规范规程

《轻型钢结构住宅技术规程》JGJ 209—2010 中给出的钢管柱与 H 型钢梁的刚性连接方式，即在柱外面加套筒的套筒式梁柱节点。此种节点形式除在套筒上、下端与柱采用角焊缝，还应在梁翼缘上下通过塞焊将套管与柱壁板连接。且塞焊直径 d 不宜小于 20mm。此类节点焊缝相对较少，因此塑性相对较好，同时套筒的形状能随柱的形状改变，十分适合应用在异形柱结构中。

（2）理论分析

外套管节点通过板块平衡或虚功原理的方法，得到节点局部屈曲的极限荷载，也就是节点的承载力。

虚功原理：

$$E_x = E_{ic}$$

由外荷载 Py 所做的外力功：

$$E = P\delta$$

$$E_{ic} = 4 \times M_p b\delta / X$$

外套板和钢柱壁板总内力功：

节点局部变形屈服承载力：

$$P_y = 4 \times M_p b / X$$

以 HN300×150×6.5×9 为例进行计算，b=150mm，X=75mm 外力为梁翼缘受拉压屈服时的值即 150×9×345=465.7kN，反推出柱壁总厚 26mm 即可。同时为保证结构安全，使用中需保证与梁相连套管壁厚不小于梁翼缘 2 倍厚。不与梁相连套管可取梁翼缘厚。

（3）有限元分析

对试验构件进行有限分析，采用 ABAQUS，按照试验构件尺寸及套管节点尺寸建出构件模型，并运用软件模拟实际柱拼接及套管与柱壁塞焊连接，通过加载模拟梁屈服过程，观察节点屈服状态。

通过对实际项目中典型的异形柱——T、L、Z 和十字形柱，及梁柱连接形式——L 形柱背面接梁和 L 形柱两肢接梁，进行系统有限元分析，可看出，梁柱节点塑性铰均出现在梁加强板以外，柱截面及节点均未出现破坏。

对典型的异形柱理论分析与试验结果一致，屈服破坏都是出现在加强板以外截面上，加强板以内的翼缘及腹板均未出现屈服破坏，说明该节点可以满足实际工程的需要。

通过 ABAQUS 有限元模型对 L 形、十字形、Z 形柱的连接系统分析，结果表明各种类型节点的结构性能良好，达到现行规范和项目技术条件，可以在工程中推广使用。

（4）实验验证

在清华大学土木工程系进行了钢管混凝土异形柱 T 形柱和工字形钢梁节点承载力性能试验，构件节点示意如图 2 所示。目的是为了验证在梁端竖向加载时的荷载-位移曲线，得到节点的滞回耗能水平。

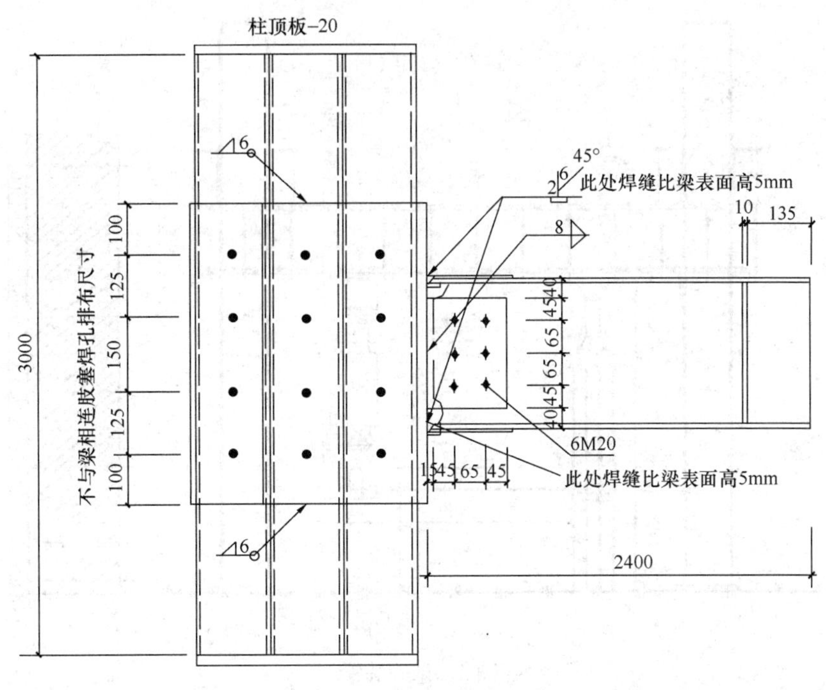

图 2　节点构造

钢管混凝土柱截面为 T 形，总高度 3m。柱子由五个 150mm × 8mm 方钢管排列组成，在节点处方钢管外有一圈外套管，除靠近钢梁一侧外套管厚度 10mm，钢梁一侧外套管厚度 20mm，外套管与方钢管之间为塞焊连接，塞焊孔 d=20mm，焊脚尺寸 6mm。方钢管材料 Q345 钢，内灌等级为 C40 的混凝土。见图 3。

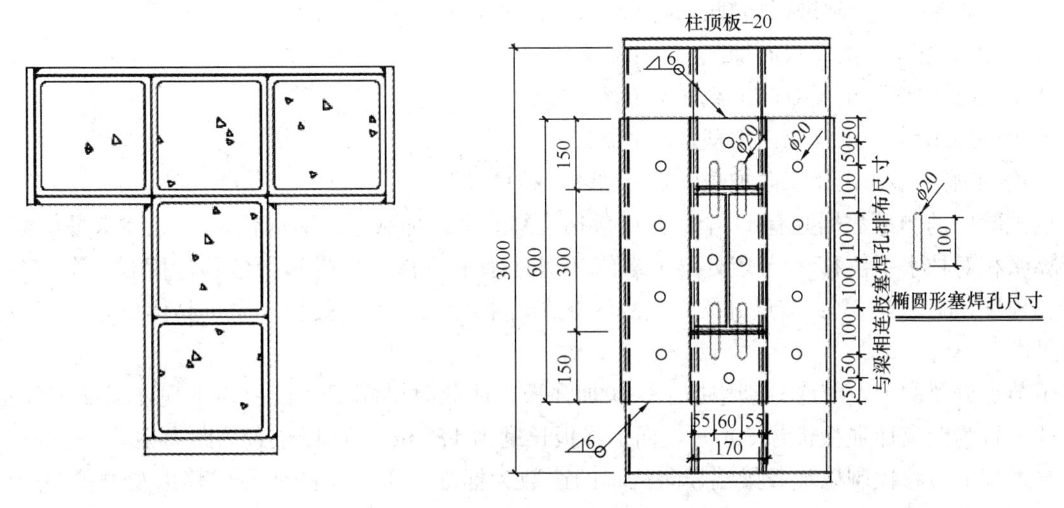

图 3　钢管混凝土柱截面

钢梁采用 H 型钢，300mm×150mm×6.5mm×9mm，长度 2.4m，材料为 Q345 钢。节点处梁端局部加强，加强方式为盖板加强，加强板的 L=175mm。加载端加载处有 10mm 厚加劲肋。钢梁和柱之间的连接为栓焊混接，翼缘焊接，焊脚尺寸 6mm，腹板螺栓连接，共 6 个 M20 螺栓。

节点试验的加载方案为在柱底通过锚栓固定在地面上，柱顶施加固定大小的轴压，设计轴压比为 0.35。梁端施加往复的竖向荷载，测量荷载的大小和在反复荷载作用下节点的位移，同时梁端设有侧向支撑防止梁平面外失稳。整体试验装置如图 4 所示。

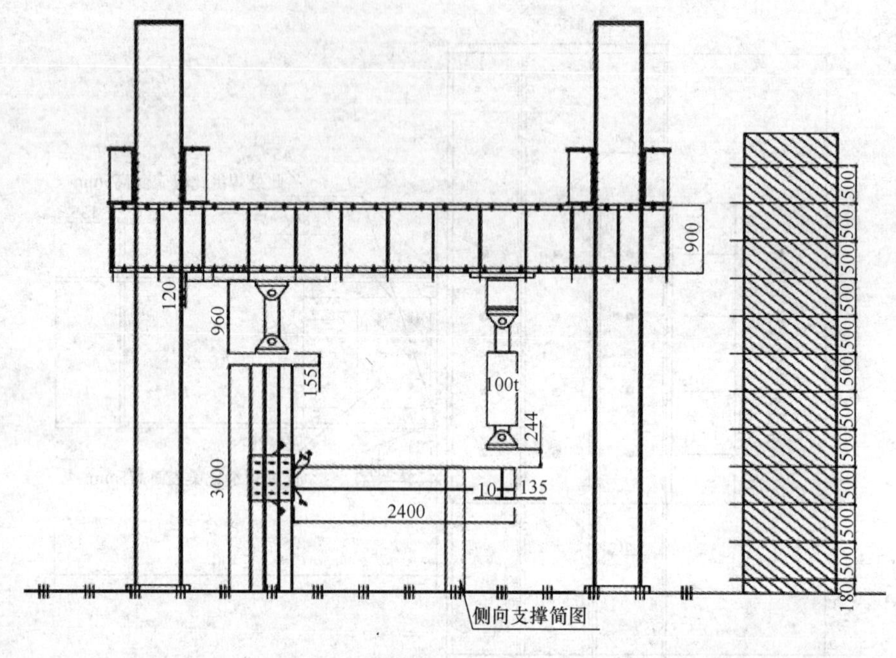

图 4　试验装置

具体加载方案为：

加载仪器：清华大学土木工程系 500t 压力试验机 、300t 压力试验机加载程序：首先采用荷载控制进行加载

1）±30kN 做一个循环。

2）正向加载，根据荷载位移曲线寻找屈服点，记录屈服荷载和屈服位移（屈服荷载估算约为 60kN）；然后采用位移控制进行加载。

3）1 倍屈服位移，正反双向加载，3 个循环。

4）2 倍屈服位移，正反双向加载，3 个循环。

5）3 倍屈服位移，正反双向加载，3 个循环。

6）4 倍屈服位移，正反双向加载，1 个循环，结束试验。

节点试验中的测量数据共有 17 个，其中包括位移 5 个：加载梁端竖向位移 、柱顶水平位移 、节点处梁上翼缘相对柱水平位移 和节点处梁下翼缘相对柱水平位移，柱脚水平位移；荷载 2 个：分别施加在梁端和柱顶；应变 10 个：节点处梁端上翼缘 3 个，下翼缘 3 个，腹板 4 个。具体位移计架设和应变片位置见图 5。

由于节点处梁的上下翼缘分别增加了一块加强板，而此时梁端塑性铰应当出现在梁端加强板以外，所以贴片位置为距离加强板边缘 50mm，而加强板长度为 175mm，所以位置为距离梁端 225mm。

试验过程的位移控制以加载梁端竖向位移的读数为标准。第一次的屈服位移由观测荷载-位移曲线得到，之后通过控制加载梁端竖向位移来进行加载。

本次试验计划进行五级加载，实际进行了 30kN（循环一次），1 倍屈服位移（循环三次），2 倍屈服位移（循环三次），3 倍屈服位移（循环三次），4 倍屈服位移（循环一次）的五个荷载等级的加载。具体的试验结果见表 1、图 6。

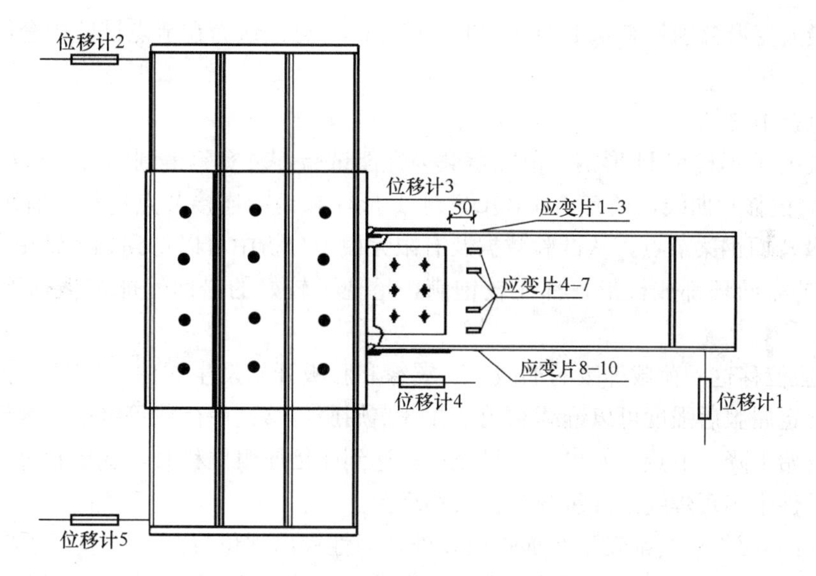

图 5　位移计和应变片布置

试验结果　　　　**表 1**

荷载等级	试 验 现 象
30kN	1）试件没有明显的变形 2）试件整体处于弹性阶段
1 倍屈服位移	1）梁端变形比较明显 2）荷载归零后变形可以恢复
2 倍屈服位移	1）第一次循环正向加载时上翼缘屈曲 2）第一次循环反向加载时下翼缘屈曲 3）屈曲发生在梁端加强板以外截面
3 倍屈服位移	1）腹板屈曲，形成塑性铰 2）最大荷载下降
4 倍屈服位移	1）梁的上下翼缘和腹板屈曲严重 2）梁端残余变形非常大 3）加强板内区段，螺栓和焊缝均无破坏

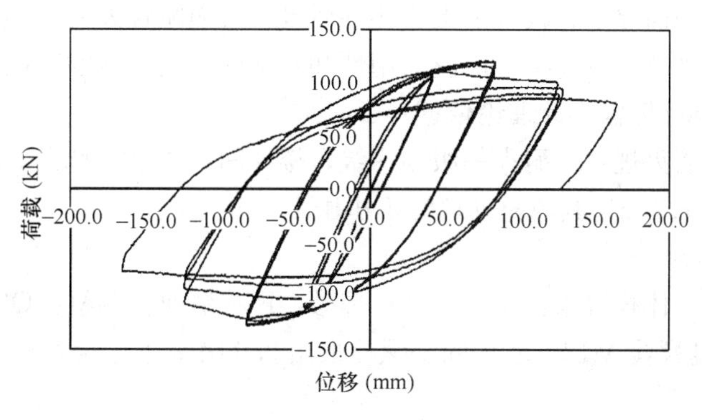

图 6　荷载-变形曲线（总体）

为了评价套筒与柱子之间塞焊的性能，对节点处梁上下翼缘相对柱的水平位移进行了检测，从实验数据得到当荷载为正向时上翼缘的相对变形变大，当荷载为反向时下翼缘的相对变形变大，但是两者的变形都比较小，最大变形分别只有0.151mm和0.120mm。可以认为在节点试验中套筒和柱子之间的塞焊没有问题。

（5）结构节点技术总结

通过钢管混凝土T形柱和H形钢梁节点承载力性能试验，及实验得到的五个荷载等级下的各个位置处的荷载-变形（位移）曲线，还有ABAQUS对T形柱和钢梁连接节点进行了有限元分析，对比分析了L形柱正面及背面钢梁节点，从试验数据及有限元模拟分析中可以得到如下结论：

1）节点整体的滞回环都成梭形，都比较饱满，呈现了较好的滞回性能和振动下吸收地震荷载的情况。

2）在2倍屈服位移这一荷载等级的加载中，翼缘和腹板开始发生屈曲，但是荷载仍然可以继续增加，说明节点有一定屈服后强度可以继续利用；在3倍屈服位移这一荷载等级中，翼缘和腹板屈曲程度加剧，最大荷载开始下降，节点开始出现明显破坏；达到4倍屈服位移时，变形超过了位移计的量程范围，试验停止，试件未出现焊缝区开裂或螺栓滑移现象。

3）试验中翼缘和腹板屈曲都发生在加强板以外，塑性铰出现位置与试件设计预期一致，加强板内的梁翼缘和腹板没有发生屈曲现象，说明加强板的设计与施工比较合理，有效控制塑性铰出现在加强区以外。

4）梁截面形成塑性铰后，节点的螺栓和焊缝没有发生开裂破坏或滑移，连接安全可靠。

5）两个试件柱顶的水平位移很小，与实际受力状态基本一致。

6）通过研究对比ABAQUS理论和试验结果，表明通过ABAQUS进行理论模拟的有效性和合理性，进而通过ABAQUS有限元模型对L形、十字形、Z形柱的节点系统模拟分析，得到的各节点滞回环表明各种类型节点的结构性能良好，达到国家抗震规范的要求，可以在工程中推广使用。

3 保温装饰一体化预制外墙板

3.1 保温装饰一体化预制外墙板简介

为了满足钢结构装配式住宅的需求，研发出了保温装饰一体化预制外墙板，并具有以下优势：

（1）节点连接首先可将墙体自重进行可靠传递，满足外墙传力要求；

（2）节点连接方式需要保证预制墙板在平面内及平面外均可有一定的位移空间和能力，并通过柔性变形来进行地震耗能，有利抗震；

（3）节点连接件制作安装简便，施工现场避免湿作业，减少焊接作业，力求通过栓接的方式，将外墙与主体结构进行连接；

（4）在满足受力要求的前提下，减轻节点连接件质量，进而减轻外墙体整体质量；

（5）标准化程度高，外墙节点连接有广泛通用性和对不同材质墙板的适用性。

3.2 保温装饰一体化预制外墙板设计理论依据

（1）保温装饰一体板防火规定：耐火等级为一级，楼梯间、电梯井的墙、住宅建筑单元之间的墙和分户墙。耐火极限不小于2.00h，其填充外墙均不小于1.00h。

（2）板及节点图见图7。

（3）设计数据：保温一体板容重：20kN/m^3；焊条：E50系列。钢材：Q345B；螺栓：长圆孔螺栓采用10.9级摩擦型高强度螺栓M12。墙板固定螺栓采用5.6级普通螺栓M8。

3.3 构件简介

（1）使用的保温装饰一体板为装配式钢骨架轻质墙板。

（2）墙板支撑构件为薄壁方管及薄壁C形钢材。

（3）墙板填充材料主要由三大部分组成，分别是防火、保温和装饰。

1）防火板位于一体板室内最里侧，采用玻镁平板，具有耐高温、防火阻燃、防水防潮、轻质防腐、

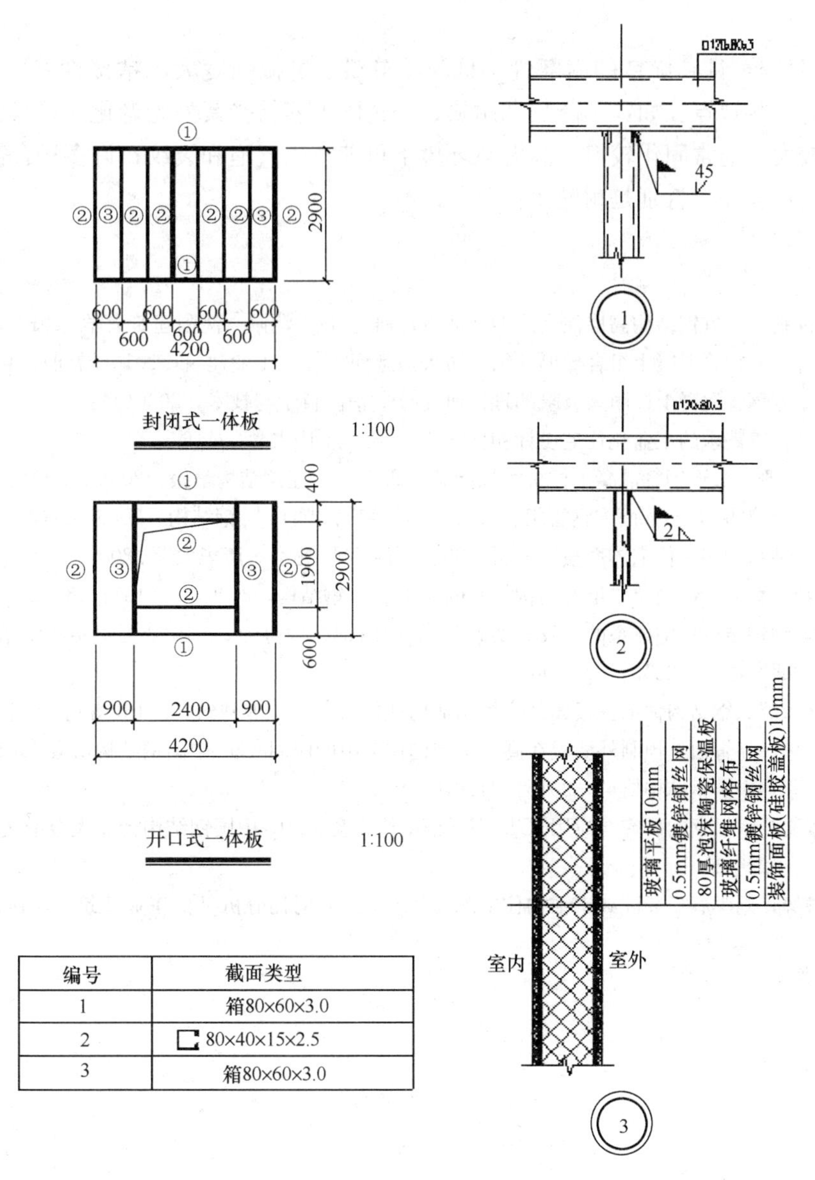

编号	截面类型
1	箱80×60×3.0
2	80×40×15×2.5
3	箱80×60×3.0

图 7　保温装饰一体板龙骨简图

无毒无味等特点、可直接上油漆、直接贴面，可用气钉、直接固定瓷砖，表面有较好的着色性，强度高、耐弯曲有韧性、可钉、可锯、可粘，装修方便。

2）保温材料位于一体板最中间，采用泡沫陶瓷保温板，这是一种新型的无机陶瓷保温材料。发泡陶瓷保温板具有保温性能好、防火等级高、变形系数小、抗老化、性能稳定、生态环保性好、与墙基层和抹面层相容性好、安全稳定性好、可与建筑物同寿命等特点。发泡陶瓷保温板主要用于建筑外墙保温、防火隔离带、屋面及地下室顶板保温、室内保温等领域。

3）装饰材料采用硅酸钙板，硅酸钙板作为新型绿色环保建材，除具有传统石膏板的功能外，更具有优越防火性能及耐潮、使用寿命超长的优点，是一种具有优良性能的新型建筑和工业用板材，其产品防火，防潮，隔音，防虫蛀，耐久性较好，是吊顶，隔断的理想装饰板材。

（4）墙板粘接材料主要 2 大部分：龙骨和装饰板粘接用硅酮结构胶，保温板和装饰板粘接用聚氨酯胶。

1）高性能硅酮结构胶强度高（压缩强度＞65MPa，钢-钢正拉粘接强度＞30MPa，抗剪强度＞18MPa），能承受较大荷载，且耐老化、耐疲劳、耐腐蚀，适用于承受强力的结构件粘接。可在很宽的气温条件下使用。

2）聚氨酯密封胶：具有优良的耐磨性、低温柔软性、机械强度大、粘接性好、具有优良复原性，聚氨酯密封胶也有一些缺点。如：不能长期耐热；浅色配方容易受紫外光老化；单组分胶贮存稳定性受包装及外界影响较大，通常固化较慢；高温热环境下可能产生气泡和裂纹；许多场合需要底涂。同时聚氨酯密封胶耐水性也较差，特别是耐碱水性欠佳。

参考文献

[1] 肖星．模数化准则下北方钢结构高层住宅户型平面设计研究[D]．沈阳．沈阳建筑大学．2012.

[2] 陈志华，田存等．方钢管混凝土组合异形柱结构防火措施探究[J]．工业建筑，2016(增刊)：40-48.

[3] 韩林海，徐蕾．方钢管混凝土柱耐火极限的理论研究[J]．消防科学与技术，2000(4)：7-8.

[4] 兰显荣．适应居住着需求的工业化住宅设计初探[D]．重庆．重庆大学．2016.

[5] 王丹，吕西林．T形、L形钢管混凝土柱抗震性能试验研究[J]．建筑结构学报，2005，26(4)：39-44.

[6] 荣彬，陈志华，李黎明．L形截面方钢管组合异形柱的长细比计算[J]．钢结构，2006，21(87)：8-9.

[7] 吴昶．错列桁架钢结构多层住宅体系整体分析和初步设计[D]．北京．清华大学．2004.

[8] 周绪红，蔡益燕，莫涛．新型交错桁架结构体系的应用[J]．钢结构，2000，15(48)：16-18.

[9] 杨强跃．一种新型钢结构住宅体系的研发和实践[C]．中国钢结构协会．2010全国钢结构学术年会论文集．北京：国家钢结构工程研究中心，2010：891-898.

[10] 闫明婷，于敬海等．钢结构住宅三板体系应用的适用性探讨[J]．工业建筑，2016(增刊)：602-607.

[11] 阮新伟，郭中华，高青山．预制外墙板在高层钢结构住宅中的应用[C]．中国钢结构协会．2015中国钢结构行业大会论文集．北京：中国钢结构协会，2015：242-245.

[12] 叶永健，陈素文．耐候钢的研究与应用[C]．中国钢结构协会．2015中国钢结构行业大会论文集．北京：中国钢结构协会，2015：422-429.

[13] 张爱林，胡婷婷，刘学春．装配式钢结构住宅配套外墙分类及对比分析[J]．工业建筑，2014，44(8)：7-9.

阜阳市装配式钢结构住宅体系的研究与应用

沈万玉　田朋飞　王友光　王从章　李　伟

（安徽富煌钢构股份有限公司，合肥　238076）

摘　要　阜阳市颍泉抱龙安置区工程位于安徽省阜阳市抱龙路南侧，济东路西侧，规划用地面积117684平方米，是阜阳市重点工程，获得“国家重点研发计划绿色建筑及建筑工业化重点专项科技示范工程”。该项目属于典型的装配式钢结构住宅项目，其技术体系对全国装配式建筑的推广具有重大的示范意义。

关键词　装配式；钢结构住宅；研究应用

1　工程概况

项目建筑占地面积19882.95m²，总建筑面积372118.76m²。其中包括地上287968.76m²和地下84150m²。地上部分主要分为住宅、商业、幼儿园及配套设施等，其中住宅建筑面积26528.86m²，住宅全部采用钢结构作为主体结构进行装配式建造，小截面钢管混凝土柱框架一支撑结构体系，外墙采用预制混凝土夹芯保温外墙挂板（单元式大板），内墙采用ALC条板，采用了叠合楼板和预制楼梯，装配率达到70%以上。

本项目一期3栋18层、6栋28层、2栋28层，户型分为60/90/135m²三种标准户型，全部采用装配式钢结构住宅PC幕墙技术体系建造实施，项目整体鸟瞰图如图1所示。

图1　项目鸟瞰图

2　项目特点

1）项目位于安徽省西北部阜阳市，属于夏热冬冷地区，根据气候特点，选取了装配率高、能够就地取材、保温隔热效果好的预制混凝土夹芯保温外墙挂板（简称“PC幕墙”），并针对墙板与主体结构连接的特点，进行了防止冷桥与热桥的细部构造设计。

2）针对60/90/135m^{2}户型采用钢结构的特点，从建筑设计方面合理优化了柱子的布局，通过隐藏、避让、弱化的原则，减少室内凸柱。在基于户型的构件标准化设计方面，建筑设计人员与墙板深化设计人员进行协同设计，针对三种户型进行竖向分层数的构件标准化设计，以达到提高生产效率和降低成本的目的。

3）采取了小截面钢管混凝土柱框架－支撑结构体系，为减少室内凸柱的不利建筑功能，选取了小截面钢管混凝土柱作为竖向构件，钢管壁厚控制在10～20mm，当柱壁厚度小于等于于12mm时，通过改进焊接工艺及试验论证，形成了12mm以下箱形柱内隔板焊接技术。

4）在建造过程的协同设计中，从外墙几何变形限值和结构周期比控制两方面出发，研究了围护体系和结构整体刚度的相互影响。在项目建造过程中，严格控制外墙大板和钢构件的过程精度，在安装时，采取了精准测量控制技术，充分考虑了钢结构在安装过程中的初始缺陷，严格控制外墙板的安装精度。

5）ALC墙板作为外墙和内墙的安装，现场的质量控制应从操作人员抓起，装配式建筑的工程质量在乎每道工序、工艺的细节，建立了完善的培训机制，通过技术交底和现场实操培训，作业人员以项目级考核合格备案后上岗制，发扬工匠精神。

6）本工程是项目总承包，从设计、生产、采购、施工等各个环节都需要大量的管理与协同设计工作，BIM技术优势在装配式钢结构建筑工程中加以体现，项目部将地下室、主体结构、外墙体系、内墙体系、设备管线、装修交付等作为信息模型的重点应用对象，在部品部件深化设计、场地和关键技术优化、可视化技术交底、进度管理、物资管理等方面贯彻执行BIM技术应用。

3 项目实施技术方案

阜阳市颍泉抱龙安置区工程采用装配式高层钢结构住宅PC幕墙技术体系实施建造，在基于BIM技术的全过程信息化管理平台之上，建立适于EPC工程总承包管理模式的集成技术架构，形成完善的上下游、全产业链的供应与合作关系，通过技术研发、试验研究、工程示范、技术总结及再应用的手段，提高装配式钢结构住宅建筑的工程品质，将具有优越体验、空间品质，装配式高层钢结构住宅PC幕墙技术体系如图2所示。

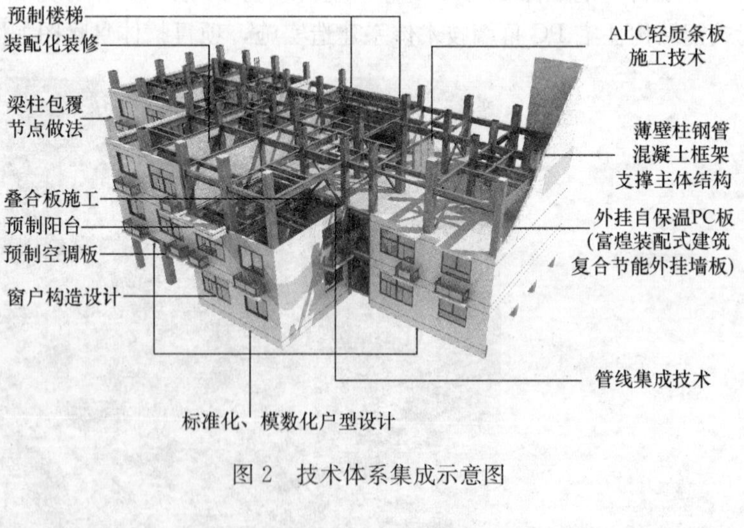

图2 技术体系集成示意图

1）基于钢结构柱梁体系的标准化户型库

形成标准化户型库，定型化的细部构造节点设计，实现部品部件的构件标准化。体现装配式钢结构住宅的优越性：实现钢结构住宅的大空间与可变空间设计理念，通过功能模块分析到组织交通设计，最终实现标准化户型，使得钢构件标准化、外墙大板等预制部品件模具标准化（图3）。

2）小截面钢管混凝土框架-支撑结构体系

小截面钢管混凝土柱能够较好地在室内隐藏，通过合理布置，可大大减少室内空间的占用，为减小凸柱尺寸，保证装修效果，柱截面尺寸应严格控制一般不小于300mm，不大于450mm，小截面柱壁厚

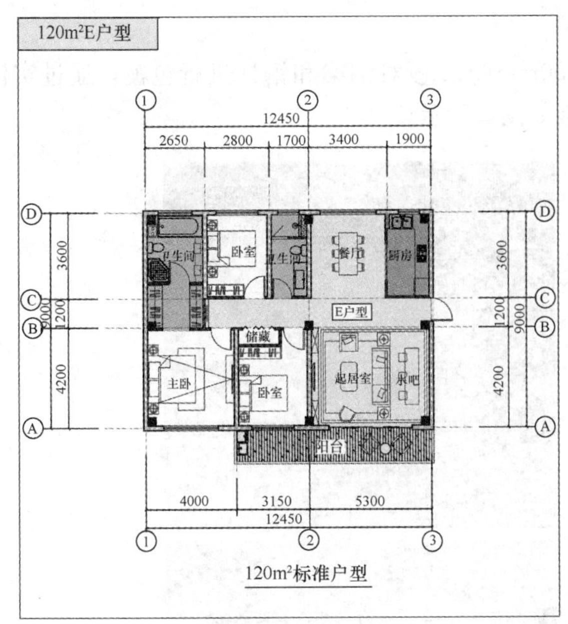

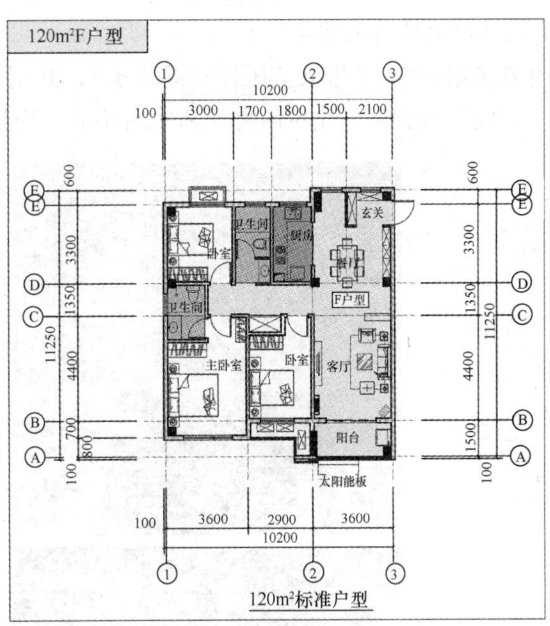

图 3　标准化户型图

范围 12～20mm。采用叠合板时钢柱仅调整壁厚，截面尺寸宜上下一致，减少叠合板模具规格，提高标准化程度。

3）外墙体系

外墙采用预制混凝土夹芯保温外挂墙板（简称“PC 幕墙”），由内外叶墙板、夹心保温层、连接件及饰面层组成，属于单元式大板，通过四点连接与主体钢结构连接，详见图 4。

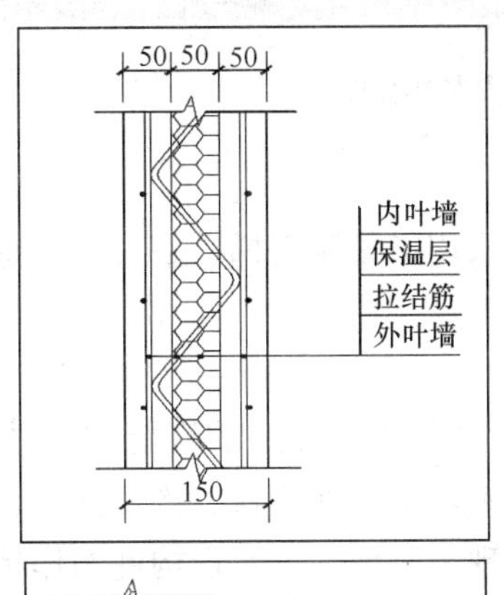

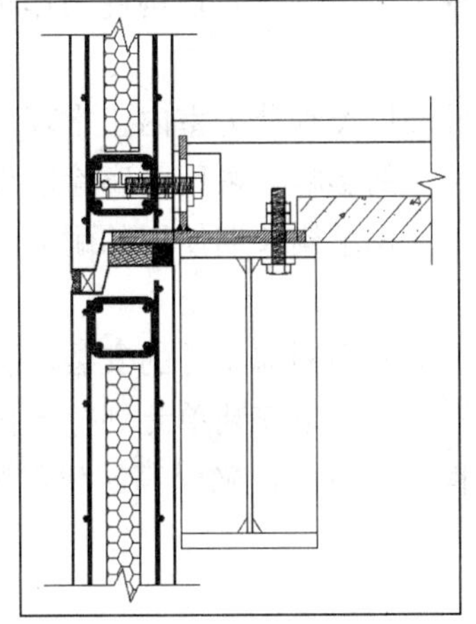

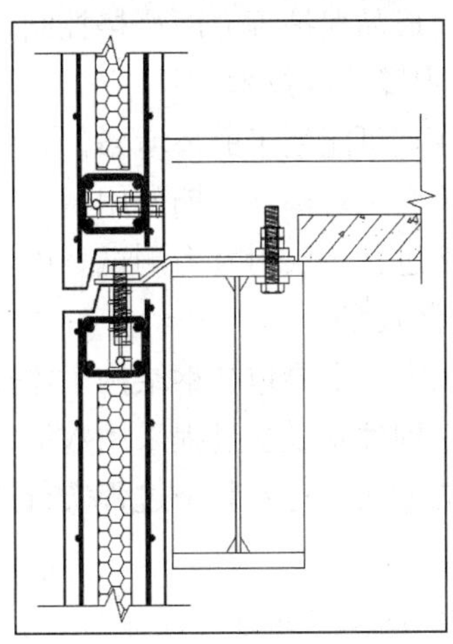

图 4　外墙组成及连接节点示意图

4）ALC 内墙技术体系

内墙采用 ALC 条板（蒸压轻质混凝土），并用 50mmALC 板对钢梁和钢柱进行包覆，通过实体工程应用，效果能够满足建筑的物理和使用功能，样板如图 5 所示。

图 5　ALC 板安装样板图

5）其他预制部品部件

综合考虑装配式建筑的特点及经济性分析对比，采用了预制楼梯、叠合板、预制阳台、预制空调板等预制混凝土预制构件。

6）钢构件制作精细化质量控制

为保证钢构件装配精度，利用先进的 BIM 深化设计技术、先进的智能制造数控钢构件加工制作生产线，采用具有自主知识产权的构件加工制作系列技术，从构件下料、构件拼装、焊前检验、焊接变形控制、构件端口与剖口成品保护等方面严格控制，体现工匠精神，实现构件制作精细化质量控制。

7）钢构件耐久性保障控制技术

分析高层钢结构住宅可能处于的环境条件，将构件环境类别分为室内正常环境、室内潮湿环境、室外环境，考虑不同环境类别对构件长期使用锈蚀以及侵蚀的影响，采用防腐涂层设计，并在室内潮湿环境以及室外环境条件下进行涂层附着力测试，以保证住宅钢结构长期使用的耐久性要求。

8）安装全精度控制技术

高层钢结构住宅的安装主要包括钢结构主体以及配套的预制部品件的安装，综合考虑这两者在安装施工精度上的衔接，对构件安装全过程采用数值仿真模拟，确定安装单元划分、构件安装精度控制指标体系；采用逐层引测的方法，对安装全过程实行全过程监控技术，确保高层钢结构住宅整体安装精度。见图 6。

9）基于全装修的全屋定制设计

考虑人居使用的舒适性与环保要求，合理设计住宅室内家装布置搭配，提供定制、安装、服务一体

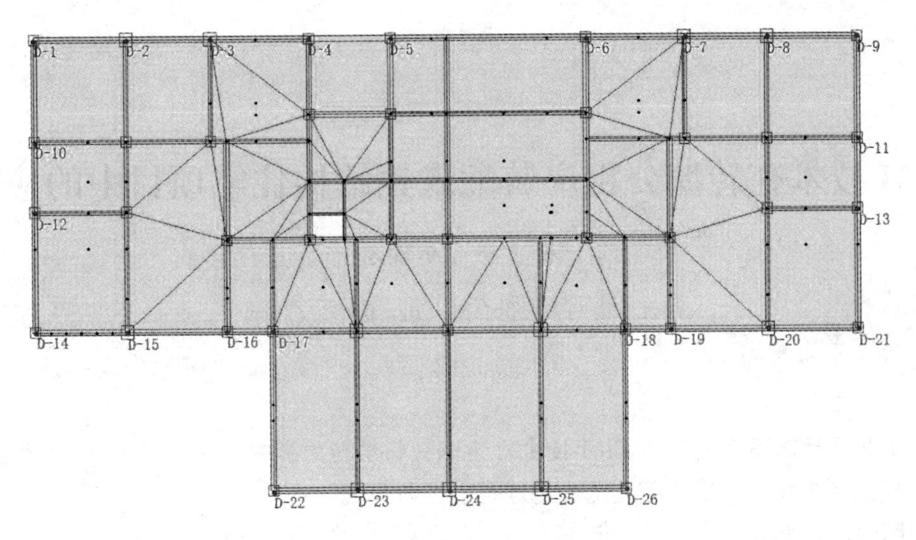

图 6　立柱变形测点

化的全装修钢结构住宅。富煌木业的整木定制产品品类齐全，风格多样化，产品包括地板、木门、酒柜和衣柜等柜体、楼梯、护墙、酒店家具、办公家具等，按照客户需求和房屋实际尺寸进行设计和定制，同时满足了客户的居住需求和美观需求。

4　结语

通过阜阳市颍泉抱龙安置区工程项目的实施与总结，装配式建筑不仅在于传统意义上的工程总承包项目，其实施中需要经历技术与管理的协同信息共享，装配式钢结构住宅建筑的核心在于主体结构、外墙、内墙、设备管线的匹配与集成，项目的实施在于信息化的组织管理，注重技术与经济策划，更要发挥传统工匠精神。

BIM 技术在转塘公租房装配式钢结构住宅项目中的应用

杨中尚　库路方

（浙江东南网架股份有限公司，杭州　311209）

摘　要　本文通过工程实例论述 BIM 技术对装配式钢结构的影响。并针对 BIM 技术在装配式钢结构住宅工程的作用效果及发展趋势进行分析研究。

关键词　BIM；装配式钢结构；公租房

1　工程概况及 BIM 技术

1.1　工程概况

杭州市转塘单元 G-R21-22 地块公共租赁住房项目位于杭州市西湖区转塘街道，本工程主要包括地下室和 1 号、2 号、3 号、4 号、5 号五栋住宅楼和配套服务用房，地下 2 层，地上 20 层，总建筑面积 10 万 m^2，采用绿色低碳环保的装配式钢结构集成建筑体系。见图 1。

图 1　转塘公租房整体鸟瞰图

1.2　BIM 技术

BIM 是建筑信息模型（Building Information Modeling）的缩写，核心思想是以建筑模型为对象，同时关联全过程的数据信息，并且该数据信息在各阶段共享，各专业技术人员和各参与方在同一个模型上进行专业应用及信息处理，并及时更新自己所涉及的数据信息，使得项目参与人员能够做到信息交互和协调共享，极大地提高了项目管理信息化水平。在装配式建筑发展过程中，融入 BIM 技术是非常必要的，终将推动装配式建筑的发展进程。

2 BIM 技术在工程中的应用

杭州市转塘单元 G-R21-22 地块公共租赁住房项目作为住宅项目，周边不仅有商业和配套服务用房，地下车库还设有通往地铁 6 号线地铁站的通道，上述功能决定了在设计工作的难度和深度。如果采用传统的设计理念，在后续施工中将会困难重重。所以设计之初各个单位商量决定运用 BIM 技术。

装配式钢结构建筑设计工作贯穿于设计阶段直至工程竣工，BIM 技术可以充分考虑生产施工的要求，实现装配式建筑预制构件的标准化设计，减少设计误差。在设计阶段建立 BIM 信息中心，各专业设计人员将设计信息传到 BIM 信息中心，将信息进行整合，针对设计信息形成构件的标准尺寸和标准模型，通过碰撞检测功能帮助设计人员找出各专业设计之间的冲突，减少设计误差，从而减少在生产阶段和装配施工阶段由于设计而出现的偏差问题。见图 2。

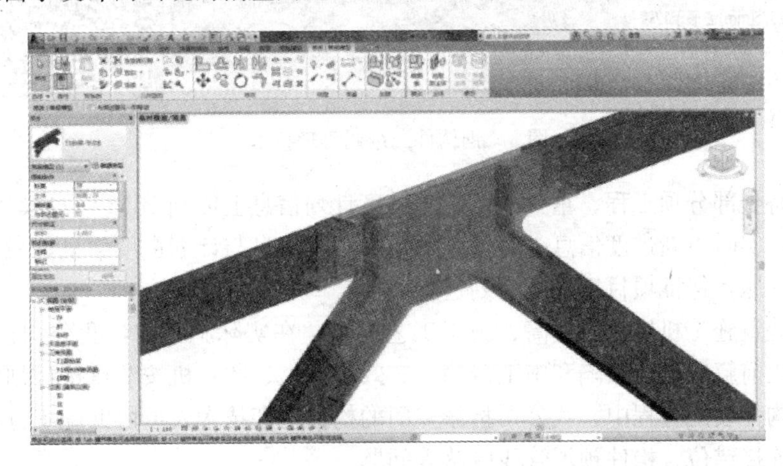

图 2 采用 Revit 进行节点设计

2.1 生产阶段 BIM 技术的应用

杭州市转塘单元 G-R21-22 地块公共租赁住房项目采用装配式钢结构集成建筑体系，总用钢量约为 1 万 t。钢结构构件数量多，传统的加工制作、运输方式很容易造成构件混淆，找不到构件等现象。构件有序生产、运输、安装是本项目装配的重点。

构件生产是关系装配式建筑质量的关键环节，也是连接设计与施工的重要环节，在施工总承包模式下，业主对构件的型号和标准等提出要求，我方负责材料采购、构件生产与质量控制等。我公司生产部从 BIM 信息中心直接获取构件相关信息并制定生产计划，进行工厂化生产。在生产阶段，我方安排设计人员指导辅助构件生产，审核相关构件拆分是否符合设计规范，并向施工现场传递构件生产的进度信息。我公司生产部也可以根据现场施工的进度情况调整构件生产进度，有利于缩短整个项目的建设工期。

我公司将 BIM 技术与物联网二维码扫描技术相结合，对构件进行编码，将构件 ID 的二维码标签贴在构件上，同时将 ID 关联的构件类型、尺寸、材质、安装位置等信息上传至 BIM 信息平台。另外，二维码扫描技术也应用在对预制构件的物流管理上，存储验收人员和运输人员都可以直接获取构件基本信息，提高预制构件仓储、运输的效率并节约时间和成本。见图 3。

2.2 装配阶段 BIM 技术的应用

杭州市转塘单元 G-R21-22 地块公共租赁住房项目施工现场选用的主要大型机械设备为 4 台 H7030 塔吊，吊装半径 60m，可以全部覆盖施工作业面。端头最大起重量为 3.6t，钢柱三层一段起吊，钢梁一次起吊三根，然后逐根安装。塔吊额定起吊能力全部大于构件的重量，满足起重要求。但是装配式钢结构住宅项目钢梁构件多，塔吊起吊的效率不高，工地现场每天能起吊的吊次有限，安排不好，容易影响整个项目的工期，发挥不出装配式钢结构建筑的优势。运用了 BIM 技术后在装配阶段项目负责人编

已扫描到以下内容
构件编号：1-GZ2-1
生产/运输/安装厂家：天津东南钢结构有限公司
工厂加工班组：重钢1组
轴线位置：9轴/S轴
构件尺寸：□1500X1500X40X40
构件材质：Q345GJC-Z15
构件重量：15774（kg）
安装日期：2014年10月24日
构件标高：-20.600~-14.600（m）
焊接人员：
焊工证号：
备注：12轴/S-2375(mm)轴 表示12轴交S轴偏向A轴2375(mm)

图3 钢构件二维码管理技术

制施工进度计划，将分部分项工程、重要节点施工进度计划信息上传到BIM信息模型，利用BIM技术进行施工进度模拟，实时更新进度信息，对比分析实际进度信息与计划进度信息，找出偏差和问题，采取针对性措施解决问题，保证项目按进度计划进行。

装配式钢结构建筑施工机械化程度高、施工工艺复杂，在实际施工前，我公司设计院采用BIM技术开展施工模拟，提前解决设计缺陷和施工碰撞，有效组织人、才、机按节点按计划穿插施工，各工序能够有序搭接。在构件装配过程中，我公司指派专门的构件生产技术人员协助施工方进行安装，以应对安装过程中出现的连接错位、构件预埋管线脱落等问题。

3 BIM技术在运营维护阶段的应用

杭州市转塘单元G-R21-22地块公共租赁住房项目为政府保障性住房，采用绿色低碳节能环保的装配式钢结构绿色建筑体系，符合“十三五”创新、协调、绿色、开放、共享的新发展理念。项目完成后将移交给杭州市住保办，住保办将借助BIM信息管理平台，建立装配式建筑的运营维护系统。在维护方面，管理人员可直接从BIM信息平台获取构件及设备信息，这样产品部件的可追溯，极大地节约了运营维护成本。

4 总结和展望

住房城乡建设部已多次倡导推动建筑工业化、快速发展装配式建筑，从而推动住宅产业的升级。装配式钢结构住宅是一种好的建筑体系，而BIM技术在装配式钢结构工程中的应用简化了建筑行业人员的工作程序，高真实性地模拟了建筑的实际情况，引入BIM技术对设计、生产施工和运营的全过程信息化管理，提高项目管理效率，真正发挥装配式建筑优势，对我国建筑行业的发展具有重大意义。

参考文献

[1] 陈曦. 装配式钢结构住宅体系的发展与应用[M]. 北京：中国建筑工业出版社，2016.

[2] 赵欣. 芬兰与英国的产业化钢结构住宅[M]. 北京：中国建筑工业出版社，2003.

[3] 邹晶. 我国钢结构住宅体系适用性分析[J].

基于生命周期评价的钢结构建筑能耗与碳排放分析

周观根　周雄亮

（浙江东南网架股份有限公司，杭州　311209）

摘　要　本文采用全生命周期评价法（LCA），对装配式钢结构建筑—钱江世纪城人才专项用房一期项目7号楼在建材生产、建材运输、施工建造、运营使用以及拆除废弃等各个阶段的能耗与碳排放进行定量计算，并与传统混凝土结构建筑进行对比分析。充分说明装配式钢结构建筑是一种低能耗、低排放的建筑形式。

关键词　装配式钢结构建筑；全生命周期评价；碳排放；绿色建筑

1　引言

近年来，国务院和住房城乡建设部在多个文件中要求“积极推广绿色建筑和建材，大力发展装配式建筑”。特别是提升装配式钢结构在绿色建筑和装配式建筑的占比。这是党中央、国务院的一项重大政策，也是落实生态文明建设、推进供给侧结构性调整改革、促进建造方式创新、实现绿色发展和可持续发展现实选择。

装配式钢结构建筑是一种高性能、高效率、低能耗、低排放的绿色低碳建筑形式，具有节地、节能、节水、节材、工业化程度高等技术特点，可大大降低施工能耗与排放，提高工程质量。能够实现建筑由粗放型向集约型发展，具有明显的绿色低碳的生态效果。因此，针对装配式建筑的能耗与碳排放研究对建筑领域的节能减排和低碳城市建设具有重要的意义。

我们通常理解的建筑能耗和碳排放只包括采暖、空调、通风、照明、炊事、家用电器和热水供应等的日常使用能耗及其温室气体的排放。但从广义上讲，除了建筑日常使用过程中的能耗和碳排放以外，建筑大部分的能耗和碳排放是来自原材料获取、建筑材料和构件的生产、建筑施工、拆除、建筑垃圾的处理以及建筑材料再生利用等各阶段的能耗和碳排放。

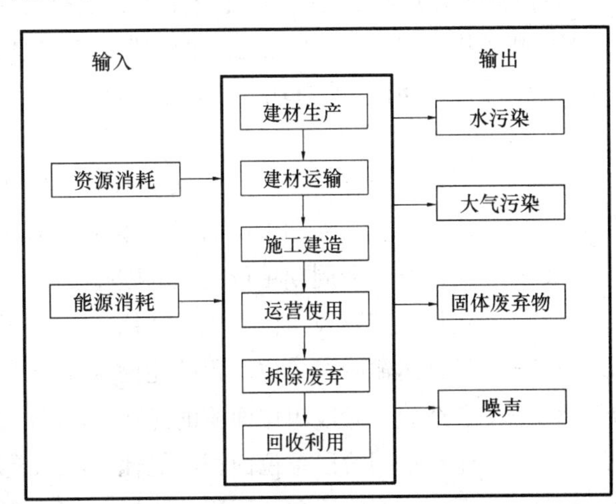

图1　建筑的生命周期评价示意图

目前，对建筑物进行环境性能评价的方法主要有两大类：一类以定性和半定性评价为主，如按《绿色建筑评价标准》进行绿色建筑评估；另一类则以定量评价为主，如全生命周期评价法（Life Cycle Assessment，简称LCA）。全生命周期评价法（LCA）（图1）是一种新型的环境影响评价技术和方法体系，它既能克服传统评价方法忽略污染转移的弊端，又能克服传统污染末端治理“制标不制本"的种种缺陷，该方法已逐渐发展成为国际公认的环境评价工具。具体地说，全生命周期评价法是从原料开采和获取、加工制备、运行使用到废弃拆除的各个阶段环境负荷的定量分析方法。

2 研究对象与研究内容

钱江世纪城人才专项用房一期项目7号楼（图2）。该项目位于杭州市钱江世纪城。建筑面积 23450.8m^2，建筑层数29层，建筑物高度84.10m。采用钢框架支撑结构体系，钢筋桁架混凝土楼层板，内外墙体为轻质自保温墙体。该项目被住房城乡建设部评为“国家康居示范工程”，同时也是国家发改委“装配式钢结构住宅低碳技术创新及产业化示范工程”。

图2 钱江世纪城人才专项用房一期项目7号楼

为准确客观了解装配式钢结构建筑的绿色低碳水平。针对7号楼的能耗与碳排放进行全生命周期定量计算与分析，并与传统混凝土结构建筑进行对比分析，明确装配式钢结构建筑在节能减排中的特点，为促进装配式钢结构绿色建筑的研究和推广提供基础数据和参考。

3 全生命周期能耗和碳排放计算与分析

3.1 分阶段能耗与碳排放计算

将计算分析分为五个阶段：建材生产、建材运输、建造施工、运营使用和拆除废弃阶段。建筑总能耗（E）和碳排放量（C）即为这五个阶段结果的总和。本文主要针对两个指标进行对象建筑的清单分析：单位面积能源消耗 E（GJ/m^2）；单位面积碳排放量 C（t— 碳/m^2）。

$$E = E_m + E_t + E_c + E_u + E_d \tag{1}$$

$$C = C_m + C_t + C_c + C_u + C_d \tag{2}$$

式中：E——建筑全生命周期单位面积的能耗（GJ/m^2）；

C——建筑全生命周期单位面积的碳排放（t—碳/m^2）；

E_m、C_m——建材生产阶段单位面积的能耗（GJ/m^2）、碳排放量（t /m^2）；

E_t、C_t——建材运输阶段单位面积的能耗（GJ/m^2）、碳排放量（t /m^2）；

E_c、C_c——建造施工阶段单位面积的能耗（GJ/m^2）、碳排放量（t /m^2）；

E_u、C_u——建筑使用阶段单位面积的能耗（GJ/m^2）、碳排放量（t /m^2）；

E_d、C_d——拆除废弃阶段单位面积的能耗（GJ/m^2）、碳排放量（t /m^2）。

（1）建材生产阶段

建材产品的生产过程能耗是将生产过程中所使用的化石燃料汇总得到单位建材消耗的化石燃料数量和电能，再按照各自的热值转换成热能。建材生产过程的碳排放量，主要源于三个部分，一是矿物或燃料燃烧产生的CO_2，二是电力消耗转化的CO_2，三是化学反应可能产生的CO_2。根据建材生产过程中的能源使用量，及建材生产原料的含碳量，可以估算建材产品的碳排放量。钢结构构件在整个生命周期过程中可以循环再生利用，故考虑了回收系数。

此阶段的能耗及碳排放量可以根据建材生产基础数据库中的建材原单位以及实际工程中建材的用量按下式来计算：

$$E_m = \Sigma EM_i \times m_i / A \tag{3}$$

$$C_m = \Sigma CM_i \times m_i / A \tag{4}$$

式中：EM_i、CM_i——生产单位第 i 种建材的能耗（GJ/单位）、碳排放量（t—碳/单位）；

m_i——第 i 种建材用量；

A——建筑面积（m^2），本项目的建筑面积为 2.345 万 m^2。

根据我国对各种建材生产能耗与碳排放清单的研究，本文采用的主要建材生产阶段能耗和碳排放的数据清单如表 1 所示。根据表 1 以及项目建材的用量，建材生产阶段的碳排放与能耗的计算结果如表 2 所示，即 E_m=5.58GJ/m^2，C_m=0.54t/m^2。

建材生产与运输阶段的单位能耗与碳排放清单（考虑回收循环利用） **表 1**

材料	单位	生产阶段		运输阶段	
		单位耗能（kJ/单位）	单位碳排放（kg-碳/单位）	单位耗能（kJ/单位）	单位碳排放（kg-碳/单位）
钢构件	kg	26342	1.722	542.01	0.0402
钢筋	kg	33906	2.208	542.01	0.0402
轻钢龙骨	kg	21225	1.381	542.01	0.0402
混凝土	m^3	2841104	551	1374444.3	101.8298
水泥	kg	3972	0.792	467.2	0.0346
ALC 砌块	m^3	1979498	291	228.35	0.0169
建筑玻璃	kg	33061	2.91	656.45	0.0486
EPS 材料	kg	90353	17.07	228.35	0.0169
纤维板	m^2	38131	7.6	12002	0.889
石膏板	m^2	27892	1.98	12002	0.889

（2）建材运输阶段

建材运输阶段是指建材从生产厂家运输到施工现场的阶段，该阶段的能耗和排放主要来自运输工具。由于平均运输距离缺乏统计数据，而建材一般按就近原则获取，故本文参考台湾相关研究中的建材平均运距。根据柴油的能耗清单数据 42652kJ/kg 和碳排放清单 3.16kg/kg 来计算对应的建材运输阶段能耗和碳排放清单数据库。具体见表 1。根据上表以及建材的用量，建材运输阶段的能耗与碳排放的计算结果如表 2 所示，即 E_t=0.36GJ/m^2，C_t=0.03t/m^2。

建材生产与运输阶段的能耗与碳排放计算结果 **表 2**

材料	单位	用量	生产阶段		运输阶段	
			耗能（GJ）	碳排放（t）	耗能（GJ）	碳排放（t）
钢构件	t	2568	67646	4422	1391.9	103.2
钢筋	t	596.36	20220	1317	323.2	24.0
轻钢龙骨	t	167	3545	231	90.5	6.7
混凝土	m^3	3316	9421	1827	4557.7	337.7

续表

材料	单位	用量	生产阶段		运输阶段	
			耗能 (GJ)	碳排放 (t)	耗能 (GJ)	碳排放 (t)
水泥	t	1068	4242	846	499.0	37.0
ALC砌块	m^3	7936	15709	2309	1.8	0.1
建筑玻璃	kg	51000	1686	148	33.5	2.5
EPS材料	t	64	5783	1092	15.0	1.1
纤维板	m^2	70076	2242	447	841.0	62.3
石膏板	m^2	15000	418	30	180.0	13.3
粉煤灰	t	1109	—	—	518.1	38.4
合计			130912	12669	8451.7	626.3
单位面积能耗（GJ/m^2）			5.58		0.36	
单位面积 碳（t/m^2）			0.54		0.03	

注：粉煤灰作为废弃物再生利用，本文忽略其生产阶段能耗和碳排放。

（3）施工阶段

施工阶段的环境负荷应该包括施工过程及施工耗材的能耗和碳排放。施工阶段的材料消耗量，可以根据施工模板、脚手架等的使用量及其折旧率进行估算。目前针对建筑使用阶段的节能减排研究很多，建材生产的环境影响也慢慢被重视，而针对建造施工的研究还在少数，主要是由于施工过程中的能耗和碳排放统计数据缺乏。从本项目土方工程、基础工程、砌体工程、钢筋工程、模板工程、垂直运输等部分收集统计了主要能耗与资源消耗数据，计算结果见表3。

施工阶段能耗与碳排放计算结果 **表3**

资源	柴油	汽油	水	电	水泥	混凝土	模板	累计
单位	L	L	M3	kWh	kg	M3	M3	
消耗量	6916	12924	1215	431909	76	1.3	3.5	
能耗（GJ）	250.73	395.21	5.3	5370.79	0.3	3.69	6.07	6032.09
碳排放（t）	21.63	32.21	1.11	412.04	0.06	0.72	0.26	468.03

根据上表数据以及7号楼总建筑面积，本项目施工建造阶段的单位面积能耗、碳排放量分别为：$E_c=0.26\text{GJ/m}^2$，$C_c=19.96\text{kg/m}^2$。

（4）运营阶段

有研究表明，当代亚洲国家建筑物日常耗能的碳排放量，几乎占建筑生命周期的碳总排放量60%～80%以上。我国建筑使用阶段能耗很大，并且在社会终端总能耗中所占的比例日益增大。包括采暖、制冷、照明、烹饪、盥洗、家用电器、电梯等消耗的电量和化石燃料。本文收集到杭州不同区的住宅案例966个，涵盖21世纪50年代前到2000年以后的各个时期，以及包含低层、多层、高层等各种不同类型的住宅建筑，具有普遍代表性。对样本建筑按照不同年代不同层数进行分类，取各类的平均值代表各自的平均用电量水平，作为估算能耗和碳排放量的依据，见表4。

不同类型住宅建筑使用阶段单位面积年平均能耗和碳排放量 **表4**

建筑年代	建筑形式	年平均单位面积用电量 (kWh/m^2·a)	年平均单位面积能耗 (MJ/m^2·a)	年平均单位面积碳排放 (kg/m^2·a)
1980年代前	低层	16.4	203.9	15.6

续表

建筑年代	建筑形式	年平均单位面积用电量 (kWh/m²·a)	年平均单位面积能耗 (MJ/m²·a)	年平均单位面积碳排放 (kg/m²·a)
1980～1990年代	低层	23.6	293.5	22.5
	多层	40.7	506.1	38.8
1990～2000年	低层	18.8	233.8	17.9
	多层	43.4	539.7	41.4
	高层	22.8	283.5	21.8
2000年后	低层	31.0	385.5	29.6
	多层	25.2	313.4	24.0
	高层	25.4	315.8	24.2

采用2000年后高层的数据，作为计算依据，建筑的使用寿命取50年。建筑使用阶段的单位面积能耗、碳排放量分别为 $E_u=15.79GJ/m^2$，$C_u=1.21t/m^2$。

（5）拆除废弃阶段

建筑拆除阶段包括建筑拆除过程的现场施工、运输建筑垃圾、建筑垃圾废弃处理等过程。根据国内学者的研究结果，拆除废弃阶段单位面积能耗、碳排放量可按下式估算：$E_d=1.69GJ/m^2$，$C_d=0.14t/m^2$。

3.2 结果分析

（1）不同建材的能耗与碳排放情况

各种材料的能耗与碳排放比例如表5所示，可以看出钢构件的能耗与碳排放所占比最大，分别为51.7%和34.9%。钢筋能耗占比第2，碳排放第4。由于这两种材料均为可再循环材料，这也反映了钢结构是一种具有再生利用特性的绿色结构体系。混凝土、加气混凝土砌块的能耗之和虽然不到总能耗的20%，但是其碳排放量之和将近总排放的1/3，反映出了水泥制品的碳排放是比较大的，是高碳排放的建筑材料。

建材生产阶段的能耗与碳排放比例　　表5

材料种类	耗能 (GJ)	比例 (%)	碳排放量 (t)	比例 (%)
钢构件	67646	51.7	4422	34.9
钢筋	20220	15.4	1317	10.4
轻钢龙骨	3545	2.7	231	1.8
混凝土	9421	7.2	1827	14.4
水泥	4242	3.2	846	6.7
ALC砌块	15709	12.0	2309	18.2
建筑玻璃	1686	1.3	148	1.2
EPS材料	5783	4.4	1092	8.6
纤维板	2242	1.7	447	3.5
石膏板	418	0.3	30	0.2
合计	130912	100	12669	100

（2）不同阶段的能耗与碳排放情况

全生命周期各阶段的能耗与碳排放的统计见表6。从表中可以看出，建筑运营使用阶段的能耗与碳排放所占比例最高，符合建筑全生命周期的能耗与碳排放的规律，说明了建筑节能的重要性。

全生命周期单位面积能耗及碳排放　　表6

	单位面积能耗（GJ/m²）	比例（%）	单位面积碳排放（t/m²）	比例（%）
建材生产	5.58	23.6	0.54	27.8
建材运输	0.36	1.5	0.03	1.5
建造施工	0.26	1.1	0.02	1.0
建筑使用	15.79	66.7	1.21	62.4
拆除废弃	1.69	7.1	0.14	7.2
总计	23.68		1.94	

(3) 与混凝土建筑对比情况

国内学者尚春静针对北方的混凝土结构住宅进行了全生命周期碳排放的研究，结果显示碳排放为4.423t/m²。黄志甲对马鞍山某住宅小区混凝土结构建筑的研究显示，碳排放为3.257t/m²。仲平对北京两栋分别为砖混合全现浇框架结构的住宅的能耗进行了研究，结果显示全生命周期能耗分别为30.94和30.69GJ/m²。

彭渤的研究显示，住宅建筑案例的生命周期能耗分布范围是20159MJ/m²～32218MJ/m²，能耗均值26715MJ/m²。住宅建筑案例的生命周期碳排放总量的范围是2660kg/m²～4108kg/m²，均值3440kg/m²。

通过以上其他研究的数据，可以看出本项目中钢结构住宅的能耗与碳排放，与混凝土结构相比，能耗减少10%～20%，而碳排放可以减少约30%（图3、图4）。

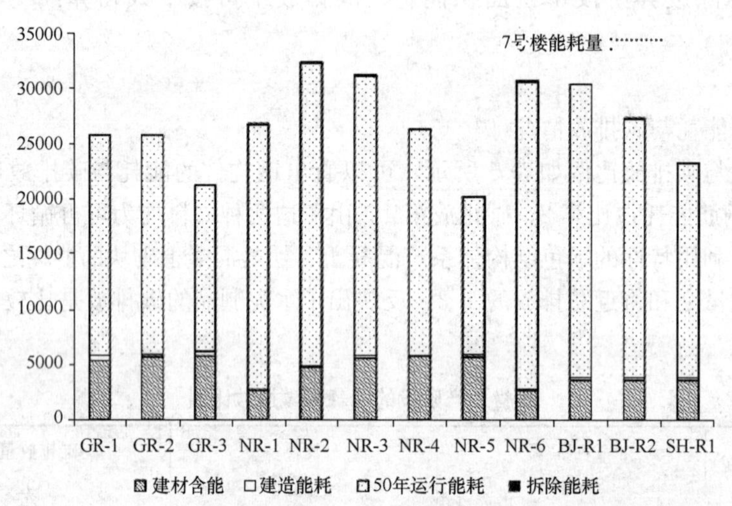

图3　住宅建筑案例生命周期能耗分布情况（MJ/m²）

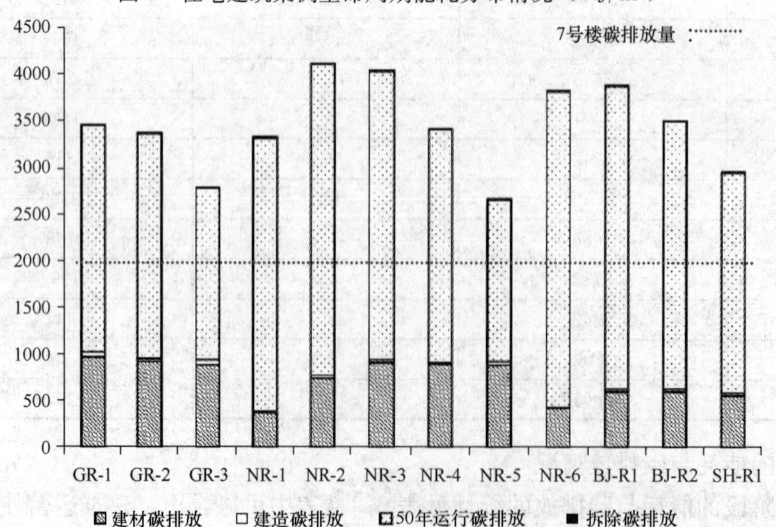

图4　住宅建筑案例生命周期二氧化碳排放分布情况（kg/m²）

4 结论

本文采用全生命周期的方法（LCA），计算分析了钱江世纪城人才专项用房一期项目 7 号楼在建材生产、建材运输、施工建造、运营使用以及拆除废弃阶段的能耗与碳排放。结果显示，在全生命周期中，总能耗 E 为 23.68GJ/m^2，总碳排放量 C 为 1.94t /m^2。运营阶段的能耗与碳排放最大，分别占到 66.7%和 62.4%。其次为建材生产阶段，能耗和碳排放分别占到 23.6%和 27.8%。与传统混凝土建筑相比，装配式钢结构建筑全生命周期的能耗减少 10%～20%，而碳排放可以减少约 30%。

通过本研究可以充分说明建筑节能的重要性，且与传统混凝土住宅相比，装配式钢结构是一种低能耗、低排放的建筑形式，完全符合绿色建筑理念，是绿色建筑的楷模。大力推广装配式钢结构建筑有助于推动我国建筑业的转型升级，促进社会的可持续发展。

参考文献

[1] 赵平，同继锋，马眷荣. 建筑材料环境负荷指标及评价体系的研究[J]. 绿色建材，2004(6)：1-7.
[2] 袁宝荣，聂祚仁，狄向华，左铁镛. 中国化石能源生产的生命周期清单(2011)[R].
[3] 黄志甲. 建筑物能量系统生命周期评价模型与案例研究[D]. 同济大学：博士学位论文 . 2003.
[4] 张又升. 建筑物生命周期二氧化碳减量评估[D]. 成功大学：博士学位论文，2002.
[5] 燕艳. 浙江省建筑全生命周期能耗与碳排放评价研究[D]. 浙江大学硕士论文，2011.
[6] 尚春静，储成龙，张智慧. 不同结构建筑生命周期的碳排放比较[J]. 建筑科学，2011(12).
[7] 彭渤. 绿色建筑全生命周期能耗及二氧化碳排放案例研究[D]. 清华大学硕士学位论文，2012.

方钢管混凝土组合异形柱体系在廊坊某装配式钢结构住宅建筑上的应用

张鹏飞　张爵扬　谭高见　张相勇　陈华周　彭明祥

（中建钢构有限公司，北京　100089）

摘　要　本文以廊坊某钢结构住宅项目为例，首先介绍了方钢管混凝土组合异形柱一支撑体系，该体系由天津大学自主研发，并与中建钢构有限公司联合探索其在装配式钢结构住宅建筑领域中的应用；然后介绍了该项目从深化设计到加工再到施工的全过程；最后阐述了项目实施过程中的难点及对应解决措施，可为同类工程的设计施工提供参考。

关键词　方钢管混凝土组合异形柱；装配式钢结构；深化设计；施工

1　工程概况

廊坊某洋房住宅项目位于廊坊市广阳区裕华路、艺术大道、经九路西沿线以及祥云北道合围地块。本工程有两栋销售型洋房住宅，其中1号楼，地上5层，地下两层，建筑高度为16.5m，包含有两个单元；2号楼，地上6层，地下两层，建筑高度为19.5m，包含有3个单元；两栋楼均采用方钢管混凝土组合异形柱框架一支撑体系，本文以1号楼为例作详细介绍（图1），其典型的户型如图2所示，详细的建筑尺寸及设计参数如表1和表2所示。

图1　工程鸟瞰图

建筑尺寸　　表1

楼号	长×宽（m）	地上层数	地下层数	高度（m）		
				地上每一层	地下一层	地下两层
1	47.900×20.850	5	2	3	3.15	3

设计技术参数 **表 2**

设计使用年限	50年	安全等级	二级
抗震设防烈度	8度	抗震设防类别	丙类
设计地震分组	第二组	基本地震加速度	0.20g
场地类别	Ⅲ	场地特征周期	0.55s

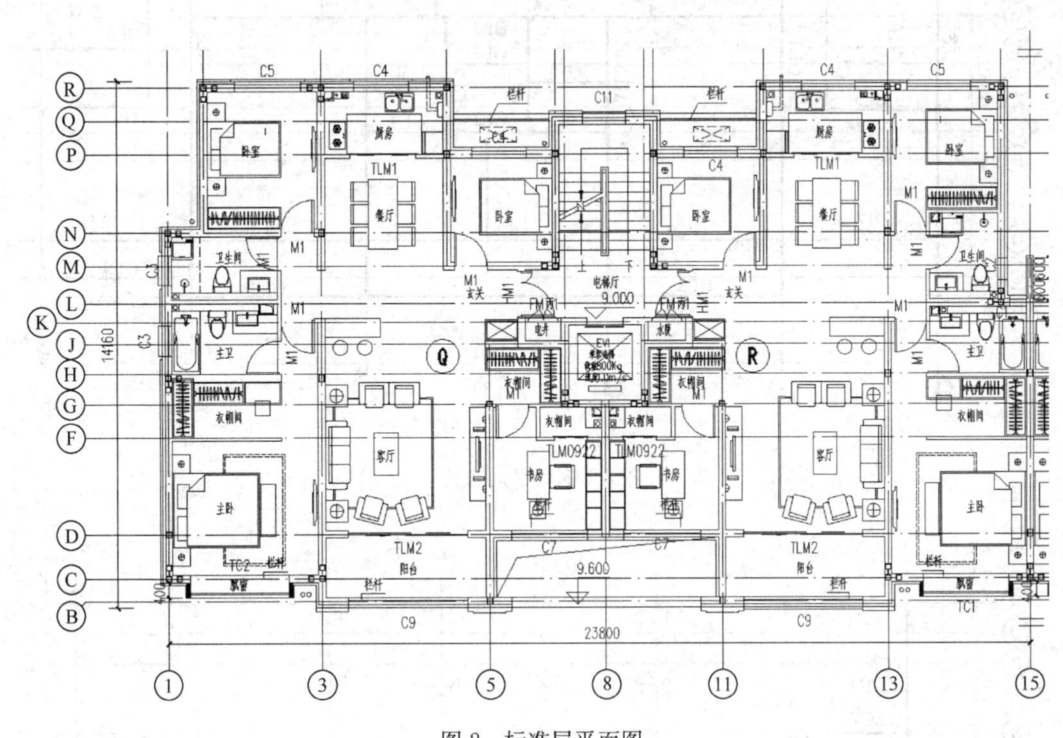

图 2 标准层平面图

2 结构体系介绍

2.1 结构平面布置

本工程结构形式采用了方钢管混凝土组合异形柱框架一支撑结构体系，主要采用L形和T形的方钢管混凝土组合异形柱，可以使室内不露梁、不露柱，增加使用面积，不影响建筑使用功能。部分柱采用单根钢管混凝土柱，为增加结构整体刚度，设置有人字形钢斜撑。梁柱连接节点主要采用隔板贯通节点和外肋环板节点。

结构平面及支撑布置的位置如图 3、图 4 所示。

主梁截面主要采用HN400×150×8×13，次梁截面主要采用HN250×125×6×9、组合异形柱有L形和T形两种形式，由□150×150×8方钢管排列组成，支撑截面主要采用□150×12，材质均为Q345B，方钢管内灌C35自密实混凝土。

2.2 异形柱形式

为了优化建筑空间，避免室内柱子露出凸角，采用方钢管混凝土组合异形柱及钢梁与钢柱同宽(150mm)，保证了结构形式布置灵活，使室内不露梁、不露柱，增加使用面积，不影响建筑使用功能。少数部位采用方钢管混凝土单柱。组合异形柱截面形式主要有L形和T形两种，单肢钢管柱之间通过竖向钢板连接，同时沿着钢板横向布置加劲肋。详细的尺寸和构造如图 5、图 6 所示。

2.3 节点连接形式

本工程所用梁柱节点主要是隔板贯通节点和外肋环板节点。钢管混凝土柱在梁的上下翼缘位置设置

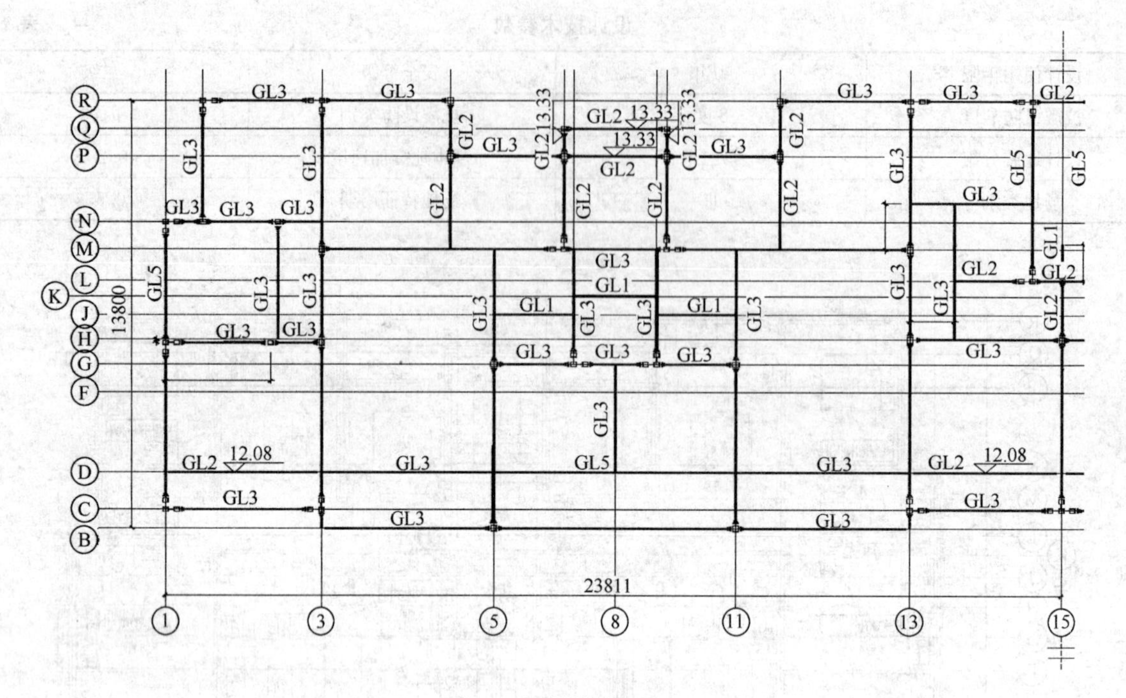

图 3　钢梁平面布置

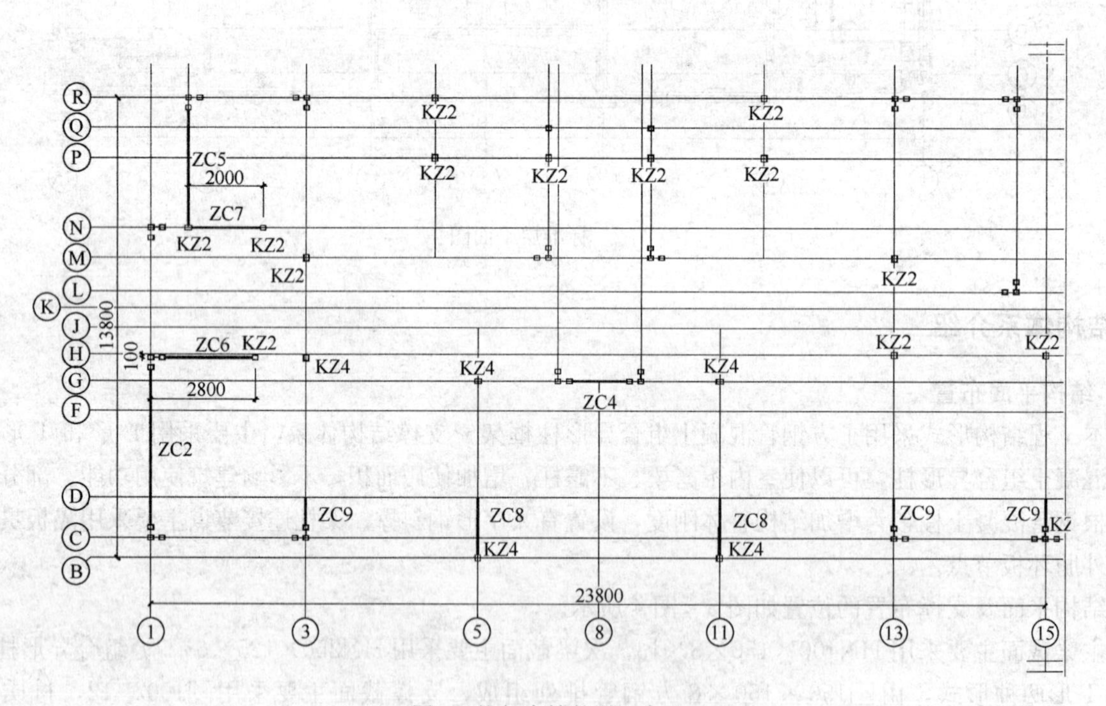

图 4　柱与支撑的平面布置

两块贯穿柱截面的钢板，并与钢梁的翼缘焊接，梁腹板与焊接在柱上的竖板，通过高强螺栓连接，形成隔板贯通节点（图 7），此节点用于单根钢管混凝土柱与钢梁连接。在外隔板节点的基础上，将其另外两侧的加强环板改为平贴于柱侧的竖向肋板，加以适当构造就形成了外肋环板节点（平面如图 6 所示，剖面如图 8 所示），此节点用于异形柱与钢梁相连。这两类节点连接均采用摩擦型连接的高强度螺栓，强度级别为 10.9S。在高强螺栓连接范围内，构件摩擦面采用喷砂（丸）法处理，要求抗滑移系数≥0.45。

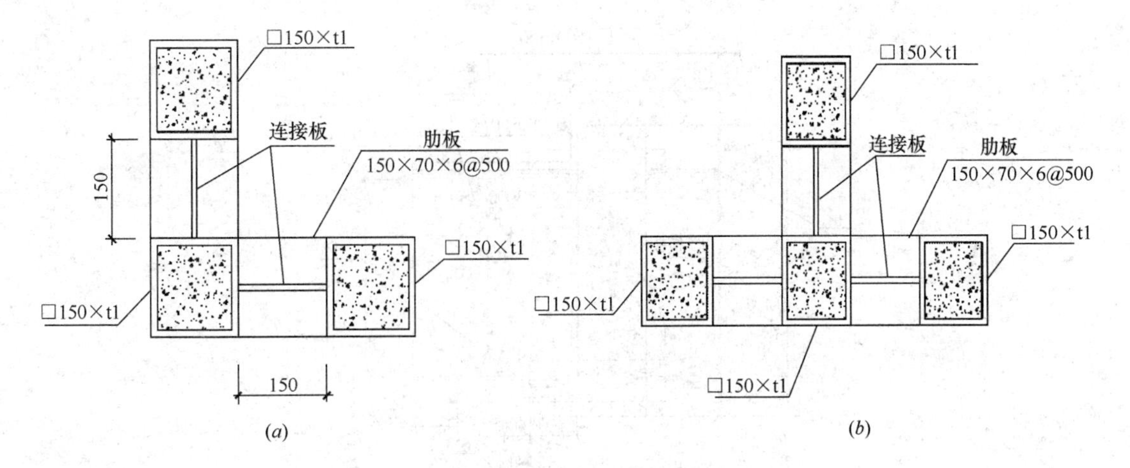

图 5 组合异形柱平面图

(a) L 形柱平面示意图；(b) T 形柱平面示意图

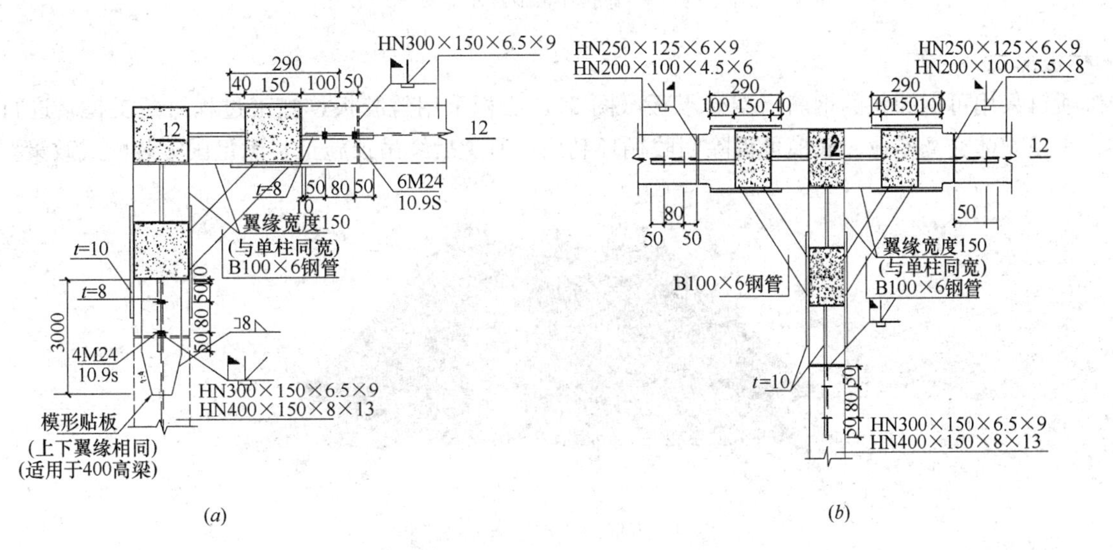

图 6 异形柱与钢梁的节点示意图

(a) L 形柱与钢梁的连接节点；(b) T 形柱与钢梁的连接节点

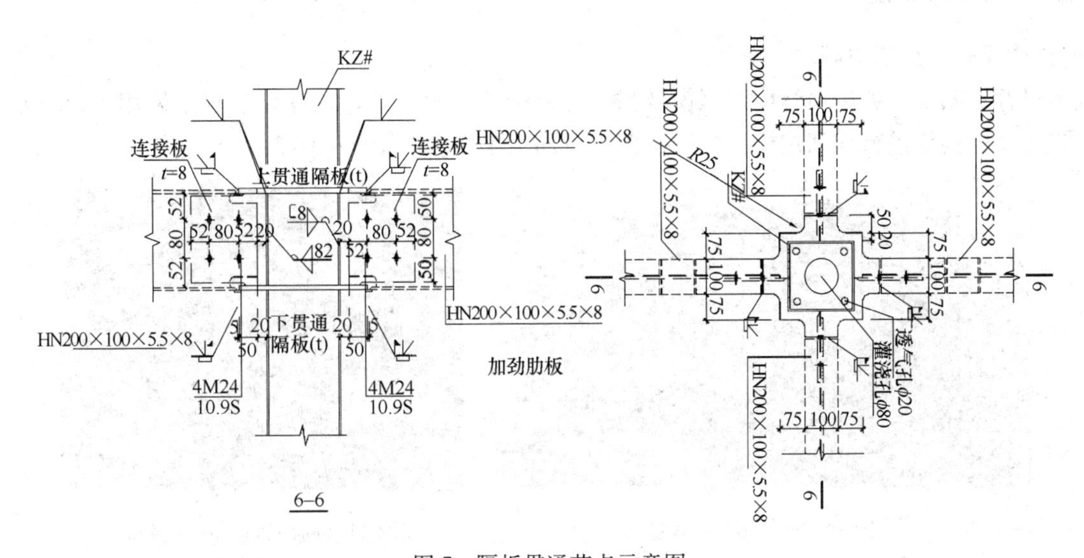

图 7 隔板贯通节点示意图

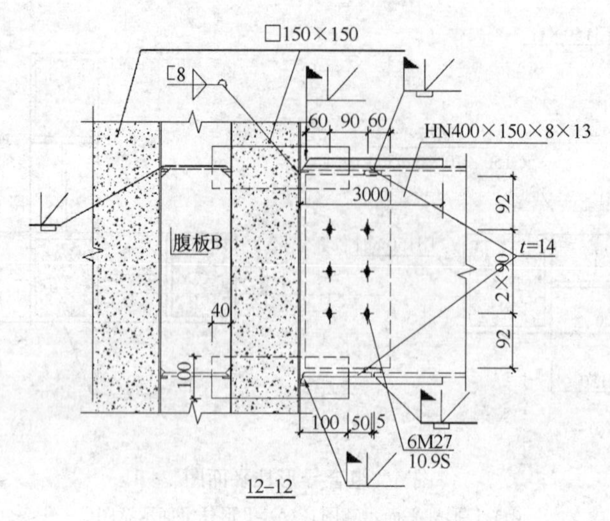

图 8　外肋环板节点示意图

2.4　楼板形式

该项目采用可拆卸式的钢筋桁架楼承板（图 9），底板采用竹胶板，施工过程可免支模，进行流水施工，实现立体交叉作业。底模可拆除回收循环利用，避免后续吊顶施工，满足国家装配式政策要求。

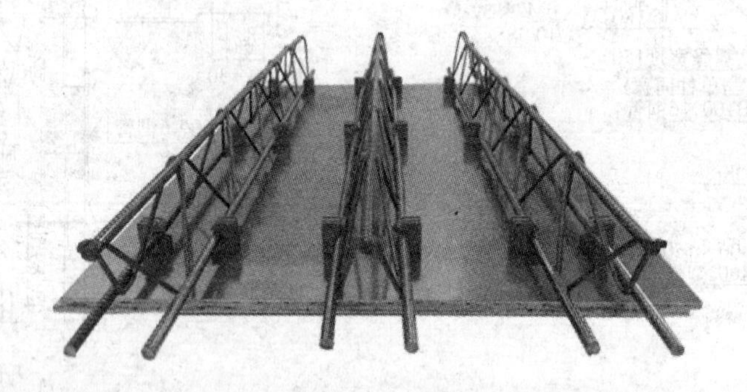

图 9　可拆卸式钢筋桁架楼承板

3　钢结构制作与施工

3.1　钢结构深化、加工与制作

该项目存在复杂的坡屋顶结构，飘窗及檐沟等复杂外立面形式，在深化过程中采用 tekla 软件，对屋顶、飘窗及檐沟等进行详细建模，统一出图进行加工制作（图 10～图 12）。

图 10　整体 tekla 模型

图 11　局部飘窗 tekla 模型

该项目钢结构在深化过程中紧密联系空调、新风设备厂家，提前在钢构件上预留孔洞，避免后续再结合厂家进行二次加工，提高了生产效率（图 13）。

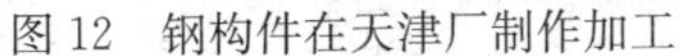

图 12　钢构件在天津厂制作加工

图 13　钢梁提前预留管线

3.2　钢结构施工

该项目钢结构施工分为三节，与传统钢结构施工并无差异。难点在于钢结构尺寸小，给混凝土浇筑带来困难。该项目钢柱内罐混凝土采用自密实混凝土，施工方式采用漏斗施工，且可以多点同时浇筑，提高施工效率（图 14、图 15）。

图 14　钢结构施工

图 15　自密实混凝土浇筑

钢筋桁架楼承板施工可以在板下钢梁之间设置支撑，不同楼层间可以同时施工，楼板内的水电管线也可以轻松穿过，加快施工效率（图 16、图 17）。

图 16　桁架楼承板与钢结构的连接

图 17　楼板内设置管线

4 项目难点与处理方式

本项目在实施过程中，遇到了许多问题，经过研究与分析，对这些问题做了合理的处理，主要问题及处理方式有以下几点：

4.1 嵌固端的选择

在项目实施过程中，决定将嵌固端由基础顶调整至±0，地下室外围采用现浇混凝土包裹方钢管混凝土组合异形柱来增加地下室刚度，确保地下地上的刚度比大于2，以此优化结构、降低含钢量（洋房各层户型均变化致使体系模型规则性不强），同时确保外墙防水、内墙人防密闭性能，具体处理方式见图18。

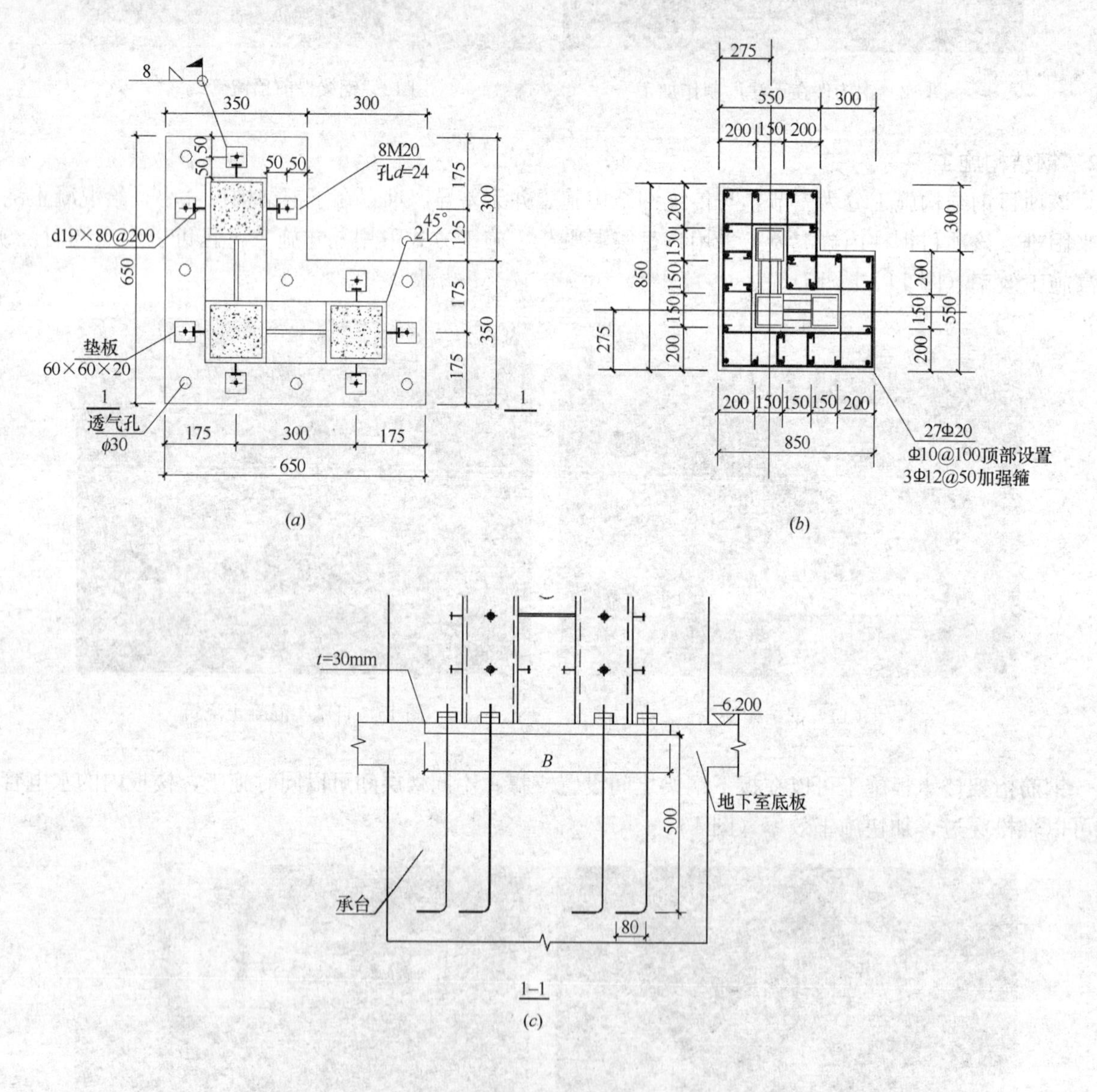

图18 处理方式详图

(a) L形柱脚平面示意图；(b) L形柱外包配筋图；(c) L形柱脚构造图

4.2 外檐节点

1号楼是销售型住宅洋房，其外立面复杂，这就使得飘窗、天沟等位置的节点更难处置；在施工过程中，我们发现每户主卧内有突出墙面600mm宽的飘窗，屋顶层天沟檐口普遍外挑1m多，对此我们对天沟及飘窗采用悬挑结构，下铺 1cm 水泥纤维板作为模板来解决，详细的解决及构造如图 19 所示。

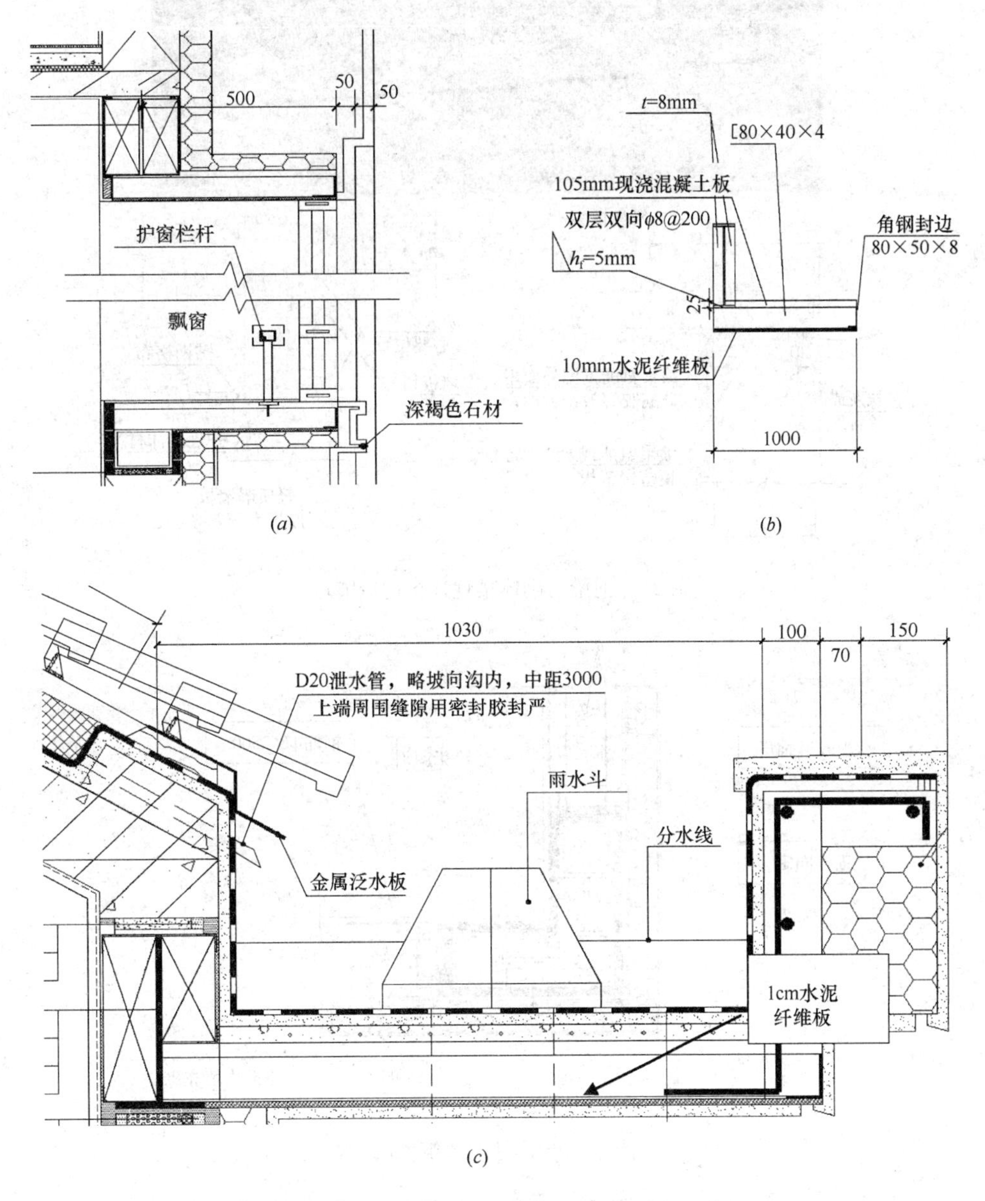

图 19　详细的处理方式

（a）飘窗大样；（b）飘窗做法；（c）天沟的处理方式

4.3　钢结构与墙体连接

本项目外墙采用加气混凝土砌块，内墙采用 BM 连锁砌块，由于钢结构体系刚度较柔，横向荷载作用下侧向变形较大，为防止砌块在变形较大处出现裂缝，钢结构与砌块之间采用柔性连接，做法详见图 20。

4.4　异形柱的建筑做法

对于异形柱，在其空腔内填充砌块，使用钢筋Φ 8@500 固定砌块及拉结墙体，钢丝网片，防火涂料以及水泥砂浆找平，详细构造如图 21、图 22 所示。

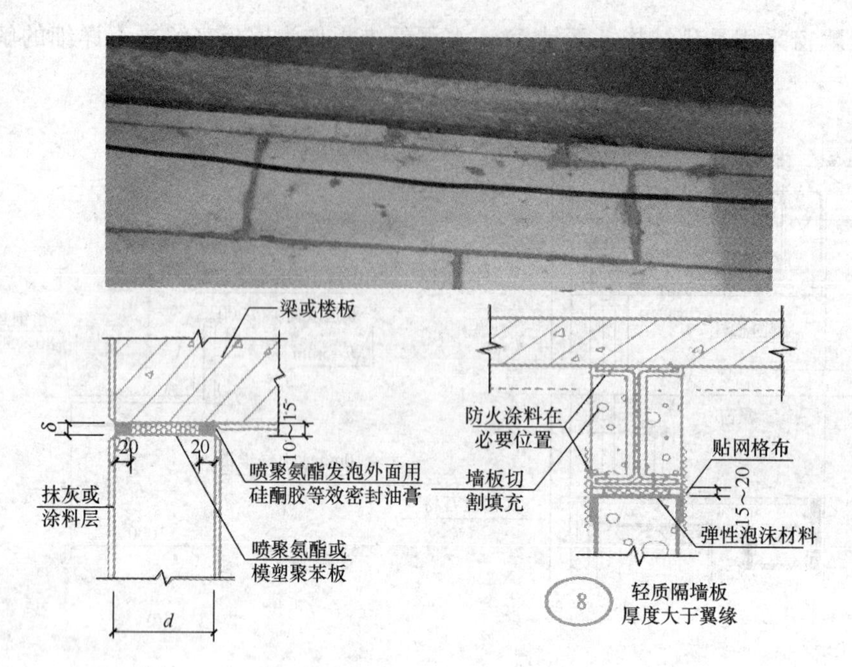

图 20　钢梁与砌体柔性连接构造节点

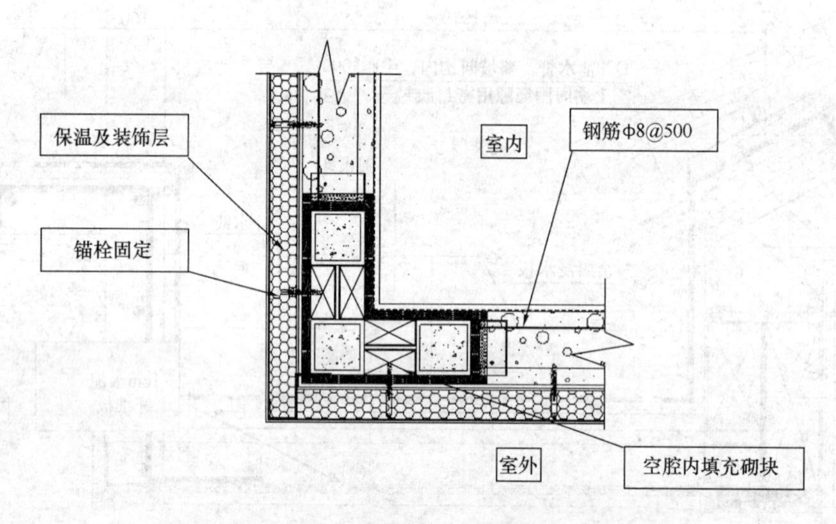

图 21　异形柱的建筑做法

图 22　现场照片

5 结语

本文以廊坊某项目洋房住宅为例，详细介绍了方钢管混凝土组合异形柱结构的使用情况，介绍了项目从深化设计到施工的全过程，分析了工程实施过程中的典型难点，针对本工程的特点，给出详细的解决方式，这有利于推广方钢管混凝土组合异形柱结构的使用，进一步推动我国装配式钢结构行业的发展，目前该工程主体结构已封顶，正在进行二次结构、机电安装与室内外装饰施工中。

参考文献

[1] 陈志华，刘 洁，余玉洁，等．方钢管混凝土组合异形柱结构住宅体系综合建造技术研究[J]．建筑技术，2018，49(4)：376-380.

[2] 荣彬．方钢管混凝土组合异形柱的理论分析与试验研究[D]．天津：天津大学，2009.

[3] 陈志华，赵炳震，郑培壮，等．方钢管混凝土组合异形柱框架-支撑结构体系工程应用关键技术研究[C]//第十七届全国现代结构工程学术研讨会，北京：工业建筑，2017：34-41.

[4] 王亚雯．方钢管混凝土组合异形柱抗震性能研究[D]．天津：天津大学，2014.

中天装配式钢结构住宅系统及施工技术

徐　晗　蒋金生　段坤朋　徐山山

（中天建设集团浙江钢构有限公司，杭州　310008）

摘　要　装配式建筑是一个系统性的建筑产品，需要全专业的技术集成，对设计、加工、施工技术和施工组织都有较高要求。本文依托工程实例，对中天装配式钢结构住宅系统及其施工技术进行了全面阐述，主要涵盖了结构体系、围护体系和机电体系，及相关施工技术要素。本系统涵盖全专业，且有规范依据、工艺创新合理、全过程BIM技术配合，工程应用效果好，为实现住宅产业化提供了一种思路和方法。

关键词　装配式建筑；施工技术；全专业；工艺创新；BIM技术

1　引言

装配式建筑是一个系统性的建筑产品，需要全专业的技术集成，对设计、加工、施工技术和施工组织都有较高要求，更是要求建筑从业者由建筑分包商向建筑系统集成商转变。

钢结构住宅作为装配式建筑的一种，具有预制装配化建造等工业化建造的基础，并且具有抗震性能好、施工周期短、施工能耗低于传统建筑等特点，被誉为“绿色建筑”之一。

长期以来，钢结构在我国住宅市场的应用比例较低，其主要原因在于多数钢结构公司仅完成结构体系的相关工作，缺少全行业系统工程的协同攻关，未形成完整钢结构住宅系统。另外，国内建筑市场多数钢结构体系的设计、施工、验收无规范依据，不利于推广应用。

在此背景下，中天建设集团研发并推出中天装配式钢结构住宅系统，本文结合工程实例，对该系统及施工技术进行全面的阐述，以期对钢结构住宅产业的推广起到一定的促进作用。

2　工程概况

图1　项目效果图

杭州某地块商业商务用房（图1）项目位于西湖区，分为2个组团，其中一组团由4幢公寓、1栋独立商业体组成，合计建筑面积约11.5万m^2；二组团含1栋公寓，建筑面积约3.3万m^2。1号公寓高度为47.2m，其他公寓高度为99.8m。

3　中天装配式钢结构住宅系统介绍

3.1　主结构体系

公寓主体结构采用隐式钢框架－钢板剪力墙结构体系，设计、施工有规范可依据，无需另行论证，实用性高。

柱为矩形钢管混凝土柱，箱形钢柱以钢扁管为主。梁为窄翼缘 H 型钢梁，可隐藏在建筑隔墙内，达到室内不凸梁的效果；同时，钢梁预留洞口，为机电安装提供条件，提高室内净高。抗侧构件为超薄加劲钢板剪力墙（以下简称“钢板墙”），避免斜支撑对建筑墙体、门窗洞口的影响。楼板为装配式钢筋桁架楼承板（以下简称“楼承板”），底模采用竹胶木模，继承了传统楼承板的优点，并实现底模的可重复利用，符合绿色施工的发展趋势。

根据规范的相关说明，梁、柱、钢板墙、楼板等主结构装配率达到 100%。

3.2 围护体系

墙体可选用蒸压加气混凝砌块、页岩砖、蒸压加气混凝土板（ALC 条板）等（图 2），其中 ALC 条板为装配式墙体。

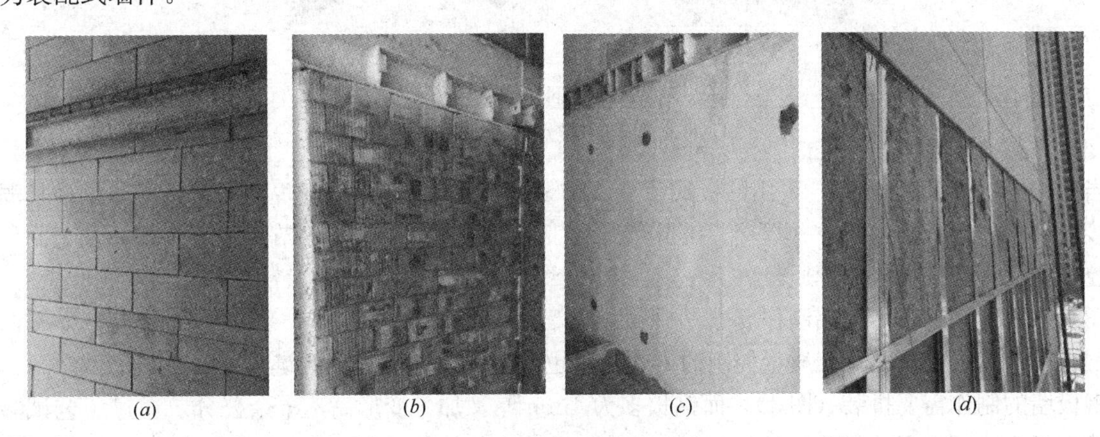

(*a*) (*b*) (*c*) (*d*)

图 2 围护墙体形式

（*a*）蒸压加气混凝土砌块；（*b*）页岩砖；（*c*）蒸压加气混凝土板；（*d*）外立面幕墙

当外墙为装配式墙体时，外立面通过上、下层钢梁外接龙骨系统，内嵌保温岩棉板，外挂铝板或纤维水泥板组成。岩棉板用于外保温，在钢结构部位同时兼做防火；铝板或纤维水泥板兼作装饰、防水作用。

根据装配式建筑的相应要求及建设单位对建筑装配率的要求，合理确定不同形式的墙体面积。

3.3 装修机电一体化

装修机电一体化是钢结构住宅不可或缺的一部分，BIM 技术的应用为一体化装修提供了新的方法。采用信息化手段形成室内装修体系、机电体系，将设计、生产及安装应用等数据进行关联集成，保证产品的整体性和数据传递的连贯性，进而提升产品质量及整个环节的效率。

4 施工技术

4.1 图纸会审与深化设计

基于钢结构住宅的特点，本工程建筑、结构、给水排水、暖通、电气、装修等各专业通过 BIM 系列软件进行三维图纸会审，实现多专业精准深化，达到“精确备料，精准定位，一次成活”的目标。

4.2 加工制作

（1）钢梁制作要点

钢梁采用高频焊接 H 型钢，具有截面经济合理、生产品种多、规格齐全等特点，方便采购，可减少 H 型钢的组立工序，直接用于制作，提高加工速度。装饰机电一体化的预留洞口、预埋件等工序在工厂集中加工完成，减少现场工序。

（2）钢柱制作要点

当钢柱短边≥250mm 时，采用贯通横隔板式节点，具有较好的刚度、承载能力和延性的特点（图

3a）。通过工艺试验，预留焊接收缩量，保障柱的长度满足规范要求。

图3　钢柱节点

（a）贯通横隔板式节点；（b）贴板式节点

当钢柱短边≤220mm时，采用贴板式节点（图3b），在钢柱侧边贴板焊接；若钢梁与钢柱长弱轴方向连接，则将加劲板插入钢柱并焊接。该节点有利于扁钢柱内灌混凝土，节点刚度较好，加工制作时应重点控制柱面开孔及插板塞焊质量。

（3）超薄加劲钢板剪力墙制作要点

钢板墙的变形控制是加工质量控制的重难点，也是影响安装质量的关键点。

钢板墙的制作需要拼装（图4），而钢板多为4mm厚，加工变形高达十余公分。通过工艺试验，提出“薄钢板折边凹形焊接工艺”（图5），使面外变形减至传统工艺的1/10～1/6。并且，与中国建筑科学研究院合作开展“焊缝拉伸试验”和“超薄加劲钢板剪力墙抗剪性能试验”（图6）。试验结果表明：新工艺焊接质量合格，对焊接变形控制较好，对钢板墙的抗剪性能影响很小，满足设计要求。

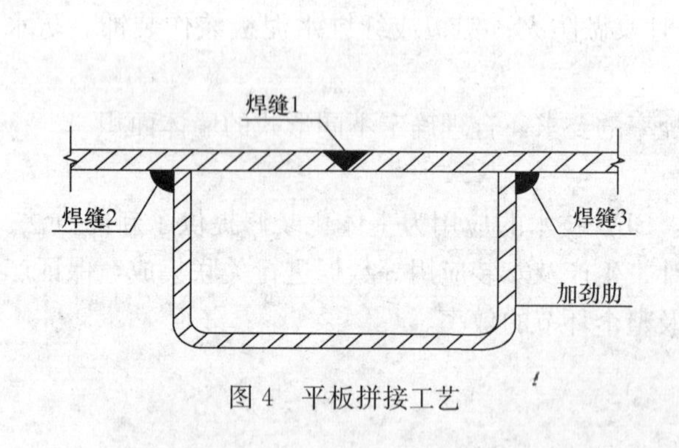

图4　平板拼接工艺

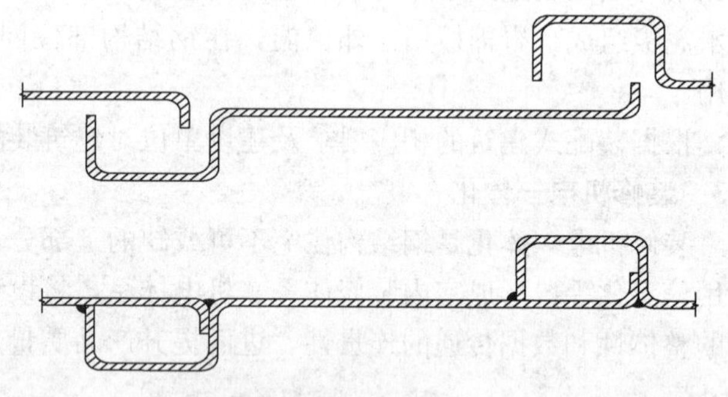

图5　薄钢板折边凹形焊接工艺

钢板墙主要制作工序：钢带开平→钢板校正→钢板折边→钢板拼装→整体与钢梁拼装→复测、校正→间断式焊接→焊缝清磨→打孔→喷砂→喷涂→堆放。

4.3　现场施工工艺要点

（1）BIM技术应用

1）施工场地布置

根据工程施工部署，创建各施工阶段的场地布置模型（图7）。基于模型进行方案优化，满足狭小场地的施工要求。

图6　超薄加劲钢板剪力墙抗剪性能研究试验

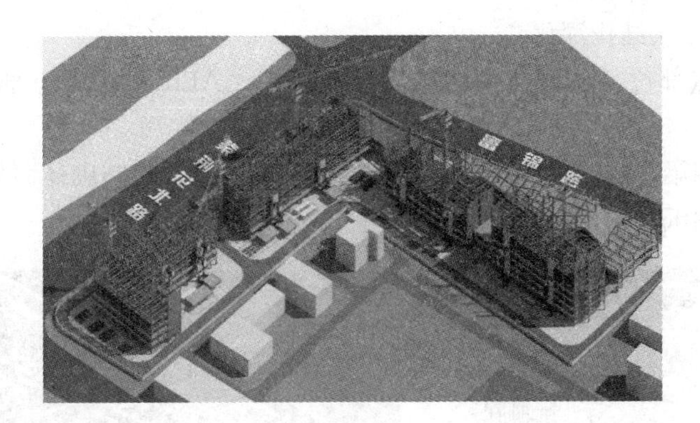

图 7　主体结构施工阶段场地布置

2）样板房深化点评

对样板房户型进行实体模拟（图 8），各参建方对深化内容及模拟成果进行点评、优化及确认，并指导后续实体工程的 BIM 施工深化工作。

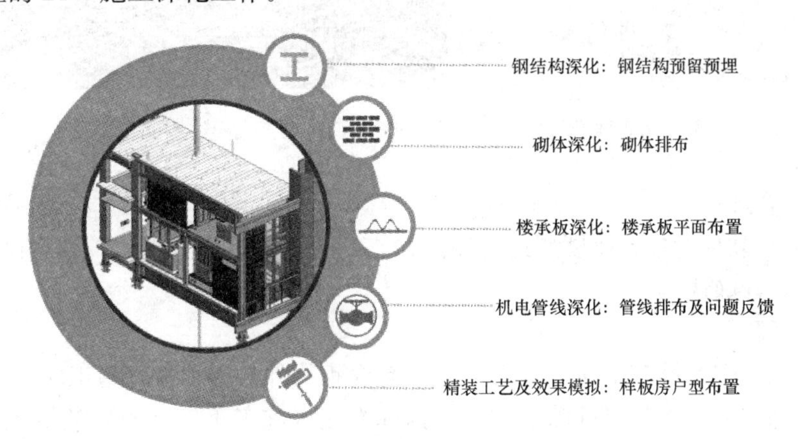

图 8　样板房施工深化内容

3）钢构深化管理

本工程钢结构采用工厂化加工、现场拼装，且工程施工场地十分狭小。鉴于此，加工前构件深化及构件出厂运输、现场堆放吊装的协调显得尤为重要。制定钢结构深化及加工的工作流程和技术路径（图 9）。建立物联网 BIM 信息平台，通过二维码编码对钢构件进行全过程跟踪、管理。

4）装配式钢筋桁架楼承板

根据钢结构深化布置图进行深化设计，形成楼承板深化排布图（图 10），指导生产与安装。

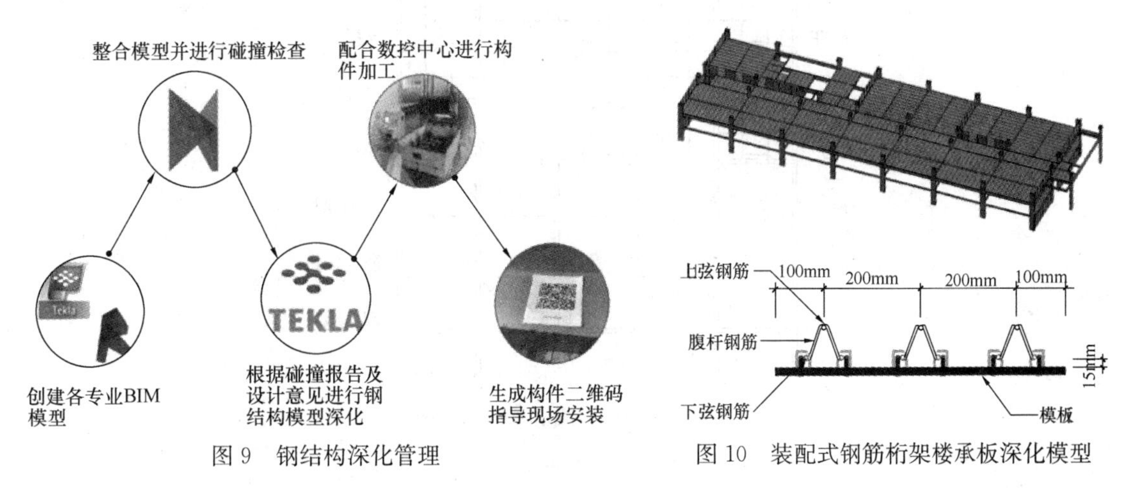

图 9　钢结构深化管理　　图 10　装配式钢筋桁架楼承板深化模型

5）复杂节点深化与二次结构深化

对钢结构与钢筋节点部位、幕墙与主体结构交接部位、ALC 条板节点部位等复杂节点进行深化（图 11）。

根据设计要求确定圈梁、构造柱、反坎等构件的尺寸和位置，绘制砌体固化图。进行砌体排布、砌块编号，生成砌体排布图纸（图 12）。

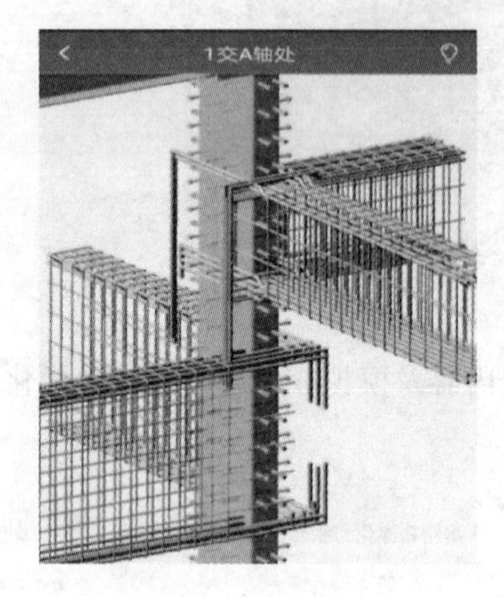

图 11　复杂节点深化

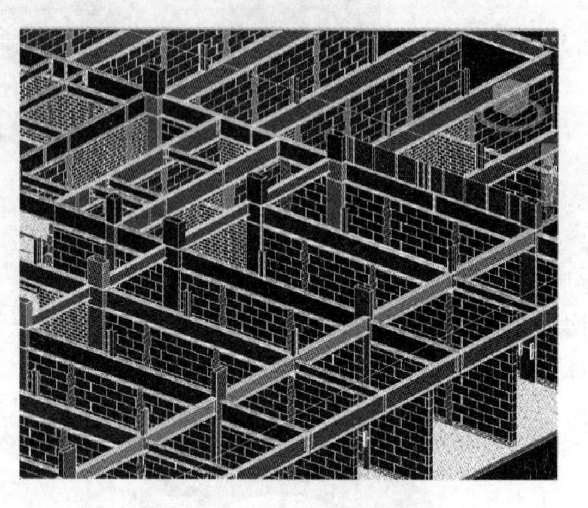

图 12　二次结构深化模型

6）机电管线综合

利用 Navisworks 软件对各专业模型进行碰撞检查，形成碰撞检查报告，根据碰撞结果调整管线，形成管综模型递交设计确认。

(2) 施工总体思路

全过程流水施工工序如图 13 所示。主结构安装包含钢构件与楼承板，施工时每幢楼划分为两个区域进行流水施工，每个标准节设定目标工期。根据标准流水施工工序、BIM 物联网信息，制定人工、材料、设备等相关计划，并实时跟踪、适时调整。

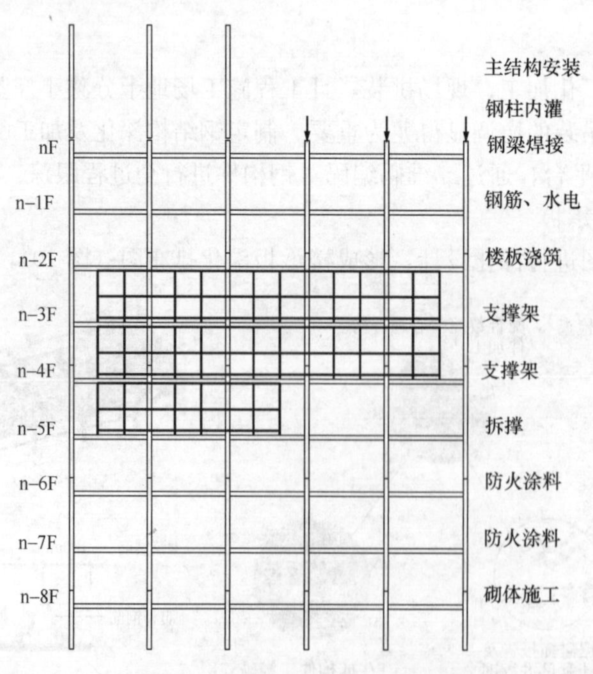

图 13　全过程流水工序示意图

(3) 钢结构安装

钢柱、钢梁等钢构件施工与普通钢结构安装相似，本文不再赘述，需重点关注钢柱垂直度等关键验收数据满足规范要求。

由于钢板墙厚度较小，在运输和堆放等环节因外部环境造成变形增加的风险隐患较大。为此，研发钢板墙可拆卸式多用胎架（图 14、图 15），对各个环节进行成品保护。

图 14　多用胎架

图 15　钢板墙安装

(4) 楼承板安装

楼承板免支撑的最大适用跨度应根据钢筋桁架型号确定，当超过最大适用跨度时，应搭设临时支撑。

现场主要安装工序如下：楼承板吊装→楼承板铺设（图 16）→支座钢筋焊接→栓钉焊接→分布筋绑扎→水电管线预埋→临时支撑搭设→混凝土浇筑→底模拆除。

(*a*)

(*b*)

图 16　装配式钢筋桁架楼承板

(*a*) 楼承板铺设；(*b*) 单排支撑

(5) 围护体系施工

围护墙体与钢结构连接位置，两种材料差异性较大，在温度荷载、风荷载作用下变形协调不一致，存在产生裂缝、渗水等风险。降低该位置的风险隐患一般为“抵抗”和“释放”两个原则：“抵抗”是指通过设置拉结筋、在两种材料铰接处设置满布玻纤网等措施以抵抗荷载作用；“释放”是指设置柔性连接节点，例如填塞岩棉等。

另外，考虑到节点（图 17）处的裂缝风险，在围护体系施工之前，需完成钢结构防火施工。常用的厚型防火涂料分层涂装，第一层涂料施工时应掺加粘结性较强的界面剂，以降低防火涂料脱落的风险隐患。另外，防火涂料完成表面粗糙，有利于与墙体材料粘结，降低钢结构与墙体交界处产生裂缝的隐患。

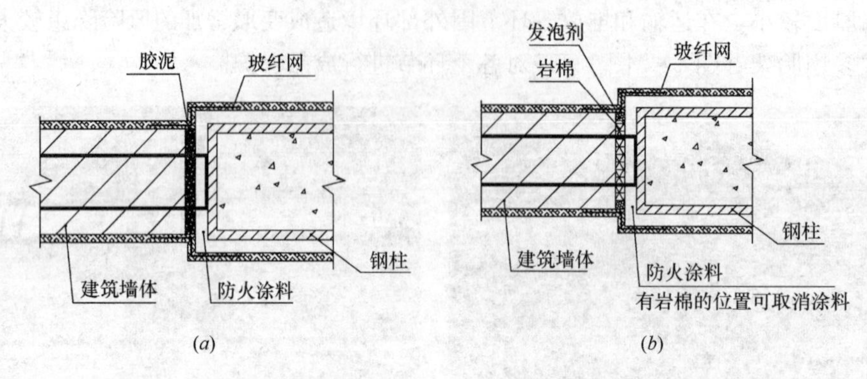

图 17　钢柱与建筑墙体连接节点

(a) 基于“抵抗”原则的节点；(b) 基于“释放”原则的节点

蒸压加气混凝砌块、页岩砖的施工技术与普通建筑施工技术相同。ALC 条板作为外墙，常见的安装方式有外挂和内嵌，外挂条板会造成室内凸梁的问题，并且无外架施工时，安装难度较大。因此本工程选用内嵌的方式，现场施工时，在楼板及钢梁下翼缘采用焊接或膨胀螺栓固定通长角钢，将钩头螺栓与角钢焊接连接。

ALC 条板主要施工工艺：深化设计→角钢安装→尺寸复核→切割条板→条板钻孔并装入钩头螺栓→条板直立安装→焊接钩头螺栓→垂直度校核→勾缝。

(6) 装修机电一体化施工

通过 BIM 系列软件，将给水排水、暖通、电气、装修等专业所需洞口、预埋件等进行精准深化设计，在加工厂集中加工完成，提高质量、减少现场工作量（图 18）。

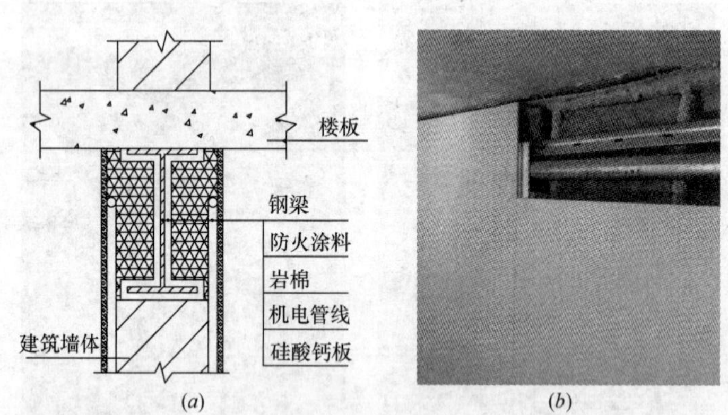

图 18　装配式装修

(a) 典型节点；(b) 现场应用

装配式装修体系为全干法作业，有效契合钢结构住宅的特点，减少污染环境、提高施工速度。图所示典型节点，采用管线分离式装修体系，钢梁腹板位置填充岩棉，表面覆盖硅酸钙板，无需抹灰、腻子即可作为完成面。

5　结语

装配式建筑是一个系统性的建筑产品，它要求建筑行业由建筑分包商向建筑系统集成商转变，本文结合工程实例，对中天装配式钢结构住宅整套解决方案及施工技术进行全面的阐述，本套方案具有以下特点：

（1）提供了装配式钢结构住宅系统解决方案，包含建筑、结构、给水排水、暖通、电气、装修等全专业，而不仅仅是单独的结构体系。

（2）整套体系设计、施工及验收都依据现行规范，主结构装配率达到100%，利于推广应用。

（3）通过试验提出“薄钢板折边凹形焊接工艺”经试验验证：新工艺焊接质量合格，对焊接变形控制较好，对钢板墙的抗剪性能影响很小，满足设计要求。

（4）应用BIM技术在钢结构住宅中，将钢结构住宅的设计、制造、安装过程协调统一起来，在借助BIM云的条件下，将信息化协同设计、可视化装配、工程量统计、节点模拟等全新运用，整合到建筑项目中。

本套方案应用效果较好，为实现住宅产业化提供了一种思路和方法，期望对装配式钢结构住宅的发展起到一定的推广作用。

参考文献

[1] 沈祖炎．推进钢结构住宅工业化建造的若干建议[J]. 中国建筑金属构，2015(8)：32-34.

[2] 苏醒，张旭，孙永强．钢结构住宅建筑部品生命周期详单分析[J]. 同济大学学报(自然科学版)，2011(11)：1784-1788.

[3] 刘炳华，王东，吴国良．高频焊接H型钢的生产与实践[J]. 轧钢，2006(20)：63-65.

[4] 李波，杨庆山，冯少华，陈一欧，卫东．钢管混凝土隔板贯通式节点的性能[J]. 土木建筑与环境工程，2012(12)：19-24.

[5] 佟曾，王代兵．BIM在全装修住宅项目开发中的应用[J]. 住宅科技，2014，(02)：25-28.

打包箱产品在工地临建市场营地项目中的应用案例介绍

李开艳　何　亮

（深圳雅致集成房屋有限公司，深圳　518000）

摘　要　本文主要结合红坳村整村搬迁安置房工程营地项目实例，通过对项目规划布局，产品应用选型，产品包装与运输安装等方面进行阐述，为目前工地临建市场的产品应用选型提供一种技术解决方案。

关键词　打包箱；工地临建；技术案例

1　项目介绍

红坳村整村搬迁安置房工程是广东省深圳市光明区重点民生工程，也是施工总承包单位中建一局集团的重点工程。其中营地建设是工程的一级节点，项目部积极响应国家绿色建筑号召，采用绿色环保施工技术，严格依据营地建造图册规划与施工，力争打造高标准、高质量的观摩营地工程，为工程项目增值服务。

本项目位于深圳市光明区外国语学校斜对面，现场场地整体呈东西狭长布局，占地面积 4200m^2，建筑面积 3100m^2，建筑层数两层，施工周期 45 天。项目营地最终确认方案包括办公区及生活区，要求各区域相对独立，但又相互关联。现场采用 153 台打包箱产品组合，其标准箱体规格尺寸为 6058mm×3022mm×2800mm（长×宽×高），其中会议室及接待餐厅等采用 8002mm×3022mm×3300mm 加长加高异形箱，并配套部分卫生箱、淋浴箱、走廊箱、室外露台及相关附件等。见图 1。

图 1　项目现场图

2 项目规划布局、结构及水电路设计说明

2.1 各栋建筑方案布局

方案合计突出“以人为本，生态优先”的原则，与原有场地特定自然条件结合，把生产及办公需求作为方案设计重点。

项目管理人员生活区域方案布局：建筑总体布局为双层四合院式布局，包含住宿箱、卫生箱、淋浴箱、厨房及餐厅等，各区域单元通过外走道及露台相互连通，配套两套室外直梯+1套室外折梯；外走道上方设置室外玻璃雨棚保证全天候畅通。此布局作为项目管理人员的生活区充分提升了舒适性，使项目人员有种宾至如归的感受，体现了企业以人为本的理念。方案布局见图 2、图 3。

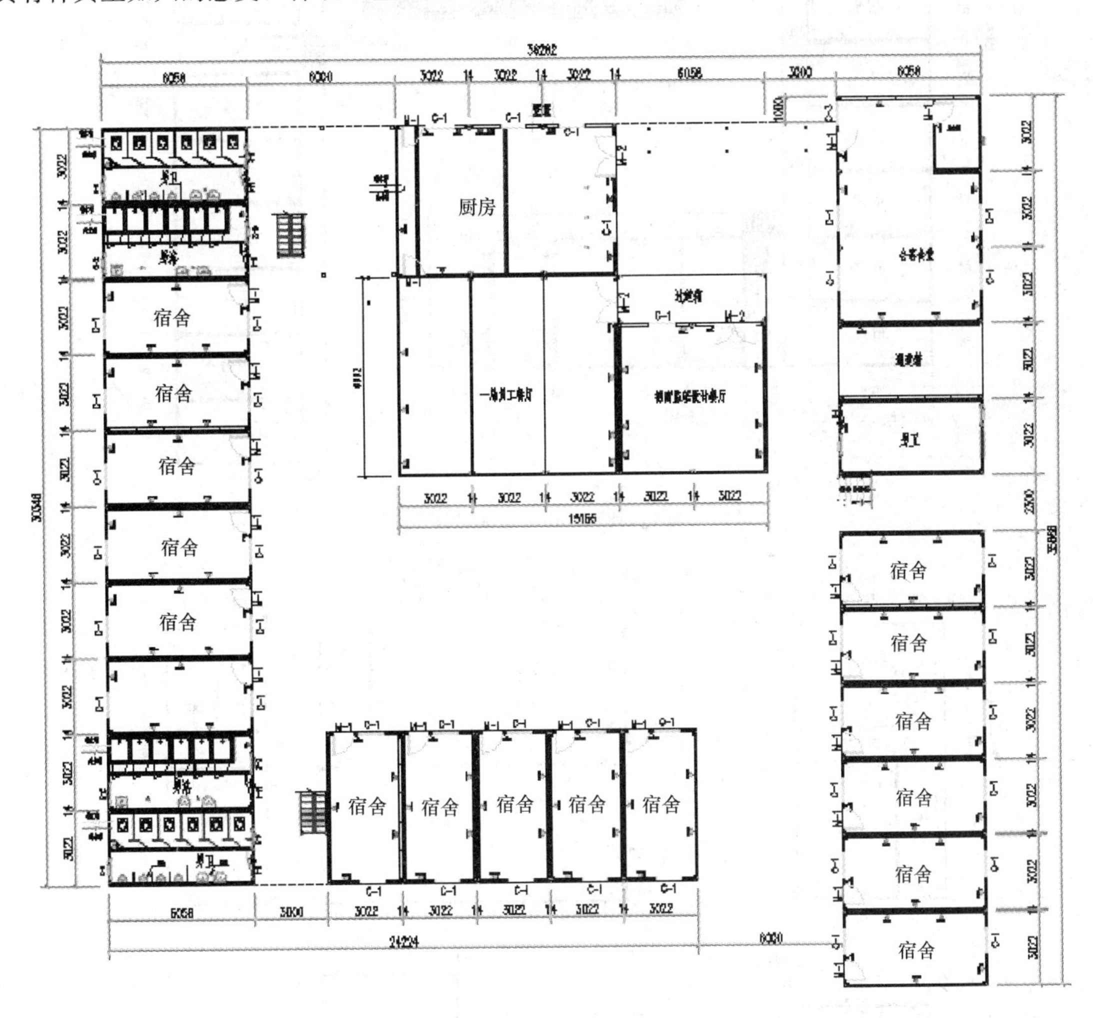

图 2 项目管理人员生活区域一层布置

办公楼方案布局：建筑主体是二层结构，部分是一层，包含各办公室、会议室、卫生间等主要功能单元，配置两部室内折梯，由 1.9m 宽走廊箱及室外露台相互连通。整栋办公楼采用大面积玻璃幕墙增加室内光线，隔音隔热节能环保的同时，使得整个办公楼的外观得到很大提升。方案布局见图 4、图 5。

2.2 结构设计说明

打包箱结构采用稳定的框架结构，由底框架、顶框架、角柱、轻质墙板（墙板之间可以互换）等部分通过螺栓、螺钉等进行连接。本项目箱体设计根据使用要求，遵照国家现行设计规范进行设计：

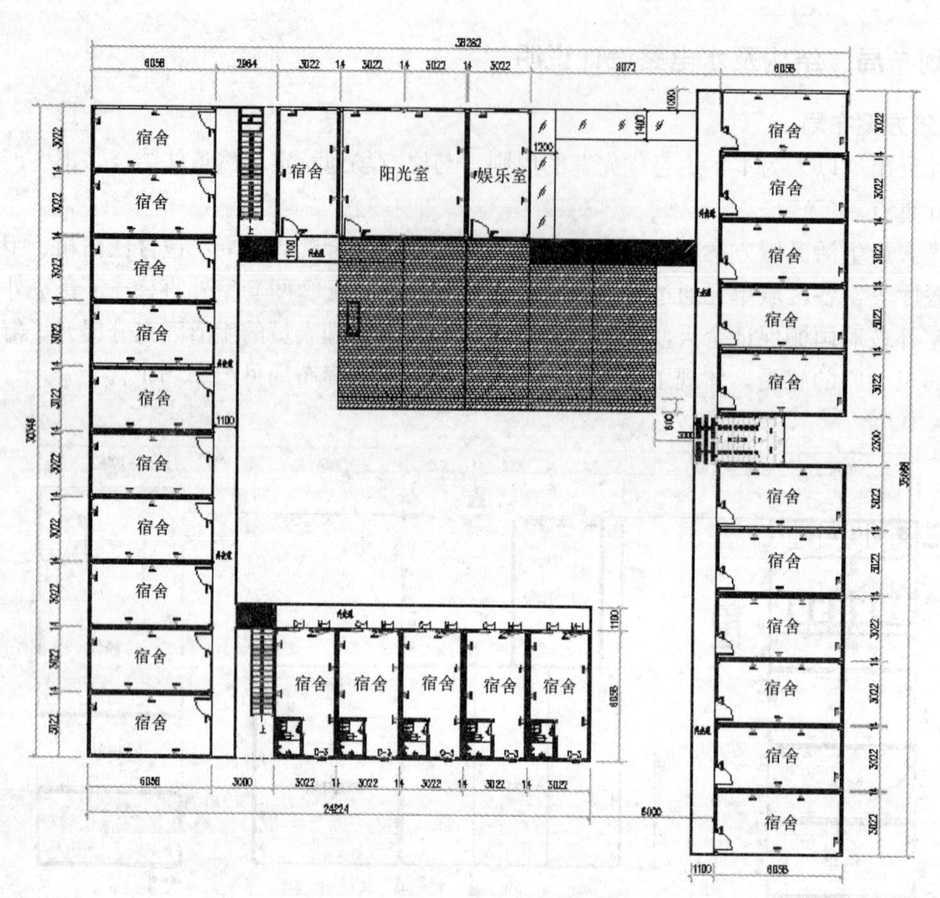

图 3　项目管理人员生活区域二层布置

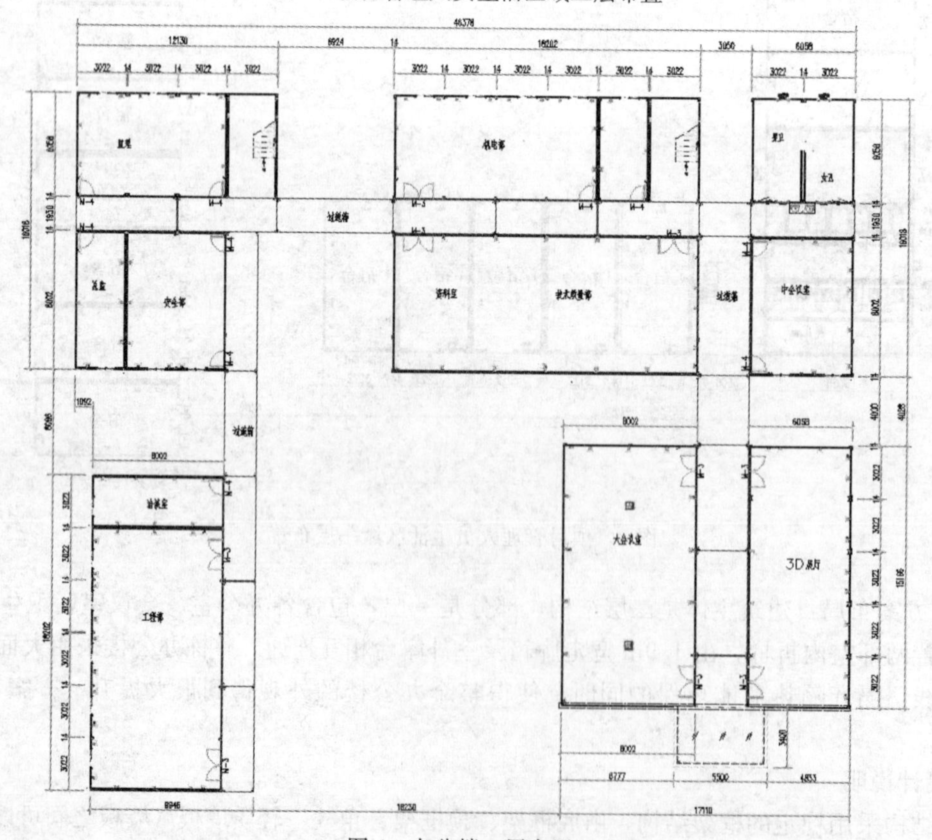

图 4　办公楼一层布置

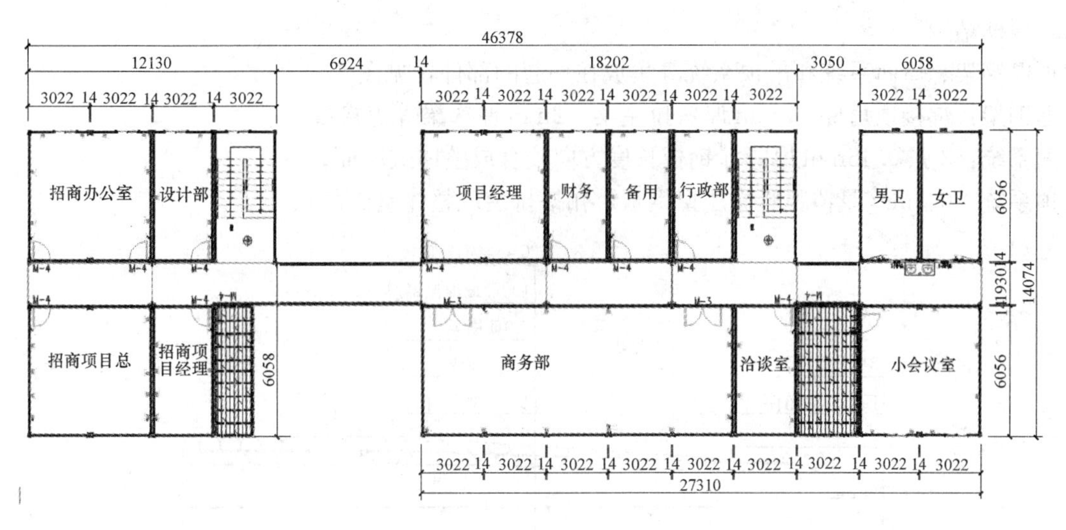

图 5　办公楼二层布置

《建筑结构载荷规范》GB 50009—2012；《冷弯薄壁型钢结构技术规范》GB 50018—2002；《钢结构设计标准》GB 50017—2017；《建筑抗震设计规范》GB 50011—2010；《建筑设计防火规范》GB 50016—2014；《公共建筑节能设计标准》GB 50189—2015。

2.3　箱体主要性能参数

箱体主要性能参数如表 1 所示。

箱体主要性能参数　　**表 1**

保温性能	顶板导热系数	$k=0.45W/m^2$
	侧板导热系数	$k=0.74W/m^2$
	角柱导热系数	$k=1.49W/m^2$
	窗户导热系数	$k=2.1W/m^2$
	门导热系数	$k=1.31W/m^2$
地板承重	$150\sim200kg/m^2$	
顶板雪载	$100kg/m^2$	
抗风	11 级	
抗震	抗震设防烈度 8 度	可靠的连接点
隔音	降噪 12dB	

（1）底框结构

由底框钢架结构和地板系统集成在一起的部件，见图 6。

底框钢架：焊接底角件、4mm 厚罗拉钢主梁、3mm 厚钢次梁等焊接成型。

地板系统：18mm 厚水泥纤维板，1.5mm 厚 PVC 粘胶地板革铺设于地板面层。

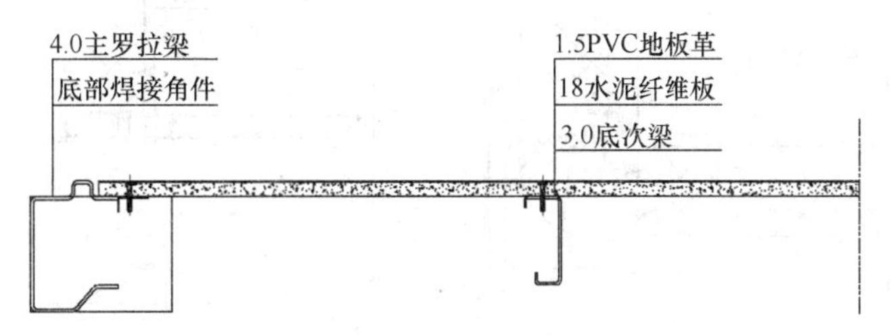

图 6　底框结构图示

(2) 顶框结构

由顶框钢架、屋面系统和吊顶系统等集成在一起的部件，见图 7。

顶框钢架：焊接顶角件、3mm 厚罗拉主梁、2mm 厚次梁等焊接成型；

屋面系统：3 张 0.45mm 厚彩涂钢板长度方向咬合成整体式屋面；

吊顶系统：0.5mm 厚覆膜彩涂压型钢板，扣搭拼装成整体室内吊顶。

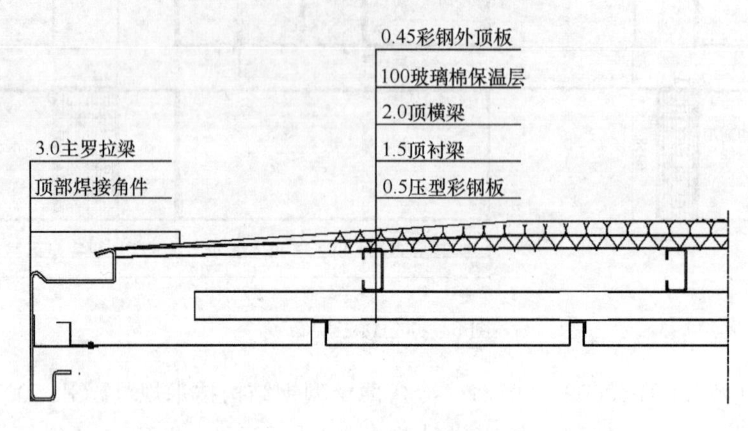

图 7　顶框结构图示

(3) 角柱结构

位于顶框结构和顶框结构的四角，可与角部立柱连接的构件，具有支撑、堆层、吊运、连接和紧固打包箱整体框架的作用，见图 8。

角柱构件：3.0mm 厚冷弯型材、上下角柱端板及加强板焊接成型。

截面尺寸：186mm×152mm。

图 8　角柱结构图示

(4) 墙体结构

将打包箱外墙板、门、窗、电路管线及元器件集成在一起的具有围护功能的部件。

墙板规格：75mm×1170mm，单面微压纹岩棉夹芯板，满足互换。

窗：1120×1120 塑钢推拉窗、带防盗杆及防蚊虫纱窗。

门：840×2035 钢质门，净开尺寸 745×1975。

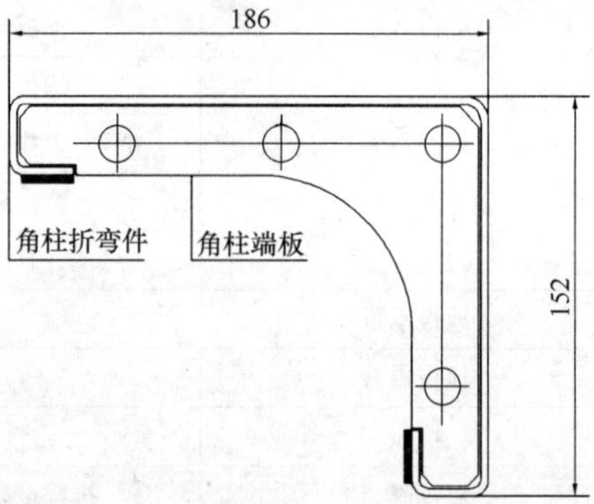

(5) 箱体内饰

箱体顶、底、角柱及墙板等安装完成后用于遮挡室内裸露钢构及接线的踢脚及阴角装饰部分。材质：PVC 型材，满足快速安装及拆除。见图 9。

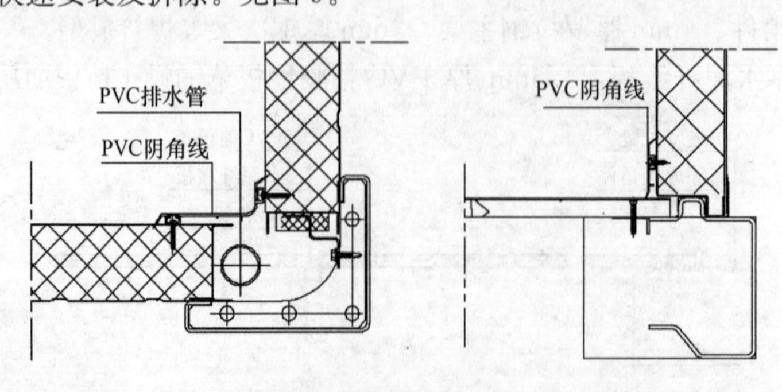

图 9　PVC 装饰图示

（6）堆箱连接

通过角件连接器及高强度螺栓、膨胀螺栓实现箱体与箱体及箱体与基础的连接形成同一建筑体，见图10。

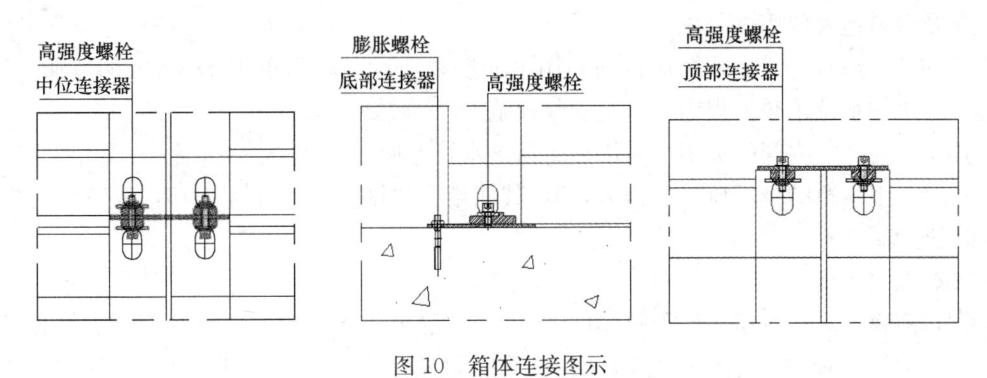

图10 箱体连接图示

2.4 通用电气及设施说明

（1）基本要求

线路暗敷，电气材料满足国家标准，符合3C认证，经检验合格后做隐蔽工程；电气施工质量符合GB 50303相关规定。

（2）基本参数

电压频率：220V，50Hz。

外接插座：3芯/32A海运插座。

内部电气：普通插座回路、空调插座回路、照明回路。

配电箱：PZ30型8回路暗装配电箱。

40A/2P-0.03 A漏电断路器。

1×10A微型断路器（灯）。

1×16A微型断路器（空调）。

1×16A微型断路器（插座）。

2.5 通用水路及设施说明

（1）基本要求

室内给水管道宜明装敷设，并在室内易于接近的位置设置给水管的主截止阀；隐蔽工程应经检验合格后隐蔽；给排水管道及配件的施工质量符合GB 50242的规定。

（2）设计范围及依据

包括室内生活给水、热水和污水系统设计；《建筑给水排水设计规范》GB 50015—2003；《给水排水制图标准》GB/T 50106—2001。

（3）管道系统

给水系统：由市政给水管网直接供水或由水泵和水箱联合供水，供水压力为0.25～0.4MPa。

热水系统：淋浴箱内热水由热水器或其他方式供应。

排水系统：采用污水、废水合流，排入室外污水管网。

（4）设备与管道安装

给水管材：给水管道明装，设计选用国内品牌PPR给水管，热熔连接接，该管材具有无菌、无毒、抗腐蚀、耐酸性、低噪声、安装方便等特点，完全通过FDA标准，且具有ISO9001国际质量体系认证等。

热水管材：采用国内品牌PPR热水管，热熔连接接，最高可承受约90℃的高温。

排水管材：选用国内品牌建筑排水用硬聚氯乙烯 PVC－U 管材，胶粘连接，该管材具有强度高、耐腐蚀、耐老化、流体阻力小、使用寿命长等特点。

卫生洁具及配件：卫生洁具及附件均属国内知名品牌。

（5）设备及管道拖入使用

给水管道冲洗：给水管道在系统运行前须用水冲洗和消毒，以不小于 1.5m/s 的流速，进行冲洗，并符合《建筑给水排水及采暖工程施工质量验收规范》。

进水口连接：先将室内阀门关闭，采用热熔与给水管连接。

排水口连接：卫生箱的排污口尺寸为 $D110$，其他箱型的排污口尺寸为 $D75$，故应采用相应规格的 PVC 管与其相连接。

2.6 涂装要求

箱体主钢构镀锌，水性漆喷涂，干膜厚度 70μm；喷涂要求无色差、流挂、起皱、针孔、气泡、脱落、脏物粘附、漏涂等现象。涂层应均匀一致，漆膜附着力应满足 GB/T 9286—1998 中规定的Ⅱ级要求。

3 产品包装及运输

本项目要求箱体扁平自身单箱打包，运输方式：17.5m 挂车陆运。

3.1 打包方式及要求

单箱箱体由顶框、底框及附加打包角柱通过高强度螺栓形成可靠连接，四周用玻镁板维护构成打包单体。箱体本身构件（侧板、装饰线、组箱件等）在打包单体内平顺摆放，相互之间用珍珠棉或 EPS 垫块隔开，并用简易支架放置构件在运输中窜动损伤。

打包单体内按类别及规格进行标识，并附打包清单及单箱平面布置图及水电路图纸。

3.2 转运方式

运输单体采用四角吊举的搬运方式，吊索与水平面夹角宜为 60°。

打包单体可采用四角吊举或叉车叉举的搬运方式。

3.3 装车及运输

包体装车运输应符合公路运输规范，运输单体高度不得超过 2896mm。此项目中标准箱体扁平打包后高度 650mm，可通过箱体角件用高强度螺栓及相关配件进行四箱堆叠打包形成一个包体后运输，17.5m 车单次可运输标准箱体 11 台；其他功能箱及异形箱根据自身箱体内构件数量及规格相应增加单箱打包高度，并形成的运输单体时不得超过 2896mm。

4 项目实施说明

该项目为政府重点项目，工期紧急，通过高效的运营速度，45 天全部完成。成功的为客户解决营地紧急投入使用的需求，并很大程度改善了客户项目人员的办公和生活环境，体现企业的人文关怀；造型独特、功能齐全，根据客户的场地及使用需求进行合理布局，并提供超高超宽大空间用于大会议室及高规格接待室等的需求，产品施工最大化的还原客户初衷规划设计，有效地满足客户提升企业形象和创建标杆营地的需求。

集束智能装配建筑体系介绍与研发方向

郑天心

（河南天丰绿色装配集团，新乡）

摘　要　本文介绍的集束智能装配建筑体系是一种新型的建筑工业化体系。该体系包含集束核心截面、集束截面的自动化生产设备系统、集束构件标准化、集束建筑产品系列及其定制化IBIM系统。本文探讨了集束体系理论研究和产品开发的方向，以及智能化BIM软件开发的理论与框架。集束智能装配体系的研发为建筑工业化的实现提供了新思路。

关键词　建筑工业化；集束；智能；装配式建筑

1　概述

集束智能装配建筑体系是一种新型的建筑形式。该体系以智能冷弯设备生产的集束体系截面为素材，以集束组合方式在工厂内组装成梁柱等结构构件，在施工现场以装配形式安装建筑模块，直至集束建筑落成。该体系包含了集束低多层建筑、集束模块建筑、集束大跨空间结构等产品系列，及其配套的工程设计方法与标准、截面生产、构件标准化制作、运输、安装等技术体系。集束智能装配体系是一个完整、先进的建筑工业化体系，其建筑产品的设计、制作与施工符合现行规范。

集束智能装配建筑体系是对冷弯型钢体系的继承与发展。冷弯型钢截面已经在国内外广泛应用，集束截面在此基础上对截面边缘加劲，增大有效截面面积，提高性能。传统冷弯型钢多用于次要结构构件、无吊车小跨度门式刚架、货架、单层住宅等领域，而集束构件的截面厚度达6mm，最厚可达16mm，截面的尺寸增大到600mm以上，扩大冷弯薄壁型钢的适用范围，可用于多层、大跨结构的主要受力构件。此外，集束体系升级了冷弯薄壁型钢的连续轧辊技术，加入了快速换型、在线矫正、小批量多批次生产自动控制等技术。我国已经拥有了相对完整的冷弯薄壁型钢建筑与构件的规范、规程与图集，集束体系是在其基础上进行创新与提升，开发符合装配式体系的集束建筑构件与产品体系。最后，对成熟的集束建筑产品进行智能化BIM系统的定制化开发，将设计方法与经验固化到程序中，完成相应的工程设计、计算和生产设备控制。综上所述，集束智能装配体系发展了传统冷弯薄壁型钢建筑体系，为装配式建筑工业化提供新思路。

2　集束智能装配的核心技术体系

集束智能装配建筑体系，其核心技术包括：集束核心截面、集束截面的自动化生产设备系统、集束构件标准化、集束建筑结构产品系列，集束建筑产品的定制化IBIM系统（智能化建筑信息模型系统：Intelligent Building Information Modeling）。下文将逐一介绍。

2.1　集束核心截面

集束截面（图1）又称为G型钢，是对冷弯C型截面（卷边槽钢）的强化。首先，集束截面加强C型的卷边，增长了卷边长度，并对卷边再一次弯曲加劲。根据板组理论，对比常用的C型截面，集束截面的卷边部分对翼缘的约束显著增强，从而提高截面的有效面积和材料的利用率。其次，常用C型截面的厚度不大于 2.5mm，而集束截面的厚度达6mm。可以减少截面的宽厚比，增大薄壁型钢的有效面积。C 型钢腹板高一般不超过 220mm，集束截面腹板高可达 600，适用于主要受力结构构件。集束截面的原材料为普通钢卷、镀锌板，到镀铝锌板、耐候钢板、镀锌铝镁板、铝板、铜板、不锈钢板等，可以满足建筑、装修、机械、运输等不同领域的需求。冷弯成型的集束截面可采用具有良好的防腐性能的材料，免除传统钢结构生产过程中的喷砂、除锈、防腐喷涂等污染环节，降低环保成本；而耐火耐候钢的应用，进一步减免了防火涂料、防火板施工的成本与环保成本。

图 1　集束体系的核心截面

2.2　集束截面的自动化生产设备系统

集束智能装配体系是对传统冷弯薄壁型钢成型设备的升级。集束智能装配生产线（图 2）历经三次设计升级，现在一套生产设备包含 G150-3A、G300-3A 和 G600-3A 三条生产线，可以生产集束截面的厚度 0.75mm 到 6mm，腹板高度 75mm 到 600mm。生产线长度分别为 72m，92m 和 120m，一条线需三名操作人员，生产速度最高为 15m/min。生产线自动完成开卷、校平、钢卷端头焊接、小批量多批次冲孔、辊压成型、侧弯校直、扭转校直、切割、张口修正，自动码垛等制作工序。集束生产线具有柔性生产的功能，程序自动控制不同的冲孔模式、位置与单根型材长度；只需调整辊压成轧辊的布置，更换切刀模具，设备可生产不同规格的型材截面。系统以生产控制文件形式对不同长度、冲孔的截面进行小批量、多类型的自动生产。定制化开发的集束 IBIM 程序，自动归类截面规格，生成生产控制文件，对每个零件和构件均逐一编号，并自动喷印条形码，与 BIM 模型数据模型逐一对应。

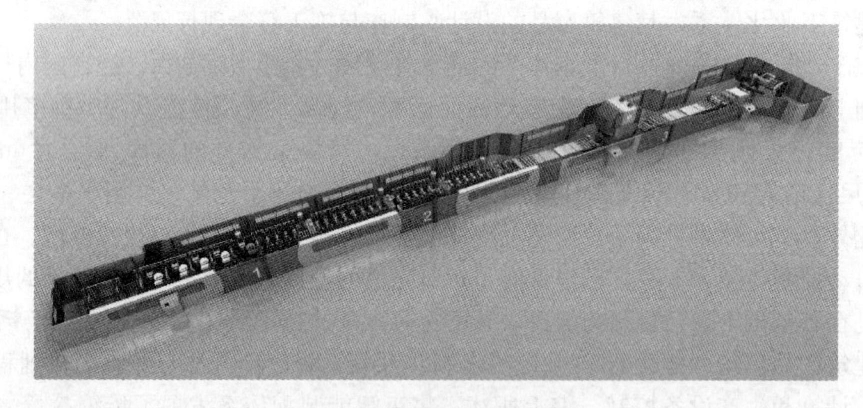

图 2　集束智能装配生产设备

2.3　集束构件

集束截面的性能类似于 C 型钢，全截面等厚度，截面单轴对称，强轴（对称轴）的惯性矩为弱轴（非对称轴）4～9 倍；截面厚度较小，在受压或受弯状态下，除可能出现弯扭屈曲或弯曲屈曲外，还可能现局部失稳或畸变屈曲。研究集束截面特点，发现其作为单一截面构件使用，不管是作为轴心受压、压弯构件的立柱，或作为受弯的实腹梁，截面的性能不佳，性价比不及矩形管或 H 型钢截面。集束截面的卷边加劲、壁厚较厚的特性，使其力学性能优于 C 型钢，因此应采用特定组合的方式，才能够充分发挥其性能优势。通过研究，本文建议采用集束桁架梁的结构布置方式。桁架梁的杆件单元为单集束截面，弦杆均为口朝下，用加劲节点板连接腹杆与弦杆。该布置方式的优势是，绕弦杆弱轴屈曲的方向在桁架平面内，可以通过控制节间长度来使弦杆绕弱轴不失稳；而弦杆的强轴方向在桁架平面外，因为集束截面强轴的回转半径为弱轴回转半径 2～3 倍，弦杆平面外支撑长度可以大大增加而保持稳定，所以非常有利减少桁架平面外支撑体系的数量，适用于厂房、仓库和农业温室的大跨屋架体系。如果集束桁架作为组合楼板的支承梁，上层地板为桁架梁上弦、下层天花板为桁架下弦提供可靠的平面外支撑，因此上下弦杆可旋转 90°使弱轴在平面外，从而取了消弦杆与腹杆之间的节点板，腹板之间直接连接，简化桁架梁制作。上下层地板与天花板之间，有一个 450～600 的桁架结构，形成有设备层，设备、管道、线路均可安装在桁架梁之间，便于安装与维修。此外，介绍集束截面的几种常用的组合形式：其一，双集束截面背靠背（图 3*a*）组成类似 H 型的双轴对称构件，可以作为实腹梁、实腹柱，在工厂内制作简单，批量化生产效率高，但组合截面腹板厚度为翼缘截面的 2 倍，材料利用率不高。其二，口对口的截面布置（图 3*b*）组成类似矩形管的构件，可以替代矩形管，但截面效率也不高，制作复杂。其三，增大口对口的两个集束截面的距离，组成格构式构件（图 3*c*），提高材料利用率，适用于荷载较大的轴压或压弯构件。其四，L 型拼构件方案（图 3*d*）可以同时提高两个轴的惯性矩，没有明显的弱轴（最小轴惯性矩大于单截面强轴惯性矩 10%以上），也有利于沿墙角形成异形柱避免室内突柱；L 型构件中心焊接 T 型板可行形成高强度的节点区域。

(*a*)

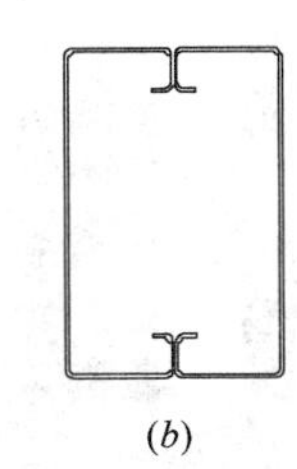
(*b*)

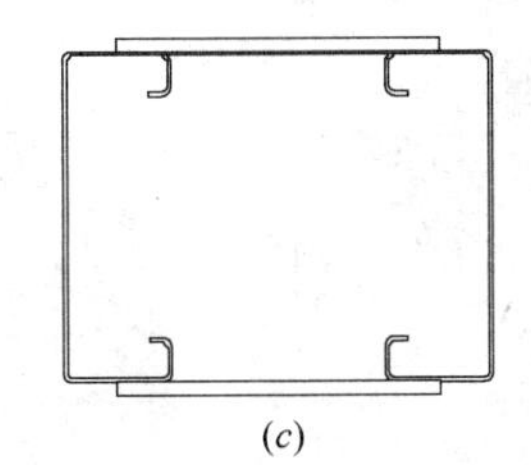
(*c*)

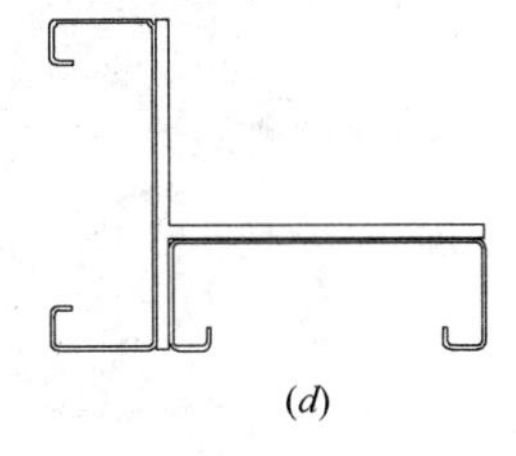
(*d*)

图 3　集束组合构件形式

2.4　集束构件标准化

集束构件标准化设计考虑了以下三点：其一，标准尺寸构件与构件组合多样化。如低多层集束结构的桁架梁有 400 与 600 两种标准高度，构件长度以 600 为模数，从 1200 到 6000，共需 18 套标准工装（图 4），满足大部分低层住宅等民用建筑的需求；对大跨度光伏屋架产品，研发出以 5.4m 的变高楔形标准段和 0～5.4m 的等高伸缩端，可组合成 8～40m 任意跨度的光伏屋架产品。其二，截面标准化，一方面应减少截面规格，以避免生产线频繁换型。集束模块体系仅采用一种集束截面，低层结构体系采用两种截面，集束大跨桁架体系不超过五种，通过截面组合方式满足不同结构单元截面性能需求；另外应避免集束截面生产线下如斜切、开槽、钻孔等等的二次加工；其三，节点零件应通用化与简单化，如集束低层结构体系仅有 24 种节点零件，由标准冲压模具生产，保证了制作效率与产品质量。最后，形成配套的标准工艺与设备，包含材料标准、工具标准、工装标准、材料清单 BOM、标准流程 SOP、工作指导书 WI、工具使用手册、工具与工装验收标准与保养计划，产品验收标准，构件编码规则，以及加

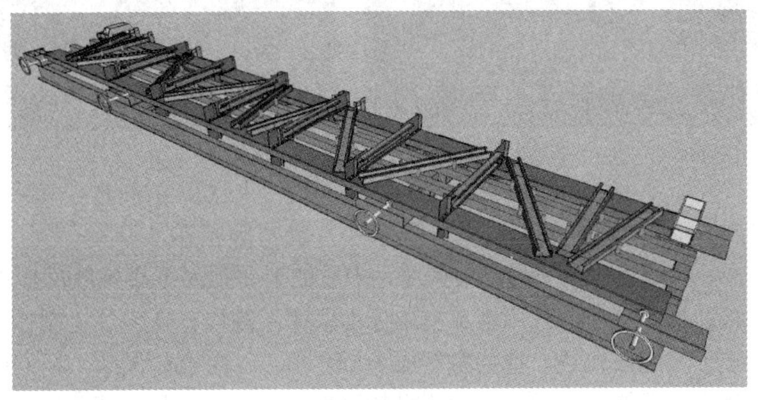

图 4　集束标准构件与工装

工机器人的控制程序与操作手册。

2.5 集束建筑产品系列

集束截面与集束构件的推广，扩大了冷弯薄壁型钢的使用领域，现已形成了三个终端建筑结构产品系列，分别为集束低多层结构体系、大跨空间结构体系，以及集束模块建筑结构体系。

1）集束低多层结构体系：适用于高度小于24m、6层及以下的民居、办公楼、宿舍、酒店等建筑（图5）。建筑结构为整体集束桁架＋耗能支撑体系：竖向构件采用桁架柱，立柱本体为集束L型组合异型柱，在两个方向用集束桁架支撑，具有良好抗侧力性能；立柱桁架支撑可根据实际建筑功能布局进行增减，均藏于墙内，室内无突柱；水平构件为标准桁架主、次梁，梁桁架藏于楼板内，形成管线、设备的设备层，便于施工与维修。室内无凸梁凸柱，空间利用率高。结构符合现行国家标准及规范，采用抗震耗能系统吸收地震能量，使结构构件在罕遇地震作用下保持弹性。体系由G150×1.5和G75×1.0两种截面，以及24种结构零件构成，平衡构件标准化、通用化，与终端建筑产品柔性需求。

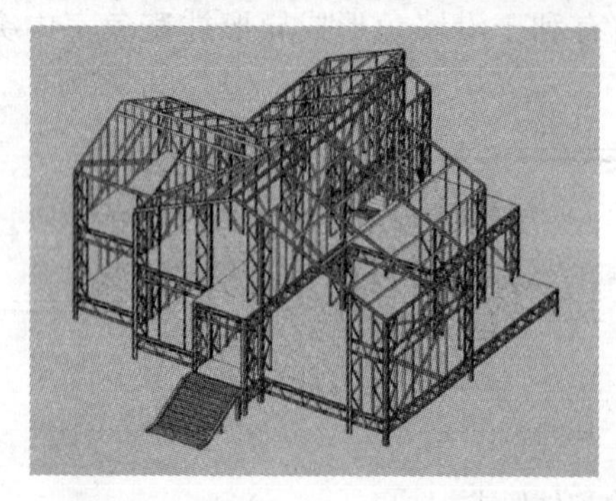

图5　集束低多层结构与建筑实例

2）集束模块化结构体系：适用于可移动、可拆卸的快装房屋、军营、宿舍、社区服务模块等领域（图6）。采用实腹式集束模块框架体系，角柱为集束L型异形柱，强化的T型梁柱节点，主次梁为实腹集束截面，梁上翼缘与结构基板共同作用，有效提高楼板刚度。集束模块的标准水平尺寸为4×3、8×3、12×3，高3m。一个模块内可划分为一个或若干个功能区域，若干个模块可以组装成一个功能区域。集束模块体系设计主要考虑提高工厂内结构构件、建筑部件、设备单元的集成度，工程生产效率，现场装配速度与便利性，室内空间利用率，以及模块运输的可行性。

图6　集束模块结构与建筑实例

3）集束大跨桁架结构体系：适用于厂房、仓库、大型光伏屋架、温室等领域（图7）。屋架采用Warrant桁架布置方式，弦杆为口朝下的集束截面，平整的上弦顶面可布置屋面檩条，减少积灰；腹杆与弦杆间用加劲节点板连接。该桁架采用集束桁架标准段体系制作，在工装上制作等长变高的楔形桁架标准段和等高变长的矩形伸缩段模块，现场拼接成6m到43.2m跨度的屋架。不同的标准段的弦杆、腹杆截面根据设计内力优选，具有产品柔性，优化材料用量。立柱根据竖向荷载设计为集束格构柱。

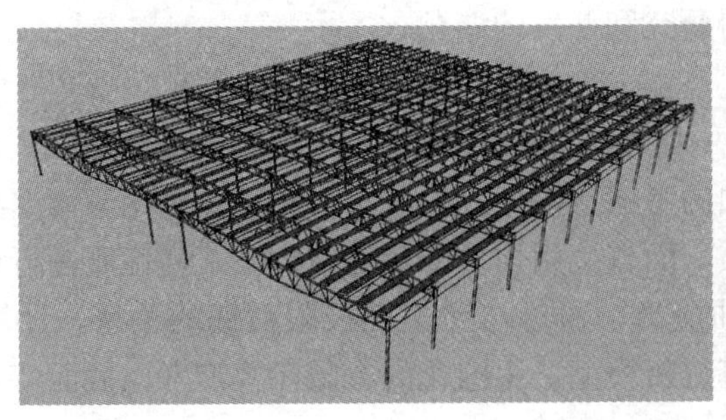

图 7　集束大跨桁架结构与实例

2.6　集束建筑产品的定制化 IBIM 系统

IBIM 智能化建筑信息模型系统，是以 BIM 技术为基础的智能化建筑工程设计与管理系统。该系统对特定的建筑产品定制开发，将建筑工程设计（结构、设备）与部件的详图深化设计、自动化生产线控制、工厂生产制作计划、项目成本概预算、钢构件运输安排、现场装配计划等等的设计经验，用自动化程序实现，从而替代人力，提高项目效益、缩短工期。IBIM 系统替代了部分乃至全部传统建筑项目的工程设计师、装配构件深化设计人员、概预算人员、生产计划人员、生产设备控制人员、项目管理人员的职能，改变建筑工程项目的管理架构和流程，将改变行业现状。在理想的项目实施场景中，从客户需求发送到有技术能力的项目经理的一刻开始，直到集成构件的出厂，工程项目的设计与管理由项目经理一人完成，其他工作均由 IBIM 程序，及其控制的自动化无人工厂完成，即称为“一个人＋一个程序＋一个无人工厂”的模式。IBIM 对特定的、标准化的产品体系定制开发，效率很高。通过测算，传统的工程设计流程完成约 300m^2 集束低层建筑与结构设计、钢结构深化图、工程概算，至少需要 12 个工作日，共计约 5760min；而 IBIM 从建模到生产控制文件输出仅需 180min，提高效率 30 倍。定制化开发的 IBIM 设计流程（图 8）为：建筑功能分区、结构布置方案、按特定的简线图的模型绘制、结构计算参数输入（170min）；运行 IBIM 自动设计流程，程序完成（10min）结构计算模型生成（SAP2000 或 PKPM 的详细模型文件，ANSYS 的 APDL 建模与分析流程），构件截面理论计算与预设，工程设计，精确 BIM 模型建立、优化与输出（模型文件输出到 Revit、Votex、Sketchup）、全专业施工图绘制（AutoCAD）、钢结构生产图绘制（AutoCAD），详细材料清单（Excel），工程项目流程（Project）。然而，IBIM 高度集成工程设计经验，针对性很强，只适用于某类很成熟、实现了部件集成化和标准化的建筑产品；虽然不同建筑产品的 IBIM 系统开发经验可以相互借鉴，但实际的产品的设计经验积累，制定设计规则，对眼建筑体系进行标准化改造，并将经验和规则数据化和程序化，则需要消耗相当长的时间。

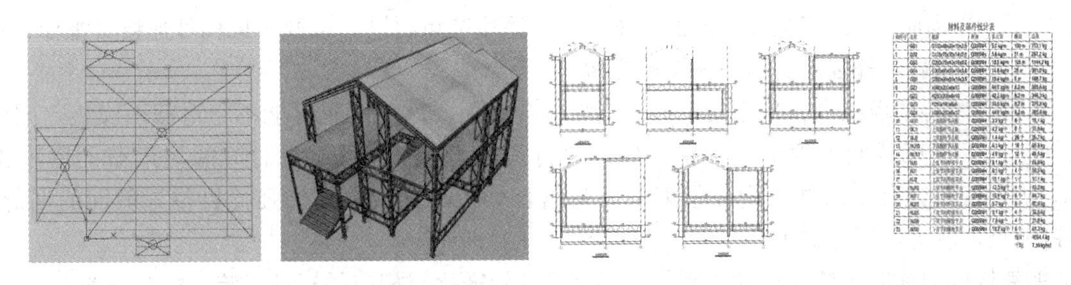

图 8　集束建筑产品定制化 IBIM 流程

3　集束智能装配的研究与开发课题

集束建筑体系的研发方兴未艾，以冷弯薄壁型钢和钢结构体系的理论与设计规范为基础，结合冷弯设备改进与研发经验，BIM 技术的应用，装配式建筑的标准化设计、制造与装配，全面整合与升级。

通过多年的研究与应用，总结出下面几类值得研究和开发的课题：

3.1 集束截面与生产

1）集束截面的直接强度法：集束截面是一种边缘加劲的复杂卷边型钢，可依据 GB 50018 的板组理论设计，然而有效截面计算繁琐、畸变屈曲的考虑也不充分。陈骥介绍了一种冷弯薄壁型钢的直接强度设计法，不再用有效截面和截面的几何性质，而直接用构件的全截面及其几何性质进行设计。采用有限条法确定板件局部屈曲应力和截面畸变屈曲应力，通过与弹塑性极限荷载的关系，计算承载力设计值。研究集束截面的直接强度法设计法的计算分析模型，用细化的有限元模型考虑截面弯角区域弧度的影响，以及改进的加劲方法。

2）集束截面优选：连续辊压成型的集束截面尺寸选择受到多个因素的制约。其一，设备生产限制，考虑成型轧辊的厚度与角度相关的生产干涉、刀具刚度、轧辊直径与截面加工范围等；其二，截面尺寸符合规范与截面性能，考虑截面的尺寸应符合相关规范、通用尺寸级数；其三，截面尺寸性能，考虑板件有效截面、惯性矩、回转半径等；其四，卷板剪裁，如定尺卷板卷板边缘加工前裁剪量、剪裁余量等。考虑以上因素后，在截面尺寸的可行空间内搜索优化截面尺寸。

3）自动生产设备系统的升级：根据不同建筑产品的客户需求与反馈，开发新型合理的集束截面。研究提高生产设备的性能、智能化程度，以提高截面生产换型效率、截面生产质量，改善截面成型后的截面端部张口和侧弯的矫正功能模块。

3.2 集束构件与制造

1）集束桁架次弯矩：为提高集束桁架的工厂制作与现场装配效率，集束桁架的腹杆轴线往往不交于一点，其偏心率大于5%，不满足现行钢结构规范要求，产生平面内次弯矩；桁架截面单元也可能在平面外方向上不共线，产生平面外次弯矩。应研究次弯矩对集束构件整体性能和局部节点强度的影响，提供次弯矩折减性能的计算方法。

2）集束桁架弦杆屈曲：桁架弦杆的轴力分布不均匀，受压承载力的计算方法有别于轴心受压单元，采用势能驻值原理分析，提供各种桁架腹杆布置下弦杆承载力；采用理论分析、数值计算、实验室试验等方法研究变化轴力对集束截面局部屈曲和畸变屈曲的影响。

3）集束桁架梁柱的优化布置与适用范围：采用 MIchell 桁架拓扑优化方法，优化集束桁架的结构布置。考虑多荷载工况、集束截面选择、桁架变高等问题。研究集束桁架结构的适用范围，在低多层建筑、物流仓库、温室大棚等领域的合理尺寸，以及集束桁架在吊车梁、脚手架、贝雷桥架等领域的优势。

4）集束构件防腐与防火：集束截面的壁厚小于普通钢结构，防腐保护层失效后，其耐腐蚀裕度较小；较小的壁厚构件的耐火性能也比较差。研究集束结构的适用材质，防腐与防火的方法与策略，将扩大集束体系适用范围，提高安全性、降低成本。研究适用节点材质，以及集束构件连接（螺栓、自攻自钻螺钉、焊接）以后，补强防腐与防火层的方法。

5）集束与组合楼板结合：采用集束截面支承组合楼板，栓钉位置可能不正对截面腹板，因此栓钉的直径不应大于集束截面厚度的 1.5 倍。标准栓钉最小直径为 10mm，对应的集束截面厚度不小于 6.7mm，因此应研究有效的办法增强集束截面与组合楼板的连接，如加强栓钉位置截面的局部稳定、加强栓钉节点、改进连接方式等。

6）集束构件的标准工装与自动化制作：研究构件标准化与相应的标准工装，配合机器人自动组对、拼装、焊接、铆接等工序，并采用精益化生产的思想设计集束构件生产流水线，提高集束构件的制造效率与质量，降低工人操作的难度和强度。

3.3 集束结构连接

1）集束节点连接方案：作为薄壁型钢的集束截面的各种常用连接形式需要优化与改进。采用普通螺栓、铆钉连接，因为截面壁厚小，孔壁挤压破坏形式让截面的连接强度明显偏低；采用摩擦型高强度螺栓连接，承载力需折减，接触面需经处理，增加了成本；若采用焊接，最大焊脚高度不能大于最小壁厚的1.5倍，焊接高温会破坏已有的镀锌卷板保护层，焊接后需要修复，限制了镀锌板材的应用；采用自攻自钻螺钉连接，最大的标准ST6.3自钻螺钉的最大钻板厚度（节点板厚+截面壁厚）为5mm，截面壁厚受到限制，且施工人员体力消耗较大，劳动效率不高。研究适用的集束结构的连接方式，将提高集束建筑安全性和适用性。

2）集束节点的局部稳定性能：冷弯薄壁型钢在节点处承受集中力，容易产生局部屈曲，其承载力与截面、节点板的尺寸、连接方式、加劲肋有关系，研究集束节点的局部承载力性能，可提高集束结构体系的整体结构安全性。

3）集束标准节点系列：在军用建筑、临时建筑、可移动建筑应用中，要求结构之间、结构与建筑之间的节点连接方便、容易拆装、在多次拆装中保持性能，装配后建筑整体气密性、保温性能、防水性能应满足建筑使用要求。研发相应的集束节点系列，采用标准化、通用化方法减少节点类型和数量，提高节点质量，满足简便、多次拆装的需求。

3.4 集束结构体系优化

1）集束桁架成本分析与比较：详细分析项目总成本，研发优于常用门式钢架体系的集束大跨空间结构。充分考虑构件、节点、加工、附属构件（檩条、支撑、系杆等）、围护结构（墙檩、板材、天沟、气楼等）、安装机具设备、人工等等的成本，与桁架分段、尺寸、高度、标准段弦杆截面、集束截面类型数量之间的关系，找到优化的布置方案、截面参数组合、节点类型，从而深入挖掘集束桁架的经济优势。

2）集束结构罕遇地震的分析与设计：冷弯薄壁型钢在承受超过极限承载力的荷载后，承载力迅速下降，延性差。因此，集束截面在所有工况，包括罕遇地震荷载作用下，均应该保持弹性。增大结构构件材料来增截面承载力的方法并不经济，而采用弹塑性耗能器或黏性阻尼器可以有效降低结构受到的地震力。研究有效、可行的结构耗能抗震方案，以及集束结构体系的能量平衡法抗震设计方法。

3）考虑集束截面屈曲后强度的集束结构倒塌机理，与大震后的安全性分析：采用弹塑性非对称材料模型，模拟集束构件的屈曲后强度，研究集束结构在大震过程中的薄弱环节和倒塌机理，提出增强其抗震能力的对策和结构布置方案；研究集束结构大震后的安全性，包括遭遇二次地震作用下的结构安全性；研究集束结构地震后的安全评价标准与修复方法

3.5 定制化IBIM

1）IBIM定制开发顺序框架：在正常开发流程中，IBIM的开发对象为成熟的装配式建筑体系，要求建筑可以拆解为若干预制模块构件，这些构件模块模式和使用规则是固定的，可采用参数形式设计、建模、拼装、绘图与计算造价。研究IBIM定制开发的标准框架，进行预制构件与体系的参数化、通用化和程序化，周全考虑在不同组合方式中构件之间的协调，简化体系的程序化规则。

2）IBIM定制开发同步框架：在IBIM定制开发顺序框架的基础上，研发IBIM开发的同步框架。在开发建筑产品同时，同步进行体系与预制模块的参数化、通用化和程序化，研究定制BIM模型的程序化规则，周全考虑在不同组合方式中构件之间的协调。

4 结语

集束建筑体系是一种新型的建筑工业化产品体系，其核心截面的研发考虑了新型冷弯型钢的力学性能、设计方法、自动设备制造技术；其组合构件的研发基于构件标准化与精益生产理念；其建筑结构体系采用耗能减震的设计方法，符合现行国家规范；集束建筑体系定制开发的IBIM系统，贯通设计、制造、装配与工程预算环节，显著提高项目整体效益。集束建筑体系的研发涉及结构理论研究与创新、智能设备设计升级、工程管理、软件系统开发等领域，是创新建筑工业化体系的新模式。

参考文献

[1] 徐伟良. 我国建筑冷弯型钢的发展与应用[J]. 新型建筑材料，2005.
[2] 曲鹏远. 冷弯薄壁型钢的应用与研究现况[J]. . 建筑钢结构，2008.
[3] 小奈弘. 冷弯成型技术[M]. 北京：化学工业出版社，2008.
[4] George T. Halmos. 冷弯成型技术手册[M]. 北京：化学工业出版社，2009.
[5] 石京. 国内外冷弯成型研究最新进展[J]. 轧钢，1998.
[6] 郑华海. BIM 技术研究与应用现状[J]. 结构工程师，2015.
[7] 刘爽. 建筑信息模型(BIM)技术的应用[J]. 建筑学报，2018.
[8] 周绪红. 薄壁构件稳定理论及其应用[J]. 北京：科学出版社，2009.
[9] 陈钢. 某大型钢结构项目喷涂废气污染防治措施可行性分析研究[J]. 环境科学与管理，2014.
[10] 张威振. 耐火耐候钢的研究与应用[J]. 钢结构，2004.
[11] 徐伟良. 耐火耐候钢在我国建筑业的发展与工程应用[J]. 四川建筑科学研究，2009.
[12] 冷弯薄壁型钢构件的直接强度设计法[J]. 建筑钢结构进展，2003.
[13] 陈骥. 冷弯薄壁型钢构件的直接强度设计法[J]. 建筑钢结构进展，2003.
[14] 刘浩. 钢管桁架次应力分析[D]. 武汉理工大学硕士论文，2007.
[15] 周元. 钢管桁架有间隙偏心连接节点的研究[J]. 建筑技术，2012.
[16] 高鹏. 装配式轻钢结构临建房屋技术性能与应用研究[J]. 工业建筑，2009.
[17] 刘浩. 方钢管桁架次应力分析[J]. 山西建筑，2008.
[18] 李月华. 钢桁架结构次应力影响分析[D]. 郑州大学硕士论文，2005.
[19] 王燕. 冷弯薄壁型钢桁架次应力影响研究[J]. 工业建筑，2008.
[20] 胡正宇. 变轴力等截面多跨连续杆件计算长度分析[J]. 钢结构工程研究，2002.
[21] 田炜烽. 变轴力悬臂柱稳定性的简便计算方法[J]. 建筑科学与工程学报，2010.
[22] Micheel A. G. M.，The limits of economy of material in frame structure[J]. Philosophical Magazine，1904.
[23] 周克民. 利用有限元构造 Michell 桁架的一种方法[J]. 力学学报，2002.
[24] 毛雪童. 低层冷弯薄壁型钢结构的防火问题及方法[J]. 技术与市场，2018.
[25] 秋山宏. 基于能量平衡的建筑结构抗震设计[M]. 北京：清华大学出版社，2010.

装配式钢结构箱形柱内套式法兰盘连接施工技术

江　伟

（北京建工集团第三建筑有限公司，北京　100055）

摘　要　在北京建筑大学对装配式钢结构全螺栓柱连接刚性节点的研究基础上，结合实际工程施工，从箱形柱内套式法兰盘连接节点的工厂下料、组U、内套筒组装、预拼装、现场安装等施工工序，对装配式钢结构箱形柱内套筒式法兰盘连接施工进行技术总结，形成一套行之有效的内套式法兰盘连接施工工艺。可以作为类似工程的参考。

关键词　箱形柱；内套筒；法兰盘；施工工艺

近年来国家大力提倡建筑工业化，这是经济结构调整和经济增长方式转变的要求，钢结构建筑体系具有抗震性能好，施工速度快，节能环保等优点，是最适合预制装配式建造模式的结构体系，符合国家政策导向及建筑产业化的要求。

常规的箱形截面框架柱连接节点主要采用坡口全熔透焊缝连接，而在现场采用这种焊接方式，焊后焊接残余应力存在，使焊缝部位存在热影响区、焊趾缺陷、接头应力集中，形成构件上的薄弱部位，另外现场焊接将会污染环境，结构装配率低。

首都师范大学附属中学通州校区项目是“十三五”国家重点研发计划《工业化建筑设计关键技术》项目子课题和“十三五”国家重点研发计划《钢结构建筑产业化关键技术及示范》项目课题的示范工程，是国内首次采用装配式无焊接全螺栓连接钢结构工程。

1　工程概况及节点构造形式

首都师范大学附属中学通州校区建设项目由五栋独立建筑组成，总建筑面积约 8 万 m^2。总用钢量约 13000t，项目均为钢框架结构，其中学生宿舍、教学楼主要采用箱形柱内套筒式法兰盘连接节点构造，学生宿舍地下一层，地上九层，有 5 节钢柱构成整体钢框架，房屋高度 34.50m。教学楼地下二层，地上五层，房屋高度 21.90m，布置 4 节钢柱构成整体钢框架。箱形柱详细截面尺寸如表 1 所示。

箱形柱截面尺寸　　**表 1**

单体工程	截面尺寸（mm） 高×宽×腹板厚×翼缘厚	材质	备注
学生宿舍	600×600×28×28	Q345B	焊接箱形柱
	500×500×22×22		焊接箱形柱
	500×500×18×18		焊接箱形柱
教学楼	800×800×26×26	Q345B	焊接箱形柱
	500×500×25×25		焊接箱形柱
	700×500×25×25		焊接箱形柱
	400×400×20×20		焊接箱形柱

装配式钢结构内套筒式法兰盘连接刚性节点研究表明，在不同地震水准作用下，平面钢框架耗能性

能较好，法兰盘几乎无滑移，整体结构具有良好的抗震性能，箱型柱内套筒式法兰盘连接节点在保证与柱焊接拼接节点，相近的节点力学性能基础上，实现了钢框架竖向构件的高效装配和绿色建造。

装配式钢结构箱形柱内套筒式法兰盘连接节点主要由上柱、下柱、法兰盘、高强度螺栓和八边形内套筒组成，上柱和下柱之间法兰盘之间无垫圈，直接由法兰盘钢板摩擦连接，八边形内套筒主要由8块板组成，4块直板和4块斜板，内套筒的增设不但实现构件的竖向装配，而且提高了刚性节点的刚度及抗剪、抗弯能力。另外为了保证节点的刚性连接，使柱与内套筒壁紧密结合，形成整体，根据设计要求柱与内套筒每边增设四个自锁性单向螺栓 STUCKBOM 固定，该螺栓主要有五个部件组成，包括锥头、套筒、橡胶垫圈、钢垫圈和标准螺杆。自锁式单向螺栓示意图及节点构造形式如图1、图2所示。

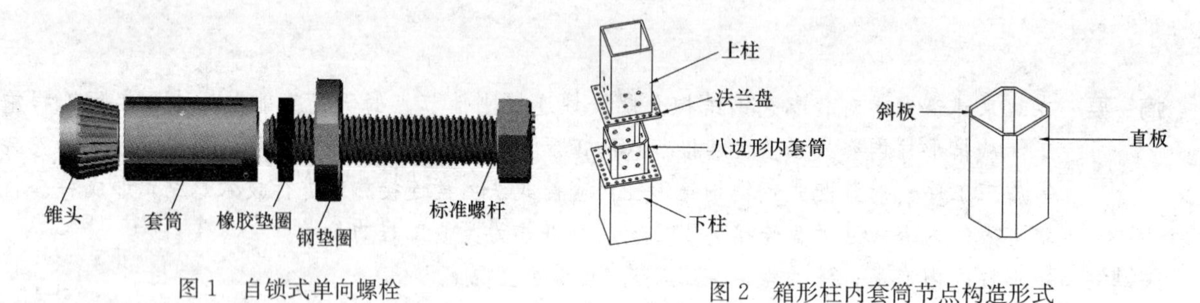

图1　自锁式单向螺栓

图2　箱形柱内套筒节点构造形式

2　箱形柱内套筒法兰盘制作与拼装工艺

作为国内钢柱连接首次大量采用法兰盘加内套筒的施工工艺，保证工程质量是项目管理的重点。箱形柱采用内套筒法兰盘连接方式采用高强度螺栓连接，内套筒法兰盘制作的精准度将直接影响到现场安装的精度，也关系到建筑物的美观性。

通过与设计院沟通，结合现场施工及加工车间的具体情况，钢结构箱形柱的加工制作采用下料、法兰盘钻孔、上下柱预拼装等相应的技术措施加以控制，具体的制作流程见图3。

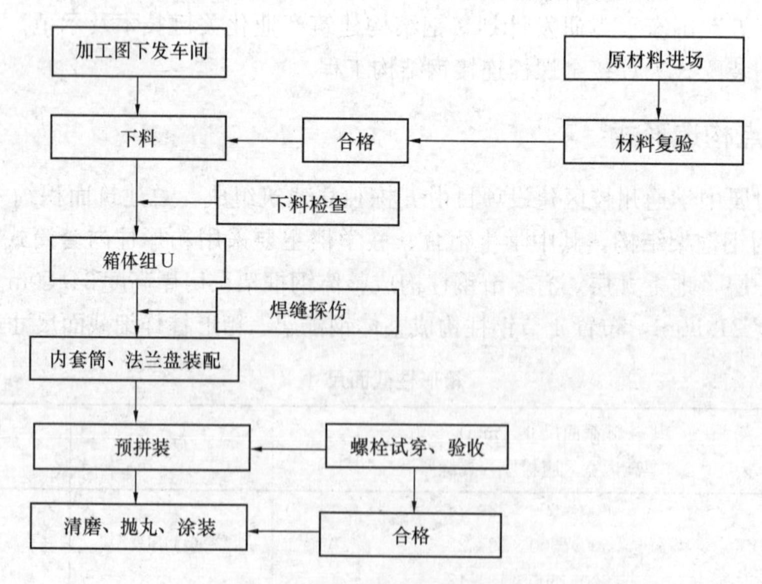

图3　箱形柱制作及控制流程

2.1　下料工艺要点

（1）箱形柱的主体焊缝坡口形式：箱形柱主焊缝节点区域上下600mm范围按全熔透焊缝要求进行坡口，非节点区域按部分熔透要求进行坡口。

（2）在箱形柱坡口时将柱翼腹板一端进行35°坡口，必须保证翼腹板坡口端头垂直90°，避免在拼装时与下一节柱安装就位产生偏差。

（3）内套筒要求：内套筒为八边形，由八块板组成，内套筒 1 号板（直板）一端斜切厚度 20mm，长度 50mm，2 号板（斜板）中间留 10mm 两边均分进行坡口长度 300mm。内套筒与下柱连接时，首先使 4 块直板与箱形柱四边内壁对中并且紧密贴合，而后进行焊接，焊接完后在 4 块直板之间放置余下 4 块斜板，在板接缝位置处进行焊接。为利于安装在箱形柱上，内套筒上部可适当减小，但应保证上部内套筒和柱壁小于 2mm 的间隙。内套筒示意图见图 4。

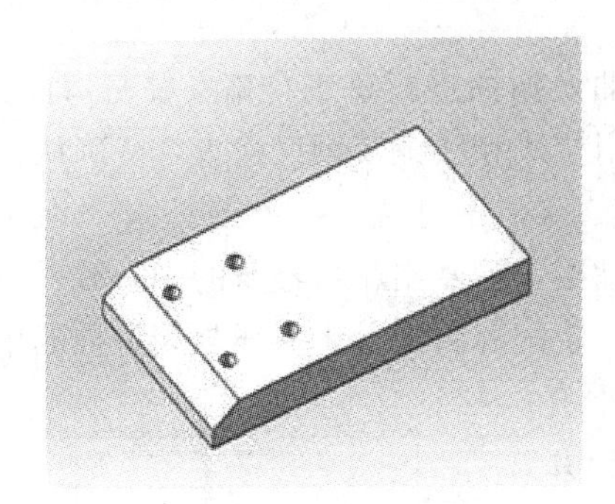

1号板（直板）坡口示意图

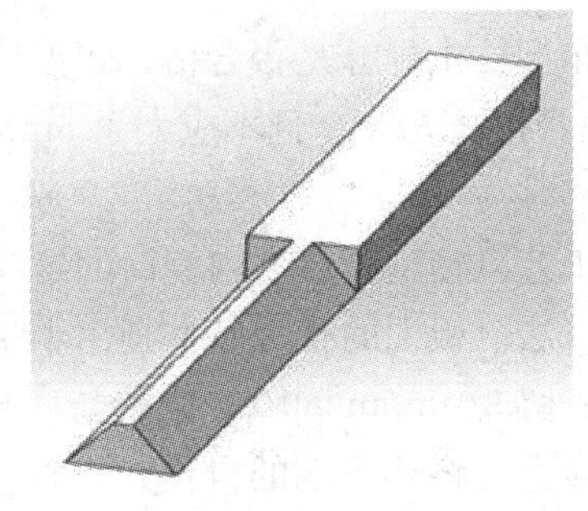

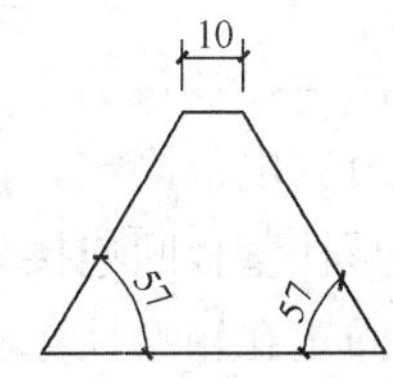

2号板（斜板）坡口示意图

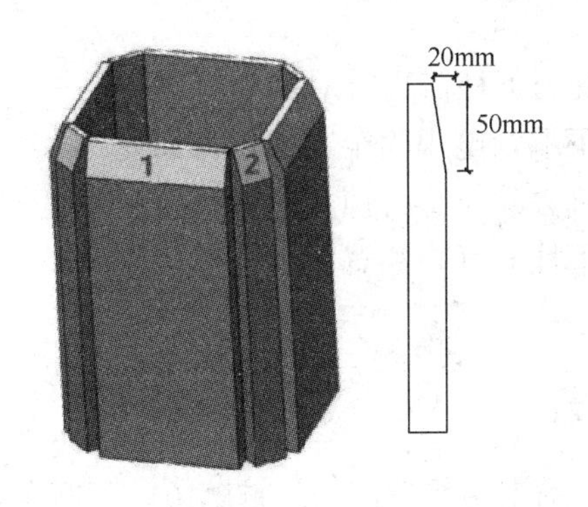

图 4　内套筒示意图

2.2　箱体组 U 工艺要点

箱形柱组装前先检查组装用零件的编号、材质、尺寸、数量和加工精度等是否符合图纸和工艺要求，确认后才能进行装配，构件组装要按照工艺流程进行。组装平台应保证平台平面度误差在±2mm 范围内，并具有足够的强度和刚度。

（1）在组立前核对翼与腹板的拼接焊缝能否错开 200mm 以上，再将内套筒的直板件按图纸要求尺寸紧密贴合固定在翼腹板内侧开过 35°坡口的这端，内套筒直板过度坡口方向朝箱形柱外侧，并对纵向两条焊缝进行焊接。

（2）将一块翼板放于组立平台上，需保证平台水平的平整度，箱形柱组立两端外形尺寸，柱上端按负偏差 1～2mm 控制，对角线控制±1mm，箱形柱下端按正偏差 1～2mm 控制，对角线控制±1mm，U 形组立顺序。

（3）将内套筒直板件与斜板件连接焊缝及内隔板与柱壁板的焊缝进行焊接，焊缝等级为全熔透二级，待焊缝检测合格后进行盖板。

（4）箱形柱主焊缝进行打底焊接及节点内隔板采用电渣焊焊接完成，主焊缝打底焊接端头需安装于翼腹板同等材质、厚度的引熄弧板，引出焊缝长度不小于 80mm，焊完后应采用气割切除引弧板不得用锤击落，在焊接时需将另外两块内套筒的 1 号板（直板）与 2 号板（斜板）的连接焊缝进行焊接。

2.3 预拼装工艺要点

预拼装目的在于检验构件能否保证现场拼装、安装的质量要求，确保下道工序的正常运转和安装质量达到规范、设计要求，能否满足现场一次拼装和吊装成功率，减少现场拼装和安装误差，特别是本工程系法兰盘加内八字套筒节点第一次大量使用，故对法兰盘节点钢柱，在加工车间进行预拼装，以便检查加工精度和检查各种加工偏差，发现问题在车间里及时进行处理。上下柱法兰栓接加内套筒，在车间制作时需上下柱同时制作，要求上下柱在平台上进行预拼接对接和上法兰盘，其他按中心定位，保证中心线同心。

（1）拼装前核对检查箱型柱主焊缝是否合格，箱型柱弯曲及扭曲进行矫正合格，柱身弯曲矢高 $H/1500$ 且不应大于 5mm，柱身扭曲 $h/250$ 且不应大于 3mm，用拉线和线锤及钢尺检查，待确认合格后进行拼装。

（2）法兰盘连接加工工艺以箱型柱装有内套筒的这端为基准，弹画出箱形柱身的中心线，将两块法兰板空位对齐电焊固定，以法兰板上的孔为基准画出十字线，装配时将法兰十字线与箱型柱的中心线对齐，法兰与柱壁板间连接处留 3～5mm 间隙，调整与柱身的垂直度，电焊固定在箱型柱翼腹上。将柱下端的自锁式螺栓孔画出并打孔完成，内套筒 1 号板小料不打孔，待上下柱对接完成将孔引到内套筒 1 号板上再进行打孔。

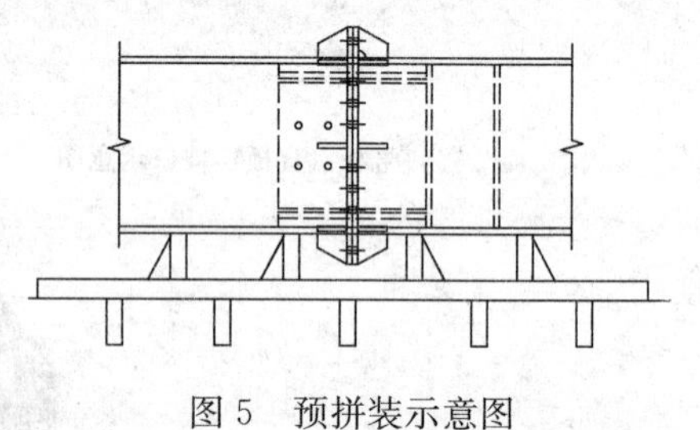

图 5　预拼装示意图

（3）装配焊接完成对箱型柱上柱与下柱需进行对接套打自锁式螺栓孔及将法兰板移植到上柱的下端，电焊固定牢固，将原先两块法兰电焊固定的焊点采用磨光机去除，将自锁式螺栓孔引到内套筒直板上进行打孔，然后将上下柱分开，注意上下柱对接的翼腹板方向，如图 5 所示。

3　箱形柱内套筒法兰盘施工工艺

箱型柱在钢结构加工厂完成后，需要组织专门的运输队伍，装卸车、运输及堆放过程中应采取保护措施，防止产生变形。要根据交通情况，选择合理的运输路线，做好与交管部门的沟通与协调工作。构件到达工地现场后进行分层堆放，做好标识。

（1）吊装准备：根据钢构件的重量及吊点情况，准备足够的不同长度、不同规格的钢丝绳和卡环，并准备好倒链、揽风绳、爬梯、工具包、榔头以及扳手等机具。

（2）本工程法兰盘螺栓采用 10.9 级 M24 大六角高强度螺栓，每个节点处 20 颗。法兰盘连接方式。下节柱经质检员，监理工程师检查、验收合格后，方可进行上节钢柱的吊装工作。上节钢柱与下节钢柱法兰板对接，下节钢柱顶用磨光机将污物清理干净，上节钢柱起吊后，缓慢移至下钢柱内八字套筒接口处，施工人员将钢柱扶正扶稳后，钢柱缓慢下落到法兰板上，用安装螺栓进行临时固定，每节点使用 30%安装螺栓。施工人员校正钢柱，测量应在 90°的两个方向，同时测定钢柱中心轴线和标高线，确定测得数据符合设计要求时，方可对钢柱法兰板上安装螺栓进行拧紧固定，并用缆绳将柱子固定拉紧，再进行柱间钢梁的吊装，钢梁校正完成后，进行钢梁高强度螺栓的初拧与终拧，而后进行法兰盘节点区高强度螺栓的施工，用扭剪型高强度螺栓替换安装大六角高强度螺栓，并进行初拧与终拧施工，最后进行自锁式高强度螺栓施工。见图 6、图 7。

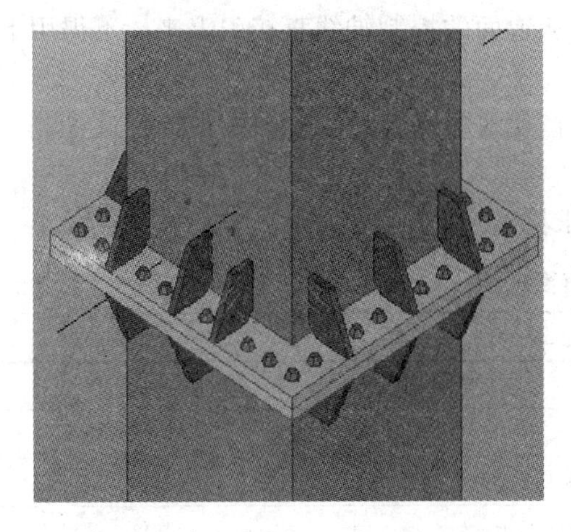
图 6　内套筒法兰盘效果图

图 7　内套筒法兰盘实景图

4　误差来源及危害分析

钢结构安装误差主要来源于构件在吊装过程中因自重产生的变形、因日照温差造成的缩胀变形、因焊接产生收缩变形。结构由局部至整体形成的安装过程中，若不采取相应措施，对累积误差加以减小、消除，将会给结构带来质量隐患，另外由于加工产生误差对安装质量精度也不容忽视。

4.1　构件加工过程中应采取的措施

构件加工必须严格按照加工工艺要求进行，柱柱对接法兰盘加工精度以及内八字套筒加工精度，确保加工方正，截面尺寸为负公差。另外内套筒在焊接过程中容易产生焊接变形，故要增加防变形支撑。同时在车间里进行上下节柱的预拼装，对预拼装工程发现的问题进行及时解决和处理。

4.2　运输、安装过程中，构件应采取的措施

箱型柱在安装过程中，由于构件细长，抵抗变形的刚度较弱，另外因日照温差、焊接会使构件在长度方向产生变形。为此构件在运输、倒运、安装过程中，应采取合理保护措施，并且在上一安装单元安装结束后，检查情况，在下一构件定位测控时，对其定位轴线实施反向预偏，以消除安装误差的累积。

5　箱形柱验收

根据《钢结构工程施工规范》GB 50755—2012 有关规定：

（1）多层及高层钢结构安装校正应依据基准柱进行，并应符合下列规定：

1）基准柱应能够控制建筑物的平面尺寸并便于其他柱的校正，宜选择角柱为基准柱。

2）钢柱校正宜采用合适的测量仪器和校正工具。

3）基准柱应校正完毕后，再对其他柱进行校正。

（2）多层及高层钢结构安装时，楼层标高可采用相对标高或设计标高进行控制，并应符合下列规定：

1）当采用设计标高控制时，应以每节柱为单位进行柱标高调整，并应使每节柱的标高符合设计的要求。

2）建筑物总高度的允许偏差和同一层内各节柱的柱顶高度差，应符合现行国家标准《钢结构工程施工质量验收规范》GB 50205 的有关规定。

① 多层及高层钢结构的柱与柱，主梁与柱的接头一般用焊接方法，连接焊缝的收缩值以及荷载对柱的压缩变形，对建筑物的外形尺寸有一定的影响。因此柱和主梁的制作长度要考虑这些因素：柱要考虑荷载对柱的压缩变形值和接头焊缝的收缩变形值，梁要考虑焊缝的收缩变形值。

② 多层及高层钢结构每节柱的定位轴线，一定要从地面的控制轴线直接引上来，不得用下节柱的柱顶位置线作上节柱的定位轴线。

③ 多层及高层钢结构安装中，建筑物的高度可以按相对标高控制，也可按设计标高控制，在安装前要先决定选用哪一种方法。

钢结构吊装必须严格按设计及规范执行，精度要求见表2。

箱形柱精度要求 **表2**

检查项目	允许偏差（mm）	主要使用仪器
底层柱柱底轴线对定位轴线偏移	3.0	全站仪、钢尺
单节柱的垂直度	H/1000，且≤10.0	全站仪、钢尺
主体结构的整体垂直度	（H/2500+10.0）且≤50.0	全站仪、钢尺
主体结构的整体平面弯曲	L/1500，且≤25.0	全站仪、钢尺
同一层柱的各柱顶高度差	5.0	水准仪

6 结语

本文结合实际工程施工，介绍了箱形柱内套式法兰盘柱连接节点施工工艺，从加工车间下料、组U、内套筒组装、预拼装到现场安装等关键施工工序制定了验收标准。对装配式箱型柱内套筒式法兰盘连接施工进行技术总结，形成一套行之有效的内套式法兰盘连接施工工艺，可为类似的工程提供技术参考。

参考文献

[1] 张艳霞．箱形柱内套筒式全螺栓拼接节点拟静力试验研究[J]．工业建筑．2018.

[2] 张艳霞，郑明召等．箱形柱内套筒式全螺栓拼接节点试验数值模拟[J]．建筑钢结构进展．2018.

[3] 张爱林．工业化装配式多高层钢结构住宅产业化关键问题和发展趋势[J]．住宅产业，2016.

浅谈新型钢结构装配式楼承板板缝控制技术

马同德　肖林林　史继全　盛才良　张静涛　李国营

（中国建筑第八工程局有限公司钢结构工程公司，上海　200120）

摘　要　随着钢结构装配式住宅项目的发展，对施工工艺、工程工期、建设质量提出了更高的要求。住宅建筑一般层高较小，装修时不适宜吊顶，而传统楼承板的镀锌底模板无法拆除，顶板不能直接粉刷装饰。本文以北京丰台区A35号楼装配式公租房项目施工为例，论述了可拆底模钢筋桁架楼承板板缝控制技术。

关键词　钢结构；装配式；板缝；控制技术

1　工程概况

本工程采用钢框架+支撑结构体系，地下2层，地上16层，标准层层高2.75m。钢结构总用量约3700t，材质主要为Q345B。钢结构包含地脚锚栓、埋件、钢柱、钢梁、钢支撑等。钢筋桁架楼承板分布于地上2层底板至16层顶板。工程总体效果图见图1。

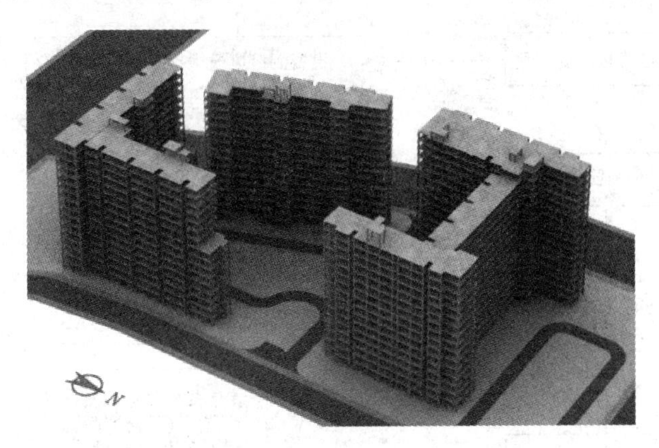

图1　工程总体效果图

本工程采用可拆模式钢筋桁架楼承板，底模采用竹胶板，其结构剖面如图2和图3所示。

图2　可拆模式钢筋桁架楼承板示意图

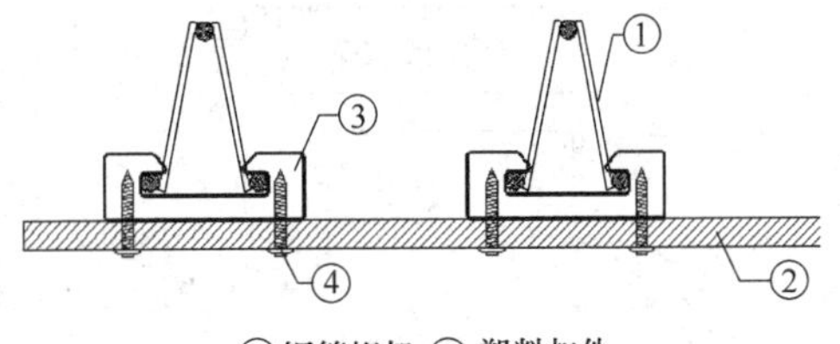

图3　可拆模式钢筋桁架楼承板剖面示意图

2 楼承板安装过程

（1）楼承板施工工艺流程

工艺流程见图 4。

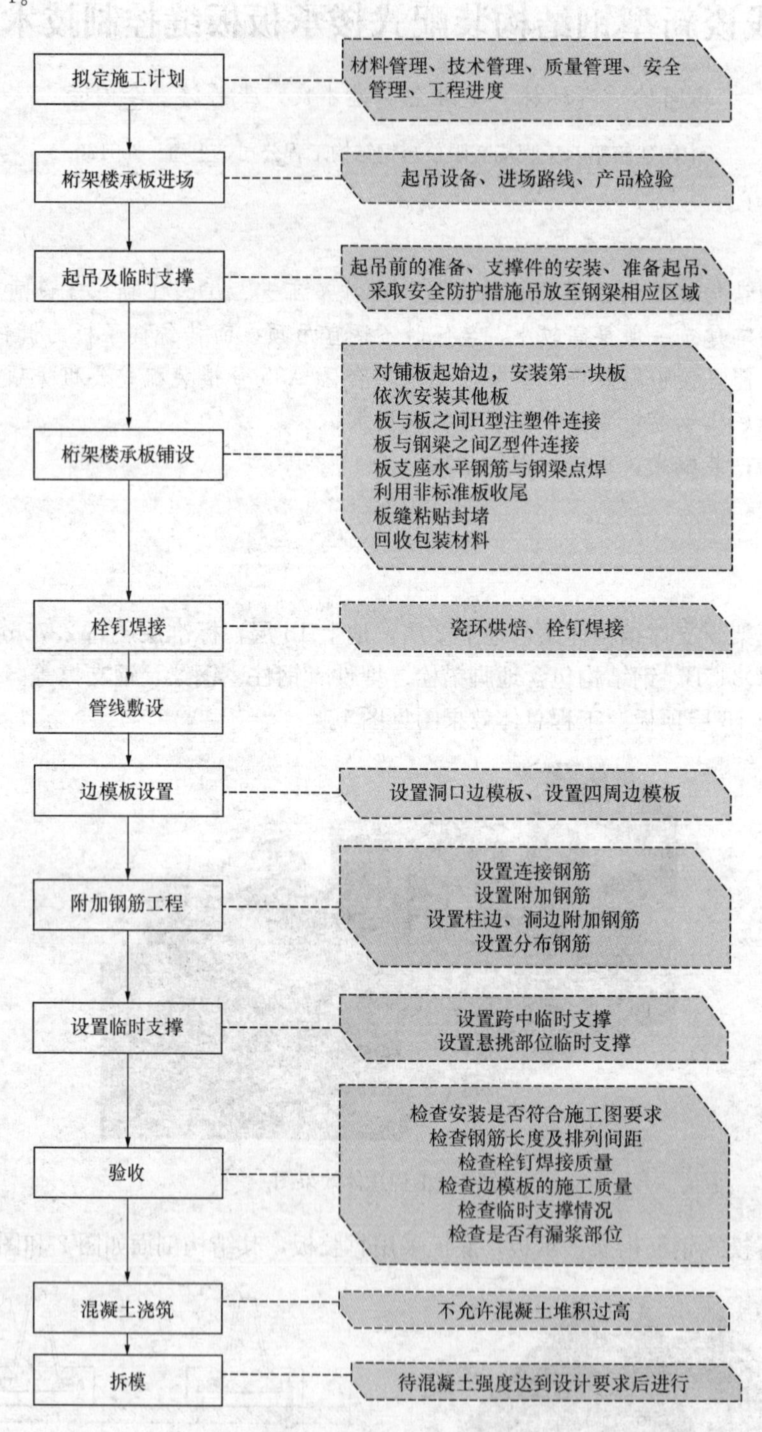

图 4　楼承板施工工艺流程

（2）楼承板施工前准备

可拆底模钢筋桁架楼承板吊装前准备，包括：铺设施工用临时通道，保证施工方便及安全；准备好简易的操作工具，如吊装用软吊索及零部件、操作工人劳动保护用品等；对操作工人进行技术及安全交底，发给作业指导书。

可拆底模钢筋桁架楼承板吊装前检查，包括：楼承板构件安装完成并验收合格；板处钢梁上的支撑托板与劲板安装完成无遗漏；悬挑处角钢支撑的安装完成；起吊前对照图纸检查可拆底模钢筋桁架楼承板型号是否正确。

（3）楼承板铺设

1）楼承板吊装

可拆底模钢筋桁架楼承板施工前，将各捆板吊运到各安装区域，每捆板在钢梁上堆放时，要保证最下面一块板的端部桁架搭设在钢梁上，底模板处于相邻两钢梁的净跨位置（图 5）。

图 5　楼承板码放

2）楼承板悬挑支撑设置原则

悬挑处可拆底模钢筋桁架楼承板，平行桁架方向悬挑长度小于 7 倍的桁架高度，无需加设支撑；平行桁架方向悬挑长度大于 7 倍的桁架高度或垂直于桁架方向的悬挑部位必须加设支撑。

3）楼承板与钢梁的连接

钢筋桁架楼承板铺设前，应按图纸所示的起始位置安装第一块板，并依次安装其他板，采用非标准板收尾；桁架长度方向在钢梁上的搭接长度不宜小于 5d（d 钢筋桁架下弦钢筋直径）及 50mm 中的较大值；底模板与钢梁的搭接长度为 0mm，底模板边缘与钢梁上翼缘应对接紧密，用 Z 型件连接（图 6、图 7）。避免在浇注混凝土时漏浆。

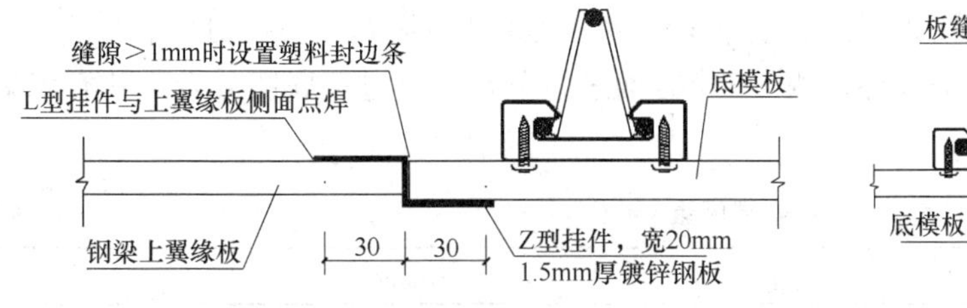

图 6　Z 型件安装示意图

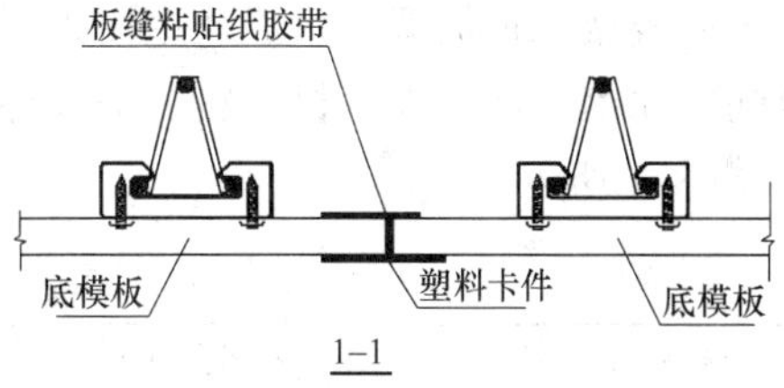

图 7　H 型注塑件安装（板与板）

4）楼承板之间的连接

可拆底模采用复塑板或竹胶板时，底模要对接严密；在板与板之间底模对接处使用 H 型注塑件连接，相邻两组 H 型挂件间距不大于 814mm 即一块 2440mm 的标准板中间有两个 H 型件。

可拆底模钢筋桁架楼承板铺设时，遇到有拼接板时，所有的板与板，拼接板对接处底模要使用 H 型注塑件连接（图 8）。

5）楼承板与柱垛的连接

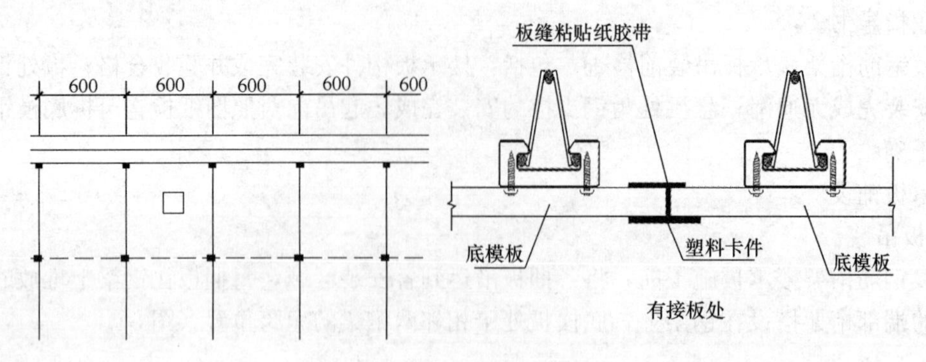

图 8　楼承板拼接处理

可拆底模钢筋桁架楼承板铺设时，遇到柱垛时，应现场切割，所有的板与梁柱连接处的钢梁应对接严密，底板处使用封边条，防止漏浆，同时使用 Z 型件与钢梁连接（图 9）。

6）楼承板的防漏浆处理

可拆式桁架楼承板在铺设前，沿底模板的纵向立面粘贴双面泡沫胶，双面泡沫胶的上表面与底模板的上表面平齐。铺设时，将相邻桁架板纵向缝隙对接紧密，同时焊接制作水平筋，防止纵向缝隙漏浆；底模板与钢梁上翼缘板对接的缝隙使用硬质塑料条封堵，硬质塑料条采用气动射钉与底模板连接，平行于钢梁翼缘。

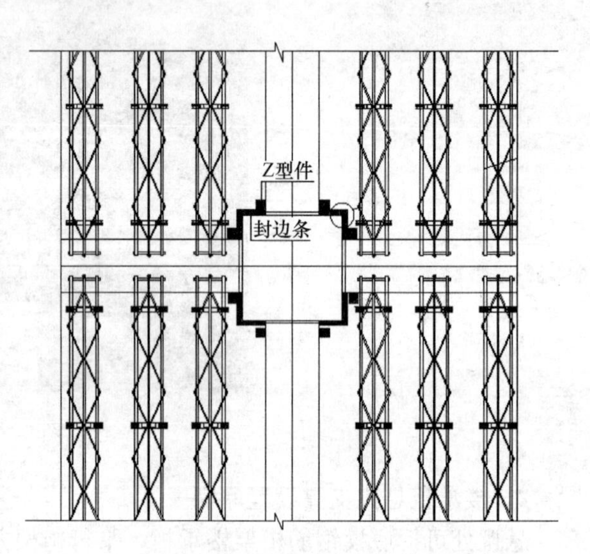

图 9　楼板与柱垛搭接处理

架楼承板的位置，板的直线度误差为 10mm，板的错口误差要求<5mm。

平面形状变化处，可将楼承板切割，切割前应对要切割的尺寸进行检查，复核后，在底模板上放线；底模板采用机械切割，钢筋桁架可采用机械切割或火焰切割，端部的支座钢筋还原就位后方可进行安装，并与钢梁点焊固定。

3　板缝偏差原因分析及要因确认

根据调查楼承板板缝质量通病主要为工人质量意识淡薄、交叉作业影响和模板切割不顺直，为了找到导致问题原因，从“人、机、料、法、环、测”6 个方面进行分析，通过关联图分析，共有末端因素 13 个，如表 1 所示。

末端因素　　表 1

序号	类别	末端因素
1	人	交底缺乏针对性 工人质量意识淡薄 工艺不熟悉 工作责任心不强
2	机	无齿锯缺少维护
3	料	竹胶板厚度偏差过大 竹胶板材料不合格

续表

序号	类别	末端因素
4	法	竹胶板与钢梁连接固定不牢 竹胶板之间拼缝固定不牢
5	环	交叉作业影响
6	测	轴线标高控制不准确 测量仪器不精确 测量复核不及时

楼承板施工过程属于钢结构、土建和机电交叉作业，引起的末端因素较多，为找出影响楼承板板缝质量问题的要因所在，对13项末端因素通过现场调查，逐条进行要赢确认，具体情况如表2所示。

要因确认 **表2**

序号	末端因素	确认方法	确认标准	是否要因
1	交底缺乏针对性	现场调查、资料审查	班组全员经过交底，作业交底有针对性	非要因
2	质量意识淡薄	现场调查	工人责任心强，质量意识高	要因
3	竹胶板厚度偏差过大	现场验证	竹胶板加工厚度允许偏差±2mm	非要因
4	交叉作业影响	现场调查	严格执行工序交接制度，上一道工序未验收禁止下一道工序施工	要因
5	测量复核不及时	现场验证	过程中及时跟进复核，并符合规范要求	非要因
6	测量仪器不准确	调查分析	测量仪器及时检测，并有检测报告	非要因
7	无齿锯缺少维护	现场验证	查看合格证，维修记录，测试合格率100%	非要因
8	竹胶板与钢梁固定不牢	现场验证	水平支座钢筋焊接、Z型卡件焊接到位	非要因
9	竹胶板之间拼缝固定不牢	现场验证	水平支座钢筋焊接、Z型卡件焊接到位	非要因
10	高空作业影响	现场调查	可拆卸钢筋桁架楼承板施工有安全保障措施	非要因
11	竹胶板切割不顺直	现场验证	切割允许偏差±2mm	要因
12	竹胶板尺寸偏差过大，双面胶缺失	现场验证	竹胶板加工尺寸允许偏差±2mm，双面胶完好	非要因
13	封边塑料条布设不到位	现场验证	封边条封堵到位，无缝隙	非要因

4 制定对策与实施检查

根据确定的要因，制定对策实施，如表3所示。

制定对策 **表3**

序号	要因	对策	目标	措施
1	工人质量意识淡薄	对工人进行培训及交底建立评比奖惩制度	提高工人施工质量意识	重新组织工人技术交底，制定板可拆卸钢筋桁架楼承板施工质量评比制度，加强质量验收程序，
2	交叉作业影响	增加固定钢筋，预留套管位置设置回顶，制定工序交接制度	减少交叉作业对楼承板施工的影响	现场增加补强钢筋，预留套管位置进行临时支撑回顶，严格执行工序交接制度
3	竹胶板切割不顺直	制作切割操作台，提高竹胶板切割精度	保证现场切割精度满足要求	制作竹胶板切割操作平台，设置卡具，提高竹胶板切割精度

对策实施具体如下：

(1) 对工人进行培训及交底，建立评比奖惩制度

重新组织技术交底，强调Z型卡件及H型卡件安装要求，明确质量验收标准。组织可拆卸楼承板施工质量提升专题会，提高工人质量意识。加强过程监控、严控质量验收：过程中项目人员加强过程验收，发现问题后及时整改，对于多次验收不合格者给予适当处罚，以提高工人整体质量意识，增加重视程度。将施工区域划分为2个流水段进行考核评比，制定奖惩制度。

(2) 增加固定钢筋，预留套管位置设置回顶，制定工序交接制度

机电预留套管位置补强钢筋焊接完成后才可剪断桁架钢筋，并用脚手管作为临时回顶，防止竹胶板下挠。严格执行工序交接程序，上一道工序未验收严禁继续施工。工序移交需项目管理人员验收合格并签署移交单。

(3) 制作切割操作台，提高竹胶板切割精度

根据现场竹胶板切割需求，制作了可调节式切割操作台并申请了专利。小组成员随机抽查了50块竹胶板底模的切割精度，合格率为96%，有效的控制了竹胶板的切割精度。

通过对楼承板板缝专项控制活动，认真组织实施对策，对F5层可拆卸钢筋桁架楼承板进行验收，抽查150个点，发现现场施工质量有明显改观，效果良好。“底部竹胶板错台”、“竹胶板拼接部位及与钢梁连接部位漏浆”的频数大大降低，从实施前的关键问题变为了一般问题。

5 结语

通过施工过程中问题的不断积累及总结，本文分析了可拆卸钢筋桁架楼承板质量控制要点，阐述了钢结构装配式住宅楼板的施工技术和施工经验，并由项目组统一编制《钢筋桁架楼承板质量通病及防治》文件，对后续施工具有更好的指导意义，同时可以供质量管理部门及项目现场参考使用。

装配式钢结构建筑 ALC 内墙板安装施工技术

田朋飞　曹　靖　姚　翔　沈万玉　王从章

（安徽富煌钢构股份有限公司，巢湖　238076）

摘　要　本文介绍了富煌钢构“人才公寓”装配式钢结构 ALC 内墙板安装施工技术，从 ALC 内墙排板设计、精确定位施工和缝隙处理三个方面阐述了 ALC 内墙板施工的工艺过程。该技术可为同类工程均有一定的借鉴。

关键词　装配式钢结构；ALC 内墙；缝隙处理

1　引言

近年来，随着我国政府的大力支持和推进，装配式建筑取得了稳步发展。其中，装配式钢结构作为装配式建筑的主要形式之一，具有建造速度快、施工成本低和抗震性能优良的特点，同时可以实现节能、环保和低碳的综合效益。蒸压加气混凝土（Autoclaved Lightweight Concrete，简称 ALC）是以粉煤灰（或硅砂）、水泥、石灰等为主原料，经过高压蒸汽养护而成的多气孔混凝土，具有多孔、密度低，导热系数低的特点，因此将其应用于装配式钢结构建筑的内墙，可以起到防火隔热和隔音的作用，而且安装方便，污染少。

ALC 内墙板的施工安装涉及排板设计、定位安装和缝隙处理等一系列过程，因此有必要制定一套完整的施工工法，实现 ALC 板材和钢结构的完美结合，避免质量缺陷，提高施工水平。

2　工程概况

安徽巢湖市富煌钢构“人才公寓”为钢框架结构体系，1～6 层外墙采用预制混凝土外挂大板，1～2 层内墙采用预制混凝土墙板，3～6 层的部分内墙采用 ALC 板材，楼板采用预制混凝土叠合楼板。“人才公寓”主体钢框架见图 1，ALC 板材见图 2。

图 1　“人才公寓”主体钢框架

图 2　板材堆放

3　施工过程

3.1　排板设计

根据建筑图纸并结合 ALC 板制作厂家生产线规格，进行 ALC 板材的排板设计。根据排板图进行板材的生产制作并切割成型。目前大部分 ALC 板材生产线生产的板材宽度为 600mm，长度为 6m，后期板材加工长度根据图纸尺寸进行切割。排板设计时，板材的上下两端距离楼板或梁 10～20mm，相邻两块板之间预留 2mm 宽的拼接缝。排板应遵循以下原则：对于无门窗洞口的内墙，排板顺序宜从墙体外侧开始向内侧依次进行。对于有洞口的内墙，洞口边与墙的转角处应安装未经切割的完好整齐的板材。应将需要切割的板材即拼板设计在墙体转角部位或靠近转角的整块板材间。拼板宽度一般不宜小于 200mm。见图 3。

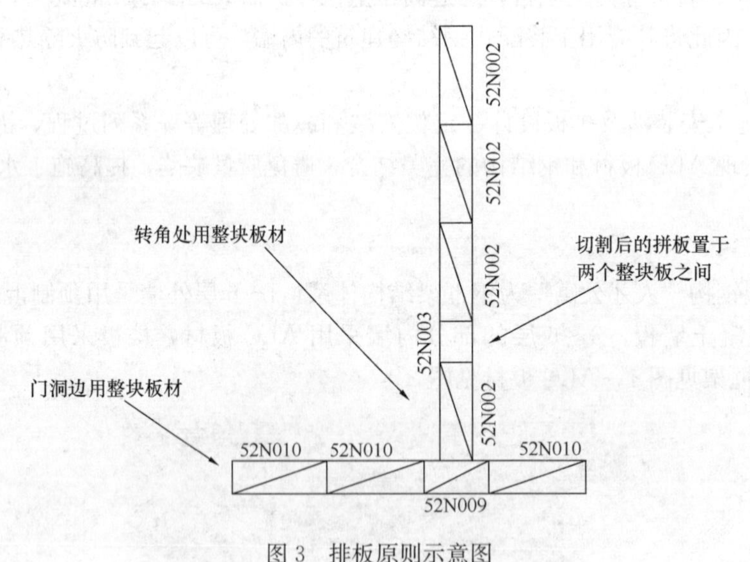

图 3　排板原则示意图

3.2　施工准备

（1）运输堆放

1）ALC 板材容易破损，运输过程中要做好保护措施。宜选用平放形式，大板放在小板下面，捆扎牢固，高度方向不大于 600mm 应扎成一捆。板材和地面之间以及每两捆之间应放置垫木，堆放高度不宜高过 3m。

运到施工现场后，尽量采用垂直运输方式将板材卸到规定地点。起吊时严禁用钢丝绳吊装，应采用柔软的宽边带子。为减少板材损耗，应尽量减少搬运次数。

2）布置卸料平台：每一个楼层布置卸料平台，平台面积 3m×4m 即可，应与主体结构连接可靠。采用垂直运输方式将板材起吊至每层卸料平台，然后用专用运输车将板材运至安装位置。

（2）施工安装

1）清理基层，定位放线，标好条板及门窗位置。

2）将每块板上下两端距离板端 80mm、板厚中间位置处设一个管卡，可用榔头轻轻将管卡敲入板材内部。然后竖起板材，板材侧面企口竖直方向上涂抹专用胶粘剂，按照弹线位置就位，企口对准靠紧。见图 4、图 5。

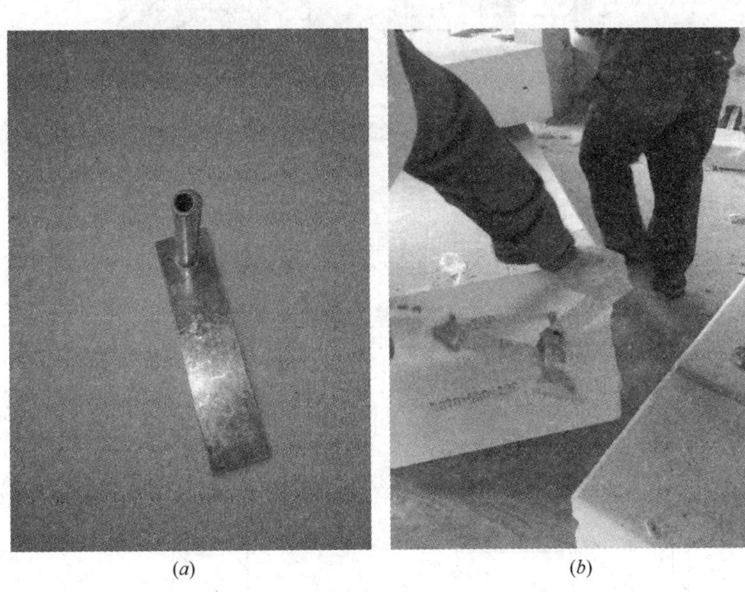

(a) (b)

图 4　板材两端设置管卡

（a）专用管卡；（b）敲入管卡

(a) (b)

图 5　ALC 板材拼接

（a）涂抹专用胶粘剂；（b）相邻板材靠紧

3）用木楔嵌入板下端和楼板之间的缝隙。用经纬仪检验平整度和垂直度，使用撬棍调整板材位置，并用橡皮锤轻敲木楔进行微调。见图 6。

图 6 用木楔和撬棍调整板材位置

4）ALC 板材定位后，板材底部的管卡通过两个 M8 锚栓固定于混凝土楼板上，板材顶部的管卡和混凝土梁之间采用两个 M8 锚栓固定，和钢梁之间采用点焊方式连接。板材上端和下端连接示意见图 7。

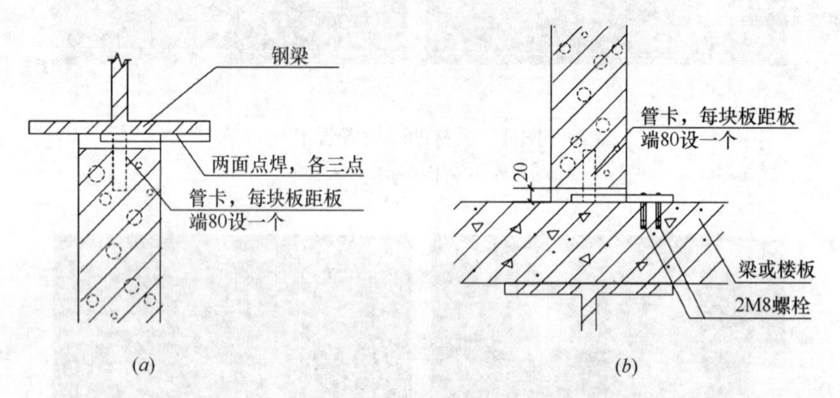

图 7 管卡和主体结构连接方式

(*a*) 管卡和上部钢梁连接；(*b*) 管卡和下部混凝土楼板连接

5）养护数日后，在板材下端缝隙处填入水泥砂浆。在两块板的接缝缝处用聚合物砂浆修补平整。板材上端和梁的缝隙处填入 PU 发泡剂，并用水泥砂浆将表面修补平整。见图 8。

（3）特殊处理

1）墙体部位：墙体转角处和丁字墙连接处，应使用 $\phi8$ 的销钉对相连的两块板材进行加强连接处理，沿高度方向使用两根销钉，分别位于 1/3 和 2/3 高度处，销钉贯穿第一块条板后深入相邻条板的长度不小于 150mm。见图 9。

2）开槽开洞：应在底部缝隙的水泥砂浆强度达到要求之后再进行开槽开洞作业。开槽深度不宜超过板厚 1/3，槽宽不宜大于 30mm，否则应该采用保护层加厚的墙板。竖向管线尽可能布置在板缝处，布置完毕后用 1∶3 水泥砂浆填实，也可以低出板面 2～3mm，然后用专用胶粘剂补平，并压入耐碱玻纤网格布。见图 10。

图 8　ALC 内墙安装完毕

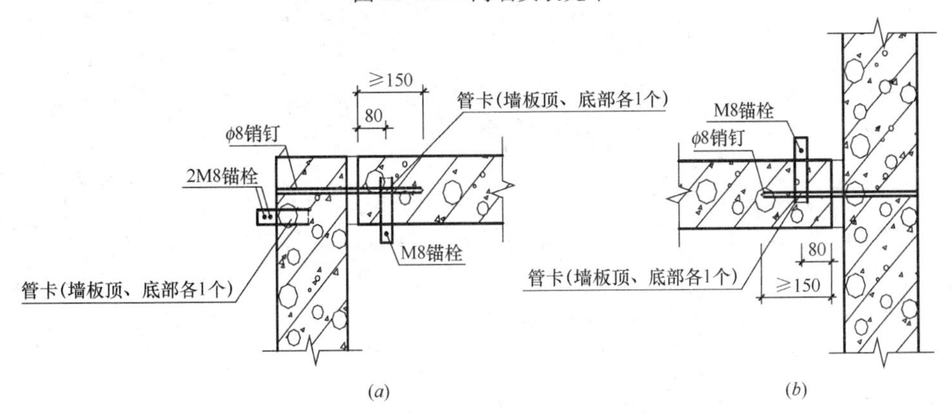

图 9　转角处和丁字墙处加强连接处理方式

(a) 转角处；(b) 丁字墙处

图 10　ALC 内墙板开槽预埋管线

4 结语

本装配式钢结构建筑项目中，内墙采用ALC板材进行施工。通过合理严谨的排板设计，利用管卡固定方式，使用经纬仪对平整度和垂直度进行校准。板材上端管卡通过焊接方式和钢梁连接，下端管卡通过锚栓方式和混凝土结构连接，既增强了板材的稳定性，也提高板材安装精度。通过合理的缝隙处理方式，达到隔音隔热作用，同时避免装饰层开裂现象。该施工方法为装配式钢结构建筑的墙体安装工程提供了可借鉴经验。

参考文献

[1] 张海宾，刘君．ALC墙板在某钢结构住宅中的排板与设计[J]．建筑技术，2018(S1)：29-31.
[2] 尹兰宁，余汪洋，岳锟．装配式钢结构住宅墙板连接节点施工技术[J]．钢结构，201：5(12)：75-79.
[3] 张大鹏，郤国雄，许航等．蒸压砂加气混凝土墙板在装配式钢结构体系中的应用研究[J]．钢结构，2016(01)：89-93.
[4] 侯兆新，马晓明，刘志明等．轻质加气混凝土墙板施工及质量控制[J]．施工技术，2011(13)：5-7.
[5] 杨培东．ALC墙板填充墙裂缝成因及防裂关键技术研究[D]．青岛：青岛理工大学，2011.

二维码技术在装配式钢结构建筑工程管理上的应用

侯东爱　朱瑞超　周　伟

（天津住宅集团建设工程总承包有限公司，天津）

摘　要　为了提高装配式钢结构建筑工程的管理水平，引进二维码技术，尝试将二维码技术与BIM技术相结合，对其在装配式钢结构建筑工程的材料管理、质量管理、成品管理等方面的应用进行应用，通过进一步收集、分析、整理应用施工过程的管理信息，达到提高钢结构产品的可追溯性和企业管理水平的目标。

关键词　二维码技术；BIM技术；材料管理；质量管理；成品管理；装配式钢结构建筑

1　研究背景

近年，随着国家倡导建筑产业化，积极推广绿色建筑和建材，大力发展钢结构和装配式建筑以来，装配式建筑特别是装配式钢结构建筑在全国各地被大力推广和应用。但作为主要专业分包单位的钢结构企业，在装配式钢结构建筑工程项目过程沟通管理、新技术应用等方面还有待提高。

本文依托于天津市警示教育中心项目和天津市民族文化宫重建项目，尝试将二维码技术与BIM技术相结合，对其在钢结构材料管理、质量管理、成品管理等方面的应用进行研究，通过进一步有效收集、分析、整理、应用施工过程管理信息，达到提高钢结构产品的可追溯性和企业管理水平的目标。

2　工程概况

天津市警示教育中心项目（图1）建筑面积29975m²，钢结构工程量约3100t，主体结构形式为钢框架-中心支撑结构，钢柱、钢梁分别为箱形、焊接H型、管桁架结构构件，中心支撑为屈曲约束支撑和焊接H型构件，楼层板为钢筋桁架楼承板＋现浇混凝土结构，墙体为砂加气混凝土板。

图1　天津市警示教育中心项目施工过程图和效果图

天津市民族文化宫重建项目（图2）建筑面积17200m²，钢结构工程量约2400t，结构形式为钢框架-剪力墙结构，钢柱为十字、箱形组合结构构件，钢梁为箱型和焊接H型钢构件，楼层板为钢筋桁架钢承板＋现浇混凝土结构，墙体为轻质砂加气混凝土砌块。

图 2　天津市民族文化宫重建项目施工过程图和效果图

3　二维码技术简介

二维码（2D-BarCade）又称二维条形码，是一种用特定的几何图形符号按照一定规律在平面二维方向上分布的图形，用来记录存储数据信息，通过图像输入设备或光电扫描设备自动识读，以实现信息自动处理、传递和识别技术。最常见的形式是 QR Code，QR 全称 Quick Response，是一个近几年来移动设备上流行的一种编码方式，它比传统的 Bar Code 条形码能存更多的信息，也能适用更多的数据类型。它具有条码技术的一些共性：每种码制有其特定的字符集；每个字符占有一定的宽度；具有一定的校验功能等。同时还具有对不同行的信息自动识别功能及处理图形旋转变化点。二维码具有信息容量大、安全性高、读取率高、纠错能力强等特点。

4　二维码技术在装配式钢结构建筑工程管理上的应用

1）材料管理二维码

材料管理二维码用于材料验收、登记入库、使用实时管控等。

由于本文两个项目的构件规格多，结构复杂，下料尺寸较多，为了进一步对两个项目的钢材进行限额领料管理，从材料进场验收开始，每一张钢板都赋予一个二维码（即身份证，图 3、图 4），由材料员、技术员、质量员联合验收，严格按照排版人员的排版图进行下料使用，材料员实时掌控领料、材料使用的情况，并及时更新二维码实时信息。每个人都可以通过二维码查询（图 5、图 6）每张钢板的使用情况。

图 3　材料二维码图例一

天津市民族文化宫材料B30-08

图 4　材料二维码图例二

图 5　材料二维码图例一信息

图 6　材料二维码图例二信息

2）质量管理二维码

质量管理二维码用于对每一个产品的下料、组装、焊接、涂装等过程管理。

由于本文两个项目的构件结构较为复杂，零部件较多，工序质量要求较高，在产品制造的第一道工序，就赋予一个产品一个二维码（图 7、图 8），每一个零部件的加工过程定人定责任，设计了零部件转序单，从材料下料尺寸控制、组装质量检验、焊接质量管控，涂装质量验收等各工序都严格监督检查。

图 7　质量二维码图例一

图 8　质量二维码图例二

3）成品管理二维码

成品管理二维码用于每一个产品质量验收合格后，构件摆放、运输、安装等过程的管理。

每个产品经专职质量员验收合格后，赋予一个唯一的二维码标签，并贴在产品的明显位置，任何一个人都可以用手机扫描二维码，了解其产品的前世今生、产品信息（外形尺、质量等）和安装位置，避免了查图纸、对标号等繁杂的工序，为安装人员提供了很大的便利，有效提高产品安装效率且保证了安装质量和施工安全。

5　二维码技术与 BIM 技术的结合

通过两个项目的实践，施工详图利用 BIM 技术进行建模和关键节点的深化，施工过程运用二维码技术进行管理，利用计算机软件接口，通过系统的、科学的管理方法，把施工中的各个环节有效紧密结合起来，通过实时更新二维码信息，识别和运用其信息，达到了较完美的跟踪和管理，随时随地可以利用智能手机进行施工过程管理，大大提高了管理效率和效果（图 9、图 10）。我相信随着现代社会物联网技术的飞速发展，二维码技术与 BIM、EBIM 会在工程管理中得到更广泛的应用，并取得意想不到的实效。

图 9　天津市警示教育中心项目 BIM 模型

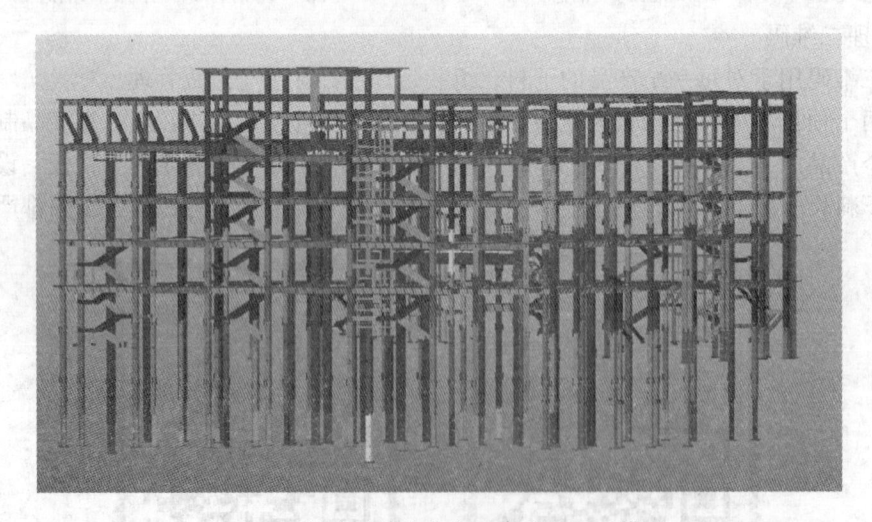

图 10　天津市民族文化宫重建项目 BIM 模型

6　结语

为了提高装配式钢结构建筑工程的管理水平，引进二维码技术，尝试将二维码技术与 BIM 技术相结合，对其在装配式钢结构建筑工程的材料管理、质量管理、成品管理等方面的应用进行应用，通过进一步收集、分析、整理应用施工过程的管理信息，达到提高钢结构产品的可追溯性和企业管理水平的目标。通过两个项目的实践，施工详图利用 BIM 技术进行建模和关键节点的深化，施工过程运用二维码技术进行管理，利用计算机软件接口，通过系统的、科学的管理方法，把施工中的各个环节有效紧密结合起来，通过实时更新二维码信息，识别和运用其信息，达到了较完美的跟踪和管理，随时随地可以利用智能手机进行施工过程管理，大大提高了管理效率和效果。我相信随着现代社会物联网技术的飞速发展，二维码技术与 BIM、EBIM 会在工程管理中得到更广泛的应用，并取得意想不到的实效。

参考文献

[1] 高英．浅议基于二维码的现场钢结构管理[J]. 石油化工设计，2017.

[2] 冷平，史占宽，乔文涛，张坡，刘宁．基于 BIM 的二维码技术在钢结构施工中的应用[J]. 施工技术，2017.

[3] 胡博，韩佩，张伟，唐振，史朝阳．EBIM 与二维码技术在钢结构施工管理中的应用研究，装配式钢结构建筑工程技术应用[M]. 北京：中国建筑工业出版社，2018.

浅谈装配式建筑工程的造价成本控制措施

肖传丰　李国营　肖林林　史继全　盛春红　张静涛

（中国建筑第八工程局有限公司，北京　100000）

摘　要　随着近年来国家大力推广装配式建筑，有效促进了建筑行业的现代化。但从目前国内已经完成的装配式建筑来看，反映出装配式建筑工程成本较高的问题，因此如何有效的控制装配式建筑工程的成本，已成为目前整个建筑行业从业人员所共同面对的问题。本文通过对比普通建筑与装配式建筑，就工程造价及成本控制方面进行分析与探究，并提出了有效的措施。

关键词　装配式建筑工程；工程造价；经济装配率；成本控制

装配式建筑作为一种绿色建筑，这种建筑模式与传统模式相比不仅节约了资源和能源、减少施工污染，并且在一定程度上提升了生产效率以及建筑质量，是发展绿色建筑，建设美丽中国的必经之路。近年来，在国家的大力推广下，装配式建筑作为建筑新模式在全国各地快速发展，由于装配式建筑工程的各种优势，使得装配式建筑有了很好的发展前景，也促进了装配式建筑工程的管理水平及施工工艺的发展。然而目前我国装配式建筑工程还存在着一些问题有待解决，比如工程成本高的问题就阻碍了装配式建筑的快速发展的前进步伐。

1　装配式建筑工程成本高的原因分析

（1）预制构件成本高

由于装配式建筑工程中预制构件的加工以及安装施工等事项与传统建筑相比较，在很大程度上增加了建筑工程成本。根据我国目前装配式市场相关预制构件的价格相关估算及研究表明，装配式建筑工程的最优经济装配率为45%至65%之间。而此时的装配式建筑的造价相比于传统的建筑造价也增加85元/m^2左右。这也说明了预制构件对装配式建筑工程的成本影响较大。

（2）装配式建筑工程规模小

由于装配式建筑正处于发展初期，行业规范不健全，因此预制构件生产厂规模相对较小。设备、场地等固定资产的投入与损耗相同情况下，加工厂规模越小收益较低。由此可见，装配式建筑成本的高低取决于固定成本投入收益率的高低。随着装配式建筑的规模越来越大，固定成本投入收益率增加，从而有效的降低装配式建筑工程的成本。

（3）装配式建筑材料单一

众所周知，装配式建筑工程分为PC结构和钢结构。因相关规范的不完善和局限性，导致装配式建筑选用材料单一，同时因市场不成熟，预制构件加工厂家数量有限，相关市场的管理制度不成熟，导致装配式建筑的价格比传统建筑的价格高出许多。

2　降低装配式建筑工程造价的措施

（1）丰富并完善相关的政策和标准

目前我国对于装配式建筑工程相关规范与图集内容还比较单一，法律法规相对不全。通常装配式建筑工程的成本受区域影响，由于不同区域的施工成本以及其他材料等成本不一样，预制构件的生产厂家会根据不同的标准进行组价，在一定程度上增加了生产成本，从而导致工程的总成本增加。所以一定要从工程造价所需的政策标准的基础上建立相对健全的生产标准，并完善相关的政策和标准。

(2) 研究多种装配式建筑模式

众所周知，目前装配式建筑主要有PC结构和钢结构。随着钢结构模式的不断完善，因钢结构所选用的预制构件大部分不需要建模浇筑，故现阶段钢结构装配式已经比PC结构造价低300元/m^2，但相比于传统的现浇建筑造价还要高出许多。因此需根据建筑行业的发展不断研究新的建筑模式，从而达到装配式建筑经济效益最优化。

(3) 装配式建筑体系的建立

传统建筑的施工主要依靠现场，设计如何设计现场就如何施工。而装配式建筑是把现场搬到工厂的一种新的建造模式，对施工精度要求极高，现场可修改率极低，同时装配式建筑应符合模块化，流水线式加工，因此要求预制构件的异型构件尽可能的减少，这样就要考虑设计与施工相结合的体系，设计不再作为某一工程项目的施工主导，更多的是设计与施工协同合作，达到降低装配式建筑工程造价的一种方式。

(4) 分析设计图纸，确定合理的施工方案

合理的施工方案，不仅可以加快施工进度、保证施工质量，还可以有效地降低工程造价。装配式建筑的主体施工方案、预制构件的安装顺序都决定了施工进度的快慢，因此管理人员应对设计图纸进行全方面的研究与剖析，对图纸不合理的地方，提出改进措施，通过设计与施工协同合作，完善图纸。再分析不同的施工工艺、施工方法，选取最优的施工工艺及方法，从而确定最合理的施工方案，加快施工进度，降低施工成本。

(5) 编制好相关的工程量清单

首先要完善相应的编制说明，从而确保工程量计算的依据是准确可靠的。传统的建筑模式工程量清单中各种工程的明细及计量规则已十分成熟，而装配式建筑还处于发展初期，其工程量清单的编制无统一标准，工程量清单子目难以完全确定。因此编制清单时要做到列项完整、不漏项，项目特征描述准确，计量规则清晰。避免因清单编制不完善，产生歧义或缺失，发生索赔事件，从而增加成本。

3 结束语

我国装配式建筑现阶段还处于发展初期，虽然还存在着一些工程造价偏高的问题，但是在有效的解决了建筑规模小、预制构件成本高、建筑材料单一的问题之后，装配式建筑的发展会越来越好。相关部门应对装配式项目的成本进行合理控制，只有将装配式建筑工程的成本降低，才能使装配式建筑的发展步伐不受阻碍，才能实现绿色中国的梦想。

参考文献

[1] 白冬梅. 装配式建筑造价管理研究[J]. 住宅与房地产，2018(31)：22.
[2] 唐晓民. 基于价值工程的装配式建筑与现浇建筑比较分析[J]. 智能城市，2018，4(20)：36-37.
[3] 杨闪闪. 预制装配式建筑的发展现状与造价分析[J]. 居舍，2018(30)：196.

三、钢结构桥梁工程

双层钢箱梁提升施工技术

孙夏峰　李海兵　王　强　殷巧龙　卢文斌

（江苏沪宁钢机股份有限公司，宜兴　214231）

摘　要　北京新机场离港桥为双层钢箱梁结构，单跨投影面积大，现场施工场地狭小，桥面下方对应的混凝土结构复杂，施工难度大，本文介绍了对双层钢箱梁利用自平衡原理进行提升的施工技术，解决了拼装场地不足，吊车站位空间狭小，安全风险高，施工效率低等问题，总体施工成本降低。

关键词　离港桥；钢箱梁；自平衡提升

1　工程概况

航站楼前双层离港桥主桥桥梁共计6联18跨桥，上下层桥梁总面积约51909m²。高架桥桥面整体为曲线形，其中第2联至第5联为等宽曲线形桥面，两端的第1联和第6联为变宽段桥面。其中，上层离港桥对应航站楼四层，桥梁全长634.8m。该层桥主桥部分车道分为三组，共9条车道，标准段桥梁全宽52m。下层桥对应航站楼三层，桥梁全长650.9m，该层桥车道分为2组，各3车道，共6车道，标准段桥梁全宽37m。整体结构如图1所示。

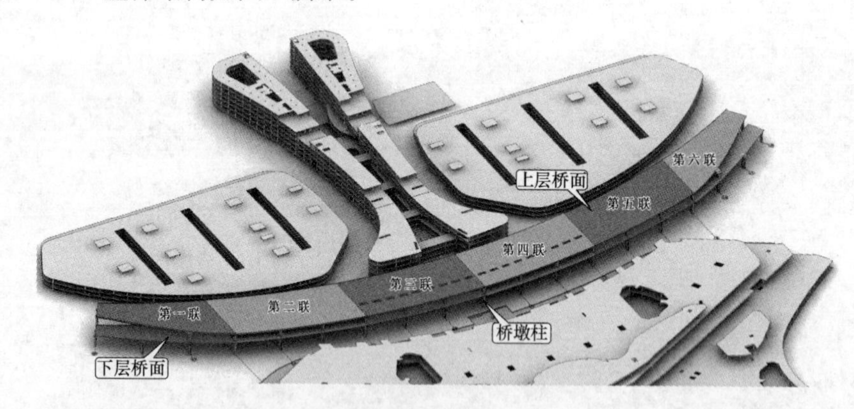

图1　整体结构示意图

下层桥箱梁为等截面单箱多室连续箱梁，箱梁高2.0m，宽37m。

桥面主要由顶板、底板、纵腹板、横隔板四部分组成。其中顶板和底板分别布置纵向加强肋，加强肋间距400mm，桥面纵向布置9道纵腹板，间距2.5～4.8m不等，横隔板按每4m布置一道，其中横隔板间顶板上设置一道横向T排梁。结构示意图如图2所示。

上层桥箱梁为等截面单箱多室连续箱梁，箱梁高2.0m，桥梁全宽52m。

桥面主要由顶板、底板、纵腹板、横隔板四部分组成。其中顶板和底板分别布置纵向加强肋，加强肋间距400mm，桥面纵向布置12道纵腹板，间距2.25～5.375m不等，横隔板按每4m布置一道，其中横隔板间顶板上设置一道横向T排梁。结构示意图如图3所示。

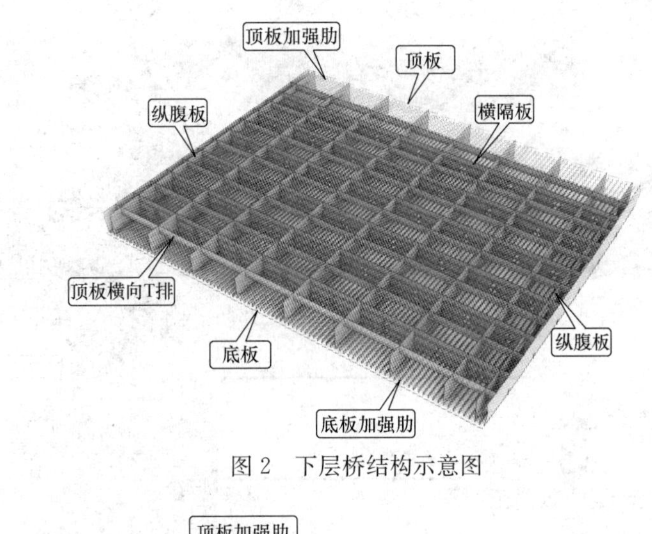

图 2　下层桥结构示意图

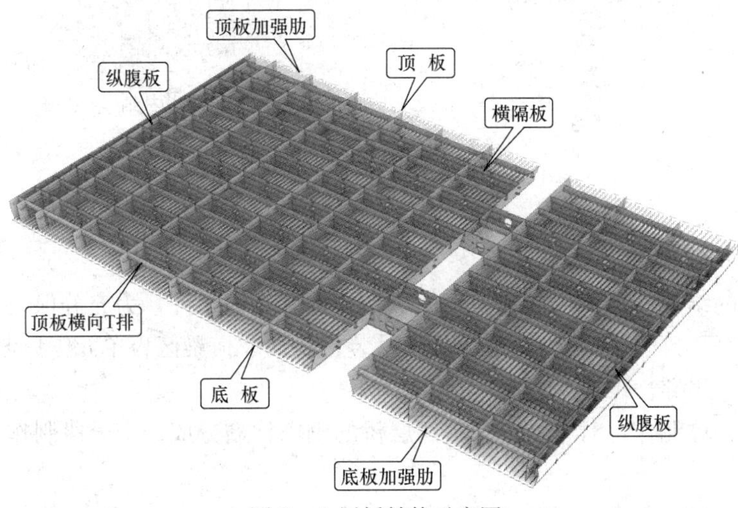

图 3　上层桥结构示意图

高架桥为双层叠加钢箱梁，钢箱梁支撑结构有混凝土墩柱和钢支墩两种形式，桥梁伸缩缝位置的混凝土墩及伸缩缝两侧的钢墩均贯穿下层桥后支承上层桥。

各联箱梁收缩缝处采用单向滑动及双向滑动支座与上部主梁连接。如图 4、图 5 所示。

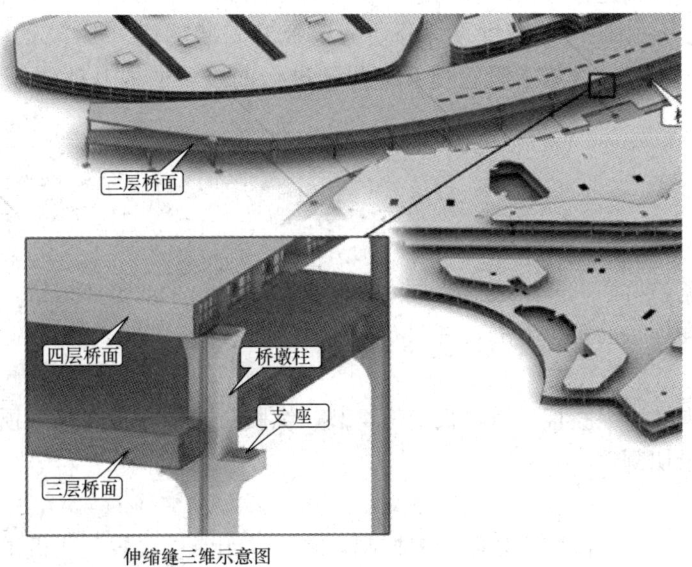

图 4　高架桥桥墩处钢箱梁构造大样

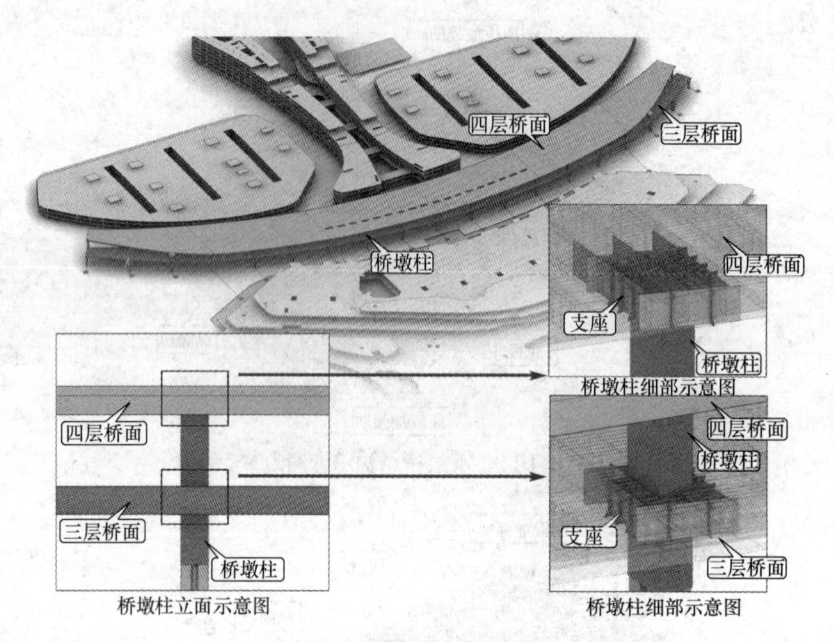

图5　钢墩柱穿钢箱梁大样

2　施工方案

根据本工程钢桥的结构特点和现场施工条件，结合构件运输条件，为充分保证工程施工质量，采取“钢墩柱、桥面横梁工厂分段制作运输、现场分段吊装；桥面非横梁区板单元工厂制作、现场组装分块、分块逐层提升”的施工思路。

（1）钢墩柱按整箱体制作，对于贯穿三、四层桥的钢墩柱划分成二个分段制作，下段以三层桥顶板为界。

（2）桥面分成两部分，其中桥面横梁分段在厂内整箱体制作，3m 宽的桥面横梁按运输条件沿长度方向拆分成运输分块发运至现场，5m 宽的横梁除长度方向按运输长度拆分外，沿宽度方向也需拆分成2个运输分块。非横梁区桥面按板单元形式制作运输至现场，板单元按宽度方向进行划分（宽度控制在3.2m 以内，长度控制在12m 以内），形成流水作业制作。

（3）钢墩柱和桥面横梁运输分块到现场后，采用履带吊和汽车吊直接吊装就位。

（4）桥面非横梁区采用原位地面拼装、分块分跨提升安装就位。板单元运至现场后组拼成分块，三、四层桥面叠拼后，在桥面横梁上设置提升架，先进行四层桥的提升就位，然后进行三层桥的提升就位。

3　钢箱梁分段拼装

（1）拼装方法

由于桥面宽度较宽，桥面采取正造拼装，为控制焊接变形，采取整体组拼，分节段焊接，然后将组焊完成的节段进行合拢焊接的组拼方法，见图6、图7。

（2）拼装流程

底板定位→底板焊接→纵腹板、横隔板定位组装→纵腹板、横隔板焊接→顶板定位组装→顶板焊接→节段合拢焊接→余量切割

（3）拼装胎架设置

由于箱梁桥面预拱度利用工装组装胎架来控制，在整体组装中设置与底板拱度相同的刚性胎架，以工装胎架为外胎，控制预拱度，所以必须严格控制胎架制作质量，需具备以下要求：

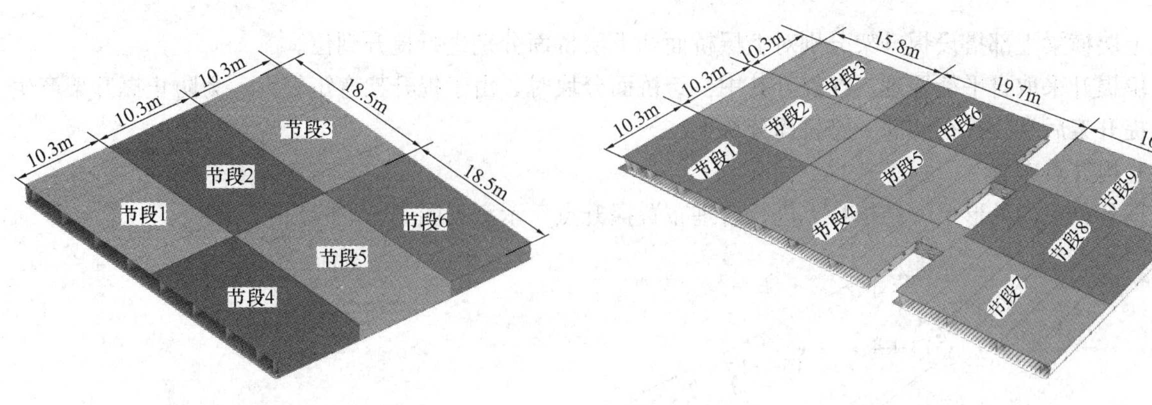

图6 下层桥面分块制作节段划分示意图　　图7 上层桥面分块制作节段划分示意图

1）胎架基础可靠，具有足够刚性

2）保证胎架不发生沉降变形

3）保证胎架模板标高精度控制

下层桥面组装胎架位于高架桥首层楼板面上，为保证胎架的整体刚度，胎架采用化学锚栓植筋与混凝土梁连接固定，横向铺设H钢梁，H钢梁与横隔板位置相同，间距4m，然后再在H钢梁上搭设胎架模板。由于桥面为布置为1%的斜面，为保证人员操作空间，胎架搭设最低净空要求为1.1m。

上层桥面组装胎架大部分位于组装好的下层桥面上方，有小部分在高架桥首层楼板面上，在高架桥首层楼板面上胎架采用化学锚栓植筋与混凝土梁连接固定，在下层桥面上的胎架采取钢垫板转换的形式，所有钢垫板设置于下层桥横隔板与纵腹板交汇处，钢垫板用卡码板连接固定。见图8、图9。

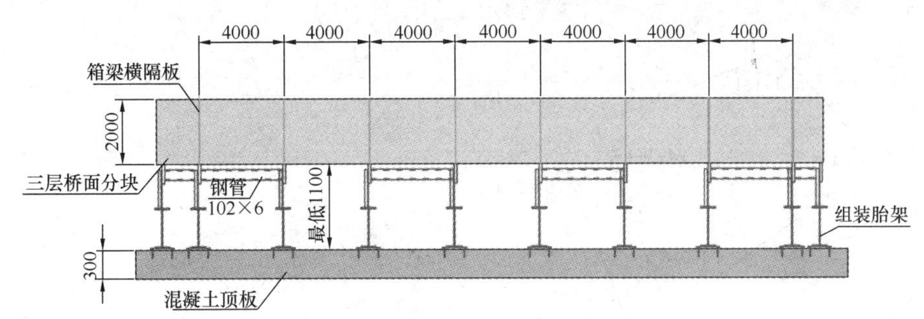

图8 下层桥面分块拼装胎架布置示意图

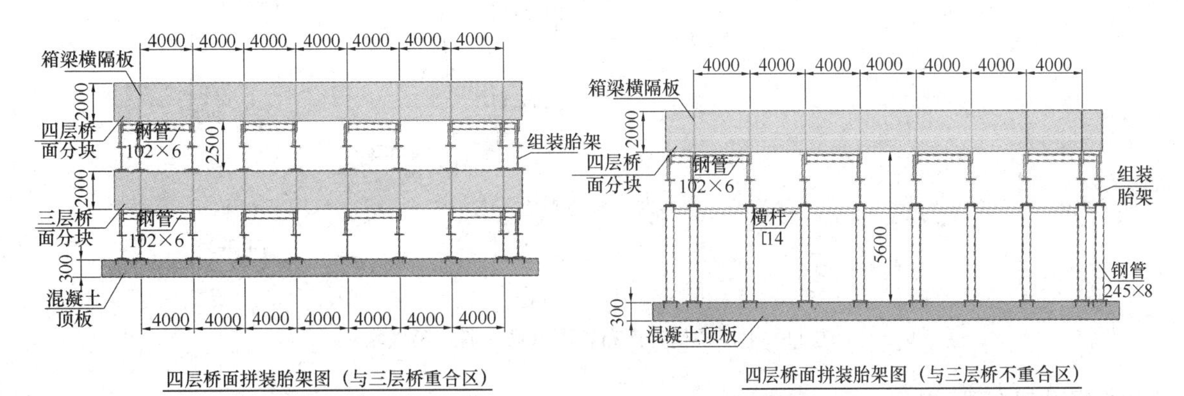

图9 上层桥面分块拼装胎架布置示意图

4 钢箱梁分段提升施工

（1）提升施工思路

根据总体安装方案，钢柱和横梁区采用分段吊装先安装就位，非横梁区桥面采用分跨提升安装施工，在上层横梁上部搭设提升架分别对上层桥面和下层桥面分别进行提升到位。

分块提升采取自平衡原理，在提升其中一跨桥面分块时，由于提升架弯矩较大，为防止提升架产生侧翻，提升架后端拉接在相邻一跨桥面分块上。

(2) 提升点布置

根据各分段的外形尺寸结构特点进行合理布置提升点，示意见图 10、图 11。

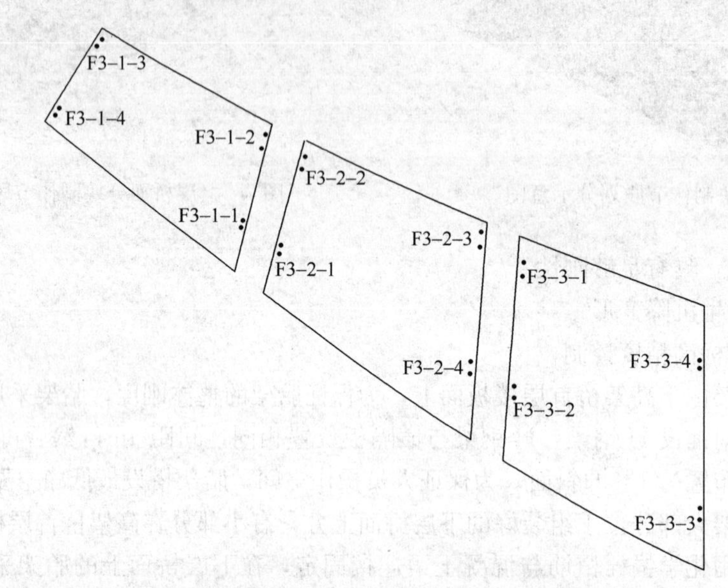

图 10 下层桥提升点布置图（第一联、第六联）

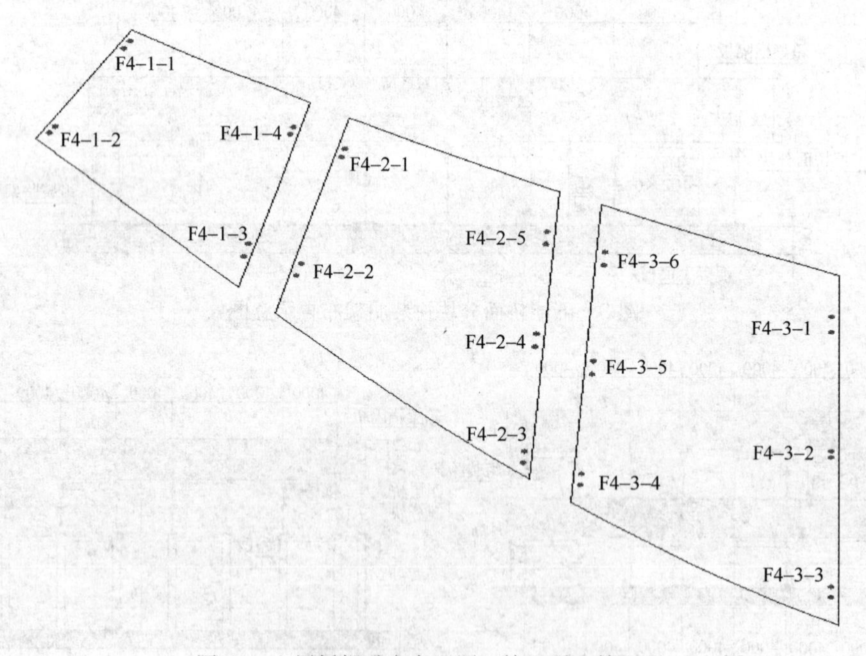

图 11 上层桥提升点布置图（第一联、第六联）

(3) 提升架布置

提升架全部布置在横梁上方，根据桥面水平投影相对关系，部分布置在上层桥横梁上，部分布置在下层桥横梁上，示意见图 12。

本工程提升架分为两种，第一种位于边跨钢箱梁与混凝土结合的部位，由于后锚点在混凝土桥面上无法设置，故采取对提升梁加长并按提升力的大小，在提升梁上加压配重形式。见图 13。

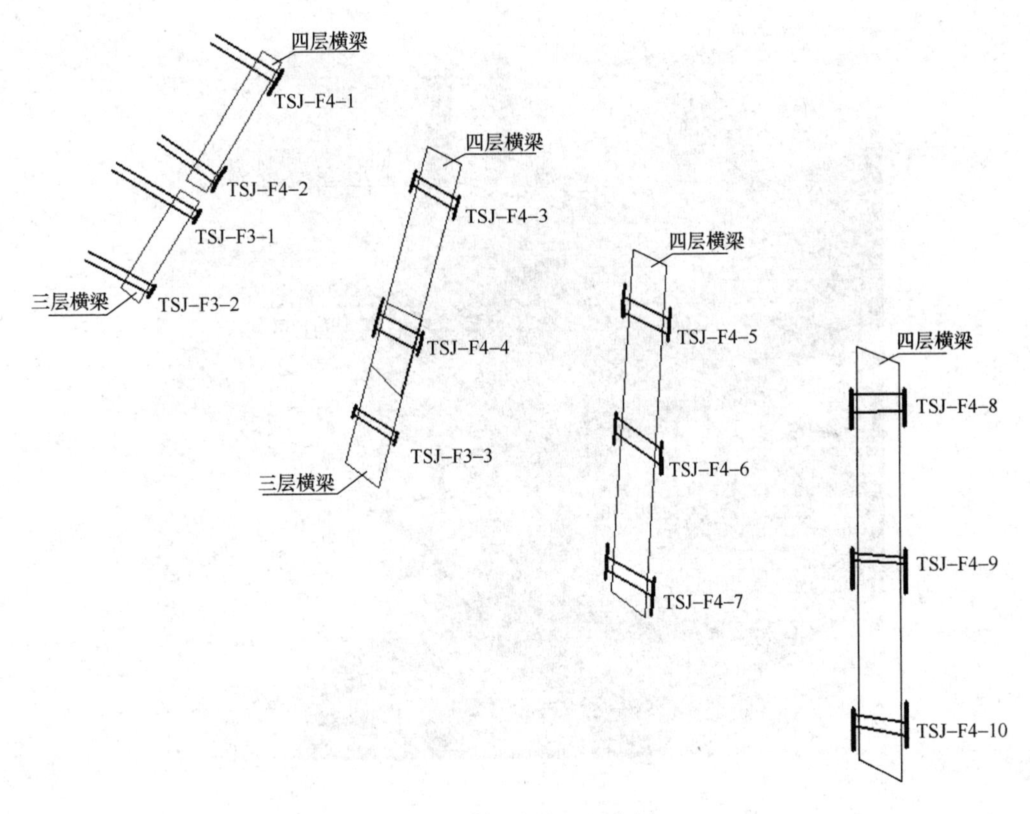

图 12　提升架布置示意图

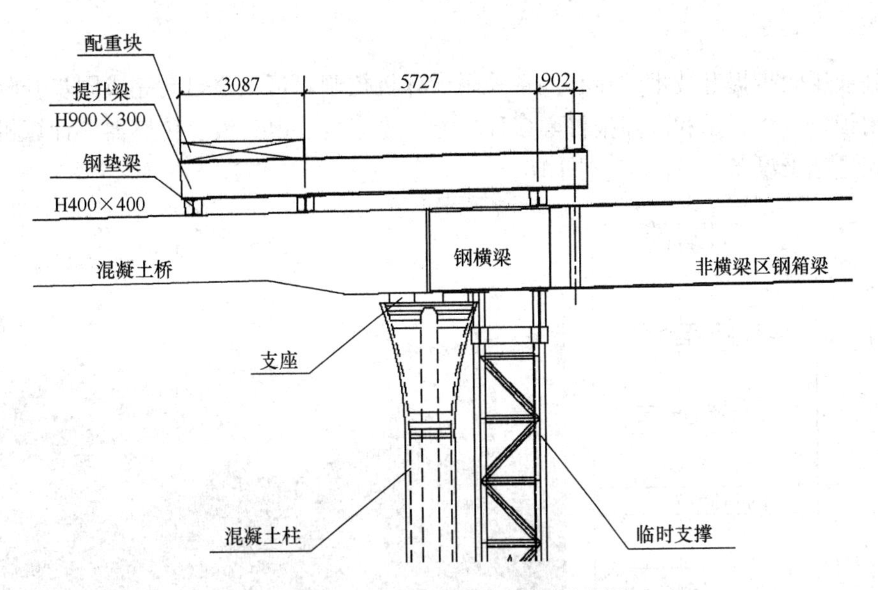

图 13　边跨分块提升架设置示意图

第二种形式是中间分块提升架，采用双拼 H 钢梁组成，规格为 H900×300×16×28，下部设置 H 钢垫梁，垫梁设放在横梁横格板处，垫梁规格为 H488×300×12×20。见图 14。

（4）提升施工

本工程采用计算机控制液压同步提升技术，该技术是一项新颖的构件提升安装施工技术，它采用柔性钢绞线承重、提升油缸集群、计算机控制、液压同步提升新原理，结合现代化施工工艺，将上万吨构件在地面拼装后，整体提升到预定位置安装就位，实现大吨位、大跨度、大面积的超大型构件超高空整

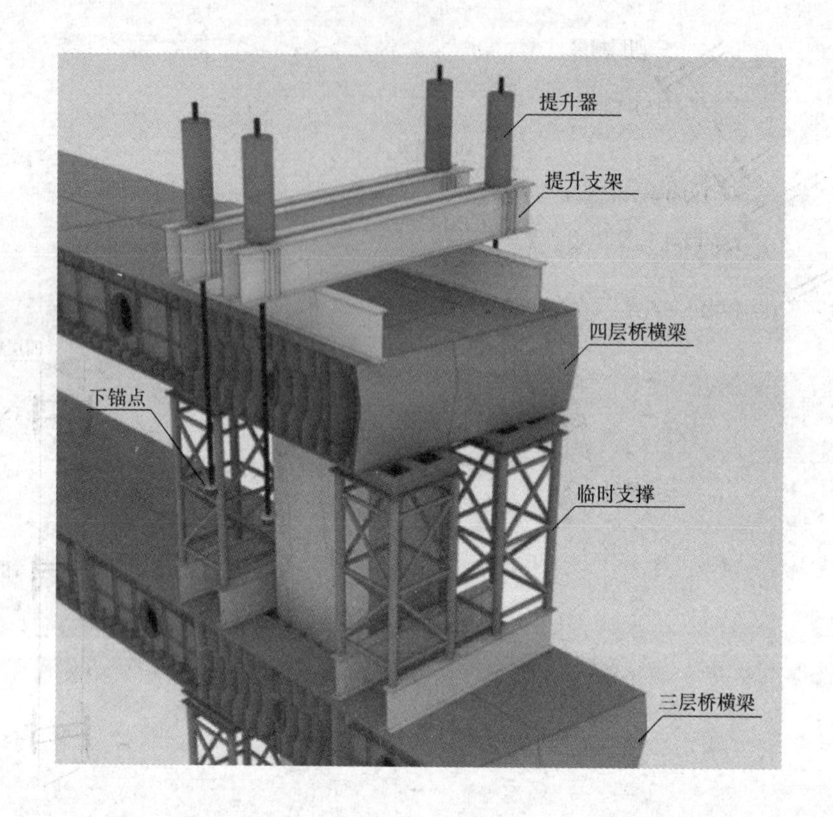

图 14　中间分块提升架示意图

体同步提升。

计算机控制液压同步提升技术的核心设备采用计算机控制，可以全自动完成同步升降、实现力和位移控制、操作闭锁、过程显示和故障报警等多种功能，是集机、电、液、传感器、计算机和控制技术于一体的现代化先进施工设备。见图 15～图 18。

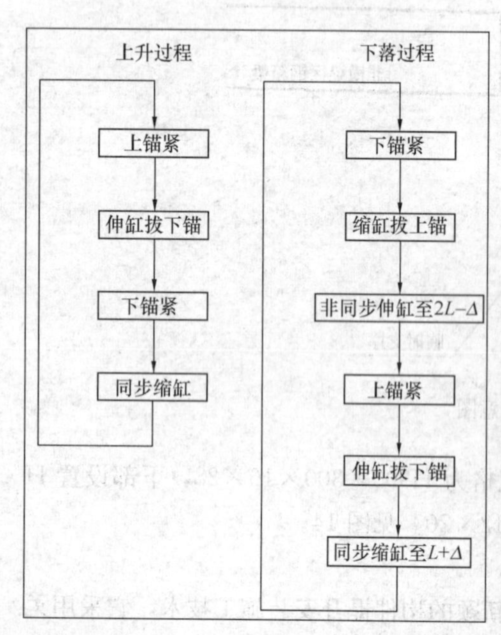

图 15　提升控制原理示意图

图 16　桥面提升分段拼装照片

图 17　双层钢箱梁叠拼照片

图 18　钢箱梁自平衡提升照片

5　结语

本工程根据现场混凝土结构实际情况，对狭小空间的钢箱梁采用原位拼装，利用自平衡原理提升技术进行施工，极大的节约了辅助工装材料，降低了施工成本，减小了拼装安全风险，提高了施工效率。该施工方法在本工程中得到了成功应用，可以为今后类似工程施工提供借鉴。

参考文献

[1]　钢结构工程施工规范 GB 50755—2012.[S]. 北京：中国建筑工业出版社，2012.
[2]　新编液压工程手册[M]. 北京：北京理工大学出版社，1998.
[3]　液压设备管理维护手册[M]. 上海：上海科学技术出版社，1996.
[4]　钢结构设计原理[M]. 上海：同济大学出版社，1999.
[5]　江苏沪宁钢机股份有限公司. 北京新机场离港桥工程施工组织设计[R]. 宜兴：2017.

钢-混凝土组合梁快速建造技术研究

苏立超

（邢台路桥建设总公司，邢台　054001）

摘　要　介绍了我国公路桥梁工业化的最新研究成果，探讨了桩基础、下部结构到主梁结构预制拼装技术及控制要点，从钢-混凝土组合梁制造与施工成套技术进行了系统化、精细化、标准化方面的研究，总结了钢结构桥梁发展的新技术和新方向，为桥梁工业化的发展提供借鉴和参考。

关键词　快速建造；钢混组合梁；模拟拼装；桥梁变位系统；BIM 技术

1　引言

快速建造技术目前是桥梁工程新的建造理念，其离不开工业化、标准化、装配化、轻量化的发展，在当下信息化技术突飞猛进的新形势下，势必会取得新的突破。针对公路桥梁的结构组成，本文重点从桩基础、下部结构、主梁创新、厂内制造、运输、预拼装、现场安装等多个工序，探讨快速施工的新思维、新方法。

2　快速建造技术的概念

根据交通运输行业发展统计公报，中小跨径桥梁在我国桥梁工程占比约 80%，传统的结构形式多是钢筋混凝土结构，以预制装配和现浇为主，随着桥梁工业化的发展引入预制拼装技术，将原本效率低下的设计施工过程简化为标准构件的生产和拼装，既能够保证桥梁产品质量，又能够大大缩短桥梁的建造时间，这便是所谓的快速建造技术。通俗地讲就是采用搭积木的形式，将原本预制好的桥梁部件在短时间内装配起来，形成具有安全通行能力的桥梁构筑物。

随着 BIM 技术、智能制造等研究的深入，桥梁的快速建造技术将以更高水准、更高质量、更高效率地向前发展。如何围绕快速建造开展工作，从桩基础到下部结构、再到上部结构，最后到附属工程，形成桥梁结构一整套的预制拼装技术，是快速建造的研究目的和有效保障。

3　基础及下部结构快速建造技术

3.1　桩基础施工新方法

传统的桩基础多采用钻孔灌注桩，虽然其受到广泛应用，桩基承载力稳定，但成桩慢、风险高、污染大等缺点，我国工程师们在桥梁桩基础施工中也开始尝试采用预制管桩、土石复合桩。预制管桩采用预制高韧性混凝土管桩，通过静力压桩、振动沉桩等工艺将管桩下沉至设计标高，其在安徽得到了较好的应用，其效率高、成本低等特点受到工程师们青睐，然而，受地质条件影响使用受限；土石复合桩作为一种新型的桩基础，其采用管壁开孔的钢管桩预沉后注浆的施工方法，兼顾了摩擦桩和端承桩的优点，以扩大基础的形式采用挤密桩身周围土体的作用使桩基具有更好的承载能力，与以往的灌注方法相比，土石复合桩中的水泥浆液虽然没有渗入土中发生黏土固化，但桩对天然地基的挤密和压实作用更强。这种施工方法，免去了不同土体对水泥颗粒细度的要求，工艺简单，造价低，具有很高的推广价值。

3.2 墩柱施工新方法

常规墩柱施工工艺为绑扎钢筋、支设墩柱模板、浇筑混凝土、拆模等，工期较长、劳动强度高，不符合绿色建造技术的要求，目前，国内已经形成了预制墩柱的新工艺，即在工厂内将墩柱按照设计图纸的要求进行分节段预制，运输至现场通过灌浆套筒、灌浆波纹管、预应力钢束、现浇带等方式连接，在上海嘉闵高架路、四川成都羊犀立交等项目中均得到了采用，安徽推行的离心柱、河北推行的钢管柱都成为一种新的体系，丰富了我国桥梁下部结构快速施工的内容。周良、闫兴非等人对灌浆套筒、灌浆波纹管、预应力钢束三种预制拼装连接方法进行了研究，结果表明，套筒和波纹管预制拼装连接构造的桥墩与传统现浇混凝土桥墩相比，具有相近的抗震性能，预应力钢束连接预制拼装桥墩具有现浇混凝土相近的变形能力。墩柱的发展可向高性能材料、钢混组合墩等方向加以研究。

4 钢-混凝土组合梁工业化建造技术

主梁结构的快速建造是桥梁工作者关注最多的内容，需要深入了解我国钢-混凝土组合梁的构造形式，针对其力学、构造、制造、施工等特点开展相应的研究。

4.1 钢-混凝土组合梁分类

在我国中小跨径桥梁中，钢-混组合结构的创新形式丰富多样，设计师们选择主流的形式分为以下四种：

（1）组合钢板梁

组合钢板梁是由钢腹板、上下钢翼缘板、加劲肋组焊而成的工字型截面，配以剪力钉和钢筋混凝土或预应力钢筋混凝土桥面板而形成的组合结构。组合钢板梁在横断面设计上又分为双主梁和多主梁。

（2）组合折腹梁

组合折腹梁由波折形钢腹板和混凝土顶板和底板通过抗剪连接件组合而成，其另一个特点是引入了体外预应力。

（3）组合钢箱梁

组合钢箱梁由槽型钢梁和混凝土桥面板组合而成。

（4）组合钢桁梁

组合钢桁梁有钢桁架和混凝土桥面板组合而成。

在此基础上衍生出了多种不同的组合形式，如折形腹板-钢管混凝土梁、型钢-组合梁、窄箱-组合梁等。

以上钢-混凝土组合梁的构造主要由钢翼缘板、腹板（杆）、钢底板、钢横梁、加劲肋等单元组成。根据主梁构造特点及单元组成以通用技术介绍制造工艺和安装工艺。

4.2 钢混组合梁制造工艺

制造过程主要分为放样—号料—预处理—部件（单元）加工—节段梁组装—焊接—矫正—涂装—预拼装—验收等工序。随着 BIM 技术的深度发展，钢结构桥梁的加工制造将更加便捷、节约、高效。

工程技术人员应认真审查研究设计图纸、招标文件等，编制组合梁制造工艺方案，完成施工图转化、工装设计、涂装工艺试验、工艺文件编制等技术准备工作。

车间应对原材料加强进场前的质量检验。钢材、焊丝、焊剂、高强度螺栓、剪力钉等进场前要按照相应的检测标准和频率进行检测，合格后方可使用。

（1）号料：详细制定放样号料图，根据图上所示零件的外形尺寸、坡口形式与尺寸、各种加工符合、质量检验线、工艺基准线等绘制在相应的钢板和型材上。号料画线精度要满足加工精度要求，号料要充分考虑钢板加工变形、焊接变形等多重因素影响。

（2）钢板预处理：对钢板平整度不满足要求的进行整平处理，同时对表面进行涂装预处理，喷砂或抛丸，后施做车间防护底漆。钢板预处理可实现机器人除锈，机器人先行定位构件空间位置，后由控制系统发布指令给抛丸机组呈平行式同步抛丸除锈。

（3）部件（单元）加工：应将主梁各部件划分为若干个单元，底板单元、腹板单元、横隔板单元等，在制造中尽量实现构件板单元化，避免零散部件参与梁段组装。坡口加工宜采用专业坡口设备，火焰切割时确保坡口尺寸满足设计要求，且要清除边缘氧化物、熔瘤和飞溅物等。在底板不同厚度的钢板对接，应采用“厚板削薄”法，采用铣床将厚板按设计坡度铣刨。钢板开孔作业可采用激光切割技术或水切割技术，可极大提高生产效率和加工精度。

（4）节段梁组装：加工完且检验合格后的零部件要进行组合形成节段梁的拼装，主要包括腹板和底板、翼缘板的组装、各种加劲肋的组装、隔板组装等工序。组装时要做好线形、几何尺寸和空间位置的检查。

（5）焊接：焊接前应进行焊接工艺评定，焊工应通过考试并取得权威部门颁发的资格证方可施焊，同时应当对各个焊工建立焊接档案库，对其进行的焊接作业要全面详实记录入档。焊接应确定合理的焊接工艺和焊接参数以确保焊接质量和防治焊接变形。尽量减少仰焊作业，可采用桥梁翻转设备或桥梁变位装置，将仰焊、立焊变为平焊。桥梁钢结构焊缝等级要求较高，自动化焊接技术在薄板焊接、曲面焊接等方面还不能完全应用，因此如何使焊接技术与计算机大数据处理技术相结合，将采集组拼后的焊缝位置空间坐标转化到焊接机器人系统中实施时时追踪焊接，是科研工作者和桥梁工程师需要深入研究的问题。

（6）矫正：优选采用冷矫正对构件变形大于允许偏差时进行矫正处理，矫正后的钢材表面不应有明显压痕或损伤。热矫正要严格控制加热温度、同一区域加热次数不得超过两次。

（7）涂装：涂装前，要对油漆进行检验，合格后方可使用，油漆工作要做好岗前技术培训和交底，持证上岗，同时做好防护措施。涂装前要对钢板表面进行清理和检验，保证其粗糙度满足设计要求。大型钢构件宜采用工业机器人进行涂装前处理和涂装作业，工业机器人的作业效率远远高于人工涂装，且易于质量控制，机器人行走装置可采用步履式行走时和龙门架式，具体形式可结合钢构件类型进行设计，其涂装可采用激光扫描构件轮廓线定位后辅以排列式涂装喷枪加以施作。

4.3 钢-混组合梁模拟拼装

模拟拼装又称虚拟拼装技术，是根据各构件之间的空间关联性，在对构件接口的特征点进行坐标采集的基础上进行坐标间的转化，并在专用软件中进行数字建模，形成空间模型，将梁段在实现空间的模拟拼装。

因设计钢-混组合梁单跨主梁多在 20m 跨径以上，特别是近些年钢结构桥梁应用的体量越来越大，有些项目需多个钢结构厂家协同合作方能完成，考虑制造、运输和安装便利需分段制造，分段制造就需要在出厂前进行预拼装。传统拼装工艺需要较大的拼装场地、繁琐的拼装胎膜、大吨位反复起吊等诸多因素限制，精度差、成本高、效率低、占用空间大等问题，因此，采用虚拟预拼装技术将是钢结构制造领域的一场信息化革命。虚拟预拼装国内在实样数据采集中多采用激光扫描器、全息照相机等手段将加工成型的梁段进行实体扫描，通过计算机技术形成三维立体图，在此基础上将多个梁段在计算机内进行模拟拼装，有效降低了现场实体拼装的成本，节约了空间，同时提高了拼装效率和精度，同时虚拟拼装技术是 BIM 技术设计和施工结合的一项重要工具。原始数据的采集目前已经完全能够满足精度要求，通过激光扫描技术可以实现实测模型的重构，但庞大的点云数据模型处理还需要进一步深入研究，在实践中表明，点云数据应用最多的是拼装节点，要重点做好关键节点数据收集和处理，忽略无关点对拼接的影响。

4.4 钢-混组合梁焊缝检测

焊缝检测多采用超声波检测，人工操作检测效率较低，针对直焊缝可采用带自动滑轨的超声波检测仪，结合激光扫描技术，自动识别焊缝中心轴线，设定行走速度，可实现焊缝自动化前处理、耦合剂自动化涂刷、焊缝探伤自动化检测、焊缝缺陷自动报警等功能，可有效提高焊缝检测速度，降低检测强度。

4.5 钢-混组合梁运输

钢-混凝土组合梁运输要充分考虑运输环境和路形路况，确定分段长度，并报监理、设计和建设单位，梁段在运输过程中必须采取有效的防倾倒、防碰撞、防变形等措施，支点要平稳、多点、可靠，支垫处应防止硬性接触损伤涂装层和钢板母材。

运输过程中要按照道路运输安全相关规定，事先做好路线规划和运输许可，同时要加强支点位置、梁段变形等方面的记录和检测。

4.6 钢-混组合梁安装

平原地区采用履带式起重机双机起吊或龙门式吊机起吊，山区采用架桥机、顶推施工、缆索施工等。对于钢混组合梁自身架设后具有承重能力的特点，可以采用梁上运梁的方法实现梁体的纵向运输。钢构件的连接采用螺栓连接、焊接、栓焊组合以及铆接。铆接技术的稳定性和耐久性应该得到工程师的认可和重视。今后可尝试热铆、射钉连接等方式，可极大地提高现场钢构件连接效率，并有效保证连接质量。

4.7 钢筋混凝土桥面板施工

混凝土桥面板采用预制桥面板和现浇桥面板两种形式，随着桥梁工业化的不发展，预制桥面板的优势越发明显。

预制桥面板按照构造与分类又可分为全宽预制桥面板、分块预制桥面板、叠合桥面板、压型钢板组合桥面板和 FRP 组合桥面板等形式，极大地提高了桥面板施工的装配化。考虑混凝土的徐变，研究表明，预制混凝土桥面板的存放时间超过 6 个月，其位移变化趋于稳定。安装精度要求较高，要加强全过程控制，同时对可能存在的单板受力问题制定相应的解决措施。

现浇桥面板多采用托架＋钢或木模板，托架形式多样，可采用槽钢、钢管等部件组装形成 K 形支撑，为方便拆卸，其节点连接处可采用插销或螺栓连接，慎用焊接，与主梁支垫处要设置柔性垫块，以防止装拆时破坏钢板涂装体系，也便于脱模。现浇桥面板的模板可探讨采用复合式模板、复合材料模板等多种新型材料，既可提高模板强度和耐磨性能，又可降低模板自重和劳动强度，提高模板安装效率。

5 结语

钢-混凝土组合桥梁的应用既要加强质量管控，又要重视后期养护。京港澳高速保定互通匝道桥采用的装配式组合钢箱梁，其钢材均为耐候钢，这将大大降低钢结构桥梁的后期养护，是当下应该重点推广的方向。而 BIM 技术在建筑和地铁工程中应用较为广泛，但多在设计阶段，在大型桥梁构件全寿命周期中的应用也仅仅是局限在设计翻模阶段，施工阶段尚需进行大量的参数收集，如误差累积、温度影响、变性控制等多种复杂因素会影响 BIM 技术施工化的应用，实现 BIM 技术正向设计已刻不容缓。

传统土木建筑领域的研究已无法满足社会发展的需求，土木和材料、机械、计算机、电气化等学科的跨界融合将更好地推动我国基础设施的飞速发展，也为推动综合交通、绿色交通、智慧交通和平安交通指明了方向。

参考文献

[1] 周良，闫兴非，李雪峰．桥梁全预制拼装技术的探索与实践[J]．预应力技术．2014，(06)：15-17＋38.
[2] 叶晓志．钢结构桥梁加工安装技术的研究与应用[D]．济南：山东大学，2012.
[3] 李亚东．数字模拟预拼装在大型钢结构工程中的应用[J]．施工技术．2012，(18)：23-26.
[4] 项梁，李有为．螺栓连接的桥梁钢构件虚拟预拼装技术[J]．施工技术．2018，(05)：48-50.
[5] 张凯．中小跨径钢板组合梁桥快速建造技术与应用研究[D]．西安：长安大学，2016.

灌河特大桥钢桁梁合拢施工技术

包立明

（中交世通（重庆）重工有限公司，重庆　402100）

摘　要　以吊索塔架与斜拉索为主要辅助安装技术，实现大跨径钢桁梁安装，同时综合采用斜拉索张拉、边墩起落梁、移动荷载、反力装置等多种措施实施合拢。

关键词　钢桁梁合拢；吊索塔架与斜拉索；抗倾覆落梁

1　概况

1.1　工程简介

连盐铁路灌河特大桥全长10.7km，主桥全长470m，为（120＋228＋120）m三跨连续钢桁柔性拱桥，双线铁路，线间距4.4m，边跨为平行桁梁，中跨为刚性梁柔性拱桁梁。

主桁为N形桁式，平弦桁高15m，节间长12m和13m，边跨及中跨跨中的6个节间为12m，中跨靠近中支点的6个节间为13m。中支点处向下设加劲腿，加劲腿至下弦杆中心的距离为15m，加劲腿与下弦间设直线过渡，边跨为两个节间，中跨为一个节间过渡。柔性拱肋按圆曲线布置，矢高69m，矢跨228m，矢跨比为1/3.3。桥面板为栓焊连接形式，其余均为栓接形式。见图1、图2。

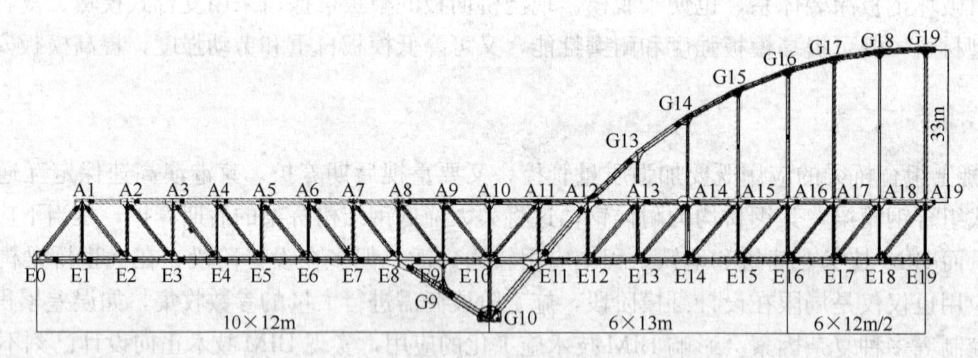

图1　半桥立面图

全桥钢结构总重量约为10215.7t。

1.2　钢桁梁总体施工过程

因灌河航运繁忙，228m跨中不能设支撑，边跨114号～115号、116号～117号墩采用膺架法施工，主跨115号～116号墩间采用吊索塔架与斜拉索悬臂施工，架设方向从两岸向跨中，最后在主跨跨中合拢。见图3、图4。

2　钢桁梁合拢施工

钢桁梁主跨合拢须考虑安装顺序、影响合拢精度的因素及其他准备工作。

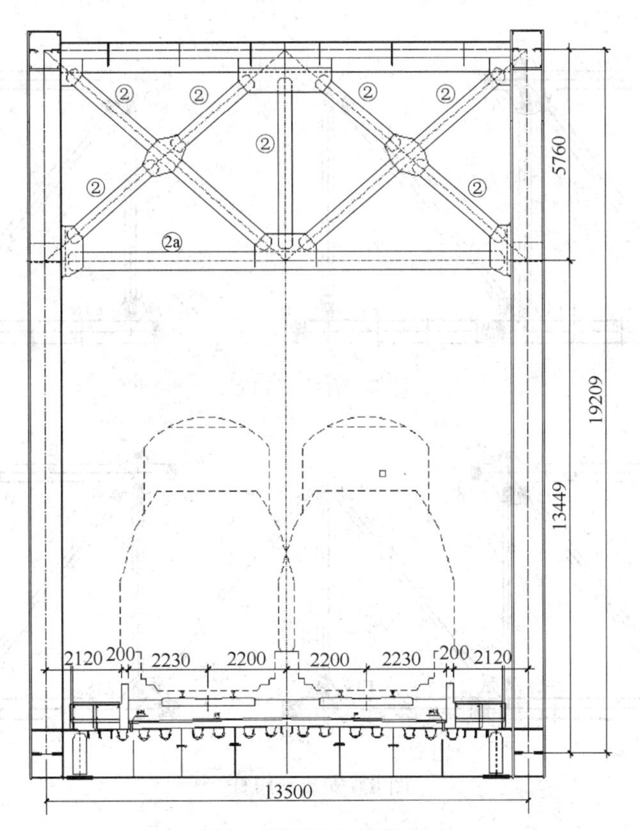

图 2　灌河特大桥断面图

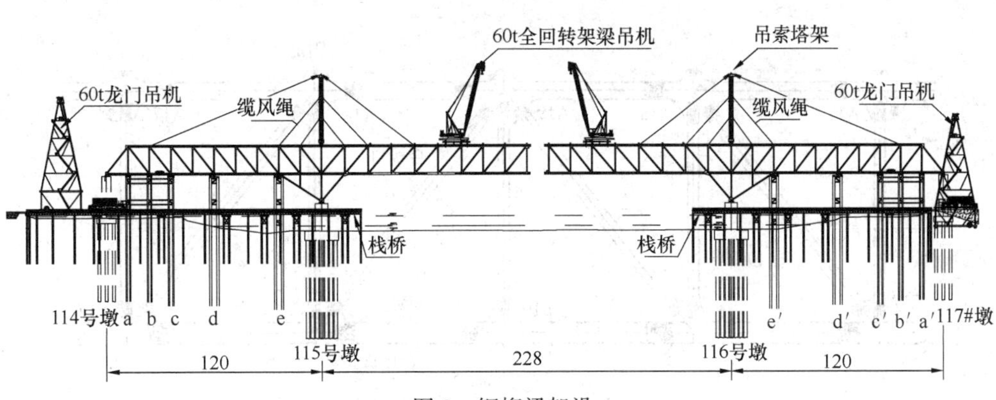

图 3　钢桁梁架设

图 4　钢桁梁架设实物图

2.1　合拢安装顺序

合理的安装顺序保证杆件全部顺利安装，合拢口布置见图 5。

先安装下弦杆合拢段，安装斜腹杆 A19E18′，见图 6。

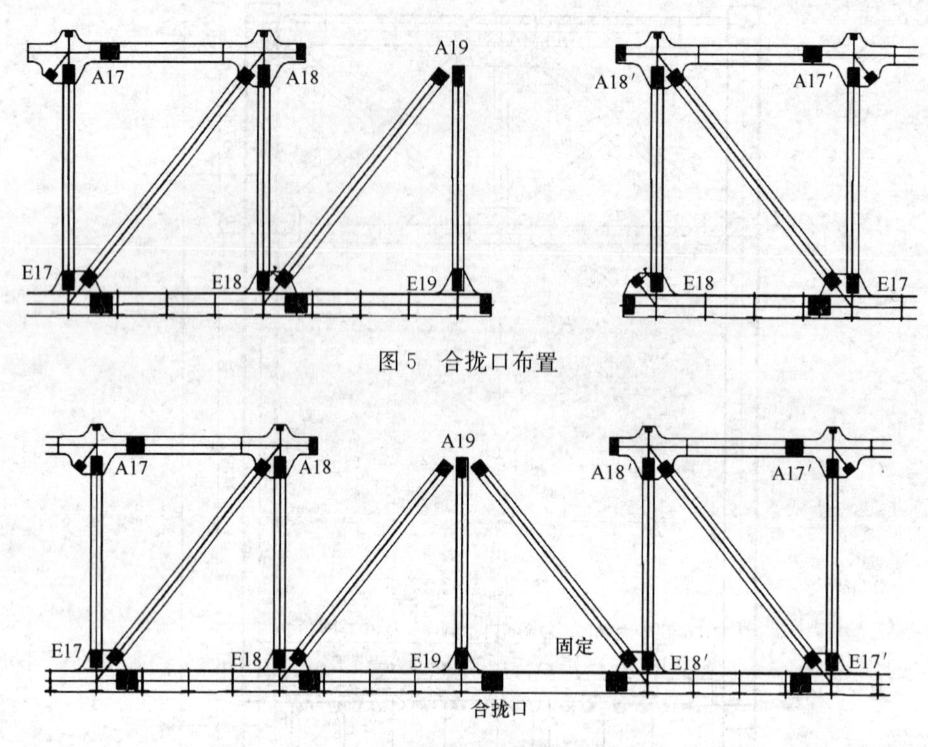

图5 合拢口布置

图6 安装斜腹杆

安装上弦杆 A18A19，最后安装上弦杆合拢段，见图7。

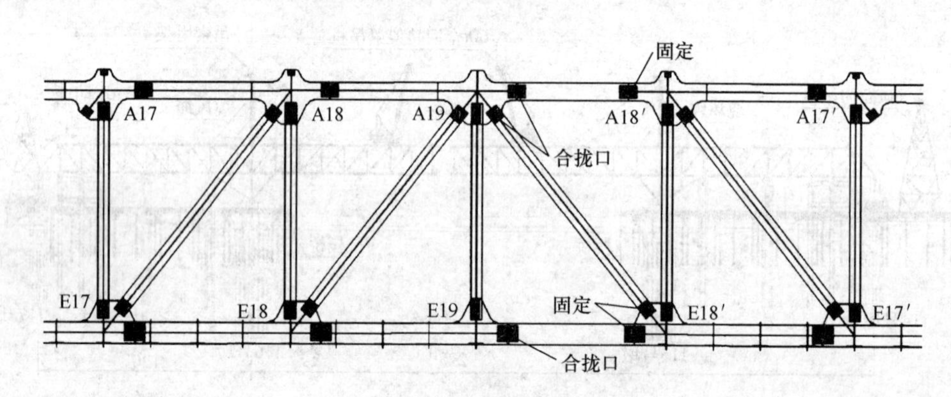

图7 安装上弦杆

四条弦杆同时栓接合拢为最优方法，然后栓接斜腹杆。

2.2 关键技术与监控重点

因钢桁梁均为栓接形式，合拢精度要求高，误差不能超过 5mm。必须采用综合方式调控距离，以吊索塔架与斜拉索作为主要的安装技术，采用边墩落梁、合拢口反力张拉、移动荷载、温差为辅助合拢技术。

(1) 吊索塔架与斜拉索调整钢桁梁合拢线形。

每座塔架含4组斜拉索，每组4根索，张拉斜拉索使跨中悬臂提升，合拢口两截面至平行状态，以保证合拢段安装时螺栓孔群重合，高强度螺栓顺利通过。

张拉斜拉索前，边墩落梁可降低拉索力。E0′节点（盐城侧）降 320mm，E0 节点（连云港侧）降 400mm 情况下，在 Midas civil 中建立模型（图8）计算，使得达到合拢线形时锚索（边跨侧）张拉力为 13078kN，拉索（主跨侧）张拉力为 15070kN，见图9。

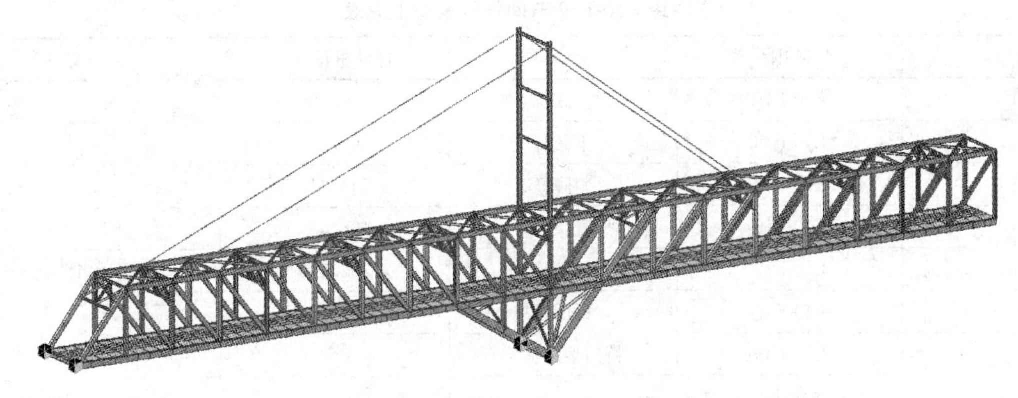

图 8 钢桁梁与吊索塔架模型

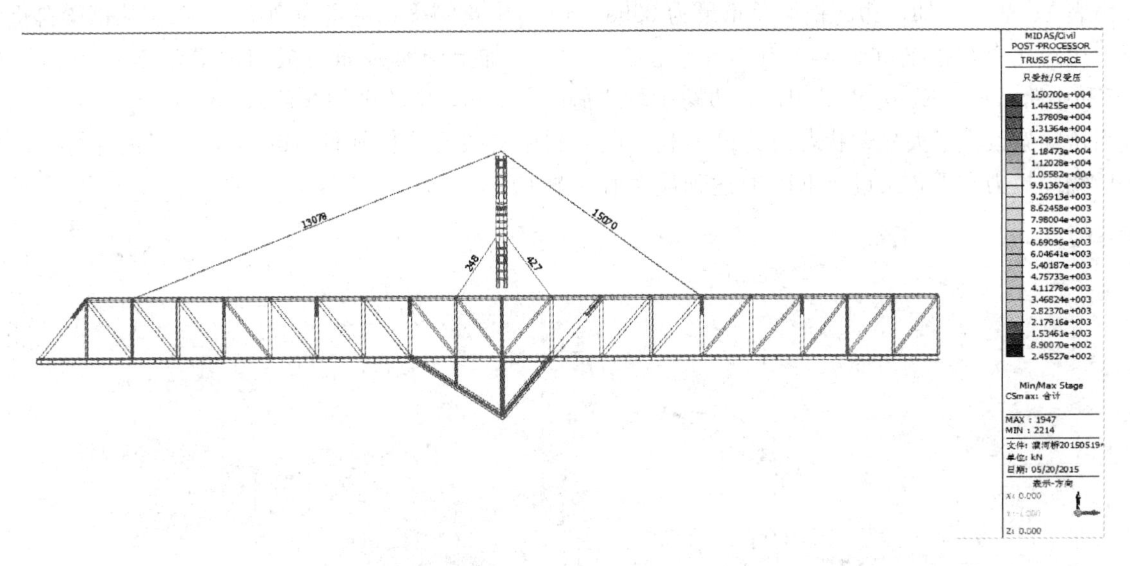

图 9 斜拉索受力分析

(2) 抗倾覆措施

以主墩 E10 节点为支点，边跨（E0-E10）及中跨（E10-E19）平弦钢梁重量分析如表 1、表 2 所示。

边跨 E0-E10 节间杆件重量汇总表 **表 1**

序号	范围	杆件名称	杆件重量（t）	备注
1	E0-E10	上弦杆	437.541	
2	E0-E10	下弦杆	602.115	
3	E0-E10	斜腹杆	288.531	
4	E0-E10	直腹杆	221.015	E10 计入一半
5	E0-E10	加劲腿	255.400	E10 计入一半
6	E0-E10	桥面板	531.369	
7	E0-E10	桥门架及横梁	62.769	E10 计入一半
合计			2398.74	19.99t/m

中跨 E10-E19 节间杆件重量汇总表　　表 2

序号	范围	杆件名称	杆件重量（t）	备注
1	E10-E19	上弦杆	379.200	
2	E10-E19	下弦杆	500.277	
3	E10-E19	斜腹杆	244.619	
4	E10-E19	直腹杆	198.529	E10 计入一半
5	E10-E19	加劲腿	202.250	E10 计入一半
6	E10-E19	桥面板	500.628	
7	E10-E19	桥门架及横梁	49.505	E10 计入一半
合计			2075.008	18.08t/m

由表 1、表 2 可知，边跨钢梁总重量为 2398.740t，中跨钢梁总重量为 2075.008t，从钢梁自重角度分析，边跨比中跨钢梁重 323.732t。当考虑施工荷载，加上中跨桥面吊机和运梁台车后，边跨（E0-E10）和中跨（E10-E19）重量相近。边跨平均线荷载 20t/m，中跨平均线荷载 18.1t/m。

当桥梁架设至最大悬臂状态时为最不利工况，利用有限元分析软件 Midas 进行建模计算，结果显示，后锚固拉力在平弦架设至 E19 时达到最大值（图 10）。

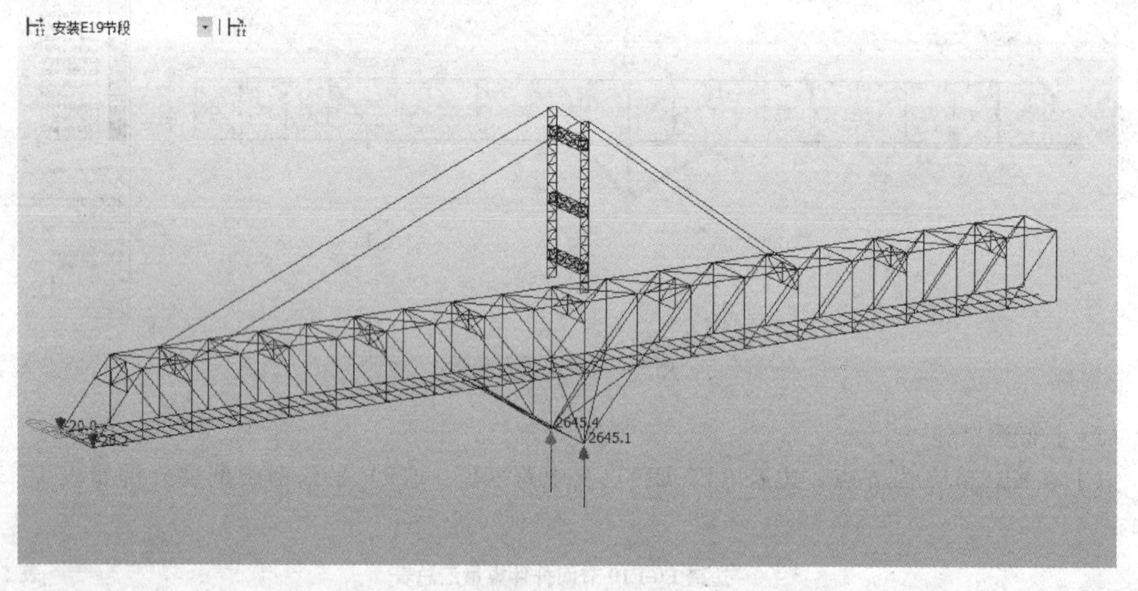

图 10　合拢前支反力图（单位/t）

由图 10 可知，边墩单点拉力约为 20t，中墩单点支点反力为 2645t。同时，结合实际施工条件，此时结构受力可以简化为图 11 所示。

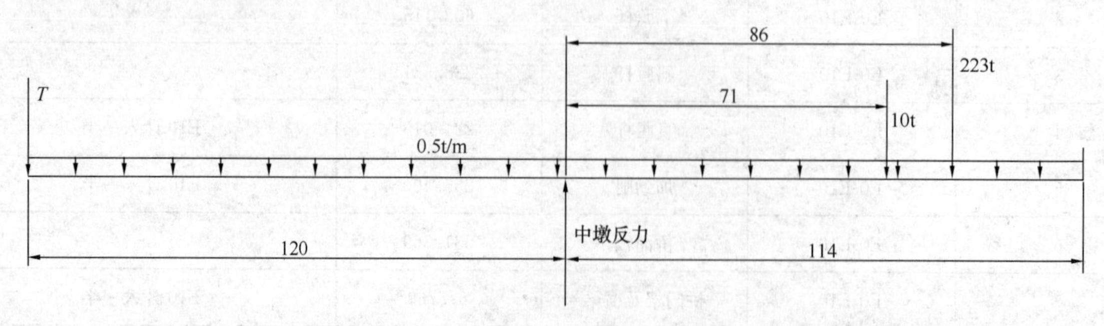

图 11　合拢前受力简图（t · m）

斜拉索拉力对中墩弯矩为 0，故忽略吊索塔架和斜拉索的作用。其他荷载和力臂长度如表 3 所示。

最大悬臂状态全桥荷载作用表 **表 3**

名称	符号	数值	名称	符号	数值
运梁台车自重	$m_{台车}$	10t	运梁台车力臂	$l_{台车}$	71m
架梁吊机自重	$m_{吊机}$	223t	架梁吊机力臂	$l_{吊机}$	86m
主梁边跨自重	$q_{边跨}$	20t/m	主梁边跨长度	$l_{边跨}$	120m
主梁中跨自重	$q_{中跨}$	18.1t/m	主梁中跨长度	$l_{中跨}$	114m
桥面其他荷载	$q_{其他}$	0.5t/m	E19 单块桥面板	m_{QM3}	26.160t

结构抗倾覆系数取 $K=1.3$，吊机及起吊杆件荷载冲击系数取 1.2。

抗倾覆力矩：$M_k=(q_{边跨}+q_{其他})\times l_{边跨}\times\frac{l_{边跨}}{2}=147600t\cdot m$

倾覆力矩由主梁自重、桥面荷载、运梁台车及桥面吊机自重产生。

主梁自重及桥面荷载的倾覆力矩在吊装最后一块桥面板时最大：

$$M_{q1}=(q_{中跨}+q_{其他})\times l_{中跨}\times\frac{l_{中跨}}{2}+m_{QM3}\times l_{中跨}\times 0.2=121459.2t\cdot m$$

运梁台车产生的倾覆力矩：$M_{q2}=m_{台车}\times l_{台车}=710t\cdot m$，

架梁吊机产生的倾覆力矩：$M_{q3}=m_{吊机}\times l_{吊机}\times 1.2=23013.6t\cdot m$，

所以总倾覆力矩为：$M_q=M_{q1}+M_{q2}+M_{q3}=145182.8t\cdot m$。

边墩最大总锚固力为：$F=\frac{M_q\times K-M_k}{l_{边跨}}=342.8t$，

E0-E1 节间压重，配重中心位置取距离 E0 节点 5m 处，最少配重量取 $m=\frac{F}{2}\times\frac{l_{边跨}}{l_{边跨}-5}=179t$。

（3）变形控制

钢桁梁受温度及荷载变化的影响，造成合拢口尺寸变化。

1）温度变化影响。

① 由于塔、梁、索的材料构成及结构的特殊性，分别对温度变化的敏感程度不同，变形也不同。但在高温季节变化差异十分明显。结构的吸热、传导、散热与变形各不相同，使理论索力和线型与实测差异超过 2%以上。

② 太阳直射不能全面覆盖塔、梁、索，总是存在阴阳面，一天当中随太阳照射位移而发生变化，受太阳直射的阳面使结构膨胀产生拉应力，阴面产生压应力，使塔柱产生挠曲变形，主梁产生扭曲变形、索体伸长，工况随之变化。

所以合拢口距离的测量与安装必须在同一条件下开始。根据测量结果确定合拢段孔群位置。测量与安装时间选择在日出之前较理想，可利用钢桁梁因温差变化的过程实现合拢。

2）荷载的影响

合拢口的距离在荷载不断增加的情况下会出现一下变化。图 12 为合拢口实测距离方法，理论值为 220mm。

图 12　合拢口测量位置

以北岸完成第18节间安装，南岸完成第17节间安装时开始测量。随着杆件的安装，合拢口的距离变化见图13。

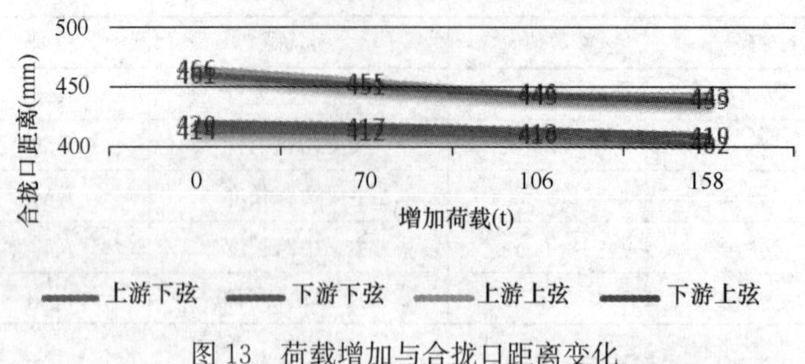

图13　荷载增加与合拢口距离变化

不同因素的影响特点如下：

① 合龙口对吊机移动敏感性：回转吊机每回移（向边跨）1m，E19前端抬高2mm，E19与E18节点相对高差变化0.2mm，合龙口上下弦杆顺桥向相对位移变化0.3mm。

② 合龙口对索力敏感性：锚索索力与拉索索力等比例增加，根据频率法测锚索索力每组增加10t，E19前端抬高7mm，E19与E18节点相对高差变化1mm，合龙口上下弦杆顺桥向相对位移变化1mm。

③ 合龙口前端对边墩落梁敏感性：边墩落梁10mm，对E19前端抬高9.5mm，E19与E18节点相对高差变化1mm，合龙口上下弦杆顺桥向相对位移变化1mm。

④ 温度每升高1度，合龙口间距减小2.1mm，E19节点抬高1.3mm。

3）钢桁梁合拢与支座滑动

钢桁梁合拢后提升边墩E0（E0'）标高至设计值，拆除斜拉索时，由于钢桁梁拱度降低，推动活动支座滑移，因此，在合拢前预留滑动距离，保证支座在常温下处于居中状态，见图14。

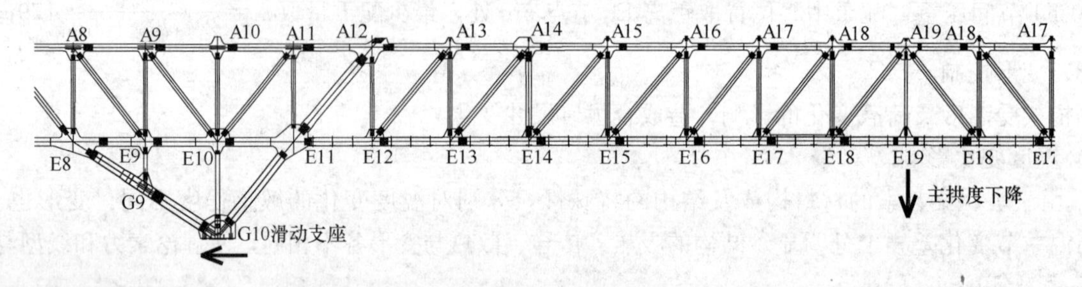

图14　支座滑动

3　结语

连盐铁路灌河特大桥钢桁梁安装，边跨采用膺架法悬臂安装，主跨采用吊索塔架与斜拉索辅助悬臂安装。在合拢施工中采用多种措施综合实施。

精确的合拢施工不仅包含安装的合理控制，与良好的制作工艺、严谨的质检密不可分。

参考文献

[1]　刘桂红．灌河大桥连续钢桁拱梁设计[J]．铁道勘察，2014(1)．

[2]　苏国明．连盐铁路灌河特大桥钢桁柔性拱设计[J]．高速铁路技术，2014(12)．

[3]　中铁第五勘察设计院集团有限公司．新建铁路连云港至盐城线施工图灌河特大桥第三册[R]．2013．

弧形双层钢结构桁架桥的设计、加工安装技术

范荣如　金　鑫　王　坤

（江苏沪宁钢机股份有限公司，宜兴　214231）

摘　要　本文介绍城市立交桥双层桁架桥的设计、加工、施工等技术，致力于发掘合理的设计与优化思路，以及加工制作、施工等方面的一些有价值的经验。

关键词　深化设计；缓和曲线；双层桁架桥；三连跨箱形桁架；折面组合

1　工程概况

纵观全球大部分桥梁，从造型上分有拱形桥、悬索桥、斜拉桥等，功能上可以大致分为跨海桥、跨河桥、公路立交桥等。而随着城市的不断发展与扩容，普通的市政道路已满足不了繁忙的交通压力，于是城市立体桥梁应运而生。城市立交桥系统可以是混凝土桥，也可以是钢结构桥。城市的成桥空间有时备受地形、建筑、环境等因素局限。考虑城市立体桥梁的功能多样性，以及地理与周围环境的限制，合理的桥梁设计可以满足城市交通的功能性，同时也满足景观工程的需要。

遵义凤新快线西起凤凰山脚，经中华路、内沙路、外环路、川黔铁路、东联线后接凤凰山南隧道东出口大道，东抵礼仪新城。遵义桥双层桁架桥（2 标段）属于遵义凤新快线建设工程项目的子分段，设置上下两层通道，横贯外环路，双向 6 车道。该段双层桁架桥为三连跨箱型桁架桥，下设 4 处桥墩支点，人行通道位于上层与中层之间，通过吊挂形式与过街天桥形成双侧双联人行系统。该双层桁架桥由 3 榀纵向箱形桁架，桁架之间通过设置桥门架、横梁、横肋以及横联等组合成类似框架的结构体系，桥面板由 U 形纵肋、T 形纵梁组成。本段双层桁架为扇形空间结构，总长度约为 220m，横向 2 跨，每跨约 15.5m，上下弦中心高度为 13.006m，为上层和中层分离式桥梁，上层为钢梁桥，中层为框构桥。见图 1。

图 1　凤新快线双层桁架桥效果图

2　类似结构桥梁比较

1）南昌市朝阳大桥

该大桥采用单箱多室形式，顶板之上通行机动车，边箱内用于行人和非机动车通行（图 2）。

2）上海徐汇区龙华港桥

龙华港桥上层桥面为机动车道和规划有轨电车道，下层桥面为行人和非机动车通道。主桥采用双层桥面变截面连续钢桁梁，倒梯断面，跨径 82.5m+82.5m=165m。该桥目前已建成（图 3）。

图 2 南昌市朝阳大桥

图 3 上海徐汇区龙华港桥

3）上海闵浦大桥

闵浦大桥是横跨于上海黄浦江上的第八座越江大桥，主跨采用钢结构，连接上下两层桥面的为类似南京长江大桥上下层之间的钢桁梁结构形式（图 4）。

图 4 上海闵浦大桥

综上图可知，一般跨海、河道桥梁有充裕的地理与环境空间，横贯河海航道部分均为直段较多，显有平面内其他特殊外形，一般通过引桥等形式完成弧形链接，实际施工时仅需考虑纵向起拱即可。道路设计的常用做法及周围地形、环境等因素的限制，是决定桥梁设计的决定性因素。与河道上部桥梁不同的是，城市道路立体桥梁有着天然的人文与建筑群体限制，以及市政道路通行的要求，这就需要在满足结构设计安全的前提下，尽可能避免地域与周围环境所带来的局限，通过结构形式转换，设计调整，以及加工时工艺手段实现特殊形式的桥梁。

3 立体三维模型创建

由于该工程工期紧张，从设计图到桥梁主体结构竣工仅 6 个月。通过比较 cad 及 Tekla 的优缺点，采用 Tekla 可以缩短出图周期，以及后期工厂化各种信息化数据的采集。

3.1 模型准备工作

根据原设计图纸创建基本轴网、桥墩台背或支座，根据设计标高将结构计算中心线按照原位定位于基本轴网中，至此该钢桁架桥梁成桥结构中心线形初步完成。由于该工程为缓和曲线弧形结构桥，考虑到工程工期紧张，若按照理论弧形结构加工制作难度很大，综合考虑工期以及成本等因素，采用若干个折面组合而成的缓和弧形桁架，有效地解决了上述的难题。

根据现场监控单位及设计图纸上的起拱值，通过各个控制点的起拱值，线性模拟桥梁结构中心线的起拱线形。采用先整体后局部的调整方式，根据结构分段位置，模拟描绘出各个折面桁架的实际加工控制中心线（图5）。

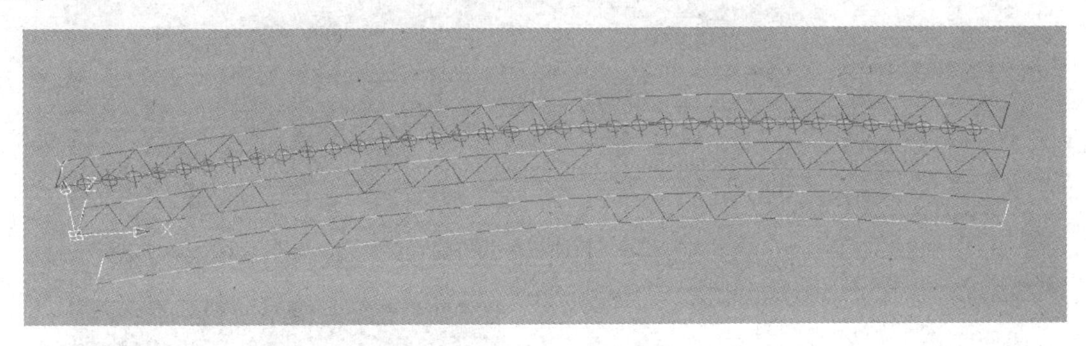

图5 桁架起拱分段后折面中心线

3.2 桁架主体框架模型搭建

根据起拱后的桁架结构中心线初步搭建3榀主桁架（图6）基本截面，同时根据设计图纸中桁架内平面节点的搭建。根据主桁架的定位，创建支座位置处横向桁架，完善主体桁架框架结构的三维结构搭建，上弦节点中间点与下弦节点组成若干个折面桁架单元（图7）组合而成3榀主桁架，根据设计图纸创建桥门架结构模型（图8）。

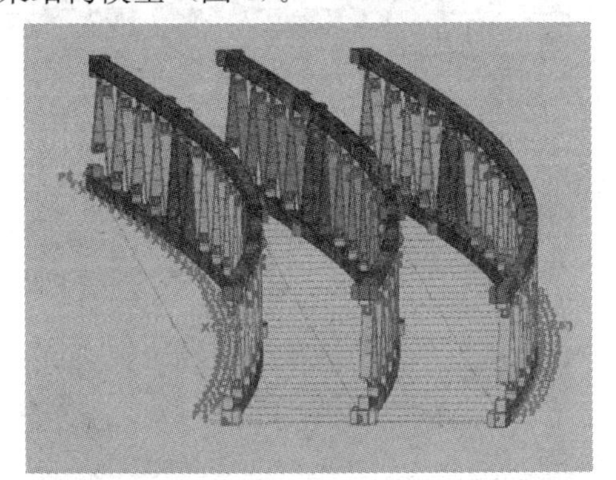

图6 主桁架搭建

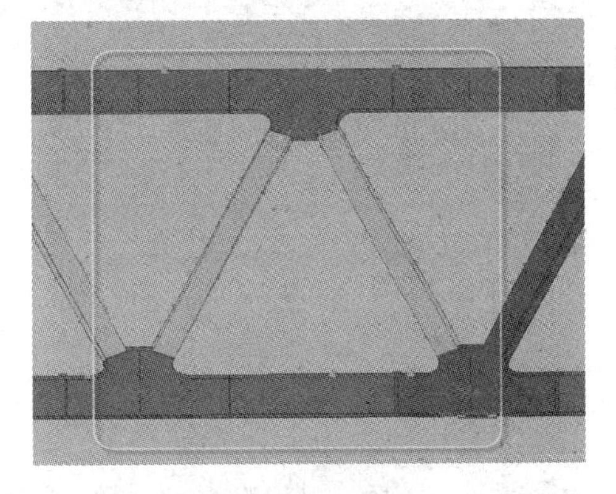

图7 折面桁架

图8 主桁架及桥门架搭建

3.3 桥面板单元、横梁、横联等相关结构搭建

根据主桁架分段位置布置桥面板分块系，确定桥面板分块平面。根据桥面板反推上、下横梁以及横联的相关定位。具体步骤如下：

主桁架初步平面内定型→根据桁架分段布置桥面板分块→U肋定位及节点细化、采购→横梁、横肋、横联布置及节点创建→横梁、横肋、横联对应主体桁架内部隔板及牛腿创建→人行道吊柱设置及人行道线形定型→桥面板单元划分及合成板单元构件→桥门架横梁创建→防撞栏杆及人行栏杆→排水系统→附属件布设，见图9～图15。

图9 桥面板单元搭建

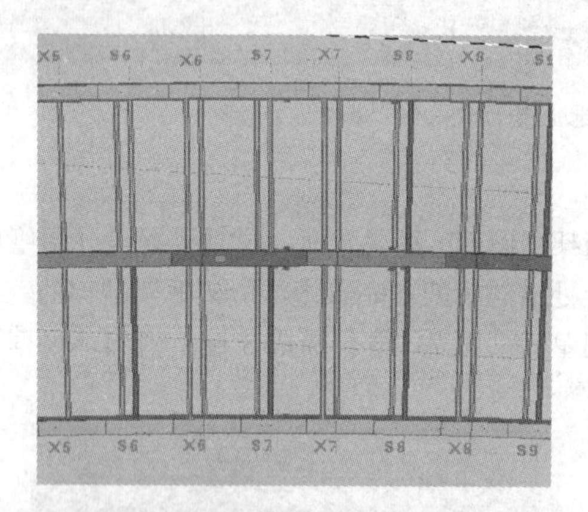

图10 横梁、横肋搭建

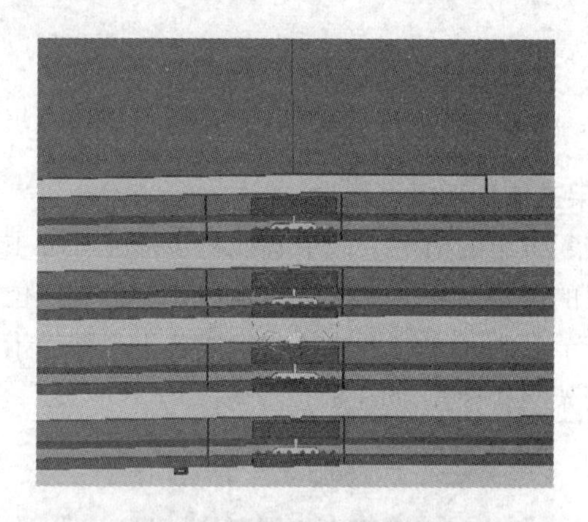

图11 桥面U肋节点创建

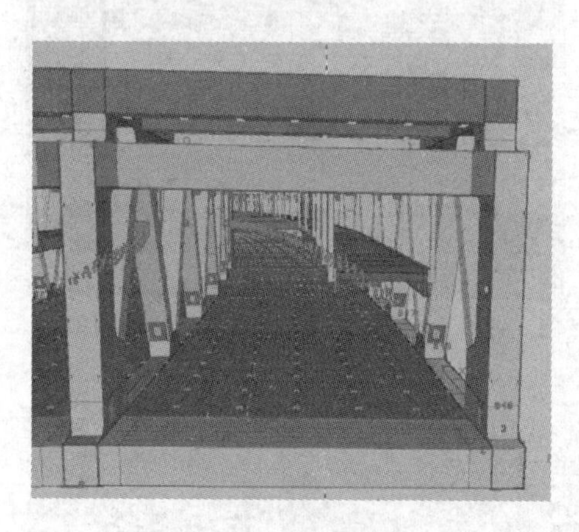

图12 人行道搭建

图13 桥门架创建

由于现实桥梁项目中弧形U肋的项目应用较少，若U肋按照弧形分段加工制作，加工成本较高，同时U肋形成的截面刚度较大，加工不易实现，且需要投入大量的人力、劳力，加工成型的弧形精度也无法保证。考虑施工工期的影响，本工程以直代曲后U肋夹角仅2.5°，故采用此方式可大大缩短了桥面板单元的加工制作周期。同时U肋之间通过双夹板栓接紧固，既满足现场施工的要求，也达到了车行桥疲劳性能的缓冲。

图 14　排水系统管夹布置

图 15　防撞栏杆创建

4　加工

通过 Tekla 仿真模型 1：1 放样，及时发现并解决结构中相互碰撞及矛盾之处，可以有效地避免现场施工修改的频率，同时通过仿真模型实际放样将更加精确，也充分提高了材料的利用率等相关益处。

5　现场安装方案及吊装

5.1　总体吊装方案

由于该工程工期较紧张，且弧形桥分端口对接精准对位是吊装控制重点。根据本工程结构特点，采用“厂内分段制作＋高空分段散装”的总体施工思路。沿纵桥向将全桥分为 7 个施工段，从两头向中间以施工段为单位按照下弦杆——下层横梁——下层桥面板——腹杆——上弦杆——上层横梁——上层桥面板的顺序安装。见图 16、图 17。

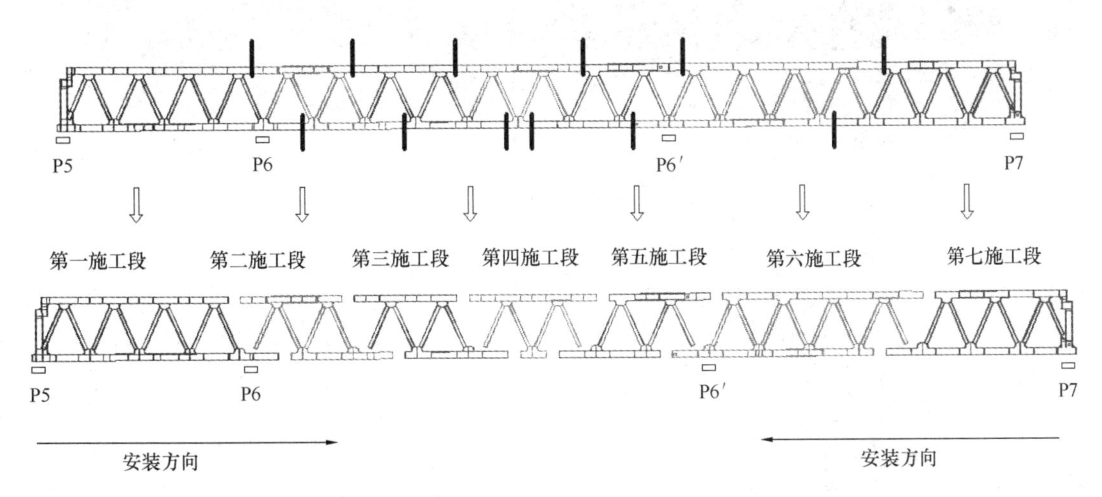

图 16　桁架吊装分段示意

5.2　临时支撑平面布置

由于本工程钢桥跨度较大，结构安装采用分节段吊装，因此在分节段吊装时须借助临时支撑进行安装。根据结构高度、分段重量、分段位置，设置临时支撑位置及高度，本工程统一使用格构式临时支撑，支撑采用标准件装配式设计，使用 M16 和 M20 的安装螺栓进行连接。

支撑分为格构式和单管两种，单管用于支撑下弦横梁（防止上层桥面系成型前因下层桥面的重量导致下弦杆受扭），其余部位全部采用格构式支撑。单管规格 ϕ299×8，材质为 Q235B。单个格构临时支

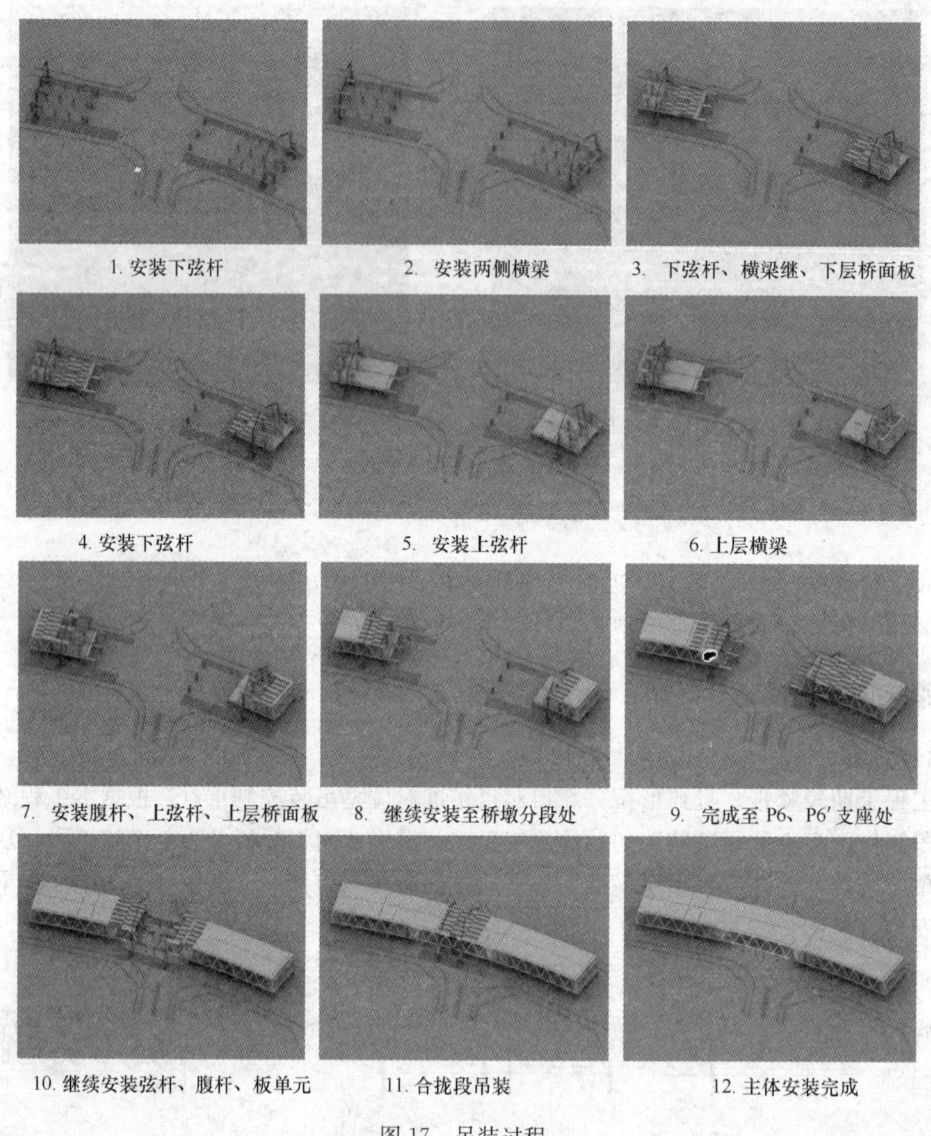

图 17　吊装过程

撑截面为 1500mm×1500mm，立杆为钢管 $\phi180\times8$，腹杆为钢管 $\phi102\times6$，材质为 Q235B。支撑立杆之间采用 M20 安装螺栓连接固定，腹杆和立杆之间采用 M16 安装螺栓连接固定。格构支撑上端口设置一田字形钢平台，钢平台采用 H300×300×10×15 的 H 型钢焊接而成，安装时利用钢平台设置胎架及操作平台。见图 18、图 19。

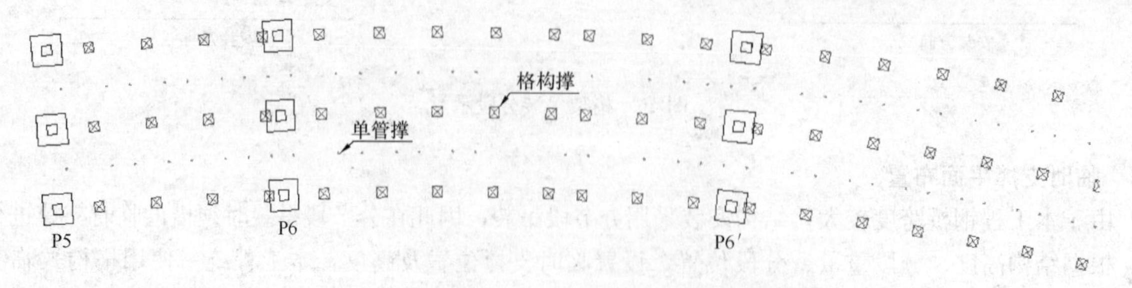

图 18　下弦临时支撑平面布置图（落于地面混凝土承台上）

图 19 上弦临时支撑平面布置图（落于下弦顶）

5.3 现场实际吊装工况

现场实际吊装工况见图 20。

图 20 现场吊装工况

6 结语

本工程双层桁架桥解决了丘陵地形城市交通命脉，通过高架桥的搭建缓解城市交通压力，采用借助标准件装配式设计的格构式临时支撑进行钢桥安装，Tekla 三维模型进行设计和加工放样，给城市钢结构高架桥的施工积累了宝贵的经验。

钢-混组合结构桥梁在高海拔山区的应用和发展

冯智江　朱文伟　顾忠文　赵柱炯　胡照刚

（云南建投钢结构股份有限公司，昆明　650106）

摘　要　钢-混组合桥梁具备钢结构抗拉、混凝土抗压，充分发挥两种材料的使用性能，以减轻自重，减小地震作用，减小构件截面尺寸，增加有效使用空间的结构优点，且构件加工其结构简单，加工难度小，目前正逐渐实现加工机械自动化，现场施工因构件的重量比传统的构件较轻，其施工方便、快速，尤其在高海拔山区的桥梁施工，有很好的发展前景。另外对于组合桥上部混凝土桥面系的施工也涌现很多预制桥面板的做法，真正地实现了桥梁上部结构全部在加工厂完成制作，然后再到现场进行安装施工的装配式理念。实现了公路建设产业装配化、绿色可持续发展，其未来的发展前景也会越来越好。

关键词　钢-混组合桥梁；谷地、山岭地区；装配化；绿色可持续发展

1　引言

近年来在国家“一带一路”倡议的战略驱动下，大量的基础投资建设拔地而起，云南地处“一带一路”倡议面向南亚、东南亚的辐射中心，大量的基础建设也在大量兴起。云南高原总的地势由北向南呈阶梯式下降，其海拔高，地形差异变化明显，人口分布密集地段多为高海拔谷地、丘陵地形，其公路基础建设中涉及大量的跨河沟、谷地的桥梁，桥梁所处的地形桥墩高度大，且山区多气候恶劣、运输条件差，施工工期短、施工及养护工作困难。因此，桥型方案选择时应选择多加工厂制作、少现浇，施工工期短的桥梁结构形式，钢-混组合桥梁在该类地形中可以得到良好的利用。

本文通过对甲介山特大桥的论述，说明对钢混叠合梁施工技术的研究，对于我国桥梁装配式的发展具有重要意义。

2　工程概况

甲介山特大桥位于红河州个旧市大屯镇。采用4跨、5跨一联连续结构，共设10联，全桥共设11道伸缩缝。孔跨布置为左幅41跨40m结构连续钢板组合桥梁，左幅长1640m。右幅42跨40m结构连续钢板组合桥梁，右幅长1680m，为云南省内最长的同时也是第一座施工完成的连续钢混组合结构桥，总吨位达到9300t。

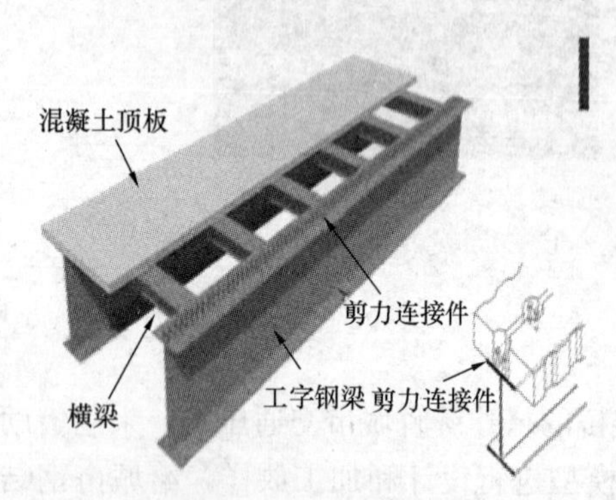

图1　桥梁结构图

单幅桥跨设置3根主梁，端支点设置端横梁，中支点位置设置中横梁，跨间每隔5m设置1根中横梁，每跨共7道中横梁。钢纵梁及横梁采用工字形断面，全桥纵梁均高2.2m，上翼缘宽600～800mm，板厚20mm、32mm，下翼缘板宽600～800mm，板厚40mm，50mm，腹板厚16mm、24mm。桥梁结构如图1所示。

3 施工技术分析

3.1 工程难点及特点

（1）钢结构安装受施工场地影响，吊装难度大，且吊装高度高。

（2）桥梁长度长，钢结构焊接工程量大，焊接质量控制与效率平衡是难点。

（3）地面拼装吊装至高空，二次对接，桥梁线性控制难度大。

（4）桥面板混凝土施工，施工高度高，桥梁沿线场地环境复杂，支模和混凝土浇筑都是施工难点。

（5）桥梁混凝土浇筑量大、强度高，包含钢纤维混凝土，浇筑质量控制是难点。

（6）混凝土浇筑完成后，落梁施工整体重量达到约1700t，施工难度高。

3.2 重难点解决方法

（1）为解决施工场地问题，尽可能的采用挖机进行平整，保证汽车吊站位问题；在钢梁安装部分，采用了整体地面制作胎模，进行地面拼装，双机或三机抬吊的施工方式，整体吊装至盖梁上，节省了搭设支架的施工成本，提升了施工效率，减少安全隐患；

（2）针对工程特点，进行了一系列焊接措施，以保证工程的焊接质量。

1）对于对称截面的构件，宜采用对称于构件中性轴的顺序焊接。

2）对双面非对称坡口焊接，宜采用先焊深坡口侧部分焊缝、后焊浅坡口侧、最后焊完深坡口侧焊缝的顺序。

3）对于长焊缝宜采用分段退焊法或与多人对称焊接法同时运用。

4）宜采用跳焊法，避免工件局部加热集中。

5）对于拼接板焊缝宜采用预置反变形，对于一般构件可用定位焊固定，加强其钢性约束。

6）产品组装前要将分部件矫正变形后再进行总装焊接。

（3）根据现场实验数据，结合设计规定预起拱值，在地面胎模制作时，按原结构盖梁高差及位置进行，胎模下部基础保证充分的支撑强度，保证吊装到位后，和地面有同样的受力条件及线形；

（4）超高空模板支设体系：该混凝土桥面系属于超高悬空浇筑混凝土桥面，采用常规施工方法施工难度大，脚手架无法搭设。为此，公司成立了技术攻关小组，对超高悬空浇筑混凝土桥面模板施工模拟分析，不断优化施工方案，最终研发了“超高空模板支设体系”的施工方法。

（5）天泵和车载泵相结合的浇筑方式，将桥梁全线划分施工段，搭设立管，租用两辆车载泵，一方面多点同时施工，加快了施工速度，另一方面出现机械设备问题，可以及时补位施工，保证了施工进度和质量；浇筑时间根据气温，多采用下午和夜间施工。

（6）落梁施工，在各盖梁上，主梁底部分别安装一台150t的液压千斤顶，由主机统一控制下落高度，单次落梁高度2cm，保证了施工安全，减小了因高程变化不一对桥面混凝土的影响。

4 施工流程

本工程采用汽车吊进行吊装，首先将运至现场的钢叠梁在桥墩之间进行现场拼装，拼装成将要吊装的单元再进行吊装钢梁时用汽车吊将钢梁吊到设计位置进行锚固焊接，然后焊接完成钢梁，钢梁焊接完成后进行锚板割除、打磨、做防腐。

（1）本工程中钢叠桥跨径为40m，每跨在现场拼接进行吊装。见图2～图5。

（2）桥面系施工：研发了一套高空支模体系，该方法在跨中钢梁下翼缘铺设压型钢板作为操作平台及安全防护，间距600mm铺设16号工字钢做基础，搭设脚手架，在左右幅间共计8联，桥梁主梁间距4m满足木模板的搭设要求，其余挑檐部分施工，采用在钢梁腹板加劲板上安装三脚架作支撑，安装模板；本套施工体系，很好地解决了高空支模的施工难点。见图6。

图 2　用两台大型汽车吊吊装第一根钢梁

图3　用两辆大型汽车吊进行第二根钢梁吊装，同时用一台汽车吊进行相邻位置横梁安装

图 4　用两台大型汽车吊吊装第三根钢梁

图 5　完成所有连系小梁安装

图 6　桥面系施工

(*a*) 安装支模体系；(*b*) 安装钢模板；(*c*) 浇筑混凝土；(*d*) 模板滑移

（3）吊装过程中的一些特殊措施：钢叠梁吊上桥墩后侧面使用I10工字钢进行支撑，形成三角形稳定结构，如图7、图8所示。

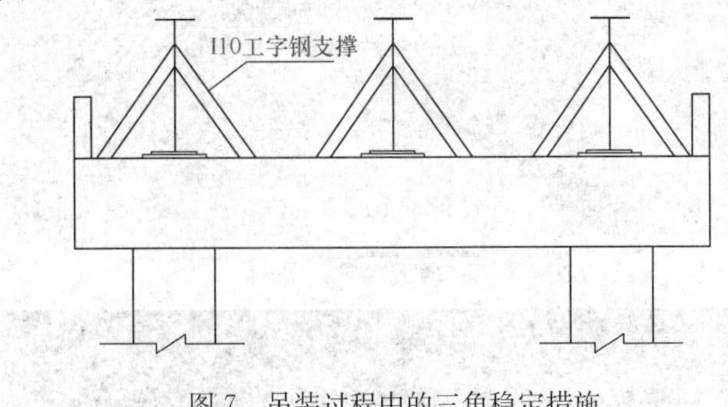

图7　吊装过程中的三角稳定措施

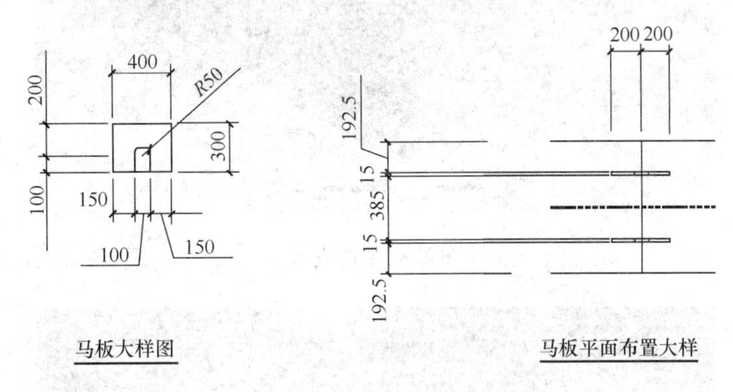

图8　焊接马板大样图

（4）全过程施工仿真计算，模型见图9。

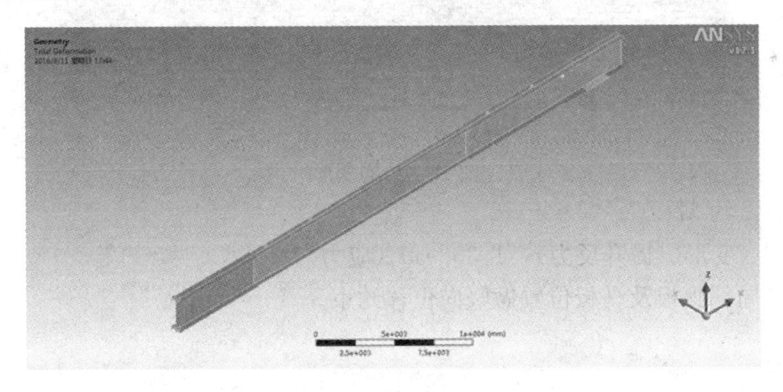

图9　计算模型

荷载及约束见图10～图12。

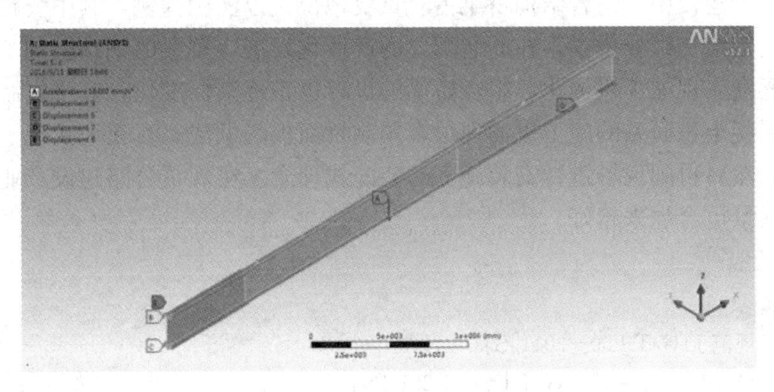

图10　荷载及约束

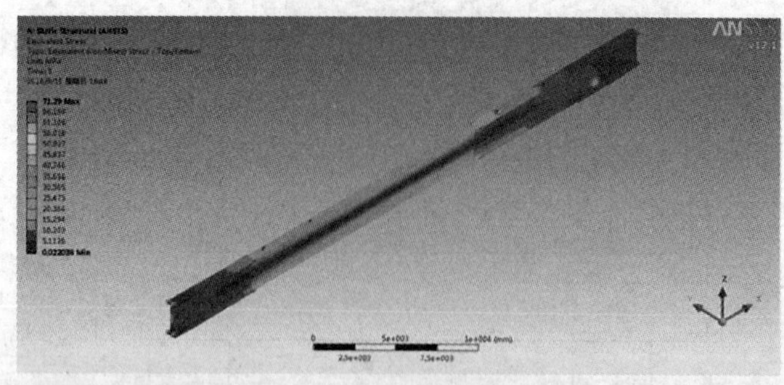

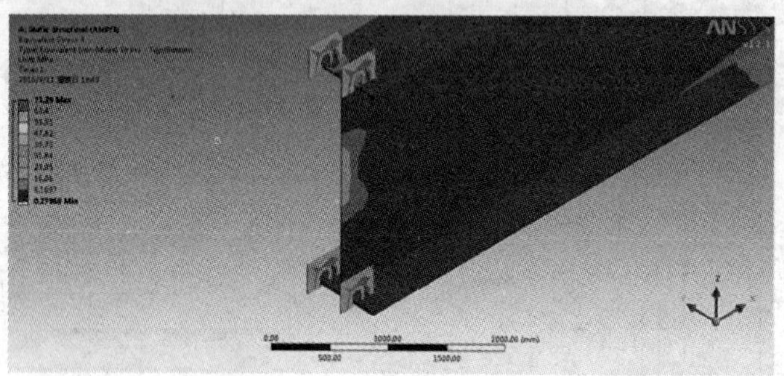

图 11　结构应力

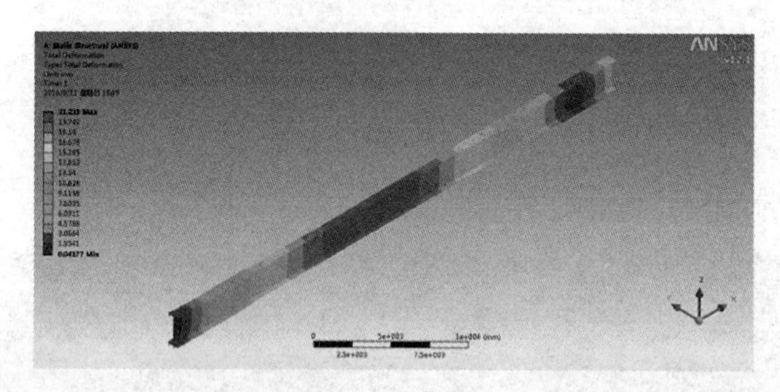

图 12　结构变形

荷载：钢梁重量，约 37t。

荷载组合：dead（变形、提升反力），1.35dead（应力）。

约束：在支座、局部腹板及马板位置做竖向位移约束。

5　结语

我国的桥梁建设现在规模化建造的施工水平、可复制性、可持续性还有较大的提升空间，在美国、欧洲、日本等国的桥梁建设中，组合结构桥梁占有重要地位。以法国为例，其中公路桥中，85%是组合结构桥梁。现我国的钢结构组合桥梁正在向装配式的产业化发展，桥梁的钢结构加工在实现全面工厂化加工的基础上，正逐渐实现加工机械化，组合桥梁的设计也正逐渐标准化，其可复制性也正在提高。另外对于组合桥上部混凝土桥面系的施工也涌现很多预制桥面板的做法，真正地实现了桥梁上部结构全部在加工厂完成制作，然后再到现场进行安装施工的装配式理念。实现了公路建设产业化、绿色可持续发展，其未来的发展前景也会越来越好。

参考文献

[1]　公路桥涵施工技术规范 JTG/T F50－2011[S].

[2]　公路钢混组合桥梁设计与施工规范 JTG/T D64-01-2015[S].

黄河大桥副桥波形钢腹板组合桥梁优化

邓治国

（山西路桥集团运宝黄河大桥建设管理有限公司，山西　044607）

摘　要　运宝黄河大桥副桥采用波形钢腹板连续体系与钢框架体系相结合的方式，共计11跨，跨数较多，因此合拢顺序对该桥的受力及合拢线型影响明显，本文通过模型计算分析找出最优化的合拢顺序，确保大桥安全顺利合拢，也为该类型桥梁施工提供借鉴。

关键词　波形钢腹板；组合梁桥；合拢顺序优化

1　项目简介

运宝黄河大桥副桥为波形钢腹板钢框架—连续组合梁桥，跨径组成为48＋9×90＋48m，大桥中间4个桥墩与主梁固结，其余各墩设支座。左右幅分离。主梁为单箱单室截面，主梁根部为混凝土截面，其余部位为混凝土与波形钢腹板组合截面，箱梁顶板宽15.5m，悬臂翼板长3.5m。见图1。

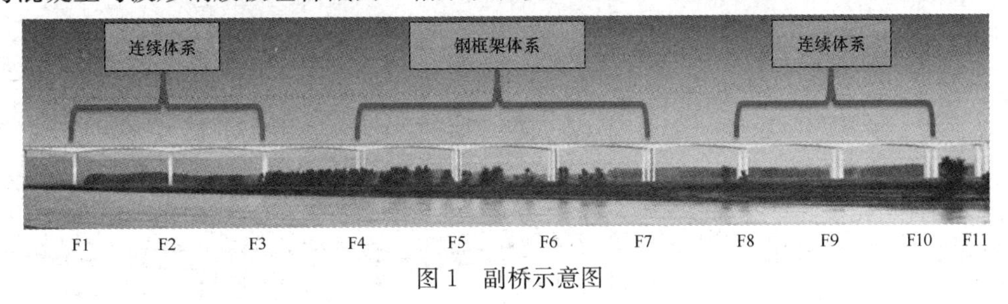

图1　副桥示意图

根据设计图纸，原施工合拢顺序为：第一次合拢（第二、四、六、八、十跨）；第二次合拢（第三、九跨）；第三次合拢（第五、七跨）；第四次合拢一边跨合拢（第一、十一跨）；张拉边跨钢束；体系转换（拆除临时固结）。本文通过模型计算对比分析找出其最优合拢顺序。

2　施工方法

副桥1～9号箱梁采用对称悬臂错位浇筑工法，见图2。

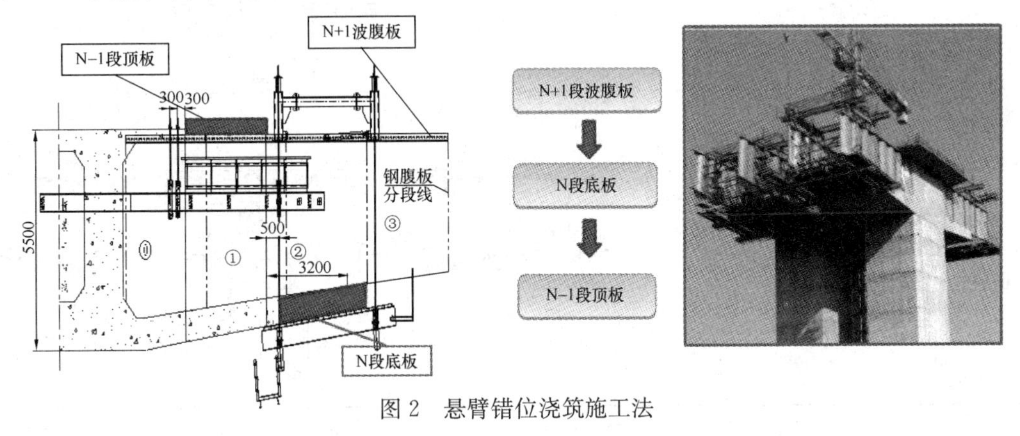

图2　悬臂错位浇筑施工法

其施工步骤见表 1。

施 工 步 骤 **表 1**

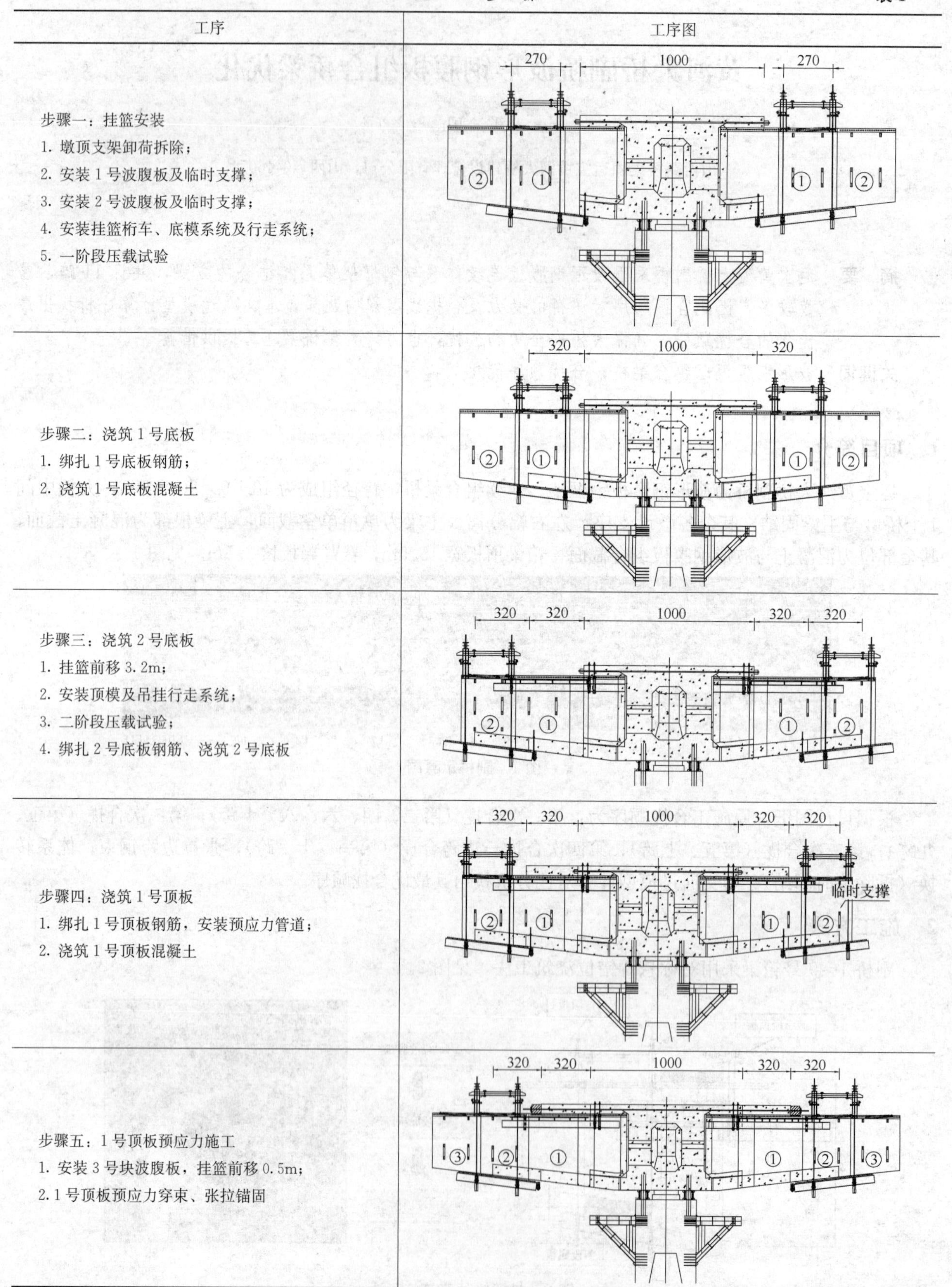

工序	工序图
步骤一：挂篮安装 1. 墩顶支架卸荷拆除； 2. 安装 1 号波腹板及临时支撑； 3. 安装 2 号波腹板及临时支撑； 4. 安装挂篮桁车、底模系统及行走系统； 5. 一阶段压载试验	
步骤二：浇筑 1 号底板 1. 绑扎 1 号底板钢筋； 2. 浇筑 1 号底板混凝土	
步骤三：浇筑 2 号底板 1. 挂篮前移 3.2m； 2. 安装顶模及吊挂行走系统； 3. 二阶段压载试验； 4. 绑扎 2 号底板钢筋、浇筑 2 号底板	
步骤四：浇筑 1 号顶板 1. 绑扎 1 号顶板钢筋，安装预应力管道； 2. 浇筑 1 号顶板混凝土	
步骤五：1 号顶板预应力施工 1. 安装 3 号块波腹板，挂篮前移 0.5m； 2.1 号顶板预应力穿束、张拉锚固	

续表

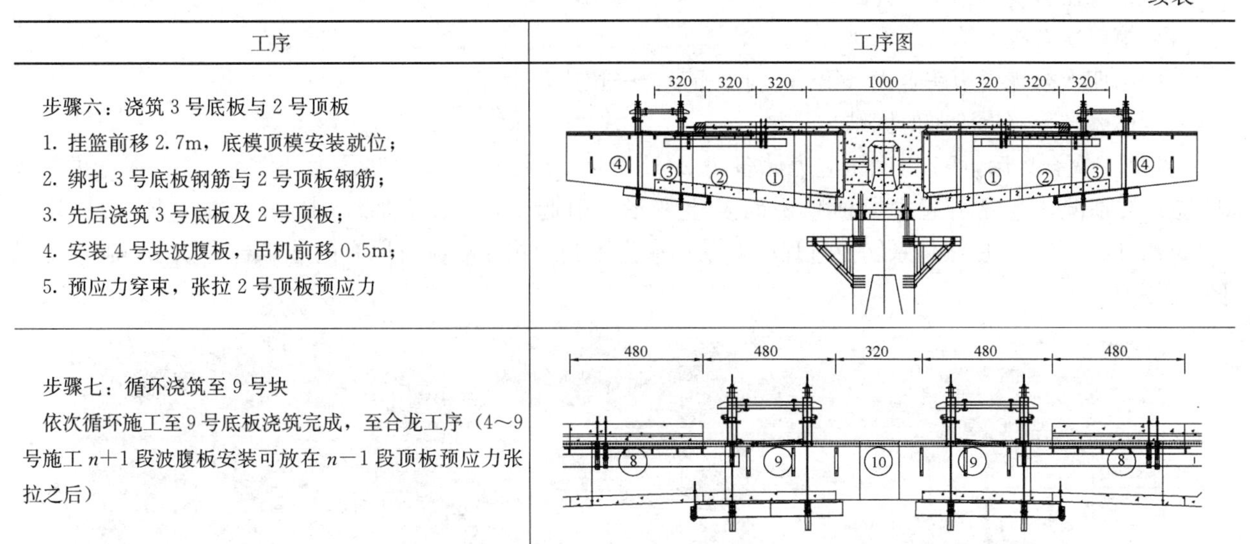

工序	工序图
步骤六：浇筑3号底板与2号顶板 1. 挂篮前移2.7m，底模顶模安装就位； 2. 绑扎3号底板钢筋与2号顶板钢筋； 3. 先后浇筑3号底板及2号顶板； 4. 安装4号块波腹板，吊机前移0.5m； 5. 预应力穿束，张拉2号顶板预应力	320 320 320 1000 320 320 320 ④ ③ ② ① ① ② ③ ④
步骤七：循环浇筑至9号块 依次循环施工至9号底板浇筑完成，至合龙工序（4～9号施工 $n+1$ 段波腹板安装可放在 $n-1$ 段顶板预应力张拉之后）	480 480 320 480 480 8 9 10 9 8

3 模型计算

本桥采用MIDAS CIVIL软件进行计算，采用杆单元进行模拟，主梁采用C55混凝土，双薄壁刚构墩采用C40混凝土，薄壁空心墩采用C35混凝土，副桥节点305个，单元304个，施工阶段按照副桥实际施工步骤（即RW工法）模拟，模型如图3、图4所示。

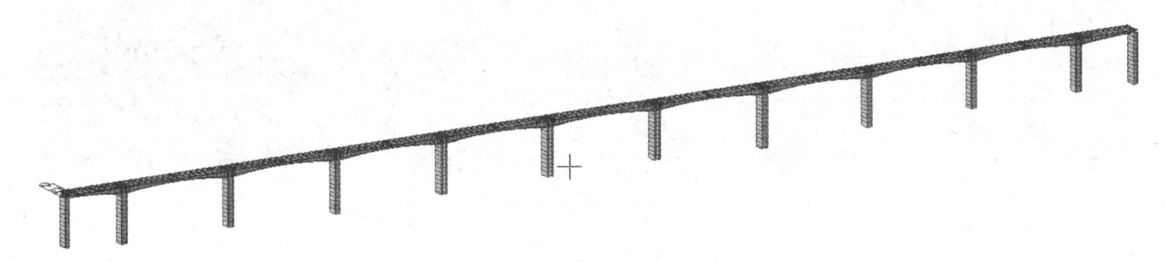

图3 MIDAS模型计算图式

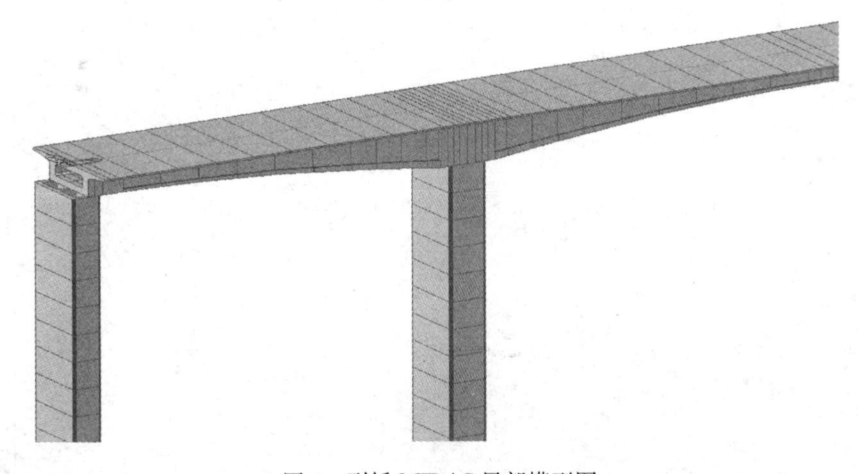

图4 副桥MIDAS局部模型图

4 合拢顺序优化

原施工合拢顺序为：

① 第一次合拢（第二、四、六、八、十跨）。

② 第二次合拢（第三、九跨）。

③ 第三次合拢（第五、七跨）。

④ 第四次合拢：边跨合拢（第一、十一跨），张拉边跨钢束。

⑤ 体系转换（拆除临时固结）。

在第三次合拢后，F1 墩底压应力储备为 2.4MPa，F2 墩底压应力储备为 2.8MPa，但在考虑整体升温 10℃情况，升温引起主梁横顺桥向发生变形，引起 F1 墩底增加 4MPa 拉应力，F2 墩底增加 4.7MPa 拉应力，在后续体系转换过程中对结构产生不利影响，故应对原有的施工合拢顺序行修改。见图 5、图 6。

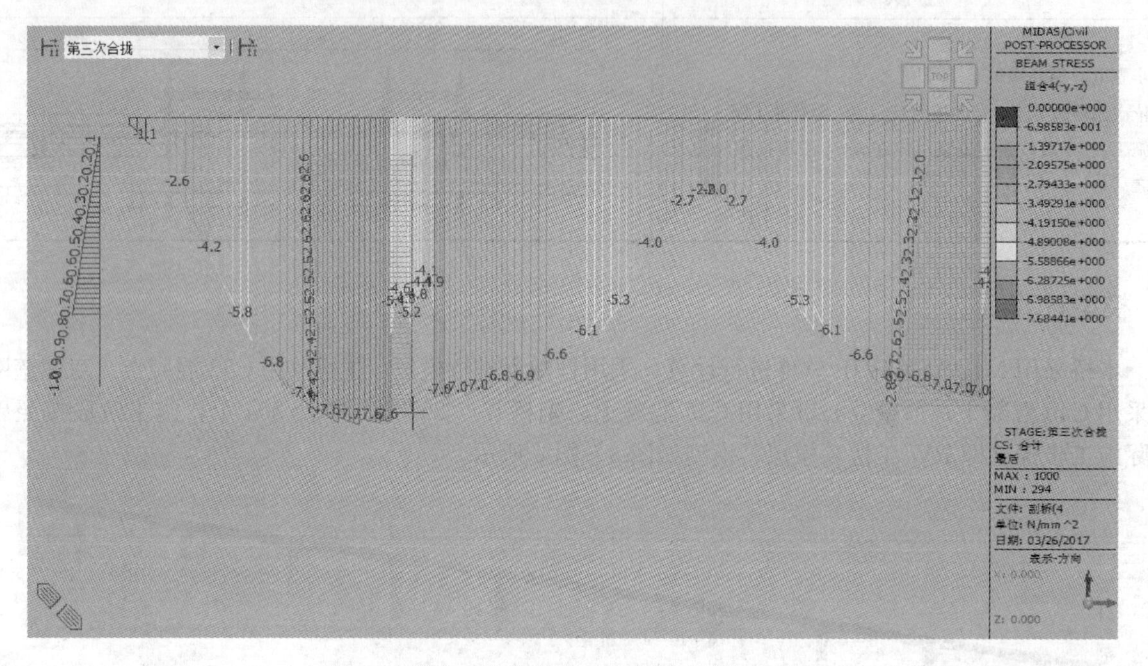

图 5　原施工合拢方案第三次合拢后结构应力图

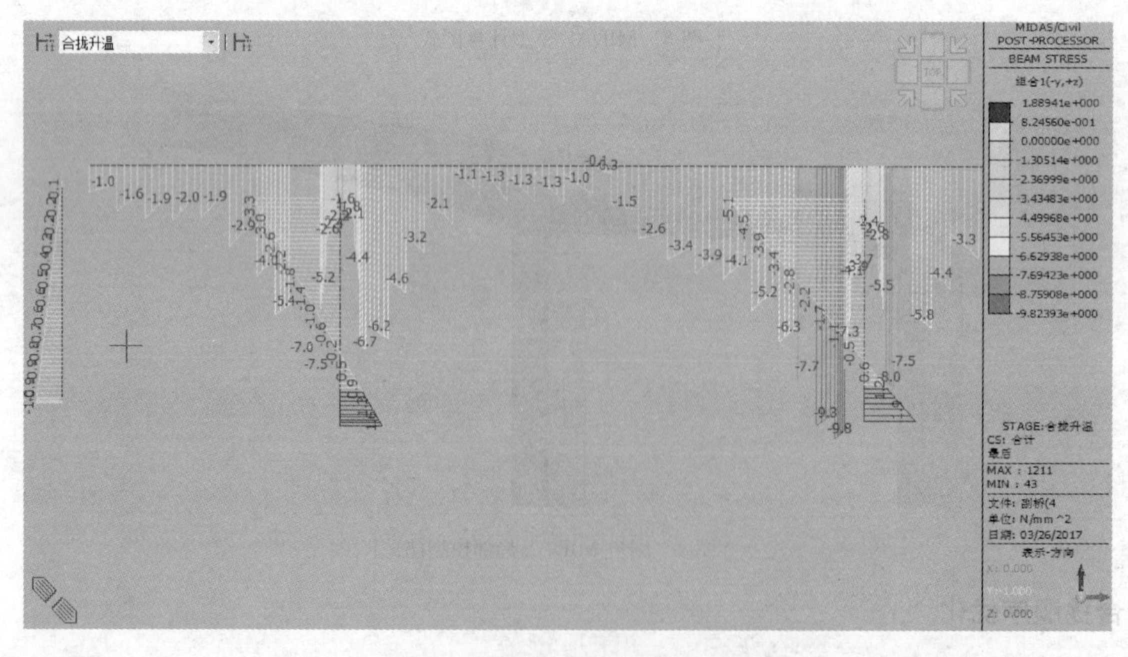

图 6　原施工合拢方案考虑升温后结构应力图

针对上述情况，对原有合拢顺序进行修改：

① 第一次合拢（第二、四、六、八、十跨）。

② 第二次合拢，（第三、九跨）。

③ 边跨合拢（第一、十一跨），张拉边跨钢束。

④ 体系转换（拆除临时固结）。

⑤ 合拢升温 10℃。

⑥ 第三次合拢，（第五、七跨）。

修改后 F1 墩底的压应力储备为 1.8MPa，F2 墩底压应力储备为 2.5MPa，对于施工更为安全合理，见图 7。

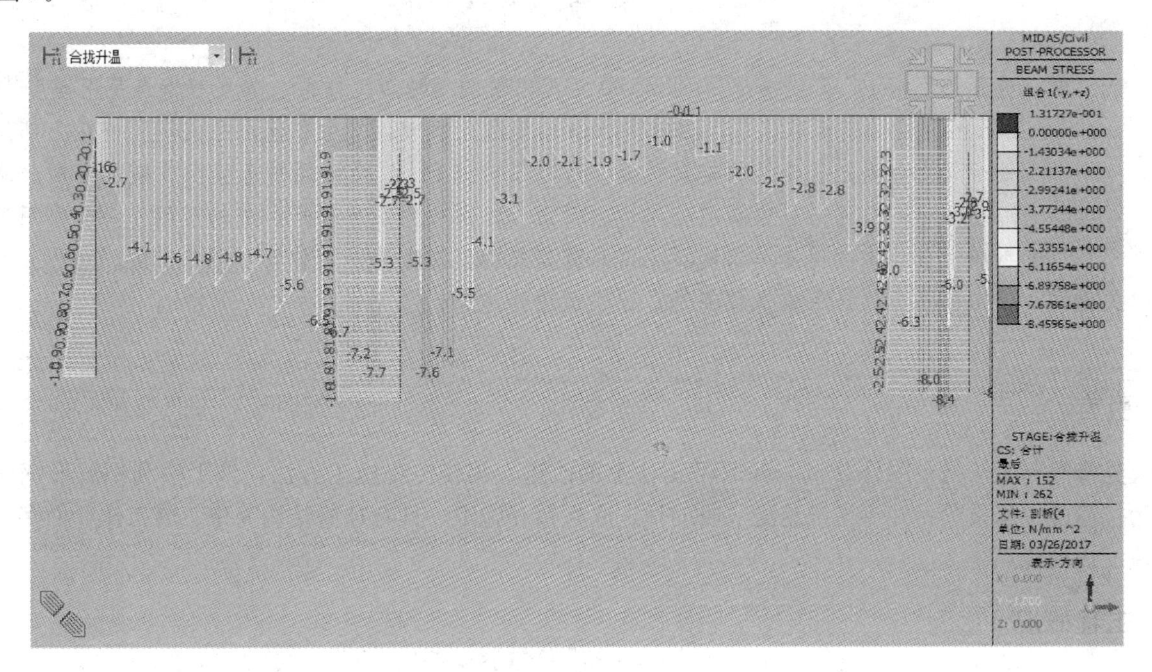

图 7　优化后合拢方案考虑升温后结构应力图

5　结语

按照新的合拢方案，成桥后顶板应力差值变化在 0.3MPa 以内，底板应力差值变化在 0.5MPa 以内，成桥竖向位移变化在 5mm 以内，水平位移变化在 10mm 以内。

异步平行工法在波形钢腹板桥梁上的应用

郭　勇

（山西路桥集团运宝黄河大桥建设管理有限公司，山西　044607）

摘　要　波形钢腹板 PC 箱梁桥是 20 世纪 80 年代出现的一种新型桥梁，其显著特点是用厚度 10～20mm 左右的钢板取代厚度 30～80mm 的混凝土腹板，其主要优点是实现了桥梁上部结构的轻型化，提升了桥梁的抗震性能，解决了传统 PC 箱梁桥混凝土腹板开裂的难题。本文以山西运城至河南灵宝高速公路运宝黄河大桥副桥为工程背景，成功应用了一种利用波形钢腹板自承重实现连续钢构桥主梁悬臂浇筑的施工方法，简称异步平行工法。

关键词　波形钢腹板；自承重悬臂浇筑；顶底板错开施工

1　引言

异步平行工法是在国外 Rap. con/RW 工法上的改进，相较传统施工方法，该工法利用波形钢腹板作为挂篮的主承重梁，并将主梁悬浇节段的顶、底板错开施工，具有挂篮结构简单、施工作业面多、施工速度快的优点。

2　工程概况

运宝黄河大桥位于山西运城芮城县，大桥北接山西运宝高速公路解陌段，由芮城县陌南镇柳湾村跨越黄河进入河南，与三门峡至淅川高速公路相连，接入连霍高速公路。大桥全长 1690m ，由引桥、主桥、副桥组成，其中副桥设计为双幅 48＋9×90＋48m 波形钢腹板预应力混凝土刚构—连续组合梁桥，全长 906m。箱梁采用单箱单室断面。每幅箱梁顶板宽 15.5m，底版宽 8.5m，外翼板悬臂长 3.5m。箱梁 0 号梁段长 5m，每个“T”纵桥向划分为 10 个梁段，梁段长度从根部至端部按照 3.2～4.8m 划分，累计悬臂总长边跨 48m，中跨 45m。除 0 号梁段腹板为钢—混凝土组合腹板外，其余均为波形钢腹板，波形钢腹板钢材为 Q345qDNH 耐候钢，钢板厚 14mm。波形钢腹板采用“三波连续”构造，单波波长 1.6m，波高 22cm。见图 1。

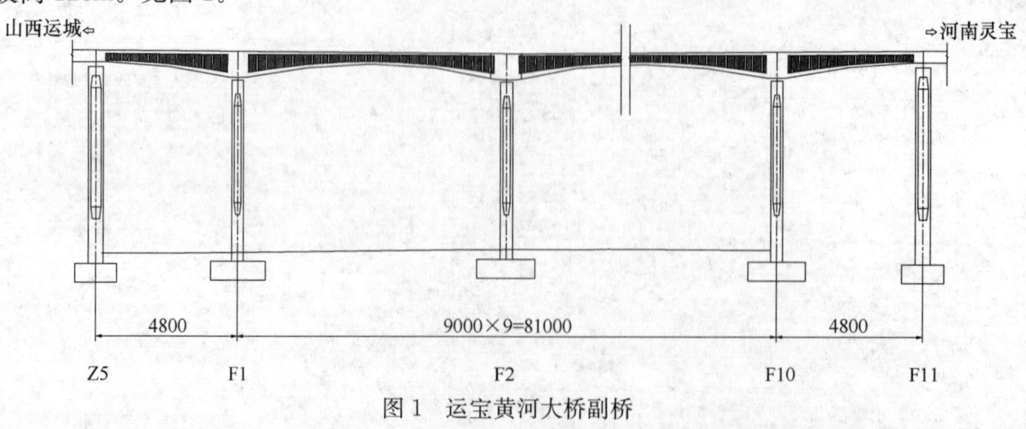

图 1　运宝黄河大桥副桥

3 异步平行工法特点

3.1 波形钢腹板自承重

副桥挂篮采用箱梁悬挑波腹板承重，由承重主桁、行走机构、锚固系统、悬吊系统、模板系统、工作平台等部分组成。传统挂篮的主纵梁、立柱、斜拉带及后锚体系得以取消，挂篮重心降低，在提升挂篮抗倾覆能力的同时，简化了挂篮结构，大大减少挂篮用钢量。见图2。

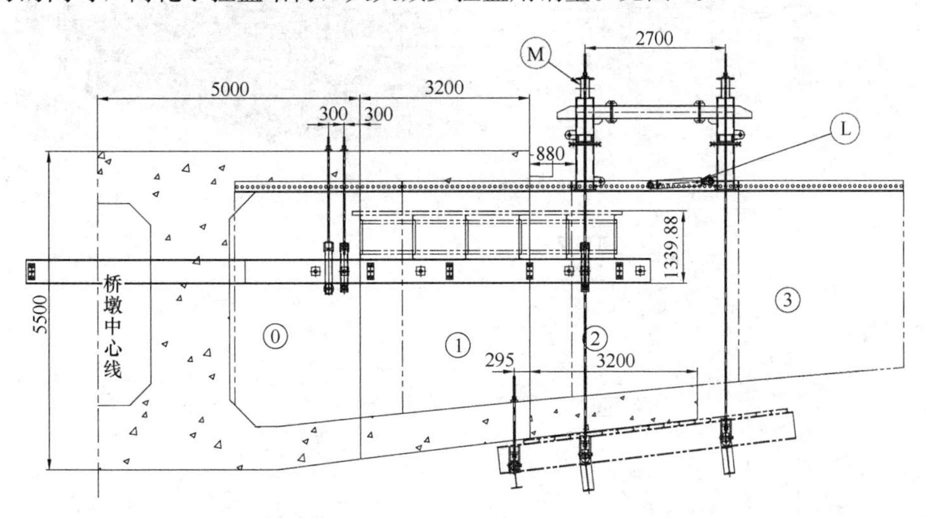

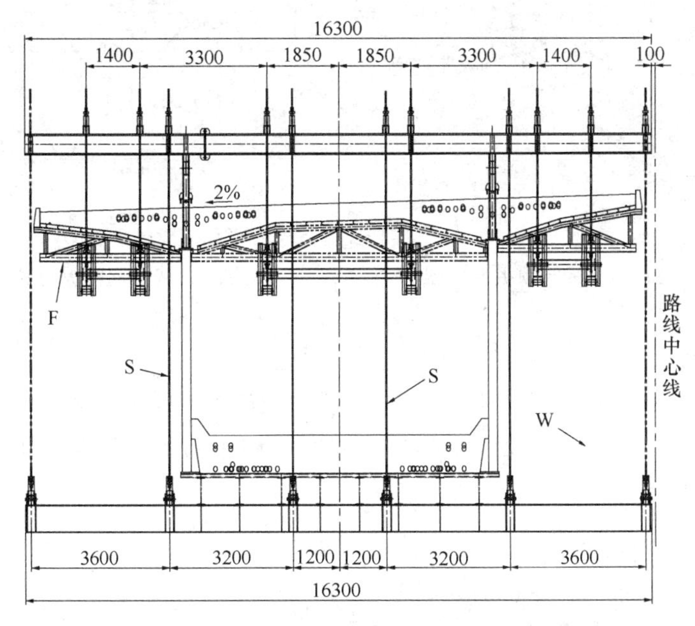

图2 挂篮结构设计图

与一般的PC箱梁桥相比，波形钢腹板PC箱梁桥的抗弯刚度约为90%，扭转刚度约为40%，剪切刚度约为10%。在波形钢腹板PC箱梁桥施工阶段，为提高波形钢腹板侧向抗扭转性能，波形钢腹板纵向连接后，在悬臂端设置临时支架，将两侧波形钢腹板连接成整体。施工中临时支架与钢腹板间采用高强度螺栓连接，便于拆卸循环使用。见图3。

为确保波形钢腹板预应力混凝土箱梁桥的整体性，波形钢腹板与混凝土顶板的连接采用波形钢腹板顶端焊有翼缘板与穿孔板的Twin-PBL键连接方式。波形钢腹板与混凝土底板的连接采用翼缘板外包式连接，混凝土通过波形板上的穿孔形成的混凝土销，穿过波形板孔洞的贯穿钢筋以及焊接于波形板上；底板与波形钢腹板间设置剪力钢板施工中必须保证抗剪部件的施工质量。见图4、图5。

图3 波腹板横向加固示意图

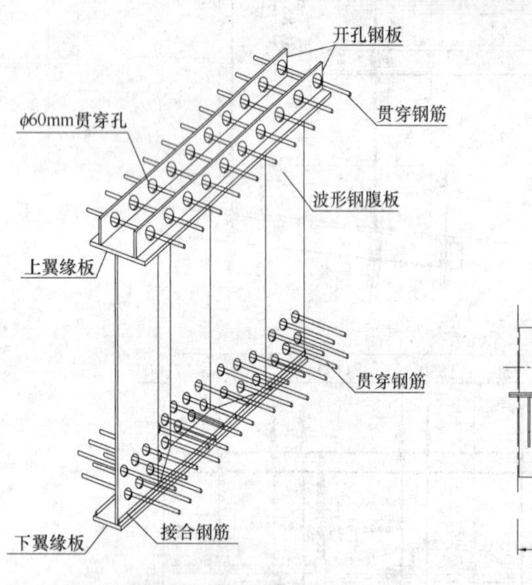

图4 波形钢腹板与顶板连接图

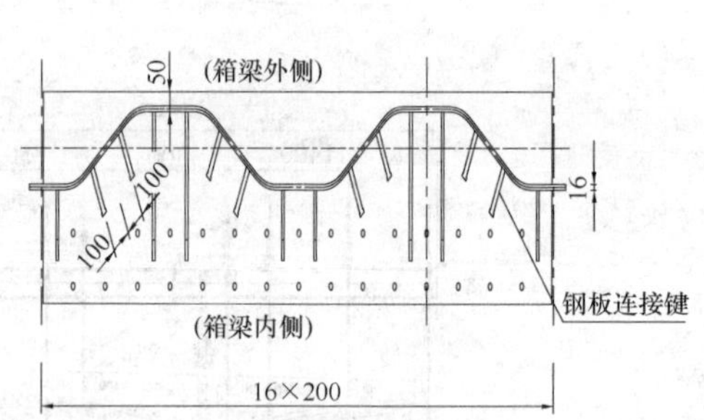

图5 波形钢腹板与底板连接图

3.2 顶底板错开浇筑

将梁段的顶、底板错位施工，同时进行N－1段顶板施工、N节段底板施工、N＋1节段波形板安装施工，三个作业面平行施工。相较传统方法，增加了施工作业面，作业空间大，施工极为方便，消除了常规挂篮重叠施工的安全隐患。见图6。

图6 顶、底板错位施工

3.3 液压牵引行走系统

结合波形钢腹板上翼缘钢板开孔的构造特点，巧妙地设计了液压牵引行走系统牵引挂篮行走。挂篮行走时，液压杆一端铰接于挂篮支腿上，另一端通过钢销锚固于波形钢腹板上翼缘开孔钢板上，通过液压动力牵引挂篮行走，挂篮可进可退，简单、便捷、实用。

挂篮行走到位后，再进行上一节段的穿束、张拉及压浆，施工过程中可同步进行挂篮模板清理、支模及节段钢筋绑扎，施工放率大大提高。见图7、图8。

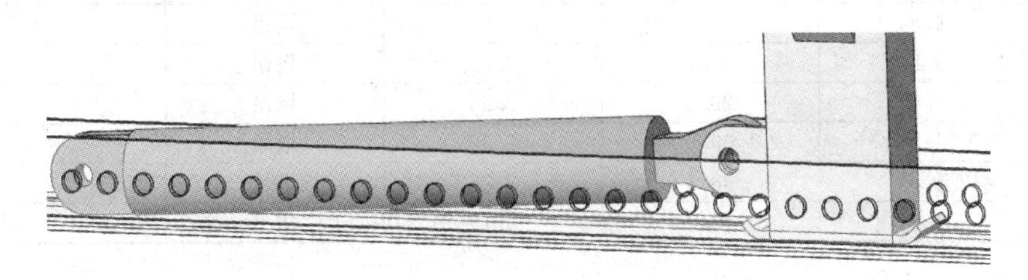

图7 波腹板上行走机构示意图

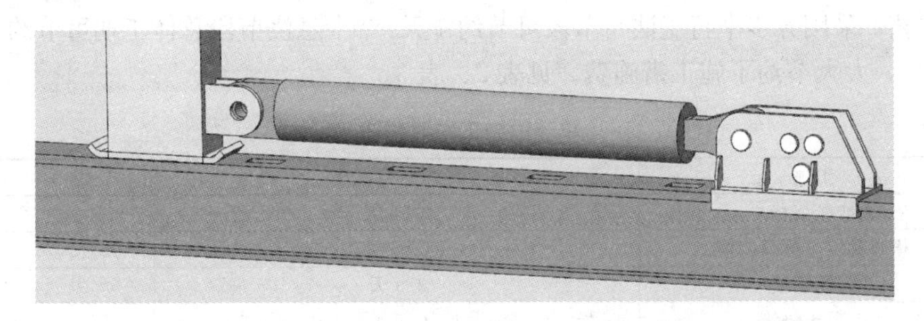

图8 桥面上行走机构示意图

3.4 塔吊设置

采用MC-120B塔吊辅助箱梁施工，拆卸挂篮、吊装波腹板及钢筋等施工材料。塔吊布置于箱梁左右幅分隔带、墩身横向中轴线位置安装，承台顶面以上35m及桥面处各设置一道附墙。在墩身浇筑前预埋锚筋及套筒，外贴钢板，拧入丝杆后塞孔焊接。塔吊穿过箱梁翼缘区域，翼缘开口并与塔吊预留20cm间距。见图9、表1。

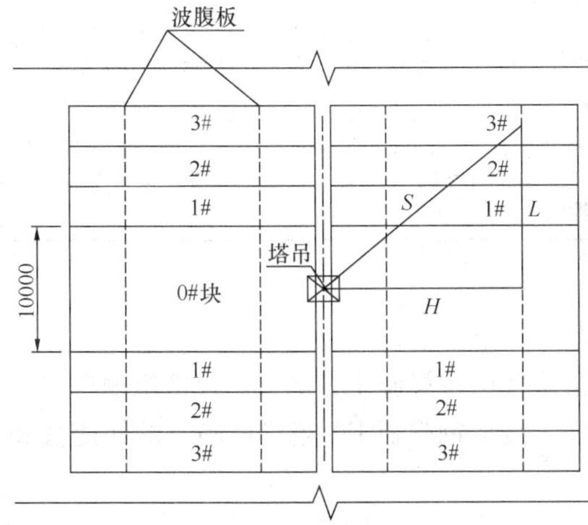

图9 塔吊与边腹板距离示意图

波腹板吊装能力分析 表1

节段号	节段长度 (m)	S (m)	外侧波腹板重量 (t)	起吊方式	塔吊最大吊装能力 (t)
0	5	12.7	3.04	塔吊	3
1	3.2	14.1	2.73	塔吊	3
2	3.2	15.9	2.55	塔吊	3
3	3.2	18.0	2.39	塔吊	3
4	4.8	21.1	3.27	塔吊	3
5	4.8	25.1	2.99	塔吊	3
6	4.8	29.4	2.55	塔吊	3
7	4.8	33.8	2.38	塔吊	3
8	4.8	38.3	2.26	塔吊	3
9	4.8	42.9	2.19	塔吊	2.9

4 异步平行工法应用效果

相较传统工艺，采用异步平行工法每节段可节约4天，9个悬浇节段总体工期可节约36天，同时单个挂篮重减少12t，大大节约了施工措施费。见表2、表3。

单节段施工用时对比 表2

项目	工序	异步平行工法	传统工艺
1	挂篮前移	0.35天	0.5天
2	模版就位、标高调整	1.65天	2.5天
3	钢筋安装	2.5天	3天
4	混凝土浇筑	0.5天	0.5天
5	混凝土养生	7天	7天
6	波形钢腹板安装，穿束、张拉、压浆	在挂篮行走到位，模板调整、钢筋绑扎期间同步进行，不占主流时间	2.5天
7	合计	12天	16天

经济型对比 表3

项目	常规工艺	异步平行工法	经济效益比选
措施费	每套挂篮需型钢90t，全桥共10套，按7000元/t的到场综合价计算，需630万元；安、拆费按1400元/t计算，仅需126万元	每套挂篮需型钢约66t，全桥共10套，按7000元/t的到场综合价计算，仅需462万；安、拆费按1400元/t计算，仅需92.4万元	使用异步平行工法后，该项全桥累计可节约201.6万元
设备及人工费	波形钢腹板安装、钢筋绑扎、混凝土浇筑等每节段施工周期约16天	顶、底板错开施工，作业空间大，作业面增加，每节段施工周期约12天，全桥累计可节约工期约36天	使用异步平行工法后，该项全桥累计可节约设备费、人工费约130万元

5 结语

异步平行悬臂浇筑工法成功应用于实桥，进一步丰富了我国桥梁施工方法，不仅能缩短桥梁建设周期，而且能扩大作业面，大大减轻挂篮重量，极大地增强了波形钢腹板PC箱梁桥施工的便捷性和经济性，是一种值得推广的施工工法。

参考文献

[1] 陈宜言、王用中．波形钢腹板预应力混凝土桥设计与施工[M]. 北京：人民交通出版社，北京，2009.
[2] 杨丙文、万水等．波形钢腹板PC箱梁桥悬臂施工中腹板的定位与安装技术[J]. 施工技术，北京，2013.

运宝黄河大桥主梁钢结构无索区工艺流程控制

史　健

（山西路桥集团运宝黄河大桥建设管理有限公司，山西　044607）

摘　要　本文主要探讨了主梁无索区施工，以运宝黄河大桥主梁2～8号段施工举例，对此节段施工施工工艺进行了说明和分析，对无索区施工有极大的实操意义，为整体施工质量控制及提高施工效率提供了保证。

关键词　波形钢腹板；主梁结构；无索区；工艺流程控制

1　前言

波形钢腹板组合箱梁作为一种新结构于21世纪初在我国开始应用，它以独特的造型、优异的性能以及在环保可持续方面的优势在国内得到了如火如荼的发展。

运宝黄河大桥分引桥、主桥、副桥三部分，引桥采用4×40m预应力T梁，主桥采用110m+2×200m+110m波形钢腹板中央单索面矮塔斜拉桥，副桥采用48m+9×90m+48m波形钢腹板刚构－连续组合体系梁桥。主桥主跨200m，为目前世界在建的最大跨度的波形钢腹板中央单索面矮塔斜拉桥。

2　施工工艺控制

2.1　主梁2～8号节段（无索区）施工

无索区标准梁段施工顺序为：挂篮就位锚固（移动挂篮）—安装主梁边波腹板—安装底板钢筋—安装主梁次边波腹板—安装顶板和内腹板钢筋—浇筑梁段混凝土养生→预应力张拉→移动挂篮进入下一梁段施工。

2.2　模板标高调节

挂篮前移到位后，首先根据监控指令调节模板标高。

2.3　边波腹板安装

外侧钢腹板采用外包式波形刚腹板，钢腹板纵向连接采用贴角焊，临时连接采用M22高强度螺栓。见图1。

钢腹板采用平板车水平运输至悬臂端，通过挂篮上设置的动力装置垂直起吊、横移并安装就位。安装步骤见图2。

（1）施工前对波纹钢腹板成品进行检查，检测平整度、加劲板数量位置、预留板孔尺寸位置偏差是否满足设计要求。

（2）吊装开始前在底模上用墨线弹出钢腹板位置，定位时应结合线路纵坡、预拱度等因素进行加工放样。

（3）采用挂篮起吊装置吊装钢腹板，吊装过程中应由专人指挥调整，不得与其他结构磕碰、划伤。钢腹板平稳落放于底模后并及时进行线形调整，与上一节钢腹板之间采用M22高强度螺栓进行临时连接。见图3。

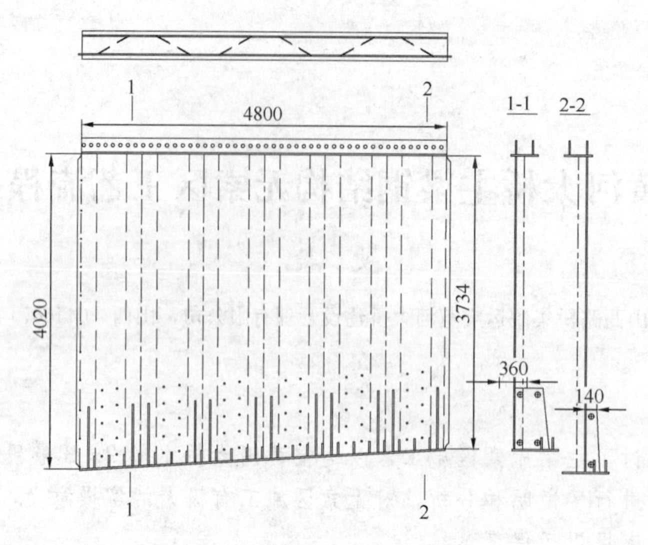

图 1　外包式刚腹板示意图

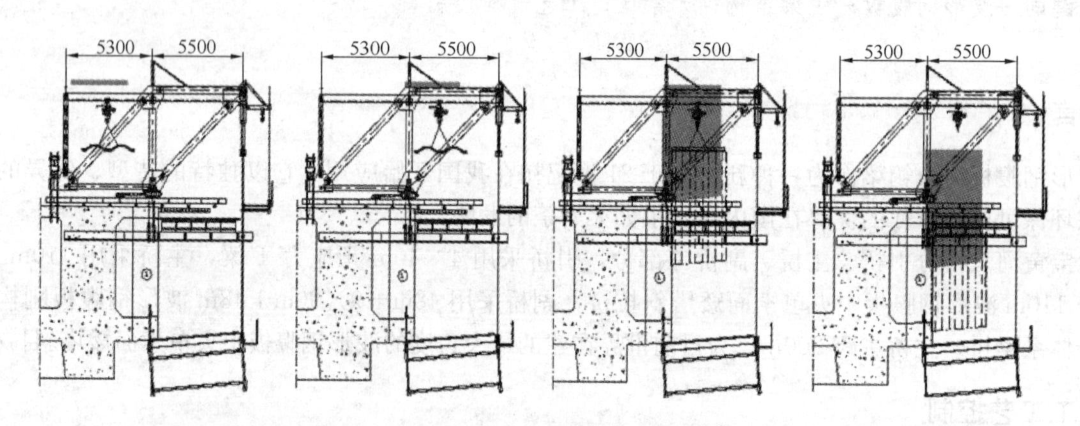

图 2　边波腹板安装步骤示意图（mm）

图 3　波形钢腹板临时连接

（4）临时连接完成后应由测量专人对钢腹板高程、轴线偏差进行精确调整，采用微调拧紧、松弛螺栓对波形钢腹板位置进行精度调整，保证高程、轴线偏差在设计范围之内。

（5）线形调整完成后，及时采用贴角焊将两节钢腹板之间进行加固连接，保证连接有足够的刚度。焊接时应严格控制焊缝质量，保证焊缝长度、宽度满足一般焊接要求，焊缝外观质量饱满无焊伤、漏焊。完成后进行涂装作业。

施工中每一节段均对已完成的箱梁进行测量，根据偏差，通过较大的螺栓孔、调节螺栓位置实现上述误差的逐段调节，避免误差累计。施工中纵向倾斜度偏差控制在0.2%以内，建议临时定位螺栓孔在加工厂按设计位置和42mm孔径开孔。见图4。

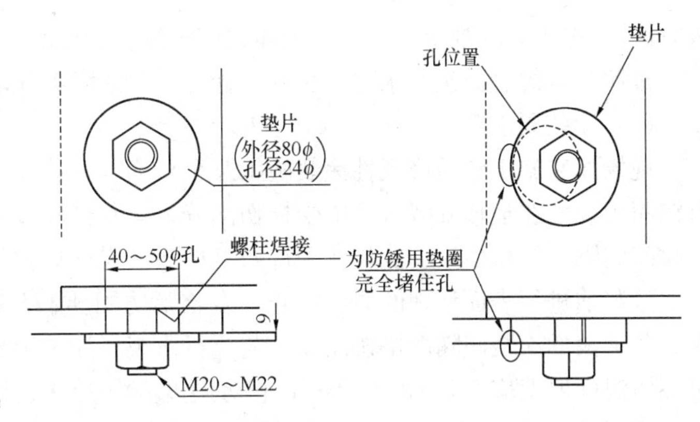

图4 钢腹板节段安装线形调节工艺

（1）焊接要求

施焊前连接接触面和焊缝边缘每边30～50mm范围内的铁锈、毛刺、污垢、冰雪等污物应清除干净，露出钢材金属光泽。

在使焊周围设立挡风防雨围挡，防止风雨对焊接质量影响。焊接时需设置防风棚，见图5，保证风速小于2m/s，同时禁止在密闭环境作业，防止CO_2导致窒息。

(a)

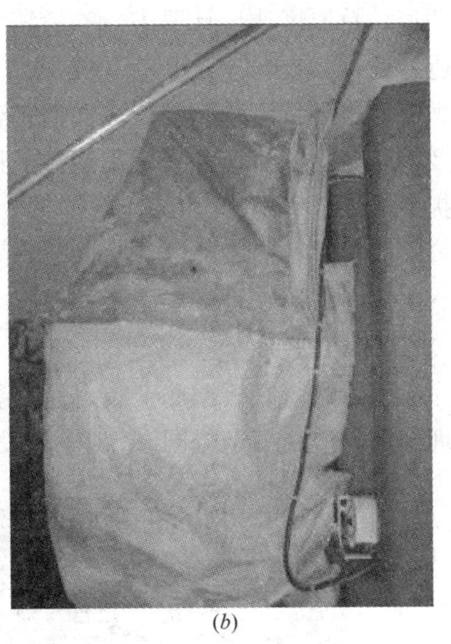
(b)

图5 波腹板焊接
(a) 立焊图；(b) 防风棚

焊接中应尽量不断弧，如有断弧必须将停弧处刨成1∶5斜坡后，并搭接50mm再引弧施焊。多层焊接宜连续施焊，应注意控制层间温度，每一层焊缝焊完后及时清理检查，清除药皮、熔渣、溢流和其他缺陷后，再焊下一层。禁止在波形钢腹板任意焊接其他部件或临时支撑。

焊接端部进行磨平处理，以提高焊缝端部疲劳强度。焊后须对焊缝进行清除飞溅、焊渣并去除毛刺，局部超限须进行修磨处理。焊接完毕，所有焊缝必须进行外观检查，不得有裂纹、未熔合、夹渣、未填满弧坑和超出表1规定的缺陷。

外观焊缝质量要求 **表1**

序号	项目	质量要求（mm）
2	咬边	h≤1.0
3	焊波	h≤2（任意25mm范围内）
4	余高	板厚（10～14mm）h≤3；板厚（16～8mm）h≤4
5	余高铲磨	h≤3，表面粗糙度50，Δ2：－0.3

焊缝外观检查合格后，对焊缝超声波探伤，探伤部位、检验等级和质量验收级别按《公路桥涵施工技术规范》及设计文件的要求进行。检测结果符合国家标准《钢焊缝手工超声波探伤方法和探伤结果分

级方法》GB 11345 规定。外观检查和超声波探伤合格后，方可进行下道工序。

按照二级焊缝质量要求进行 100%检验，检验长度为焊缝长度的 100%。

(2) 涂装要求

现场涂装施工包括修复性涂装施工及全桥面漆喷涂作业，修复性涂装主要是指连接部分，亦包括波形钢腹板表面在运输安装过程中受损伤部分，修复性涂装按照设计涂层执行，每层涂装体系间须保证涂装时间间隔，全桥面漆喷涂作业须待修复性涂装完毕后方可进行。

涂装前进行表面处理的质量检查，合格后方可进行涂装。第一道底漆应在表面清理合格后及时完成，各道漆的涂装间隔严格按涂装工艺执行。现场涂装钢板外表面不得在雨、雪、大风天气进行，涂装时环境温度温度应在 5～38℃之间，相对湿度 80%以下。涂装后 4h 内应保护免受雨淋。现场涂装钢板内表面要注意通风，监测有害气体浓度，确保安全。

用合适宽度的滚筒刷，在焊缝及焊缝两边先刷两道有机富锌底漆，厚度达到设计文件要求，然后刷环氧云铁防锈漆两道，总厚度达设计要求。涂后漆膜颜色一致。发现漏涂、流挂发白、皱纹、针孔、裂纹等缺陷，及时进行处理。

全桥修复漆做完对全桥待涂装面进行表面清理，必要时采用高压水枪进行表面清理，要求表面无灰尘、焊渣、飞溅及毛刺。除尘清理完毕后采用拉毛机进行表面轻微拉毛处理，亦可采用砂纸或钢丝刷轻轻打磨拉毛处理提高油漆层间附着力。

采用高压无气喷涂机进行面漆喷涂，喷涂环境要求、操作人员、材料要求以及检验与修复涂装要求一致。涂层厚度、附着力按照修复涂层质量检验要求执行。

2.4 底板钢筋、次边腹板安装

边腹板安装完成后，进行底板钢筋安装，后安装边边腹板，安装要点同 0、1 号节段，施工时注意预应力管道的预埋固定，波腹板定位同 0、1 号节段，见图 6。

图 6 波腹板支撑架定位施工实例图

2.5 混凝土浇筑与养护

混凝土浇筑及养护同 0、1 号节段混凝土施工，且悬臂两端允许的不平衡重量不得大于一个梁段的底板自重。

冬季标准节段养护时，则采用全覆盖加热保温养护，至新浇混凝土达到规定的抗冻强度，一般不低于设计强度的 30%且不得低于 5MP。

全覆盖加热保温养护可采用锅炉蒸汽养护，也可采用电烧气水养护，禁止干加热使混凝土表面脱水干裂，见图 7。

图 7　全覆盖蒸汽加热保温养护

2.6　预应力施工

预应力施工类似 0、1 号节段，在此不再赘述，其中横向预应力在挂篮移动前及时进行张拉，竖向预应力张拉可较纵向预应力张拉滞后一个梁段。

3　总结

波形钢腹板组合箱梁箱梁无索区施工是整桥的施工关键的控制难点和要点，其对全桥的安装质量和控制具有举足轻重的基础指导意义，对波形钢腹板组合箱梁现浇节段无索区施工工作效率有极大提高的作用，对项目的安全控制、质量控制、进度控制都有积极的作用，对波形钢腹板无索区施工工艺的推广也有极大的促进作用。

参考文献

[1]　陈宜言．王用中．波纹钢腹板预应力混凝土桥设计与施工[M]. 北京：人民交通出版社，2010.

[2]　徐强，万水．波纹钢腹板 PC 组合梁桥设计与应用[M]. 北京：人民交通出版社，2009.

南水北调曲港特大桥波形钢腹板PC组合连续箱梁施工技术

陈兴慧

（江阴大桥（北京）工程有限公司，北京 100000）

摘 要 近年来，波形钢腹板预应力混凝土连续箱梁作为“新型”桥型广泛应用于国内，目前全国已建成100多座波形钢腹板桥。该结构桥梁具有跨度大、重量轻、造型美观等特点，常用于跨径较大的河道、道路桥梁结构设计。本文通过介绍曲港高速跨南水北调特大桥波形钢腹板预应力混凝土连续箱梁悬臂浇筑的施工技术，为今后波形钢腹板预应力混凝土连续箱梁结构在我国桥梁工程中应用提供经验。

关键词 波形钢腹板；预应力；连续箱梁；悬臂浇筑；施工技术

1 工程概况

本桥位于曲阳至黄骅港高速公路曲阳至肃宁段上，主桥上部采用波形钢腹板组合连续箱梁桥跨越南水北调渠，桥轴线与南水北调呈98.6°。主桥为88m＋151m＋88m的波形钢腹板预应力混凝土变截面连续箱梁桥。主梁采用单箱单室截面。单幅桥箱梁宽度为12.762m，桥面组成0.5m（护栏）＋11.88m（行车道）＋0.382m（护栏），箱梁底板宽度为7m。梁高和底板厚度均以1.8次抛物线的形式由跨中向根部变化，跨中梁高4.2m，根部梁高9m。见图1。

图1 南水北调特大桥效果图

南水北调大桥上部结构波形钢腹板波长1.60m，波高0.22m，水平面板宽0.43m；水平折叠角度为30.7°，弯折半径为15t（t为波纹钢腹板厚度）。波形钢腹板跨中至中墩墩顶厚度依次采用14mm、16mm、18mm、20mm、25mm和28mm六种型号。

2 主要分项工程施工概述

（1）0号、1号施工

主桥箱梁0号节段长5.4m，1号节段长4.0m，0号、1号节段共长13.4m，作为一个施工单元采用落地支架法施工。0号、1号节段施工完成后作为挂篮的拼装场地。

（2）悬臂浇筑施工

悬臂浇筑节段为2号～15号节段，每个节段长4.8m，采用挂篮悬臂浇筑法施工。根据连续梁设计分段长度、梁段重量、外形尺寸、断面形状，钢腹板重量及各种施工荷载，确定采用菱形挂篮施工。

（3）边跨现浇段施工

边跨各有 10.7m 现浇段，采用满堂支架法施工。

（4）合拢段施工

合拢段长 3.2m，遵循先合拢边跨再合拢中跨原则施工，采用吊架法施工。

3 主要施工工艺

（1）0 号、1 号块施工工艺

0 号块梁段设计长 5.4m，不便于挂篮的拼装，故将 1 号块和 0 号一起在支架上浇筑（以下统称其 0 号块）。其中顺桥向等梁高长度为 5.4m，此段梁高为 9m，其余梁高按 1.8 次抛物线分配。0 号块结构复杂，普通钢筋、预应力钢束管道密集，施工时特别注意预应力管道的准确定位，灌注时不允许有漏浆堵塞管道，在张拉前应检查所有孔道。

0 号、1 号块施工工艺流程：施工准备→钢管支架安装→安装承重梁及分配梁→底模安装→预压→侧模及部分内模安装→底、腹板钢筋安装→底、腹板混凝土浇筑→内模及支架安装→顶板钢筋及纵向预应力管道安装→顶板混凝土浇筑→养生→张拉→拆除底模及钢管支架。

0 号、1 号块支架利用主墩承台作为基础，采用钢管支架搭设，支架必须具有足够的强度、刚度及稳定性。支架施工完成后按照规范要求进行预压，预压合格后铺设底模进行钢筋混凝土及预应力的施工。见图 2。

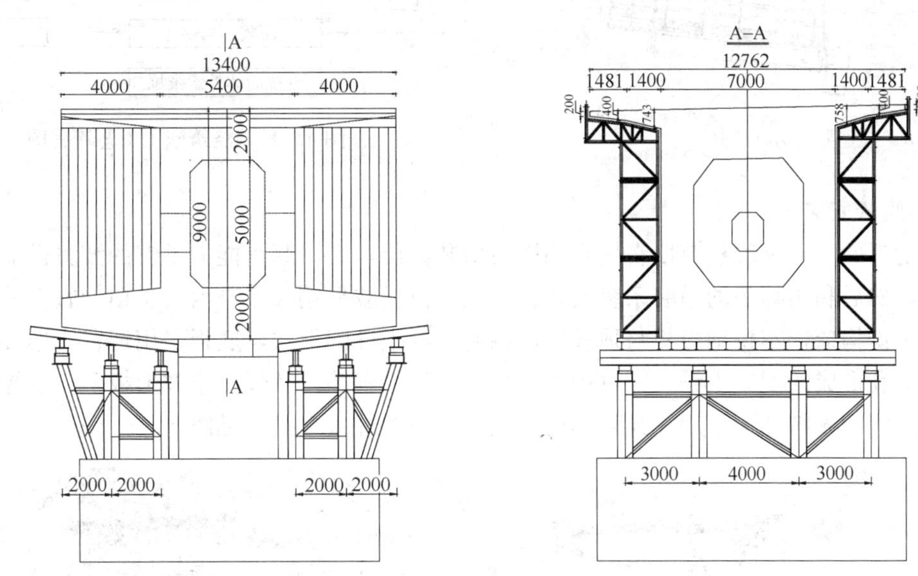

图 2　0 号、1 号块支架布置图

（2）悬臂浇筑施工工艺

1）专用挂篮设计

波形钢腹板 PC 组合连续箱梁专用挂篮由主桁架、底模平台、行走系统、锚固系统、模板系统、波腹板吊装调整系统及液压系统等组成。该专用挂篮与传统挂篮相比增加了波形钢腹板的吊装调整体统。针对钢腹板代替常规混凝土腹板后，顶板和底板混凝土构件成为相对独立的块件。浇筑施工过程中顶板、底板和腹板的整体性差，易产生裂缝。针对此点设置了相对独立的底板、顶板承重体系和模板体系。针对波形钢腹板与顶板、底板模板结合密封的难点，为便于波形钢腹板的安装定位，外模与钢腹板的接触处为转轴连接，并设有橡胶密封条，防止漏浆。

挂篮安装工艺流程：零部件拼装→铺设轨道→安装主千斤顶、行走油缸→安装前工作车、后锚固→

吊装菱形桁架→吊装后横梁→吊装前上横梁→安装桁架附件→安装吊装系统→吊装底篮模板→安装内、外侧模板、端模板→调整立模标高→安装完毕→挂篮预压。见图3。

2）悬臂浇筑施工工艺流程

悬臂浇筑施工工艺流程见图4。

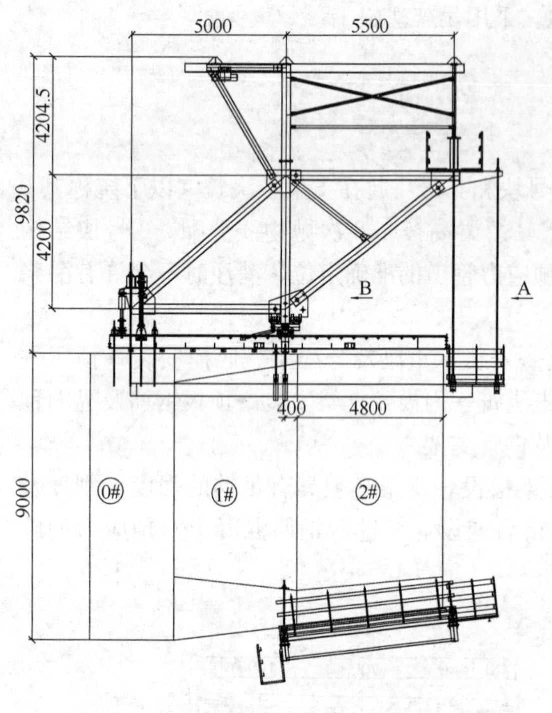

图3　挂篮整体示意图

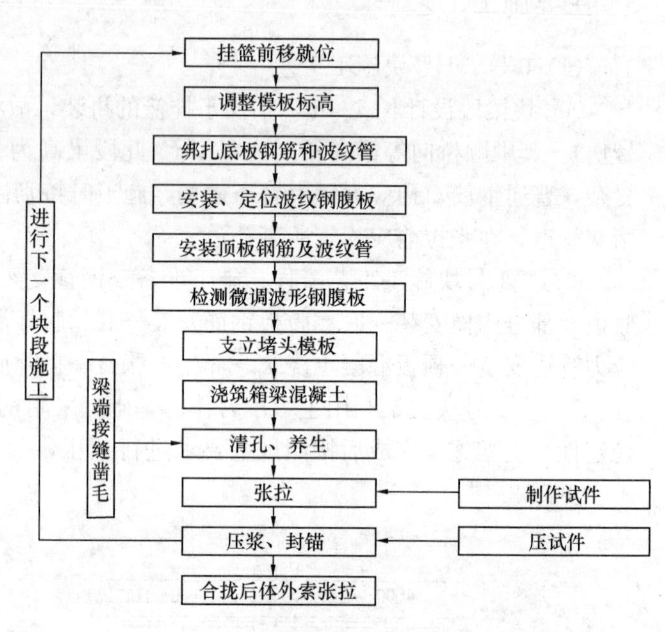

图4　悬臂浇筑施工工艺流程图

3）波形钢腹板安装

靠近塔吊附近的波形钢腹板节段直接利用塔吊吊装就位，塔吊起重能力不够的波腹板节段在梁上运输至挂篮后方，然后利用挂篮的吊装系统安装波腹板就位。波形钢腹板与混凝土顶、底板的连接是关系箱梁整体性的关键构造，本桥钢腹板与顶板采用钢筋混凝土榫的形式，底板采用埋置式连接；混凝土通过钢腹板上的穿孔形成的混凝土销，穿过钢腹板孔洞的贯穿钢筋以及焊接于波形板上、下缘的纵向连接钢筋来实现。波腹板纵向连接采用高强度螺栓定位，贴角焊焊接连接。见图5。

图5　波形钢腹板吊装图

(3) 边跨现浇段施工工艺

边跨现浇段施工工艺流程：地基处理→搭设满堂支架→铺设底模→支架预压→钢筋绑扎→波形钢腹

板安装定位→浇筑底、腹板混凝土→搭设内模支架→顶板钢筋绑扎→浇筑顶板混凝土→混凝土养生。

（4）合拢段施工工艺

合拢段施工是箱梁施工中的一个重要环节，施工质量的好坏将直接影响到整个桥梁的标高、线型和混凝土的内力状态。因此，必须制定合理有效的合拢段施工方案，采取必要的措施，保证合拢段混凝土浇筑后未达到强度前尽量不受到拉伸和挤压。合拢关键技术及主要控制指标：

1）合拢段劲性骨架锁定温度和浇筑温度确定

连续多天对气温和混凝土浇筑后的温度变化进行跟踪测量，将测量结果进行分析整理，绘制成温度曲线，实际合拢温度将按照合拢前实测温度报施工监控和设计部门后最终确定，劲性骨架锁定时间及浇筑混凝土安排在温度变化相对稳定的时段进行。

2）劲性骨架

劲性骨架主要抵抗因箱梁升温而产生的轴向水平压力和抵抗箱梁上翘和下挠产生弯矩。于全天温度最低时刻焊接成型。

3）合拢段平衡配重

在浇筑之前各悬臂端需附加合适的配重，以保证合拢段施工时混凝土始终处于稳定状态。配重重量由监控单位提供，拟采用钢箱装水作为配重，浇注混凝土过程中作分级放水卸载。

4 结语

南水北调特大桥波形钢腹板 PC 组合连续箱梁施工完成后，经检查验收符合规范及设计要求。尤其是波形钢腹板专用挂篮的应用大大提高了桥梁的施工效率保证了施工质量。南水北调特大桥的施工实践及施工技术为同类结构箱梁施工提供了施工技术借鉴，同时对波形钢腹板在我国的推广应用具有一定的指导意义。

波形钢板-钢管-混凝土板新型组合梁桥设计与施工

代　亮

（深圳市市政设计研究院有限公司，深圳　518029）

摘　要　波形钢板-钢管-混凝土板新型组合结构是结合了组合折腹箱梁和组合桁架箱梁的优点所做的一种改良和创新结构形式，具有自重轻、抗震性能好、结构抗裂性和整体性能优异的优点。马峦山公园高架桥桥址处地势高差变化较大，周边环境生态保护和景观要求高，采用该新型组合结构较好地满足了相关需要，并取得显著的工程经济效益和社会效益。

关键词　组合梁桥；波形钢腹板；钢管

1　工程概况

深圳市南坪快速路三期工程位于深圳市龙岗区和坪山新区境内，是深圳市东西向城市快速路中一条极其重要的交通要道。为贯彻和落实深圳市基础工程建设“净、畅、宁”核心标准，南坪快速路三期工程定位为一条集科技、环保、生态于一体的绿色大道。

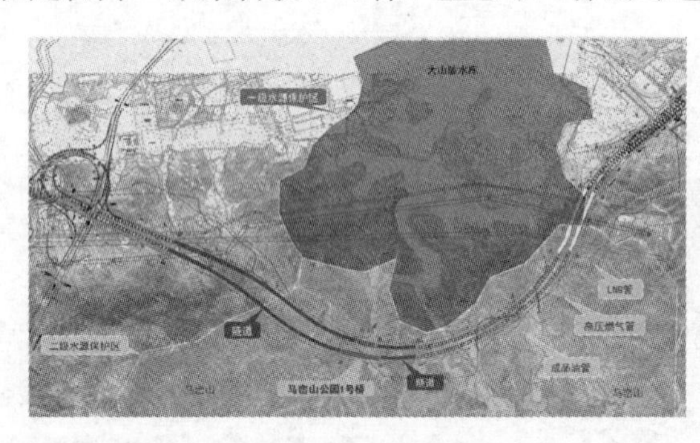

图 1　桥位平面示意图

马峦山公园高架桥是深圳市南坪快速路三期项目中重要的节点工程，桥梁位于大山陂-矿山水库南侧水源保护区内，桥位平面示意图如图 1 所示。马峦山郊野公园要求全面保护现有的地形地貌、动植物资源，保证生态系统稳定不被破坏，桥位处地势高差较大，客观条件要求桥梁建造采用无支架或少支架施工工艺，施工方便、快速，最大限度地减少施工期间对于周围生态环境的影响和破坏，同时要配合郊野公园周边环境，桥梁造型新颖且应具备独特的景观效果。

2　总体设计

马峦山公园高架桥梁分为左右两幅桥，其中左幅桥为 45m 一跨简支梁，右幅桥为 3×45m 连续梁，每幅桥全宽 20m，桥梁面积 3764.8m^2。桥梁效果图如图 2 所示。

图 2　桥梁效果图

组合折腹箱梁是由混凝土顶、底板和波形钢腹板三部分组成，是在传统预应力混凝土桥梁基础上发展和改进的一种组合结构，与传统预应力混凝土腹板箱梁相比，组合折腹箱梁具有自重轻、抗震性能好、预应力效率高、施工方便等优点，从根本上避免了传统预应力混凝土箱梁桥存在的腹板开裂和长期下挠两种常见病害问题，该类型桥梁由于优异的结构性能以及综合造价合理等优势得到迅速发展。但是，组合折腹箱梁也存混凝土底板施工复杂、容易开裂等问题。桁架结构具有自重轻、成本低、通透性强、纵向刚度大等特点，因此，运用组合结构原理，合理发挥材料的优势，将传统组合折腹箱梁下翼缘混凝土底板替换为钢管桁架结构，进一步减轻梁体自重，优化结构受力并解决底板开裂问题，于是便创造性的提出波形钢板-钢管组合梁新型结构，如图3所示。为了减少施工期间对环境的影响，综合比较各种因素，本桥采用该种新型组合结构，上部结构指标及造价比选汇总如表1所示，其中经济性比较以深圳地区为例。

桥梁上部结构比选 **表1**

项目	现浇混凝土箱梁	钢箱梁	钢箱组合梁	波形钢板-钢管组合梁
混凝土（m^3/m^2）	0.75	/	0.45	0.5
钢筋（kg/ m^3）	190	/	180	180
预应力钢筋（kg/ m^2）	32	/	29	7
钢结构（kg/ m^2）	0	450	320	180
浇筑式沥青混凝土（cm）	/	8～10	/	/
梁高/跨径	1/15～1/20	1/20～1/30	1/20～1/30	1/15～1/25
经济性（深圳）	1	1.8—2.1	1.4—1.7	1.2—1.4

3 主梁结构设计

桥梁单幅宽度20m，横断面布置为：2m（检修道及栏杆）+16 m（行车道）+2m（检修道及栏杆）=20m，单向横坡2%。为方便钢结构加工及安装，每幅箱梁设置为双箱单室断面，跨中标准断面梁高2.8m，横梁断面梁高3m，如图3、图4所示。

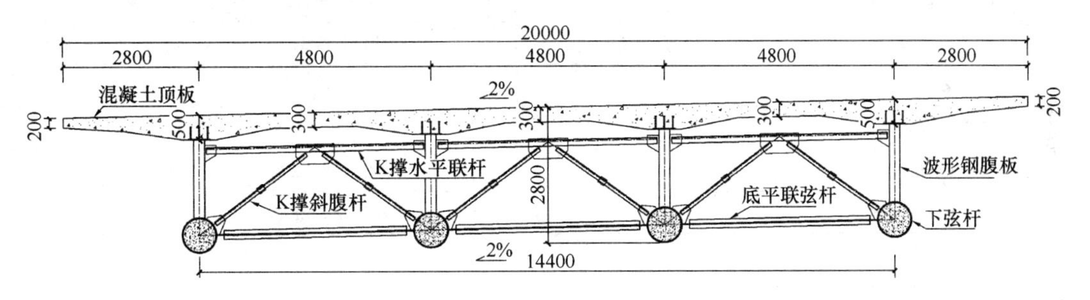

图3　跨间标准横断面图（单位：mm）

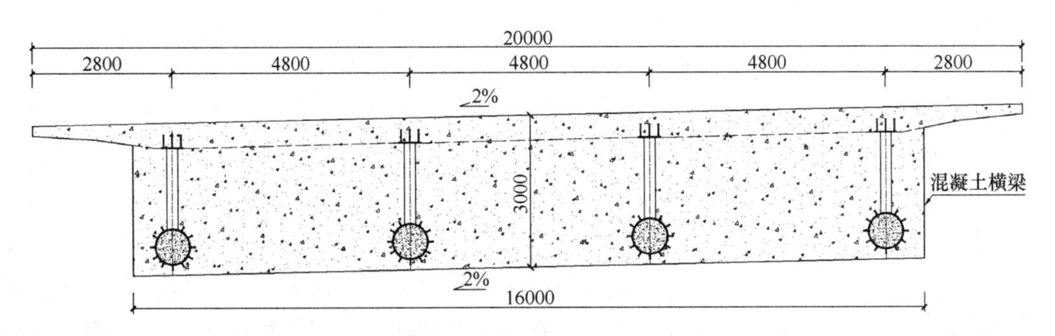

图4　横梁断面图（单位：mm）

单箱室宽4.8m，箱梁外侧悬挑2.8m，悬挑端部厚20cm，根部厚50cm，箱梁顶板标准厚度30cm，横梁附近1.2m范围内顶板加厚至50cm，底缘采用直径720mm圆钢管。箱内每4.8m设置一道钢桁架横隔，一跨内除端横梁外共设置9道横隔，增加箱梁整体抗扭性能。墩顶设置混凝土横梁，端支点横梁厚度为1.2m，中支点横梁厚度为2.5m。其波形钢腹板形状为1600型，钢材为Q345qC，板厚

12～24mm。

右幅桥为连续梁，为了抵抗活载作用下产生的负弯矩，在混凝土顶板负弯矩区内设置纵向预应力钢束，钢束规格为 15ϕ15.24 钢绞线，每个墩顶共设置 24 束。

为加工制作方便，钢梁 K 撑和底平联均采用常用型钢结构，其中 K 撑使用角钢，底平联采用槽钢，具体详见表 2，K 撑和底平联与钢腹板以及钢管之间通过节点板进行连接。钢结构实景见图 5。

图 5　钢结构实景图

钢梁主要构件情况汇总表　　表 2

名称	钢材规格
K 撑水平弦杆	L125 角钢
K 撑斜腹杆	L80 角钢
底平联弦杆	[25b 槽钢
底平联斜腹杆	[25b 槽钢
波形钢腹板	t=12～24mm
下弦杆	ϕ720×24mm
焊钉	ϕ22×250mm

4　钢梁制作与架设施工

波形钢腹板的成型采用冷成型，一般有模压法和冲压法（折弯法）两种，模压法又分为无牵制模压法和普通模压法，对于厚度大于等于 14mm 的钢板，应采用无牵制模压法成型。无牵制模压法是在同一横断面上同时不超过两个受压牵制区，且模压时两侧钢板不受牵制，可自由伸缩的模压方法，加工示意如图 6 所示。钢板冷加工的成型角度，超过一定范围会降低钢材的力学性能，为此压波时弯折处内侧半径为板厚的 15 倍为宜。

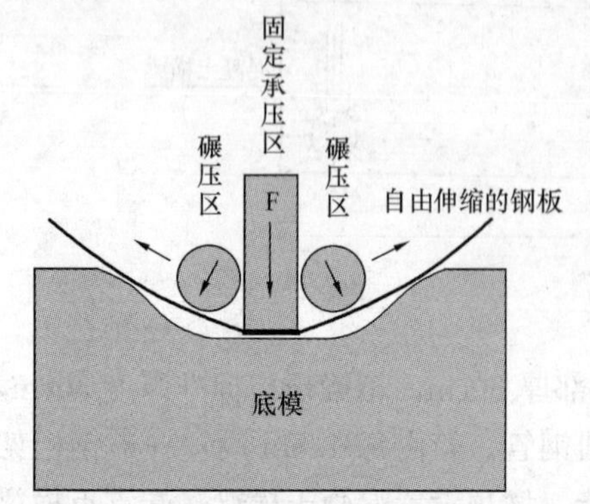

图 6　无牵制连续模压法示意图

组合梁桥的施工一般采用钢梁与混凝土顶板分步进行的方法，钢梁先行架设，再施工桥面板，钢梁与混凝土顶板通过连接件结合形成整体组合结构，不同的施工工法、过程，在结构中产生不同的内力分配，因此组合梁的施工方法对结构中钢梁与混凝土顶板的受力分配、结构整体受力性能等具有重要影响。

本桥结合现场施工条件等情况，对施工过程进行了详细设计，右幅桥具体施工步骤如下：

（1）完成桩基、承台、桥墩及桥台等下部结构，完成临时支架施工并进行预压。

(2) 工厂加工钢腹板、钢管桁架等结构，检验合格并通过预拼后，拆卸成节段运至现场。

(3) 将钢结构在现场组装，分块吊装就位，并进行纵向及横向连接，确保整体稳定。

(4) 绑扎横梁钢筋，浇筑横梁混凝土并灌注下缘钢管内混凝土。

(5) 绑扎负弯矩区顶板钢筋，浇筑顶板混凝土，待混凝土达到设计强度后，分批张拉预应力钢束。

(6) 然后绑扎剩余部分顶板钢筋，浇筑顶板混凝土。

(7) 拆除临时支架。

(8) 施工二期铺装，沥青混凝土，安装伸缩缝、栏杆等附属构件。

(9) 清理钢结构表面，涂装最后一道面漆，整理场地，成桥运营。

钢结构分段示意图见图 7、钢梁架设施工图见图 8。

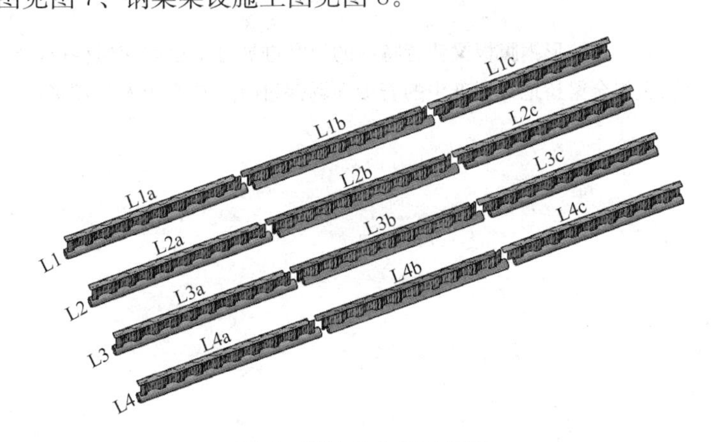

图 7　钢结构分段示意图

图 8　钢梁架设施工图

5　结语

(1) 马峦山公园高架桥是结合了组合折腹箱梁和组合桁架箱梁的优点所做的一种改良和创新桥梁结构形式，同组合折腹箱梁相比，由于采用钢管下弦杆代替混凝土底板，进一步减轻主梁自重，提高结构抗裂性和整体性。与组合桁架箱梁相比，避免了腹杆与底管相贯节点，很好地解决了节点疲劳破坏问题，具有自重轻、抗震性能好、结构抗裂性和整体性能优异的优点，具备很好的应用前景和研究、推广价值。

(2) 该波形钢板-钢管组合梁工厂化程度高，施工简便、快捷。与钢箱梁及常规钢箱组合梁相比，造价低，用料省，具有较好的经济性。

(3) 依托工程对该新型组合箱梁进行了抗弯、抗扭性能试验和理论研究，成果运用于工程设计和施工，取得显著的工程经济效益和社会效益。

(4) 桥梁造型轻盈、层次感强，线性流畅，具有独特景观效果。

参考文献

[1] 刘玉擎．组合结构桥梁[M]．北京：人民交通出版社，2005.
[2] 陈宜言．波形钢腹板预应力混凝土桥设计与施工[M]．北京：人民交通出版社，2009.
[3] 王梦雨．波形钢腹板-双管弦杆-混凝土板组合桥梁抗弯性能研究[D]．福州大学：硕士学位论文，2012.
[4] 董桔灿．波形钢腹板-桁式弦杆组合箱梁桥受力性能研究[D]．福州大学：博士学位论文，2016.
[5] 聂建国，陶慕轩，吴丽丽，等．钢-混凝土组合结构桥梁研究新进展[J]．土木工程学报，2012，45(6)：110-122.
[6] 李立峰，任虹昌，周聪，等．大跨变截面波形钢腹板箱梁横向受力分析[J]．建筑科学与工程学报，2017，34(3)：112-118.
[7] 王志宇，王清远，陈宜言，等．波形钢腹板梁疲劳特性的研究进展[J]．公路交通科技，2010，27(6)：64-71.
[8] 代亮，陈宜言．波形钢腹板组合梁桥地方标准中的若干问题探讨[J]．广东土木与建筑，2017(8)：74-85.

复杂地形环境下超长超重钢梁构件的吊装施工技术

黄梦笔

（江阴大桥（北京）工程有限公司，北京）

摘　要　北京新机场高速公路（南五环-北京新机场）工程第3标段，需要采用四十多米长，近百吨的钢梁构件跨越30m宽的沉淀池，且不能搭设任何临时支架。主要阐述通过汽车吊接力吊装的方法来完成复杂地形条件下钢梁构件的吊装。

关键词　钢桥；复杂地形；接力吊装；超长；超重；施工方案

1　工程概况

北京新机场高速公路（南五环-北京新机场）工程，道路设计起点为南五环（五环立交北侧，桩号K12＋753.448），设计终点为北京新机场（新机场北围界，桩号K39＋759.131），全长约27.2km。第3标段设计起点为K17＋091.291，终点为K19＋375.808，标段长度为2284.517m。

桥梁按照高速公路标准设计，设计速度100～120km/h，机动车道四上四下。高架桥整体式两幅路形式，全宽38m；高架桥分幅式，单幅标准桥梁全宽18.75m。

ZX321-ZX324轴主线桥跨径组合为55＋49＋55m，钢梁全宽为22.87m，钢梁采用四个单箱单室的钢梁加上横向联系梁和悬臂梁的结构形式组合成整体梁系。

BX322-BX325轴主线桥跨径组合为55＋49＋53.9m，钢梁全宽为24.207～31.084m，钢梁采用四个单箱单室的钢梁加上横向联系梁和悬臂梁的结构形式组合成整体梁系。

EN03-EN06轴匝道桥跨径组合为57＋52＋58m，钢梁全宽为9.76m，钢梁采用单箱双室的结构形式。

2　钢梁吊装的难点

本工程中的ZX321-ZX324轴主线桥、BX322-BX325轴主线桥及EN03-EN06轴匝道桥均为3跨连续梁，三跨分别跨越六环辅路黄马路、新凤河以及沉淀池，施工现场地形复杂。

1）沉淀池的宽度为30m，且在沉淀池的范围内不允许搭设任何的临时支架，因此必须在纵向上一次性跨越沉淀池。

2）为了一次跨越沉淀池，导致钢构件的长度超过40m，最长为43.96m，最大起重量为98t。

3）沉淀池南侧地下有浅埋军缆，导致南侧吊车的作业半径偏大。

4）钢梁的吊装时间临近北京的雨季，为了确保新凤河的河道过水要求，吊装必须在雨季之前完成，因此吊装工期非常紧张。

5）如果采用单机起重的方式吊装，由于作业半径大，需要超大吨位的汽车吊或者履带吊才能完成吊装任务，在经济和工期上均不合理。

针对本工程的施工难点，在进行了多方案的各项指标对比之后，我们选用了非常规双机抬吊的吊装方法。先在沉淀池的一侧使用单机起吊钢梁，跨越一部分的沉淀池之后，再使用另外一台吊车在沉淀池的另一侧吊住钢梁的一头，转变为双机抬吊的方式将钢梁吊装就位。该方案避免了使用超大吨位的吊车，不仅节约了施工投入，对工期和施工质量也有了保证。

3 跨沉淀池钢梁的吊装方案

跨沉淀池的钢梁采用2台500t汽车吊进行吊装，吊装采用了非常规的接力吊装方法。

第1步：在沉淀池北侧的钢梁主墩外侧支第1台500t汽车吊，钢梁采用专用的运输车辆运输，单机起吊钢构件，起吊平面、立面布置图见图1、图2。

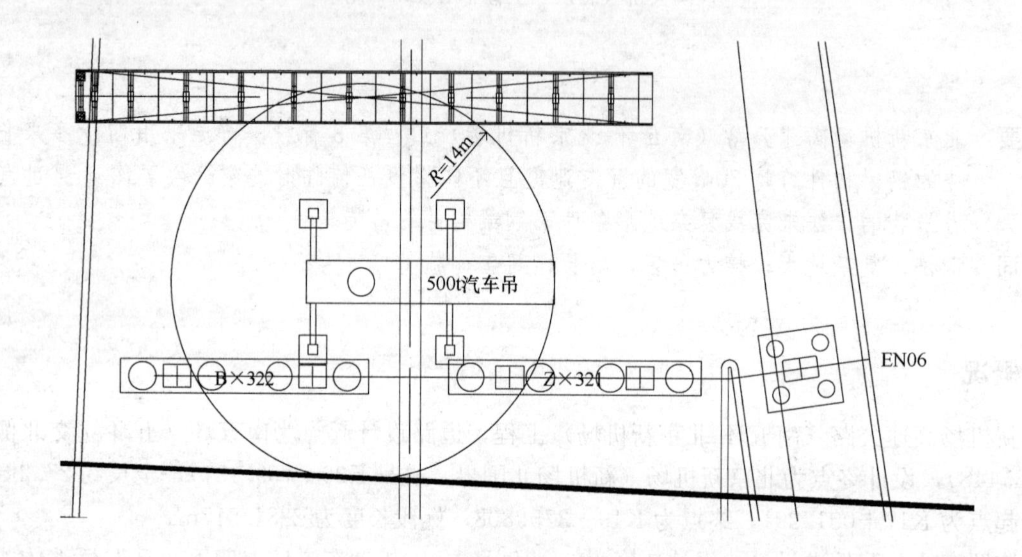

图1 钢梁起吊平面布置图

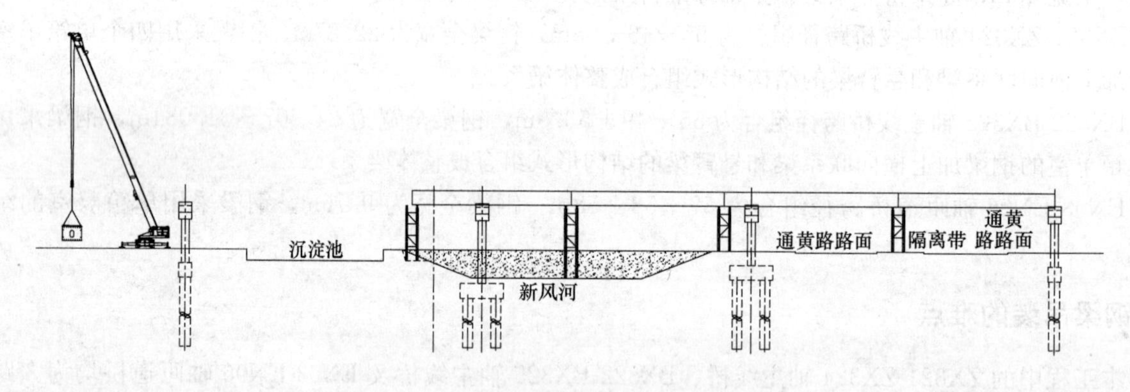

图2 钢梁起吊立面布置图

第2步：第1台500t汽车吊缓慢提升并旋转钢梁构件，使钢梁跨过主墩并跨越一半的沉淀池，然后将钢梁临时放置在主墩上，由于此时钢梁处于悬臂状态，因此第1台500t汽车吊不松钩，确保钢梁的稳定。

同时第2台500t汽车吊在沉淀池的另一侧支车，并将吊车挂钩与钢梁的前端。见图3～图5。

第3步：第2台500t汽车吊吊住钢梁的前端，确保钢梁的稳定，然后第1台汽车吊逐渐松钩，并将第1台汽车吊挂钩于钢梁的后端。见图6、图7。

第4步：2台500t汽车吊同时起吊钢梁，双机抬吊钢梁是钢梁就位。见图8、图9。

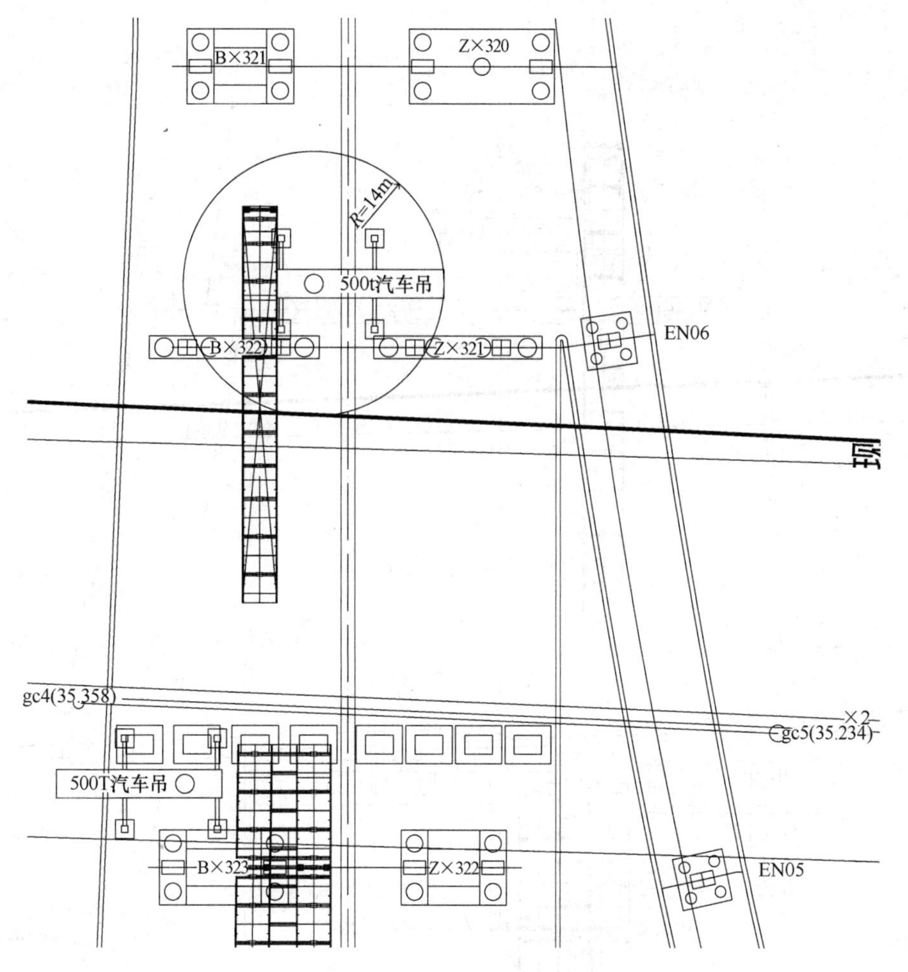

图 3 钢梁临时就位平面布置图

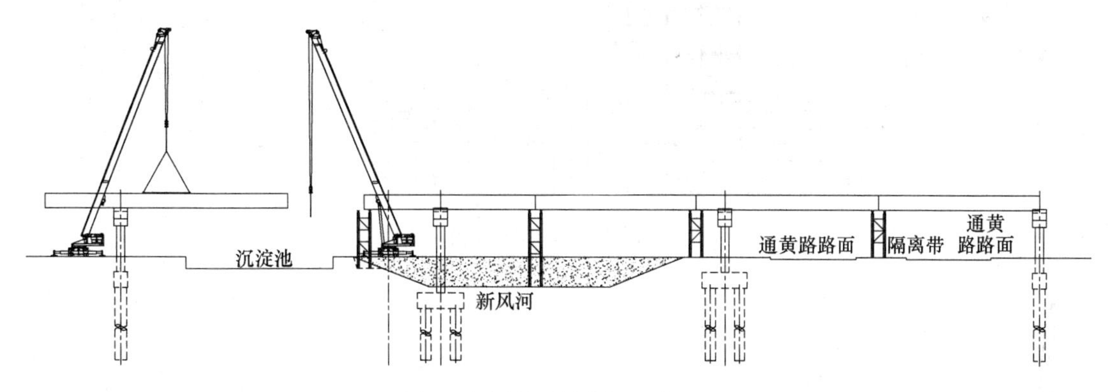

图 4 钢梁临时就位立面布置图

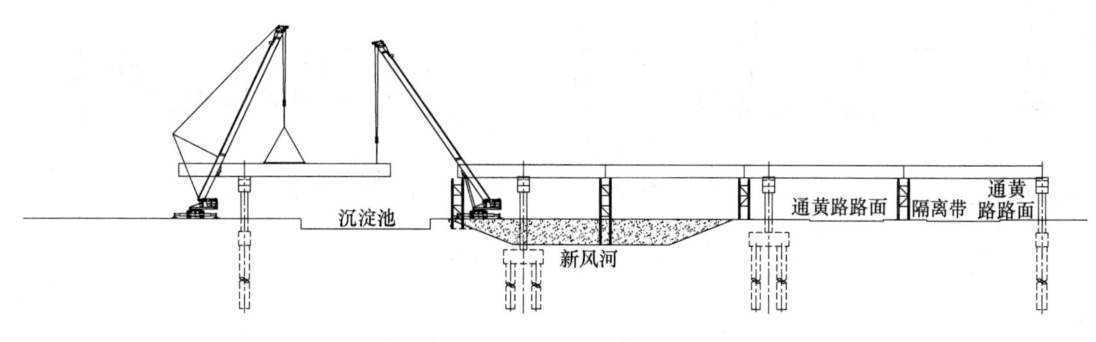

图 5 第 2 台 500t 汽车吊支车并挂钩与钢梁前端

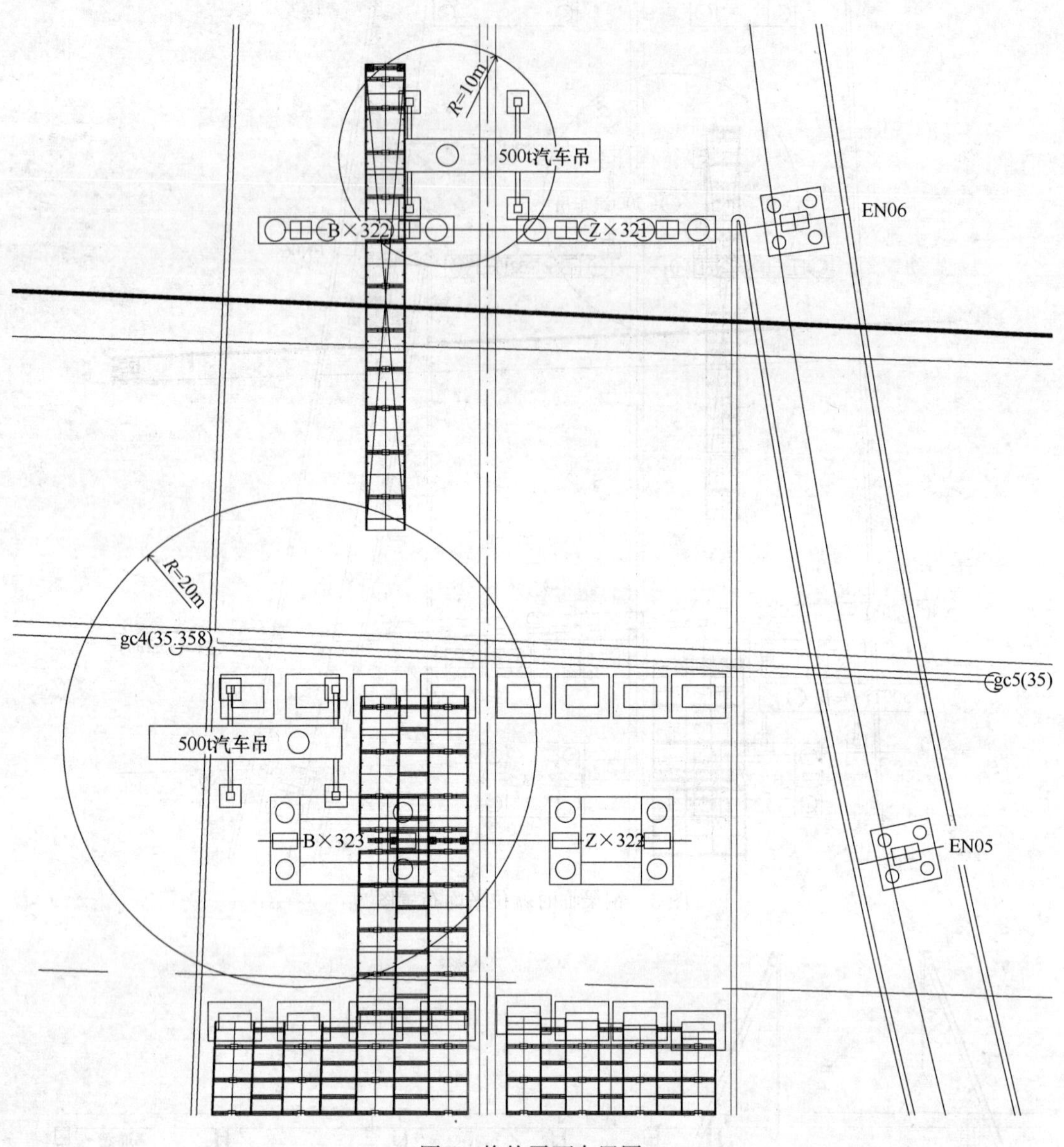

图6 换钩平面布置图

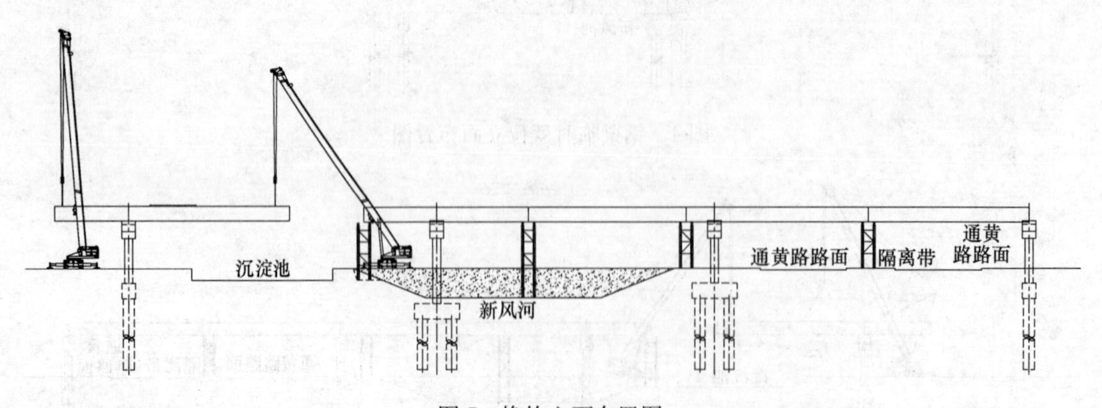

图7 换钩立面布置图

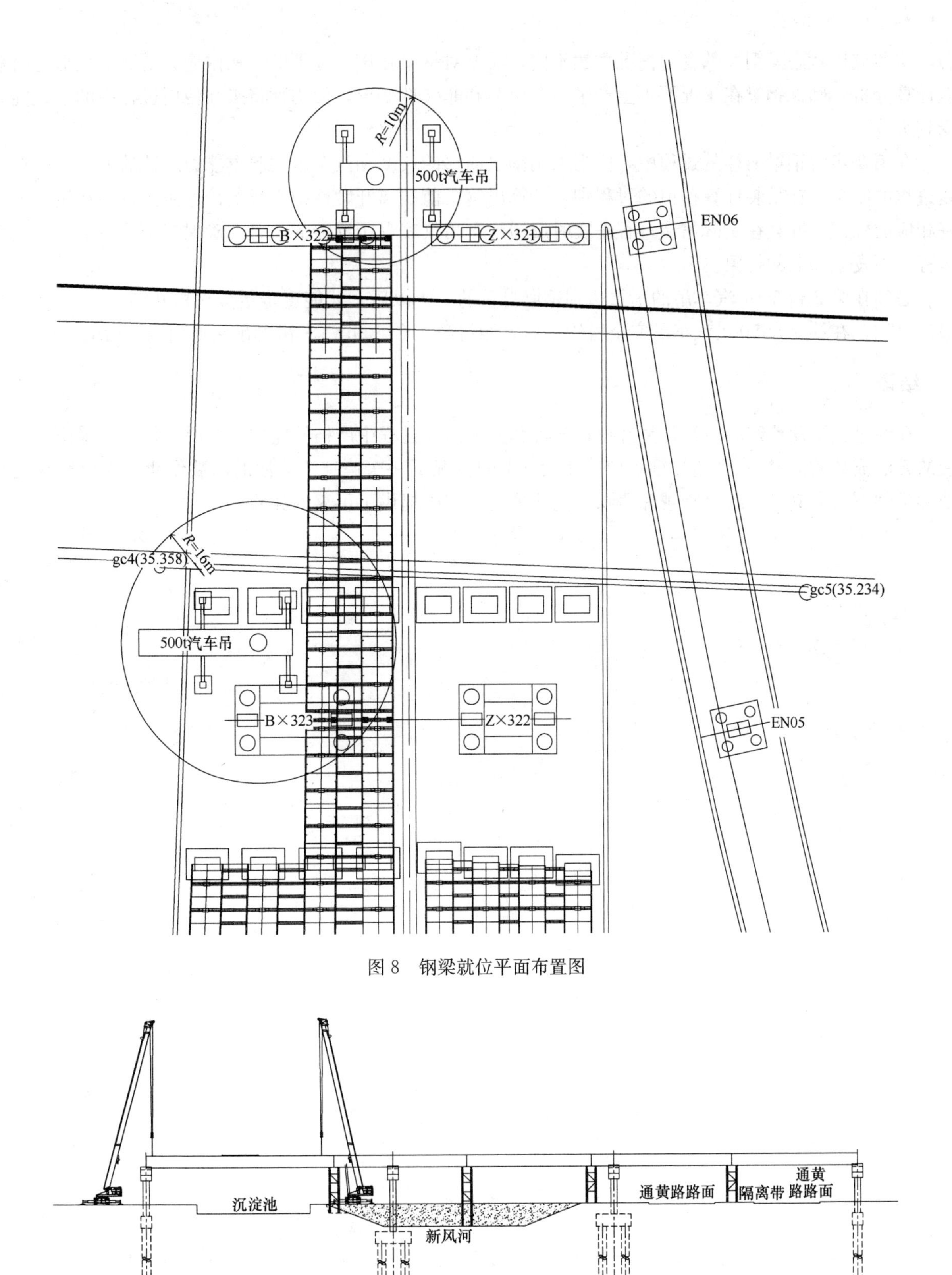

图 8　钢梁就位平面布置图

图 9　钢梁就位立面布置图

4　接力吊装过程中的重要事项

在钢梁首次单机起吊的时候，钢梁的吊点位于钢梁构件的中部，使得钢梁在起吊过程中处于悬臂状态，这和成桥状态下钢梁的受力情况截然不同，需要对钢梁在该工况下的结构内应力及下挠变形进行模拟计算分析，确保钢梁在工况下不会产生残余应力和非弹性变形，使构件将来在使用过程中的承载能力受到影响。

在第 2 步将钢梁前移的过程中，应当采用钢梁前移的长度和汽车吊的起重能力双控的方法来确保吊装过程的安全。在吊装计算模拟的过程中，计算出钢梁前端离开墩柱中心线的最远距离，并在钢梁上最好相应的标记。并且在实际吊装过程中实时反馈汽车吊仪表盘所反馈的信息，确保汽车吊在钢梁的前移过程中不发生超载的现象。

必须在第 2 台 500t 汽车吊的吊重达到钢梁自重的一半以后，才能逐步缓慢地松开第 1 台 500t 汽车吊的吊钩，在第 1 台 500t 汽车吊完全松钩之后方能将第 1 台 500t 汽车吊的吊钩换到钢梁后端。

5 结语

在经过施工前严密的方案计算并模拟分析和实际吊装过程中严格的监控方案的执行后，采用接力吊装的方法成功的完成 10 个超长钢梁构件在无支架的情况下一次跨越沉淀池的吊装作业。为以后在复杂地形条件下，尤其是大跨度跨越障碍物的构件吊装施工中提供了可靠的经验。

合肥市长江路桥重建关键施工阶段受力分析

何晓晖

（深圳市市政设计研究院有限公司，深圳 518029）

摘　要　合肥市长江路桥重建方案采用钢混组合结构的上承式斜腿刚架拱桥新型结构，其中支点刚构主梁高度变化形成异形节点，主梁与斜腿的连接构造复杂。为确保将上部结构承担的荷载安全、有效、平顺地传递至斜腿以及斜腿以下的承台，对结构采用有限元整体和局部分析，着重分析关键施工阶段的结构受力，提高桥梁施工的安全性，较好地指导实际设计中这一难点问题。

关键词　桥斜腿刚架拱桥；钢混组合结构；加劲肋；稳定性分析

1　工程概况

随着合肥市城市建设的高速发展，早期建设的合肥市长江路桥梁已经不能满足现有阶段城市的通行需求。旧桥已使用达 35 年，原设计荷载等级较低，为汽—15 级。经过桥梁检测评定，该桥主结构的承载能力已严重不足。同时合肥地铁一号线建设中，地铁区间位置与该桥重叠，需要对其进行拆除。根据前期方案设计和征求市民的意见，在综合分析技术、经济、工期、施工条件等因素下，新建长江路桥梁方案确定采用上承式斜腿刚架拱桥结构。

全桥桥长 77.6m，主跨 55.16m，单幅桥宽为：3m（人行道）＋3.5m（非机动车道）＋19m（机动车道）＝25.5m。主梁采用变高度钢-混组合梁，斜腿采用等高度钢骨混凝土组合结构（图 1）。

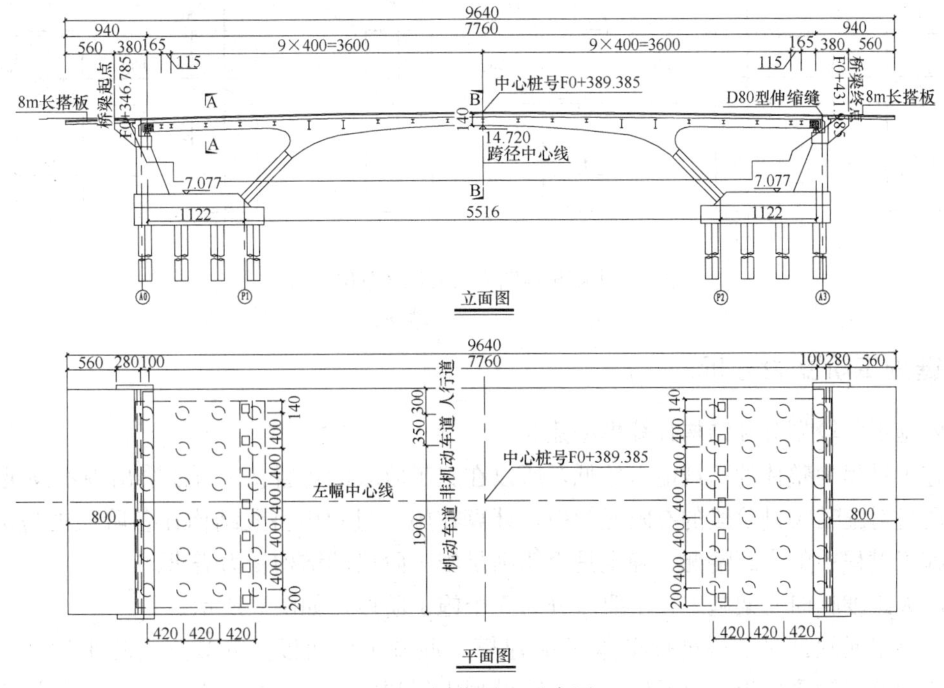

图 1　桥位平面示意图

主要技术标准如下：

（1）道路等级：城市快速路；

（2）设计行车速度：80km/h；

（3）荷载等级：公路-I级；

（4）桥面宽度：双幅布置，单幅桥宽25.5m；

（5）地震作用：地震动峰值加速度0.1g；

桥梁上部主体结构采用钢-混凝土组合工字梁结构，单幅桥纵向共有7片工字型梁，纵梁横向间距3.6m；各纵梁间沿纵向每隔3.8～4.0m设置一道横梁，主梁上翼缘板宽为0.6m，板厚25mm，下翼缘板宽0.6m，板厚40mm，纵梁腹板沿纵向变高度，在与斜腿结合处高度最大；桥面采用钢筋混凝土结构，板厚0.3～0.4m。见图2。

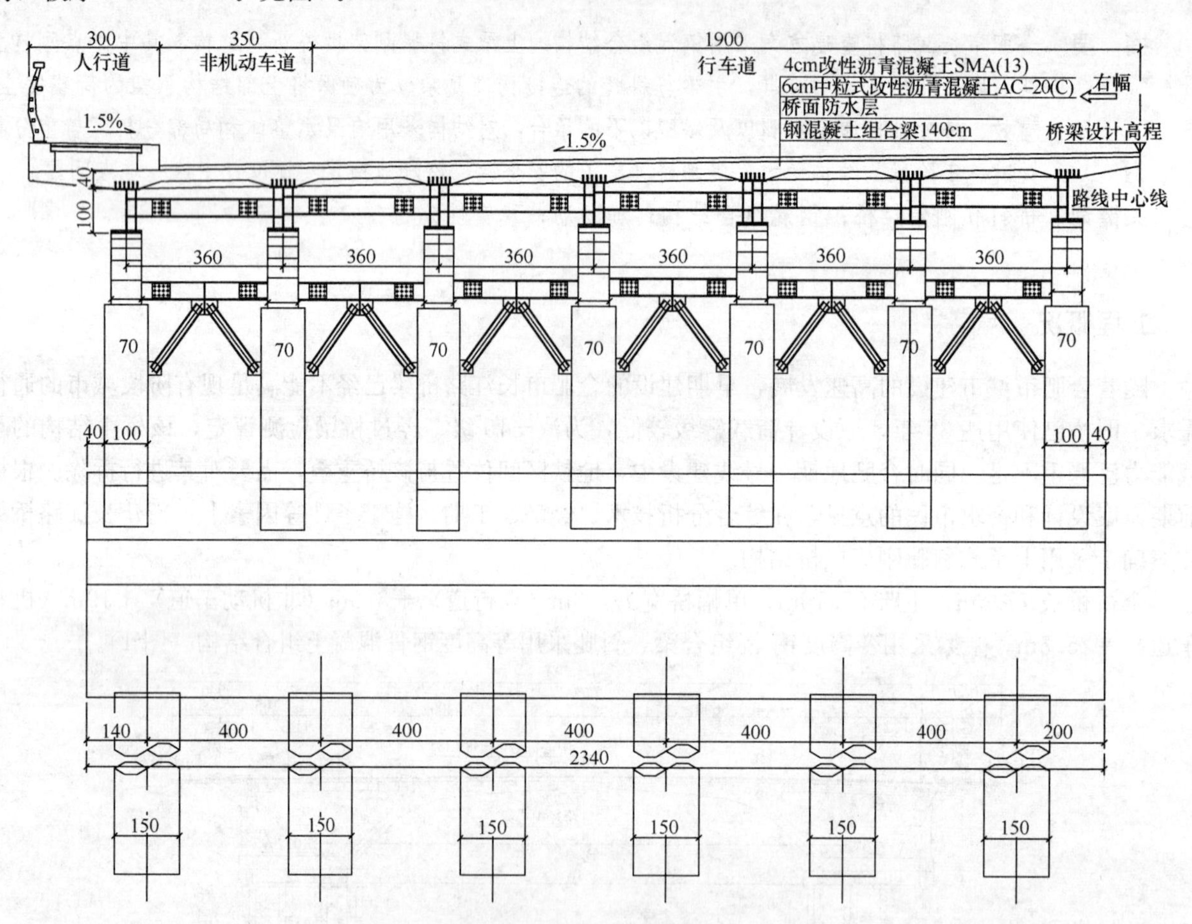

图2 半幅桥横断面布置图（单位：cm）

2 桥梁关键施工阶受力分析

（1）主要施工阶段划分和结构计算模型建立

桥梁在施工过程中整体的承载能力较低，所以在施工阶段的短暂状况可能会出现不满足规范要求的情况。必须通过对施工关键阶段的有限元模拟，计算在施工过程中桥梁结构在各阶段的应力变形状态，研究桥梁在施工过程中的实际情况，确定是否能满足施工阶段的结构受力需求。

本桥采用大跨度临时支架施工，主要可分为5个施工阶段，如图3所示。

利用通用有限元软件对全桥进行实体-板壳建模，混凝土桥面板及混凝土斜腿采用实体单元模拟，钢主梁及斜腿内的型钢采用板壳单元模拟。计算模型中斜腿固结在混凝土承台上，边跨支点处除中间主

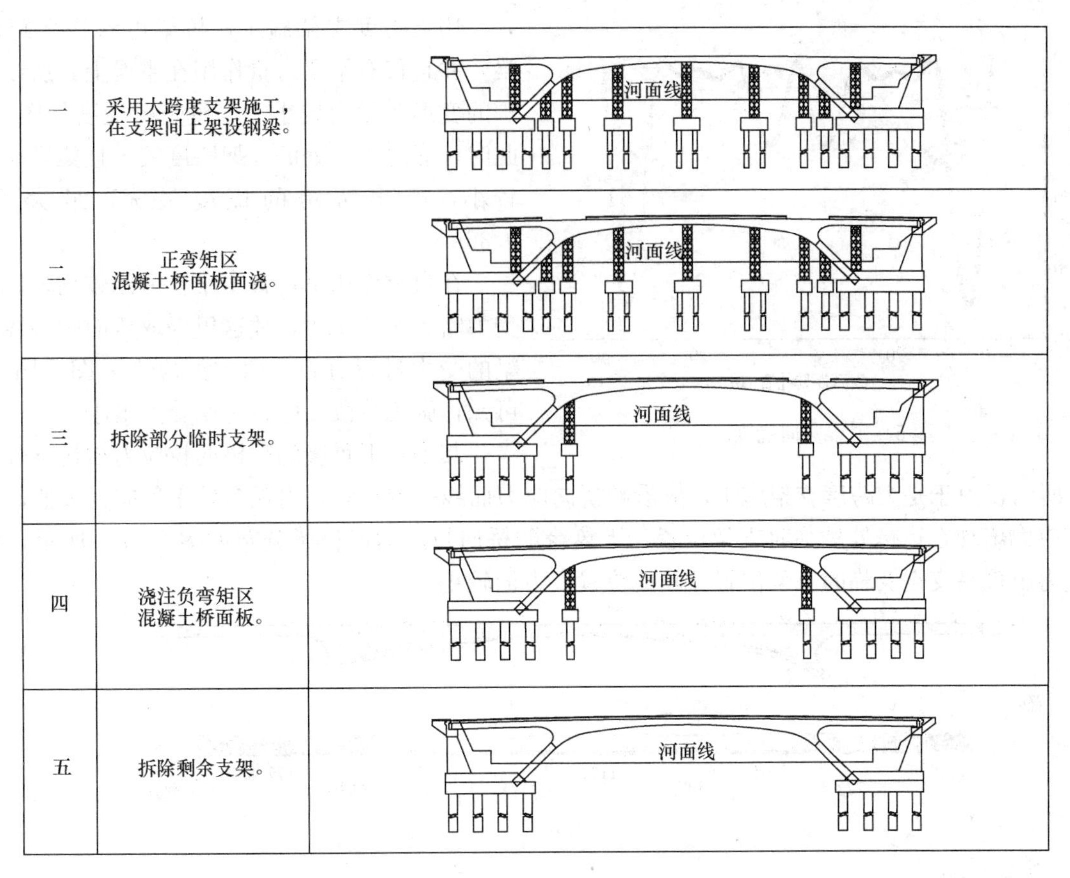

一	采用大跨度支架施工，在支架间上架设钢梁。
二	正弯矩区混凝土桥面板面浇。
三	拆除部分临时支架。
四	浇注负弯矩区混凝土桥面板。
五	拆除剩余支架。

图3　桥梁关键施工阶段划分

梁约束竖向及横桥向位移，其他纵向主梁仅约束竖向位移，所有支点均可沿顺桥向移动，如图4所示。有限元计算中通过对生死单元模拟施工工况。

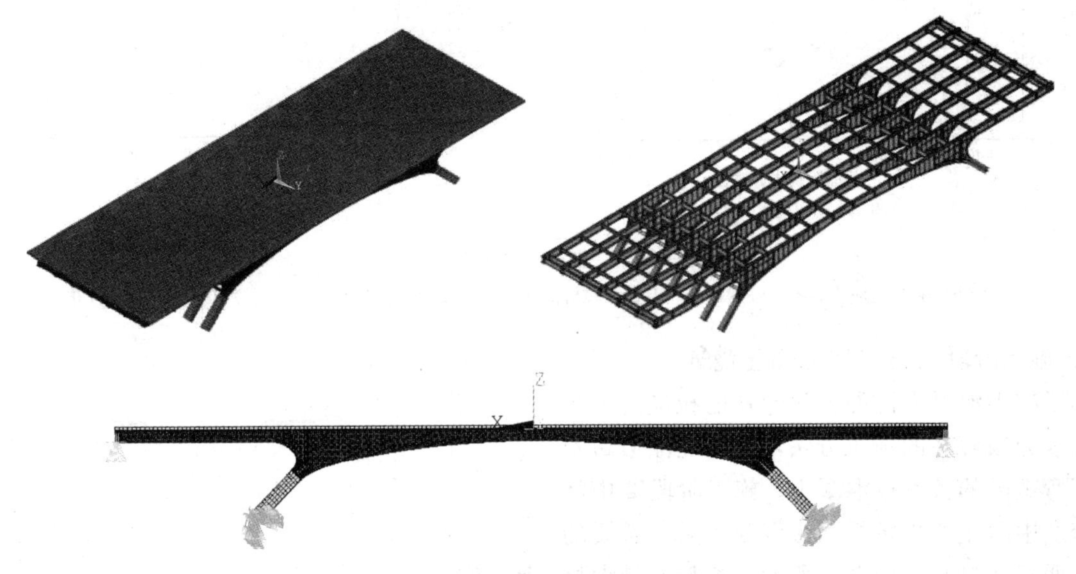

图4　桥梁模型及约束条件

（2）关键施工阶段结构受力分析

1）施工阶段1：钢梁架设

利用大跨度支架架设拼装钢梁，在有限元计算中约束支架位置处的单元节点。

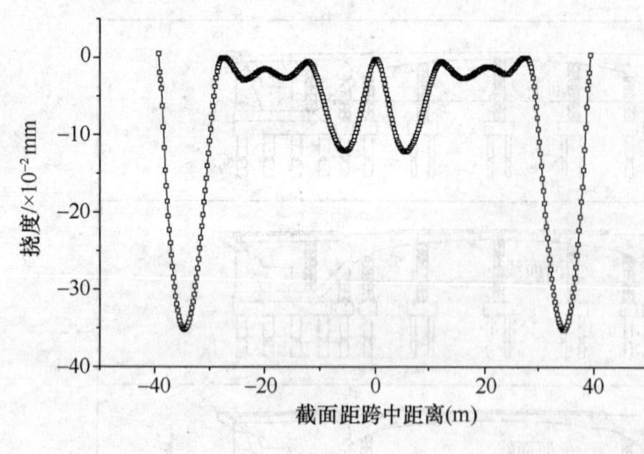

图5　主梁竖向挠度

用大跨度支架施工，桥梁可看作多跨的连续梁，并且仅有钢梁自重作用在主梁上，所以桥梁结构的变形及受力较小。全桥竖向挠度如图5所示，此时，靠近支点处的支架跨度较大且梁高相对跨中较小，故出边跨的挠度最大，最大值约为0.36mm。

在自重作用下，各主梁受力比较均匀，中主梁受力略大于边主梁，故这里提取桥面中心线处的主梁的受力进行分析。由主梁应力云图［图6（*a*）］可知，施工阶段1中，主梁受力很小。

其中，上翼缘的顺桥向拉应力沿桥梁分布如图6（*b*）所示，由于是大跨度支架施工，故沿顺桥向应力曲线呈波浪状，出现多处正负应力极值，上翼缘最大拉应力出现在边跨处的临时支架位置。下翼缘顺桥向拉应力沿桥梁分布如图6（*c*）所示，最大绝对值应力出现在支点及临时支架位置，其他位置应力值较小。

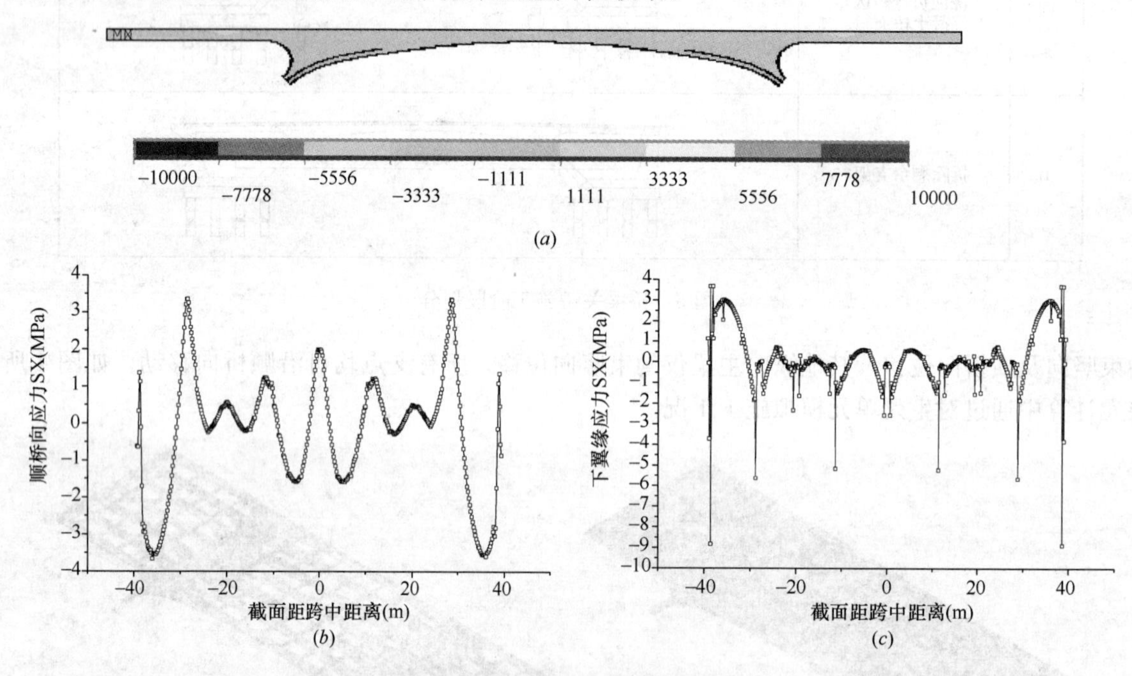

图6　主梁顺桥向应力

（*a*）主梁顺桥向应力云图（kPa）；（*b*）上翼缘顺桥向应力沿桥梁分布；（*c*）下翼缘顺桥向应力沿桥梁分布

2）施工阶段2：正弯矩混凝土浇筑

为了减小混凝土桥面板负弯矩的拉应力，采用桥面板分段浇注的施工方法，首先浇注边跨及中跨正弯矩区的桥面板混凝土。施工阶段2中浇注边跨及中跨正弯矩区桥面板混凝土后，桥梁的挠度有明显的增加，如图7所示。边跨的最大挠度约为0.95mm，中跨最大挠度约为0.4mm，在主梁变高度处由于支架约束较多，并且主梁上部未浇注混凝土，其挠度相对较小。

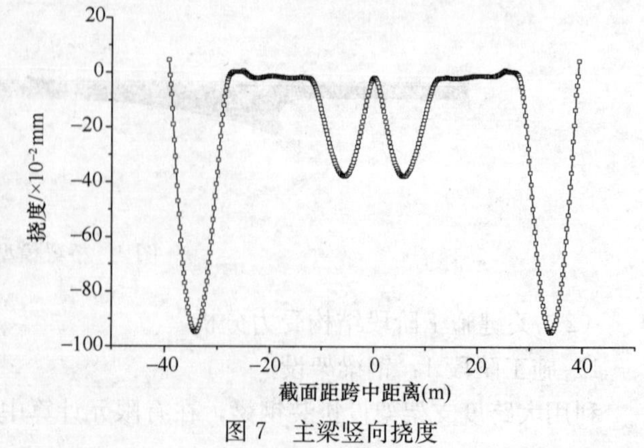

图7　主梁竖向挠度

正弯矩混凝土浇筑后，在中跨及边跨处主梁

应力有明显增加，由主梁应力云图（图 8）可知，主梁下翼缘的受到较大的顺桥向拉应力，且边跨应力大于中跨应力。上翼缘的顺桥向拉应力沿桥梁分布如图 8（*b*）所示，钢梁上翼缘受力较不均匀，而应力值较小，处于−4～4MPa 之间。下翼缘顺桥向拉应力沿桥梁分布如图 8（*c*）所示，钢梁下翼缘应力增加较大，在中跨及边跨浇注混凝土处尤为明显。

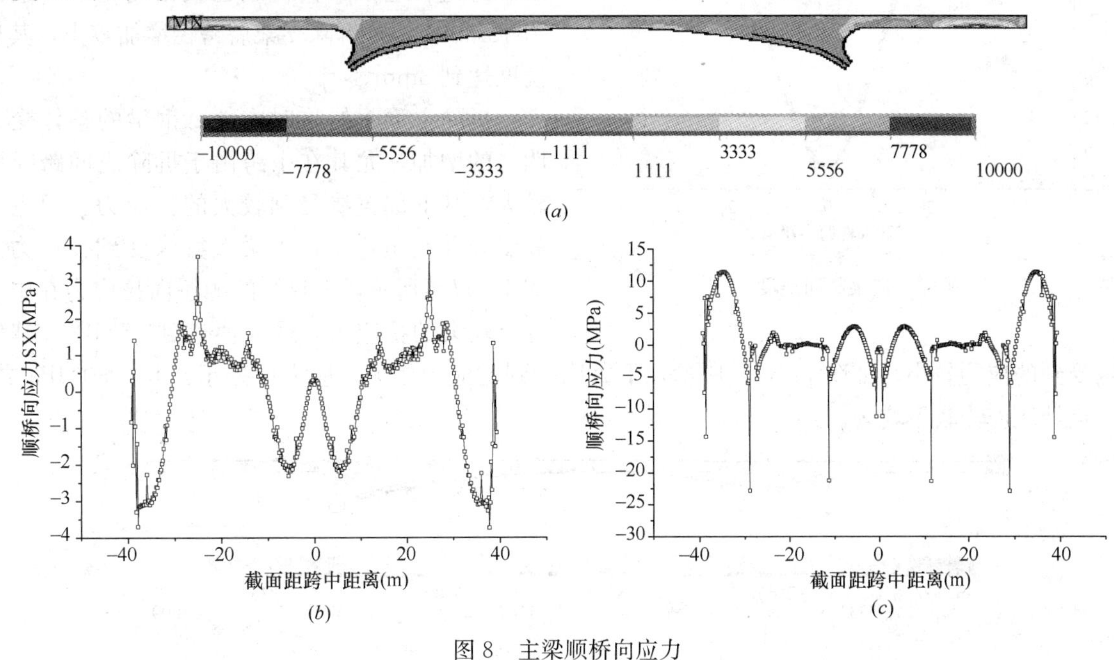

图 8　主梁顺桥向应力

（*a*）主梁顺桥向应力云图（kPa）；（*b*）上翼缘顺桥向应力沿桥梁分布；（*c*）下翼缘顺桥向应力沿桥梁分布

桥面板混凝土应力云图如图 9 所示，桥面板总体应力水平较低，最大拉应力不超过 1MPa，出现在边跨处临时支架处。各临时支架位置处桥面板顶面均出现一定的拉应力，而顶面其他位置混凝土基本处于受压状态。桥面板底面混凝土受到的拉应力较小。

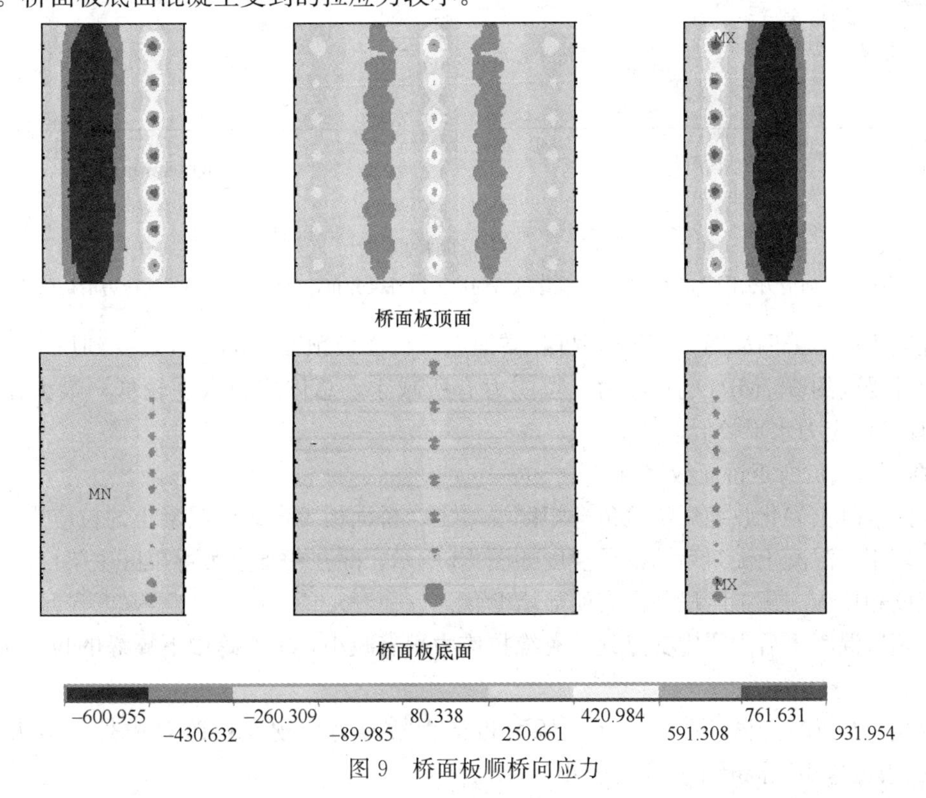

图 9　桥面板顺桥向应力

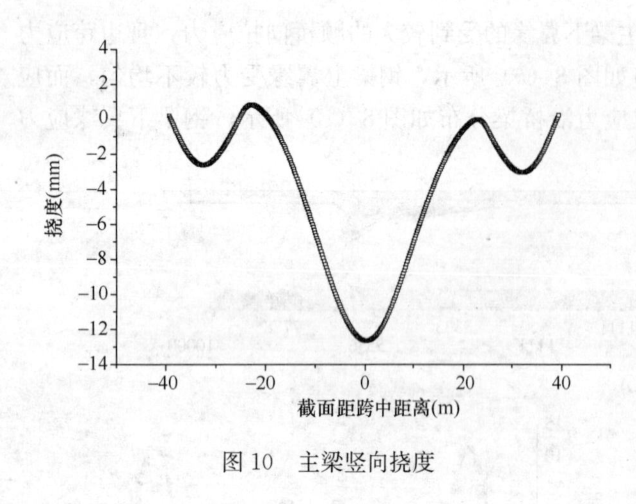

图 10　主梁竖向挠度

3）施工阶段 3：拆除部分支架

浇注完正弯矩区混凝土后拆掉除斜腿处的所有支架。桥梁的挠度如图 10 所示，拆除临时支架后中跨跨径增加，其挠度也大幅度增加，最大值为 13mm；边跨拆除支架后跨径增加较小，其最大挠度达到 3mm。

拆除主梁下的临时支架，钢梁的整体受力有明显的增加，尤其在中跨由于拆除之间跨径增加较大，其下部翼缘受到较大的拉应力。而主梁变高度处受到负弯矩，主梁上翼缘受到拉应力。如图 11（*b*）所示，上翼缘的顺桥向拉应力在中支点处有较大的拉应力，最大值达到 25MPa，其他位置翼缘受到的应力较小。如图 11（*c*）所示，下翼缘受到的应力较大，应力值处于－40～30MPa 之间，在中支点处压应力较不均匀。

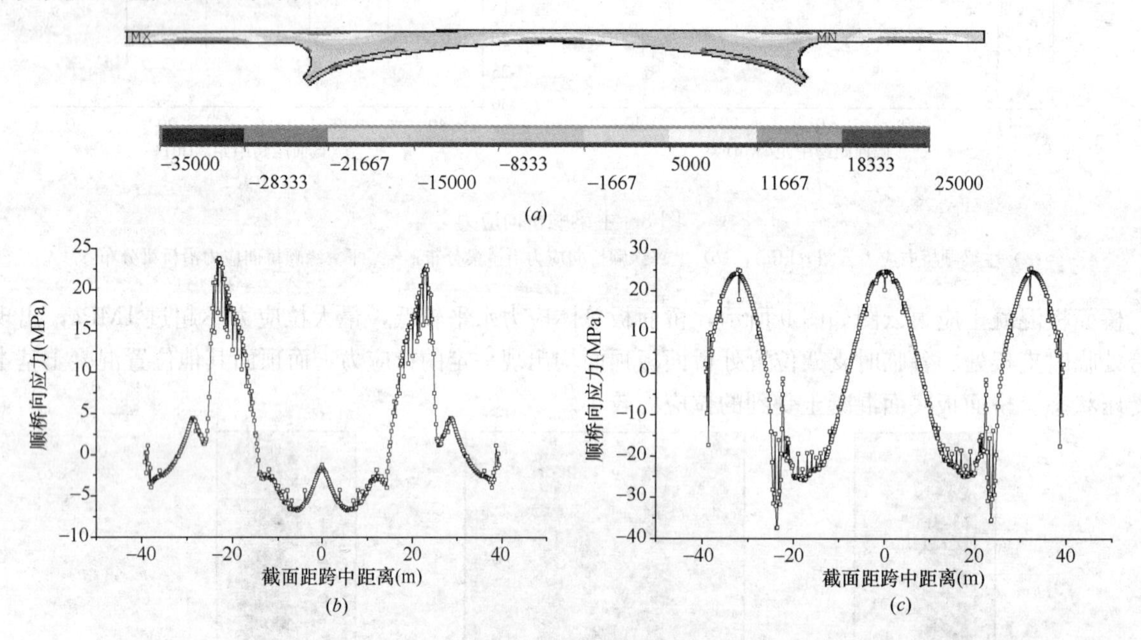

图 5-11　主梁顺桥向应力

（*a*）主梁顺桥向应力云图（kPa）；（*b*）上翼缘顺桥向应力沿桥梁分布；（*c*）下翼缘顺桥向应力沿桥梁分布

桥面板混凝土应力云图如图 12 所示，拆除支架后，桥面板顶面大部分区域受到压应力。桥面板底面在边跨跨中处受到约 0.7MPa 的拉应力，拉应力有所减小，总体应力水平较低，最大拉应力不超过 1MPa，桥面板总体应力水平较低。

4）施工阶段 4：负弯矩桥面板浇筑

在正弯矩区混凝土硬化收缩后浇筑负弯矩区混凝土，桥面板负弯矩区混凝土的拉应力会有明显的减小。桥面板负弯矩区混凝土浇筑后的桥梁挠度如图 13 所示，除在中支点负弯矩区主梁挠度有所增加外，其他位置的挠度相比前一施工阶段并没有明显增变化。

浇注负弯矩区混凝土后主梁中支点处上翼缘拉应力稍有减小，中跨跨中下翼缘的拉应力也减小。见图 14。

桥面板混凝土应力云图如图 15 所示，桥面板最大拉应力出现在边跨跨中处，最大拉应力约为 0.8MPa，桥面板负弯矩区混凝土拉应力较小。

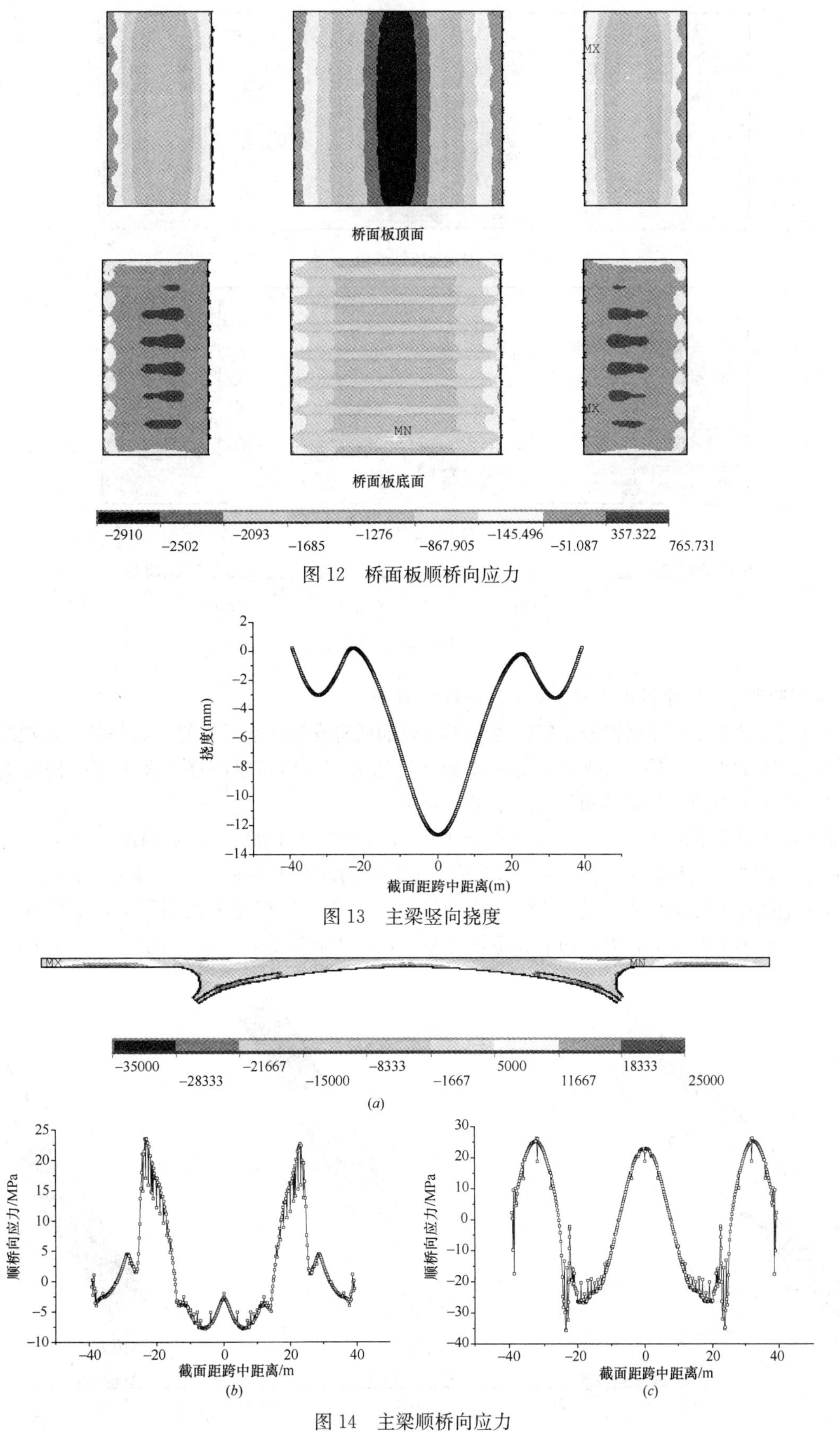

图 12 桥面板顺桥向应力

图 13 主梁竖向挠度

图 14 主梁顺桥向应力

（a）主梁顺桥向应力云图（kPa）；（b）上翼缘顺桥向应力沿桥梁分布；（c）下翼缘顺桥向应力沿桥梁分布

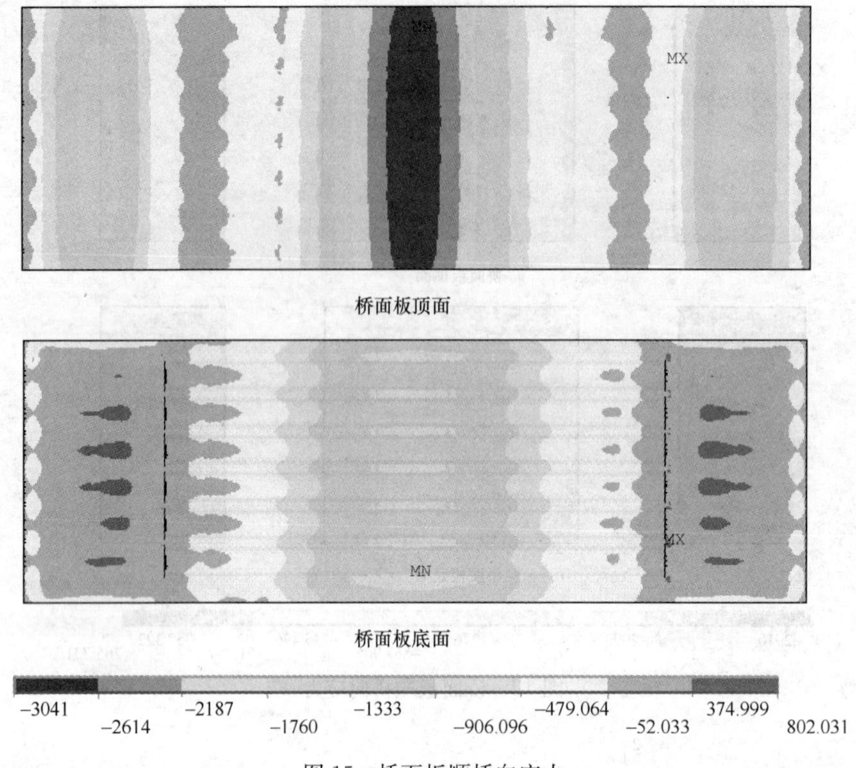

图 15 桥面板顺桥向应力

5）施工阶段 5：拆除斜腿处支架并浇注斜腿混凝土

拆除斜腿浇注完正弯矩区混凝土后拆掉除斜腿处的所有支架，然后在浇注斜腿的外包混凝土，可以减小斜腿混凝土的受力。计算发现斜腿拆除支架并浇注混凝土对桥梁的挠度及上部结构的受力影响较小，所以这里主要对斜腿的钢结构及混凝土进行分析。

斜腿为型钢外包混凝土构件，其中型钢为工字型钢上焊接 T 肋。图 16 列出型钢主要受力板件的 Mises 应力，钢结构总体应力水平不高，大部分区域的应力均小于 30MPa。斜腿上部腹板与下翼缘板的连接处有一定的应力集中现象，最大 Mises 应力达到 79MPa。腹板受力较不均匀，上翼缘在斜腿上部受力较小，在斜腿下部受力较大；而下翼缘正好相反，斜腿上部受力较大，下部较小，说明斜腿不仅受

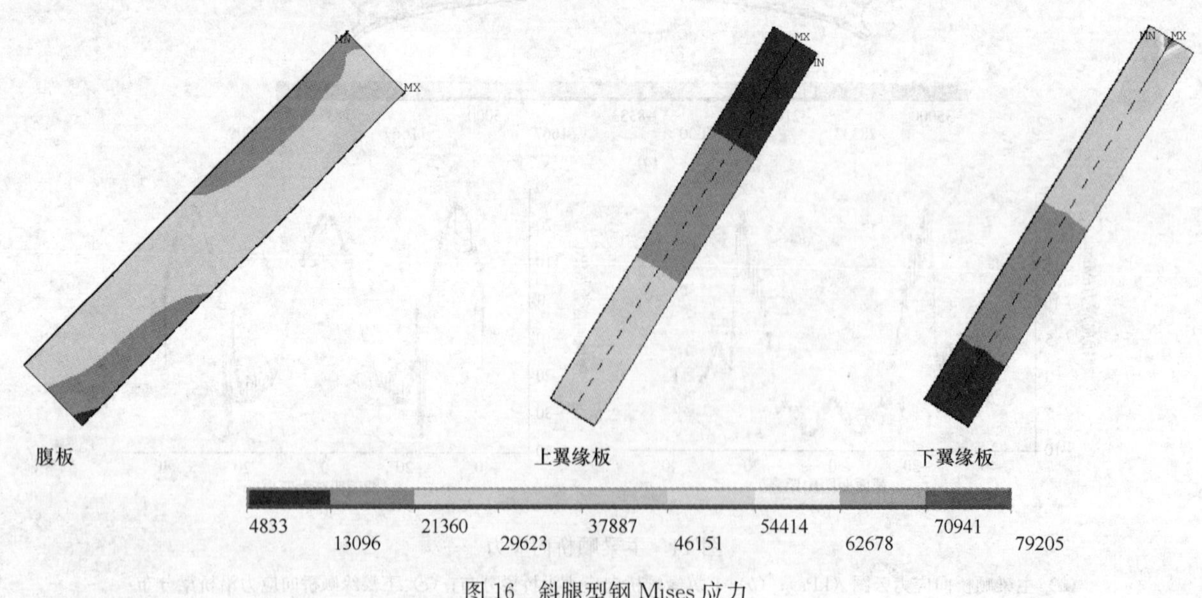

图 16 斜腿型钢 Mises 应力

到上部主梁的压力，还受到较大的弯矩作用。

斜腿外包混凝土的主应力如图 17 所示，斜腿混凝土总体应力水平较低，最大拉应力为 0.6MPa，出现在斜腿下部位置，从应力云图可知，斜腿混凝土大部分区域均是受到压应力的作用。

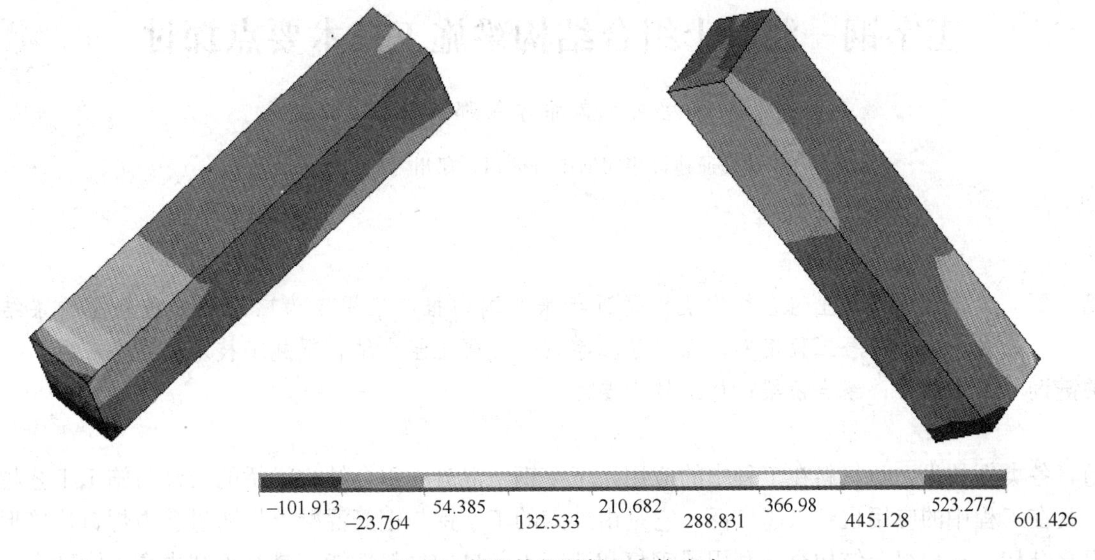

图 17　斜腿外包混凝土主拉应力

3　结语

按照实际的施工顺序建立有限元模型对桥梁各施工阶段进行模拟，通过对计算结果的分析研究施工过程中桥梁整体受力情况。在整个施工过程中，桥梁各结构受力均处于较低的水平，能够满足施工中的荷载作用。

参考文献

[1]　刘玉擎．组合结构桥梁[M]. 北京：人民交通出版社，2005.

[2]　刘遮，杨明福，屠科彪，宁晓骏．预应力斜腿钢架拱桥的设计与分析[J]. 武汉理工大学学报(交通科学与工程版)，2014，38(4)：929-932.

工字钢—混凝土组合结构梁施工技术要点探讨

郭培文　盖希才　都兴龙

（中建交通建设集团河南分公司，郑州　450002）

摘　要　工字钢—混凝土组合结构梁桥是近年来在国内推广应用较为广泛的一种新型桥梁结构形式。文章结合工程案例，探讨了工字钢—混凝土组合结构梁施工技术要点。

关键词　工字钢梁；组合桥梁；施工技术要点

随着各类新技术、新材料在工程中的应用，工字钢—混凝土组合结构梁桥的设计与施工工艺越来越成熟，其在工程中的应用也越来越广泛。它是由外露的工字钢与钢筋混凝土板通过剪力焊钉连接形成的一种组合结构。这种组合结构充分利用了钢材和混凝土各自的材料性能，具有承载力高、刚度大、抗震性能和机动性能好、构件截面尺寸小、施工快速方便等特点。

1　南水北调特大桥设计概况

本桥位于曲阳至黄骅港高速公路曲阳至肃宁段上，桥梁中心桩号为K85＋376.5，起点桩号为K84＋849.5，终点桩号为K85＋903.5，全长1054m，跨径组合为(4×30)＋(4×30)＋(4×30)＋(4×30)＋(88＋151＋88)＋(4×30)＋(4×30)；主桥上部采用波形钢腹板组合连续箱梁桥，引桥上部结构采用工字钢—混凝土组合结构梁桥。主梁采用4片钢工字梁，由2片外主梁和2片内主梁组成，组合梁桥面全宽26.0m，钢梁中心线处的梁高为1.65m。引桥小桩号侧4×(4×30)m钢—混凝土工字组合梁跨间横向联系采用桁架式，主梁标准横断面如图1(*a*)所示；大桩号侧2×(4×30)m钢—混凝土工字组合梁跨间横向联系采用小横梁式，主梁标准横断面如图1(*b*)所示。

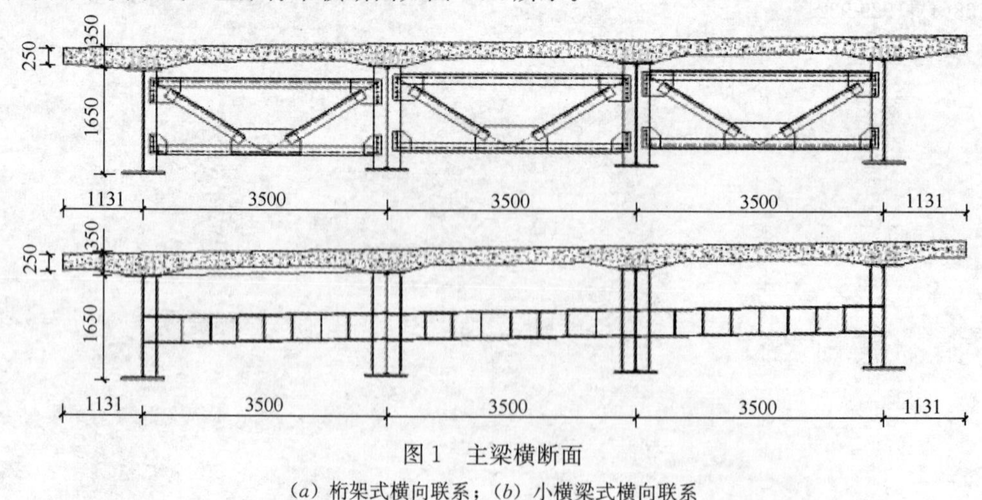

图1　主梁横断面

(*a*) 桁架式横向联系；(*b*) 小横梁式横向联系

2　工字钢—混凝土组合结构梁桥施工技术要点

(1) 工字钢梁安装施工

临时支架安装

1）支架总体设计

临时支架由型钢与钢管组成，支架底部设混凝土扩大基础，在基础上立钢管柱，钢管之间设置槽钢作为平撑及斜撑，钢管柱顶设置双拼H型钢作为分配梁，分配梁顶设马镫调节高程（图2）。

2）临时支架施工

① 钢管柱施工

钢管柱柱脚与基础顶的预埋钢板采用焊接连接，焊接方法采用间断焊的方式，焊脚高度不得低于6mm。

② 柱间支撑的安装

用于柱间支撑的联系杆件与钢管柱均采用焊接，在安装联系杆件前，应全面检查钢管柱上的施焊位置，保证位置的准确，联系杆件采用吊车吊装，人工配合就位，并施焊。

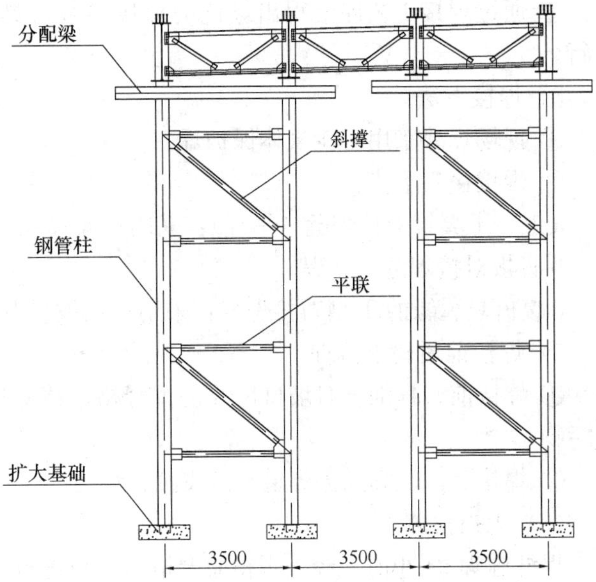

图2 支架横桥向布置图

③ 分配梁的安装

柱顶的分配梁与钢管柱顶的封板采用焊接连接，施焊前应在柱顶封板上做好安装标示。分配梁采用吊车吊装，人工配合就位，并施焊。

(2) 工字钢梁场地焊接

工字钢梁按设计节段长度在厂家加工完成，如果运输条件受限，工字钢梁可分段运输至工字钢梁拼装场地后，在拼装场地按设计节段长度进行二次拼装焊接，接采用单面焊接双面成型方法，焊接前把工字钢梁固定牢靠，并按设计调整好预拱度。

1）焊接材料

① 焊材和辅材必须根据本工程焊接工艺试验合格结果及原材料复检合格报告，方可在本工程使用；对材料的批号，出厂时间，本批号质检合格书，所有材质证明及检验证书，分批整理成册交监理验收及项目存档；

② 焊条在使用前，必须按产品说明书进行烘干，烘干后的低氢型焊条在大气中放置时间超过4h重新烘干，焊条重复烘干次数不宜超过2次，受潮焊条不得使用。

③ 焊接选用保护气体为CO_2，纯度＞99.9%（V/V）标准规定的优等品，水蒸气与乙醇含量≤50PPM（m/m）；

④ 焊材必须由库房专业储存，专门发放，进入施工作业场所的焊丝焊条，禁止散放，焊条烘烤后，必须采用保温筒，禁止抛撒、踩踏、雨淋，建立焊接材料进出仓库跟踪记录台账。

2）焊接工艺评定

① 现场焊接工艺评定，根据工程的设计节点形式，钢材材质、规格和采用的焊接方法，焊接位置，焊接工艺参数，制定焊接评定方案及作业指导书；施焊试件、切取试样，并由具有国家技术质量监督部门资质证的检测单位进行检测试验。

② 焊接工艺评定试件，焊接人员必须持有权威部门颁布的合格证书，并且操作熟练。

③ 焊接工艺评定试件合格后出具焊接工艺报告，合格后的焊接工艺适用于工程拼装场地焊接。

④ 焊接电流、电弧电压、收弧电流，收弧电压进行对比调试，电源极性、气体流量需进行核定，并且检验气体有无泄漏。

⑤ 通过焊接工艺评定得出最优的焊接参数，具体焊接时严格按照焊接工艺评定所得的焊接参数进行。

3）焊接方法

① 现场焊缝采用CO_2气体保护焊。

② 焊接接头形式：

a 上、下翼缘对接焊缝（平焊）：采用单面焊双面成型的工艺；

b 腹板对接焊缝（立焊）。

c 腹板与翼缘的 T 型对接焊缝：采用单面坡口背面衬垫的焊接工艺。

4）焊接前后检查清理

① 焊接前，仔细核对坡口尺寸是否合格、清除坡口内的水，锈浊，油污及定位焊外的焊渣、飞溅及污物。

② 焊接后，认真除去焊道上的飞溅、焊瘤、咬边、表面气孔、未熔合、裂纹等缺陷存在。

（3）无损检测

焊缝施焊 24 小时，经外观检验合格后，再进行无损检验。

超声波探伤

焊缝超声波探伤标准按《钢焊缝手工超声波探伤方法和探伤结果分级》GB 11345—1989 执行，探伤结果评定按《公路桥涵施工技术规范》JTG/T F50—2011 表 19.6.2 的规定执行。焊缝超声波探伤范围和检验等级见表 1。

焊缝超声波探伤范围和检验等级 **表 1**

序号	焊缝质量等级	探伤比例	探伤范围	板厚（mm）	检验等级
1	Ⅰ、Ⅱ级横向对接焊缝	100%	全长	10～80	B
2	Ⅰ级纵向对接焊缝		端部 1m 范围内为Ⅰ级，其余部位为Ⅱ级		
3	Ⅱ级纵向对接焊缝		焊缝两端各 1m		
4	Ⅰ级全熔透角焊缝		全长		

1）超声波一般采用柱孔标准试块，也可采用经过校准的其他孔型试块；

2）如超声波探伤已可准确认定焊缝存在裂纹，则应判定焊缝质量不合格；

3）对局部探伤的焊缝，当探伤发现裂纹或其他缺陷时，则连续延伸探伤长度，必要时焊缝全长进行探伤；

4）对用超声波不能准确认证缺陷严重程度的焊缝，则补充进行 X 射线探伤拍片，并以拍片结果来评定焊缝缺陷。

（4）工字钢梁横联组拼

在现场拼装场地对每 2 片工字钢梁进行横联组拼，此 2 片工字钢梁作为 1 个组。组拼按设计横联形式进行焊接或栓接，在连接完成后检查整体预拱度和构件尺寸，检测合格后，采用 2 台履带吊抬吊至桥位完成钢梁的安装。安装时要考虑施工便道位置，首先安装远离便道一侧 1 组工字梁，接着安装与之相邻的 1 组工字钢梁，然后散件安装 2 组工字钢梁间的横向联系，依次类推，直至安装完成整幅工字钢梁。

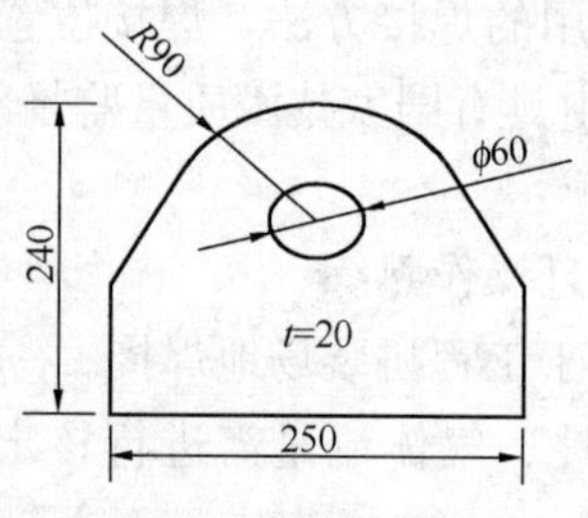

图 3　吊耳示意图

（5）吊装机具选用

安装吊耳对应腹板焊接在工字梁顶板上，单个吊装段设置 4 个吊耳，吊耳形式如图 3 所示。

1）吊耳所用材料的力学性能不得小于母材力学性能，焊接用辅材必须与吊耳用材料相匹配，吊耳尺寸有技术人员计算确定。

2）根据吊装物体的不同由技术人员规定吊耳的焊接方法、焊脚尺寸等。

3）吊耳的孔眼宜采用钻孔，数控割孔眼应打磨光滑，孔眼应打磨成圆弧倒角，以免损坏索具。

4）吊耳的安装方向应与受力方向一致，以免产生扭矩，致使吊耳断裂。

5）吊耳的安装位置与吊装构件的重心成对称布置，以保证吊耳的负荷均匀，及吊装构件的平稳（图 4）。

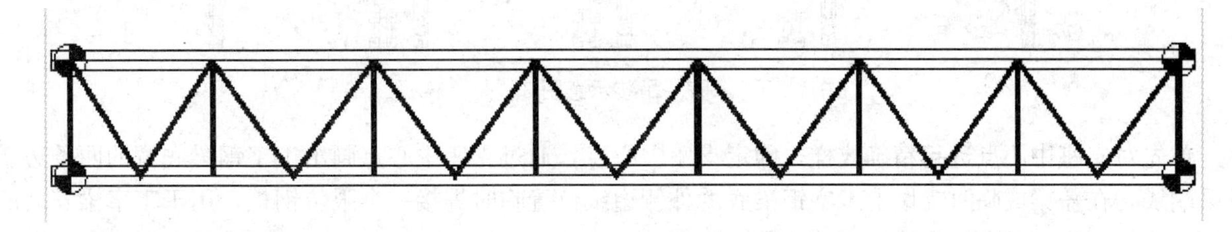

图 4　吊点位置布置示意图

6）吊运过程要严格遵守有关部门制定的吊运作业规章制度，确保安全操作。接近满负荷吊运作业前应进行试吊，判断吊运作业是否切实可行。

（6）工字钢梁吊装

1）第 1、2、3 节段吊装

节段在拼装场地组装完成后，沿着便道利用履带吊运至安装位置，2 台履带吊站在桥位下，在整个吊装过程中，均需一个有丰富指挥经验的信号工用对讲机同时对 2 台吊车司机发出指令，保证两台吊车协调工作，履带吊吊装时控制工作半径、臂长、起重重量在作业规程要求以内（图 5）。

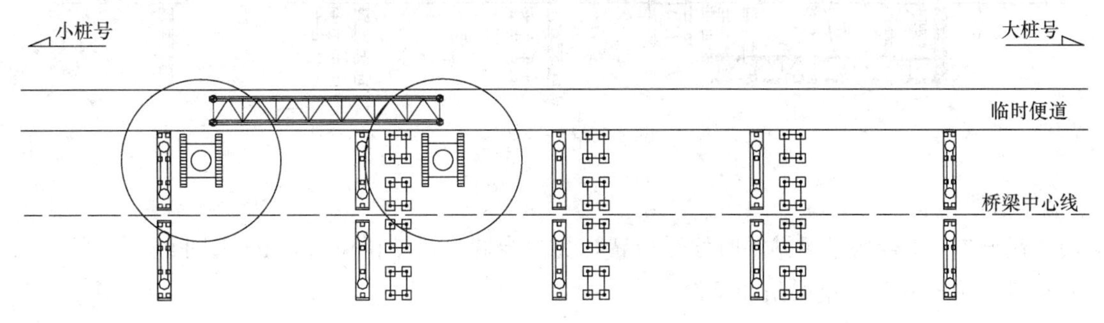

图 5　吊装示意图 1

起吊时，钢梁位于履带吊一侧，起吊钢梁直至梁底高出支墩顶面，2 台履带吊配合摆动吊臂，钢梁一头转至履带吊另一侧（图 6）。

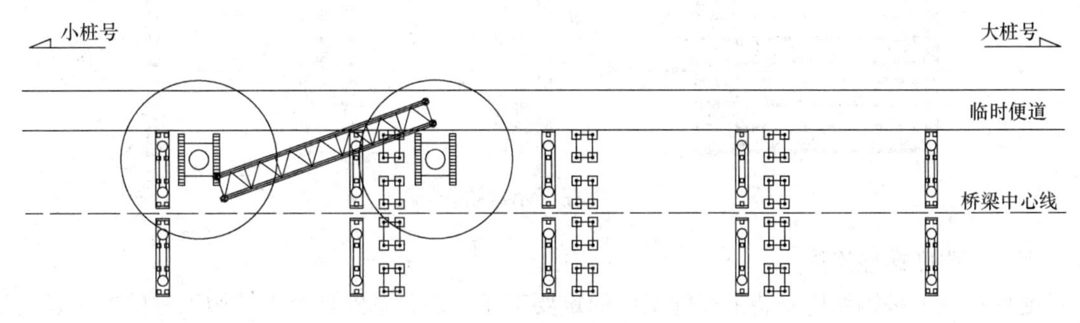

图 6　吊装示意图 2

继续摆动吊臂，直至钢梁均位于履带吊另一侧位置（图 7）。

最后 2 台履带吊同时吊着钢梁向梁位侧移动，进行工字钢梁的精确定位：

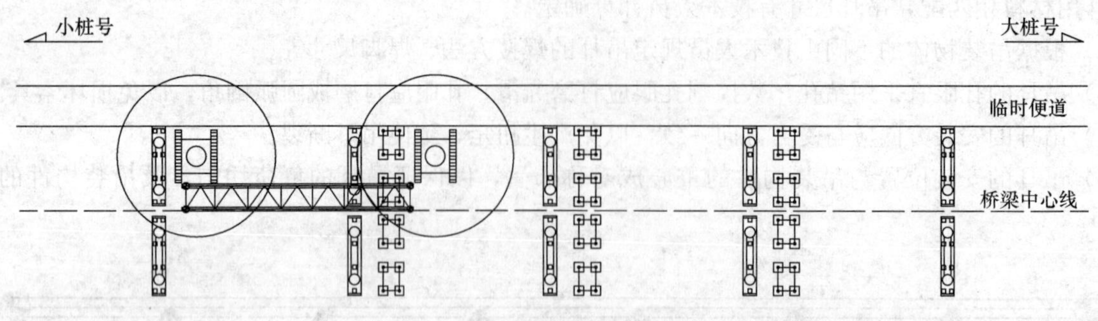

图7 吊装示意图3

首先对支座中心点进行精确放样，确定支座中心点，通过支座中心点画出工字钢梁底宽的两条边线及梁端线，在盖梁或临时支墩上工字钢梁底的外侧边线位置临时焊接一个限位钢板，用于工字梁安装的限位。信号工指挥吊车缓慢将梁下落到距支座顶调平钢板上方1～2cm位置，工字钢底边外侧靠紧限位板，指挥一个吊车微调工字钢位置，使梁端与梁端线对齐，随后指挥两个吊车同步缓慢下落，下落后检查另一侧边线和梁端线是否与梁重合，如不重合需起吊重新就位，直至重合为止。以此类推，架设完成2、3节段（图8）。

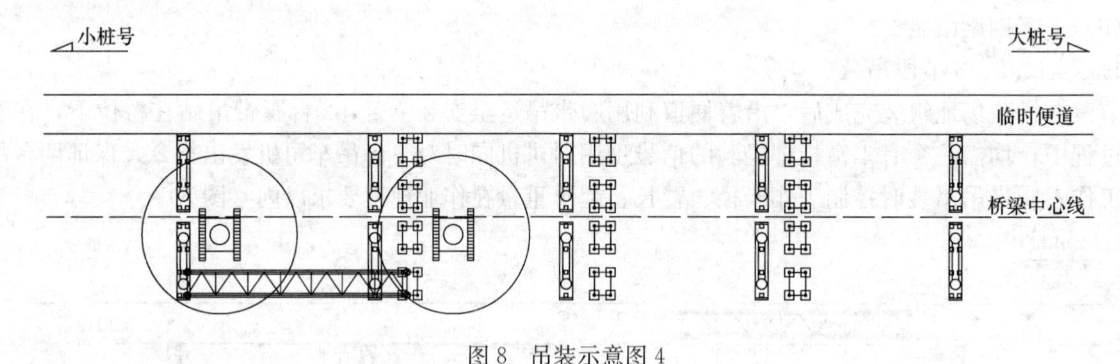

图8 吊装示意图4

2）第4节段吊装

节段4吊装时，1台履带吊站临时便道位置，另一台履带吊站桥位（图9～图11）。

以此类推完成整联工字钢梁吊装架设。

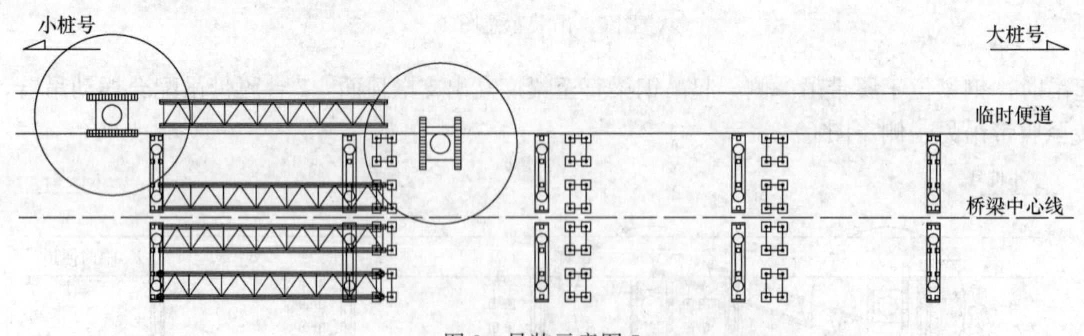

图9 吊装示意图5

（7）现场高强度螺栓连接

高强度螺栓施工是钢结构安装工程施工中的重要工序，是关系到整个钢结构工程的安全及使用寿命的重要因素。因此，加强高强度螺栓安装工程施工管理是保证钢结构施工全面质量的重要环节，采取有效措施对高强度螺栓的购入、保管、摩擦面处理、施工机具、螺固作业等工序进行控制，确保高强度螺栓的施工质量。

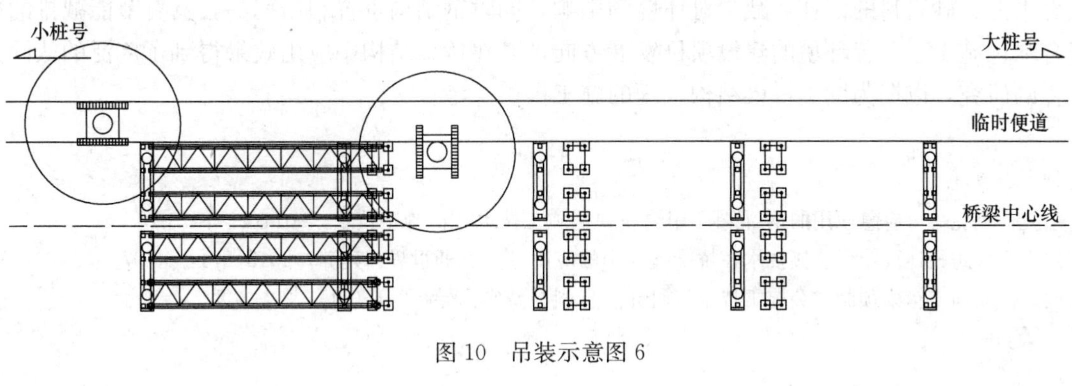

图 10　吊装示意图 6

图 11　吊装示意图 7

每组连接副包括一个螺栓、一个螺母和两个垫圈，其尺寸和技术规定符合国家规范有关标准，安装施工时严格执行国家有关规范。

1）一般规定

① 高强度螺栓采用扭矩法施拧，并分为初拧和终拧。

② 高强度螺栓连接副的拧紧应在螺母上施拧。

③ 高强度螺栓的拧紧顺序，应从节点中刚度大的部分向不受约束的边缘进行，对大节点则应从节点中央沿构件向四周进行。

④ 高强度螺栓连接副的初拧和终拧应在同一工作日内完成。

2）拧紧工具

① 高强度螺栓连接副的初拧和终拧均使用定扭矩扳手。

② 使用前，定扭矩扳手必须标定，其扭矩误差值不得大于使用扭矩值的±5%。

③ 每班操作前及操作后，必须对施工扳手进行扭矩校正。

④ 电动扳手应与控制箱配套使用，并应独立供电及配置稳压电源。

3）施拧工艺

① 施拧前，应按生产厂提供的批号，并按每批不少与 8 套分批测定高强度螺栓连接副的扭矩系数，施工时，应考虑环境温度、相对湿度变化对扭矩系数的影响。

② 初拧扭矩和终拧扭矩分别为 50%和 100%。

③ 终拧时，施加扭矩必须连续、平稳，螺栓、垫圈不得与螺母一起转动，如果垫圈发生转动，应更换高强度螺栓连接副，按操作规程重新初拧、终拧。

④ 终拧完成后，应在螺母上做标记以示区分。

3　结语

综上所述，工字钢—混凝土组合结构梁桥梁是在以往的桥梁结构上创新而来的一种新的结构形式，施工过程工厂化、装配化程度高，能快速施工，占用场地少，其混凝土替代率可达 52%以上，可以大幅度减少水泥、砂石料的消耗，减少对环境的影响，同时钢结构重置利用率高，具有节能减排的独特优势，符合绿色施工、友善环境的建设项目发展方向，其在桥梁结构中应用效果得到了广泛的认同。通过对本工程的研究，以期为同类桥梁结构工程的施工提供参考。

参考文献

[1] 苗春波，范亮．可应急使用的钢-混凝土组合桥快速施工技术[J]. 施工技术，2014(23)：76-78.
[2] 郭群阳．大跨径连续箱梁拼接技术在桥梁施工中的应用[J]. 交通世界：建养，2015(27)：96-97.
[3] 孙楠．桥梁简支箱梁预制拼装施工技术与研究[J]. 科技致富向导，2015(11)：205-205.

太原迎宾桥斜塔施工技术

范荣如　金　鑫　王　坤

（江苏沪宁钢机股份有限公司，宜兴　214231）

摘　要　本文介绍一种新型斜桥塔钢结构制作安装的技术，以期为同类桥梁结构施工提供参考。

关键词　深化设计；斜桥塔；翻转铰轴；卧拼

1　工程概况

随着经济的欣欣向荣，城市在不断扩张发展，而城市的发展离不开对交通的投入。路桥的建设是一个城市的经济大动脉，而一座座桥梁也成为城市的名片。如今各地的地标性桥梁争奇斗艳，有拱形桥、悬索桥、斜拉桥、钢桁架桥等，造型千变万化。本文着眼于一种新型桥塔的设计、加工及安装的新颖性，致力于发掘一些潜在的施工思路及经验。

太原市迎宾桥及立交工程桥梁总长420m，跨度为86＋93＋155＋86m。主桥与汾河河道正交，主桥两侧与东、西路立交相接。太原市迎宾桥主桥桥型采用倾斜独塔空间大角度双索面吊杆空间斜主缆自锚式悬索桥。主桥钢箱梁分左幅与右幅，左右幅采用若干根箱形梁刚性连接成一整体，主桥斜塔焊接于2号墩处箱梁上部，其采用主缆与背索的方式与主桥钢箱梁锚接，中设若干根拉杆将主缆张紧（图1）。主桥钢箱梁两外侧悬挑人行道边箱梁，构造新颖独特，铿锵有力。

图1　迎宾桥成桥效果图

2　桥塔结构概况

主桥共有一个桥塔，桥塔全长114m，重约1430t，桥塔高出桥面约103m，全高107.5m（至梁底），立面倾斜角度22.8°。桥塔主受力结构为六边形，通过外装饰板形成半椭圆截面。塔顶尺寸4312mm×4000mm（顺×横）。主塔底尺寸9817mm×6500mm，顶底截面线型变化。主体斜塔分为塔基柱脚分段、中部分段、顶部张拉分段，其主体受力结构外壁板厚 30mm，顶部张拉分段外壁板厚 40mm，三个锐角处的装饰板板厚 10mm。塔顶设有主缆上锚点和背索上锚点（图 2、图 3）。

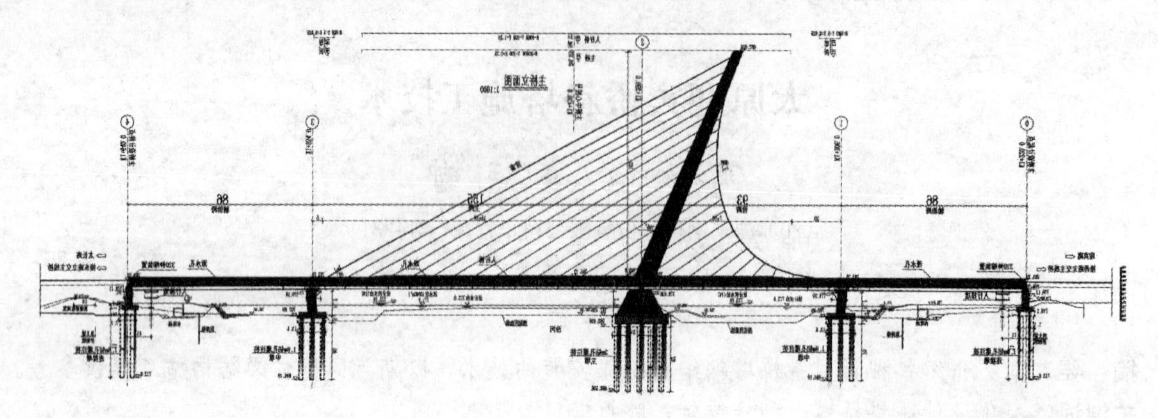

图 2　主桥立面示意图

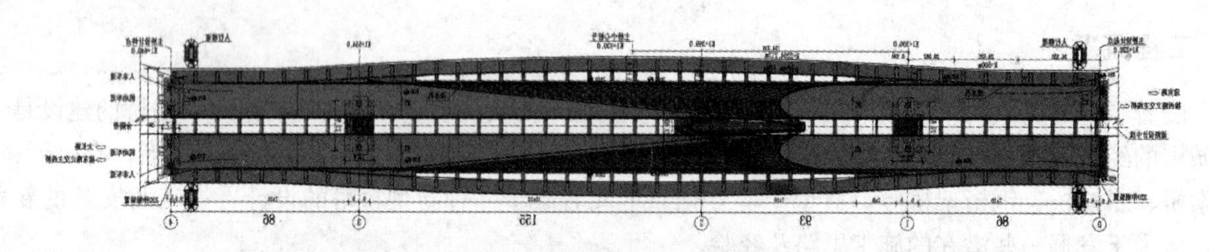

图 3　主桥平面示意图

3　桥塔施工方案的确定

3.1　桥塔的施工过程

主要分为以下五个阶段：

第一阶段：桥塔节段的地面拼装及桥面上的整体组装；

第二阶段：桥塔节段 QTJD2/3 的试转；

第三阶段：安装压杆、锚梁、拉杆、锚索、560t 油缸等工装措施；

第四阶段：桥塔竖转及焊接（图 4）；

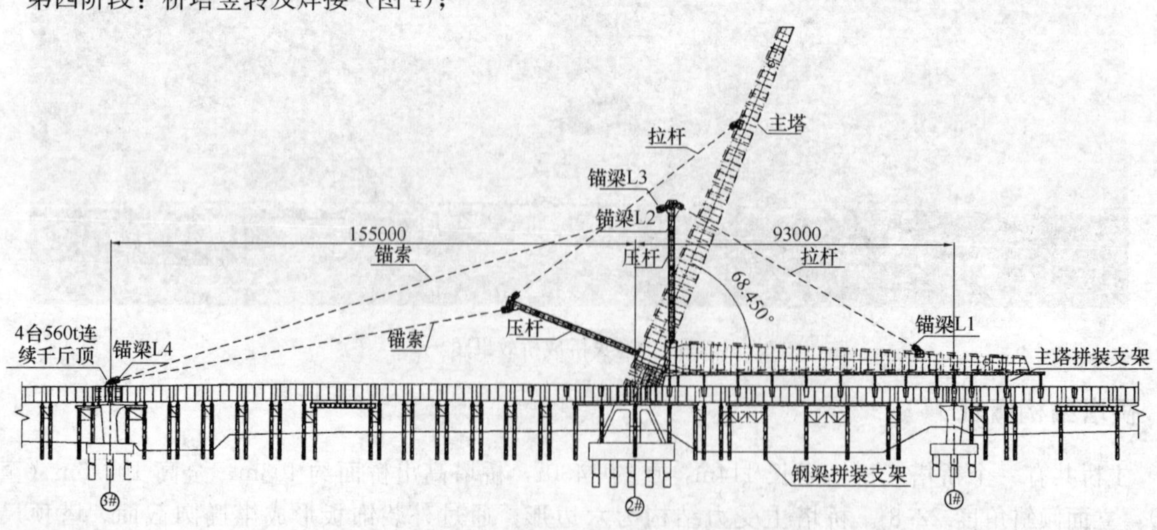

图 4　桥塔竖转总体布置图

第五阶段：桥塔竖转工装措施的拆除。

3.2 主桥斜塔结构构造

由于主桥斜塔呈半椭圆状横断面结构，其横隔板间距 2000mm 一档，外壁板内设纵肋板条，中部设中隔板，分为两个分腔体。

（1）桥塔共分为 17 个节段，编号从下往上依次为 QTJD1/2、QTJD2/3、QTJD4～QTJD17、QTJD18/19。其中，桥塔 QTJD1/2 为固结段，QTJD2/3～QTJD18/19 为需竖转的部分。

（2）桥塔节段 QTJD4～QTJD17 在工厂内制成板单元发至现场，由现场在地面胎架上将其拼装成相应的桥塔节段（拼装时采用连续匹配组装）。

（3）QTJD1/2、QTJD2/3、QTJD18/19 内部结构较复杂，选择工厂分块制作及发运的方式进行施工。其中，QTJD1/2、QTJD2/3 各分为 6 个分块，QTJD18/19 分为 3 个分块（图 5～图 7）。

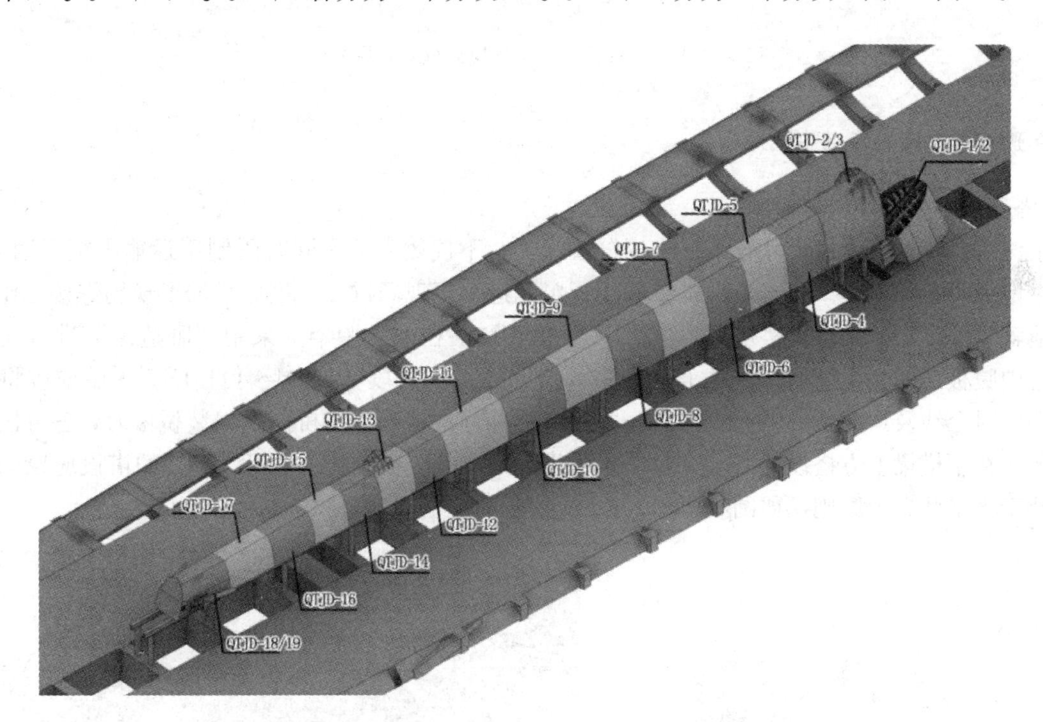

图 5 桥塔节段编号示意图

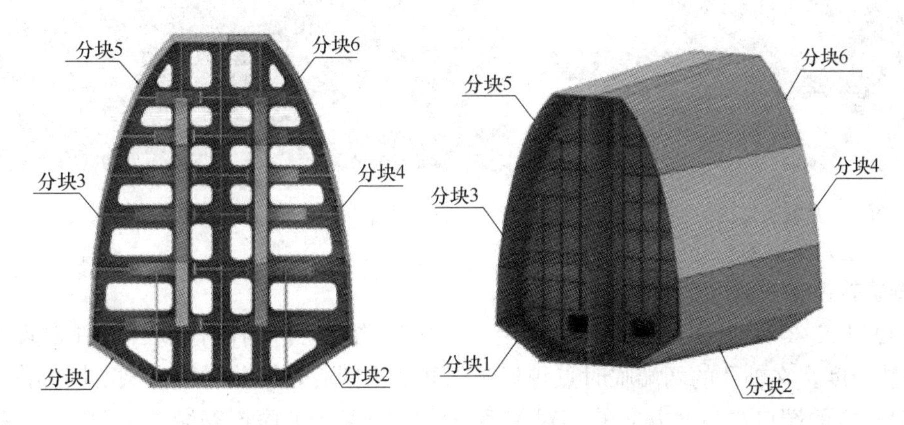

图 6 QTJD1/2、QTJD2/3 分块划分示意图

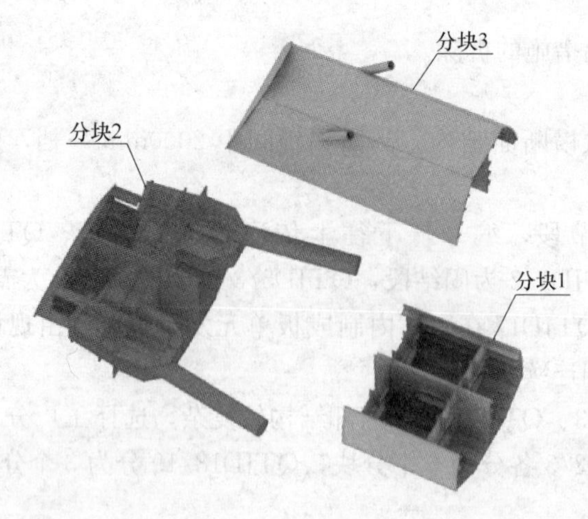

图 7 QTJD18/19 分块划分示意图

4 桥塔现场施工工序安排

4.1 主塔节段现场拼装

由于该桥塔各节段运输尺寸较大，采用分段运输，不仅效率低，同时受制于运输限宽等因素影响，也无形中增加了运输成本。故本工程拼装采用板单元运输至现场拼装，虽然增加了现场焊接工作量，但是极大地解决了运输的困难。桥塔节段 QTJD4～QTJD17 在地面胎架上采用“卧造法”进行连续匹配组装，且中腹板单元有板肋的一侧朝上，如图 8 所示。桥塔节段 QTJD4～QTJD17 脱胎前应将相邻分段间的端口对合线及顶底板的中心线弹出，并敲上样冲标记，确保在桥面上组装桥塔时，各分段能在同一直线上。在中横梁上方搭设桥塔 QTJD2/3～QTJD18/19 的整体组装胎架，胎架的搭设应以确保桥塔中心线处于水平状态为原则，如图 9 所示。

图 8 现场胎位拼装

图 9 塔基柱脚分段与主横梁的焊接

4.2 主塔柱脚翻转铰轴安装

桥塔节段 QTJD1/2 和 QTJD2/3 对接处的上、下转铰均在工厂内制作成合拢件发现场，为保证下转铰轴心的安装精度，在轴孔的两端临时点焊板条，并找出圆心，安装时确保圆心同标高，同时还应保证轴心与 QTJD1/2 的端口在高度方向的相对关系。转铰的安装工序：安装 QTJD1→安装 QTJD2→借助卡码将 QTJD2 与 QTJD1 连接牢固→安装下转铰（下转铰与 QTJD1 间仅定位焊）→安装上转铰并穿入假轴（上转铰与 QTJD2 间仅定位焊）→正式焊接→焊缝无损检测→拆假轴换真轴，具体流程如图 10～图 13 所示。

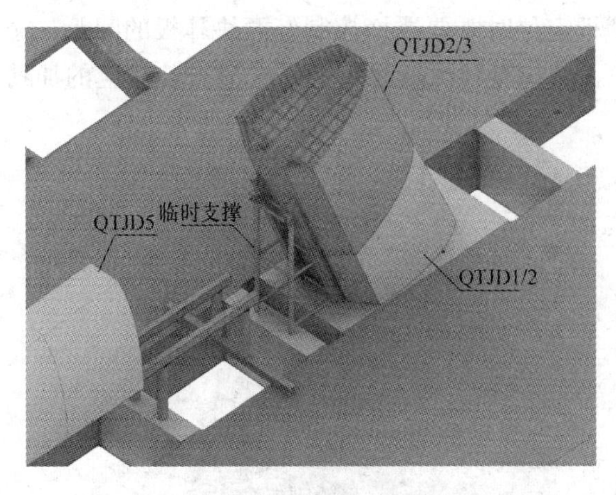

图 10 塔基 QTJD1/2、QTJD2/3 阶段试对接

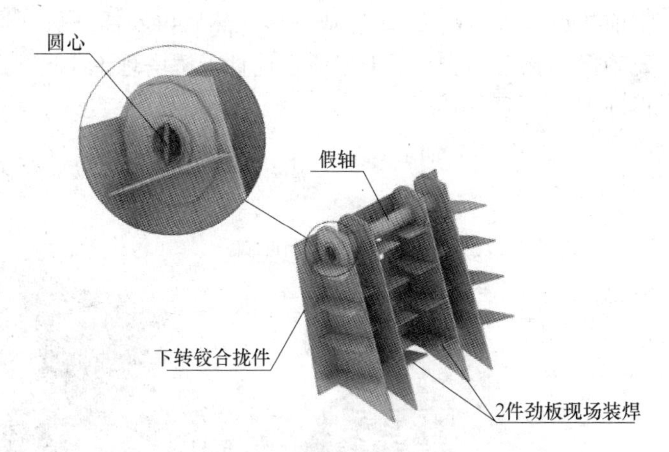

图 11 同心铰轴下转铰

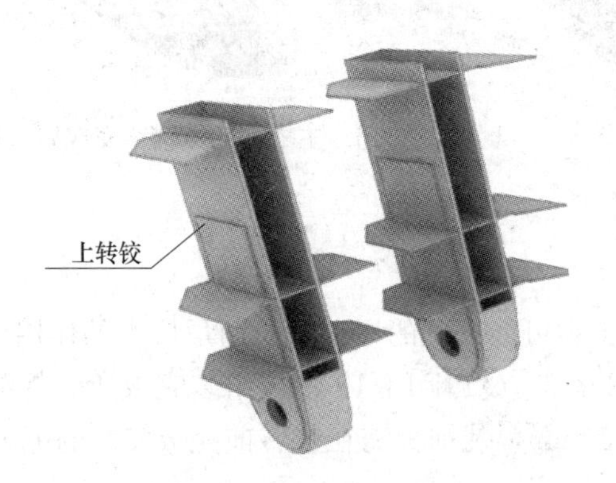

图 12 同心铰轴上转铰

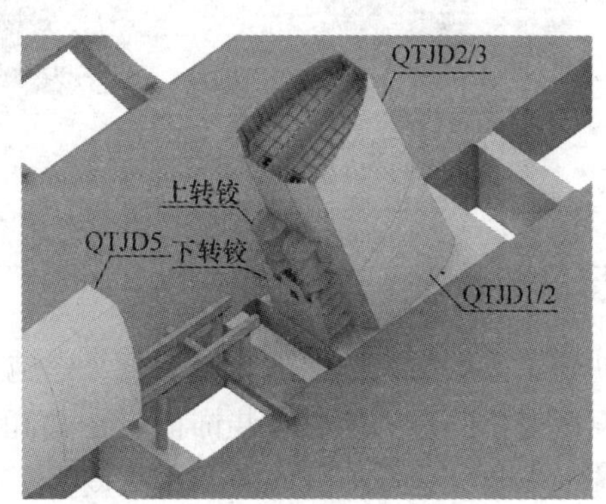

图 13 同心铰轴安装就位

QTJD2/3 试转时需借助 1 台 450t 履带吊和 1 台 400t 履带吊共同作业，为避免两台吊机相碰，选择在 QTJD2/3 和吊钩之间设置一道扁担梁，两台吊机各拎着扁担梁的一端，扁担梁的中部与 QTJD2/3 间通过两根钢丝绳相连，如图 14 所示。

图 14 同心铰轴预先试转校核

4.3 主塔节段前扣点安装

为便于安装前扣点耳板，QTJD13 卧拼时先不安装耳板，待 QTJD13 摆正后（中腹板垂直于大地）再将耳板垂直放入 QTJD13 顶板预留的槽口。因前扣点耳板与锚梁 L1 间仅有 4mm 的配合间隙，故先

将前扣点耳板与锚梁 L1 组成一体，然后再安插耳板（耳板定位时既要严格控制好两块耳板的间距，又要确保轴孔中心线平行于大地且垂直于桥塔理论中心线），前扣点耳板最终定位完成后安装相应的加劲板（图 15、图 16）。

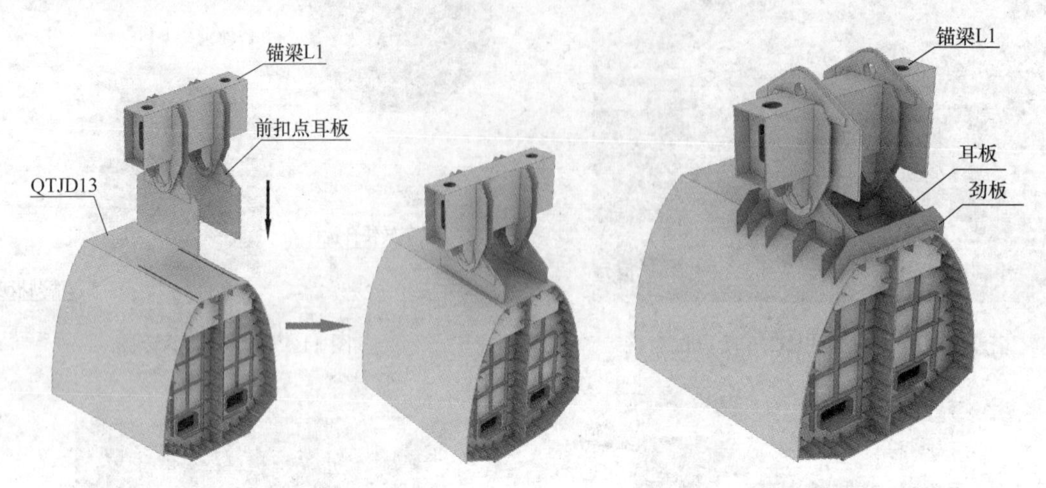

图 15 主塔前扣点锚梁构造一　　图 16 主塔前扣点锚梁完成后

5 实际现场吊装概况

根据前期施工方案预先模拟试转，综合考虑施工中可能碰到的风荷载及阻尼应力的作用，以及现场周围环境及温度变化的影响，桥塔装饰板应在 QTJD2/3～QTJD18/19 整体组装完成所有焊缝的无损检测工作后再统一安装，装饰板分段的基本长度为 7950mm，装饰板需在竖转前完成安装的范围如图 17～图 22 所示，并按照由下而上的顺序依次进行安装。

图 17 塔基 QTJD1/2、QTJD2/3 阶段试对接

图 18 主塔翻转就绪后铰轴部分

图 19 主塔翻转过程中

图 20 主塔后锚点张拉部位

图 21　主塔即将翻转到位时

图 22　主塔成桥后

桥塔翻转时，为减缓翻转过程中受风荷载影响的阻尼效应，在两侧增设风撑装置。

6　结语

迎宾桥项目以“龙腾云霄”为设计主题，诠释了龙城太原几千年的历史文化，彰显太原经济腾飞的时代特点。主桥桥型采用斜塔空间大角度双索面吊杆空间斜主缆自锚式悬索桥，其独特结构体系犹如龙骧云起，具有蓄势待发、龙腾云霄之势。整个桥塔翻转方案新颖，独立压杆组成的翻转系统，对于加工制作精度、施工工序的合理安排具有极大的挑战。鉴于此桥的成功翻转，为后期类似其他项目积累宝贵的经验。

CO_2气体保护焊在钢结构桥梁焊接中的应用

崔少光

北京市市政一建设工程有限责任公司

摘　要　通过对CO_2气体保护焊焊接工艺进行分析，可有效减少焊接缺陷的出现。以太原五一路改造工程府东街跨线桥钢结构桥梁为例，完善CO_2气体保护焊在钢结构桥梁焊接中的应用，使其在城市立交桥、轻轨钢结构桥梁领域的应用越来越广泛。

关键词　CO_2气体保护焊；焊接工艺；焊接缺陷 ；钢结构桥梁

0　引言

目前，城市的快速道路、联络线道路、轻轨都不可避免地与既有道路、铁路、河流形成立体交叉。近年为促进城市发展，加快经济建设，很多城市兴建联络线或交通干线。钢结构桥梁由于自重轻、建设周期短、适应性强、造型美观、维护方便等优点，被越来越广泛的应用于城市立交桥、轻轨建设中。在钢结构桥梁建造中，CO_2气体保护焊由于其生产效率高、焊接变形小、焊接操作简单方便、焊缝成型好等优点在实际工程中被广泛的应用。

1　CO_2 气体保护焊特点

1.1　CO_2 气体保护焊优点

1）生产效率高。CO_2 气体保护焊的生产效率比焊条电弧焊高 2～3 倍。

2）CO_2 气体的价格便宜，对油、锈的敏感度较低，焊件清理要求不高，降低了焊接成本。

3）焊缝中含氢量少，提高了低合金高强度钢抗冷裂纹力。

4）操作简单，焊缝成形良好，焊接变形小，加上可获得无内部缺陷的高质量焊接接头。

5）适合自动焊和全方位焊接。

1.2　CO_2 气体保护焊缺点

1）焊接过程飞溅较多，焊缝外形较为粗糙，特别是当焊接参数不匹配时，飞溅就更为严重。

2）不能焊接易氧化的金属材料，且不适合在有风的地方施焊。

3）焊接过程弧光较强，尤其是采用大电流焊接时，电弧的辐射较强，故要特别重视对操作者的劳动保护。

2　CO_2 气体保护焊钢桥梁焊接工艺

2.1　焊前准备：包括坡口设计、坡口加工与清理、定位焊、焊接工艺评定试验等。

（1）坡口设计

1）CO_2 气体保护焊采用细颗粒过渡时，电弧穿透力较大，熔深较大，容易烧穿焊件，所以对装配质量要求严格。坡口开得要小一些，钝边适当大些，对间隙不能超过 2mm。如果用直径 1.2mm 的焊丝钝边可留 4～6mm，坡口角度可减小到 45°左右。板厚在 12mm 以下开 I 形坡口；大于 12mm 的板材可以开较小的坡口。但是，坡口角度过小易形成“梨”形熔深，在焊缝中心可能产生裂纹。尤其在焊接厚板时，由于拘束应力大，这种倾向更大，必须十分注意。

2）CO_2 气体保护焊采用短路过渡时熔深浅，不能按细颗粒过渡方法设计坡口。通常允许较小的钝边，甚至可以不留钝边。又因为这时的熔池较小，熔化金属温度低、黏度大，搭桥性良好，所以间隙大些会烧穿。

（2）坡口加工方法与清理

1）坡口加工方法主要有机械加工、气割和碳弧气刨等。

2）定位焊之前应将待焊部位及两侧 10～20mm 油污、锈迹等污物，并在焊件表面涂上一层飞溅防粘剂，在喷嘴上涂一层喷嘴防堵剂。焊厚板时，氧化皮能影响电弧稳定性、影响焊缝成形和生成气孔。

（3）定位焊

1）定位焊是为了防止变形和维持预先的坡口而先进行的点固焊。定位焊易生成气孔和夹渣。也是随后进行 CO_2 气体保护焊时产生气孔和夹渣的主要原因，所以必须认真地焊接定位焊缝。如果渣清除不净，会引起电弧不稳和产生缺陷。

2）定位焊缝的长度和间距，应根据焊件厚度决定。薄板的定位焊缝应细而短，长度为 15～50mm，间距为 30～150mm，中厚板的定位焊缝间距可达 100～150mm。为增加定位焊缝的焊接深度，应适当增大定位焊缝及其长度，一般为 15～50mm 长。

3）定位焊的焊缝厚度不要小于焊缝设计厚度的 2/3。

2.2 焊接参数的选择

最佳的焊接参数的选择应达到焊接过程稳定，飞溅最小，焊缝成形良好，无焊接缺陷，并具有最高的生产率。CO_2 气体保护焊的焊接参数主要包括焊丝直径、焊接电流、电弧电压、焊接速度、焊丝干伸长度、电流极性和气体流量等。

（1）焊丝直径的选择

对于钢板厚度为 1～4mm 时，应采用直径为 0.6～1.2mm 的焊丝；当钢板厚度大于 4mm 时，应采用直径大于或等于 1.2mm 的焊丝。在电流相同时，熔深将随焊丝直径的减少而增加，焊丝越细，则焊丝熔化速度越高。

（2）焊接电流的选择

1）在保证母材焊透又不致烧穿的原则下，应根据母材厚度，接头形式焊接位置及焊丝直径正确选用焊接电流。

2）焊接电流是确定熔深的主要因素。随着电流的增加，熔深和熔敷度都要增加，熔宽也略有增加。

3）送丝速度越快，焊接电流越大，基本上是正比关系。

4）焊接电流过大时，会造成熔池过大，焊缝成形不好。

（3）电弧电压的选择

为获得良好的工艺性能，应选择最佳的电弧电压，该值是一个很窄的电压区间，一般仅为 1～2V 左右。最佳的电弧电压与电流的大小，位置等因素有关。

当电流≥300A 时×0.04＋20±2＝电压

当电流≤300A 时×0.05＋16±2＝电压

1）随电弧电压的增加，熔宽明显增加，而余高和熔深略有减少，焊缝机械性能有所降低。

2）电弧电压过高，会产生焊缝气孔和增加飞溅。电弧电压过低，焊丝将插入熔池，电弧不稳，影响焊缝形成。

（4）焊接速度的选择

1）焊接速度过高，会破坏气体保护效果，焊缝成形不良，焊缝冷却过快，导致降低焊缝塑性，韧性。焊接速度过低易使焊缝烧穿，形成粗大焊缝组织。

2）半自动焊接时，焊接速度一般不超过30m/h。

（5）焊丝伸出长度的选择

1）焊丝伸出长度与焊丝直径，焊接电流及焊接电压有关。

2）焊丝伸出长度增加，将降低焊接电流，减少熔深，增加焊缝宽度。

3）焊丝伸出长度过长时，容易形成未焊透，未熔合，增加飞溅，削弱保护，形成气孔。焊丝伸出长度过短时，会妨碍对熔池的观察，喷嘴易被飞溅堵塞，影响保护形成气孔。

4）焊丝伸出长度为焊丝的10～15倍。为减少飞溅，尽量使焊丝伸出长度少些，但随焊接电流的增大，其伸出长度应适当增加。

（6）电流极性的选择

CO_2气体保护焊主要采用直流反接法。其优点飞溅小，电弧稳定，焊缝成形好，熔深大，焊缝金属含氢量低。

（7）气体流量的选择

1）气体流量直接影响气体保护效果。气体流量过小时，焊缝易产生气孔等缺陷，气体流量过大时，不仅浪费气体，而且焊缝由于氧化性增强而形成氧化皮，降低焊缝质量。

2）气体流量应根据焊接电流，焊接速度，焊丝伸出长度，喷嘴直径，焊接位置等因素考虑。当焊接电流越大，焊接速度越快，焊丝伸出长度较长，喷嘴直径增大，室外焊接及仰焊位置时，应采用较大的气体流量。

3）当焊丝直径小于或等于1.2mm时，气体流量一般为6～15L/min；焊丝直径大于1.2mm时，气体流量应取15～25L/min。

2.3 焊接工艺评定试验

1）工程开工前，按照设计图纸和规范要求进行焊接工艺评定试验，试验满足要求再进行正式焊接作业，并且编制焊接工艺评定指导书。

2）焊接工艺评定试验报告内容：试板焊接位置、坡口尺寸、焊接顺序、焊接工艺参数、焊接设备和人员、超声波探伤检测、焊接接头力学性能试验（拉伸试验、弯曲试验、冲击试验、硬度值）。

3 CO_2气体保护焊在钢结构桥梁焊接中常见缺陷

3.1 焊道外观缺陷

焊道外观缺陷往往是由于焊接条件不适当或焊枪操作不当所引起的从工件表面就可以发现的缺陷。

1）焊道成形不良：指焊缝的外观几何尺寸不符合设计规范要求。有焊缝超高、表面不光滑以及焊缝过宽、焊缝向母材过渡不圆滑等。其原因是：焊接用电缆弯曲过多；焊丝伸出长度较大；焊接坡口清理不干净；气体质量不佳及流量不当等。

2）未焊满：填充金属不足是产生未焊满的根本原因。未焊满同样削弱了焊缝，容易产生应力集中；同时容易带来气孔、裂纹等。产生的原因为：焊接电弧电压较低；焊接电流较小；焊接摆动幅度较小；焊道层数少；焊枪指向及角度不正确等。

3）未熔透：焊缝没有熔透是严重的焊接缺陷，它削弱焊接连接的强度可达60%～80%。通常造成没有焊透的原因是：焊工技术差；坡口的斜度不够；组对缝隙太小；坡口的纯边留得太厚或太薄或两边厚薄不一致；施焊时速度太快或焊接电流过小；焊接前焊缝没有清理干净，如有锈、有渣子或气割残留物等没有清干净，使母材的边缘熔化不良；操作时焊枪指向不对，以致熔池偏向母材的一边等。

4）烧穿：焊接电流过大，速度太慢，电弧在焊缝处停留过久，都会产生烧穿缺陷。工件间隙太大，在焊缝背面未加设垫板或药垫；钝边太小也容易出现烧穿现象。烧穿是不允许存在的缺陷，它完全破坏了焊缝的承载能力。

5）咬边：焊接时焊接速度快；电流、电压过高；焊缝空间位置不合适造成熔化金属分布不均；焊枪与工件间角度不正确；摆动不合理；焊接次序不合理等。咬边是焊缝的外部缺陷，在检查时肉眼就可以发现。咬边现象会削弱母材断面积并形成局部应力集中，造成构件受力时破坏。

6）焊瘤：因焊接时电流、电压选择不当；焊接速度较慢；焊丝伸出过长；焊道及其两侧清理不干净产生的。较容易发生在立焊或仰焊时。

3.2 气孔

气孔减少了焊缝的有效截面积，使焊缝疏松，从而降低了接头的强度，降低塑性，还会引起泄漏。气孔也是引起应力集中的因素。产生气孔的原因有焊丝选择不当，焊丝上附着有锈、水分、油污等；母材污染，坡口两侧有油、锈、涂料、水分、氧化皮等；CO_2 气体质量不佳，气体纯度不应低于 99.9%；防风措施不当，受风的影响，保护气体流量过小；喷嘴内壁飞溅附着过多，影响保护效果，喷嘴内壁未涂敷防飞溅剂；喷嘴与工件间距过大，空气容易侵入，应不得超过 25mm；CO_2 气体流量太小，不足以保护焊接区。

3.3 裂纹

焊接区的裂纹是最危险的焊接缺陷。焊接裂纹通常分为冷裂纹和热裂纹两大类。

(1) 热裂纹：焊接速度过快，冷却速度增大，会增加结晶裂纹的出现机会；另外，焊接电流过大、坡口角度过小、根部间隙过大、焊接顺序不当也容易产生热裂纹。

(2) 冷裂纹：主要与接头内的拉应力、焊接区的含氢量、材料的硬化组织有关。焊接时，焊接材料与母材的选择匹配不当；未根据母材的成分及特性采取有效的焊前预热焊后加热保温措施；构件的焊接顺序不当；母材坡口及焊丝的油、锈及气体中的水分清理不当；空气中的水分混入焊接区等容易产生冷裂纹。在所有的裂纹中，冷裂纹的危害性最大。

4 CO_2 气体保护焊在钢结构桥梁焊接的实例

4.1 工程情况介绍

太原五一路府东街跨线桥位于五一路与府东街十字交叉口南北两侧，横跨府东街。该桥为四联钢结构箱梁，桥梁跨度分别为 3×33.5m、3×33.5m、40m+60m+40m、30m，桥梁全长 371m，桥宽 17m，梁高 1.5～2.7m，桥墩为钢墩柱，重 3100t。钢梁材质 Q345qD。为全焊接形式的闭口单箱五室连续钢箱梁，焊接板厚为 10～25mm 的中厚板，腹板与顶板、底板为全熔透对接与角接组合焊缝，质量等级一级，100%的超声波无损检测和 10%的射线无损检测。复杂的钢梁结构设计对焊接质量要求高，焊接工程量大、紧张的工期计划也对焊接效率提出了很高的要求。钢梁剖面图如图 1 所示。

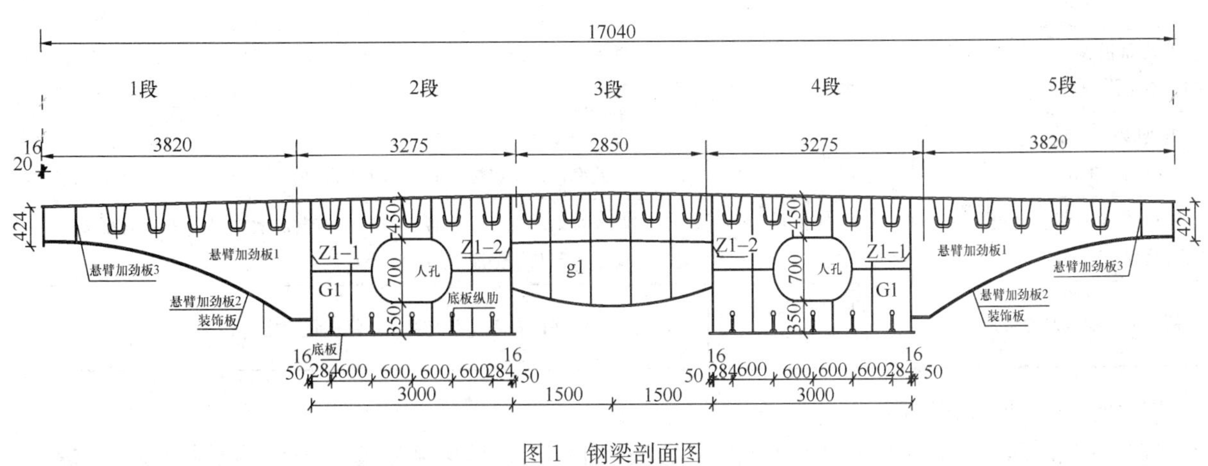

图 1 钢梁剖面图

4.2 CO_2 气体保护焊对本工程的适用性

本工程中主要角焊缝的全熔透焊接及现场安装焊接是焊接工序的难点。

1）由于CO_2气体保护焊焊接质量好，焊缝含氢量少，焊接机械性能好，且电弧热量集中，焊接构件受热面积小，适合本工程结构复杂，对安装精度要求高的焊接任务。

2）焊接效率高，适用本工程焊接工程量大、工期紧张的特点。钢梁总用钢量约3100t，且连接形式隔板单元体、腹板与翼板倒丁字组合体，面板与纵肋、U肋组合体等结构全焊接连接。CO_2气体保护焊焊接电流密度大，焊丝熔化率高，可连续进行焊接作业，因此其焊接效率是手工焊接的2～3倍，可有效节约现场施工工期，确保工程的顺利完工。

3）CO_2气体保护焊具有方便灵活、操作简单、可进行全位置焊接的优点，极为方便地满足了钢梁焊接过程多样性的特点。比如，可同时满足钢梁现场的对接焊缝横焊与立焊等多种焊缝和焊接方式。钢梁现场安装剖面图如图2所示。

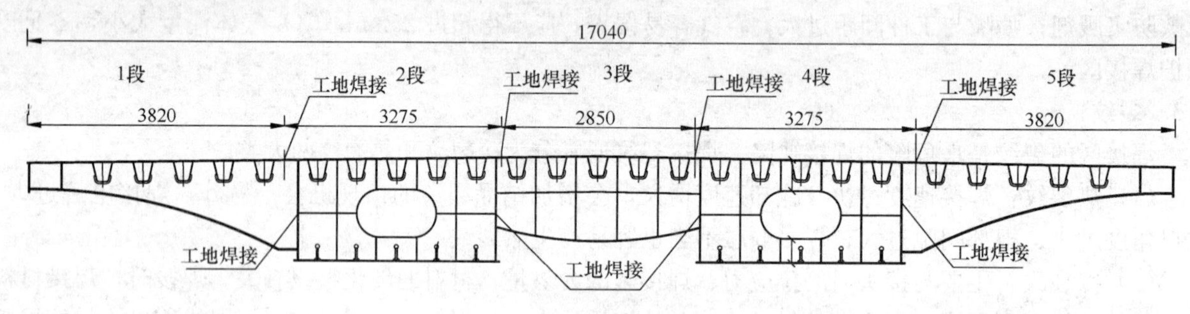

图2 钢梁现场安装剖面图

4.3 钢桥梁焊接工艺

1）焊接方法及焊接工位

据太原五一路府东街跨线桥钢梁的结构形式和设计要求，考虑现场施工的实际情况及工效等因素，整理归纳出各部位的接头形式。主要接头部位所采用焊接方法及焊接工位见表1。

主要部位的焊接方法及焊接工位 **表1**

接头部位	焊接方法及工位	原因
钢梁面板、底板、腹板的对接焊缝	CO_2气体保护焊，埋弧自动焊平位焊	采用热输入相对较小的CO_2气体保护焊进行打底焊接，有利于控制焊接变形，埋弧自动焊盖面，表面成型美观，焊接生产效率高
钢梁隔板与腹板、腹板竖肋与腹板的角焊缝	CO_2气体保护焊立焊角焊	中间无其他阻碍，焊接工位较好，表面成型美观，焊缝质量稳定
钢梁面板、底板与腹板部位的熔透角焊缝	CO_2气体保护焊平角焊	因熔透焊缝的填充量很大，采用热输入相对较小的CO_2气体保护焊进行焊接，有利于控制焊接收缩及变形，也能保证熔透的要求
钢梁隔板、面板与U肋、面板与纵向肋板角焊缝	CO_2气体保护焊船型焊	此类焊缝较长，在反变形胎架上采用角焊小车CO_2半自动焊接能有效地提高生产效率，控制焊接变形，焊接工位好，表面成型美观，焊缝无缺陷
钢梁现场面板、底板、腹板的对接焊缝	CO_2气体保护焊平位焊	采用陶瓷衬垫，单面焊双面成型，焊接生产效率高，表面成型美观，焊缝质量稳定，有利于保证工期进度要求
钢梁现场隔板与腹板角焊缝	CO_2气体保护焊，平位焊	焊接工位较好，表面成型美观，焊缝质量稳定

2）钢桥梁主要焊接顺序

焊接面板与腹板通长角焊缝（在上胎前的腹板倒丁字组装焊接时完成）—焊接隔板与腹板立焊缝—焊接腹板竖肋与腹板的立焊缝—焊接隔板与底板角焊缝—焊接底板纵向肋板焊缝—焊接箱内腹板与底板的通长角焊缝—焊接箱外通长角焊缝—焊接其他板件焊缝。

3）焊前检查：选用的焊材强度和母材强度应相符，焊机种类、极性与焊材的焊接要求相匹配。焊接部位的组装和表面清理的质量，如不符合要求，应修磨补焊合格后方能施焊。认真清除坡口内和垫于坡口背部的衬板表面油污、锈蚀、氧化皮，水泥灰渣等杂物。

4）定位焊：应距设计焊缝端部 30mm 以上，焊缝长应为 50～100mm，间距为 400～600mm，定位焊缝的焊角尺寸不得大于设计焊角尺寸的 1/2（一般不大于 4mm）。

5）引弧板：引弧板其材质应和被焊母材相同，坡口型式应与被焊焊缝相同，禁止使用其他材质的材料充当引弧板、引出板和垫板。焊接完成后，应用火焰切割去除引弧板和引出板，并修磨平整，不得用锤击落。

6）多层多道焊接：采取多层多道焊接应注意施焊的连续性，控制合适的层间温度能降低焊接接头的冷却速度，有利于焊缝中氢的逸出，有效减小焊接残余应力，避免焊接裂纹的产生。

4.4 钢结构桥梁焊接参数

1）本工程焊接板厚在 10～25mm 之间，在焊丝及焊丝直径选择过程中结合原材化学成分分析报告、焊接工艺评定检验报告并按照等强匹配与等韧性匹配的原则，结合焊接设备输出功率，确定使用的焊丝型号为 ER50-6，焊丝材料 H08Mn2SiA，焊丝直径为 ϕ1.2mm。

2）焊机采用直流反接的接入方式，即构件为阴极，焊丝为阳极。

3）焊接电流大小主要由焊接板厚，焊丝直径，坡口形式等确定。电弧电压会直接影响到焊接过程的稳定，对焊缝的质量和力学性能有很大的影响。因此在选择焊接参数的时候，一定要做到焊接电流与电弧电压的相匹配。

4）CO_2 气体保护焊平焊参数见表 2。

CO_2 气体保护焊平焊参数表 **表 2**

材质	接头	焊接参数
Q345qD	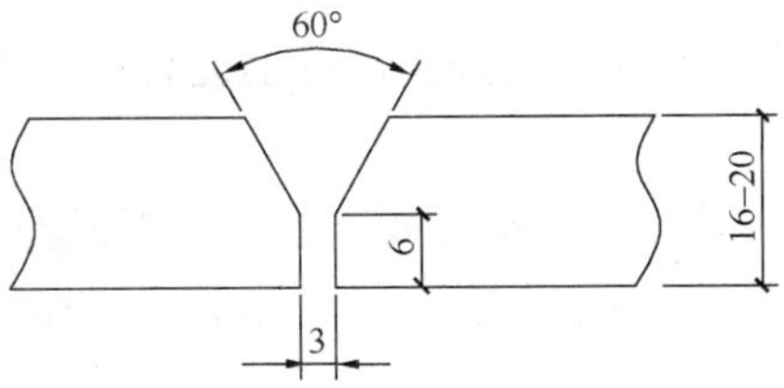 60°；16~20；6；3	焊丝牌号：H08Mn2SiA（ϕ1.2） 焊接参数：电流 300～350A 电压 34～36V 速度 16～21m/h
Q345qD	55；16~20；8~10	焊丝牌号：H08Mn2SiA（ϕ1.2） 焊接参数：电流 300～340A 电压 33～35V 速度 16～21m/h

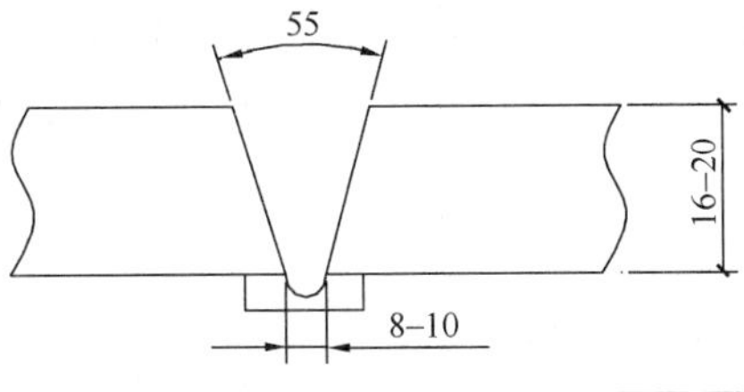

5）CO_2 气体保护焊角焊参数见表 3。

CO_2 气体保护角焊参数表 **表 3**

材质	接头	焊接工艺参数
Q345qD	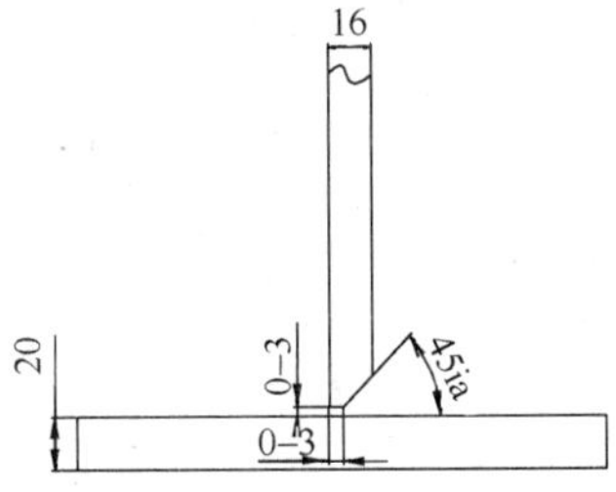 16；20；0~3；45°；0~3	焊丝牌号：H08Mn2SiA（ϕ1.2） 焊接参数：电流 280～310A 电压 28～30V 速度 15～20m/h

续表

材质	接头	焊接工艺参数
Q345qD	16 20 0~3 0~3 45	焊丝牌号：H08Mn2SiA（ϕ1.2） 焊接参数：电流 280~310A 电压 28~30V 速度 15~20m/h
		焊丝牌号：H08Mn2SiA（ϕ1.2） 焊接参数：电流 300~330A 电压 30~34V 速度 20~25m/h 立焊各降 10％

4.5 钢结构桥梁焊接缺陷质量控制

1）焊工必须经考试合格并取得合格证书，持证焊工必须在其考试合格项目及其认可范围内施焊。

2）焊接施工前应进行焊接工艺评定，并应根据评定报告确定焊接工艺，并编制焊接工艺指导书。

3）由质检员进行 100％的外观检查，不得有裂纹、气孔、未填满弧坑和焊瘤等缺陷，而后对焊缝进行 100％的超声波无损检测和 10％的射线无损检测。

5 结语

1）CO_2 气体保护焊焊接性能良好，是一种高效的焊接方法，对于提高焊接生产率发挥着重要的作用，可广泛用于钢结构的焊接。

2）CO_2 气体保护焊焊接工艺要求严格，施焊可以采取对坡口形式、焊缝位置、焊接参数的控制，可以避免焊接过程中会产生一些焊接缺陷，需要我们去完善 CO_2 气体保护焊焊接工艺，使其更好地满足生产需要。

3）CO_2 气体保护焊在焊接实践中，确保了焊接质量，满足了桥梁的整体造型要求取得了良好的效果，为企业带来了不小的经济效益，值得进一步在钢结构桥梁的焊接施工中推广应用。

参考文献

[1] 钢结构焊接规范 GB 50661—2011[S]. 北京：中国建筑工业出版社，2012.
[2] 二氧化碳气体保护焊工艺规程 JB/T 9186—1999[S]. 北京：机械工业出版社，2000.
[3] 方洪渊．焊接结构学[M]. 北京：机械工业出版社，2008.
[4] 陈伯蠡．焊接工程缺陷分析与对策(第 2 版)[M]. 北京：机械工业出版社，2006.

郑州市常庄干渠高架桥波形钢腹板PC组合梁顶推法施工关键技术研究与应用

何　斌　王宝兵　韩亚军

（中国水利水电第十一工程局有限公司，郑州　450001）

摘　要　陇海路常庄干渠高架桥是国内第一座采用顶推法施工的波形钢腹板PC组合箱梁，桥梁全长940m，分为两联布置，跨径组合为（9×50m）＋（9×50＋40m）。根据现场地形条件及施工特点，本桥采用多点连续顶推法施工工艺。本文重点介绍了波形钢腹板PC组合梁顶推施工的特点，以及相关关键技术的研究与应用等。

关键词　波形钢腹板PC组合梁；顶推法施工；关键技术；研究与应用

波形钢腹板PC组合梁近年来在国内得到迅速的发展，其施工工法也日渐丰富与成熟。目前，国内已有几十座波形钢腹板PC组合梁桥，其中多以悬臂挂篮施工和支架现浇为主。常庄干渠高架桥作为国内第一座采用顶推法施工的波形钢腹板PC组合梁桥，腹板为斜腹板结构，并首次使用波形钢腹板作为顶推导梁的主体结构，通对波形钢腹板PC组合梁桥顶推施工关键技术进行研究与应用，具有很好的工程科技和应用价值。

1　工程概况和施工特点

1.1　工程概况

陇海路高架常庄干渠高架桥位于郑州市的西南角，主要跨越常庄水库泄洪干渠，桥梁全长940m，分两联布置，跨径组合为（9×50m）＋（9×50＋40m），为两幅分离式设置，两幅之间设20mm分隔缝。上部结构采用波形钢腹板预应力混凝土箱梁结构，下部结构为薄壁花瓶式空心墩，墩高普遍在15～20m间，最大墩高30.5m，基础为ϕ1.5m钻孔灌注桩。单幅断面采用单箱单室斜腹板截面，腹板倾斜角度为75度，顶板宽度为12.75m，底板宽度为6.0m。截面顶缘采用双向2.0%横坡，梁底水平布置，箱室中心线处梁高3.5m，箱梁顶板悬臂长度3.2m，内室宽度6.35m，顶板悬臂端部厚0.2m，根部厚0.55m；顶板一般厚度均为0.3m，底板一般厚度为0.25m，支点横梁处加厚至0.55m。

箱梁端横梁宽1.8m，中横梁宽2.2m，横梁上设0.75×1.2m人洞，箱梁沿顺桥向在每跨均设置3道隔板，以加强主梁的抗扭刚度；横隔板厚0.35m，转向块局部加厚到0.75m，在靠近支点处的波形钢腹板侧面设置内衬混凝土，内衬段长度为2.9m和3.2m两种类型，内衬段端部厚0.3m，根部厚0.6m（图1）。

主梁永久预应力采用体内、体外预应力混合配置方式。体内束规格采用YM15-9、YM15-12，锚下控制应力（扣除锚圈口损失后）采用1302MPa；体外束采用YM15-27低松弛环氧涂覆无粘结成品索；锚下控制应力（扣除锚圈口损失后）采用1150MPa（图2、图3）。

波形钢腹板采用BCSW1600型，材质采用Q345qc。波形板水平幅宽430mm、斜幅水平方向长370mm、波高220mm。钢板厚度采用t=16mm、t=20、t=24mm三种，t=16mm适用于跨中常规节段，t=20mm适用于支点处钢腹板节段（节段长10m）及导梁前端节段；t=24mm适用于导梁根部节

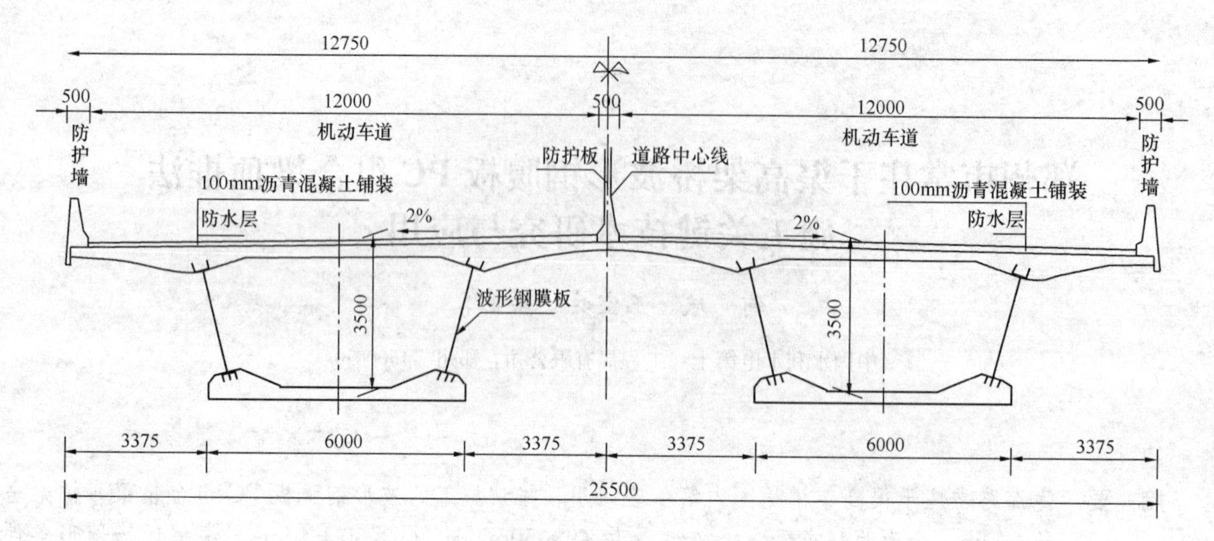

图 1　波形钢腹板 PC 组合梁箱梁断面布置图

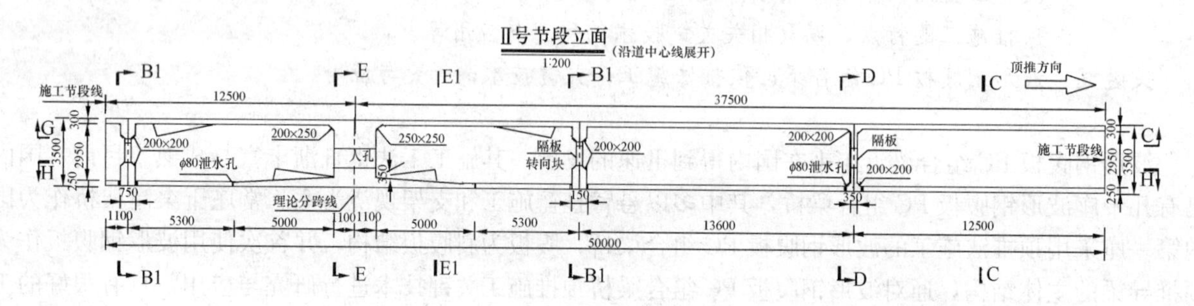

图 2　波形钢腹板 PC 组合箱梁立面图

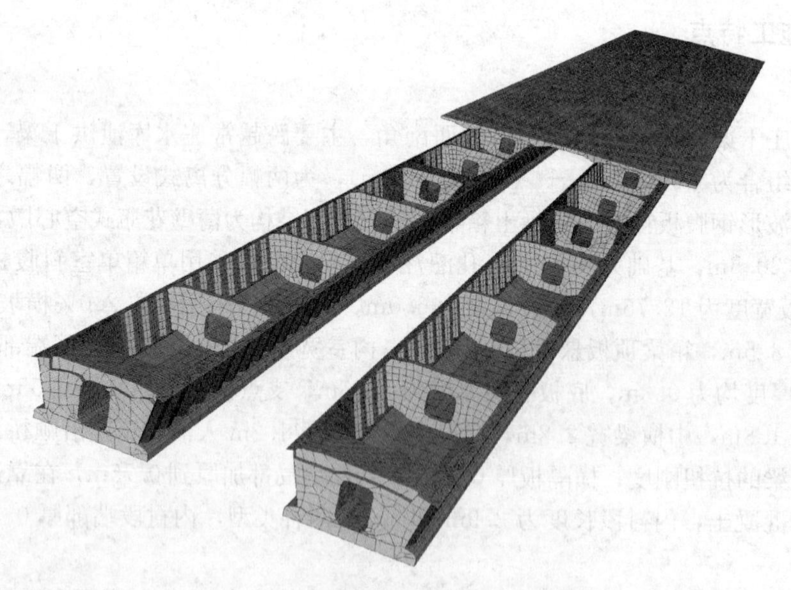

图 3　波形钢腹板 PC 组合箱梁模型图

段。波形钢腹板节段间纵向连接采用贴角焊搭接连接方式，使用螺栓临时固定（图 4）。

波形钢腹板与混凝土顶板采用 Twin-PBL 方式连接，其中除导梁段翼缘钢板厚 20mm 外其余一般节段翼缘钢板采用 16mm，翼缘宽度均采用 450mm；开孔钢板厚 16mm；开 ϕ60mm 长圆孔，顺桥向孔间距 150mm，高度为 200mm，贯穿钢筋 ϕ25。

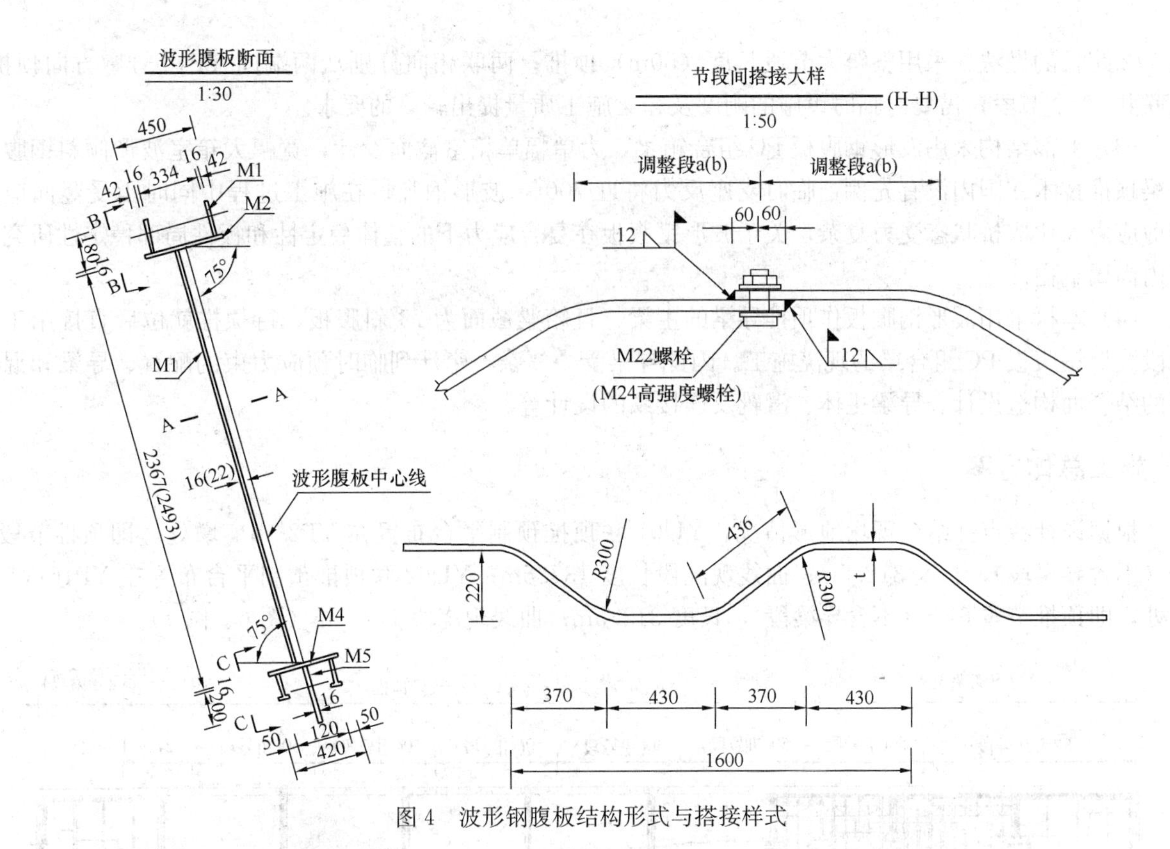

图 4　波形钢腹板结构形式与搭接样式

波形腹板与混凝土底板的连接采用栓钉方式连接，其中除导梁段翼缘钢板厚 20mm 外，其余一般节段翼缘钢板采用 16mm，翼缘宽均采用 400mm，栓钉直径采用 ϕ22mm，长度 150mm（图 5）。

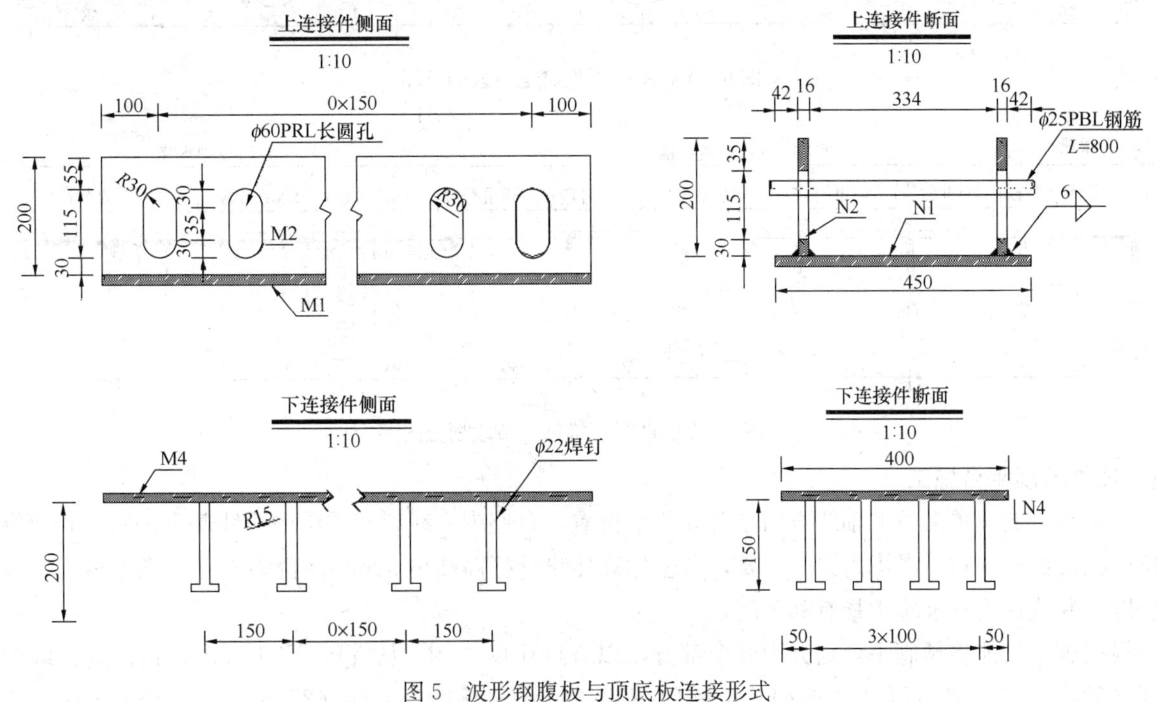

图 5　波形钢腹板与顶底板连接形式

1.2　施工特点

（1）现场地形起伏大，最大高差达二十多米，预制平台处弃土和生活垃圾较厚，地基承载力差，施工场地受限，采用支架施工困难。且两联端部均位于曲线上，顶推施工难度较大。

（2）采用多点自动连续顶推方案，为节约工期，本桥首次突破以往顶推梁设计标准节段长度一般采用 1/2 跨长的做法，采用整跨大节段长度（50m）顶推；两联相向分别从两端向 YP10 号墩方向顶推，两联共 24 个节段，需要对临时设施的刚度及箱梁施工质量提出较高的要求。

（3）上部结构采用波形钢腹板 PC 组合箱梁，为单幅单箱室截面设计，宽幅大箱室波形倾斜钢腹板箱梁顶推技术在国内没有先例，临时支座反力将近 700t，波形钢腹板在施工过程中同时承受竖向应力和剪应力，比成桥状态受力复杂，关于波形钢腹板在复合应力下的整体稳定性和板件局部稳定性研究在国内尚属空白。

（4）本桥采用波形钢腹板作顶推导梁的主梁，且箱梁截面为 75°斜腹板，待顶推就位后直接用于导梁段波形钢腹板 PC 组合梁的现浇施工。因此导梁受力复杂，牵涉到临时预应力束的配置、导梁和混凝土的结合面构造设计、导梁主体、滑靴及连接系的设计等。

2 施工总体方案

根据设计特点并结合现场地形情况，YU01 联顶推预制平台布置在 YP2-YP4 墩处，即顶推节段 6 个（不含导梁段），长度 312.5m；曲线现浇段长度 137.5m；YU02 联顶推预制平台布置在 YP16-YP18 墩处，即顶推节段 6 个（不含导梁段），长度 312.5m；曲线现浇段 177.5m（图 6、图 7）。

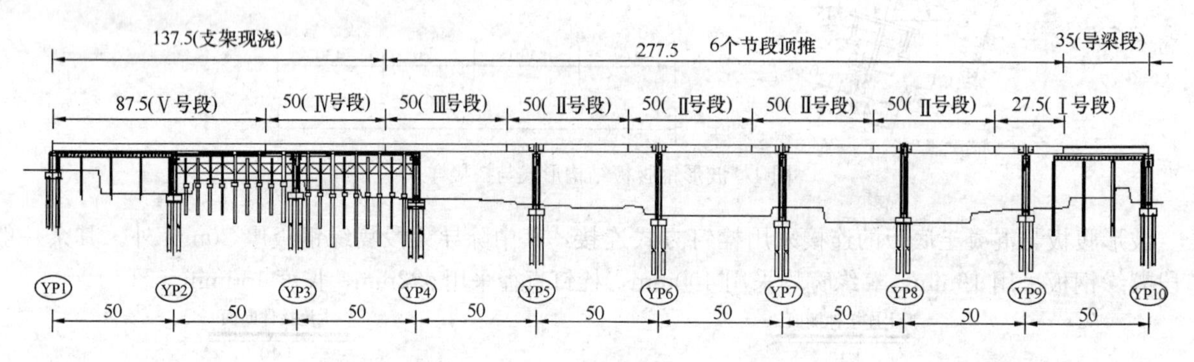

图 6　YU01 联顶推施工节段划分图

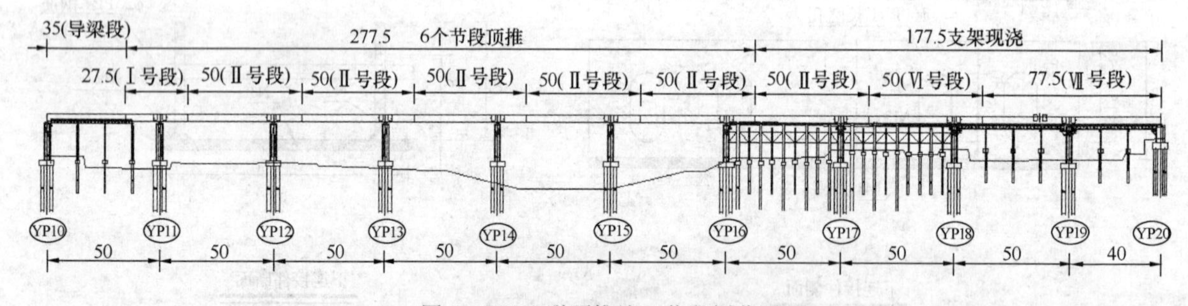

图 7　YU02 联顶推施工节段划分图

2.1 顶推预制平台施工

预制平台的设置沿桥的轴线方向布置在联端位置，台座中心线应和桥梁中心线基本一致，台座纵坡与桥梁纵坡保持一致。考虑落梁时需要，台座标高比设计标高高出 30mm。台座长度以满足最大节段预制长度，并确保为顶推施工最有利工况。

根据施工功能将预制平台划分为五个部分，以 YU01 联为例，从 YP1-YP4 方向，依次为：综合加工区（50m）、工作平台区（24.5m）、箱梁预制区（50m）、导梁安装区（27.5m）。综合加工区主要用于原材料的存放，内模加工等。工作平台区主要用于钢绞线及体外束下料、穿束、存放等。箱梁预制区主要为梁段的钢筋安装、箱梁浇筑区域，箱梁预制区设置可移动的防护棚，防止高温和下雨等恶劣天气对施工造成影响。导梁安装区为导梁的拼装区域。待顶推全部完成后，预制平台即可作为现浇支架进行剩余梁段的现浇施工。

由于施工现场地形复杂，材料运送困难，考虑到波形钢腹板PC组合箱梁施工需要，在两个顶推平台的北侧设置施工便道，YP3（YP17）墩南侧布置8t塔吊一座，用于波形钢腹板和施工材料的垂直和水平运输。另考虑到顶推期间的测量需要，在YP2墩顶设置测量观测墩，用于顶推施工期间预制平台及梁体的监控和测量（图8）。

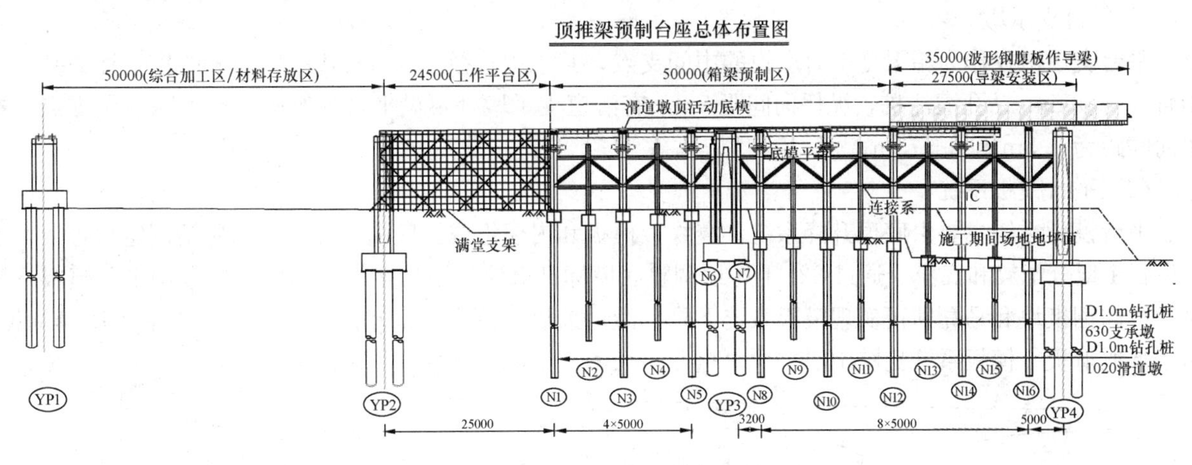

图8 顶推预制平台总体布置图

（1）平台支架结构形式

预制平台结构主要由模板系统、临时支墩（滑道支承墩、平台支承墩）及安全通道组成。结合现场实际情况，并经过受力验算，基础拟采用钻孔灌注桩基础，桩基设计为摩擦桩，滑道支撑墩选用1.2m直径钻孔灌注桩；支架支撑墩选用1.0m直径钻孔灌注桩，为便于支架墩与钻孔灌注桩连接，桩顶设置1.2m×1.2m×1.0m承台。

设计要求滑道支承墩间距不得大于10m，因此滑道支承墩和平台支承墩的纵向间距为5m；纵向每支点横向设5根钢管柱；管柱间距为3.5m+4.8m+3.975m+4.8m+3.5m，其间设置钢管连接系（图9）。

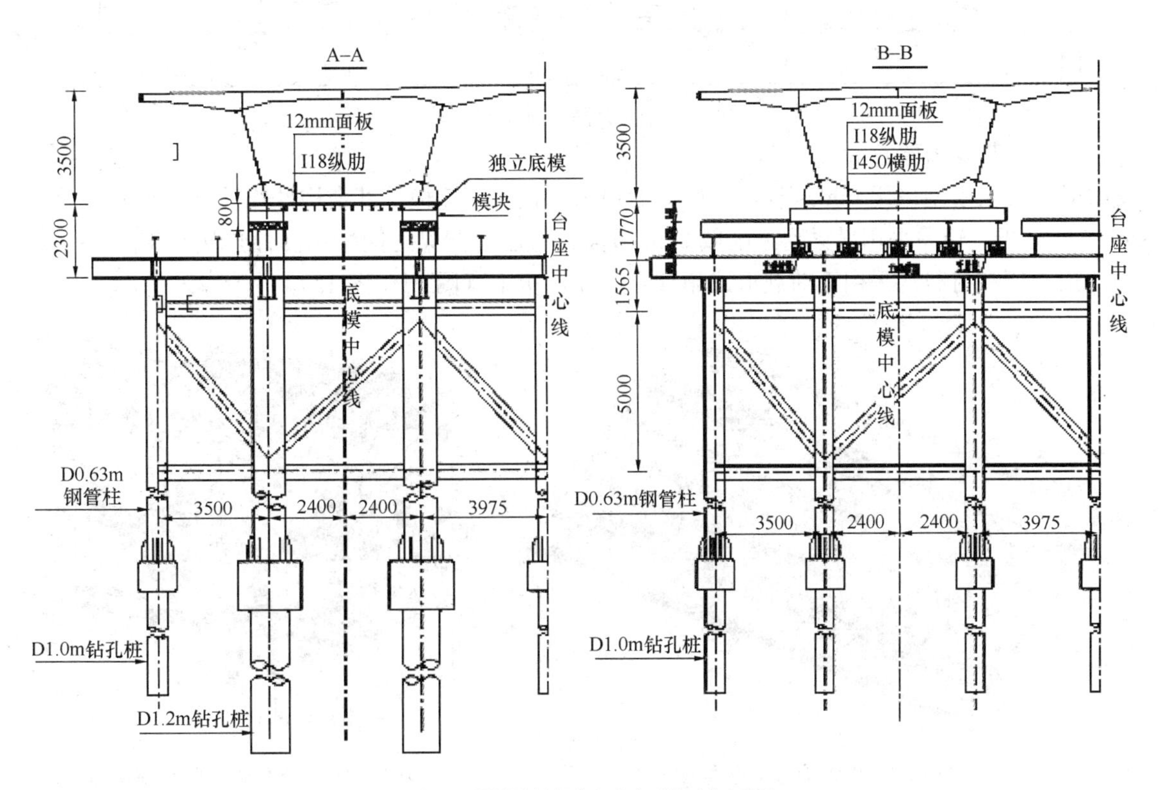

图9 顶推预制平台支架断面布置图

① 滑道支承墩

滑道支承墩是箱梁顶推时的临时支承墩，同时也是箱梁混凝土浇筑时底模的端支点支承墩；其中间底模板下方两个支承墩采用直径 1000mm、壁厚 12mm 的钢管柱，基础采用直径 1200mm 钻孔灌注桩，滑道支承墩纵桥向间距 10m，横桥向间距 4.8m；横桥向其余三根支承墩和平台支承墩构造一致。

② 平台支承墩

平台支承墩仅作为箱梁施工时底模的中间支点，其采用直径 630mm、壁厚 8mm 的钢管柱，基础采用直径 1000mm 钻孔灌注桩，纵桥向间距 5m，有滑道支承墩处不设平台支撑墩，钢牛腿兼做支点。横桥向间距为 3.5m 和 3.975m。

(2) 平台模板系统

平台模板系统主要由底模升降系统、翼缘板模板和内模组成。底模升降系统采用钢制定型骨架，上部设置 I 型分配梁和底模。通过 32t 千斤顶调整底模标高就位，用马凳和钢楔块将模板调平。模板下落时，拆卸钢楔块和马凳即可实现模板系统下降。滑道前后两侧设置活动底模，顶推前将活动底模抽掉，用于喂取滑板。模板系统见图 10。

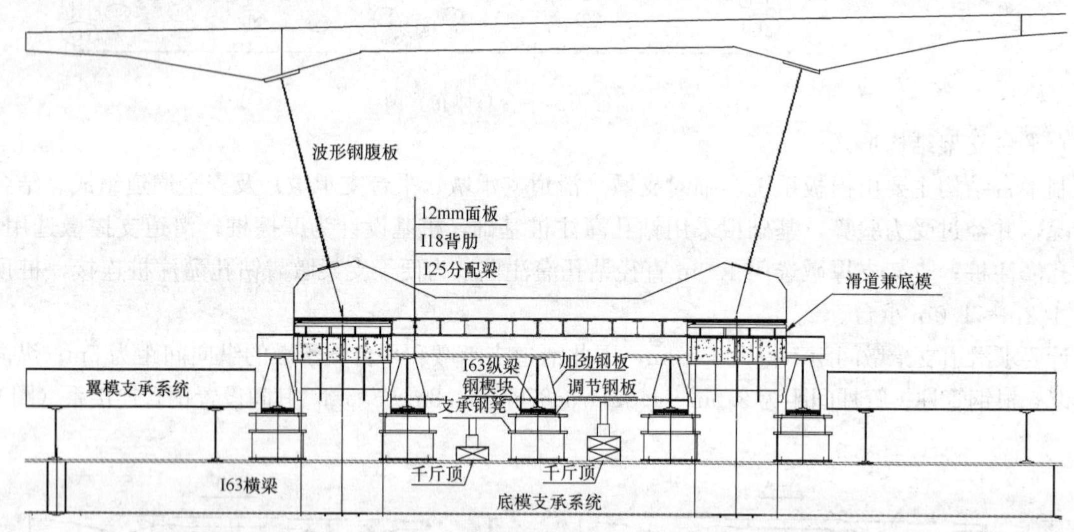

图 10　底模升降系统结构形式

(3) 平台支架受力验算

支架受力分析模型采用 midas 程序，底模面板采用板单元建模，其余构件均采用梁单元建模；模型取 20m 节段分析，箱梁采用横梁附近区域 20m 节段，每层分配梁之间采用弹性连接约束，立柱底部采用固结约束。所有荷载均采用面荷载形式施加在底模面板上（图 11、图 12）。

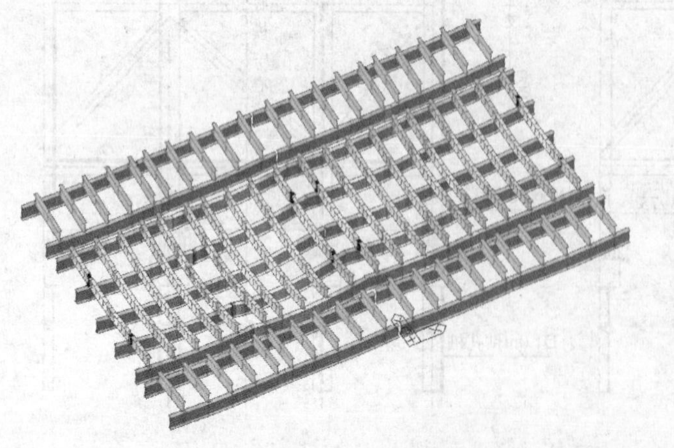

图 11　底模面板受力验算模型图

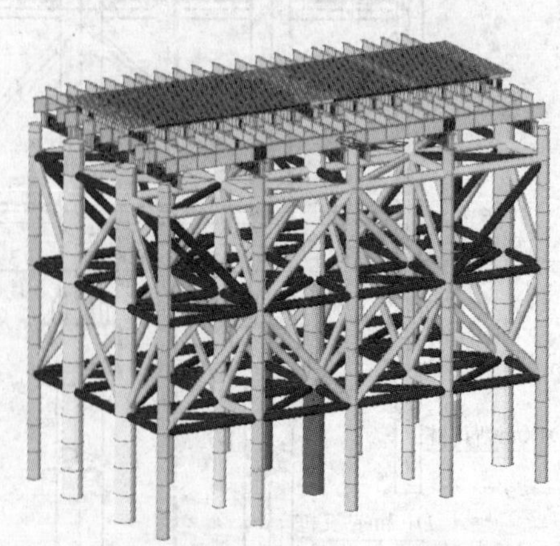

图 12　平台支架受力验算模型图

经计算，支架结构体系及模板刚度能够满足施工要求。

（4）平台安全通道

预制平台处设置装配式爬梯两座，用于人员的垂直上下。为方便顶推施工和模板升降的需要，沿钢管支墩连接系纵横方向水平设置安全通道。安全通道与上下爬梯连接，并在滑道支撑墩前后设置施工平台，便于滑板的喂取。安全通道采用 ϕ48 钢管焊接而成，护栏高度不小于 1.2m，底部 30cm 设置挡脚板，内外侧悬挂密目式安全网（图 13）。

2.2 波形钢腹板导梁

顶推导梁的主体结构采用波形钢腹板，并使用斜腹板结构，待顶推就位后将临时结构拆除直接用于导梁现浇段施工。导梁主要由波形钢腹板主梁、梁间连接系、滑道钢靴、埋入段、根部钢顶板五个部分组成（图 14）。

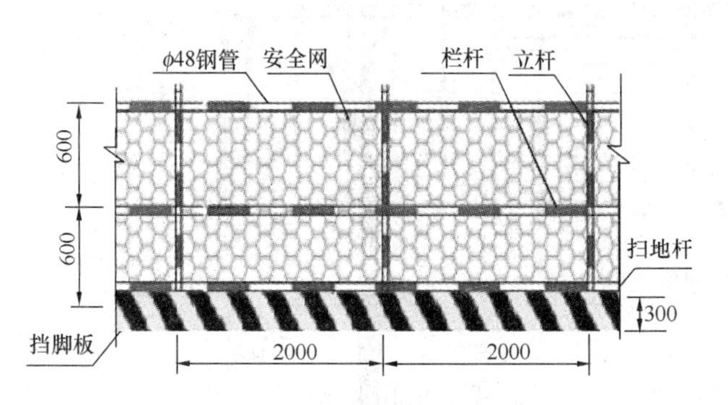

图 13　平台安全通道结构形式

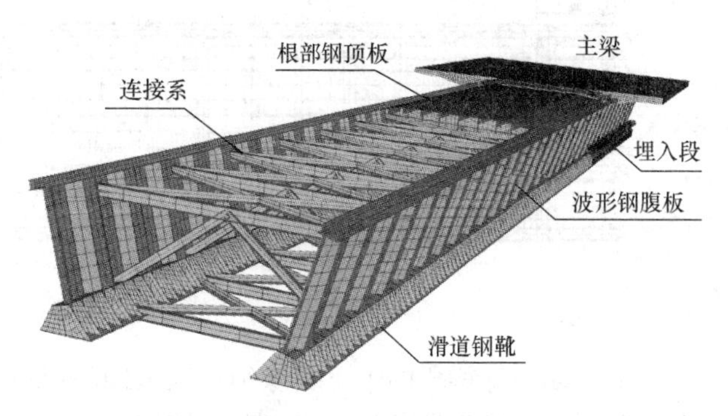

图 14　波形钢腹板导梁基本构造

为保证刚度协调，顶底板也埋入一定长度，见图 15。

导梁悬臂总长 35m，为最大跨径的 0.7 倍。导梁总长 38.8m，分三个节段。其中第一节段长 12.98m，由腹板节段 1、腹板节段 2 及上下平联、横联组成；第二节段长 10.4m，由腹板节段 3、上下平联、横联组成；第三节段长 14.2m，由腹板节段 4、导梁箱梁结合部及上下平联、横联组成。

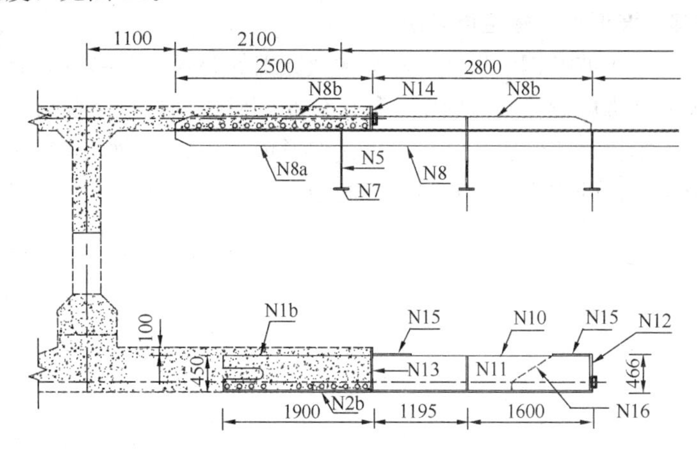

图 15　波形钢腹板导梁埋入段基本构造

导梁连接系包括上、下平联及横联，由槽钢、钢板组焊件、节点板等组成，其中横联每隔 1.6m 布置一道。除导梁前端 9m 范围内上平联仅设槽钢连接系外，其余上平联均为钢板组焊件，并满布 10mm 厚钢板；下平联均为槽钢连接系。

导梁段波形钢腹板采用 BCSW1600 型，钢板厚度为 t＝20mm。钢腹板顶部翼缘钢板厚 20mm，翼缘宽度采用 450mm；开孔钢板厚 16mm，开 ϕ60mm＋ϕ30mm 孔，顺桥向孔间距 150mm，高度为 200mm。底部翼缘呈“工”字型，上部钢板厚 20mm，宽度均为 400mm；下部钢板厚 30mm，翼缘宽 700～1200mm；开孔钢板厚 20mm，开 ϕ60mm 孔，孔间距 150mm，高度为 572mm；加劲板厚 12mm，布置间距为 400mm。

导梁结构如图 16、图 17 所示。

导梁段为便于顶推到位后调整线形和割除临时构件，波形钢腹板节段间施工期间采用高强度螺栓连接，顶推到位后拆开波形钢腹板，对钢腹板进行线形调整和整修，就位安装，使用贴角焊搭接连接。

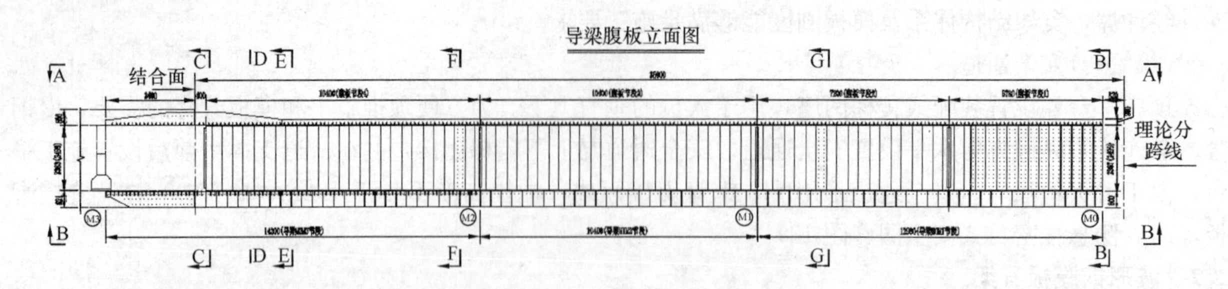

图 16　波形钢腹板导梁立面布置图

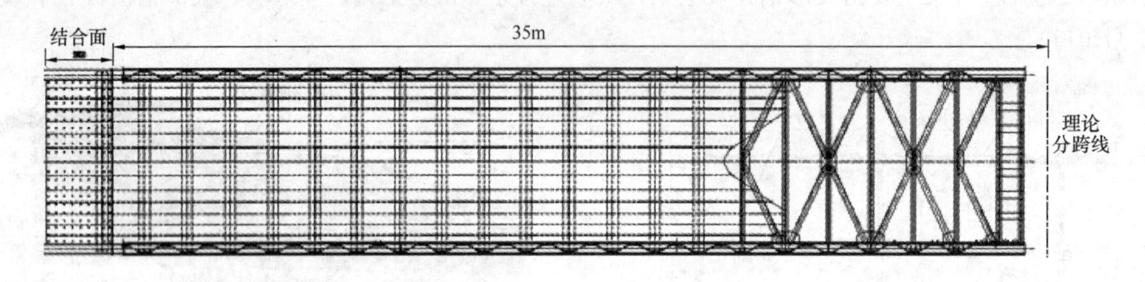

图 17　波形钢腹板导梁平面布置图

施工期间导梁段的上下翼缘须在施工期间保持连续，以满足受力要求，因此该段节段间上下翼缘板在先期采用熔透焊接并加补强板，后期切开焊缝，同一般节段一致，设 20mm 断缝。

导梁末端预先与相邻箱梁现浇段浇筑成整体，并加设临时体外束，顶推到位后拆除并转化成永久体外束。

2.3　波形钢腹板定位安装

由于波形钢腹板加工、运输及施工的要求，在纵桥向分割成节段，运抵现场后再进行拼装。拼装时采用高强度螺栓临时固定，待定位完成后再进行双面贴角焊接。

本桥采用斜腹板结构，因此波形钢腹板的定位安装就显得尤为重要。结合本桥的施工特点，采用了内拉外撑的支撑体系对波形钢腹板进行定位支撑。支撑布置形式见图 18。

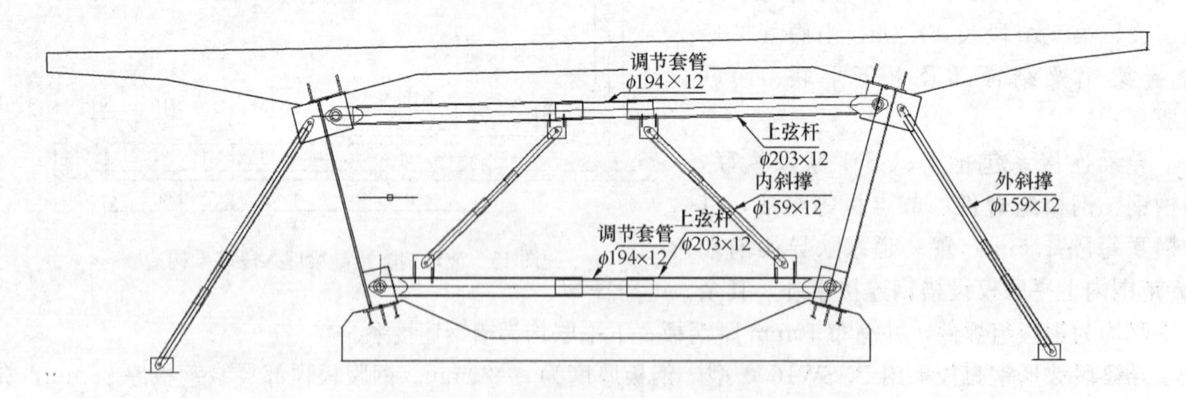

图 18　波形钢腹板定位安装支撑布置形式

外侧支撑采用 ϕ80mm 无缝钢管作为支撑的承重杆件，在波形钢腹板顶部和支撑平台设置耳板，支撑杆与耳板间采用销轴固定，钢管中间布置一道可调螺栓用于波形钢腹板角度的调整。

内侧支撑在上下各设一道锁口支撑杆，杆件布置形式同外侧支撑，中间均设置可调螺栓，便于对波形钢腹板位置进行精调。同时，在上下锁扣支撑杆两侧各布置一道斜杆，防止浇筑过程中波形钢腹板位移。

支撑体系的布置按照 2m 一道的原则进行设置，且保证每节段波形钢腹板不少于四道支撑。

2.4 波形钢腹板 PC 组合箱梁预制

待模板打磨、除锈、刷漆完成后，即可进行底板钢筋绑扎作业。底板、顶板钢筋采用在加工棚内集中化加工，将钢筋分段加工成型后再吊装至平台处安装。模板与钢筋安装工作应配合进行，妨碍绑扎钢筋的侧模板应在钢筋安装完毕后安设。为确保预应力质量，波纹管内增设橡胶管进行支撑，浇筑过程中进行抽拔，防止堵塞孔道。钢筋安装完成后要及时对各类预埋件进行检查，并准确定位。

波形钢腹板的安装与箱梁底板钢筋绑扎同时进行，吊装时依次按照编号和安装顺序进行吊装，以免发生混淆。

安装侧模时应防止模板移位和凸出，侧模外设支撑进行固定，横梁处的侧模设拉杆固定。模板安装完毕后应保证位置正确。浇筑时发现模板有变形时要立即进行纠正加固。

浇注混凝土前，对平台支架、模板系统、钢筋及预埋件等进行全面检查，并对混凝土拌和、输送等各种机具设备和备料情况进行检查，以确保混凝土浇筑的顺利。

波形钢腹板 PC 组合箱梁预制工艺流程见图 19。

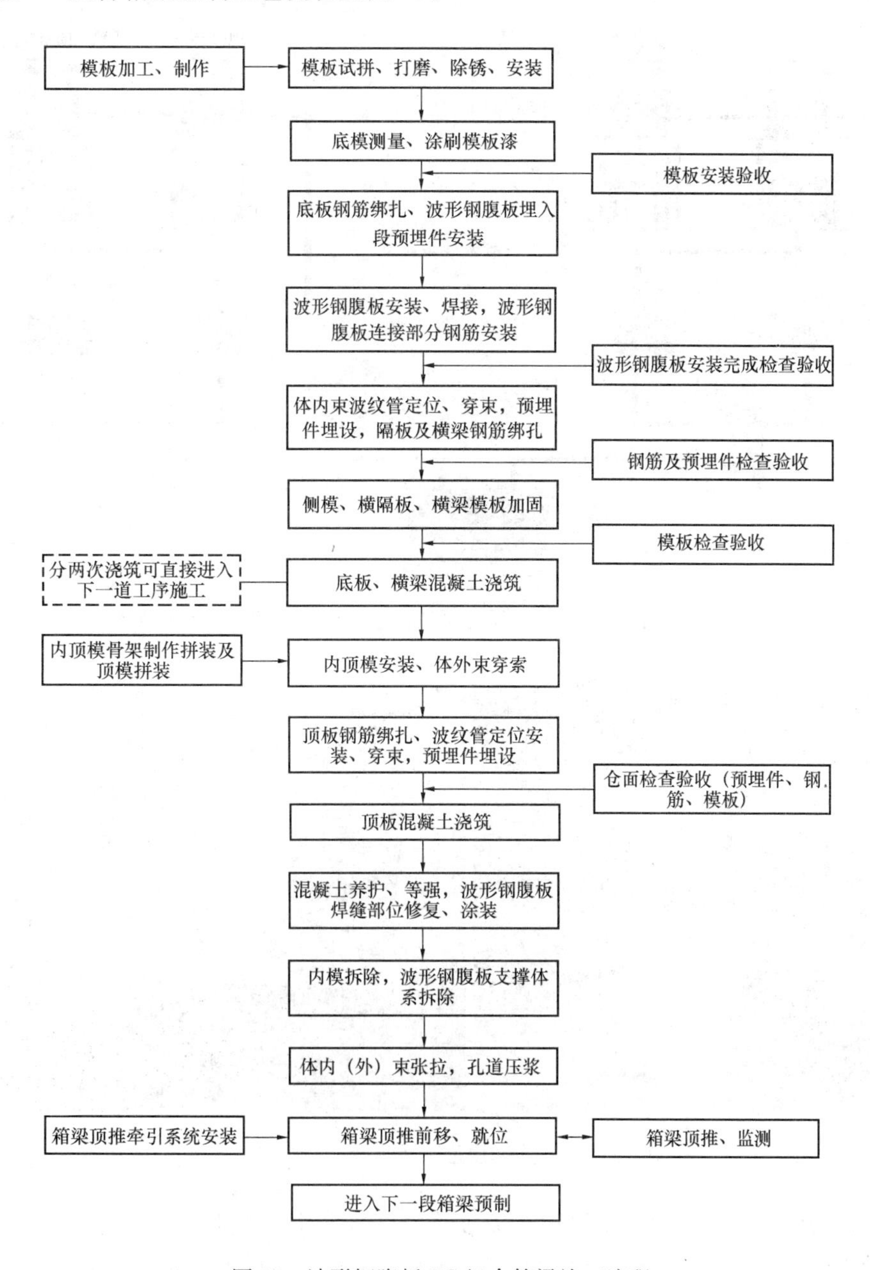

图 19　波形钢腹板 PC 组合箱梁施工流程

混凝土浇筑采用泵送连续入仓，插入振动器振捣，振捣以混凝土表面不再下沉、表面泛浆、不再出现气泡为止，防止出现漏振、过振。混凝土浇筑过程中，严禁重物撞击波形钢腹板，防止移位变形。分两次浇筑时，顶板与横隔板处新旧混凝土接缝表面必须凿毛、清洗，以保证新旧混凝土结合良好。

转向块处面积小、钢筋密集，布置有体外索转向器；端横隔板是体外索锚固端，钢筋密集；为保证混凝土的密实，要采用工作性好的混凝土，采用小型振捣棒，并辅以人工使用木槌进行敲击检查，防止出现露振空洞现象。

待浇筑完成，养护龄期、强度及弹性模量均符合设计要求时即可进行张拉压浆作业，然后进行下一步顶推作业。

2.5　顶推施工

(1) 顶推设备选型

根据本工程施工特点，顶推设备选用含有墩顶位移监测的第三代的 QKDT（BP）自动连续顶推系统。顶推速度为 6～8m/h（图 20、图 21）。

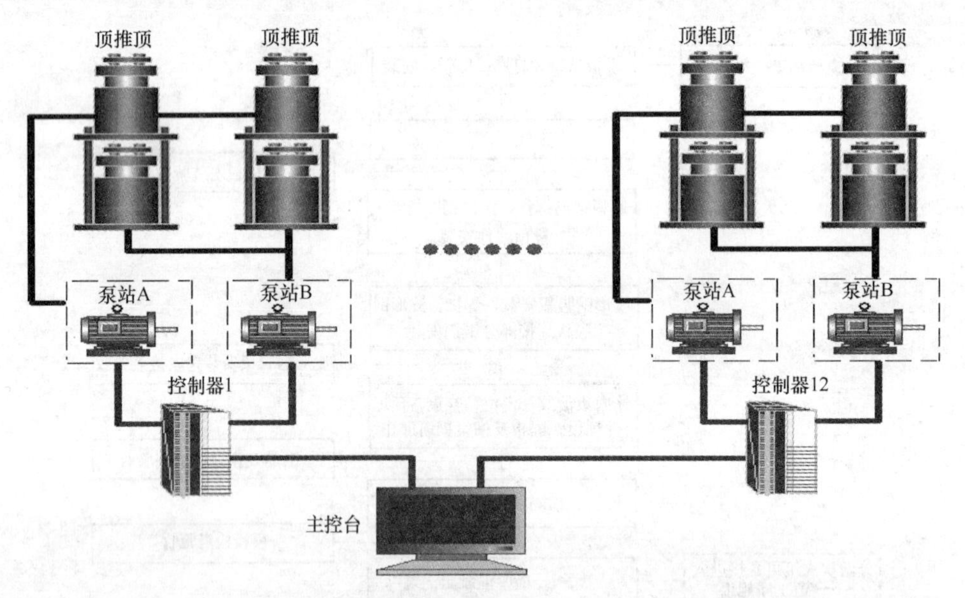

图 20　连续顶推千斤顶、顶推泵站、分控柜和主控柜关系示意图

图 21　ZLD100 连续顶推千斤顶及 ZTB15×2 泵站

在每台千斤顶的前顶和后顶分别配置位移传感器，可直接检测出千斤顶活塞的行程。通过 PLC 的运算计算出千斤顶的速度并加以比较，以一台顶为主动点，以恒定的速度伸缸；其余顶为随动点，如果

千斤顶速度满足要求则按此频率输出泵头流量，否则调整电机频率以增加或减小泵头输出流量，以达到速度的调控，通过这个闭环控制系统，保持各顶速度的同步。

每个桥墩配置一个现场控制器（分控柜），每个现场控制器均带有触摸屏显示，可控制1个泵站和2套顶推千斤顶，同时将所有的数据传送到主控台。操作面板上安装有急停开关、远程/就地选择开关、报警指示灯等。

每个泵站上都设有压力变送器，可准确地检测每个泵站承载力的大小。在整个工作过程中，将每个泵站的压力与该泵站的最高设定压力比较，若小于设定值则系统继续工作，若大于等于设定值则系统停机并在屏幕上显示相关信息（表1、表2）。

ZLD100连续顶推千斤顶工作性能及参数表 **表1**

序号	项　目	单位	性能指标
1	公称张拉力	kN	1000
2	公称油压	MPa	31.5
3	张拉活塞面积	m^2	3.1416×10^{-2}
4	回程活塞面积	m^2	1.1074×10^{-2}
5	可配用钢绞线	根	9
6	穿心孔径	mm	ϕ125
7	外形尺寸	mm	$\phi400\times\phi1580$
8	质　量	kg	800
9	张拉行程	mm	200

全桥两联四幅连续顶推系统配置 **表2**

序号	名称	型号	数量
1	主控柜	QKDT(BP)-2-20	2
2	顶推泵站	ZTB15×2	12
3	分控柜	QKDT(BP)-2-20	12
4	顶推千斤顶	ZLD100-200	48

（2）墩顶顶推滑道及预埋件布置

① 滑道梁

滑道梁由钢板焊接成箱式结构。顺桥向滑道前后方做成坡型口，方便MGE喂板。通过调整预埋钢板坡度保证滑道梁纵向坡度与桥梁设计纵向坡度一致。

② 2mm不锈钢板

2mm不锈钢板平铺于40mm厚度的调平钢板上，使用不锈钢焊条与调平钢板焊接，所有焊接口都需进行磨光处理。

③ MGE板

在滑道上均匀涂抹润滑油脂，将MGE板平铺在滑道上，控制MGE板之间间隙不可太大。预制平台MGE板厚为35mm，一个滑道上放置4块600mm×600mm的MGE板（图22、图23）。

④ 千斤顶反力支架

千斤顶反力支架是千斤顶放置及顶推时反力传递的临时设施，利用精轧螺纹钢与墩身连接固定（图24）。

⑤ 永久墩横向限位装置

为了使梁体在顶推时沿设计线性运动，需要在刚性较大的墩顶设置限位、纠偏装置。本工程在YP16至YP11、YP4至YP9共12个永久墩上设置横向限位装置，每个墩顶设置4个，共96个（图25）。

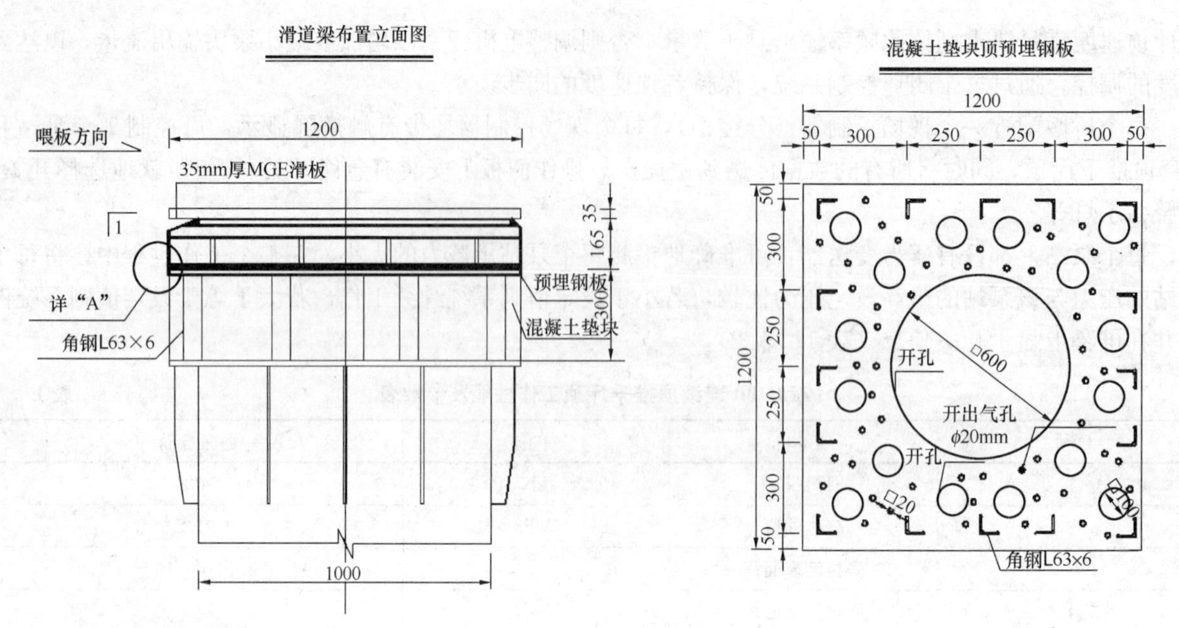

图 22 预制平台临时墩滑道构造图

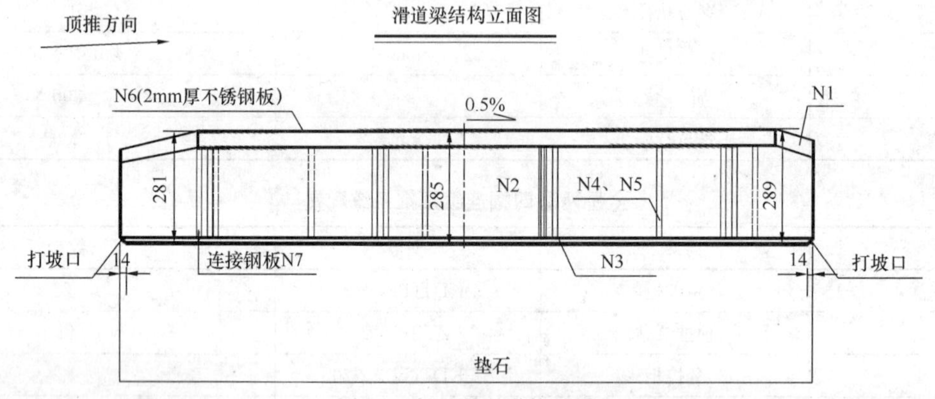

图 23 永久墩滑道构造图

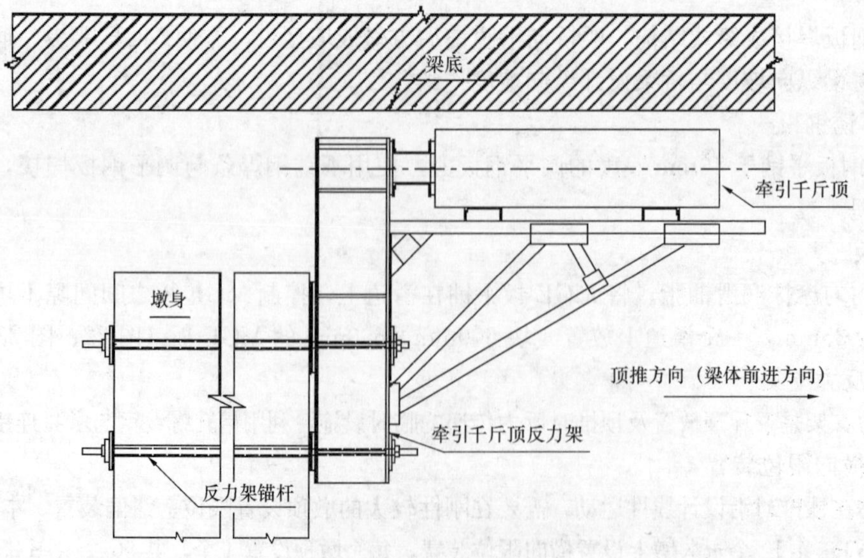

图 24 墩顶反力架布置图

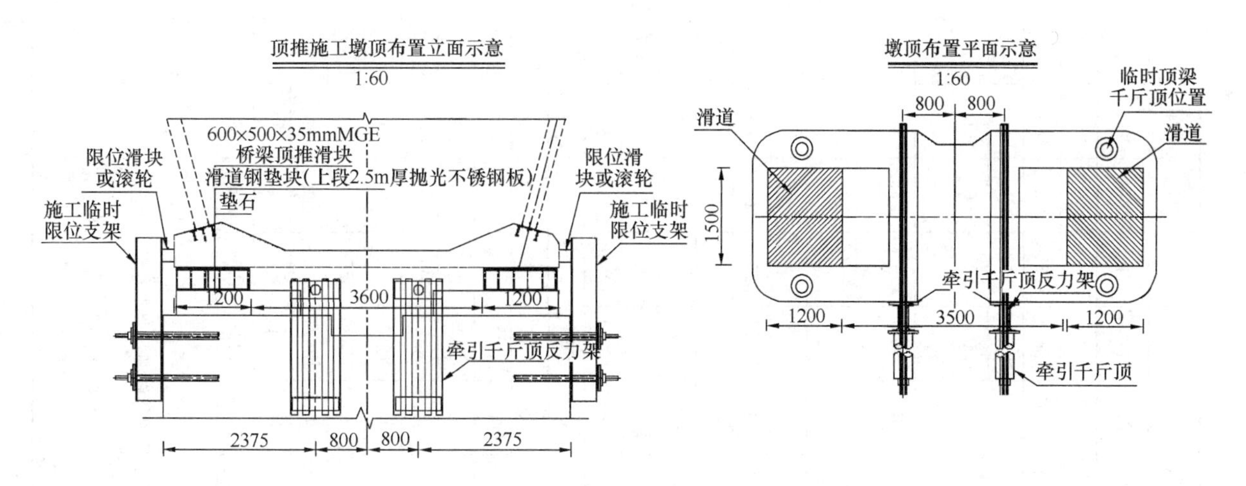

图 25　墩顶限位纠偏装置布置图

⑥ 牵引锚柱（拉锚器）

牵引锚柱设置为梁体预埋孔道式，使用型钢插入孔道作为顶推牵引的拉锚器。在浇筑箱梁时，在梁顶面及底面预埋箱型钢板作为孔道。梁体成型后，利用型钢锚柱贯穿梁体，在梁底安装锚固端锚板，作为拉锚器。如图 26 所示。

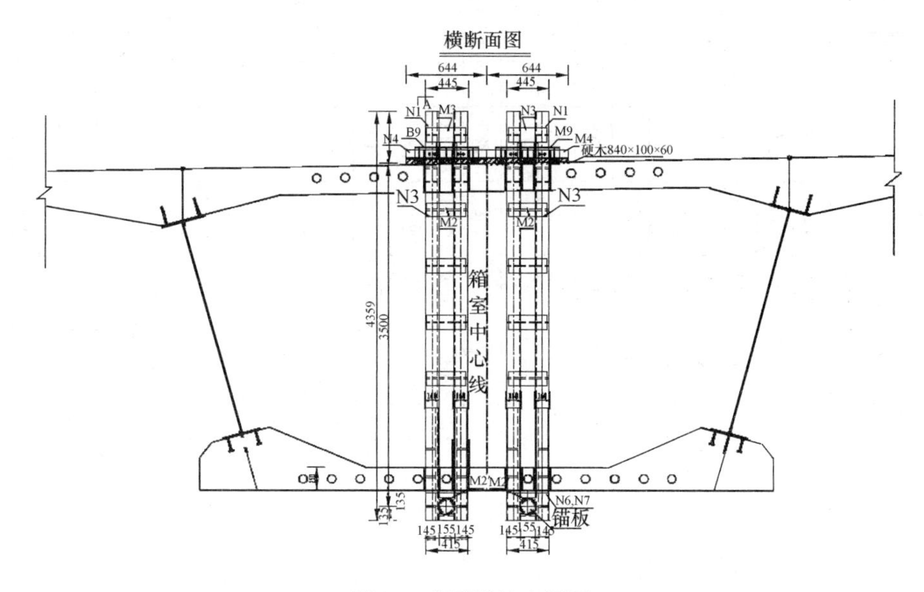

图 26　牵引锚柱布置图

除此之外，顶推过程中还需与监控等单位的沟通与协作，确保顶推梁段成桥后的线形符合设计要求。由于顶推施工是一项较复杂的工程，尤其是波形钢腹板作顶推导梁在国内尚未成熟，施工过程将进一步加大对波形钢腹板导梁的监测与控制，为后续同类桥梁的施工提供实践依据和数据支持。

（3）顶推施工

① 顶推力大小的确定

顶推施工控制最基本的要求是准确计算各工况应施加的顶推力，顶推牵引力的大小根据各工况下墩顶的最大支反力及试验顶推节段确定的摩擦系数来确定的。顶推过程中，需保证总的顶推力大于摩阻力，设定好泵站系统后再分批次施加到位。如需增加或减少顶推力时，应根据现场测量监控结果并在有较大富余顶力的墩位来补足顶推力。

各节段顶推支反力见表 3。

顶推各工况支反力表 **表 3**

序号	墩编号 / 顶距	临时墩支反应（kN）						永久墩支反力（kN）							合计		
		N1	N3	N5	N8	N10	N12	N14	N16	YP4	YP5	YP7	YP7	YP8	YP9	YP10	
CS1_	第一节段张拉钢束后			2831	2464	984	1294	667	200	232							8672
	前移 32m 全过程最大支反力	3268	7083	6094	6174	6448	6523	4824	1910	12476	12946	12618	12671	12658	12652	863	
摩擦力	0.05	0	0	142	277	233	226	75	18	281	0	0	0	0	0	0	
	0.1	0	0	283	555	467	451	150	36	561	0	0	0	0	0	0	
CS2_	第二节段张拉钢束后	2892	3030	1630	1584	1274	1845	1108	250	7025							20638
	前移 50m 全过程最大支反力	3268	7083	6094	6174	6448	6523	4824	1910	12476	12946	12618	12671	12658	12652	863	
摩擦力	0.05	145	338	302	291	322	260	98	24	624	444	0	0	0	0	0	
	0.1	289	677	603	582	645	520	195	48	1248	888	0	0	0	0	0	
CS3_	第三节段张拉钢束后	2899	3039	1624	1571	1266	2795	1741	658	8090	8923						32606
	前移 50m 全过程最大支反力	3268	7083	6094	6174	6448	6523	4824	1910	12476	12946	12618	12671	12658	12652	863	
摩擦力	0.05	145	339	288	293	282	259	113	49	470	647	426	0	0	0	0	
	0.1	290	679	575	585	564	519	226	98	939	1295	852	0	0	0	0	
CS4_	第四节段张拉钢束后	2892	3029	1627	1582	1280	2757	1665	602	8588	12040	8512					44574
	前移 50m 全过程最大支反力	3268	7083	6094	6174	6448	6523	4824	1910	12476	12946	12618	12671	12658	12652	863	
摩擦力	0.05	145	338	288	292	281	259	100	44	526	623	631	429	0	0	0	
	0.1	289	677	576	583	561	518	199	87	1052	1245	1262	859	0	0	0	0
CS5_	第五节段张拉钢束后	2898	3039	1624	1572	1271	2752	1675	610	8521	12523	11463	8591				56539
	前移 50m 全过程最大支反力	3268	7083	6904	6174	6448	6523	4824	1910	12476	12946	12618	12671	12658	12652	863	
摩擦力	0.05	145	339	288	292	281	260	100	44	495	634	597	634	429	0	0	
	0.1	290	678	577	585	563	519	200	88	989	1267	1194	1267	857	0	0	
CS6_	第六节段张拉钢束后	3268	2855	1488	1525	1252	2709	1454	422	8920	12507	11915	11580	8576			68471
	前移 50m 全过程最大支反力	3268	7083	6094	6174	6448	6523	4824	1910	12476	12946	12618	12671	12658	12652	863	
摩擦力	0.05	163	354	305	309	298	326	241	96	496	628	611	614	633	633	43	
	0.1	327	708	609	617	596	652	482	191	992	1256	1223	1228	1266	1265	86	

备注

1. 经第一节段顶推试验，摩擦系数在 0.05～0.1 之间，起动时最大静摩擦为 0.13；
2. 千斤顶选型要综合考虑摩擦系数、千斤顶效率、顶推过程中的受力伸缩、安全储备等因素，选用 ZLD100 型多点自动连续千斤顶能够满足要求；
3. 施工时根据上述各阶段支反力的大小合理配置顶推力，防止墩顶承受较大的水平推力；
4. 顶推过程中，要对箱梁轴线、波形钢腹板导梁、导梁与主梁结合面、永久墩身、顶推预制平台支撑墩进行监控与监测。

② 顶推测量监控

顶推过程中，要对箱梁的轴线偏移、主梁标高、导梁挠度以及墩顶的水平位移等进行测量，施工施加顶推力开始移动连续进行观测，一旦应力超限时要及时停止，并对各墩应力调整后再进行顶推。除此之外，还需要对预制平台临时支墩的应力状态、主梁结构安全性、波形钢腹板屈曲稳定、导梁结合段及导梁的安全性、墩身安全性进行监控，确保结构顶推到位后的线形及其内力状态符合设计要求。

③支座转换、落梁

在顶推完成后，先拆除顶推千斤顶及反力架，留出空间布置顶升千斤顶。将滑道与预埋板切割分离，利用手拉葫芦、汽车吊将滑道拆除。用吊车吊装支座至限位架上，利用手拉葫芦牵引支座滑移到安装位置。待支座全部转换完成后，才能进行落梁作业（图 27）。

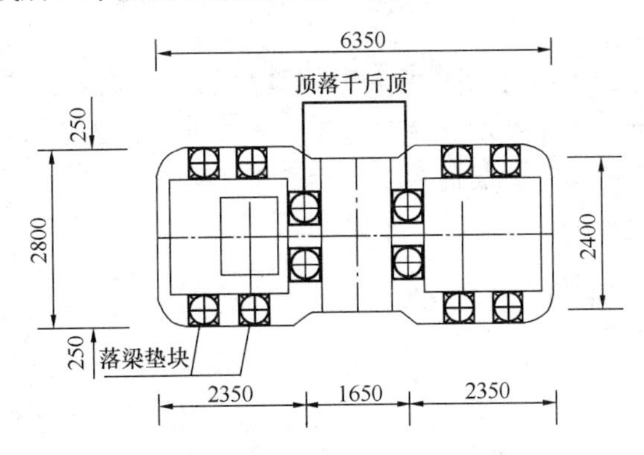

图 27　落梁顶升千斤顶布置图

根据设计要求，单墩平均受压 1250t。单个墩顶布置 4 台 500t 级顶升千斤顶，总顶升力 2000t。布置 8 个 250 墩级的落梁垫块。待千斤顶顶起梁体后，将梁体落在落梁垫块上。落梁过程中，也要进行监控，使落梁后的梁体受力状态与设计相符。

3　结束语

经过常庄干渠高架桥的工程实践证明，波形钢腹板 PC 组合箱梁顶推预制平台结构可靠，稳定性好，波形钢腹板 PC 箱梁顶推法施工具有施工效率高、占用场地较小、外观质量好等优点，具有很好的工程应用价值，为后续同类桥梁的施工提供了很好的实践依据。

参考文献

[1]　陈宜言．波形钢腹板预应力混凝土桥设计与施工[M]．北京，人民交通出版社，2009.

[2]　上官兴．连续梁桥顶推技术的新探索[C]．湖南公路学会论文集，1995.

[3]　张辉，刘乐辉，陈湘林．岳阳洞庭湖大桥 10 孔 50m 顶推连续梁施工[J]．湖南交通科技，1999(3).

[4]　薛江伟，赵晖，叶李．竹埠港湘江大桥 8×42m 连续箱梁的多点顶推法施工[J]．公路，2003(1).

[5]　公路桥涵施工技术规范．JTG/T F50—2011[S]，北京：人民交通出版社．

[6]　周水兴，何兆益等．路桥施工计算手册 [M]．北京：人民交通出版社．

七里河紫金大桥合拢段施工技术

王海林

(邢台路桥建设总公司，邢台　054001)

摘　要　邢台市七里河紫金大桥为大跨度波形钢腹板预应力混凝土连续梁桥，最大跨径为156m，桥面宽度为13m，采用移动支架法施工。本文详细讲述了邢台市七里河紫金大桥合拢段的施工方法，为今后类似桥梁的施工提供参考。

关键词　合拢段；施工技术

1　工程概况

(1) 工程位置概况

邢台市七里河紫金大桥工程位于邢台市七里河1号橡胶坝上游约50m处（河道桩号HDK0-180）。七里河紫金大桥为大跨度波形钢腹板预应力混凝土连续梁，其跨径布设为88m＋156m＋88m，桥梁起点桩号为K0＋028.850，终点桩号为K0＋371.150，全长342.30m。地理位置如图1所示。

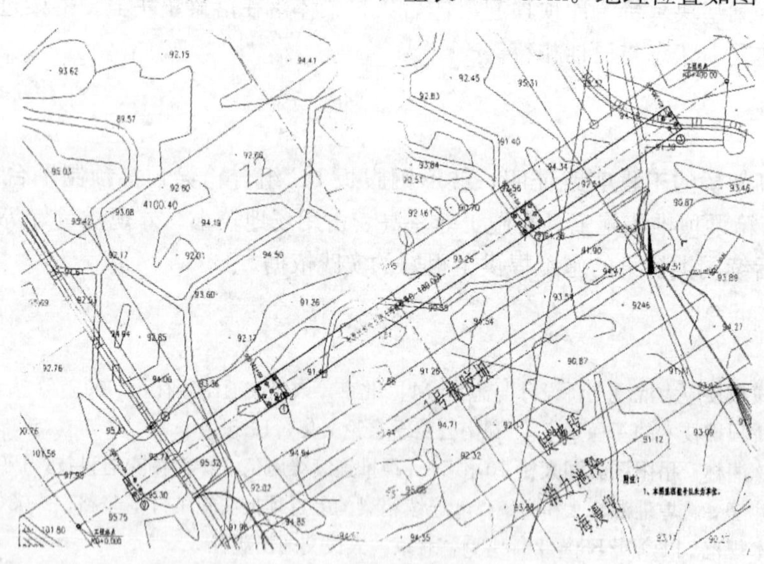

图1　桥梁位置图

(2) 桥梁设计概况

该桥位于太行山东麓山前冲洪积平原地带，地势形态为沟谷地貌，地质条件简单，地貌单一，地表相对高差不大。桥梁所在地属大陆性暖温带季风气候，具有冬季寒冷少雪，春季干燥，夏季炎热多雨，秋季晴朗特点。年平均气温13.0℃，年最低气温－15.1℃，年最高气温40.0℃。区域气候条件良好，基本上全年均可施工，对工程实施无明显制约。河道常年无水，水来源大气降水，桥位处无通航要求。

桥梁箱梁采用单箱单室直腹板箱形截面，支点处梁高为9.0m，高跨比为1/17.33，边跨端支点处及跨中梁高为 4.2m，高跨比为 1/37.14。顶板全宽 1300cm，两侧悬臂长 325cm。箱内顶板最小厚 30cm，悬臂板端部厚 20cm，悬臂板根部厚 80cm。横桥向箱内上梗腋长 180cm、高 50cm。箱梁底板宽 650cm，底板厚 32～120cm，中支点处局部加厚到 160cm。腹板采用 1600 型波形钢腹板，钢材采用 Q345D，钢板间连接采用搭接贴角焊接。桥梁布置图如图 2 所示。桥梁箱形截面图如图 3 所示。

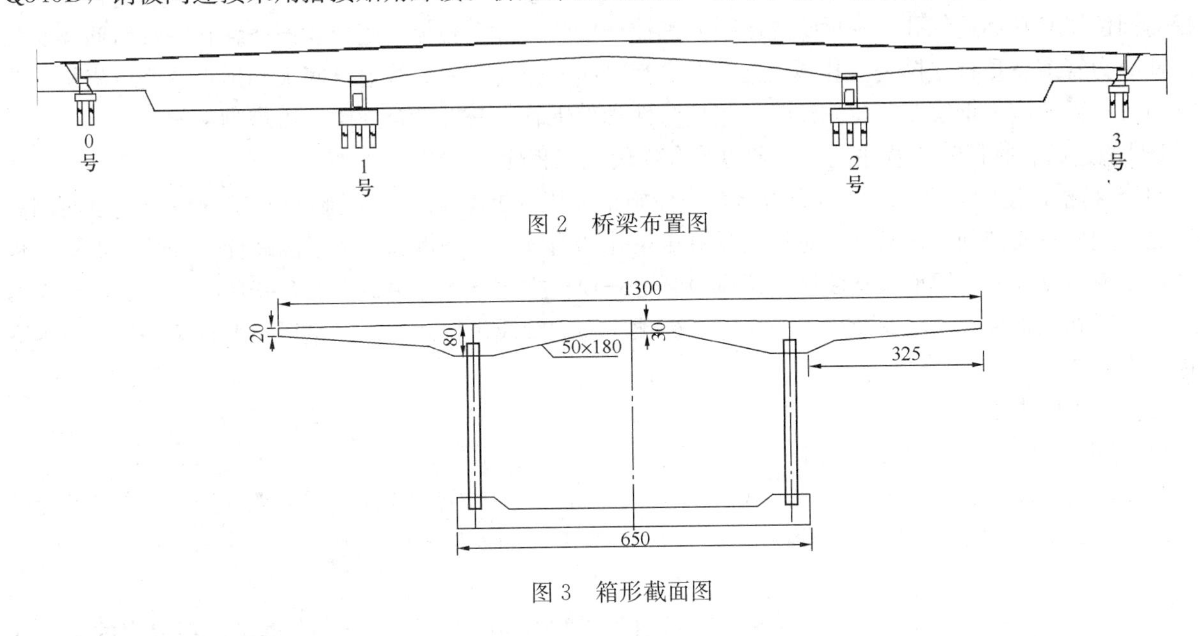

图 2 桥梁布置图

图 3 箱形截面图

2 合拢段施工准备

（1）材料及人员准备

合拢段施工前首先做好材料准备，确保劲性骨架材料准备齐全，以及合拢段波形钢腹板规格正确，制定加配重方案并备齐材料。配重布置如图 4 所示。具体做法：先将第 15 号节段桥面清理干净，铺一层草苫。再用结实的编织袋装沙土，为方便人工堆砌，每袋重量约 30kg，按图 4 所示码放成一圈。然后放入塑料布，一端扎口，从另一端根据需要注入相应数量的水。

施工人员基本配置情况：架子工 8 人，模板工 6 人，钢筋工 6 人，混凝土浇筑工 6 人，测量员 2 人，安全员 2 人，现场管理员 2 人。

（2）施工机械配置

本项目施工机械配置情况：25t 吊车 2 台，装载机 1 台，电焊机 6 台，振捣棒 6 根，混凝土汽车泵 1 辆，钢筋切断机 1 台，钢筋弯曲机 1 台。

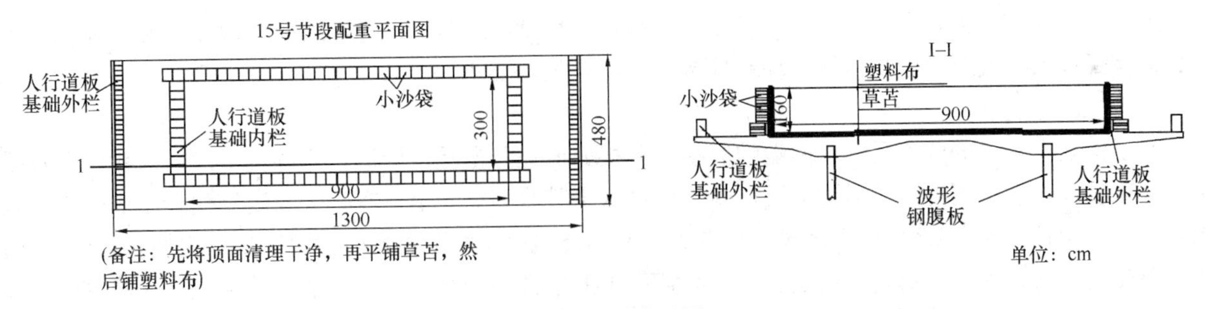

图 4 配重布置图

3 合拢施工方案

1 号桥墩和 2 号桥墩 T 构待施工完成最后一段与边跨直线段后，先进行边跨合拢段施工，当两个 T

构均完成边跨合拢段施工后，拆除临时支座进行中跨合拢段施工，最后拆除合拢段脚手架。

（1）合拢段施工程序

2 号墩边跨合拢段施工程序：第 15 号节段预应力钢绞线张拉并注浆→拆除第 13、14 号节段脚手架、松动中边跨第 15 号节段脚手架及其他附着物→视合拢段两侧高差情况压配重→安装劲性骨架（注意提前预留压浆孔和通气孔）→拆除支座锚固螺栓→安装波形钢腹板→底板立模→绑扎底板钢筋及安装纵向预应力管道→顶板立模→绑扎顶板钢筋及安装纵向、横向预应力管道→底板和顶板混凝土浇筑及养生→顶、底板预应力钢绞线张拉并注浆（包括劲性骨架钢管）→拆除合拢段及边跨脚手架

1 号墩边跨合拢段施工程序同 2 号墩边跨合拢段施工程序。

中跨合拢段施工程序：1、2 号墩边跨合拢段施工完毕→拆除 1、2 号墩临时支座→视合拢段两侧高差情况压配重→安装劲性骨架（注意提前预留压浆孔和通气孔）→拆除支座锚固螺栓→安装波形钢腹板→底板立模→绑扎底板钢筋及安装纵向预应力管道→顶板立模→绑扎顶板钢筋及安装纵向、横向预应力管道→底板和顶板混凝土浇筑及养生→顶、底板预应力钢绞线张拉并注浆（包括劲性骨架钢管）→拆除合拢段脚手架

（2）合拢段支架

1）底板支架

本桥采用移动支架法施工，为保证第 16 号节段（合拢段）支架的稳定性，拆除第 13、14 号节段的支架，保留第 15 号节段的支架，合拢段支架与第 15 号节段的支架连成一体。

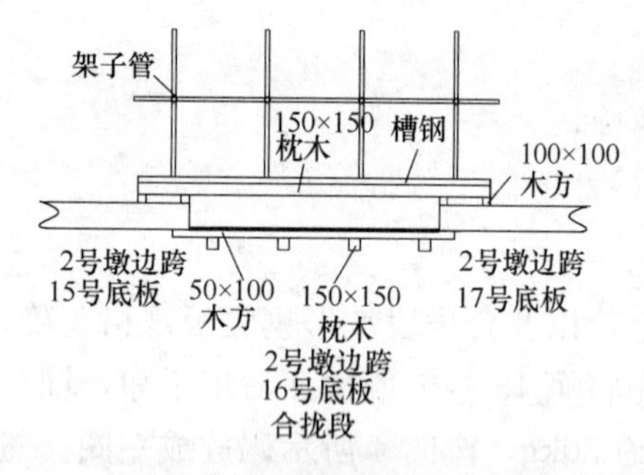

图 5　箱室内支架搭建示意图

2）顶板支架

搭设顶板支架时，箱室外的支架正常搭设，箱室内的支架支架搭设时，为避免支架对底模板和底板钢筋造成变形影响，先在合拢段两端已完全硬化的混凝土上面铺 150mm×150mm 枕木，再在枕木上放槽钢，支架搭建在槽钢上面，箱室内支架搭建示意图如图 5 所示。

（3）劲性骨架安装

在第 15 号节段支架松动后，根据现场尺寸下钢管及槽钢的料，并在钢管两端分别设置压浆孔和通气孔。在一天气温最低的凌晨迅速完成劲性骨架安装，保证合拢精度控制在 20mm 以内，中轴线偏差不大于 10mm。组织四台焊机及四个电焊工同时进行焊接作业，保证所有焊缝高度和长度均满足设计要求。施焊前，将焊接处梁体用土工布覆盖并洒水润湿，防止焊接过程中灼伤梁体混凝土。劲性骨架安装完毕后，立即解除支座上的锚固螺栓，解除应通过卸除实现，严禁用电焊或氧气乙炔割除的方式。

（4）波形钢腹板安装

劲性骨架安装焊接完毕后，及时安装波形钢腹板。用 25t 汽车吊将合拢段波形钢腹板吊装就位，上紧高强度螺栓后，及时焊接搭接缝，控制焊接尺寸符合技术要求。

（5）混凝土浇筑

为了保证合拢段的施工质量，两端的混凝土连接面要充分凿毛、湿润，并冲洗干净。应优化合拢段的配合比设计，使所用混凝土尽量早强，并应尽量减少其收缩徐变值。在一天温度变化较小的时段浇筑混凝土，本项目在晚上 12：00 点浇筑，且在 2～3h 内浇筑完全部混凝土。浇筑顺序为先底板，再顶板。浇筑混凝土时必须加强振捣，尤其是底板波纹管集中的地方和劲性骨架内外部分更应充分振捣密实。低温合拢时，用土工布覆盖，并加强接头混凝土的保温和养护，使混凝土的早期硬结过程中始终处于升温受压状态。

（6）体系转换

待边跨合拢段顶、底板纵向求预应力钢绞线张拉注浆完毕后，拆除 1、2 号墩临时支座，成为单悬

臂体系，中跨合拢段顶、底板纵向求预应力钢绞线张拉注浆完毕后，拆除支架，完成体系转换。拆除临时支座前后测量桥面高程并记录观测时的大气温度和天气情况。在跨中合拢段混凝土强度未达到设计强度的 90%之前，不得在跨中范围内堆放重物或运行施工机具。

4 总结

大桥中跨合拢后，主梁连为一体，结构由悬臂梁形式变为连续梁。全桥整体线形标高与计算理论值最大相差 7.6cm，边跨实际线型高于计算理论值，中跨线型低于计算理论值，满足精度要求。根据规范要求，七里河紫金大桥在施工过程中混凝土的应力状态合理，主梁处于一个合理安全的应力状态下。

综上所述，七里河紫金大桥施工线形监控满足控制要求，主梁应力在规范允许范围内，大桥顺利合拢。

参考文献

[1] 公路桥涵施工技术规范 JTGT F50—2011[S].

[2] 邢台市七里河紫金大桥工程施工图设计[R].

基于BIM装配式钢结构桥梁制造技术研究

曹 靖 沈万玉 王友光 田朋飞 戴传新

（安徽富煌钢构股份有限公司，合肥 238076）

摘 要 本文介绍在钢结构桥梁施工工程中，如何利用BIM技术+装配式桥梁技术提高对项目的管控。研究基于BIM装配式钢结构桥梁制造中的可控建造应用，是钢结构桥梁制造模式的一种拓展。

关键词 BIM技术；装配式钢结构；可控建造应用

在桥梁工程建造过程中，充分利用Tekla进行三维建模输出文件到BIM中进行设计，执行建造过程模拟，进行图纸的绘制，导出零部件图、精准套料匹配下料程序、空间定位值，导入先进数控生产设备，对零部件进行精准加工，根据构件图纸及相关参数进行组对、焊接、矫正、表面处理，根据图纸及三维空间值进行整体预拼装来保证安装精度及穿孔率，期间用全端仪等测量设备全过程检测与检查，结合BIM全过程模拟及跟踪来达到整个制造过程的可控应用，从而来实现构件智能制造。

1 基于BIM技术的建造特点

1）通过Tekla三维建模BIM设计，实现制造过程可视化模拟、碰撞校核，虚拟模型可在实际制造之前对工程项目的功能及可建造性等潜在问题进行预测，包括制造方法实验、制造过程模拟等。

2）通过三维模型可以导出零部件图、精准套料匹配下料程序、空间定位值．给精准制造提供源头保障，精准套料匹配下料程序，能减少工作流程及误差因素、提高原材料利用率、降低成本。

3）程序导入智能制造数控生产线，对零部件进行精确加工，确保零部件加工质量精度，根据构件图纸及相关参数进行组对、焊接、矫正、表面处理等，实现制造过程智能对接，精准智能制造。减少手工操作及误差因素引入、提高了效率、保证了构件质量精度。

4）通过放地样预拼装，匹配节点制孔，结合BIM空间定位置，全端仪等检测设备全过程检测，有效地控制了钢桁架的安装精度，有效地解决了全螺栓连接的对孔问题。

2 工艺流程

工艺流程见图1。

3 操作要点

Tekla structures三维建模及BIM设计模拟要点

根据装配式钢桁架桥梁结构施工图要求、运输条件、现场吊装施工环境、所采用的技术标准等，分析项目实施的重难点与关键技术控制要点，进行三维模型搭建及BIM设计，结合综合因素对制造过程进行可视化模拟，并对制造工艺方法进行实验性模拟，充分对潜在问题进行预测，选出最合适的制造方案，并根据最终模型进行出图，并导出精确套料下料程序及相应的空间参数值来指导后续整个制造过程（图1）。关键要点分述如下：

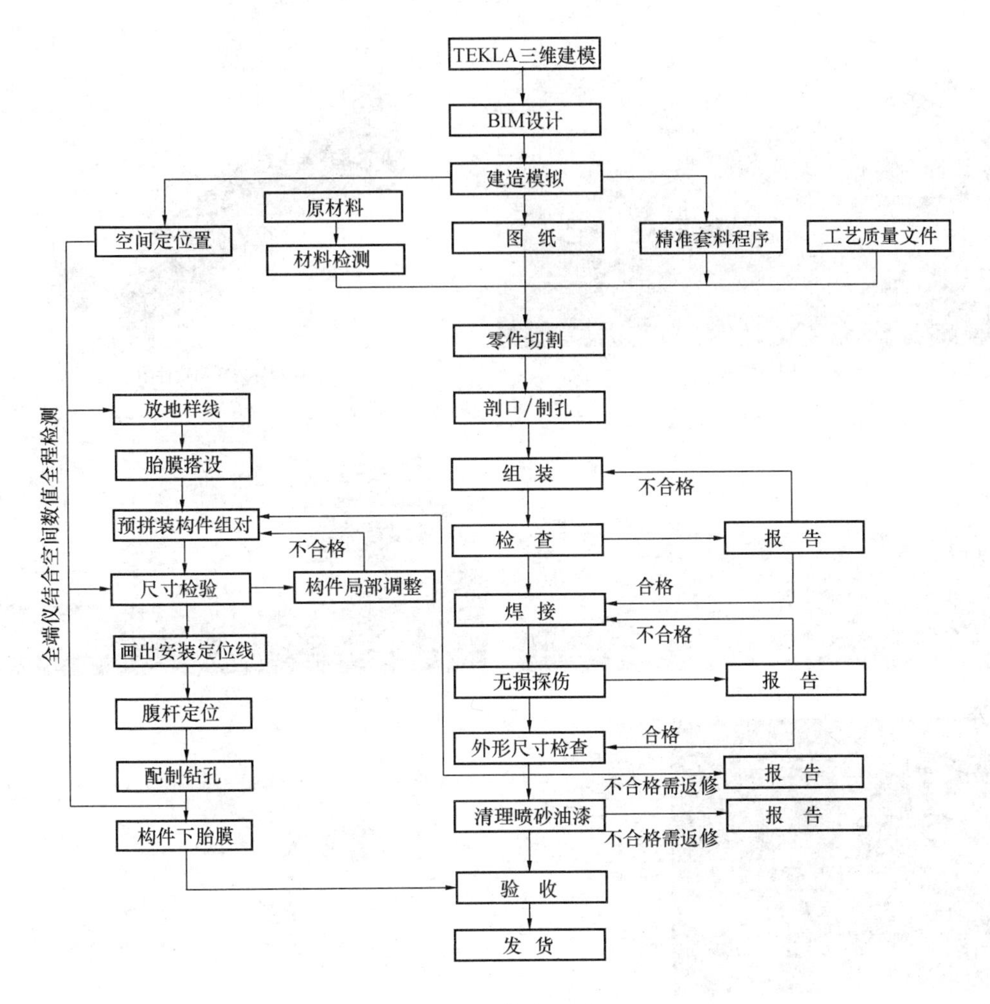

图 1 工艺流程图

1）熟悉设计表现意图，结合运输条件、现场吊装施工环境及钢桁架桥梁国家制造标准分析出重难点及关键技术控制点。

2）用 Tekla 进行模型搭建过程中，控制好轴线、标高、杆件材质、分段、杆件连接节点处理等。

3）用 BIM 进行设计过程中，充分考虑设备运行及行程情况、制造工艺流程、加工场地情况、质量控制点的设置情况等，设计完毕要进行碰撞处理、分段校核、按工艺流程全程可视化模拟。

4）根据模型进行出图、导出下料程序及控制点参数值时要做到，调图简洁易懂，匹配套料达到共边、桥接、互补、集中批处理，控制点能起到整体控制精度方便检测捕捉。见图 2。

4 预拼装工艺流程及控制要点

预拼装目的在于检验构件制作的整体性和准确性，保证现场安装定位．根据图纸的尺寸（包含预拱值），在拼装平台上划出弦杆、腹杆等构件的中心线、节段端面位置线、轮廓线等基准线，确定构件节点等关键控制点，并做好标记；结合 BIM 空间定位置，全端仪等检测设备全过程复测。

1）地样尺寸自检完成后由质管人员进行验收，准确无误后方可使用。

2）根据地样线设置胎架并测量找平，其平面度控制在±1.0mm 之间。胎架设置完成后同样由质管人员进行验收，合格后再使用。

3）根据地样线，采用吊线锤方式将上、下弦杆进行定位，调整弦杆的平面度。校正弦杆上关键控制点、杆件中心线等基准线与地样是否吻合（吊点差＜2mm），将定位好的弦杆与胎架固定牢固；同时

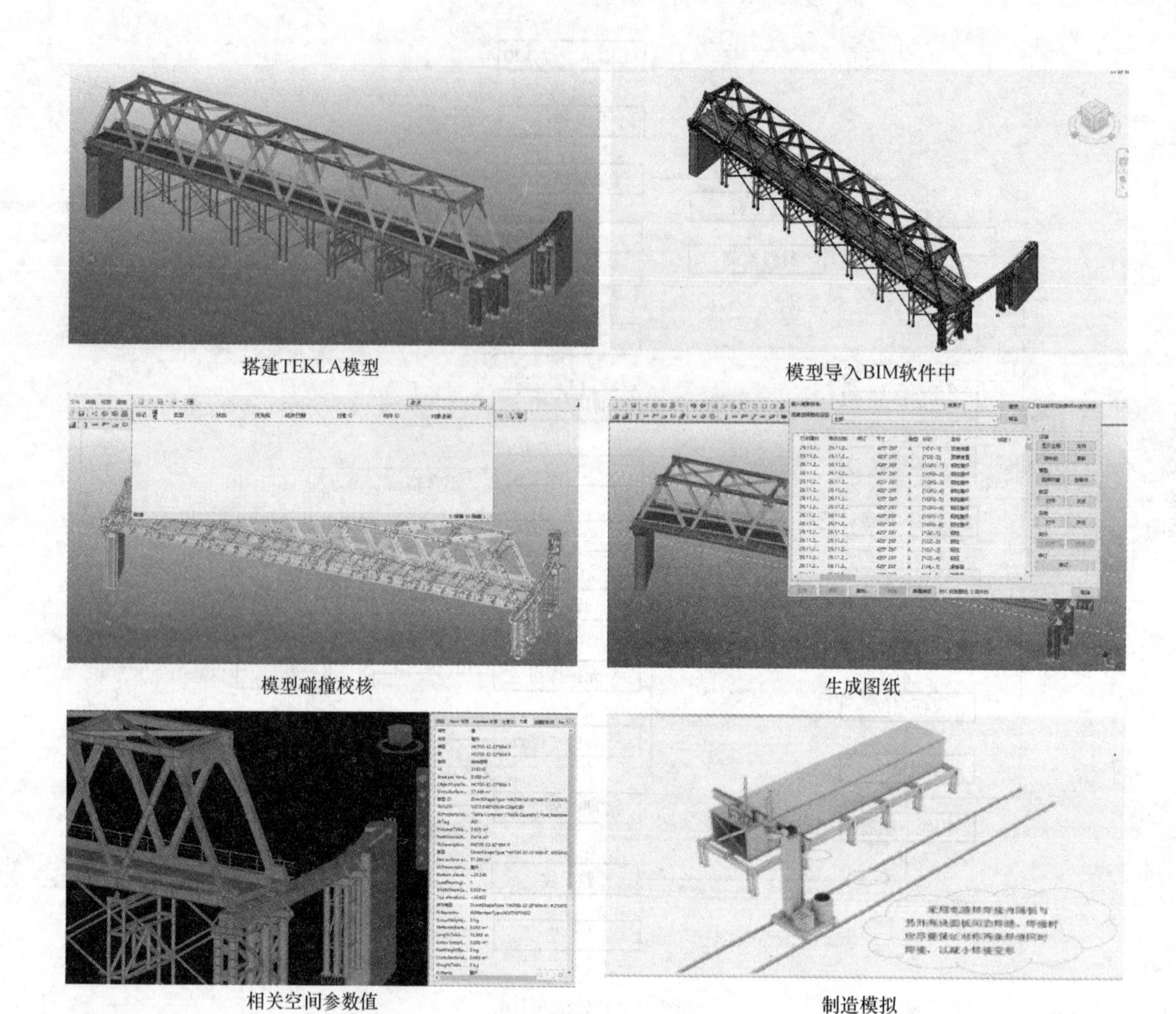

图 2　Tekla 三维建模及 BIM 设计模拟节点示意图

采用全端仪结合三维模型空间参数值进行复测。

4）根据地样线，定位斜腹杆，校正弦杆上关键控制点、杆件中心线等基准线与地样吻合，调整斜腹杆与节点板间的间隙，使板层密贴。

5）再次采用全端仪结合三维模型空间参数值进行复测。

6）调整好后匹配节点制孔，然后用 M24 的螺栓安装固定，并做好标记。

7）待主桁整体调整后，使用试孔器检查所有螺栓孔，必须用试孔器检查所有螺栓孔，桁梁主桁的螺栓孔应 100％自由通过较设计孔小 0.75mm 的试孔器；桥面系和联结系的螺栓孔应 100％自由通过较设计孔径小 1.0mm 的试孔器。

8）自检、专检验收合格后，杆件间的连接位置打上对合线样冲标记，构件涂装后进行色标，以便现场对位安装，下胎膜、验收、发货。同时做好各种数据的测量记录表，提供现场安装用。见图 3。

5　结语

发展装配式钢结构建筑是一种国家战略，是建筑行业的又一次技术革新，同时具有效率高、强度高、对环境破坏少、施工工期短等特点。装配式钢结构桥梁工程制造工艺复杂，对信息管理、追踪及时效性要求比较高。用 BIM 设计、BIM 制造过程可视化模拟、数控生产线精准智能制造、地样预拼装、三维空间测等技术，提高了对项目的管控能力，减少了项目信息不匹配，实现了全过程可控建造，基于

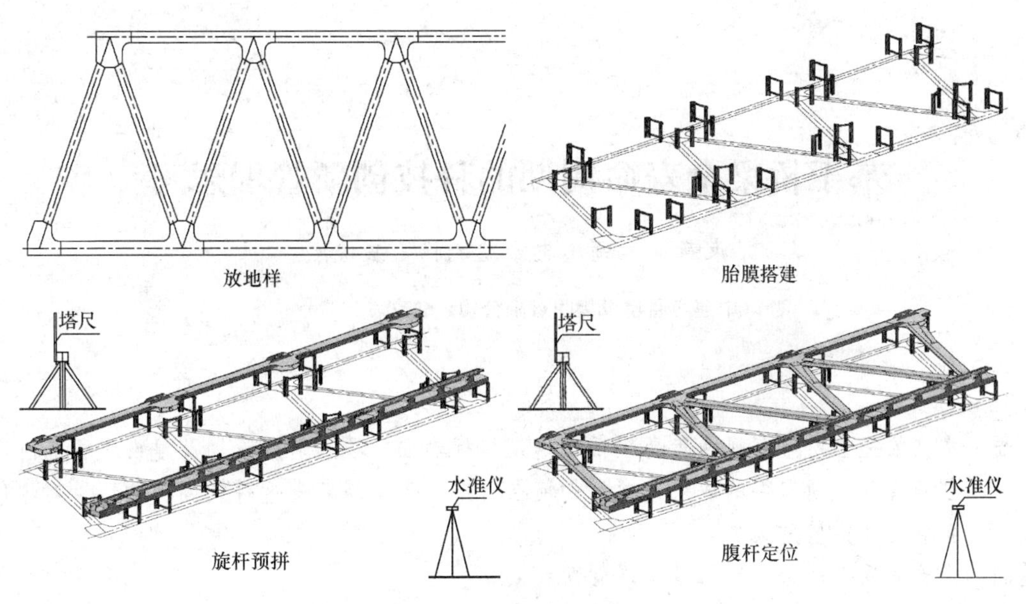

图 3 预拼装过程示意

BIM 的装配式桥梁建造技术有着巨大的潜在效益。

参考文献

[1] 城市桥梁工程施工与质量验收规范 CJJ 2—2008[S].
[2] 铁路钢桥制造规范 TB 10212—2009[S].
[3] 钢结构工程施工质量验收规范 GB 50205—2001[S].
[4] 何关培 . 中国工程建设 BIM 应用研究报告 2011[J]. 土木建筑工程信息技术，2012，4(1)：15-21.
[5] 张建平 . BIM 技术的研究与应用[J]. 施工技术，2010.

基于桥梁全寿命周期的科技创新管理思考

束新宇　顾志忠　路　畅　岳俊杰

（中建交通建设集团有限公司，北京　100142）

摘　要　本文依托临汾市滨河西路高架桥在建设目标确立、项目前期策划及建设过程等阶段的科技创新管理及所取得的成果，探讨如何在桥梁全寿命周期进行科技创新管理。对现代桥梁创新管理有借鉴意义。

关键词　全寿命周期；科技创新管理；创新策划

1　工程概况

1.1　项目基本信息

临汾市滨河西路与彩虹桥、景观大道立交桥项目位于山西省临汾市尧都区刘村镇，项目于 2016 年 4 月 19 日开工，2017 年 11 月 30 日竣工验收完成。项目主体由 4 座桥梁组成，上部结构采用钢-混组合箱梁，下部结构为框架墩＋承台＋桩基的结构形式。钢箱梁部分采用单箱四室、单箱三室及单箱单室截面形式。钢箱梁体采用分段预制加工，4m 一个节段，总共 688 个节段，现场拼装的方式安装。桥梁全长 2587.5m，工程总投资 5.8 亿元，是国内目前整体规模最大的多箱室钢-混凝土组合箱梁桥，桥梁选用 Q345qD 桥梁专用钢，总用钢量达 1.37 万 t。项目钢-混组合梁 BIM 效果图见图 1。

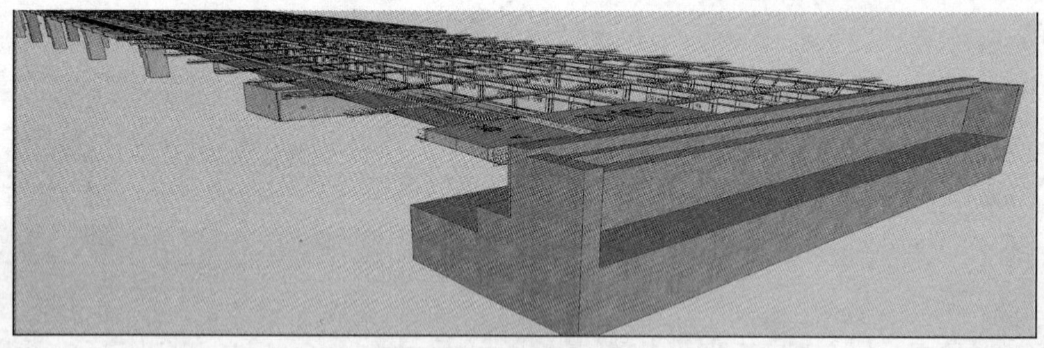

图 1　项目钢-混组合箱梁 BIM 效果图

1.2　建设重难点

本工程钢-混凝土组合梁钢材用量为 1.37 万 t，大截面、大吨位钢箱梁的 分节运输、安装、起拱度控制、环焊、支点升降量为施工控制重点；钢箱梁现场安装的临时支架的沉降、稳定性及其刚度直接影响其的安装精度，钢箱梁安装的支架的沉降、稳定性和刚度作为控制重点；为了有效的降低钢混组合梁墩顶负弯矩区的拉应力，采用两种先进的施工工艺来控制负弯矩区桥面板的应力，以此体现该类桥梁良好的技术经济优势：桥面板施工工艺（皮尔格法）和支点升降法。

2　建设目标

桥梁工程建设的理念是要修建安全、适用、经济、美观、耐久和环保，而要更好地实现这个目标，就必须要创新。全寿命周期创新管理的基本理念就是面向建设及其维护和可回收利用的设计、施工阶段，响应国家转型升级战略，利用大数据时代信息技术，通过科技创新，促进降本增效，实现工程全寿命周期的最优化。随着我国交通建设的高速发展，有着承载力高、结构刚度大、抗震性能好、施工便捷以及可回收利用等优点的钢混组合梁，在桥梁建设中开始悄然新起，该型桥梁全寿命周期中有着良好的技术经济效益。

在项目开工初期，依托本项目成立了《基于顶升工艺的装配式钢-混凝土组合箱梁设计、施工技术》研究课题，联合设计单位及高校创建科研小组，秉承“科技先行 谋精创优”的研究理念，达到降本增效，品质提升，提高桥梁全寿命周期的技术经济效益。编制了技术策划书和项目实施策划书等（图 2、图 3），计划开发科技研发课题 1 项；申报专利 2 项；形成工法 4 篇；发表科技论文 8 篇；申报优秀施工组织设计 1 项；计划申报中建总公司科技推广示范工程；获集团级以上科技奖 1 项；并确立质量目标为确保“汾水杯”，争创“国家优质工程”。

项目部实施计划管理表格

项目科技进步计划表

表格编号 SSJH-0403

序号	项目	具体内容
1	科技研发课题	计划承担科技研发课题 1 项，研发主要内容和目标是：基于顶升工艺的钢-混凝土组合箱梁桥负弯矩区关键技术研究。
2	专利	计划申报发明专利 1 项，方向为 [illegible]；计划申报实用新型专利 1 项，方向为 [illegible]；计划申报软件著作权 / 项，方向为 / 。
3	工法	计划形成工法 4 篇，具体方向为 钢-混凝土组合梁的顶升；[illegible]；[illegible]；钢-混组合箱梁[illegible]施工工法。
4	科技论文	计划发表科技论文 8 篇，具体为 [illegible]；BIM 技术在装配式钢混组合箱梁桥的施工应用技术。
5	优秀施工组织设计/施工方案	计划申报优秀施工组织设计/施工方案 1 项，具体为钢-混凝土组合梁施工方案
6	科技示范工程	计划申报科技推广示范工程 1 项；
7	科学技术奖	获得集团级以上科技奖 1 项，具体为基于顶升工艺的装配式钢-混组合箱梁桥设计施工关键技术研究。

图 2 项目科技进步计划表

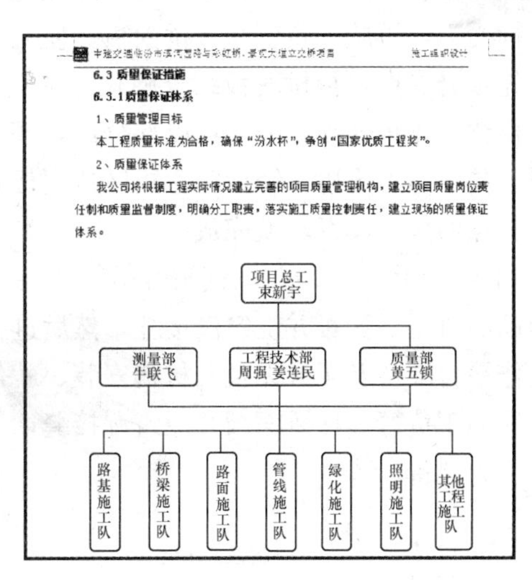

中建交通临汾市滨河西路与彩虹桥、景观大道立交桥项目　　施工组织设计

6.3 质量保证措施

6.3.1 质量保证体系

1、质量管理目标

本工程质量标准为合格，确保“汾水杯”，争创“国家优质工程奖”。

2、质量保证体系

我公司将根据工程实际情况建立完善的项目质量管理机构，建立项目质量岗位责任制和质量监督制度，明确分工职责，落实施工质量控制责任，建立现场的质量保证体系。

图 3 项目质量管理目标及体系

3 规划与管理

项目初期协同建设单位、勘察单位、设计单位及监理单位制定项目创新、创优目标，对工期、质量、施工重难点首先制定目标及方案，在既有的技术上进行创新，从而达成缩短工期、提高质量、解决重难点问题等目的。设定了确保“汾水杯”，争创“国家优质工程”的质量目标，以高标准为创新进步的动力。具体措施如下：

（1）项目成立了科技研发小组，由项目总工担任小组组长，编制科技创新大纲和计划。

（2）建立工程创新制度，制定了项目创新策划评选办法，定期组织创新策划评审，通过初审、现场复查、会议评审等一系列环节，确立创新课题。

（3）召开科技创新策划交流会，每季度针对项目科技进步计划表，统计该季度需完成的科技创新内容，互相交流学习，对比创新亮点难点，论证方案的可行性。

（4）举办科技创新专题培训班，由具备丰富施工经验的项目管理人员对科研小组员工进行培训，通过科技创优筹划与策划、过程管控及先进成果总结与提炼等的讲解，强化组员的创新意识和对科技创新工作的理解。

（5）开展工程创优现场督查，在项目建设过程中，对工程项目开展创新现场检查指导，及时搜集过程资料，提炼亮点，整理先进成果。

（6）将创优纳入年终考核指标，在年底项目管理评价中，将科研小组的创先评优成果纳入考核指标，引导小组积极、主动地创优。

（7）表彰、宣传获奖成果，每年对取得显著成效的创新策划进行正式发文表彰，并在公司网站、微信公众号、工作会议上进行大力宣传增强科技研发人员的荣誉感。

4 亮点经验总结

4.1 创新策划一

钢混组合梁是由钢结构主梁、混凝土桥面板以及剪力键组成的一种新型结构，控制与防止负弯矩区混凝土开裂，是该型结构设计与施工中必须要面对的一个难题。运用皮尔格法和预顶升法的有机结合，实现了对装配式钢-混组合连续梁负弯矩区拉应力的有效调控，优化了结构抗裂性能。

亮点技术：皮尔格法和预顶升法有机结合施工工艺

皮尔格法和预顶升法结合的施工工艺，即先施工正弯矩区的桥面板，使之与钢梁结合后尽早以组合截面参与结构受力，再施工负弯矩区桥面板，使之受拉范围与数值大幅减小，并在负弯矩区桥面板与钢梁结合前，先顶升支点，待桥面板结合硬化完成后再回落到位，使混凝土桥面板获得一定的预应力储备，以完成桥梁的体系转换，如此可以部分或全部抵消由荷载产生的拉应力，优化负弯矩区受力，以保证施工质量。具体施工步骤：铺设正弯矩区桥面板施工→支点位移前准备工作→支点顶升→负弯矩区桥面板→施工支点回落→体系转换完成。

如图 4、图 5 所示，待一整联钢箱梁吊装到位且精准就位，钢箱全部焊接完成且检测合格后，铺设正弯矩区钢筋混凝土桥面板并浇筑湿接缝，然后进行支点位移前准备工作，包括技术准备、机具材料准备、顶升操作平台准备及顶升设备及材料安装、就位准备。准备就绪且复核后开始顶升操作，顶升支点至设计标高后施工负弯矩区桥面板并浇筑湿接缝，待桥面板结合硬化到设计强度后再回落到位实现体系转换，完成应力储备。

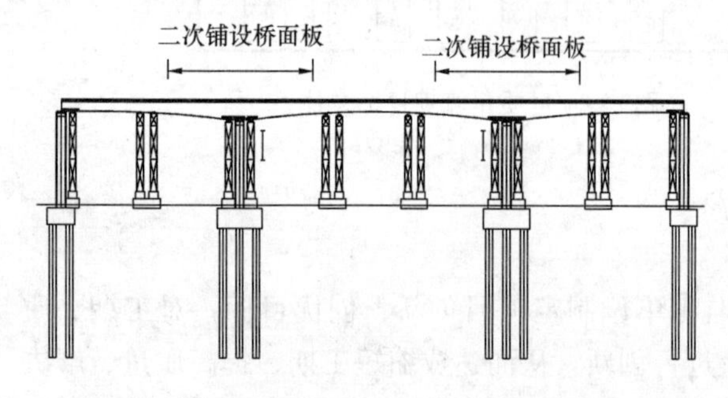

图 4　正弯矩区混凝土桥面板施工示意图

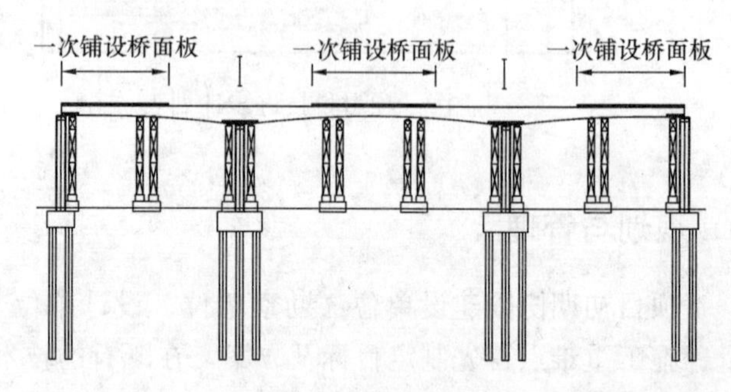

图 5　负弯矩区混凝土桥面板施工示意图

技术提升：与传统张拉法施加压应力相比，无需张拉、压浆，节省支模工序和模板，节能环保，提高施工安全性，降低工程造价；待桥面板达到设计强度后，能够马上完成支点升降操作，施工速度快；使用技术成熟的顶升设备及自制的简易设施，机械化程度高，周转使用性强，具有重要的工程实践意义。

4.2 创新策划二

BIM 技术是现阶段建筑施工中的常见技术，其不但数据可模拟性强，还可以利用三维效果的优势实现多部门间的协同工作。随着我国交通事业的发展，在桥梁施工过程中应用 BIM 技术可以有效实现桥梁的施工管理，提高桥梁施工的精确度。基于 BIM 技术建立参数化模型，实现了对装配式钢-混组合连续箱梁模块化、工厂化制造、运输、安装的全过程信息化管理。

亮点技术一：运用 BIM 参数化模型对图纸进行校核、方案预演及可视化技术交底。

按照施工设计图完成整个工程参数化模型创建后，对模型中的工程量进行提取统计，校核图纸，查验桩基、承台、墩柱、支座垫石、桥面高程是否相符，查验整体线性是否平顺、照明绿化等城市景观效果；将整个模型组合完毕后进行碰撞检测，对钢箱梁剪力钉与预制桥面板外露环形钢筋之间的冲突、碰撞处理；利用BIM技术可以对施工方案进行预演，通过预演对方案的可行性进行论证和优化；在钢箱梁制造及安装、预制桥面板生产及安装、桥面湿接缝浇筑前均进行可视化技术交底，确保三级技术交底真实准确的领会、执行与落实（图6～图8）。

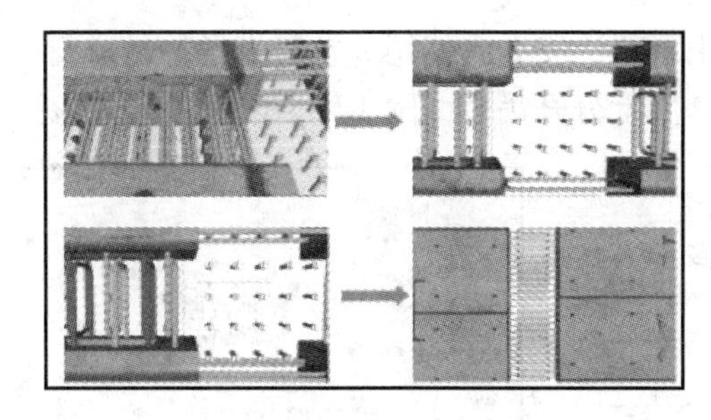

图6　碰撞检查示意图

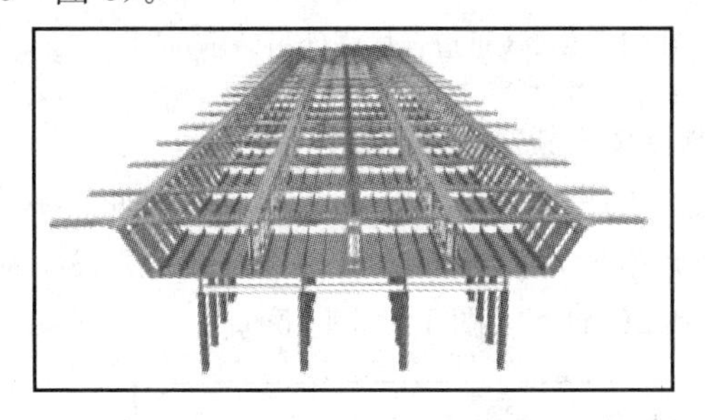

图7　钢箱梁组装试拼模型

图8　桥面板吊装交底

亮点技术二：BIM理念与物联网系统的融合技术。

由于工程钢箱梁为异地工厂制造，为加强项目对构件的运输与管理，引入了RFID技术配合GPS跟踪系统，可以实现对原材料入库、库存、发放和领用的全过程跟踪管理，指导和规范工人操作，且实时定位车辆详细状态，有效调度，满足施工现场的生产需求，受控车辆所有的移动信息均被存储在控制中心计算机中，对相关物件流通的信息数据进行有效的记录和管理，提高项目信息化水平（图9～图11）。

图9　钢板BIM条码

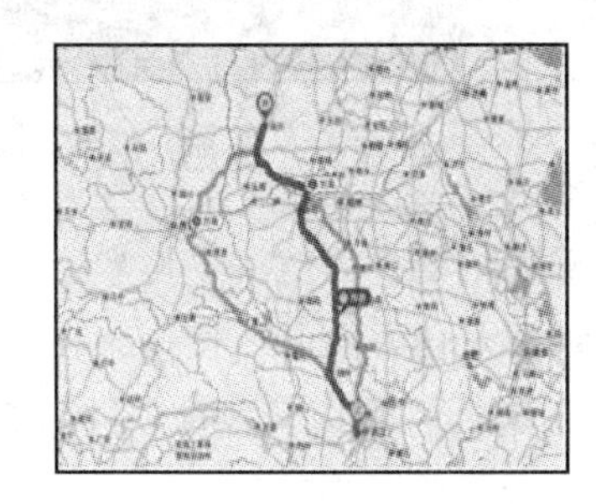

图10　通信网络系统图

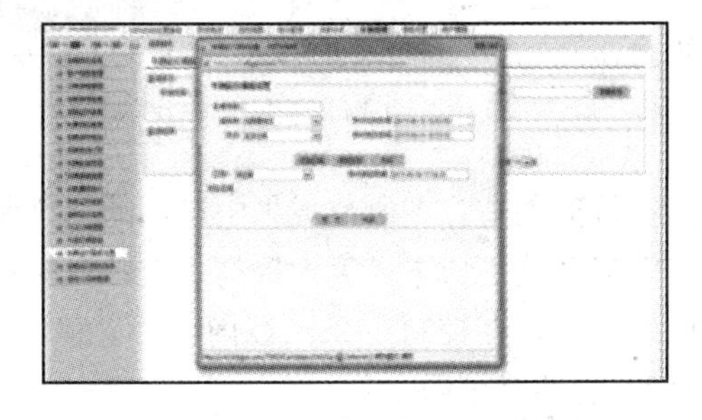

图11　通信系统管理界面

价值提升：BIM能提高数字信息化施工水平，提高生产效率和施工质量；整体或局部模型碰撞能有效避免施工中出现预料不到的错误；运用BIM技术对图纸进行校核事前发现图纸中的问题并进行优化；将物联网和RIFD技术引入BIM理念，提高了桥梁工程施工过程中的物料管理水平，优化资源安排，加快施工进度，实时了解构件动态，为施工现场的统筹布置提供依据。

4.3　创新策划三

虽钢-混组合结构桥梁在交叉跨线段占有较大优势，但在有上跨且净空高度受限条件下，组合梁梁段吊装设备选择、吊装方法、支架拼装及施工过程中线形控制技术仍存在技术难度，采用可调拼装支架高空对位，形成了多联跨、上下交叉复杂情况下梁段吊装就位控制技术[2]。

亮点技术一：对多联跨、上下交叉等特殊情况下的钢箱梁安装采用双机抬吊关键技术。

钢箱梁运输至现场时，遵循“先上后下”的吊装原则。匝道桥下穿滨河西路，并与滨河西路主线桥净高空间较小，受主线桥结构干扰履带吊作业时臂杆摆动空间不足，因此将匝道桥与滨河西路交叉区域采用滑移法安装，使用 2 台履带吊抬吊进行安装施工作业；其余节段则采用履带吊直接吊装就位，悬挑部分成批分开吊装（图 12、图 13）。

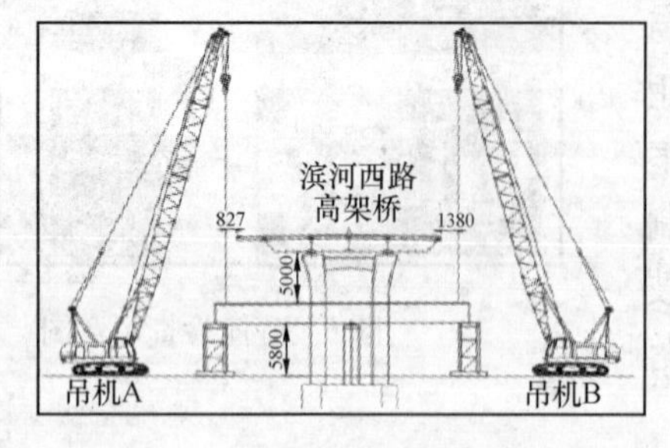

图 12　A、B 匝道合拢段处吊装工况示意图

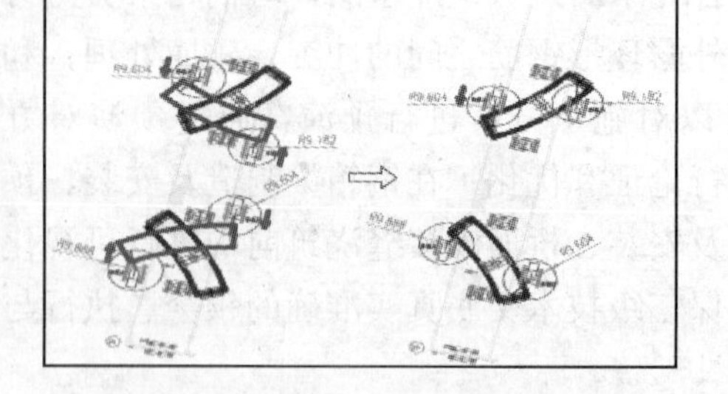

图 13　A、B 匝道合拢段处吊装示意图

亮点技术二：采用标准装配式钢管格构柱实现可调拼装支架高空对位。

钢箱梁安装施工过程中，临时支架的搭设是安装施工的重要环节之一，为提高材料使用率及施工速率，采用标准装配式钢管格构柱，该柱分为标准段和调整段，标准段每节高度 4m，横截面轴线间距 2m×2m，节段间采用法兰盘螺栓连接，最大承载力达到 2600kN（图 14、图 15）。

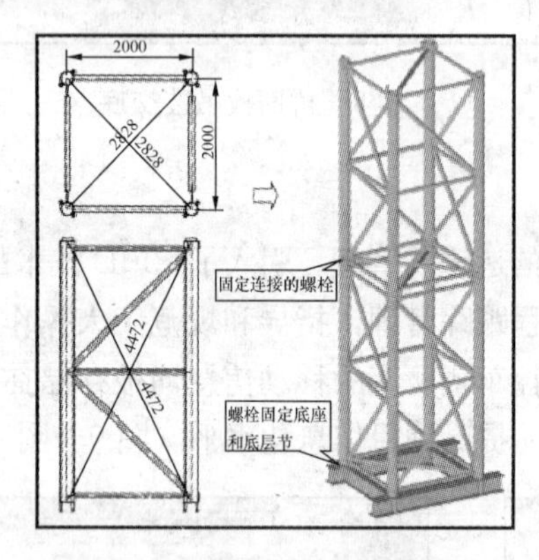

图 14　标准装配式钢管格构柱

图 15　装配式钢管格构柱现场安装

价值创造：本研究成果中采用的标准装配式格构柱做钢梁支撑架，周转使用性强，安装速度快，能有效降低施工成本，大大提高工效；对桥梁线性及位移监测，使钢梁在焊接及体系转换完成后线形吻合良好，偏差在控制在 2cm 以内，桥梁整体线形流畅，结构受力合理，满足设计和规范要求。

4.4　创新策划四

顶升作业前需将千斤顶及钢板等设备材料放置墩顶合适位置，但墩顶距地面较高，且墩顶与钢箱梁底空间不足 50cm，难以使用人工或大型吊装机械进行设备材料吊运，针对这一问题，研发了一种用于机具、构件吊运的特制带转轴吊点装置，解决了在钢箱梁底与墩柱顶空间狭小带来的施工难题。

亮点技术：利用卷扬机特制带转轴吊点装置，如图 16 所示，将定滑轮固定装置的承载架固定在墩

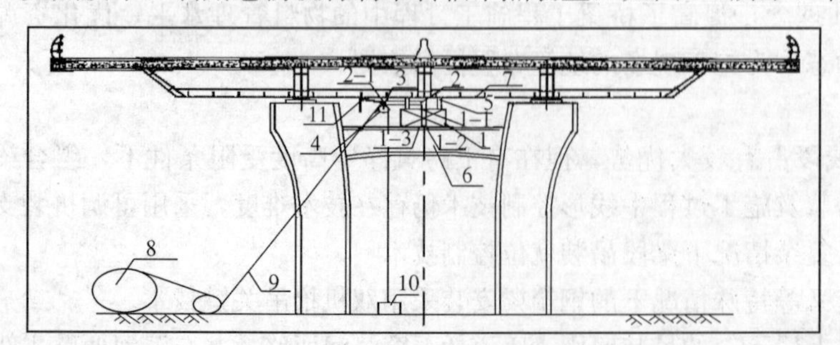

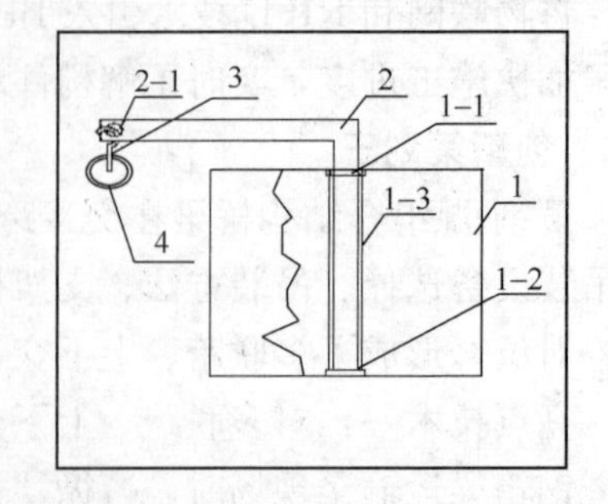

图 16　桥梁梁底与墩柱狭小空间处的吊运工装

柱顶上面。承载架上安装可转动并连接了定滑轮的悬臂挂架。通过手拉葫芦操纵悬臂挂架，卷扬设备可将顶升设备或物料吊运到梁底与墩柱狭小空间处的作业现场，完成对钢箱梁顶升或修复施工作业。

技术提升：利用本发明无需使用大型吊装机械即可提升 1～5t 的材料、设备，吊运效率高，使用不受环境限制，安全性强、周转率高，适用范围广，特别是适用钢混组合梁桥梁梁底与墩柱顶狭小空间机具、构件的吊运。

5 建设成效

5.1 质量成果

研究依托的临汾市滨河西路与彩虹桥、景观大道立交桥项目，于 2017 年 4 月 21 日获第十二届第二批中国钢结构金奖；2017 年 7 月 26 日获 2017 年度全省优秀工程勘察三等奖；2018 年度山西省优良工程，2018 年度省级建筑施工安全标准化示范项目，获 2018 年度山西省工程建设施工优秀 QC 小组一等奖和三等奖。

5.2 创新成效

2017 年 7 月 4 日，中科合创（北京）科技成果评价中心在北京组织召开了“基于顶升工艺的装配式钢-混凝土组合箱梁桥设计、施工关键技术研究”科技成果评价会，评价委员一致认为，成果总体达到国际先进水平。结合本课题研究，发表学术论文 7 篇；形成企业级工法 3 篇，省部级工法 2 篇；实用新型专利授权 2 项；形成 QC 成果 4 项；获 2017 年度中建总公司科学技术奖三等奖。

5.3 品牌形象

主流媒体关注：作为临汾市“十五大重点工程”之一，国内目前规模最大的多箱室钢-混组合箱梁桥，临汾市滨河西路与彩虹桥、景观大道立交桥项目在建设过程中，一直被山西日报、山西晚报、临汾日报、光明网、中国网、网易新闻、山西新闻网、临汾政府网、临汾新闻网、临汾电视台、各种微信公众号、微博大 V、自媒体等众多主流媒体关注，提高了企业在临汾建筑行业的品牌形象，项目实景见图 17、图 18。

图 17 项目景观大道亮化夜景

5.4 经济效益

采用支座预顶升法施加预应力仅预应力钢筋材料费降低工程造价 942 万元，采用预制混凝土桥面板节约成本 624.4 万元，采用标准装配式格构柱可以节约施工成本 36.4 万元，利用卷扬机特制带转轴吊点装置，节约机械租赁费 120 万元，共计节约成本 1722.8 万元。

5.5 社会效益

该研究成果技术先进可靠，无需使用预应力钢束、无需张拉压浆，钢箱梁分节段、预制桥面板提前制造，提高了施工质量及安装速度，减少了与施工现场的交叉作业及湿作业，提高施工安全性、节能环保、工业化程度高，缩短了施工周期，达到降低工程造价目的。符合国家大力发展装配式建筑及倡导的

图 18　景观大道处完工实景图

“绿色低碳、节能环保和可持续发展”及“工业化”的建设要求，与我国“十三五”优先启动国家重点研发任务研究方向切合，应用推广价值高。

6　经验总结

当前我国在桥梁数量和规模上已进入世界桥梁大国的行列，但从技术角度来衡量，离桥梁强国还有一定距离，必须要有创新科技和技术上的新突破。关于桥梁创新可以从以下几个方面思考：以钢结构梁桥为主体，协同预制板、剪力钉组成的新型组合梁是创新桥型中极为重要的一种，在城市桥梁中有着广阔的创新空间和发展空间；桥梁科技创新有其发展过程，由模仿向原创、由优化向突破、由低级向高级，不必一味求大求奇，由量变到质变；科技创新不见得必然代价巨大，桥梁构造细节上有很大优化的空间，勿以新小而不为；科技创新的必要性重要性不言而喻，但是真正将创新产业化则需要一个推动创新的制度体系，在这个体系的基础上才可实现可持续创新。为迈入世界桥梁强国的行列，让我们共同努力！

参考文献

［1］　邱柏初．预制桥面板在组合梁桥中的应用研究[J]．世界桥梁，2011(6)：30-33.

［2］　高建伟．钢-混凝土组合梁桥支座位移法施加预应力技术[J]．施工技术，2005，34(5)：23-26.

四、金属板屋面墙面围护结构系统工程

焊接不锈钢板屋面系统在青岛胶东国际机场航站楼的应用

赵忠宇[1]　王正涛[2]　李　宏[1]

（1. 北京启厦建筑科技有限公司，北京；2. 青岛胶东国际机场建设指挥部，青岛）

摘　要　本文主要介绍了焊接不锈钢板屋面系统在青岛胶东国际机场航站楼的研究及应用，可为类似工程提供参考。

关键词　焊接不锈钢；屋面系统；施工技术

1　概述

青岛胶东国际机场位于青岛市所辖胶州市中心东北 11km，距青岛市中心约 39km，建设规格为国内一流、世界先进的区域枢纽机场。机场航站楼呈海星造型，不但凸显出青岛的海洋文化特性，还巧妙地运用五指廊设计，最大程度地缩短旅客登机距离，人性化方便游客出行，见图 1。

图 1　青岛胶东国际机场效果图

青岛是我国著名的海滨城市，海洋性腐蚀较一般内陆城市更重，且一年四季大风不断，时常也会遭遇暴雨侵袭，而胶东国际机场航站楼屋面面积达 22 万 m²，最重要的中央区域屋面坡度都在 5%以下，而且整个屋面有多达 1200 个穿屋面杆件和 60 个大大小小的穿屋面烟囱，这对航站楼屋面系统的防腐性、抗风性、防渗漏都带来很大的挑战，提出了更高的要求。胶东国际机场建设之初，建设单位青岛新机场建设指挥部和设计单位中建西南建筑设计院也曾为金属屋面系统的选择大费心机，绞尽脑汁，毕竟传统的压型钢板系统和铝镁锰屋面系统对青岛胶东国际机场航站楼屋面这样条件复杂、难度极高的项目来说都存在着太多的隐患和风险，不能完全消除大家心中的顾虑和担忧。为了对工程负责不留遗憾，抱着虚心学习的态度，建设单位和设计单位组织技术人员对与青岛气候条件相似的韩国首尔仁川国际机场、日本东京羽田国际机场进行了实地考察和技术交流，最终决定采用具有国际先进水平的焊接不锈钢屋面系统作为青岛胶东国际机场航站楼的屋面系统。

焊接不锈钢板屋面系统是 20 世纪 60 年代末起源于欧洲的新型屋面系统，是利用不锈钢的可焊接性，采用小型化的焊机对屋面板接缝实施连续电阻焊，从而使整个屋面形成连续密闭的结构性防水层，完全消除了雨水从缝隙渗入屋面的可能性，因此焊接不锈钢板屋面系统对屋面的坡度没有要求，只要设有排水斗，屋面坡度为零也完全不用担心漏水问题。欧洲的焊接不锈钢板屋面系统虽然很好地解决了屋面防水的问题，但是也存在着很大的局限性和不足，比如屋面板的平整度较差，板面褶皱较多，这与欧洲人的审美有很大的关系，因为欧洲设计师普遍接受并认可这种不平整，甚至还会刻意追求这种建筑效果(图 2、图 3)。

图 2　比利时安特卫普法院大楼焊接不锈钢板屋面

图 3　荷兰鹿特丹中央火车站焊接不锈钢板屋面

欧洲焊接不锈钢板屋面的另外一个不足之处在于抗风揭能力较弱，这与欧洲的气候条件比较温和有关，因此欧洲的屋面从业者不需要花费更多精力去研究如何提高这种屋面系统的抗风能力。

而当焊接不锈钢板屋面技术传入日本之后，为了适应东方人的审美观和日本严酷的气候条件，日本屋面从业者进行了彻底的改良和革新，使焊接不锈钢板屋面系统在美观性、抗风能力上都得到了根本上的改观和提高，从而能够应对日本频发的台风、暴雨、暴雪等恶劣天气，在日本的大型公共建筑上得以广泛应用，北至北海道新千岁机场，南到冲绳那霸机场，都采用了焊接不锈钢板屋面系统（图 4）。

图 4　东京羽田国际机场焊接不锈钢板屋面

虽然焊接不锈钢板屋面系统在日本有着大量的成功案例，但是要把这一系统运用到青岛新机场的建设，却不是简单照搬这么容易。要知道在焊接不锈钢板屋面系统进入日本的二十多年里，曾经有五、六家日本金属屋面公司或联盟参与研究开发了不同的焊接不锈钢板屋面做法，但最终有的成功，有的失败，甚至在一些实际工程应用中出现过很多问题，有些屋面公司因为找不到解决办法现在已经不得不放弃了焊接不锈钢板屋面系统，真正能够熟练掌握这一技术并取得成功的并不多。要想在青岛新机场项目把焊接不锈钢板屋面技术用好，必须有一只扎实可靠的本土金属屋面实操团队，来将这一新技术结合国内实际情况加以消化吸收和完善。经过公开招标和业绩考核、调研，北京启厦在屋面竞标中脱颖而出，启厦团队是国内最早开展金属屋面研究设计施工的专业队伍，曾经参建过深圳机场、广州机场、国家大剧院、广州亚运会综合体育馆等众多标志性建筑，对国内的各种类型金属屋面系统和技术有着深刻的理解。北京启厦在 2010 年就预见到金属屋面行业的发展趋势和焊接不锈钢板屋面系统的广阔前景，联合国内知名不锈钢生产企业山西太钢集团很早就开始了焊接不锈钢板屋面技术的研发和测试，并在 2012 年、2013 年先后申请了多项焊接不锈钢板屋面技术的专利，在青岛新机场确定方案之时，北京启厦已经在这一领域具有 5、6 年的技术储备和领先优势，完全具备了实施焊接不锈钢板屋面工程的技术能力。

2 焊接不锈钢板屋面系统研究设计

为了让青岛新机场焊接不锈钢板屋面能够成为国内具有开创性的典范，机场建设指挥部和中建西南建筑设计院清醒地认识到还有大量的前期准备工作要做，例如当时国内还没有焊接不锈钢板屋面相关的设计、施工、验收规范，没有成熟的施工管理经验，焊接不锈钢板屋面方面的理论研究和试验数据还不够充分，生产和安装的工艺措施还不十分完善。但是面对种种困难，机场建设指挥部和中建西南建筑设计院并没有退缩不前，而是确立了大胆工作、小心求证的工作方法，要求参建单位充分认识到机遇和风险并存，鼓励大家共同努力把基础打好。在机场建设指挥部的大力支持下，指挥部针对焊接不锈钢板屋面专题召开了四次专家论证会，组织了三次专家现场观摩，领导参建单位编制了适合青岛新机场的《焊接不锈钢板屋面施工指导书》、《焊接不锈钢板屋面验收标准》，在屋面开工前完成了焊接不锈钢板屋面系统大型样板段的安装，并进行了屋面水密性、气密性、静态抗风揭、动态抗风揭等一系列专项大型试验，为青岛新机场焊接不锈钢板屋面的顺利实施打下了坚实的基础，见图 5、图 6。

图 5 屋面带天窗进行加压淋水试验

图 6 焊接不锈钢板屋面系统抗风揭试验

焊接不锈钢板屋面系统简单来说就是把所有屋面的接缝都用焊机焊接起来，使整个屋面形成一个无缝的整体，这样雨水就无缝可钻，没有漏水的机会和可能。同时屋面板缝焊接的同时，屋面板也会与下部的固定座焊接在一起，而焊缝的强度高于不锈钢母材的强度，这种连接的牢固性就避免了暗扣式或锁边式屋面系统经常出现的屋面板与固定座脱扣的情况，因此抗风能力大大提高。青岛新机场焊接不锈钢板屋面系统的动态抗风揭试验达到－9.15kPa 不破坏，静态抗风揭试验达到－11kPa 不破坏，都证明了这种屋面系统具有不俗的抗风能力。

青岛胶东国际机场航站楼屋面构造（图 7）由上至下依次为：

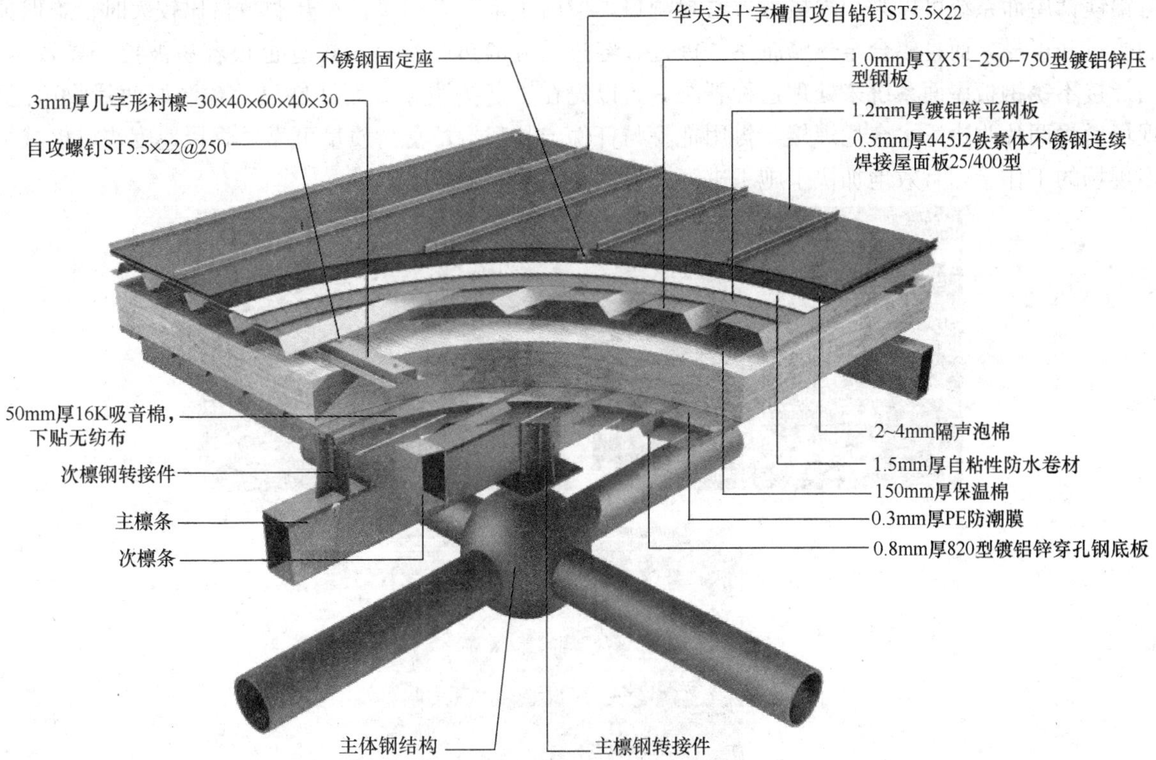

图 7　屋面构造示意图

0.5mm 厚 25/400 型毛面焊接不锈钢板屋面板（445J2）

3mm 厚隔音泡棉

1.0mm 厚自粘性改性沥青防水垫层

1.2mm 厚镀铝锌平钢板

1.0mm 厚 YX51-250-750 镀铝锌压型钢板

150mm 厚 24K 环保玻璃棉

0.3mm 厚 PE 隔气膜

50mm 厚 16K 吸音棉

无纺布

0.8mm 厚彩色镀铝锌 820 型穿孔钢底板

这个屋面构造设计综合考虑了降噪、保温、隔音、吸音、美观等功能要求。隔音泡棉既能减少雨点噪声的传递，也能在屋面板与支撑板之间起到很好的缓冲作用。防水垫层作为第二道防水屏障为屋面提供更进一步的防水保护。平钢板和压型钢板为焊接不锈钢板屋面提供坚实的支撑作用，并且对提高屋面系统的隔音性能也大有益处。穿孔钢底板既是屋面的天花板，又能帮助改善室内声学环境，减少嘈杂的回声。

3　施工技术

1）在节点处理上，焊接不锈钢板屋面系统在青岛新机场航站楼屋面上展现出超强的灵活性、可靠性和便捷性。青岛新机场大厅屋面设有 9 条长条形天窗，每条天窗前都设有通长的挡风玻璃墙，而挡风玻璃墙的钢结构骨架是与屋面檩条连接在一起，因此整个大厅屋面有 1200 个圆钢管要穿出屋面板，这对于传统金属屋面来说无异于噩梦一般。传统金属屋面最害怕的就是在屋面开洞，一旦开了洞，就只能依靠密封胶和收边板来密封防水，屋面板上雨水却是无孔不入，只要有缝隙就会渗入室内导致漏水。即使像铝镁锰屋面系统可以采用焊接方式密封洞口，但由于是手工焊接，在开洞数量比较大时很难保证焊缝的质量和可靠，而且铝合金热膨胀系数极大，经过反复的热胀冷缩，焊缝也很容易被拉开导致漏水。采用焊接不锈钢板屋面系统来处理这种开洞，可以先在工厂按照穿屋面杆件尺寸预制好两片收边泛水，到现场后将两片收边泛水合拢焊接，再用抱箍与杆件卡紧密封，密封质量可靠，焊接速度快，也减少了很多现场的工作量，有效地加快了施工进度，见图8、图9。

图8　穿屋面杆件节点焊接处理

图9　屋面大量的烟囱

2）青岛新机场航站楼屋面上还有大量的天窗收边，这也是考验屋面防水能力的关键节点。传统的金属屋面系统遇到这种节点，只有采取屋脊泛水遮盖屋面板端头的做法，比较好的方法就是把屋面板端部上折，再设一道屋脊密封件，塞进屋脊泡沫密封条，即使这样还是会存在比较大的漏水隐患。一方面是屋面坡度平缓的时候会有大量的雨水被风吹进屋面板的端头，再从缝隙渗入室内，二是屋脊盖板本身也不能完全密封，因为屋脊盖板都是3～4m的折弯件，两片之间的连接是靠铆钉和密封胶进行密封处理的，密封胶的质量、耐久性、涂抹厚度、涂抹质量都是影响盖板防水性的因素，再加上金属热胀冷缩后的拉扯，也很容易导致开胶漏水。而焊接不锈钢板屋面在天窗收边处，不论是与天窗正交还是斜交，都可以把屋面板卷起一个高度，实现屋面板与屋脊盖板的一体化，从而极大地提高屋面板与天窗交接的防水性能，见图10、图11。

图10　天窗收边

图11　指廊天窗节点

3）青岛新机场航站楼屋面还有大量的屋脊，屋脊处坡度非常平缓，常规金属屋面在屋脊处也常常出现漏水问题。焊接不锈钢板屋面系统在屋脊处是不需要屋脊收边盖板的，只要将两边的屋面板翻边靠在一起并进行焊接即可，既减少了屋脊盖板的线条轮廓，又实现了屋面的无缝对接，美观性和防水性都有显著提高，见图12。

图12　斜屋脊节点处理

4　结语

焊接不锈钢板屋面系统在青岛胶东国际机场航站楼安装以来，已经经过几次较大的风、雨、雪、冰雹天气的考验，已经铺设完成的十多万平方米焊接不锈钢板屋面系统没有发现一处漏水点，这对于面积这么巨大又有很多穿洞节点的屋面工程来说是十分出色的表现，也充分体现了焊接不锈钢板屋面的系统优势，见图 13。

图 13　风雪中的青岛胶东机场航站楼

青岛胶东国际机场航站楼 22 万 m^2 的焊接不锈钢板屋面是目前世界上最大的焊接不锈钢板屋面工程，在国内外都会有巨大的影响力。焊接不锈钢板屋面系统在青岛胶东国际机场航站楼的应用已经取得初步的成效，这一新型金属屋面系统所展现出来的各种优越性能将会对国内金属屋面系统的升级换代产生巨大的积极影响和强烈的示范作用，长期困扰业主和设计单位的金属屋面漏水、风揭现象将会得到更好更可靠的解决方案，这也是青岛胶东国际机场对国内金属屋面行业的巨大贡献。

公共建筑双层柔性防水屋面方案深化的构思与实施

苗泽献　刘　明　文红斌　阳建明　杨青松

（森特士兴集团股份有限公司，北京　100176）

摘　要　本文是以桂林两江机场T2航站楼工程屋面深化方案的选用论证为课题，结合国内建筑金属屋面系统发展情况，考虑国际上德国和日本的不锈钢屋面系统使用情况，同时考虑本项目的建筑造型，展现桂林山水甲天下的美景，进行了全面、科学的论证分析和评价，最终选用双层柔性防水屋面方案，经实施验证达到设计最初的构思与意境。可为造型独特、排水复杂的屋面系统提供参考。

关键词　双层；柔性；风洞试验；抗风揭试验

1　工程概况

桂林两江机场T2航站楼扩建工程位于原T1航站楼南侧，通过连廊将T1、T2航站楼相连。建筑外观由山水般起伏流动的屋面线条和天际线形成“桂冠”，通过屋顶曲面的交叠处理，自然形成侧面天窗，造型又似“龙脊梯田”胜景和桂北民居层叠的屋檐；多个较大幅度的屋面起伏，利于采用连续的拱形结构 以获得更大的空间跨度，同时利于屋面排水和雨水收集；屋面的连续起伏加之多道天窗的自然光线，使得建筑内部获得丰富的空间效果。见图1。

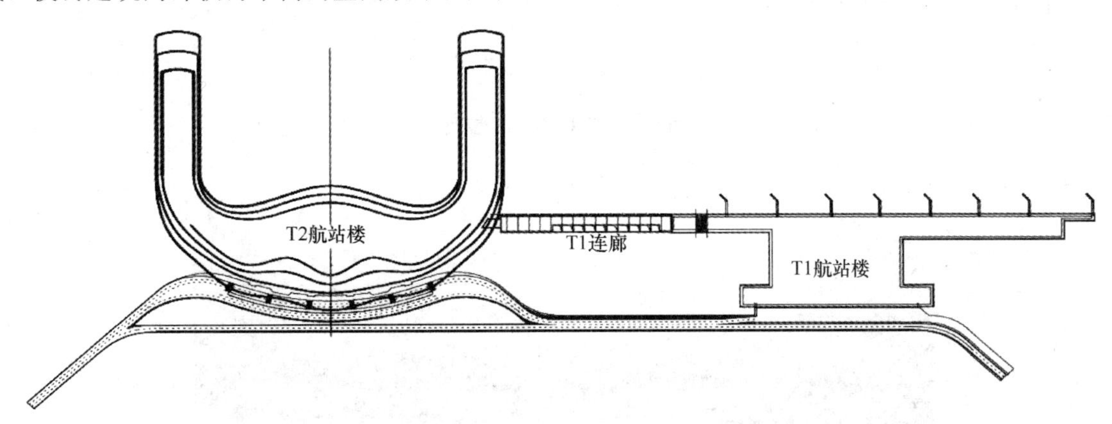

图1　两江机场平面示意图

桂林两江国际机场T2航站楼整体造型平面呈“U”形。长377m，宽355m，由南指廊、北指廊及中央大厅三部分组成。建筑面积约105000m²，建筑高度39.80m，主体结构采用钢筋混凝土框架结构。中央大厅屋盖为双曲拱壳结构体系；两指廊采用单曲拱壳结构体系。见图2。

屋面系统由涵盖了柔性屋面系统、檐口系统、天沟系统、天窗系统、屋面装饰系统等。屋面系统施工面积约为60000m²。见图3、图4。

图 2 桂林机场平面示意图

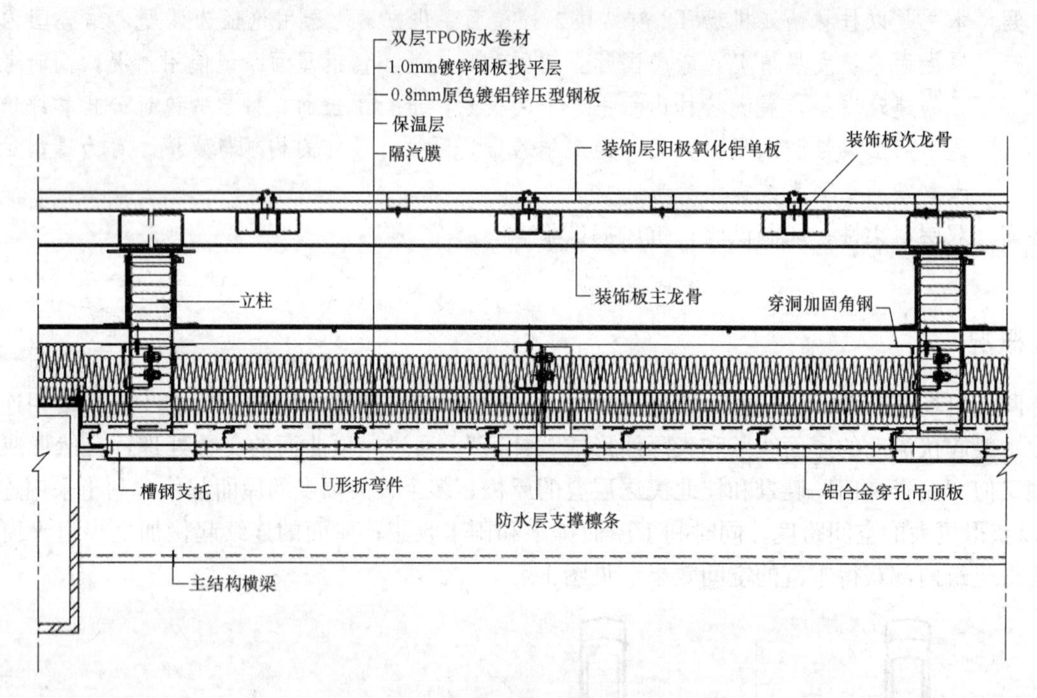

图 3 屋面构造层示意图

图 4 桂林机场远景效果图

2 屋面系统方案的比较及选择

工程的建筑外观造型独特、线条飘逸、跌宕起伏，极富桂林山水之神韵。屋面局部曲弯起伏，形成多处零坡度屋面，使得雨水过度集中不易排放。同时因屋面装饰层大量方管骨架穿透屋面。这些出屋面方管根部节点防水处理、零坡度屋面的排水处置、TPO的机械固定方案均成为项目的管控的要点。

为满足和体现建筑独特展现桂林山水甲天下的外观意境，选用何种屋面系统方案，结合目前国内的建筑金属围护系统的发展和实施情况，前后对可选的三套方案进行分析和论证：

方案一　采用不锈钢焊接屋面十装饰板系统

不锈钢焊接屋面系统在国内尚属于新型屋面体系，目前国际上不锈钢焊接屋面技术领域应用时间较长的国家主要是日本和德国。日本采用的焊接不锈钢屋面体系多为不滑动体系，其配套固定座为不滑动固定座，板材的热胀冷缩应力通过在固定座之间的起伏变形进行释放。日本板型的板肋刚度较小，不会对板整体的变形产生束缚，可用于双曲屋面；德国采用的焊接不锈钢屋面体系多为滑动体系，板在纵、横两个方向的热胀冷缩应力都需通过设计得到有效释放，滑动固定座就是为了配合纵向热胀冷缩应力的释放。板型由于板肋刚度大，对于双曲屋面的适应性较日本板型弱一些。

不锈钢焊接成型技术，对焊缝的焊接质量控制至关重要，不仅要求工地电压和电流要稳定，而且气候的变化，空气的污染程度，冷却水的纯净度，风速大小都可能影响到焊缝的质量。本项目不仅板长较大（最长达91m），每块板除了具有弧形外，还应具有侧弯和扭曲的双曲特征问题。粗略计算采用不锈钢板的焊缝总长度达189000m，其对工期的影响和质量的把控均非常不利。

方案二　采用铝镁锰合金直立锁边单层屋面十装饰板系统

铝镁锰合金屋面系统比较成熟，在多个公共建筑项目应用。铝镁锰合金屋面板的耐久年限较好，铝镁锰合金板的三维适应性好，可满足复杂造型要求；不利之处是铝镁锰合金直立锁边板的排板方向不一致，且不宜在其上固定装饰板，对建筑整体外观效果有所改变；直立锁边板局部坡度接近零坡度度；由于铝镁锰合金板排板方向的不一致以及与主钢结构之间的角度不定，故本方案的檩条布置较为复杂；需增加四道内天沟，内天沟的最大长度为60m，最大汇水面积为3700m²，因内天沟无设置虹吸落水斗的条件，很不利于雨水排放。

方案三　采用柔性防水卷材十装饰板屋面系统

柔性防水屋面系统相对比较成熟，适应各种屋面形状，可不改变建筑外观效果；不增加内天沟；屋面无需分区，减少漏水隐患；屋面排水时因没有金属板的方向性，雨水沿着坡度最大的方向下落；采用柔性卷材进行防水，不利之处是一旦出现渗漏，漏点不易发现；铝合金装饰板的支撑龙骨会穿透柔性卷材，且穿透点较多，穿出点布置大约为3.6m×3.6m。

综合考虑上述三种实施方案，经过行业专家技术咨询和方案优劣比较论证，多方位、多角度全面考量，综合考虑最后形成一致意见。在不对建筑外形造成影响，在不改变屋面外观造型（阳极氧化铝单板装饰层）和室内钢结构外露不变的前提下、不增加屋面内天沟，认为采用双层柔性防水屋面＋装饰板系统为好。

因考虑到柔性防水卷材的耐久年限，故采用两层柔性防水屋面，上层是1.2mm厚TPO采用满粘固定，粘胶剂采用卡莱专用TPO防水卷材粘接剂。下层是1.5mm厚TPO采用ST6.3*32碳钢十字头自攻钉机械固定，两层错缝铺设；下层防水卷材在不受气候直接影响的情况下，可延长其使用寿命，同时增强整个屋面的防水能力。材料主要参数见表1。

为更好地采用柔性防水卷材＋装饰板屋面系统，项目做了风洞试验、两次抗风揭试验。根据《桂林机场改扩建工程航站楼风振响应和等效静力风荷载研究报告》，得知风振响应最不利区域集中在主出入口屋盖的边缘位置。屋面风压设计值（分中区和边区），规范规定基本风压值：0.35kN/m²（100年一遇），最不利位置风荷载标准值－1.72kN/m²。大厅中区风洞试验报告最大风荷载标准值：－1.4kN/m²，大厅边区风洞试验报告最大风荷载标准值：－3.2kN/m²，抗风揭试验目标值分别按照中区和边区取值。根据实验规范要求，实验目标值应大于2倍设计值，故抗风揭试验目标值定为：－2.8kN/m²（中区）；－6.4kN/m²（边区）。2018年2月在珠海安维特工程检测有限公司实验室做了第一次普通屋面抗风揭试验，试验结果为2.8kPa，符合中区设计要求。见图5。

材料主要参数 表1

序号	材料名称	项目	技术参数
1	聚酯纤维内增强抗紫外线防水卷材（TPO防水卷材）	厚度	1.5mm（机械固定）/1.2mm（满粘）
2		最大拉力	大于等于 25mN/cm²
3		低温弯折性	−40℃无裂纹
4		不透水性	0.3MPa，2h 不透水
5		接缝剥离强度	大于等于 3.0N/mm²

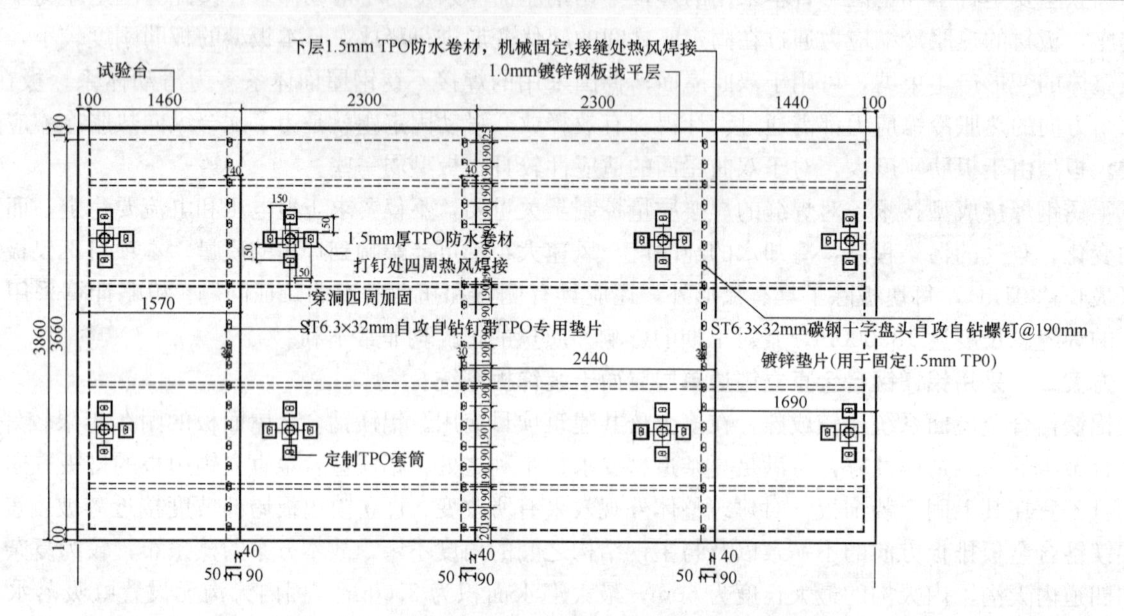

图5 1.5mm厚TPO第一次抗风揭试验机械固定示意图

第二次抗风揭试验对TPO防水卷材采用了压条进行了加密固定，通过试验测试使得防水卷材的抗风能力有了明显的提高。方案经细部加强，增加机械固定点的数量和间距后于2018年3月2日进行第二次抗风揭试验，试验结果为9.1kPa，达到符合边区设计要求，从理论上方案得到充分的验证。见图6。

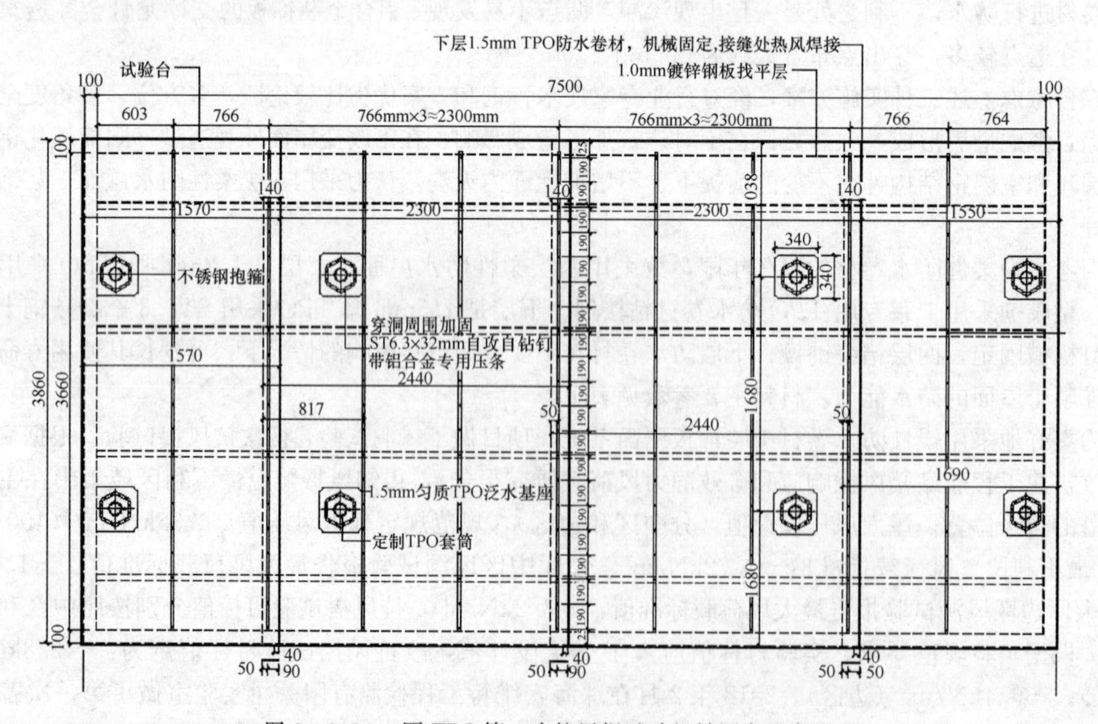

图6 1.5mm厚TPO第二次抗风揭试验机械固定示意图

3 挡水分隔装置的设置

为避免屋面在零坡度区域存在积水集中导致排水不均现象，在屋面合理设置挡水分隔装置，将雨水导入天沟各个区段，防止雨水大量汇聚于波谷，造成波谷排水管道溢水。见图 7。

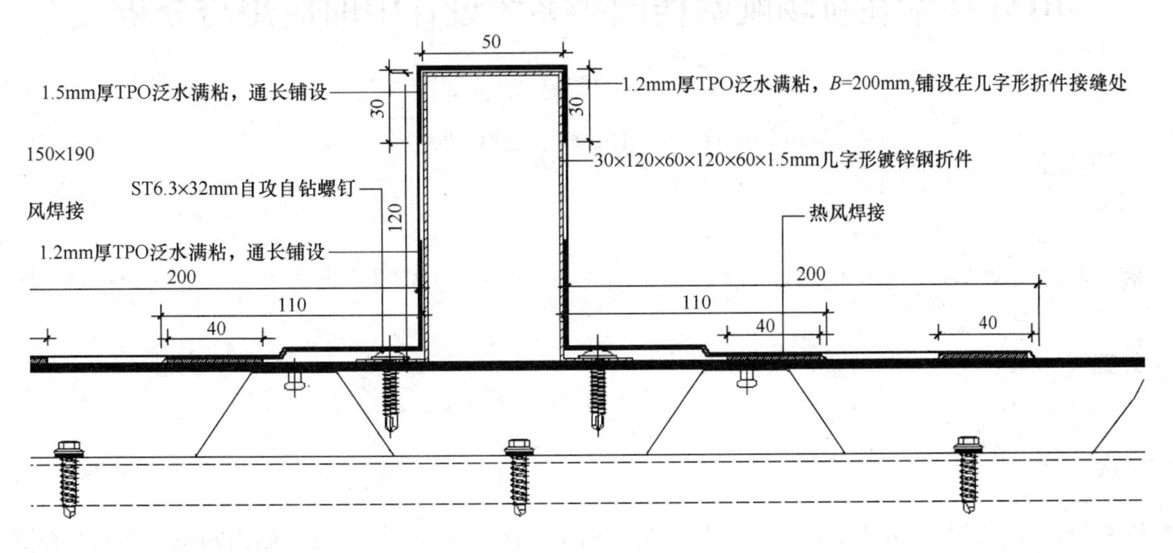

图 7　挡水分隔装置示意图

4 结语

本工程采用双层柔性防水屋面系统，在公共建筑领域尚属首例，现工程已竣工交付使用，整体观感良好，达到预期效果。为建筑造型独特、零坡度排水、出屋面洞口繁多的复杂防水节点提供了参考和例证。鉴于柔性防水材料的使用年限理论上不及不锈钢板和铝镁锰合金板屋面，能否满足需要应以具体项目具体使用环境要求而定。

BIM技术在机场航站楼围护系统设计中的应用与分析

陈建辉

（山东雅百特科技有限公司，上海 200335）

摘　要　本文结合北京新机场航站楼屋面工程三标段，阐述BIM技术在围护系统设计中的应用于分析。

关键词　BIM技术；航站楼；屋面系统

1　前言

随着经济建设的快速发展和国家"一带一路"倡议的逐步展开，国家也开始由制造大国向制造强国转变，同时为了避免国家地区经济发展不平衡所带来的影响，国家开始统筹各种交通运输方式协调发展，注重机场与其他交通运输方式的一体化衔接，全面提升综合交通服务水平和运输效率，加强中西部地区机场建设，有效解决边远、民族地区人民群众的出行问题，为中西部经济带来活力。

为了推进通用航空产业健康发展，国家针对通用机场的政策不断出台。2010年5月，民航局发布的《中国民用航空第十二个五年规划》提出"加快通勤机场的建设和布局"；2012年6月《通用机场建设规范》确定了"通用机场的建设规模和运行设施"；2016年5月《关于促进通用航空业发展的指导意见》指出"到2020年，建成500个以上通用机场，基本实现地级以上城市拥有通用机场或兼顾通用航空服务的运输机场，覆盖农产品主产区、主要林区、50%以上的5A级旅游景区"。在《通用航空"十三五"发展规划》中，再次提出"通用机场建设目标为500个"，预计到2020年机场建设的产业规模达1000亿元，增量规模超过400亿元。在未来的航空发展中，我国潜在机场建设需求达2000多个，具有广阔的发展空间。

随着机场建设的稳步推进，机场航站楼的规划进入发展的黄金时间，而与之相对应的建筑细分产业也迎来的发展的黄金期，金属围护系统作为航站楼的外衣，是国内建筑地方特色和文化特征的重要体现，是反映城市发展的窗口，更加透彻地反映城市的文化气息与活力，如何把我们的窗口展现给四方宾客，是我们专业公司必须认真对待并加以解决的问题，结构安全、外观美观、经济实用、设计合理，施工方便。北京新机场作为国家的门户，对外开放的窗口，体现了国家的软实力，其金属围护系统的设计更加不能掉以轻心，必须体现出建筑新颖、构思巧妙、绿色环保、持续发展的建筑理念；而BIM信息技术作为建筑全寿命周期的集成，将各种信息整合成三维模型信息库，在大型项目中的应用越来越广泛，大大提高了建筑工程的信息集成化程度，从而为建筑工程项目的相关利益方提供了一个工程信息交换和共享的平台。

2　工程概况

北京大兴国际机场，是建设在北京市大兴区与河北省廊坊市广阳区之间的超大型国际航空综合交通枢纽，本期建设四条跑道，70万m^2航站楼，是目前世界上最大的机场，该项目的方案设计团队由法国ADP Ingenierie建筑事务所与扎哈·哈迪德工作室联手完成，施工图设计团队为北京市建筑设计研究院，北京新机场整体效果极具科幻风格，其外观将采用金色外壳，远看宛如展翅的凤凰，本项目的外围护系统主要包括屋面系统、幕墙系统、采光顶系统、登机桥系统、钢连桥系统等，整体构成建筑外围护和对外连接的完整体系。其中屋面系统主要包括檩条系统、屋面构造系统、装饰铝板系统、天沟系统、檐口系统、天窗系统、融雪系统、虹吸排水系统、防雷系统等。

由于本项目采用镀铝锌钢板屋面系统，并且板型新颖，在国内属于首次使用，同时该项目属于百年工程，所以，对板型的各种设计参数要求很高；同时，由于整个航站楼仅以 8 根 C 形柱为主要支撑，撑起面积达 32 万 m^2 的屋顶结构，该 C 形柱部位的屋面构造系统及装饰系统设计及施工难度极大。项目见图 1、图 2。

图 1　项目鸟瞰图

图 2　项目内部效果图

3　屋面系统设计

1）屋面构造层次设计

由于本工程项目的重要性和复杂性，对其构造层次要求极高，不仅要满足建筑功能要求，还要满足安全节能环保可持续的设计理念，不仅要符合设计要求，还要满足施工的工艺要求，为此，必须结合工程实际情况，采取特殊的、符合实际需要的结构连接形式、节点设计和施工工艺，才能保证工程的顺利完成。

本工程屋面系统的构造如下（自上而下）：

装饰层：25mm 厚复合金属装饰板（宽缝 300mm，窄缝 150mm）；
装饰板龙骨：□100×50×3 热浸锌矩形管；
防水层：0.8mm 厚 92/420 型 PVDF 涂层镀铝锌压型钢板；
二次防水层：1.5mm 厚 TPO 防水卷材；
保温层：60＋60mm 保温岩棉，错缝铺设，容重 180kg/m³；
保温层：35mm 厚玻璃丝棉，底板波谷填充（容重 24kg/m³）；
隔汽层：0.6mm 厚 PE 隔汽膜；
底板层：0.8mm 厚镀锌压型穿孔钢底板，穿孔率 23%；
结构层：主、次檩条及檩托。
见图 3、图 4。

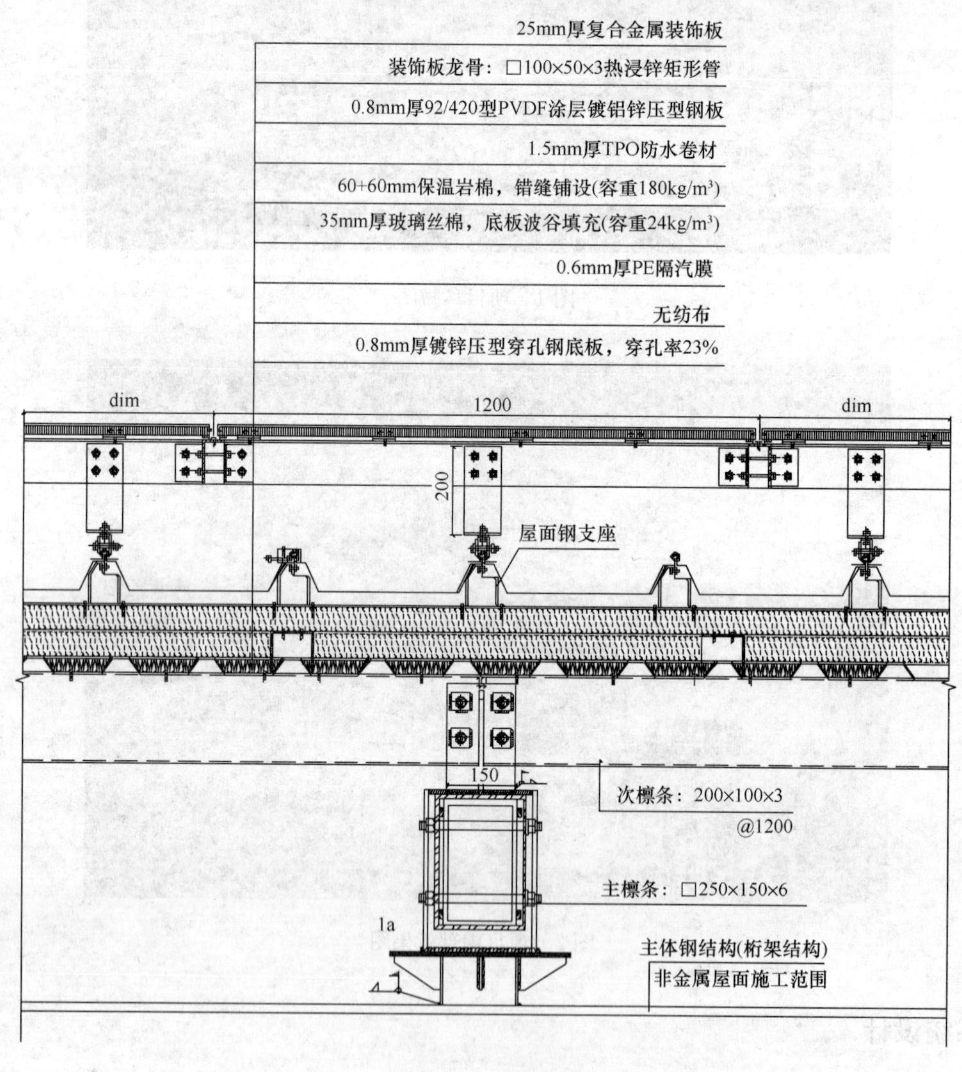

图 3　屋面构造

2）结构连接设计

由于本工程项目的重要性和复杂性，同时该项目位于比较空框的区域，考虑到风荷载对屋面结构的重要影响，在结构设计环节，重点加强了主、次檩条的连接设计、装饰板龙骨的节点设计，保证在最不利风荷载工况组合情况下的节点设计、檩条截面满足设计要求，考虑的项目的特殊性及施工便捷，本工程所有的构件连接均采用螺栓连接形式，避免现场焊接对主体钢结构产生的影响，同时施工方便，所有的构件表面热浸镀锌处理，满足设计要求；在深化设计阶段，由于该屋面坡度是渐变的曲面，所以首先采用 BIM 技术进行三维空间模拟，采用 Rhino+Grasshopper 参数化依次确定主次檩条的空间样条曲线，然后依据顺滑的样条曲线来实现 3D 实体的模拟，使用 Tekla 软件并结合设计图纸进行实体碰撞检查，并完成节点部位的 3D 设计，检查完成无误后进行出图，同时为保证次檩条完成面顺滑，满足底板铺设要求，次檩条必须垂直于所在点部位的切线（既与所在点的法线平行），而非垂直于大地。见图 5～图 7。

图 4　屋面图示

3）屋面板设计

本工程屋面板采用 0.8mm 厚 92/420 型 PVDF 涂层镀铝锌压型钢板，该板型在国内尚属首次应用，工程案例较少，所以在使用前必须对其进行研究，找出其薄弱环节并加以改进，比如板块压型对表面涂层的影响，涂层过厚在压型后是否会出现裂纹；板块过厚是否会影响屋面板的压制成型效果，板块咬合过程中是否会出现锁边部位由于应力过大而

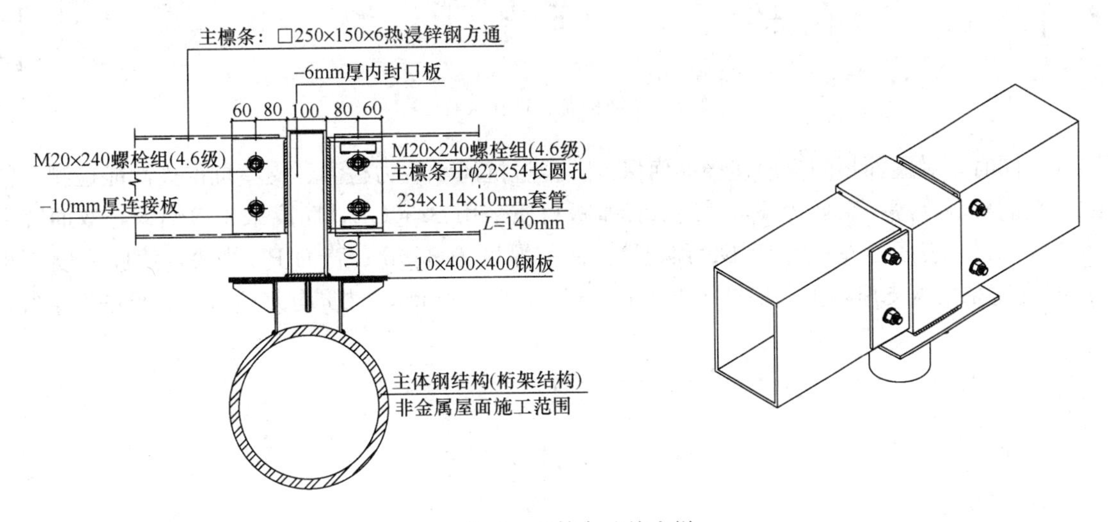

图 5　主檩条连接大样

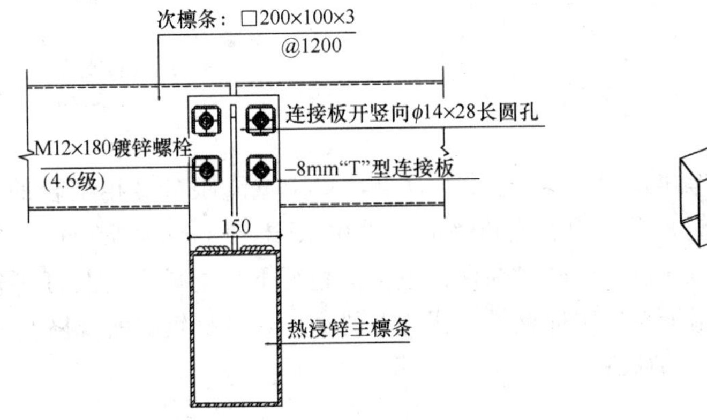

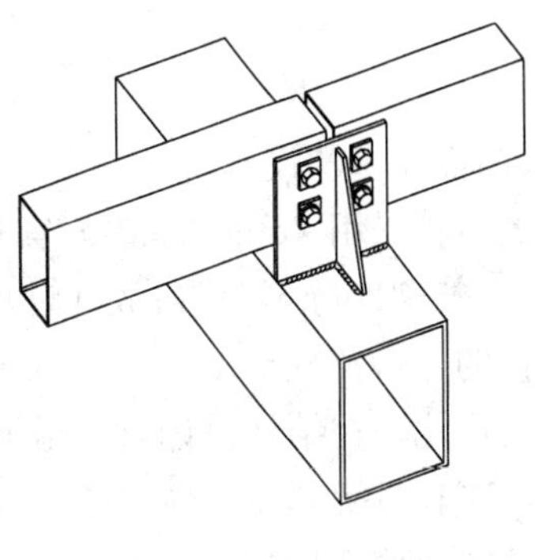

图 6　次檩条连接大样

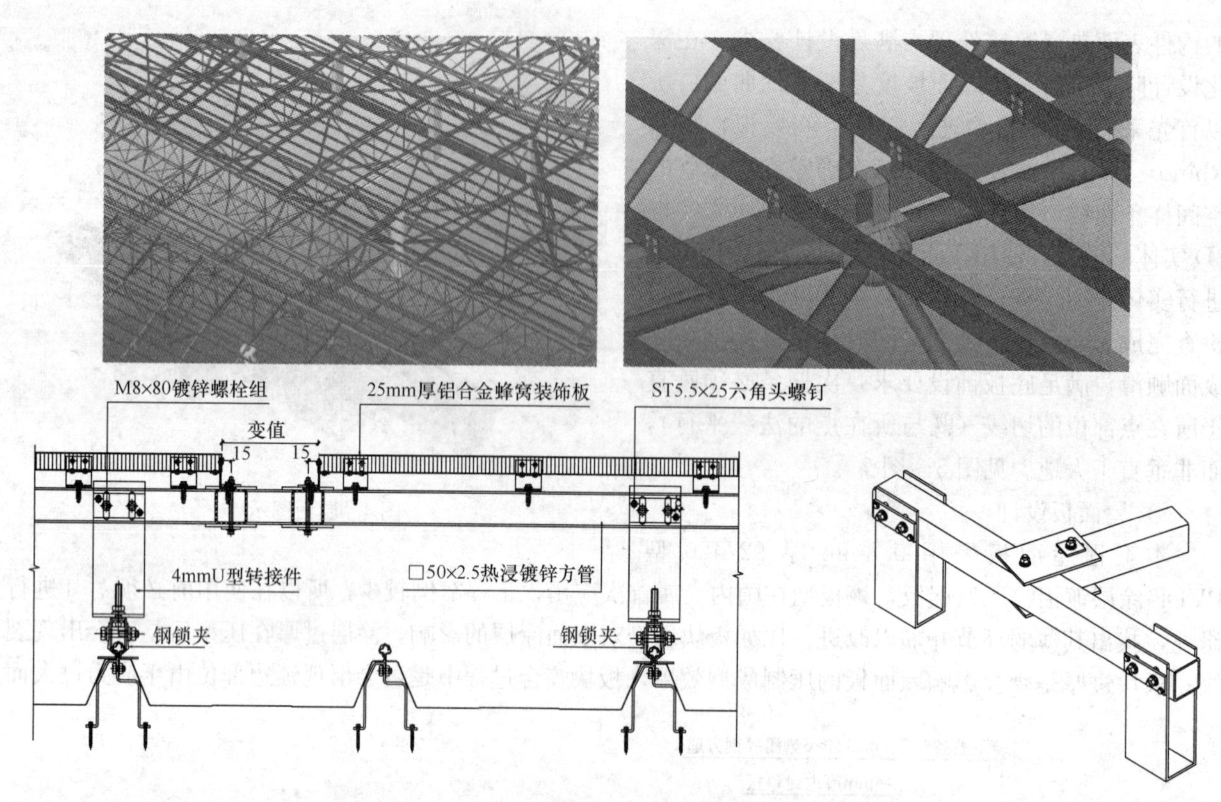

图 7　装饰板龙骨连接大样

出现回弹等，同时，对屋面板的支座连接如何保证。经过抗风承载力检测、支座抗拉拔性能检测、紧固件连接结构性能检测等等一系列实验，最终选择基板材质采用 S250GD，防腐采用镀铝锌，双面镀层含量不低于 200g/m^2，表面处理采用 PVDF 预辊涂，涂层厚度为 35μm；背面 PE 烤漆，漆膜厚度不小于 10μm，同时支座采用钢支座，上篇厚度 1.2mm，下片厚度 2.4mm，材质均为 Q235B。见图 8、图 9。

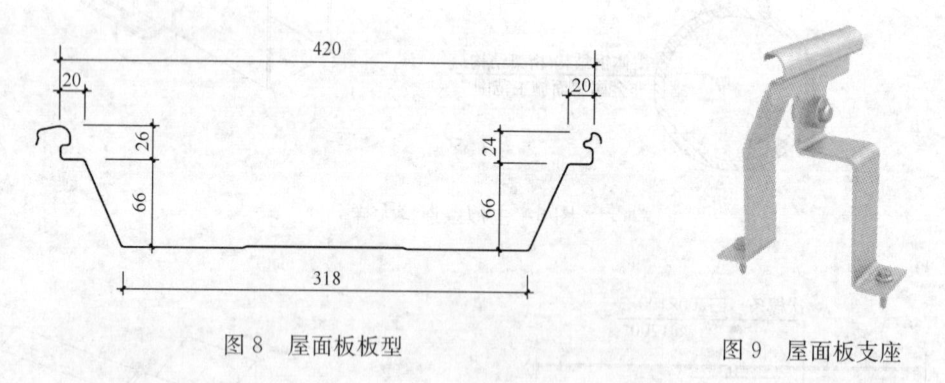

图 8　屋面板板型

图 9　屋面板支座

4）檐口曲面模型的设计

本工程檐口板采用 25mm 厚铝蜂窝板，为了体现外观效果，采用宽缝跟窄缝相结合的设计理念，宽缝 500mm，窄缝 20mm，檐口放样时，首先根据建筑完成面采用 Rhino＋Grasshopper 参数化建模模拟出檐口铝板的分格及顺滑度，不能出现折痕，同时在保证效果的情况下尽量减少铝板的分格尺寸，实现铝板下料的优化；在结构设计时，尽量采用国标钢材，优化龙骨截面，减少钢材的规格及种类，降低次结构荷载，减轻悬挑部位主体钢结构的荷载。见图 10。

5）C 形柱曲面模型的设计

本工程 C 形柱设计是整个工程的核心之所在，8 根 C 形柱支撑起 32 万 m^2 的屋面钢结构，使得内部空间显得宽敞而简洁，并且线条起伏错落有致，然而该 C 形柱如何实现内部与吊顶衔接顺滑，外部

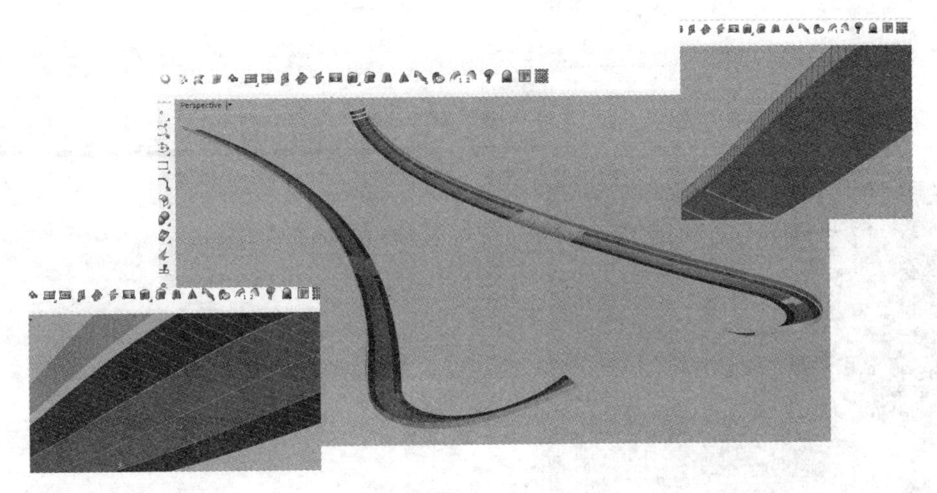

图 10　檐口曲面模型

与屋面不规则顺滑连接，是设计与施工环节必须要考虑的重点，也是难点；由于该 C 形柱是喇叭口造型，并且从屋面过渡到侧面，曲率在逐渐变化，并且没有规律，因此，在进行 BIM 参数化建模的时候，必须进行分区域建模，然后把各区域模拟成一个整体，最后整体分析各区域的过渡部位是否顺滑，需要反复调整模型的曲率，该部位也是室内空间跌宕起伏的点睛之笔。见图 11、见图 12。

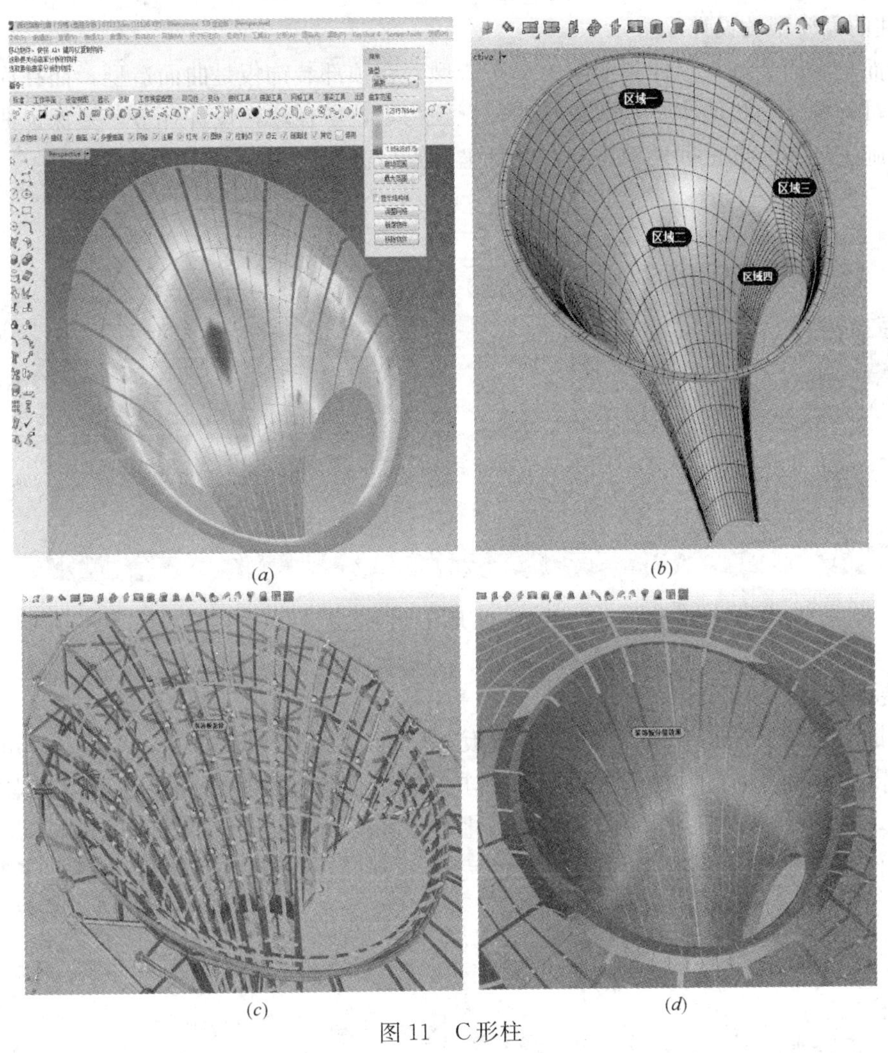

图 11　C 形柱

(a) C 形柱装饰板曲率分析；(b) C 形柱表皮示意；(c) C 形柱龙骨示意；(d) C 形柱装饰板分格示意

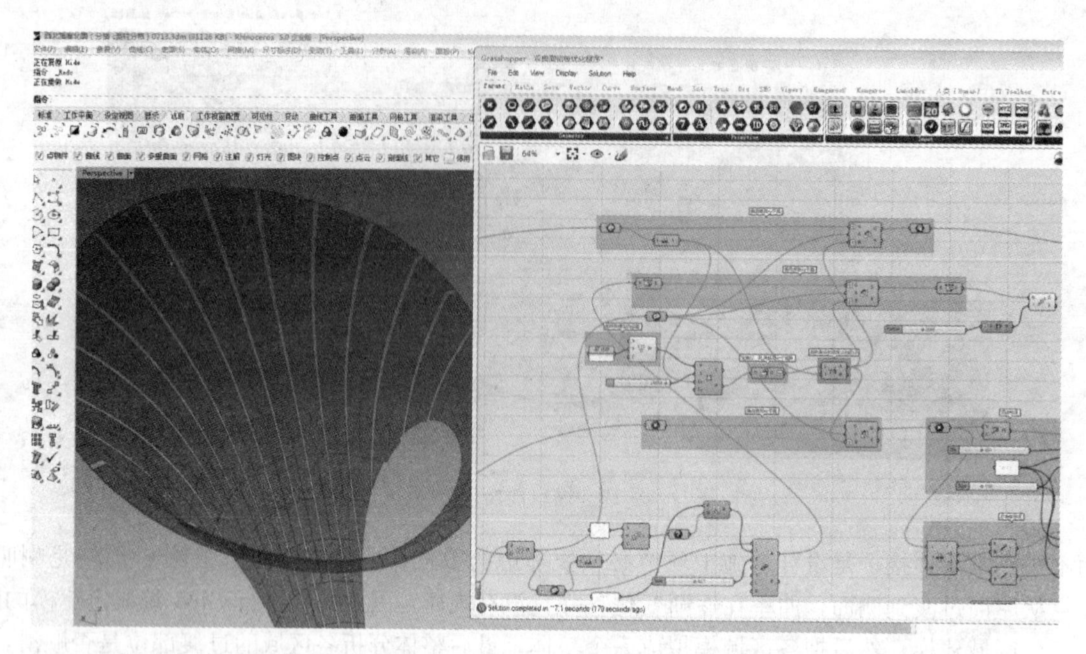

图 12　双曲铝板参数化优化方法

6）落地柱曲面模型的设计

落地柱曲面是屋面装饰板延伸到地面的瀑布造型，在顶部装饰板是曲面造型，而在底面逐渐渐变成平面，在这个过程中，面板曲率是逐渐减小的，直到为零，所在，在设计环节，要保证曲面到平面过渡顺滑，同时在施工环节，要依据模型控制好龙骨坐标点位。见图 13。

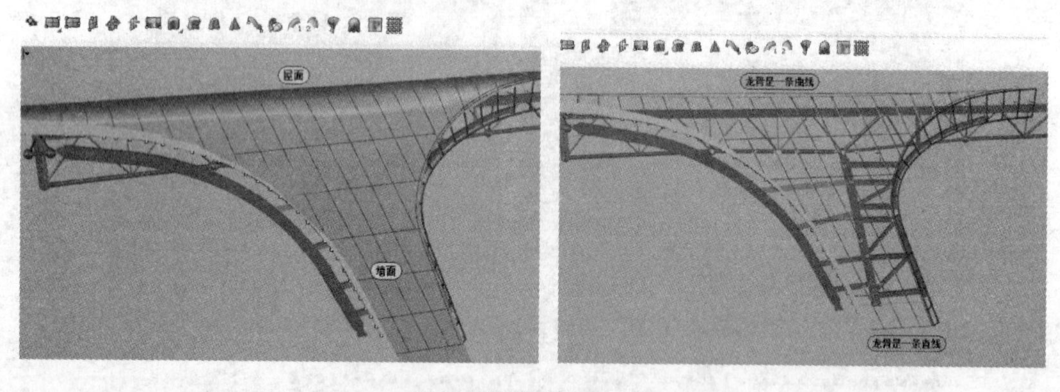

图 13　落地柱曲面模型

7）屋面装饰板模型的设计

本项目装饰板采用 25mm 厚复合金属装饰板，标准区域宽缝 300mm，窄缝 150mm，面积多达 80000m^2，对装饰板的准确下料提出了很高的要求。装饰板与屋面板之间通过钢锁夹固定，由于装饰板体量比较大，在设计环节必须采用 BIM 参数化建模模拟分析，使用 Rhino＋Grasshopper 相结合，并自行编制插件程序，在下料环节可以一次性完成，在保证准确率的基础上提高了工作效率。见图 14。

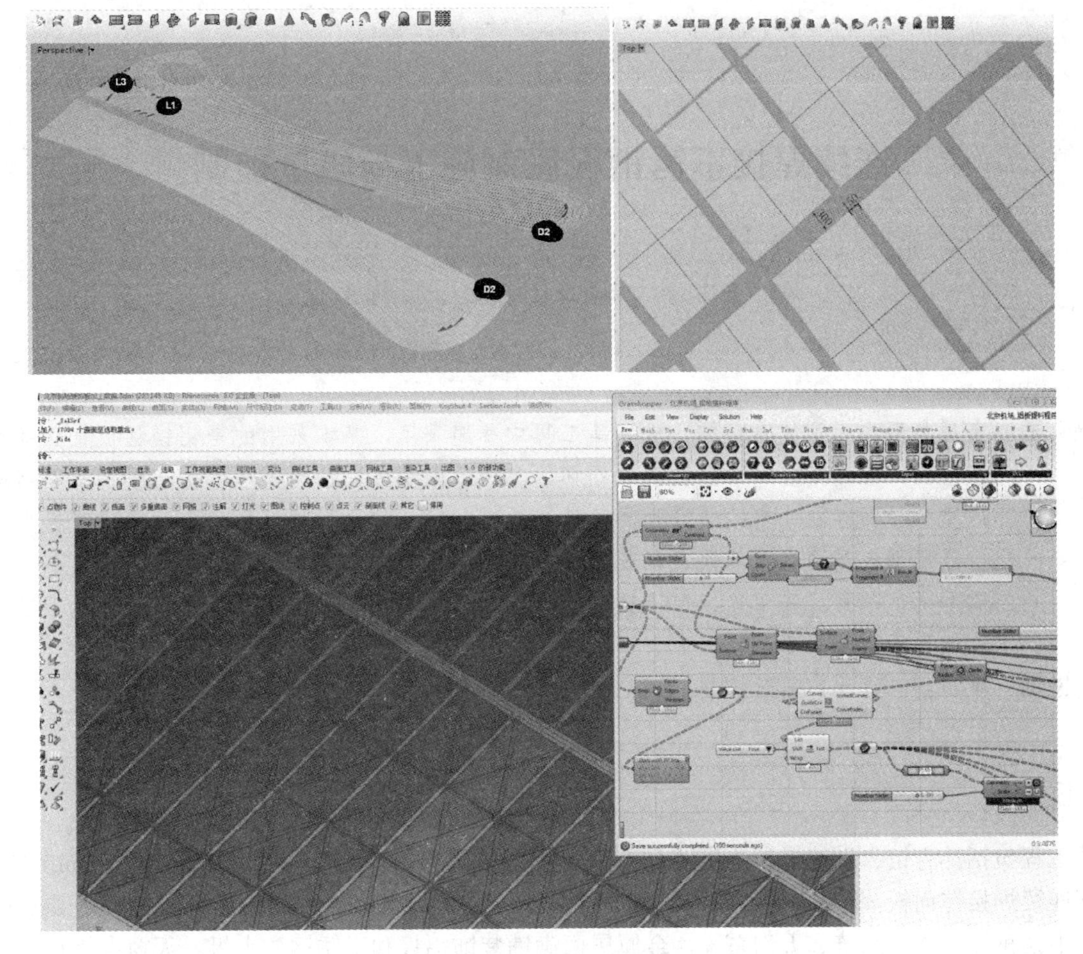

图 14　蜂窝铝板批量下料图

4　结语

北京新机场航站楼金属屋面工程现已基本完工，在整个屋面系统的设计和现场施工过程中遇到了很多难点和新问题，但是通过利用软件等辅助工具建模分析，并经过与设计单位的沟通，用理论支撑指导现场并且通过做样板实验等种种措施使得工程得以井然有序地开展。

在未来的建筑中，新颖、奇特、绿色的建筑造型必然是社会发展的趋势，这对施工企业将是一个极大的挑战，因此，怎样在深化设计时对其优化，在生产时进行批量化、简单化是重中之重，而且也只有在通过科学的分析、专业软件模拟之下才能更准确、更快地推进下一步工序的下料、加工生产工作等，提高工作效率，降低工程运营成本，提高企业的核心竞争力。

连续焊接不锈钢板屋面施工与质量控制

桑文国

（浙江江南工程管理股份有限公司，杭州）

摘　要　金属屋面在大型体育场馆、机场等工程中普遍采用，基本采用的是铝镁锰板直立锁边压型板屋面，但近期金属屋面被台风损坏的工程逐渐增多，从而也显示出铝镁锰直立锁边金属压型板屋面存在一定的缺陷和局限性，急需一种新的金属屋面形式来弥补铝镁锰直立锁边金属压型板屋面存在的缺点，某工程分析了国内外已经建成金属屋面的优缺点，进行了探索和尝试，最终采用连续焊不锈钢板屋面，经过实验其抗风性能和防水性能优于铝镁锰直立锁边压型板屋面。

关键词　不锈钢连续焊；质量控制。

1　工程概况

某工程包括体育馆、训练馆、连接体和专业足球场四部分，该工程金属屋面采用 0.5mm 厚 445J2 不锈钢连续焊接屋面板 25/400 型（图 1）。屋面工程按照功能以及施工方式的不同，划分为装饰铝单板系统、不锈钢屋面构造系统、天沟系统。金属屋面满铺装饰铝板和不锈钢防水板，天窗点缀在屋面板中部，天沟环绕屋面布置。

图 1　金属屋面全貌

屋面细部构造概况

1）体育馆、训练馆、连接体金属屋面系统：

体育馆建筑标高 33m，檐口标高 22.9m；训练馆建筑标高 23m，檐口标高 17.3m，连接体屋面标高为 17.3～22.9m，体育馆、训练馆、连接体金属屋面面积合计约 3.08 万 m^2（图 2）。

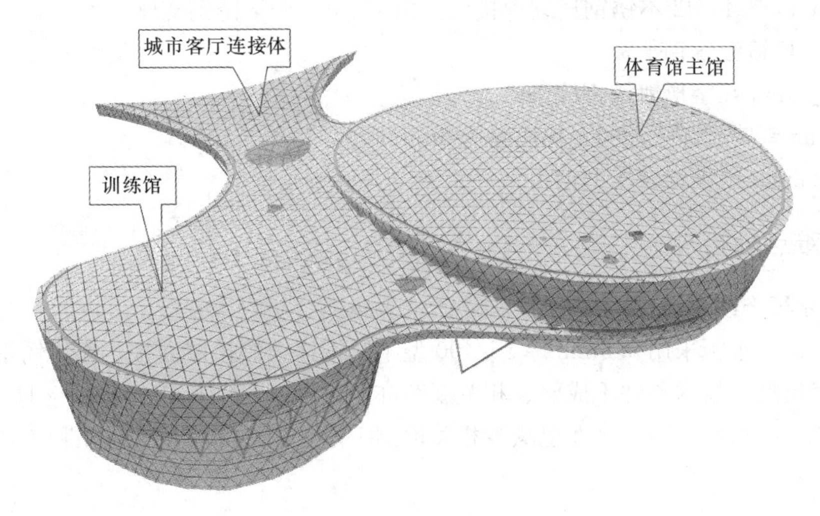

图 2　体育馆、训练馆屋面

2）体育馆屋面系统构造（图 3）层次从上至下依次为：

装饰板：3mm 厚装饰铝板。

龙骨支撑层：专用固定支座铝合金 50×3 角铝。

屋面板：0.5mm 厚 445J2 不锈钢连续焊接屋面板 25/400 型。

不锈钢支座：采用 0.2mm 厚不锈钢板，与屋面板焊接一起。

防水层：1.5mm 厚自粘聚合物改性沥青防水卷材。

找平层：1mm 厚镀铝锌钢平板。

屋面板檩层：几字形镀锌钢檩条。

压型钢板支撑层：0.8mm 厚镀铝锌压型钢板。

保温层：100mm 厚玻璃纤维保温棉带铝箔贴面防潮层 。

支承层：50×50×1 镀锌钢丝网。

吸音层：50mm 厚玻璃纤维吸音棉（$32kg/m^3$）＋无纺布。

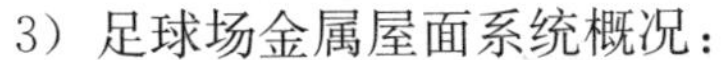

底板层：0.5mm 厚彩色穿孔镀铝锌钢板。

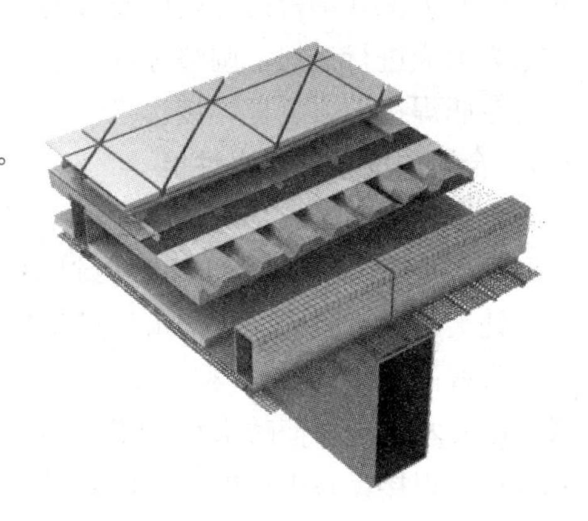

图 3　体育馆、训练馆屋面构造

3）足球场金属屋面系统概况：

专业足球场建筑标高 48m，檐口高度 15.3～48m，金属屋面建筑面积约 2.23 万 m^2（图 4）。

专业足球场连续焊屋面系统构造（图 5）层次设计从上至下依次为：

装饰板：3mm 厚装饰铝板。

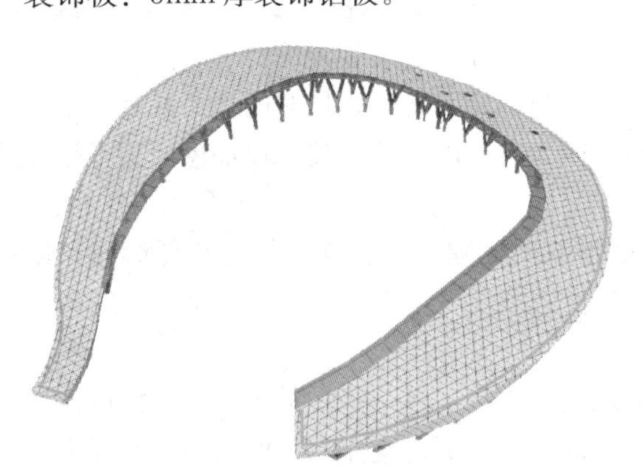

图 4　专业足球场屋面

图 5　专业足球场屋面构造

龙骨支撑层：专用固定支座铝合金 50×3 角铝。

屋面板：0.5mm 厚 445J2 不锈钢连续焊接屋面板 25/400 型不锈钢支座。

找平层：1mm 厚镀铝锌钢平板。

屋面板檩层：2mm 几字形镀锌钢檩条。

吸音层：30mm 厚玻璃纤维丝吸音棉压缩为 5mm 厚。

压型底板：0.8mm 厚镀铝锌压型钢板。

2 屋面系统重难点分析

2.1 金属屋面防水板连续焊接

本工程金属屋面防水板采用 0.5mm 厚 25/400 型不锈钢连续焊接屋面板，而不锈钢金属屋面焊接技术在国内尚处于发展期，技术条件不成熟、相关规范亦不健全、工人施工经验缺乏且 0.5mm 厚不锈钢焊接对工人焊接水平要求高、施工企业也缺少相关检测手段，因此如何保证本工程不锈钢金属屋面施工质量，将成为本工程一大重点。

采取的措施：

(1) 焊接不锈钢屋面为新材料、新工艺，因此在施工前将组织专家进行研讨及论证工作，充分听取行业专家意见，从技术角度完善焊接不锈钢屋面的设计及施工工艺；

(2) 为保证不锈钢金属屋面板的焊接质量，采用进口全自动电阻焊焊接设备对屋面板进行焊接。正式施焊前应进行试焊，调整好焊机各项参数，焊机调试好后，即开始屋面板的焊接工作。焊接由培训合格的专职焊接工人负责焊接。

2.2 金属屋面系统防水性能

本工程屋面区域分块较多导致屋面收边多（屋面与天沟、屋面与天窗、屋面与幕墙）；屋面平面为圆形及 U 形所以产生多处屋面板斜切，板头刚度下降，极易产生漏水隐患，天沟底部不在同一标高，较高处天沟积水较低处天沟水量过于集中导致天沟溢水。

采取的措施：

(1) 本工程屋面防水板采用 0.5mm 厚 445J2 铁素体不锈钢板，所有不锈钢板与板公母扣咬合后均采用自动焊接设备进行连续焊接密封固定，实现整体防水，收边收口采用焊接修边机和手工氩弧焊配合焊接，保证雨水即使漫过板肋或接缝也不会发生渗漏。

(2) 做好屋面板的防护：在完成焊接的不锈钢屋面上用木板铺设上下通道，并设置防滑绳索后再进行装饰面板的施工。屋面材料吊运时，设置堆料平台。堆料平台设防坠落措施。

(3) 檐口天沟防水做法：屋面檐口屋面板折进天沟，使檐口上少量雨水流进天沟，从而保证屋面整体的排水顺畅，没有积水。

(4) 天窗与屋面防水处理：此部位是屋面漏水的薄弱环节，采用泛水板连接，一端与屋面板焊接，另外一端采用勾边连接，这样既可以保证防水的可靠性，又可以保证屋面板伸缩。

(5) 不锈钢屋面板板头斜切处采用刚度加强件加固及密封固定，防止强风时的板头漏水。

(6) 屋面装饰板与下部不锈钢屋面板的连接采用板肋咬合夹件的方式连接，保证屋面板不被穿透。

2.3 金属屋面系统防风性能

本工程体育馆屋面为双曲面建筑造型，足球场为 U 形双曲面建筑，在连接体处高低屋面和檐口处会形成局部风载较大区域。

采取的措施：

(1) 本工程不锈钢屋面板为矮立边系统，连接缝通过连续焊接，进一步加强了屋面的抗风作用。

(2) 在金属屋面板的天沟、檐口部位等负风压较大的区域加大固定支座，一般为中间区固定支座纵向长度的 2 倍。

（3）在不锈钢屋面板屋脊区域，采用加长型不锈钢支座，并且在屋脊处采用连续不锈钢焊接，使屋脊两侧的屋面形成统一的整体，从而起到更好的抗风作用；

（4）装饰铝板夹具使用梅花形布点，夹具尺寸及形状与屋面板相匹配；

（5）为保证不锈钢屋面板的抗风受力，采用将板端的檩条加密，减少屋面板的跨度提高承载能力。且此处檩条间距控制在中间区域檩距的 0.5～0.8 倍之间；

（6）在板端尽量减少自由边长度，并设置紧固件（滴水片）与屋面板咬合，防止在风荷载下引起屋面板破坏。

3 不锈钢连续焊接屋面板的优缺点

（1）不锈钢连续焊接屋面是在传统的立边咬合（矮立边）屋面的基础上，通过增加板肋的连续焊接发展而来的，它具有以下优点：

1）节省材料：屋面防水板采用 445J2 不锈钢板，与铝镁锰合金相比，45J2 线膨胀系数低，变形较小，弹性模量高，刚度好。与 SUS316L 型不锈钢相比，445J2 密度低，相同面积条件下节省材料（表 1）。不锈钢连续焊接屋面属于矮立边系统，相对于直立锁边立边的高度要矮且不用 360 度咬合，用料要省很多。

材料性能对比 **表 1**

钢种	密度 （d/g・cm^{-3}）	热膨胀系数 （α/℃$^{-3}$）	热导率 （λ/W・m^{-1}・℃）	比热 （C/J・kg—1・℃$^{-1}$）	磁性
TTS445J2	7.72	10.1×10^{-3}	22.5	460	有
SUS316L	7.95	16.0×10^{-3}	13.9	500	无

2）高耐久性、防火性能好：445J2 铁素体不锈钢碳、氮等间隙元素含量极低，具有优良的耐腐蚀能力和良好的抗氧化性，耐腐蚀性能好，适用于严酷的环境，使用寿命可达 80 年；800℃可维持 60% 以上的强度（熔点远高于铝板、钛锌板、铜板）。

3）密封性好、防风揭性能好：采用连续焊接使板材焊接成一个整体，有效的屏蔽了雨水的进入，简化了防水设计；屋面板与支座焊接成为整体，屋面板不会产生脱扣隐患；支座特殊的构造能够使屋面板随着温度的变化自由伸缩，有效地消除温度应力和变形。

（2）由于不锈钢连续焊接屋面属于新型的屋面系统，在国内没有大面积采用的案例，在实施过程中发现存在以下问题：

1）材料方面：445J2 不锈钢板是新型材料，生产厂家少、价格高，经了解国内只有 2 家钢厂（山西太钢、宁波宝新）生产，价格比铝镁锰板材贵 1000 元/t 左右。

2）设备方面：不锈钢自动连续焊接设备国内尚没有厂家生产，需要进口，进口设备价格较高，维修、保养成本也较高（图 6）。

3）劳动力方面：不锈钢自动连续焊接属于新技术、新工艺，工人需要进行专门的技术培训才能上岗操作。

4）施工环境影响：不锈钢自动连续焊采用的是连续电阻焊原理，施工受雨雪等不利的环境影响大，而且焊接过程中会产生大量的热量，焊接设备采用水冷却系统，当温度超过设备设定温度时会自动停机，无法焊接。

5）焊接效率较低：不锈钢自动连续焊的焊接速度在 3～3.5m/min，焊接速度较慢。

不锈钢连续焊接屋面由于是新型的屋面系统，在开始采用过程中必将受到人员、材料、机械等方面的制约，但随着不锈钢连续焊接屋面的推广和应用，以上缺点会逐渐消除或弱化。

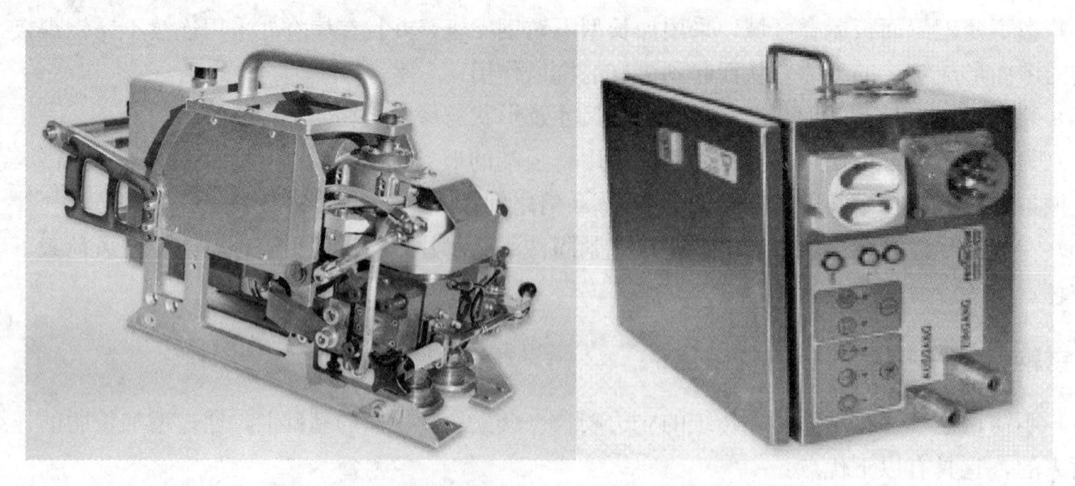

图6　自动电阻焊机

4　不锈钢连续焊接金属屋面的质量控制要点

4.1　技术管理控制要点

（1）深化设计：由具有金属屋面设计资质的单位进行深化设计，除了对构造层进行深化外，重点对屋脊、天沟与屋面交接部位、檐口部位、天窗、检修孔、与幕墙交接部位、泛光等设备需要穿屋面部位进行详细的节点设计，做好防水、防风节点处理的技术工作。

（2）技术标准的选择：目前国内尚无全焊接金属屋面的检测及验收标准，在正式的标准颁布前，可以参照国外及国内有关金属屋面的相关标准再结合现场实际情况进行补充，从而制定适合本工程的验收标准，经行业专家评审后作为金属屋面的控制依据。

（3）施工前的技术准备工作：不锈钢焊接金属屋面关键的技术在于焊接，因此如何保证不锈钢金属屋面施工质量是重点。施工前要对不同的焊接设备、不同厚度的板材组合进行试焊，以确定各种组合的焊接参数，据此编制焊接工艺指导书、焊机操作指南、专项施工方案、验收标准等报监理单位、建设单位、建设主管部门的质量监督机构认可后实施。

4.2　施工过程管理

（1）施工流程：底板层→无纺布→吸音层→支承层→保温层→压型钢板支撑层→屋面板檩层→找平层→防水层→不锈钢支座→屋面板→龙骨支撑层→装饰板。

（2）施工过程中易出现的问题及控制措施：

1）底板下挠、变形：底板安装在钢结构主檩条的下方，主檩条间距过大时应采取加强措施，以免产生底板下挠现象，施工过程中严禁踩踏底板层，避免板肋变形影响外观。

2）吸音层、保温层淋水失效：做好吸音层、保温层的防雨工作，无纺布、吸音层、支承层、保温层、压型钢板支撑层可以分段同步施工，当雨水来临时压型钢板支撑层可以对下面的各结构层起到保护作用，压型钢板支撑层应顺着屋面的流水方向一波压一波安装，对各结构层的端头部位用防水布进行遮盖保护，防止因雨水浸泡而影响吸音层、保温层质量。

3）结构层被上层结构覆盖，固定点无法准确定位，导致固定点失效（图7）：由于金属屋面的结构层数较多，各结构层施工时应根据设计要求，及时将各结构层的固定点引到上面的结构层，避免无法找到下部固定点的现象发生而导致固定点无法与结构很好的连接。即在屋面构造层压型板上部施工找平钢板时，找平钢板铺设的同时应该在下部压型板波峰对应的找平钢板部位打点标记（图8），施工改性沥青防水层时将标记点引到防水层上面，以保证不锈钢支座能够准确固定在压型钢板波峰位置，天沟檐口的边支座要准确固定在龙骨上才能保证屋面板抗风揭性能。

图 7　固定螺丝未固定到波峰中部

图 8　固定点上引做法图

4）支座固定不牢固，固定点缺少：不锈钢支座施工时应该严格控制支座间距、位置并做好保护工作，严禁损坏支座。固定支座的铆钉施工时发现折断、固定不牢等缺陷应进行更换和处理以保证不锈钢支座的稳固性（图 9）。

5）不锈钢连续焊接屋面板铺设控制要点：

屋面板铺设时不要刮碰，不要出现明显的歪斜、倾覆。

屋面板保持板面清洁，如有污染及时清理干净；

有风时注意面板折断或折裂，风大时应该立即停止作业；

不锈钢屋面板矮立边系统需咬合到位，檐口部位下折符合设计要求，保证屋面板抗风性能。

6）不锈钢屋面板焊接时的控制要点：不锈钢屋面板焊接前要完成 360°咬边工作；每班次在正式施焊前要先拿同厚度板材试焊，调整焊接工艺参数，对试焊的试件进行剥离撕裂检查，当主材撕裂，焊缝不脱离方为合格（焊接合格的试件不少于 2 个，一个作为现场检查使用，一个存档备查），焊接合格试件的焊接工艺参数为本机械、本班次的施工工艺参数，当遇到气候变化时，要重新进行试焊调整工艺参数，现场对每条焊缝要全数进行外观检查，拿合格试件进行对比，焊缝颜色与试件相符的为合格，不相符的应查找原因、调整焊接工艺参数后进行返工处理；在检查焊缝时，如果发现焊缝中有中断或其他瑕疵（图 10），根据不同情况采用手工焊进行补焊。

图 9　支座未可靠固定

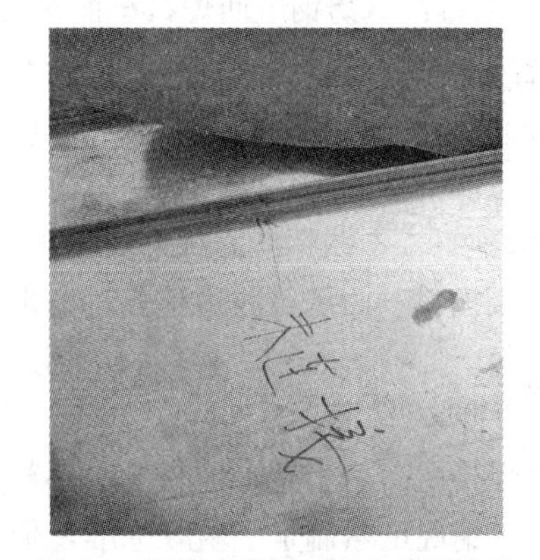

图 10　焊缝未贯通，存在渗漏隐患

7）不锈钢屋面板焊接时的防火控制要点：

不锈钢板连续焊接，在焊接时会在焊缝处产生大量的热量，况且在天沟部位，边角部位不可避免地要用到传统的氩弧焊等焊接方法，因此防火控制工作尤为重要，施工过程中应注意以下几点：选用燃烧等级合格的材料；提前在屋面上预备防火设备和设施（包括消防水、灭火器、金属切割设备等）；在焊缝部位施工时垫放防火毡，以免焊接时引燃下部材料；禁止在屋面上动火，无法避免时应严格控制。

5 不锈钢屋面板成品保护措施

加工场地压制不锈钢板所用材料应一次性放置在压型机旁，尽量不要进行二次倒运，地面应经平整、坚硬，不锈钢卷底部用木方垫起，防止泥土进入污染板面。

压制成型后的不锈钢板应放置在材料棚中，底部用木方垫起，且应一头高一头低，以防进水后存留。

板的堆放场地应远离水泥、白灰及搅拌站等地，以防止污染，如确因场地等原因无法远离上述物品，应用塑料布、帆布等对板加以遮蔽。

对于较长的板，应多人搬运，搬运过程中不能弯、折、翻卷。

运至屋顶尚未安装的板不能踩踏、不能在上面放置重物。

安装完成后不锈钢板上面不允许堆放材料。

6 验收标准

为保证不锈钢连续焊接屋面系统的工程质量、针对本工程特点制定了本工程屋面板的主要验收标准：

(1) 不锈钢焊接屋面验收时，需要提供的资料及文件应包括：

1) 施工详图设计文件、设计变更文件和其他设计文件；

2) 设计单位对不锈钢焊接屋面的详图审查意见或确认文件；

3) 原材料产品质量证明、配件出厂合格证、性能检测报告、进场复试报告、进场验收记录；

4) 现场安装施工记录；

5) 屋面雨后或淋水试验记录；

6) 检验批验收记录；

7) 其他必要的文件和记录。

(2) 不锈钢固定支座、滑移支座安装验收

不锈钢固定座、滑移座的数量、间距、位置应符合设计要求，不锈钢固定支座、滑移支座的安装应牢固可靠。

(3) 不锈钢屋面板安装验收

1) 主控项目：不锈钢屋面焊接牢固可靠，通过剥离试验，焊缝颜色外观为蓝色、深褐色的焊缝已熔合、焊透为合格焊缝；每天焊接前进行试焊留样；不锈钢屋面板焊缝（包括 T 型连接处焊缝）无断点、无漏焊、熔合；板肋在固定支座位置电焊牢固；不锈钢屋面焊缝应防水可靠，不得出现渗漏现象。不锈钢屋面系统节点安装：变形缝、屋脊、檐口、天窗等连接的密封应符合设计要求。

2) 一般项目：不锈钢屋面板外观光滑平整，屋面无明显的起伏或褶皱；屋面无油污等其他污染物；不锈钢屋面板檐口、山墙等收边整齐；变形缝、屋脊、檐口、天窗等连接的清洁应符合设计要求。

7 结束语

不锈钢焊接屋面由于是一项新技术、新工艺，首先，国家还没出台相应的验收标准，施工方根据现场的实际施工情况虽然制定了验收标准，但验收值很难量化，对不锈钢焊缝，由于其较薄，也没有好的焊缝检测手段，基本以外观检查为主，操作随意性大，随着不锈钢焊接屋面的逐渐推广，各单位在施工中逐渐摸索，逐渐完善验收标准；其次，焊接设备依赖进口且价格较高（德国设备约 300 万/台），施工中焊接速度慢，也是影响不锈钢焊接屋面全面推广的因素；再次，不锈钢焊接屋面的连接系统，国外及国内的企业都在申请专利进行垄断，不锈钢原材生产厂家有限且价格比铝镁锰高等这些都是影响不锈钢焊接屋面推广的因素。但是不锈钢焊接屋面由于其采用连续焊接技术，屋面形成一个整体，其抗风揭性能和防水性能是其他屋面无法比拟的，随着时间的推移必将成为金属屋面的主流。

浅谈工业建筑金属板围护结构的技术进展

严　虹　弓晓芸

（中冶建筑研究总院有限公司，北京　100088）

摘　要　本文通过近几年建成的一些工业厂房仓库屋面墙面围护结构工程实例，展示我国工业建筑金属板围护结构系统设计和施工技术的进展及水平的提高。

关键词　工业厂房；金属板；围护结构；技术进步

1　概述

随着改革开放的深入，经济的稳定发展，全国各地一大批新建改建的各种类型、各种用途的工业厂房仓库的建设，迎来了我国工业建筑蓬勃发展的建设高潮，这些工业建筑造型美观别致、结构比较复杂、使用功能要求高、厂房规模巨大，建设标准比较高。所以这些工业建筑对屋面墙面围护结构系统的设计施工要求也比较高。

屋面墙面围护结构是建筑物非常重要的分部工程，必须满足建筑结构设计要求。房屋建筑对屋面墙面的使用功能要求为：安全耐久、遮阳防雨、防风防雪、保温隔热隔音、色彩美观、容易维护、绿色节能环保等。不同类别的工业建筑对屋面墙面的具体要求也不同。十多年来，随着新材料、新产品、新工艺、新技术的研究开发和推广应用，工业建筑屋面墙面围护结构系统技术越来越先进，工程质量也越来越高，建筑立面造型越来越美观。

（1）工业厂房建筑围护结构的特点

1）工业厂房建筑造型简单，平面、立面形状比较规则，钢结构装配化程度高。

2）厂房单体面积越来越大，多跨连续，屋面为双坡或多坡。屋面坡度平缓，不少屋面坡度小于5%。

3）许多屋面上设置天窗、通风气楼、采光带等。屋面开洞较多，为防雨雪、防风揭必须在屋脊处、屋面檐口、开洞口边缘等部位加强构造措施。

4）厂房的单体面积大，高度比较高，所以墙面面积比较大，对于厂房立面一些企业有标志性需求，例如采用不同的彩色钢板条带、压型钢板的竖向横向排板、门窗大小及带状条状形式等的变换达到美观别致的效果。

（2）金属板材料选用

工业厂房与仓库金属板屋面墙面围护结构系统主要采用彩色涂层钢板、热镀铝锌钢板、有特殊要求的可以选用铝合金板、不锈钢板等。

1）彩色涂层钢板：按照国家标准《彩色涂层钢板及钢带》GB/T 12754的有关规定，彩色涂层钢板的基板一般采用热镀锌钢板或热镀铝锌钢板，镀层重量按标准选用，热镀锌基板的含锌量一般为180g/m^2（双面），建筑外用热镀锌板的镀锌量最高为275g/m^2（双面）。热镀铝锌板通常含铝锌量为150g/m^2（双面）。基板厚度不应小于0.6mm。彩色涂层钢板的涂层种类不同耐久性亦不同，宝钢产彩涂板承诺：面漆为聚偏氟乙烯（氟碳PVDF）的20年涂层质量保证，高耐久性聚酯（HDP）的15年涂层质量保证。一般面漆为硅改性聚酯的10年，聚酯的8年。彩色涂层钢板的耐久性和使用环境有很大关系；

2）热镀铝锌钢板：通常含铝锌量150g/m^2（双面），其耐蚀性是热镀锌板的2倍以上。

3）对于有特殊要求的工业建筑可以选用铝合金板。

按照现行国家标准《铝及铝合金轧制板材》GB/T 3880的有关规定。耐久性防腐性能好的，可采用AA3004系列或AA3005系列铝锰镁合金板，板厚0.9mm。面层要求高的可采用氟碳喷涂铝合金板。据英国国际标准局（BBA）认证，该屋面板在普通环境下使用寿命可达40年。

4）不锈钢板：这种屋面防腐耐久，造型美观，但造价稍高。

（3）通常用的轻质板材

1）压型钢板

按照国家现行标准《建筑用压型钢板》GB/T 12755的有关规定，建筑用压型钢板是采用厚度0.4～1.6mm的彩色涂层钢板经成型机辊压冷弯加工成波纹形、V形、U形、W形及梯形或类似这些形状的轻型板材。加工压型板的板材主要有：彩色涂层钢板、热镀铝锌钢板、热镀锌钢板、铝合金板及不锈钢板。

压型钢板按照使用部位不同可分为屋面、墙面及装饰用板；按照板侧面搭接形式不同分为搭接式、咬合式及扣合式三种类型；压型钢板长度方向根据建筑设计要求可加工成弧形板、扇形板。压型钢板是集承重、防水、抗风、装饰为一体的多功能新型轻质板材。与传统的建筑板材比较，压型钢板自重轻、强度高、防水及抗震性能好、可回收利用是环保节能性材料；工业化生产产品质量好，施工安装简便快捷；颜色丰富多彩、装饰性强，组合灵活多变，可表现不同建筑风格；相比和传统材料采用压型钢板作屋面墙面围护结构，可以减少承重结构的材料用量，减少构件运输和安装工作量，缩短工期、节省劳动力，综合经济效益好；可以和岩棉、玻璃棉等保温材料在现场复合形成保温构造，广泛用作建筑物的屋面、墙面围护结构。

2）彩钢夹芯板

按照国家现行标准《建筑用金属面绝热夹芯板》GB/T 23932的有关规定，彩钢夹芯板是指以彩色涂层钢板为面板，以阻燃型聚氨酯泡沫塑料、岩棉、玻璃棉等保温材料为芯材，经连续成型机将面板和芯材粘结复合而成的轻型建筑板材。这种复合板材是集承重、防水、抗风、保温隔热、装饰为一体的多功能新型建筑板材。彩钢夹芯板除具有压型钢板的特点外，还有良好的保温隔热性能，岩棉夹芯板耐火性能很好。近几年岩棉夹芯板、玻璃棉夹芯板得到非常广泛的应用，取得了显著的社会效益和经济效益。

3）彩色涂层压型钢板和保温材料现场复合构造

是指面板采用彩色涂层压型钢板、保温材料采用玻璃棉、岩棉（或挤塑板、聚氨酯板），底板采用彩色涂层压型钢板，或铝箔、钢丝网现场复合的屋面墙面系统。这种复合板构造也可以满足屋面墙面承重、防水、抗风、保温隔热、装饰的要求。

（4）应用现状

1）一般用途的轻型工业厂房及仓库

不需要保温，但应满足承重、防雨、抗风、安全耐久、装饰的要求。一般采用单层彩色涂层压型钢板，这种做法构造简单，应用广泛，缺点是下雨时噪声大。

2）有保温隔热要求的工业厂房及仓库

这种工业建筑屋面和墙面的保温隔热均应根据热工计算确定。屋面和墙面的保温隔热材料应尽量匹配。屋面保温隔热可采用下面几种做法：

① 压型钢板下铺设带铝箔防潮层的玻璃棉毡、设置钢丝网或玻璃纤维布等具有抗拉能力的织物，承托保温材料的重量。

② 双层压型钢板中间铺设保温材料。

③ 根据设计要求选用彩钢聚氨酯夹芯板、彩钢玻璃棉或岩棉夹芯板。

外墙保温隔热可以采用与屋面相同的做法，也可以采用墙外侧作为压型钢板，内侧根据使用要求采用轻质板材中间填充保温材料。

近十几年应用比较多、立面造型美观的是屋面采用双层压型钢板和保温材料现场复合构造，墙面采用岩棉或玻璃棉彩钢夹芯板。

3）有特殊功能要求的工业建筑

例如：电厂、制药厂、纺织厂、造纸厂、电子厂房、化工厂等，应按照使用功能的具体要求进行屋面墙面系统的设计和施工。可以参考有保温隔热要求的工业厂房的做法。

2 金属板围护结构工程应用实例

2.1 汽车工业厂房建筑

（1）沈阳某汽车工业厂房

图 1 沈阳某汽车工业厂房

该厂房，东西向宽度 210.86m，南北向长度约 433.22mm，总建筑面积 93198.8m²（图 1）。主车间为单层厂房，局部二层，主车间高度为 13.4m，连廊机械车间高度 22.9m。总装车间单体规模大，屋面面积大，屋顶风机设备较多，屋面设有消防排烟采光气动天窗，排水系统采用虹吸排水。屋面及天窗洞口处节点防渗漏要求高。

屋面采用压型钢板＋岩棉＋TPO 防水卷材。墙板围护结构采用 150mm 厚岩棉夹芯板，拼缝处防渗、防潮要求高。

（2）洛阳某新能源产业园专用车联合厂房

该工程包括专用车联合厂房 6 个车间，分别为环卫车总装车间，环卫车焊接车间，搅拌车焊接车间，罐车焊装车间，搅拌车总装车间、涂装车间等。该工程结构体系为单层门式刚架结构，涂装车间辅房为钢筋砼框架结构。最大单体车间面积约 5.5 万 m²，建成后可生产多种型号的新能源车及配套电池（图 2）。

图 2 洛阳某厂房

搅拌车总装车间厂房长度为 6×23＝138m 跨度为 24＋21＝45m，双坡屋面，坡度为 8%，建筑面积为 6400m²，其中：24m 跨有 32/5t 桥式吊车一台，20t/5t 桥式吊车二台，21m 跨有 10t 桥式吊车一台。

屋面采用角驰Ⅱ暗扣式单层压型钢板

＋75mm厚玻璃棉＋不锈钢钢丝网；墙面为单层压型钢板。

2.2 大型电子工业建筑

近两年超大型钢结构电子洁净工业厂房的建设如火如荼，京东方在四川省成都、绵阳、福建晋江等多地，中电集团在成都、咸阳等地，富士康在广州先后建设了超大型钢结构电子洁净工业厂房。这类厂房建设的特点是：单体厂房面积巨大、多层厂房层高高、华夫板楼盖荷载大，抗微振性能要求高，超洁净性能要求高，建筑立面美观要求高。钢结构构造复杂施工难度大，工期太短各个专业施工组织和协调是保证质量的关键。

（1）成都某电子厂房项目

该项目是近年来成都市最大的电子信息产业化项目，属于高端液晶显示器电子厂房项目。4A 号厂房，长度 336m，宽度 259.2m，高度 40.6m，共 4 层，总建筑面积约 39 万 m^2。建筑设置南北支持区，中央部分为生产区。生产区首层高度 6.6m，二层高度为 12.9m，三层高度 6.6m，四层高度为 15.7m。其中生产区二层板和四层板为华夫板结构，四层为钢框架结构。

屋面采用组合楼板，压型钢板 YXB75-300-880-1.3、YXB51-155-620-1.3，压型钢板上浇灌混凝土，面积 4.35 万 m^2。墙面采用岩棉夹芯板，横向排板安装。

（2）咸阳某电子厂房项目

该工程位于陕西咸阳市高新区，为“一带一路”建设的重点项目，钢构总建筑面积 66 万 m^2，其中大厂房长度 478m、宽度 258m、高度 40m，也是率先采用钢结构支撑“华夫板”的超洁净厂房，总用钢量 13.5 万 t，安装工期仅 92 天。

图 3 咸阳某厂房

屋面系统从上到下依次为：TPO 柔性屋面（2.0mm 厚 PVC 防水卷材）、2 层 50mm 厚容重 180kg/m^3 的岩棉、0.3mm 厚 PE 隔气膜、1.0mm 厚 Y38-152 压型钢板。轻型柔性屋面面积 141270m^2，

墙面采用 100mm 厚岩棉夹芯板，夹芯板外板采用 0.8mm 厚镀铝锌 PVDF 涂层彩钢板的纯平板，内板采用 0.6mm 厚镀铝锌板，墙面岩棉夹芯板采用横向排板安装，墙面面积 88398m^2，金属屋面墙面面积合计 152670m^2（图 3）。

2.3 大型试验厂房

青海某高海拔高压试验大厅建设项目：厂房结构类型为：钢排架＋屋面网架，厂房建筑高度 68.9m。

屋面系统：屋面外板 0.6mm 厚 470 型压型钢板、保温层 100mm 厚离心玻璃丝棉（容重不小于 16kg/m^3）。屋面板采用 360 度锁边压型钢板，滑动支座可有效防止由于屋面伸缩变形导致接缝开裂。屋面板采用现场成型长尺板，板长度方向无接缝（图 4）。

墙面系统：50mm 厚聚氨酯夹芯板，外板厚度 0.6mm，内板 0.5mm，彩钢板面漆选用高耐候聚酯涂层。墙面夹芯板具有防水、隔音隔热保温、轻质节能等功能，而且施工简便，综合性能好。墙面夹芯板采用横向排板，立面很美观。

2.4 大型造纸联合厂房

江苏某纸业公司新建厂房，引进德国设备和技术，建成后将是世界技术最先进、单机产能最大、自动化程度最高的造纸生产线。根据工业设备生产工艺要求，厂房长度 585m，宽度 69.7m，建筑高度 30.4m。该公司湿式造纸车间内部高温、高湿，属于中度腐蚀、局部强腐蚀环境。柱子采用钢筋混凝土，吊车梁和屋面（H 型钢梁＋Z 型檩条）以上采用钢结构，钢构件采用重防腐措施（图 5）。

屋面系统由上到下构造为：1.52mm 厚 TPO 防水卷材，25mm 厚聚异氰脲酸酯保温板＋70mm 厚

图4　青海某厂房

图5　江苏某厂房

XPS保温板，0.18mm厚U20型复合聚丙烯防潮隔汽膜，TB36承重压型钢板。在厂房高温高湿区域、强腐蚀区域采用不锈钢吊顶进行隔离，双层保护。

墙面采用砌块砌筑，外表面抹灰，大面积抹灰墙面平整度难以保证（图6）。由于厂房建筑高度

图6　江苏某厂房屋面墙面处理

30.4m，柱子之间要设置钢筋混凝土圈梁，墙面施工要搭建脚手架、施工工期长，而且厂房立面也没有彩钢夹芯板美观。但是彩钢夹芯板的性能怎样才能达到砌块墙体的性能是一项研究课题。

2.5 重庆某水电成套设备产业化技术改造工程

该工程包括两个厂房，即机加工联合厂房和装配联合厂房，建筑面积约为73530m²。屋面墙面板的覆盖面积为93800m²。机加工联合厂房为单层六连跨钢框架结构，厂房跨度为：18m+24m+24m+36m+30m+30m，柱距为12m，建筑总高度约为31.14m，建筑面积约为36762.39m²；装配联合厂房为单层六连跨钢框架结构，厂房跨度为18m+24m+24m+36m+30m+30m，柱距为12m，建筑总高度约为29.5m，建筑面积约为36768m²，屋面采用双层压型钢板加保温棉系统，檩条暗藏型，屋面面板为0.6mm厚360°卷边475型压型钢板，底板为0.4mm厚YF15-225-900压型钢板。

墙面采用双层压型钢板加保温棉系统，檩条暗藏型，墙面外板为0.6mm厚YX24-210-840压型钢板，墙面内板为0.4mm厚YX15-225-900压型钢板（图7）。

图7 重庆某厂房

3 使用中出现的问题探讨

彩钢压型板及夹芯板在工业建筑屋面墙面围护结构工程中应用量很大，工程质量总体上是好的．但是因为发展太快，市场不够规范，一些技术法规和管理措施不够健全，少数厂家追求利润质量意识薄弱，所以在一些工程中出现屋面漏水、屋面被风吹掉、被雪压塌、彩钢板生锈等质量问题。这些问题严重地影响了使用功能，并且给彩钢压型板夹芯板的应用造成不良影响，应该引起足够的重视。彩钢压型板、夹芯板屋面墙面系统设计，应严格按照国家及行业有关规程规范的规定。首先由建筑师根据设计方案、使用部位及耐腐蚀要求，选择彩钢板的色彩、基板类型及镀层重量、面漆种类；根据屋面雨水排水计算选择合理的压型板夹芯板板型及节点构造；与此同时结构工程师应配合对所选板型、檩距、彩涂板板厚及强度等级进行设计计算。

（1）屋面漏水问题

许多新建厂房单体面积巨大，采用双坡屋面，单坡排水长度比较长，屋面坡度又比较平缓，有的小于5%，而且选用的压型钢板波高比较低，屋面开洞周边构造没有处理好，一些厂房的屋面发生漏水，严重影响了使用。

屋面漏水的主要原因及防范措施如下：

1）屋面坡度的选定是防渗漏的关键，屋面坡度不宜小于5%，对于小于5%的要采取防渗漏措施。

2）采用长尺压型钢板减少压型钢板长度方向的搭接，解决了防渗漏问题，但是当单坡屋面过长坡度又平缓时，采用几段长尺压型板时，其横向搭接处要做好防水措施。

3）压型钢板的纵向搭接方式采用扣合式、360°咬合、直立锁边等规范做法，其防水是可靠的。但是屋面坡度小于5%时，应选用高波压型钢板，屋面雨水汇流时的滩水高度不能超过金属压型板波峰的有效高度。

4）屋面上的相关部件例如：天沟、天窗、通风气楼、采光瓦、山墙及高低跨墙体、穿过屋面的设备等自身应防渗漏；屋面开洞口周边应采取措施防止雨水渗漏。

5）压型钢板与屋面上相关部件的结合部是屋面渗漏的主要部位。结合部构造设计应考虑长尺金属压型板的温度伸缩量，使其在温度伸缩量范围内该部位的防水措施不损坏不漏水；另外应考虑压型钢板和不同材料相关部件之间的连接措施；还应考虑连接材料的老化和耐用年限等问题；结合部应根据具体工程设计要求设置两道以上的防水层。采取以上措施确保结合部处不漏水，屋面也就不会出现渗漏问题。

6）压型钢板屋面系统的制作安装技术要求很高很严格，必须由金属压型板专业厂家承担施工，才能保证工程质量。另外，金属压型板屋面工程不宜赶工夜战，雨雪天大风天不得施工安装。

（2）风揭、雪灾造成的损坏问题

1）由于近年来极端天气频发，超强风力的风压往往超出规范50年一遇的基本风压，容易发生屋面墙面围护系统的风揭破坏，建议可否对于强风地区围护系统的基本风压取值按照100年一遇考虑。

2）为了增强压型钢板夹芯板屋面的抗风能力，防止被风吹掉，在风荷载大的地区，除了按照正负风压进行设计计算外，还应采取构造措施予以加强，例如在檐口、屋脊、天窗、通风器、山墙及拐角等部位增加自攻螺钉的数量；檐口、山墙部位不宜悬挑太长；彩涂板不宜太薄，压型钢板的厚度应通过设计确定，一般不宜小于0.5mm，夹芯板面板厚度不宜小于0.5mm；压型钢板与檩条固定不能采用拉铆钉；屋面用自攻螺钉的钢垫圈加大等构造措施；从不同破坏案例的考察资料中，可以发现抗风构造加强措施对提高屋面抗风能力及抵抗连续破坏有很大作用，设计时应注重屋面边缘区域的有效加强措施，必要时要做抗风揭试验。

3）对于雪灾造成的损坏案例分析可以看出，多数情况是压型钢板夹芯板屋面墙面随着承重结构门式刚架和次结构檩条墙梁的倒塌一起倒塌，少数也有压型钢板夹芯板破坏的（图8）。要根据厂房破坏的情况从设计计算、建筑构造、制作加工、施工安装及厂房使用维护等方面找出原因进行改进。

图8　风揭、雪灾导致结构损坏

(3) 厂房比较高，墙面施工质量控制问题

目前许多新建厂房仓库单体面积巨大，而且厂房高度比较高达到20～40m，柱距又比较大，造成压型钢板、夹芯板墙面施工难度加大，大面积墙板安装的平整度难易控制，出现一些质量问题。例如：某工程外墙高度约25m，在标高1.0m以上采用彩钢夹芯板，夹芯板有效宽度1m，75mm厚（芯材：玻璃丝棉，密度64kg/m³），面板厚度0.6mm采用银色洁面PVDF涂层，底板厚度0.5mm采用压纹白灰色PE涂层。彩钢夹芯板采用横向排板，施工中发现长度为8～9m长的板材个别出现竖向凹痕，7m以下的板材基本没有出现竖向凹痕，这种问题虽然不影响使用，但是立面不够美观（图9）。

图9　厂房较高时墙面出现竖向凹痕

类似工程也出现过这种问题，经过检测分析原因，墙面板进行了改进，对于厂房比较高的墙面彩钢夹芯板，其面板和底板的厚度要增加，有的公司选用面板厚度0.8mm底板厚度0.6mm，芯材密度也要增加，多数厂家采用岩棉的密度大于100kg/m³。

(4) 屋面墙面板的耐久性问题

彩钢压型钢板、彩钢夹芯板在我国应用已经有30多年了，目前可以看到一些工业建筑的屋面墙面彩钢板锈蚀严重（图10）。主要是采用热镀锌聚酯涂层的彩涂钢板，应用不到10年就不同程度产生褪色、变色、粉化、红锈，有的板材已经锈穿，一些工业厂房屋面已经进行了修补甚至翻新。要做到和承重结构相同使用寿命，就要在设计、材料选用、制作、安装施工及维护等方面综合考虑。

图10　屋面墙面板发生锈蚀

1) 屋面墙面围护结构的设计

应根据当地气象条件、建筑等级、建筑造型、厂房的使用功能和生产工艺要求等，确定压型钢板、夹芯板选用的彩钢板的镀层、涂层种类，确定板型、厚度及构造层次。

2) 钢板材料选用

压型钢板的厚度应通过设计确定，一般用于屋面彩钢板基板厚度宜取0.5～0.8mm，墙面板厚度宜取0.5～0.6mm；屋面用夹芯板面板厚度宜选0.5～0.6mm，底层板厚度0.4～0.5mm，《建筑用金属面绝热夹芯板》GB/T 23932规定彩钢板基板公称厚度不得小于0.5 mm；选用时还要考虑板厚度供货负公差的影响。

对彩钢板基板类型及镀层重量的选择：基板类型及镀层重量主要根据使用部位、使用环境的腐蚀

性、使用寿命和耐久性要求等因素选择，建筑用彩钢板通常选用热镀锌基板、热镀铝锌合金基板。镀层重量应根据使用环境的腐蚀性查表确定，在腐蚀严重的环境中应使用耐蚀性好、镀层重量大的基板。

对彩钢板涂层的选择：面漆应根据用途、使用环境的腐蚀性、使用寿命、耐久性要求、加工方式和变形程度、价格等因素综合考虑确定。常用面漆有：聚氨酯（PE）、硅改性聚酯（SMP）、高耐久性聚酯（HDP）及聚偏氟乙烯（PVDF）四种。不同面漆的硬度、柔韧性、附着力、耐腐蚀性等方面有区别。聚酯是目前使用量最大的涂料，耐久性一般，涂层的硬度和柔韧性好，价格适中。硅改性聚酯耐久性和光泽、颜色的保持性有所提高，但柔韧性略有降低。高耐久性聚酯既有聚酯的优点，耐久性有改进，性价比较高。聚偏氟乙烯的耐久性优异，涂层的柔韧性好，但硬度相对较低，可供的颜色较少，价格较贵。底漆：常用的底漆有环氧、聚酯和聚氨酯，聚氨酯是综合性能相对较好的底漆。

3）严格制作安装技术管理，防止板材损坏

压型钢板夹芯板及其零配件的加工制作、包装、运输、堆放及施工安装，均应符合《钢结构工程施工质量验收规范》和设计图纸的要求。

压型钢板制作加工时，应调试好成型机，防止彩钢板涂层被压裂划伤，压型时应注意彩钢板的正反面防止出错；压型钢板夹芯板成型后，在堆放、二次搬运、运输装卸及安装过程中，应采取措施防划伤、防尘污、防风雨、防止板材损坏。

压型钢板夹芯板安装后要及时清理板面污物、铁屑、螺钉和杂物等，夹芯板安装后应及时撕掉面板上的薄膜，防止腐蚀板面。对于错打的钉孔和漏涂的密封材料要及时修补。

4）使用中经常进行维护

压型钢板夹芯板屋面墙面使用中宜定期进行检查、维护。检查发现的问题应及时处置。屋面墙面表面清洗根据积灰污染程度确定，宜每年清洗一次。清洗压型板表面时，应根据彩钢板使用说明书的要求选用清洗剂和清洗方式进行清洁。

压型钢板夹芯板屋面墙面工程在使用及检查、维护中当发现有严重锈蚀、涂（镀）层脱落、连接破坏等影响正常使用的情况时，应进行检测、鉴定评估及维修。维修用涂料、密封胶、紧固件、板材等应与原来使用的材料相同。

4 结语

三十多年来彩钢压型板、彩钢夹芯板，在全国各地得到大量的推广应用，是建筑业发展最快，应用最广的新材料、新产品、新技术。彩钢压型板、夹芯板用量每年以几千万平方米数量增加，许多大厂家年销售额超过几十亿元，今后我国经济将持续增长，给彩钢压型板、夹芯板围护结构系统行业带来无限商机，我们的行业前途无量。

但是也应该看到我们在金属板围护结构体系的设计计算、建筑构造、加工制作、安装质量及售后服务等技术和管理方面还存在不少问题，企业之间差异比较大。为了保证工程质量，提高行业整体技术水平，要加强新产品、新技术的研究开发，进行工业建筑压型钢板屋面墙面围护系统的抗风揭、防渗漏试验研究工作，研究开发合理的压型钢板板型及连接构造；加强彩钢压型板、夹芯板屋面墙面围护结构体系的研究等，科技创新是围护结构行业持续发展的动力。

建议行业协会组织科研、设计、加工制作和安装等单位及时修订和编制有关规程规范、标准和图集，组织编制压型钢板屋面墙面制作安装施工手册，以保证工程质量，满足工程建设发展的需要。

金属屋面防渗漏技术浅析

牛 栋 代文昱 刘益龙 杨 斌 徐 奥

(中建钢构有限公司，深圳 518040)

摘 要 本文通过对某项目金属屋面施工出现的渗漏情况进行调研和分析，提出相应的技术改进措施与建议，探讨解决对策。

关键词 钢结构；金属屋面；防渗漏

1 工程概况

本项目位于江苏省徐州市徐海路与徐贾快速路交叉口向南约 1km，徐贾快速路东侧，由厂房、废水回收利用站、消防水池和泵房、食堂、变电站、垃圾房、废水站和甲类仓库组成，厂房地基基础采用独立柱基，厂房主体为钢框架结构，其余为混凝土框架结构，建筑呈矩形 180m×138m，总建筑面积约 53788.29 平方米，建筑高度 20.4m，层数两层，总用钢量约 6000t。图 1 为该项目效果图。

本工程最大跨度 24m，柱距多为 12m，一层为钢框架结构，二层为抽柱门式钢框架结构，其中生产车间部分为轻钢屋面，坡度为 5 %；端头动力辅助用房部分为混凝土屋面，结构找坡，坡度为 3%。屋面防水等级为Ⅰ级，排水方式为内排水。图 2 为钢结构模型图。

图 1 效果图

图 2 结构模型图

金属屋面板采用镀铝锌压型钢板，波高不小于 66mm，屋面压型钢板基板厚度不小于 0.6mm，材质为镀铝锌钢板，镀锌层双面质量不应小于 180g/m ，涂层采用氟碳 PVDF 涂层，厚度不小于 25μm。压型钢板屋面采用直立锁缝系统，锁缝应保证其水密性和气密性，满足当地最大风荷载拔力和热胀冷缩位移的要求。屋面保温层采用 120mm 岩棉，容重不低于 100kg/m，导热系数 0.045W/m·k。

2 金属屋面渗漏的主要原因及分析

近三十年来工业厂房，多采用轻钢体系，显示出很大的优越性。但是在施工过程和后期使用中，厂房会出现一些金属屋面漏水的问题，特别是超长、超宽金属背板面漏水现象比较严重，漏水主要集中在压型钢板搭接、檐沟与水泥墙面连接等部位。以徐州茂地厂房为例，通过对项目的分析，对可能漏水的原因进行探索，提出几点防渗漏的预防措施。

通过对金属屋面渗漏问题的分析，比较常见的有以下几个方面：

（1）由于材料引发的漏水隐患

1）在某些特殊部位，例如檩条与女儿墙连接处等部位，由于应力变化不同步，产生漏水隐患。

2）钢结构体系中，由于结构本身在温度变化、受风载、雪载等外力的作用下，容易发生弹性变形，在连接部位产生位移而产生漏水隐患。

3）金属板自身导热系数大，当外界温度发生较大变化时，因温度变化造成彩钢板收缩变形而在连接处产生较大位移，因而在金属板接口部位极易产生漏水隐患。

（2）安装工艺不正确

1）搭接长度不够，密封处开裂；

2）固定彩钢板的自攻螺丝太松，致使彩钢板密封条处的压力不够，在风载、雪载及外力的反复作用下容易开裂，自攻螺丝太紧，有可能损坏金属彩钢板，造成漏雨；

3）特殊部位接口处的密封条形状不配套或打钉位置不合理，再加上密封条的质量参差不齐，导致漏雨；

4）运输、搬运彩钢板未轻拿轻放压边处损坏，板边密封处不能紧贴而出现漏雨；

5）搭接处的风向选择不正确，使密封处容易破坏；

6）固定彩钢板的螺钉间距太大，使密封处压的不严实等。

（3）安装操作不规范

施工人员在已安装好的彩钢板上随意走动，致使密封位置出现开裂或金属板变形损坏（尤其是单层板）而导致漏雨。

（4）材料质量缺陷

施工中普遍采用的密封材料为硅酮胶，但是有些厂家生产的产品质量不符合要求，其抗拉强度、弹性极限、延伸率，对于外界变形和开裂的适用性、耐候性、耐腐蚀性和耐老化性均达不到要求。这种产品固化后粘结强度低、使用寿命短，在各种综合外力的反复作用下，例如风载、雪载、动载等再加上金属板在环境因素的影响下产生的热胀冷缩及接口处不同材料热胀冷缩不一致或相容性差等因素的综合影响，使密封材料与彩钢板撕裂，出现漏雨。

（5）后期维护不合理

屋面防水施工完成后，需对工程屋面进行维护，好的维护可以延长防水层使用年限，在现有的一些规定中，对于建筑屋面的保修时限最低为5年，但是实际上5年的保修时间是远远不能满足业主的使用需求的，很多建筑的金属屋面在5年以后，渗水的问题才慢慢表现出来，也就是说，维修方根本无法将屋面漏水问题从根本上解决。维修年限较短是规范及制度的问题，建议对这一制度加以完善。另外，需加强施工人员的责任心。现实中往往存在以下问题：

1）在金属板上进行施工，使涂层受损锈蚀，受损后又未能及时修补。

2）无专人对金属屋面进行专项检查，对局部的小缺陷未能引起足够的重视，导致缺陷扩大、裂缝开裂变形，节点处被破坏，从而导致屋面渗漏。

3）金属屋面无人定期清扫，落水管堵塞，天沟、排水口排水不畅，屋面长期积水，导致屋面渗漏。

3 防治方法

（1）目前国内大部分企业采用硅酮胶，该材料凝固后粘结强度低，易老化，追随性差，防水质量不牢靠，人为隐患多，易老化漏水。部分企业采用密封胶条，使用寿命短，易老化漏水。少数技术先进的企业，使用丁基橡胶密封粘结带，效果较好，漏水现象很少发生。

（2）充分考虑项目所在区域地域的气候条件特征，采用适合该地区的防水措施及材料；合理的进行结构设计，应综合考虑造价、屋面坡度、板型等多种因素，寻求最佳的解决方案；应选用合适的金属材料，如具有较高的粘结强度、好的追随性以及耐候性极佳的丁基橡胶防水密封粘结带，作为金属板屋面的防水配套材料。

(3) 安装人员要精心施工，每个操作步骤都要规范化，不能随意操作，具体做法如下：

1) 安装前了解建设项目的所在地区的风向，以常年主导风向来确定屋面板和墙面板的压边走向，减轻风载对彩板密封部位的损坏，以免造成漏雨。

2) 搭接长度要适中，本项目采用的是360°直立缝锁边，对于高波彩板纵向搭接长度为378mm，对于低波彩板当屋面坡度大于1∶10时，纵向搭接长度为250mm，对于风力小的地区搭接长度可以适当短些，但不应小于150mm。屋面板侧向搭接，一般情况下搭接已波，特殊情况可以搭接一波。为了起到较好的防水作用，搭接缝应设置在压型板波峰处。

3) 穿透式自攻螺钉的间距要适当，彩板的搭接分纵向连接与侧向连接两种，纵向连接处彩板两端的螺钉间距，以150mm左右为宜，彩钢板中间的螺钉间距以300mm左右为宜。屋脊盖板处的螺钉布置与两端的布置一致。侧向连接时，沿屋面板侧向在有檩条处须设置连接件，以保证屋面板之间的连接，其间距应视屋面板类型而定；对于高波屋面板，连接件间距为700～800mm；对于低波屋面板，连接件间距为300～400mm。

4) 要留足墙底、屋檐角、外墙角等处的搭接量，其最小搭接宽度不得小于60mm，并应做好包角堵头密封处理。

5) 彩板吊运时要轻吊轻放，吊点位置正确，要防止四边损伤变形，各个支点要保持在一个平面内，以避免整块板扭曲、弯曲变形，造成搭接位置密封不好而出现漏雨

(4) 在进行屋面防水施工之前，应当制定严格的施工方案，将施工的流程及工艺全部确定下来。施工前，需要对施工人员进行技术交底，使每一名施工人员都能够清楚自已的责任，并对工程质量要求有一定的了解。应由专业施工队伍进行施工，施工人员应当具备相应的使用资格证书，并具有一定的施工经验。

(5) 选用合适的金属屋面材料，加强金属屋面涂层的保护，严格按照设计文件中注明使用的金属屋面板品种，规格型号、性能要求，选用符合质量标准要求的金属屋面材料，尽量选用暗扣式板型。施工人员施工时穿软底鞋，在屋面施工工具、材料轻拿轻放，不能磨损涂层，一旦有破损及时修补。

(6) 金属板屋面的抗渗漏是钢结构建筑工程中的一个难点，在屋面的设计上应做好以下工作：

1) 综合考虑屋面荷载、功能及板型等要求，合理布置檩条，并选择不同规格，避免屋面挠度过大，造成屋面积水或撕裂。

2) 根据屋面的尺寸、布置和板型等要求，设计合理的可移动连接件、伸缩板等，以适应温度影响下的变形要求。

3) 施工过程中应严格按照操作规程进行，认真处理细部构造，避免板件连接松弛或零部件漏装等问题。

参考文献

[1] 屋面工程质量验收规范 GB 50207—2012[S].

[2] 付国平. 彩钢板屋面的防水构造与施工技术[J]. 建筑技术，2004(7).

[3] 肖石. 住宅金属屋面系统[J]. 中国建筑防水，2006 (1).

解析钢结构装配式建筑中防渗漏施工技术的应用

韦忠苏　鲁传福　马传飞

（中建钢构有限公司）

摘　要　本文通过分析钢结构装配式建筑渗漏的主要原因，针对房屋渗漏出现的主要部位，提出了门窗、外墙、卫生间和屋面的防渗漏施工技术。

关键词　钢结构装配式；防渗漏；技术措施

1　钢结构装配式建筑渗漏的主要原因

（1）设计问题

有些房屋建筑设计中一味的追求外观效果，没有考虑到节点施工做法，或者节点做法中没有考虑到实际施工操作中的渗漏隐患。比如，大于4.2m窗过梁采用矩形管200×200×4，没有考虑到外墙雨水通过矩形方管与钢框梁之间的缝隙渗漏水情况；外墙的钢框梁与钢筋桁架板之间连接处缝隙没有考虑构造措施进行防水设计。在房屋设计时，要注意设计节点处理，并通过借鉴有关建筑防水构造来改善施工中防渗漏问题。

（2）缺乏图集规范

现行规范目前缺少适用于在钢结构装配式工程中的防水图集做法，绝大多数是以钢筋砼结构为基础的防水做法图集，例如钢筋桁架板与钢梁之间的冷缝防水处理、窗与钢柱连接处的缝隙防水处理。

（3）施工过程缺乏监管

房屋渗漏另一个重要原因是在施工过程中缺乏监管，工艺不达标、偷工减料、交底不到位等等，从而导致质量缺陷，一旦遇到恶劣天气就会立马出现问题。再加上现在建造工期短，不合理的压缩工期，即使施工单位想认真施工时间上也不允许。另外由于缺乏充足的施工依据，全凭经验施工，也会导致施工质量问题的产生。

2　渗漏出现的主要位置

房屋建筑中渗漏的主要部位有门窗、外墙、卫生间、屋面以及地下室，这些部位的渗漏原因均不相同。门窗渗漏主要由于窗框与钢柱、窗框与钢梁之间缝隙填充不实导致，外墙的渗漏主要由于雨水渗透穿过保温层通过钢梁与桁架板之间的冷缝渗入到室内，卫生间主要由于便槽、排水管道中的水渗漏出来导致，屋面渗漏主要由于坡度不符合规范要求积水以及屋面防水层不合格导致，地下室的渗漏主要由于在结构施工过程中钢柱与钢筋混凝土外墙的交接振捣不密实以及安装施工时后开洞防水处理不到造成的渗漏。

3　防渗漏施工技术措施

（1）门窗防渗漏措施

考虑到建筑效果的特殊性，在外立面设计时部分外窗安装位置侧面紧贴钢柱、上部紧贴钢结构梁，这些接缝位置处理不好很容易造成渗漏水情况。因此在门窗洞口基层涂刷防水涂料、缝隙中间采用发泡剂填满、外侧使用密封胶或者玻璃胶封堵，以防止门窗因有缝隙导致的渗漏水情况发生。

（2）外墙防渗漏措施

建筑房屋外墙造成渗漏水原因有很多，大多情况主要有墙体缝隙、不同墙体材料之间的接缝位置、墙体预留孔洞位置等。

1）混凝土结构墙体裂缝

由于混凝土的特殊性质，裂缝产生的原因有多种，混凝土收缩裂缝、施工缺陷裂缝、墙体转角、楼层施工缝位置等，这些都是外墙裂缝容易造成渗漏水点，外墙雨水经过这些细微裂缝渗入到室内，造成室内装饰受损影响居住质量。针对这种情况，混凝土浇筑施工时充分进行振捣，楼层墙体施工缝浇筑前进行凿毛冲洗，施工缺陷产生的裂缝修补后进入下道工序施工。

2）不同墙体之间的缝隙处理

砌体与钢柱之间砌筑砂浆应饱满，不能产生空隙或砌筑不实情况，砌筑完成后涂刷一道缝隙两侧各20cm宽防水涂料；墙体砌筑7d后进行与钢梁顶部的斜砌施工，可采用干硬性砂浆实施砌筑作业，以减少收缩。

3）墙体预留孔洞位置处理

外墙的预留孔洞是比较常见及很容易产生渗漏水的位置，施工前处理不好后续将很难进行后防水治理。施工前应及时清理预留孔洞，并用水清洗，确保其湿润；脚手眼、预留洞孔等位置待安装结束后采用防水砂浆进行封堵，有特殊防火要求时采用防火材料封堵。

（3）卫生间防渗漏措施

对应卫生间的防渗漏主要集中于预埋的管道，卫生间是大量给排水管道的集中点，管道预埋采取集束化布置，同时采用专用卡子，减少后钻孔开洞情况，完成后进行蓄水试验的防水检验。地面上直接砌筑便槽的卫生间，砌筑前基层应清理干净，砌筑砂浆应饱满，砌筑完成后涂刷一道防水涂料，蓄水试验合格后进行饰面砖的铺贴。

（4）屋面防渗漏措施

屋面板以及楼层板常规采用钢筋桁架板现浇混凝土形式，桁架板常规采用无支撑体系，屋面混凝土浇筑时由于荷载的增加，桁架板跨中区域产生轻度下挠，如若屋面板混凝土浇筑厚度一致，板跨中区域结构面有可能会产生积水，一旦屋面防水层失效，结构积水处很容易产生渗漏水。因此在屋面混凝土浇筑施工过程中，应以完成面标高控制混凝土浇筑厚度，确保结构层平整防止结构层的积水产生的渗漏。屋面防水层施工时，对于屋面的女儿墙根部、出屋面管道、烟风道等阴角角部位应增加防水附加层的铺贴，铺贴过程中从阴角开始上返和水平延伸各不小于250mm，确保附加防水层起到加强对细部部位的防水作用。

4 结束语

房屋的防渗漏一直以来作为建筑工程当中的防治重点，钢结构装配式结构体系越来越多的应用到房屋建筑中，渗漏水严重影响房屋使用功能，因此对钢结构装配式建筑的重点、特殊部位进行科学系统的分析，制定出有效的防渗漏措施，唯有如此，才能确保房屋整体抗渗漏性能提升，促进和推动我国建筑行业健康可持续发展。

参考文献

[1] 张冬阳. 房屋建筑施工中的防渗漏施工技术[J]. 住宅与房地产.
[2] 赵丽. 房屋外墙和门窗防渗漏施工技术[J]. 山西建筑.
[3] 廖克强. 房屋建筑工程平屋面防渗漏施工技术分析[J]. 建材与装饰.

五、钢结构工程施工技术

国家速滑馆项目环桁架施工技术

武传仁　杨国松　王　钦　邵宝健　汤俊其　陈学进

（江苏沪宁钢机股份有限公司，宜兴　214231）

摘　要　国家速滑馆大跨度屋盖造型为椭圆的马鞍形双曲面，采用双向单层正交索网，支承于周圈的钢结构环桁架上；屋面环桁架采用立体桁架的结构形式，投影外形尺寸为 221m×155m；屋面环桁架横断面为七根主弦杆和 12 根腹杆。本文介绍屋面环桁架的制作安装施工技术。

关键词　马鞍形；屋面环桁架；滑移安装

1　工程概况

国家速滑馆项目是北京 2022 年冬奥会的标志性场馆，本工程主要由主场馆及外围纯地下车库组成。主场馆地上部分的建筑高度为 17～32m，由看台及屋盖结构组成，大跨度屋盖为椭圆的马鞍形双曲面，采用双向单层正交索网，支承于周圈的钢结构环桁架上；椭圆的马鞍形双曲面屋盖环桁架，支承于看台斜柱上，斜柱采用劲性混凝土柱。外围护幕墙支承结构采用钢拉索加竖向波浪形钢龙骨，拉索上端固定于顶部的钢结构环桁架上，下端固定于主体结构首层顶板外圈悬挑梁端。

屋面环桁架采用立体桁架的结构形式，节点采用相贯焊接的形式连接；环桁架与混凝土柱之间采用成品固定球铰支座连接。屋面环桁架为椭圆的马鞍形双曲面，投影外形尺寸为 221m×155m；屋面环桁架横断面为七根主弦杆和 12 根腹杆，主桁架弦杆规格 $\phi800\times30\sim\phi1600\times60$，桁架弦杆变截面处采用锥形钢管过度；腹杆规格 $\phi273\times12\sim\phi1000\times30$；环桁架材质为 Q345B、Q345C 和 Q460GJC 等。见图 1～图 5。

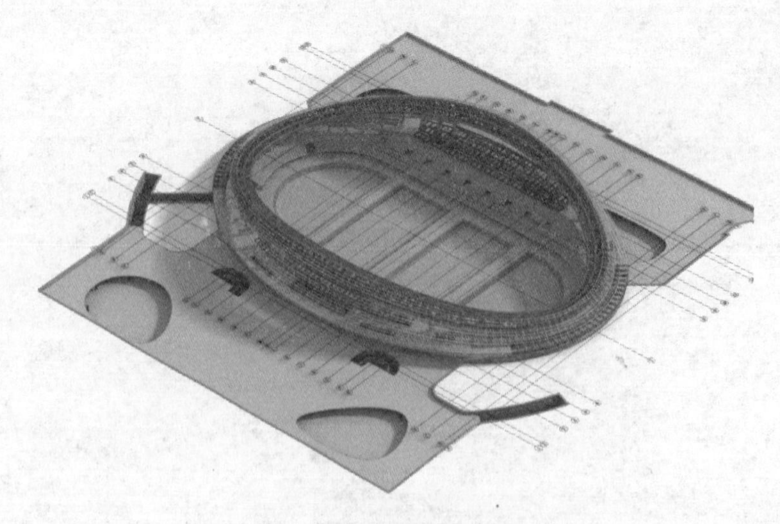

图 1　整体结构三维示意图

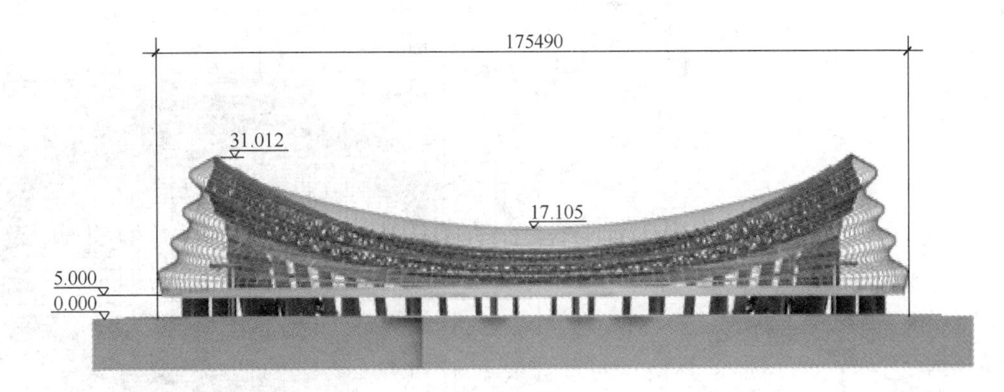

图 2　钢结构整体立面示意图

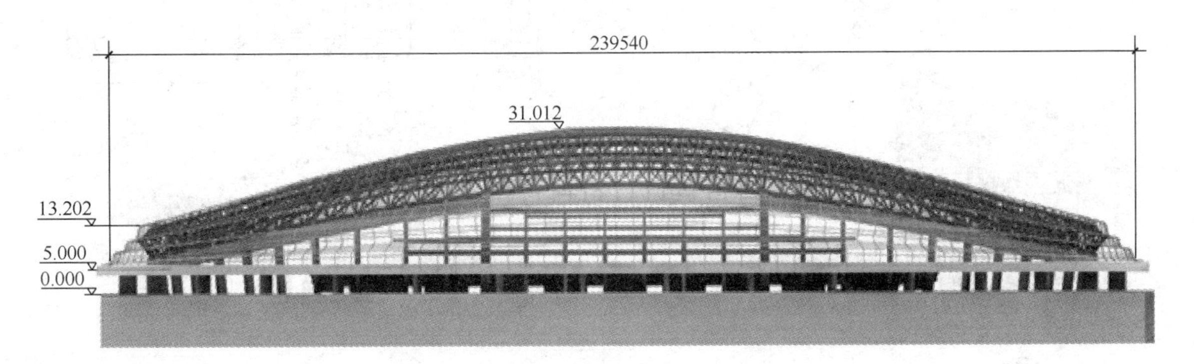

图 3　钢结构整体侧立面示意图

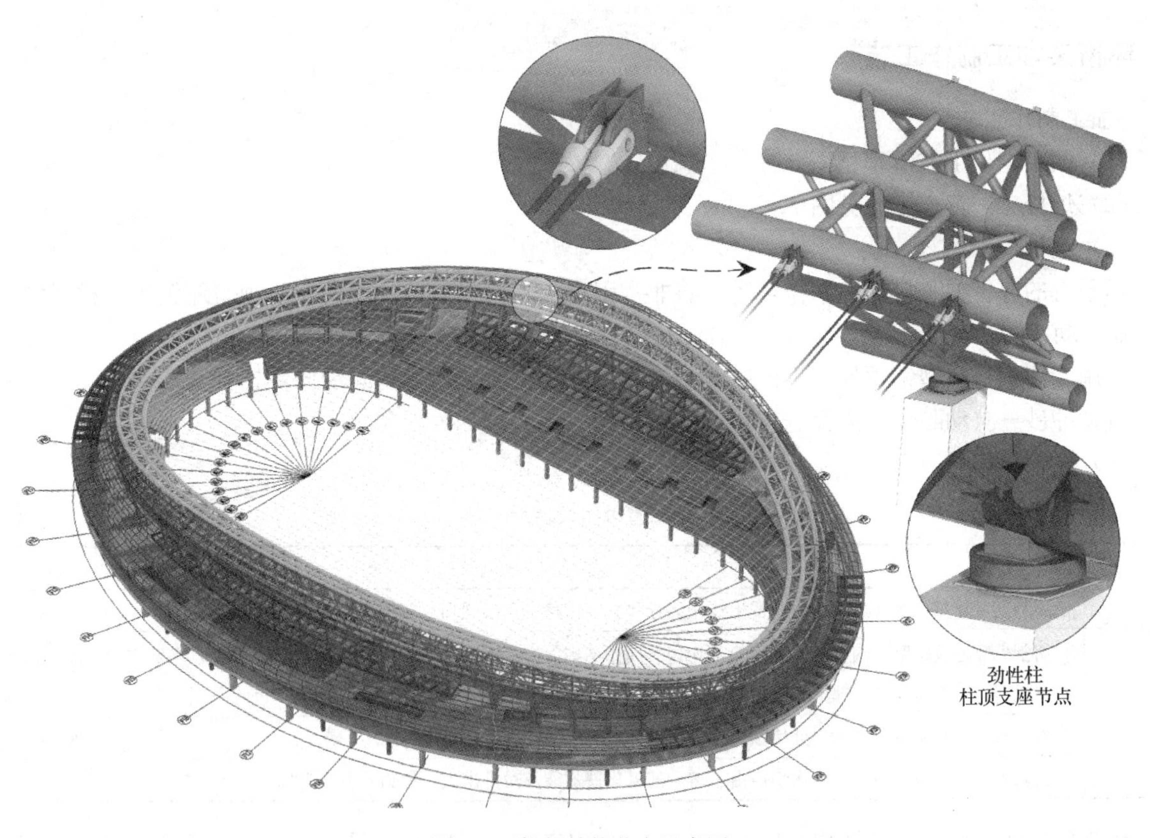

图 4　环桁架结构节点示意图

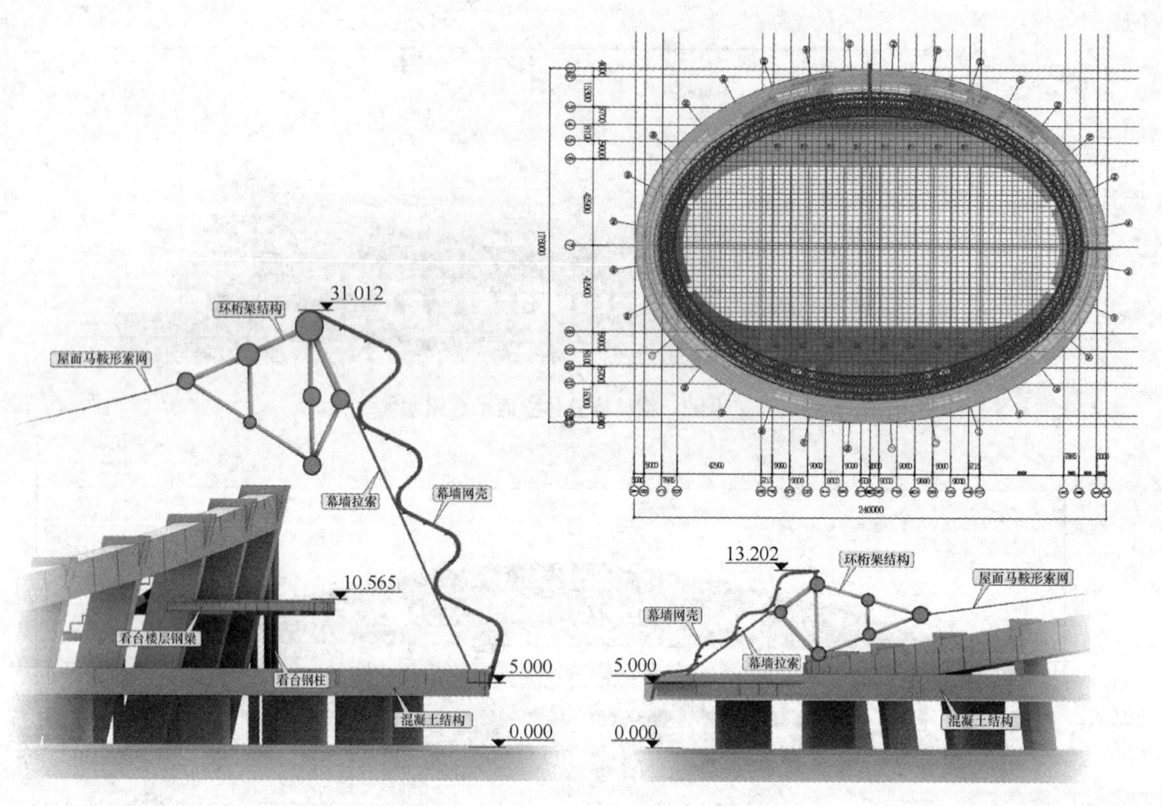

图5 环桁架典型剖面示意图

2 环桁架加工制作工艺

2.1 加工制作工艺

（1）加工制作工艺流程见图6。

（2）焊接工艺评定试验见图7。

（3）钢板矫平工艺：

不平直的厚板如直接加工制作，矫正将非常困难。根据我公司的经验，必须将厚钢板原材料的平整度控制在每平方小于1mm，方可确保制造出高精度的构件。

采用专用钢板和型钢预处理生产线对钢板进行除锈，保证钢材的除锈质量达到Sa2.5级，其工艺流程按自动冲砂→自动除尘的流程进行。

（4）厚板切割见表1。

厚板切割特点 表1

序号	厚板切割的特点
1	切割速度较慢，板受热不均匀，发生热胀后导致板发生移位，出现切割精度不能保证
2	切割失败因板较厚，钢材的上下受热不均匀、操作不当，容易引起不能沿厚度方向割穿，造成燃烧反应沿厚度方向需要一定时间，切割氧在下部纯度较小，后拖量增大
3	熔渣较多，容易造成在切口处堵塞
4	在切割过程中如果中断，再次切割由于熔融的氧化铁不能及时排出去，厚板重新起割难

切割质量的好坏，直接影响到后道工序——装配组立、焊接的质量，尤其是厚钢板的大坡口切割，对焊接的影响很大，为了保证切割质量，本公司吸收国外的先进工艺，采用精密切割方法：选用高纯度98.0%以上的丙烯气体+99.99%的液氧气体，使用大于4号～9号的割咀，切割火焰的焦距温度大于

2900℃，这样的切割工艺，使坡口端面光滑、平直、无缺口、无挂渣，对钢板的表面硬度深度影响降低至0.2mm（普通火焰切割表面硬度深度≥0.5mm）。为降低及消除切割对钢板的金相组织的影响，本公司采用在切割后，由切割操作工对每条切割的端面，用电动砂轮打磨机进行打磨，再经过钢板矫平机的滚压，基本消除了切割对钢板强度的应力影响。

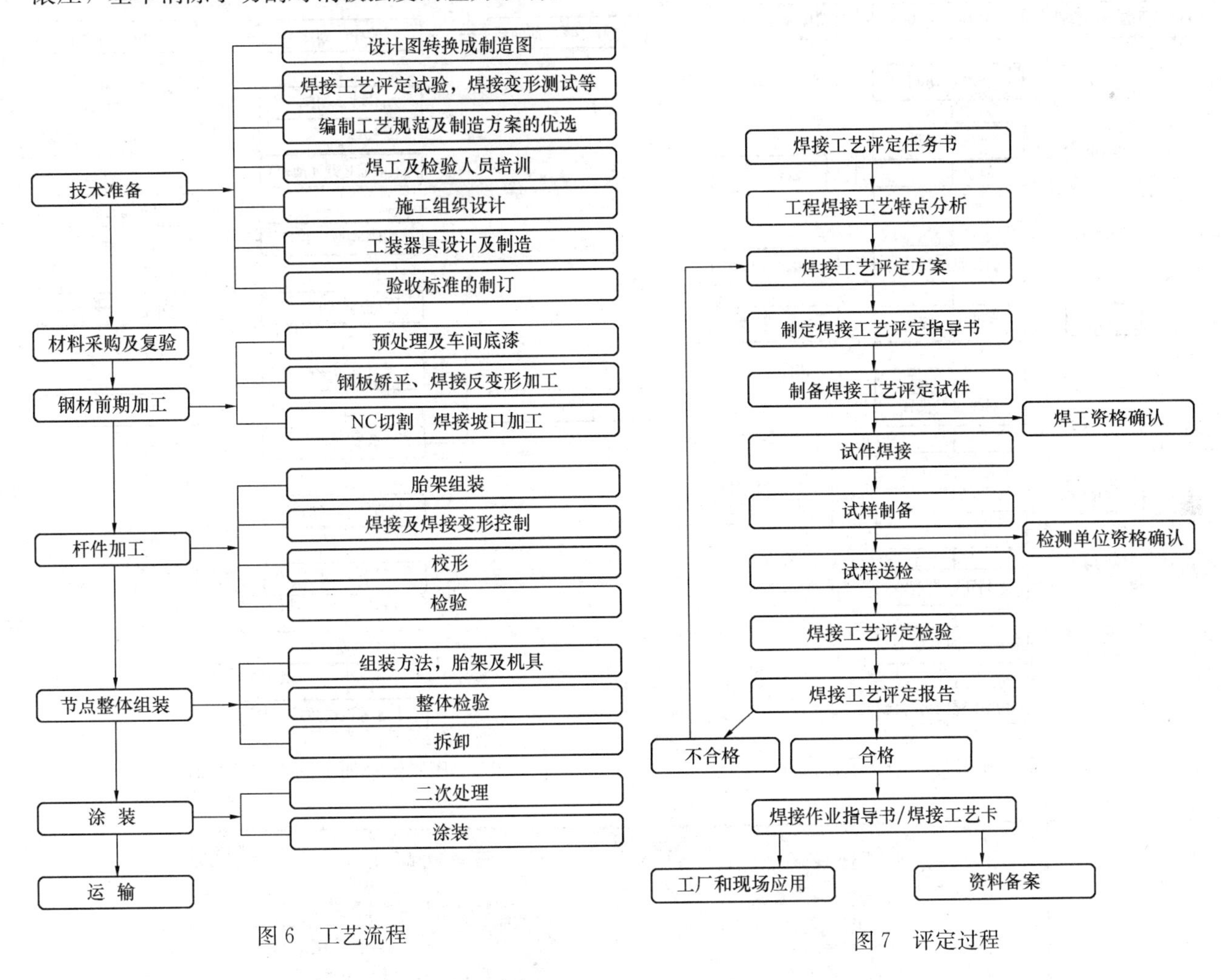

图6　工艺流程　　图7　评定过程

2.2　典型钢管加工制作流程图

（1）卷制钢管加工制作工艺流程见图8。

（2）压制钢管加工制作工艺流程见图9、图10。

3　环桁架钢结构施工安装

屋面环桁架为椭圆的马鞍形双曲面，投影外形尺寸为221m×155m；屋面环桁架采用立体桁架的结构形式，网格间距4m，节点采用相贯焊接的形式连接；环桁架与混凝土柱之间采用成品固定球铰支座连接。环桁架为组合式桁架体系，共包括七根主弦杆，弦杆截面尺寸大，最大口径钢管为ϕ1600×60，屋面环桁架为拉索屋盖结构的主要持力结构，总吨位约8500t，安装难度大，受周围混凝土结构的影响较大。

由于本工程工期短，环桁架就位在施工关键线路，对后续索结构等影响非常大。如果采用传统的散装安装方式，不能满足工期要求；而采用在场外吊装的方式进，则地下室车库的加固通道影响停车楼施工，并且加固工作量非常大；如果采用在场馆内部进行吊装时，留设履带吊进场通道要影响部分柱顶圈梁和看台施工，还要在场馆内管沟等位置进行加固处理。考虑到南北看台区的环桁架距结构外边较近，无地下室结构，具备就近吊装的条件；场馆东西两侧为地下室车库，车库施工完成后，可在车库顶进行环桁架的拼装，待场馆看台结构施工完成后，滑移就位，这样环桁架与混凝土看台可平行组织施工，对工期控制非常有利，综合考虑，本工程环桁架采取“南北区吊装＋东西区二次滑移”的施工总体安装方案。

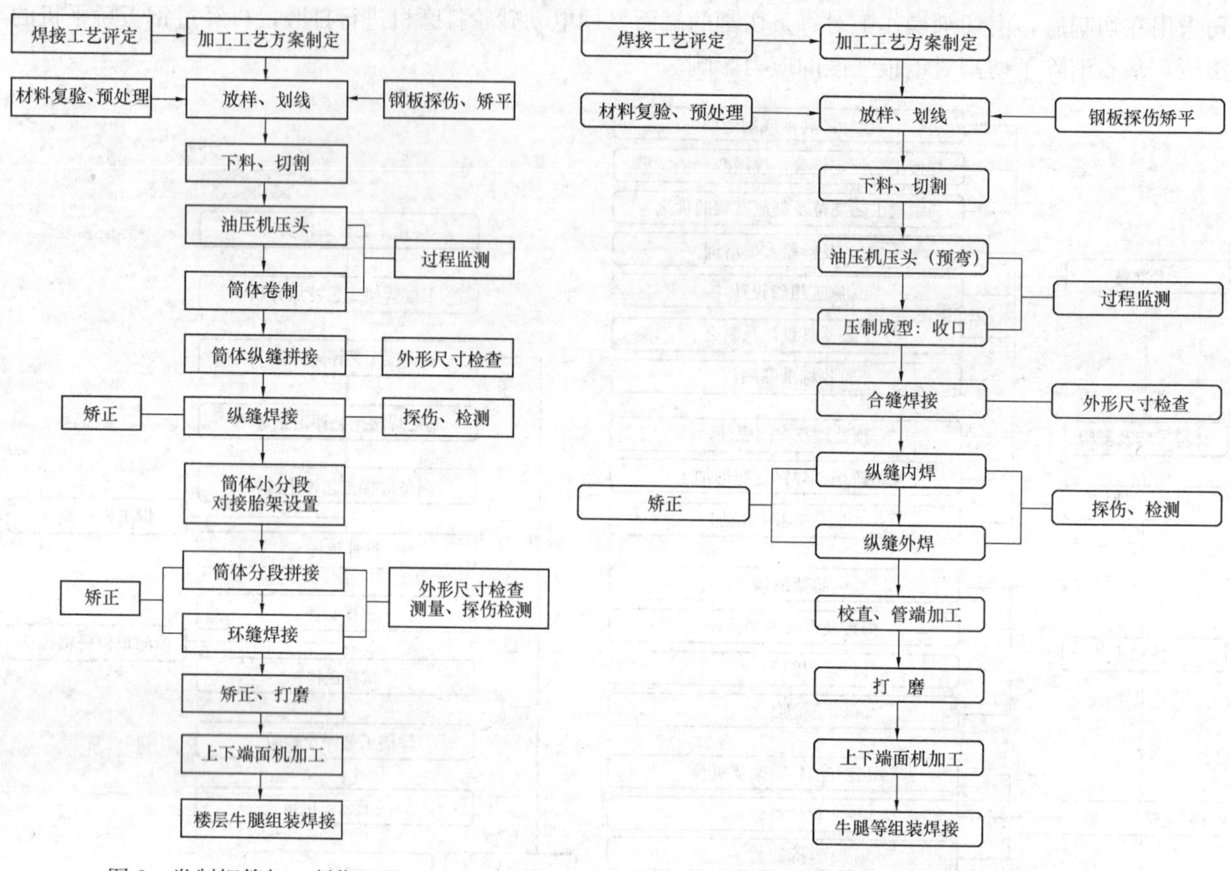

图 8 卷制钢管加工制作工艺流程

图 9 压制钢管加工制作工艺流程

图 10 制作过程

根据混凝土结构布置及环桁架结构特点，对环桁架进行分段划分，并选用合适的吊装机械。当南北区斜柱顶圈梁施工完成后，在环桁架主弦杆分段位置设置临时支撑，履带吊在场馆外侧沿弧形行走通道（南侧 R29～R37 轴，北侧 R5～R60 轴），逐段逐根进行环桁架结构的吊装安装，吊装采取从中间向两端的安装顺序，弦杆定位后立即安装相应腹杆形成临时稳定体系。

东西地下室车库结构施工完成后，在车库顶铺设下滑移轨道，在车库东西两端设置滑移支撑架及桁架高空定位拼装支撑架，采用履带吊将环桁架分段吊装上胎架，从中间向两端逐步完成桁架主弦杆及腹杆的定位、焊接。整体拼装完成后，拆除桁架拼装临时支撑，做好滑移前准备工作。

看台区结构施工完成后，利用塔吊安装上滑移轨道及轨道支撑架。利用液压顶推装置，将桁架从拼装位置滑移至场馆 6.1m 层结构外边，完成滑移胎架上滑移轨道与看台区上滑移轨道对接，再将结构滑移就位。滑移过程中桁架自身会有一定的挠度，为了确保桁架滑移就位后能安装桁架与斜柱之间的球铰支座，桁架拼装时，整体抬高 80mm 拼装定位，滑移就位落位 80mm 后与球铰支座焊接（球铰支座与斜柱顶埋件的焊接需待屋顶拉索张拉完成后再施工）。

为确保吊装区与滑移区的结构能准确对接，吊装区两端的分段设置为嵌补分段，当滑移区桁架落位后履带吊安装。嵌补分段安装焊接完成后，进行结构的整体卸载。见图 11、见图 12。

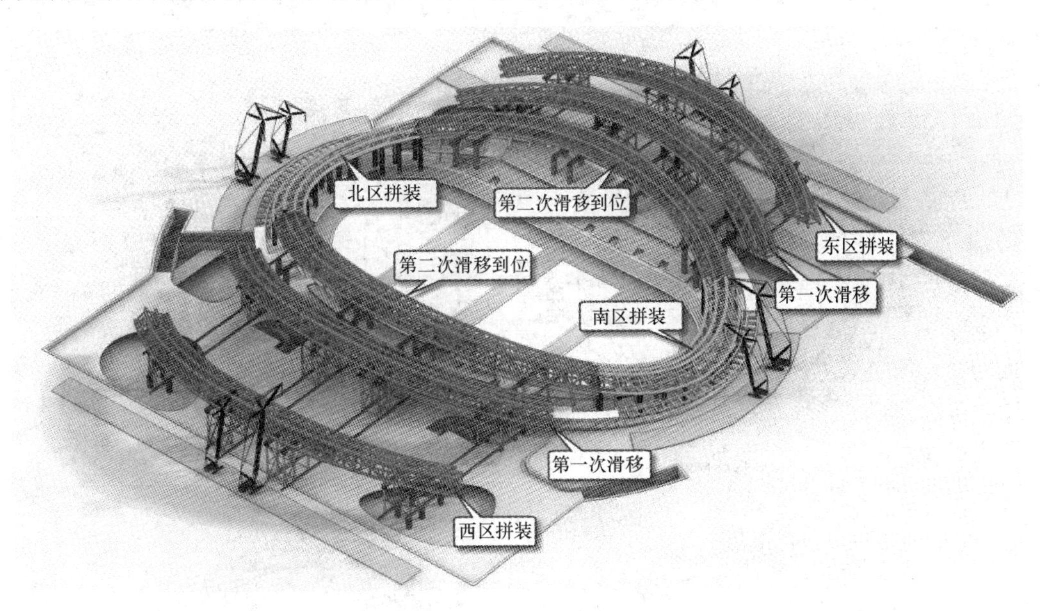

图 11　环桁架施工思路示意图

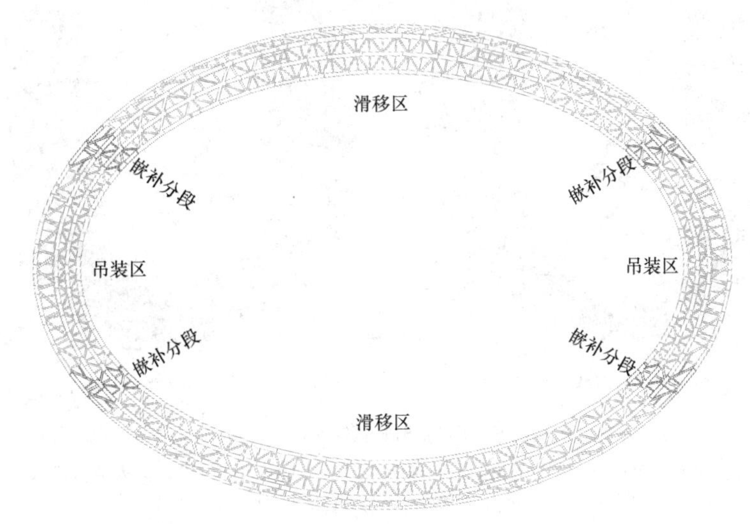

图 12　施工分区划分图

3.1 环桁架分区划分

根据施工总体思路，并综合考虑吊装机械起重性能，环桁架总体分四个分区，每个分区中的七根弦杆再进行分段，同时将其中的主弦杆 XG2 和 XG3 和中间腹杆组成单片桁架 H2，主弦杆 XG5 和 XG6 和中间腹杆组成单片桁架 H4，其他三根弦杆高空吊装，其分区及分段划分如图 13～图 15 所示。

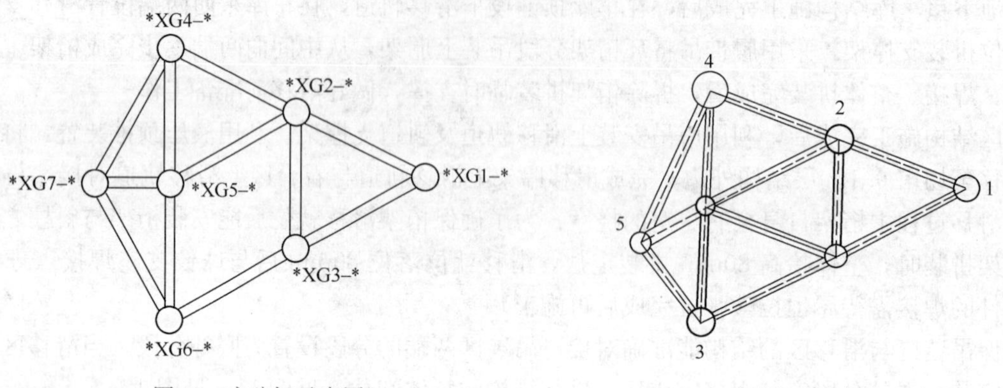

图 13　主弦杆示意图

图 14　主弦杆安装顺序示意图

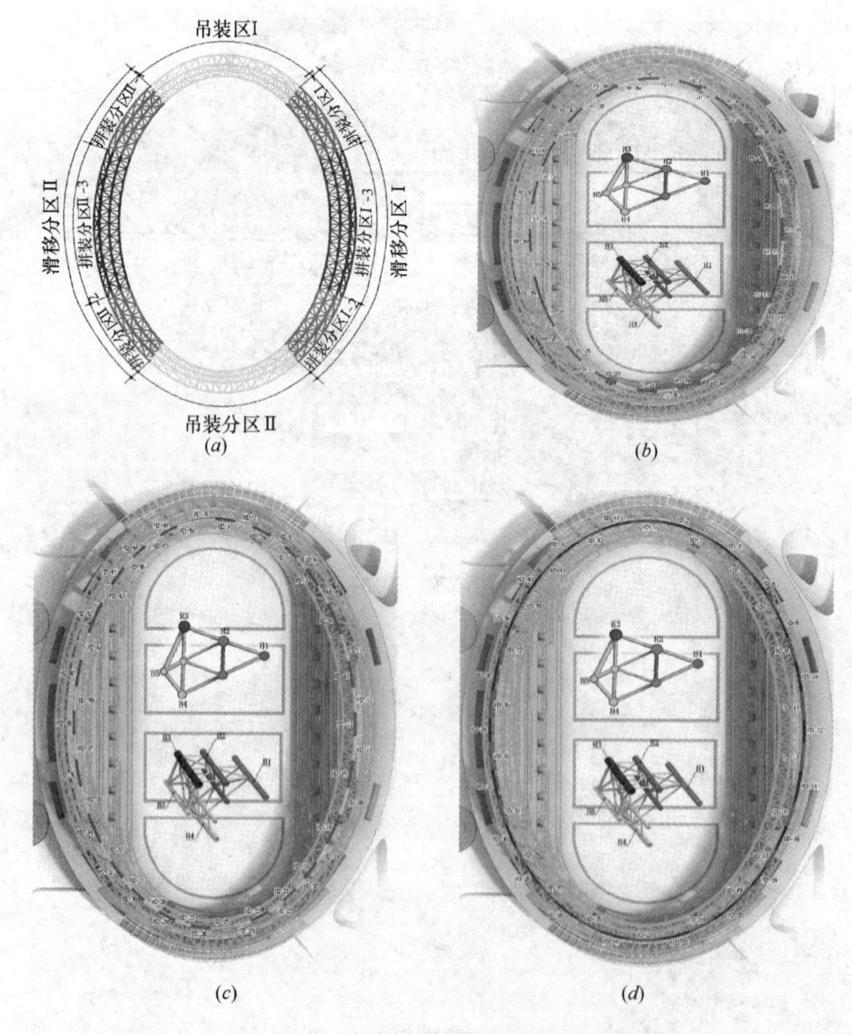

(*a*)　(*b*)

(*c*)　(*d*)

图 15　环桁架施工分区图（一）

(*a*) 环桁架施工分区划分图；(*b*) H1 环向安装分段示意图；(*c*) H2 环向安装分段示意图；(*d*) H3 环向安装分段示意图

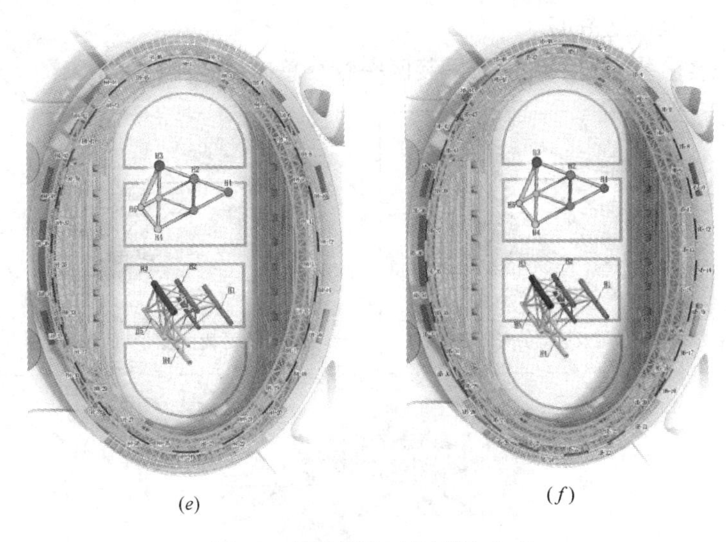

(e)　　　　　　　　　(f)

图 15　环桁架施工分区图（二）

(e) H4 环向安装分段示意图；(f) H5 环向安装分段示意图

3.2　环桁架安装顺序

桁架的施工分区包括两个吊装区和两个滑移区，四个施工分区均采取从中间向两端、从桁架内环向桁架外环的施工顺序进行桁架结构的安装，其吊装流程如下：

（1）南北吊装区施工流程见图 16。

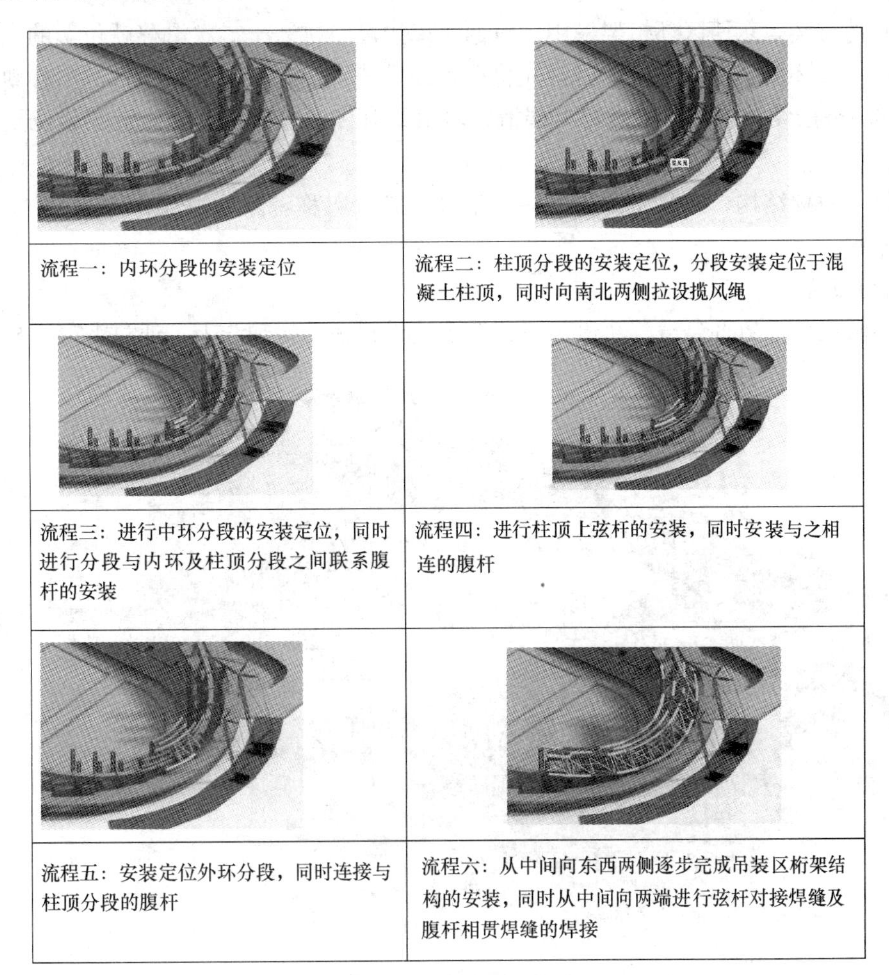

流程一：内环分段的安装定位	流程二：柱顶分段的安装定位，分段安装定位于混凝土柱顶，同时向南北两侧拉设揽风绳
流程三：进行中环分段的安装定位，同时进行分段与内环及柱顶分段之间联系腹杆的安装	流程四：进行柱顶上弦杆的安装，同时安装与之相连的腹杆
流程五：安装定位外环分段，同时连接与柱顶分段的腹杆	流程六：从中间向东西两侧逐步完成吊装区桁架结构的安装，同时从中间向两端进行弦杆对接焊缝及腹杆相贯焊缝的焊接

图 16　南北吊装区施工流程

（2）东西滑移区施工流程见图 17。

东西区桁架滑移拼装吊装的施工流程与吊装区一致，总体拼装流程如下：

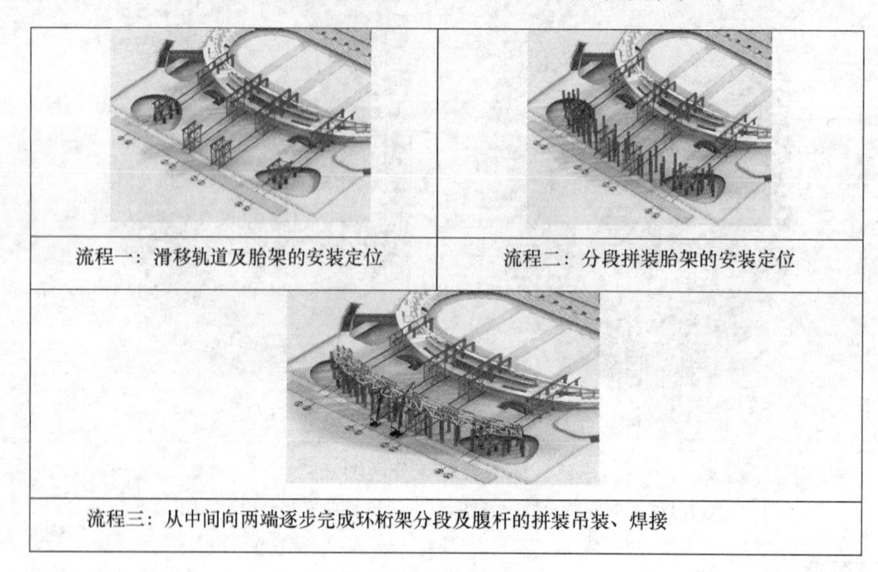

图 17 东西滑移区施工流程

3.3 钢结构滑移施工

3.3.1 滑移施工总体思路

根据施工总体方案，东西区环桁架采用“东西车库边高空拼装＋二次滑移就位”的安装方法，即在地下室车库外边完成环桁架的高空拼装后，先将滑移顶推装置设置在地下室顶板的滑移轨道梁上，将桁架滑移至靠近 6.1m 层结构外边，然后将上层滑移轨道梁对接，桁架二次滑移至安装位置。其施工流程示意图见图 18。

环桁架结构为对称结构，因此东西区滑移桁架分区划分对称，分区总长 181.9m，宽 40.5m，重量约 2700t，见图 19。

3.3.2 滑移轨道设置

东西两侧滑移区各设置 8 条滑移轨道，滑移轨道均设置在结构轴线上，通过混凝土柱进行滑移荷载

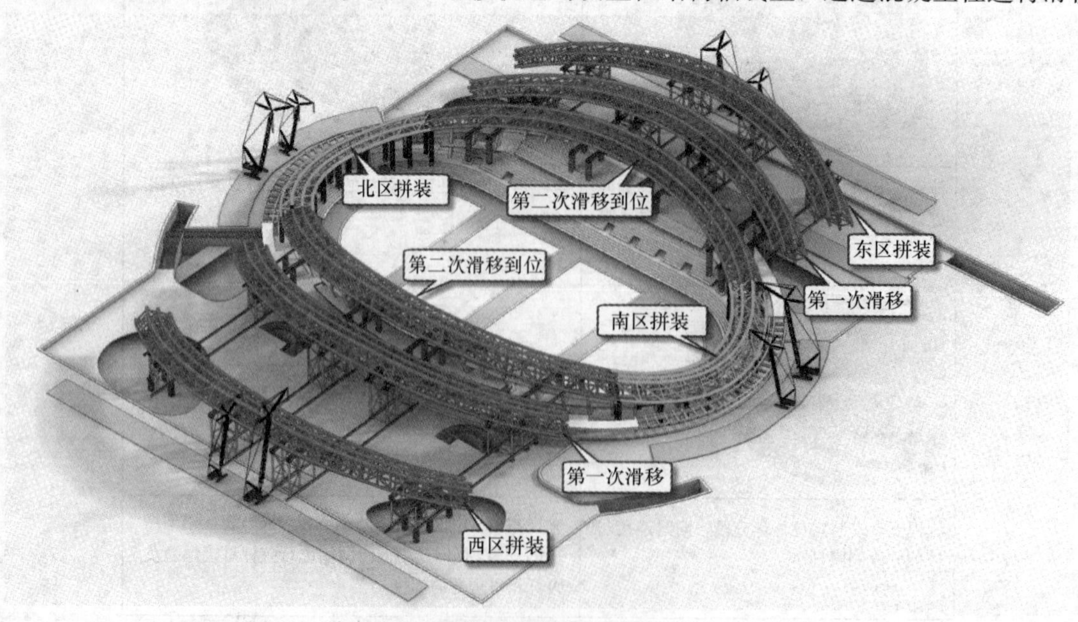

图 18 环桁架滑移施工流程（一）

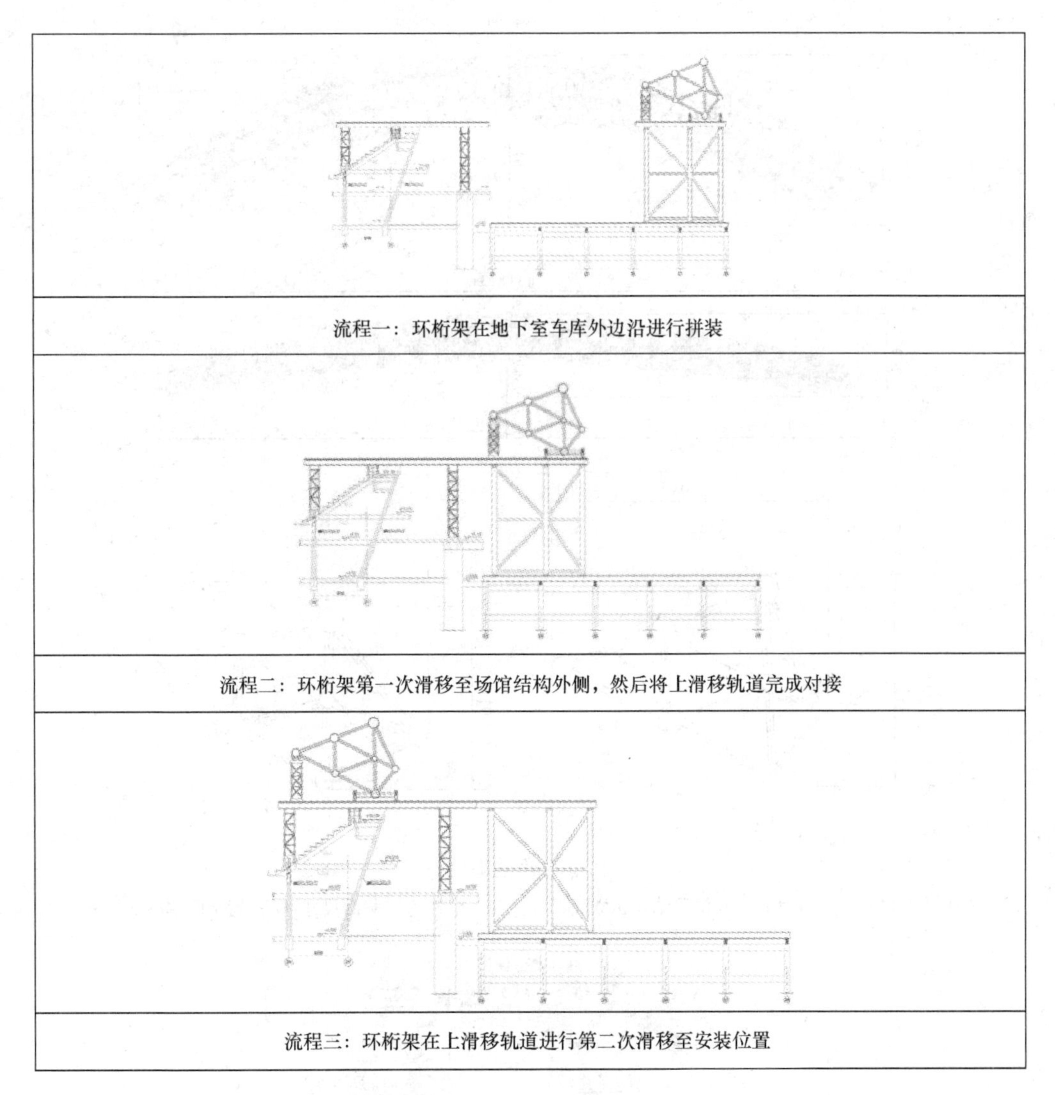

流程一：环桁架在地下室车库外边沿进行拼装

流程二：环桁架第一次滑移至场馆结构外侧，然后将上滑移轨道完成对接

流程三：环桁架在上滑移轨道进行第二次滑移至安装位置

图 18　环桁架滑移施工流程（二）

传递，东侧滑移轨道轴线为 V7 轴、V8 轴、V12 轴、V13 轴、V17 轴、V18 轴、V22 轴、V23 轴，西侧滑移轨道轴线为 W7 轴、W8 轴、W13 轴、W14 轴、W18 轴、W19 轴、W24 轴、W25 轴。

滑移轨道下部设置滑移轨道梁，通过施工模拟分析计算，下层滑移轨道梁截面尺寸为□878×520×22×38，在滑移梁上翼缘中心设置单根滑移路轨，上层滑移轨道梁采用双 H 型钢，型钢截面为 H900×300×16×28，H 型钢中心间距为 1500mm（同滑移支撑架中心间距），每根工字钢上面均铺设滑移路轨，见图 20。

3.3.3　滑移支架设置

东西滑移区滑移胎架，南北两侧对称设置，同一条轨道上的滑移胎架设置三根圆钢管立柱支撑，钢管立柱截面为 ϕ800×12，立柱之间设置横向及斜向柱间支撑，截面为 ϕ351×12，同时相邻两条轨道也采用横向及斜向支撑将两台轨道的支撑连接成一个框架整体，立柱底部设置钢板滑靴，立柱顶端设置水平双 H900×300 型钢与上滑移 H 型钢梁焊接，如图 21 所示。

上滑移轨道位于滑移支撑架 D800 圆管立柱顶，立柱顶设置支撑平台和斜管支撑，或在立柱顶端设置端部封板和插板，封板顶端焊接 HN900×300 的 H 型钢与上滑移钢梁焊接，立柱顶部节点如图 22 所示。

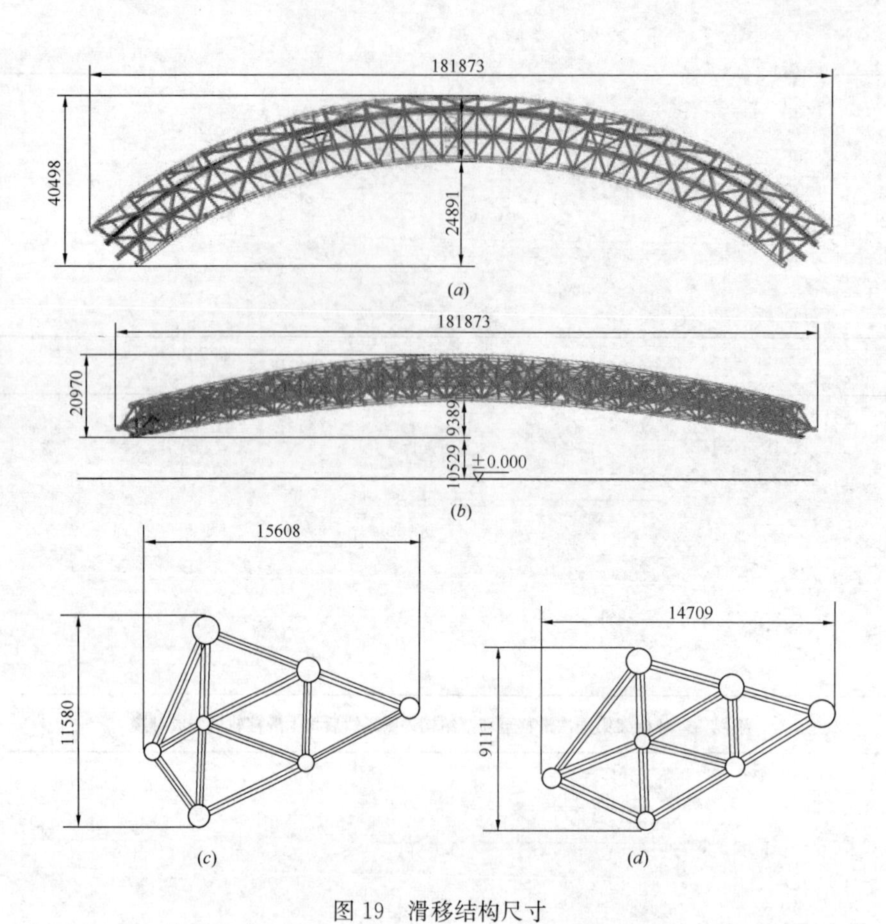

图 19 滑移结构尺寸

(a) 滑移结构平面尺寸；(b) 滑移结构正立面尺寸；(c) 桁架跨中截面尺寸 (d) 桁架两端截面尺寸

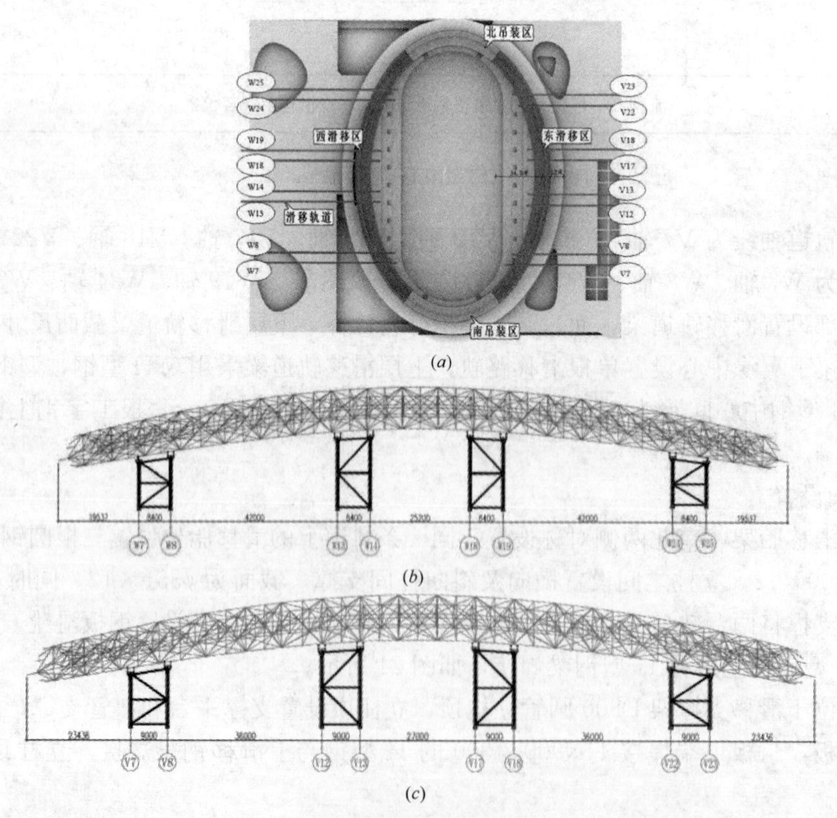

图 20 滑移轨道示意图

(a) 滑移轨道平面布置图；(b) 西侧轨道与结构侧立面图；(c) 东侧轨道与结构侧立面图

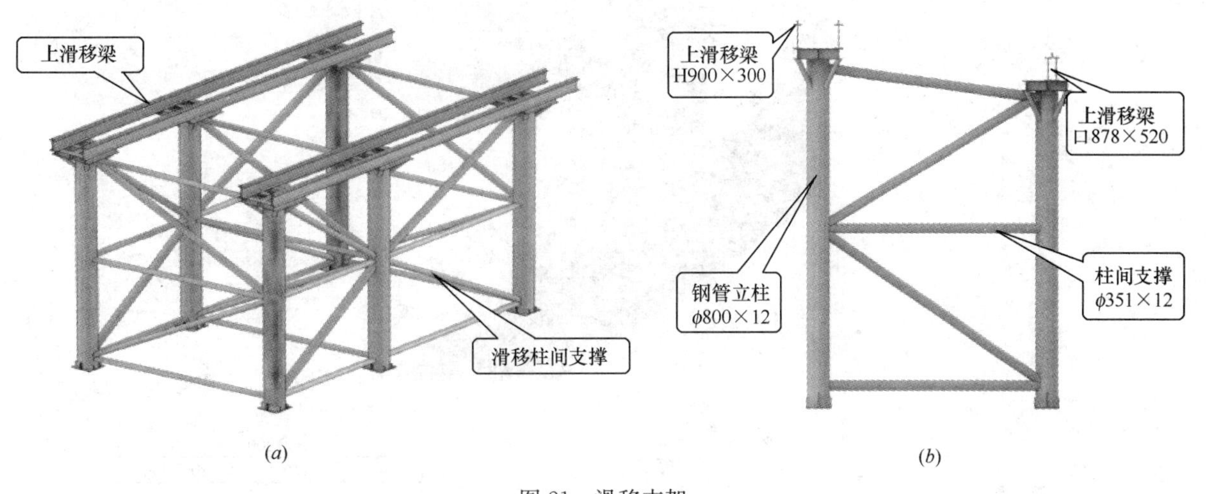

图 21　滑移支架

（a）滑移支架轴测图；（b）滑移支架正视图

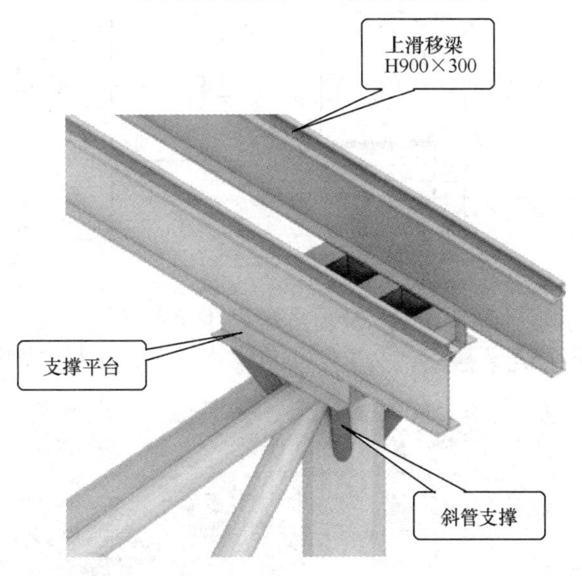

图 22　滑移支撑架立柱顶部节点轴测图

3.3.4　滑靴节点设计

（1）下滑移胎架滑靴

滑靴结构包括两种，一种为顶推结构，一种为滑移结构，区别在于，顶推结构上安装夹轨器，为桁架滑移提供动力，滑移结构无夹轨器。

在下滑移胎架的钢管立柱下端设置滑靴结构，并在顶推点位置的钢柱底部设置两块顶推油缸耳板，如图 23 所示。

（2）上滑移胎架滑靴

上滑移胎架内侧的支撑采用格构式支架，支架下部设置有 H 型钢平台，因此其滑靴结构构造同下滑移胎架滑移一致，如滑移梁为双 H 型钢滑移轨道，则其滑靴结构见图 24。

上滑移胎架外侧的支撑由于与结构相距较近，采用单支点则荷载过大，因此在下弦杆上设置一箱型支撑梁（采用双 H 型钢焊接而成，H 型钢截面为 H700×300×13×24），支撑梁两端设置滑靴，同时支撑梁位于非节点位置设置竖向加固杆件和水平侧向稳定杆件，如图 25 所示。

3.3.5　滑移顶推点布置

东西两侧环桁架各设置 8 条轨道，四组滑移胎架。根据计算，每条滑移轨道的下滑移胎架和上滑移

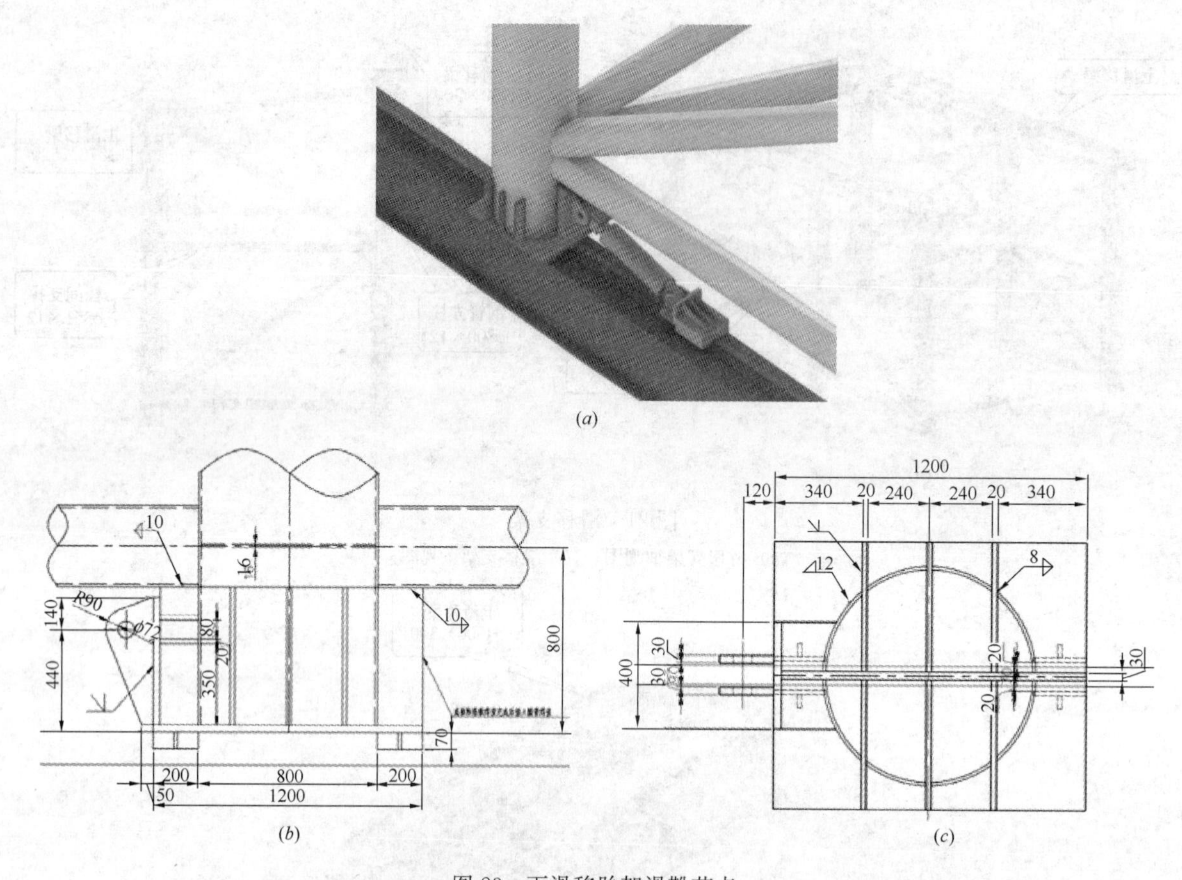

图 23 下滑移胎架滑靴节点

（a）钢管滑靴结构轴测图；（b）滑靴节点侧视结构图；（c）滑靴节点俯视结构图

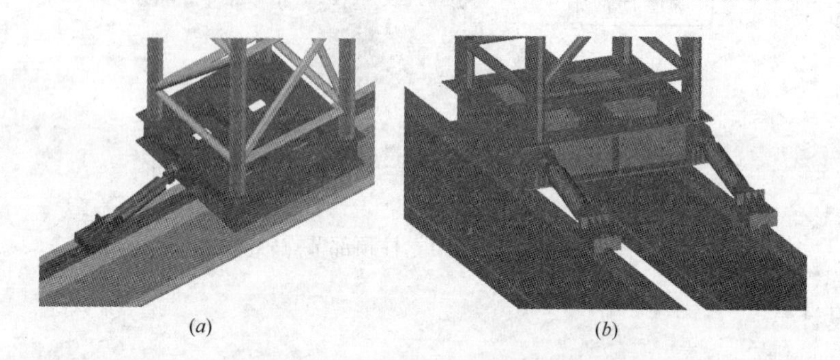

图 24 上滑移胎架滑靴结点

（a）单轨滑靴结构轴测图；（b）双轨滑靴结构轴测图

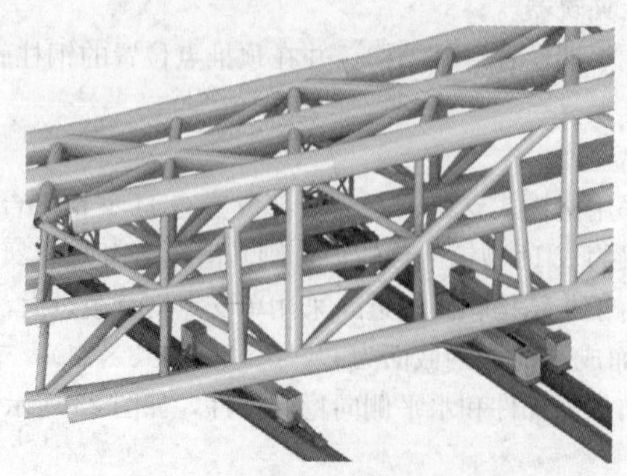

图 25 上滑移胎架滑靴整体示意图

胎架各设置 2 个滑移顶推点，每个滑移顶推点布置 1 台滑移油缸，布置图见图 26。

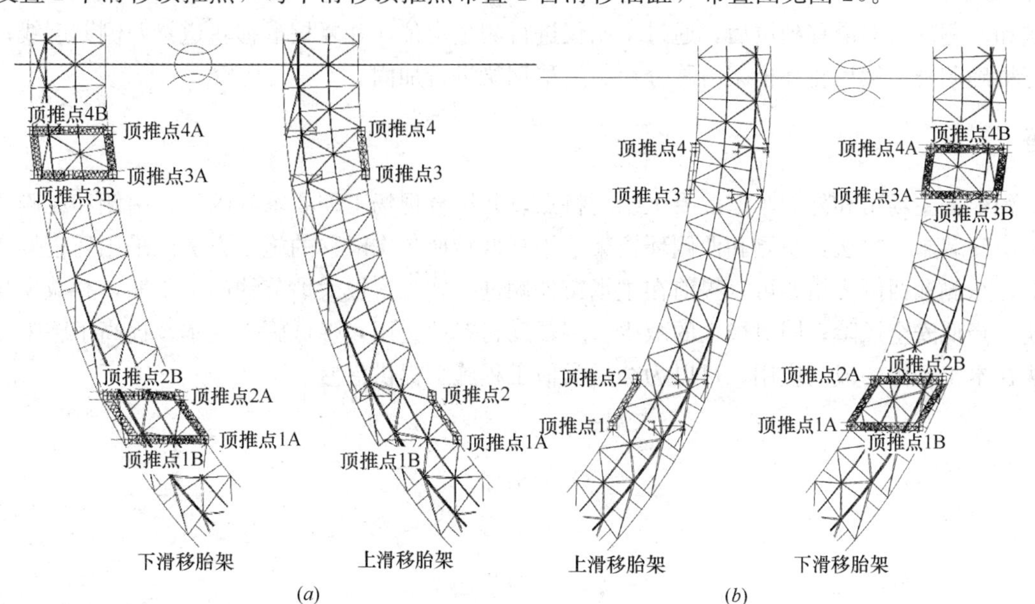

图 26 滑移顶推点布置图

(*a*) 西侧顶推点布置图；(*b*) 东侧顶推点布置图

下滑移胎架的顶推点设置在滑移前进方向的前两个格构立柱，每个格构立柱设置一台滑移油缸；上滑移胎架采用双 H 型钢滑移梁的轨道，在滑移前进方向最前面的格构立柱设置两台滑移油缸，采用单根箱型滑移梁的轨道（W7 轴和 W25 轴），在前面的格构立柱和后面的三角滑靴上各设置一台滑移油缸。滑移顶推点平面布置如上图所示，东西同一侧滑移桁架，其顶推点布置南北对称，各滑移顶推点油缸配置如表 2 所示。

滑移顶推点油缸配置表 **表 2**

东侧桁架滑移油缸设置			西侧桁架滑移油缸设置		
下滑移胎架			下滑移胎架		
编号	顶推油缸	顶推反力（t）	编号	顶推油缸	顶推反力（t）
顶推点 1A	60t	43	顶推点 1A	60t	36
顶推点 1B	60t	43	顶推点 1B	60t	36
顶推点 2A	60t	34	顶推点 2A	60t	35
顶推点 2B	60t	34	顶推点 2B	60t	35
顶推点 3A	60t	34	顶推点 3A	60t	37
顶推点 3B	60t	34	顶推点 3B	60t	37
顶推点 4A	60t	33	顶推点 4A	60t	34
顶推点 4B	60t	33	顶推点 4B	60t	34
上滑移胎架			上滑移胎架		
编号	顶推油缸	顶推反力（t）	编号	顶推油缸	顶推反力（t）
顶推点 1	2×60t	2×42	顶推点 1A	60t	33
顶推点 2	2×60t	2×27	顶推点 1B	60t	33
顶推点 3	2×60t	2×32	顶推点 2	2×60t	2×30
顶推点 4	2×60t	2×27	顶推点 3	2×60t	2×35
			顶推点 4	2×60t	2×28

3.3.6 滑移定位调节

东侧和西侧环桁架滑移到位后，通过全站仪进行测量定位，并复核滑移轨道梁两侧刻度线；经过测量后进行精确调整，然后将环桁架滑移分块与滑移钢梁进行加固。

4 结语

本工程根据主场馆和外侧车库混凝土结构特点，并结合现场工期要求等因素，南侧和北侧环桁架采用直接原位安装施工方法，东侧和西侧环桁架采用高低转换二次滑移的施工方法。采用环桁架二次滑移施工方案，东侧和西侧环桁架可以提前在主场馆外侧进行施工，极大地节约施工工期，并减少与土建的交叉作业，降低安全风险；同时极大的减少工装辅助材料的使用，降低施工成本，提高了施工效率。该施工方法在本工程中的成功应用，可以为今后类似工程施工提供借鉴。

大跨度空间曲面螺栓球网架大坡度累积滑移施工技术研究

李春强[1]　李可军[2]　杨　斌[3]　袁玉民[4]　胡彦红[5]

（中建钢构有限公司，淮安　223001）

摘　要： 本文重点介绍了大坡度累积滑移施工技术、超高同步卸载技术等。这些施工技术对本项目实现螺栓球网架下步结构同步施工，加快项目建设进度起到了决定性作用。

关键词： 大跨度；螺栓球网架；大坡度累积滑移；超高同步卸载

1　工程概况

随着建筑业的蓬勃发展，大型主体会展中心越来越多地出现在各大城市，大跨度空间曲面螺栓球网架屋盖结构以其优越的力学性能被大量应用。随着会展中心多样的美学需求日益拓展，螺栓球网架在大跨度、造型变化上越来越具有独特性，在施工难度上也日益提高，本项目大跨度空间曲面大坡度螺栓球网架屋盖结构在螺栓球网架应用方面具有较高的代表性。

中国（淮安）国际食品博览中心项目，建筑面积 13.02 万㎡，建筑整体造型为西侧 A 区巨浪造型，东侧 B 区船形组成，A 区和 B 区之间通过钢联桥连接。项目钢结构体量约为 8500 吨，钢材材质为 Q345B。地下一层层高 6.3m，地上四层，一层层高 10.0m、二层层高 6.5m、三层层高 6.5m、四层层高 8.0m，建筑高度最大 40.25m，主体结构为钢筋混凝土＋钢框架结构，其中 A 区北侧为大跨度空间曲面螺栓球网架（图 1、图 2、表 1）。

图 1　建筑效果图

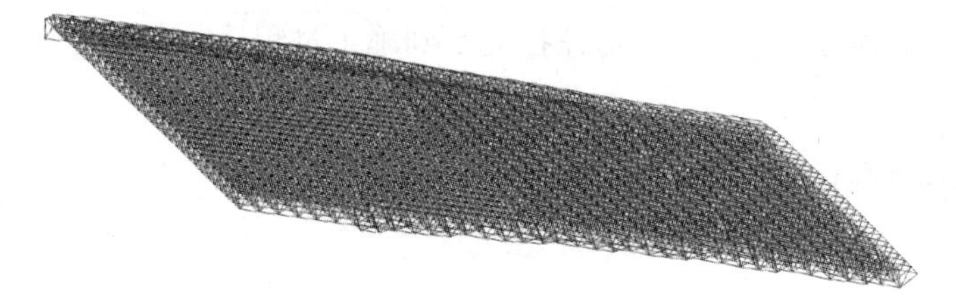

图 2　螺栓球网架结构模型

构件清单 表1

构件截面	构件类型	规格尺寸	数量	位置
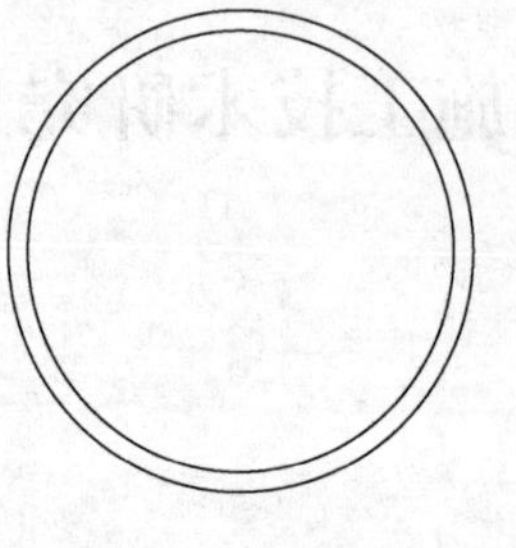	圆管	P60×3.5	5896	A区北部屋盖结构
		P88.5×4	1951	
		P114×4	406	
		P140×4	175	
		P159×6	225	
		P159×8	71	
		P180×10	14	
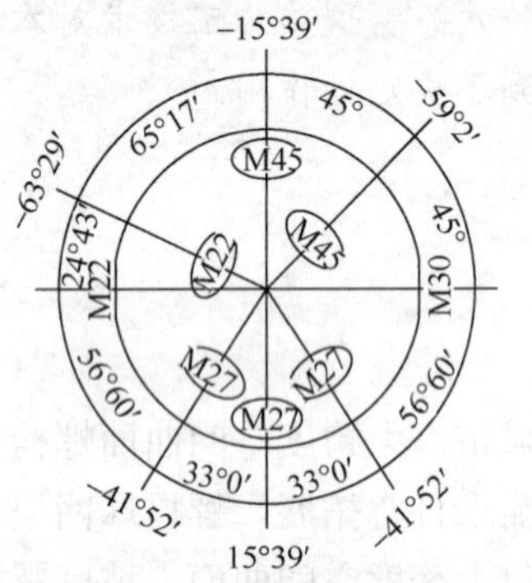	螺栓球	Φ120	821	
		Φ130	666	
		Φ150	429	
		Φ180	141	
		Φ200	41	
		Φ220	17	
		Φ250	23	
		Φ280	12	
		Φ300	7	
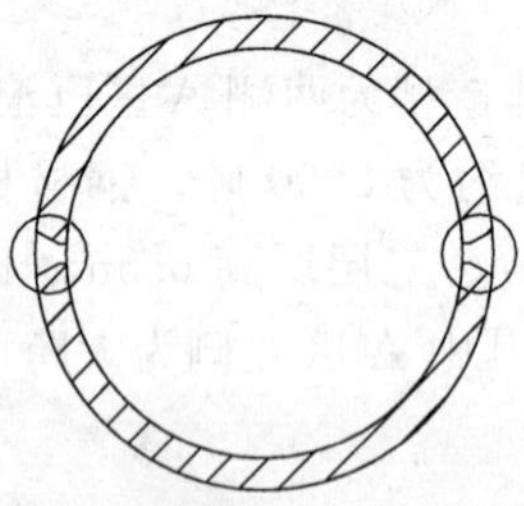	焊接球	WS240×8	22	
		WS280×8	25	
		WS350×12	13	
		WSR400×14	7	
		WSR450×16	8	
		WSR500×16	18	

2 螺栓球网架施工难点分析

1）螺栓球网架区域下部为2000人会议室，面积约3000m^2，四周为混凝土框架，中间挑空区域南北向跨度60m，东西向45m，挑空区域高度约25m，采用常规安装方法需要大量临时措施，施工完成后临时措施拆除异常困难，对二次结构、机电、精装修等工序具有较大影响，螺栓球网架安装方法的选择对项目施工进度具有决定性影响。

2）螺栓球网架采取大坡度累积滑移施工，因跨度较大，滑移轨道和滑靴数量及布置方式直接影响螺栓球网架结构安全，施工过程模拟分析是施工技术准备的重点。

3）本项目螺栓球网架为空间曲面，大坡度累积滑移施工高度由最低的滑靴决定最终卸载高度，经多次优化最终整体卸载高度1.6m，该螺栓球网架卸载同步性、抗滑移性是确保卸载成功的关键。

4）螺栓球网架累积滑移施工过程中变形监控关系到施工过程风险，监控点设置及检测频率是施工过程中的重点。

3 螺栓球网架大坡度累积滑移施工措施

（1）滑移系统设置

1）轨道布置

经过对整体螺栓球网架受力特点进行充分分析，结合屋盖下部混凝土结构布置，利用 SAP2000 对螺栓球网架进行模拟分析最终确定轨道布置方案（图 3、图 4）。

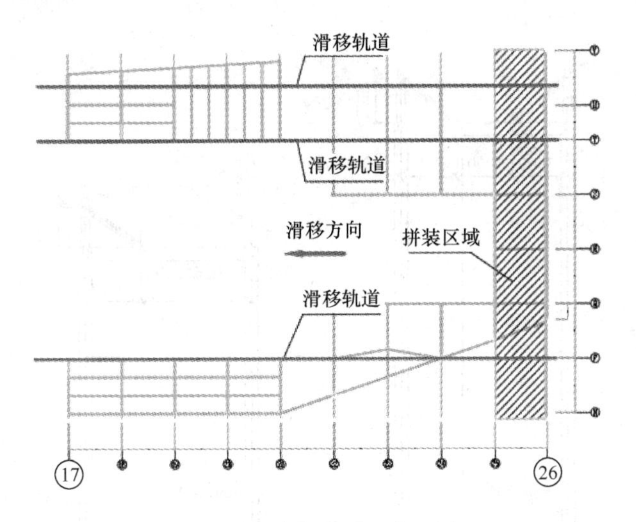

图 3　滑移轨道平面布置图

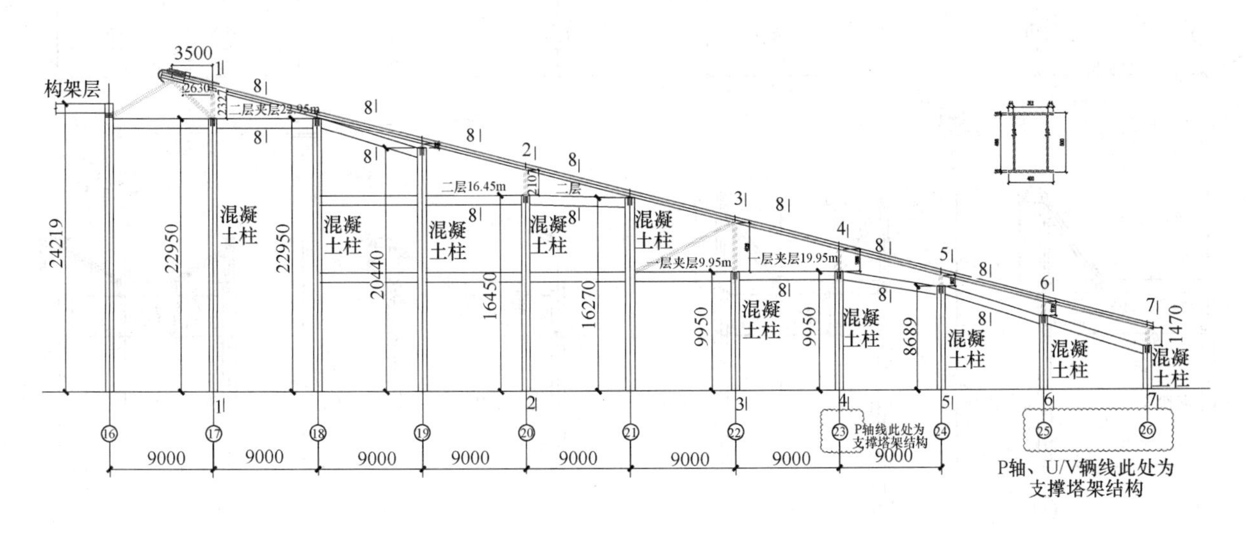

图 4　轨道布置立面图

2）轨道加固措施

根据结构和轨道高差，充分考虑在滑移施工过程中轨道的最不利受理工况进行分析，采取纵向和侧向加固措施（图 5）。

3）滑靴设置

结合轨道和螺栓球网架结构设计受力状态，在施工模拟分析的基础上进行滑靴布置（图 6）。

4）滑靴本体设计

通过螺栓球网架各滑移施工阶段滑靴约束点支点反力，按照最不利工况进行滑靴设计，保证大坡度累积滑移施工过程网架结构和临时结构安全（图 7）。

（2）滑移系统

1）反力架设置

在轨道顶部设置反力架作为提升设备支架（图 8）。

2）网架临时固定措施

在累积滑移施工过程中每完成一段需在拼装平台上完成下阶段拼装，故需在完成一段滑移后进行临

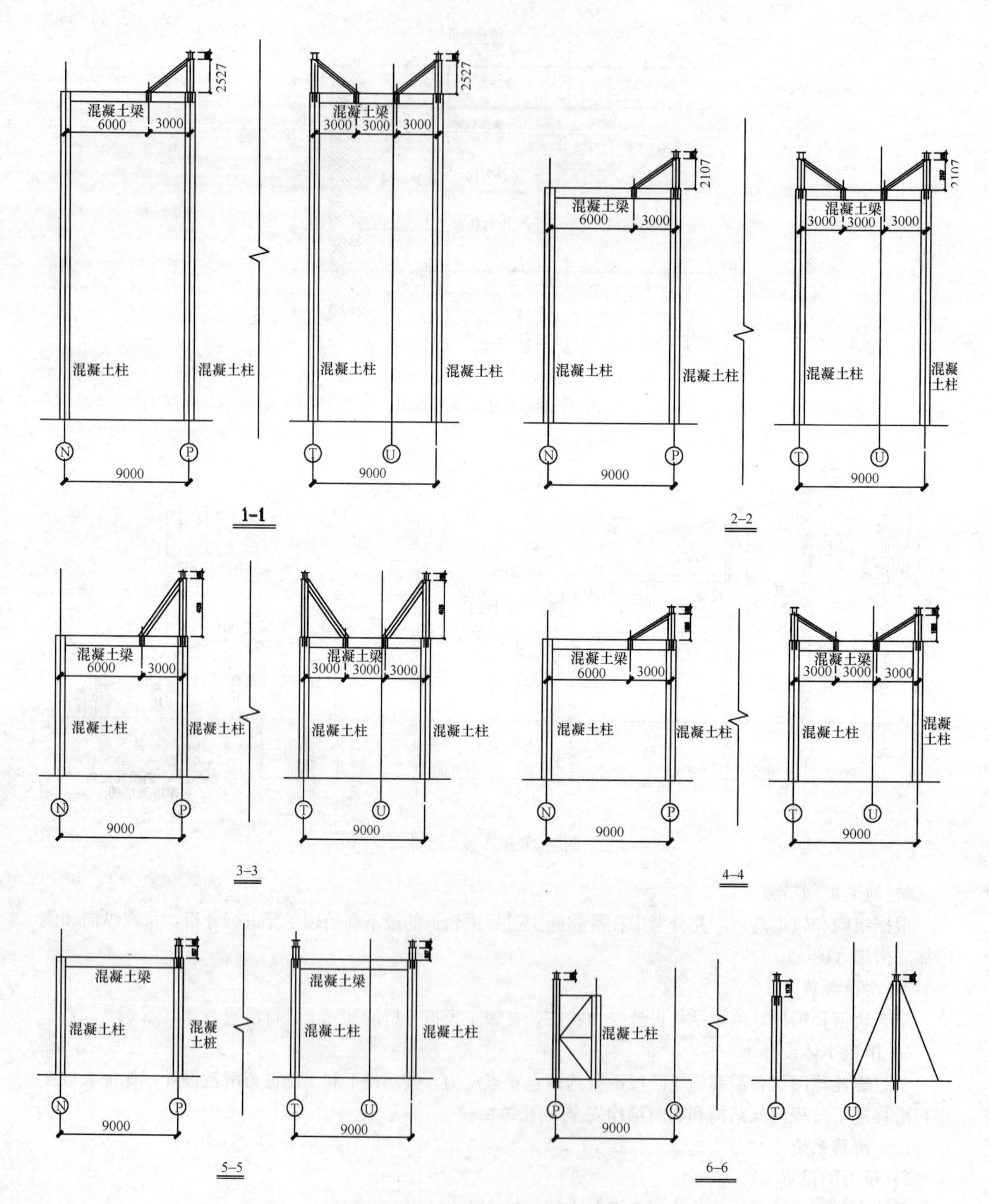
混凝土梁
6000
3000
2527
混凝土柱
混凝土柱
N
P
9000
1-1
3000
T
U
2107
2-2
混凝土
土柱
3-3
4-4
5-5
Q
6-6

图5　轨道加固措施（一）

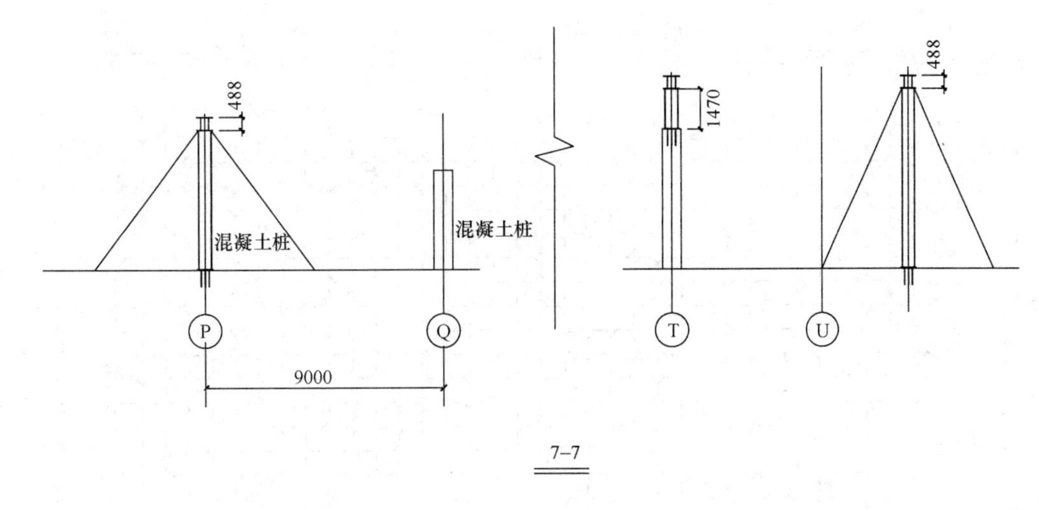

图 5　轨道加固措施（二）

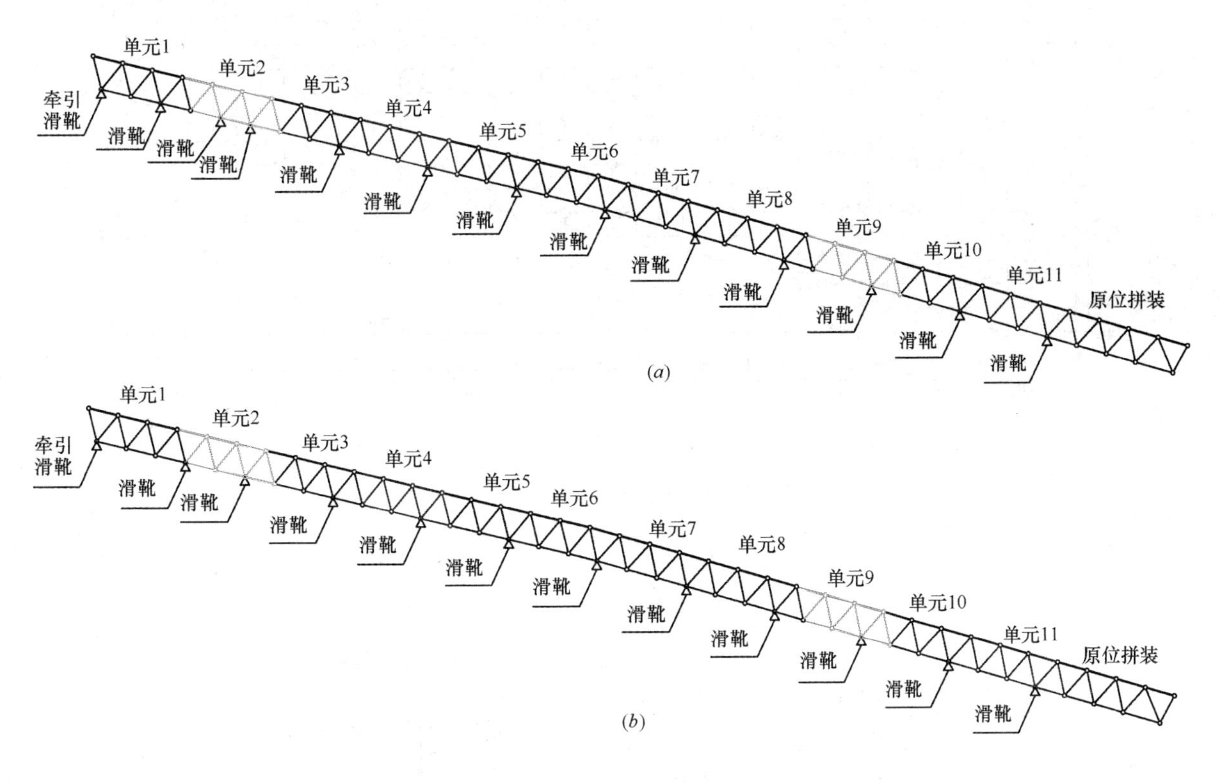

图 6　滑靴平面布置图（共计 37 个）（一）

(*a*) P 轴 13 个；(*b*) T 轴、U/V 轴，各 12 个；

时固定，确保下阶段拼装顺利进行（图 9）。

3）动力系统

动力系统由泵源液压系统（为爬行器提供液压动力，在各种液压阀的控制下完成相应的动作）及电气控制系统（动力控制系统、功率驱动系统、计算机控制系统等）组成，每台泵站有两个独立工作的单泵。

由理论计算分析，牵引滑移的驱动力为抵抗滑移摩擦力和自重分力两者的合力

$$T = G \times (\sin\beta + \mu\cos\beta) = 0.395G \quad (\beta = 14.5^{\circ}, \mu = 0.15)$$

P 轴滑道承受的重量为 838kN，需要的驱动力 T_{p}=331kN。

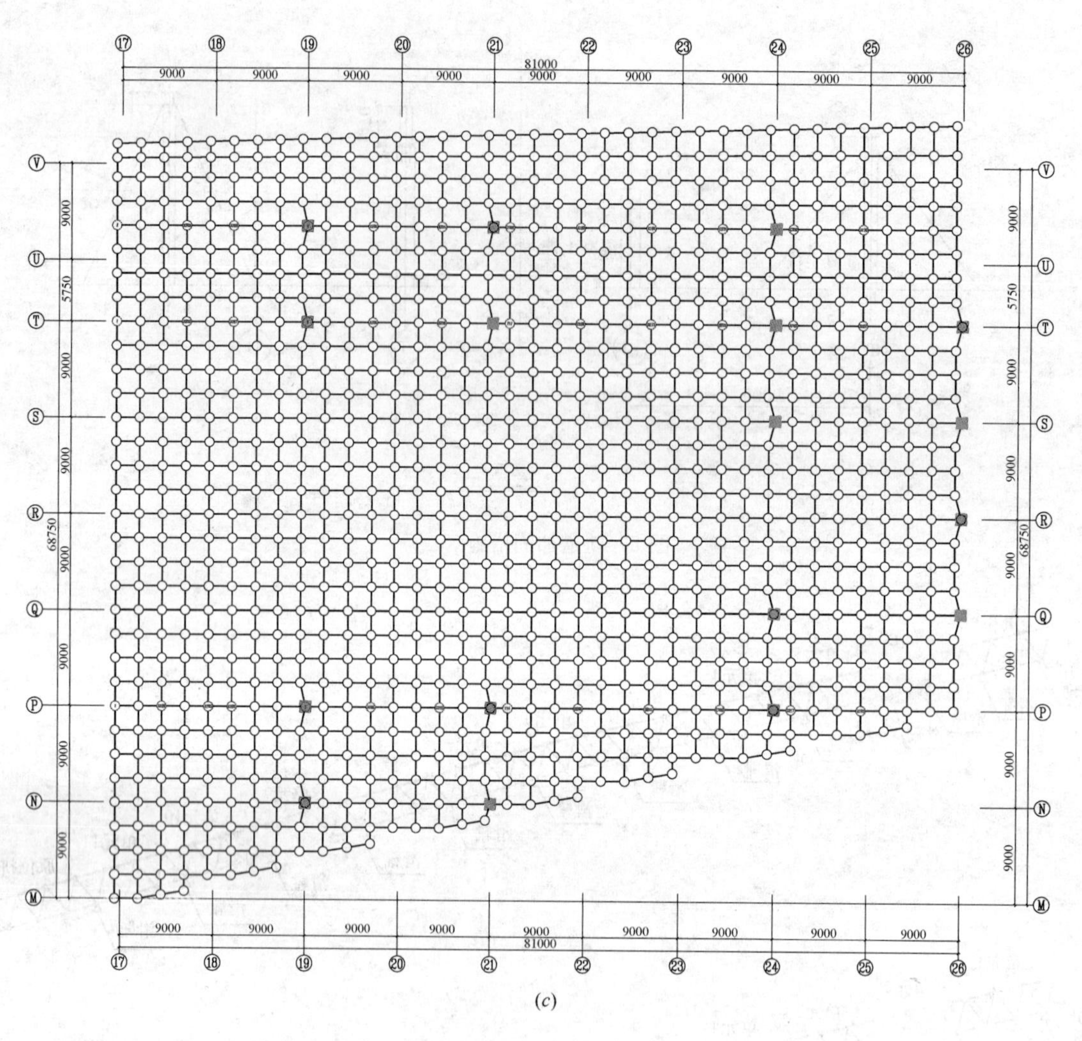

图 6　滑靴平面布置图（共计 37 个）（二）
（c）总平面图

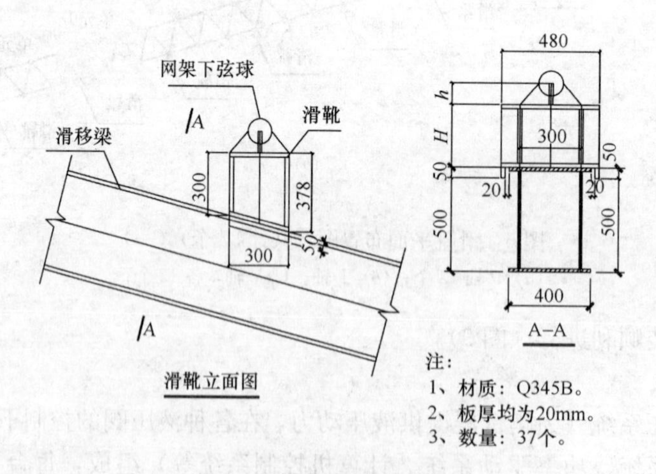

注：
1、材质：Q345B。
2、板厚均为20mm。
3、数量：37个。

图 7　累积滑移用滑靴设计

T 轴滑道承受的重量为 627kN，需要的驱动力 $T_p=248kN$。

近 U 轴滑道承受的重量为 432kN，需要的驱动力 $T_p=171kN$。

根据结构受力情况配置滑移设备，配置 3 台 TLJ-600 型提升牵引器。

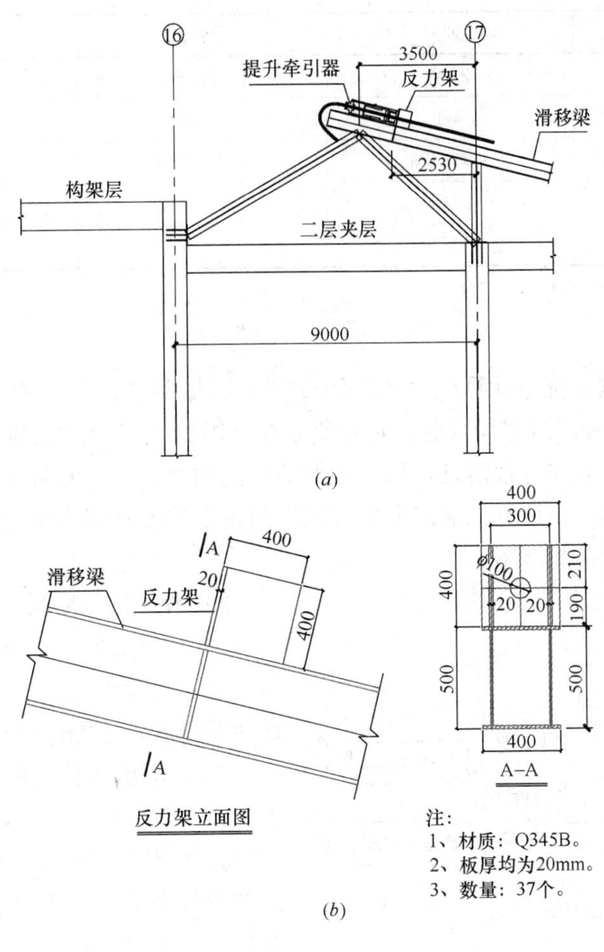

图8 反力架

(a) 反力架设置示意图；(b) 反力架剖面图

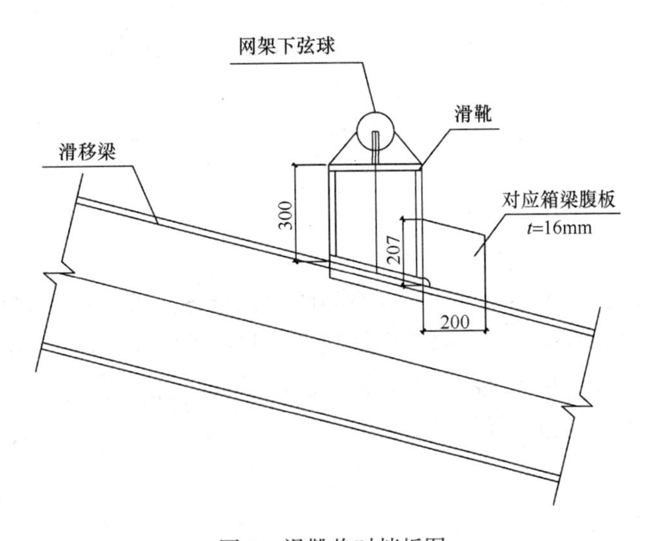

图9 滑靴临时挡板图

TLJ-600型提升牵引器额定滑移能力为60t，每个提升牵引器配置4根钢绞线（规格为1×7—17.8mm），单根钢绞线破断拉力为36t。根据《重型结构和设备整体提升技术规范》GB 51162—2016相关规定，提升牵引器安全系数不小于1.25，钢绞线安全系数不小于2.0，本工程配置满足要求（表2）。

动力系统配置情况 表 2

序号	名称	规格	型号	设备单重	数量
1	液压泵源系统	60kW	TL-HPS-60	2.2t	1
2	提升牵引器	60T	TLJ-600	0.4t	3
3	高压油管	31.5MPa	标准油管箱	50kg	/
4	计算机控制系统	32 通道	TLC-1.3	/	/
5	传感器	激光、行程、油压	/	/	/

(3) 施工要点

1) 同步控制技术

TLC-1.3 型计算机控制系统由计算机、动力源模块、测量反馈模块、传感模块和相应的配套软件组成，通过 CAN 串行通信协议组建局域网。它是建立在反馈原理基础之上的闭环控制系统，通过高精度传感器不断采集油缸的压力和行程信息，从而确保油缸能顺利工作，同时还能过激光传感器不断采集构件每个牵引点的位移信息，在计算机端定期比较多点测量值误差和期望误差的偏差，然后对系统进行调节控制，获得很高的控制性能（图 10）。

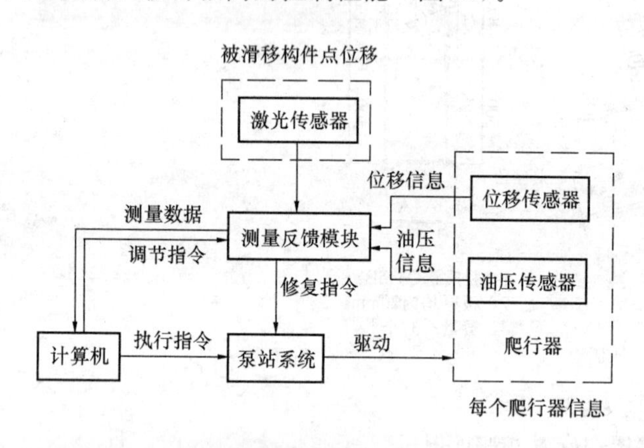

图 10　控制原理图

2) 滑移过程控制

① 在一切准备工作做完之后，且经过系统的、全面的检查无误后，现场滑移作业总指挥检查并发令后，才能进行正式进行滑移作业。

② 在液压滑移过程中，注意观测设备系统的压力、荷载变化情况等，并认真做好记录工作。

③ 在滑移过程中，测量人员应通过钢卷尺配合测量各牵引点位移的准确数值，并与滑移监控测量数据进行复合，以辅助监控滑移单元滑移过程的同步性。

④ 滑移过程中应密切注意滑道、液压提升牵引器、液压泵源系统、计算机控制系统、传感检测系统等的工作状态。

⑤ 现场无线对讲机在使用前，必须向工程指挥部申报，明确回复后方可作用。通信工具专人保管，确保信号畅通。

4 结语

中国（淮安）国际食品博览中心项目大跨度空间曲面螺栓球网架大坡度累积滑移施工已顺利完成，该施工方法对项目施工进度、专业穿插、施工质量和安全起到重要作用，尤其在成本和工期方面起到了极好的效果，得到了设计、业主和监理的一致好评，起到了良好的经济效益和社会效益。通过本文的分析与总结，可对其他同类工程的施工提供参考。

关于大跨度高落差长悬挑异型钢结构施工技术

殷巧龙　郑睿轩　孙夏峰　苏中海　李　辛　董伯平

（江苏沪宁钢机股份有限公司，宜兴　214231）

摘　要　本文介绍了高铁潍坊北站屋盖钢结构的特点、安装施工方案、临时支撑的搭设、卸载方案，特别是对大跨度高落差长悬挑异型钢结构临时支撑的设置、超长超重杆件安装等关键技术作了详细阐述。其地面预先拼装再高空安装的技术解决了吊装的高效性，同时节约支撑架的使用，获得了良好的经济效益。

关键词　异型钢结构；铸钢件；临时支撑；卸载

随着铁路建设步伐的加快，高铁站建筑造型也越来越丰富、新颖和多样化，建筑师追求建筑的艺术效果，设计出各式各样的奇异造型。这给我们施工造成难度和挑战，我公司针对不同工程研发攻克，既能满足经济性、实用性以及结构安全性，还能实现人们对建筑外观的独特设计。

1　高铁潍坊北站工程概况

本工程位于山东省潍坊市北外环以北，站房形式为线上式站房；设计最高聚集人数 1500 人，站房面积 20000m^2，雨棚覆盖面积 23426m^2，站台铺装面积 37000m^2。主体建筑地上三层，两侧局部四层，地下一层。建筑总高度为 41.040m。

本工程站房结构包括出站层、承轨层、落客平台层、候车层、商业夹层、站房雨棚及屋面钢结构。其中雨棚结构仅指站房与站台连接部分的单层折梁体系屋顶，站台为混凝土有站台柱雨棚。站房屋盖为钢桁架结构体系，分为 A、B、C、D 四个分区，站房区域屋盖总用钢量为 9150t，其中 AD 这为用钢量 5280t，BC 区为 3868t。

潍坊北站站房工程钢结构，结构形式为大跨度高落差长悬挑异型构造。为了能满足结构的安全性和建筑的美观性，站房采用了桁架和拉索结合的方式，不仅呈现出“风筝”般美丽的形态，还增加层次感并节约钢材。

站房屋盖主要分为支撑钢结构及桁架钢结构，主要采用直径 114×6～800×40 不等的圆钢管，数量达 20415 根，球型节点数量 36 个，铸钢件节点数量 66 个，彼此相互折弯连接形成“盘鹰风筝”形态，结构设计新颖，整体效果图如图 1 所示。

图 1　整体效果图

2 钢结构安装施工方案

2.1 安装方案的确定

根据屋盖结构特点、现场条件及工期要求，采用“厂内下料散件发运＋现场拼装＋分段吊装＋高空嵌补散装”的总体施工思路。精准、高效、安全的完成构的施工。根据安装方案将结构分为A、B、C、D四个区域，分区示意图如图2所示。

图2 分区划分示意图

本工程大跨度高落差长悬挑异型结构安装难度大，集中体现在吊装分段划分，辅助安装的临时支撑位置选择，屋盖桁架的预起拱值及测量与安装精度是本工程的重点。本工程在安装过程中共需设置158组重型格构式临时钢结构支撑。60组支撑满足超长超重支撑杆件安装，临时支撑布置如图3、图4所示。

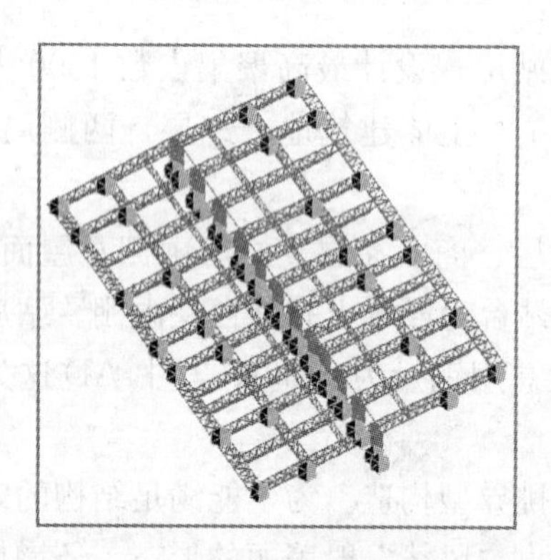

图3 B区临时支撑布置图

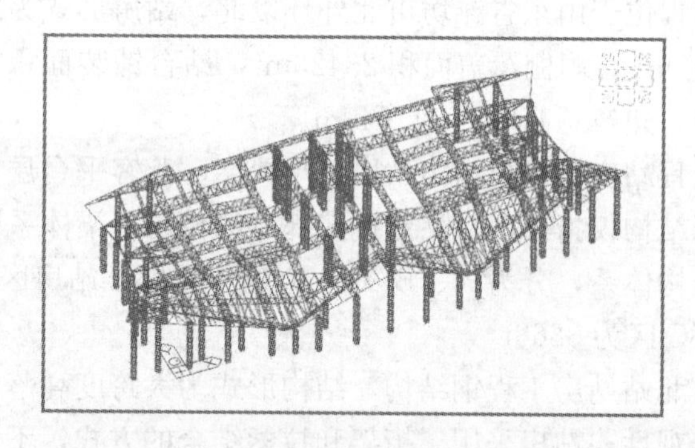

图4 A区临时支撑布置图

2.2 悬挑异型结构安装技术

本工程悬挑部位主要包括大型铸钢件及超长超重杆件，悬挑最大长度达26m，其中铸钢件外形尺寸大，重量较重，最大的铸钢节点外形尺寸达到4m×2m×3.2m，重量达45t；超长超重杆件外形尺寸PD725×941×45，长度46m，重量达40t，构件制作精度要求高，吊装难度大。铸钢件采用地面预先定位拼装再高空定位吊装的新技术，具体操作流程：预先平整场地，铺设路基箱，并通过全站仪投出铸钢件管口定位点及胎架立杆位置，画出铸钢件定位轴心线，再对铸钢件胎架定位、固定模板，将其对接口周边管件进行胎架整体拼装，铸钢件定位拼装如图5所示；超长超重杆件通过高空直接定位的方法，具体操作流程：吊装前做好管口定位点、安全防护，临时支撑位置标高确定，调整杆件落差，在进行高空定位、模板固定，超长超重杆件如图6所示。

2.3 支撑体系安装技术

支撑体系主要分布在A、D区悬挑桁架分段下方，支撑体系由斜支撑主管和腹管组成，主管与腹管间通过销轴连接，安装时将支撑桁架拆分成主管和腹管进行散装，主管安装时采用临时支撑辅助安装，将主管分段拼装成整体进行吊装，临时支撑设置在节点位置，临时支撑下部通过钢平台直接落在地面。支撑主管下端口连接在铸钢节点或通过销轴与埋件连接，支撑主管安装前先将埋件配合混凝土结构施工预埋，埋件施放置在劲性混凝土柱外侧面，安装时采用全站仪测量定位，利用手拉葫芦进行调节，调节完成后将埋件与劲性钢柱焊接固定。安装示意如图 7 所示。

图 5　铸钢件定位拼装

图 6　超长超重杆件吊装

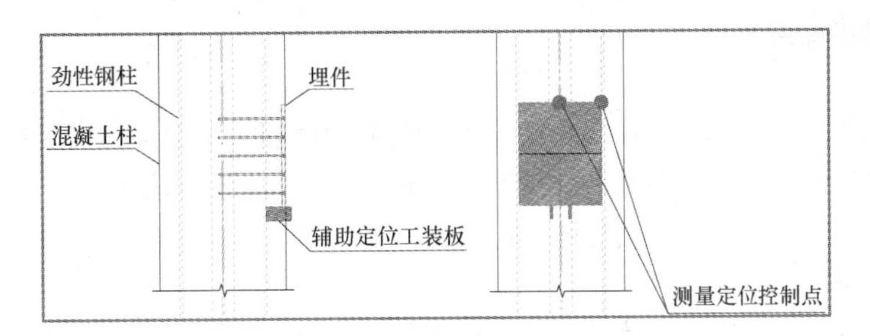

图 7　埋件安装定位示意图

支撑主管安装时，将下端将连接耳板与主管组装成整体进行吊装，在混凝土柱侧面埋件上设置工装定位板，斜主管顶端和中间节点部位设置临时支撑辅助定位。安装示意如图 8 所示。

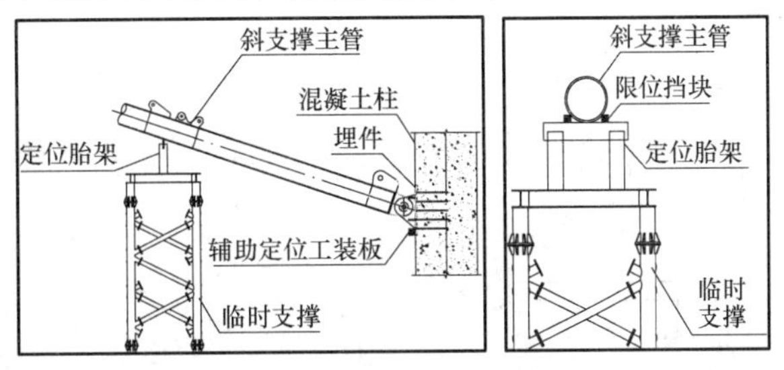

图 8　支撑主管安装示意图

3　钢结构卸载方案

3.1　钢结构卸载原则及卸载阶段划分

卸载过程是主体结构和支架相互作用的一个复杂过程，是结构受力逐渐转移和内力重新分布的过程。支架由承载状态变为无荷状态，而主体结构则是由安装状态过渡到设计受力状态。该过程中，影响结构安全的因素很多，支架的设计、卸载方案的选择、卸载过程的有效控制等均会对结构本身产生很大影响。因此，卸载是本工程施工过程中的一个关键重要环节，需要对卸载过程实施精确合理的数值模拟分析。

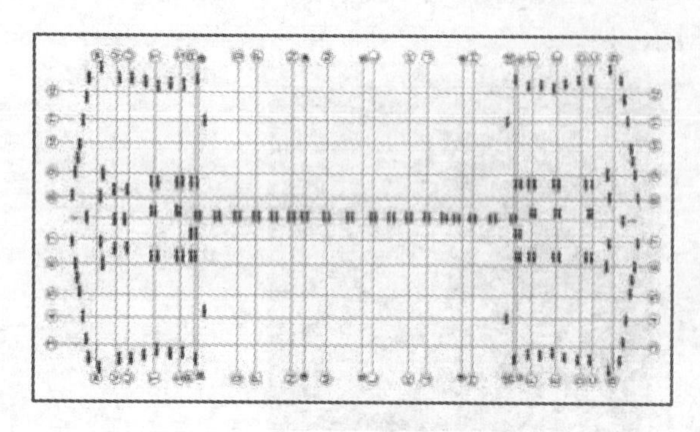

图9　屋盖整体卸载点布置图

本工程分A、B、C、D四个分区各成一个独立的稳定体系，施工时采用各分区独立施工独立卸载。卸载是B区最先施工，考虑到总体施工进度，因此B区考虑在条件允许的前提下，边施工边卸载，后续根据施工情况分别进行C区、A区、D区的逐步卸载。图9为屋盖整体卸载点布置图。

3.2　卸载顺序

根据本工程结构形式及工程总体情况，本工程临时支撑的卸载和拆除按如下四个阶段进行部署：

第一阶段：B区支撑卸载拆除，由正线两侧K轴～J轴南北两侧分两次退步卸载。先进行H轴～L轴之间结构的卸载，再进行剩余区域结构的卸载，即H轴～1/G轴，L轴～1/M轴（不含H轴、L轴）；

第二阶段：C区支撑卸载拆除，由南向北（由N轴向1/Q轴）退步卸载。

第三阶段：A区支撑卸载拆除，先卸载中间（6轴～9轴间）区域，再卸载悬挑区域，由北向南（由G轴向B轴）退步卸载。

第四阶段：D区支撑卸载拆除，先卸载中间（6轴～9轴间）区域，再卸载悬挑区域，由南向北（由R轴向W轴）退步卸载。

3.3　卸载方法

本工程卸载遵循分区、分级、等量、均衡（等比例）的原则循环卸载。本工程临时支撑顶部胎架均采用圆管＋码板的构造形式，经过验算，卸载变形量很小，卸载时对胎架码板采用火焰抽条切割，直到结构管与胎架脱离完成卸载。卸载方法见图10。

3.4　卸载变形监测点布置

潍坊北站屋盖悬挑为大跨度、高落差的异型桁架结构，卸载的过程直接影响到结构曲线及后续的安全使用，因此在卸载过程中对结构变形值的监测至关重要。卸载监测点的布置既要方便测量员监测，又要满足卸载后的持续监测控制点。通过计算对卸载数据分析，屋盖悬挑最终确定15个卸载监测点，具体位置如图11所示。

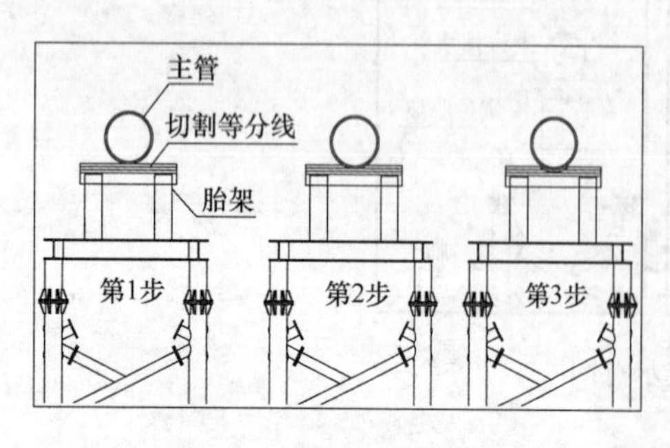

图10　卸载方法示意图

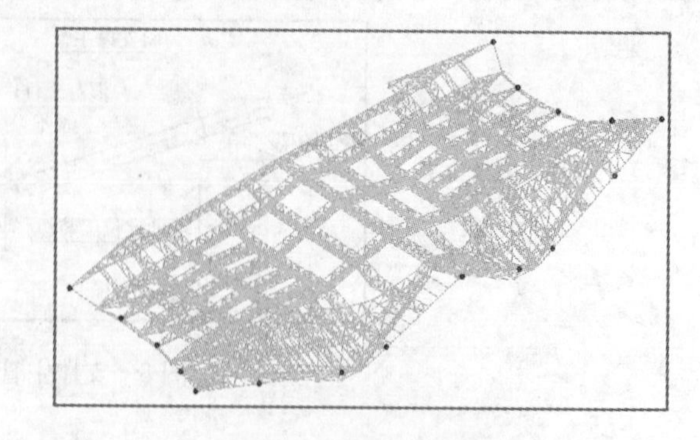

图11　监测点布置图

通过仿真模拟对悬挑部位卸载理论分析，计算理论变形值，在卸载过程中将实测变形值与理论偏差值进行比较，偏差数据过大应暂停卸载，分析原因，采取相应措施避免卸载变形值过大，并作好数据记录，了解结构实际变形值，为后道工序施工提供参考。

4 结论

通过上述对潍坊北站站房屋盖（大跨度高落差长悬挑）异型钢结构的安装、卸载详细分析。采用“厂内下料散件发运＋现场拼装＋分段吊装”的总体思路，解决了铸钢件高空定位难题；临时支撑的布置对超长超重杆件、支撑体系等的安装定位减少时间，提高安装精度，降低风险，保证施工安全，创造良好的经济效益。

本工程的安装工法可为大跨度高落差长悬挑异型空间、吊装构件数量多的大型车站、体育场馆等建筑的施工提供参改。

参考文献

[1] 孙智会. 大跨度站房屋盖钢结构施工过程关键性问题研究[J]. 工程技术研究，201(12)：215-216.
[2] 钢结构工程施工规范 GB 50755—2012[S]. 北京：中国建筑工业出版社，2012.
[3] 崔晓强，郭彦林，叶可明. 大跨度钢结构施工过程的结构分析方法研究[J]. 工程力学，2006，23(5)：83-88.
[4] 蒙刚. 关于现代大跨度空间钢结构施工技术的研究[J]. 江西建材，2018(13)：93-94.
[5] 曹莉立，杨松. 大跨度管桁架机库钢结构施工技术[J]. 建筑机械化，2018，39(04)：47-49.

大跨度管桁架制作及预拼装技术

陈永航　姜永春　何健星　张　锴

（中建一局集团建设发展有限公司，广东　528000）

摘　要　本文结合佛山国际体育文化演艺中心工程，介绍大跨度管桁架加工制作技术、超低径厚比圆管加工制作、双向十字大插板复杂管桁架节点加工制作，百米桁架预拼装，供类似工程参考。

关键词　超低径厚比；双向十字大插板；加工制作

1　概述

近几年，我公司先后承接了佛山国际体育文化演艺中心工程，重庆市巴南体育中心工程。以上两个工程主要有以下的难点和特点：

（1）厚壁钢管的卷圆：主要是圆度、直线度、端面和中心的垂直度的保证。

（2）节点圆管纵向四分圆及二分之一圆后变形的控制。

（3）桁架节点组装及焊接，节点板处十字纵向板和圆管组装精度控制。

（4）复杂构件焊接变形、焊接收缩余量的控制。

（5）桁架跨度大，起拱、组装、焊接预留量及收缩量的控制。

（6）桁架支座十字纵向板和厚壁圆管组装焊接优先顺序及精度控制。

（7）圆管的相贯线切割。

（8）预拼装牛腿多、角度各异，质量要求高。

（9）上述重难点问题对工厂水平要求高。

2　制作关键工序及保障措施

2.1　关键工序

1）钢管卷圆：主要是钢管的圆度、直线度、端面和中心的垂直度的保证。

2）钢管对接：主要是钢管的弯曲矢高、对口错边。

3）节点圆管纵向二分圆：圆管切割后变形的控制。

4）含有十字纵向劲板圆管装配精度的控制。

5）桁架跨度大，起拱、组装、焊接预留量及收缩量的控制。

6）圆管的相贯线切割的斜度及准确度控制

2.2　保障措施

（1）针对钢管卷圆的保障措施：

1）钢板下料前，对下料设备进行检查，并进行调校，减少因设备原因而产生的尺寸偏差。

2）考虑卷圆时钢板存在延伸情况，因此在放样时，应考虑延伸量（板厚小于 40mm 扣除 3mm，大于等于 40mm 扣除 5mm）。

3）钢板下料好料后，由专职质检人员对待卷板件进行长、宽以及对角线检查，偏差控制在 2mm 以内。

4）板件坡口加工前应划好轨道线、坡口切割线、角度线，以保证圆管坡口质量及圆管端面和中心的垂直度。

5）钢板卷制时，利用设备定位装置，控制钢板纵缝错边，同时利用模板控制圆管的弧度及平滑度。

（2）针对钢管对接的保障措施：

1）定期检查 H 钢胎架的平整度，确保 H 钢胎架的变形在 2mm 以内，装配形式如图 1 所示。

2）钢管对接前应检查钢管的椭圆度（控制在 3mm 以内），对于超标的钢管必须重新进行复圆。

3）焊接前应对钢管的弯曲度进行检查（控制在 $L/1500$，且不大于 5mm）。

4）圆管焊接完毕后，由班组进行自检，对超差的进行校正，合格后报专职质检人员进行检查。

（3）针对节点圆管纵向四分圆的保障措施：

1）圆管四分切割时采用相贯线切割机（或半自动火焰气割机）进行切割加工，切割时在插槽上相距 1000mm 留 50mm 长的工艺桥，以控制切割变形，如图 2 所示。

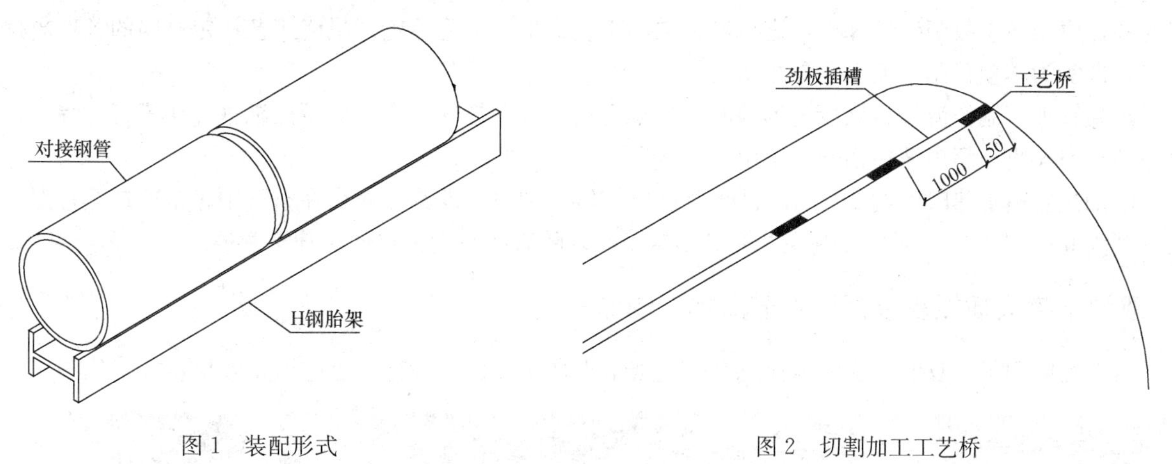

图 1　装配形式

图 2　切割加工工艺桥

2）切割完毕且圆管冷却后，在圆管内壁上加设约束劲条，以控制圆管四分切割后的变形（图 3）。

3）圆管内约束劲条加设完毕后，采用手工火焰切割的方法切割圆管上工艺桥，对圆管进行四分切割，同时对分割后的四分钢管进行检查，偏差超标的进行矫正。

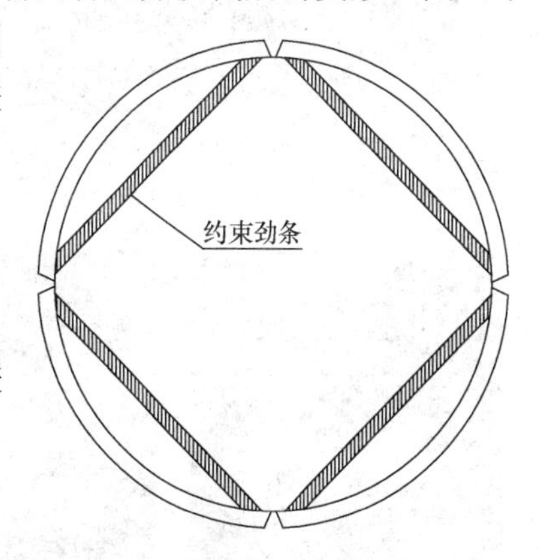

图 3　约束劲条

（4）针对含有十字纵向劲板圆管装配精度的控制：

1）在装配前，先将十字纵向劲板校正合格。

2）在纵向劲板上划好四分圆装配位置线。

3）由组装人员及班组进行自检、互检，然后保专职质检人员进行检查，合格后方可进行定位焊接。

（5）桁架起拱、组装、焊接预留量和收缩量控制：

1）整体桁架上模台制作，起拱值和预留量均体现在模台上；

2）桁架两端支座在焊接完成最后组装，易控制总体偏差；

（6）圆管相贯线切割斜度和准确度控制：

1）无缝钢管有专业外协用相贯线切割机施工；

2）卷管钢管，首先放样以一比一放样，以放样一比一尺寸采用 CNC 切割，保证尺寸的准确性，最后在进行卷管；

3 热卷超低径厚比卷管

管桁架在大型场馆中使用越来越多，在设计过程中，为控制总用钢量及整体荷载。设计时不可避免出现多种规格圆管，这就为我们的施工造成了一定的难度。如何在保证工期、节约成本的前提下，合理选择圆管的加工工艺是一大难题。佛山国际体育文化演艺中心工程屋面管桁架中圆管截面多达 32 种，并具有圆管截面小，板厚厚，径厚比较小的特点。

为解决这个难题，团队对国内大型钢管生产基地以及卷管工业发达地区做了详细的调研，根据调研的结果，制定了详细的施工工艺方案，节约了成本，保证了质量。

针对热卷超低径厚比的卷管，制定了详细的焊接工艺评定，本工程存在大量直径小而钢板厚的卷制钢管，最小径厚比达到了 9（管径 800 壁厚 80）如此小的径厚比，一是市场上难以找到满足这种高要求卷管能力的厂家，二是如此小的径厚比在冷卷或冷压时容易损伤钢板的机械性能，为了减小对母材的影响，本工程采用了热卷及热压的工艺。

鉴于整个卷管过程中涉及钢板加热、卷管、焊接、回火，多个阶段对钢板进行加热，因此严格按既定的各工序工艺参数制作试件板，进行同参数同工艺的焊接工艺评定。最终工艺评定试验的各项数据均合格，证实为本项目制定的工艺参数切实

热卷管加工制作流程：钢板进场检测→切割下料→电加热→预弯→成型→纵缝焊接→背衬焊接→回火→精整→校直→超声波探伤→标记出厂；

电加热：电加热时间约 6～8h，炉温为 890～950℃加热，卷圆完成后在空气中正常冷却至常温。回火温度为 600～760℃，时间控制在 2～3.5min/mm，随后在空气中自然冷却至常温。

4 双向十字大插板复杂管桁架节点加工制作

本工程应用了“双向十字大插板复杂管桁架节点加工工法”进行节点施做，效果良好。见图 4。

节点板组装

节点板焊接

无损检测

支管组装

斜撑板焊接

完成

图 4 现场加工流程

5 百米桁架预拼装

1）本次预拼装是针对跨度大，整体承载系数较高的 ZHJ5 进行平面预拼装。

2）该桁架上弦杆为 ϕ610×24 和 ϕ610×28 圆管组成，下弦杆为 ϕ630×24 和 ϕ630×32 圆管组成。高度为 10m，长度为 97.48m。斜杆和水平支杆均为圆管连接。

3）上弦杆共分 8 段制作，下弦杆共分 7 段制作。

4）主弦杆均采用夹板连接后焊接，上弦杆水平支撑杆栓接，十字交叉采用夹板连接后焊接，下弦杆水平支撑均采用夹板连接后焊接，斜腹杆支撑均采用夹板连接后焊接。见图 5～图 8。

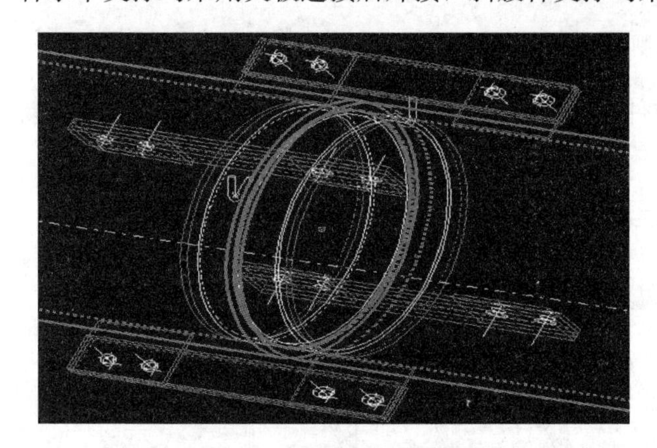

图 5 主弦杆对接示意图

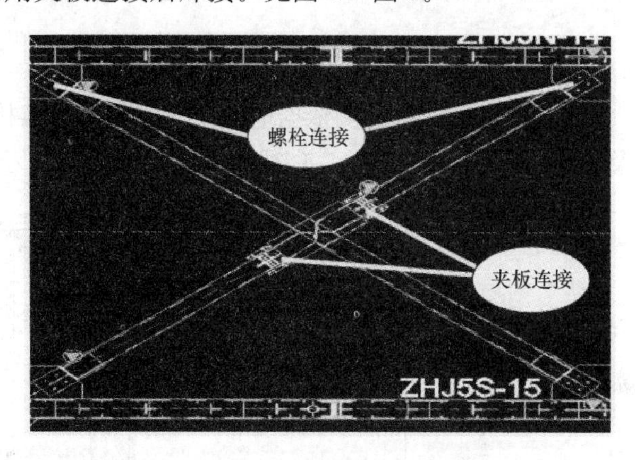

图 6 上弦杆水平支撑杆对接示意图

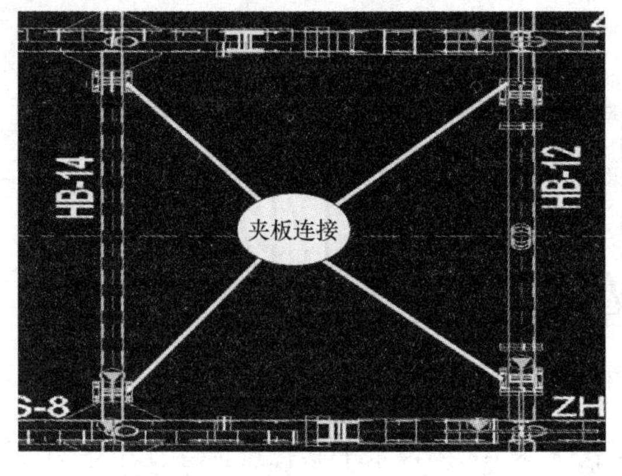

图 7 下弦杆水平支撑对接示意图

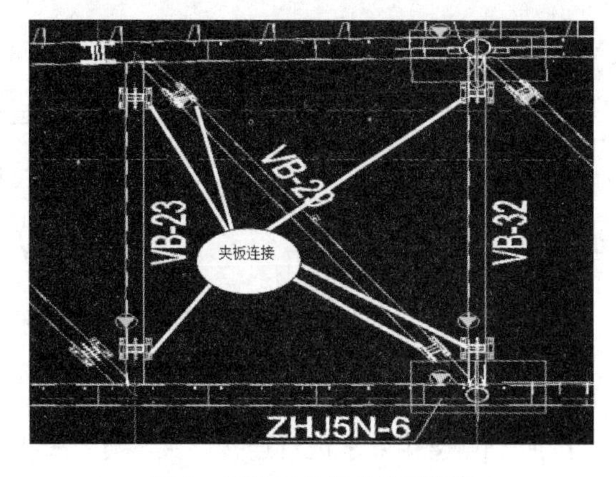

图 8 斜腹杆支撑对接示意图

5.1 桁架预拼装

1）目的：确保桁架构件节点顺利组装，提高现场安装效率。

2）在预拼装过程中，应将桁架中心基准线绷好，所有的安装应以桁架中心为安装基准。

3）考虑该桁架高度 10m，宽度 11.6m，根据我司现有场地和实际情况，桁架均采用平装。

4）根据桁架的长宽确定平装的场地，在平整的场地上铺装组装平台，平台必须抄平，根据桁架布置图绘制地样，地样线应包括总定位控制点、定位轴线、构件轮廓线及节点的中心线投影等，作为桁架验收依据。

5）确认合格后方可进行胎架的架设。平台上安装胎架。桁架拼装采用分段拼装形式进行组装，平装工作均在胎架上完成，胎架设置应避开组装节点位置，满足施工空间。经检验地线合格后，根据胎架与构件接触部位与地样线之间的关系，确定胎架的位置及高度尺寸（方便操作）。

6）预装前按布置图绘制出点样线和中心线，使用钢丝绳拉线。见图 9。

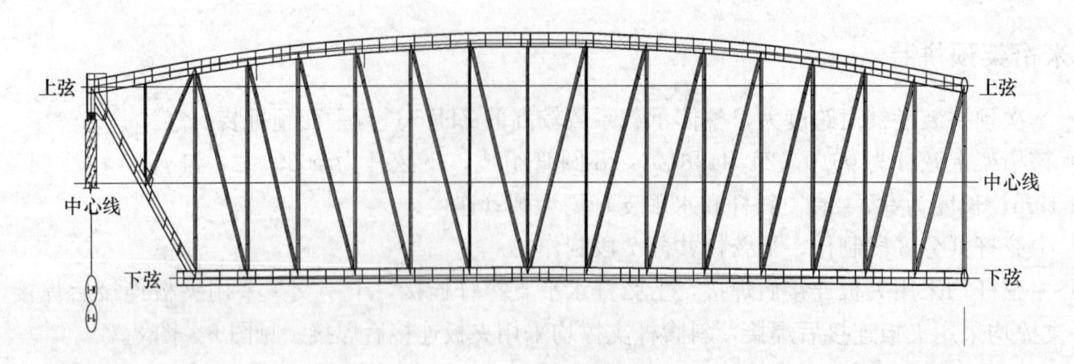

图 9　绘制中心线

7）按布置图从右侧依据地样线安装相应桁架构件。安装过程测量节点处的对角尺寸和弧度高度以及节点连接的孔同心度。见图 10。

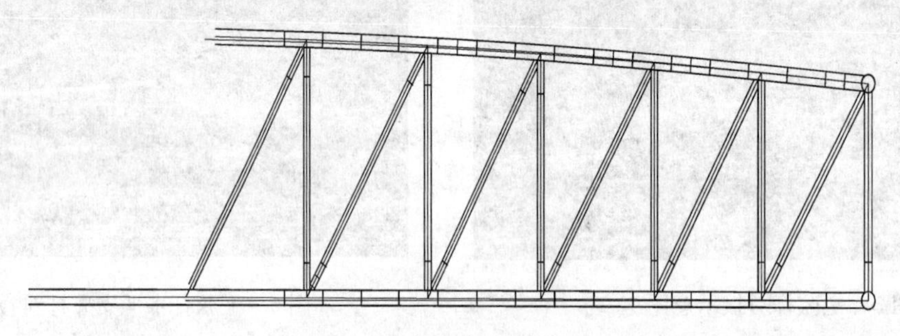

图 10　安装右侧桁架构件

8）依据布置图依次安装桁架构件，并测量尺寸。见图 11。

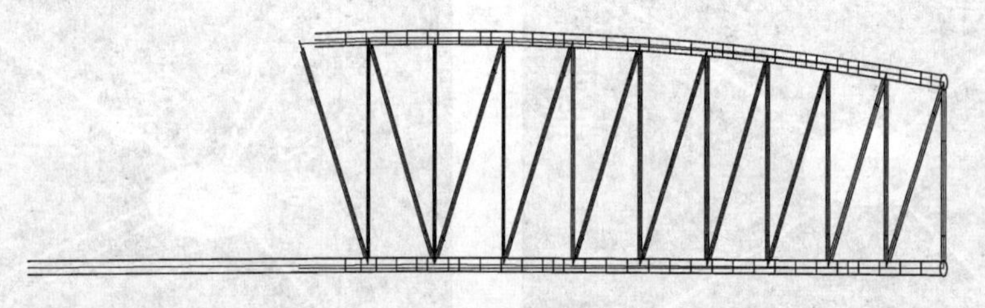

图 11　安装桁架物件

9）按照节点连接要求进行连接，夹板连接螺栓穿孔率达 100%，水平斜杆螺栓穿孔率达 100%。

10）水平斜撑杆、斜腹杆夹板连接处夹板与支撑杆均需要打上钢印号做标识，布置图做好相应标识记录，便于现场安装组装对应。

5.2　尺寸检查

1）测量桁架总体长度尺寸，测量桁架左右高度，检测桁架上下弦起拱值以及桁架所有节点连接的状况以及孔连接状况。

2）预拼装穿孔率均需达 100%。

3）摩擦面连接处各板之间密贴度要进行检查。

4）预拼装完，经自检合格后，应请监理单位进行验收，并做好质量验收记录。

5）预拼装检查合格后，中心线、控制线等要做好标记。预拼装好的构件也要在明显部位做好标记，以便以后查找。

6　结语

佛山国际体育文化演艺中心项目。屋盖主要采用平面桁架＋支撑体系的结构形式。屋盖东西向

98m，南北向 128m；主要受力体系由 10 榀东西向主桁架、1 榀南北向转换桁架、2 榀南北向次桁架构成，单榀桁架最重约为 153t。桁架最大圆管直径为 1200mm，最大钢板厚度为 80mm，材质均为 Q345B。桁架安装采用高空散装的方法。见图 12、图 13。

图 12　佛山国际体育文化演艺中心效果图

图 13　整体结构吊装完成效果

双螺旋钢结构斜立柱施工关键技术

张明亮[1,3]，王其良[1,2]，舒兴平[2]，刘　维[1,3]，罗建良[1,3]

（1　湖南建工集团有限公司，长沙　410004；2　湖南大学，长沙　410082；
3　湖南省建筑施工技术研究所，长沙　410004）

摘　要　螺旋体钢结构形状不规则，构件重心难确定，测量精度要求高，常规的施工方法难以保证施工进度和施工安全性。以长沙梅溪湖城市岛双螺旋观景平台为工程背景，介绍了工程的具体情况和双螺旋体钢结构斜立柱及坡道的安装流程，并对其施工安装的关键点进行分析，取得了良好的经济效益与社会效益，可为类似工程提供经验参考。

关键词　钢结构；工程施工；斜柱；安装流程；双螺旋

钢结构具有自重轻、强度高、变形能力强等显著优点，具有较好的抗震性能，而且可以塑造更为复杂的结构外形。螺旋状钢结构外立面复杂、不规则程度高，受到了越来越多建筑设计师们的青睐。最近几年，世界各地建成了一大批螺旋状钢结构，如日本名古屋的 Mode Gakuen 螺旋塔楼、瑞典马尔默螺旋中心大厦、瑞士钟表博物馆等，其造型优美大方，充满活力。

对于形状不规则的螺旋状钢结构，其施工往往困难重重。施工过程中主要有两大难题：一是构件成形复杂，难以保证吊装过 程中的稳定性；二是空间结构变化多样，对测量控制的精度要求高。选择科学有效的技术手段保证构件的定位和拼装精度是螺旋体钢结构施工的关键。

1　工程概况

城市岛位于长沙梅溪湖西岸，城市中轴线东端头，定位为公共开敞空间。岛上的标志性构筑物双螺旋观景平台，高约 34m、外直径约 80m，两条反向相互环绕上升的坡道呈双螺旋状，连接着沿圆周均匀布置的一列密集的柱廊，工程鸟瞰图如图 1 所示。

图 1　工程鸟瞰图

梅溪湖城市岛双螺旋观景台，螺旋体为钢结构，总用钢量约 7000t，最高点约 34m，环道内边界直径最大约 72m，两条相互环绕螺旋上升的采用三角支撑架结构的环形通道，连接着一列密集的柱廊。环道单元共 330 块，螺旋体斜立柱共 32 根，立柱与水平面的夹角为 62.02°，相邻立柱在平面上的投影夹角 11.25°。相邻斜立柱之间以直径 30mm 钢棒联接保证结构的整体稳定性。32 根斜立柱为螺旋体结构主要支撑体系，其制作质量及外观均有较高要求。

斜立柱在空间上为倾斜状，箱型截面，沿高度方向变截面。最大截面为□2600mm×300mm×28mm×35mm，最小截面为□800mm×300mm×28mm×35mm，钢柱截面沿径向的长度从底部 2600mm 渐变至顶部的 800mm，而钢柱截面沿切向的宽度仅为 300mm。螺旋体主体钢结构分布图如图 2 所示。

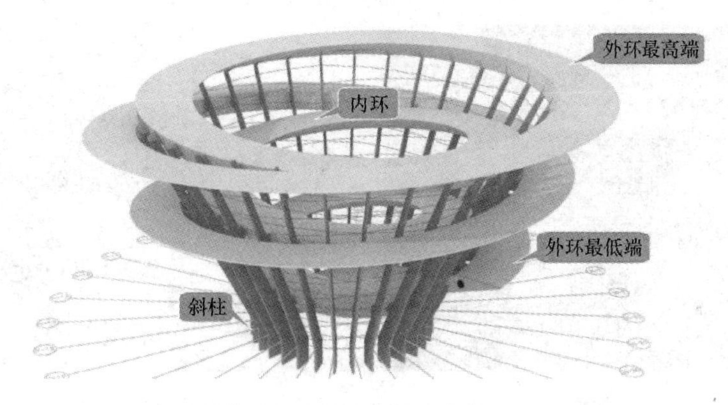

图 2　螺旋体主体钢结构分布图

本工程设计基准期为 50 年，结构设计使用年限为 50 年，地震、风荷载作用及雪荷载重现期均为 50 年，结构安全等级为二级。结构重要性系数取为 1.0。

2　施工流程

本工程为异形结构，构件数量多，结构造型复杂，施工过程难点较多，为确保施工顺利进行，作业前需对施工流程做详细规划。经力学分析，同时根据以往的施工经验，确定螺旋体的施工流程主要为：配合土建混凝土基础完成预埋螺栓安装→首节钢柱安装→第二节钢柱安装→柱间钢棒安装并紧固→第二节钢柱内侧环道节段安装→第二节钢柱外侧环道节段安装→第三节钢柱安装并紧固→柱间钢棒安装→第三节钢柱内侧环道节段安装→第三节钢柱外侧环道节段安装→柱顶环道安装（根据设计意见，柱间钢棒为防止钢柱侧向变形的作用，在施工完成后保证不受压力，故在施工过程中紧固钢棒，保证钢棒无压应力即满足设计要求）。

（1）配合土建混凝土基础完成预埋螺栓安装。斜立柱受力复杂，形状奇异，预埋螺栓需满足位置准确、牢固可靠地要求（图 3）。

图 3　预埋螺栓安装

（2）首节钢柱安装。首节钢柱作为斜立柱的起点，测量定位尤其重要。在吊装之前需反复确认安装位置，并记录位置偏差。另外，首节钢柱有一部分插入混凝土基础中，混凝土浇筑时需振捣密实，使钢柱与混凝土连接紧密（图 4）。

（3）安装中间的起重塔吊、安装第二节钢柱和关联的钢拉杆。中间的起重塔吊是往后钢立柱及坡道板的吊装机械，采用汽车吊拼装的方式安装塔吊（图 5）。

图4 首节钢柱安装并浇筑基础混凝土

图5 第二节钢柱和关联的钢拉杆安装

(4) 第一二级柱段内环坡道安装。上一步吊装第二节钢柱之后，钢柱在竖直方向上呈悬臂状态。进行第一二级柱段内环坡道安装时尤其需要注意钢柱的稳定问题，防止面外失稳（图6）。

图6 第一二级柱段内环坡道安装

(5) 第一二级柱段外环坡道安装。上一步的工作完成之后，已吊装的第一二级柱段已通过内环坡道连接成一个整体，失稳问题有所改善（图7）。

(6) 第三节钢柱安装就位。钢立柱进一步接长，而且此步吊装的钢柱长度大于第一、二节钢柱长度，吊装过程中第三节钢柱的平衡需特别考虑（图8）。

(7) 第三节钢柱段内、外环坡道安装一段。此时，坡道与斜立柱的连接点离地面较高，风速相对较大，焊接安全需特别考虑（图9）。

图7　第一二级柱段外环坡道安装

图8　第三节钢柱安装就位

图9　第三节钢柱段内、外环坡道安装一段

（8）整个螺旋体内外环坡道安装合拢（图10）。

（9）最后吊装底部拼装场地的底端坡道（图11）。

3　螺旋体施工关键点分析

3.1　斜立柱测量定位

本项目结构形状多变，测量工作量大。首先是钢结构空间变化多样，双螺旋体由大截面的弯扭结构交错形成，曲线上各点的坐标难以一一确定，测控精度要求高。其次，构筑物位于梅溪湖城市岛上，周

图 10　整个螺旋体内外环坡道安装合拢

图 11　整个螺旋体内外环坡道安装合拢

边有水环绕，受场地限制，不方便布设高精度的高空平面控制网和高程控制点，定位测量控制难度大。最后内业计算和外业测量工作量较大，数据处理、测控方法及放样工具的选择，直接影响测量放样的精度和速度。其中，首节钢斜立柱（图 12）的定位难度最大。

图 12　首节钢斜立柱吊装就位

对于钢结构施工，因为大部分构件都是现场拼装，放线、校准等测量工作是整个建造过程的重点。传统的测量技术基于棱镜、全站仪、水准仪，测量员通过测量仪器获得某个点的坐标等位置信息后，判断实测位置与理论位置的差别，而后再予以纠正。鉴于本项目测量难度大的特点，为保证确保测量放线的精度达到设计要求，工程实际施工时采用“BIM+智能型全站仪”测量技术（图 13、图 14）。

图 13 建立的 BIM 模型

图 14 智能型全站仪

3.2 首节钢柱临时固定措施

首节钢柱安装完成后，钢柱是彼此分离的个体，抗变形及稳定的能力较弱，而下一步的施工过程中，第二节钢柱吊装至首节钢柱之上未焊接之前，首节钢柱将承受不可忽略的额外弯矩、剪力及轴向力，为此，需将首节钢柱固定连接，塔吊基础一周埋设拉结点，钢柱用缆风绳拉结，钢柱之间采用内外两道 H 型钢支撑固定（图 15）。

3.3 构件现场拼接

螺旋体为空间双曲结构，需要在地面进行拼装，螺旋体环道单元尺寸大（宽度为 7～9m），现场拼装条件苛刻，定位难度大。坡道为两两拼接，现场拼接之前，需制作专用胎架，由于螺旋体边界曲线均不相同，深化设计出图时明确各边界曲线上的多个关键点坐标，根据此坐标进行胎架放样，胎架尺寸依

图 15　首节钢柱的临时固定措施

据所加工的单元曲线坐标进行调整，两者一一对应，保证拼装质量（图 16）。

图 16　坡道拼装定位示意图

拼装过程中采用智能全站仪不断校准两个坡道之间的相对位置，保证坡面水平度、侧面线条的线度，坡道地面拼装工具采用相应吨位的汽车吊，保证施工进度。

螺旋体吊装单元尺寸相较于整体螺旋环道尺寸近似拟合为平面尺寸，拼装时根据边界点尺寸进行一次定位，后根据给出的三维坐标进行复核精确调整，能够快速有效地保证拼装精度。

3.4　厚板与薄板的焊接

螺旋体悬臂板厚度均为 60mm、90mm，焊接位置空间狭窄（宽度仅为 600mm），焊接方式为斜立焊，厚板焊接质量控制难度大。针对空间位置有限的情况下，设计一种专用挂篮，便于人员操作（图 17）。

螺旋体面板厚度仅为 6mm、12mm 等规格，焊缝长度达 9m，焊接过程中焊接变形控制难度大。薄板长焊缝焊接采用分段跳焊（图 18），减小焊接变形的不利影响；焊接前对工人进行详细交底，过程中及时监督，保证焊接质量。

不管是悬臂板的厚板焊接，还是坡道的薄板焊接，其焊接质量均对结构的整体受力产生重要影响，为检验焊缝是否满足要求，必须对焊缝进行探伤检查（图 19）。

图 17　螺旋体悬臂板的焊接

图 18　螺旋体薄板的分段跳焊

图 19　对焊缝进行探伤检查

3.5 螺旋体斜立柱吊装

螺旋体钢柱为超窄箱形变截面，截面范围为300×(2600～800)×28×35，向外倾斜角度62°，安装就位控制难度大。螺旋体钢柱吊装前提前放样，根据构件中心设置吊耳，安装前搭设好操作平台。吊装就位后，及时将钢柱对接处临时连接板固定，两端同时拉设缆风绳，保证钢柱稳定性（图20）。钢柱内部加劲通过焊接手孔完成焊接。

图20 斜立柱吊装过程中采用缆风绳

3.6 螺旋体环道吊装

环道吊装采用四点吊装法，其中①、④号吊耳设置在重心线上，为主受力吊耳，②、③号吊耳与①、④号吊耳垂直设置，为调节吊耳。环道吊装至待安装位置处，调节①号捯链使得待就位环道单元与已安装环道单元上表面中心齐平，调节②、③号捯链使得环道上表面与已安装环道单元齐平，同时调节三角悬臂板就位，立即使用马板将端部与已安装环道单元连接，并将三角悬臂板临时措施连接牢固（图21）。

环道节段安装时，拟在钢柱箱型连接件上下端及环道三角支撑板上下端分别设置连接耳板，耳板之间拟用M36高拴连接，通过两者之间的耳板对接，来固定和定位各环道节段。同时相邻环道间采用马板焊接（图22）。

图21 螺旋体环道吊装

图22 相邻环道间采用马板焊接

3.7 安防措施布置

螺旋体结构造型复杂，为空间双曲渐变形式，安防措施布置难度大；倾斜钢柱截面窄，沿高度方向渐变，操作平台布置难度大，由于结构均为渐变形式，需要设计一种适用性强、易于周转的安防措施。为此，螺旋体环道单元安装设计一种三角形可滑动式操作平台，有效解决了人员安防措施问题（图 23）。

螺旋体钢柱安装过程设计一种插入式可调节平台，保证人员施工安全（图 24）。

图 23　三角形可滑动式操作平台

图 24　插入式可调节的钢柱安装平台

4　结语

梅溪湖城市岛双螺旋体造型奇异，斜立柱大角度倾斜，且截面长宽比大，施工难度大。本文梳理了螺旋体的施工流程并总结了斜立柱测量定位等七个施工关键点，施工工序合理，安全可靠，有效避免了施工过程中斜立柱的失稳，保证了施工精度，可为类似螺旋状钢结构或斜柱钢结构的施工提供借鉴经验。

参考文献

[1]　齐宛苑，矫苏平．当代螺旋空间的形态与意义[J]．西安建筑科技大学学报(社会科学版)，2015，34(01)：60-65.

[2]　刘鹏飞．MODE 学园螺旋塔楼，名古屋，爱知县，日本[J]．世界建筑，2012(04)：68-71.

[3]　丘霁，JoëL Tettamanti．“进化者”的螺旋：一条灵动的曲线[J]．建筑知识，2010，30(01)：26-31.

[4]　国际部分[J]．中外建筑，2014(08)：172.

[5]　唐德文，罗丕方，刘谢．神农大剧院螺旋形双曲面钢网壳安装技术[J]．建筑施工，2015，37(03)：350-352.

[6]　张剑，刘细林，龚家军，等．螺旋体钢桁架-混凝土主体结构综合施工技术[J]．施工技术，2006(04)：8-13.

[7]　颜斌，黄道军，文江涛，樊冬冬，赵庆科．基于 BIM 的智能施工放样施工技术[J]．施工技术，2016，45(S2)：606-608.

[8]　赵学鑫，许立山，张俊杰，朱炜，郭泰源．中国尊大厦多腔体异形巨型柱关键施工技术[J]．建筑技术，2018，49(04)：359-362.

基于 SPMT 模块车的大跨度钢结构桁架滚装技术

刘江帆　陈定洪　宋茂祥　赵　斌　杜成林　包超峰

（上海宝冶集团有限公司，上海　201900）

摘　要　为解决传统钢结构安装时间长、卸荷难度大等问题，以上海某电子芯片厂房工程实例为依托，借鉴 SPMT 模块车运输优势，研发出一种基于 SPMT 模块车大跨度钢结构桁架滚装新技术。并对华夫板承载力、滚装桁架稳定性等进行验算，保证了整体滚装施工的安全可靠，为后期类似大跨度钢桁架屋面施工提供技术支持。

关键词　SPMT 模块车；大跨度；钢结构桁架；滚装。

1　引言

在国家大力发展“中国芯”的背景下，电子芯片行业发展迅猛。电子芯片类厂房核心洁净区楼板一般为华夫板，上部为钢屋架＋组合屋面结构。钢屋架具有跨度大、重量大等特点。传统钢桁架屋面主要采用滑移法和吊装法施工的方法，其中滑移法卸荷难度大、加固措施多；吊装法安装吊装速度慢，汽车吊数量多，安装作业危险性高。本文以上海某电子厂房工程屋面钢桁架施工实例为依托，介绍本公司国内首创的新技术。

2　工程概况

上海某电子芯片厂房位于上海市浦东新区，本工程 SN1 厂房的建筑面积约 12.3 万 m^2，南北长 278.4m，东西宽 121.8m，单层建筑面积约 3.4 万 m^2（图 1）。结构形式为混凝土框架结构＋钢屋架，屋架为 H 型钢双弦钢桁架结构，钢结构总量约 1.2 万 t。屋面钢桁架最大高度为 10.07m，最大单跨 42m，单榀桁架最重 256.77t。

图 1　钢屋架模型图

3　施工部署

本项目现场场地狭窄、分散，桁架跨度大、截面高，安装位置位于华夫板上方，常规大型起重设备无法满足施工要求。故采取散件进场、地面拼装、高空分段组装、整体滚装的施工思路（图 2）。

现场共设东南角、东北角两个组装场地，每个组装场地分设两套卧式胎架，采用两台 50t 汽车吊拼装，每榀桁架拼装成五段。拼装时使用全站仪进行全程精度控制。

现场吊装分别从南、北端同时进行，采用 500t 履带吊吊装至屋面的胎架上进行高空组装、焊接。

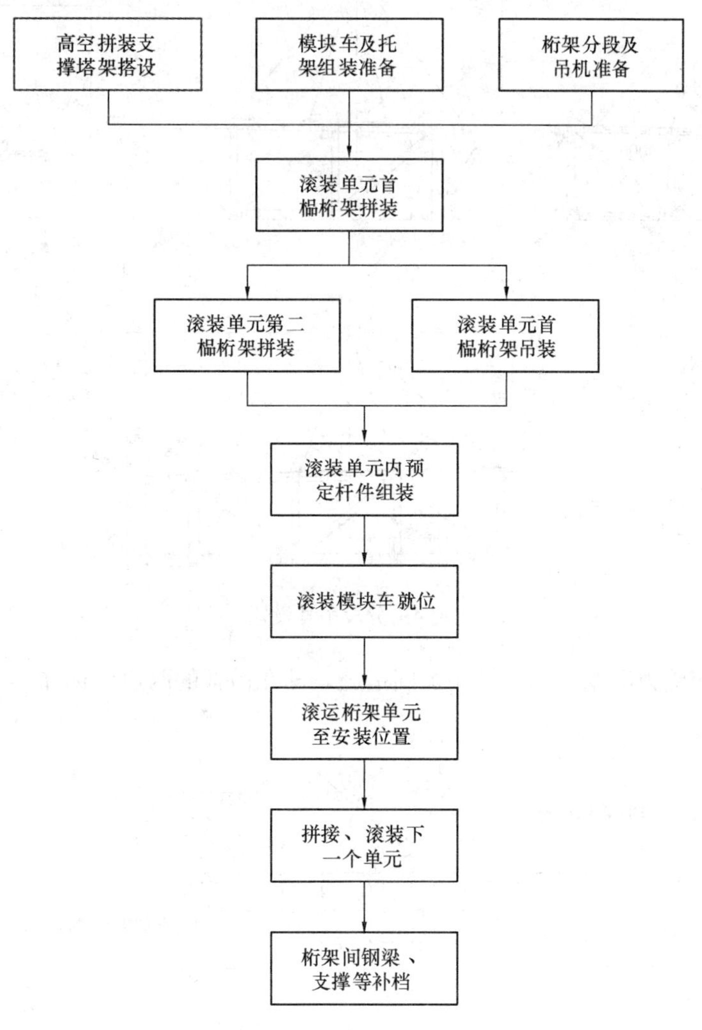

图 2　钢桁滚装施工流程图

4　钢桁架滚装施工

4.1　桁架分段

考虑每个区域场地空间、起吊能力、滚装顺序、施工效率等因素，确定将每榀桁架分成 5 个吊装分段进行吊装，分段点如图 3 所示。

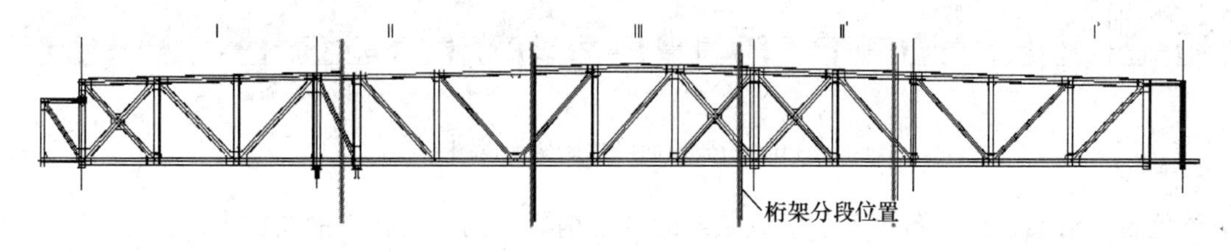

图 3　桁架分段示意图

为保证吊装稳定性及安全性，每段吊装采用四点吊法进行吊装。桁架各分段吊耳的设置及吊索的挂设如图 4 所示。

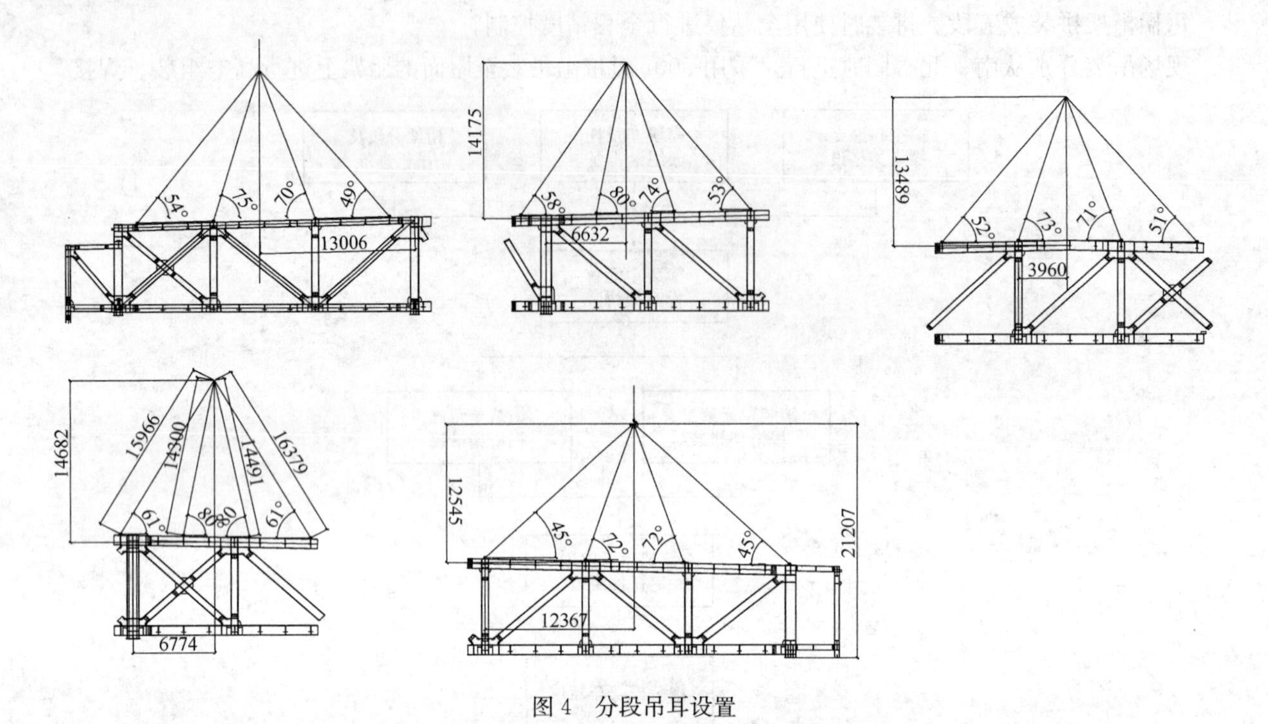

图 4　分段吊耳设置

考虑扳起过程侧向受力问题，采用结构加固措施，即在吊耳的两边对称加三角形加劲板。吊耳的结构及设置如图 5 所示。

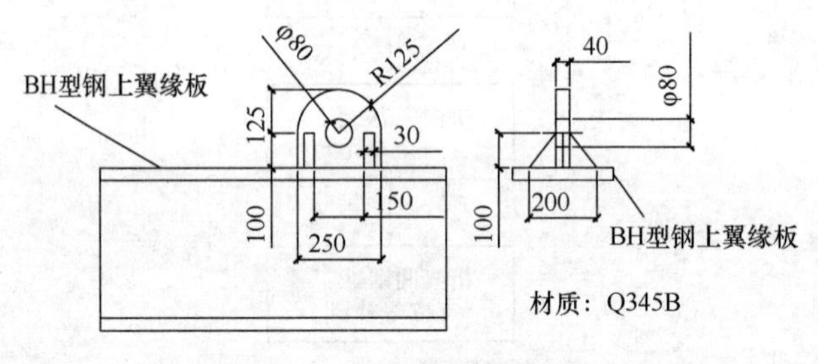

图 5　吊耳结构示意图

4.2　重型大截面桁架的整体卧式拼装

桁架拼装采用地面卧式拼装法（图 6、图 7），选用钢凳式胎架，结合桁架散件结构形式灵活布置。此种拼装法施焊方便、组装速度快、接口精度容易保证，也易保证焊缝质量。

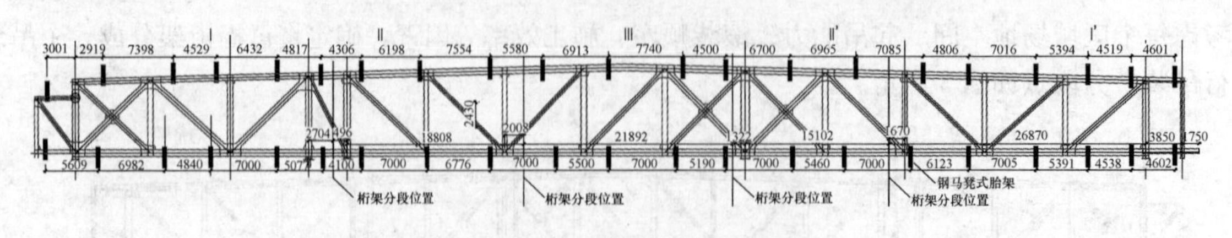

图 6　桁架地面卧拼胎架示意图

图中黄色表示桁架、红色图块表示组成胎架的各个钢凳，包括扳起用钢凳在内。

为了确保组装过程中桁架的定位精度，需要足够数量的钢凳。根据经验，按照钢凳沿桁架分段长度方向上的间距控制在 8m 以内来设置，此时的上下弦杆自重变形远小于 1mm。满足施工规范要求。

图 7　现场桁架卧式拼装图

4.3　重型大截面桁架高空组装

采用二台 500t 履带吊分别从两个拼装场地将卧式拼装桁架扳起，并吊起短驳至厂房南北两端吊装位置。然后由两端 500t 履带将分段吊装钢桁架依次吊至华夫板顶临时塔架及柱顶（图 8）。

为便于拼装，在大跨度中间位置预先搭设两组临时支撑胎架。每榀桁架吊装由西向东逐段推进，首段吊装到位后，两端直接坐落于胎架上。后续分段吊装到位后，与前段通过卡玛板及腹板连接螺栓临时固定。每段桁架就位后拉设缆风绳固定；每二榀桁架组装成一个单元。同一单元中的两榀桁架自西向东逐段交替进行吊装（图 9～图 11）。

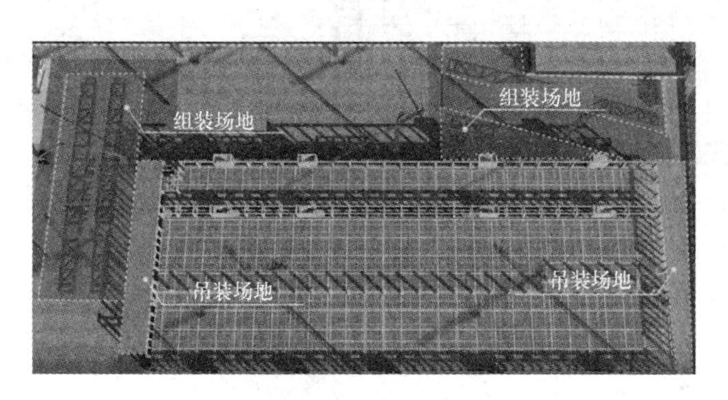

图 8　桁架分段起、脱胎位置及短驳路线示意图

图 9　临时支撑胎架三维效果图

图 10　桁架高空吊装

图 11　桁架高空拼装及缆风绳固定

4.4　高空滚装施工

桁架组装焊接完成，检验合格后，采用五纵模块车（SPMT，三主两从，共 44 轴），利用其自身的

液压升降系统，通过临时支撑托架将滚装单元顶起并运输至安装轴线位置，再利用自身的液压升降系统将构件降落至安装位置标高处，从而完成桁架单元的安装。顶升高度控制在 250mm，模块车滚装速度控制在 0.2km/h 以内。

屋面桁架系统滚装施工分两个作业区同步进行，即：自中间轴线 30 轴线同步地向厂房南、北两端逐步滚装推进。每个区域共有桁架 15 榀，其中 12 榀（即 6 个单元）需要滚装（图 12～图 14）。

图 12　SPMT 模块车照片

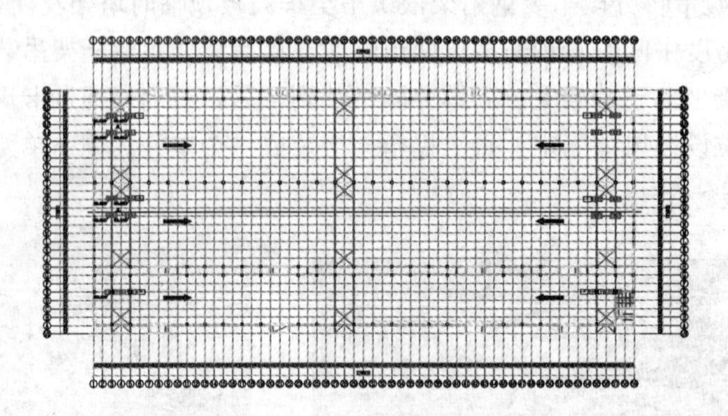

图 13　滚装施工模块车平面布置示意图

图 14　现场滚装施工图

4.5　补档作业

相邻 2 组桁架单元滚装到位后，采用 50t 汽车吊和现场塔吊配合完成补档作业（图 15）。

5　华夫板保护措施

吊机及模块车在华夫板上施工容易对华夫板孔洞边缘造成破损，甚至造成结构破坏。根据施工安全，需要对整个华夫板进行针对性保护措施。保护方法如下：

（1）汽车吊行走及站位、模块车行走路线上的保护。沿汽车吊行走、滚装路线方向上先满铺 18mm 旧模板一层，再覆盖 20mm 厚钢板一层，宽度 4m。

（2）构件堆放区域。需要先满铺 18mm 旧模板一层，再在上部垫 150mm 厚枕木。

（3）人员行走及工作区域。需铺垫 18mm 旧模板一层。焊接作业需在焊接底部设置接火盆和防火毯。动火区域要做好严格防火措施，见图 16。

图 15 现场补档作业

图 16 现场保护措施

6 安全性验算

6.1 25t 汽车吊行走及吊装验算

根据吊装路线，确定吊车活动范围。吊车再空载跑动属于在楼板满跑，因此最不利于荷载布置验算楼板承载力。

主要楼板区域跨度为 4.2×4.8m 和 9.6m×8.4m，取最不利模型 600mm 华夫板区域，最不利跨度 9.6m×8.4m 跨度，9.6m 为前进方向进行验算（图 17）。混凝土强度等级为 C35。

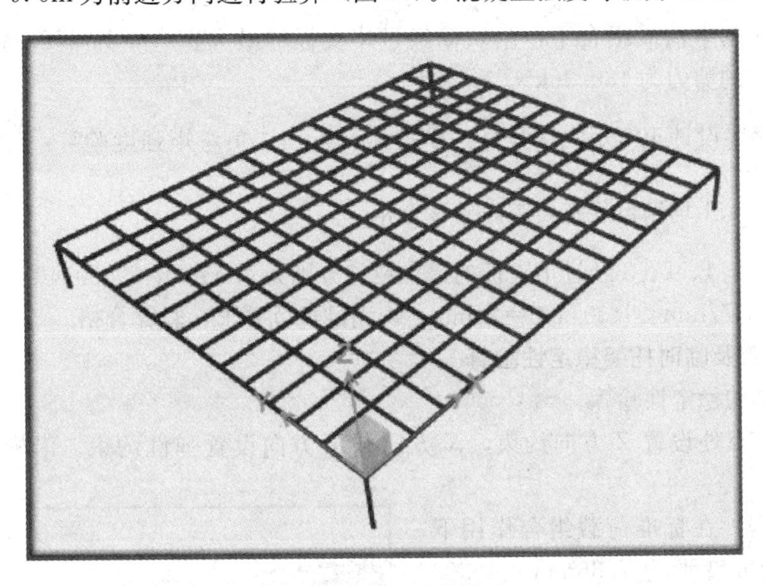

图 17 华夫板验算模型

采用有限元软件 SAP2000 V17 进行施工过程分析，吊车在 600mm 华夫板上行走时，井字梁最大组合的正弯矩为 68.94kN·m，负弯矩为 56.52kN·m。最大组合剪力为 61.26kN。最大标准组合 COMB3 弯矩为 53.49kN·m。

针对华夫板井字梁设计正弯矩强度验算：$\frac{M_{RZ}}{M_{DZ}}=0.36<1$，负弯矩强度验算：$\frac{M_{Rf}}{M_{DF}}=0.3<1$，抗剪强度验算：$\frac{V_R}{V_D}=0.2<1$ 均满足规范要求，验算合格。

吊车在600mm华夫板吊装时，井字梁最大组合正弯矩为68.42kN·m，负弯矩为60.65kN·m。最大组合的剪力为83.71kN。最大标准组合COMB3弯矩为52.4kN·m。

图18 模块车下方的华夫板计算模型

针对华夫板井字梁设计正弯矩强度验算：$\frac{M_{RZ}}{M_{DZ}}=0.36<1$，负弯矩强度验算：$\frac{M_{Rf}}{M_{DF}}=0.32<1$，抗剪强度验算：$\frac{V_R}{V_D}=0.28<1$ 均满足规范要求，验算合格。

6.2 模块车组滚装时华夫板承载能力验算

运输车由模块拼装而成，每个模块轴重约4.3t，根据施工现场实际分成三组模块车（图18），根据Tekla模型，对三组模块车总荷载进行转换，荷载如表1所示。

运输车荷载 表1

运输车编号	总载荷（kN） 模块车自重＋上部胎架重＋屋面桁架重	作用面积 m^2	面荷载 kN/m^2	框架梁跨度 m
模块车1	2133	2.43×16.8	52	9.6×8.4
模块车2	3892	2.43×11.2	72	4.8×4.2
模块车3	2706	2.43×11.2	50	4.8×4.2 9.6×8.4

经计算可得，在基本荷载组合下，模块车经过华夫板的最大正弯矩为172.84kN·m，负弯矩为327.36kN·m。最大的剪力为180.36kN。

针对华夫板井字梁设计正弯矩强度验算：$\frac{M_{RZ}}{M_{DZ}}=0.88<1$，负弯矩强度验算：$\frac{M_{Rf}}{M_{DF}}=0.62<1$，抗剪强度验算：$\frac{V_R}{V_D}=0.37<1$ 均满足规范要求，验算合格。

刚度验算：模块车1、2、3经过华夫板的最大位移分别为4.03mm<9600/400=24mm、0.81mm<4800/400=12mm、3.77mm<9600/400=24mm，均满足规范要求，验算合格。

6.3 滚装过程中桁架及临时托架稳定性验算

（1）桁架自身结构稳定性验算

在模块车作用节点处设置Z方向约束，X方向和Y方向设置弹性约束。沿模块车行驶方向受惯性力。

经计算分析可得，在标准荷载组合作用下，桁架结构的Z向最大变形为7.36mm<46203/400=115.5mm；桁架结构的X向最大变形为4.75mm（图19）。

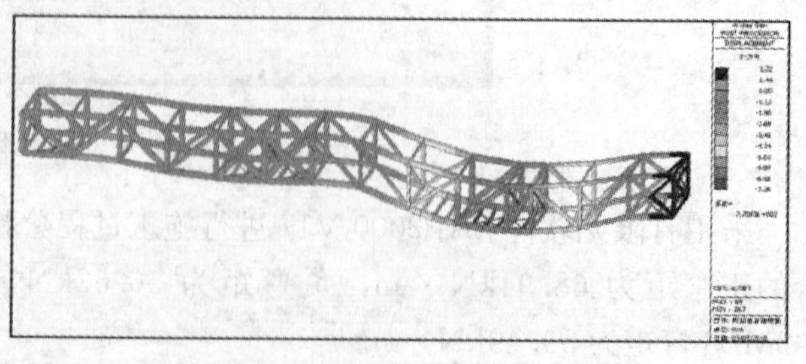

图19 桁架的变形图（Z方向）

经计算分析可得，临时支撑胎架的最大应力比为0.32（图20）。

经上述分析可得，模块车滚装过程中，桁架

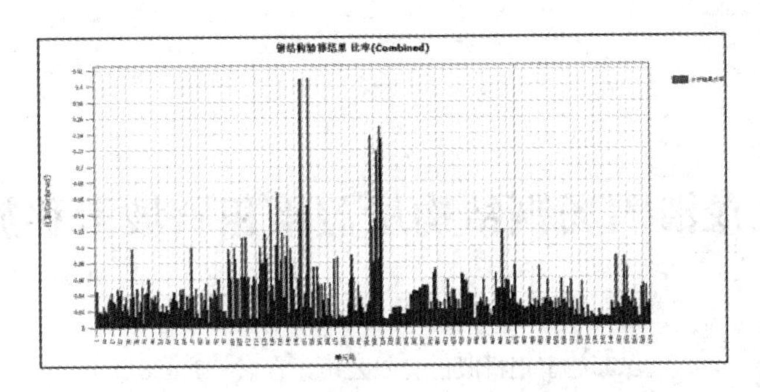

图 20　桁架的应力比柱状图

结构自身的稳定性满足要求。

(2) 模块车上方临时支撑托架稳定性验算

桁架高空对接拼装完成后，需要在桁架下方轴线 C、P、R、AA、AC 设置模块车进行滚运，模块车位置如图 21 所示。

模块车上方的临时支撑托架结构分两种：单纵 12 轴、8 轴模块车顶部受荷载梁截面分别采用型钢 H635×400×15×20、H435×450×15×20。支撑塔架均采用 100t 级标准节，其平面尺寸为 1.5m×1.5m，四个立柱均采用，2.3×16，底部 H 型钢支座截面 H500×200×10×16，H 型钢材质均为 Q345B，立柱、斜撑等均为 Q235B。

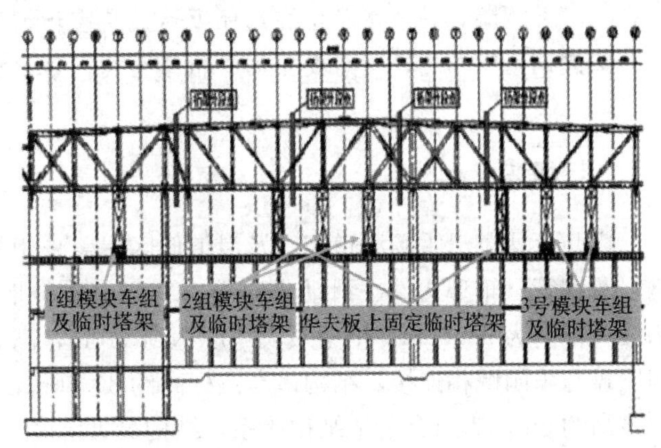

图 21　临时支撑胎架和模块车的位置

经计算分析可得，在标准荷载组合作用下，临时支撑塔架下方垫梁和上方型钢的最大变形为 −1.538mm−(−2.532)mm＝0.994mm＜1500/400＝3.75；整个临时支撑胎架的最大变形为 6.66＜8100/400＝20.25mm。临时支撑塔架下方垫梁和上方型钢的最大应力比为 0.49；整个临时支撑胎架的最大应力比为 0.49。

经验算，滚装过程中，模块车上方临时托架的稳定性满足要求。

7　结语

成功借鉴近年来发展应用的重型运输施工技术经验，通过上海某电子厂房钢结构屋面桁架安装施工，形成一套基于 SPMT 模块车的大跨度钢结构桁架滚装施工新技术，此施工技术属国内首创。解决了传统钢结构滑移法、吊装法等诸多施工难题，实现钢屋架快速安装，可为后续类似大跨度钢桁架屋架安装提供一定的参考和借鉴。

参考文献

[1]　苏川. 某电子洁净厂房大跨度大面积屋面钢桁架安装关键技术[J]. 施工技术，2017，P4-6(46)。
[2]　任自放. 钢结构桁架累计滑移施工技术[J]. 钢结构，2010，P65-70(25)。
[3]　高兆鑫. SPMT 在 LNG 模块装船过程中的应用[J]. 石油工程建设，2016，42(06)：37-41。
[4]　吴良伟. SPMT 模块平板车在建筑物平移中的应用[A]. 第十一届建筑物改造与病害处理学术研讨会，2016：3。

广州万达茂滑雪场钢结构屋盖累积斜坡滑移施工技术

马　强

（江苏沪宁钢机股份有限公司，宜兴　214231）

摘　要　以广州万达茂滑雪场钢结构工程为背景，介绍大型钢结构液压同步顶推累积斜坡滑移施工技术，通过滑移轨道和滑靴的合力布置、轨道倾斜坡度及滑移支架体系的精确设计，同时采用有限元软件对结构的滑移施工全过程进行模拟分析，使大跨度钢结构屋盖得以顺利安装，该技术已经在广州万达茂滑雪场钢结构工程中成功应用。

关键词　钢结构；大跨度空间管桁架结构；累积滑移

1　工程概况

广州万达茂滑雪场滑道高区及滑道低区屋盖采用累积滑移施工，雪道高区屋盖主要构件包括H型钢、圆钢管、箱型构件、滑动支座等，主要材质包括Q235B、Q345B、Q345C、Q420GJB等。屋盖结构最大标高为98.00m，桁架最大跨度达到110m，高度约9m，雪道层桁架高度约10m。滑道低区钢结构屋盖与乐园区相连接，结构最高点标高约81.80m，最低位置位于端部，标高约59.40m。屋盖桁架结构最高约9m，为组合桁架结构体系，结构最大跨度为110m。结构设计比较新颖，建筑结构示意图如图1所示。

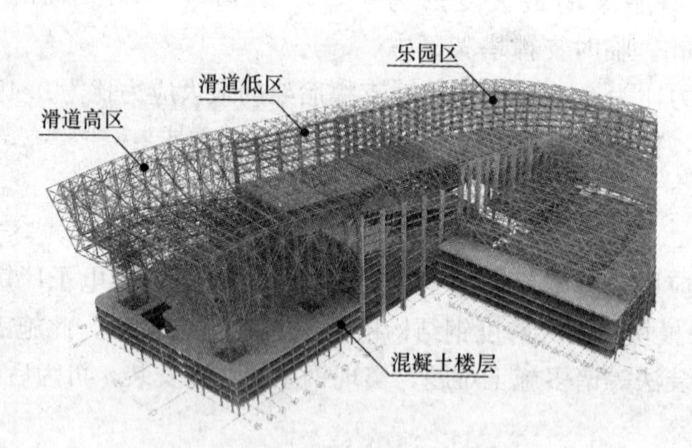

图1　广州万达茂滑雪场结构示意图

2　施工方案

本工程钢结构屋盖分为滑道高区、滑道低区，其屋盖结构安装高度高，且屋盖结构跨度最大达110m，为超大跨度空间结构。综上所述，上部屋盖结构安装拟采取屋盖中央区部分进行累积滑移施工、周边范围分段吊装的施工方案。

其中滑道高区屋盖滑移区共分布9榀主桁架范围，共划分为4个滑移单元进行滑移施工，滑道低区屋盖滑移区分布11榀主桁架范围，划分为5个滑移单元进行累积滑移施工。低区屋盖重量1300t，高区屋盖重量 1200t，屋盖合计重量 2500t，通过两个累积滑移段斜向呈 4°倾角向下滑移完成整个安装工程。滑道高低区滑移区域布置示意图如图 2 所示。

图 2　滑道高低区滑移区域布置图

滑道低区屋盖滑移区域采取从高区雪道层结构累积滑移拼装，然后由高区向低区整体滑移安装就位的施工方法进行施工。滑道高区屋盖滑移区域采取从高区雪道层结构累积滑移拼装。

3　累积斜坡滑移关键技术

3.1　滑移轨道布置

单组轨道支架上部架设双轨轨道梁（H900×300×16×28），选用 43kg 级轨道，轨道通过压板焊接固定于轨道梁之上，双轨轨道梁中心间距 1.5m。结合结构布置情况，共布置 3 组（6 条）滑移轨道，滑移轨道下部采用格构式支撑架作为轨道承重支撑，纵向间距约 15～18m。轨道与水平方向呈 4°夹角，滑移时自南向北斜向下滑移。轨道布置图如图 3、图 4 所示。

3.2　上部滑移胎架设置

高、低区屋盖滑移部分分为 9 个滑移单元，其中低区屋盖滑移部分包括 1～5 滑移单元，高区屋盖滑移部分包括 6～9 滑移单元。每个滑块下部设置支撑胎架（立杆 P180×8，腹杆 P89×6，支撑截面规格为 1.5m×1.5m)，每个滑移分段另设纵向斜撑，保证纵向刚度。滑移胎架立面图及结构图如图 5、图 6 所示。

在轨道上部支撑体系中，为加强支撑体系横向稳定性，确保整个轨道上部支撑体系形成统一整体，在轨道之间第 1、4、7、8、10、12 排竖向格构支撑位置，设置 6 道横向水平格构支撑联系，同时为加强竖向与横向格构支撑之间联系，在横向水平格构支撑梁下部增设八字撑。轨道上部横向稳定措施连接构造图如图 7、图 8 所示。

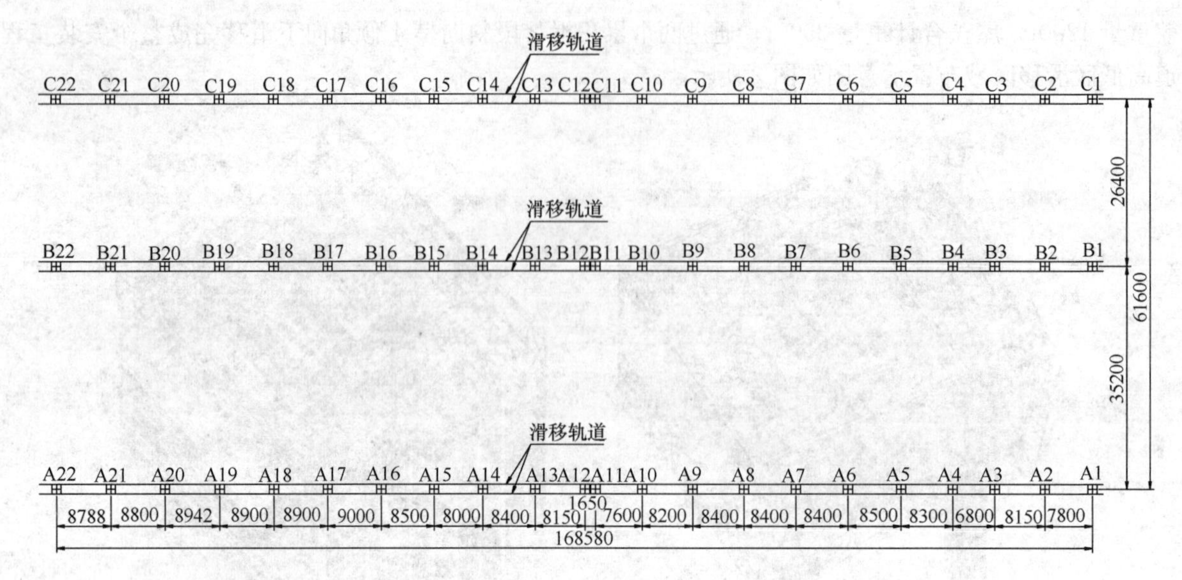

图 3　轨道平面布置图

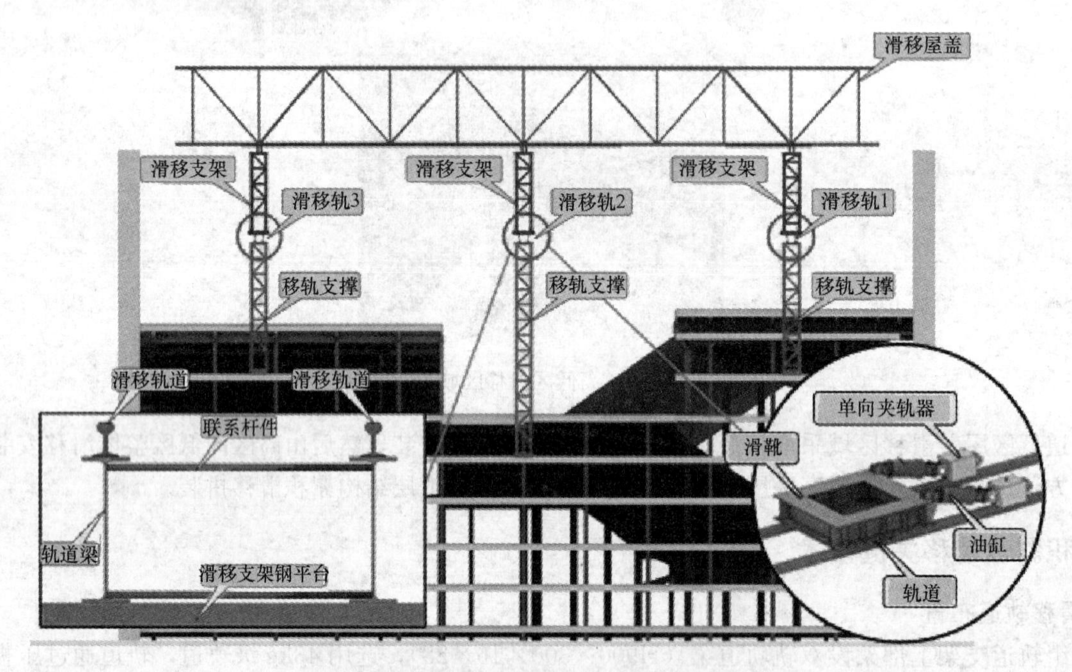

图 4　滑道轨道及轨道支撑布置剖面示意图

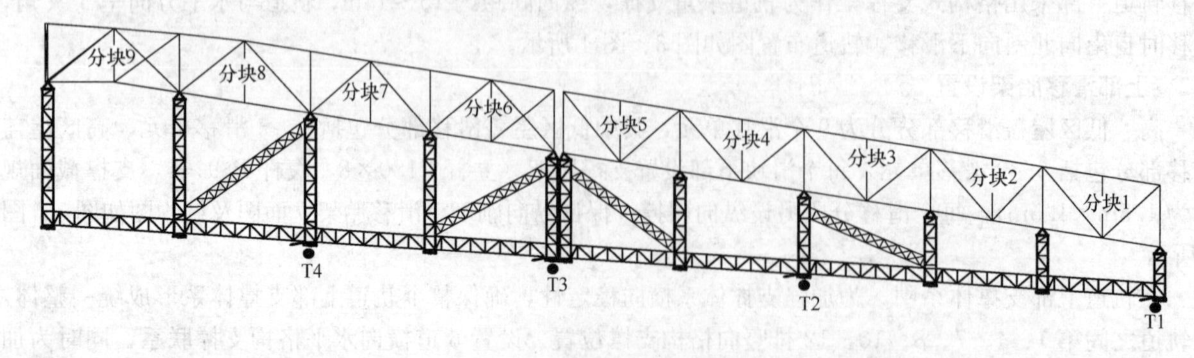

图 5　滑移胎架立面布置图

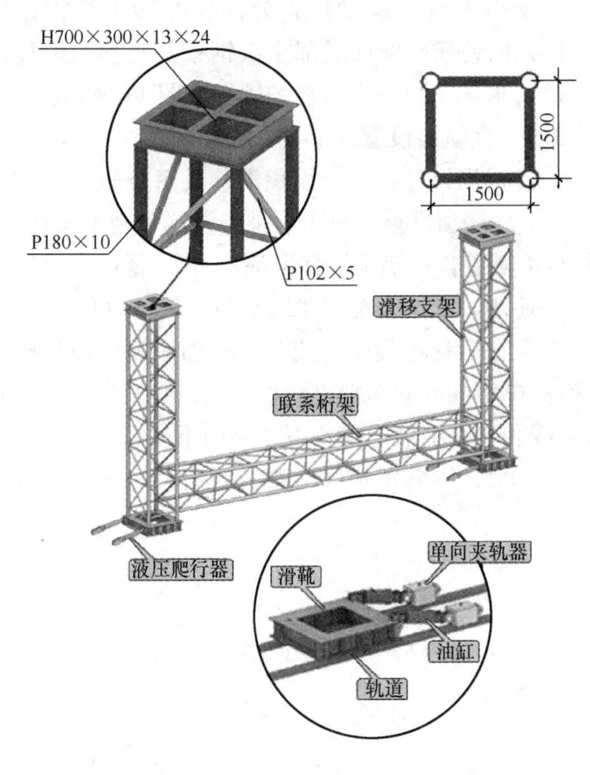

图6　轨道上部滑移支架结构示意图

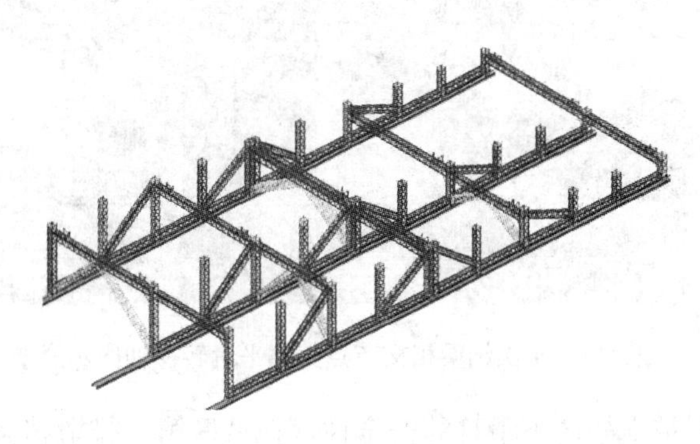

图7　轨道上部横向稳定措施连接构造轴测示意图

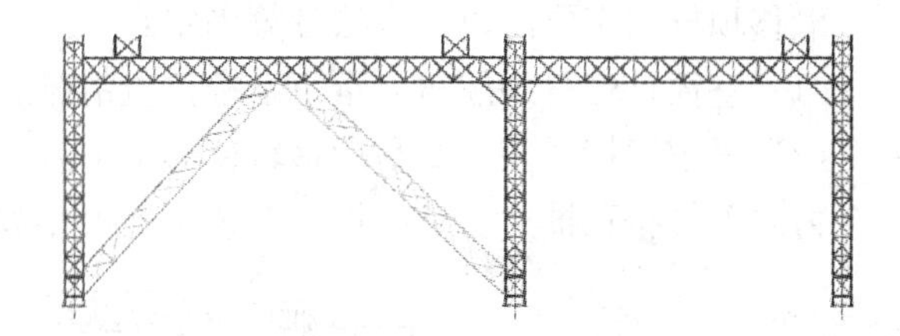

图8　轨道上部横向稳定措施连接构造剖面示意图

3.3　下部滑移胎架设置

轨道梁下部支撑的北侧，由于支撑高度较高，侧向稳定较差，故设置侧向联系桁架。轨道下滑移胎架轴测示意图如图9所示。

间距为1500mm的相邻两根轨道梁之间，选用角钢进行构造连接。为确保平面内稳定，在滑移轨道上下层用两根L75×5角钢加强，同时为保证轨道梁与下部临时支撑平台连接牢固，使用P89×6钢管斜向支撑在H900工字钢腹板和平台上。如图10所示。

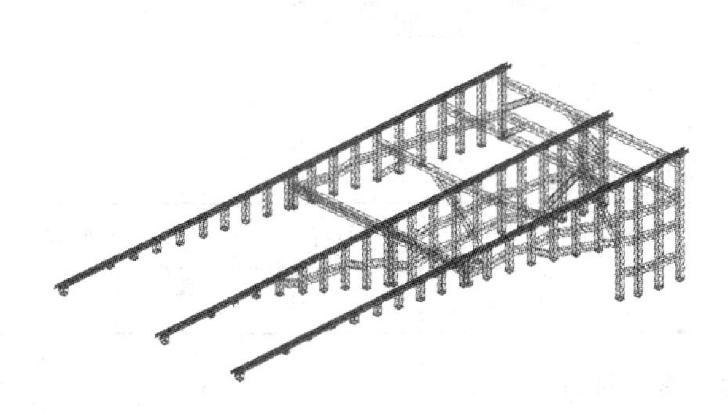

图9　轨道下部滑移胎架轴侧图

图10　轨道梁之间加强斜撑示意图

3.4　低区底部支撑平台节点加固方法

下部滑移胎架低部设有不规则滑道，滑道为钢管混凝土柱＋型钢骨架，上部铺设钢筋桁架楼承板，板厚分别为120mm、150mm。由于上部钢筋桁架楼承板板厚较薄，且滑移支撑上部荷载较大，直接由楼承板或某根钢梁承担方式不可靠。根据支撑平台布置图可知，轨道以下支撑落位基本都在钢结构主梁、主次梁节点上，在支撑平台处预先设置钢结构转换件在主钢梁表面上，与主钢梁焊接固定牢固，使每个平台由3～4根主次梁共同承担上部荷载。转换件下方主次钢梁内部均设置P12加劲板，在竖向格

图 11 主次钢梁相交节点支撑平台转换加固示意图

构支撑正对转换梁位置处同样在转换梁内设置 P12 加劲板，确保底部主次钢梁及转换梁刚度满足要求。支撑平台节点加固图如图 11 所示。

3.5 夹轨器设置

根据计算，每个累积滑移段每条轨道上布置 2 个滑移顶推点，每个顶推点设置 1 套滑移设备，6 条轨道合计使用滑移设备 24 套。低区与高区循环使用，顶推需配置 12 套滑移设备即可。

在滑移过程中为控制滑移加速度和保证有坡度带支架向下滑移的安全性，在低区第一排滑移竖向格构撑增加 6 套防滑夹轨器，防滑夹轨器与向下顶推夹轨器反向设置，确保整个滑移支架体系在受到风荷载和自重荷载等作用下不会向下串行。防滑夹轨器仅在顶推夹轨器松开、其油缸缩缸过程中工作（夹紧轨道）。同理滑道高区第一排滑移竖向格构撑下方同样增加 6 套防滑夹轨器，如图 12 所示。

滑移顶推力主要由以下方法计算确定：

（1）整体计算得到屋盖自重下顶推位置滑靴底面所受最大竖向力；

（2）考虑摩擦系数 0.2 和滑移轨道与水平方向 4°的夹角，计算沿滑移轨道方向分力和摩擦力，由这两个力之差算得顶推力。油缸性能及顶推力大小如表 1～表 3 所示。

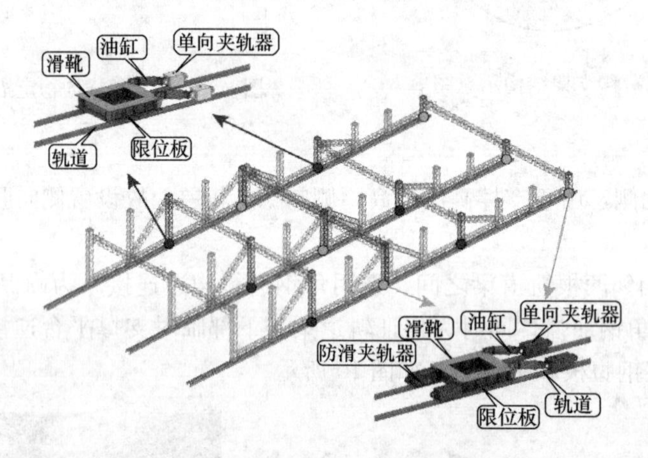

图 12 夹轨器设置轴测示意图

油缸性能表 　　表 1

型号	额定载荷（kN）	缸体直径（mm）	活塞杆直径（mm）	行程（mm）	吨（MPa）
TX-60-J	600	220	120	615	2.5

低区滑移顶推力 　　表 2

滑移分块	低区顶推点反力					
	A1	A1′	A2	A2′	B1	B1′
分块 1	108	138			91	95
分块 1～2	176	213			147	153
分块 1～3	176	213	72	79	147	153
分块 1～4	176	213	139	153	147	153
分块 1～5	176	213	189	205	147	153

续表

滑移分块	低区顶推点反力					
	B2	B2′	C1	C1′	C2	C2′
分块1			107	95		
分块1～2			176	160		
分块1～3	62	62	176	160	67	64
分块1～4	112	114	176	160	129	123
分块1～5	151	156	176	160	174	169

高区滑移顶推力 **表3**

滑移分块	高区顶推点反力					
	A3	A3′	A4	A4′	B3	B3′
分块6	148	161			84	92
分块6～7	243	255			141	152
分块6～8	243	255	83	92	141	152
分块6～9	243	255	158	161	141	152
滑移分块	B4	B4′	C3	C3′	C4	C4′
分块6			141	139		
分块6～7			220	221		
分块6～8	48	49	220	221	90	79
分块6～9	84	84	220	221	161	149

3.6 施工仿真模拟技术

本工程采用SAP2000进行施工模拟计算，因采用累积滑移施工，高区滑移施工方法与低区完全一样，计算过程不再阐述。

第一步：首先在拼装胎架位置先拼装滑移分块1。屋盖分块1滑移时，屋盖结构最大竖向变形为－19mm（图13），最大应力比出现在支撑立杆180×8，为0.71（图14）。

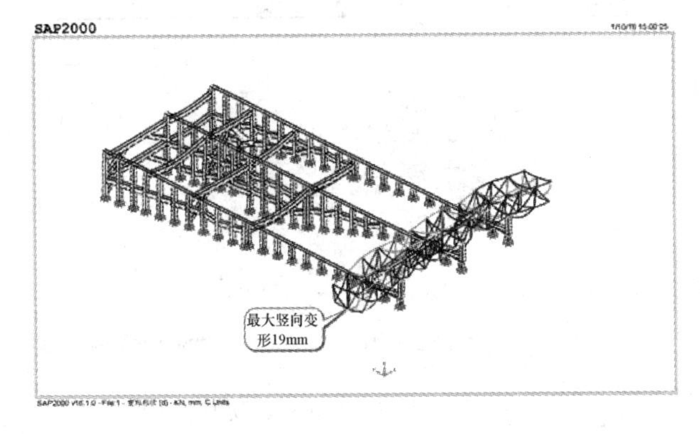

图13　结构整体变形（mm）

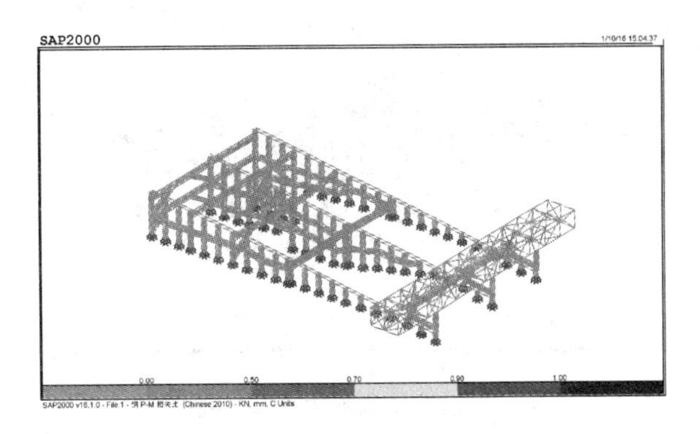

图14　屋盖结构应力比

第二步：分块1滑移一段距离后，开始拼装分块2，与分块1对接拼装完成。屋盖分块1～2滑移时，屋盖结构最大竖向变形为－25mm（图15），最大应力比出现在屋盖加固杆件，为0.71（图16）。

第三步：分块1、2滑移一段距离后，开始拼装分块3，与分块2对接拼装完成后，将分块1、2、3整体向前滑移。屋盖分块1～3滑移时，屋盖结构最大竖向变形为－27mm（图17），最大应力比出现在支撑杆件D180×8，为0.83（图18）。

第四步：分块1、2、3滑移一段距离后，开始拼装分块4，与分块3对接拼装完成后，将分块1、2、3、4整体向前滑移。屋盖分块1～4滑移时，屋盖结构最大竖向变形为－27mm（图19），最大应力比出现在屋盖加固杆件，为0.85（图20）。

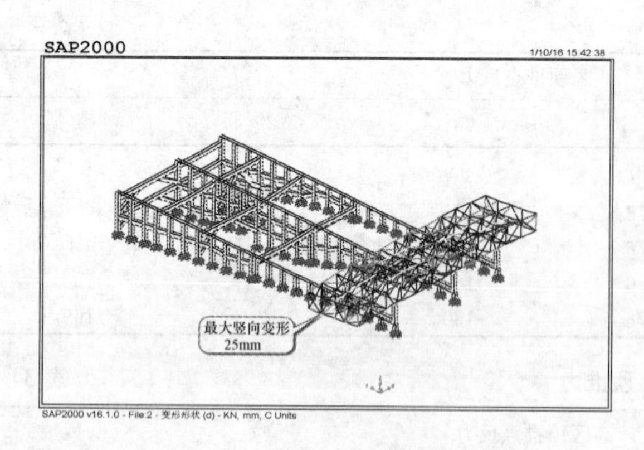

图 15　结构整体变形（mm）

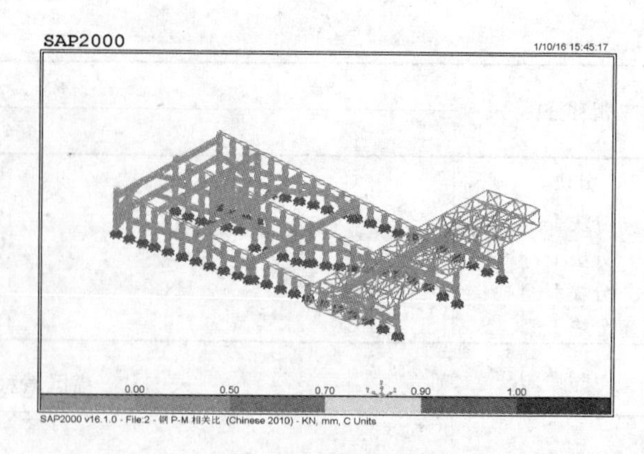

图 16　屋盖结构应力比

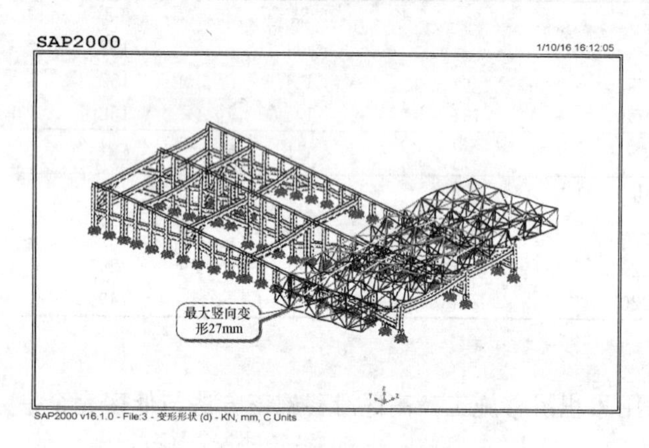

图 17　结构整体变形（mm）

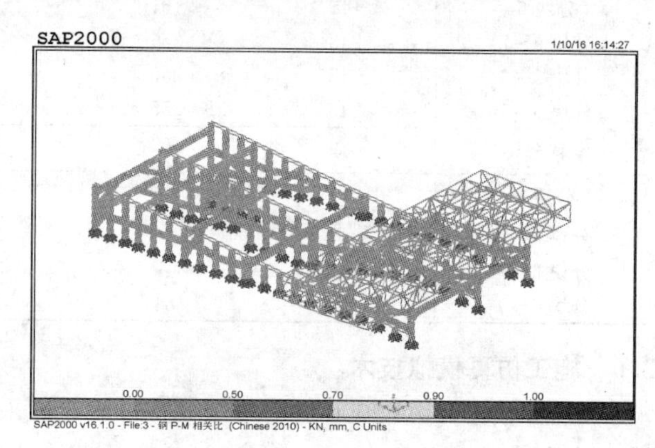

图 18　屋盖结构应力比

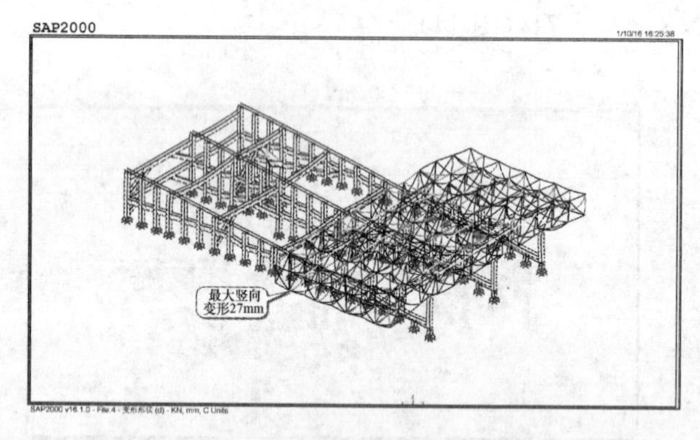

图 19　结构整体变形（mm）

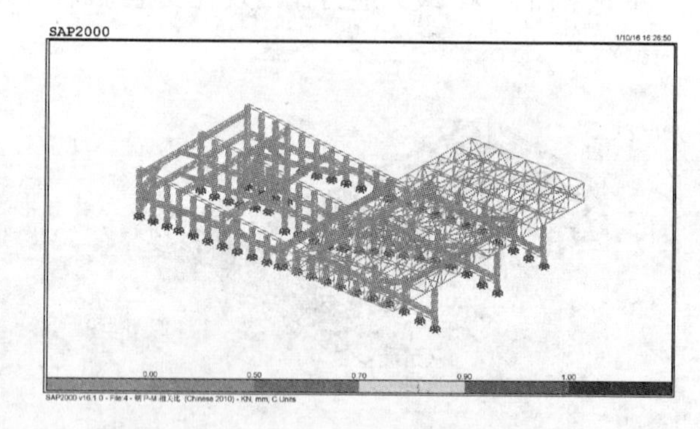

图 20　屋盖结构应力比

第五步：分块 1、2、3、4 滑移一段距离后，开始拼装分块 5，与分块 4 对接拼装完成后，将分块 1、2、3、4、5 整体向前滑移。屋盖分块 1～5 滑移时，屋盖结构最大竖向变形为－27mm（图 21），最大应力比出现在屋盖加固杆件，为 0.85（图 22）。

第六步：分块 1、2、3、4、5 作为一个整体往前滑移，一直滑移到设计位置。屋盖分块 1～5（不利位置）滑移时，屋盖结构最大竖向变形为－29mm（图 23），最大应力比出现在支撑架杆件 180×8，为 0.88（图 24）。

3.7　质量验收标准

钢结构工程质量验收应按照《钢结构工程质量验收规范》GB 50205—2001 及《建筑工程施工质量验收统一标准》GB 50300—2013 执行。钢结构屋盖滑移施工质量必须符合国家现行专项验收标准的规定。

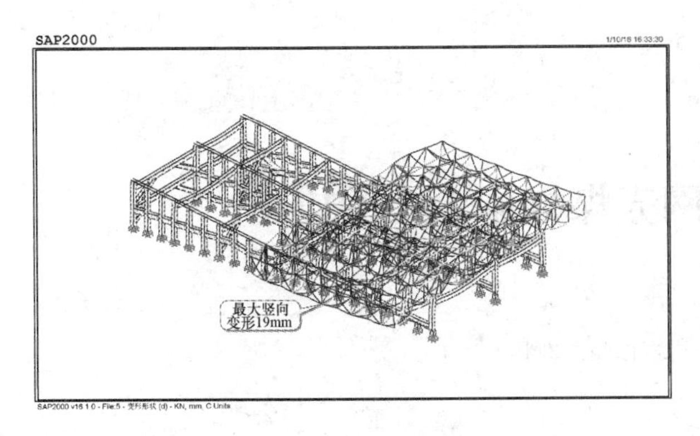

图 21　结构整体变形（mm）

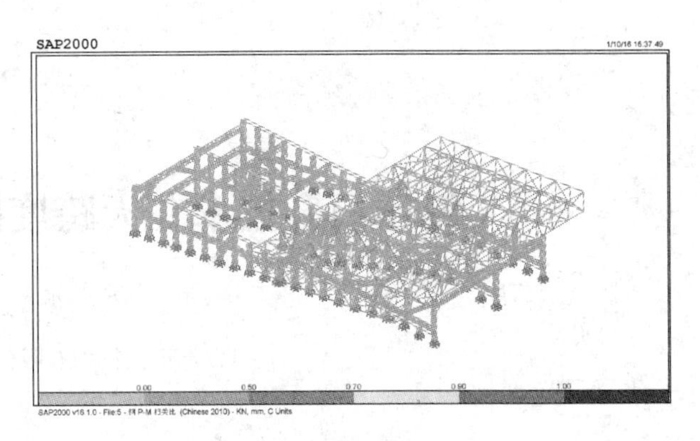

图 22　屋盖结构应力比

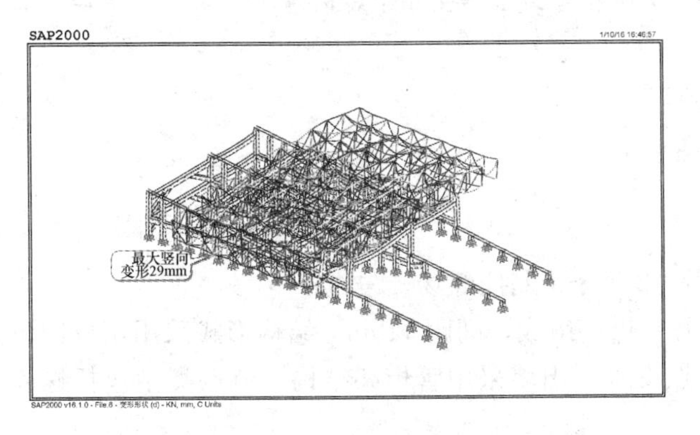

图 23　结构整体变形（mm）

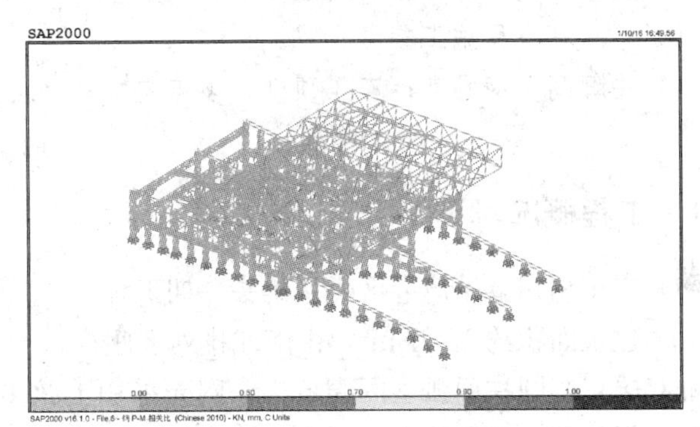

图 24　屋盖结构应力比

4　结语

屋盖滑移前对滑移设备和系统进行全面检查和调试，全部数据符合预期要求再进行滑移；做好应急预案包括恶劣天气应急预案、设备故障应急预案。通过传感器监测系统和计算机控制系统，对滑移全过程中结构变形及位移进行全方位监测，保证滑移的安全、可靠。

通过运用计算机仿真模拟技术预先进行模拟，为现场的实际吊装提供了充分的理论依据。这种技术施工方法操作简单，减少了大型吊车使用量，解决大型吊车设备无法辐射到的结构安装难度，节省施工场地及人力物力，提高工作效率。

参考文献

[1]　空间网格结构技术规程 JGJ 7—2010[S]. 北京：中国建筑工业出版社，2010.
[2]　范重，刘先明，胡天兵，等. 国家体育场钢结构施工过程模拟分析[J]. 建筑结构学报，2007，28(2)：134-143.
[3]　郭彦林，刘学武. 大型复杂钢结构施工力学问题及分析方法[J]. 工业建筑，2007，37(9)：1-8.
[4]　崔晓强，郭彦林，叶可明. 大跨度钢结构施工过程的结构分析方法研究[J]. 工程力学，2006，23(5)：83-88.

液压顶升技术在大跨度网壳煤棚施工中的应用

厉广永　　陈　雷

（江苏恒久钢构有限公司，徐州　221000）

摘　要　本文介绍利用液压顶升设备进行网壳分段顶升与高空拼接相结合的施工工法，可供类似工程施工参考。

关键词　钢网壳；液压顶升；多点支撑；高空对接

1　工程概况

广东惠州港荃湾港区煤炭码头一期工程——1号、2号条形封闭煤场。

建筑面积约15万m^2，由南北排列2座（1、2号）煤场组成，间距119m。结构形式采用正放四角锥双层三心圆柱面弧型网壳结构，网壳采用上弦多点支承，山墙采用管桁架结构；节点类型包括螺栓球、焊接球、相贯节点。

单个煤场几何尺寸：网壳跨度118m，圆柱纵向长441m，端部半球壳半径59m；建筑高度43.709m。网格尺寸为4m×4m×3.5m（长×宽×厚度）。三心圆半径：大圆半径71.387m，小圆半径35.960m。投影面积57454m^2，展开面积74527m^2。结构设两道伸缩缝分别在21～22轴和42～43轴之间。杆件全部采用Q345B钢，主结构总重量为7000t。

网架下弦设置电气照明系统、喷淋抑尘系统、火灾报警系统、消防水消防炮系统等，同时设有供维护人员检修更换棚顶照明灯的检修通道设施。煤棚围护结构由钢檩条、单层压型钢板及采光带组成。该工程属于典型的大跨度空间网格结构施工。见图1～图3。

图1　惠州港荃湾港区煤炭码头一期工程——1号、2号条形封闭煤场实景图

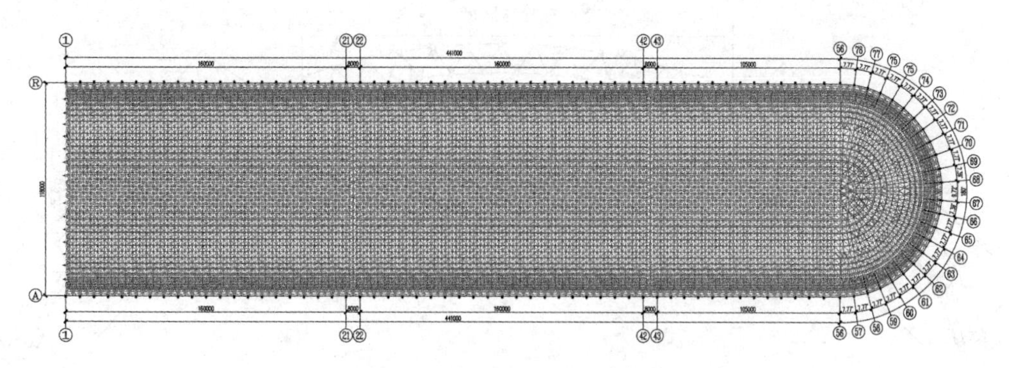

图 2　网壳结构体系平面图

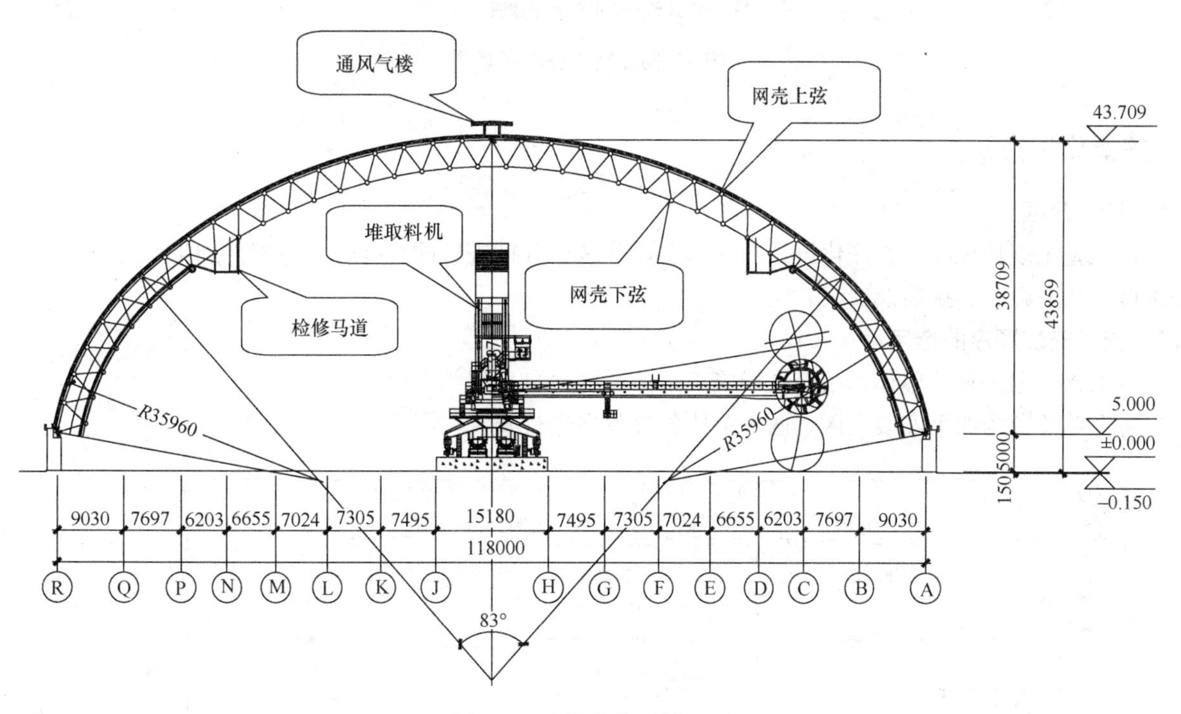

图 3　网壳结构体系剖面图

2　工程施工重点、难点分析

(1) 本工程单跨跨度大。螺栓球与焊接球混合使用，网壳存在大量的焊接球节点不同于普通螺栓球网架施工，采取分级液压顶升、高空拼接方案，单块顶升重量约 400t，属大跨度高空作业施工，如图 4 所示。

(2) 场地条件及台风限制：网壳第一单元下部已安装有配料机钢轨及输送带设备，所以起步网壳只能在输送带平台两侧空地拼装。而且施工期间正处台风季节。为此我们利用计算机仿真施工模拟分析计算，考虑各种不利因素影响，作出多种施工应急预案。

(3) 网壳结构钢管选用 ϕ76×4.0～ϕ180×8 共 8 种，每个单体有 3 万多根杆件，杆件编码识别、构件包装运输与施工进度的配合是影响网壳拼装质量的重要因素。

(4) 现场焊接作业量大，焊接质量直接关系到整体工程的施工质量。

(5) 施工的监控与测量要求高：施工中要重点进行顶升胎架水平位置与顶升标高的定位与测量，网壳结构在安装过程中杆件应力变化的实时监测，网壳变形监测。

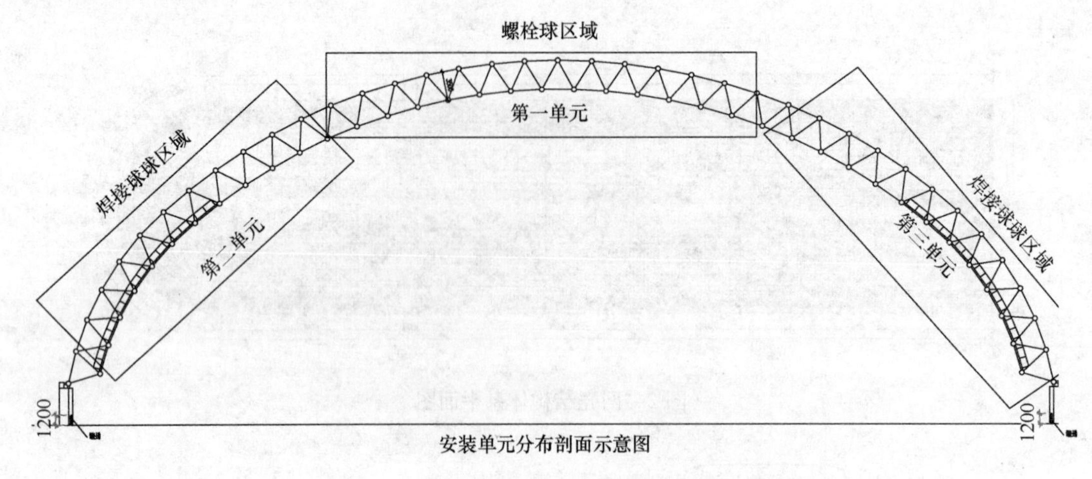

图4 网壳结构分段示意图

3 主要施工方法

3.1 施工分区

根据施工现场情况，在深化设计的基础上，分区、分批进行网壳杆件及零配件加工，分区、分批安排构件进场、存放、拼装及安装。

3.2 施工安装顺序的选定

本工程为两个独立单体，结合现场施工条件及网壳自身的结构特点：

每个单体分为四个安装大区，两个单体各自独立进行安装（图5）。

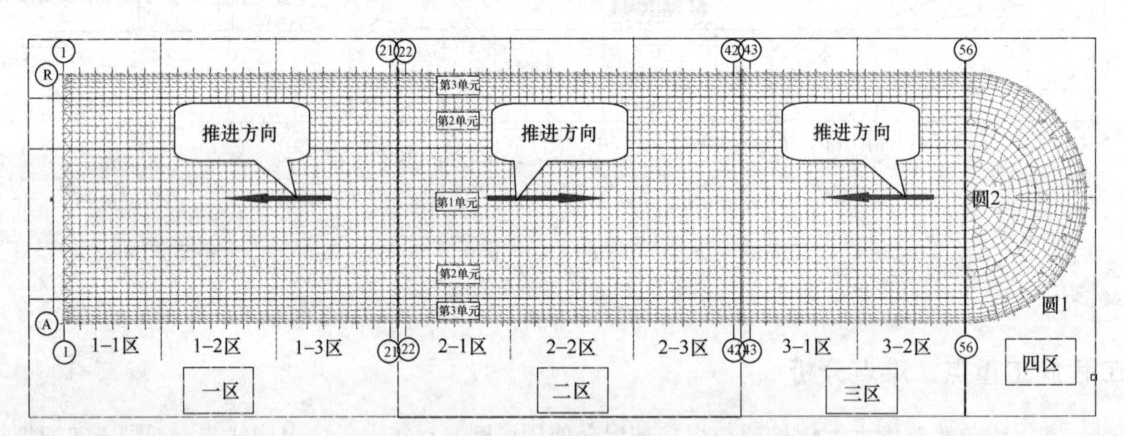

图5 网壳分区安装示意图

3.3 网壳主要的施工方案

（1）根据现场实际情况，起步网壳在输煤设备平台一侧空地拼装成为小单元体，当拼装跨度超过输煤设备宽度后用100t吊车吊至输煤带上方临时支撑上（图6），继续扩大单元网壳的拼装。

（2）安装液压同步顶升系统，包括液压顶升器、液压泵源系统、控制系统等；调试液压同步顶升系统。

（3）在确保同步顶升系统设备、临时措施及永久结构安全的情况下，利用两排顶升设备将网壳顶升，一边顶升一边沿跨度方向续拼第2单元网壳，当网壳拼装至E轴、M轴时再增设两排顶升设备（每排5个共10个），由4排顶升设备同时顶升，网壳安装顶升到预定高度后拆除G轴、K轴顶升架。在网壳顶升过程中根据施工仿真计算结果在网壳下弦球位置张拉钢丝绳，张紧钢丝绳一端设置手拉葫芦

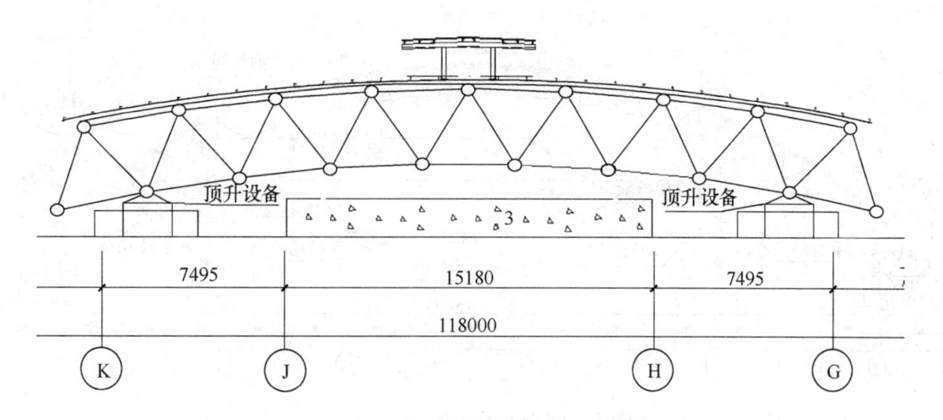

图 6　第 1 单元拼装就位立面示意图

控制网壳尺寸，如图 7、图 8 所示。在网壳顶升拼装过程中，通过实时监测严格控制网壳跨度中心距，保证网壳的拼装精度。

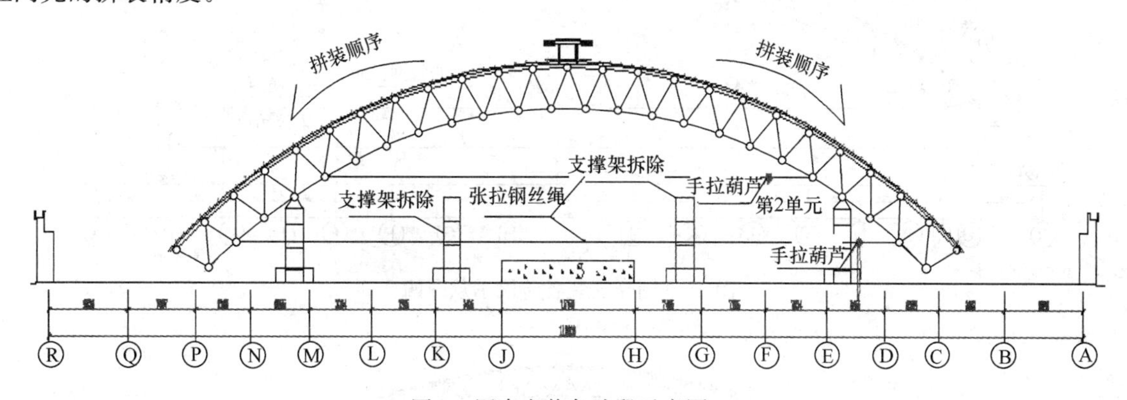

图 7　网壳安装各阶段示意图一

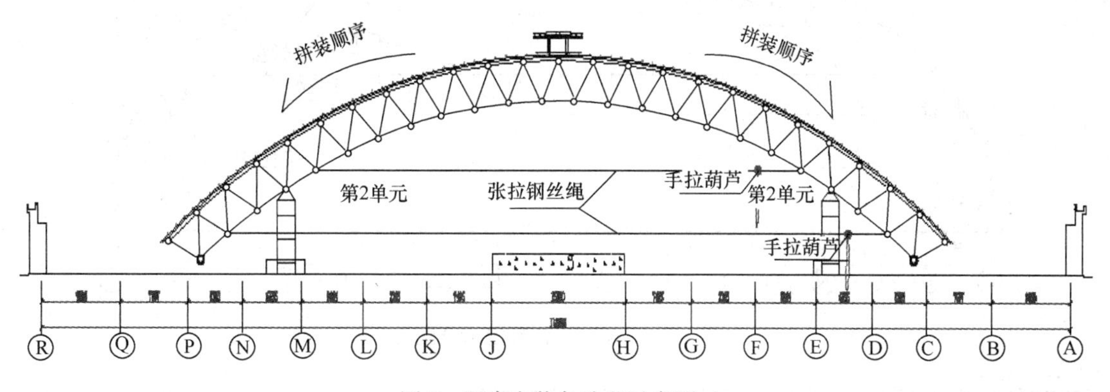

图 8　网壳安装各阶段示意图二

（4）网壳拼装至 B 轴、Q 轴时再增设两排顶升设备（每排 5 个共 10 个），由 4 排顶升设备同时顶升，网壳安装顶升到预定高度后拆除 E 轴、M 轴顶升架。并一边顶升一边拼装第三个单元网壳，网壳顶升至制定高度时，根据施工仿真计算结果使用钢丝绳把网壳下弦球与顶升胎架斜拉并用手拉葫芦拉紧。同时实时监测网壳跨度中心距，直至第一片网壳拼装就位，如图 9～图 13 所示。

（5）1-3 区网壳安装就位后，同样方法进行 1-2 区网壳的安装拼装工作。1-2 区网壳顶升至高出设计标高 100～200mm 时进行两部分网壳的对接，通过顶升下落将所有杆件连接到位，螺栓球紧固到位后支座就位再进行焊接球杆件焊接加固处理。

（6）卸载，将支座落位并进行支座螺栓紧固，然后拆除液压顶升系统，补装各区相联的节点和杆

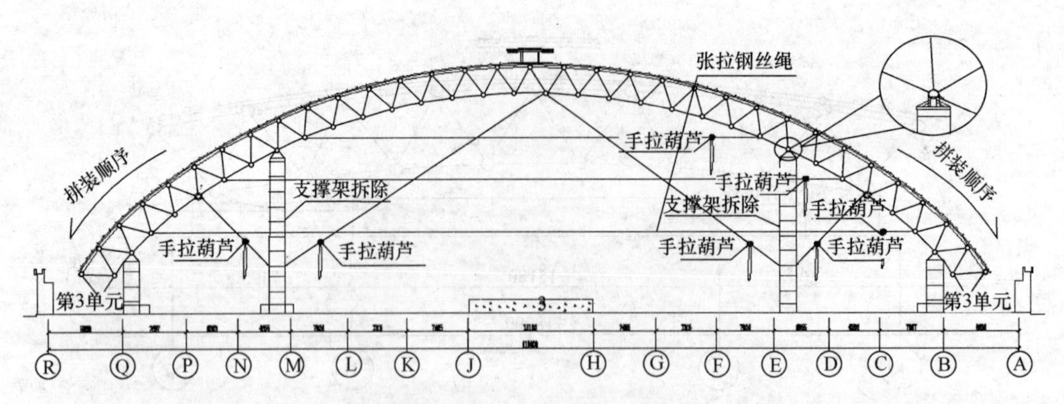

图 9　网壳安装各阶段示意图三

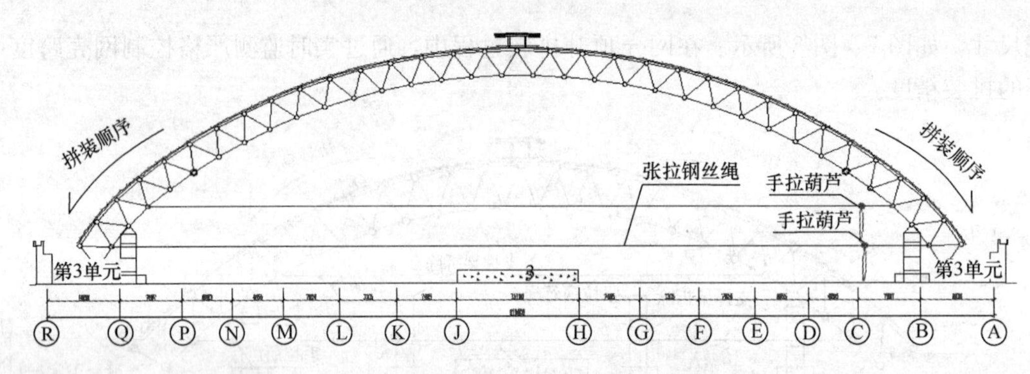

图 10　网壳安装各阶段示意图四

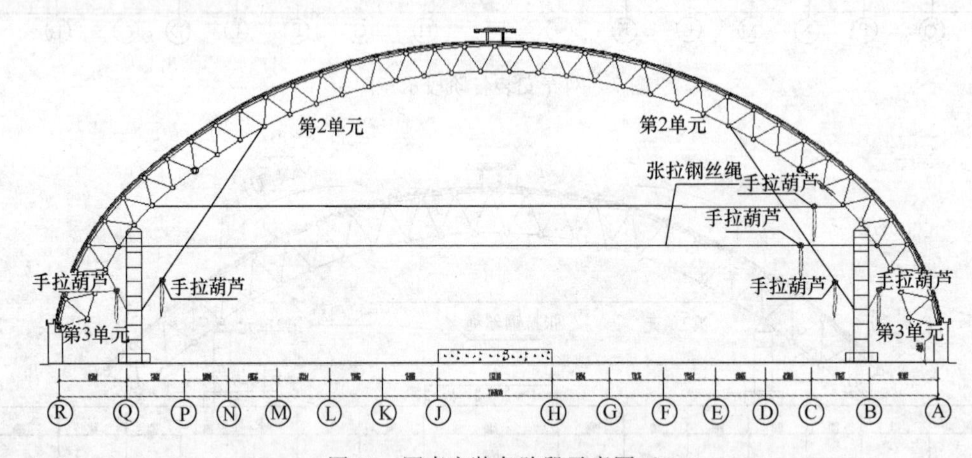

图 11　网壳安装各阶段示意图五

件，拆除其他顶升临时措施，网壳液压同步顶升作业施工结束。

（7）通过以上方法进行 1-1 区网壳安装，直至一区网壳安装完成。同理进行二区、三区网壳安装。

（8）四区球壳网壳的安装：该区网壳为半球壳，安装方法采用高空散装法。安装时首先安装第一圈网壳，支座定位调整后对网壳支座进行焊接固定，以后依次按顺序安装，如图 14 所示。

4　安装过程监测

（1）自动应力监测：由于网壳跨度大，可能存在施工过程荷载超标、揽风绳张拉不到位、顶升不到位、支撑点下沉以及外界温度、振动等情况的影响，很可能导致杆件变形，局部杆件应力超标，从而导致安全事故的发生。

通过对上部网壳结构进行全面、系统的应力监测，可以实时掌握杆件应力变化情况，确保工程的安

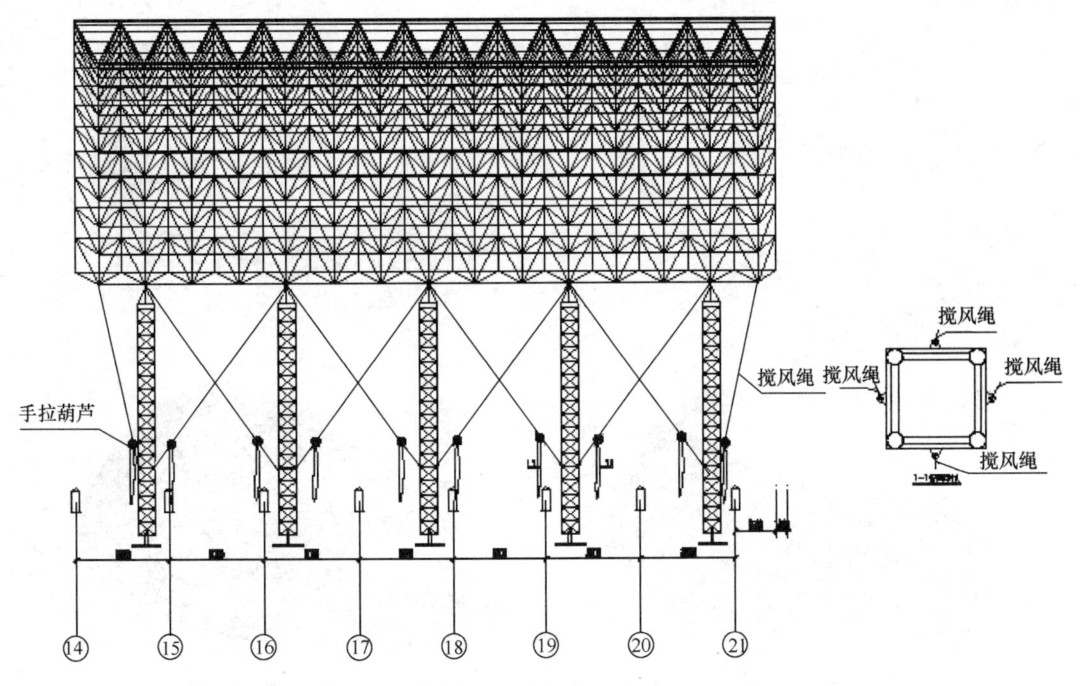

图 12　14～21 轴揽风绳拉设立面示意图

图 13　现场顶升实景图

全顺利进行；在出现异常情况时及时反馈，可提前采取必要的工程应急措施，甚至调整施工工艺或修改设计参数。

应力监测仪器选型：表面式振弦应变计。

为了更加全面地监测网壳应力变化情况，拟在网壳监测区域内布置 28 个应力监测点，将平均分配布置在监测区域内。

（2）变形监测：在网壳顶升过程中，结合施工仿真计算结果，对结构的整体变形进行监测可以保证网壳顶升施工期间结构的安全以及施工的质量。对变形的监测采用全站仪和反光片，变形测点为网壳下弦球节点。

（3）支撑架安装测量：包括垂直度测量和顶部标高的测量。

（4）卸载过程测量：为确保卸载过程的安全以及实际卸载下挠量与计算的差别，在卸载过程中安排两台全站仪和一台经纬仪进行检测，详细记录过程中的相关数据，及时根据实际情况调整卸载步骤和卸载量。

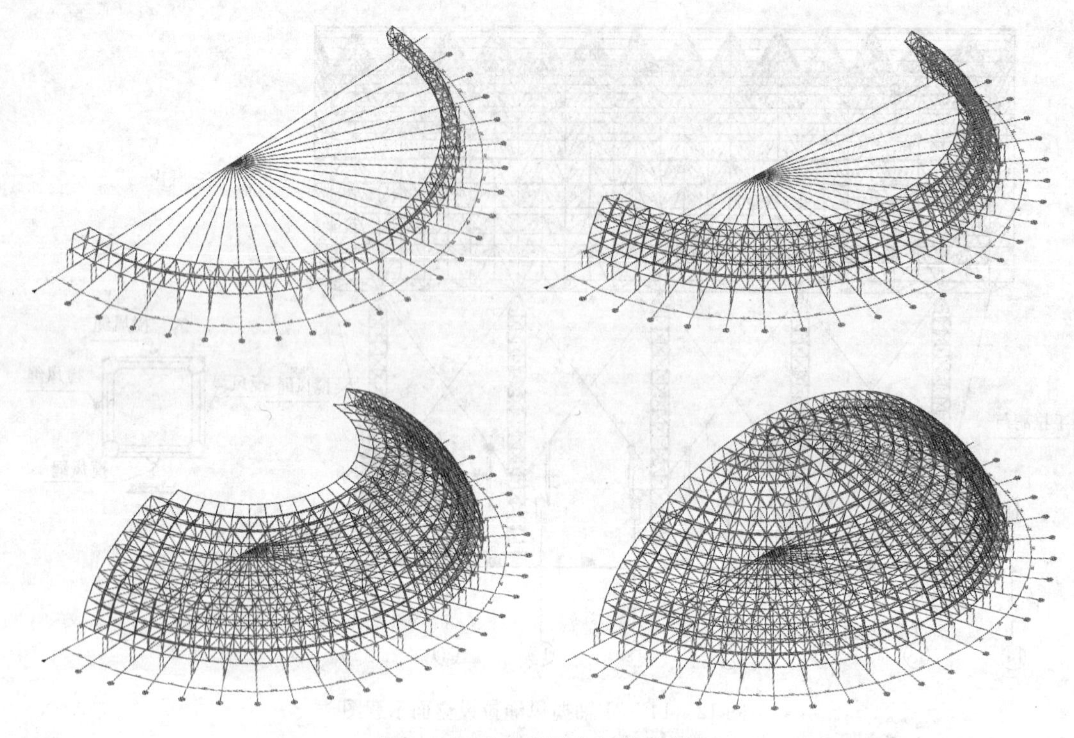

图 14　四区半球网壳安装示意图

5　结语

结合本工程结构特点、场地情况等条件，采用地面拼装、分块顶升、高空对接的施工工法达到了结构稳定、施工安全可靠、经济指标合理的要求，主体工期提前了 25 天，为整体项目顺利实施奠定了基础。该施工方法不需要大型吊装设备、机具；安装工艺简单，顶升平稳，顶升同步性好，劳动强度低，工作效率高，施工安全可靠，但需多台顶升设备和临时支撑架，前期准备工作量较大。本工法可为今后类似的工程参考。

参考文献

[1]　空间网格结构技术规程 JGJ 7—2010 [S]. 北京：中国建筑工业出版社，2010.
[2]　钢结构工程施工质量验收规范 GB 50205—2001 [S]. 北京：中国计划出版社，2002.
[3]　罗尧治. 大跨度储煤结构：设计与施工[M]. 北京：中国电力出版社，2007.
[4]　王建国、常丽霞，党福玉，葛利萍. 料场棚网架安装施工技术[J]. 北京：中国建筑工业出版社，2018，216-222.
[5]　吴聚龙. 大型屋盖整体顶升施工技术[J]. 施工技术，2008，37(3)：40-42.

常州文化广场钢结构深化设计技术

俞春杰　李之硕　姚　伟　汪超宇

（浙江东南网架股份有限公司，杭州　311209）

摘　要　常州文化广场开发项目二期由形状类似的6栋单体组成，每栋单体由剪力墙筒体及悬挑钢框架组成。悬挑钢框架高度达到50.3m，最大悬挑长度28.8m，采用弧形钢拱柱支撑，大大增加了工程的施工难度，同时也增加了钢结构深化设计的难度。本文根据钢结构加工工艺、现场安装条件及要求，详细介绍了重要构件及关键节点的深化设计技术。

关键词　悬挑钢框架；弧形钢拱柱；深化设计；梁柱节点

1　工程概况

常州文化广场开发项目二期位于常州市市政府南侧QL-090708地块，东至晋陵路，南至建材路，西至惠国路，北至龙城大道。本工程主体由6幢相同形状、不同方向旋转的拱形单体建筑构成，整体分布为图书馆（10号单体）、美术馆（9号单体）、书城（8号单体）、酒店（7号单体）和两幢培训中心（5号和6号单体）。单体地下2层（-1F含夹层），地上10层，建筑最高高度为50.3m，地下室底板标高为−12.9m。南侧5号～7号单体，北侧8号～10号单体，地下广场从地下室西北角穿过8号单体西侧、南侧到地下室东南角。建筑结构安全等级二级，抗震设防烈度7度，建筑耐火等级一级，结构设计使用年限50年。

本工程6个单体结构形式基本类似，主要包括剪力墙筒体和悬挑框架结构。筒体平面尺寸约38.4m×38.4m，悬挑钢框架平面最大尺寸为67.2m×67.2m，最大悬挑长度28.8m。单体钢结构总量约4100t，结构总量约24600t。

剪力墙筒体为钢-混凝土结构，钢结构主要包括型钢混凝土柱、型钢混凝土梁、钢桁架、连梁等结构。剪力墙筒体钢结构主要分布在四个小筒体内，包括劲性钢柱和钢骨梁，以及四个小筒体间连接钢结构。悬挑钢结构框架主要包括钢拱柱、箱型框架柱、H型钢框梁、钢系杆和钢支撑等结构。钢拱柱采用箱形截面，截面规格□800×600×50（80）～□1000×850×50（80），材质Q390B。由于剪力墙筒体内包含劲性钢骨柱、钢骨梁，且剪力强自身尺寸较小，钢筋较多，给钢结构深化设计及现场实际施工带来不小的难度。外围钢拱柱采用圆弧形，局部楼层设置预应力钢索，梁柱连接角度狭小，悬挑段高度高，是本工程深化设计及施工的重难点。

工程相关图片见图1～图4。

2　深化设计准备阶段

钢结构深化设计时，需结合施工蓝图，考虑构件的加工、运输及安装。在深化设计前，要先确定施工方案，构件能运输的几何尺寸。本工程钢结构施工的重点和难点为剪力墙核心筒区劲性钢结构需与土建配合施工，钢骨柱及梁与钢筋穿插，由于空间限制，施工难度较大。外围悬挑钢拱柱部分，由于拱柱截面大，且均为悬挑结构，高度高，采用汽车吊吊装。由于广场地下2层为停车库，给大型履带吊的行走及吊装增加了难度。这些都需要在深化设计阶段需要充分的准备以减少安装麻烦。

图 1　常州文化广场二期效果图

图 2　常州文化广场二期近景效果图

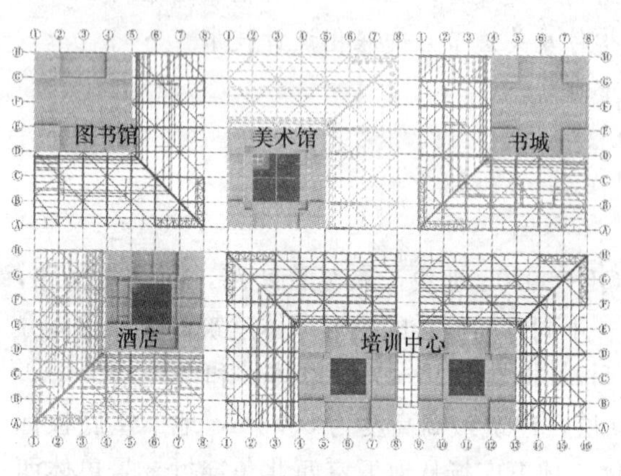

图 3　常州文化广场整体平面布置图

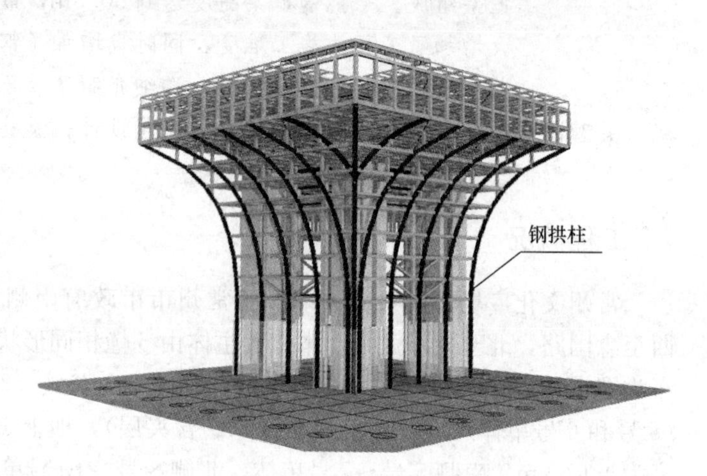

图 4　常州文化广场单体钢结构轴测图

经过对多种方案的综合对比分析，最终剪力墙核心筒部分钢结构采用塔吊吊装的方法进行施工；外围悬挑钢框架结构采用汽车吊环向吊装，场内塔吊配合的安装方案。

3　深化设计阶段

3.1　剪力墙核心筒区钢结构深化设计

剪力墙筒体为钢-混凝土结构，钢结构主要包括型钢混凝土柱、型钢混凝土梁、钢桁架、连梁等结构。剪力墙筒体钢结构主要分布在四个小筒体内，包括劲性钢柱和钢骨梁；以及四个小筒体间连接钢结构。四个小筒体分布在核心区四角，筒体平面尺寸为 9.6m×9.6m，钢结构主要为劲性柱和钢骨梁，劲性柱为 H 型钢，截面规格主要包括 H300×300×20×25、H300×300×30×30 和 H300×300×40×40 等，钢骨梁为 H 型钢，截面规格主要包括 H750×200×12×16 等，材质 Q345B。见图 5。

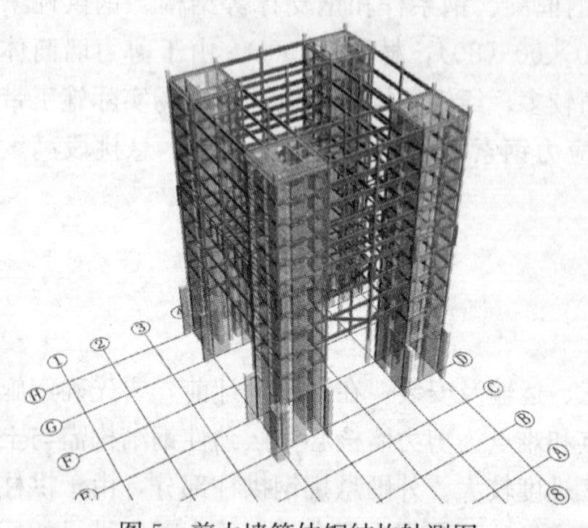

图 5　剪力墙筒体钢结构轴测图

整体结构深化设计借助 tekla 软件完成，利用 BIM 技术，将所有有效信息，包括钢骨柱、梁、连接桁架、钢筋、预应力筋、幕墙埋件等信息均体现在一个模型里，然后检查碰撞，设置有效连接节点。由于涉及不同的专业，就需要各个专业保持密切的沟通，在钢结构深化的同时，及时准确的与包括土建，幕墙，以及其他各相关单面沟通，将整体 BIM 模型中的碰撞反馈，调整以利于现场实际施工能有效准确的进行。

3.2 外围悬挑钢结构深化设计

（1）钢拱柱分段

钢柱分段是结构深化设计的首要任务。钢柱分段应综合考虑钢柱受力特点、施工方案及工期、汽车吊的机械性能、公路运输条件及成本、现场焊接条件等因素，缜密计算、分析后确定分段方案。

钢柱主要承受竖向荷载及水平荷载，对于圆弧型钢拱柱分段而言，竖向及水平支撑是分段考虑的重点，在水平荷载较大处或者整体抗侧刚度有较大变化处，宜尽量避免分段。

施工方案及运输条件要求对钢柱分段影响非常大。一般施工方案中已明确施工顺序、构件现场卸货及堆放方案和垂直运输要求，构件长度及重量都将受到现场施工条件及施工方案的制约。如现场堆放场地小，则构件长度不能太长；如利用塔吊卸货，则受到塔吊起重能力制约等。原则上深化设计应尽量减少现场焊接量。其原因有以下几点：首先，现场焊接条件相对而言比较差，焊接质量难于保证；其次，现场安装需要按一定顺序进行，大量的焊接将加长施工周期；第三，现场焊接成本大于工厂焊接成本。

综上所述并结合本工程实际情况，圆弧形钢拱柱从地下-2 层到地面层往上 1.2m 标高一层一段，采用塔吊吊装。上部结合汽车吊吊装半径及起重量，以三层，二层一段分段，分段位置避开楼层钢梁及竖向钢柱节点处（图 6）。由于钢拱柱悬挑长度大，实际施工时下部需设置临时支撑。

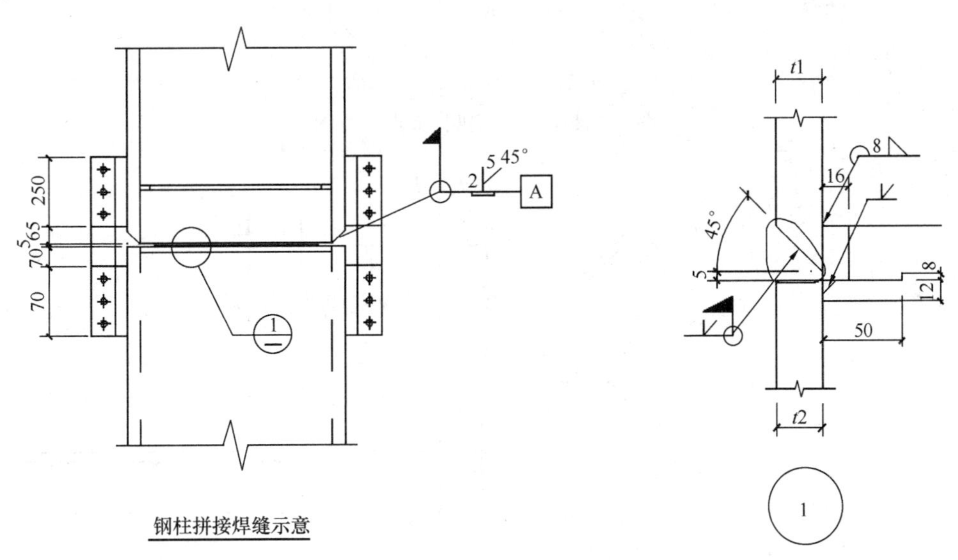

图 6　钢柱现场拼接示意图

（2）悬挑钢框架深化

本工程共 6 个单体，每个单体结构形式类似，每个单体的外围悬挑钢框架结构由落地的 11 根钢拱柱支撑，侧面与剪力墙核心筒结构连接。外围钢框架为整体悬挑，钢拱柱深化施工时需考虑起拱。利用施工仿真模拟技术，计算出一个施工时钢拱柱理论挠度值，结合设计单位计算模型，与设计沟通确定起拱值。深化时需将确定的起拱值在深化模型中起好，在构件加工中起拱，方便现场施工。

由于钢拱柱悬挑长度大，上部几乎水平，楼层梁与拱柱间夹角狭小，给节点深化带来了难度。经过与现场施工队伍及设计院沟通，节点大部分采用预留牛腿，牛腿与钢梁栓焊连接形式的节点，保证现场安装方便，节点安全可靠。见图 7。

钢拱柱上部支撑各个楼层，每个楼层与核心筒间通过埋件及预留钢牛腿连接。在核心筒与楼层钢梁，钢拱柱及支撑间连接存在空间不足、筒体内钢筋、钢骨密集等困难。通过与设计单位及现场施工的沟通，确定钢支撑通过埋件连接，埋件与钢骨梁焊接形式。框架梁通过预留牛腿形式与钢骨柱连接形式，在局部楼层干涉较多区域，采用局部做铸钢件形式。见图 8。

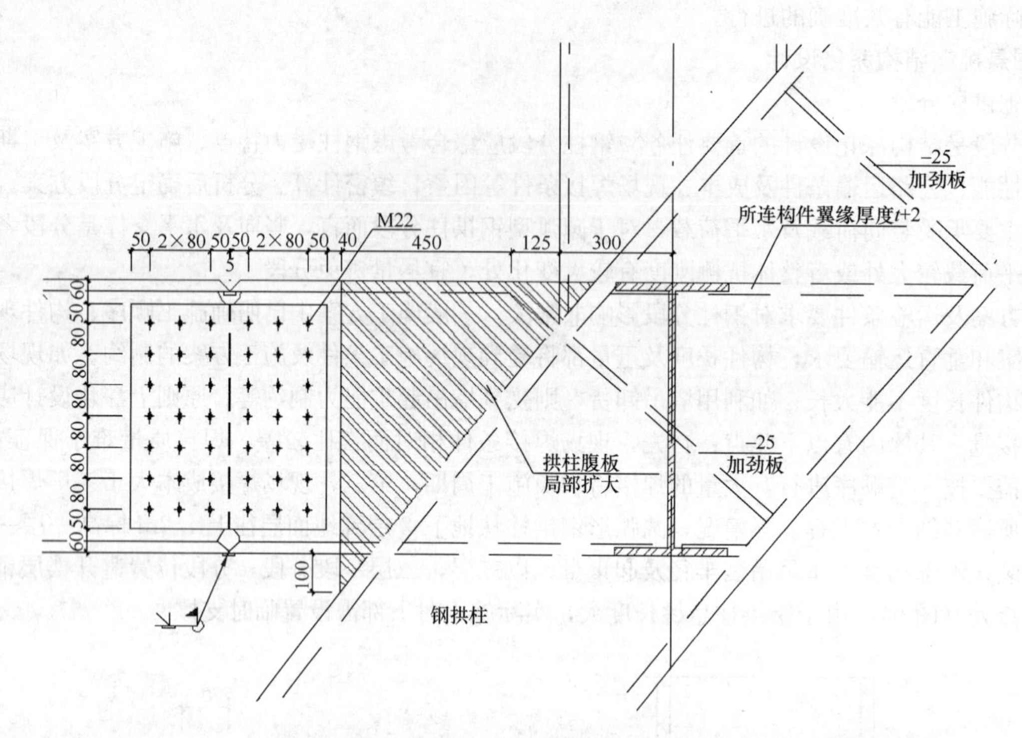

图 7　楼层梁与钢拱柱节点示意图

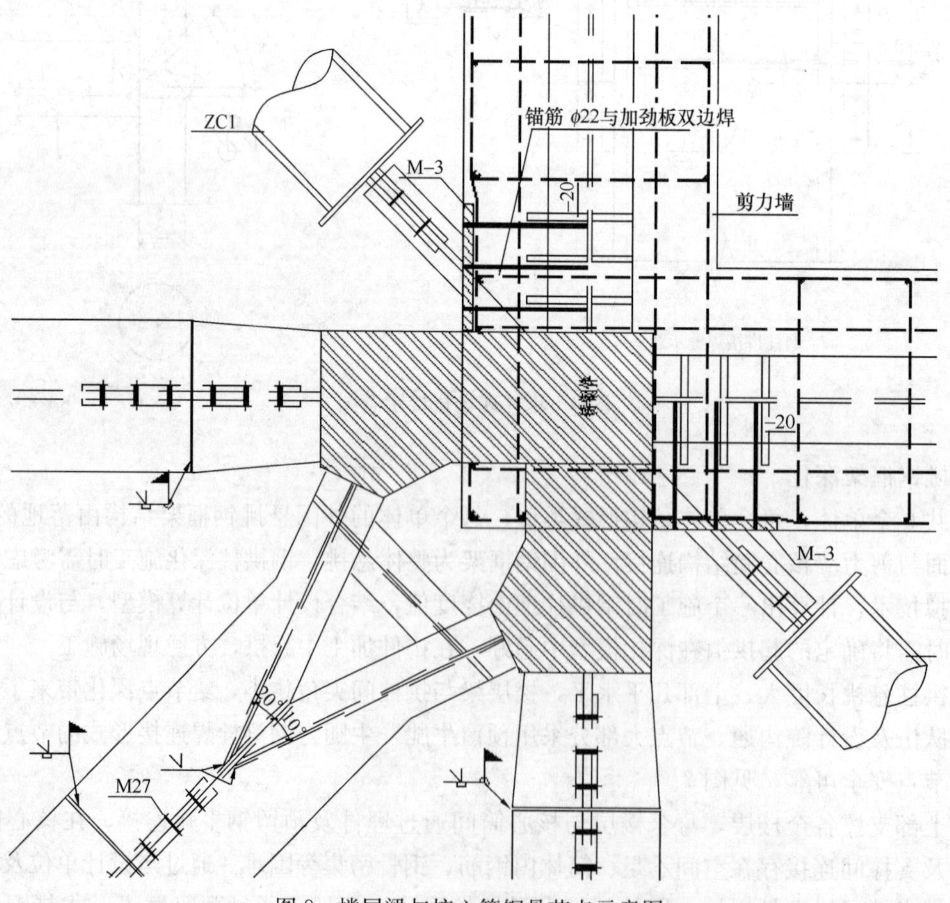

图 8　楼层梁与核心筒钢骨节点示意图

（3）钢柱顶端与预应力筋锚固端节点深化设计

钢拱柱柱脚及梁柱节点大部分都能按施工图节点施工，但是钢拱柱顶端与预应力钢绞线锚固端的处理较为复杂。柱顶内侧框架梁与拱柱连接，两者间夹角仅有 15°；两侧与横向框架梁竖直相连，拱柱上部另起 9～11 层竖向方管柱；9 层梁中的预应力钢绞线需在钢拱柱端部锚固，且施工完毕后端头不得外露。

经过与设计单位、预应力施工单位多次探讨研究，最终确定方案为在保证钢拱柱主体与框架梁、柱有效连接的前提下，预应力钢套管穿透拱柱一侧，在端部设置加劲肋，并在锚固端预先设置钢套管，在拱柱加工时对锚固端局部用灌浆料填满。钢拱柱端部封口板待预应力张拉完毕后现场焊接。见图 9～图 11。

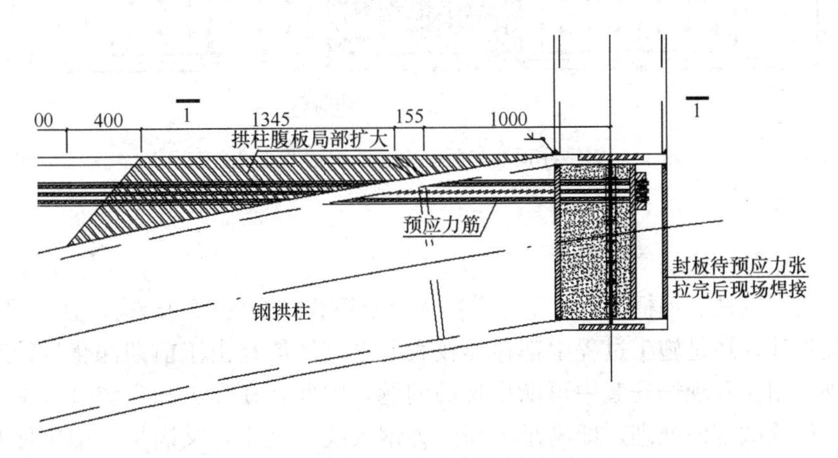

图 9　钢拱柱顶端与预应力筋锚固端节点示意图

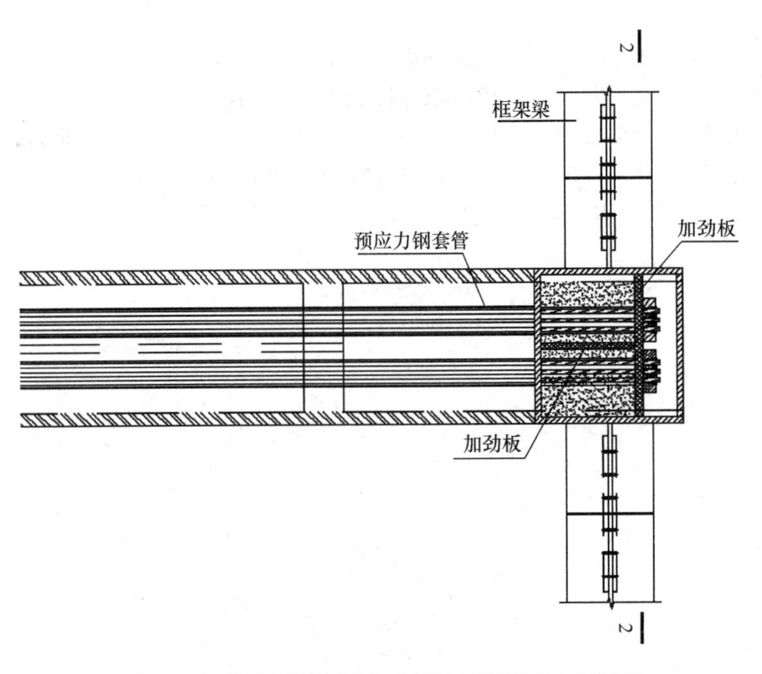

图 10　钢拱柱顶端与预应力筋锚固端节点 1-1 剖面

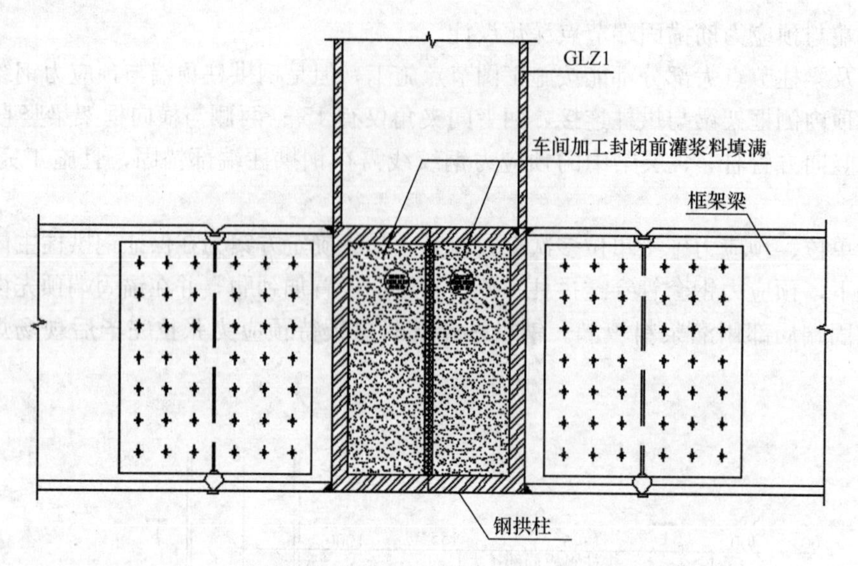

图 11　钢拱柱顶端与预应力筋锚固端节点 2-2 剖面

4　结束语

本工程是大悬挑钢拱柱、钢框架以及钢骨混凝土核心筒相结合的结构形式，且局部设置预应力钢绞线，无论是在深化设计，还是施工过程中都存在较大的难度。但是由于前期深化设计工作比较细致完善，充分考虑了加工制作及现场安装中可能出现的问题，因此，在加工和安装过程中没有出现技术问题，特别是钢拱柱柱顶端部的处理，即满足了预应力钢绞线的施工，又满足了钢拱柱及外围框架的安装，并保证了施工进度。

参考文献

[1]　金晖，俞春杰，王丹丹，严永忠．临沂大剧院屋面造型钢结构深化设计技术[J]．施工技术增刊，2016，07.

[2]　周烽，何挺，周观根．河南艺术中心钢结构深化设计技术[J]．施工技术增刊，2006，12.

[3]　多、高层民用建筑钢结构节点构造详图 01(04)SG519[S]．北京：中国建筑标准设计研究院，2004.

[4]　建筑钢结构焊接技术规程 JGJ 81—2002[S]．北京：中国建筑工业出版社，2002.

[5]　钢结构工程施工质量验收规范 GB 50205—2001[S]．北京：中国计划出版社，2002.

北京清河站钢结构屋盖施工技术

崔　强　巫明杰　孙正华　杨志明　蔡　蕾

（江苏沪宁钢机股份有限公司，宜兴　214231）

摘　要　介绍了北京清河站钢结构屋盖的结构特点、钢结构安装施工方案、临时支撑的卸载方案，特别是对临时支撑、屋盖卸载和钢栈桥设计等关键技术作了详细阐述。分析结果表明，钢结构的施工和临时支撑卸载方案合理可行，卸载后监测点的实测变形基本处于理论变形范围内。

关键词　钢结构；钢栈桥；临时支撑；卸载；数值模拟

北京清河站屋盖支承于东侧钢管柱、西侧A型柱以及中部Y型柱之上，长195m，宽161m，最高点标高约为39.07m。屋盖由8榀主桁架、238榀次桁架、1518根上弦系杆、1518根下弦撑杆组成。如图1所示。

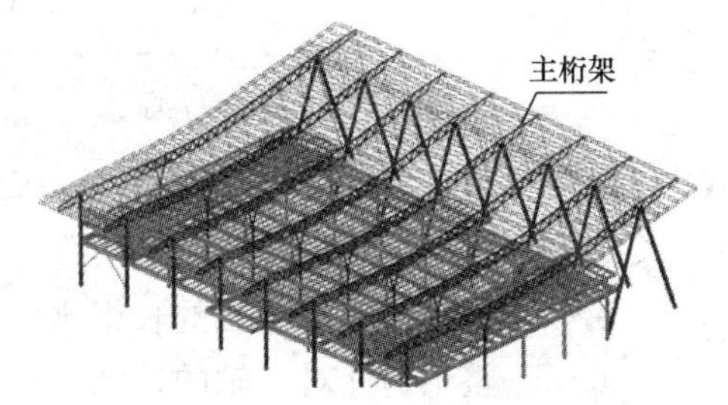

图1　清河站钢结构轴测图

1　钢结构屋盖安装施工方案

1.1　安装方案的确定

清河站屋盖采用设置临时支撑、高空原位散装的安装方案。每榀主桁架自西向东分为9个吊装分段，其余构件每榀作为1个吊装单元。沿主桁架方向设置3条平行的栈桥，3台280吨履带吊于栈桥上自西向东退装作业，按照主桁架—次桁架—系杆的顺序进行吊装。

1.2　临时支撑的设置

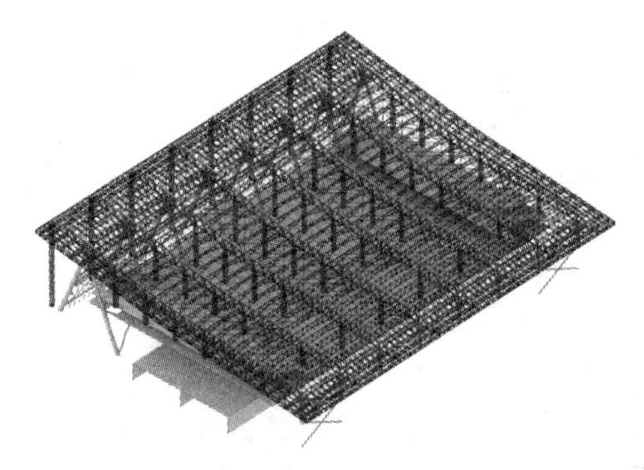

图2　屋盖临时支撑布置

东西向每榀主桁架设6个临时支撑（图2），屋盖共8榀主桁架，设48个临时支撑，临时支撑最高达21m。

单个格构临时支撑截面为1500mm×1500mm，立杆为钢管ϕ180×8，腹杆为钢管ϕ102×4，材质为Q235B。支撑立杆之间采用M20安装螺栓连接固定，腹杆和立杆之间采用M16安装螺栓连接固定。格构支撑上端口设置一田字形钢平台，钢平台采用H300×300×10×15的H型钢焊接而成，安装时利用钢平台设置胎架及操作平台。

临时支撑落于楼面钢梁上，为避免影响楼板施工，在钢梁上加4根ϕ180×8，将临时支撑底座抬高300mm，集中荷载处设加劲板（图3）。

1.3　临时支撑稳定性验算

最高的支撑高度21m，其最大竖向反力（153t）1499 kN。最大反力为（160t）1568kN，支撑高度为16m。以这两组支撑分别做稳定验算。

由于格构柱（图3）受力为轴心受压，所以格构柱稳定承载力计算根据《钢结构设计规范》GB

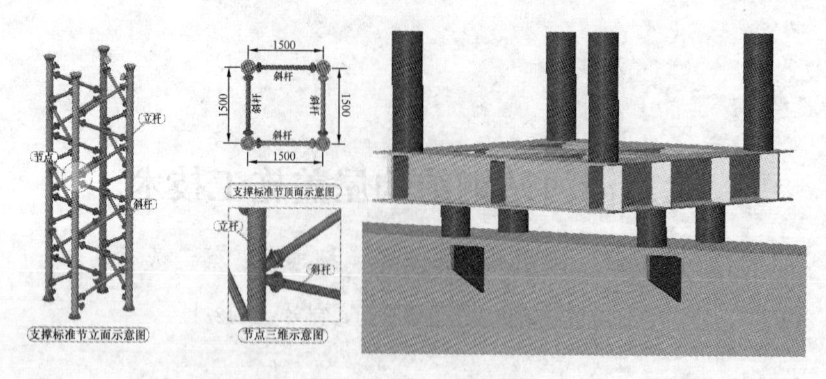

图 3 临时支撑构造

50017—2003 第 5.1.2 条、5.1.3 条格构式轴心受压构件的整体稳定性计算公式（1-1），其中 5.1.3 条关于格构式轴心受压构件对虚轴（x 轴和 y 轴）的长细比取换算长细比，四肢组合构件的换算长细比（λ_{ox}、λ_{oy}）按下列公式（1-2）、（1-3）计算：

$$\sigma=\frac{N}{\varphi_x A}\leqslant f \tag{1-1}$$

$$\lambda_{ox}=\sqrt{\lambda_x^2+40\frac{A}{A_{1x}}} \tag{1-2}$$

$$\lambda_{oy}=\sqrt{\lambda_y^2+40\frac{A}{A_{1y}}} \tag{1-3}$$

式中 N——所计算构件范围内的轴心压力；

φ——轴心受压构件的稳定系数；

λ_x——整个构件对 x 轴的长细比；

λ_y——整个构件对 y 轴的长细比；

A——构件毛截面面积；

A_{1x}——构件截面中垂直于 x 轴的各斜缀条毛截面面积之和；

A_{1y}——构件截面中垂直于 y 轴的各斜缀条毛截面面积之和。

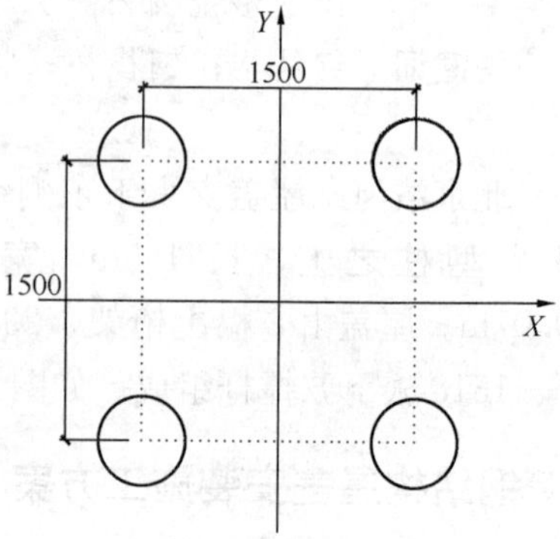

图 4 格构支撑平面示意图

立杆 $\phi180\times8$ 的截面特性为 $I_1=1602\text{cm}^4$，$A=43.23\text{cm}^2$，腹杆 $\phi102\times6$ 的截面特性为 $A_{1x}=A_{1y}=18.10\text{cm}^2$

$$I_x=4\left[I_1+A_1\left(\frac{b}{2}\right)^2\right]=4.14\times10^9\text{mm}^4$$

$$i_x=\sqrt{\frac{I_x}{A}}=\sqrt{\frac{4.14\times10^9}{4\times43.23\times10^2}}=489\text{mm}$$

（1）高度 21m，反力 1499kN 稳定验算

$$\lambda_x=\mu L/i_x=\frac{2\times21\times10^3}{489}=85$$

$$\lambda_{ox}=\sqrt{\lambda_x^2+40\frac{A}{A_{1x}}}=\sqrt{85^2+40\times\frac{4\times43.23}{2\times18.10}}=86$$

根据 λ_{ox} 查《钢结构设计规范》GB 50017—2003 附录 C 的 b 类截面轴心受压构件的稳定系数 $\phi=0.655$

$$\sigma=\frac{N}{\phi_x A}=\frac{1499\times10^3}{0.655\times4\times43.23\times10^2}=132\text{MPa}<215\text{MPa}$$

整体稳定性满足承载力要求。

（2）高度 16m，反力 1568kN 稳定验算

$$\lambda_x=\mu L/i_x=\frac{2\times16\times10^3}{489}=65$$

$$\lambda_{ox}=\sqrt{\lambda_x^2+40\frac{A}{A_{1x}}}=\sqrt{65^2+40\times\frac{4\times43.23}{2\times18.10}}=66$$

根据λ_{ox}查《钢结构设计规范》GB 50017—2003 附录 C 的 b 类截面轴心受压构件的稳定系数 ϕ =0.774

$$\sigma=\frac{N}{\phi_x A}=\frac{1586\times10^3}{0.774\times4\times43.23\times10^2}=118\text{MPa}<215\text{MPa}$$ 整体稳定性满足承载力要求。

1.4 吊耳的确定

吊耳作为吊装的主要受力件至关重要，直接关系到吊装和成型前结构的安全。本工程主要杆件均为超长超重构件，危险系数大，确定好吊耳的大小和位置显得尤为重要。经过对工程构件重量的分析，吊耳的大小选为 10t、25t 两种规格。两种吊耳都经过“拉曼公式”计算确定，计算公式如下：

$$\sigma=\frac{kP}{\delta d}\times\frac{R^2+r^2}{R^2-r^2}\leqslant[f_v]$$

式中 k——动载系数，取 1.1；

σ——板孔壁承压应力（MPa）；

P——吊耳板所受外力（N）；

δ——板孔壁厚度（mm）；

d——板孔孔径（mm）；

R——吊耳板外缘有效半径（mm）；

r——板孔半径（mm）；

$[f_v]$——吊耳板材料抗剪强度设计值（N/mm^2）。

为防止在吊装时，吊耳瞬间受扭造成吊耳被拉坏，在吊耳两侧设置劲板。吊耳与构件采用全熔透破口焊缝，且全部探伤合格后方可起吊。

1.5 280t 履带吊施工通道设计

地上钢结构采用 280t 履带吊进行吊装，轨道梁均已浇筑完成，为保证轨道梁安全，吊车施工通道需要横跨轨道梁。吊车施工作业荷载较大，吊装精度要求较高，通道最大跨度达到 18m，若采用常规栈桥，栈桥强度及刚度均难以满足要求，因此对通道桥面采用截面 2m×0.7m×18m 路基箱，通道立柱采用 4 组 2.5m×2.5m 格构临时支撑。

根据现场施工总平面布置，地上候车层钢柱、钢梁及夹层、屋盖桁架结构，采取垂直于轨道方向设置三条履带吊行走施工平台通道，三条通道顶标高均为+1.650m，栈桥跨铁路桥通行，减少交叉施工影响。地上结构吊装顺序为自下而上、由西向东的方式进行安装。履带吊行走临时施工平台布置如图 5 所示。

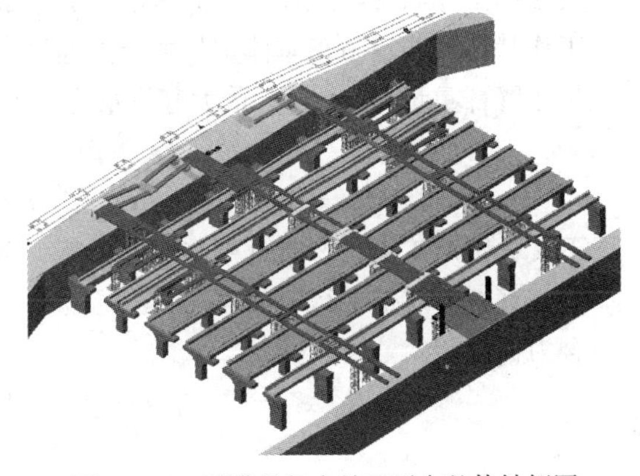

图 5 280t 履带吊行走施工平台整体轴侧图

装配式格构支撑立杆采用 D402×12 钢管，腹杆采用 D180×10 钢管，支撑净高度为 9000mm，格构支撑如 6 所示。支撑顶部设田字形 H 型钢平台，型钢平台长 2.5m，宽 2.5m，采用 HW400×400×13×21 加工而成。

格构支撑顶部设有田字形 H 型钢支撑平台，路基箱与支撑平台角焊缝焊接固定（图 7）。纵向路基箱搭接到柱顶上方横向路基箱；其中间距上方铺设 20mm 厚

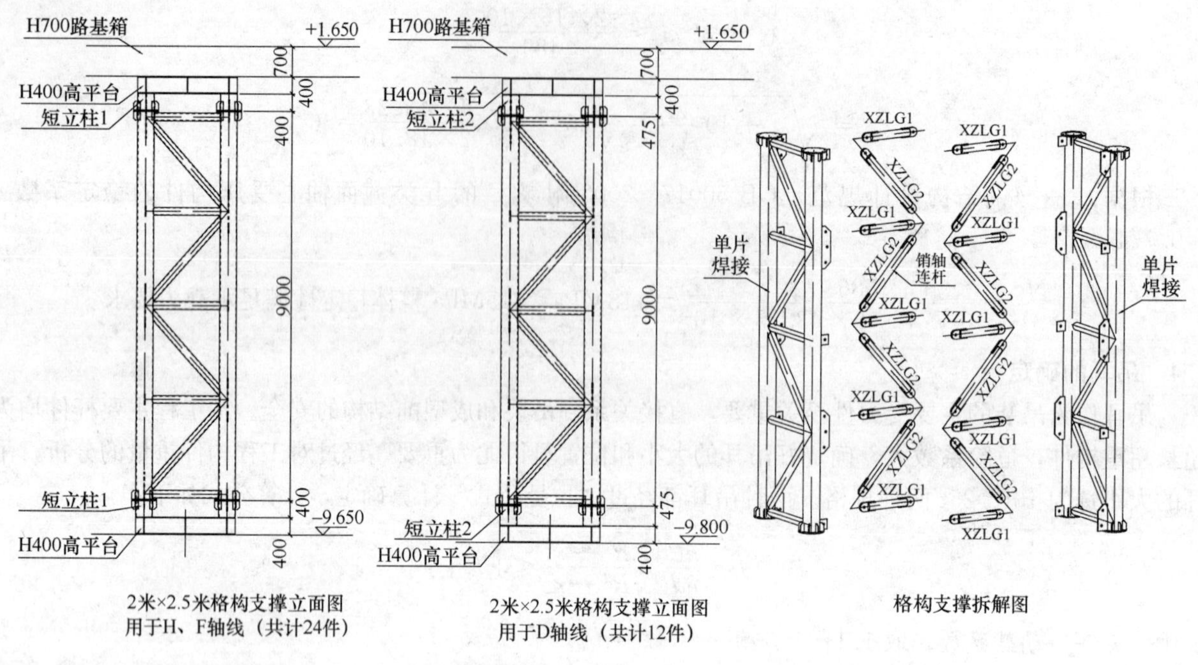

图 6　焊接格构支撑详图

钢板与两侧纵向路基箱焊接固定。

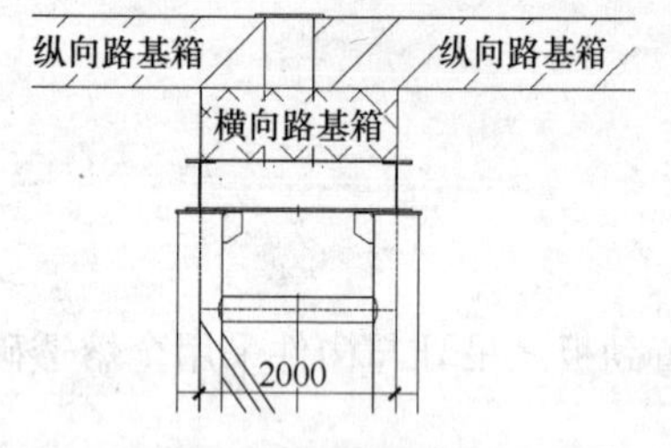

图 7　连接节点示意图

履带吊行走临时施工平台安装顺序：

步骤 1：在土建完成地下一层楼板钢筋绑扎后，混凝土浇筑前，放置格构柱预埋件；

步骤 2：混凝土达到强度后，安装钢栈桥平台格构支撑及其与预埋件转换梁；

步骤 3：安装纵向铺设的路基箱，与横向路基箱或 H 型钢平台焊接固定，搭设临边围护栏杆；

吊车采用主臂工况 L2 为 30m，副臂工况 L3 为 30m。各部分重量如下：

吊钩：$Q_3=1\text{t}$（35 吨钩），吊臂：$Q_2=25\text{t}$（30＋30 塔况），配重：$Q_1=100\text{t}$，除以上部分本体：$G=142\text{t}$，最大起重量：$Q=24\text{t}$，回转半径：$R=22\text{m}$。

配重至吊车中心距：$L_1=5.1\text{m}$，履带接地长度：$L=7\text{m}$，履带宽度：$B=1.2\text{m}$，履带中心距：$S=6.4\text{m}$

履带吊工作状态，工作状态时考虑动力系数 1.4。

工作状态时假定吊车本体重量的合力通过吊车中心，而将吊钩、吊臂另算对中心的弯矩贡献。

吊车臂杆重量 $Q_2=25\text{t}$，最大起重量为 $Q=24\text{t}$，回转半径 $R=22\text{m}$，则对吊车中心：

$$P=G+Q_1+Q_2+1.4\times(Q_3+Q)=298\text{t}=2918\text{kN}$$

$$M=1.4\times(Q+Q_3)\times R+Q_2\times R/4-Q_1\times L_1=3834\text{kN}\cdot\text{m}$$

下文分别对工作状态时臂杆与履带平行、臂杆与履带垂直的状态进行分析。

（1）臂杆与履带平行时

合力偏心距：

$$e=\frac{M}{P}=\frac{3834}{2918}=1.31>\frac{L}{6}=1.17\text{m}$$

履带实际受压长度：

$$l=3\left(\frac{L}{2}-e\right)=6.57\text{m}$$

最大压力：

$$q_{\max}=\frac{2P}{3Ba}=\frac{2\times2918}{3\times(1.2\times2)\times(7/2-1.31)}=370\text{kPa}$$

履带压力如图 8 所示，路基箱及格构支撑有限元分析结果如图 9、图 10 所示。

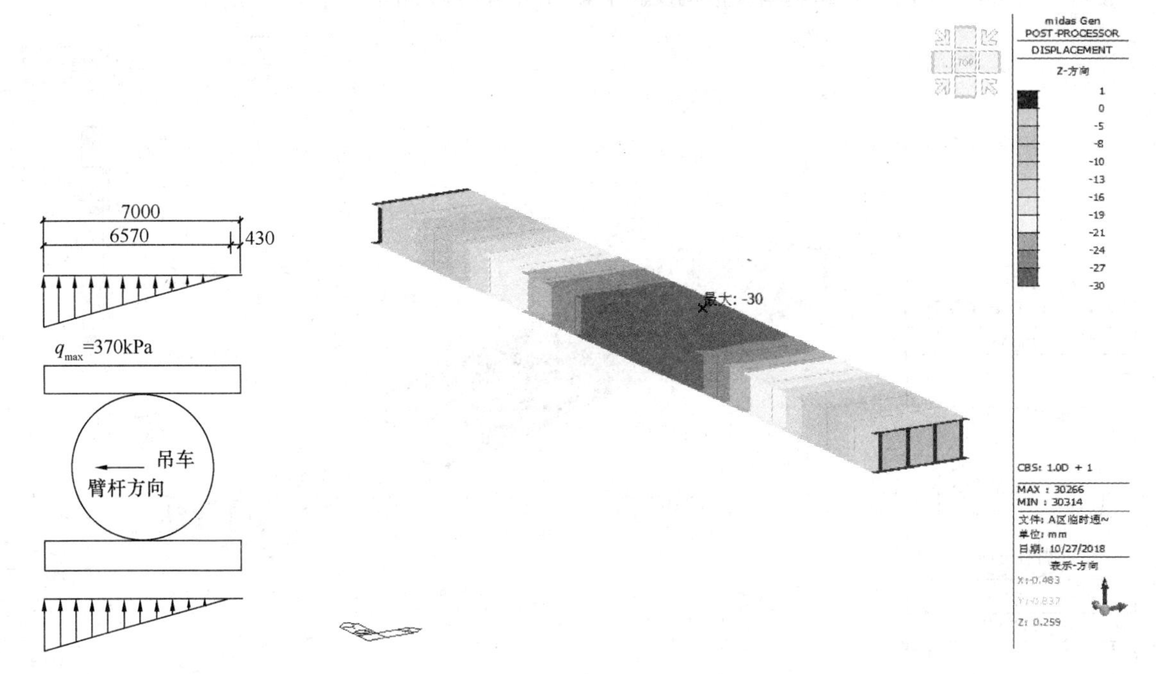

图 8　履带吊对地压力图（kPa）　　　图 9　路基箱位移（mm）

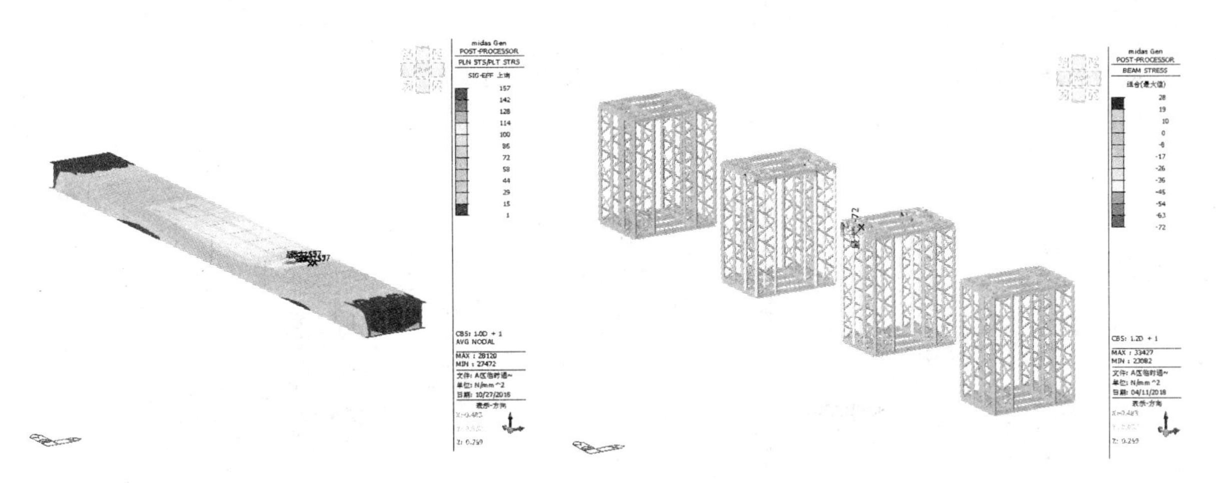

图 10　临时支撑应力图（MPa）

（2）臂杆与履带垂直时

设靠近配重一侧履带合力为 $P_{\max}$，远离配重一侧履带合力为 $P_{\min}$。

先假定 $P_{\min}>0$，则

$$P_{\max}=\frac{P}{2}+\frac{M}{S}=\frac{2918}{2}+\frac{3834}{6.4}=2058\text{kN}$$

$$P_{\min}=\frac{P}{2}-\frac{M}{S}=\frac{2918}{2}-\frac{3834}{6.4}=860\text{kN}>0$$

可见假定满足实际情况。

假定履带压力为均布，则：

$$q_{\max}=\frac{P_{\max}}{BL}=\frac{2058}{1.2\times7}=245\text{kPa}$$

$$q_{\min}=\frac{P_{\min}}{BL}=\frac{860}{1.2\times7}=102\text{kPa}$$

履带压力如图 11 所示，路基箱及格构支撑有限元分析结果如图 12、图 13 所示。

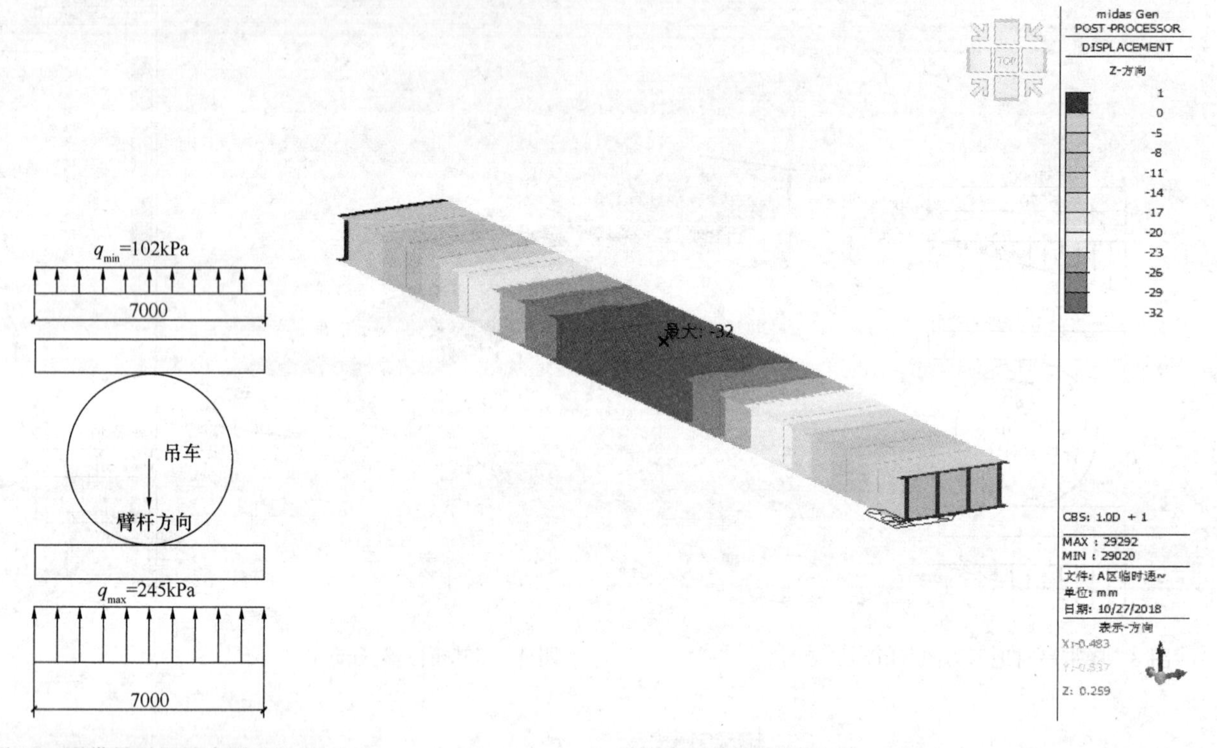

图 11 履带吊对地压力图(kPa)　　　　图 12 路基箱位移（mm）

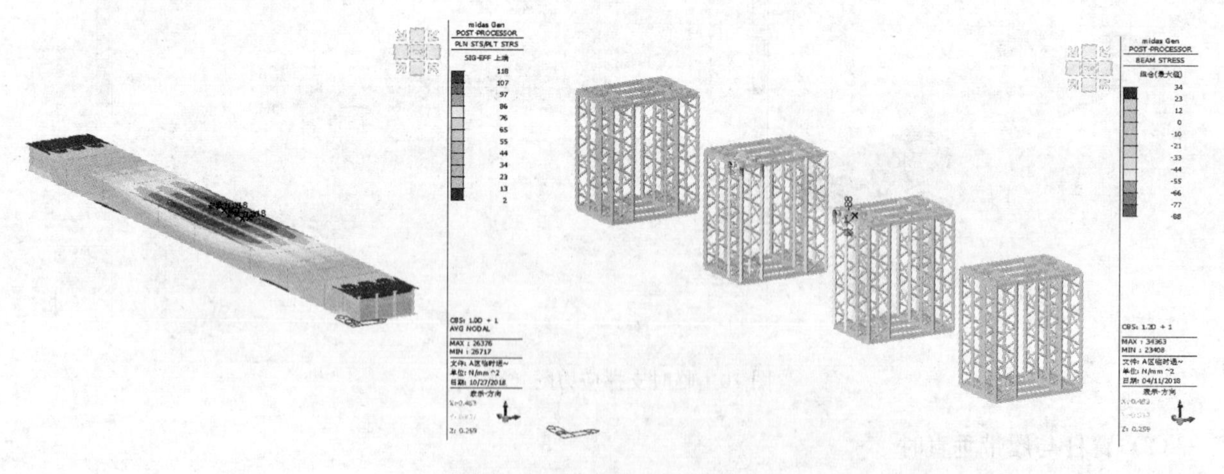

图 13 临时支撑应力图（MPa）

通过对栈桥通道进行受力分析，路基箱最大位移、格构支撑和路基箱最大应力均满足相关规范要求，且安全富余度较大。

1.6 首吊桁架的稳定性控制

主桁架上下弦高度 4.5m，因此，首吊主桁架的稳定性控制是屋盖安装的关键。

常规施工时，在桁架两端底部分别设一个临时支撑撑于桁架下弦，本工程为稳定桁架，在桁架侧面再加一个临时支撑，用于稳定桁架上弦。三个临时支撑平面上呈三角稳定关系。同时在桁架上弦设置四根缆风绳，缆风绳与地面固定，确保桁架稳定。第二吊主桁架和次桁架用两台吊车同时吊装，使得其在高空形成一个稳定体系，如图 14 所示。

1.7 临时支撑抗滑移焊缝计算

钢屋盖结构为倾斜结构，在重力荷载作用下，结构有水平滑移趋势。因屋盖结构吊装时前两跨斜角最大，后几跨逐渐趋于水平，且与钢柱相连，屋盖无水平滑移风险。下面对钢屋盖安装过程中，前两跨支撑与屋盖连接焊缝进行抗滑移计算，如图 15 所示。

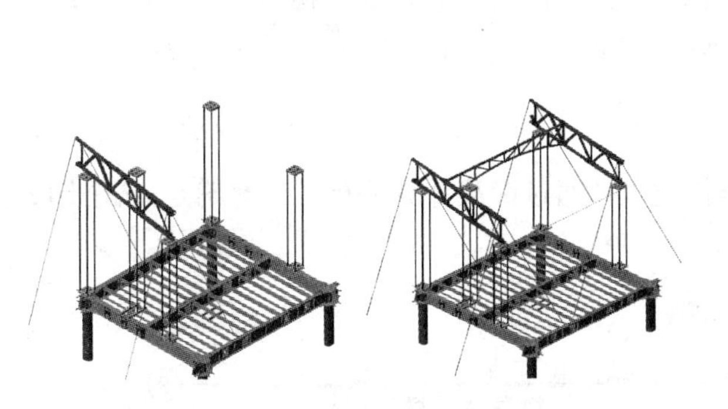

图 14 前两跨结构轴侧图

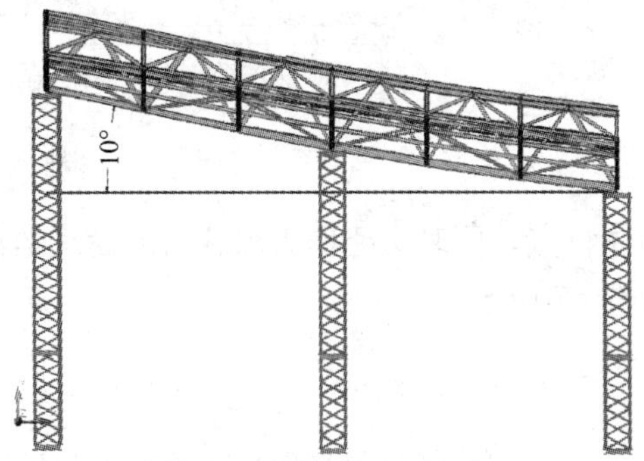

图 15 前两跨结构轴侧图

前两跨钢屋盖自重为 1108t，屋盖与水平夹角为 10°。屋盖受到水平分力为：$1108\times9.8\times\sin10°=1886\text{kN}$。

临时支撑顶部与钢屋盖间采用单面角焊缝，焊缝长 100mm，焊缝宽度为 20mm，支撑数量为 24 个，根据《钢结构设计规范》GB 50017—2003 式（7.1.3-1）知焊缝最大水平承载力为：

$$N=\sigma_f h_e l_w=2\times205\times20\times0.7\times24\times(100-2\times20)=4133\text{kN}>1886\text{kN}$$

通过上述计算，支撑与钢屋盖采用单面角焊缝，焊缝长度为 100mm 时焊缝满足水平承载力要求。

2 钢结构卸载方案

2.1 卸载原则及顺序

临时支撑卸载是将屋盖钢结构从支撑受力状态下，转换到自由受力状态的过程，即在保证现有钢结构临时支撑体系整体受力安全、主体结构由施工安装状态顺利过渡到设计状态。本工程卸载方案遵循卸载过程中结构构件的受力与变形协调、均衡、变化过程缓和、结构多次循环微量下降并便于现场施工操作即“分区、分节、等量，均衡、缓慢”的原则来实现。根据本工程结构特点现将本工程钢结构卸载分一期和二期两个区，每个区分 3～5 级进行卸载。

卸载操作主要采取对支撑顶部的胎架模板割除的办法进行，根据支撑位置的卸载位移量控制每次割除的高度 ΔH（每次割除量控制在 5～10mm）直至完成某一步的割除后结构不再产生向下的位移后拆除支撑；在支撑卸载过程中注意监测变形控制点的位移量，如出现较大偏差时应立即停止，会同各相关单位查出原因并排除后继续进行。

先卸载一期 N 轴以东的临时支撑，待二期安装完成后，N 轴支撑和二期支撑同时卸载，如图 16 所示。

一期支撑按照 K 轴、E 轴、H 轴、M 轴的顺序进行卸载，南北向 8 个支撑同时卸载。

2.2 卸载监测点的布置

由于北京清河站站房为大跨度空间结构，钢结构的卸载直接关系到结构的安全及后续使用，因此，对卸载过程中的变形监测尤为重要。监测点的布置要具有代表性，既要方便测量员监测又能代表结构变

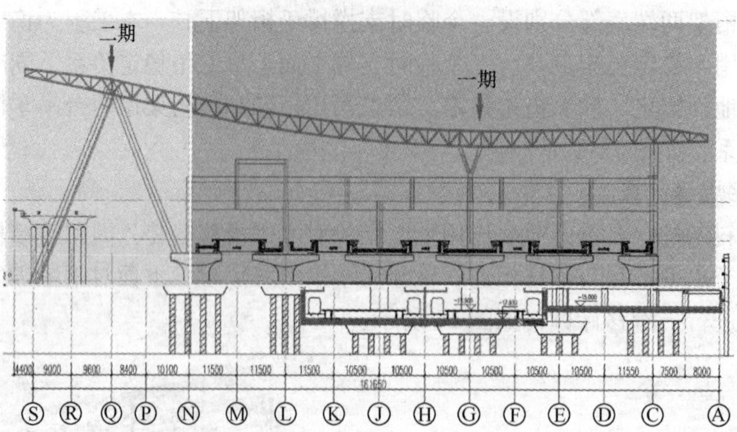

图 16　一期和二期划分

形的整体特点，同时又能作为卸载后的后续监测控制点。通过卸载计算分析，最终确定 32 个卸载监测点，如图 17 所示。

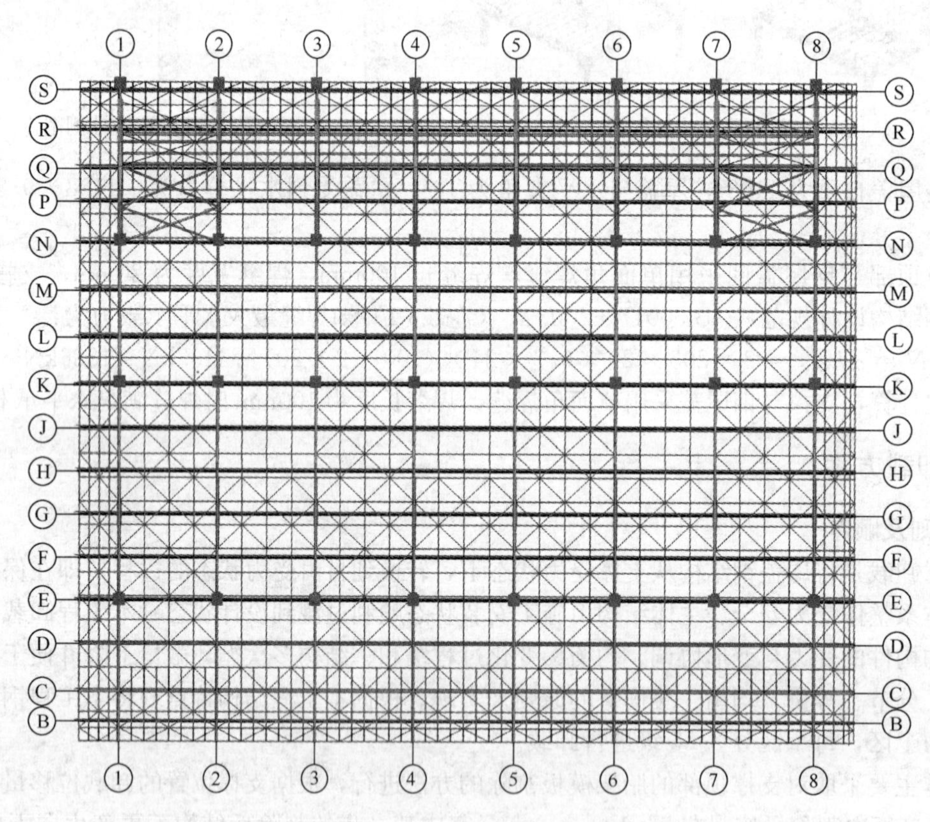

图 17　监测点布置图

卸载前对卸载的过程进行仿真模拟分析，分析计算监测点的理论变形值，以作为在卸载过程中的控制数据，如在卸载过程中监测点的变形与理论值相差较大，应暂停卸载并分析原因，采取措施避免该情况的发生。通过计算机仿真模拟后的结果可以看出，大部分监测点的变形值处于理论值的范围内，少数监测点略微偏大，但处于规范[2-3]允许范围。

3　钢结构施工全过程数值模拟分析

计算分析表明，安装顺序对大跨度结构构件的内力、变形有明显的影响。因此，有必要对清河站钢结构的施工全过程进行详细的施工仿真模拟分析。在大跨度结构施工分析中，运用有限元法计算程序中将“死”单元（不参与整体结构分析的构件）逐次激活的技术，对钢结构在整个施工过程进行分析，模拟在整个施工过程中刚度和荷载的变化情况。整个施工过程模拟分析一共分为15个安装步骤和6个卸载步骤。分别计算出每一步骤下的结构变形、应力变化等情况，找出在施工和卸载过程中潜在的不利部位，以为在实际施工过程中做好预防和加强措施。

图18和图19为开始安装、一期安装完成、一期卸载完成后全部卸载完成四个典型工况的结构变形和结构应力结果。

数值模拟的结果显示，该施工顺序合理可行，所有的施工步骤的结构变形、结构应力、支撑反力均满足设计要求，处于可控范围内。

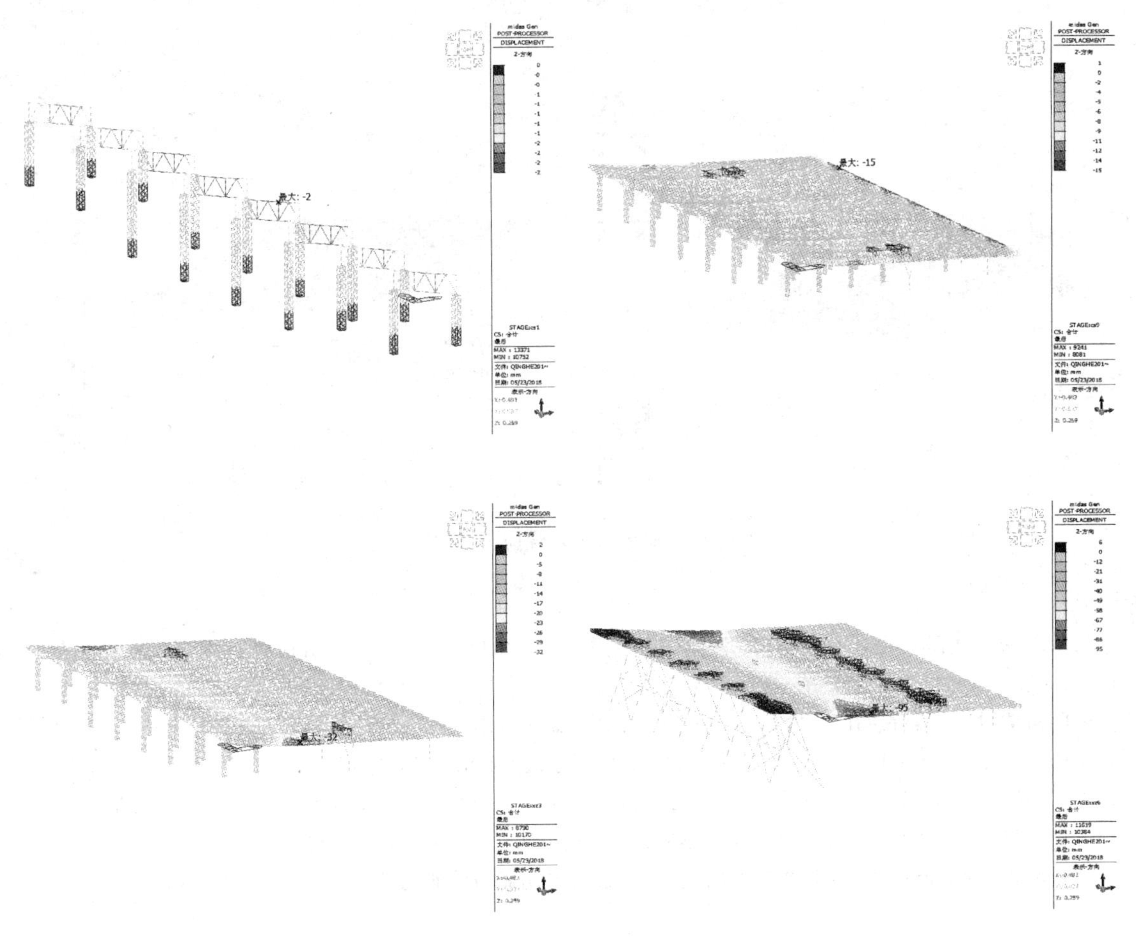

图18　典型施工步骤竖向位移（mm）

4　结论

北京清河站屋盖钢结构为异形大跨度单层空间网壳体系，结构形式复杂、构件超长超重。运用计算机仿真技术解决了大型构件的高空定位难题，为现场的实际吊装提供了充分的理论依据。因采用混凝土轨道梁和屋盖钢结构吊装同步施工，施工场地较局限，重型机械需在大跨度钢栈桥通道上施工，高空主桁架焊接质量较高（均为一级焊缝），安装的难度和风险较高，对钢栈桥强度及刚度要求较高。钢栈桥通道采用理论计算分析确定，充分做到了整个施工过程中钢栈桥每种受力状态均经过充分论证，确保施工过程中无一起安全和质量事故，创造了良好的社会效益。

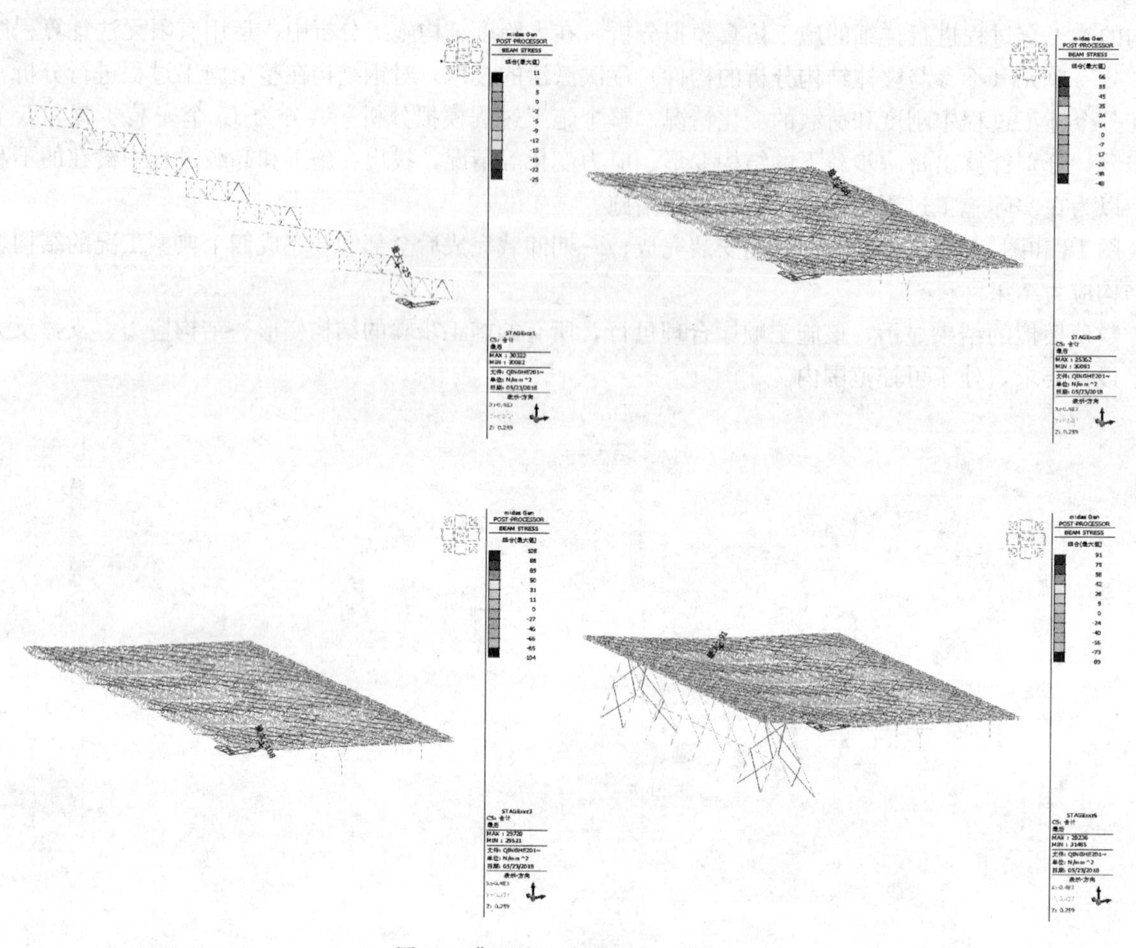

图 19　典型施工步骤应力（MPa）

参考文献

[1]　李景乐．板孔式吊耳设计及应用[A]//第三届全国工程建设行业吊装市场研讨暨技术交流会论文集[C]．长沙，2008.

[2]　空间网格结构技术规程 JGJ 7—2010[S]．北京：中国建筑工业出版社，2010.

[3]　钢结构工程施工规范 GB 50755—2012[S]．北京：中国建筑工业出版社，2012.

[4]　范重，刘先明，胡天兵，等．国家体育场钢结构施工过程模拟分析[J]．建筑结构学报，2007，28(2)：134-143.

[5]　郭彦林，刘学武．大型复杂钢结构施工力学问题及分析方法[J]．工业建筑，2007，37(9)：1-8.

[6]　崔晓强，郭彦林，叶可明．大跨度钢结构施工过程的结构分析方法研究[J]．工程力学，2006，23(5)：83-88.

郑州市奥林匹克体育中心游泳馆钢结构施工关键技术

姚 伟 李之硕 俞春杰 高林飞

（浙江东南网架股份有限公司，杭州 311209）

摘 要 郑州市奥林匹克体育中心游泳馆工程由三个功能区构成，分别为比赛区、训练区和休息区，具有造型独特，形式多样化的特点。主馆比赛区采用了张弦梁结构形式，悬挑跨度大，本文对该结构形式在施工过程中深化设计、安装、拉索张拉等关键技术进行了研究。

关键词 张弦梁结构；安装；拉索；张拉

1 工程概况

本工程位于郑州市中原区四环以东、站前大道以西、渠南路以南、文博大道以北区域，地上建筑面积约为 2.86 万 m^2，地下建筑面积 3.46 万 m^2，游泳馆主体一层，局部三层，地下两层，建筑高度为 31.1m，如图 1 所示。

游泳馆屋盖平面为四边形，南北向最大宽度约为 94.5m，东西向最大长度约为 153.0m，屋盖结构最高点标高 29.573m。根据建筑功能分区的特点，屋盖可分为三个区域，分别为：①比赛区屋盖，结构跨度约 64.750m，采用张弦梁结构；②训练区屋盖，结构跨度约 34.500m，采用钢密肋梁结构；③休息区屋盖，结构跨度约 26.300m，作为比赛区屋盖的延伸，采用平面钢架结构（图 2）。

图 1 整体效果图

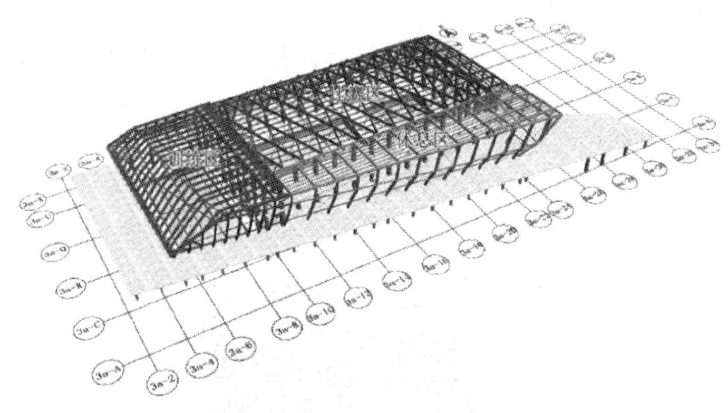

图 2 分区轴测图

2 张弦梁结构的特点

张弦梁结构用撑杆连接上层受压构件与下层受拉构件，通过张拉下层受拉结构，使上层屋盖结构产生反挠度，从而减小荷载作用下屋盖的最终挠度，充分发挥拱结构的特性，又通过下弦索的张拉减小了支座的水平推力。其中上层受压构件为十字交叉形式的刚性梁（规格为□1100×300×20×25），下层受拉结构为柔性索（D100），上下层结构之间通过撑杆（D216×16）固定，对拉索起到侧向稳定的作用，这种连接方式使各构件之间相互协调，增强了结构空间的整体性能（图3）。

一般平面张弦结构主要是保证各个构件在平面张拉到位即可，但是本工程构件的节点均为空间意义上的点，对安装定位有着较高的要求。在施工过程中，由中间拉索开始并逐渐往两侧对称安装（图4），十字刚梁和拉索的内力、形状、支撑条件都是时时变化的，它们之间通过协同受力，协调变形，最终成为统一的整体。

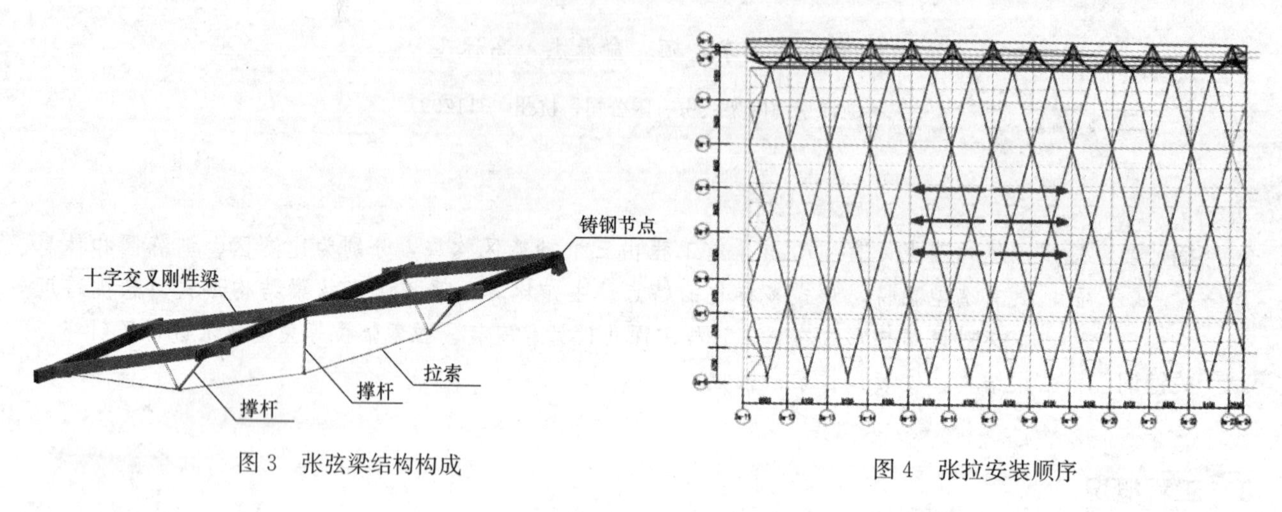

图3　张弦梁结构构成

图4　张拉安装顺序

3　深化设计技术

3.1　深化设计难点

1）对结构进行张拉施工，会造成结构本身的初始位形和最终张拉之后的位形有区别，如果深化过程中不考虑张拉对结构的影响，那么张拉施工之后的结构位形将会偏离设计初衷，如何合理的在深化阶段将位形影响消除是本工程深化设计过程中的难点之一。

2）根据设计要求，上弦结构中的十字交叉钢梁存在一定双曲，拉索耳板所在的节点均为异形节点或铸钢节点（图5、图6），节点构造形式复杂且多样化。

3.2　解决方案

通过施工模拟计算得出结构在张拉之后的形变位移，参数化应用到深化设计中，从而保证最终结构位形满足设计要求。

钢结构深化设计采取数字化空间三维实体建模，保证详图精度的基础上进一步保证各个节点的施工精度满足设计要求。

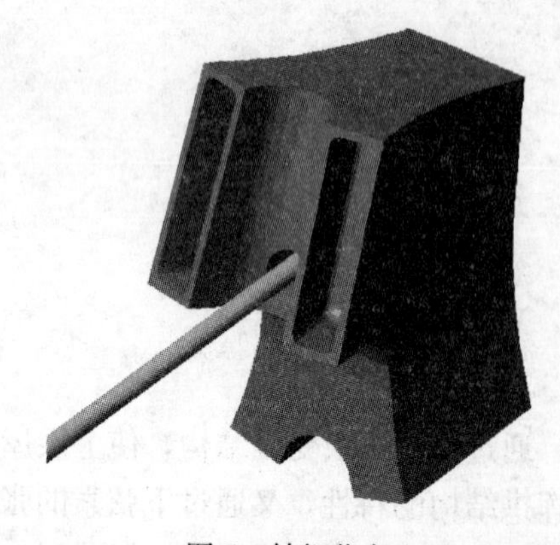

图5　铸钢节点

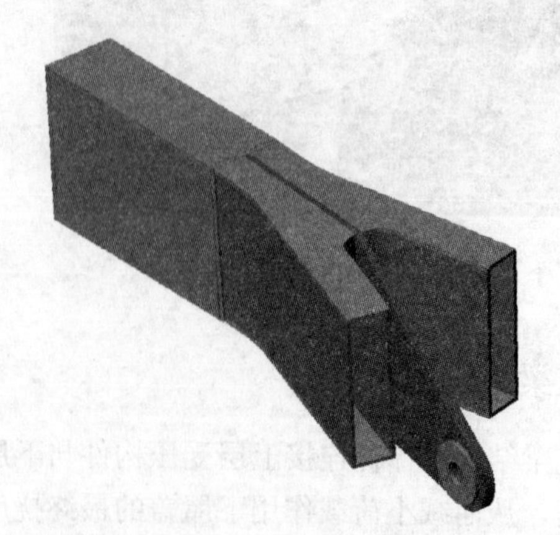

图6　异形节点

4 拉索的施工

4.1 施工顺序的选择

安装方案需要根据拉索与上弦结构之间的相互作用情况、结合现场施工条件来决定。本工程中拉索与上弦十字刚性梁相互作用，由撑杆衔接固定构成弦支结构，拉索的预应力完全作用于十字刚性梁，并无其他次要结构对索系统产生影响。根据以上原则，确定施工顺序如下：先进行钢柱系统的吊装；之后完成十字刚性梁的整体吊装使屋架形成整体结构，索随刚性梁一起挂上；屋面檩条完成之后然后进行张拉；整体结构检测合格之后，拆除刚性梁支撑。

4.2 拉索的张拉

1）由于在地面拼装精度较高，相比高空拼装更安全可靠，将每榀刚性梁在地面拼装完成之后进行吊装，并且将撑杆、拉索同刚性梁一同挂上，在高空与已经吊装完成的钢柱通过铸钢节点进行连接施焊，钢梁十字交叉节点处搭设支撑塔架（图 7）。

2）待十字刚性梁同屋面檩条全部安装到位后，将比赛区中间一排胎架拆除，从而进行下弦索的张拉。索的张拉顺序对结构本身的内力状态有着较大的影响，建立在经济性的原则上，本工程选择由中间向两侧对称张拉。

3）中间向两侧对称张拉过程中，每次同步进行张拉两榀拉索，每榀索有两个张拉点，分别作用于端部的铸钢节点和特殊刚性节点（图 5、图 6），索的张拉过程分 5 个等级：0%→25%→50%→75%→90%→100%。

4）随着索的逐级张拉，上弦十字交叉钢梁会逐渐产生反向挠度，中间部分的胎架会自然地与上部结构分开，完成胎架脱离。靠近索端的部分胎架或因为反挠度较小，暂时并不能自动脱开。在设计允许的范围内对索继续张拉直到胎架自动脱离。胎架拆除后，再对索进行复位调整以满足设计要求。

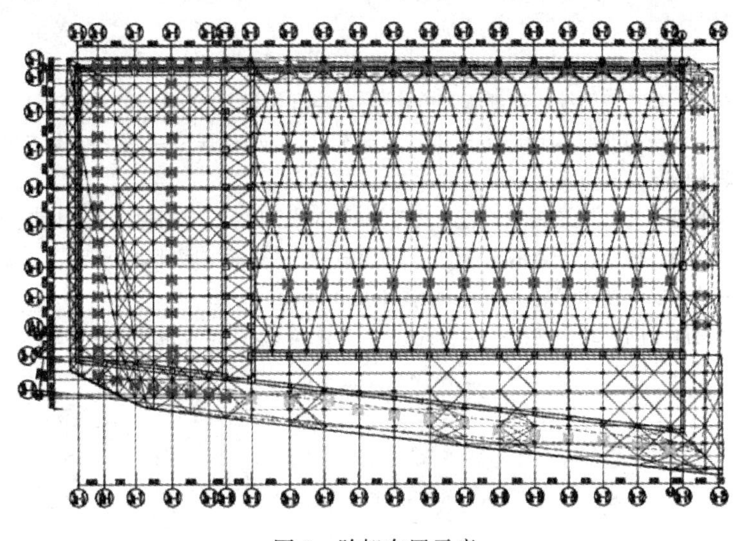

图 7 胎架布置示意

5 施工仿真模拟计算

采用设计分析软件 Midas，分析时考虑结构具有几何非线性，刚性梁采用梁单元，拉索采用仅受拉的杆单元，支撑胎架采用仅受压的杆单元。对预定的分阶段，对称张拉进行仿真模拟计算。计算分析结论如下：

1）张拉过程中最大理论施工张拉力为 1468.5kN，张拉完成后最大索力为 1426.9kN，与索力设计值差距较小，均在合理范围内；

2）下弦索张拉过程中最大上挠位移为 97.2mm，最大挠跨比为 97.2/60450＝1/622，满足设计要求；

3）施工过程中，钢构最大组合应力为 47.3MPa，随后续的施工，钢构组合应力降低，最终最大组合应力为 35.5MPa，处于弹性应力范围内。

分析结果表明，预定的施工方案是合理可行的。

6 测量与监控

通常预应力钢结构是从确定的一个初始状态开始的，习惯上是根据建筑要求和经验使结构曲面具备一定的初始刚度，但是仅此而获得的结构刚度是不够的，这就必须对柔性的预应力钢索施加预应力，使结构进一步获得刚度，以便在荷载状态对各种不同的荷载条件下结构任何段索的任一单元均满足强度要求及稳定条件。

为保证钢结构的安装精度以及结构在施工期间的安全，并使拉索张拉的预应力状态与设计要求相符，必须对钢结构的安装精度、张拉过程中拉索的拉力及结构本身的应力与变形进行监测。

对此本工程采取了双控的方式，检测的重点随着不同的阶段侧重点将会不一样，在张拉的初始阶段以变形监控为主，检测结构竖向位移；随着索力的逐级增加，则以索力监控为主，保证拉索施加预应力值与施工仿真计算得到的张拉力相同。

7 结束语

本文针对张弦梁结构的特点，对施工过程中深化设计难点、施工顺序的确定、拉索安装的关键技术进行的研究，并在仿真计算分析的基础上提出了合理可行的施工方案。工程的顺利实施验证了其安全性和可靠性，可作为新型结构体系施工的参考。

参考文献

[1] 周观根，吴霞，陈志祥，等. 空间结构创新施工方法[J]. 空间结构，2009，15(4)：25-32.

[2] 周观根，秦杰. 大跨度弦支穹顶结构预应力施工技术研究[C]//第四届海峡两岸结构与岩土工程学术研讨会论文集，杭州：浙江大学出版社，2007.

[3] 罗永峰，王春江，陈晓明，等. 建筑钢结构施工力学原理[M]. 北京：中国建筑工业出版社，2009.

[4] 陆赐麟，尹思明，刘锡良. 现代预应力钢结构[M]. 北京：人民交通出版社，2003.

[5] 吴欣之. 现代建筑钢结构安装技术[M]. 北京：中国电力出版社，2008.

[6] 周观根，方敏勇. 大跨度空间钢结构施工技术研究[J]. 施工技术，2006，35(12)：82-85.

百米桁架超前卸载，桁架间水平支撑延迟焊接

何健星　陈永航　姜永春　高丁丁　徐晓慧

（中建一局集团发展有限公司，广东 52800）

摘　要　本文结合 Midas-Gen2014 版有限元软件对卸载工况的模拟分析，介绍了佛山国际体育文化演艺中心项目大跨度钢结构屋盖的超前卸载方法。

关键词　钢桁架；高空散装；超前卸载；延迟焊接

1　工程概况

佛山国际体育文化演艺中心项目主要分为体育馆与商业办公楼两部分，体育馆部分地上六层，地下三层，建筑高度 34.1m；商业办公楼部分地上十层，地下三层，建筑高度 50m，总建筑面积 15.5 万 m^2，其中地上建筑面积 7.65 万 m^2，地下建筑面积 7.85 万 m^2。

体育馆采用框架-剪力墙结构，商业办公楼采用框架结构，屋盖为钢结构。体育馆屋盖采用平面桁架＋支撑体系，采用双向桁架，东西方向主桁架长 98m，共 10 榀，南北方向次桁架长 128m，共 2 榀，东侧设置 1 榀转换桁架，桁架高度为 8.2～10m。中间 6 榀主桁架（ZHJ3S、ZHJ4S、ZHJ5S、ZHJ5N、ZHJ4N 和 ZHJ3N）在东侧支承于转换桁架（图 1），南北西三个方向桁架通过铰支座支承于下部混凝土结构上，采用上弦支撑的形式，屋面为轻钢屋面。主桁架根据需要设置固定铰支座，单向滑动铰支座及双向滑动铰支座，以释放温度荷载下产生的水平力。

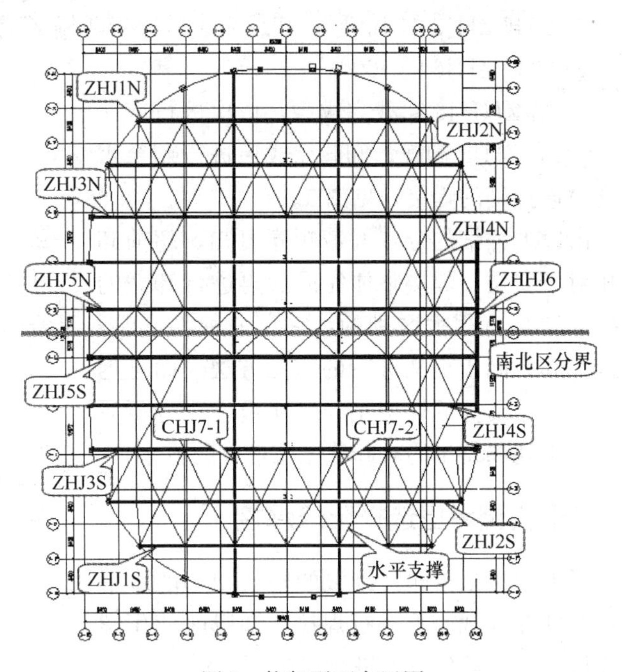

图 1　桁架平面布置图

钢桁架屋盖结构采用高空散装＋分步卸载的施工方法，并选用了螺旋式千斤顶进行桁架卸载。桁架安装遵循自中间向两侧的顺序如图 2 所示，首先安装中心区桁架（ZHJ5-ZHJ4-ZHJ3）——同时安装东西区桁架（ZHJ5-ZHJ4-ZHJ3-ZHHJ6）——同时安装南北区桁架（ZHJ2-ZHJ1）。

桁架卸载整体按照自中间向两侧的顺序依次卸载 10 榀主桁架和 1 榀转换桁架，每榀桁架的各卸载点同步进行卸载，安装和卸载同步交叉进行。

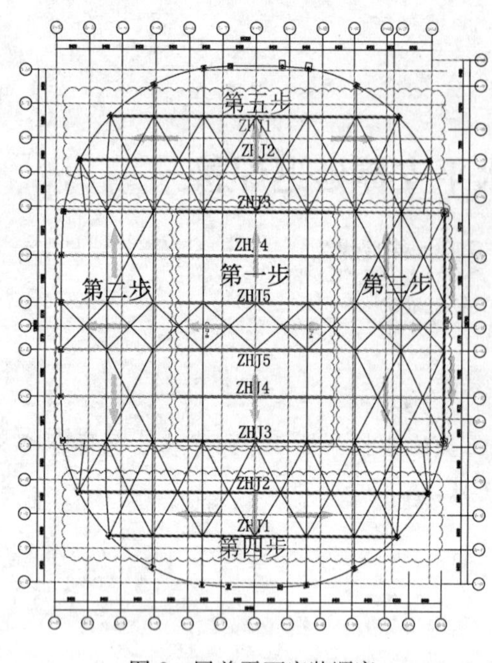

图 2　屋盖平面安装顺序

2　分步卸载顺序

本工程桁架采用分步卸载的方法进行卸载，整体按照自中间向两侧的顺序依次卸载 10 榀主桁架和 1 榀转换桁架，每榀桁架的各卸载点同步进行卸载。各榀桁架间的水平支撑需在相邻桁架卸载完成后再进行焊接，分步卸载详细顺序如下：

① 当南北区 ZHJ3 构件吊装完成，ZHJ4 整体焊接检测完成后卸载 ZHJ5 的 50%；

② 当南北区 ZHJ2 构件吊装完成，ZHJ3 整体焊接检测完成后卸载 ZHJ4 的 50%；

③ 卸载 ZHJ5 的 100%；卸载完成后进行两榀 ZHJ5 之间水平支撑连接处的焊接；

④ 当南北区 ZHJ1 构件吊装完成，ZHJ2 整体焊接检测完成后卸载 ZHJ3 的 50%；

⑤ 卸载 ZHJ4 的 100%；卸载完成后进行两榀 ZHJ4 与 ZHJ5 之间水平支撑连接处的焊接；

⑥ 当南北区 ZHJ1 整体焊接检测完成后卸载 ZHJ2 的 50%；

⑦ 卸载 ZHJ3 的 100%；卸载完成后进行两榀 ZHJ3 与 ZHJ4 之间水平支撑连接处的焊接；

⑧ 卸载 ZHJ6 的 100%；

⑨ 当 ZHHJ6 卸载完成后，依次进行南北区 ZHJ2，ZHJ1 卸载；卸载完成后进行剩余水平支撑连接处的焊接，见图 3。

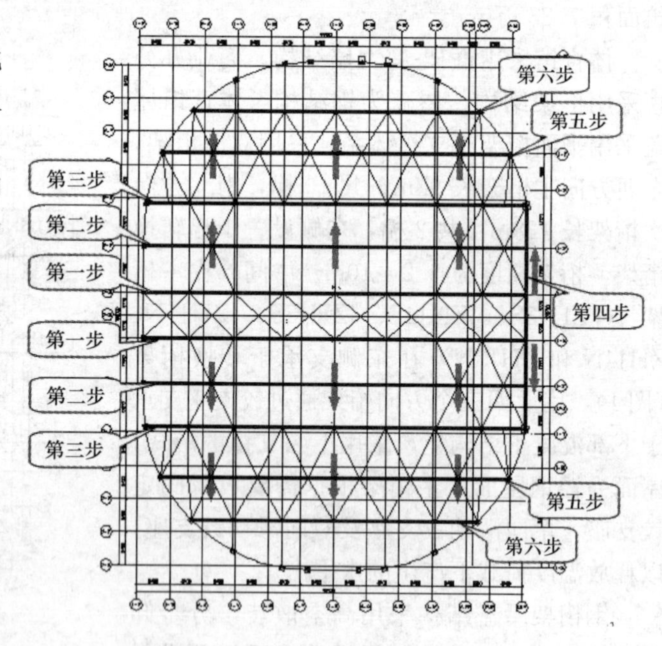

图 3　桁架整体卸载顺序

由以上详细的分步卸载顺序可知，超前卸载相对于安装、焊接整体完成后再进行卸载的传统方法是有很大区别的，它是一种将安装、焊接和卸载同步交叉进行的施工方法。而延迟桁架间水平支撑的焊接是经过建模计算分析后结合施工现场得出的对卸载工况最优的方案。

3　出于安全考虑选择延迟焊接

延迟焊接是指即将卸载的桁架相邻的水平支撑杆件在卸载前不进行焊接，卸载前使用螺栓连接，在卸载后方可进行焊接。

桁架卸载过程中结构内力会不断重分布，卸载后每榀桁架的位移也是不一样的。而桁架间水平支撑两端与不同榀桁架连接，若卸载前就进行焊接，通过对该情况的卸载过程模拟得知：部分桁架间水平支撑杆件的应力比会大幅提高，给结构在施工中的安全带来危险性；而水平支撑在卸载后再进行焊接，会使结构在卸载阶段的应力与位移变化平缓，从而实现更安全卸载，故选择了延迟焊接桁架间水平支撑构件。

4　对超前卸载过程模拟计算

大跨空间钢结构施工阶段的结构内力分布是较为复杂的，设计使用的主体结构受力会随着施工过程不断变化。临时支撑的卸除过程会导致主体结构内力不断重分布，给结构在施工中的安全带来危险性，所以有必要针对大跨度空间结构进行全过程的卸载模拟。计算分析桁架在卸载过程中强度、刚度、稳定性是否满足相关规范要求，以保证整个卸载过程的安全、可靠。

4.1 确定卸载各工况荷载

桁架卸载到钢构完成阶段的过程中，荷载主要包括：节点板自重、马道恒荷载、机电措施恒荷载、水平支撑自重荷载、设计荷载（恒荷载+活荷载）等，这些荷载的大小以及分布需按设计情况确定。

4.2 荷载组合

（1）卸载过程：基本组合和标准组合均为 1.0C_S（合计）；

（2）钢构施工完成后施加设计恒荷载+活荷载：

标准组合：1.0C_S（合计）——提取位移值；

基本组合：1.35C_D+ 1.4(0.7)C_L，

1.2C_D+ 1.4C_L，

1.0C_D+ 1.4C_L，

Steel Strength Envelope，

荷载标准组合用于验算结构的刚度；荷载基本组合用于验算构件强度、稳定性。

4.3 卸载计算结果

本文采用 Midas-Gen 2014 版有限元软件对卸载过程进行模拟计算。桁架卸载在部分工况下的计算结果如下所示。

（1）工况：ZHJ5 卸载 100%，见图 4～图 6。

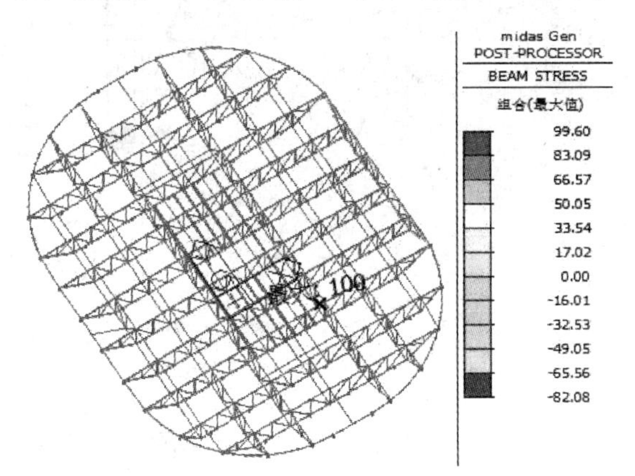

图 4 应力云图（单位：MPa）

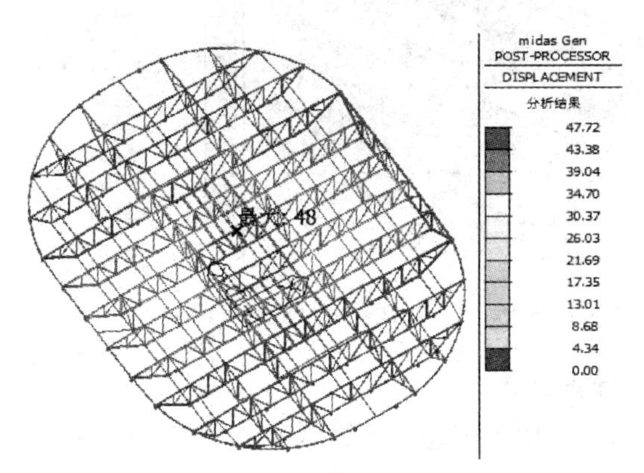

图 5 位移云图（单位：mm）

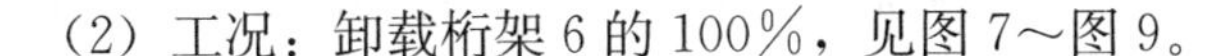

（2）工况：卸载桁架 6 的 100%，见图 7～图 9。

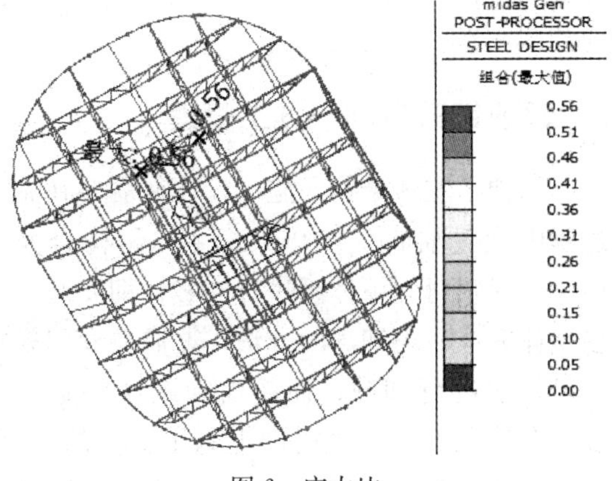

图 6 应力比

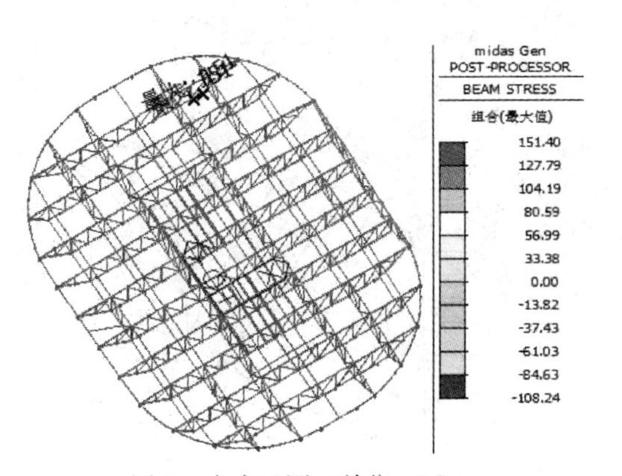

图 7 应力云图（单位：MPa）

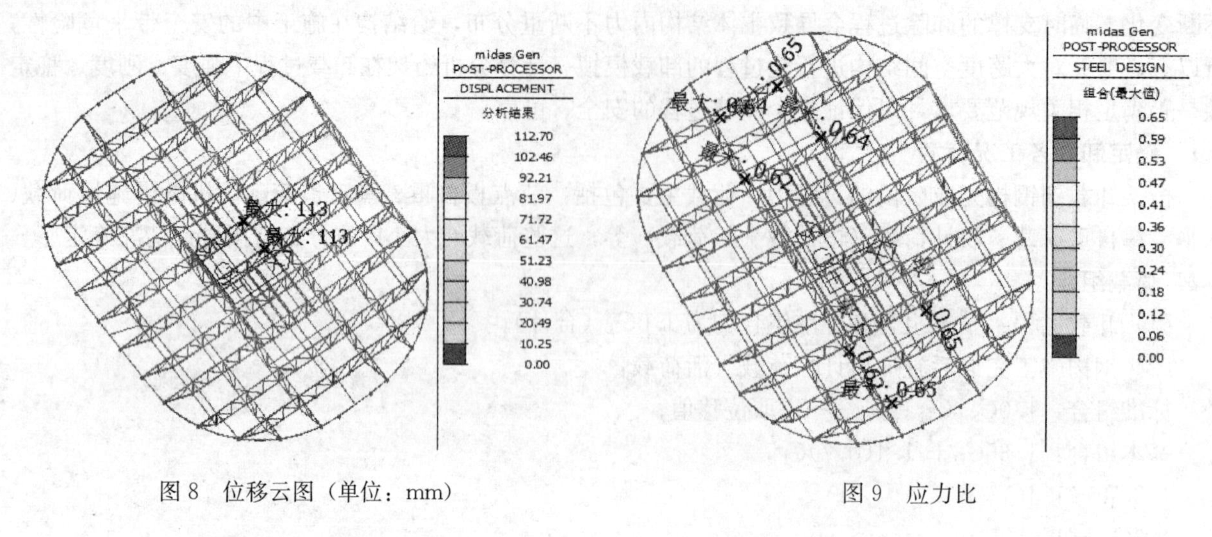

图 8　位移云图（单位：mm）

图 9　应力比

（3）工况：施加设计荷载（恒荷载＋活荷载），见图 10～图 12。

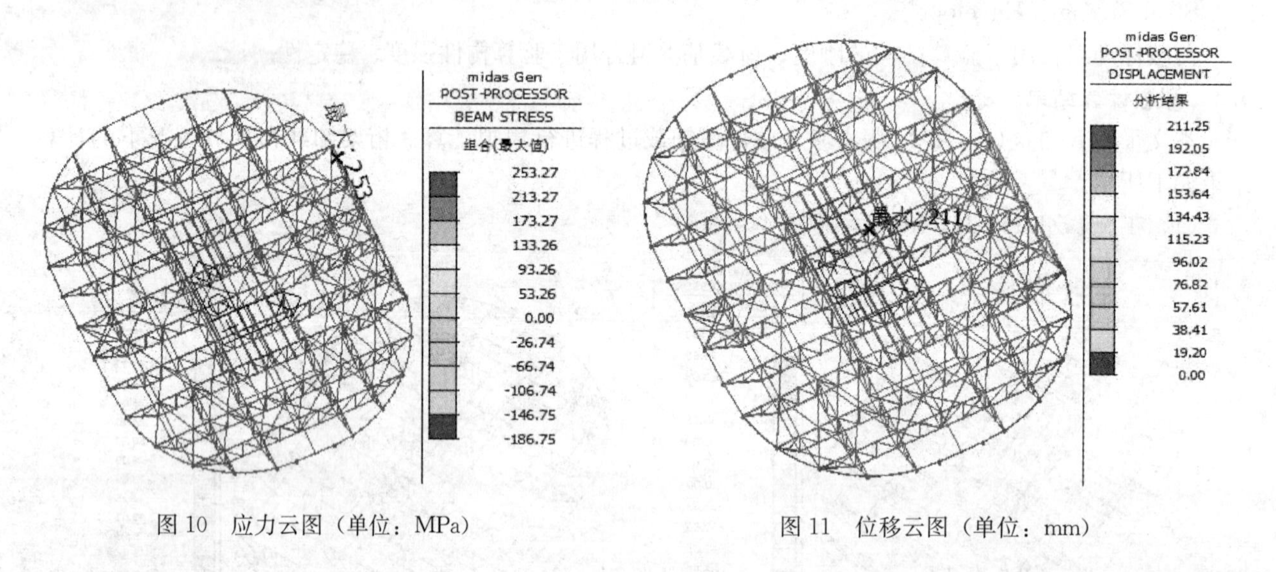

图 10　应力云图（单位：MPa）

图 11　位移云图（单位：mm）

4.4　计算总结

由表 1 中各工况下计算总结可知：钢构卸载安装全部完成后，施加设计荷载，结构的应力比最大达到 0.93，满足相关规范要求。表 2 是桁架应用超前卸载后的位移变化，桁架卸载后的位移变化都在模拟计算的最大位移值之内，证明了超前卸载方案是可行的。

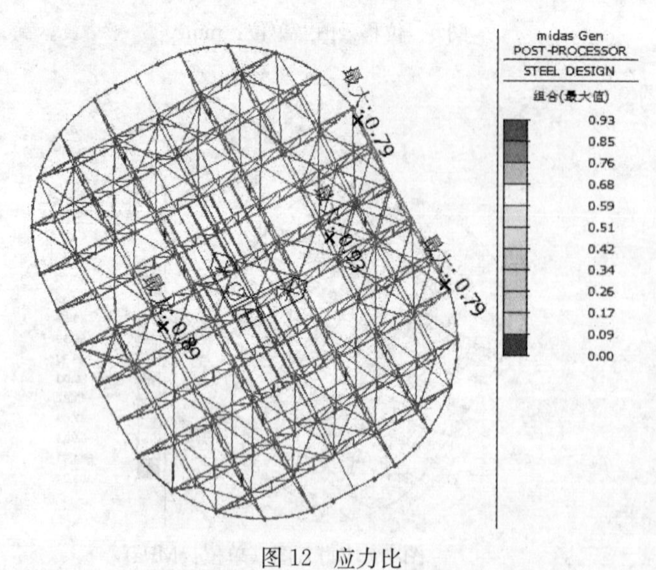

图 12　应力比

5　超前卸载有利于施工管理

为便于主体结构的施工，往往需要在施工过程中设置临时支撑体系。主体结构合龙之后，再对临时支撑体系进行卸载，即安装、焊接整体完成后再卸载的方法，这需要专门安排一段时间进行卸载；而超前卸载这一施工方法，会使在安排卸载时间上有了更多的选择，可以将卸载穿插于钢结构的安装、焊接过程中，做到安装、焊接与卸载同步进行，有利于缩短整体工期。

本项目采用高空散拼的安装方法，桁架下部的临时支撑体系布置见图 13，由独立的 5 个部分构成。当 ZHJ3、ZHJ4、ZHJ5 和 ZHJ6 完成由临时支撑受力变成混凝土结构受力后，则不需要用到对应部分的临时支撑了，可着手拆除对应部分的临时支撑。这可缩短临时支撑的使用时间，对降低支撑费用、缩减工期有较大帮助。

各工况下计算总结　　表 1

工况	最大应力（MPa）	最大位移（mm）	最大应力比
卸载桁架 5-100%	100	48	0.56
卸载桁架 4-100%	144	76	0.53
卸载桁架 3-100%	141	100	0.61
卸载桁架 6-100%	151	113	0.65
卸载桁架 1-50%	123	119	0.53
卸载桁架 2-100%	132	130	0.60
卸载桁架 1-100%	137	137	0.63
安装剩余构件	145	141	0.64
施加设计荷载	253	211	0.93

桁架卸载变化监测表　　表 2

工程名称	佛山国际体育文化演艺中心项目									
监测位置	见附图				监测人：周能辉					
桁架编号	桁架上弦卸载点	桁架卸载						高差（cm）	卸载日期	备注
		卸载前坐标及标高			卸载后坐标及标高					
		X（纵）	Y（横）	标高	X（纵）	Y（横）	标高			
ZHJ5S	第 1 次	994.448	997.446	31.768	994.446	994.448	31.743	25	2017.12.25	
	第 2 次				994.449	994.448	31.725	43	2017.12.30	卸 HJ4 后
	第 3 次				994.449	994.454	31.701	67	2018.1.4	卸 HJ3 后
	第 4 次				994.451	994.458	31.690	78	2018.1.7	卸 HJ6 后
	第 5 次						31.681	87	2018.1.15	卸 HJ2 后
	第 6 次						31.674	94	2018.1.16	卸 HJ1 后
ZHJ5N	第 1 次	1006.005	998.826	31.761	1006.005	998.825	31.741	20	2017.12.25	
	第 2 次				1006.008	998.828	31.720	41	2017.12.30	卸 HJ4 后
	第 3 次				1006.010	998.832	31.698	63	2018.1.4	卸 HJ3 后
	第 4 次				1006.011	998.836	31.681	80	2018.1.7	卸 HJ6 后
	第 5 次						31.669	92	2018.1.15	卸 HJ2 后
	第 6 次						31.664	97	2018.1.16	卸 HJ1 后
ZHJ4S	第 1 次	982.920	998.613	31.727	982.915	998.612	31.706	21	2017.12.30	
	第 2 次				982.917	998.615	31.684	43	2018.1.4	卸 HJ3 后
	第 3 次				982.919	998.617	31.669	58	2018.1.7	卸 HJ6 后
	第 4 次						31.654	73	2018.1.15	卸 HJ2 后
	第 5 次						31.645	82	2018.1.16	卸 HJ1 后

续表

工程名称		佛山国际体育文化演艺中心项目								
监测位置		见附图					监测人：周能辉			
桁架编号	桁架上弦卸载点	桁架卸载						高差（cm）	卸载日期	备注
		卸载前坐标及标高			卸载后坐标及标					
		X（纵）	Y（横）	标高	X（纵）	Y（横）	标高			
ZHJ4N	第1次	1017.564	998.556	31.742	1017.653	998.554	31.716	26	2017.12.30	
	第2次				1017.650	998.557	31.695	47	2018.1.4	卸HJ3后
	第3次				1017.563	998.563	31.671	71	2018.1.7	卸HJ6后
	第4次						31.655	87	2018.1.15	卸HJ2后
	第5次						31.651	91	2018.1.16	卸HJ1后
ZHJ3S	第1次	972.106	997.307	31.686	972.018	997.317	31.664	22	2018.1.4	
	第2次				972.018	997.317	31.648	38	2018.1.7	卸HJ6后
	第3次						31.633	53	2018.1.15	卸HJ2后
	第4次						31.619	67	2018.1.16	卸HJ1后
ZHJ3N	第1次	1028.377	997.866	31.797	1028.377	997.872	31.775	22	2018.1.4	
	第2次				1028.379	997.873	31.744	53	2018.1.7	卸HJ6后
	第3次						31.724	73	2018.1.15	卸HJ2后
	第4次						31.718	79	2018.1.16	卸HJ1后
ZHJ6	第1次			31.290			31.261	29	2018.1.7	
ZHJ2S	第1次			31.308			31.284	24	2018.1.15	
	第2次						31.277	31	2018.1.16	卸HJ1后
ZHJ2N	第1次			31.314			31.287	27	2018.1.15	
	第2次						31.279	35	2018.1.16	卸HJl后
ZHJlS	第1次			30.760			30.743	17	2018.1.16	
ZHJlN	第1次			30.771			30.757	14	2018.1.16	

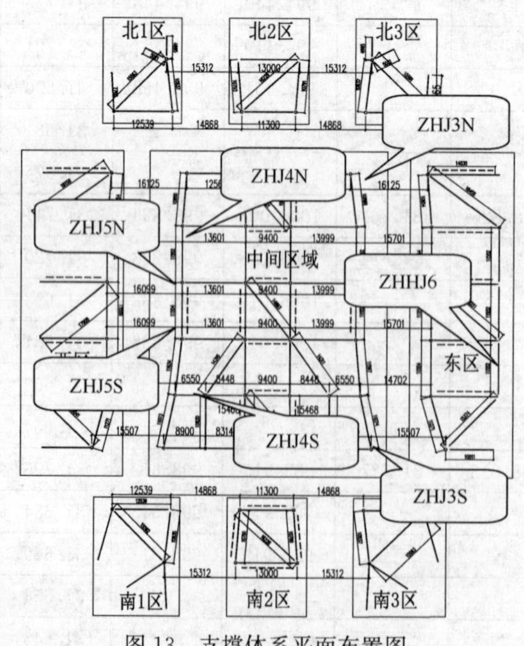

图13　支撑体系平面布置图

6 结语

佛山国际体育文化演艺中心钢结构屋盖、跨度大、重量重，施工场地受限、安装精度要求高、工期紧，对钢结构施工提出了较高的要求。项目在卸载方案的选择上大胆设想，小心求证，最终采用超前卸载、延迟焊接方案，并采用有限元软件模拟分析了屋盖钢结构的卸载过程。分析结果表明，该施工方法是可行的，为现场钢结构卸载的施工提供了理论依据，可为同类钢结构的卸载提供参考。

参考文献

[1] 王秀丽，杨本学．大跨度空间桁架结构卸载过程模拟分析与监测[J]．建筑科学，2018，34(03)：105-110.

[2] 邹昕．大跨钢结构施工卸载过程力学分析[D]．南昌大学，2011.

[3] 胡桂良．某异形空间曲面钢结构支撑卸载分析研究[D]．广州大学，2016.

劲性钢骨混凝土组合转换桁架结构施工技术研究及应用

陈　钢　周　向　胥　鹏　张　禹　马广明　孙铭泽

（中国建筑一局（集团）有限公司，海南　572000）

摘　要　钢骨混凝土结合了钢结构和混凝土的双重优点，在工程上应用广泛。它继承了钢结构高承载力、高抗侧力的优点，又比传统钢结构拥有更好的整体刚度和防火性能。钢骨混凝土的应用可以大大减少柱的截面尺寸，在超高层建筑中深受欢迎，但其节点设计相对于传统的钢筋混凝土节点更加复杂。由于对型钢的钢骨开孔有着严格的限制，本工程应用 BIM 技术对复杂钢骨节点进行深化设计，通过三维建模模拟现场节点钢筋穿插安装过程，有效保障了工程的施工。

关键词　劲性钢骨混凝土；转换桁架；钢骨节点；BIM；深化设计。

1　工程概况

亚特兰蒂斯酒店项目位于海南省三亚海棠湾，总建筑面积 251040m^2。塔楼地上 47 层，裙房地上 2 层，地下室 2 层，塔楼高度 226.5m。结构类型为带托柱转换层的钢筋混凝土框架——剪力墙体系（塔楼），钢筋混凝土框架结构（裙房）。

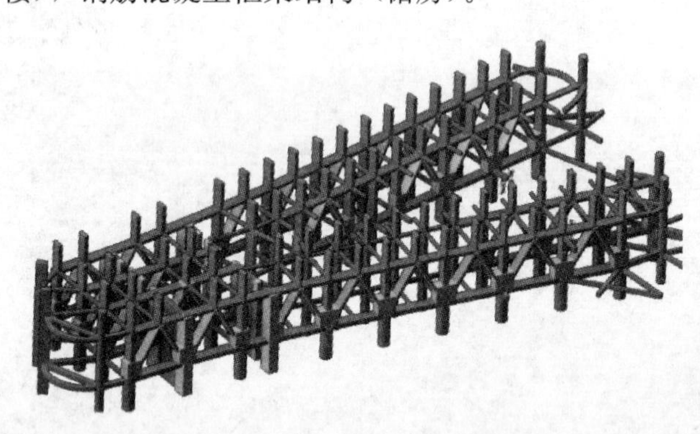

图 1　转换层桁架混凝土模型

本工程塔楼建筑在 F2-F4 层设置转换层桁架体系，将上部结构重量通过转换层将荷载传递给底部框架柱，转换层贯穿两层，采用钢骨＋混凝土组合结构形式，钢桁架高度 8.3m，单跨 5.3m，采用焊接 H 型钢制作，型钢最大截面 1000×500×30×35，材质 Q345B，转化层共计用型钢 1750t，钢桁架外包混凝土标号 C60，用量 4438.5m^3，钢筋 HRB400E，最大直径 36mm，钢筋总用量 1661.4t，见图 1、图 2。

本工程构件重量大，吊装困难。钢筋密集，钢筋与钢骨配合施工困难。工人焊接施工范围受限制。结构死角多，混凝土施工困难。工序无法穿插，工期压力大。

针对本工程的问题，采用 BIM 技术、鲁班软件、Tekla 软件分别建立转换层整体的土建模型、钢结构模型，并将钢结构模型导入土建模型中形成土建加钢构模型，借助鲁班钢筋软件建立钢筋模型，对节点处型钢钢骨和钢筋的穿插、焊接方式进行深化设计，建立全方位的立体节点，并将钢筋模型导入之前的模型，形成最终的转换桁架三维模型，通过模型能够直观的观察转换层节点梁柱连接的空间形式、结构布置的合理性及构造节点和钢筋的细部构造特征，分析碰撞情况，为现场提供指导。同时，通过 BIM 模型可以直接测量三维坐标，为空间构造复杂形体的定位放线工作提供依据。并且，建立的模型可以对钢材、钢筋等材料的算量提供依据，提高计量的工作效率。通过 BIM 技术，项目对转换桁架施

图 2　复杂节点钢筋排布模型

工做到预控预判，在虚拟空间模拟施工过程，解决了复杂节点施工难点。

2　施工方案

(1) 钢结构吊装

桁架各部分构件均通过钢骨焊接，焊接部位包括翼缘和腹板，构件多而复杂。吊装过程中，由于上弦杆重量较大，先吊装斜腹杆可以对上弦杆节点板起到支撑作用，防止桁架平面内失稳及上弦杆变形。

(2) 钢筋与钢骨连接

桁架上弦与腹杆节点板处有 6 块型钢钢骨相交，节点钢筋排布密集，交错穿插，致使节点的结构更加复杂。为了增大节点刚度和方便施工，型钢构件通过连接板与钢筋焊接，其中，弦间柱的纵筋要依次穿过斜腹杆的梁底筋连接板、钢骨腹板、梁面筋连接板，上弦杆的梁底筋连接板、钢骨腹板、梁面筋连接板共 6 块钢板（图 3）。

1) 钢筋与桁架立柱连接形式

下弦柱钢骨采用十字柱转箱型柱，进入转换层之后再次转为十字柱的结构形式，采用了“在钢骨上焊接纵向箍筋连接板”的方式，在连接板上预留孔洞，孔距同箍筋间距将箍筋搭在连接板上，由于这种方式不需要焊接，大大加快了施工速度，既保证箍筋能够正常工作，又节约了工期和成本（图 4）。

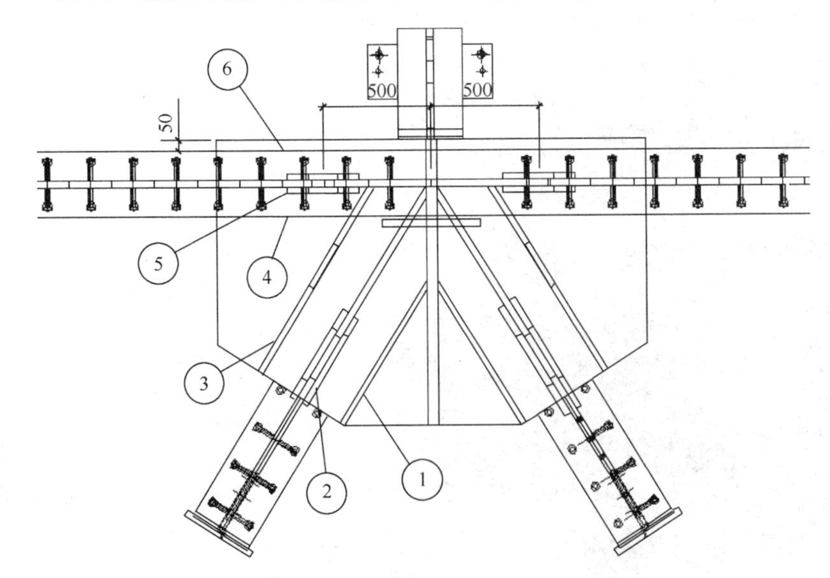

图 3　上弦杆节点处连接板示意图

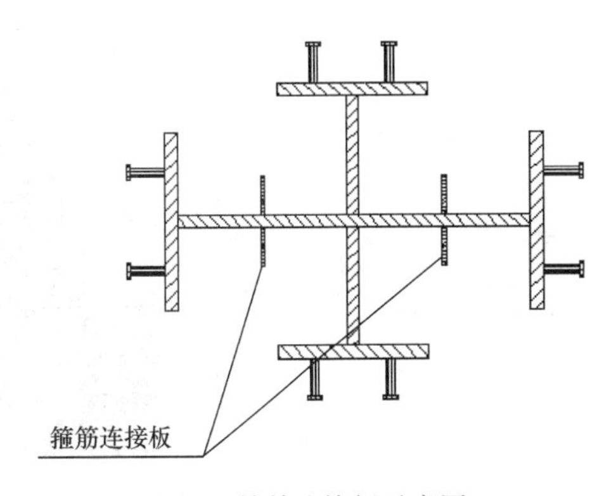

图 4　箍筋连接板示意图

2）钢筋与桁架下弦节点区连接形式

① 下弦杆的梁底筋和梁面筋通过连接板与结构焊接连接（图 5、图 6）。

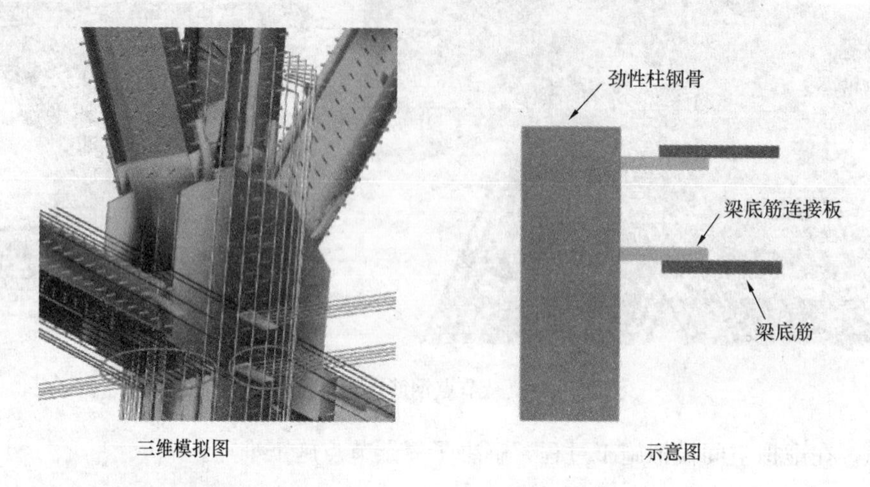

图 5　下弦杆底筋

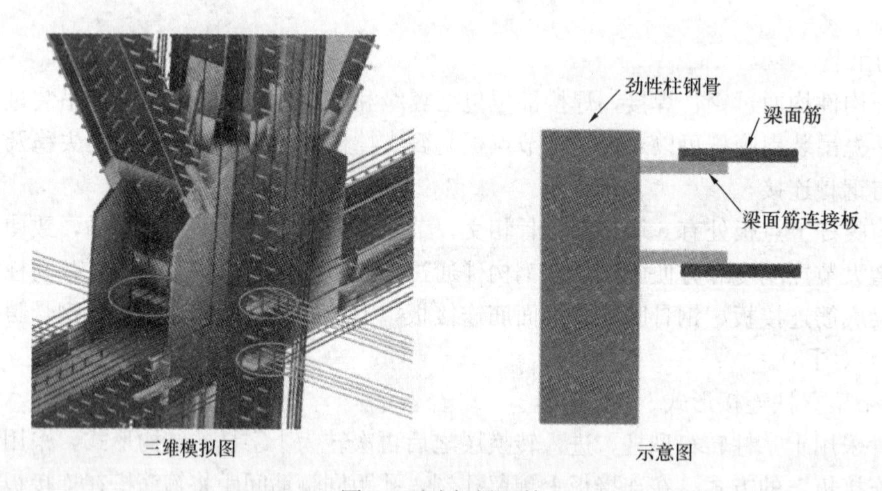

图 6　下弦杆梁面筋

② 下弦杆节点处与大板连接的梁箍筋，需要做成开口箍，并与节点板进行焊接（图 7）。

图 7　下弦杆大板处梁箍筋

③ 斜腹杆的下端底筋和面筋通过连接板与结构焊接连接（图 8、图 9）。

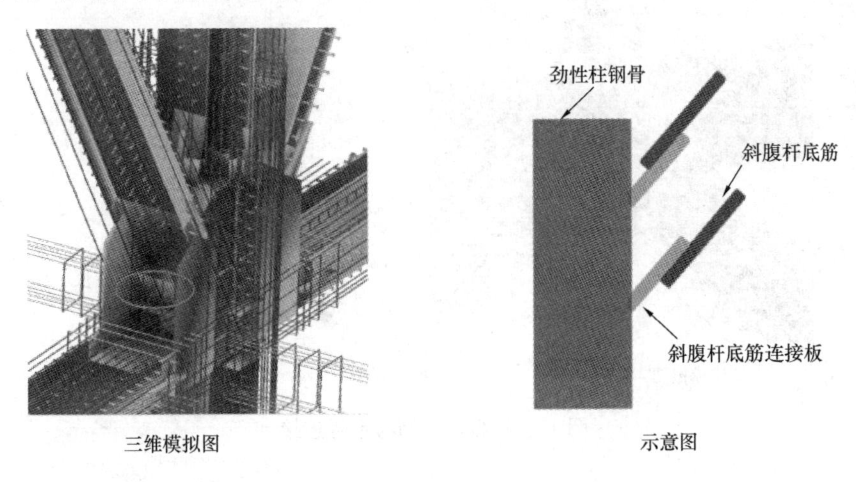

图 8　斜腹杆底筋

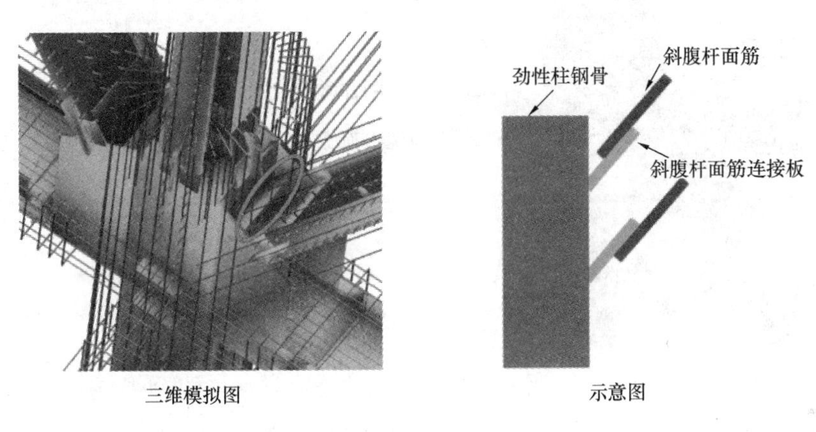

图 9　斜腹杆面筋

④ 大板处圆柱的外箍筋全部由钢带（6mm×30mm，Q345B）代替，并与大板焊接，间距同箍筋（图 10）。

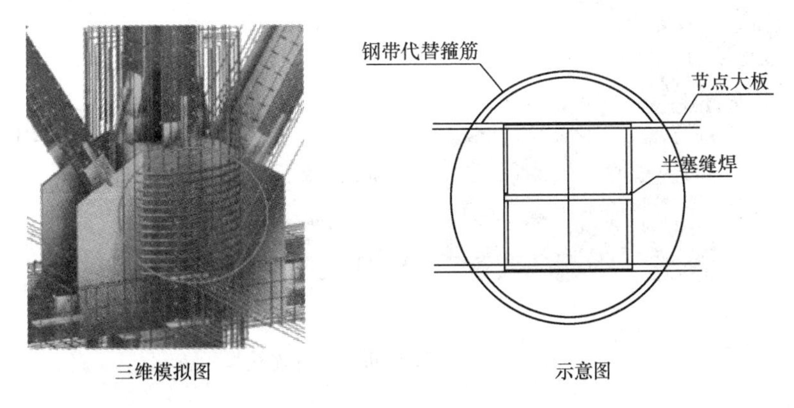

图 10　大板处外箍筋

3）钢筋与桁架上弦节点区连接形式

① 斜腹杆上端底筋和面筋与结构通过连接板焊接连接（图 11、图 12）。

② 上弦杆底筋需要焊接在上弦杆大板处连接板的下方。该部位施焊空间小且需要仰焊，焊接难度及损耗大。下弦的底铁钢筋在安装前，需要搭设独立的底铁钢筋钢管支撑架，和钢筋安装、焊接操作平台（图 13）。

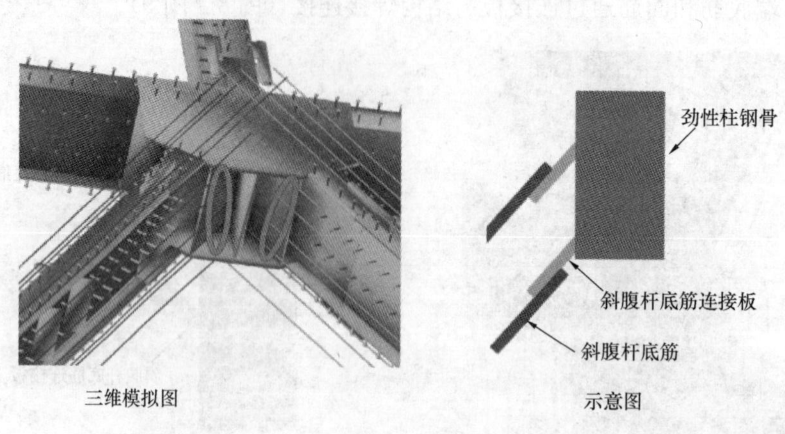

图 11　斜腹杆底筋与钢骨连接

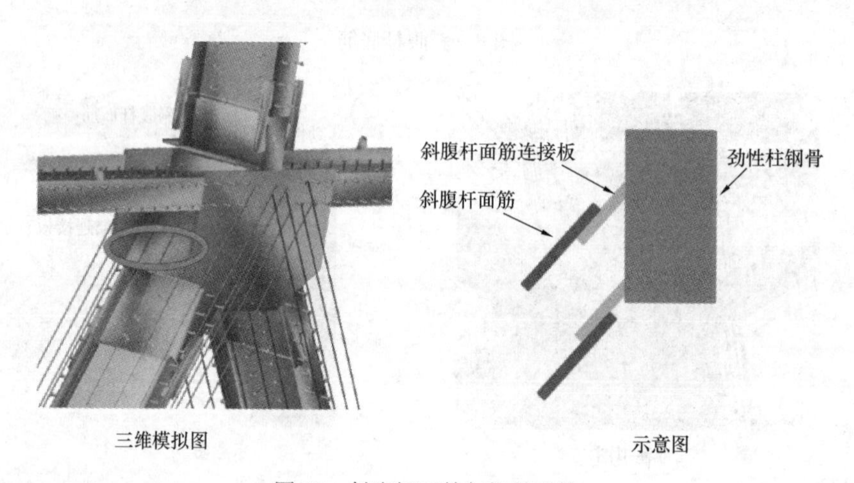

图 12　斜腹杆面筋与钢骨连接

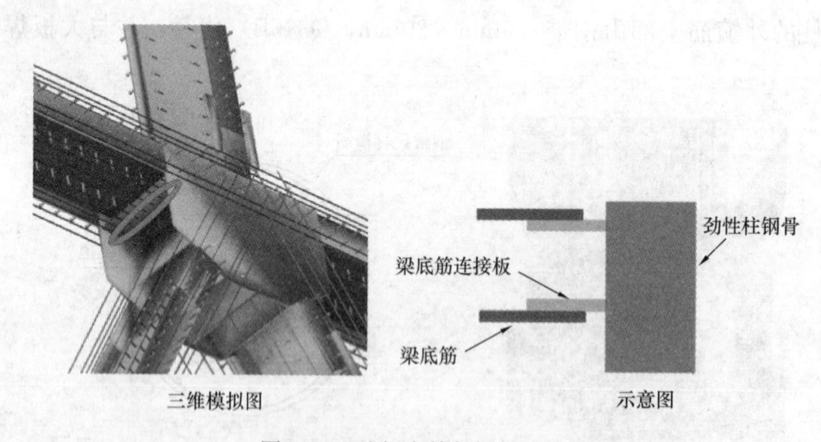

图 13　上弦杆底筋与钢骨连接

③ 上弦杆面筋需要焊接在上弦杆大板处连接板的上方，如图 14 所示。

④ 梁上柱的纵筋需要焊接在上弦杆的竖向连接板上（图 15）。

⑤ 上弦杆大板处的梁、斜腹杆的箍筋均需做成开口箍，与上弦杆大板进行焊接（图 16）。

4）钢筋穿过钢骨的开孔补强措施

钢筋需要穿过钢骨的部位，由于型钢的翼缘不允许开孔，腹板上开孔有截面损失率要求（不超过5%），对于开孔面积超过 5%的部位，要采取补强措施处理（图 17、图 18）。

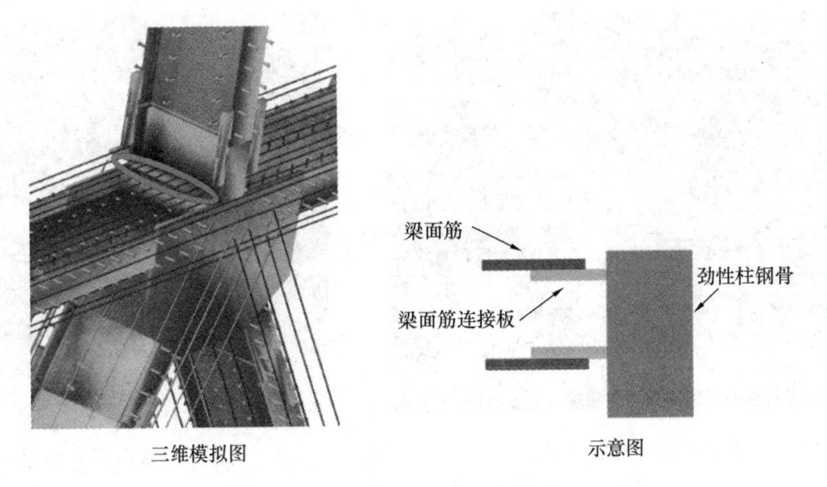

图 14　上弦杆面筋与钢骨连接

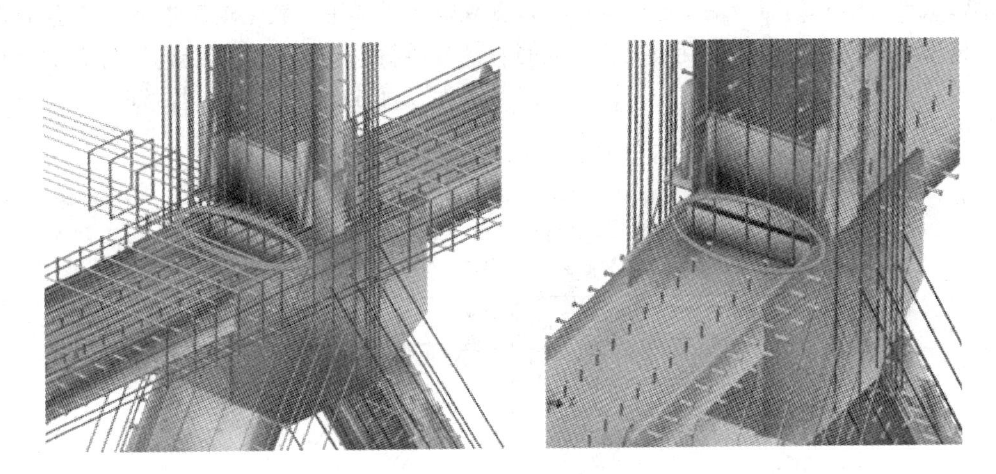

图 15　梁上柱纵筋

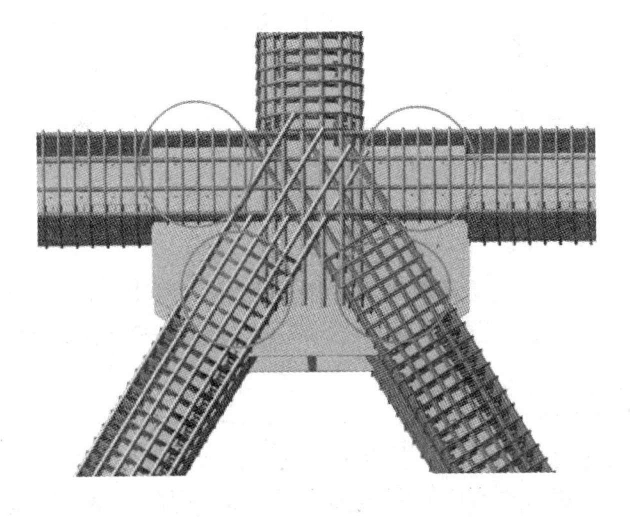

图 16　上弦杆大板处做开口箍

图 17　截面损失率未超过 5%

图 18　截面损失率超过 5%

需要注意，下弦杆梁筋、斜腹杆纵筋、上弦杆梁筋、弦间柱纵筋、混凝土梁筋部分构件的箍筋（包括大板处钢带代替箍筋）均需与钢骨进行焊接。根据规范要求采用二氧化碳气体保护焊进行焊接。

所有与柱钢骨相连的钢梁和混凝土梁的梁纵筋及部分梁箍筋均需要与钢结构进行有效焊接。其中，梁筋与钢骨焊缝要求为水平方向，柱筋与钢骨焊缝要求为竖直方向（图 19）。焊接时采用二氧化碳气体保护焊，单面焊 $10d$，双面焊 $5d$。

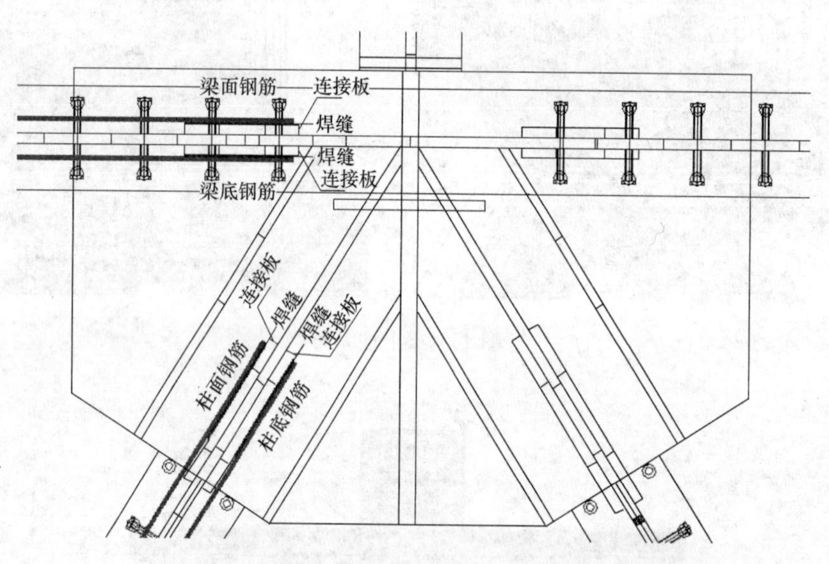

图 19　梁筋与钢骨焊缝示意

(3) 混凝土浇筑

转换层桁架柱、斜腹杆混凝土强度等级均为 C60 自密实混凝土，上、下弦杆混凝土强度等级均为 C35。柱墩布置、尺寸大小和涉及梁板的相关区域均依据设计院已确认的图纸及结构设计总说明相关内容进行确定。

1) 下弦杆节点区域混凝土浇筑难点

下弦杆大板节点处，柱钢骨为箱型柱，其内侧涉及 5 道加劲板，根据设计要求，仅允许在十字柱中心开混凝土浇筑孔；下弦杆大板节点及柱墩处钢筋分布紧凑，混凝土不易浇筑，均为混凝土浇筑控制难点（图 20、图 21）。

为解决下弦杆大板处混凝土浇筑困难问题，在该节点范围内采用 C60 自密实混凝土进行浇筑，并在大板侧壁开透气孔，以便混凝土振捣密实。

2) 上弦杆节点区域混凝土浇筑难点

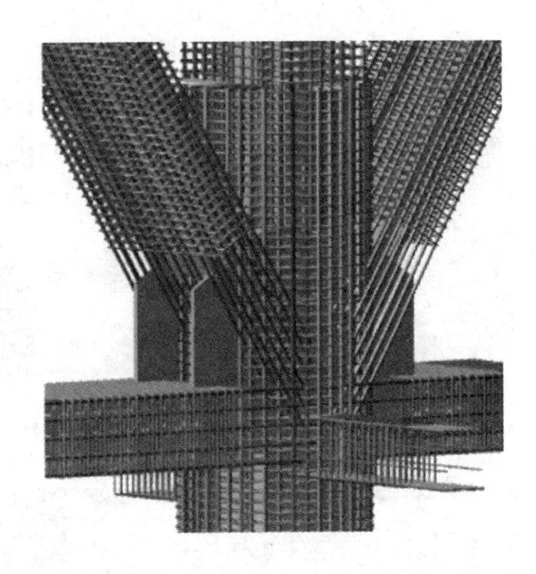

图 20　下弦杆大板节点

图 21　下弦杆振捣孔位置

上弦杆大板节点处，上弦杆的腹板及钢筋连接板、斜腹杆的腹板及钢筋连接板、两侧大板，构成该节点处形成许多死角，不利于混凝土的浇捣密实；上弦杆大板节点及柱墩处钢骨、钢筋分布紧凑，在宽度 2m 的节点板上有 34 排纵筋和箍筋，其中在 58cm 中心区域内有 20 根钢筋分 3 层布置，分别为梁上柱的 8 根纵筋，斜腹杆的 12 根纵筋，导致混凝土不易浇筑，均为混凝土浇筑控制难点（图 22）。

为解决上弦杆大板处混凝土浇筑困难问题，采用“型钢倒置⟹混凝土二次浇筑成型”的施工工艺。上弦杆到场之后，将型钢倒置，提前焊接斜腹杆的底筋（之后斜腹杆钢筋再搭接焊），在 C60 混凝土浇筑完成后将 10 根Φ16 的钢筋焊接在两大板内侧，增加钢构与混凝土的握裹力及防止混凝土开裂，起到“锚固钢筋”的作用（图 23）。在封闭区域浇筑混凝土后，凿毛处理。

待混凝土浇筑 24h 后，将上弦杆节点正置，并进行吊装。安装完成后，该节点范围采用 C60 自密实混凝土进行浇筑，并在节点板侧壁开透气孔，以便混凝土振捣密实。

为便于混凝土的浇筑，在上弦杆腹板及斜腹杆的腹板、钢筋连接板上开振捣孔，并采取补强措施（图 24、图 25）。

图 22 上弦杆大板节点

图 23 上弦杆大板倒置

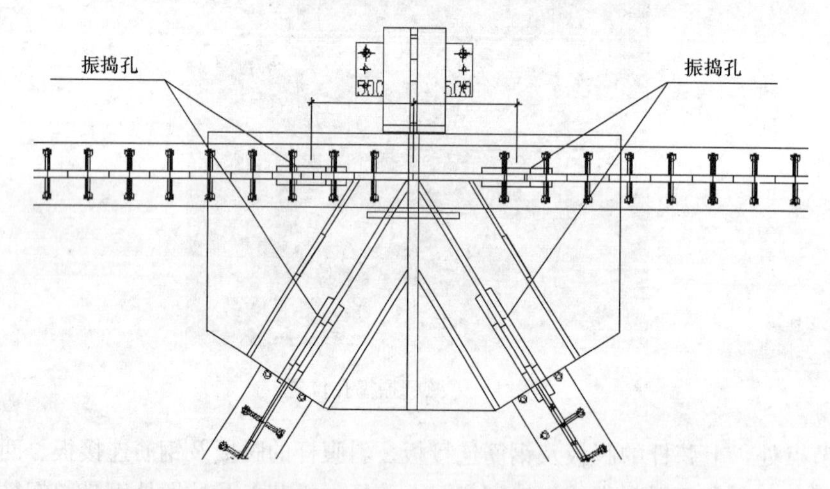

图 24 上弦杆和斜腹杆开振捣孔

图 25 上弦杆和斜腹杆振捣孔位置

对于上弦杆钢结构构件组成的死角部位，为便于混凝土浇筑时空气正常逸出，在该部位安装透气软管，当混凝土浇筑时可以通过软管观察，一旦返浆即可拔出软管，保证该死角部位能够浇筑密实（图26）。

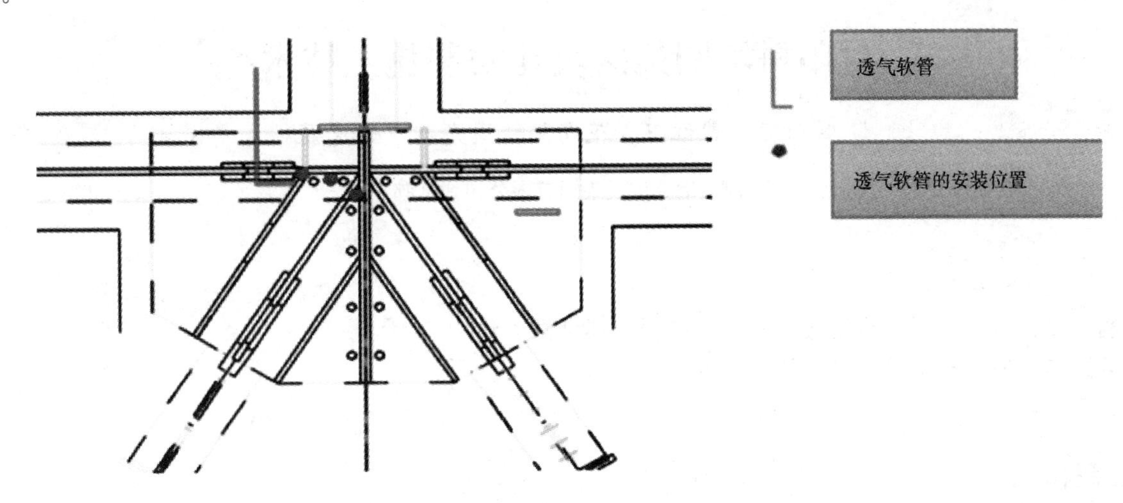

图26　上弦杆钢结构安装透气软管

3）上、下弦杆区域混凝土浇筑难点

上、下弦杆钢骨均为H型钢，倒置，导致腹板下方的混凝土浇筑成为难点。

与上弦杆节点区域死角部位处理方式相同，通过在腹板上开好的透气孔（1.5m间距一个）上安装透气软管束（每束约4～6根），并用铁丝与软管固定，将软管送至死角部位，通过软管观察，发生返浆即可拔出软管，混凝土浇筑时采用细石混凝土。

4）斜腹杆区域混凝土浇筑难点

斜腹杆浇筑时，立柱间的两根斜腹杆需同时对称浇筑混凝土，为了减少钢骨的位移和变形，混凝土浇筑时采用细石混凝土。

4　结语

本工程应用BIM建模技术模拟分析结构在施工过程中可能出现的问题，并针对性地制定相关措施，为现场施工提供依据，同时为初步的现场放样提供了解决方案。对钢骨节点处钢筋连接方式进行深化设计避免了了钢筋冲突，节约了工期和成本。在施工过程中遇到的难点、问题，通过大胆创新，严谨求证，制定出符合本工程实际的施工方案。本工程施工工艺可对类似工程提供参考。

参考文献

[1]　丁浩民，沈祖炎．一种半刚性节点的应用计算模型[J]．工业建筑，1992(11)：29-32.

[2]　殷杰，梁书亭，蒋永生等．梁柱斜交的钢骨混凝土节点构造及抗震性能试验[J]．工业建筑，2003(33)：69-71.

[3]　钱冬江．钢骨混凝土节点抗震性能的试验研究[J]．东南大学，2003.

[4]　赵红梅．钢梁—钢骨混凝土柱节点的非线性有限元分析[J]．北京工业大学，2002.

[5]　Y Long，Z Zhang，J Zhou，et al. Detail Design of Complex Steel Beam-column Joints[J]. Construction Technology，2012

[6]　JY Chen，WF Bai，BF Wang. Numerical Analysis of Space Semi-rigid Steel Beam-column Joints[J]. Journal of North China Institute of Water Conservancy & Hydroelectric Power，2010.

封闭料场网架区块化安装施工技术

常丽霞　曹红卫　花向阳　周光鑫　姚建磊

（河北冶金建设集团有限公司，邯郸）

摘　要　本文介绍大跨度网架的施工技术，可供同类结构参考。

关键词　网架结构；临时支撑；区块化安装

1　工程概况

安徽省贵航特钢有限公司料场环保升级清洁化改造工程为网壳结构，网壳总跨度247m，长度483.66m，建筑面积115234m²。网壳厚度为3.6m，高46.4m；网架采用下弦支承，支承型式为对边点支承，支承基础为独立柱基础（图1）。

图1　施工现场

根据本网架工程特点，经过深化设计，进行施工分区和施工流程安排。施工分为3个大区33个小区，分区绘制加工详图、材料表及下料单，见图2。

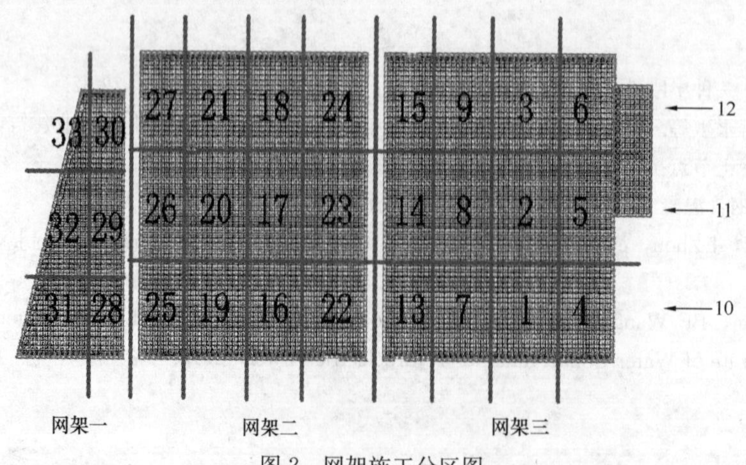

图2　网架施工分区图

2 网架安装方案

采用 SFCAD2016 软件对网架进行结构力学计算，对施工过程进行仿真模拟计算分析，设计各阶段的网架吊装及拼装顺序及吊车吊装选位。

（1）网架起步吊装

起步网架根据网架变形缝，依次为网架三、网架二、网架一依次起步，起步吊装以网架三区为例。见图 3、图 4。

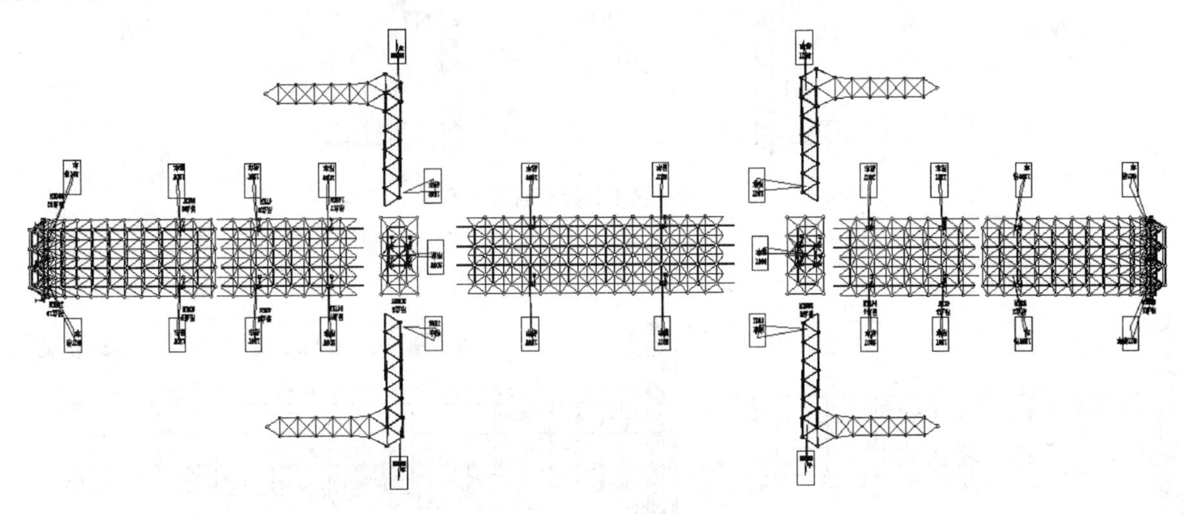

图 3 网架起步吊装平面布置图

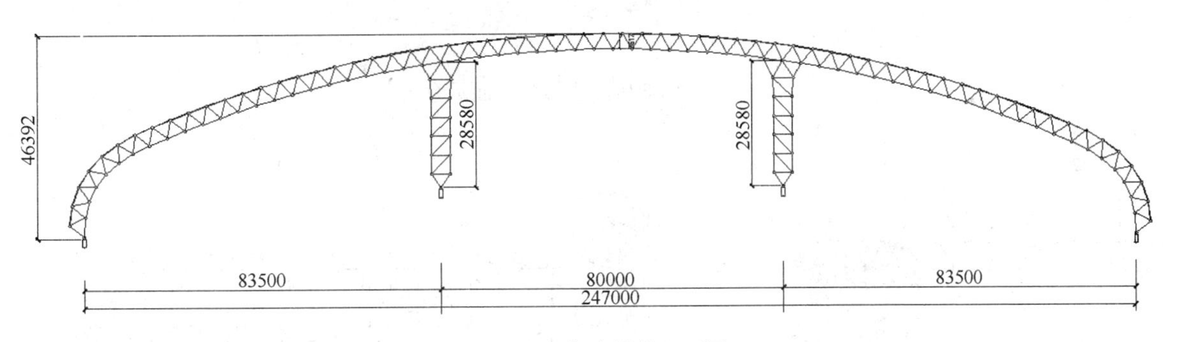

图 4 网架起步吊装立面图

每个起步网架分成 11 段在地面完成拼装后，采用 4 台吊车抬吊起升，网架柱使用 1 台吊车，进行空中对接，然后进行向东安装至 55 轴网架柱呈 L 行，对接完成并将全部支座焊牢后，所有吊车方可以脱钩，整体吊装 2 区对接，最后向西安装至 47 轴网架柱完成吊装。见图 5。

段 1 的吊装，四台吊车同步垂直提升段 1 至支承基础顶面，将网架支座就位至基础顶面，而后由两台吊车同步提升吊点至设计高度，利用四台吊车，配合千斤顶、撬棍进行支座调整就位，靠近支座的吊点可以摘除。然后段 2 吊装，四台吊车同步垂直提升段 2 的至设计高度，进行空中段 1、段 2 对接，然后进行网架柱段 3 吊装至设计高度与合拢后的段 2 进行空中对接，之后吊装网架柱段 4 与段 3 网架柱空中对接呈 L 形，见图 6、图 7。

同理也是如此吊装段 8、段 7、段 6、段 5 吊装至设计标高。运用软件进行计算分析，寻找施工过程中超应力的临界位置，确定两侧网架吊点及吊装位置。合理选用吊车，在段 9 网架起步时，同时对两侧网架施加一个向上的拉力，调整网架下挠情况，保证中段网架与两侧网架能够顺利合拢。见图 8。

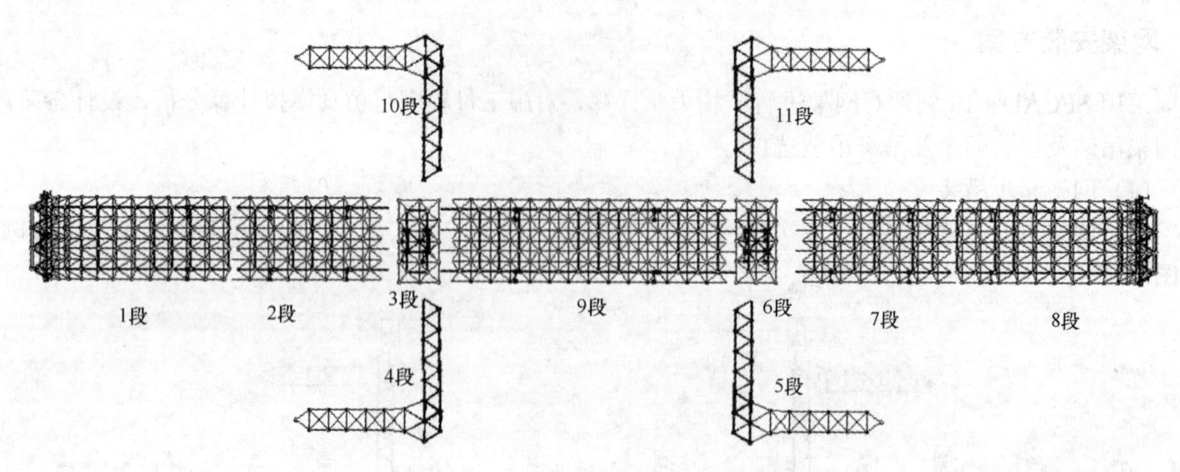

图 5　网架起步分段平面示意图

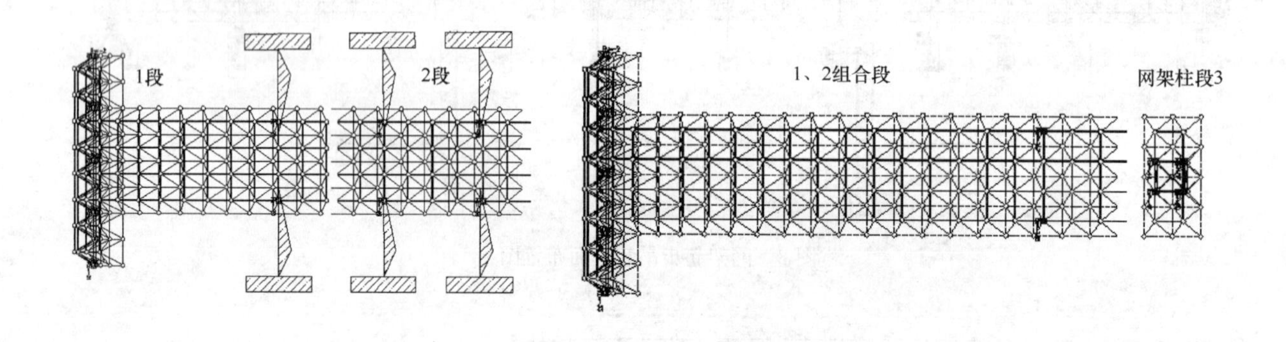

图 6　1、2、3 段起步吊装平面示意图

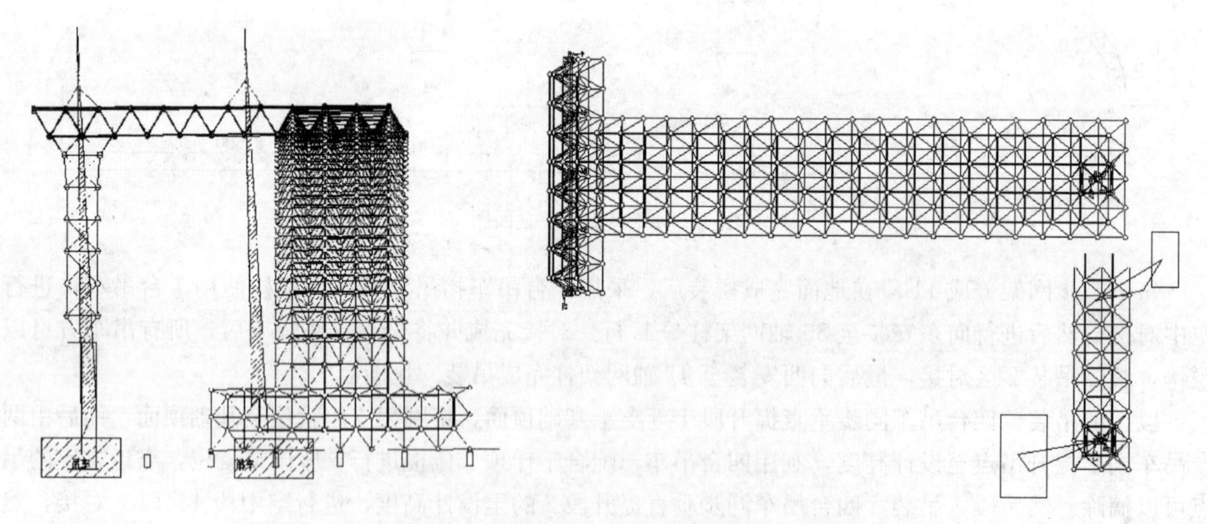

图 7　1、2、3 组合段与段 4 吊装平面示意图

最后吊装段 10、段 11 至设计标高并与 1～9 段组合网架合拢。由安装人员在高空进行各段弦杆与螺栓球连接，确保紧固到位，不留缝隙。

（2）网架高空散装

起步网架安装完成后，两端采用高空散装法同时吊装，沿跨度弦向中段与两边跨三跨同时保持一条线进行安装，同时向东西进行推进，一定是同步安装，不可出现一端快一端慢的现象。

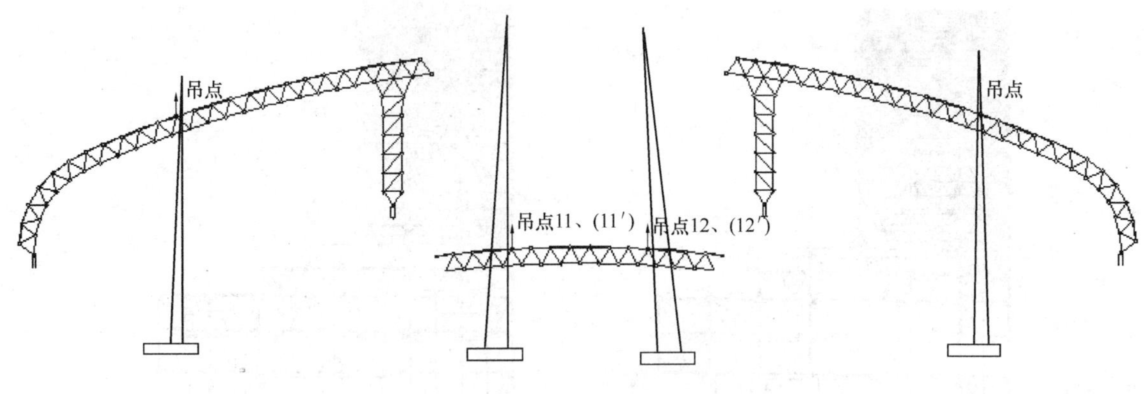

图8　9段网架起步吊装平面示意图

墙面网架待屋面网架安装至山墙处开始安装，由上向下，从两端向中间采用散装法进行安装。见图9。

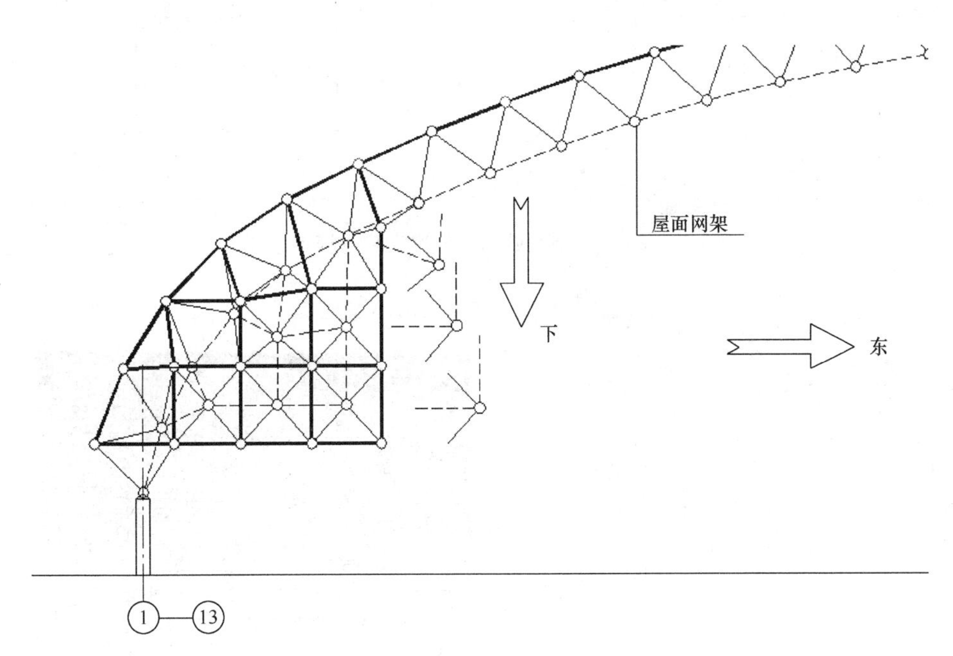

图9　山墙网架安装示意图

其中网架二区起步吊装完成后，向东、西两个方向进行高空散装。待29线西侧第3个球沿跨度方向中段及两侧网架顺利合拢后，由该列上弦第7个球开始呈阶梯式悬挑安装，再向西侧悬挑安装7个球，并在该螺栓球下设置临时支撑。见图10。

利用临时支架顶部现场制作H型钢平台，临时支架上部敷设枕木，用于支托支架顶部千斤顶，支架底部必须垫实垫平。支撑架地面组装完成，使用吊车进行就位，全站仪测量、调整支撑架位置和垂直度，支架安装其垂直度偏差不大于10mm，并对千斤顶顶升的中心线进行精确定位，焊接限位板对千斤顶进行固定；当网架安装至支点位置，使用千斤顶缓慢顶升支点螺栓球至设计标高，观察30min，网架内力重新分布，确认支撑架周边杆件无异常，安装31轴螺栓球支座。然后由29轴向31轴，从高处向低处，高空成条散装，需保证3跨安装进度一致，即保持跨度方向时刻形成拱形进行推进，推进至31轴，是基础与网架形成有效整体。在验收合格后，对临时支撑进行卸载拆除。见图11、图12。

网架一及网架三在起步吊装后，直接向两侧进行高空散装，直至整个网架安装完成。

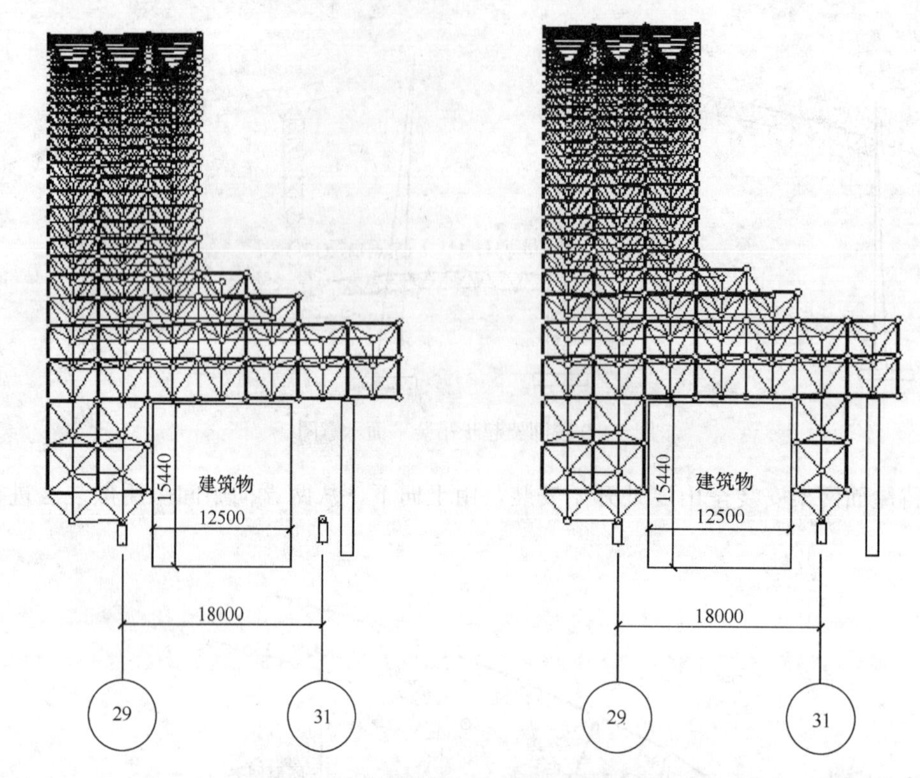

图 10　29～31 轴区域网架悬挑安装过程示意图

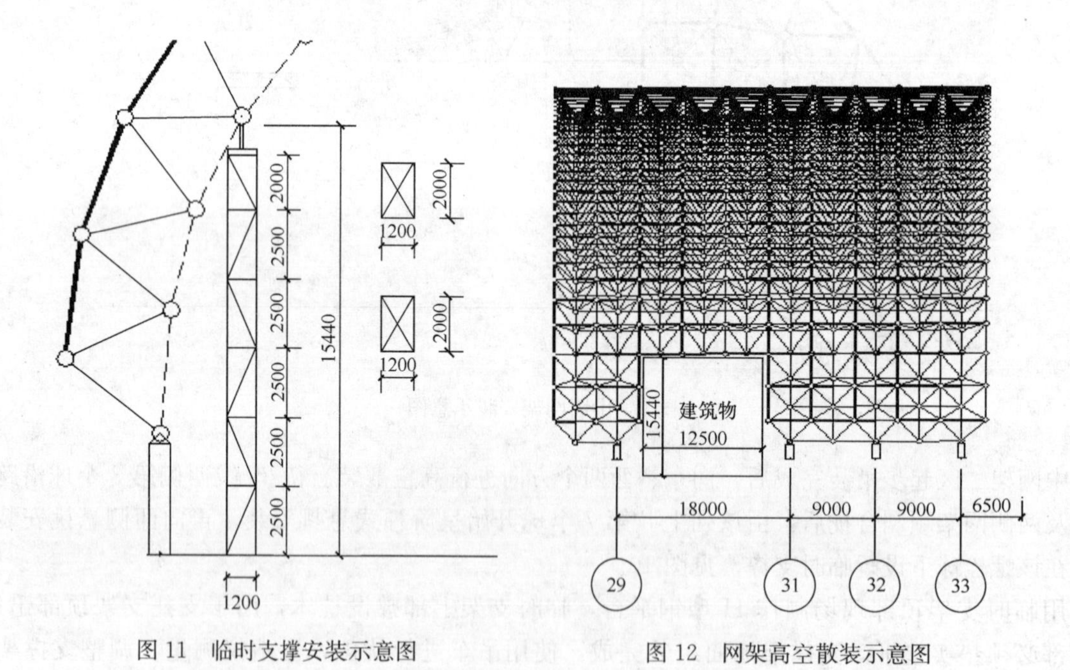

图 11　临时支撑安装示意图　　　　图 12　网架高空散装示意图

3　结语

大跨度网架空间刚度大，结构自重小，抗震性能好、造价经济，深受建设单位的青睐。但由于场地条件复杂，加大了现场安装的难度，这就需要与现场条件结合不断深化图纸，优化施工方案，将大面积网架化大为小，多点起步吊装。最大限度地减少场地道路的占用，缩短了施工工期。通过增加临时支撑，克服了现场原有建筑限制吊装的困难。

石家庄国际展览中心钢拉索安装与张拉控制

贾福兴

（浙江江南工程管理股份有限公司，杭州　310013）

摘　要　本文介绍了石家庄国际展览中心项目屋盖结构的预应力钢拉索安装方法以及张拉施工工艺过程，较详细地阐述了钢拉索等关键受力构件在进场验收、现场安装和预应力张拉中的主要步骤和质量控制要求，可为类似工程作参考。

关键词　钢拉索；验收；安装；预应力张拉；质量；控制

1　工程概况

石家庄国际展览中心项目位于石家庄市正定新区，项目总建筑面积约 36 万 m^2，以东、西向建筑长度约 680m 的 B 区为中心，在其南、北两侧分别有 A、C、E、D 4 个展厅和以中间核心会议区组成的集展览、会议于一体的大型会展中心，地下一层、地上两层。目前是石家庄市正定新区最具瞩目的特大型地标性建筑，除了会展功能外，还将极大地丰富市民生活，促进城市经济发展和繁荣，并向国内外展示石家庄市独有的地域特征和城市魅力。

该工程除了 B 区主要承重结构采用钢框架、钢拱架、钢网架和管桁架结构外，南、北两侧的 E 展厅、D 展厅、A 展厅及 C 展厅的屋盖均采用索桁架结构体系（图 1），沿着跨度方向设置 2 道或 3 道预应力主索桁架作为屋脊，再在预应力主索桁架之间设置预应力次索桁架，以此构造出高低起伏的大跨度曲线型屋面结构。主索桁架承重结构纵向最大跨度 105m，次索桁架承重结构横向最大跨度 108m，其中 E 展厅横向连续跨度达 288m。本项目采用双向悬索结构和全无柱设计方案，目前是全球同类型房建结构中跨度最大的悬索结构建筑。

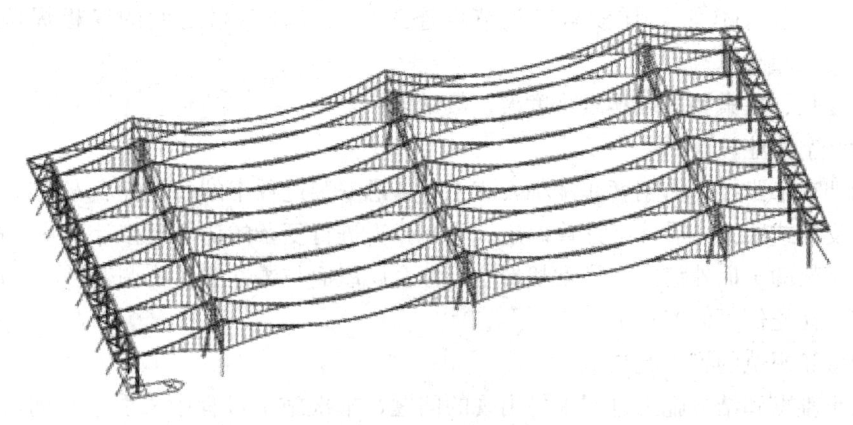

图 1　E 展厅纵向主索桁架、横向次索桁架轴测示意图

本文以 E 展厅的屋盖结构为例进行介绍。E 展厅最大长度 288m，进深 135.60m，最高点高度为 28.65m，次索桁架间距 15m，一共布置 10 道次索桁架。沿着进深方向在 E2、E5、E8 轴设置了 3 道预

应力主索桁架作为屋脊，在跨度方向将结构分为4块，屋顶起伏高差10.65m。预应力主索桁架屋脊采用体内预应力平面桁架结构，有4根D133mm的高钒索（表1）作为承重索支撑，端部设置4根D97mm的高钒拉索竖向锚固在地面基础上；次索桁架的上弦为2根平行的D97mm高钒索，下弦采用1根D63mm的高钒索，端部采用2根D133mm的高钒索斜向锚固在地面支墩上。上弦索与下弦索之间采用D26mm的高钒索用铸钢索夹节点进行连接。

高钒镀层索主要参数表 **表1**

索体直径（mm）	有效截面积（mm^2）	最小破断力（kN）（1670MPa级）	弹性模量
ϕ26	403	592	（1.6±0.1）×10^5
ϕ63	2240	3440	
ϕ86	4310	6330	
ϕ97	5500	8080	
ϕ113	7460	10960	
ϕ133	10470	15040	

注：设计采用的高钒索分别为D26、D63、D86、D97、D113、D133六种，表中数值摘自巨力集团产品目录数据表。

高钒索镀层索体表面采用镀锌－5％铝-混合稀土合金镀层，具有极高的抗腐蚀性能，其产品的抗腐蚀性能约是普通镀锌层的2～3倍，无论在户外、潮湿环境，或在海洋气候等恶劣环境下，合金镀层的高钒索防腐性能比普通热镀锌、电镀锌更为优越，且索体的抗滑移系数大，可以通过索夹分叉技术来满足复杂空间建筑结构的连接要求。还可以直接在索体和锚具表面涂装防火涂料，经喷涂防火涂料后的高钒镀层索在预应力状态500℃的高温下条件下能达到1.5h的耐火极限。

2 工程中的重点、难点和采取的主要管控措施

本工程中的A、C、D、E四个展厅均为自锚式＋索桁架结构形式，其中D展区连续跨度为162m、A展区和C展区连续跨度为180m、以E展厅连续跨度的288m为最大。因此，本工程具有以下特征和施工难点：

（1）钢拉索规格直径大、拉索长、质量要求高；

（2）与索头锚具连接的钢结构和铸钢节点安装测量定位精度要求高；

（3）拉索端头的销轴式工作耳板与铸钢节点连接均为异种钢材之间的厚板焊接，规格从40～120mm，焊接工艺质量要求高；

（4）钢索长度长、放索和吊装挂索难度大，数量多；

（5）全部为高空作业；

（6）主索桁架在未张拉之前刚度非常小，应充分考虑安装过程中的稳定性、安全性，是采用柔性缆风绳还是用刚性支撑式胎架，需仔细计算确定。为此，需进行复杂的仿真模拟计算并严格论证；

（7）悬索主桁架的平面外稳定、悬索找形、刚性金属屋面与柔性索的协调变形，无论对于结构设计和施工都是难点，无先例可借鉴；

（8）涉及很多超规范的施工新技术。

针对以上的重难点和结合施工过程中易出现的问题，本次施工过程中采取一系列监管措施和做法，主要有：

1）通过考察比较，选择国内质量过硬的“巨力”和“坚朗”两家品牌索具，并由考察组去工厂进行了对拉索制作过程及工艺生产上的检查，详细观察检查了钢丝生产过程的索体合股、捻绳、预拉伸、配长、总长尺寸精确下料、超张拉检验、盘圈和包装出厂的全过程；再对相关质保资料进行检查，主要

审查钢丝原材料检验报告、材质证明书、产品检验报告、索头及锚具的磁粉或无损探伤检验报告、化学成分和力学性能检验报告、整体静载拉伸试验报告，要求有产品合格证和质保书。并按钢结构设计总说明2.3.3中要求，去江苏无锡中国船舶工业702研究所进行了索体200万次循环次数的疲劳试验，根据试验成果出具了第3方试验的合格报告（图2、图3）。

图2　见证钢拉索200万次疲劳拉伸试验

图3　A形钢柱内浇灌C50自密实混凝土

2）由于钢拉索端部是以销轴方式安装在A形柱上的铸钢节点CZ-1的连接耳板上，施工时首先对钢拉索下部的A形柱和铸钢节点的测量精准定位安装，以及焊接质量进行了重点控制，现场跟踪旁站，重点关注，形成对A形柱、铸钢节点安装施工旁站记录40份，对测量过程中形成的位形观测资料进行审查，此资料详细记录了A、C、E、D四个展区共20个部位的A形柱与铸钢节点的轴线，标高实测数据，并经监理方派员见证复测，4个展区20个部位的大节点安装后的位形偏差均在允许范围内。

3）针对本工程总用钢量大（5万多吨），涉及厚板焊接多（40～120mm），且铸钢节点与Q390钢柱连接焊缝属于异种钢材焊接，对此，施工前提前编制有针对性、指导性的钢结构现场焊接施工专项方案，方案中尤其对于北方地区冬季负温度条件下的焊接，以及异种钢材焊接施工，按相关规范和工艺要求作了明确的技术要求，现场按铸钢节点与Q390钢材相同材质、环境和施焊条件进行了异种钢焊接的试件制作，并把试件见证送达第3方实验室检验，检测合格后，即以此作为和指导现场的异种钢材焊接作业。

4）根据设计要求，预先编制好各种专项施工方案，报审的钢结构主要施工方案有：地脚锚栓（型钢柱）预埋专项施工方案，地下钢结构施工方案，地上钢结构施工方案，钢结构测量施工专项方案，钢结构焊接专项施工方案，钢结构吊装安全施工专项方案，钢结构冬雨期施工专项方案，大跨度钢结构吊装安全专项施工方案，钢结构防腐蚀，防火工程涂装专项施工方案，钢拉索安装与张拉施工方案等十余个专项性方案。在实施前，协调组织对重要方案，超常规方案的论证工作，先后有大跨度钢结构安装施工专项方案，地上钢结构吊装安全施工方案，钢拉索安装与张拉施工专项方案，经包括设计院代表参加的专家组严格论证评审，评审通过后，方予实施。

3　钢拉索安装前检查

鉴于本工程为房建工程类首例大跨度双向悬索桁架结构，无先例可借鉴，故对钢拉索安装和张拉施工的相关准备工作进行全面检查尤显重要。对此，根据有关规范要求，和以前对浙江绍兴市奥体会展馆、杭州奥体中心主体育场、深圳前海法治大厦等工程的钢拉索、钢拉杆预应力张拉的共性特点和质量安全技术控制要求，预先制定“钢拉索张拉前临时支撑架、张拉设备准备情况检查与验收”核查表，再据此进行检查，检查内容主要有：

（1）钢拉索质保资料是否已齐全并符合要求；

（2）临时支撑架的固定方式是否按论证的方案方式要求搭设到位；

(3) 支撑架和斜撑的刚度和稳定性验算结果是否已经设计单位的复核和确认;

(4) 安装钢拉索主桁架上的纵向水平撑杆与钢柱、所有张拉结构中的一级二级焊缝及A形柱与铸钢节点连接焊缝质量是否已通过无损探伤复验合格;

(5) A型柱和节点连接耳板的销轴孔三维空间定位尺寸是否已复测,并符设计要求;

(6) 高空操作平台的搭设与安全稳固性是否与方案中要求相符;

(7) 专业施工单位的管理人员,特殊持证上岗人员的配置与到岗情况;

(8) 是否已进行了专门的质量安全的技术交底;

(9) 千斤顶数量、规格和备用件准备情况;

(10) 油管线路、油压泵、仪表性能等设备的完好性;

(11) 施工监测、健康监测在钢结构上的标志点、传感器布点位置与数量是否满足设计要求;

(12) 张拉设备的暂停与锁紧控制系统是否有效;

(13) 相互联络的方式通信工具配备情况;

(14) 现场安全设施及应急预案、防范措施落实情况等等。

通过对以上各条情况的检查,能有效地控制和避免某些意外情况的出现。

4 钢拉索安装过程与张拉前施工质量的控制

本工程的钢拉索公称直径达133mm,最大长度达110m,拉索的出厂运输状态是盘卷状的,在现场铺放时存在较大难度。首先检查拉索在地面上的开盘展索情况,根据拉索的直径、长度和所安装的对应位置,先把盘卷状的索放置在放索盘上,然后用卷扬机、平板车及汽车吊来配合作为牵引力进行放索,先以索头安装位置的一端,借助放索设备的牵引力,向另一端慢慢牵引伸展,在转动拉索展开的同时,还应注意和防止索体的回弹,以防伤人事故,在放索过程中,注意放出的索体避免与地面接触摩擦,可预先在地面根据放索线路,设置专用尼龙辊轮和等距离铺设一些长约1m的钢管作为衬辅,以确保索体不与地面摩擦而损伤。放索时,不应先把索体外面包扎的包裹层拆开,应待拉索基本放直放到位后,再小心地把绕缠的保护层剥离,然后可进入吊装施工(图4、图5)。

图4 索头的螺纹调节端示意

图5 安装上弦索夹节点、施拧高强度螺栓

在拉索起吊前,应将索头的螺纹调节端全部旋出约200mm,以确保钢拉索有足够的调节余量并在索力较小的前提下顺利穿入销轴,该过程必须借助放索盘和吊车等进行。主索桁架跨中拉索的安装,一般应待侧边的两根主拉索安装完成后,再安装支撑胎架的两侧斜撑,否则,需进行对临时斜撑的二次装拆与重新临时固定。同时要检查边柱、端柱及锚地索的安装情况,此时,由于边柱另一边的次索桁架还在安装中,特别要注意预先对边柱增加侧向缆风绳或斜撑等临时稳固措施,以减少边跨索桁架安装后对主桁架的侧向水平力。根据论证方案中要求:次索桁架安装步骤为:

地面铺放下弦索和组装下弦索夹→在下弦索正上方的拼装架上铺放已安装了索夹的上弦索→将吊索上端与上弦索夹相连接→将上弦索提离地面并将上弦索夹与下弦索夹分别用高强度螺栓连接→最后采用

2台60t千斤顶进行提升就位。

在安装次索桁架的过程中，还应注意下列要点：

(1) 两根上弦索及下弦索的铺放应尽量平直平行，防止索体在弯曲过大的情况下强行地安装紧固索夹；

(2) 所有索夹的大六角头高强度螺栓拧紧力矩要经计算标定，防止超拧，且拧紧施工时要分初拧、复拧和终拧三次进行，例如用于上索夹的M24×80mm的高强度螺栓，力矩值拧紧时标定为750N·m，施拧操作时以听到力矩扳手上发出“嗒”的金属声响为准。

(3) 两个端部的双索头安装时，注意两个端部索头耳板上的销轴中心孔同心度偏差不能过大，否则，起吊就位后会不重合，销轴穿入工作将变得非常困难，实践中，可先用相同直径规格的模拟销轴试穿，效果会很好。见图6、图7。

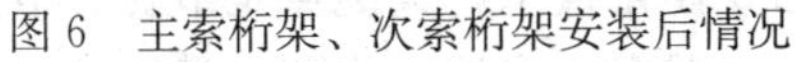

图6　主索桁架、次索桁架安装后情况

图7　三台汽吊同步吊装主索

(4) 起吊挂索时，应尽量按柱的位置，采取对称、同步、均衡和缓慢的原则和方法，以减少对钢柱的侧向摆动和柱顶位移情况，同时，要有测量人员同步配合做好对钢柱位形的监测控制；

(5) 过程中要保护索体成品，如：防止拉索被雨积水浸泡、电焊火花灼伤索体、泥尘油污沾污索体等不良现象发生，严禁车辆重物等碾压压伤索体。

钢拉索安装过程中的检查工作极其重要，重点检查和控制的内容是：索长制作误差；钢结构安装误差与焊接质量；拉索与相关节点的连接质量；与其他无关结构的脱开情况；指挥信号与通信联络方式；施工时管理人员配置和质量安全技术专项交底情况；应急预案和安全措施落实情况等。

5　钢拉索的张拉过程控制

经过钢拉索一系列的安装及对张拉工作的施工准备，最后，应对照设计和经论证确定的方案要求，进行现场勘查验收，确认无问题后，方可进入张拉施工。

钢拉索的张拉施工步骤如下：

①先依次张拉E2、E5、E8轴3条纵向主索桁架两端的锚地索，再张拉主索桁架；②张拉横向的次索桁架两端外侧的外斜索，使之预紧至设计要求的索力值，例如对称张拉横向EE轴和EF轴的张拉力值分别为设计要求的1862.091kN和1854.171kN；③对称张拉第一批次索桁架EE轴和EF轴；④对称张拉第二批次索桁架ED轴和EG轴；⑤对称张拉第三批次索桁架EC轴和EH轴；⑥对称张拉第四批次索桁架EB轴和EJ轴；⑦最后张拉第五批索桁架EA轴和EK轴。整个次索桁架的张拉过程是分为三

级，先从中间往两边，再两边往中间循环往复地进行，每级之间的张拉力值严格按设计要求的张拉力进行，第一级张拉力使之达到30%；第二级张拉力达到70%；对最后一级的张拉，考虑到油泵和千斤顶之间有油管，有一定油压损失、加上索头节点之间、销轴、承力架和工装夹具之间也会有一定缝隙，为保证张拉力满足设计要求，并结合类似工程实践和经验，采用3%～5%的超张拉方法，使之达到105%的张拉力，各级张拉之间无须时间间隔。

张拉施工时，还应注意如下事项：

（1）各个展区除了纵向主索桁架两端浇灌了C50混凝土的A形柱具有一定刚度外，其余的边桁架、中部的主桁架在张拉之前刚度都非常小，且两侧E1、E9轴的边柱根部均为铰接，中间的摇摆柱也仅起撑杆作用，不参与工作，仍需要借助临时支撑架的稳定性进行配合工作（尽管临时胎架上的临时固定措施此时已作脱开处理），在张拉过程中应做好施工监测工作，随时掌控好结构的位形变化情况，与仿真计算结果对比，使之控制在主桁架的水平位移在80mm之内，若超过此值时，及时发出预警并作相应处理，具体操作时根据不同部位可采用吊铅坠法，全站仪观测法等。

（2）安装到位的钢拉索，在正式张拉前，宜先进行试张拉，以检验、发现和消除连接节点、工装夹具、承力架安装、油泵、油管线路和千斤顶安装是否存在异常等情况。

（3）严格按设计和方案中“以位移控制为主，索力值控制为辅”的要求进行张拉，加强现场巡查与旁站工作，正确记录好索张拉时每级达到的实际索力值，使之始终与设计值（仿真计算值）相符。此过程中还应有专业的健康监测单位配合进行。

（4）张拉时，还应有施工、监理等专职的质量安全管理人员，专门负责对相邻结构，关键部位、索夹节点等进行巡视检查。

（5）张拉过程中，做好对可能出现的突然停电、钢绞线滑移、张拉设备发生故障等情况的防范及相应应急预案。

6 结语

建筑钢拉索预应力结构，是建筑结构中新颖的专业化技术，其优点是节材、节能减排、减少湿作业和碳排放、能极大地增大空间和利用效率，今后，会越来越多地应用到各种工业与民用建筑和桥梁工程中，是我国建设领域向绿色节能可持续发展的一个重要方向。但尚需业内人士，继续从产品研发、制造、设计、安装施工、质量安全管理和技术推广等诸多环节加以挖潜和不断提高。

石家庄国际展览中心项目的钢拉索工程，是以强强联合、协同配合作战的各参建方，不断克服工程中遇到的各种问题，圆满顺利地完成了这项房建领域中最大的悬索结构工程。

岳阳三荷机场航站楼钢结构施工技术

张明亮[1,2]　李谟康[3]　刘　维[1,2]

（1. 湖南建工集团有限公司，长沙　410004；2. 湖南省建筑施工技术研究所，长沙　410004；
3. 湖南长顺项目管理有限公司，长沙　410114）

摘　要　本文介绍岳阳三荷机场航站楼钢结构施工技术，以设备选择、起吊方法、拼装要点为例，解决了施工过程中存在的难点、重点，并对吊装和施工过程进行了计算和验算分析，结果均满足规范和设计要求，验证了该类安装技术的合理性和可靠性，为今后的相关工程提供了一定的经验和参考。

关键词　钢结构；施工技术；航站楼；钢桁架

1　工程概况

钢结构作为常用的大跨度结构体系，越来越广泛地运用在机场、体育馆、博物馆等公用建筑上，其工厂预制的特点和高强度的材质性能与其他结构体系相比具有很大的优势。

岳阳三荷机场航站楼由钢结构、索结构、膜结构及玻璃幕墙构成，主要受力体系由钢、索、膜协同组成，玻璃幕墙作为围护结构。主体为地上2层，一层为混凝土结构；二层屋面为钢结构、索结构、膜结构。航站楼建筑面积为7863m²，建筑高度为28.15m，中间桁架高度为11.52m。西侧梭型柱高度为21.14m，东侧高度为28.15m。钢结构主体由6榀主桁架、10根V形柱、10根幕墙柱、49个铸钢件、10根梭型柱、4榀拱门桁架、14榀屋面桁架组成。航站楼最大主桁架重量约为40t，西侧梭型柱重量为19t，东侧重量为28t。航站楼整体效果图见图1。

图1　整体建筑效果

2　施工难点特点

（1）工程结构复杂。本工程由钢结构、索结构、膜结构及玻璃幕墙构成，主要受力体系由钢、索、膜协同组成，玻璃幕墙作为围护结构。所有零配件的加工制作均在厂内完成，由于构件尺寸较大，运输条件受到限制，部分立柱、梁及桁架需要在现场进行拼装。安装时，首先完成钢构件的吊装，然后进行钢构件、索、膜的协同安装。

（2）平面布置要求高。本工程构件较多，需解决现场构件的进场道路、材料堆场等主要设施的区域布置问题；现场进场道路需满足260t汽车吊吊装时的行走和站位要求；现场构件和材料堆场及拼装场地需满足50m桁架的拼装要求。

（3）焊接质量要求严格。根据设计要求，工程中焊缝质量等级按《钢结构焊接规范》分为2类，一级焊缝为：钢管对接焊缝；其余按三级焊缝检验，焊缝均按要求进行探伤抽查。由于现场拼接构件多为对接焊缝，对焊接条件与焊接要求非常高，为保证现场拼接质量，拼接作业面必须平整整洁，故钢结构安装需在道路施工硬化完成后进行。运至现场的构件长度均小于15m，在现场进行对接组装，对接焊缝根据结构计算后设置。现场设置组装胎架，对接处设置定位装置，用于保证对接的角度精确，减少焊接变形，确保焊缝平整。

3 钢结构施工及技术措施

3.1 钢构件拼装

（1）拼装胎架现场加工制作。先测量放出胎架位置，将底部水平杆H型钢与立杆H型钢焊接成一个整体，再对下弦T型胎架与底部水平杆H型钢进行焊接，最后令上弦H型水平杆胎架与立杆焊接牢固。经现场测量管控，按桁架施工图进行坐标定位，完成桁架整体胎架现场加工制作。

（2）桁架弦杆拼装。弦杆拼装总分为5段，需现场对接成型。先拼接中间段杆件，然后向两侧顺序拼装。拼装时，先安装下弦再对左右上弦进行安装，接头采用钢板临时固定。

（3）桁架两端腹杆、水平杆与上下弦进行连接固定成整体。①固定前需先按图纸尺寸校正到位，再对两端的水平腹杆和斜支撑进行点焊加固。②中间上弦水平杆和斜支撑连接固定。③待测量校正与图纸尺寸一致时，对两端水平杆和斜支撑分2个焊工同步进行施焊。④两端焊接完成后再焊接中间水平杆和斜支撑。

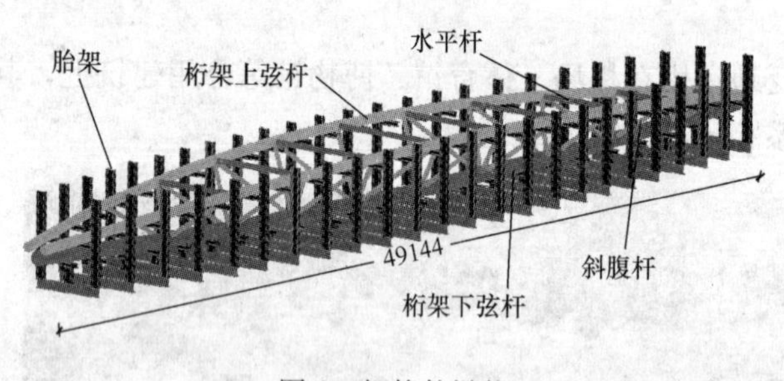

图2 钢构件拼装

（4）桁架水平腹杆与斜腹杆连接。桁架水平腹杆和斜腹杆从中间往两边同时顺序拼装，先点焊成型后再开始焊接。焊接顺序：首先焊接下弦管，再施焊上弦管，最后从中间水平腹杆和斜腹杆同时往两侧进行施焊，最终完成拼装。见图2。

3.2 钢结构吊装

（1）安装机械选择

主桁架为整个吊装作业中重量最大的构件，其长度为50m，重量约40t，需提升高度15m，其吊装过程为单体最复杂施工段，在施工中拟采用2台260t吊装设备对其进行2侧抬吊吊装。

（2）钢桁架起吊

钢桁架起吊前先由拼装位置吊至混凝土支架下临时停放位置，使用2台260t汽车轮胎式起重机进行抬吊。

桁架起吊前需进行试吊。2台吊车起吊各自的试吊高度，其高度为钢桁架底部离地面200～300mm，此时钢桁架重量全部负载于2台吊车上。施工人员需观察吊车的运转情况，检查各钢丝绳受力是否均匀。待起吊持续5分钟后，再查看有无下沉现象。如情况良好，可进行正式起吊。双机抬吊时，吊车驾驶员必须熟练掌握抬吊中配合程序。起升和下降时，2台吊车应保持同步，吊装时应密切注意钢桁架，使其在空中平稳。

（3）钢桁架就位

1）桁架起吊的速度应均匀缓慢，同时将桁架上的缆风绳固定在各个角度，使起吊时不致摆动。当构件由水平状态逐渐倾斜时，应注意绑绳处所垫的破布、木块等是否滑落。

2）当桁架逐渐落至支架、结构安装位置时应特别小心，防止损坏预埋板的承力面，并使桁架支腿尽量抵靠限位角钢，此时可以查看桁架支座底板的中心线和支架、牛腿结构上预埋件的中心线是否吻合，并在桁架悬吊状态下进行调整。

3）桁架提升超过建筑物结构或混凝土支架、安装位置 300～500mm，然后将桁架缓慢降至安装位置进行对位，安装对位应以建筑物的定位轴线为准。因此在钢桁架吊装前，应用经纬仪在支架、结构安装位置上放出定位轴线。若截面中线与定位轴线偏差过大，应调整纠正。桁架对位后，立即进行临时固定，待临时固定稳妥后，吊车方可摘去吊钩。

（4）校正和最后固定

钢桁架就位方式采取低端临时固定，而后继续起吊高端就位。桁架经对位、临时固定后，需校正桁架垂直偏差。根据《钢结构工程施工规范》要求：垂直度偏差不大于 $h/250$，且不应大于 15mm；相邻两结构支架之间、支架与建筑结构物上，安装栈桥支腿的预埋钢板的设计标高的高差，不应大于 $L/1500$，且不应大于 10mm。检查尺寸时可用铅锤或经纬仪，校正无误后，立即用电焊焊牢作为最后固定。焊接时采用对角施焊，以防焊缝收缩导致桁架倾斜。

3.3 钢结构安装

整个钢结构安装共分为 3 个单元，见图 3。1 单元与 2 单元钢柱的安装可同时进行，随后逐个吊装主桁架，完成 3 单元的安装，最后对 1 单元外侧钢构件进行安装。各单元安装顺序为：先安装钢柱构件，再安装中间桁架，最后安装两侧桁架。

航站楼钢结构现场施工见图 4。

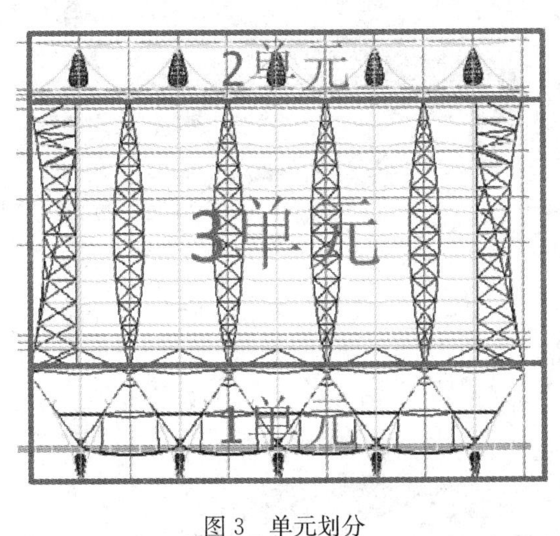

图 3 单元划分

(a)

(b)

(c)

图 4 钢结构施工

(a) 梭形柱；(b) 立面桁架；(c) 主桁架

4 施工验算

4.1 吊装验算

对构件进行吊装时，单块构件最长跨距达 50m，为防止构件吊装时变形，采用多点式两台吊车共同起吊进行吊装。根据吊点均分计算方式，桁架总长为 50m，分为 4 等份后每段长度为 12.5m。拟吊装最大桁架梁：G_{max} = 40t，拟选用 260t 级吊车，其臂长为 40m，吊车距离吊点位置为 20m，计算简图见图 5。

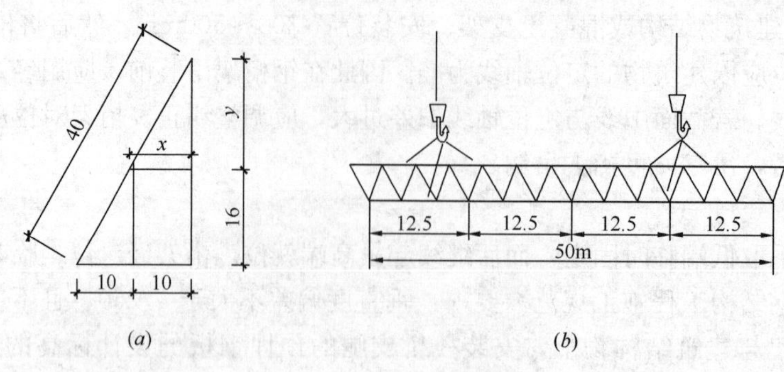

图5 吊装计算简图

(a) 吊长计算；(b) 桁架分段

根据勾股定理得：y=18.64m；根据三角形相似得：x=10.76m。通过查阅260t吊车吊装起重性能参数表可知，在20m工作幅度范围内，吊车臂长为40m时，起重量为23.5t，采用双机抬吊符合安全吊装要求。

钢桁架东西面各有5根梭型柱需安装，例如：西面梭型柱长度为22.29m，构件重20t，中间直径为1.4m，顶部直径为426mm，头部直径为D700。因其尺寸较大，且梭型柱吊装完毕时需斜放，故吊点需位于梭型柱2/3处。

4.2 施工流程验算

利用Sap2000对施工过程中桁架产生的变形及应力进行验算分析，验算结果见图6。

由图6可知，第1、2单元安装时，梭形柱底部应力及变形较大，结构拼装完成后，中部弦杆受力较两侧大，最大应力出现在1单元范围内两端柱上部位置，验算结果表明：施工过程中，结构最大应力

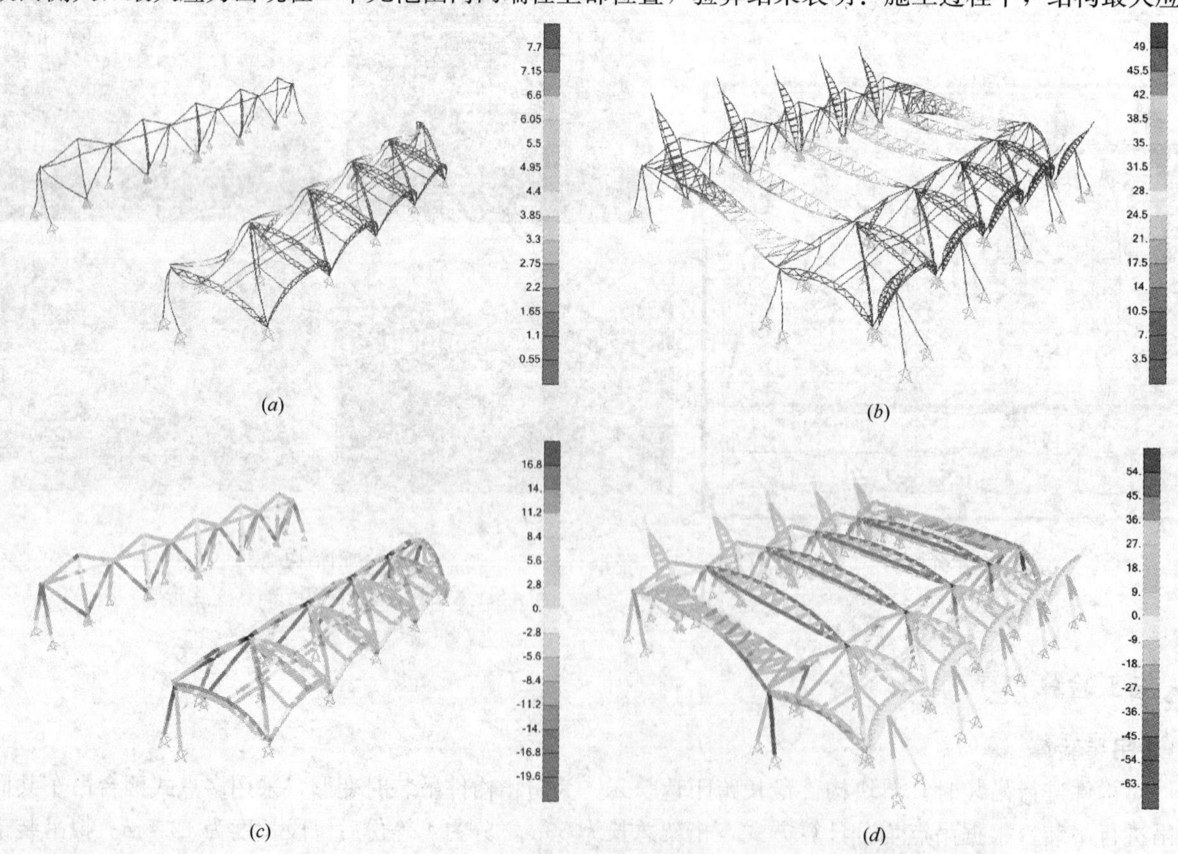

图6 施工流程验算

(a) 施工变形验算；(b) 施工完成变形验算；(c) 施工应力验算；(d) 施工完成应力验算

为一63MPa，最大位移为49mm，均满足规范要求。

5 结语

对岳阳三荷机场航站楼钢结构施工以构件吊装、单元安装、整体安装等几个方面进行了介绍，解决了相关施工过程中存在的难点，较好地完成了工程钢结构的安装；对吊装与施工过程进行了计算与验算分析，分析结果表明：该项目采用的钢结构安装技术满足相关规范要求，能合理地指导工程项目施工，可为相关工程施工提供参考。

参考文献

[1] 周锋，魏蔚，吴玲怡，陈佳伟. 上海虹桥国际机场T1航站楼改造工程中的大跨度钢结构屋盖施工[J]. 建筑施工，2018，40(01)：73-75.

[2] 肖洪涛，高贺香．大跨度钢结构环桁架分段安装施工技术[J]. 建筑技术，2018，49(04)：392-394.

[3] 薛鹏飞，卜延渭，段文歌．西宁曹家堡机场T2航站楼钢结构安装技术[J]. 施工技术，2013，42(15)：23-26.

[4] 吴欣之，王云飞，朱伟新，陈晓明，倪洪革．重庆江北机场航站楼巨型钢结构整体平移安装技术[J]. 建筑钢结构进展，2005(04)：14-19.

[5] 郭彦林，刘学武，赵瑛，郭宇飞，高巍．国家体育场钢结构安装方案研究[J]. 施工技术，2006(12)：23-27.

[6] 李忠卫，袁伟，徐宏志．山东省博物馆新馆大跨度三维双曲面穹顶钢结构安装技术[J]. 施工技术，2011，40(18)：52-54+67.

[7] 张宇鹏，郝玉松，陈洗礼，张治刚．长春汽车博物馆钢结构临时支撑整体卸载技术[J]. 施工技术，2011，40(19)：30-32+63.

[8] 闫海飞，俞福利，陈红梅，童早娟，韩凌．大跨度非封闭索桁架结构施工技术[J]. 建筑技术，2014，45(06)：529-533.

[9] 庄桂成，张成林，苏宁．南京青奥会议中心复杂钢结构安装技术[J]. 施工技术，2014，43(14)：135-139.

[10] 钢结构焊接规范 GB 50661—2011[S]. 北京：中国建筑工业出版社，2012.

[11] 钢结构工程施工规范 GB 50755—2012[S]. 北京：中国建筑工业出版社，2014.

浅谈大跨度异形钢结构形态控制要点

董婉莹

（上海建科工程咨询有限公司，上海）

摘　要　本文结合苏州奥体中心体育馆异形钢结构工程，介绍了在整个钢结构施工过程中从整体到单元再到节点的施工控制分析方法，再由点到面进行钢结构整体形态的控制措施及要点。

关键词　异形钢结构；形态；控制

1　概述

随着生活水平的不断提高，出现了很多娱乐商业建筑体、体育场馆等标志性建筑，这些建筑体不仅仅是功能的实现，也是城市建筑景观的一部分。由于异形钢结构可以给建筑师更多的发挥空间，因此建筑设计师也往往选择异形钢结构作为建筑造型和功能的载体，施工中也更加注意对设计形态的控制及满足。

苏州奥体中心体育馆钢结构外形为马鞍形，整个体育馆屋盖钢结构分为外围结构和内场结构两大部分，外围结构由V形柱、顶部环桁架和摇摆柱组成，内场结构分南北向弓形平面桁架和东南向鱼腹式桁架，结合联系杆，共同形成空间钢管桁架结构，结构整体造型见图1，体育馆剖面图见图2。

图1　体育馆钢结构整体造型

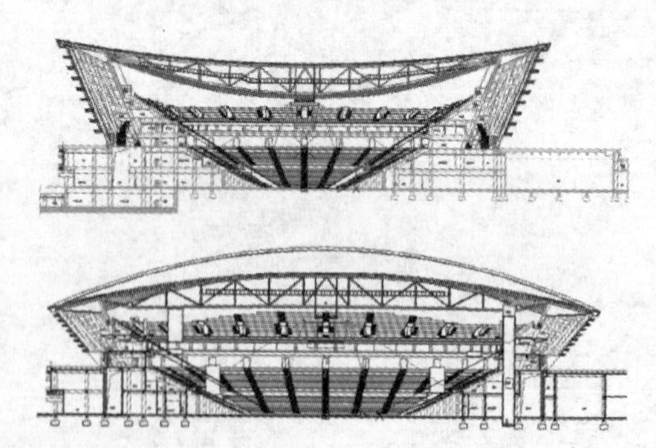

图2　体育馆剖面图

施工图纸下发后，就要以全过程控制作为钢结构形态的控制思路，通过钢结构制作和安装的全过程控制使得最终钢结构实体满足设计形态要求。本工程采用的控制思路是首先对整体钢结构进行找形分析，找出影响形态控制的关键部位；其次结合施工安装方法，将整体钢结构拆分为高空散拼或高空单元对接两类局部控制单元；最后对局部控制单位内的单根构件从加工制作源头进行形态控制。对形态的控制不仅仅是加工制作的控制，更重要的还有精度测量控制，在整体控制思路中还应嵌入相应的内容。

2 全过程控制

2.1 整体找形分析

屋盖结构平面直径约134m，外环呈马鞍形（图3）。整个屋盖结构为双轴对称体系。外环高度为30m到42m。外环支撑采用28根V形柱，V形柱为钢管截面。18根柱脚位于圆形的平面上，圆形的直径为120m（图4）。

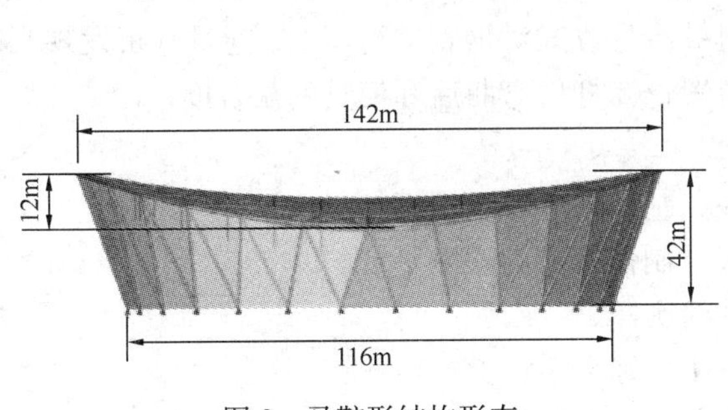

图3 马鞍形结构形态

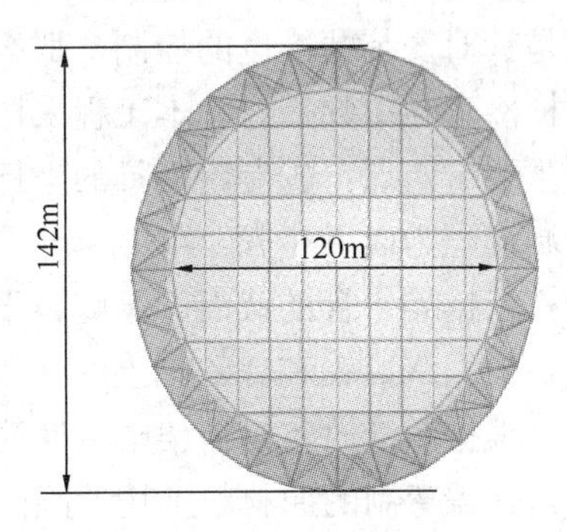

图4 屋盖整体形态俯视图

大跨度的钢结构屋盖可以分为如下三大部分：

（1）通过28根钢柱支撑在混凝土看台上的内圈屋盖采用交叉桁架式结构。交叉桁架式结构由12根X向的桁架和6根Y向的桁架共同组成。双向桁架梁的截面，均采用较大直径的圆管

（2）内外屋面环梁通过撑杆相连

（3）28根V形柱上主要用来承担幕墙结构和部分屋面结构的竖向荷载。V形柱和外环共同构成刚度很大的三角形，成为整个结构的抗侧力体系（整体模型见图5）。

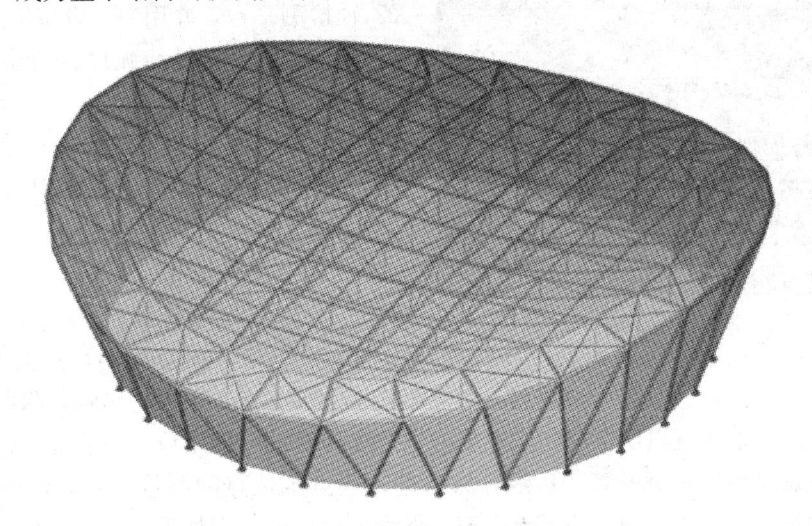

图5 钢结构整体模型

通过模型的分析和比对，整个屋盖的形态控制主要集中在以下几个部位

（1）马鞍形的外形设计使得内外环梁的构件为双曲管桁架结构，檐口外环管线型V柱节点的加工及安装完成形态的好坏，将直接影响到屋架造型及檐口后期安装完铝板的线形是否和顺；

（2）V型柱子上有幕墙牛腿，后期体育馆外围的8根幕墙铝板环梁的钢支撑将于幕墙牛腿相连。所以V形柱上的牛腿安装定位及V柱现场的吊装安装定位将影响幕墙外侧八道铝板环梁的形态；

（3）内场的桁架采用地面拼装后分段吊装，地面拼装精度及吊装精度控制将对整个屋盖的形态造成直接影响。

2.2 各个控制点的影响因素

进行整体找形分析后，确定出影响整个钢结构形态的关键点：①单根构件线性控制；②外环与V柱节点安装空间坐标控制；③V柱幕墙牛腿的安装定位；④内场桁架的拼装精度及吊装精度。下面将从以上四个方面进行重点分析。

(1) 单根构件线性控制

加强管及其上面的焊接件，在工厂加工成型后运输至现场，进行高空的定位安装。也就是说，现场的控制仅仅是针对安装精准度的控制，那么制作加工的精准度该如何进行控制呢？大口径钢管弯曲有两种方式：机械冷弯和中频摵弯。本工程采用机械冷弯方式对钢管进行弯曲。通过分析发现影响后期成型效果的因素主要有两点：①专用模具的坐标位置；②杆件弯曲后和模具的贴合度。

主要控制流程为以下步骤：

第一步：根据需弯管的截面、厚度、半径、制作相应的专用模具。

第二步：根据 XY 轴和 XZ 轴上的弧线尺寸制作相应的检测平台。

第三步：根据图纸放整榀桁架中单件管件的实样。

第四步：在需弯制的原材料上用冲眼的方法打好十字点。

第五步：根据十字点位置，弹出材料的相应十字中心线。

第六步：材料上机床，利于材料顶头的十字点挂垂直线，以保证材料在 XY 轴线上的平行弧度。

图6 工程实景图

第七步：XY 轴线上弧度弯制完成后上相应的 XY 轴检测平台，并用专用设备检测材料的椭圆。

第八步：XY 轴线上弧度检测合格后，弯制 XZ 轴线上的弧度。

第九步：XZ 轴线上弧度弯制完成后上相应的 XZ 轴检测平台，并用专用设备检测材料的椭圆度。

第十步：XY 轴线弧度检验合格及椭圆度检测合格。

第十一步：把检测好的材料放置到整榀桁架中的检测平台上检测，合格后标注上相应的零件号放入成品库。

工程实景见图6。

(2) 外环与V柱节点空间坐标的控制

众所周知，在空间内，想要精确定位构件位置，需要有三个点的坐标，这三点为关键点，对后序施工的形态有着很大的影响，除此之外，还需具有好测量和记录的特征。本工程以图7所示三点坐标进行加强管的空间定位。吊装前，将管托边线在加强管上进行标记，就位时用边线对准管托边缘，然后进行节点定位点的测量，节点定位点位于中心线交点，测量时无法进行测量，为此须将测量点反至加强管顶面，同时因加强管不是水平管，将测点反至顶面时，不仅仅考虑管半径，须同时考虑管中心线的倾斜度。测量时采用两台仪器进行，一台测量节点定位点，一台测量下部V形管牛腿端口坐标，整个加强管通过三个点进行空间定位。

(3) V柱幕墙牛腿的安装控制

幕墙牛腿在工厂制作加工并安装在V柱上，因数量较多、尺寸各异，在牛腿加工完成后，对应不同的V柱进行不同编号，原则上采用对应的V柱编号加零件号的方式，保证牛腿的标识及安装的准确性。

V形柱工厂制作完成后发货现场，幕墙牛腿工厂制作完成后，发货到镀锌厂镀锌，幕墙牛腿镀锌完成后发货到现场与V形柱在现场焊接。

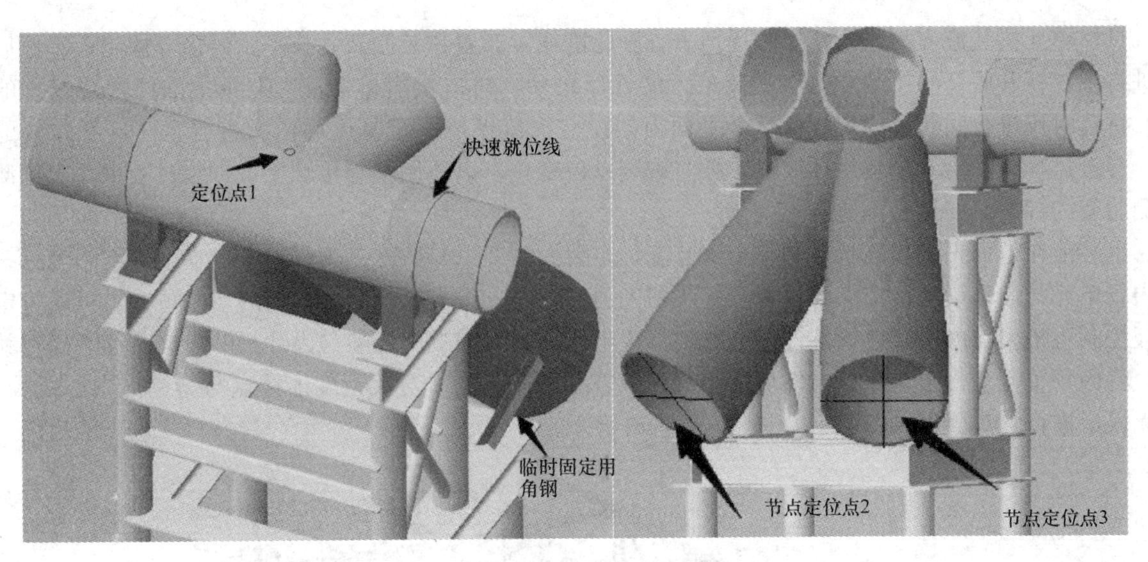

图7 加强管定位点

吊装前在牛腿上放置反射贴片，在V形柱就位后，通过全站仪进行测量，确定牛腿的轴线位置以及标高，调整到准确位置后，V形柱焊接固定（图8）。

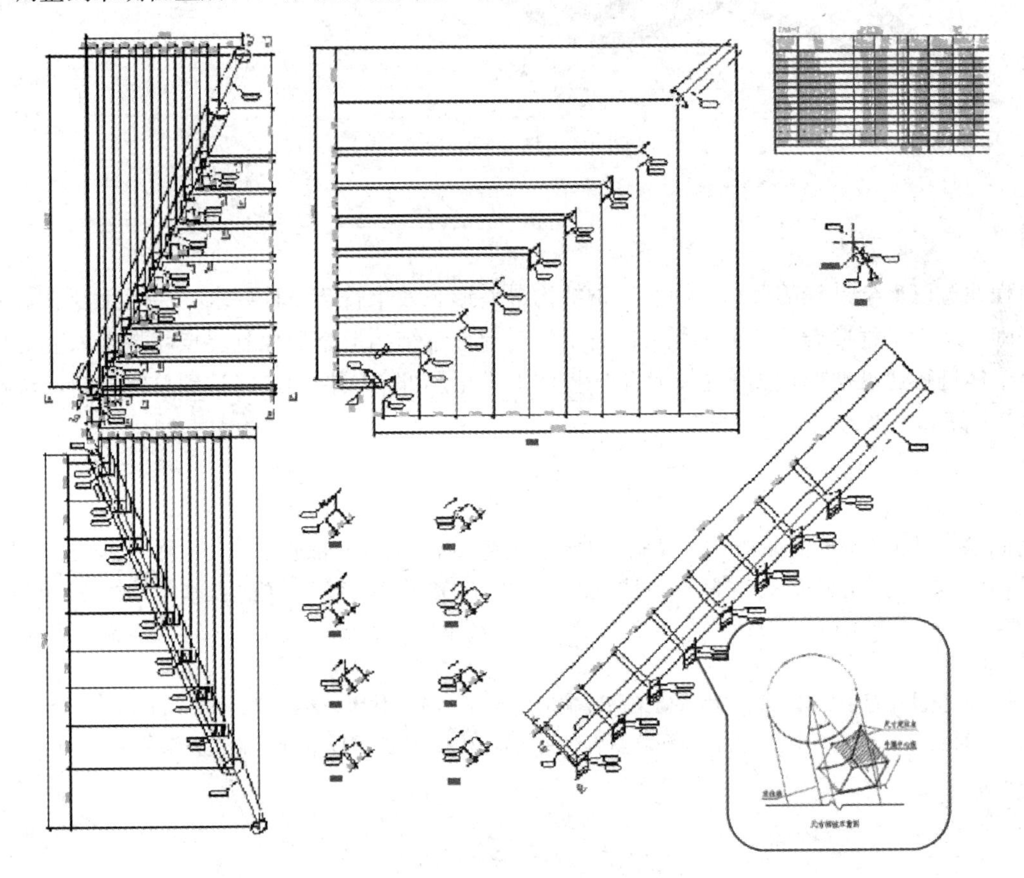

图8 V柱牛腿示意图

（4）内场桁架的拼装精度及吊装精度

主桁架进行现场拼装。桁架为工厂分段制作，单榀桁架高度4708～7528mm不等，受运输车辆长宽及道路宽度等因素限制，桁架为工厂散件制作，散件之间有焊缝间隙，故工厂在散件检查合格后打包发货，在施工现场拼装为吊装单元，现场进行吊装单元检查合格后，再吊装施工。

具体单元拼装流程为：①在拼装场地下方画轮廓线，布置拼装胎架并找平胎架顶部标高；②然后依次进行主弦杆和腹杆的拼装，检查吊装单元的外形尺寸、对口错边量等；为避免主弦杆焊接过程的变形，拼装时仅进行间断焊固定，待整个平面桁架拼装完成形成一定刚度后依次进行主弦杆和腹杆的焊接，焊接过程中在桁架端口悬挂线锤，随时观测点位变化，以便调整焊接顺序。拼装过程中，定期测量复测胎架的标高，如果有问题及时调整。

吊装前在地面先将空间状态调整至安装态，主要控制 2 个参数：一为临时支撑支座的空间坐标；二为内场单元与内环梁连接节点的位置坐标。即先通过临时支撑支座控制主桁架的空间位置，再通过定位卡板控制主桁架与内环梁铸钢件连接节点的位置坐标，同时兼顾次桁架与内环梁的连接节点。高空就位时，将内场单元主桁架连接点与内环梁铸钢件中心线对齐，同时对次桁架连接点与铸钢件中心线校核，均无误后进行点焊固定（图 9）。

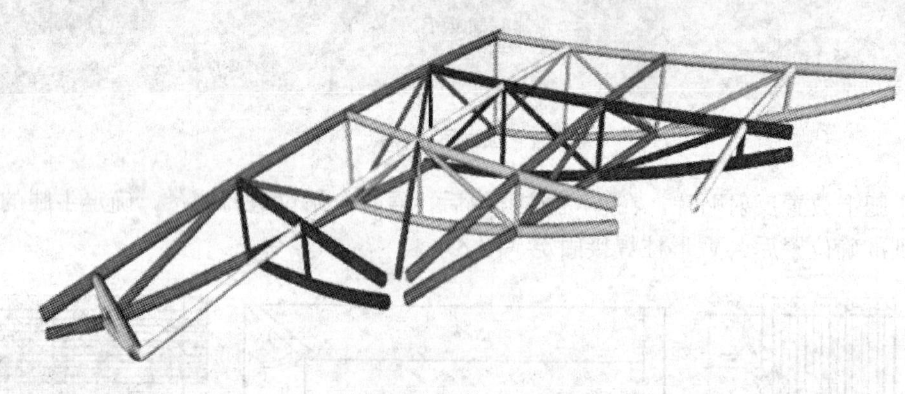

图 9　内场单元示意图

3　结语

本工程通过以上全过程的形态控制后，钢结构最终形态效果符合设计要求，为后续专业施工打下了良好的基础。从本工程形态控制全过程可以看出，对异形钢结构形态的控制要点就是大局上要从总体往局部直至个体进行通盘把握，实施上要从工序控制上升至局部单元控制最终达到总体控制，这就是形态双向闭合控制。

参考文献

[1]　张秀玉，等. 大跨度异形钢网架整体吊装施工技术 施工技术[J]. 铁道标准设计，2010(7)：124-127.

[2]　杨国松，吴文平，等．成都双流国际机场 T2 航站楼钢结构滑移施工技术[J]. 施工技术，2014，42(20)：54-57.

[3]　范广军，谷洋，向峰，等. 忠县电竞场馆超长主次桁架与环带桁架穹顶钢结构施工技术[J]. 施工技术，2018，47(11)：26-30.

[4]　吴国来．清流县体育中心体育馆屋面管桁架吊装施工技术[J]. 施工技术，2018，47(8)：11-15.

[5]　杨鸿玉，刘卫东，蒋韬，等．上海世茂深坑酒店双曲线异形钢结构施工技术[J]. 施工技术，2016，45(23)：76-79.

加强建筑工程合同履约管理

肖娟娟　顾　建

（山东莱钢建设有限公司，莱芜）

摘　要　本文围绕近年来建筑施工合同履约管理实践中暴露出来的问题，提出针对性的对策，从而有效避免合同履行的法律风险，提升企业信誉和市场竞争力。

关键词　建筑工程合同

1　建筑工程合同履约问题分析

目前国内建筑市场竞争惨烈，施工企业项目利润率长期在低水平运行，而施工企业由于自身管理责任造成的工程拖期或质量问题，最终导致发包方提出索赔的情况屡见不鲜。因此在建筑施工企业现代化管理制度下，履约成为企业管理的重点和难点

（1）履约的责任人意识欠缺。合同签订后，没有及时进行合同交底，没有人负责牵头合同履约，合同签订部门在合同签订之后便束之高阁，对合同的履约不闻不问，在合同履约过程中缺乏责任意识。对于项目管理部门，在合同前期没有参与合同洽谈，与甲方之间没有建立任何关系，他们只对目标负责，造成商务与生产的脱节，也不会引起对合同履约的高度重视。

（2）合同及时变更能力缺失。缺乏对合同的及时变更能力，对超出履行期限未完成任务的合同既不解除合约也不追究其违约责任，在日后的合同谈判中将自身推向不利地位。

（3）部门间相互配合和监督不足。由于部门职能的分散性，商务与生产职能分管于不同的两个部门和企业领导层，容易导致各自为政，缺乏交流，经常会出现因为沟通不及时造成的履约异常，当合同出现问题时互相推卸责任，增加了正常履约和解决问题的难度。

（4）信息平台不健全，信息反馈不及时。完整准确的项目信息是企业顺利履约的基础，好多企业没有一个健全的信息平台，信息获取和传递技术不够先进，也没有形成一套完整科学的管理流程，缺乏专业的信息管理人员和信息统计人员。

2　建筑工程施工合同履约管理

合同履约管理是以合同协议为约束，制定合同履约工作计划，其中包括合同中行为的组织和实施、协调、控制等一系列活动。履约强调的是过程，重点在于对建筑工程施工过程的管理，包括人、财、物的所有生产要素管理，下面主要从几方面谈如何做好施工合同履约管理。

（1）系统性、动态性管理

履约管理不是单一性管理，不仅仅是商务合约部或哪个部门的工作，在实际合同履行过程中，往往需要多个部门的共同配合，凡涉及合同条款内容的各部门一起参与管理，统筹协调的情况下才能够真正履行好合同。因此要首先成立项目履约小组，集合各专业人员的知识和能力，组织进行合同交底，并制定履约推进计划，明确各部门履约内容和责任，要有详细的时间节点和保障措施。

在制度保障上，针对每一个项目的合同履约计划都必须有一个主要负责人，牵头实施，并定期提出

问题分析和考核，确保在实施过程中出现的责任推诿和问题积累，确保正常履约。

注重履约全过程的情况和变化，对履约异常能够及时发现并提出意见。对签订合同进入实施阶段的每个工程项目要进行事先策划，并始终贯彻执行“收益和成本挂钩、分配和上缴挂钩”的项目履约管理动态监控机制，实现履约管理的全过程、全方位、多层次动态监督管理。

（2）精益化管理

一个建筑施工项目在履约中涉及的相关方很多，特别是对分包单位的管理，决定项目能否顺利实施的关键，在实际管理中要结合工程实际情况，认真研究每一项分包合同，采取精细化、精益化理念，“以利润定成本”，将合同总体管理目标逐一分解到每一个子合同，每一项具体活动中去，通过与目标责任人签订责任书的契约化管理方式，规定其在整个项目建设阶段的责任和义务，明确项目应该达到的进度、质量、安全和效益目标，确保整体效益的实现。

（3）资源管理

信息管理是项目运营管理中最基础也是最重要的一个环节，在施工企业中信息质量的好坏能够影响项目建设的工作效率，严重还会导致其他工作不能正常进展，造成企业效益的损失。因此，必须要加强信息管理，保证信息在经营管理中发挥最大的作用。第一，要消除人为因素造成的信息管理失误，不断提升专业水平和能力；第二，有先进的信息管理系统，立足 BIM、互联网、大数据和云计算等技术，提供优质的产品和服务。

优化资源配置，加快项目履约。工程项目建设所需资金量非常大，资金是整个项目建设的血液，要制定专项资金计划，实行专款专用，以收定支，每个项目负责人要依靠项目自身建设情况，按进度回收项目工程款，项目履约和项目资金回收是相辅相成的，作为施工方我们要按合同保证项目进度、安全和质量都能够正常履约，在此基础上，还要按照合同准确及时地确认收入，催收工程款，避免因资金回收不及时造成资金成本的增加，影响整个项目利润。

项目管理人员的配置问题，重点要以项目目标管理计划为依据，本着科学管理、精干高效、结构合理原则，选配在同类工程总承包管理中具有丰富施工经验的技术和管理人员组建项目部，通过建立项目管理制度、完善质量、安全、技术、计划、成本和合约方面的管理程序，使整个工程的实施处于强有力的管理控制之下，实现项目预期目标。

（4）抓好合同履约过程控制

提升企业内部整体管理能力和协调能力，发挥项目部管理人员的内部团结协作精神，对项目建设各阶段加强风险防控意识和能力，做好事前、事中和事后的策划、管控及总结，不断增强处理问题的能力，做好施工项目的进度、质量、安全过程监督和控制，加强项目预结算管理，最终获取项目收益。

做好履约检查，是事前或事中发现问题和疏漏的唯一办法。只有在合同履约过程中定期检查，才能及时发现问题，制订防范风险的对策，从而将风险损失程度降到最小，将收益做得最大。为此，合同管理人员必须经常深入现场对合同履约和管理情况进行针对性的检查，通过检查反映出合同履约中的一般性问题，显示出妨碍合同履行的重大问题，以及产生争议或出现纠纷的现象或隐患等，提出解决的办法或提出解决的请求，通过整改使合同顺利履约得到落实。

3 提升 EPC 管理模式下的履约能力

EPC 模式中的设计-采购-施工一体化的工程总承包模式，是目前大型工程项目中采用最多的一种运作模式。未来工程总包全产业链模式必将在建筑业改革发展中大为收益，而越来越多的施工企业已经基本实现工程总包全产业链覆盖，在全产业链发展计划的推动下，施工企业间的竞争力不仅仅是施工能力的竞争，而是设计、采购、施工协同发展，发挥整体优势的竞争。

（1）以发包方的要求为履约重点

施工企业提供的产品和服务除了满足规范、标准、法律法规的基本要求，更要重视发包方的增值要求，管理的宗旨是顾客满意，符合业主要求是竞争中最大的胜利，施工企业通过对整个工程项目设计、采购、施工一体化策划，提升综合履约能力，实现发包方对建筑产品功能、质量和建设工期的要求，特别是对质量的要求，是发包方对施工企业履约能力信任的关键。

（2）履约能力表现为“设计、采购、施工”三位一体的协同能力

在EPC管理模式下，设计、采购与施工合同履约并不是各自独立的，是相互配合相互监督的，其中设计在整个工程建设过程中起主导作用，在设计环节，通过对设计方案的不断优化，有利于采购和施工过程的控制。加强对设计、采购、施工各个阶段工作的合理有序衔接，提升每个环节的履约能力和相互之间的协同配合能力，能够有效实现建设项目的进度、成本和质量管理目标，获得较好的收益。

4 结语

施工企业的合同履约管理是一个全方位、科学化管理，这就要求企业不仅要重视合同签订前的管理，也要注重合同签订后的管理，确保人员、部门、制度三方面的落实，构建适应市场经济的合同管理机制，才能更好地落实合同履约管理、塑造企业秩序、保持企业信誉、规避市场风险，从而实现经营目标，取得良好的经济效益。

铸钢节点安装施工监理管控要点

张兴年

（浙江江南工程管理股份有限公司，杭州 310013）

摘 要 本文是监理方在某些建设工程中，针对铸钢节点在其施工时的相关环节，在施工监理过程中做好所应注意的事项及采取的措施，来保证该工程质量的一些经验体会。

关键词 胎膜架方案审查；测量控制；焊接旁站和巡检；卸载监控

1 概述

对于采用原位吊装施工的钢结构工程，其铸钢节点安装的成功与否，可以说决定了该工程安装施工的成败。首先，要有结合该工程特点的胎膜架。尤其是大吨位超重的铸钢节点，要求胎膜架必须稳固，荷载传导合理。否则容易引起胎膜架变形甚至倒塌，或者对已施工好的主体建筑造成损伤和隐患。其次，只有铸钢节点正确就位，尤其是分枝接口多的铸钢节点定位准确，才能达到整个钢结构的安装合拢符合设计要求。再其次，铸钢节点与相邻的型钢构件、杆件之间的焊接必须可靠，才能使整个钢结构工程安全可靠。此外，整个钢结构工程合拢以后，其卸载过程是否合理，是对铸钢节点能否顺利实现从胎膜架受力工况转换至设计承载工况的考验，只有实现顺利卸载，才算实现了整个钢结构工程的安装施工任务。下面以本人负责施工监理的一些工程实践，谈一些铸钢节点在安装施工过程中，需要注意的事项和措施。

2 胎膜架方案审查工作

（1）深圳大运会主体育场 13.9 万 m^2，观众席 6 万座。其屋盖钢结构工程为大跨度单层空间折面网壳结构体系。在钢结构工程开始施工时，施工单位初次报送审批的钢结构安装施工胎膜架方案是：以该工程的看台顶环梁为界，用 80 个钢格构柱、台和型钢组成两个内圈，两个外圈胎膜架，支撑起整个钢结构工程的安装荷载。具体方案是，在该工程的顶环梁外侧 F2 层 6m 平台上，由各 20 个独立钢构、梯台胎架组成两个外圈胎架；在看台范围由 20 个跨在不同标高看台上的钢构梯台胎架组成一个内圈胎架；另外一个内环胎架圈由 20 个钢管标准节组成，落脚在田径场地面，两个内环胎架之间由钢管桁架连接成整体。其铸钢节点吊装行走路线是在该工程的径向 300 轴～400 轴以外区域由 600t 履带吊机沿 F2 层外围地面绕圈逐段吊装施工；在 300～400 轴（训练场、游泳馆与体育场地下通道的地下室）范围，是将地下室至 F1 层顶板进行加固后，600 吨吊机爬上 F2 层平台进行吊装施工（图 1）。

对此方案，我监理方分析认为：按这样的吊装胎架格构、柱台分布情况，其在吊装施工时将对已经建成的混凝土主体结构有一定影响，尤其是在 300 轴～400 轴范围的 6m 平台下的 F1 层和地下室需要加固处理外，其 600t 吊机自重 173 吨、加上配重共约 530t 重，起吊最大铸钢节点 84t，在吊装作业过程，存在对该处已施工的建筑结构有造成严重损坏的风险。为确保钢结构工程施工安全考虑，我监理方提出两方面意见：一是明确要求钢结构施工单位将该胎膜架方案提请本工程的建筑设计院协助对其建筑结构的安全性影响进行复核验算、评估，并按设计方的评估意见进行修改完善，直至符合建筑结构的设计要

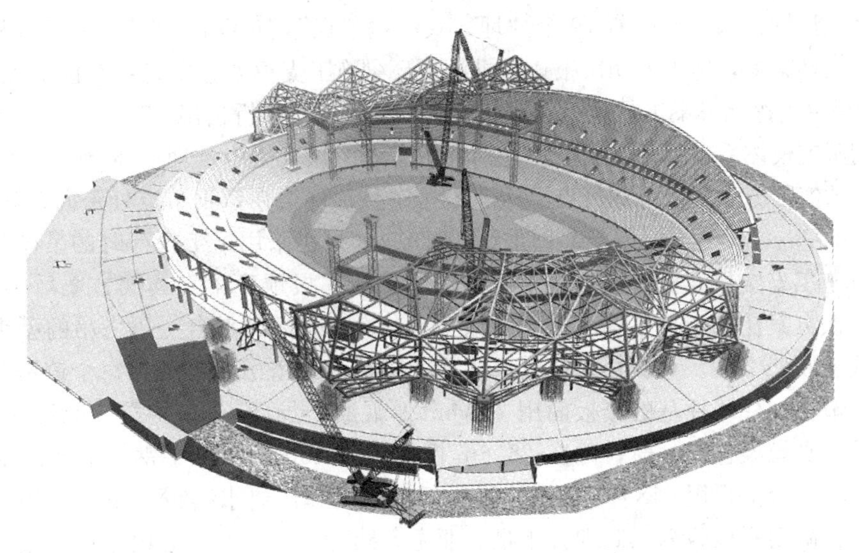

图1 初次送审的铸钢节点吊装方案示意图

求为止；二是建议钢结构施工单位与总包施工单位协商，为确保本工程的施工关键线路，由土建在训练场建筑和地下通道施工完柱基、承台、地梁后就暂停施工；并将现有的结构钢筋采取保护措施后，在该区域覆盖一层厚度超过1m的回填土、压实、铺上路基箱，作为吊机在6m平台外围行走、吊装的通道，等大型铸钢节点、钢构件吊装就位，再由土建恢复施工，把为钢结构吊装施工让路的工期抢回来，其中的成本增加部分由钢结构施工单位给予适当补偿。上述两方面意见得到了业主和参建各方的认可。原吊装胎膜架搭设方案经设计方复核验算提出完善意见后，由钢结构施工单位实施。其方法是将钢结构胎膜架格构柱在本建筑结构局部受力敏感区加大了柱基受力面，并将部分内环格构柱的基础直接改成挖孔桩，保证了整个钢结构胎膜架体系的安全可靠性；铸钢节点和钢构件的吊装施工路线中的大型吊机全改在地面行走作业（图2），极大提高了吊装钢结构施工的功效，也确保了已施工的建筑结构工程的安全，使得该钢结构工程能顺利合拢。修改完善后的吊装施工方案与原方案相比，不仅实现了该工程的施工进度计划，还节省了200余吨加固钢材，实际开支的措施成本，除去补偿总包的开支以外，至少节约了100余万元，很好地实现了安全、进度和成本三大目标的统一协调。

图2 铸钢节点吊装实施

（2）杭州奥博中心主体育场21.6万m^2，观众席8万座，其屋盖钢结构工程为空间管桁架+弦支单层网壳结构体系。该钢结构工程中有79个“埋入式铸钢节点”，布设在36.5～42.5m标高、长约一公里马鞍形混凝土顶环梁中，施工方初次报送审批的顶环梁施工支模架方案是：在该工程六层楼面用ϕ48×3.0钢管搭设吊模支撑架方案进行施工。对此方案，我监理方分析指出：一方面，看台顶环梁支模架属荷载和高度超限支模体系；另一方面，原先招标施工图中顶环梁中预埋的铸钢节点仅为6.5t/个，现在深化设计修改的实际施工图该铸钢节点已达30t/个；且顶环梁在铸钢节点处跨向设计改为变截面后，每跨增加重量49t左右，钢筋、混凝土共增加约3800t。如果仍采用施工投标时的吊模架方案施工，已明显不合理，且施工安全风险极大。故要求施工单位重新编报顶环梁支模架方案后再行审批。为此，施工方内部经多次方案比选，最终提出了：在该工程的7.6m标高平台上用塔吊的型钢标准节与钢管结合成“组合式支模架方案”（图3）。具体方法是：用158台塔吊标准节在每个铸钢节点下方两侧各设一个塔吊标准节格构柱（柱基的楼板面用200mm厚混凝土加固），格构柱之间用ϕ48×3.0钢管环向、径向再与看台支模架连成一体；并在25.6m标高处用450余吨工字钢、槽钢沿格构柱顶部设置环形转换平台，在平台上再用ϕ48×3.0钢管按顶环梁不同部位要求搭设上部支模架。该方案在由该工程建筑设计单位协助复核验算、监理方审批、业主方同意后，经专家会议论证通过并实施。从施工后效果看该“组合式支模架”方案不仅确保了施工安全需要，保证了该处铸钢节点就位准确，满足了钢结构整体安装的要求，也为顶环梁混凝土顺利浇筑施工奠定了基础，形成的顶环梁实体工程质量符合设计要求。

图3 组合式支模架施工

3 测量控制工作

深圳大运主体育场钢结构工程中采用大量铸钢节点，最大的肩谷节点有10个支管，其现场的高空原位吊装对定位精度要求很高，因定位的精度将直接影响焊缝的组对间隙和空间形体。为此我监理方就将控制好构件的空间定位精度复核作为一个重要的工作环节。在钢结构工程现场施工前，仔细审查施工方报送审批的现场吊装施工测量方案，并针对其现场安装时可能出现的问题及设置二级测量控制网（图4）的位置与施工方进行了深入讨论，双方确定首先保证测量控制网精度，加强对球形支座和高空铸钢节点定位精度控制为主的工作思路。在施工过程中，铸钢节点进场后先由施工方实测其各个支管的实际空间坐标（图5），并采用三维空间拟合法，将实测坐标与设计理论坐标用电脑模型进行拟合，通过拟合对所安装的铸钢节点的原理论控制坐标进行调整，以避免铸钢节点按原设计坐标定位后出现某一个或某几个支管偏差较大的问题。在铸钢节点就位后，安装节点之间的主杆件之前，对支管进行实际坐标测量，以此对主杆件预先进行相应的修正加工处理，保证其能顺利地吊装就位。同时我监理方还对地面拼装构件的拼装精度进行复核，以保证其在空间定位的准确。在施工过程中，我监理方使用自备的高精度全站仪、水准仪等仪器，跟踪复核施工单位在现场布置的平面和标高控制基准点、测量控制网体系中的引测点、承重胎模架定位测量、钢结构变形观测；对预应力锚栓、球铰支座铸钢节点吊装定位、合拢区域施工缝宽度以及结构自重不断增加、风荷载、日照和温差等变化的影响，如发现超规范和设计的偏差，则要求施工单位立即进行调整，符合要求后方允许定位焊接施工，以确保构件安装精度符合《钢结构工程施工质量验收规范》的要求，为该钢结构工程顺利合拢打好基础。

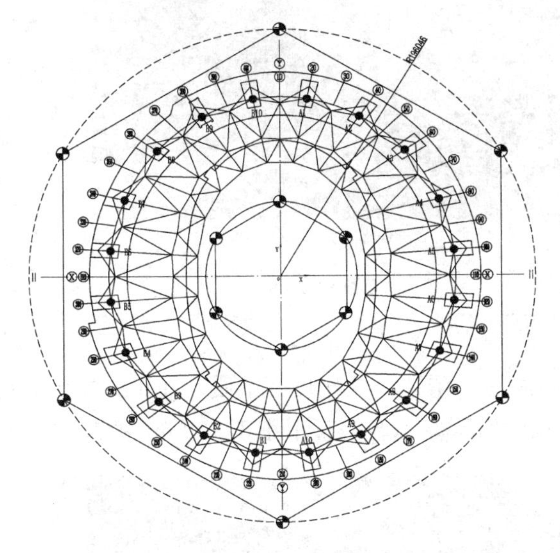

图 4　钢结构安装测量控制网

图 5　进场三维坐标拟合验收

4　现场焊接施工的旁站和巡检工作

深圳大运主体育场钢结构工程中铸钢节点总重约 4500t，结构主杆直径为 700～1400mm，壁厚 120～140mm，铸钢件采用 GS20Mn5，厚壁管采用 Q345GJ-C，普通焊接管采用 Q390B、Q390GJ-C。根据该工程使用大量的厚板焊接的工艺特点，我监理方将现场焊接施工质量作为重点去监控。施工单位一进场，即让其编报了现场焊接施工方案和办理审批手续。在正式焊接施工开始前，笔者，监理方又要求施工单位进行了覆盖现场施工焊接所有的焊缝的焊接工艺评定，共进行了焊接工艺评定 20 组，全部合格后方同意现场正式施焊；对主杆件的全熔透一级焊缝的焊工，除要求有焊工资格证外，还要求实行现场考核合格后方能上岗的制度，共协调施工方先后组织两批高级焊工现场考试活动，选取 65 名优秀焊工，参与主杆件的全熔透一级焊缝的施焊工作，为现场拼装焊接施工质量打好基础；在焊接过程中，监理方的主要检查内容分别是：焊前核对构件标记并明确该构件的安装精度、检查焊接材料、检查焊接部位的清理打磨、检查焊接部位的预热，在施焊中主要检查填充材料、打底焊缝的外观、焊道清理状况、各项焊接工艺参数，实测焊缝层间温度，在施焊后检查焊渣和飞溅物的清除、焊缝外观、咬边、焊瘤、裂缝和弧坑处理、后保温处理等是否符合焊接工艺要求，发现问题及时提出并要求立即纠正；对于焊缝的无损检测，施焊完毕的焊缝待冷却 48h 后，按设计要求对全熔透一级焊缝进行 100%、对二级焊缝进行 20%的超声探伤及相应的磁粉探伤，探伤过程由施工方先自检合格后，第三方检测单位即跟进抽检；对焊缝返修的要求：经探伤不合格的焊缝必须返修，返修焊缝的工艺和质量要求与原焊缝相同，返修焊缝的最小长度大于 50mm，焊缝同一部位返修不得超过两次。

在做好普遍监控现场焊接施工质量的同时，我监理方还对重点铸钢节点的组焊进行专项监控。其中该钢结构工程中的最大铸钢节点（图 6）7 号铸钢节点（肩谷）重约 84t，共有 10 个支管，其中有一个支管与 200mm 厚的锻造管进行组焊（图 7），需要连续施焊四天三夜，使用焊丝约 650kg。在其组焊过程中，我方监理人员严格按照审批后的焊接施工专项方案进行 24 小时跟踪旁站监理：在施焊前，督促

(a)

(b)

图 6　肩谷节点

(a) 肩谷节点；(b) 肩谷节点组焊后

施工方人员认真清除坡口内外和垫于坡口背部的衬板表面油污、锈蚀、氧化皮等杂质，在正式焊缝焊接前要求做好预热工作（图 8），预热应覆盖焊缝坡口两侧宽度为壁厚 1.5 倍且不小于 100mm 的范围；在

图 7　厚壁管组焊接

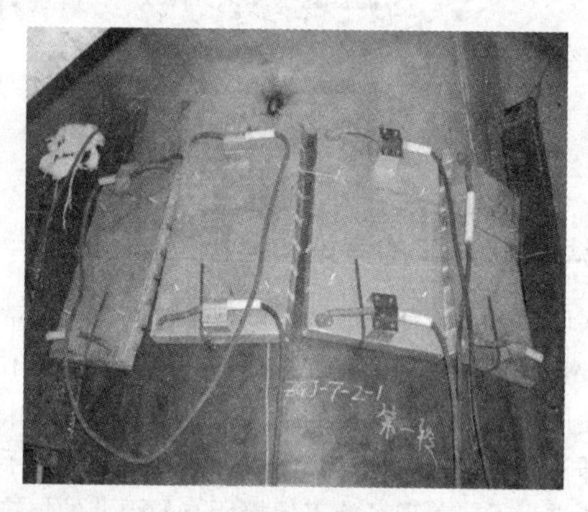

图 8　电加热保温处理

施焊过程中要求施工方严格按专项方案施焊，即以分层、分道退焊的方法进行施焊，做到对称位置的三名焊工（图 9），保持同时、同速对称施焊，并选择相同的焊接电流参数及分层焊接厚度；对焊缝的检查按照薄层、多道进行焊接（每层约 5～8mm），单条焊缝长度大于 500mm 时采取分段退焊，每层、每道焊缝接头错开 50mm，避免焊缝缺陷集中，对碳弧刨使用后采用角向磨光机磨去刨削部位表面附着的高碳晶粒，以避免焊缝裂纹的产生；对控制坡口尺寸和焊缝截面积，防止过量熔敷金属导致收缩和应力增大，要求尽量控制焊缝表面的余高并使之平缓过渡，减少焊趾部位的应力集中，将焊缝余高控制在 1～3mm以内；对施焊过程中的层间温度控制在 100～150℃之间，并在施焊过程随时进行检测（图 10），当层间温度低于 100℃时，及时进行补热，当层间温度高于 200℃时立即停焊，待温度自然降至 100～150℃时，才可再进行焊接；对焊后热处理及后保温处理，其温度控制在 250～350℃，持续时间不少于 3h，使其有效地消除焊接应力并使扩散氢及时逸出，从根本上解决由于焊接应力集中及扩散氢积累含量过高而发生层状撕裂。

在施工方的艰苦努力、勇于拼搏下，监理方严格按焊接施工专项方案监控下，该钢结构工程取得了十分优异的成绩。该工程现场焊缝包括地面组对焊缝和高空接口焊缝，主杆件一级全熔透焊缝共 1424 条，次杆件全熔透二级焊缝共 7880 条。主杆件焊缝进行 100%自检探伤，一次探伤合格率超过 98%；

第三方检测按同样比例为100%检测，检测合格率超过为99%（不合格焊缝主要为热影响区铸钢件母材

图9　三人对焊现场

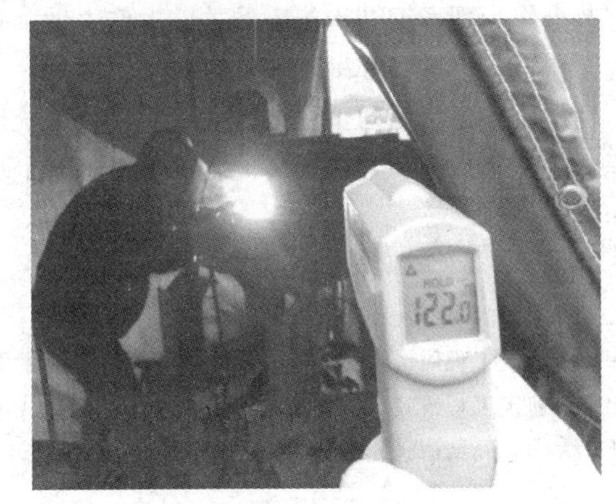

图10　温控检测

缺陷)。次杆件焊缝自检及第三方检测比例为20%，所有抽检焊缝合格率达到100%。

5　钢结构卸载的监控工作

深圳大运主体育场钢结构为复杂的空间结构，其结构悬挑最大68.4m，结构总重约18000t，由80个临时格构柱、台支撑承载整个屋盖钢结构工程的荷载。卸载工程就是要安全撤出临时胎架顶部用于支撑钢结构主体结构的工装，使主体钢结构自身受力，独立承载，形成设计要求的受力体系。卸载前我监理方除认真慎重地审查施工单位报送的钢结构卸载工程施工专项方案，并协助组织了卸载方案专家评审会，根据专家评审意见，督促施工单位落实对原卸载方案进行修改和调整。在卸载设备及钢结构健康监测设备全部就位调试完成后，我监理方对相关设备运转情况组织有关各方进行全面检查，并在卸载前组织有关单位召开专题会议，明确卸载步骤、各方职责和配合事宜及相关应急措施。同时根据卸载工艺复杂，临时支撑多，需要大量同步控制设备且油压千斤顶等有关设备需要周转往返使用，全部操作均为高空作业，卸载又要求尽量使整个钢结构各支点之间位移协调平缓变化，做到卸载过程中各杆件相应状态成比例增加或减少。实现本次卸载总目标是该钢结构主体各支点能“逐圈、同步、分级卸载”，其同步精度必须控制在±5mm以内。为此，我监理方专门召开了内部会议，对该钢结构卸载进行的各项监理任务目标要求作了重点提示，对各专业监理人员进行了详细分工，明确在卸载过程中各自的职责和发现问题后的沟通交流方法。在一切准备就绪，相关各方一致认为具备卸载条件后，该钢结构工程展开正式卸载。我监理方按照审批后的卸载方案严格监督施工单位按照该方案执行每一步的操作，现场监督的监理人员将每一步实际操作的相关数据及时上报，项目总监在总控制室协同业主、设计、施工方一起对每一步的检测数据进行分析，在各方一致确认后，发出指令方能展开下一步的卸载工作，最终确保了该钢结构工程的成功卸载。

另外，我监理方在实现顺利卸载后，建议施工方立即对该钢结构工程的所有关键节点和杆件及焊口进行二次探伤检查，经实测均未发现异常。本次卸载过程由建设单位委托的钢结构健康检测单位对主体结构变形，关键构件应力变化情况同步进行全过程监测。检测数据表明：杆件应力变化趋势和设计相符，杆件应力增加值最大为69MPa，减少值最大为－61MPa，表明该钢结构传力路径明确，未发现危险杆件；该钢结构的背谷节点竖向位移实测最大值为下沉285mm，计算值为下沉311mm，实测值小于计算值。在卸载顺利完成后，建设单位组织召开了卸载检测成果专家鉴定会，卸载成果获得了专家们的肯定。

6　结语

在铸钢节点采用原位吊装的大型钢结构工程现场施工中，为保证工程质量和施工进度目标，工程参

与各方除落实好铸钢节点的工厂生产质量外，监理方还必须根据所建设工程的实际情况和条件，紧紧抓住铸钢节点作为现场钢结构施工的关键工作去做。具体可以从该工程的胎膜架施工方案和施工测量方案的审批，铸钢节点进场和吊装就位时的测量复核，关键节点、主杆的组焊及其他主要焊接施工的旁站和巡查，到最后整个钢结构工程的卸载过程进行系统地监控把关；同时积极帮助施工方有针对性地完善施工过程中的施工措施和方法，督促施工单位将每个环节的施工质量做到位，达到确保整个钢结构工程的质量和工期目标。

参考文献

[1] 深圳市建设工程质量检测中心．钢结构工程焊缝质量检测报告 GTG-2008-0013[R].
[2] 北京市建筑工程研究院．深圳大运中心主体育场卸载过程监测报告[R]. 2010.
[3] 浙江大学空间结构研究中心. 杭州奥博中心体育场卸载监测报告[R]. 2014.

基于重力自调对接装置的大型电子厂房桁架整体吊装施工技术

周进兵　王　典　陈海峰　余贞铵

（中建三局第一建设工程有限责任公司，武汉）

摘　要　本文介绍武汉高世代薄膜晶体管液晶显示器件生产线项目2号厂房。项目钢结构施工采用基于重力自调对接装置的桁架整体吊装施工技术可作为同类工程参考。

关键词　桁架；重力自调对接装置；整榀桁架吊装

1　工程概况

随着我国工业的大力发展，在各类大型电子厂房建筑中劲性混凝土结构的应用越来越多，施工方法的选择成为制约劲性构件施工工期和成本的重要因素。

武汉高世代薄膜晶体管液晶显示器件生产线项目2号厂房项目，南北两侧回风夹道采用劲性混凝土结构，钢结构构件数量多、安装就位难、高空作业量大。在回风夹道施工过程中，上部整榀桁架利用履带吊起吊，人工粗调两端十字劲性柱，使钢柱上下端自调对接装置含住对应柱端，然后整榀桁架在重力作用下沿着调节板多折线自动向各自柱中心对齐，当落于调节板焊缝预留线时，安装安装螺栓，固定整榀桁架，焊接上下部分结构。利用重力自调装置使得整榀桁架的十字劲性柱自动对齐，可以避免因预留劲性混凝土柱配筋造成的人工作业面狭窄而造成的上下桁架接口对齐施工难度大造成的质量缺陷。总结形成了基于重力自调对接装置的大型电子厂房桁架整体吊装施工技术。

武汉京东方项目，总建筑面积约142万m^2，其中，我公司承建的三个标段总建筑面积86万m^2，由彩膜及成盒厂房（约359220m^2）、成盒及模组厂房（304900m^2）和相关综合配套区组成（图1）。

图1　工程效果图

2号彩膜及成盒厂房钢结构主要包括：回风夹道钢结构、核心区屋面钢结构、外墙檩条用钢梁、1C、1B、2B工艺平台、DECK板、钢梯及屋面零星钢结构等的施工，用钢量约18600t，DECK板规格为 YXB76-305-915，施工面积 76000m^2。

3 号建筑（成盒及模组厂房）钢结构主要包括：核心区屋面钢结构、外墙檩条用钢梁、DECK 板、钢梯及屋面零星钢结构等的施工，用钢量约 7520t，DECK 板规格为 YXB76-305-915，施工面积 56000m^2。

2 号成盒及彩膜厂房（CELL/CF）回风夹道钢结构由劲性钢柱、钢梁、横向和纵向支撑组成。柱的横向间距为 6m，纵向间距为 10.5m 和 11.1m。设计高度为＋21.500m。南北回风夹道各 29 榀。其中 12-16/R-S 轴深基坑位置有 5 榀回风夹道（图 2）。南北共 15 个纵向支撑。

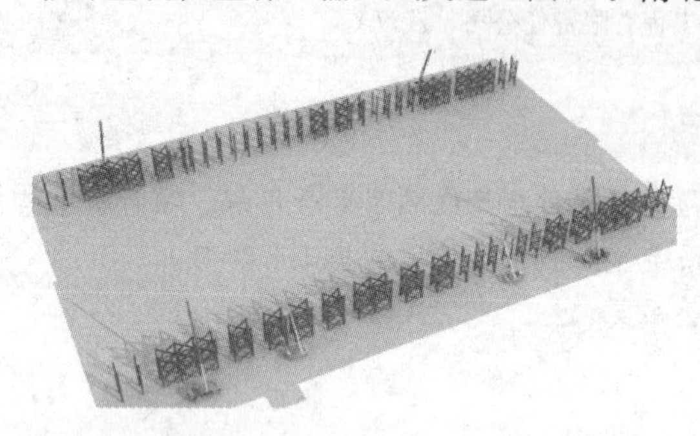

图 2　回风夹道示意图

2　施工工艺流程及操作要点

2.1　施工工艺流程

基于重力自调对接装置的大型电子厂房桁架整体吊装施工工艺流程见图 3。

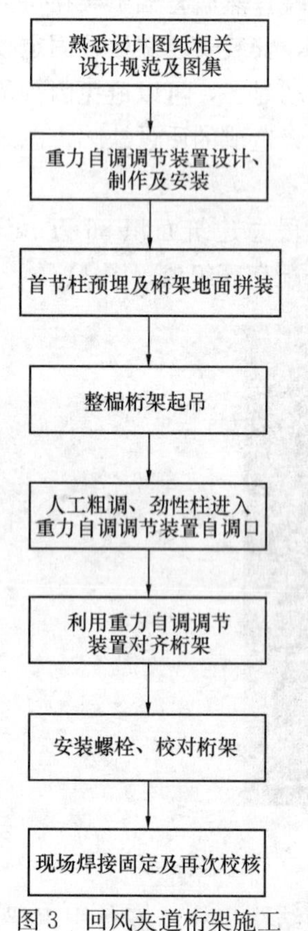

图 3　回风夹道桁架施工工艺流程图

2.2　操作要点

（1）熟悉设计图纸相关设计规范及图集

1）熟悉结构图纸，根据施工现场情况确定吊装机械设备选型、数量和钢结构分节分段方案。

2）钢结构深化设计。

3）确定施工方案，根据回风夹道结构形式提出构件高空散拼施工和地面散拼高空少量施工等不少于两种方案的假设，确定方案施工工况，并评估其优缺点。

（2）重力自调调节装置设计、制作及安装

根据各拼装构件对接口截面，确定需要重力自调调节装置的自助调节板数量及尺寸，依据板尺寸确定合理的多段缩进线；计算出门式桁架整体吊装重量，计算确定所需螺栓直径及板预留孔径；依据设计及规范要求，在下部自助调节板上确定能保证上下端口缝隙宽度的焊缝间隔板准确位置。将重力自调调节装置同构件一同加工、制作，并按施工设计要求安装。

3　桁架整体吊装重力自调对接施工技术

3.1　首节柱预埋及桁架地面拼装

（1）焊接技术要求

1）根据采用的钢材、焊接材料、焊接方法、焊接热处理等进行焊接工艺评定，并根据焊接工艺评定报告确定焊接工艺。

2）严格控制钢构件制作时的焊接收缩变形量，选择合理的工艺及顺序，特别是焊接节点区域。采取有效的技术措施，减小焊接残余应力的影响。

（2）焊接技术顺序

1）整体桁架焊接顺序

整体桁架焊接应先采用四人对称焊接横梁，形成稳定系统，再对称焊接支撑，避免焊接过程中桁架变形。

2）梁柱焊接顺序

十字型柱焊接，要求有两名焊工对称焊接。首先焊接一对翼缘，再焊接另一对翼缘，然后同时焊接同一腹板，再换至另一侧焊接腹板。为更好控制焊接变形，对接节点分为两次循环将焊口焊满。首先焊至焊口 1/3 深度处，焊完一个循环，进行二次循环焊接时将焊缝焊满（图 4）。

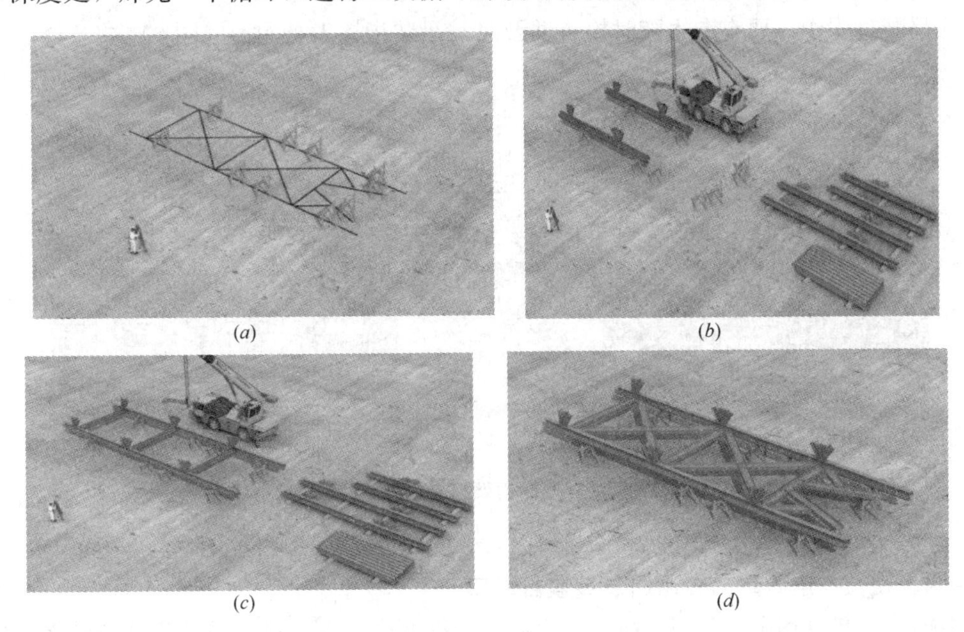

图 4　梁柱焊接

（*a*）定位拼装胎架；（*b*）钢柱就位；（*c*）钢梁就位；（*d*）地面拼装完毕

3.2　首节柱安装及其加固措施

（1）首节柱安装控制要点：1）检查轴线、标高。2）保证钢柱脚安装固定可靠。

（2）首节柱加固控制要点：1）控制柱间尺寸，防止位移。2）临时连梁需牢固，具有一定的刚性。3）临时连梁尽量放置在未涂刷油漆部位，避免对油漆的损伤（图 5）。

图 5　首节柱加固

（*a*）首节柱安装；（*b*）首节柱加固措施

3.3 整榀桁架拼装及安装起吊

（1）十字劲性柱上需设置爬梯和防坠器，方便就位完成后松钩以及其他次结构安装作业。

（2）吊装前钢丝绳、卸扣应梳理顺畅，不得有扭结现象。

（3）拉设溜绳，便于桁架吊装过程中方向调整。

（4）起吊时先试吊，当整体离地 200mm 左右时，停止起升 10min，检查构件及吊装机具有无异常现象，确认无异常后再进行吊装。

（5）结构整体吊装过程中，所经过的空间不能有任何障碍物，对所有障碍物在提升前予以清除或在主体结构施工中合理安排。

（6）结构吊装就位后至临时固定牢靠前起重设备不得停止运行。

（7）整体吊装过程中，要有专人随时检查并及时与吊装指挥人员沟通（图 6）。

(a)

(b)

图 6　整榀桁架拼装及吊装

(a) 整榀桁架拼装；(b) 整榀桁架吊装

3.4 人工粗调、劲性柱进入重力自调调节装置自调口

上部整榀桁架吊装过程中，利用溜绳人工粗调，使得两个劲性柱柱头同时并且竖直落入自助调节板围成的自矫口范围（图 7）。

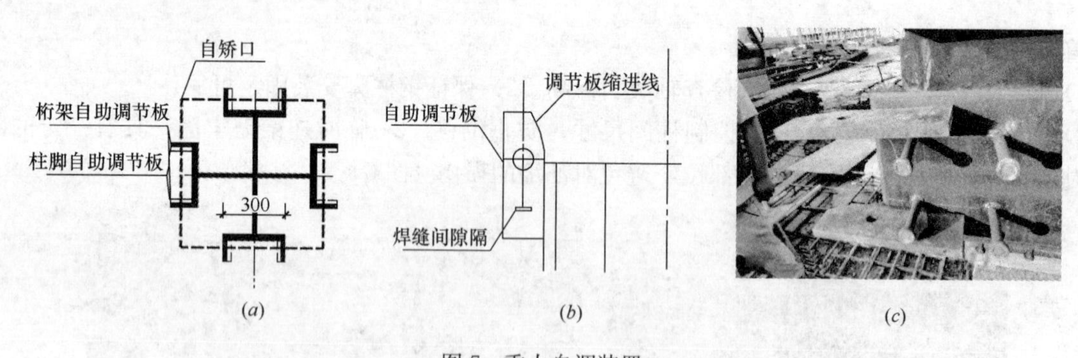

图 7　重力自调装置

(a) 重力自调装置自矫口；(b) 自助调节板图；(c) 桁架柱脚重力调节装置

3.5 利用重力自调调节装置对齐桁架，安装螺栓、校对桁架

（1）十字劲性柱在重力作用下下沉，在重力自调装置约束下柱随着调节板缩进线轨道同时向中心收拢（图 8）。

（2）桁架在下降过程中，吊机需保证整榀桁架竖直。

（3）下沉至耳板孔对齐范围，此时桁架柱对齐阶段工作完毕，桁架柱脚与预埋件柱脚竖向对齐。

（4）应用安装螺栓临时固定，拉设四根缆风绳加固。

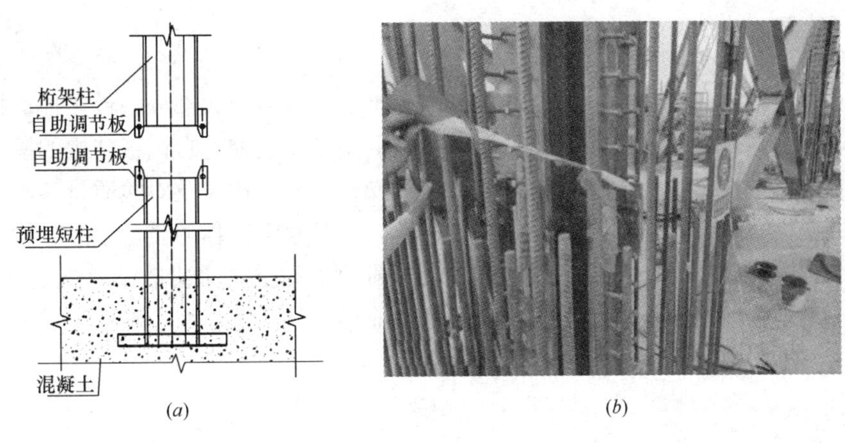

图 8　十字劲性柱调节情况

（a）十字劲性柱及自助调节；（b）重力调节装置对齐桁架

（5）在上部整体桁架柱顶上贴反射贴片，待整体桁架临时固定完成后，依据布设的控制网，架设全站仪于控制点上，直接照准反射贴片中心，采用千斤顶进行整体桁架校正，得出此时高度坐标并做好记录。

（6）整体桁架校正完成后采用对称焊接固定。

（7）待焊接完成后用同样的方法，再观测相同位置的高度坐标，比较两次高差，并做好记录。

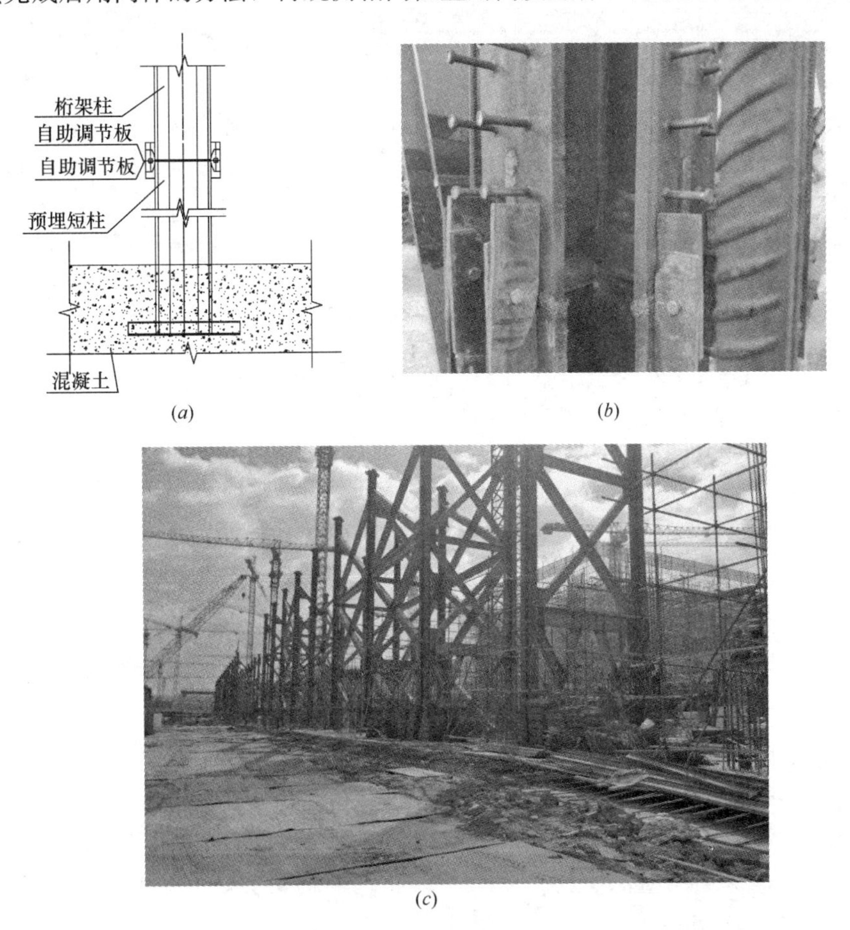

图 9　吊装完成情况

（a）上下十字劲性柱对齐；（b）柱脚重力调节装置安装完成；（c）回风夹道钢桁架吊装完成

4 结语

通过大型电子厂房桁架整体吊装重力自调对接施工工法的应用，大部分构件在地面拼装，减少了高空原位散拼和作业人员高空坠落的风险；整榀桁架吊装利用工人粗控，自调板精控的操作，避免预留钢筋对工作面的限制，保证上下构件面的对齐精度；工人操作方便，拼装及对接质量容易得到保证，同时检查监督人员也方便检查、监控，提高工程一次合格率，提升整个工程的质量水平。构件提前进场进行拼装，将上部钢结构整体桁架地面拼装好后整体吊装，避免了高空满堂架搭设及高空原位散拼的耗工、耗时、耗料；在工期紧张的电子厂房建设中，为其他专业尽快移交工作面，确保完成整体施工工期奠定了基础。

某超高层建筑钢结构焊接残余应力和变形控制浅析

欧阳斌

（上海建科工程咨询有限公司，上海　200032）

摘　要　本文通过分析某超高层建筑钢结构现场焊接质量控制情况，结合结构设计和焊接力学的理论，分析影响焊接质量的主要成因，提出焊接残余应力和变形控制的重点控制措施。

关键词　焊接残余应力；焊接残余变形；厚板；超长焊缝；结构性能

1　引言

随着经济发展、技术水平提高，各地区高层建筑的高度呈现竞赛化的趋势，新的结构体系不断涌现，高强度建筑材料（高强钢、高强混凝土）得到了大量地应用。然而建筑物的高度越高，受到的风荷载和地震作用也越来越显著，对结构的侧向刚度的要求也越来越高，结构的抗侧力结构体系也越来越复杂，甚至需要多种抗侧力结构体系共同作用。钢结构因有良好的材料性能(强度高、塑性好、韧性好等)，在超高层结构中得到了广泛的应用。钢结构采用了大量的高强钢、厚板材料，对焊接技术的要求越来越高，是设计与施工控制的难点和关键。本文结合某超高层建筑钢结构焊接质量的一些具体部位，如巨型框架柱、巨型斜撑、钢板剪力墙，分析总结焊接残余应力和变形的主要成因，并针对这些原因采取的控制措施，以期达到控制超高层钢结构焊接的实体质量，满足结构非抗震与抗震设计的要求。

2　工程概况

海口塔双子塔南塔项目，总建筑面积约为 38.8 万 m^2，塔楼地上 94 层，地下 4 层，建筑高度 428m，结构高度为 402.6m。该工程所在地抗震设防烈度 8 度（0.3g），风荷载 0.5kN/m^2（50 年一遇），结构体系为巨型斜撑框架-核心筒-伸臂桁架力侧结构体系，见图 1、图 2。钢结构主要分为外框系架统、核心筒剪力钢板墙等。

焊接残余应力和变形控制的重、难点分析

焊接残余应力和焊接残余变形控制在焊接结构中是相互关联的，如果为了减小焊接残余变形，在施焊时对焊件加强约束，则被固定夹紧的构件，在焊后具有较高的残余应力）。相反，为了减小焊接残余应力，焊接时无任何约束，则焊接变形较大而焊接残余应力较小。因此控制焊接残余应力和残余变形应视具体情况，分清主次是很有必要的。

因巨型框架柱和巨型斜撑的板厚大，材料强度高（巨型框架柱和巨型斜撑的材质分别为 Q390GJC 和 Q420GJC），控制焊接残余应力成为巨型框架柱和巨型斜撑焊接质量的重点和难点。

而钢板剪力墙的底部加强区范围内约束边缘构件截面为“十”字型，板厚最厚达 50mm，其一般剪力墙墙身内的钢板为 20mm，边缘构件因板厚较大，主要控制的重点为焊接残余应力，一般墙身主要控制的重点为焊接残余变形。

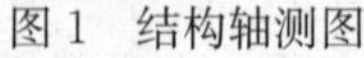

图 1　结构轴测图

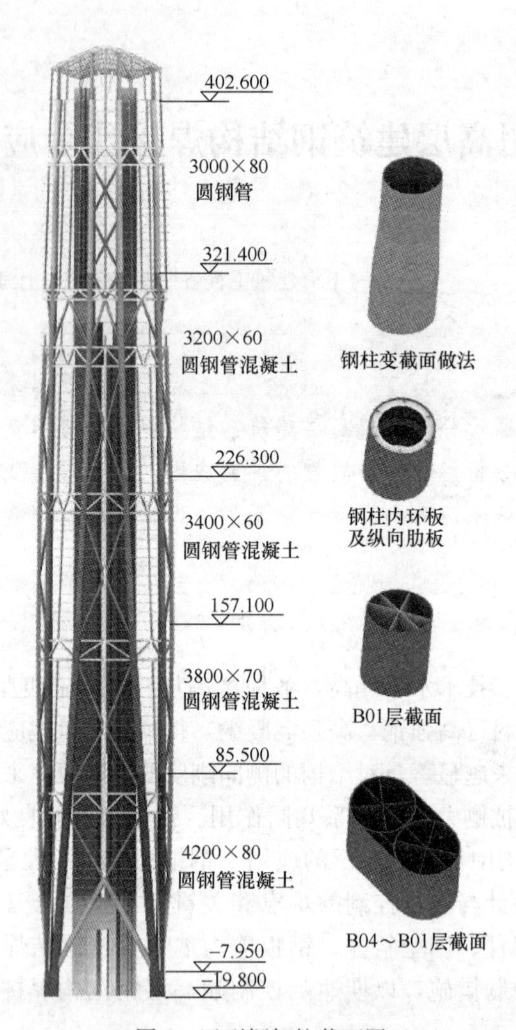

图 2　巨型框架柱截面图

3　巨型框架柱（MKZ）

3.1　巨型框架柱的质量控制要点与分析

巨型框架柱是外框结构体系中主要的抗侧力构件，结构抗震设计中的第二道防线。

巨型框架柱，柱截面最大直径为 4200mm，板厚为 80mm，材质为 Q390GJC。巨型框架柱在 B4～B1 区段两两组合在一起，截面达到了 4440mm×8640mm，柱脚底板的厚度最厚达到了 110mm。柱脚部位的地脚锚栓多达 164 根，每根锚栓之间均有加劲板间隔开，见图 3、图 4。

图 3　巨型框架柱柱脚组合截面图

图 4　巨型框架柱 B4～B1 段现场拼接截面图

柱脚节点非常复杂，焊缝密集且双向、三向交叉的焊缝较多，材料强度等级高，延性降低，加之板厚大，拘束大，使得焊缝不能自由收缩，焊接残余应力非常大，甚至有可能超过钢材的屈服强度。焊接残余应力与外部荷载产生的应力叠加，如果是拉应力叠加，且处于双向或三向拉应力状态，则不仅钢材脆性增加，延性降低，还加大了钢材产生裂纹或层间撕裂导致脆性断裂的风险。如果是压应力叠加，部分截面提前达到受压屈服强度而进入塑性受压状态，由弹性受力状态的截面承担外部荷载，降低了结构的刚度，对保证构件的稳定不再起作用，降低了结构的整体稳定性。

3.2 巨型框架柱的控制措施

焊接控制措施：

1）先焊接收缩量大的焊缝，让收缩量大的焊缝自由收缩完全并缓慢冷却之后，再焊接收缩量小的焊缝，以达到减小焊接残余应力和变形的目的。

2）严格控制焊接热输入（不超过 50kJ/cm），降低钢材的热敏感，以达到不降低钢材的塑性和韧性的目的。

3）采用对称焊接，使构件的焊接残余应力和变形趋于相对平衡的状态。

4）采用分段退焊，不仅减小热输入量，还可以减小焊接残余应力和残余变形。

5）焊前预热，使钢材在焊接过程中的温度趋于均匀，从而达到减小焊接残余应力。

巨型框架柱柱脚焊接流程：焊接中间竖向焊缝（图 5）→焊接圆形柱体对接口（图 6）→焊接柱体内部劲板对接口（图 7）→焊接柱体外部劲板对接口（图 8）。

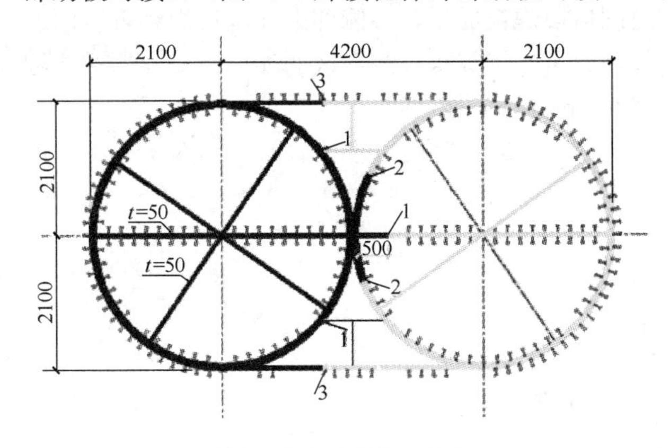

图 5 焊接中间竖向焊缝

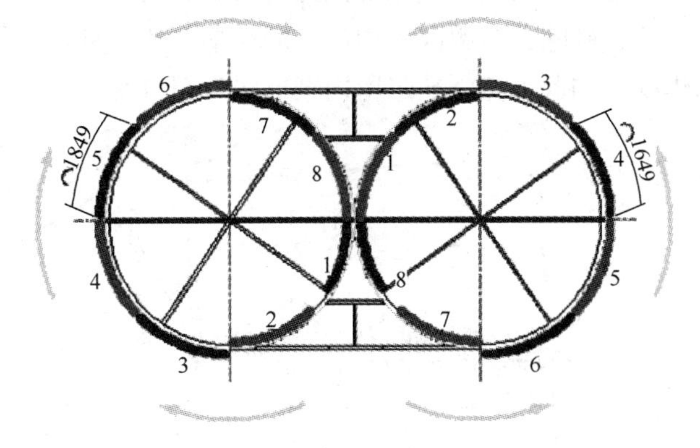

图 6 焊接圆形柱体对接口

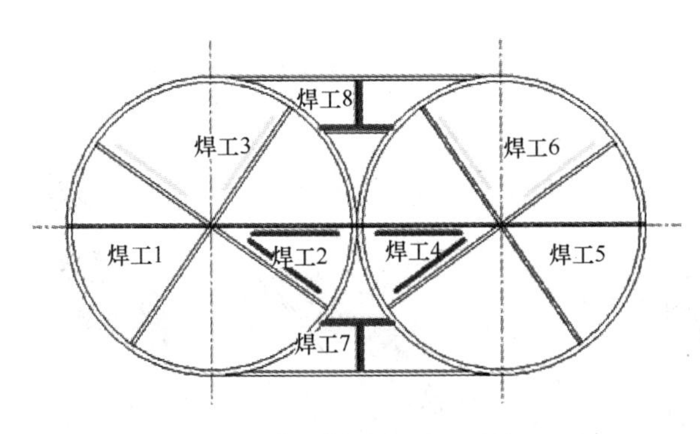

图 7 焊接柱体内部劲板对接口

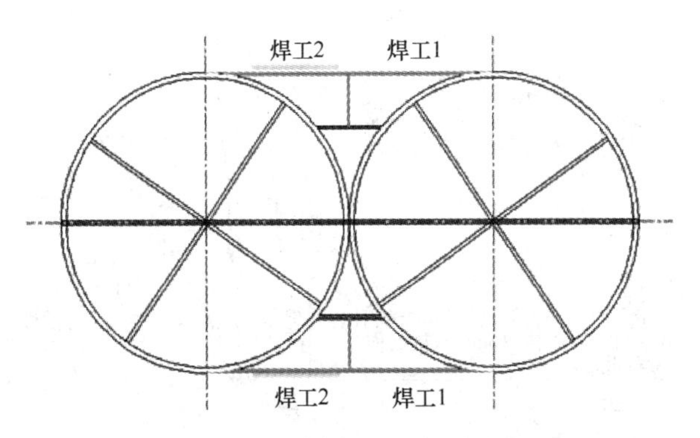

图 8 焊接柱体外部劲板对接口

巨型框架柱在现场安装和组焊过程中发现部分焊缝存在间隙较大的情况，为确保焊缝的焊接质量，要求施工单位在焊接之前进行大间隙焊接工艺评定，针对大间隙的焊缝，给出合理的焊接工艺参数（焊接电流、电压、焊接速度等），并要求在遇到大间隙焊缝的时候，确保大间隙焊缝质量满足要求。

4 巨型斜撑（MB1）

4.1 巨型斜撑的质量控制要点与分析

巨型斜撑为外框结构体系中的主要的抗侧力构件。巨型中柱共4根，设置在F09层至F65层在巨型斜撑MB1中间。结构传力路线复杂：F09～F65的竖向荷载→巨型中柱→巨型斜撑→巨柱，巨型中柱与巨型斜撑相交形成“兴”字节点。巨型斜撑不仅要承担水平荷载，还要将巨型中柱所承担的楼面荷载传递到巨型框架柱上，巨型斜撑MB1与巨型框架柱下口的焊缝质量非常关键。

巨型斜撑MB1段截面为ϕ2800mm，板厚度为80mm，材质为Q420GJC的高强钢。巨型斜撑下口与巨型框架柱为超大直径圆管的相贯节点，焊缝的形式为趾部区约2000mm范围内为自然剖口，侧部区为15°外剖口，跟部区约1300mm范围为内剖口，现场焊接为保证焊缝等级为一级，加设衬垫。那么侧部区转跟部区的外剖口转内剖口（内剖口为仰焊）的焊缝质量是整条焊缝质量控制的关键点。

4.2 巨型斜撑的控制措施

焊接原则：

1）严格控制焊前预热温度和层间温度，可以降低钢材的温度梯度，使钢材强度强弱较为均匀，减少焊接变形约束，从而降低焊接残余应力。

2）对称焊接，分段退焊，降低焊件的残余应力和残余变形，减少热输入。

跟部区内剖口到侧部区外剖口焊缝的焊接方法：内剖口段焊接成后，待侧部区外剖口焊到近罩面的位置，刨除一段跟部区内剖口的衬垫，然后进行清根处理，再连续焊接至侧部区的外剖口盖面形成连续焊缝，如此避免将缺陷留内剖口转外剖口交点处。见图9、图10。

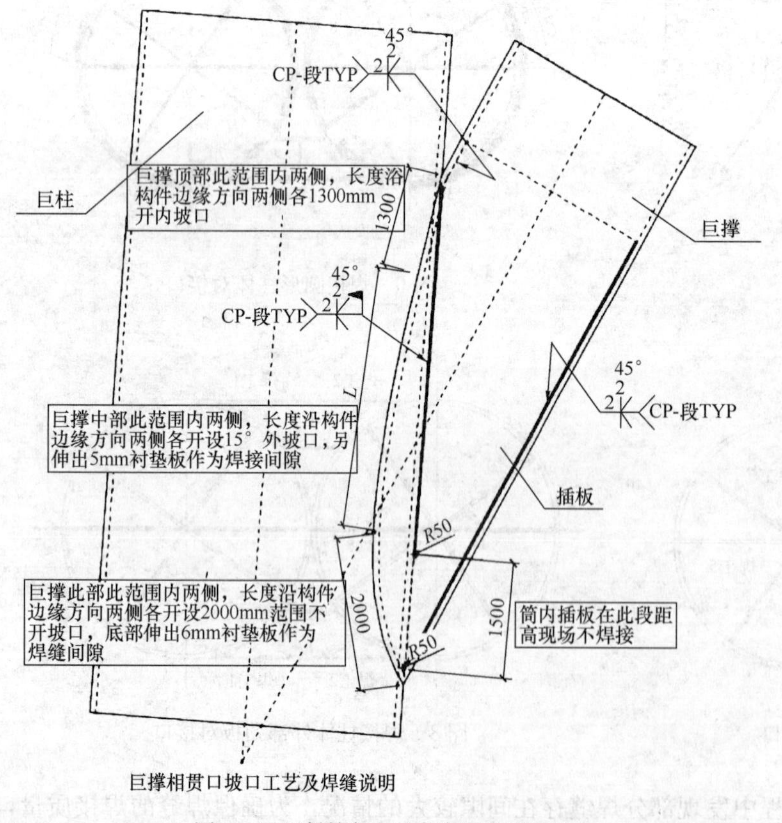

图9 巨型斜撑与巨型框架柱相贯节点

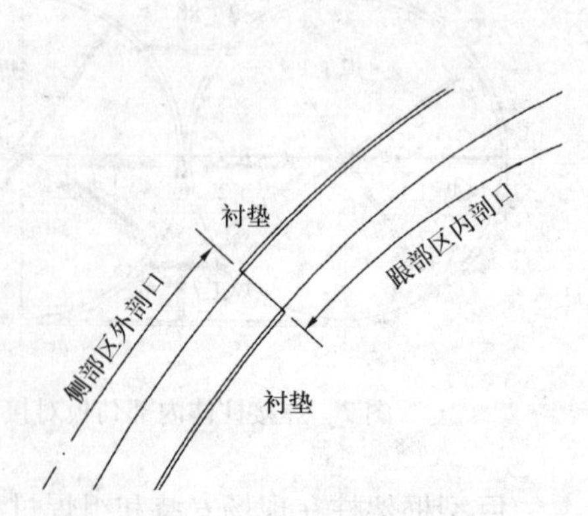

图10 内剖口转外剖口放大

5 钢板剪力墙

5.1 钢板剪力墙的质量控制要点与分析

核心筒为超高层主要抗侧力体系，钢板剪力墙不仅要承担竖向荷载，还要承担水平荷载（风荷载和地震作用），在整个超高层结构中，因其侧向刚度较大，成为结构抗震设计的第一道防线。

根据天津津塔现场检测和有限元模拟分析钢板剪力墙的焊接残余应力结果表明焊接残余应力在墙的死角、焊缝位置处、各条焊缝起始位置处的残余应力较大。参考文献［4］分析总结为出现焊接残余应力较大的原因为加劲肋部位的刚度较大，拘束应力大导致该区域容易产生裂纹。

焊接残余应力与外部荷载下的应力叠加，可能超过屈服强度值，而如果焊缝存在裂纹、气孔、夹渣等缺陷，钢板剪力墙遇到地震作用（低周反复荷载作用）下，缺陷易迅速扩展并很快发生脆性断裂，降低了墙板的延性，同时焊接产生的残余应力和面外变形影响到墙板的抗侧刚度等力学性能。

5.2 钢板剪力墙的控制措施

某工程钢板剪力墙主要墙身板厚为20mm，而墙身的局部宽度较宽，与两端的钢骨柱的侧向刚度相比要弱得多。钢板剪力墙竖向焊缝为超长焊缝，长度最大可达13500mm，墙身以控制焊接变形为主，见图11。

图11　钢板剪力墙局部轴测图

焊接控制措施：

1）同一节钢板剪力墙按结构独立单元划分，分区吊装、分区校正和分区焊接，区与区之间竖向构件焊接完成后再焊接连梁。

2）先焊接竖向焊缝，后焊接横向焊缝，否则在横向与竖向焊缝交叉部位可能因横向焊缝的拘束应力过大而产生裂纹。

3）竖向焊缝的焊接顺序为先中间后两边，从上到下分段退焊。

4）横向焊缝焊接顺序为先焊接两端的约束边缘构件的钢骨柱（板厚较大），后焊接一般墙身的钢板墙（板厚较小）。

6 结语

1）合理的焊缝设计，包括焊缝形式和焊缝尺寸，在保证焊缝满足设计要求的前提下，尽可能减小焊缝的尺寸，以减小焊缝的收缩变形。

2）尽可能避免双向或三向焊缝交叉，避免因三向拉应力降低钢材的塑性和韧性。

3）合理地安排焊接顺序，可以有效的减少焊接残余变形和焊接变形，可以采用分段退焊、分段焊接、对角跳焊和分块拼焊等。

4）因为焊缝附近存在热影响区，快速降温，会使钢材脆性加大。对结构抗震设计不利。所以采取焊后保温不仅可以进一步释放氢等有害气体，防止延迟裂纹的产生，使焊缝及附近趋于母材缓慢降温。同时可以保证结构的形状和尺寸，减少畸变，提高焊缝金属的塑形，降低热影响区的硬度。

5）钢板剪力墙除了满足局部屈曲稳定的要求之外，增加竖向与横向的加劲肋是很有必要的，这样可以增加钢板剪力墙的平面外刚度。

参考文献

[1] 钢结构焊接规范 GB 50661—2011 [S]. 北京：中国建筑工业出版社，2011.
[2] 段斌，周云芳. 建筑钢结构高强钢焊接技术及焊接质量问题分析[J]. 焊接技术，2016，45(9)：151-155.
[3] 段向胜，等. 天津津塔钢板剪力墙焊接应力监测与数值模拟[J]. 建筑结构，2011，41(6)：118-125.
[4] 韦疆宇，等. 天津津塔超高层钢结构中受荷钢板剪力墙的焊接技术[J]. 钢结构，2011，1(26)：56-60.
[5] 郭彦林，周明. 钢板剪力墙的分类及性能[J]. 建筑科学与工程学报，2009，26(3)：1-11.

大跨度钢屋架高空施工方法与应用技术

郭腾飞　尹卫民　曲　伟　高　鹏

（上海宝冶集团有限公司工业工程公司，上海　201999）

摘　要　本文以中芯国际集成电路制造（天津）有限公司 T1B 主厂房在建项目为案例展开施工方法和应用技术进行论述，可供同类工程参考。

关键词　钢屋架；大跨度；高空拼装；模块单元；滑移

1　工程概况

T1B 主厂房钢屋架工程概况

T1B 厂房有两部分组成，分别为三层屋面检修层和四层空调机房系统，东西长度为 168m，南北宽度 122.4m，面积约为 1.9 万 m^2，屋面部分钢结构总量约为 5000t。见图 1。

T1B 厂房南北方向分为 3 跨，分别为 B～J 轴跨距 43.8m、J～P 轴 26.4m、P～W 轴 43.8m。东西方向划分 1～29 轴线（共 29 个轴线），柱间距为 6m。

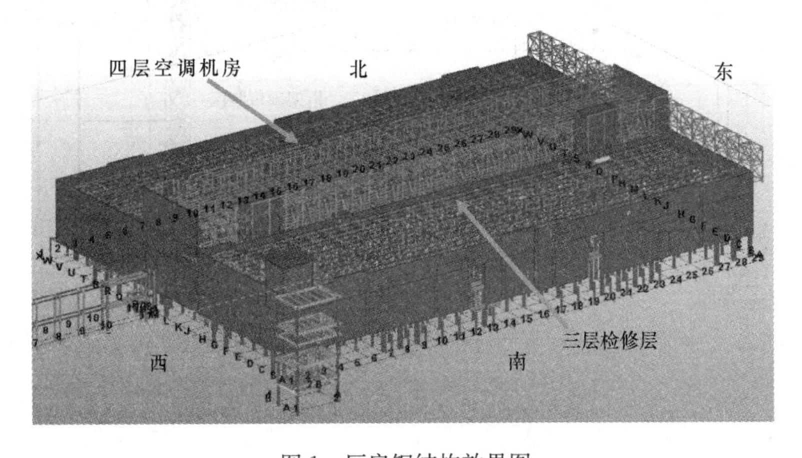

图 1　厂房钢结构效果图

钢结构工程的主体结构形式为桁架式结构，跨度最大 43.8m，跨度最小 26.4m，桁架总数量为 27 榀，桁架安装底标高为 19.52m。

2　施工方案可行性分析

2.1　施工方案重难点

（1）钢桁架南北方向总长 114m，重量约为 130t，属于超长超重构件，钢桁架必须采取分段运输措施。

（2）由于 T1B 厂房跨度大，在施工场地严重制约情况下，跨外吊装钢桁架，是不切实际的，滑移是必选方案。

(3) 工期紧迫，本工程留给钢屋架的安装时间不足50天，因此，钢屋架滑移必须在T1B厂房东西两侧同时进行才能够缩短工期。

(4) 由于T1B施工场地狭小，工况较差，没有足够的场地资源可供桁架地面拼装使用，因此，充分利用空间资源将是方案考虑的重点，高空拼装也自然成为首选方案。

2.2 桁架主体划分五段

初步吊装施工方案将桁架主体划分为5段（图2）桁架最大分段为1和5：长×宽×厚=25.5m×3.3m×1.5m，分段桁架最重约为27t。

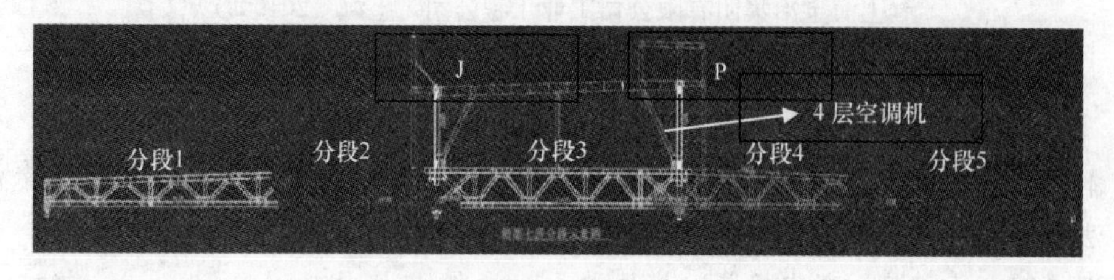

图2 桁架分段展示

2.3 施工作业场地布置

T1B厂房钢屋架施工采用东西两侧同时进行吊装作业，东侧和西侧各布置两台150t履带式起重机进行吊装，如图3所示构件吊装作业和预拼装区域布置图。

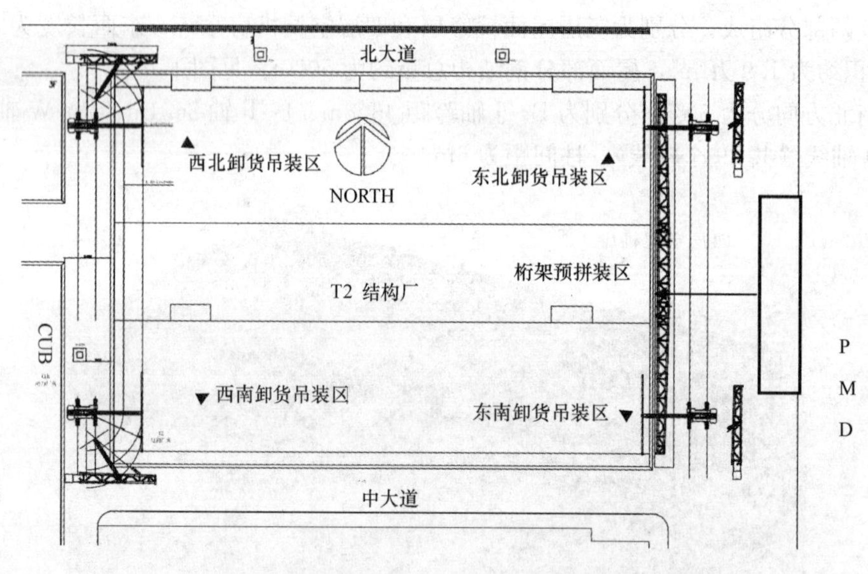

图3 构件吊装作业和预拼装区域布置图

2.4 基于BIM仿真模拟施工验证

基于Rhino仿真模拟吊装施工确定设备选型

本工程采用Rhino技术对起重设备和桁架分段构件以及T1B厂房周边工况进行了详细的建模施工模拟，如在T1B厂房西侧吊装工况十分复杂，T1B厂房与西侧CUB动力厂房仅有15m宽的道路可供起重设备行走和吊装，在如此狭窄的空间内仅凭已往施工经验和设备基础参数就下定结论并进行吊装设备选型显然冒险行为，因此，基于BIM模拟环境下，用Rhino软件对工况建筑物和起重设备进行快速建模，并摆放空间作业位置。

根据Rhino模拟仿真多个起重设备吊装输出二维平面图参数分析得出结论：150t履带吊完全满足吊装条件。如图4所示T1B厂房西侧区域第一榀桁架卡杆吊装展示，西侧CUB厂房与T1B厂房之间的平地距离为17m，T1B厂房维护栏杆脚手架外延1.2m，CUB厂房外墙维护栏杆脚手架外延1m，因此，履带吊路面行驶的有效空间为14.8m，吊装第一榀桁架时，履带吊要卡杆吊装，主臂俯仰角度为74°～75°，作业半径R=18m，起重量为28.9t（桁架最大分段为27t），主臂距T1B外墙卡杆距离为1.2m，因此，为保证安全且顺利吊装，T1B厂房西侧12.9m标高以上脚手架需拆除。

基于BIM技术应用Rhino软件进行作业环境建筑物和起重设备建模，目的就在于能够一目了然的编排起重设备吊装站位，在虚拟环境下准确测量起重设备在吊装施工状态下的起重高度、臂杆仰角、起重半径等相关重要数据，验证起重设备一系列施工动作是否与周围构筑物相冲突，为方案的完善提供精确数据指导。

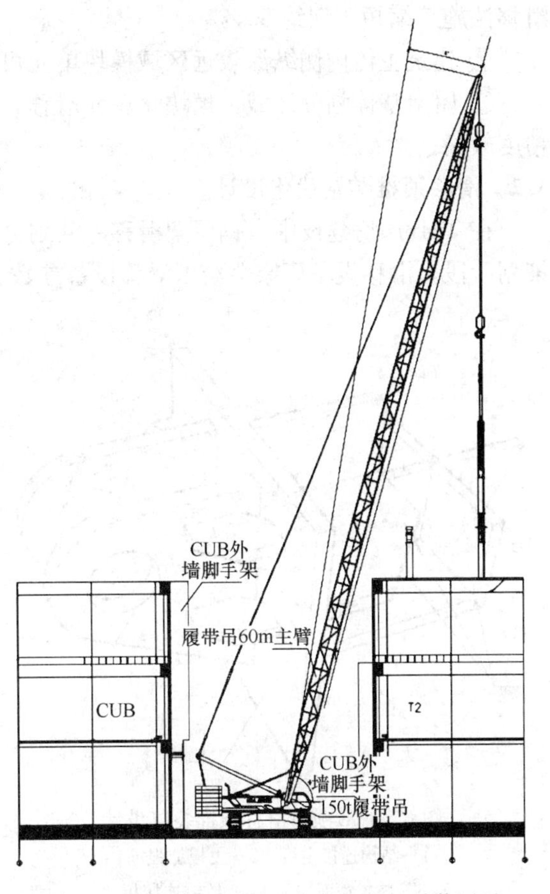

图4　厂房西侧区域第一榀桁架卡杆吊装展示

3　钢屋架模块化单元高空拼装滑移法施工

3.1　钢屋架模块化单元累计滑移法施工

（1）模块化单元滑移实施方法

本工程大跨度钢屋架模块化单元滑移法施工主要是将T1B厂房钢屋架主体划分成若干个单元区域，建筑主体两侧同时设置吊装区域（如图5所示，东西两侧吊装区域同时向内侧滑移），在两侧吊装区域组装屋架形成稳定的模块单元，然后进行相向方向滑移施工作业。先将T1B建筑主体内侧纵深较远的中间模块单元区域进行滑移就位，即：从里到外的先后顺序进行滑移。因此，建筑主体内侧纵深较远的区域模块单元要先行滑移就位，并交由下道工序进行流水施工作业。

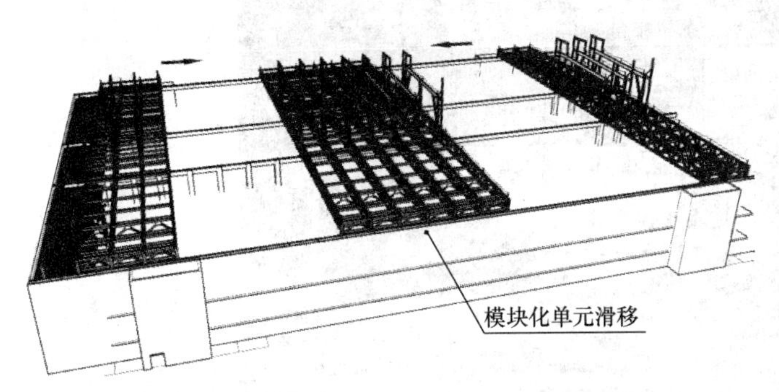

图5　T1B大跨度钢屋架安装模块化单元滑移法施工

（2）模块化单元滑移具体操作步骤

1）T1B建筑主体两侧搭设屋架组装平台，以桁架式结构屋架组装为例：先吊装两榀桁架，再连接两榀桁架间钢梁和垂直支撑，形成稳定的框架模块结构再进行滑移，采用滑移一跨添加一跨的推进方法，按照区域多跨桁架组成模块化单元统一滑移就位。

2）本工程最大模块单元由8榀桁架组成，模块过大，滑移所产生的应力和滑移同步性很难控制。

3）模块化单元累计滑移法施工特点

① 由于该方法可以实现T1B建筑主体两侧同时由外向内部进行滑移施工作业，因此，比传统一侧

滑移法施工缩短工期约50%。

② 建筑主体内侧纵深较远区域模块单元可先行就位卸载，给下道工序预留宝贵施工时间。

③ 屋架整体划分区域，模块化单元滑移，可减小滑移过程中产生的应力和变形，滑移同步性控制精度较高。

3.2 滑移顶推装置优化设计

在T1B厂房建设中，钢屋架滑移一共划分4组模块，每组最多由8榀桁架组成，在滑移技术方案策划阶段，滑移设备厂家会给出滑移设备参数和安装节点通用形式，通用节点滑移顶推连接装置不适用于T1B厂房钢屋架结构滑移形式。

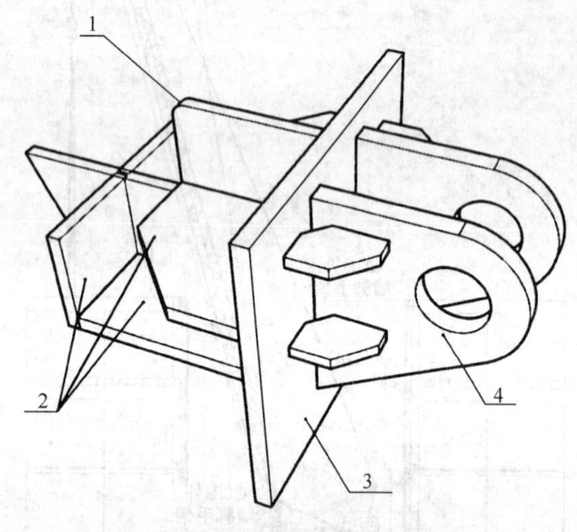

图6 T1B项目滑移顶推装置设计

1—结构连接主板；2—主板加强筋；3—装置截面端板；4—铰链连接板

因此，在T1B厂房建设中，采用独立设计的万能顶推滑移连接装置，该装置不需要改变原有设计节点，就可以实现爬行器的安装，如图6 T1B项目滑移顶推装置设计。目前，该滑移装置已申请发明专利，可作为类似工程参考和借鉴。

滑移顶推装置特点：

1）该装置在不改变钢屋架主体结构连接节点的情况下，实现与液压缸爬行器的连接，并满足滑移条件要求。

2）拆装便利，可互通互用，如图7所示，割除连接装置后，将结构钢梁下移连接高强螺栓即可。

滑移顶推装置制作和使用方法：

1）滑移顶推连接装置制作采用Q345B钢板，板厚不宜超过20mm，需提前在加工厂预制，结构连接主板焊接采用坡口焊，焊缝等级为一级，加强筋角焊缝三级即可。

图7 T1B钢屋架滑移顶推装置应用

2）滑移前将该装置结构连接主板与屋架连接节点焊接（坡口焊一级）。

3）安装液压缸爬行器，将爬行器液压缸顶端轴孔与装置铰链连接板进行校对，并通过销轴连接。

4）滑移过后，气焊切断装置结构连接板与钢屋架节点的连接。

3.3 桁架卸载

本工程钢屋架滑移施工，最后一个安装阶段就是桁架的整体卸载并抽出轨道，卸载所采用的设备为液压千斤顶，千斤顶下面的垫片厚度和数量由桁架下弦至柱底板之间的高度所决定，为了保证卸载的安全性和可靠性，卸载垫片的规格在10～20mm之间，即每次卸载高度为10～20mm。

具体操作步骤为：液压千斤顶顶升，抽出轨道。⟶柱底板下面增加垫板⟶卸载⟶液压缸垫板抽出，随后液压千斤顶继续顶升往复循环，柱脚板下落与预埋板接触的指定位置，卸载结束。

4 结语

（1）通过大跨度钢屋架的施工方案可行性分析，可以有效分析验证方案的可操作性，并促进方案更加完善。

（2）基于BIM技术应用Rhino软件进行模拟仿真施工，能够验证起重设备一系列施工动作连贯性和准确性，为方案的精确策划提供关键数据指导。

（3）钢屋架模块化单元累计滑移法施工有效缩短工期28天。

（4）滑移顶推装置的优化设计应用，在不改变原有设计节点情况下实现爬行器的快速安装，有效减少工序和高空作业工作量。

（5）通过液压缸顶升抽板的卸载方法，可以平稳高效的将大体积桁架模块卸载就位。

参考文献

[1] 刘学武. 大型复杂钢结构施工力学分析及应用研究[M]. 北京：清华大学出版社，2008.4.
[2] 刘松. 大型钢结构虚拟吊装建模施工建模仿真研究与应用[M]. 武汉：华中科技大学出版社，2012.5.
[3] 刘永建. 大跨度拱支结构力学性能与施工技术研究[M]. 天津：天津大学出版社，2012.5.
[4] 鲍广鉴，曾强，陈柏全. 大跨度空间钢结构滑移施工技术[J]. 施工技术，2005.10.
[5] 任自放，葛绍群，颜勇. 钢结构桁架累计滑移技术[J]. 钢结构，2010.9.
[6] 赵园涛，刘建普. 北京五棵松奥运篮球馆大型钢结构滑移施工技术[J]. 建筑施工，2007.8.
[7] 高国敏，杨李忠，李雪良，黄利顺. 天津滨海国际会展中心二期钢结构滑移施工安装技术[J]. 钢结构，2008.6.
[8] 戚豹，康文梅，叶军. 保安游泳馆二期工程钢结构滑移和整体落放施工技术[J]. 钢结构，2011.5.
[9] 邱鹏. 空间网格结构滑移法施工全过程分析方法及若干关键问题的研究[D]. 浙江大学，2006.3.
[10] 周观根，方敏勇. 大跨度空间钢结构施工技术研究[J]. 施工技术，2006.12.
[11] 陈安英. 大跨度钢结构胎架整体滑移法施工技术[J]. 钢结构，2008.9.
[12] 中国钢结构协会. 建筑钢结构施工手册[M]. 北京：中国计划出版社，2002.5.

大跨度超高单层钢结构厂房施工技术

曲　伟

（上海宝冶工业工程公司，上海　201999）

摘　要　本文通过山东钢铁集团日照钢铁精品基地工程 2030mm 冷轧（二标段）工程中大跨度钢结构厂房的施工，结合以往项目的钢结构施工，对超高大跨度钢结构安装的施工方法进行阐述，可为同类项目的施工参考。

关键词　大跨度超高钢结构厂房；安装平台；吊装扁担；垂直度

1　工程概况

山钢集团日照钢铁精品基地项目 2030mm 冷轧工程（二标段）位于山东日照岚山工业园区，项目中的最大车间厂房长度 390m，跨度 48m，高度 51m。本文通过对连退车间安装，对超高大跨度钢结构安装施工技术进行阐述，图 1 为连退车间实体图，图 2 为车间模型图。

图 1　车间实体图

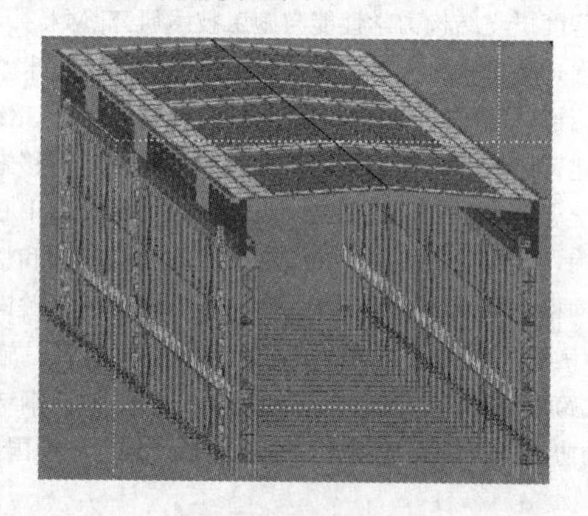

图 2　车间模型图

2　钢结构工程施工的难点

结合以往常规中型钢结构厂房（建筑高度≤36m）的施工经验以及本项目的设计图纸，对本超高超宽钢结构厂房的施工难点分析主要有：

2.1　钢柱高空对接平台选择难

本工程镀锌车间钢柱柱顶标高为＋51.00m，连退车间钢柱柱顶标高为＋44.00m，钢柱只能采用高空对接的施工方法，同时钢柱中部没有设计任何平台，如何选择钢柱的分段位置及采用什么类型的对接平台，不仅满足施工的安全性、规范性，又满足平台的快速周转是项目的难点。

2.2　钢柱吊装的吊具设计及吊耳位置选择难

本项目中钢柱采用上下柱分段吊装的方式，钢柱的外形尺寸多，需要多类别吊具；上柱上部分为单 BH 型钢柱，下部为双肢钢管柱，钢柱的上部形式相同，但钢柱本身偏心，重心不易选择。

2.3 钢柱高空对接垂直度控制难

本项目中共计有120根超高钢柱要进行高空对接，且钢柱均为圆管柱，最大管柱的中间间距达到3.6m，钢管圆度、钢结构制作的质量、现场上下柱对接的质量均会影响钢柱垂直的控制，是项目控制的难点。

2.4 大跨距屋面梁的安装

连退车间厂房跨度48m，车间高度44m，屋面梁单体重量达到23t，同时受车间内设备基础的影响，必须采用跨外吊装的方法，按照国家危险性较大的分部分项工程87号文要求该屋面梁的吊装需要进行专家论证，需要明确屋面梁吊点的选择、屋面梁的吊装、临时固定措施的设置等。

3 针对项目难点，制定应对措施

3.1 超高钢柱分段位置的选择及平台的设计

(1) 超高钢柱分段位置的选择

由于厂房钢柱超长，分段位置的选择应从几方面考虑：

1) 钢柱超长整体发货受到影响，分段是首先要考虑的构件运输线路的要求，对于构件可允许长度、宽度、高度进行充分调查，确定了最大的运输范围为30m。

2) 运输范围确定完成后，从经济的角度考虑，分段的长度应考虑运输的费用，如超长构件21～28mm之间的费用相同，大于28m会造成运输费用的增加。

3) 对于超高的单层钢结构厂房，为了满足厂房整体稳定性的要求或厂房工艺管线的要求，在厂房柱间不同的标高上会设计有水平支撑框架或管道通廊，因此分段位置还应考虑水平支撑框架的标高，在第一、二层水平支撑的上部300～500mm选择为分段位置。

(2) 高空对接平台的设计

对于工业类厂房常规做法分为两种，第一种是：采用临时角钢焊接支撑，上部铺设木制双跳板，其特点是：简单、经济、快捷，能够满足基本的施工功能，但外观简陋、不规范且存在一定的安全隐患；第二种是采用焊接固定是钢平台，其特点是：操作安全可靠、规范、完全满足使用要求，但成本大、周转率低；针对上述问题，本项目通过与设计联系，结合工程特点，充分利用结构本体的承载，制作安装平台，具体考虑如下：

1) 考虑到钢柱双肢中间设置有水平缀条，通过修改设计可将构件的分段与缀条结合起来，即分段位置选择在缀条附近位置，设计中在缀条上部增加花纹钢板将此位置转化为临时平台。

2) 在管柱的另外三个面，设置临时钢平台卡槽。

3) 同时与设计联系，将分段位置处的斜缀条取消，将斜缀条上、下部都设计为平台模式，保证整个钢柱的强度，形成一个天然的操作通道。

4) 根据钢柱尺寸的大小，设计活动式组装平台，在钢柱吊装前安装到位。

5) 在钢柱制作时用10mm的钢板在钢柱外围分别焊接固定式三个卡槽，同时用C10的槽钢和角钢、和钢板组装六块平台，在每个平台下部支撑槽钢上焊接一块槽钢，平台上铺设花纹钢板，四周焊接栏杆。平台制作完成后，将平台底部槽钢插入钢柱预先留置的卡槽。此平台完全克服了传统操作平台的缺点，安、拆方便，成本低、周转速度快。见图3。

3.2 钢柱吊装吊具的设计及吊耳位置选择

(1) 下柱钢柱吊耳的设计

本项目中钢柱的分段位置在肩梁以下的部位，故下柱是形式简单的双肢格构式双管柱，构件长度在24～27m之间，结构对称吊点选择在距离端部下方300mm的位置，但是由于设计的关系，本项目中存在920mm、820mm、780mm等多个管径形式的钢柱，柱中心尺寸不等，常规的2吊耳扁担施工更换频率大，不经济。鉴于此项目可设计“4”吊耳的扁担，满足下柱的安全、快捷吊装。具体

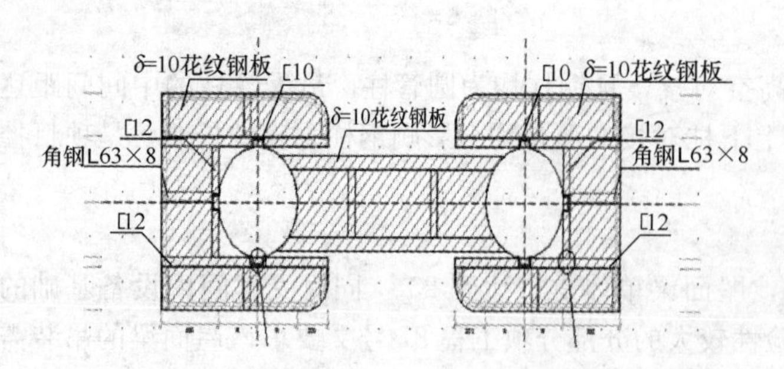

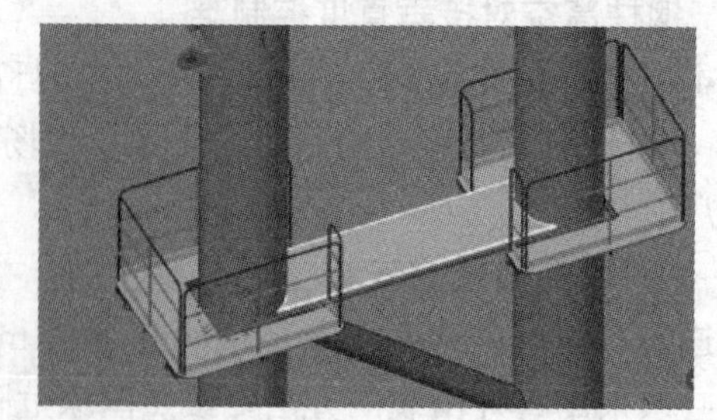

图 3　平台图示意图

内容如下：

制作了一根“扁担”，扁担上设计 4 个吊点，内部两个吊点与钢柱内部吊耳间距相同，外部两个吊耳与钢柱外部吊耳间距相同。通过计算我们确认“扁担”和吊耳的大小，保证钢柱吊装过程中的平衡，见图 4。

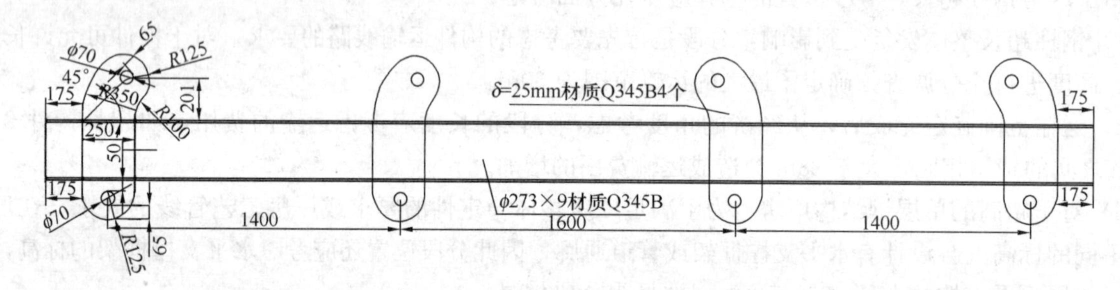

图 4　吊耳设计图

(2) 上柱吊耳的设计

对于上节柱吊装，由于钢柱肩梁以上为 BH 型实腹钢柱，下部为管柱，BH 实腹钢梁不居中，导致构件重心很难定位。因为上柱与下柱要进行对接，吊装时保证构件吊装时构件保持水平，在安装过程中在柱顶、肩梁部位设置两个吊点，在钢柱吊装过程中肩部部位的吊点和钢丝绳之间安装手拉葫芦，顶部吊点直接与钢丝绳进行连接。通过肩梁部位的来调整钢柱的重心，确保钢柱在吊装过程重心保持平衡。同时在吊装前对顶部两个吊耳焊缝进行超声波探伤，同时对顶部母材本身进行超声波检测，防止在吊装过程中母材出现层状撕裂。见图 5、图 6。

图 5　扁担吊装图

图 6　上柱吊装图

3.3　钢柱高空对接垂直度、稳定性控制

(1) 钢柱垂直度控制

由于钢柱为管柱，管柱原材料圆度、钢结构制作过程中上下柱制作误差的控制、运输过程的碰撞、

现场吊装对接质量的控制，都对钢柱对接垂直的控制产生很大的影响，对此应主要从如下几个方面考虑：

1）做好圆管材料的入场验收工作，对钢管的管口圆度进行检查，避免原材料质量缺陷造成现场钢柱无法对接。

2）在钢结构制作过程中，我们通过深化设计，在钢柱上下柱接口部位四周分别安装了辅助连接板，同时在下柱内部安装了一块内置垫板，内置垫板呈圆台形状，通过圆台型内置垫板的过渡，上下钢柱进行了对接，保证了钢柱在对接过程中不发生错边的现象。见图7。

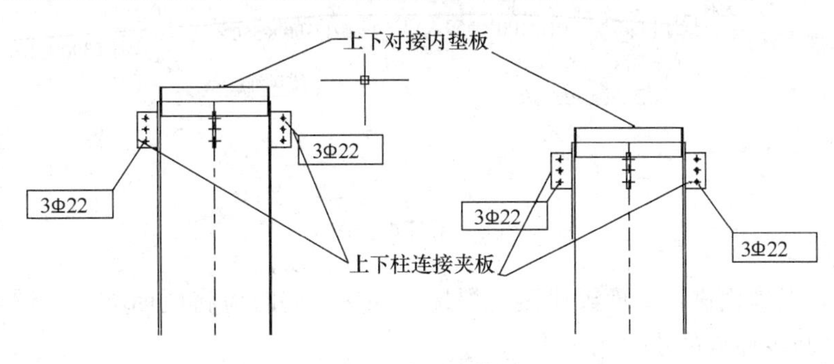

图7　柱顶连接图

3）由于钢柱在工厂内分为两阶段制作，应此下柱制作完成后，应对钢柱端部管柱中线、管柱的圆度进行检测并形成书面记录，为上柱制作提供依据，确保上下柱的公差一致，并将形成的记录发给现场做安装参考。

（2）钢柱稳定性控制

钢柱采用高空对接的方式，在上柱吊装前应对下层钢柱的稳定性进行加固，确保上柱吊装完成后，单根钢柱整体的稳定性。

1）下柱安装前复核杯口的轴线、标高后方可进行吊装，吊装前在下柱上部设置两道缆风绳的挂点，确保下柱的稳定性。

2）下柱安装完成后应及时进行杯口灌浆，且必须进行振捣确保混凝土的密实度。

3）上柱安装时，应缓慢吊装，特别是接近下柱连接位置处应信号明确、缓慢就位，临时连接板连接就位后，采用双人对称焊接的方式进行焊接固定，确保钢柱稳定。

3.4　大跨度屋面梁安装

（1）屋面梁安装方法的选择：

连退车间跨度为48m，属于危险性较大的分部分项工程，方案须经过专家论证。由于构件超长、超宽，构件整体运输比较困难，且运输费用极高，而且整体运输易导致屋面梁变形。综上所述，选择了屋面梁分3段进场，进行现场拼接，完成后进行屋面梁安装。

对于超大跨屋面梁吊装主要应考虑屋面梁吊装过程中平稳，因此吊耳的选择就非常重要，本方案中主要考虑采用两种方法：①屋面梁设置四个吊耳，两个中间吊耳作为主吊点，吊耳间距15m，满足受力要求，外侧两个吊耳设置手拉葫芦在屋面梁起吊时控制屋面梁的平衡；②屋面梁设置四个吊耳，均作为主吊点，通过两根钢丝绳对穿吊装，此法钢丝绳选型较长。

根据本项目情况，选择第二种方式吊装，见图8。

（2）屋面梁安装要点

1）由于本工程车间内布置有大量的设备基础，屋面梁吊装采用跨外吊装，且车间跨度大，屋面梁重量大，同时屋面梁吊装时车间内设备基础还没有回填，直接影响吊机的站位及回转半径，因此类似项目选择吊机时应充分考虑设备开挖时边坡线的位置，本项目采用360t履带吊进行屋面梁吊装。

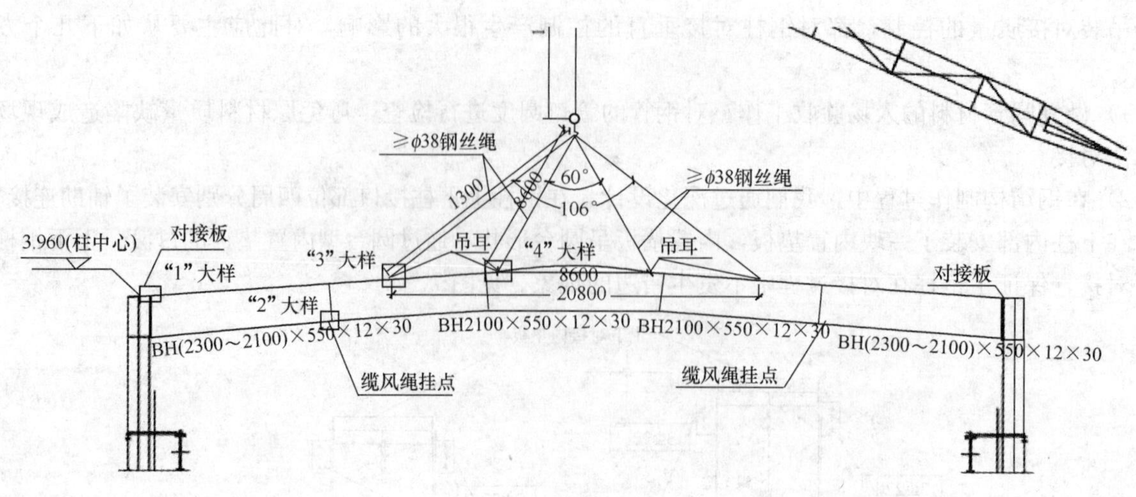

图 8　吊耳设计图

2）构件进场后，在地面进行屋面梁拼装、焊接、探伤，同时应将屋面支撑、屋面照明的穿线管提前安装在屋面梁上，减少屋面的小件吊装率。

3）屋面梁的下弦两端捆绑溜绳，以便在钢梁的吊装过程中控制屋面梁的走向，避免与吊车的吊杆和周围其他设施碰撞发生事故。

4）屋面梁就位后，需用普通螺栓和冲钉临时固定，冲钉找正对孔后，进行螺栓安装固定。安装完成然后派焊工焊接上下翼缘接口，焊接牢靠后方可松钩。

5）由于车间高、跨度大、车间内又布置有大量的设备基础，对屋面梁高空随风摆动控制的难度比较大，因此屋面梁安装前应对天气情况进行充分了解。

6）每跨厂房第一榀屋面梁必须拉缆风绳（用 ϕ12 钢丝绳）两道，第二榀屋面梁开始吊装前在地面将安全网绑在屋面梁上，由于厂房高度过高，缆风绳的位置可以选择在吊车梁上部，同时，第二榀屋面梁安装完成后，应立刻安装 3 道屋面檩条，使屋面系统形成整体，方可进行第三榀屋架的安装。见图 9。

图 9　屋面梁吊装图

4　安装整体效果

通过这些措施的实施，解决了现场超高管柱、大跨度钢结构施工中的难点，加快了安装的进度，保证了钢结构安装的质量。安装现场实景见图 10。

图 10　安装现场实景

5　结语

超高大跨度钢结构厂房的施工，在保证安全、质量的前提下，采用科学的施工工法，增加合理的辅助措施，进行必要的节点计算，精心组织施工，完全可以保证超高大跨度钢结构安装的质量。

大跨度空间曲面倒三角形鱼腹式钢管桁架施工技术

沈万玉　田朋飞　姚　翔

（安徽富煌钢构股份有限公司，巢湖　238076）

摘　要　本文介绍了合肥滨湖国际会展中心标准展馆屋面大跨度空间曲面倒三角形鱼腹式钢管桁架的施工技术。该钢结构安装采用“场内拼装、跨外双机抬吊、桁架整体吊装”的方式。在吊装过程中利用有限元软件对结构进行全过程数值模拟分析，及时跟踪监测，并将实测值与模拟值进行对比，确保施工质量和作业安全。

关键词　鱼腹式钢管桁架；场内拼装；双机台吊；数值模拟

1　工程概况

合肥滨湖国际会展中心标准展馆为大跨度曲面桁架体系空间结构，整个屋盖桁架由设在展厅中间的16榀主桁架和2榀边桁架组成，主桁架采用倒三角形鱼腹式钢管桁架，桁架跨度72m，桁架上弦杆采用两根$\phi351\times10$的无缝钢管，下弦杆采用一根弧形的$\phi426\times14$钢管，腹杆采用$\phi245\times7$、$\phi219\times6$等钢管。其中，钢管材质为Q345B，柱、网格梁等构件的材质为Q345C。主桁架最大高度为5.5m，宽4.5m。单榀桁架重达50t。边桁架位于标准展馆的东西两侧，跨度74m。滨湖会展中心标准展馆效果图见图1，展馆主体钢结构侧视图见图2，三角形鱼腹式钢管桁架见图3。

图1　滨湖会展中心标准展馆效果图

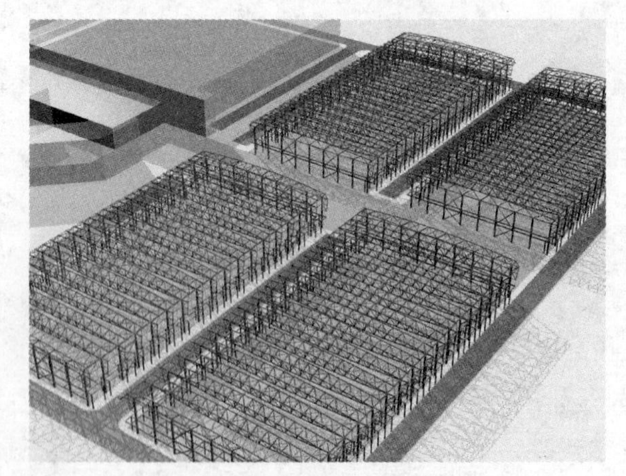

图2　标准展馆钢结构侧视图

2　钢结构施工难点

2.1　桁架的焊接和制作

桁架全采用钢管桁架，杆件连接全为相贯面节点，给相贯面切割精度带来挑战，另主桁架上下弦杆采用弧形钢管，如何保证钢管弯弧精度问题是一难题。

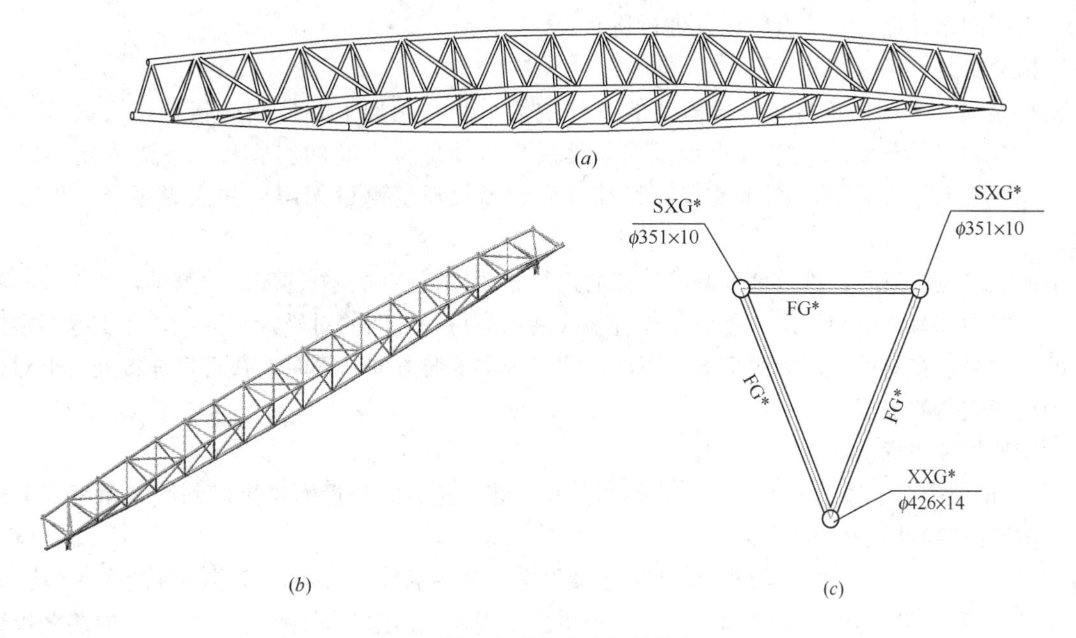

(*a*)

(*b*)

(*c*)

图 3 倒三角形鱼腹式钢管桁架

（*a*）主桁架轴测图；（*b*）主桁架三维侧视图；（*c*）主桁架剖面图

2.2 桁架场内拼装

大跨度桁架需现场拼装，拼装要求场地大，桁架杆件之间均采用焊接连接，拼装精度及焊接变形难以控制。

2.3 桁架整体吊装

本工程桁架跨度达 72m，大跨度空间曲面倒三角形鱼腹式钢管桁架结构的吊装变形、吊装安全和安装定位精度难以控制。

3 解决方案

采用“场内拼装、跨外双机抬吊、桁架整体吊装”的方式。场内进行桁架拼装时，在胎架周围布设测量控制网，以桁架的端点和节点中心为控制点，推算出每个节点的坐标，根据网格确定每一节点的位置进行拼装。拼装过程中，采用热变形控制的焊接工艺，严格控制焊接变形。待桁架拼装完成后，桁架跨外使用 2 台吊机在两侧同时抬起桁架，抬至指定位置后整体焊接，其他桁架采用同样方式安装。利用有限元 MIDAS/GEN 对结构进行吊装全过程仿真模拟分析，结合使用结构同步测量精度控制技术确保钢结构安装的进度和质量要求。

4 主要施工技术

4.1 拼装胎架搭设

拼装胎架设置应避开桁架节点位置，满足焊工的施焊空间。为了便于桁架的起吊，胎架定位块的位置须避免与桁架起吊时碰撞。拼装胎架必须保证足够的刚度和稳定性，拼装中每一个拼装段必须形成稳定体结构，两端应设置人字撑地杆进行加固。在组装平台上划出钢管端面定位线、中心线及分段长度位置线。为防止胎架的沉降不均匀，须在胎架旁设置一沉降观察点。

4.2 桁架拼装

（1）测量定位

由于空间曲面倒三角形鱼腹式钢管桁架大部分弦杆为弧形，因此，拼装过程中的测量控制工作非常重要。桁架拼装时，在胎架周围布设测量控制网，以桁架的端点和节点中心为控制点，推算出每个节点的坐标，根据网格确定每一节点的位置进行拼装。

（2）桁架拼装

桁架拼装时，先用吊机将每一段桁架的弦杆主管吊装到胎架上并控制好接口，测量每一点的标高和位置，用调节装置进行调整并点焊固定，然后连接此部位之间的斜腹杆，点焊固定，以同种方法安装其余的弦杆和斜腹杆，用水准仪、经纬仪和钢卷尺反复测量无误后先点焊固定，再进行全方位焊接。

桁架拼装定位结束后，进行精确调整，然后进行整体检查。对于关键部位的测量，如坡口间隙、整体线型等，必须填写预拼装记录。预拼装检查验收后，进行构件间的对号入座标记，在支撑两端标明各自对应的轴线号，在斜撑两端标明上端和下端，明确现场安装方向，同时，在现场连接处打上对合标记线，作为现场安装的依据。

（3）桁架拼装注意事项

1）每榀桁架应在整体结构中该桁架的投影位置拼装，拼装时与投影位置倾斜一定角度（考虑到桁架在投影位置拼装时场地长度不够）。

2）桁架拼装时，首先要根据结构形式的复杂程度和采用的焊接方法，确定构件的合理组装方法和顺序，复杂部位和不易施焊部位需制定工艺装配措施，规定先后组装顺序和施焊顺序，对隐蔽焊缝应预选施焊。

3）桁架拼装胎架本身应形成稳定的结构体系，胎架基础混凝土强度必须达到设计强度的75％时才能进行胎膜架的组装。胎膜架应严格按照工艺设计图纸进行组装，每个胎膜架组装完后应进行严格的验收，验收合格后方可拼装桁架。

4）桁架在拼装过程中，应定期对胎膜架的尺寸位置、沉降量等进行测量，每拼装完一榀桁架后必须对胎膜架进行复检，合格后才能进行第二榀桁架的拼装。

桁架拼装示意图如图4所示。

图4　主桁架拼装

（4）焊接

焊接时，应先焊主弦杆，管与管对接焊缝，再焊腹杆与主弦杆相贯焊缝，同一根管子的两条焊缝不得同时焊接。焊接时，应由中间往两边对称跳焊，防止扭曲变形。桁架对接焊接时，先焊接主桁架的弦杆，内外弦杆应同时对称施焊，再进行相贯焊接。

1）弦杆与弦杆的对接焊接

焊接坡口形式见图5。每条环焊缝由两名焊工对称施焊，采用SMAW或SMAW+GMAW焊接方式进行多层多道焊。根部用ϕ3.2mm焊条打底焊1～2层，其他用CO_2气体保护焊填充、盖面。

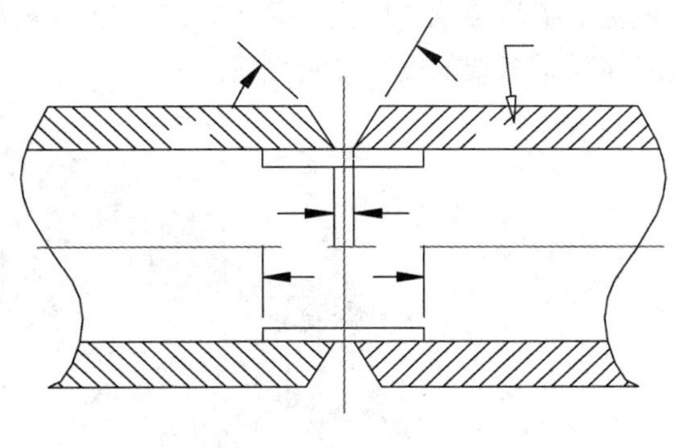

图5 焊接坡口形式

2）弦杆与腹杆的相贯焊接

钢管相贯线焊缝位置沿支管周边分为A（趾部）、B（侧面）、C（跟部）三个区域，当$\alpha \geqslant 75°$时A、B、C区采用带坡口的全熔透焊缝，当$\alpha \leqslant 75°$时A、B、C区为带坡口的全熔透焊缝，$\alpha \leqslant 35°$时，C区采用角焊缝形式，焊缝高度大于1.5倍支管壁厚，各区相接处坡口及焊缝圆滑过渡，如图6所示。

焊接采用SMAW或SMAW+GMAW方法。相贯焊缝应对称施焊，多层多道焊。熔透部位采用手工电弧焊ϕ3.2mm焊条打底，但要确保单面焊双面成形，其他采用CO_2气体保护焊填充、盖面，一个节点往往有多条相贯焊缝，焊缝集中。一条相贯焊缝焊接完毕冷却后，再焊相邻的相贯焊缝，以防止应力集中，减小焊接变形。

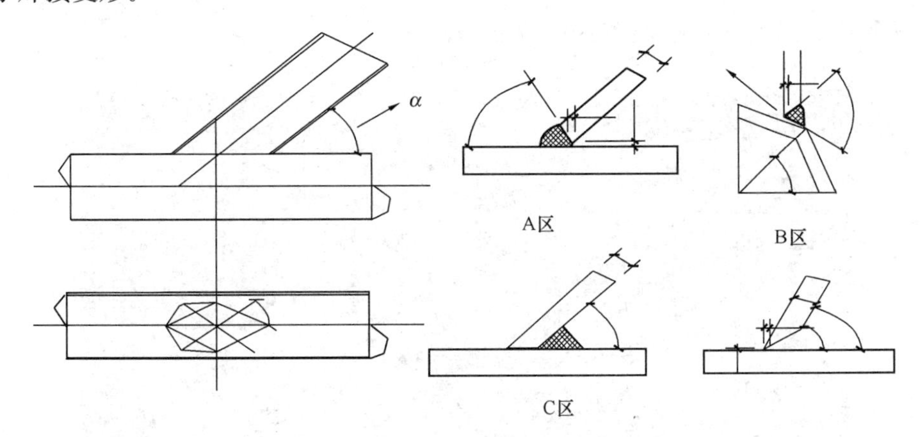

图6 钢管相贯线焊缝位置示意图

3）焊接注意事项

所有对接焊缝必须使用内衬管且需保持合理间隙，根据现场情况制作可移动的框架，并用帆布围护。对接焊时，须采取防风措施，在空中无法采取防风措施时，采用手工焊，工程用焊条均须烘焙，工人用焊条采用保温筒保存、携带。所有对接焊缝及熔透焊缝焊接完成后均采用超声波检测，确保焊缝达到设计等级要求。

4.3 桁架吊装

主桁架单榀吊装

1）数值模拟分析

通过对桁架吊装过程各工况的数值模拟分析，从理论上确保吊装过程中的构件变形以及构件应力水平处在安全的范围内，并给予吊装过程监测对比依据。通过吊装过程监测，将实测数据与数值模拟数据进行比较，保证理论结果与实践结果的一致，确保吊装过程的安全可靠。

2）吊装步骤

步骤一：为避免桁架安装时发生变形，桁架安装应采用“场内拼装、跨外双机抬吊、桁架整体吊装”。首先，采用吊机进行场馆周边钢柱及外侧夹层钢柱、钢梁的安装。

步骤二：主桁架在设计位置投影下斜置一定角度拼装，位于场外的2台吊机将主桁架抬吊至钢柱上，主桁架吊装就位后应设置临时揽风绳，每边各两根，确保主桁架稳定。首先进行第一榀、第二榀及其之间联系桁架的安装。见图7。

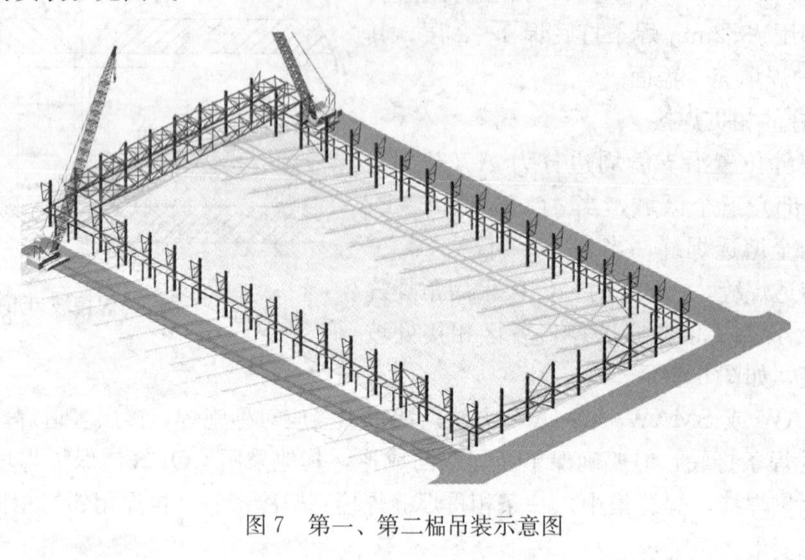

图7　第一、第二榀吊装示意图

步骤三：进行第三榀主桁架的双机抬吊。见图8。

图8　主桁架双机抬吊现场图

步骤四：当主桁架吊装完成三榀并完成其之间联系桁架的安装以后，开始进行北侧边桁架及联系杆件的安装，并随即进行檩条的安装。

步骤五：继续进行单榀主桁架的抬吊施工，联系桁架及檩条的安装同步进行。

步骤六：汽车吊进入结构内，进行结构内侧夹层钢柱及钢梁的安装。见图9。

4.4　吊装过程监测

为保证测量工作顺利进行，确保桁架安装的进度和质量要求，必须首先建立适用、可靠的测量控制网。

1）建立主控制网

根据现场结构的分布情况，考虑测量使用方便和通视效果，依据场地测量定位点，计算主控制网各

图 9　场内钢柱、钢梁吊装图

控制点的坐标，以场地测量定位点为起始点，在钢结构安装施工前，测设工程主控制网。主控制网中各控制点间的距离应满足$-L/30000 \leqslant f \leqslant +L/30000$，控制网角度闭合差绝对值应$\leqslant 10''$。

2）建立加密控制网

主控制网布设完成后，按照结构的布置情况，考虑测量使用方便和通视效果，依据场地测量定位点，计算各加密控制点的坐标，以主控制网中的控制点为起始点，在钢结构安装施工前，测设工程测量加密控制点。各加密控制点间的距离应满足$-L/30000 \leqslant f \leqslant +L/30000$，控制网角度闭合差绝对值应$\leqslant 10''$。

3）建立高程控制网

根据现场结构的分布情况，考虑测量使用方便和通视效果，依据给定的水准点为起始点，在钢结构安装施工前，布设该工程钢结构安装的高程控制网。根据给定的水准点的分布情况，选择往返测量或闭合线路测量，建立钢结构安装高程测量控制网。无论采用哪种测量方法，所设置的高程控制网中各高程控制点的高程都必须满足工程施工测量的限差要求。

4）加密控制点标识

加密控制网标识直接在硬化地面采用水泥钉进行标识，四周采用钢管进行保护，并做好警示标识。标识点坐标及高层定期进行复测。无法直接在硬化地面采用水泥钉进行标识的，采用现浇混凝土预埋十字钢钉的方式，四周采用钢管进行保护，并做好警示标识。标识点坐标及高层定期进行复测，以确保加密控制点数据的准确性。

5　结语

本项目采用“场内拼装、跨外双机抬吊、桁架整体吊装”的施工方法，有效地解决了大跨度空间曲面倒三角形鱼腹式钢管桁架加工制作等问题，既减少了施工相关措施费用，降低了施工成本，又解决了与土建重叠交叉作业问题，缩短了施工工期。同时运用结构同步测量精度控制技术确保钢结构安装进度和质量要求。

参考文献

[1]　蒋金生，叶可明．上海新国际博览中心钢桁架结构的施工及临时支承拆除的卸载过程分析[J]．建筑结构学报，

2006(05)：118-122.
[2] 肖聚亮，阎祥安，王国栋，贾安东．管锥相贯焊接坡口数控切割[J]．2005(05)：5.
[3] 汪晓梅，孙建奖，隋庆海，卢立香．深圳大运会铸钢节点相贯焊接试验与分析[J]．焊接技术，2009(11)：24-26.
[4] 姬帅，芦继忠，凌亚青，林俊．钢结构拼装胎架研制及其在大跨度钢桁架中的应用[J]．建筑结构，2018(15)：66-70.
[5] 郝军，郝志敏．大跨度钢结构桁架整体拼装施工双机抬吊技术[J]．2010(06)：69-71.

高空滑移钢平台悬空支模施工技术

朱　华　沈　康

（安徽省建筑科学研究院，合肥　230031）

摘　要　论文结合安徽省立医院医技楼项目，设计了下承式型钢桁架平台作为钢管支模架的高空支承点，并采用高空水平滑移的方法完成钢平台安装与拆除工作；在施工工艺流程分析基础上提出了施工技术的关键要点，并对施工过程临时结构的受力状态进行了设计与监测分析。工程实践表明，该技术安全可靠、经济合理。

关键词　混凝土；浇筑；悬空；支模；钢平台；滑移

1　概述

出于建筑表现力的考虑，建筑师在进行大型公共建筑和超高层商业建筑设计时，常在高层建筑物的顶部布置高空连廊以形成连体结构或顶部几层楼面上下层平面上存在较大凹凸造型。

然而，由于缺乏直接有效的支模支撑点，这种特殊建筑造型给位于高空部分钢筋混凝土构件的混凝土浇筑施工支模架搭设布置带来了难题。传统的支模方法采用搭设落地满堂高支模架或通过预埋牛腿构件后架设贝雷梁作为支模架支撑点，具有施工措施费用高、安全性不易保证的特点。

安徽省立医院二期工程总建筑面积206802.74m^2，地下2层，地上最高21层，主要包括住院楼、医技楼、门诊楼、临床学院A、临床学院B、会议中心等，其中医技楼单体项目第21层（标高85.000m、最大梁截面尺寸400×1500mm）、第22层（标高89.000m、最大梁截面尺寸400×1200mm）相比第20层（标高79.800m）在平面上凹进3.200m，且85m标高层结构设计只有纵横向梁构件，楼板镂空（图1），导致最顶上两层混凝土梁板混凝土浇筑模板支撑架无法从第20层楼面上连续支模。

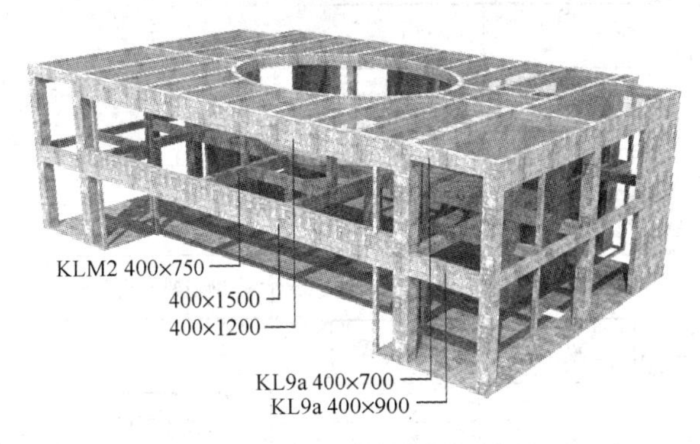

图1　建筑顶部三层效果图

该建筑顶部两层结构混凝土浇筑模板支撑架临时结构体系型式的确定是本工程施工的一个重点，支撑体系设计应能保证混凝土浇筑期间荷载传递的可靠性，并具有较好的经济性。

拟浇筑混凝土楼层存在较大规格梁式构件，支撑体系承受混凝土构件浇筑施工荷载较大。

顶部两层距离地面最大高度为89m，且楼层间平面存在较大的凹凸造型，无论采用哪种支模体系，均为高空悬空部位作业，施工作业安全风险高。

2 施工工艺设计

2.1 施工方案比选

(1) 方案1：落地搭设高空满堂支架方案

从地下室顶板搭设85m高满堂支架作为宽度为3.2m悬空部位的模板支撑体系，自20层楼面往下布置3层连续支模架进行楼板加固，然后搭设最大高度9m的扣件式钢管支模体系，作为顶部两层非悬空部位混凝土浇筑支模架。

该方案对于悬空部位的支撑体系而言，由于考虑到支模架高宽比，需要将支模架平面扩大至约20m，施工成本大，且搭设85m高的支模架对于支撑体系垂直度控制难度大，搭设的满堂支模架需要与主体结构进行拉结，影响二次结构及装饰施工作业面布置。

(2) 方案2：悬空部位布置贝雷架＋扣件式钢管支架方案

利用结构第20层楼面混凝土结构自身承载力，悬空部位布置贝雷架，顶部两层非悬空部位模板支撑架布置在第20层楼面上。

该方案利用标准化贝雷桁架作为悬空支模架支撑点，理论上可以实现，但考虑到现场塔吊的起吊能力，贝雷桁架只能采用散件高空拼装的方法进行安装，高空拼装及拆除施工难度较大，且贝雷桁架与混凝土结构主体结构连接需要设计可靠的连接节点，对主体结构构件局部承载力要求较高。

(3) 方案3：高空滑移钢桁架平台＋扣件式钢管支架方案

在第20层楼面设置安装平台分阶段拼装钢桁架，并将拼装好的钢桁架沿轨道滑移至预设位置后与混凝土梁构件固定连接，以此为支撑面来搭设悬空部位的扣件式钢管支模架，顶部两层非悬空部位模板支撑架布置在第20层楼面上。顶部两层混凝土构件浇筑完毕后，首先拆除扣件钢管支模架，然后采用滑移退出的方式拆除钢桁架平台。

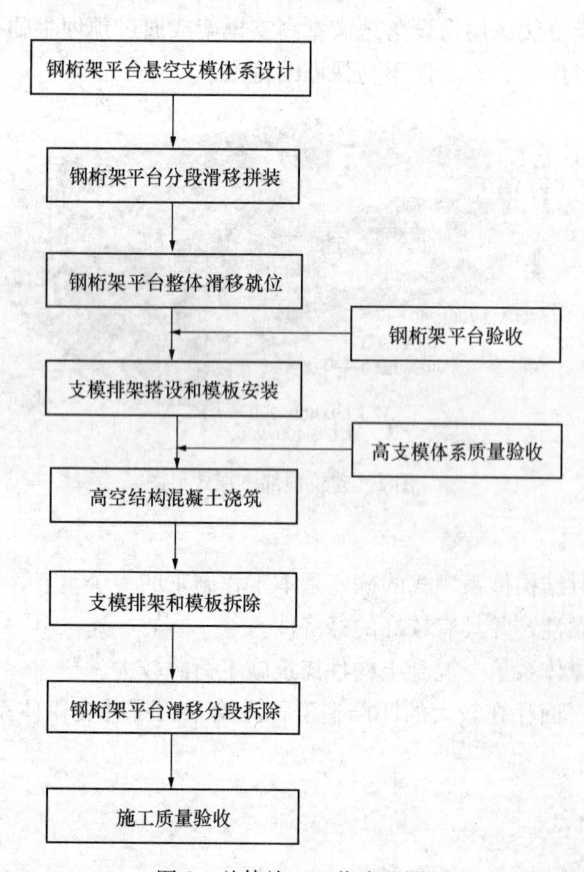

图2 总体施工工艺流程图

综合对比三个方案的安全性、经济性以及可操作性后，确定采用方案3作为最终方案，将顶部两层悬空部位的混凝土浇筑施工荷载作用在一端与混凝土大梁固定连接的悬挑钢桁架平台上，同时钢桁架平台也作为顶部两层外立面装修作业的安全防护平台。

2.2 施工工艺流程

根据施工方案比选结果，对高空滑移钢桁架平台悬空支模施工方案进行工艺流程设计。

(1) 总体施工工艺流程

高空滑移钢桁架平台悬空支模施工工艺包括：钢桁架平台安装就位、扣件式钢管支模排架搭设、混凝土浇筑以及模板支撑体系拆除等环节，总体施工流程如图2所示。

(2) 钢桁架滑移安装

根据背景工程拟浇筑第21层、第22层以及第20层支模平台支撑层混凝土构件结构布置特点，设计布置了三榀主桁架、六榀次桁架组成的下承式桁架结构作为支模钢桁架平台，主桁架跨度为24m。由于现场塔吊起吊能力最大为1.5t，无法完成桁架地面散拼成单元体后高空原位焊接组装，且钢桁架平台支承于第20层混凝土楼面悬空部位两端，高空悬空作业安全风险大。

考虑到现场的实际条件，拟采用利用塔吊将型钢散件吊装运输至第20层楼面，在第20层楼面1～10轴区域布置钢桁架散拼焊接安装作业平台，并在主桁架支座两端布置槽钢滑移轨道，采用拼装一榀、向前滑移一个节间距、再拼装下一榀的施工顺序，逐步将钢桁架平台滑移至预设位置，滑移就位后将钢桁架平台固定端与主体结构进行可靠连接。钢桁架滑移拼装流程如图3所示。

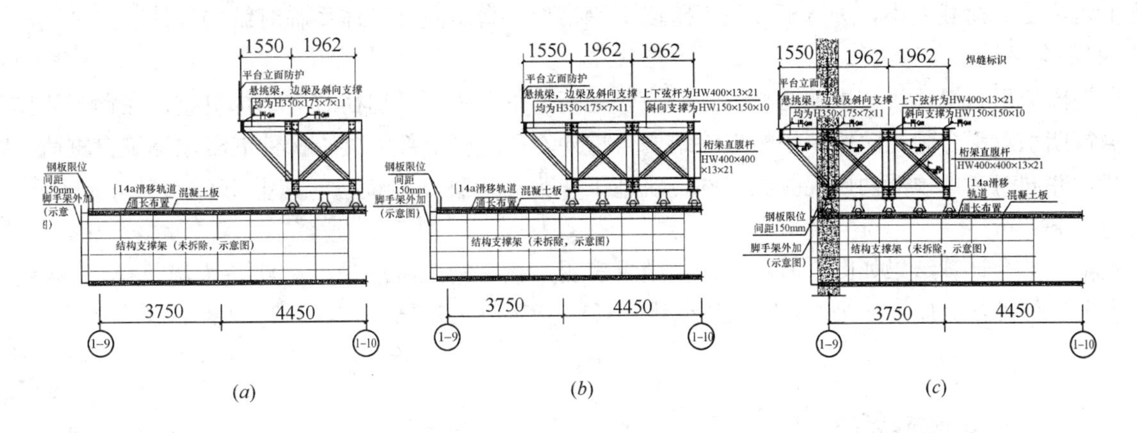

图3　钢桁架滑移拼装流程

(*a*) 初始拼装状态；(*b*) 滑移拼装状态；(*c*) 滑移就位状态

(3) 钢桁架滑移拆除

由于钢桁架就位后处于悬空状态，原位分解拆除风险较大，因此，确定将钢桁架采取滑移拆除的方法进行拆除施工。浇筑好混凝土养护至规定强度后，开始模板及支模排架拆除，支模排架拆除完毕后，先解除钢桁架与主体结构的固定连接措施，然后，利用电动葫芦将钢桁架滑移至第20层结构板面内，最后将钢桁架进行切割拆除，并采用塔吊将散件吊运至地面。

3　施工阶段钢桁架平台结构设计

3.1　结构布置

依据拟浇筑混凝土楼层主、次梁布置特点，布置钢桁架平台主、次桁架，如图4所示。其中，主桁架的主要作用为承受浇筑混凝土主梁的荷载以及上部楼板荷载，并能保证钢桁架平台的稳定性；次桁架的主要作用为承受混凝土次梁荷载，桁架平台的端部加强以及保证滑移轨道的稳定。

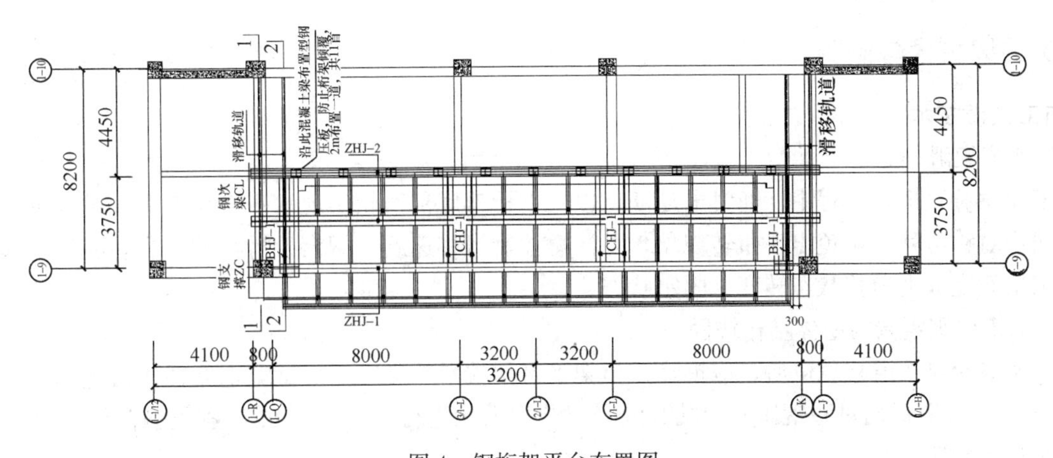

图4　钢桁架平台布置图

桁架上、下弦杆以及直腹杆采用型钢HW400×400×13×21，斜腹杆采用型钢HN350×175×7×

11，材质均为Q235B。其中，主桁架连接焊缝、牛腿与预埋件连接焊缝要求采用剖口熔透焊，次桁架及次梁等连接焊缝要求达到角焊缝要求。

3.2 施工阶段划分

根据施工工艺流程分析结果，施工阶段钢桁架平台结构设计将施工阶段划分为钢桁架平台滑移拼装、混凝土浇筑期承重、钢桁架平台滑移拆除三个施工阶段，根据拟浇筑混凝土构件尺度大小确定支模体系主要承受的荷载大小，进行不同施工阶段下钢桁架平台悬空支模体系临时结构设计。

3.3 钢平台设计

在钢桁架平台滑移拼装以及滑移拆除阶段，钢桁架平台主要承担荷载为结构自重；在钢桁架作为混凝土浇筑期承重平台施工阶段，钢桁架除结构自重外，还承受上部混凝土构件混凝土浇筑自重荷载既施工活载，并同时考虑顶部两层混凝土构件浇筑施工作为分析最不利状态，其中400×1500mm大梁自重荷载为15kN/m。

钢桁架平台计算结果如图5所示。计算结果表明，整个施工阶段最不利状态为浇筑第22层结构混凝土状态，杆件最大应力比为0.54，钢桁架跨中最大变形为23.1mm，约为跨度的1/1000。

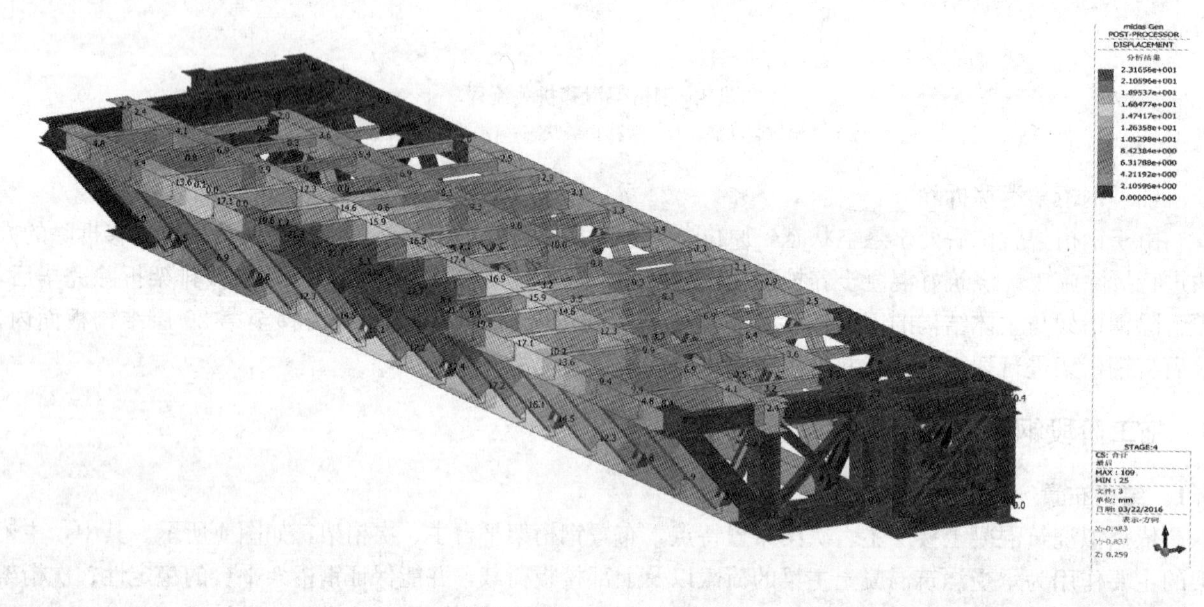

图5 钢桁架平台计算结果

4 施工关键技术与监测

4.1 施工关键技术

(1) 钢桁架滑移

钢桁架拼装及拆除过程中，通过电动葫芦以及钢桁架底部滑轮实现水平滑移，滑移过程中应注意桁架两端同步对称滑移，避免出现扭转现象，并注意控制滑移速度。钢桁架滑移就位后，应设置限位临时固定，钢桁架完成由滑移状态转变为固定状态。

(2) 钢桁架固定端与主体结构锚固

钢桁架平台整体滑移就位后，应拆除钢桁架平台两端滑轮支座，焊接型钢立柱作为支撑点，并在固定端每隔2～3m间距通过型钢压板与既有混凝土结构大梁进行固定（图6），避免钢桁架平台在浇筑混凝土期间整体倾覆。

(3) 钢桁架平台上槽钢布置

根据扣件钢管支模排架布置图，在钢结构桁架平台上布置14＃槽钢作为高支模架体的基础，槽钢与钢结构桁架平台采用点焊形式连接。钢结构桁架平台上槽钢之间采用布置木枋（图 7），上面满铺模板以便施工人员操作施工。

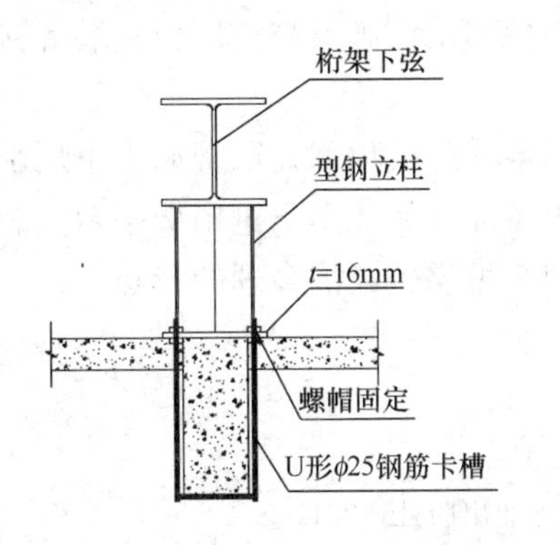

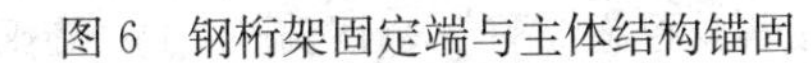
图 6　钢桁架固定端与主体结构锚固

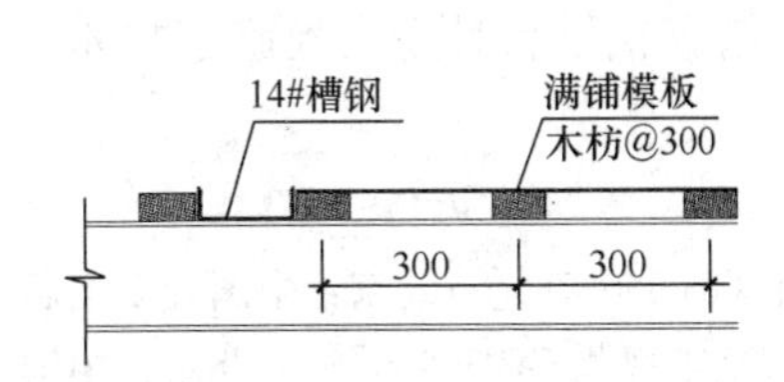

图 7　钢桁架平台上槽钢布置

（4）高支模架搭设

扣件钢管支模架的底部支撑分别为钢桁架平台以及 20 层混凝土楼面，高支模架搭设时应布置好纵横向剪刀撑，立杆钢管底部相应位置应焊接定位短钢筋（图 8），防止钢管底部产生水平滑移。

（5）混凝土浇筑

浇筑梁板混凝土时，梁板应同时浇筑，浇筑方法应先将梁根据高度分层浇捣成阶梯形，从跨中向两端对称进行分层浇筑，每层浇筑厚度不应超过 400mm。混凝土浇筑宜顺着主桁架跨度方向，防止其平面外不均匀受力。

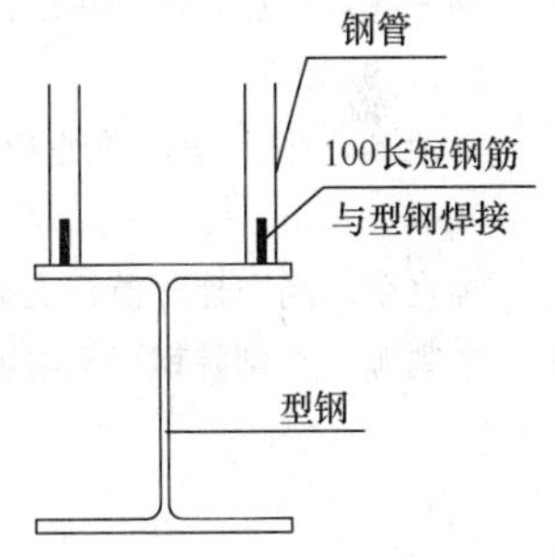

图 8　立杆底部定位钢筋

4.2　施工监测

为了保证钢桁架平台在混凝土浇筑期间的安全性，在主次桁架上下弦杆相应位置布置了应变测点及位移测点，对施工过程钢桁架平台结构状态进行了监测。应力测点布置如图 9 所示。

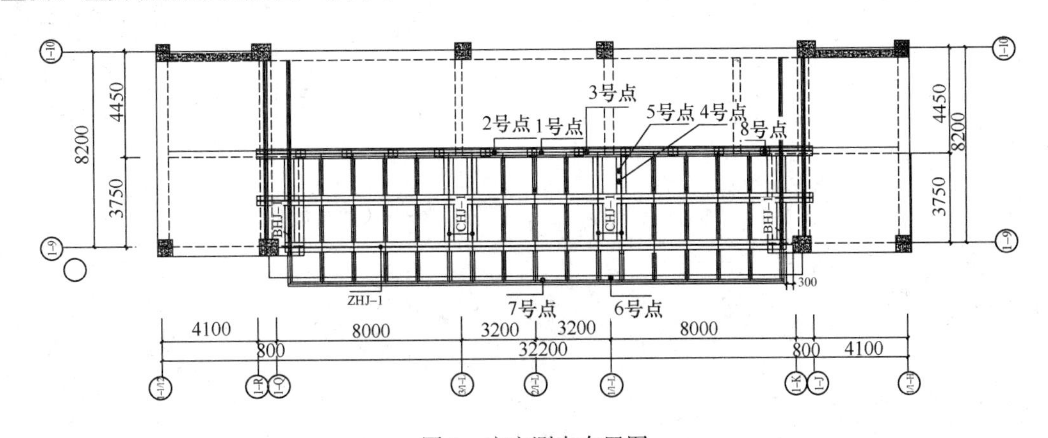

图 9　应变测点布置图

施工监测结果表明，4 号测点节点在浇筑第 21 层楼面时应力最大为 60.2MPa，此时悬挑端桁架跨中变形为 19.7mm，钢桁架平台整体受力状态良好。

5　结语

本工程根据结构布置特点，采用高空滑移钢平台悬空支模施工技术，完成高层建筑顶部两层混凝土结构悬空浇筑混凝土，实现了混凝土浇筑期间湿混凝土自重及施工荷载的有效合理传递。利用混凝土结构平台，分段滑移安装及拆除钢桁架平台，将施工难度较大的高空钢桁架安装与拆除吊装或提升作业转换为易操作的高空水平向滑移作业，避免了需使用大吨位起吊设施及高空原位拼装焊接施工质量难控制的缺点，有效提高了施工效率，保证了施工质量。

技术分析与工程实践结果表明，该方案可以解决高空连廊或顶部几层楼面上下层平面上存在较大凹凸造型部位混凝土构件施工难题，并且无需大型起吊设备即可完成高空钢桁架平台安装，同时型钢材料可周转使用，高空滑移钢平台悬空支模施工技术具有安全可靠、经济合理的特点。

参考文献

[1] 钢结构设计规范 GB 50017[S]. 北京：中国计划出版社，2003.

[2] 混凝土结构工程施工规范 GB 50666[S]. 北京：中国建筑工业出版社，2011.

[3] 张建华，郭正兴，王永泉. 106.05m高空悬挑混凝土构件模板支撑施工平台设计与施工[J]. 施工技术，2015，44(8)：88-91.

[4] 李立刚，肖文凤，邵丽萍，等. 超高层建筑高空连廊结构模板与支架钢平台安拆技术[J]. 施工技术，2013，42(2)：62-64.

[5] 韩素龙，荣彤，苏立军. 高空大跨度钢筋混凝土结构施工的钢桁架支模平台设计与安装[J]. 建筑施工，2010，32(9)：953-955

[6] 丰艳琴，张凯华，马纯权，等. 大跨度悬挑混凝土结构支撑体系设计与施工[J]. 施工技术，2013，42(14)：90-93.

[7] 姚晓东. 高空连廊模板支撑架比选及设计[J]. 中国建筑金属结构，2007(7)：37-40.

[8] 徐剡源. 某剧院钢桁架滑移安装技术[J]. 中国建筑金属结构，2014，43(14)：152-154.

贵安新区规划建筑艺术馆屋盖网架分级拼装及分级提升施工技术

周进兵　章　波　刘　津　晏传武　罗忠睿

（中建三局第一建设工程有限责任公司，武汉）

摘　要　本文介绍贵安新区规划建筑艺术馆项目屋盖网架，采用分级拼装及分级提升施工技术，通过三次拼装两次提升完成了整个网架的施工，在满足设计要求的同时获得了良好的经济效益。

关键词　屋面网架；悬挑；分级拼装；分级提升

1　工程概况

本工程为钢框架＋屋盖网架结构，钢结构工程总用钢量约 19000 吨，材质为 Q345B 和 Q235B 级钢。地下 2 层地上 4 层，共 6 层，层高 7.6m，结构高度 36m。建筑功能为规划馆与艺术馆，建成后是贵安新区对外展示的窗口（图 1）。

图 1　贵安新区规划建筑艺术馆

楼面为钢筋桁架楼承板楼板，框架部分为箱型钢柱、H 型钢梁、箱型钢梁，H 型钢梁跨度最大 19m，箱型钢梁跨度最大 28m；屋面网架跨度为 60m×77m。钢柱表面涂刷环氧富锌底漆和厚型防火涂料，钢梁、室内钢梯、钢网架表面涂刷环氧富锌底漆和溶剂型超薄型防火涂料和黑色聚氨酯面漆；选用 10.9 级扭剪摩擦型高强度螺栓 M20。

2　屋盖钢网架分级拼装及分级提升施工技术

1）屋盖网架施工方法

根据本工程屋面网架下方混凝土结构平面布局特点及其他钢网架施工经验，将混凝土楼层中空区域部分网架在混凝土结构夹层内先行拼装完成（图 2）。

2）网架夹层内拼装完成后，提升 50～120cm 后静止 12h，观察各部位受力状况，特别是提升架基础、捆绑绳索位置网架是否有变形、提升架是否有倾斜等情况（图 3）。

图 2　楼面中控区域夹层内进行第一次拼装

图 3　网架提升 50～120cm，静止 12h

3）网架静止 12h 后，正式提升，确认后继续提升至预定标高（比柱顶高 50～100mm）（图 4）。

4）网架提升至楼面层时从网架边缘继续扩展拼装（图 5）。

图 4　网架静止后 12h 正式提升至顶层楼板位置

图 5　网架在楼面层进行第二次拼装

5）网架在楼面层进行第二次扩展拼装后进行第二次提升至网架支座（图 6）。

6）二次提升完成后需调整支座及网架标高及平面位置，使网架正好落于支座正下方。位置调整完成后进行网架第三次由内向外扩展拼装（图 7）。

图 6　二次提升网架至支座位置

图 7　第三次进行网架扩展拼装

7）网架第三次拼装完成后继续向结构外围方向拼装悬挑部分，拼装时采用手拉葫芦调整网架局部位置（图8）。

8）整个网架拼装完成后待其静止一天释放内部施工应力及变形，然后进行网架支座焊接（图9）。

图8　网架悬挑区域拼装完成

图9　整个网架施工完成

3　屋面网架分级拼装及分级提升施工质量与安全控制

3.1　网架施工质量控制

1）为了减小网架在拼装过程中的积累误差，网架下弦的组装应从中心开始，扩展组装纵横轴，随时校正尺寸，认为无误时方能从中心向四周展开，其要求对角线（小单元）允许误差为±3mm，下弦节点偏移为2mm，整体纵横的偏差值不得大于±2mm。

2）整体下弦组装结束后对几何尺寸进行检查，必要时应用经纬仪校正同时用水平仪抄出各点高低差进行调整，并作好记录。

3）为了便于施工，提高工程进度，下弦组装前其腹杆和上弦杆可根据图纸对号入座，搬运到位。

4）腹杆和上弦杆的组装应在下弦全部组装结束后，经测量无超差的基础上进行组装，其方法从中心开始组装，随时检查纵横轴线的几何尺寸，并进行校正，然后向四周组装。

5）网架结构总拼完后及屋面施工完后应分别测量其挠度值；所测的挠度值，偏差不得超过相应设计值的15％。

3.2　网架施工安全控制

在网架吊装前，必须对吊装时的吊点反力以及网架的受力状况进行验算，以确保网架吊装的安全；所有参与网架提升作业人员必须戴好安全帽，做好自身安全防护措施。现场成立专门的安全检查小组，检查网架在提升过程中拔杆及网架本身的受力状况，随时向指挥人员汇报。吊装前，向吊装人员进行安全教育以及关键部位的安全交底。吊装作业时，应划定危险区域，挂设安全标记，加强安全警戒。当风速达到15m/s时（6级以上），吊装作业必须停止。做好台风、雷、雨天气前后的防范措施。

4　结束语

受限空间屋盖网架采用中空夹层分级拼装及分级提升施工技术效益主要体现在节省了脚手架的投入费用，并节省了施工时间。在施工中，楼面上拼装不但减少了大量的高空作业，保证了作业人员的安全，而且对网架的安装精度都进行了有效的控制。

本方法与脚手架高空散装法或高空悬挑散装施工进行比较，可以大量地减少满堂架的用量，缩短工期，减少了高空作业，收到较好的经济效益。

国际馆锥管柱、花伞施工特点分析与质量控制

任洺名　段海宏

（北京建工集团第五建筑公司，北京）

摘　要　本文介绍了2019年中国北京世界园艺博览会国际馆钢结构工程，该建筑造型独特，屋面由94颗“花伞”为结构单元构件组成的“花海”，“花伞”坐标点多达5400个，钢结构制作和安装施工难度大，本文对厚板锥管柱、屋面“花伞”的加工、制作、安装全过程进行了总结。

关键词　“花伞”；厚壁锥管柱；加工；安装精度；变形控制

1　工程概况

国际馆工程是世园会的核心建筑之一，承担着“以植物和园艺，会八方之友”的重任，94颗钢柱和悬挑钢梁构成的“花伞花海”，在建设者手中惊艳绽放，成为妫水河畔一道靓丽的风景，这些平均每颗重量达30t左右“花伞”真正集颜值与才华于一身，不仅能起到遮阳、通风、光伏发电、夜间照明等作用，还能融化降雪、贮存降水并用于园林浇灌和建筑日常使用，见图1。

图1　国际馆屋面效果图

钢结构各柱的倾角不相同，钢管柱截面的直径与壁厚均沿高度变化，由底部外径1200mm，壁厚50、40、25mm，缩至顶部外径800mm，壁厚50、40、25mm，钢材材质采用Q345GJB和Q345B，管内充填C40高强混凝土。因建筑外观造型的要求，立柱钢管采用锥形管。

2　锥形钢管柱的加工制作

2.1　锥管成形工艺方案的确定

分析本工程所用的各种规格钢管，立柱（ϕ1500～ϕ800）×50，（ϕ1200～ϕ800）×50，（ϕ1200～ϕ800）×40，（ϕ1500～ϕ800）×25，（ϕ1200～ϕ800）×25其径厚比在（20～80）$\sqrt{235/f}$范围内，符合规范

采用冷卷工艺的要求，钢板经压制或卷制后，其力学性能会发生变化。冷弯时变形越大，材料的冷加工硬化也越严重，在钢板内产生的残余应力也越大，甚至会发生表面裂纹。压制或（卷制）后钢管的表面硬度、冷硬化层深度将随压制（卷制）压力和次数的增加而加大。

根据本工程设计要求的钢管柱规格、材质、受力状态和构件类别，考虑到卷制和压制制管工艺上不同的特点和应用范围，以及工厂的加工设备，制作质量等，经过综合比较分析后，确定锥形钢管柱采用卷制成型的工艺。

2.2 锥管卷制成型的关键设备和技术

（1）放样

采用 xsteel 三维放样技术，对锥管柱进行准确放样，绘制零件详图，作为绘制下料图及数控编程的依据。本工程钢柱由于其本体为锥型，其零件下料前需进行展开放样。

（2）筒体卷制加工余量加放

1）钢管压制直径精度的控制

由于钢管柱钢板较厚，在压制过程中钢板的延伸率发生变化，会直接导致加工后筒体的直径偏大，所以加工前必须采取措施进行预防，根据本公司类似工程的实际经验，ϕ1200×(25～50mm)钢管压制后，其圆周长将会增加 6～12mm，所以加工前应将钢管直径缩小 2～4mm 展开进行下料。

2）钢管轧制压头余量的加放

为保证每一节管纵缝区域曲线光顺，必须在纵缝两侧各加放一定的加工压头余量，如图 2 所示。

3）钢管纵缝对接收缩余量的加放：对接焊缝处需加放 2mm 焊接收缩余量。

（3）压头

根据锥管的曲面线形制作压模并安装，采用 800t 油压机进行钢板两端部压头，钢板端部的压制次数至少压三次，先在钢板端部 150mm 范围内压一次，然后在 300mm 范围内重压二次，以减小钢板的弹性，防止头部失圆，压制后用样板检验，切割两端余量后并开坡口。

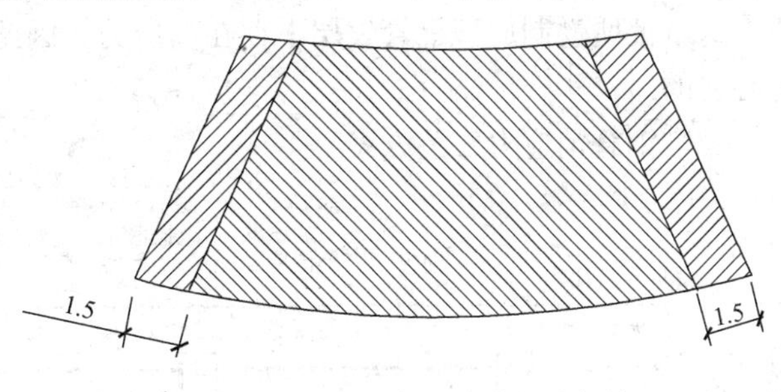

图 2　管节纵缝两侧压头余量的加放

压头质量的好坏直接关系到锥体的成型质量，所以为保证加工质量，尤其是锥度要求，压头检验用样板必须使用专用样板，样板要求用 3mm 不锈钢加工制作。

（4）壁板加工成型

关键加工设备筒体卷制采用 12000t 双联动压力机加工成型。卷板机设备最大加工长度可达 L=15m；圆管主焊道为单道时：最大加工直径为 1200mm 的圆管，圆管主焊道为两道时：最大加工直径为 1600mm 的圆管。

加工方法为了保证锥管的外形尺寸精度，锥管轧制时根据其锥度要求在零件上划出加工母线（图 3），轧制过程中通过加工母线位置进行调节钢板进料方向及速度，从而达到加工成型的要求。

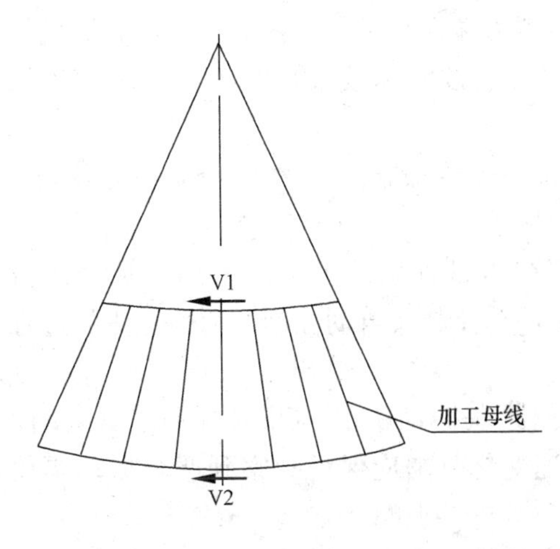

图 3　筒体轧制加工图

注：进料速度 V1、V2 根据上、下侧圆弧线进行计算

（5）钢管的纵缝和环缝焊接

1）钢管纵缝和环缝焊接方法：筒体焊接采用在筒体自动焊接中心或在专用自动焊接胎架上进行，筒体内外侧均采用自动埋弧焊进行焊接。

2）焊接顺序：先焊内侧，后焊外侧面。内侧焊满 2/3 坡口深度后进行外侧碳弧气刨清根，并焊满外侧坡口，再焊满内侧大坡口，使焊缝成型。

3）焊前装好引熄弧板，并调整焊机机头，准备焊接。

4）焊前预热：焊接前必须对焊缝两侧100mm范围内进行预热，预热采用陶瓷电加热板进行预热，预热温度100～150℃，加热时需随时用测温仪和温控仪测量控制加热温度，不得太高。

（6）钢柱端面机加工方法

钢柱端面机加工采用机械动力装置进行端面铣加工，通过对钢柱的端面机加工，使钢柱两端面保证平行且与钢柱轴心线相互垂直。

2.3 锥形厚板钢管制造后的应力特点分析及质量控制

（1）折弯成型对母材区应力的影响

Q345-50mm厚板的供货状况一般为正火板或回火板，其原始σ_0约等于350MPa。一般来说其平板的原始应力不大于$\sigma_0/2$（如无法确认可以通过追加测量来确认）。通过对加工制造后的锥形钢管的应力测量，其母材区的原始应力为78～187MPa。呈低应力状态。然而众所周知，钢管成型是通过上、下表面大屈服应变而获得的效果。成形后的回弹也是集中在上、下表面。区别于厚板表层下材料呈三维拘束的状况，由于表面没有Z向（垂直于板厚）的拘束，其回弹松弛效果也最好，故造成一种表面低的应力效果。盲孔法测量深度仅为2mm，无法反映深层次的应力状况。因此，母材区的表面应力会低于焊接区的表面应力，其平均值之比为157～144MPa（母材）比173～278MPa（焊缝）。随热处理或振动时效工艺的进行，其内部高应力会通过宏观—微观塑性变形向表面扩散均化，表而应力在工艺后产生走高现象，这就证明卷制成型钢管表层下存在高应力，因此消应力工艺对母材表面呈低应力的折弯工艺仍然是有必要的。

（2）钢管消应力工艺方案

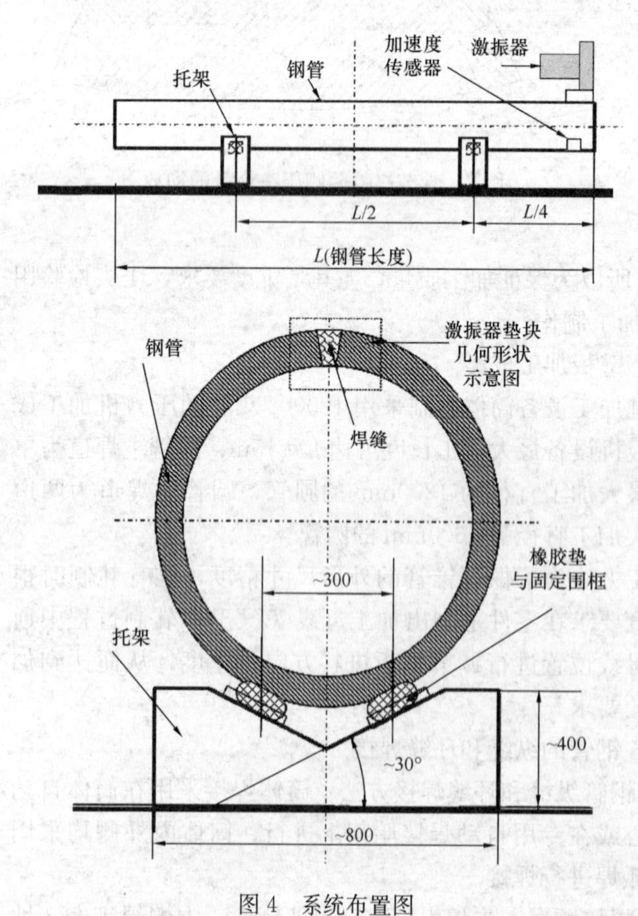

图4　系统布置图

经过从可操作性、经济性、工艺性等方法的比较，钢管消应力采用振动时效工艺方案，经过实际使用证明此方法是最适合的。

振动时效工艺系统布置

1）按图4所示放置各振动工艺装备与辅件。钢管放在托架上，应保证4个橡胶垫压缩均匀。钢管固定端口平面距支架厚板平面为10～20mm。

2）激振器用C型夹固定在钢管振动端的上方，激振器大端面与钢管端面齐平。偏心矩设定为32%（可以按实际效果在25%～40%范围调节）。

3）加速度传感器放在激振器下方的钢管内。

（3）振动工艺

钢管在本布置条件下可以采用两种处理方法，人工手动控制及自动控制。两种方法的过程一样。

1）扫频获振动幅值-电机转速曲线（a-n曲线）。转速变化范围应保证观察到两个振动幅值大于30m/s^{2}的共振峰f_1、f_2。

2）在最低共振峰f_1的亚共率范围内进行工艺振动，连续振动18min；手动条件下可以每3min调节一次转速，以保证工艺在最大振幅状况下进行。记录每次调节后的振幅与频率。

3）再在次低共振峰 f_2 的亚共振范围内进行第二次工艺振动，连续振动 12min；手动条件下可以每 3min 调节一次转速，以保证工艺在最大振幅状况下进行。记录每次调节后的振幅与频率。

4）再次扫频，获工艺后的振动幅值一电机转速曲线（a-n 曲线）。转速变化范围应保证与第一次扫频相同。

5）打印自动评定结果、2 次扫频（a-n）曲线和工艺（a-t）曲线。手动控制时应把记录数据填入工艺执行报告的相应栏目内。

（4）钢管振动时效前后的应力分析

导致直缝弯管端部母材残余应力在振动时效后上升的原因可能是因为振动时效过程中，由于振动这一外来机械能量的导入，使得原来存储在管中的内能重新分布，在整体均化弯管的残余应力的同时，不排除有一部分内应力在这一外来能量的作用下释放出来。而且由于母材受到热加工和机械加工（即焊接和折弯）的影响远小于焊缝、HAZ 和折弯部位，且在端部的母材要较中部的母材具有较小的约束和较大的自由度，因此端部的母材便成为有利的应力释放口，导致的结果就是在振动时效后其他测量部位的残余应力下降的同时，端部母材的残余应力有上升的趋势。

3　花伞的制作工艺

花伞安装按以下流程：制作操作平台→花伞柱定位→主梁拼装→次构件拼装→焊接→花伞吊装→花伞坐标定位→焊接完成吊装。

3.1　制作操作平台

由于花伞单体重量偏大，避免花伞起吊前进行二次倒运，操作平台位置需设在汽车吊能够吊装的范围内，经现场统一安排部署，对钢结构拼装平台进行场地平整及硬化处理，进行放线支设平台支撑等工作。

3.2　花伞柱定位

由于 94 颗花伞标高不同，每颗花伞柱在操作平台上的定位需单独放样，每颗钢柱设计对接耳板，将钢柱实际标高、轴线位置准确放样到操作平台上，用于进行钢柱定位。

3.3　花伞主梁拼装

熟悉图纸，每根花伞梁均有自己独立标高，花伞梁长度均不相同，将花伞梁放置对应位置，用水准仪测量各端部位置标高，经纬仪测量垂直度，完成花伞梁拼装，见图 5。

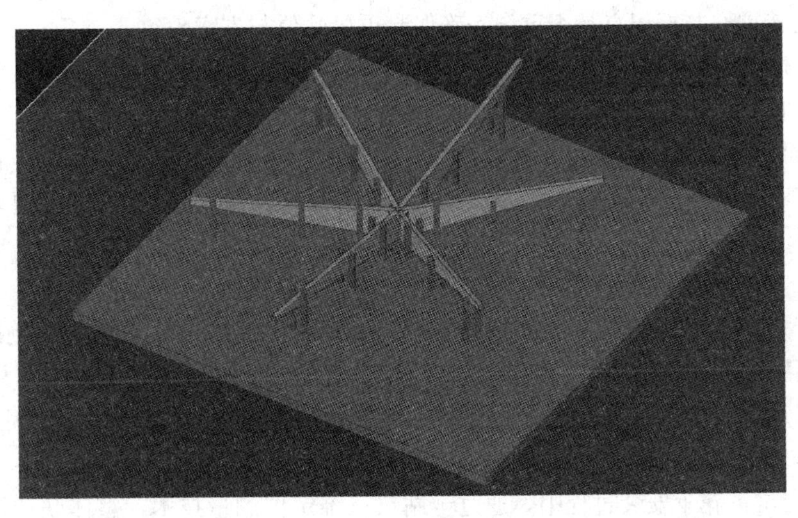

图 5　花伞主梁拼装

3.4 次构件拼装

根据图纸尺寸，将花伞次梁位置在主梁上返尺放样，每两根花伞主梁形成的三角区域上翼缘为一个独立平面，遵循设计图纸原则，将次梁拼装完成，见图6。

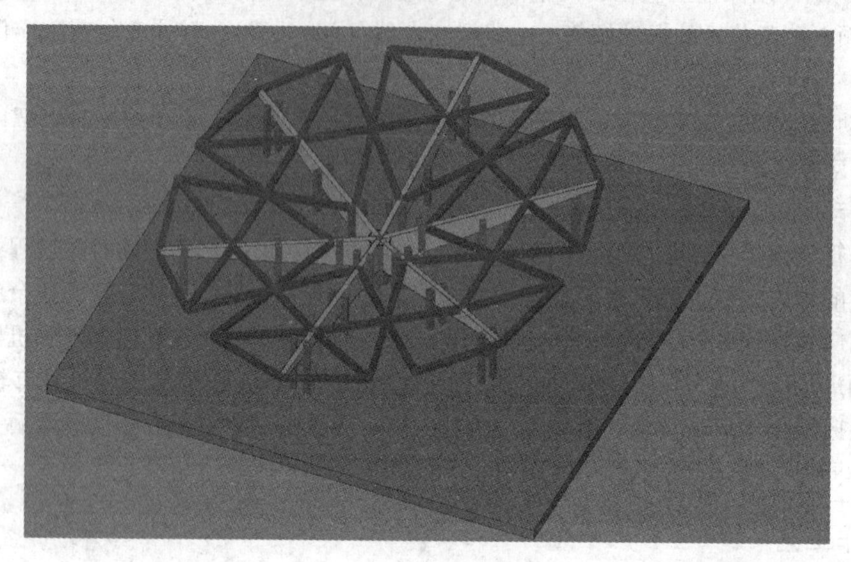

图6 次构件拼装

3.5 焊接

花伞构件拼装完成后复测定位，微调后进行主梁焊接，由于主梁与钢柱焊口较长，根据焊接工艺控制焊接变形，先进行腹板焊接，两人对此上下同时施焊，其次进行翼缘焊接，最后完成次梁焊接。

3.6 花伞吊装

汽车吊就位，完成组装后，核实吊环吨位后将四个吊环分别与花伞主梁吊耳固定，起吊前进行安全检查，并进行试吊。花伞吊装就位后，用双夹板将花伞固定，完成初步吊装。

精确定位措施如下：

1）花伞吊装前，按吊装方案的平面布置现场放样。

2）起重机站位：在吊装场地上，将500t起重机路基箱的边缘外框、起重机回转重心位置做好标记。

3）吊装前起重机站位调整：放线范围布设路基垫板后，500t吊车按路基箱中心线行驶至路基垫箱上。复核起重机回转重心与标记点是否重合，确保起重机站位与方案一致。

4）吊钩重心预对位及调整：500t吊车就位后，将主臂调至就位状态。进行吊装施工的预对位。吊钩下降至距花伞柱顶1m处。采用垂球对位将吊钩重心与花伞柱重心调整至重合。

5）花伞调整至水平状态：在花伞柱四角标记，用于控制花伞的平面精确就位，花伞利用枕木、水准仪，通过吊车将花伞调整至相对水平状态。其水平度满足相邻角点高差≤20mm要求后将花伞起吊至下部钢柱上方。

6）花伞吊装：花伞吊装至钢柱上方400mm处，将钢柱内雨水管进行抱箍连接，连接紧固后缓慢放至钢柱上方，分别将各点耳板与下方钢柱进行连接。依照对角形式同时缓慢拉紧倒链。逐一将4个点的倒链拉紧。期间观察起重机负载，确保起重机负载率满足要求，通过4个连接耳板进行位置初步匹配，然后逐一检查每个螺栓孔与耳板孔的对位情况，确认全部对准后，进行螺栓预固定，完成吊装，见图7。

7）花伞坐标定位：花伞安装过程中，通过全站仪三维定位测量技术，整体联动，进行空间三维定位，精确控制大伞悬臂构件末端变形误差在5mm，让94把大伞构件在空中连接成为一个整体，保证空

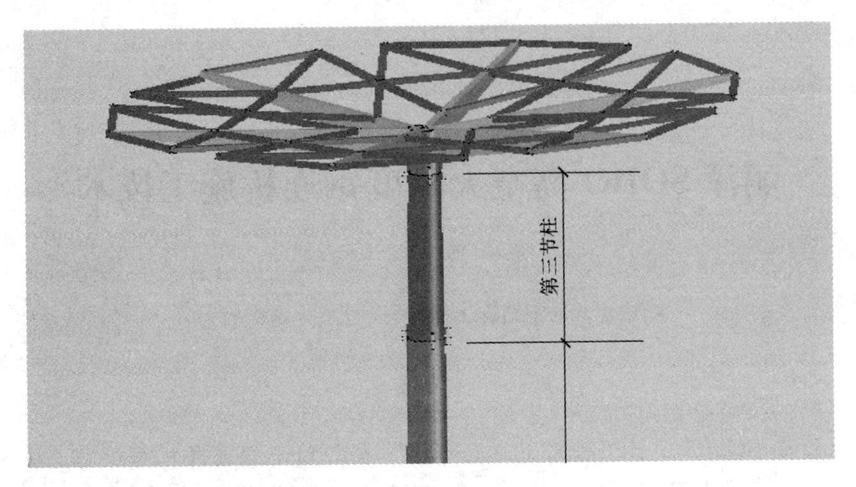

图 7　花伞吊装

中坐标点位置。

为确保下道工序正常施工，花伞安装完成采用其他方式对全站仪测量结果进行校核，确保花伞定位在图纸坐标要求范围内，采用挂钢丝绳＋捯链作为调整装置，进行花伞的平面位置精确调整，将主体结构作为倒链的地锚。花伞就位临时固定后进行轴线、垂直度、坐标调整。找到地面原始轴线，使用全站仪、经纬仪将轴线返到花伞，进行调整轴线位置及复测，完成后进行锥管柱垂直度测量，六根花伞梁中心均通过钢柱中心线，且每两根花伞梁在同一条直线上，用钢卷尺、水准仪、全站仪调整相邻三根花伞梁标高，钢卷尺固定到梁端点位置，水准仪读数，计算后与图纸数据复核调整，完成坐标调整后焊接固定花伞，进行二次复测及微调工作。

8）焊接完成吊装：通过现场焊工附加考试、焊接工艺评定、焊丝取样复试、冬施期间焊缝预热及焊后保温、焊缝无损检测等措施保证焊接过程安装质量。

严格实行质量自检　互检　交接检三检制，保证了全面系统的质量管控。

花伞调整后钢柱对接位置已经点焊加固，圆钢柱对接位置两人同时进行环焊，同时起弧打底，均匀施焊，确保焊接质量，完成单颗花伞吊装。

4　结语

采用以上钢结构构件制作及安装施工技术，虽然完成了国际馆钢结构锥管柱的加工制作和钢结构花伞的拼装及安装的施工问题，但是在钢结构构件加工制作安装的诸多环节仍存在诸多不足之处，更加节约成本和先进的钢结构制作和安装施工技术仍有待进一步研究。

丽泽SOHO高空大跨度钢连桥施工技术

李 晨 李 阳

（中建八局钢结构工程公司，天津 300382）

摘 要 北京丽泽SOHO项目工程采用“双枣核”核心筒十扭曲外框框架体系，外框设置四道环桁架，环形桁架位置通过四道钢连桥将两个塔楼连接在一起，钢连桥最大跨度31.14m，最大连桥单重127t。每道连桥施工工况各不相同，本文重点介绍针对不同工况采取的措施，为类似大跨度钢连桥安装提供参考。

关键词 钢连桥；预拼装；三维激光扫描仪

1 工程概况及特点

（1）工程概况

丽泽SOHO项目，总建筑面积17万m^2，位于北京丽泽商务中心核心区，北靠丽泽路，东临骆驼湾东路，在建地铁14号线和16号线在此交汇，两者之间的联络线横贯地下室。项目由SOHO中国投资建设，英国扎哈·哈迪德、中国建筑科学研究院和北京市建筑设计院等顶级团队担当设计和顾问。外观设计采用流线型反对称曲面，异型鱼鳞幕墙，建筑整体充满现代气息，200m中庭变曲率上升堪称世界之最。站在这座国际5A级写字楼上俯瞰，仿佛置身云端，反对称双塔，犹如巨龙盘旋，整体轮廓设计灵感源于DNA双螺旋，标准层内部融合太极思想，刚柔并济。钢结构总用量1.83万t，主要由核心筒内插钢骨，外框钢管柱，钢梁，腰桁架，钢连桥，中庭采光顶钢桁架及屋顶停机坪等七部分组成，主入口与中庭两侧的钢结构造型异常复杂，24层钢连桥的跨度更是达到了31m，为施工带来了巨大的挑战、见图1、图2。

图1 工程效果图

图2 现场照片

（2）钢连桥特点

工程采用“双枣核”核心筒＋扭曲外框框架体系，外框钢柱 B2-F14 共 34 根，自 F14 层钢柱通过分叉与交汇逐渐变化，局部加强层钢柱与连桥层由 26 个铸钢节点连接，两座塔楼互相扭曲缠绕，中间通过 4 道加强层桁架及 4 道钢连桥将两座塔楼紧紧连接在一起，连接成一个整体，见图 3。

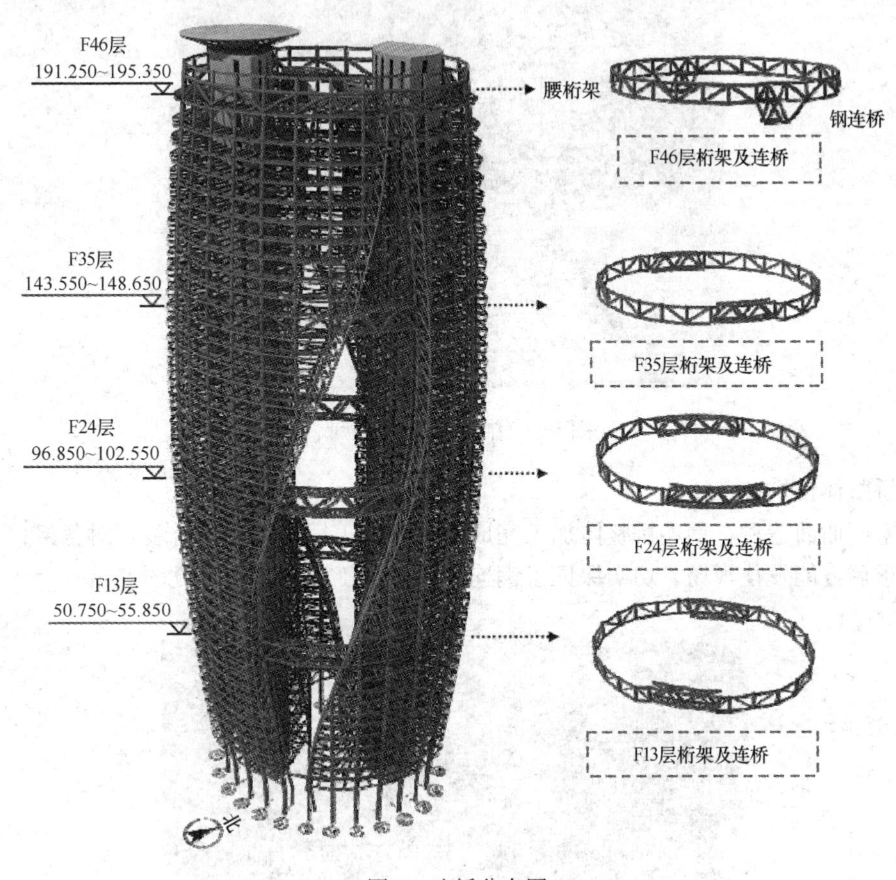

图 3　连桥分布图

2　深化设计与加工

（1）深化设计

本项目造型新颖，结构复杂多变，节点构造复杂，转换节点众多，在钢结构深化过程中，充分运用 BIM 技术，对钢结构进行仿真模拟。通过模型建立，结构分析，及时发现相关问题；通过模型计算，进行节点构件优化；利用 AUTOCAD/SOLIDWORKS/TEKLA 多平台信息化协同深化技术，实现了空间曲面放样、精准定位快速建模出图。BIM 技术的应用，保证了本项目空间造型的精度，为钢连桥安装提供了技术支撑。

（2）多杆件交汇复杂节点的处理

中庭位置钢连桥与外框柱交叉节点位置，均为曲面多杆件交汇节点，最多交汇杆件达 8 个。为保证施工精度，以及各杆件空间交汇角度的准确性，通过多方案分析对比，最终确定使用铸钢件技术实现复杂节点的加工，见图 4。

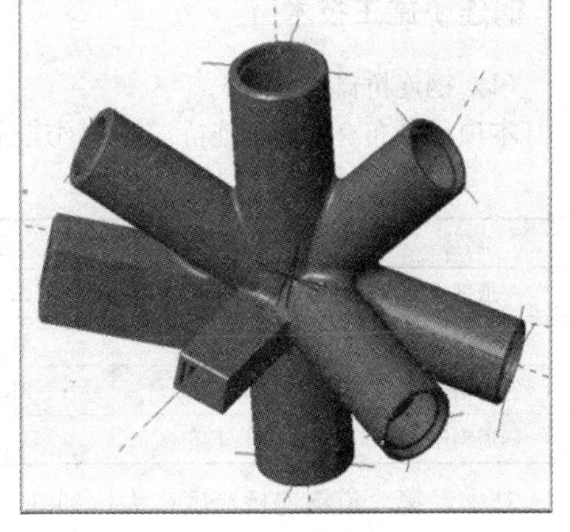

图 4　铸钢件节点

铸钢件加工完成后，使用三维激光扫描仪对其外形尺寸进行扫描，得到数据后与模型数据进行比对，复核满足要求后方能使用，最终保证了各空间角度与尺寸满足设计要求，见图 5。

图 5　三维激光扫描仪验收

（3）钢连桥整体预拼装

钢连桥为空间曲面造型，钢连桥整体加工完成后，在加工厂内进行预拼装，对各接口进行检查，接口误差满足要求后方能发往现场，切实保证了钢连桥构件加工满足要求，见图 6。

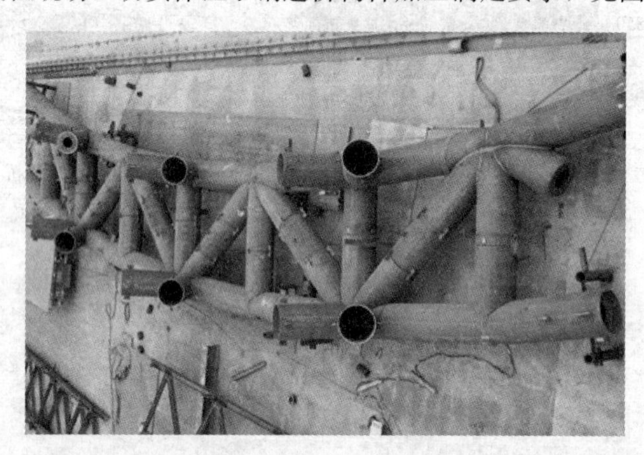

图 6　钢连桥加工厂预拼装

3　钢连桥施工技术

（1）钢连桥概况

本项目分布有四道钢连桥，各个钢连桥工况各不相同，各连桥信息见表 1。

钢连桥信息　　**表 1**

名称	分布	跨度	单侧重量	数量	总重
一道钢连桥	F13-F14	22.62m	88.68t	2	177.36t
二道钢连桥	F24-F25	31.14m	127.59t	2	255.18t
三道钢连桥	F35-F36	21.21m	86.92t	2	173.84t
四道钢连桥	F45-F46	7.34m	11.59t	2	23.18t

其中，第二道钢连桥跨度最大达到 31m，单侧重量达到 127t，第一道和第三道钢连桥跨度及重量均类似，第四道钢连桥跨度较小。钢连桥均采用整体吊装的方式进行安装，针对第一道和第二道进行单

独分析，制定针对性安装方案。

（2）第一道钢连桥施工方案

根据现场工况及塔吊吊重，对13层钢连桥采用以下分段方式：下片2根弦杆与3根直腹杆作为一个吊装单元，上片2根弦杆为两个吊装单元，其余水平支撑和竖向支撑均为嵌补单元单独安装，分节方式见图7。

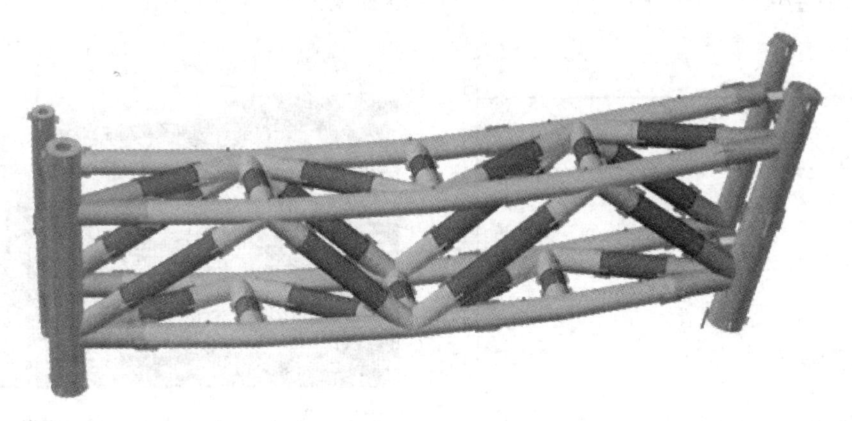

图7 第一道钢连桥分节方式

安装流程示意见表2。

第一道钢连桥安装示意图 **表2**

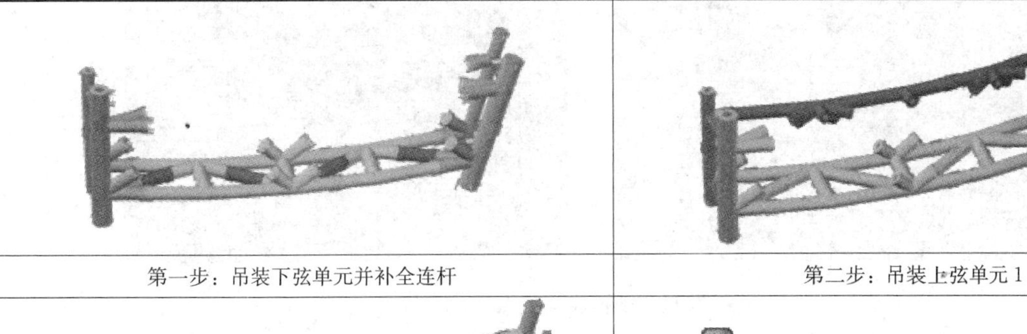	
第一步：吊装下弦单元并补全连杆	第二步：吊装上弦单元1
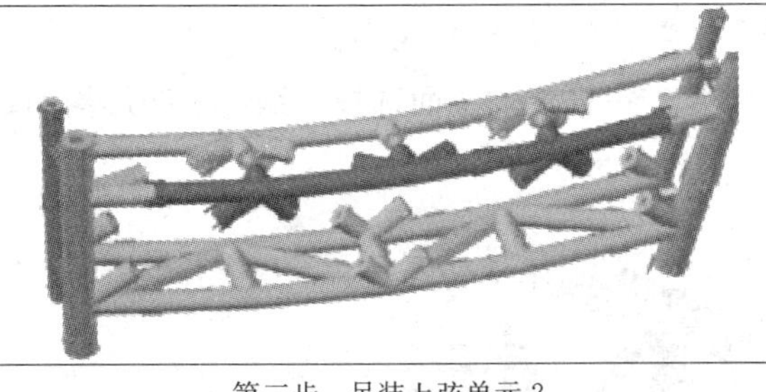	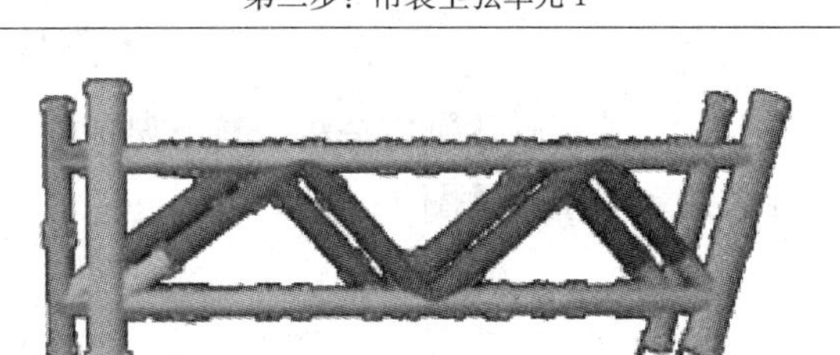
第三步：吊装上弦单元2	第四步：补全连杆

现场施工安装照片见图8。

图8 第一道钢连桥现场安装照片

(3) 第二道钢连桥安装方案

因第二道钢连桥跨度大、重量重，考虑到加工运输与现场吊装工况，将钢连桥分为三部分进行安装，安装时，两侧吊装单元需设置临时支撑，示意图见图 9。

临时斜支撑上端支撑于圆管相贯节点区域，下方支撑于外框柱，节点区域采用销轴连接的方式，并对外框柱支撑区域进行内侧加劲板进行补强，模型分析见图 10、图 11。

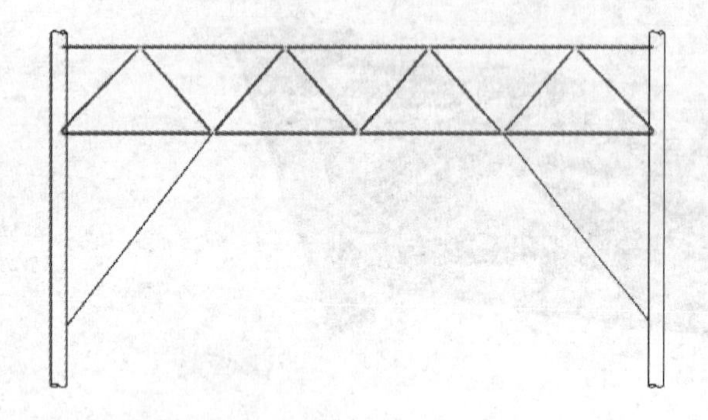

图 9　临时支撑示意图

图 10　支撑模型示意图

图 11　销轴连接节点

安装前对连桥整体进行分析计算，保证支撑点的选择、支撑杆件的截面选择、钢连桥变形均满足设计及相关规范要求，见图 12。

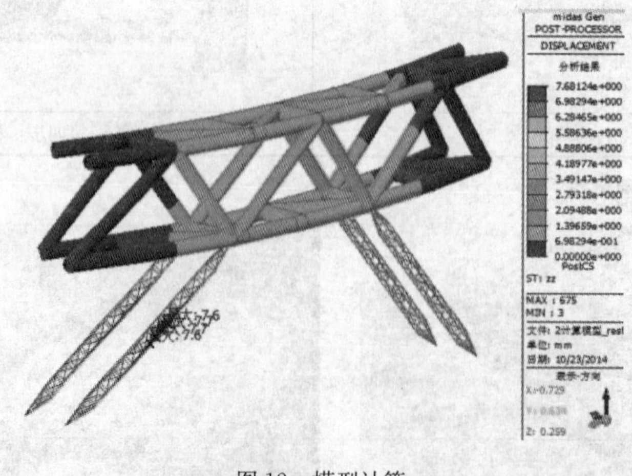

图 12　模型计算

第二道钢连桥安装流程示意见表 3。

第二道钢连桥安装流程示意 **表 3**

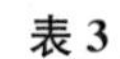

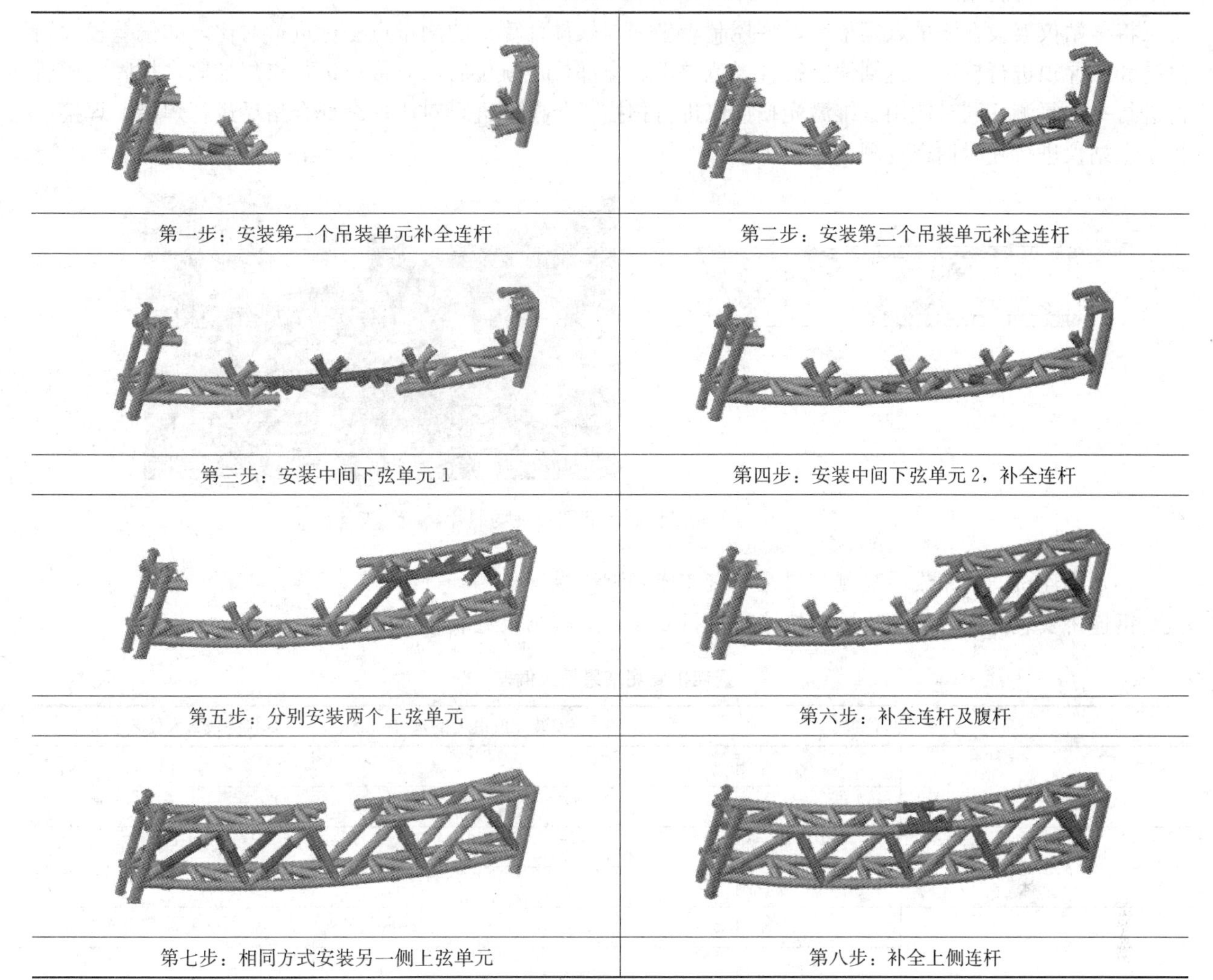

第一步：安装第一个吊装单元补全连杆	第二步：安装第二个吊装单元补全连杆
第三步：安装中间下弦单元 1	第四步：安装中间下弦单元 2，补全连杆
第五步：分别安装两个上弦单元	第六步：补全连杆及腹杆
第七步：相同方式安装另一侧上弦单元	第八步：补全上侧连杆

第二道钢连桥安装现场照片见图 13。

图 13　第二道钢连桥现场安装照片

（4）钢连桥测量控制

将全站仪架设在测量点调整后，将控制点坐标与软件计算出的测量点坐标进行对比，如偏差较大用捯链和千斤顶进行校正，直到偏差符合规范要求。全部校正就位后，对接口进行点焊加固，加固完成后再进行一次复测，同时使用三维激光扫描仪进行扫描，与模型进行对比，全部合格后进行焊接，焊接过程中全站仪进行随时抽查复测，见图 14。

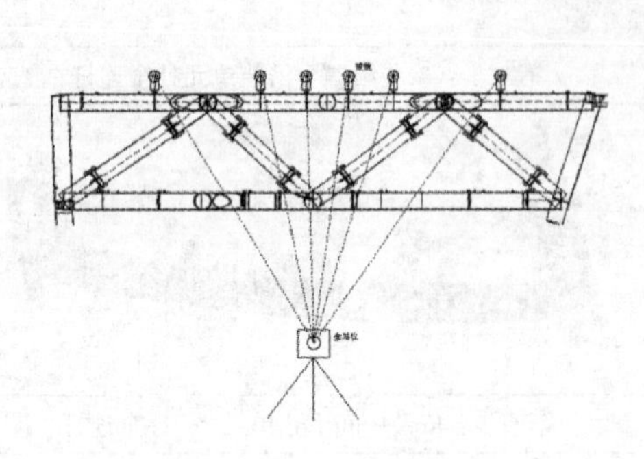

图 14　测量控制示意图及现场照片

（5）钢连桥安装完成后复测结果及焊接完成复测结果

钢连桥安装完成后对钢连桥对接接口进行复核，复测结果见表 4。

钢连桥复测结果最大偏差　　**表 4**

连桥接口位置		安装完成最大偏差（mm）	焊接完成最大偏差（mm）
第一道	左侧	3	4
	右侧	4	4
第二道	左侧	3	5
	右侧	4	4
第三道	左侧	2	4
	右侧	3	5
第四道	左侧	4	4
	右侧	5	4

钢连桥安装完成接口照片见图 15。

图 15　钢连桥接口现场照片

4 结语

丽泽 SOHO 项目针对四道连桥不同工况，特别是第二道大跨度钢连桥，结合现场施工工况，采取不同的施工方法，经过实践检验，有效地解决了四道空间曲面钢连桥的安装任务，取得了理想的效果，为类似工况复杂的大跨度钢连桥安装提供了借鉴依据。

参考文献

[1] 李超，于科，葛振刚，等．望京 SOHO 超高层异性结构施工测量放线技术[J]. 施工技术，2015(12)：130-134.
[2] 潜宇维，徐强，张婷，等．望京 SOHO-T3 工程设计特点及施工技术创新[J]. 建筑技术，2014，45(12)：1062-2067.

栓接钢板剪力墙制作及预拼装技术

孙 朋 隋小东 李立洪 张 迪 卢小军 彭曜曦

（中建钢构有限公司，深圳）

摘 要 某超高层项目T1塔楼地下部分核心筒钢板剪力墙由内墙和外墙组成，内墙多采用高强螺栓栓接形式，制作精度要求极高，并且板厚较薄，尺寸较大，单片钢板墙最大尺寸为14.1m×3.6m，极易出现波浪变形。针对高强度螺栓栓接钢板剪力墙的结构特点，采用优化焊接节点和工厂预拼装等技术手段改善其制作工艺，保证了加工精度，取得了良好的效果。

关键词 钢板剪力墙；高强度螺栓；控制变形；制作工艺；预拼装

1 工程概况

1.1 总体概况

某环球金融中心超高层项目二阶段工程T1塔楼地下5层、地上113层，建筑高度约为568m，建筑功能主要为办公楼，整体采用巨型外框＋伸臂桁架＋劲性混凝土核心筒结构体系，效果图见图1。

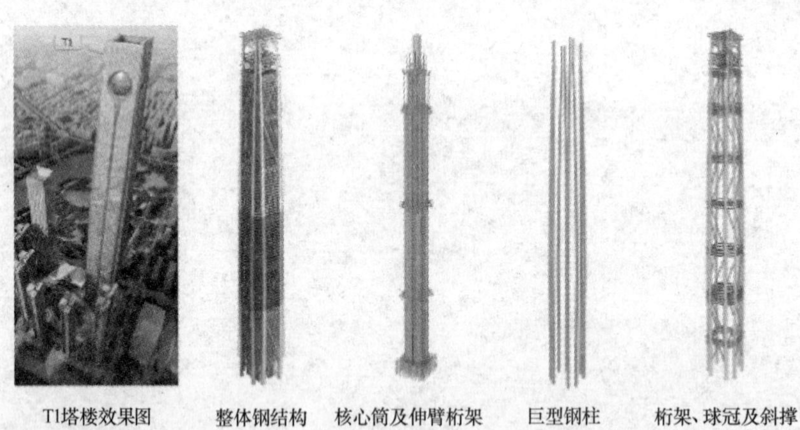

T1塔楼效果图　整体钢结构　核心筒及伸臂桁架　巨型钢柱　桁架、球冠及斜撑

图1 T1塔楼效果图

1.2 地下钢板剪力墙体系

本工程核心筒构件主要由钢板剪力墙和劲型钢骨柱构成。其中，钢板剪力墙分布于B3～F2层，B3层只有内钢板墙，其余各层由内墙和外墙组成，内墙厚度以14mm、16mm、20mm、25mm为主，外墙厚度以46mm和55mm为主，材质主要为Q345GJC；核心筒暗柱分布于T1塔楼B4～F2，截面形式主要为“十”字型和“H”型构件，最大截面为口940×940×60×60、H460×460×55×55，材质主要为Q345GJC，效果图见图2。

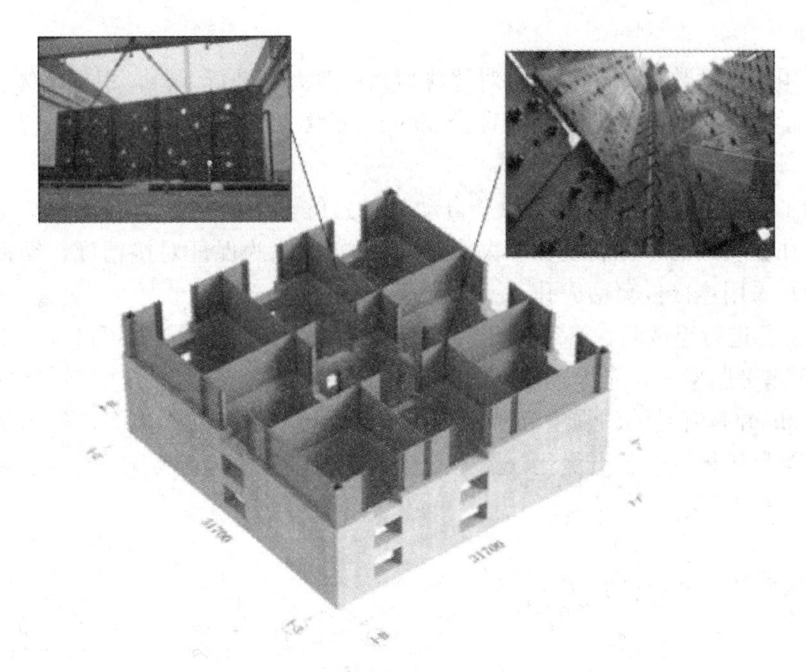

图 2　T1 塔楼核心筒轴测图

2　难点分析及制作工艺

本工程钢板剪力墙连接采用高强度螺栓栓接、现场焊接和普通螺栓栓接等多种组合形式，由于板厚种类多样、宽度较大，保证钢板剪力墙焊接成型后的螺栓孔孔位精度和上下节对接精度是重点和难点。本文着重介绍 14mm、16mm 薄板型高强度螺栓栓接钢板剪力墙制作技术。

2.1　核心筒超长板墙制作难点

超长薄板钢板剪力墙单片尺寸长×宽约＝10.5m×3.5m，墙身设有竖向加劲肋（14mm），下端连接 H 型暗梁，中间布满大量圆形流淌孔，两侧都布置间隔 200mm 的栓钉，钢板剪力墙两侧与暗柱通过两侧双夹板高强螺栓连接，典型结构如图 3 所示。如何控制焊接变形，保证焊接成型后质量及孔位尺寸精度是本工程的重点和难点。

2.2　核心筒超高柱墙制作难点

核心筒柱墙单件高度较高，长×宽约等于 11m×2.5m，由 H 型钢柱、H 型暗梁组成。钢柱与三道暗梁形成密闭四周，极易产生应力集中，造成波浪变形（即鼓包），从而影响构件的外形精度，给现场安装造成困难，见图 4。

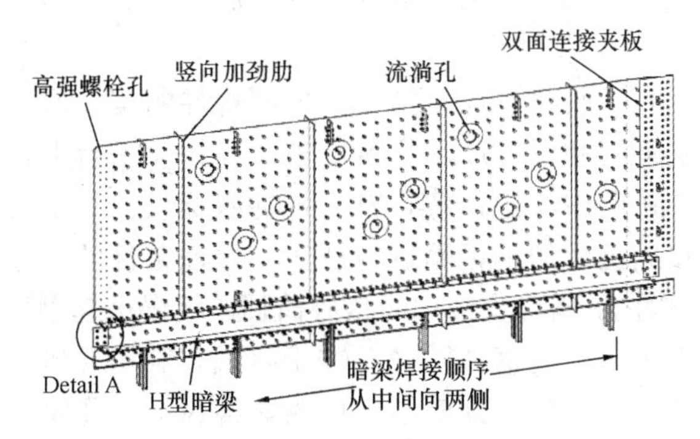

图 3　核心筒超长剪力墙效果图

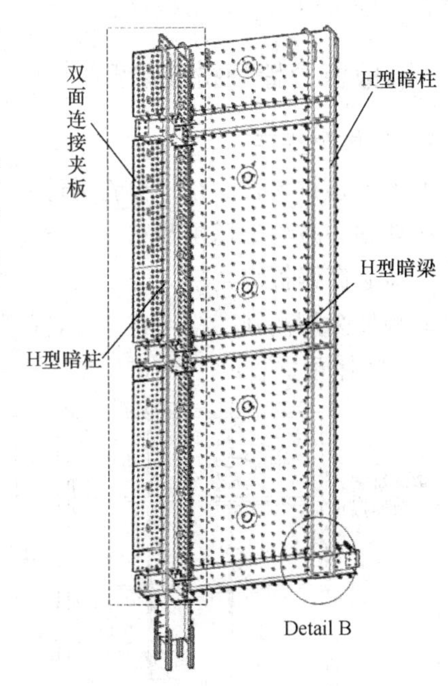

图 4　核心筒超高剪力墙效果图

2.3 制作工艺措施

（1）下料。采用全自动数控火焰切割机对超薄型钢板剪力墙进行下料，根据墙体长度及两侧加劲肋的数量预设加工余量和焊接收缩量。对墙身直径 200mm 的灌浆孔进行同时切割。切割后，应清除切割表面的割渣等。坡口开设要求表面光滑平整。

（2）零部件加工。高强螺栓连接板采用全自动数控三维钻下料钻孔。制孔后，应清除孔周围的毛刺、切屑等杂物；孔壁应圆滑、无裂纹和不大于 1mm 的缺棱。为保证对接精度，钢板剪力墙焊接成型后，两端高强螺栓孔采用连接板套钻成孔。

（3）组装与焊接。进行组装前，必须保证所有零部件尺寸精度合格，方可进入下道工序。

1）将墙板置于水平胎架上，先焊接墙体与暗梁（暗柱）的主焊缝，其次焊接竖向加劲肋。胎架要求水平度不大于 3mm 并具有足够的强度和刚度，为控制焊接变形和减小应力，采用从中间向两端的焊接顺序。对较薄暗梁翼缘板进行节点优化（图 5、图 6），将贯通型薄板翼缘改为加劲板型，从而有效地避免了翼缘板的焊接角变形。

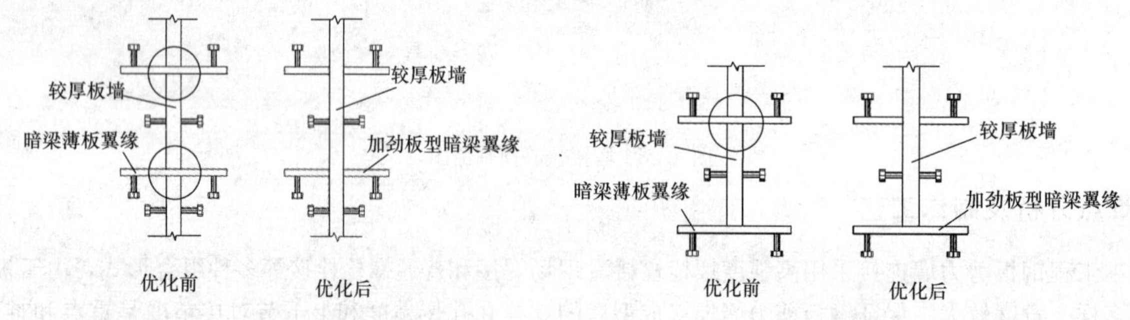

图 5 Detail A 暗梁节点优化图　　图 6 Detail B 柱底暗梁节点优化图

2）以上端端铣面为基准，在墙板上划出加劲肋、栓钉装配线，加劲板采用从中间向两端装配焊接顺序。

3）板墙整体焊接成型，进行矫正和检测合格后，对高强螺栓孔采用套钻加工，保证纵向螺栓孔误差在 0.5mm 以内。

3 钢板剪力墙预拼装检测

3.1 实体预拼装

工厂预拼装目的在于检验构件工厂加工精度，确保安装质量达到规范、设计要求，保证现场一次拼装成功率，减少现场拼装和安装误差。

核心筒钢板墙共分为四个区，栓接部分主要分布于内墙，上下节采用衬垫板焊接形式，间隙 5mm；横向板墙采用高强螺栓形式连接，间隙为 5mm，选取典型内墙结构预拼装，如图 7 所示。工厂采用 1∶1 搭设实体预拼装定位胎架，汽车吊和桁车吊联合作业进行实体拼装。

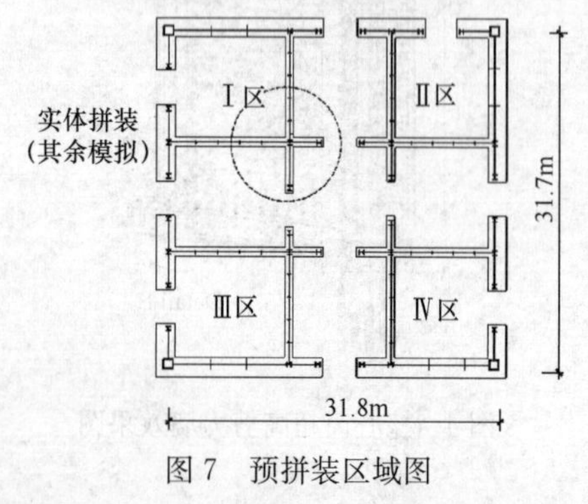

图 7 预拼装区域图

拼装过程：①胎架设计及搭设。根据构件的实际尺寸及重量，设计足够强度和平整度的拼装胎架，在拼装平台上根据模型放样划出构件的中心定位线，打上样冲眼标识。②安装核心筒柱。对焊接成型后的钢板墙进行矫正，保证单件的尺寸控制在误差 3mm 以内。首先安装中间核心筒柱，缓慢吊起钢柱至垂直状态后缓慢下落，使钢柱轴线对准十字线，利用缆风绳及支撑固定在相应的位置处，调整结束后收紧缆风绳。③水平方向钢板墙拼装。将高强螺栓连接板点焊固定在钢板墙上后，分别安装其他三面钢板墙。用水平仪对钢板墙进行测量，合格后用高强螺栓及支撑固定。④上下节对接。钢板墙水平方向拼装完成后进行垂直方向拼装，确保各构件的间隙及上下对接位置。预拼装完成后报质检人员和监理验收认可。

通过控制单件钢板剪力墙尺寸精度，高强度螺栓孔套钻成型，预拼装达到良好的预期，如图8所示，通过实体预拼装，节约成本，缩短生产周期，同时又能保证现场施工质量和效率。

3.2 模拟预拼装

本工程钢板墙结构复杂，尺寸较大，对现场安装精度要求较高，为保证吊装成功率，保证工期和节约成本，除实体预拼装构件外进行模拟预拼装。

所谓模拟预拼装，利用 Tekla Structures 建立准确完整的模型为基准，选取构件特殊控制点分别建立坐标系，然后绘制拼装工艺图，确定各控制点的坐标；将实体构件实测的坐标值与模型建立的坐标进行比较，误差较大的进行矫正以达到构件预拼装的要求。

模拟预拼装过程：①三维模型的获取，建立多个坐标系；②对实体钢板墙单元进行验收，采用全站仪对实体进行坐标测量并记录，控制点的选取必须能体现构件分段的特点，如对接端口，构件的顶点，牛腿腹板中心，柱顶柱底等等，如图9所示；③将实体测量数据与三维模型建立的坐标系比对，检验构件外观尺寸、间隙、错边、变形等。对超出检测规范要求的构件进行矫正，已达到现场安装精度的要求，讲检测及预拼装数据整理做好记录随构件发运至现场。

图8 预拼装效果图

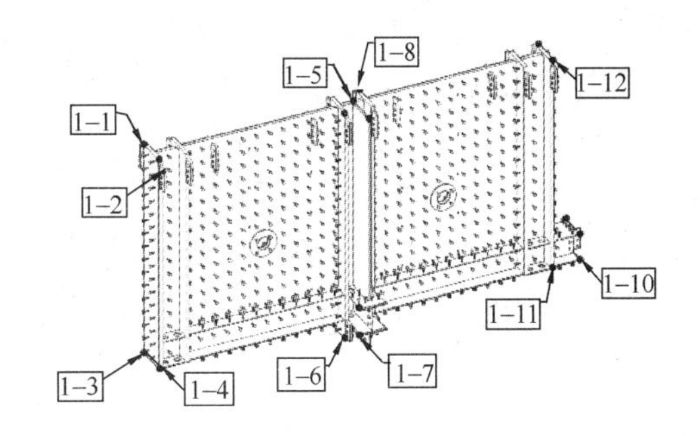

图9 模拟预拼装实体控制点示意图

4 钢板剪力墙制作建议

1）优化节点，合理分段分节。钢板剪力墙面积大，相对较薄，极易产生波浪“S”型弯曲和鼓包，适当增加横向竖向加劲肋，可以有效控制变形；也可增加横向分段，采用螺栓栓接形式，减少焊接变形，如图10所示。

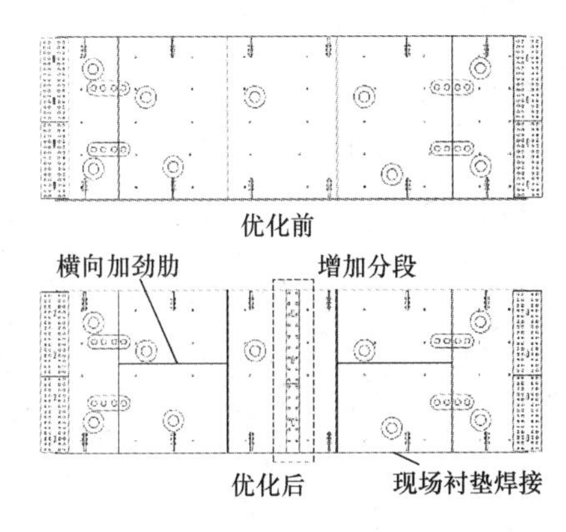

图10 钢板剪力墙优化图

2）由于温度及焊接等原因影响，将导致钢板墙对接间隙过大，焊缝金属填充量大，增加施工难度和操作不规范情况，因此应根据钢板剪力墙分段长度，加放余量和焊接收缩量，焊接成型后进行连接板套钻钻孔控制高强度螺栓孔精度。现场焊接形式尽量采用单面衬垫焊，增加对接间隙至5～8mm。

5 结语

本文以某超高层项目 T1 塔楼地下核心筒钢板剪力墙为例，通过优化加工制作工艺，控制下料精度，采用工厂实体预拼装手段，保证了超大超高超薄型钢板剪力墙的制作质量，此加工方案和施工经验得到业主、总承包、设计和监理的一致好评，并在沈阳宝能、中国尊项目制作中得到了有力证明，不仅缩短了制作工期，节省成本，而且提高了现场安装质量和效率，可为类似工程提供借鉴。

参考文献

[1] 欧阳超，范道红．超厚板加劲型钢板剪力墙制作技术[J]. 施工技术，2012，41(373)：17-18.
[2] 李勇军，钱志忠，胡海国．超高层建筑钢板剪力墙制作与施工[J]. 施工技术，2014，43(2)：21-23.

天津茱莉亚学院钢结构施工技术及高强度钢焊接技术论述

李为阳　陈学进

（江苏沪宁钢机股份有限公司，宜兴　214231）

摘　要　本文介绍根据天津茱莉亚学院钢结构工程的结构特点及现场施工条件，采用“先外围四厅、后中间连廊安装顺序；塔吊+履带吊”的安装方案，并针对采用 Q420GJC 高强度钢的特点，制定保证焊接质量的焊接工艺。

关键词　高强钢焊接；临时支撑；安装方案

1　工程概况

天津茱莉亚学院坐落于滨海新区中心商务区，落成后将成为年轻音乐家、表演艺术家和舞蹈家汇聚的国际艺术中心，同时也是中国唯一一所颁发美国资质认证的硕士学位的艺术院校。学院总建筑面积 44965m²，设有四个文体馆：音乐厅、演奏厅，黑盒剧院和排演厅。四大文体馆由穿过大厅的斜对角的连桥相互连接，融为一体，连桥（连廊）中设有教学工作室、练习室。建筑外观按美方要求设计，结构新颖美观大气，整个建筑地上部分结构全部为钢结构，钢结构总重为 12500t。建筑外观按美方要求设计，建筑造型新颖美观，见图 1。

图 1　天津茱莉亚学院结构示意图

该建筑地上部分是全钢结构建筑，建筑面积及高度都不是太大，因为是音乐学院建筑，故必须保证结构的稳定性和抗震动特性，所以整体钢结构用量 300kg/m²，远远超过现有常规钢结构建筑的设计用钢量，而且采用大量的厚度为 60～100mm 的 Q420 高强度钢板，以确保建筑的结构稳定性能。由于工程施工周期较短，2019 年 6 月要投入使用，对钢结构构件制造制作质量、安装及精度控制、焊接及其质量控制、施工工期、安全文明施工等方面提出了很高要求。

高强度钢板现场焊接

本工程大量采用 Q420GJC 的高强度厚钢板，高强度钢现场焊接质量直接影响工程的内在质量。钢柱、桁架、大跨度钢梁等主要受力构件截面尺寸大、钢板厚度大，焊缝熔敷量大，构件容易因受热不均而产生变形。焊缝形式多样，有横焊缝、立焊缝、斜立焊等，且高处作业受风力影响大，现场施焊条件差，焊缝质量控制难度大，见图 2。

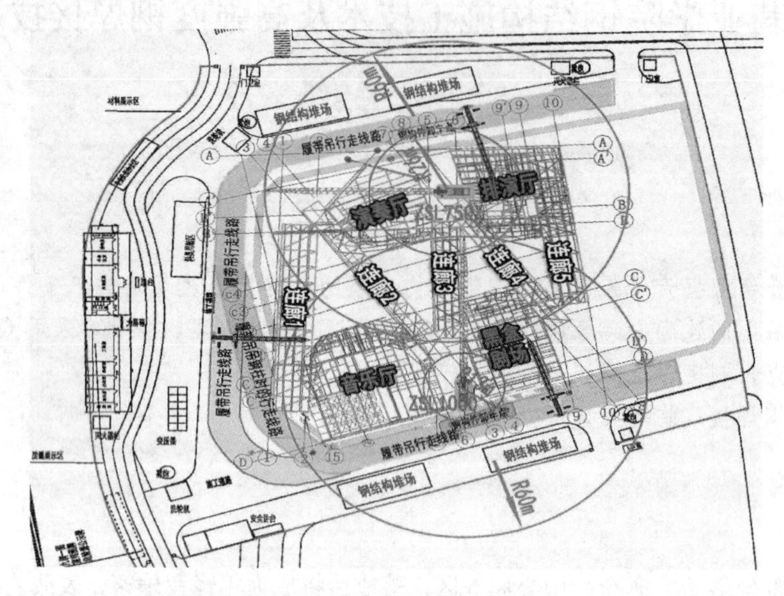

图 2　钢结构施工平面布置图

2　钢结构工程施工的难点及对策

施工场地小工期紧

重难点分析：工程周边环境复杂施工场地小，西边紧靠海河，南面是天津自贸区管委会大楼，东面是于家堡高铁站广场绿地，北面是正在施工的交通枢纽工程，所以可供使用的施工场地很小，现场运输回转通道狭窄，钢结构施工体量大，工期特别紧，地上钢结构要求 3 个月完成为后道工序创造条件；因与土建存在交叉作业，在钢结构大批量施工时，各种吊装机械必定堵塞道路，故所以合理编制施工方案是本工程的重点和难点。

对策：根据现场实际条件，和工程情况进行分析研究，与业主、总包沟通，先采用一台 400t 的履带吊和现有的二台动臂塔吊突击施工安装地下钢结构，配合土建先施工完地下工程，等土建施工浇筑混凝土出正负零时，这时工程施工以钢结构施工为主，土建施工为辅。钢结构施工组织 5 台大型履带吊机和足够的人员投入，以满足工期要求，见图 3。

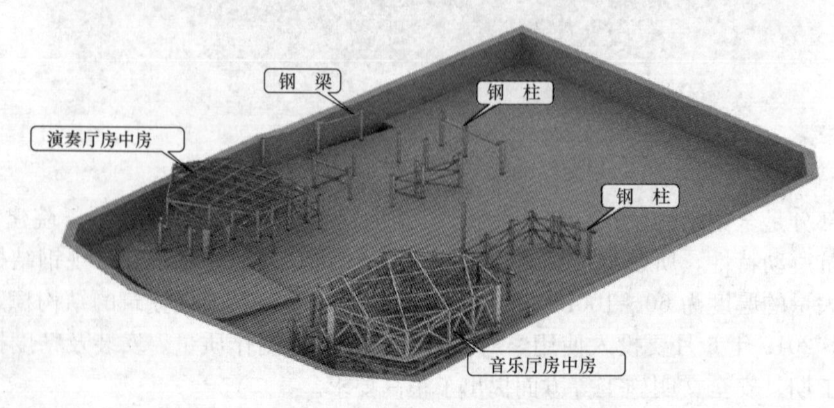

图 3　地下钢结构施工简况图

3 音乐厅钢结构安装（其余馆排演厅、演奏厅、黑盒剧场类似）

（1）音乐厅地下二层，地上五层。整体采用框架支撑结构，二层和三层之间设置楼层钢桁架，总用钢量约3400t。箱形柱最大截面□1800×800×100×100mm，箱形梁最大截面□1000×800×100×100mm，H型梁最大截面H1000×500×25×45mm，见图4、图5。

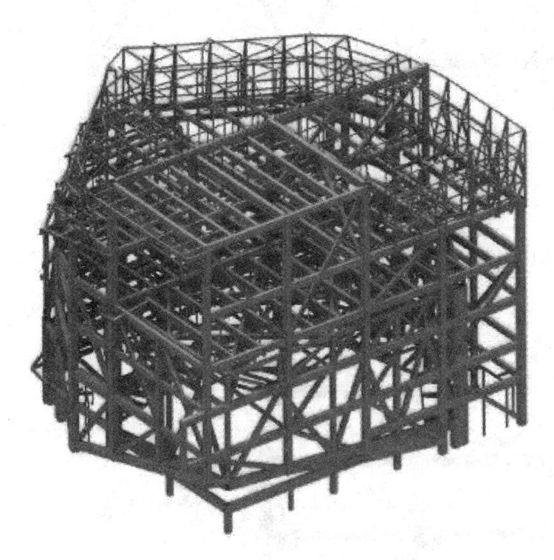

图4 音乐厅结构示意图

图5 典型钢柱节点图

安装音乐厅结构时，采用一台400t履带吊和动臂塔ZSL1150（R=60m）联合吊装，首先安装悬挑结构位置的临时支撑、音乐厅B1层上的临时支撑，并拉设缆风绳固定；悬挑位于F1以上，主要由悬挑下弦、立柱、楼层梁、柱间支撑等组成。悬挑安装时，其安装方法类似于框架结构的安装。分为悬挑下弦安装、立柱安装、楼层安装和柱间支撑安装等，钢结构分别进行单件吊装。悬挑结构安装采用临时支撑辅助安装，在悬挑位置设置相应的临时支撑。悬挑结构吊装时，通过拉杆、胎架、倒链、钢性支撑、千斤顶等调节措施，在全站仪的观测下完成构件的初步就位，并用临时连接板将构件固定，然后依次安装悬挑下弦、第1节立柱、柱间主梁、桁架。

（2）音乐厅悬挑安装结束后开始桁架安装，桁架具有以下特点：

1）桁架节点复杂，牛腿多，重量大（最大构件重量23t），节点安装定位难度大。

2）桁架为结构受力转换体系，结构传力复杂，且桁架跨度大，板厚厚、构件焊接易变形，选择合理的安装措施及安装顺序，保证悬挑桁架的安装精度及减少焊接后的焊接变形影响是本工程施工的难点。

3）桁架钢材为高强钢Q420板、板厚较厚，又有预拱度，桁架构件现场对接后的线型、接口的间隙、平整度质量，必须严格控制。

针对以上特点，施工前需进行整体施工模拟分析，合理确定弦杆的起拱值，并提前反映在深化图及构件制作中。构件发至现场后进行验收，详细检查桁架构件的制作精度；在安装过程中适当调整预拱度值把制作误差给予消化到最小，安装时用全站仪精准测量定位，桁架安装好与标准件支撑之间焊接固定，尽量减少焊接产生的变形，见图6。

在钢结构安装时，主要是采用格构式支撑为钢结构提供支撑。充分利用吊装分段对于大跨度桁架（连廊）进行起拱，见图7。

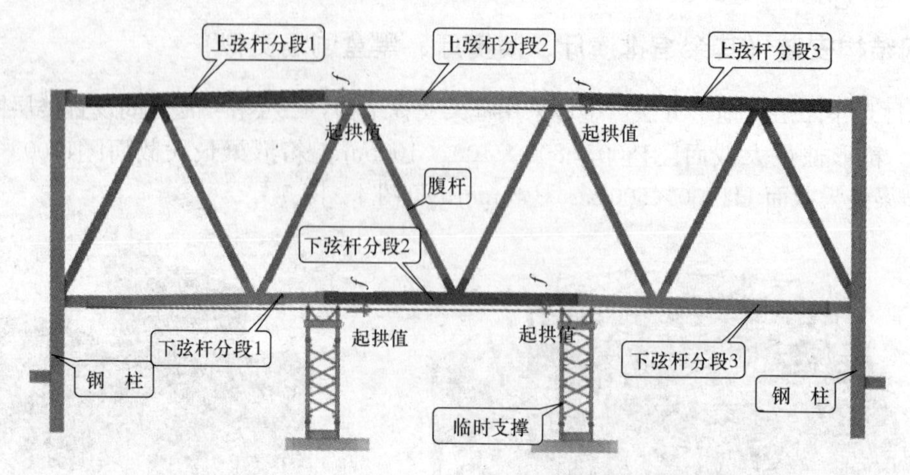

图 6　桁架安装起拱示意图

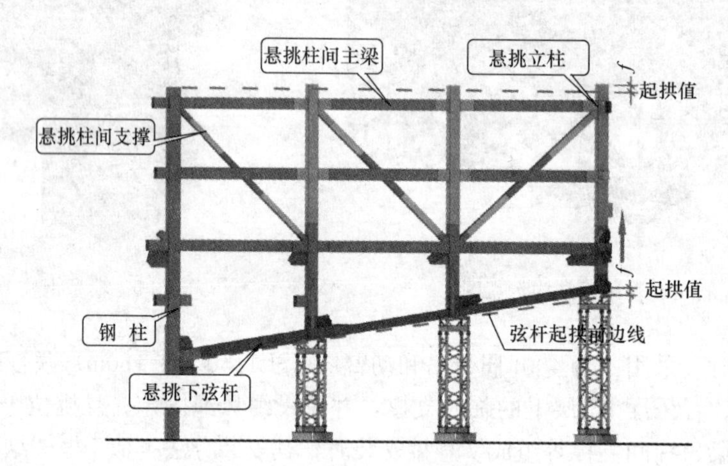

图 7　悬挑结构安装起拱示意图

4　大跨度连廊安装（以 A 连廊为例）

连廊设置于结构二层～四层，将四个厅管连成一体，连廊采用桁架结构。箱型柱最大截面□1200×800×60×60mm，桁架弦杆最大截面□800×1200×100×100mm，箱形梁和斜撑最大截面□600×450×14×25mm，H 型梁斜撑最大截面 H1000×500×30×60mm。

连廊采用框架桁架结构、内又隔成上下二层；尺寸为：高 10m×宽 5m×长 32～48m，连廊结构高度高，单件构件又较重，两侧面如采用单件构件吊装则上弦杆没法采用临时支撑固定，安装很困难，安全也得不到保障，经与技术、施工、安全部门多次商讨确定侧立面安装采取分段、分块吊装施工（图 8），具体步骤如下：

① 安装临时支撑底部转换梁（临时支撑因为设置在首层混凝土楼面上，需要设置转换梁或者路基板把支撑上的受力通过转换梁或者路基板传递到混凝土柱上），并与埋件焊接固定。安装临时支撑。安装连廊 1 与连廊 2 共用下弦杆分段。

② 安装临时支撑与转换梁、路基板满焊，焊接完成后交专职检查员验收

③ 从两侧向中间依次安装桁架下弦分段，再安装内侧直腹杆、斜腹杆从而完成连廊下弦整体平面结构与下弦下面的格构柱支撑焊接固定牢固。

④ 把上弦杆和直腹杆及斜腹杆在地面胎架上预拼装一个半米字型小分块，焊接探伤合格后再整体吊装到已安装好的下弦平面结构上。

⑤ 全站仪定位好后在内侧安装斜向临时固定支撑，上弦再用揽风钢丝绳向两边固定好。

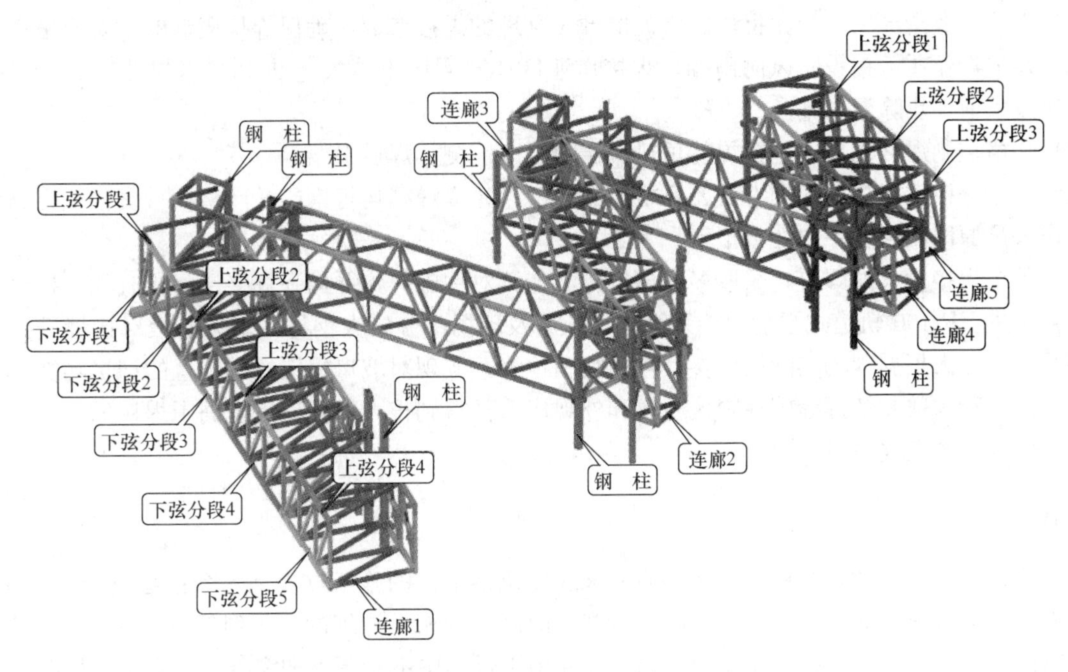

图 8 连廊安装分段示意

⑥ 接着安装对面的同样的分块，二个立面分块定位好后，在上弦分块二端处分别吊装一个临时方管连接固定；这样就形成一个固定的框架体。

⑦ 依次沿长度方向依次安装其他拼装分块。

⑧ 再安装内部的夹层立柱、小横梁。

⑨ 最后补缺上弦的平联横梁和侧面斜撑嵌补短梁，最终完成连廊的框架通道结构。

采用以上安装方案，既保证了焊接质量又提高了效率，降低了成本，见图 9。

图 9 地上钢结构及连廊安装完成示意图

5 经验总结

（1）采取合理的防变形措施，包括制定合理的焊接工艺及焊接顺序，并在焊前提前做好焊接工艺评定。编制焊接作业指导书，为大批量焊接提供可靠合理的焊接参数，确保焊接质量的一次合格率。

(2) 在焊接作业区搭设防风防雨棚。焊接作业区相对湿度不得大于90%，当焊件表面潮湿时，应停止焊接或采取加热除湿措施。

(3) 严格控制焊接温度，包括焊前预热、层间温度监测、焊后保温等。

(4) 焊工一律实行焊前附加考试、合格上岗制度；每道焊缝均打钢印，严格执行责任追究制度，避免因操作人员原因而影响一次性合格率。

(5) 单个焊接量大的焊口，采取多人多机轮流连续对称施焊，并加强焊接层间检查和交接班互检。

(6) 引进ER-100轨道式智能焊接系统，对工厂及现场部分较大钢柱，桁架厚板对接缝进行机器人自动焊接，机器人根据现场实际坡口参数自动精确检测，实现对坡口每层每道位置的记忆功能，自动调整焊接时的各种参数，使焊缝内在焊接质量和外观成型都得到很大提高，也提高了焊接的效率，创造了很好的经济和社会效益。

6 结语

对天津茱莉亚音乐学院这种有特殊功能要求的建筑钢结构的施工过程是一个错综复杂的系统工程，因事前充分认识到施工的困难性、复杂性，在施工前制定周密、详细的施工组织方案设计和施工方案，通过周密的计划、系统的安排、灵活的协调，并在施工过程中不断调整和完善施工方案，最终工期提前了40天，为后续单位施工创造了良好的条件，得到了业主、总包的奖励，为工程树立了丰碑也为企业创造了良好的效益和巨大的社会影响。

钢结构薄型防火涂料的冬期施工技术应用

张 强 王 超 孙 浩 李佳钢 陈禹衡

（中建钢构有限公司，北京 100026）

摘 要 雄安市民服务中心项目是一种融合了多种复杂结构的复合型建筑，包括悬挑、架空层、桁架等多种复合结构，本工程施工周期短、作业面积大、冬期施工环境恶劣、构件数量多，使得本项目防火涂料施工十分困难。本项目从准备工作、冬期施工措施、产品保护等多方面，优化了防火涂料冬期施工方法，在安全施工的前提下，达到高质量、高标准、高速度的目标，为多个项目提供了优质的范例。

关键词 防火涂料冬期施工；防火涂料产品保护

防火涂料（fire-retardant coating），又名防火漆、阻燃涂料，是用于可燃性基材表面，能降低被涂构件或部件表面的可燃性，阻滞火灾的迅速蔓延，用以提高被涂构件或部件耐火极限的一种特种涂料，在工程施工中应用广泛，但涂装施工要求较高。本文以雄安市民服务中心项目防火涂料施工为例，探讨在低温、恶劣环境条件下防火涂料施工的施工方法。

1 工程概述

雄安市民中心项目位于河北省容城县，荣乌高速以北，南临现状路奥威东路，北侧、西侧、东侧均为规划路。中心项目包括周转用房、生活用房、管委会、集团办公楼、政务服务中心、会议中心六个单体，建筑结构为框架结构，包含悬挑、架空层、桁架等多种复合结构，一工区工程用钢量约为6714t。建筑布置详见图1。

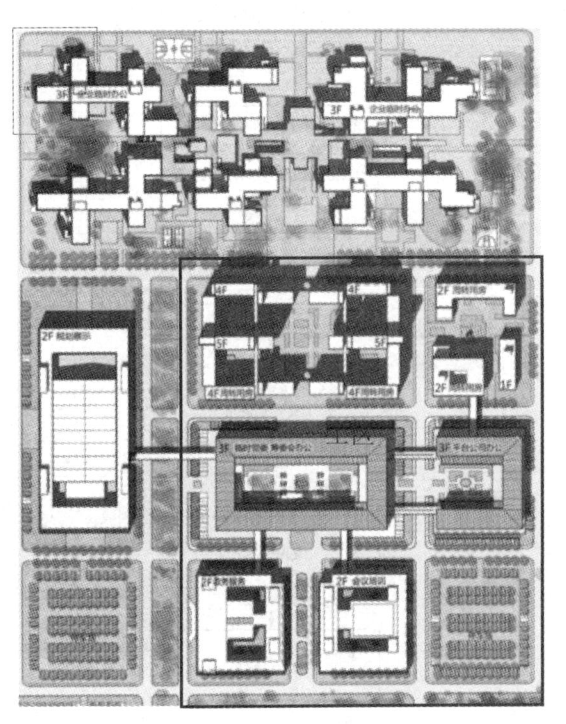

图1 本工程整体建筑图

2 本项目防火涂料及防火要求

本项目使用膨胀型防火涂料，防火机理为受热膨胀发泡，形成碳质泡沫隔热层，封闭被保护的物体，延迟热量与基材的传递，阻止物体着火燃烧或因温度升高而造成的强度下降。

本项目耐火等级为二级，钢柱耐火极限≥2.5h，钢梁耐火极限≥1.5h，楼板耐火极限≥1.0h，钢楼梯耐火极限≥1.0h。

3 防火涂料施工前期准备工作

3.1 材料准备

1）钢结构防火涂料需使用经主管部门鉴定、并经当地消防部门批准的产品。使用前需检查批准文件，并以100t为一批做复检；

2）现场堆放地点应干燥、通风、防潮，发现结块变质时不得使用；

3）施工时，对不需防火保护的部位和其他物件应进行遮蔽保护。

3.2 机具准备

涂装施工前，需准备灰浆泵、铁锹、手推车、重力式喷枪、搅拌机、板刷、计量容器、带刻度钢针、钢尺以及防火涂料涂层测厚仪。

3.3 作业条件

1）涂装时的环境温度和相对湿度应符合涂料产品说明书的要求，当产品说明书无要求时，环境温度宜在5～38℃之间，相对湿度不应大于85%。涂装时构件表面不应有结露；当风速大于5m/s，或雨天和构件表面有结露时，不准作业，涂装后4h内应保护免受雨淋；

2）防火涂装施工前彻底清除钢构件表面的灰尘、浮锈、油污；

3）前一遍基本干燥或固化后，才能喷涂后一遍。涂层表面平整，无流淌，无裂痕等现象，喷涂均匀。

3.4 钢结构表面处理方法

1）防火涂料刷涂或喷涂前应检查钢结构表面是否干净，钢结构表面防锈涂层是否完整；

2）当钢结构表面上附有浮锈、油、泥土、灰尘等时，要进行清除。采用稀释剂或清洗剂除去油脂、润滑油、溶剂等残余物。以不影响实施防火保护层部分的附着力；

3）可用压缩空气吹除浮尘、浮锈，焊渣、焊接飞溅等残余物，必要时用刮刀、钢丝刷等去除污染附着物。若需喷涂、刷涂的钢结构表面防锈底漆涂层有漏刷或损坏，应及时进行修补后方可进行防火涂料的施工；

4）上述作为隐蔽工程，填写隐蔽工程验收单，交监理验收合格后方可施工。

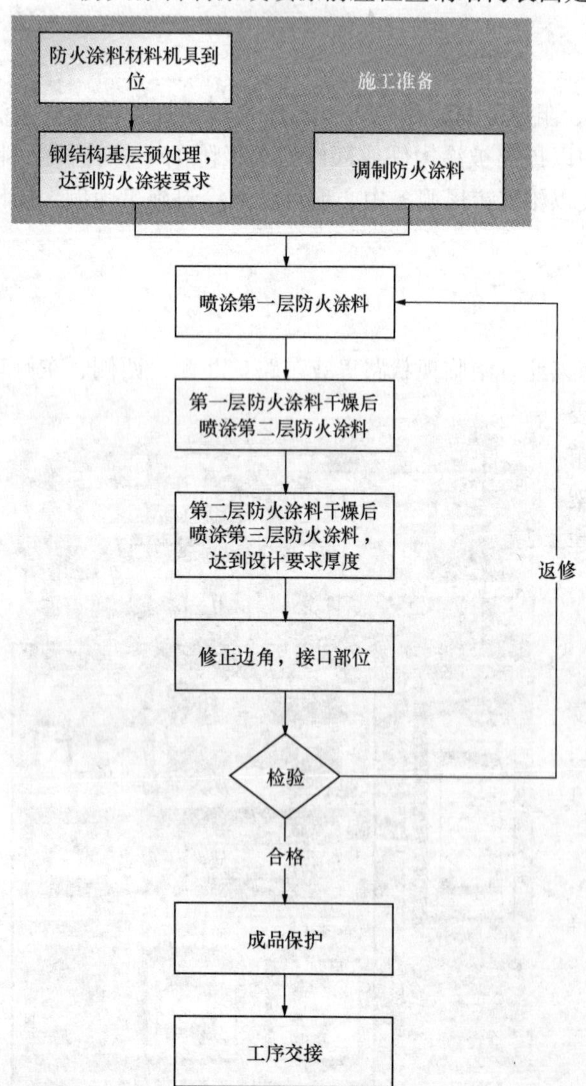

图2 防火涂料施工工艺流程图

4 防火涂料施工工艺

防火涂料施工工艺见图2。

5 防火涂料冬期施工措施

根据防火涂料施工规范要求，薄型防火涂料在温度低于5℃时应停止施工。为确保工期目标的实现，按照总体施工部署，冬期施工不可避免。为保证工程的顺利进行可选用的防火涂料配套使用防冻剂。

冬季防火涂料施工由于气温较低，防火涂料施工要求温度不低于5℃相对湿度不高于85%。按施工进度要求在施工期现场温度正值全年温度最低，需搭暖棚，用帆布或保温棉被与外界隔离（局部隔离或整层隔离），内部使用暖风机来养护防火涂料来保证涂料不出现裂缝及空鼓脱落同时掺入适量防冻剂，保障防火涂料质量。施工完成后需养护 3d，养护温度高于 5℃。

5.1 冬期施工准备

（1）为保证工程施工质量，在施工时严格按冬期施工要求进行施工；

（2）根据本工程施工的具体情况，确定冬期施工需要采取防护的具体工程项目或工作内容，制定相应的冬期施工防护措施，并在物资和机械做好储备和保养工作；

（3）施工机械加强冬季保养，对加水、加油润滑部件勤检查，勤更换，防止冻裂设备；

（4）在进入冬季前施工现场提前作好防寒保暖工作，对人行道路、脚手架上跳板和作业场所采取防滑措施。

5.2 温度测量监控

根据冬期施工时气温的变化情况，合理地采取不同的施工方法，所以冬期施工测温工作显得尤为重要，本工程采用的主要测温设备为温湿度计（－20℃～50℃），进入冬施后我司将每天对现场温湿度进行测量，并做好测量记录（2h 测温一次），确保温度在＋5℃以上进行施工，进入冬施后，天气干燥、风力比较大，现场施工温度会比地面温度低，在此情况下，选择白天气温高的时候进行施工，比如：早上 9 点上班连续施工到下午 5 点收工（根据现场实际施工情况调整），留有充足的时间让涂料进行初凝，以保证施工质量。温度测量记录见表 1。

测量记录 **表 1**

测量部位	测量时间	温度	湿度	备注
1层	0：00	6°	60%	
1层	2：00	5°	70%	
……	……	……		

6 防火涂装质量控制

6.1 质量保证措施

为确保工程质量，防火涂料的施工工艺及施工步骤严格按照样板及设计图纸及技术规格书要求。具体要求如下：

（1）涂层厚度符合技术标准要求，施工后的防火涂层技术标准要达到技术方案和规范的要求。

（2）在使用期间，防火涂料涂层应无龟裂、脱落、粉化和色变现象。

（3）涂层与钢基材之间和各涂层之间应粘结牢固，无脱层、空鼓等情况。

（4）颜色与外观符合设计要求，轮廓清晰，接槎平整。

（5）对设备、材料、机具、试验、检验等各个环节进行质量控制。

（6）质检员负责监督现场施工质量，一旦发现施工质量不符合技术要求现象，立即阻止并督促解决，召开质量分析会，总结施工经验教训，制订相应质量通病预防措施，提出整改纠正措施，确保工程质量。

（7）记录积累施工过程原始资料，指定专人负责档案资料管理。

（8）施工队自检，质检员复检并填报验收资料，向监理提出报验申请。

（9）质检员做好每天的施工记录，记载施工班组质量情况、返修记录和申报验收的区域和数量。

（10）由质量员进行自检并做好检查记录。施工报验流程按如下顺序进行：自检合格→填写隐蔽工程验收单→报监理监督验收→验收不合格→整改→复验→验收合格→下道工序。

（11）大面积开始施工前应进行小面积试涂，并通知项目人员验收，以确认当层施工工艺样板标准。

6.2 质量检验及验收

按照《钢结构防火涂料应用技术规范》CECS24：90 及《钢结构工程施工质量验收规范》GB

50205—2001，钢结构防火涂料涂装主控项目和一般项目均符合《钢结构工程施工质量验收规范》GB 50205—2001。主要要求如下：

（1）材料进场后由甲方、总包方、监理单位或当地质检机构对产品进行封样，钢结构防火涂料的粘结强度、抗压强度应符合国家现行标准《钢结构防火涂料应用技术规范》CECS24：90 的规定。检验方法应符合现行国家标准《建筑构件防火喷涂材料性能试验方法》GB 9978 的规定。

（2）涂装前钢材表面除锈及防锈底漆符合设计要求和国家现行有关标准的规定；处理后的钢材表面不应有焊渣、焊疤、灰尘、油污、水和毛刺等。要求涂装基层无油污、灰尘和泥砂等污垢。

（3）防火涂料的涂层厚度应符合有关耐火极限的设计要求。

合格：在 5m 长度内涂层厚度低于设计要求的长度不应大于 1m，并不应超过 1 处，且该处厚度不应低于设计要求的 85%。

优良：涂层厚度应符合设计要求。

检查数量：按同类构件数抽查 10%，但均不应少于 3 件。

检验方法：用测针和钢尺检查，检查方法应符合《钢结构防火涂料应用技术规程》的规定。测厚仪检测钢结构防火涂料涂层厚度，用于测量钢铁表面的涂层厚度，使用方便，读数快捷。

（4）涂层厚度的检测方法和平均值的确定。钢结构顶、壁的检测方法以针入法测定，一般情况下，所抽查的构件数（面积）不小于施工总构件数（面积）的 10%，单位抽查面积以不小于 $3m^2$，单位抽查面积内的检测点宜不少于 8 点，其厚度平均值小于允许最小值时则应补刷。钢结构的梁、柱、斜撑等按其不同形状，分各点检测。检测时，任定一检测线，按钢结构的形状检测，然后距已测位置两边各 3 米处再检测。所测三组数据的平均值和最小值为据，最小值负偏差超过技术要求或平均厚度小于要求值时应补涂。

（5）涂层观感无脱层、不空鼓、不皱皮、颜色均匀、表面平整、轮廓清晰、接搓平整。

涂层检测方法：涂层与基体的结合性能，彩切格试验法或拉力试验法；涂层外观质量检查彩目视比较法。

检查数量：按同类构件数抽查 10%，但均不应少于 3 件。

（6）防火涂料不误涂、漏涂，涂层闭合无脱层、空鼓、明显凹陷、粉化松散和浮浆等外观缺陷，乳突已剔除。

（7）对于焊接缝、高强螺栓接头等，如有防腐漆涂刷不完善，需及时补修，并在修补漆施工完毕并经验收合格后及时涂上防火涂料。

（8）对涂刷的构件表面的检查结果和涂刷中每一道工序完成后的检查结果都需要工作汇总。汇总内容为工作环境温度、表面清洁度、各层涂刷遍数、涂料种类、配料、干膜厚度等。

（9）检查涂刷质量应均匀细致，无明显色差，无流挂、失光、起皱、针孔、气孔、反锈、裂纹、脱落、赃物粘附、漏涂等，粘着力好。

（10）结合性能检测方法：

1）试验法；使用硬质刃口刀具，将涂层切割至基体，成为一小方格，并在此处贴上粘胶带压紧，然后持粘胶带的一端垂直拉开，观察涂层破断状态，以此判断涂层的结合性能。

2）割刀具及粘胶带；

① 切割采用硬质刀具；

② 采用供需双方共同选定的一种布胶带，该胶带宽 35～40mm。切割格状时，刀具的刃口与涂层表面约保持 90°。

③ 在格子状涂层表面，贴上粘胶带，用圆木棒或用手指压紧，然后以手持胶带的一端，按与涂层表面垂直的方向，迅速而突然将胶带拉开，检查涂层是否被胶带粘起和剥离。如果粘胶带上有破断地涂层粘附，但破断部分发生的涂层间，而不是在涂层与基体的界面上，基体未裸露，亦认为合格。

6.3 施工过程质量控制

防火涂料施工验收前，必须做好自检。自检工作由质检员、项目负责人、施工队负责人共同进行，并邀请总包及监理等领导共同进行。自检分过程检验及成品检验两步进行。

检验每道涂覆工序是否按施工工艺要求进行。涂料搅拌是否均匀，每遍施工的涂层表面是否有严重薄厚不均现象，是否有严重流坠现象，如果存在这些现象，督促施工队及时改正和处理。检验人员签发每遍施工检验合格单后方可进行第二遍施工。检验对各非涂覆部位是否做好成品保护，如有污染，督促施工队及时予以清除。检验每遍涂覆的厚度是否符合工艺要求检验施工队所作的施工记录是否完整，是否符合要求。对每一项检验，检验人员均需做好检查记录。

当防火涂层出现下列情况之一时应重喷：

（1）涂层干燥固化不好粘结不牢或粉化空鼓脱落时；

（2）钢结构的接头转角处的涂层有明显凹陷时；

（3）涂层表面有浮浆或裂缝宽度大于 1.0mm 时；

（4）涂层厚度小于设计规定厚度的 85%时或涂层厚度虽大于设计规定厚度的 85%，但未达到规定厚度的涂层之连续面积的长度超过 1m 时。

防火涂料的修补方法有喷涂、刷涂等，修补之前必须对破损的涂料进行处理，铲除松散的防火涂层，并清理干净，按照施工工艺要求进行修补，某些特殊部位无法直接喷涂时，应采用刮涂或刷涂进行修复，工艺要求见表 2。

修复工艺要求 **表 2**

名称		工艺要求
表面处理		必须对周边未闭合涂料进行处理，铲除松散的防火涂层，并清理干净。
刮涂修复	机具	主要施工机具：刮灰刀、抹子及刮板
	修复方法	刮涂时要掌握好刮涂工具的倾斜度，用力均匀
	工艺要点	刮涂的要点是实、平、光，即防火涂料涂层之间应接触紧密，粘接牢固，表面应平整、光滑
刷涂修复	机具	主要施工机具：板刷及匀料板
	修复方法	刷涂前先将板刷用水或稀释剂浸湿甩干，然后再蘸料刷涂，板刷用毕应及时用水或溶剂清洗蘸料后在匀料板上或胶桶边刮去多余的涂料，然后在钢基材表面上依顺序刷开，刷子与被涂刷基面的角度为 50°～70°
	工艺要点	涂刷动作要迅速，每个涂刷片段不要过宽，以保证相互衔接时边缘尚未干燥，不会显出接头痕迹

7 防火涂料施工中的产品保护

为保证本项目已完工程或其他工种的施工不因钢结构防火涂料的施工而受污染或影响，对重要部分应采取以下必要的特殊措施加以保护：

（1）在高处进行涂装施工时，为防止因涂料滴漏而污染其他已完成的建筑构件，必要时施工面下端拉设彩条布以防涂料滴漏；

（2）在每一天完成了每一个工作时段时，应彻底清理一切因涂装施工而造成的污染及杂物，并需有专人看管好已开封的涂料，严格做到人离场地清。

对于防火涂层在长期使用中的具体情况，其中有自然条件及人为情况对于涂层的影响，因此，工程竣工后对防火涂层的维护保养提示如下：

（1）搬运货物或进行其他施工中避免各种情况的机械碰撞、石击、土埋、粗糙物的堆靠，以免造成机械损伤。如有，应及时进行修补。

（2）经常派人对钢结构防火涂层进行定时检查，发现问题及时处理，避免因局部意外损伤时间过长未修补，造成对钢材的腐蚀及破坏。

8 结语

施工条件对防火涂料的使用性能和装饰性能有重要影响，本工程从准备工作、防火涂料冬期施工措施及产品保护等方面不断地探索优化，以期能为防火涂料冬期施工提供一个良好的范例。

参考文献

[1] 李邦昌．结构防火保护新技术研究[J]. 消防技术与产品信息，2002.
[2] 崔文竹．钢结构防火涂料产生问题的原因及改进措施[J]. 房材与应用(材料·结构)，2005.
[3] 李春镐．浅谈我国建筑物钢结构防火涂料保护[J]. 消防技术与产品信息，1999.
[4] 张勇，李耀群．钢结构防火涂料及其合理使用[J]. 山西建筑，2005(03).

超高层网格式钢结构安装技术浅析

王　校[1]　赵会贤[1]　潘功赟[1]　仲科学[2]　王迎新[3]

（1. 中建钢构有限公司，靖江　214532；2. 宁波市鄞州区建设工程质量监督站；
3. 宁波华凯置业有限公司）

摘　要　本文结合宁波国华金融大厦项目网格结构的施工，重点介绍了外框筒斜柱无支撑安装技术、网格节点安装操作平台技术等。这些施工技术有效保证了本工程安装施工的顺利实施。

关键词　超高层；网格结构；斜柱；操作平台

1　工程概况

随着建筑业的蓬勃发展，大型超高层建筑越来越多的出现在我们的视野中，其中钢结构以其强度高、重量轻、整体刚性好等诸多优点而被大量应用。目前钢结构在高层、超高层建筑上的运用日益成熟，逐渐成为主流的建筑结构，而钢结构建筑在兼顾经济实用的同时也向着美观和造型独特的方向发展，其中菱形网格是比较有代表性的一种建筑造型。

宁波国华金融大厦项目包含塔楼和裙房，塔楼与裙房通过钢结构中庭连廊相连接。塔楼地下 3 层，地上 43 层，结构高度为 206.1m，核心筒为混凝土结构，外框筒为钢结构，结构形式为箱型巨柱加斜交网格节点结构。项目钢结构用量约为 1.5 万 t，钢材材质为 Q345B，见表 1，图 1～图 3。

图 1　建筑效果图

主要构件截面表

表 1

截面类型	主要截面尺寸	位置	截面类型	主要截面尺寸	位置	材质
	□950×700×85 □800×600×60 □700×600×35 □600×400×20	框架柱		H450×450×35×35 H400×400×20×20 H300×300×25×25 H200×200×15×15	钢吊柱	Q345B
	□750×40 □700×25 □650×20 □550×20	斜交柱		H550×200×12×24 H500×200×10×20 H600×400×20×45 H600×500×30×70	钢梁	

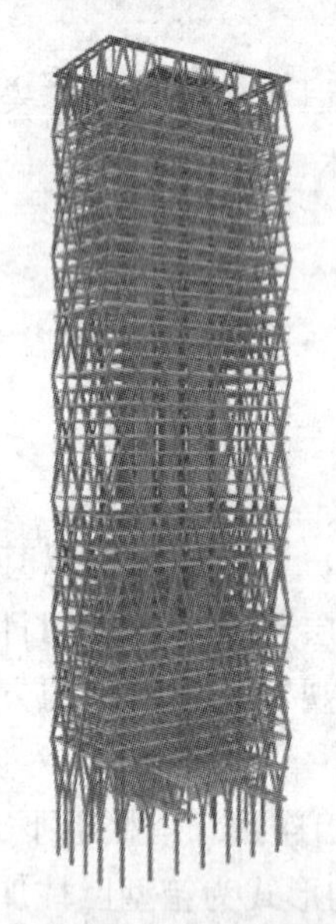

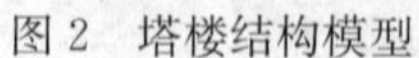

图 2　塔楼结构模型

图 3　主要节点形式

2　网格式钢结构安装施工难点分析

（1）每个标准斜交网格层的钢柱划分为一个斜柱段和一个节点段。由于钢柱与竖直方向均有一定的倾斜角度，且钢柱自重较大，现场安装过程中钢柱的吊装就位及临时支撑措施的设置难度及较大。

（2）该工程斜交网格外框钢梁（除节点层）安装为无牛腿安装，斜柱端仅保留一块连接板，施工人员没有作业面，钢梁安装较为困难，若在柱端设置操作平台，则措施量很大，且影响安装进度。

（3）针对斜交网格柱的分段分节，现场安装过程中需配备相应的焊接操作平台。受限于结构的特殊性，传统施工过程中应用的常规焊接操作平台已无法满足该结构斜柱焊接操作要求，若采用脚手架工程，则会大大增加人力物力，并且施工效率极低。

（4）该工程外框斜柱与节点安装对接面均与柱身保持垂直，即对接面为倾斜截面，如底部安装精度不够，极易造成上部钢梁、钢柱无法安装的现象。

3　网格式结构施工措施

（1）钢结构外框箱形柱倾斜就位无支撑安装施工

1）吊点设计

根据钢柱的分段重量及吊点情况，准备足够的不同长度、规格的钢丝绳和卡环，并准备好倒链、缆风绳、爬梯、工具包、榔头以及扳手等机具。利用钢柱上端的连接板作为吊点，为穿卡环方便，深化设计时将连接板最上面的一个螺栓孔的孔径加大，作为吊装孔。钢斜柱吊装同时在柱身下部 1/4 处设置双吊耳。钢柱吊装采用四点绑扎法，使钢丝绳受力均衡。

通过合理设置吊点位置及钢丝绳长度，使钢柱起吊后在空中便保持倾斜姿态，便于钢柱一次性就位完成。钢丝绳绑扎完毕，卡环固定完成，钢柱即可起吊。待钢柱起吊离地 1.2m 左右，在地面采用砂轮机打磨本节钢柱柱端附着渣土或浮锈，保证后续焊接质量（图 4、图 5）。

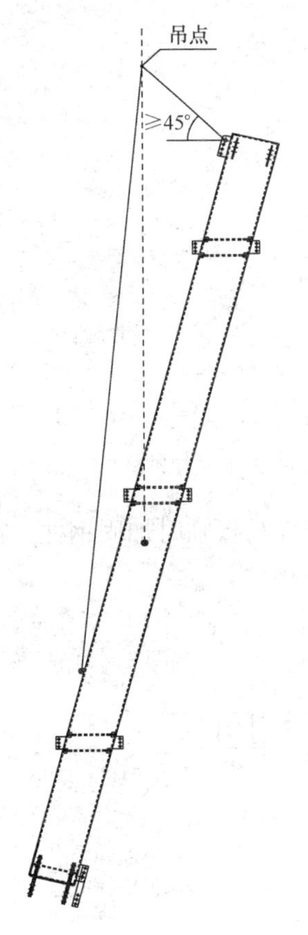

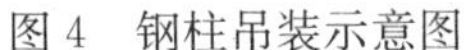
图 4　钢柱吊装示意图

图 5　钢柱吊装实景图

2）临时固定措施

通过连接板及螺栓强度计算，在斜柱对接处设置 6 组临时连接夹板，并采用 HS10.9 高强度螺栓拧紧固定，安装就位后立即反方向拉设缆风绳，拉结在相邻钢柱吊耳上，保证钢柱可靠固定（图 6、图 7）。

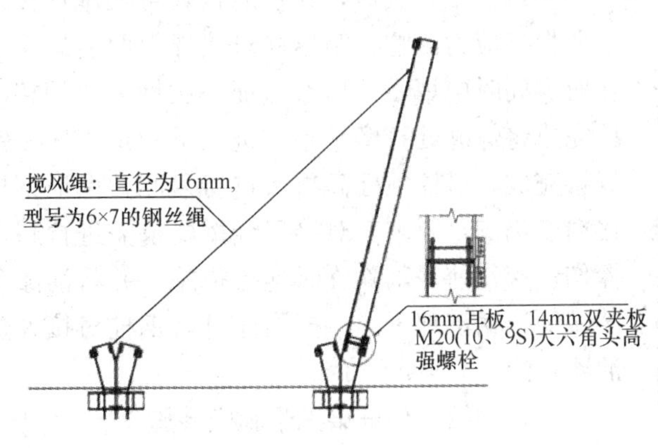

图 6　钢柱倾斜就位示意图

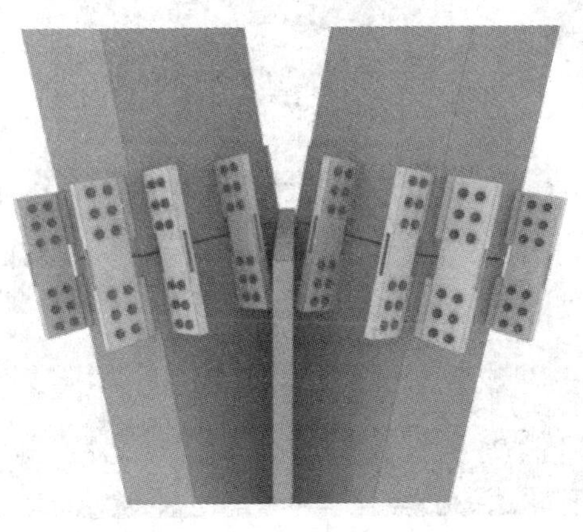

图 7　钢柱临时连接板示意图

3）测量矫正

钢柱对接完成，采用全站仪对柱顶坐标进行测量校正。钢柱初次就位，往往难以保证精确对接。此时需采用钢柱错位调节措施进行校正，保证安装精度。主要工具包括调节固定托架和千斤顶（图 8）。

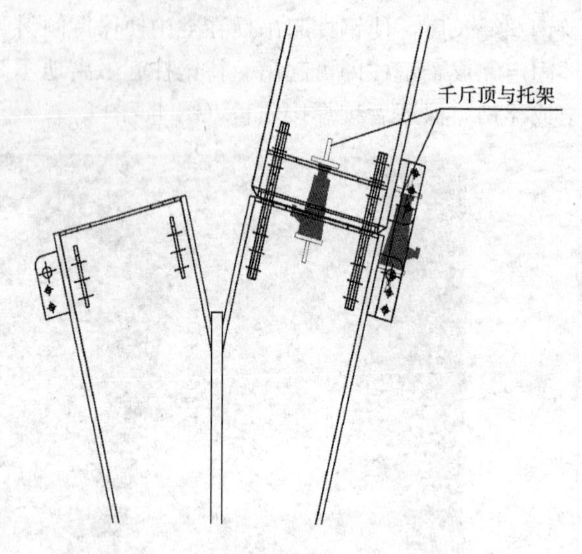

图 8　钢柱错位调节措施示意图

通过调节千斤顶，将柱顶四个角点的坐标值控制在误差范围内，并加焊马板临时加固钢柱，在焊缝施焊前同时复核柱顶四个角点及四边中心点，满足要求后施焊（图 9、图 10）。

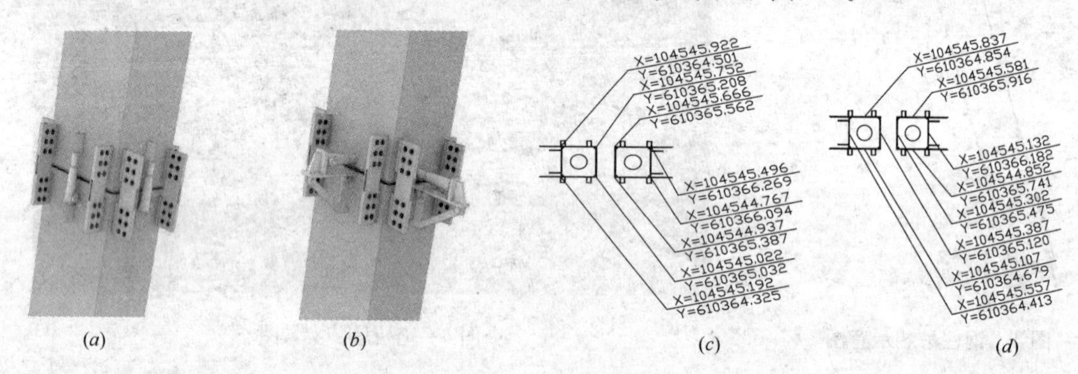

图 9　角点坐标调节

（a）标高错位调节；（b）水平错位调节；（c）角点控制坐标；（d）中心点控制坐标

图 10　斜交网格安装完成实景图

4）斜柱焊接

测量校正完成后，钢柱对接处可实施焊接。为减弱焊接应力影响，箱形柱对接焊由两名焊接人员在对侧同时施焊，并尽量保证一次性完成焊接。焊接完成将焊缝处打磨平整，进入下一道工序。钢柱焊接完成，对柱顶标高再次进行复测，保证钢柱对接精度仍满足要求。对接焊缝按要求需进行超声波探伤，探伤前需割除临时连接措施，并将油漆预留区域的浮锈清理干净。探伤通过后钢柱对接处进行油漆补涂。

（2）钢结构外框梁无牛腿安装施工

1）临时措施设计

钢梁加工时预留吊装孔或设置吊耳作为吊点，起吊前准备好安装螺栓、工具包、榔头以及扳手等机具。同时提前在两侧钢柱焊接轻型吊篮悬挂点，将轻型吊篮安装就位，安装人员站立于吊篮，等待钢梁吊装（图 11）。

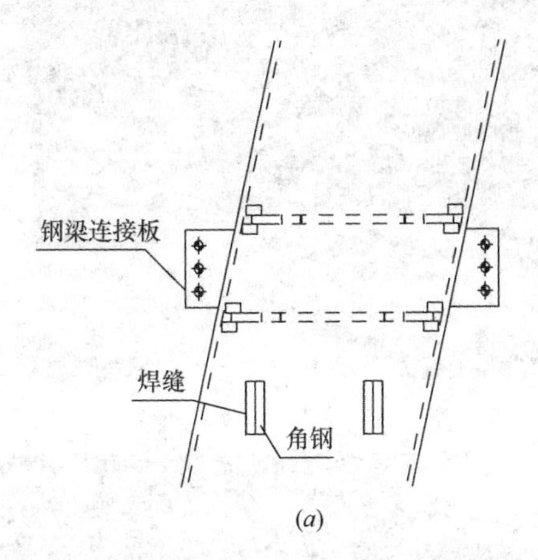

(*a*)

(*b*)

图 11 吊篮

(*a*) 吊篮悬挂点；(*b*) 轻型吊篮

2）钢梁安装

钢梁两侧斜柱上分别悬挂 1 个轻型吊篮，施工人员站于吊篮上，辅助钢梁就位。钢梁就位时，及时夹好连接板，对孔洞有少许偏差的接头利用冲钉配合调整跨间距，然后用安装螺栓拧紧。安装螺栓数量按规范要求不得少于节点螺栓总数的 30%，且不得少于两个。钢梁就位后，及时用高强度螺栓替换临时安装螺栓，并在钢梁上部悬挂双道安全绳，安全绳固定在相邻钢柱两侧（图 12）。

图 12 无牛腿钢梁安装

（3）异型焊接操作平台研发设计

结合现场作业人员作业需求，广泛听取多方意见，经设计结构计算，设计出三种新型操作平台。该平台具有结构轻便，安拆过程简易，可一次性安装到位，可容纳多人同时施焊等优点，结构安全可靠，亦可有效保证结构焊接质量。

平台设计以及加工见图 13。

（4）施工操作要点

1）钢结构安装操作要点见表 2。

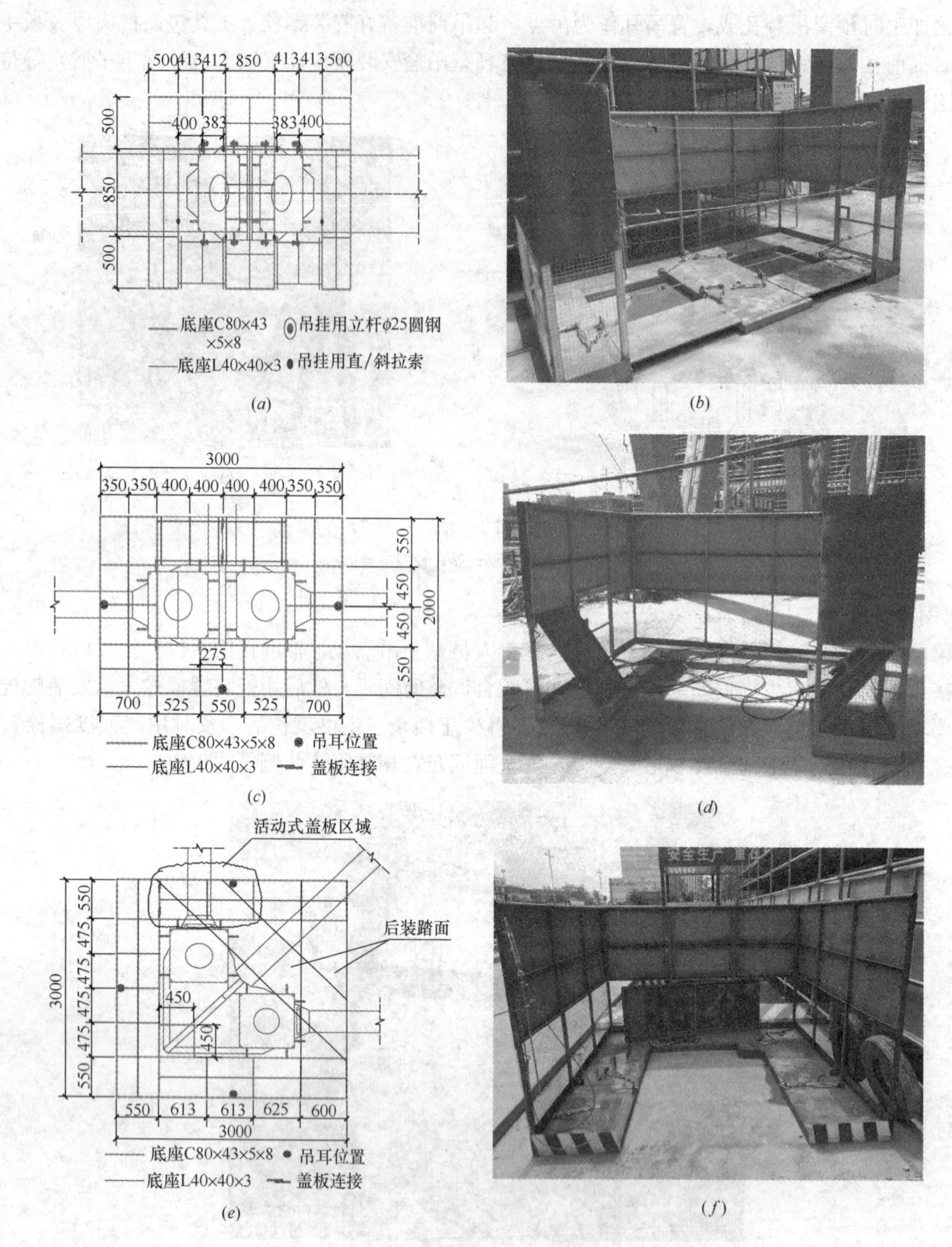

(*a*) (*b*) (*c*) (*d*) (*e*) (*f*)

图 13 平台设计及加工

(*a*) X 型节点下部焊接操作平台平面图；(*b*) X 型节点下部焊接操作平台；
(*c*) X 型节点上部焊接操作平台平面图；(*d*) X 型节点上部焊接操作平台；
(*e*) K 型节点上部焊接操作平台平面图；(*f*) K 型节点上部焊接操作平台

钢结构安装操作要点 **表 2**

序号	安装注意事项
1	吊装前，将底座柱顶面和本节钢柱底面的渣土和浮锈要清除干净，以保证上下节钢柱对接焊接时焊道内的清洁
2	钢柱校正时应对轴线、标高、焊缝间隙等因素进行综合考虑，全面兼顾，每个分项的偏差值都要符合设计及规范要求
3	每根钢柱安装后应及时进行初步校正，以利于后续校正

续表

序号	安装注意事项
4	在钢梁的标高、轴线的测量校正过程中，要保证已安装好的标准框架的整体安装精度
5	钢梁吊装就位时要注意钢梁的上下方向以及水平方向，安装完成后应检查钢梁与连接板的贴合方向是否正确
6	构件起吊前应横放在垫木上，起吊时，严禁出现拖、拉、拽等现象，回转时，需有一定的高度，起钩、旋转、移动三个动作交替缓慢进行，就位时缓慢下落，防止构件大幅度摆动和震荡

2）焊接操作平台安装及使用操作要点见图14。

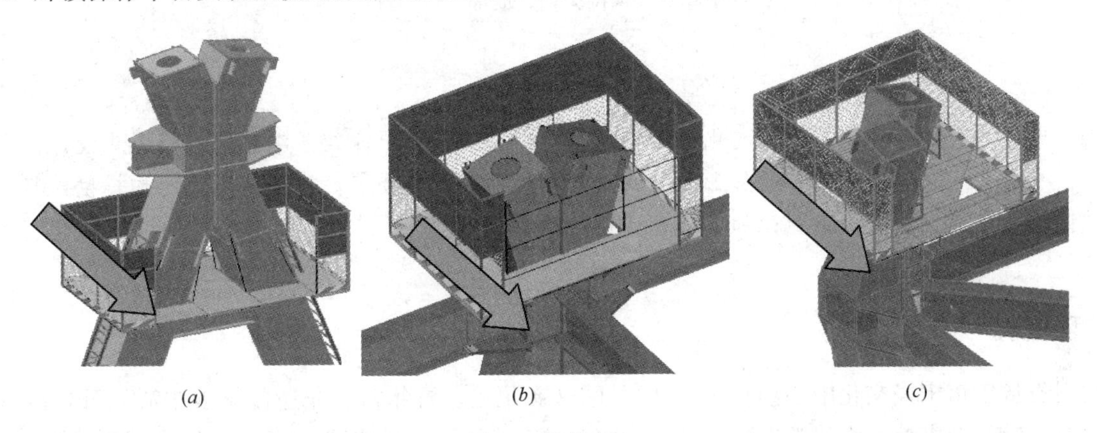

图14 就位方向

（a）X节点下部焊接操作平台；（b）X节点上部焊接操作平台；（c）K节点上部焊接操作平台

平台内部设置3个吊点，平台安装需严格按吊点起吊，避免产生过大变形。

平台安装后及时将开口侧钢丝绳拉设完成，并将活动盖板铺设到位，避免洞口过大形成安全隐患

4 结语

宁波国华金融大厦主体施工已顺利完成，以上几点施工措施对保证该项目施工质量和施工进度以及施工安全上起到显著作用，尤其在节约成本和工期方面取得了极好的效果，得到业主和监理的一致好评，收到了良好的经济效益和社会效益。以上施工技术可为其他同类工程的施工提供参考。

钢结构拱门的深化设计和施工技术

袁定乾　周春勇　罗　勤

（中建八局西南公司，成都　610041）

摘　要　本文结合遂宁市宋瓷文化中心钢结构拱门施工，简要介绍了钢结构拱门深化设计、拱形小管径厚壁圆钢管柱的加工工艺及钢结构拱门的安装要点，为其他类似结构提供借鉴。

关键词　小管径厚壁；钢管；加工工艺；钢结构拱门

1　工程概况

四川省遂宁市宋瓷文化中心项目主要由A区（文化馆、青年宫、非遗传承展中心）、BC区（档案馆、地方志馆、图书馆、党建党史馆）、D区（博物馆）、E区（科技馆）、F区（城乡规划展览馆）等6个单体工程组合而成，其中地下2层，建筑面积4.63m^2，地上4～5层，建筑面积7.53万m^2，总建筑面积12.16万m^2，建筑总高度为31m。结构型式为地下劲性钢筋混凝土结构，地上为钢框架结构，抗震设防烈度为6～7度，抗震等级为二级，设计合使用年限50年，其中博物馆为100年，工程总用钢量2.1万t（图1）。

图1　项目效果图

其中，E区科技馆“万花筒”总高度12.5m，由三个不平行的钢结构拱门连接而成，通过色彩、镜面和玻璃等的多次反射，营造无垠广阔未知的世界图像（图2）。

图 2 “万花筒”效果图

2 钢结构拱门施工难点

1）钢结构拱门立柱为拱形小管径厚壁圆管柱，柱直径 600mm，壁厚 40mm，为典型的小直径厚壁柱卷管加工，管子的线型必须光顺美观，且要达到标准要求，为确保钢管弯曲圆滑成形，对卷管工艺要求高，市场卷管厂少有能完成此卷管作业。

2）拱门结构形状为倒“V”形，每个拱门均为空间曲线造型，且三个拱门倾斜角度不尽相同，为保证安装过程中上下节圆管柱之间、牛腿与钢梁之间平滑对接，对拱门各构件安装定位精度要求非常高。

3 钢结构拱门施工方案

3.1 钢结构拱门深化设计

钢结构拱门的深化设计采用 revit＋tekla 相结合的方式进行，根据工厂制造条件、现场施工条件，考虑运输要求、吊装能力和安装因素等，确定合理的构件单元。

1）第一阶段：根据结构施工图建立轴线布置和搭建钢结构拱门实体模型（图 3～图 6）。

图 3 拱门整体模型图

图 4 拱门现场实景图

图5　拱门顶端节点模型图

图6　拱门顶端现场实景图

2）第二阶段：根据搭建的拱门实体模型出具拱门的杆件连接节点图等，并由审核人员进行整体校核、审查（图7）。

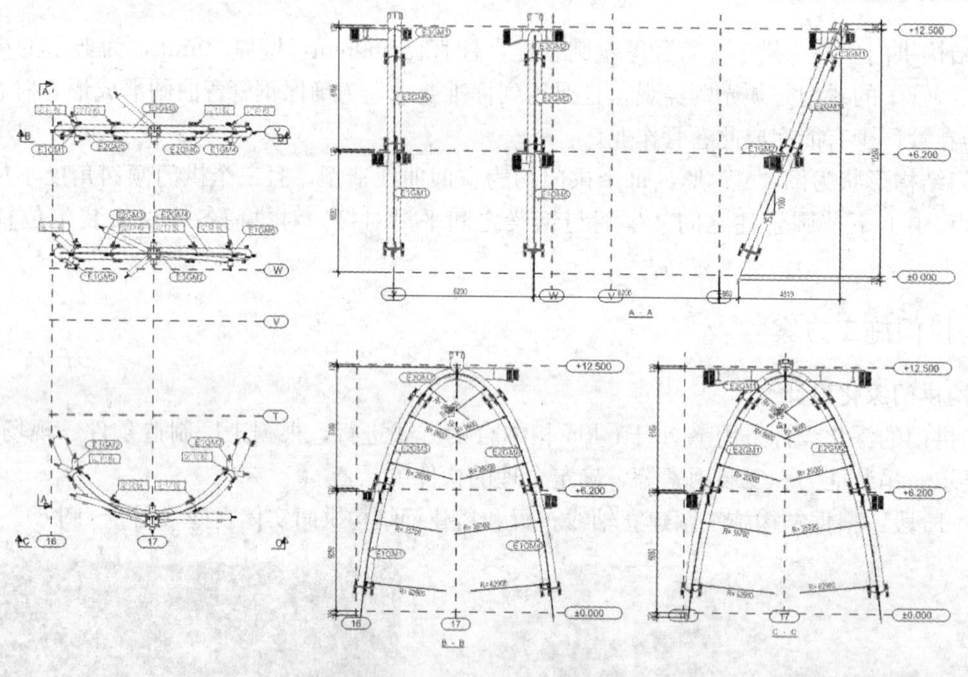

图7　钢结构拱门深化设计图

3.2　拱形小直径厚壁圆钢管柱加工

公司对整个西部地区的钢构厂及卷管厂进行充分地市场考察和调查，最终选择了具备实力的卷管加工厂，并对卷管工艺加强过程监控，确保卷管成型质量。

拱形小直径厚薄钢管柱制作工艺流程如下：

下料→铣边→预弯→钢管成型→钢管合缝预焊→钢管内纵缝埋弧焊→钢管外纵缝埋弧焊→精度矫正→钢管热弯→摵弯二次矫正。

1）下料：从钢厂定尺来的钢板，因板边性能不稳定，需要将板边切割 10mm 左右。下料后的板宽＝钢管展开的计算宽度＋(5～10mm)。

2）铣边：主要对钢板的双边铣 X 型坡口，按照焊接工艺要求铣不对称的 X 型坡口，内坡口小、外坡口大，钝边根据板厚不同为 4～8mm。

3）预弯：对钢板的双边进行预弯，可以防止焊缝处出现直边，影响钢管圆度。预弯由650t的预弯机完成，采用分段式预弯。

4）钢管成型：采用3600t的成型压机（工作范围：钢管直径：400～1800mm、厚度：12～50mm、长度：6000～12200mm），将钢板压成开口的钢管。

5）钢管合缝预焊：用预焊机将开口的钢管液压合缝，同时用气保焊打底焊接。

6）钢管内纵缝埋弧焊：内焊机采用双丝焊接，焊丝3.2～4mm，对合缝后的钢管的内纵缝进行自动埋弧焊。

7）钢管外纵缝埋弧焊：外焊机采用三丝埋弧焊，使用焊丝4～5mm，内外焊接必须将预焊层熔透并且内、外焊缝的熔池交叉2～3mm，保证焊接的质量（图8）。

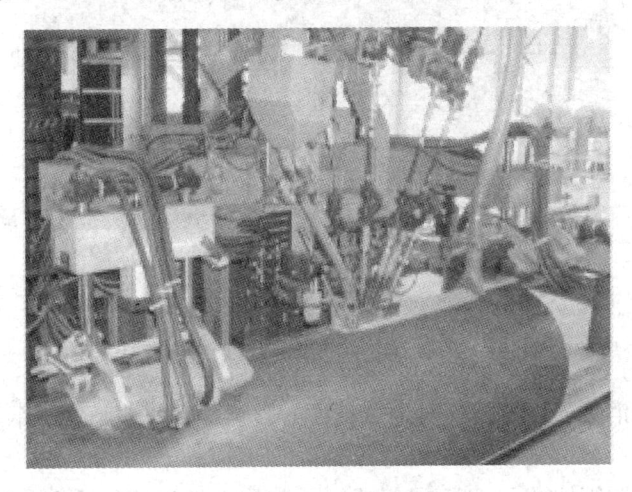

图8　钢管外纵缝埋弧焊

8）精度矫正：用精整机对焊接成型的钢管的外形进行校正，保证钢管的圆度和直线度。

9）钢管热弯：该工程钢管热完成型采用中频热弯工艺，鉴于每个管段弧长仅2～3m，管子完制前需要留夹口余量，为减少损耗，在管段前端和后端分别设置1D长的辅助直线段作为夹口余量，在钢管弯制前辅助线段与管段进行组焊，弯制完成后再切除。同时鉴于每个管段曲率半径不同且拼装在一起后处于不同空间平面内，钢管弯圆前在管身上制画十字特征线作为装配、安装定位线并以十字特征线为基准，划出弯管平面定位特征点。钢管在弯圆机上以弯管平面定位特征点对齐就位后，方可弯制（图9）。

10）撼弯二次矫正：在生产过程中做好弯管工艺参数记录，弯后检测实际弯管角度、弯曲半径、减薄率、波浪度、椭圆度、表面有无裂纹等指示，并做好记录，直到达到设计要求为此（图10）。

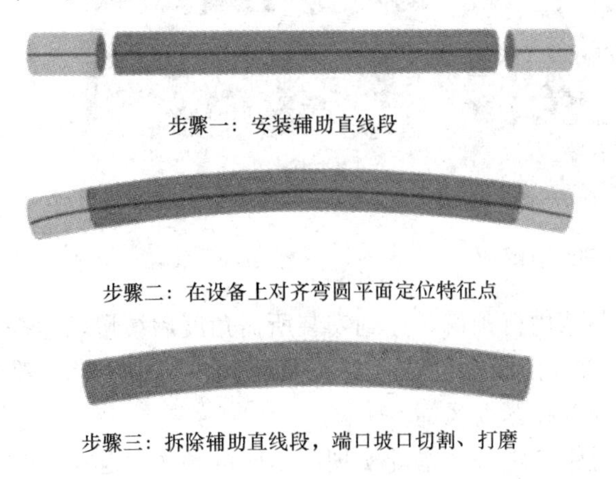

图9　钢管热弯示意图

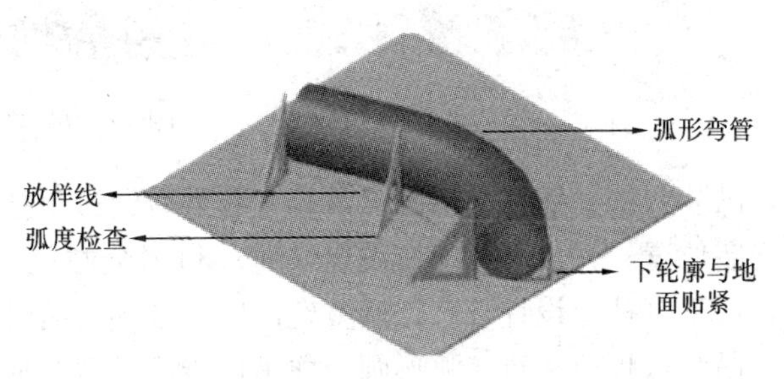

图10　弯后检测示意图

3.3 钢结构拱门安装

1）测量定位

第一步：拱门各构件安装前先复核现场的施工控制网，并进行联测加密。从基准控制点进行把控，减小在控制点引测过程中产生的累计误差，提高现场施工控制网的精度。

第二步：建立轴线内控点。为提高现场施工放样的精度，CAD进行数据处理后，用GPS全站仪施测出特征点。

第三步：BIM与GPS全站仪测量放线结合。用建好的BIM模型处理数据，可得出关键特征点的三维坐标，用GPS全站仪进行现场复核。误差较大的点及时修正（图11）。

图11　GPS全站仪放线示意图

通过以上措施，基本消除了外界因素对测量精度的影响，有效地确保了钢管柱的安装精度。

2）吊装

拱门构件主要由弧形圆管柱及H型钢梁组成，吊装构件处于倾斜状态，尤其是弧形圆管柱重心难以确定，钢柱受力不在同一直线，吊装及加固难度大。为保证拱门安装过程中的整体稳定性，构件吊装分段分节进行。

吊装顺序：先对称安装拱门第一节所有的圆管柱至+6.200标高，紧接着通过相邻圆管柱之间的牛腿进行主梁连接，再安装主梁之间的次梁；然后依次安装第二节所有的圆管柱及钢梁；最后一节拱形圆管柱在+12.500标高处合拢（图12）。

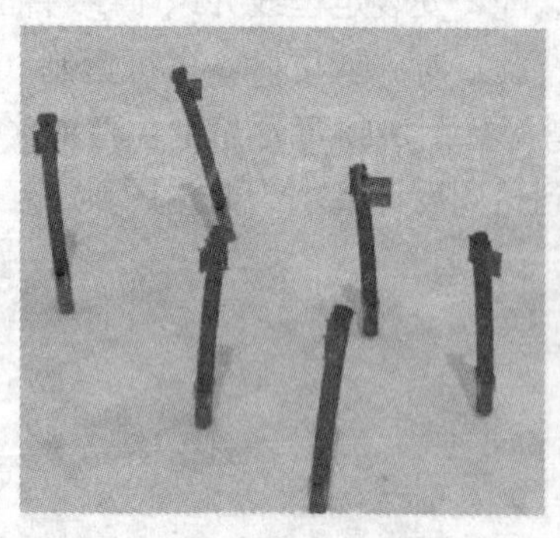
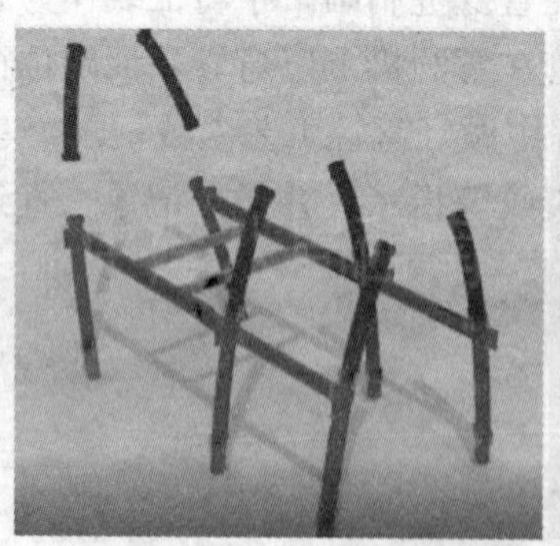

图12　吊装顺序示意图

吊装方法：钢柱采用四点吊装，起吊后通过手拉葫芦进行预偏，达到安装所需角度后缓慢匀速提升至安装位置。就位后，即拉设缆风绳；利用全站仪，通过控制钢柱柱顶中心及两侧牛腿中心的三维坐标，调整钢柱至设计状态；调整到位后，紧固安装螺栓并拉紧缆风绳。

吊装过程应注意：弧形圆管柱吊点错位设置，通过钢丝绳长短搭配实现起吊时的预偏；起吊过程避免构件在地面上有拖拉现象，回转时，需要一定的高度。起钩、旋转、移动三个动作交替缓慢进行，就位时缓慢下落。钢柱的中心线与下节钢柱的中心线吻合，双夹板平稳插入下节钢柱对应的吊装耳板上，穿好连接螺栓，连接好临时连接夹板，利用千斤顶进行校正。其校正的内容和顺序为：钢柱定位轴线的校正、钢柱标高的调校、柱身扭转调整、钢柱垂直度的校正。钢柱之间的临时连接板待校正、焊接完毕后再割除，不得伤害母材（图 13、图 14）。

图 13　现场吊装合拢

图 14　拱门实景图

4　结语

钢结构拱门中的圆管柱是该工程关键构件之一，也是该工程钢结构施工难点，施工质量的好坏直接关系到拱门其他构件的安装质量。该工程在钢结构拱门的深化设计、加工精度控制及构件吊装等方面采用了各种先进的施工技术，保证了钢结构拱门的施工质量，各项数据均满足规范及设计要求，对类似拱型钢结构工程有很大的借鉴意义。

大型复杂管桁架屋盖结构整体提升施工技术

曹 靖 程天赐 沈万玉 田朋飞 王友光

（安徽富煌钢构股份有限公司，合肥 238076）

摘 要 本文以中铁青岛世界博览城会展及配套项目钢结构工程为例，对大型复杂钢管桁架屋盖结构整体同步提升施工技术进行了介绍。

关键词 管桁架屋盖；同步提升

1 工程概况

中铁青岛世界博览城位于山东省青岛市西海岸新区核心区南侧，博览城项目在建筑设计上采用的是“阵列式”结构，展廊将12个标准展馆从东、西、南、北隔开。12个标准展馆建筑平面形状相同，每个展馆平面尺寸均为74.4m×136.4m，主桁架最大跨度72m。展馆屋盖采用外平中凸的双向正交钢管桁架，主要杆件均为钢管，不同直径钢管间对接采取压制锥管连接，局部节点采取加套管方式加强；屋盖结构安装高度23.35m，单展馆平面投影面积10148m^2，外围展馆的重量约1100t、中间展馆约1000t（提升重量约880t）。

将钢屋盖结构在地面拼装成整体后，采用“超大型构件液压同步提升技术”将其一次提升到位。工程效果图见图1。

图1 工程效果图

首先采用拼装胎架+成品塔架的支撑系统将钢管桁架在地面原位拼装成整体，然后以主体结构（核心筒）为承重结构，在其顶部桁架上设置提升支架，并安装液压提升装置等提升辅助设备，最后利用液压提升原理，将钢管桁架屋盖提升就位，该工法大大提高了大型复杂钢管桁架屋盖结构的就位精度和安装效率。

其中，钢管桁架屋盖结构地面整体拼装采用展馆屋盖地面原位拼装，拼装场地必须找平并经过硬化处理，支撑形式采用拼装胎架与成品塔架相结合的方式。钢管桁架中的弧形弦杆定位拼装需做好测量控制工作。

主桁架支座设置于核心筒上，提升支架、平台等临时设施结构利用原结构设置，提升支架、提升操作平台设置在核心筒上方，展馆提升时所有提升吊点均设置在核心筒预装桁架上方。提升支架需根据屋盖结构特点及重量进行提升过程中受力分析。

液压提升器为穿芯式结构，以钢绞线作为提升索具，液压提升器两端的楔型锚具具有单向自锁作用。液压提升器锚具具有逆向运动自锁性，使提升过程十分安全，并且构件可以在提升过程中的任意位置长期可靠锁定。液压同步提升施工技术采用行程及位移传感监测和计算机控制，通过数据反馈和控制指令传递，可全自动实现同步等多种功能，且由于与被移构件刚性连接，同步控制较易实现，就位精度高。

2 施工工艺流程及操作要点

钢管桁架屋盖结构整体同步提升施工流程如图2所示。

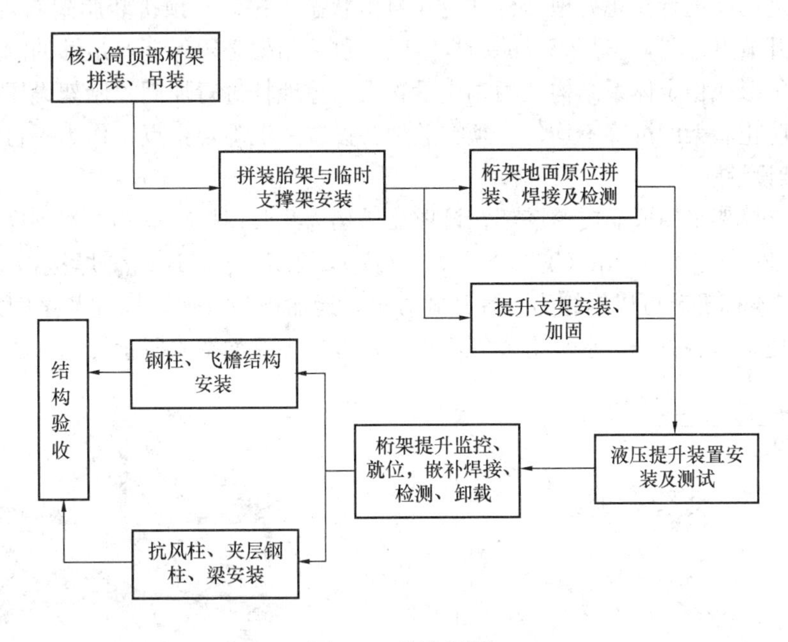

图2 工艺流程图

首先利用建筑主体结构作为承重结构，预装其顶部桁架，并在预装桁架上弦安装、加固提升支架；然后屋盖剩余桁架结构在地面投影位置原位拼装成整体，接着安装液压提升装置并调试。最后整体液压同步提升作业，利用液压提升器将屋盖桁架结构整体提升至设计位置。

2.1 设计及施工要点

采用拼装胎架加临时支撑架组合的形式作为桁架地面整体原位拼装的支撑系统，其中拼装胎架是针对日字形桁架专门设计制造，临时支撑架采用我公司生产的成品塔架。标准节尺寸为2m×2m×2m，采用Q235B钢管焊接而成，标准节主肢采用$\phi 89\times 4$钢管，标准节之间采用法兰连接，方便运输、拼装及拆卸。设计并制造了用于屋盖整体提升的提升支架。提升支架通过螺栓连接固定在预装桁架结构上弦。包括一个立杆、斜撑杆、后拉杆、水平杆及两个加固杆件。实现了大型复杂钢管桁架屋盖结构液压同步提升。

2.2 屋盖结构地面整体拼装方案设计

钢管桁架屋盖采用地面原位拼装，拼装支撑系统采用拼装胎架＋支撑架组合的形式。拼装胎架采用刚度较好的工字钢焊接而成，拼装场地找平并经过硬化处理。屋盖中部凸起桁架的拼装胎架采用成品塔架布置临时支撑架的形式，详见地面整体拼装胎架与支撑架布置示意图（图3）。

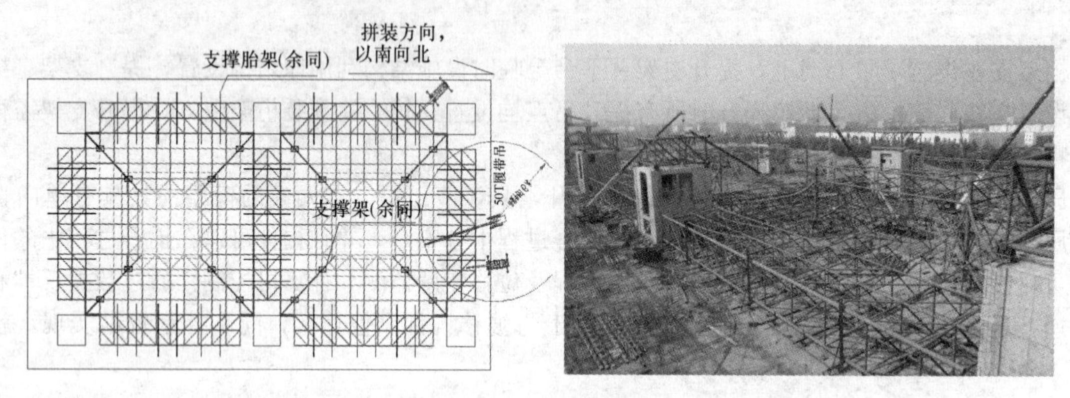

图3　拼装胎架与支撑架布置示意图

拼接胎架考虑到桁架自重较重，为防止拼接变形，胎架采用小截面焊接H型钢焊接而成，现场拼装场地地面在构件进场前进行硬化处理。构件应在自由状态下拼装。预拼装胎架与现场拼装胎架类似，拼装胎架设置应避开节点位置，满足焊工的施焊空间。拼装胎架必须保证有足够的刚度和稳定性，拼装中每一个拼装段必须形成稳定体系结构，两端应设置人字撑地杆进行加固。胎架设置按胎架设计图进行设置验收；另外为防止胎架的沉降不均匀，须在胎架旁设置一沉降观察点，作为平台沉降的检查依据。

2.3 工具式支撑架设计

采用的工具式支撑架采用成品支撑塔架，该成品塔架为我公司标准塔架，本支撑设计为标准节的形式，标准节尺寸为2m（长）×2m（宽）×1.5m（高），采用Q345B钢管焊接而成，标准节主肢为ϕ168×8钢管，同时本标准节可以拆卸为一片片式方框，运输极为方便，标准节之间采用法兰连接，故本标准节有运输方便，拆装方便，承载力大等优点。标准节支撑如图4所示。

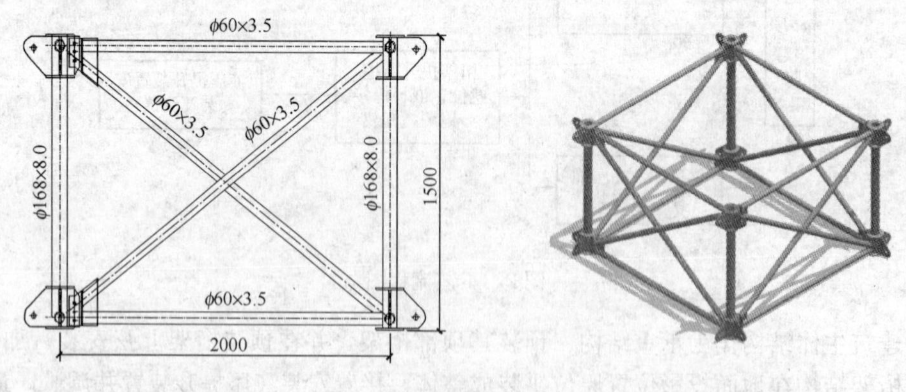

图4　支撑架设计尺寸图

2.4 提升支架设计

在原结构混凝土核心筒顶部的桁架结构上设置临时提升支架，其上放置提升器作为提升上吊点，上吊点的设计主要考虑各吊点的反力大小以及提升到位后方便桁架对接要求，各杆件截面根据提升吊点反力值确定。提升支架设置形式仅设置一种，但角核心筒桁架上设置一个提升支架，边核心筒上设置二个提升支架，如图5所示。

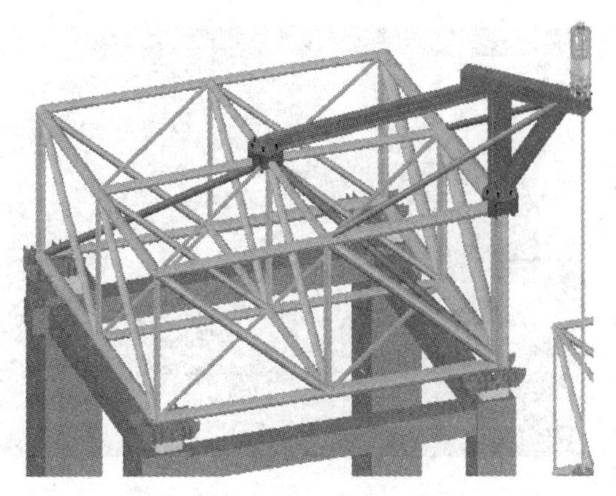

图 5　提升支架设计示意图

2.5　钢管桁架屋盖结构液压同步提升

“液压同步提升技术”采用液压提升器作为提升机具，柔性钢绞线作为承重索具。液压提升器为穿芯式结构，以钢绞线作为提升索具，有着安全、可靠、承重件自身重量轻、运输安装方便、中间不必镶接等一系列独特优点。

液压提升器两端的楔型锚具具有单向自锁作用。当锚具工作（紧）时，会自动锁紧钢绞线；锚具不工作（松）时，放开钢绞线，钢绞线可上下活动。液压提升过程见如下框图所示，一个流程为液压提升器一个行程。当液压提升器周期重复动作时，被提升重物则一步步向前移动。

液压同步提升设备采用超大型构件（设备）液压同步提升施工技术。我司主要使用如下设备：额定提升能力为 200t 的 TJJ-2000 型液压提升器；TJV-60 型液压泵源系统；YT-1 型计算机同步控制系统及相关通信线等。

(*a*)

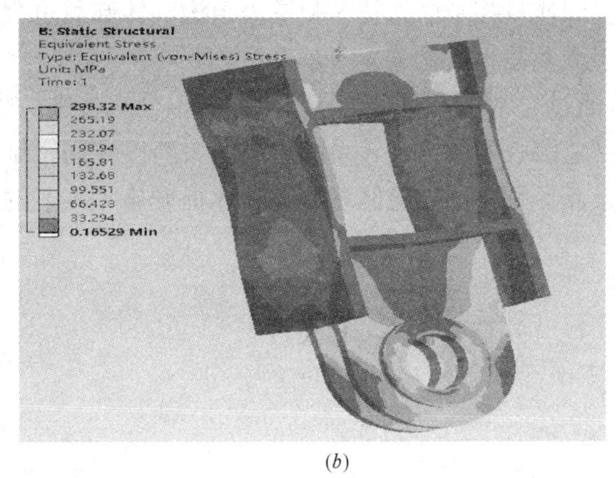

(*b*)

图 6　液压同步提升

（*a*）液压提升器；（*b*）吊具的有限元模拟分析

待提升支架及屋盖结构安装检查合格后，在提升支架上安装液压提升器，并在提升下吊点处安装专用地锚，对专用地锚与桁架结构进行固定；安装液压提升专用钢绞线，通过钢绞线连接液压提升器和提升下吊点结构，并预张紧钢绞线。液压提升设备调试，同步控制系统整体联调、联试，预加载。利用液压同步提升设备整体提升屋盖结构，使之离开地面拼装胎架约 50mm，悬停 24h。全面检查和观测屋盖结构变形情况及主体结构承载情况，如无问题则继续提升。在确认整个提升工况绝对安全的前提下，利用液压同步提升系统设备整体提升直到设计位置。

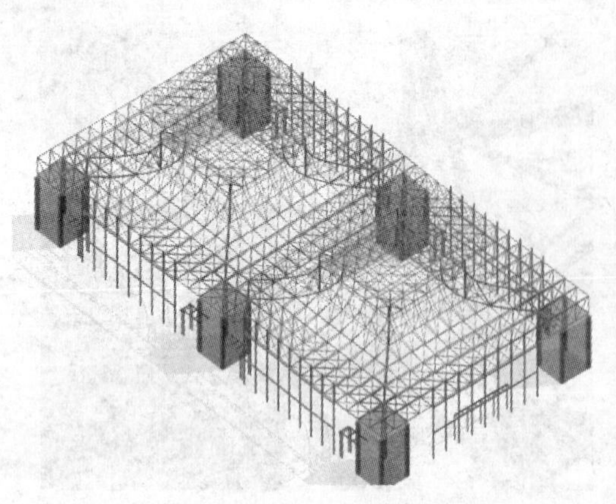

图 7 钢管桁架屋盖卸载示意图

3 结语

管桁架屋盖结构“超大型构件液压同步提升技术”，通过地面原位整体拼装支撑系统、液压提升辅助装置、提升支架三者相结合的施工技术措施，有效解决了大型复杂管桁架屋盖结构安装所面临的技术难题，提高了生产效率。

1）研发了一套用于大型复杂钢管桁架屋盖结构地面整体拼装的拼装辅助设备；设计制造了整体屋盖提升支架，有效地保证了屋盖结构提升安全；在建筑物核心筒区域桁架上，架设提升支架，提升平台上安装液压提升器并进行同步提升。

2）依据本工程的建筑结构设计意图，分析了液压整体提升施工技术的重难点，并较为系统的提出了技术保障措施：管桁架结构加工与拼装精度控制技术、屋盖结构整体提升施工过程控制技术、管桁架结构高空焊质量控制措施技术和屋盖结构整体卸载过程控制措施技术等，通过对上述关键技术的攻关，使得工程顺利竣工。

3）通过对本工程的实践与技术应用，公司将进一步提升工程信息化技术的应用，特别是 BIM 技术与物联网监测技术的结合，系统形成了大跨度空间钢结构整体提升施工方法、计算机液压整体提升系统的组成及其原理、同步控制策略与整体提升施工工艺的流程等。

多边形箱形构件倾斜钢网壳结构施工技术

颉海鹏　金昭成　罗祖龙　向　祥　王　典

（中建三局第一建设工程有限责任公司，武汉　430048）

摘　要　南宁园博园项目东盟馆赛歌台工程结构形式为树状式支撑＋屋面网壳结构体系，屋盖为四片倾斜钢网壳结构，分别为看台和舞台部位；根据工程特点，进行施工方案比选，选择分段地面拼装＋高空对接方法进行施工。节点设计为鼓形相贯节点及插板节点，在鼓形相惯节点下搭设型钢格构支撑，屋盖钢网壳地面分块拼装完成，然后使用全站仪测量圆鼓形节点的空间坐标，精确定位安装拼装单元，最后安装网壳节点之间的箱型构件；所有焊缝焊接完毕，探伤检测合格后卸载支撑胎架，解决了工期短、成本低、施工方便、安装精度高和安全可靠等难题。

关键词　倾斜网壳；空间坐标；节点设计；支撑卸载；拼装

网壳结构是一种重要的空间结构形式，目前国内已得到广泛应用，具有较大的跨度和净空间，受力合理、安全储备高，制造安装方便，节省材料，经济美观等特色。本工程屋盖结构为多边形箱型构件倾斜钢网壳，结构节点设计为鼓形相贯节点及插板节点，节点形式复杂，焊接量较大。由于整体结构呈倾斜状态，且构件较大，如何保证安装尺寸的准确性是施工的难点。综合考虑现场施工条件、工程特点进行了方案比选，提出了屋盖网壳进行分片地面拼装＋高空对接施工方法，并对其施工工艺进行研究。

1　工程概况

南宁园博园项目位于广西壮族自治区南宁市邕宁区蒲庙镇八尺江畔的顶蛳山地块，歌台钢结构形式为树状式支撑及屋面网壳结构体系，屋盖结构标高最低点为 9m、最高点 15.4m，总面积约为 2350m^2；钢结构树状支撑为变截面圆管支撑，钢柱最大截面为 Φ1100×28，屋顶钢梁最大截面为□900×400×20×20，节点采用鼓形相贯节点及插板节点，如图 1 所示。

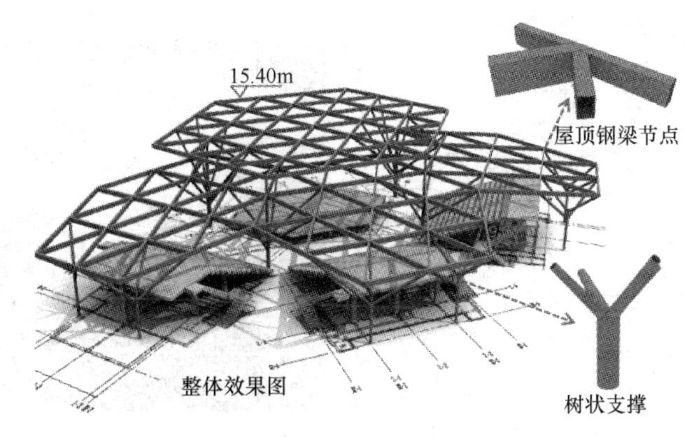

图 1　钢结构概况

2 施工总体思路

赛歌台上方屋顶为钢网壳屋盖，根据现场情况及考虑安装施工过程中结构的变形和应力变化，赛歌台钢网壳屋盖采用搭设临时支撑、屋顶网壳地面拼装、分块吊装、高空对接安装的施工方法。采用一台150t 履带吊吊装施工拼装单元及钢柱树杈，配置一台 25t 汽车吊地面拼装屋顶网壳（图 2）。

A 区舞台结构后施工，在 A 区舞台部位修一条履带吊行走道路，在 A 区右侧布置一个钢结构堆场及拼装场地，先施工看台部位钢结构，再施工舞台顶部钢结构，施工顺序为 C 区→B 区→D 区→A 区。履带吊行走路面采用砂石进行回填硬化道路，承重能力较好，能够满足该区域施工要求。如图 3 所示。

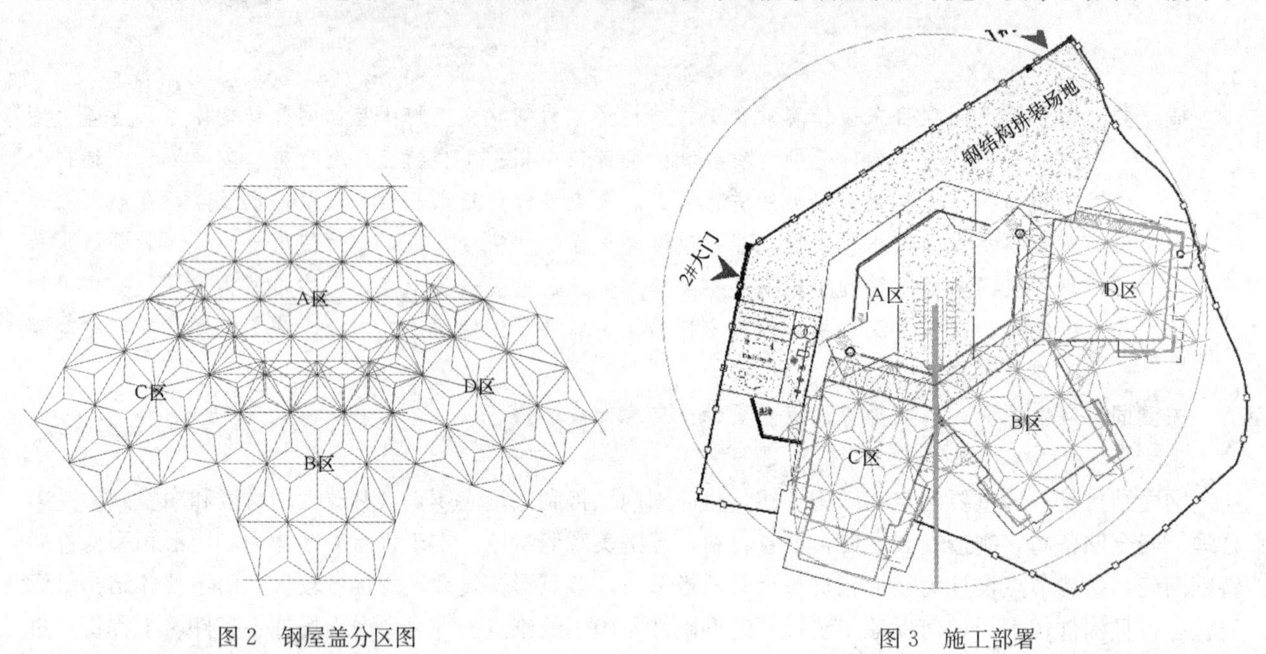

图 2 钢屋盖分区图

图 3 施工部署

现场施工按照分块编号顺序进行安装，屋顶钢结构共分 14 片（图 4），便于 BIM 管理和 Midas Gen 有限元软件数值分析模拟，便于选择合理钢构件安装顺序及施工组织。

确定的施工顺序如下：①支撑胎架安装，②鼓形节点加工制作（图 5），③分片单元现场拼装（图 6），④网壳拼装单元吊装（图 7），⑤树状支撑安装（图 8）⑥支撑胎架卸载完成（图 9）。

图 4 网壳分片图

图 5 鼓形节点加工

图 6　分片单元现场拼装

图 7　网壳拼装单元吊装

图 8　树状支撑安装

图 9　支撑胎架卸载完成

采用上述方法安装，既不需要耗费大量的材料制作临时支撑，同时可以保证作业人员的施工安全，加快整体施工进度，保证施工质量。

3　施工难点及解决方法

3.1　鼓形相贯节点设计及制作

多根构件相交位置焊缝重叠，需在此部位设置接连节点，避免焊缝重叠，以免给结构受力带来安全隐患。根据设计图纸，建立鼓形相贯节点三维实体模型，对结构进行实体放样，减少焊缝重叠量，通过 BIM 技术提取钢板节点各部件（圆管、上下盖板及加劲）尺寸及节点相对位置坐标数据，如图 10 所示。

根据深化图纸及 BIM 提取数据，作为号料、下料及内加劲板定位依据，鼓形节点工厂加工制作完成后将成品运输至现场进行网壳地面拼装。根据板厚制定正确的矫正和焊接工艺，以减少变形，从而提高承载安全系数。分析重难点，并制定解决措施，如图 11 所示。

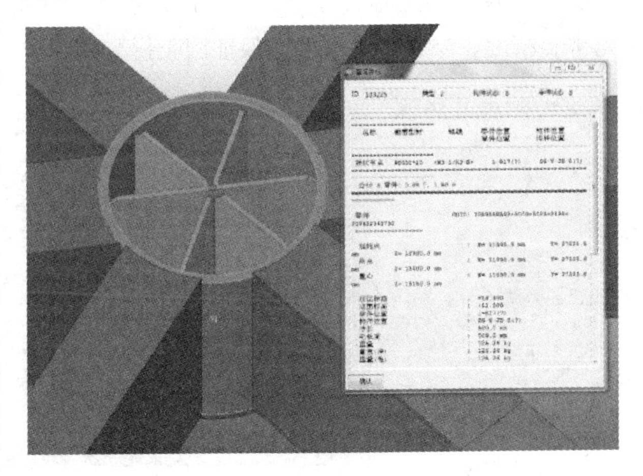

图 10　鼓形节点设计

图 11　成品鼓形节点

3.2　支撑系统设计

支撑系统均采用线单元模拟，采用平面单元传递支撑平台表面均布荷载与风荷载；屋盖网壳荷载简化成对支撑系统节点的集中荷载；支撑系统计算模型如图 12 所示。

图 12　支撑系统计算模型

支撑胎架在标准荷载作用下，水平向位移峰值出现在支撑柱肢第九节点处，水平向峰值为 0.247mm；竖向位移峰值出现在柱肢顶部，竖向峰值为－3.64mm；支撑最大应力为 178.8N/mm，支撑胎架整体的设计应力比为 0.82<1（出现在顶部平台及立杆上），变形在可控范围内，满足要求。

3.3　网壳单元安装信息

在 BIM 三维模型中选取组构件，提取网壳拼装单元杆件数量，杆件长度尺寸，每个杆件组零件坐标数据。根据 BIM 实体模型提取出来的数据能快速进行拼装胎架制作及高空安装定位，使得网壳拼装单元拼装精度，减小拼装误差，保证网壳拼装安装质量，如图 13 所示。

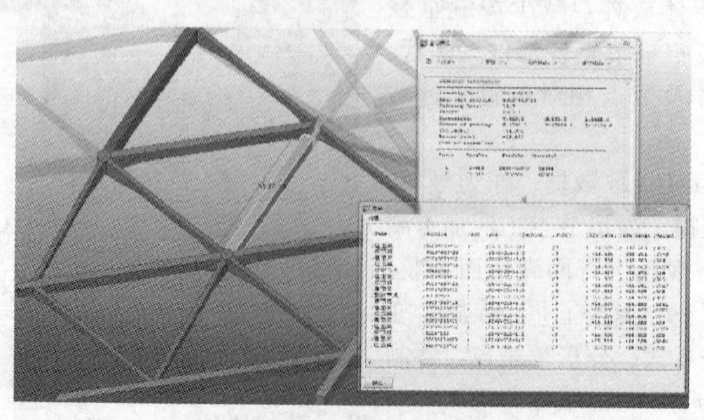

图 13　提取网壳拼装单元信息

3.4 网壳现场拼装

按设计图及深化加工图结合现场场地实际情况进行拼装，制作现场拼装胎架，将鼓形节点放置在拼装胎架支撑点上后，调节标高和倾斜度并加固连接。整体网壳拼装单元的组装从中心开始，以减小网壳结构在拼装过程中的累积误差，随时校正尺寸，如图 14 所示。

图 14 网壳现场拼装

3.5 模拟施工验算分析

网壳结构安装及卸载过程，需采用有限元软件进行受力分析验算，使结构应力重分布的结果为最优状态，结构变形和应力均满足要求。本工程网壳结构在安装施工过程中满足强度、刚度以及设计要求，施工过程安全合理（图 15）。

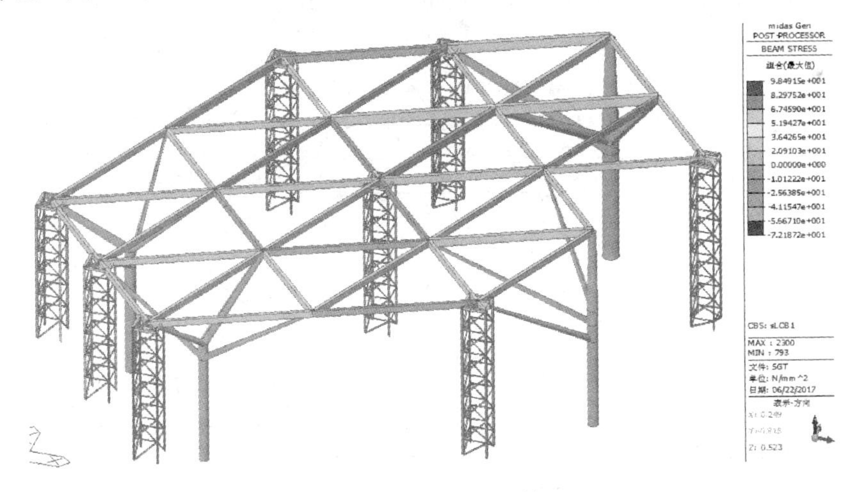

图 15 模拟施工验算

3.6 高空原位安装网壳结构

网壳单元地面拼装完成后，对拼装单元进行高空安装，把屋盖钢网壳线模型导入整体建筑平面中，将测量控制点的三维坐标取出，在完成了坐标提取之后，使用全站仪的三维坐标放样的模式，将事前提取的支撑点的点位放样在支撑胎架上，并制作支撑点。网壳拼装单元吊装时，直接将网壳调整就位到放样点上，精调过程采用全站仪对网壳鼓形节点的坐标进行测量，鼓形节点测量特征点设置辅助点，将测量数据与理论数据进行比较，将构件精确安装到与理论数据差值 2mm 范围内，保证下一块网壳拼装单元安装时能够准确对接。

网壳安装严格按照方案确定的安装顺序进行安装，即钢柱→钢网壳→树状支撑。相邻两块网壳单元安装完毕后，连接网壳拼装单元之间的联系杆件进行散件吊装。

3.7 三维空间坐标

使用CAD对三维实体模型进行分块单元拆分及三维坐标数据提取，鼓形相贯节点上表面中心粘贴反光片，使用全站仪测量其空间坐标，将鼓形节点放置在支撑点上后，调节标高和倾斜度并加固连接，如图16所示。

图16 测量反光片

3.8 分步分级卸载

多边形箱型构件倾斜钢网壳最大跨度为52m，结构受力复杂，卸载过程中结构内力重分布，为保证卸载过程中支撑受力变化的均匀性，防止局部支撑受力过大而产生主结构破坏或支撑破坏，整个卸载过程需采用分步分级卸载的施工方法，临时支撑布置如图17所示。

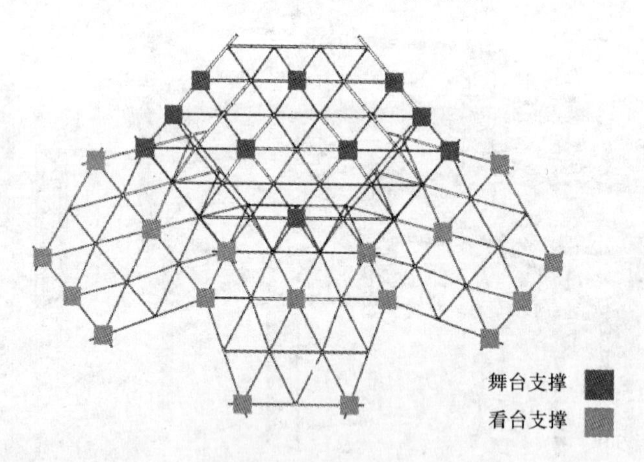

图17 支撑胎架布置图

为避免卸载时结构内力突变过大，控制每级卸载行程在5mm以内，所有支撑点同时卸载，保证结构的安全。卸载方法及步骤如表1所示。

分步分级卸载位移值 表1

卸载步骤	卸载位移值（mm）	累积卸载值（mm）
第1步	看台：5	看台：5
第2步	看台：10	看台：15
第3步	看台完成、舞台：5	舞台：5
第4步	舞台：10	舞台：15
第5步	卸载完成	全部卸载完成

计算分析表明，温度在35℃与－5℃间时，结构的应力都处于安全的状态，分步卸载应力最大位置均出现在上部弧形柱中段，其中第1步最大应力为－58.2MPa，占设计强度的18.7%；第2步最大应力为－98.2MPa，占设计强度的31.6%；第3步最大应力为－32.98MPa，占设计强度的10.6%；第4步最大应力为－178.8MPa，占设计强度的57.8%，第5步最大应力为－83.95MPa，占设计强度的30.3%。因此，经过分析验算，所有卸载过程中的位移变形及应力应变均在满足要求，故此卸载方法可行（图18）。

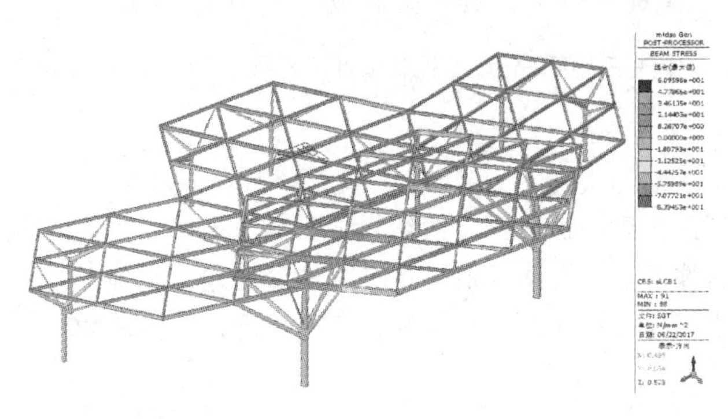

图18　卸载完成应力比

4　结语

通过对已有施工方法的研究，提出了屋盖网壳进行分片地面拼装＋高空对接施工方法，解决了施工中遇到的难点，成功实现了多边形倾斜空间网壳结构的安装施工，积累了工程经验，为类似工程提供参考，得出如下结论：

（1）在鼓形相贯节点下搭设型钢格构支撑，网壳采用地面拼装，分块吊装方法。避免了搭设满堂脚手架支撑消耗大量人工、措施材料和工期。

（2）采用BIM模型提取钢网壳分块拼装单元信息，计算分块单元重量及重心位置，有效控制分块单元地面拼装精度，便于吊装机械选型确定。

（3）全站仪测量鼓形相贯节点及分块拼装单元的三维空间坐标，安装定位精度高。

（4）采用有限元软件对网壳结构分块单元吊装阶段进行模拟计算，重点进行强度，稳定性和变形验算，保证了钢网壳结构安装施工过程的可行性和安全性。

（5）采用有限元软件对网壳结构进行模拟施工验算，对支撑胎架设计，计算吊装单元就位时胎架受力情况，对整个吊装施工过程及卸载过程进行模拟施工验算，保证结构受力安全。

参考文献

[1]　蒋贤龙等．大跨度多曲面异形平面网壳钢结构施工关键技术[J]．城市住宅，2017.
[2]　刘金鹏，邓长根等．超大跨组合钢网壳结构动力稳定性分析[J]．钢结构，2017.
[3]　余流，张印等．异形复杂钢网壳安装技术[J]．天津建设科技，2015.
[4]　金熙，王超等．异形节点空间单层网壳结构施工技术[J]．钢结构，2015.
[5]　胡桂良等．某异形空间曲面钢结构支撑卸载分析研究[J]．广州大学，2016.
[6]　刘粟雨，胡建华等．湖州奥体体育场多层网壳屋盖结构施工方案比选[J]．施工技术，2015

多连体穹顶钢结构连桥施工技术

周进兵　王　典　金昭成　罗祖龙　向　祥

（中建三局第一建设工程有限责任公司，武汉　430048）

摘　要　本文介绍南宁园博园项目东盟馆钢结构工程施工技术，本方法提高了现场施工安装速度，减少了临时支撑用量，提高了钢构件安装精度及施工质量。

关键词　穹顶结构；模拟施工验算；对称控制；三维数据；支撑卸载

1　工程概况

随着建筑市场的发展以及建筑水平的提高，人的审美观也在不断发生变化，对高、大、新、难结构的探索与追求也从未改变，因此，造型奇特的各类建筑不断涌现，而复杂异型结构的施工无疑成了工程建设者的面对的最大课题，如何在确保施工质量、安全的情况下，充分实现结构美学功能，就需要工程建设者们不断思考，不断尝试，不断总结。

南宁园博园项目东盟馆钢结构工程，上部结构形式为穹顶造型结构。东盟馆整体结构为地下两层钢框架结构＋上部穹顶造型钢结构屋盖，屋盖整体外观为半球形形状，其中的钢连桥直径为192m，弧长为302m、结构高度27.6m，结构的绝大部分钢柱为矩形弯弧构件且节点形式复杂。由于单体整体结构呈异型，且大部分钢构件为弧形构件，如何保证安装尺寸的准确性是施工的难点。综合考虑现场施工条件、工程特点进行了方案比选，提出了弧形构件地面对接拼装、高空散装施工法，并对其施工工艺进行研究。

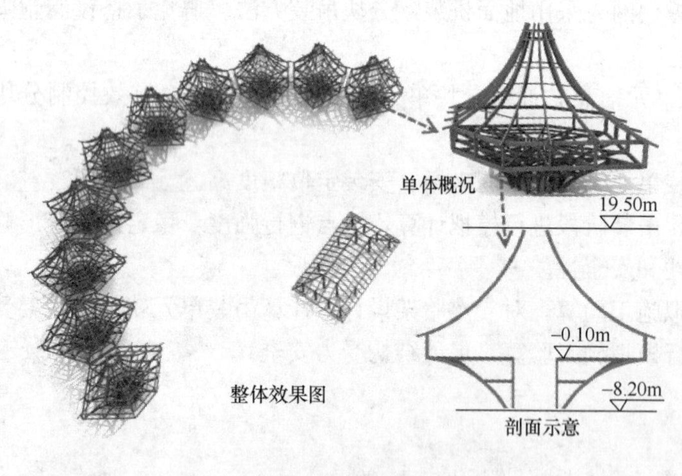

图1　钢结构概况

东盟馆地下2层，地上1层，建筑高度27.9m，结构体系为钢框架＋穹顶型钢屋盖；由10个相同单体连接形成一座弧度优美、结构新颖的多连体钢连桥，如图1所示。

2　施工总体思路

东盟馆根据土建基础结构施工进度插入钢结构预埋件施工安装，1区待土建基础施工完成具备钢结构施工工作面后，安排两个施工班组从两边往中间进行钢结构吊装施工，每个班组配置2台QY50t汽车吊进行吊装，现场配置1台25t汽车吊配合卸车及构件倒运。2区钢结构待土建基础施工完成后安排一个施工班组进行施工，配置1台QY25t汽车吊进行吊装施工。汽车吊行走路线采用砂石进行回填硬化道路，承重能力较好，能够满足该区域施工要求。如图2所示。

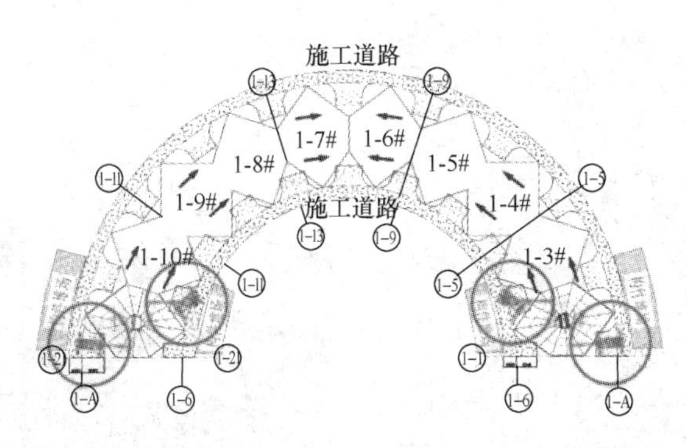

图 2　施工部署

首先，确定东盟馆钢结构分布位置及构件分段（图 3），确定原则为：便于 Tekla 软件 BIM 管理和 Midas Gen 有限元软件数值分析模拟，同时便于选择合理钢构件安装顺序及施工组织。

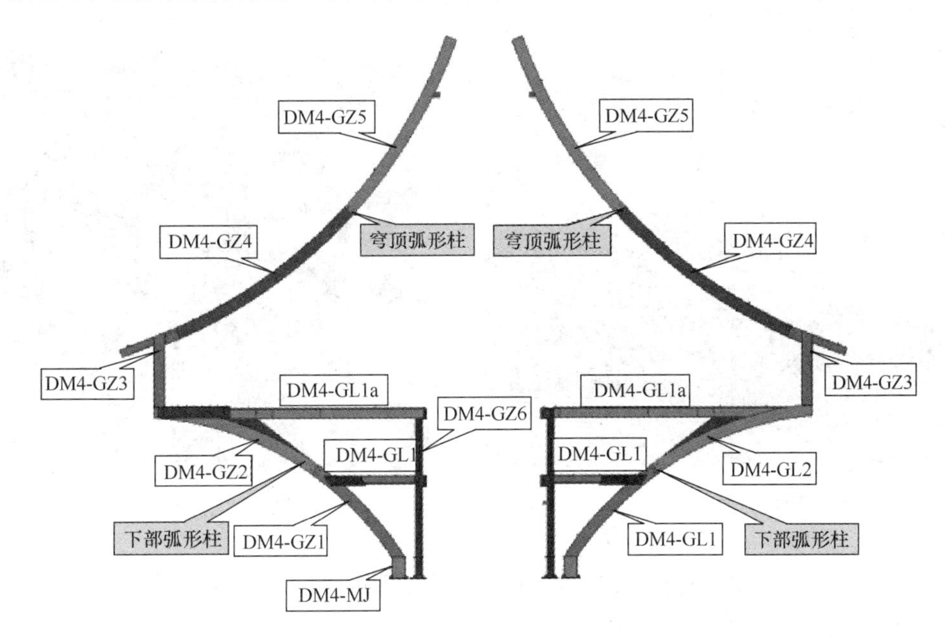

图 3　钢结构分布位置及构件分段

再次，确定施工顺序如下：①下部异型结构安装（图 4），②安装多角度临时支撑（图 5），③对称吊装控制（图 6），④上部穹顶结构安装完成（图 7），⑤多连体穹顶钢连桥安装完成（图 8），⑥卸载多角度支撑胎架（图 9）。

图 4　下部异型结构安装

图 5　多角度支撑安装

图 6 对称吊装控制

图 7 上部穹顶结构安装完成

图 8 多连体穹顶安装完成

图 9 卸载多角度支撑胎架

采用上述安装方法安装，既不需要耗费大量的材料制作临时支撑，同时可以保证作业人员的施工安全，可加快整体施工进度，保证施工质量。

3 施工难点及解决方法

3.1 多角度支撑系统设计及制作

支撑系统均采用杆单元模拟，采用平面单元传递支撑平台表面均布荷载与风荷载。穹顶结构荷载简化成对支撑系统节点的集中荷载，采用 Midas 有限元软件进行模拟分析，如图 10 所示。

胎架结构采用角钢自制胎架组装式支撑胎架，如图 11 所示。胎架结构的竖向荷载为恒载，考虑一定的分项系数，采用节点荷载传递恒载及施工活载。

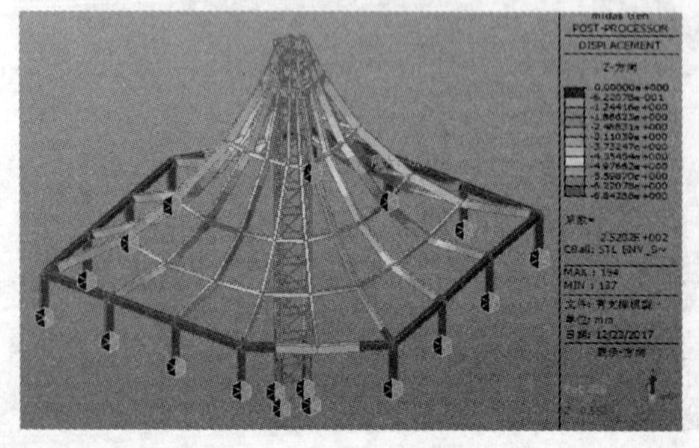

图 10 支撑计算模型

模拟计算分析得到，多角度支撑胎架满载阶段，支撑最大位移位为 -12.3mm；应力为 66.12N/mm^2，支撑胎架整体的设计应力比为 $0.623<1$（出现在顶部平台及立杆上），变形在可控范围内，满足要求，如图 12 所示。

临时支撑胎架顶部根据弧形钢柱角度设置牛腿，可将弧形钢柱与胎架支撑顶部牛腿有效固定，如图 13 所示。

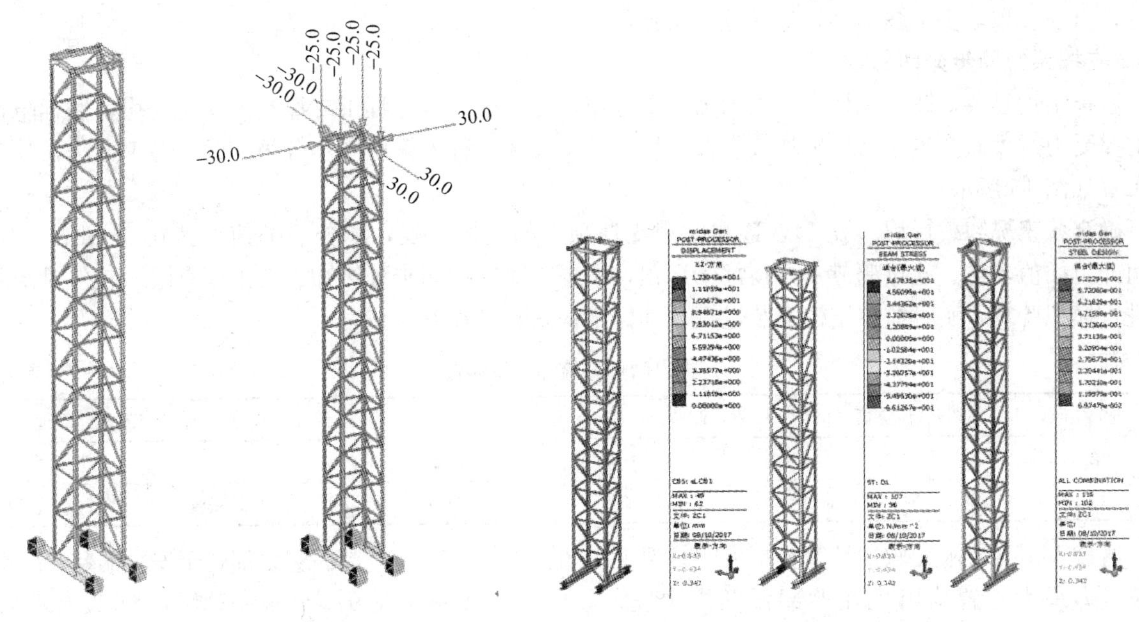

图 11　支撑模型及荷载分布

图 12　受力云图

图 13　多角度支撑胎架制作

3.2　确定吊装单元及吊点设计

根据弧形柱结构形式，为了尽量减小弧形柱的自重变形，需要对其进行吊装模拟计算，吊点选用 2 个，通过对吊装单元进行建模分析，得到竖向变形、水平变形、吊装时杆件应力等，计算结果说明，吊点宜布置在重心点两侧，吊钩位置垂直于重心点（变形和应力最小部位，图 14），此时杆件的最大应力<$310N/mm^2$。

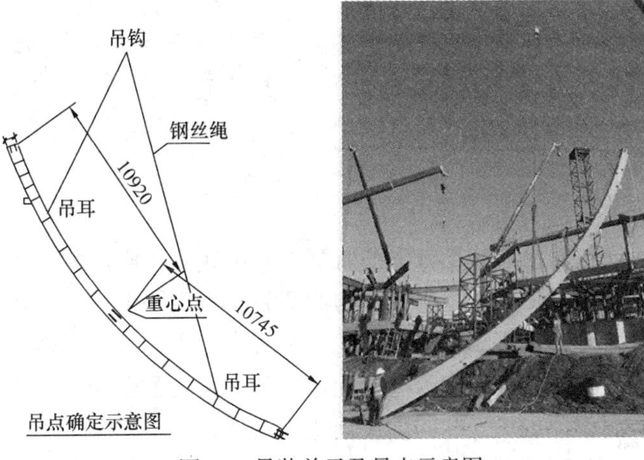

图 14　吊装单元及吊点示意图

3.3　上部穹顶弧形钢柱对称吊装

穹顶上部弧形钢柱必须保证对称吊装施工，然后通过千斤顶和倒链调节弧形构件至设计标高及角度，最后将弧形构件与胎架之间设置型钢支撑焊接加固，并拆除千斤顶，弧形柱安装过程中，先安装主弧形柱，再安装顶端多牛腿钢梁，最后按照次弧形柱。

3.4 支撑系统同步分级卸载

穹顶结构复杂，卸载过程中结构内力将重分布，为保证卸载过程中支撑受力变化的均匀性，防止局部支撑受力过大而产生主结构破坏或支撑破坏，整个卸载过程需采用同步分级卸载的施工方法，临时支撑布置如图 15 所示。

确定各工况卸载行程（表 1），逐步卸载支撑顶上的支撑牛腿，均分后的值保持在 3～4mm 为宜，中间部位插值求得。通过调节支撑顶部千斤顶，实现临时支撑同步分级卸载，采用有限元软件对卸载过程进行模拟验算，实时监控结构安装过程，确保结构安装过程安全。

支点同步分级卸载位移值

表 1

卸载步骤	卸载位移值（mm）	累积卸载值（mm）	卸载步骤	卸载位移值（mm）	累积卸载值（mm）
第一步	5	5	第三步	10	23
第二步	8	13	第四步	支点卸载完成	卸载完成

通过 Midas 有限元软件计算分析表明，温度在 35℃与±0 时，结构的应力都处于安全的状态，分步卸载应力最大位置均出现在上部弧形柱中段，其中第一步最大应力为－79.2MPa，占设计强度的 25.5%；第二步最大应力为－149.9MPa，占设计强度的 48.3%；第三步最大应力为－53.8MPa，占设计强度的 17%；第四步最大应力为－50MPa，占设计强度的 16.2%。因此，经过有限元分析验算，所有卸载过程中的位移变形及应力应变均在满足要求，故此卸载方法可行（图 16）。

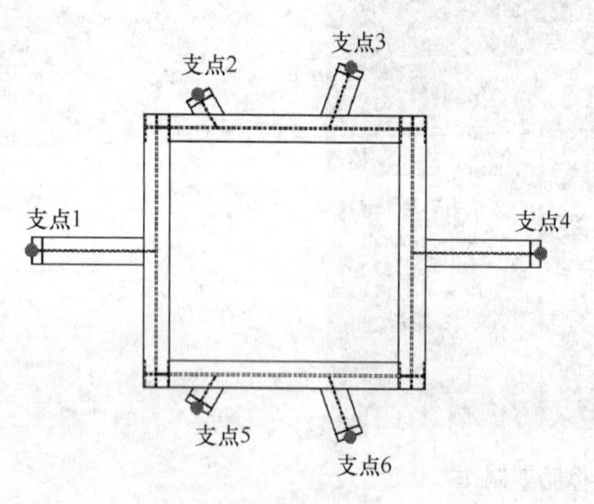

图 15 支撑支点布置图

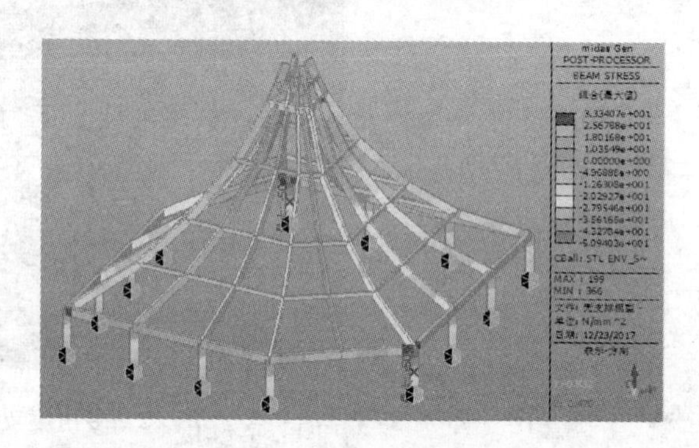

图 16 卸载后应力比

由验算结果可以看出，结构竖向挠度和组合应力随着构件的依次拼装先逐渐增大后逐渐变小。这是由于随着构件增加，自身重力荷载增加导致竖向挠度和组合应力增大，待后期弧形梁吊装完毕，开始安装顶部两道环梁，顶部两道环梁逐步参与受力，使得结构竖向挠度和组合应力逐渐变小，弧形梁的内力逐步转化为顶部两道环梁内力，直至整个支撑标准节卸载完成达到稳定。综上所述，整个模拟过程符合结构实际受力变化，通过四种工况验算，构件吊装和卸载均满足安全要求。

4 结语

通过对已有施工方法的研究，采用地面分段拼装、高空散装施工方法，解决了施工中遇到的难点，成功实现了复杂穹顶空间结构的安装，积累了工程经验，为类似工程提供参考，得出如下结论：

（1）通过钢结构深化技术，可对构件的合理分段确定吊装单元、加工制作、运输、地面拼装、整体吊装、就位校正环节等进行优化，既既满足了设计意图，又兼顾了工厂生产、现场施工的要求，为保证工厂制作、现场安装的质量创造了条件。

（2）采用下部弧形钢柱对接组对间隙控制技术，将各种影响因素提前消化，预先掌握对接后钢柱柱顶标高的实际偏差值，预先掌握弧形柱端头长度尺寸与标高的实际偏差值，预先掌握焊接收缩的理论值，预先掌握焊接收缩的成熟经验值，确保了弧形钢柱安装的质量。

（3）采用 BIM 获取构件设计状态重心，选取吊装点，在吊装时采用倒链将构件调整到就位后的姿态，确保吊装姿态与设计姿态一致，减少就位校正的难题，推进施工进度，缩短工期。

（4）布置一组胎架在穹顶中心位置，并制作多角度支撑点，上部弧形钢柱吊装时采用对称吊装方法，确保构件在就位时胎架水平受力，有效控制弧形钢柱安装质量，减少构件就位偏差值。

（5）采用有限元计算软件对结构进行模拟施工验算中，对支撑胎架设计，计算构件就位时胎架受力情况，对整个吊装施工过程进行模拟施工验算，吊装时能够对弧形钢构件起到约束作用，同时通过结构变形、应力以及临时支撑的受力情况，用以指导吊点位置、临时支撑结构形式、布置位置及卸载顺序。

参考文献

[1] 张义，邓自奎等．穹顶钢屋架安装工艺 [J]. 施工技术，2001.
[2] 李玉安，郭彦林等．南宁国际会展中心穹顶钢-索膜结构安装施工》[J]. 施工技术，2012.
[3] 高永祥等．大跨度穹顶钢结构设计与施工 [J]. 建筑技术开发，2017.
[4] 刘淑堂等．弦支穹顶结构预应力施工模拟方法研究 [J]. 建筑钢结构进展，2016.
[5] 饶晓文，郭容宽等．大跨结构单个临时支撑卸载的施工内力分析 [J]. 山西建筑，2012.

钢结构吊装吊耳应用与设计校核探讨

冯国卫　何　晶

（比亚迪汽车工业有限公司）

摘　要　吊耳是钢结构吊装中的重要连接部件，其结构形式、设计承载能力、吊点位置设置、下料制作及焊接质量等因素都直接关系到设备吊装的安全。本文结合工程实际，通过对吊耳各样式应用范围、吊耳受力和焊缝强度计算分析，给出了实际工程应用吊耳的校核办法。

关键词　钢结构吊装；吊耳选型；构造设计；受力计算；强度校核

在钢结构吊装过程中，吊耳的计算、制作、样式的选择是一个很重要的环节。为保证吊装安全，常常会选用大吊耳来吊装小构件，造成资源浪费。吊耳的制作、选择缺少必要的理论依据和计算过程，会给吊装带来无法预计的安全隐患，因此，通过科学计算确定吊耳的形式是保证施工安全的重要条件。

由于吊耳与构件母材连接的焊缝较短、短距离内多次重复焊接就会造成线能量过大，易使吊耳发生突发性脆断。吊耳的失效形式以吊耳与构件本体的焊接强度不够及板孔撕裂为多，易造成不安全因素。所以吊耳与构件连接处焊缝形式及强度计算、吊耳孔的强度计算是吊耳设计校核的最重要环节。

1　吊耳各样式的应用范围

钢结构构件的吊耳有多种样式，构件的重量、形状、大小以及吊装控制过程的不同都影响吊耳的选择。下面根据构件在吊装过程中的不同受力情况总结吊耳的样式：

1.1　方形吊耳

方形吊耳，是钢构件在吊装过程中比较常用的吊耳形式，其主要用于小构件的垂直吊装（包括立式和卧式），见图 1。

1.2　D 型吊耳

D 型吊耳是吊耳的普遍形式，其主要用于吊装时无较大侧向力构件的垂直吊装。这一吊耳形式比较普遍，在构件吊装过程中应用比较广泛（图 2）。

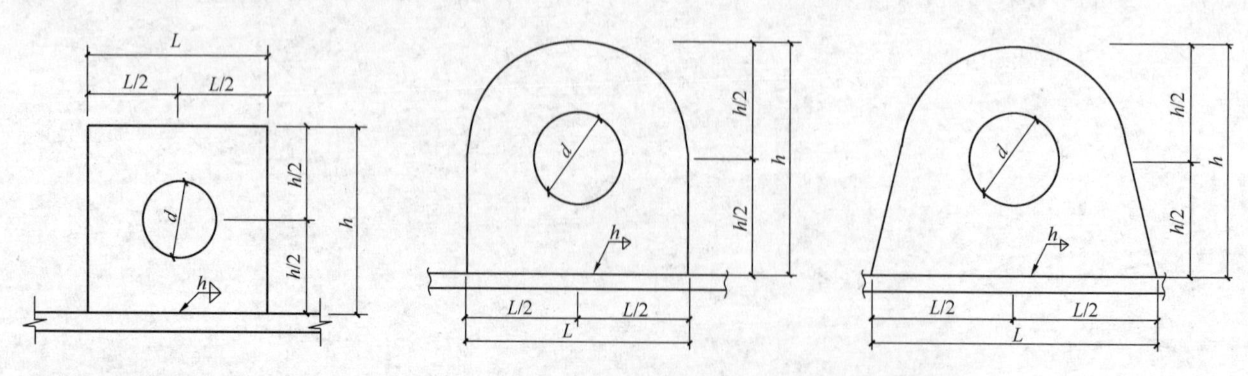

图 1　方形吊耳样式示意图　　图 2　D 型吊耳示意图

1.3 斜拉式 D 型吊耳

此吊耳主要用于构件吊装的垂直方向不便安装时采用的，安装吊耳的地方与吊车起重方向成一平面角度（图 3）。

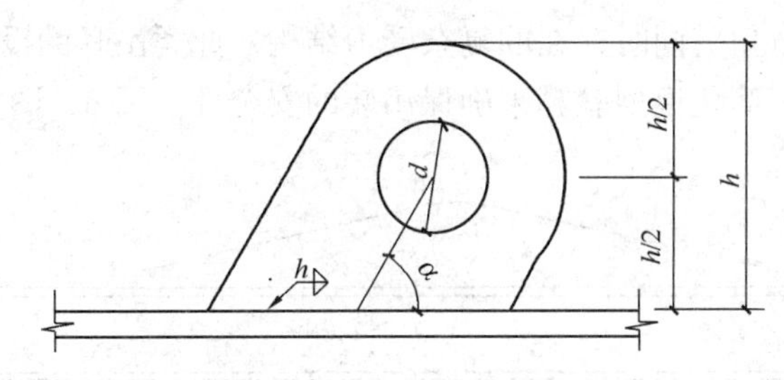

图 3　斜拉式 D 型吊耳示意图

1.4 加劲板组合式吊耳

图 4 中的加劲板组合式吊耳是最简便的组合式吊耳之一，在吊耳受侧向力的吊装中常用，根据其结构和受力形式可用于超大型构件的吊装，且能够满足吊耳安装方向与构件的起重方向存在夹角造成较大侧向力的工况要求。

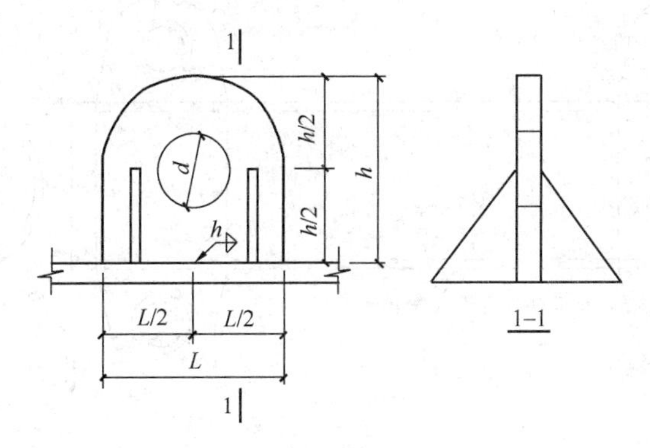

图 4　组合式吊耳示意图

1.5 可旋转组合式吊耳

可旋转组合式垂直吊耳可以使构件在提升的过程中沿着销轴转动，易于大型构件在提升过程中翻身和旋转（图 5）。

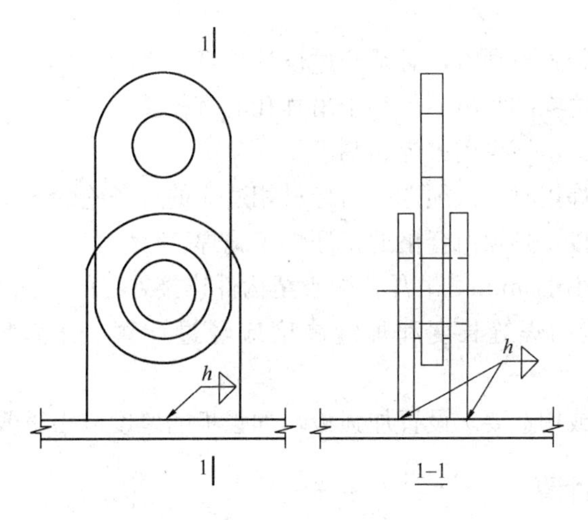

图 5　可旋转组合式吊耳示意图

1.6 骨架组合式吊耳

骨架组合式吊耳由多个D型吊耳通过刚度较大的型钢骨架或空间网架组合，在大尺度、大柔度和模块化施工的吊装中应用广泛。此类型吊耳不仅可承受重物的垂直重量，而且能够防止起重物体的变形，吊耳自身能够承受拉压弯扭剪同时存在的复杂受力结构。此类吊耳的设计需进行严格的计算，往往采用大型计算软件设计，手工简化模型验算来确保吊装的安全性（图6、图7）。

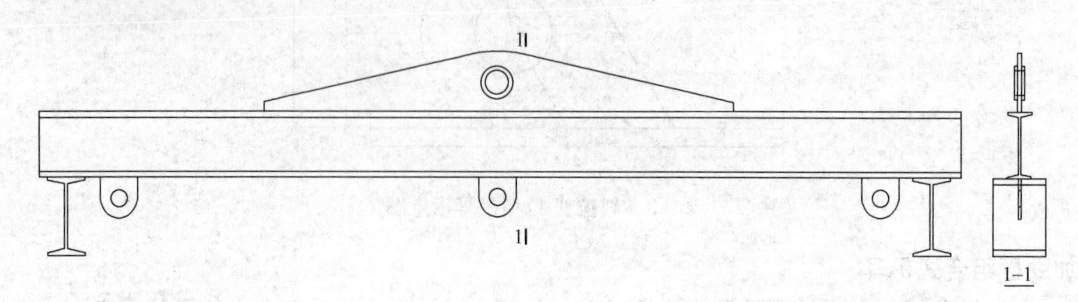

图6 骨架组合式吊耳示意图一

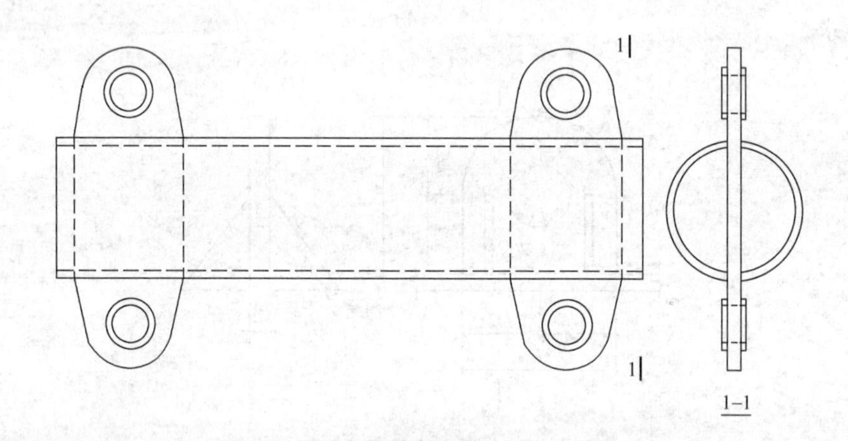

图7 骨架组合式吊耳示意图二

2 吊耳板构造要求

为减少吊耳计算时的验算项目，满足吊耳加工和使用的一般性工艺需求，吊耳设计可参照以下构造要求：

（1）使用焊接吊耳或组合式吊耳时，必须经过设计计算。

（2）吊耳孔中心距吊耳边缘的距离不得小于吊耳孔的直径。

（3）吊耳孔应用机械加工，不得用火焊切割。

（4）吊耳板与构件需要焊接时，必须选择与母材相适应的焊条施焊。

（5）吊耳板与构件的焊接，必须由合格的持证焊工施焊。

（6）吊耳板的厚度应不小于6mm，吊耳孔中心至构件连接焊缝的距离为1.5～2倍吊耳孔的直径。

（7）吊耳板与构件连接的焊缝长度和焊缝高度应经过计算，并满足要求，且焊缝高度不应小于6mm。

（8）吊耳板可根据计算或构造要求设置加强板，加强板的厚度应小于或等于吊耳板的厚度。

3 吊耳抗拉、抗剪强度计算

3.1 吊耳孔净截面处的抗拉强度

以采用钢板加工成的D型吊耳（图8）为例，进行抗拉强度计算：

$$\sigma=\frac{N}{2tb_1}\leqslant f$$

$$b_1=\min\left(2t+16,b-\frac{d_0}{3}\right)$$

式中 N——吊耳轴向拉力设计值（N）；

b_1——计算宽度（mm）；

f——耳板抗拉强度设计值（N/mm^2）；

a——连接耳板两侧边缘与孔边缘净距（mm）；

b——顺受力方向，孔边距板边缘最小距离（mm）；

t——耳板厚度（mm）。

3.2 吊耳抗剪强度

以采用钢板加工成的D型吊耳（图9）为例，进行抗剪强度计算：

$$\tau=\frac{N}{2tZ}\leqslant f_v$$

$$Z=\sqrt{(a+d_0/2)^2-(d_0/2)^2}$$

式中 N——吊耳轴向拉力设计值（N）；

Z——耳板端部抗剪截面宽度（mm）；

f_v——耳板钢材抗剪强度设计值（N/mm^2）。

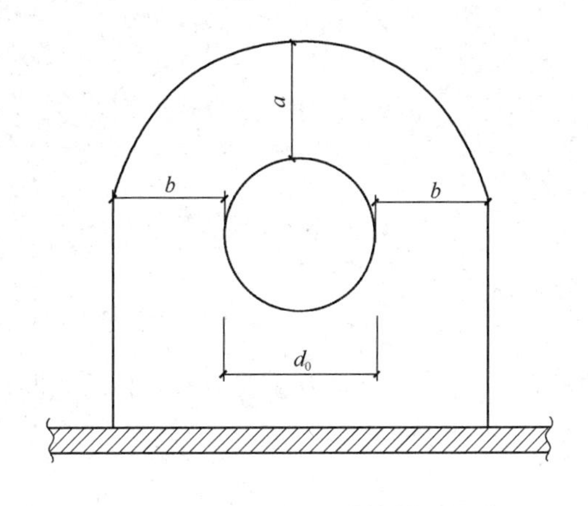

图8 D型吊耳计算简图

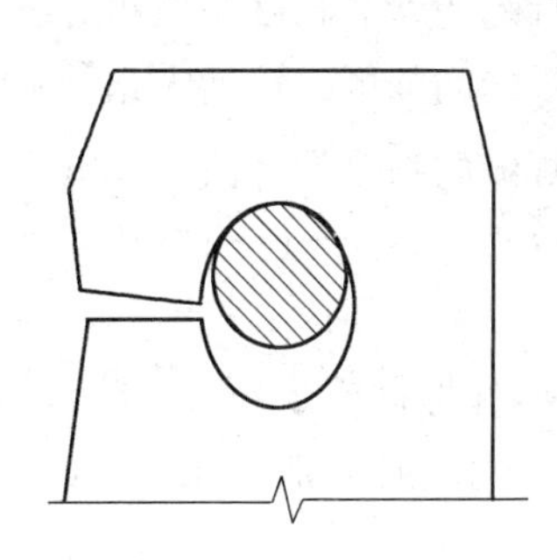

图9 耳板净截面受拉承载力极限状态示意图

注：吊耳抗剪强度是根据两个受剪面实际尺寸（图10、图11）计算的。

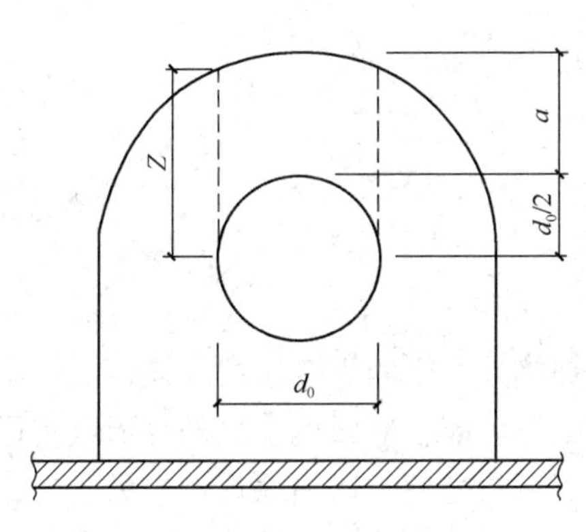

图10 D型吊耳受剪面示意图

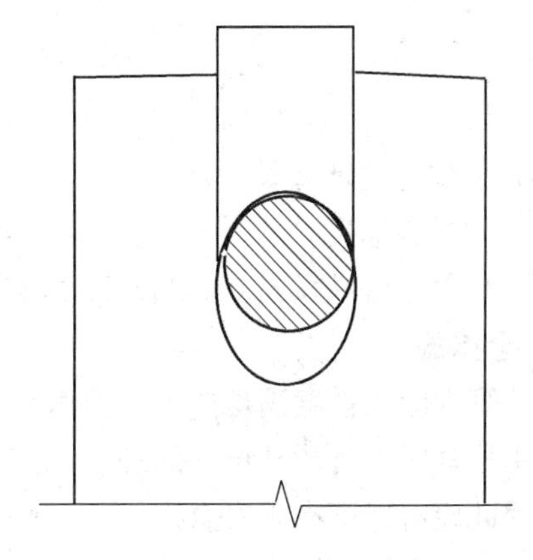

图11 耳板端部受剪承载力极限状态示意图

4 吊耳焊接强度计算

吊耳焊接应有焊接工艺评定。焊缝应为连续焊，不应有夹渣、气孔、裂纹等缺陷。主受力焊缝应进行渗透检测，Ⅰ级焊缝合格。焊缝强度设计值按《钢结构设计标准》表4.4.5焊缝的强度指标选定。

4.1 角焊缝焊接

当吊耳受拉伸作用，焊缝不开坡口或小坡口时，属于角焊缝焊接。

当作用力垂直于角焊缝长度方向时：

$$\sigma_f=\frac{N}{h_e l_w}\leqslant\beta_f f_f^w$$

当作用力平行于角焊缝长度方向时：

$$\tau_f=\frac{N}{h_e l_w}\leqslant f_f^w$$

在各种力综合作用下，σ_f 和 τ_f 共同作用处：

$$\sqrt{\left(\frac{\sigma_f}{\beta_f}\right)^2+\tau_f^2}\leqslant f_f^w$$

式中 σ_f——垂直于焊缝方向的应力（N/mm²）；

τ_f——沿焊缝长度方向的剪应力（N/mm²）；

h_e——角焊缝的计算厚度；

l_w——角焊缝的计算长度，取角焊缝实际长度减去 $2h_f$；

β_f——角焊缝的强度设计增大系数；

f_f^w——角焊缝的强度设计值（N/mm²）；

N——焊缝受力，$N=kP$（其中 k 为可变载荷分项系数）。

4.2 对接焊缝

构件吊耳与构件母材连接若采用坡口熔透对接焊缝，其拉（压）应力、剪应力、拉应力与剪应力共同作用时的折合应力，其分别计算公式：

$$\sigma=\frac{N}{l_w\times t}\leqslant f_t^w \text{ 或 } f_c^w$$

$$\tau=\frac{F}{l_w\times t}\leqslant f_v^w$$

$$\sqrt{\sigma^2+3\tau^2}\leqslant 1.1f_t^w$$

式中 L_w——焊缝的计算长度；

t——耳板厚度。

f_t^w、f_c^w、f_v^w——对接焊缝的抗拉、抗压、抗剪强度设计值。

4.3 焊后安全措施

虽然经计算焊缝的强度满足要求，但由于吊耳与设备焊接处产生的焊接应力及连接面较小产生的应力集中，使用吊耳时不可能在设计的理想状态下受力等因素，可能会造成设备局部变形或将母材撕裂等不良后果。因此应有以下有效安全措施：一是对焊缝进行焊后热处理，以消除焊接应力；二是在吊耳与设备之间焊接连接筋板，增大了焊缝受力面积，加强局部稳定性。焊缝强度计算时，应在不考虑连接筋板的作用下强度和局部稳定性同时满足要求。

5 吊耳安装

吊装时为了保证钢构件自身结构不被破坏（如：大直径的管构件、大箱型构件、大型焊接 H 型钢梁、大跨度的桁架及有特殊造型的钢构件等），吊耳在安装时要采取一定的措施来保证构件自身的稳定。主要注意以下几点：

（1）对于直径较大的管结构、截面较大的箱形构件等，由于其自身重量较大、壳体本身易变形等原因，吊耳在安装时不可直接焊在壳体表面，须加防护带并在壳体内部做防护支撑。

（2）大型焊接 H 型钢梁在吊装时，吊耳避免直接焊在构件的上翼缘表面，防止翼缘与腹板之间的焊缝拉裂造成构件自身强度被破坏。当吊耳必须安装在上翼缘表面时须在吊耳下相应位置加上构造加劲，对于超大型构件还须采取其他防护措施，如局部加强等。

（3）对于桁架结构吊耳应安装在桁架节间位置，对于大跨度的桁架，由于其自身结构的特殊性，吊耳在安装时吊耳处的节间以及与其有直接受力关系的节间应局部加强。

（4）对于大型箱形梁在吊装时，吊耳要焊在有隔板处的上盖板上，无隔板时，要焊在上盖板两边部（侧板位置）。

6 吊耳设计制作时注意的问题

吊耳设计校核时，首先分析吊耳的受力状态和应力分布，找出吊耳强度薄弱处再对其强度进行校核。如果此吊耳不满足强度要求，可以在吊耳孔两侧贴加强板的方式来解决。

耳孔的精度问题，材料表面的精度对材料的强度是由很大的影响的。用火焰切割出来的耳孔表面高低不平，使得轴与耳孔的接触由设计要求的面接触变为实际的点接触，从而改变整个受力形式，使其承压应力成倍增加，结果可能导致材料的失效。

现场使用的吊轴与耳孔不配套，同样也会导致承压应力增加和拉应力数值的改变。在分析中，都是在假设销轴与吊耳孔为间隙配合，即吊轴直径与耳孔直径几乎是一样的，但实际的吊装过程不可能达到此要求。

7 应用实例

四川广安某工程项目钢结构轨道梁跨度超过 30m，轨道梁采用双箱形截面，以 H 型钢为轨道梁的联系杆件。轨道梁安装拟采用双机抬吊，设置两组吊点，每组吊点两个吊耳（间距 3m），共四个吊耳。如图 12 所示。

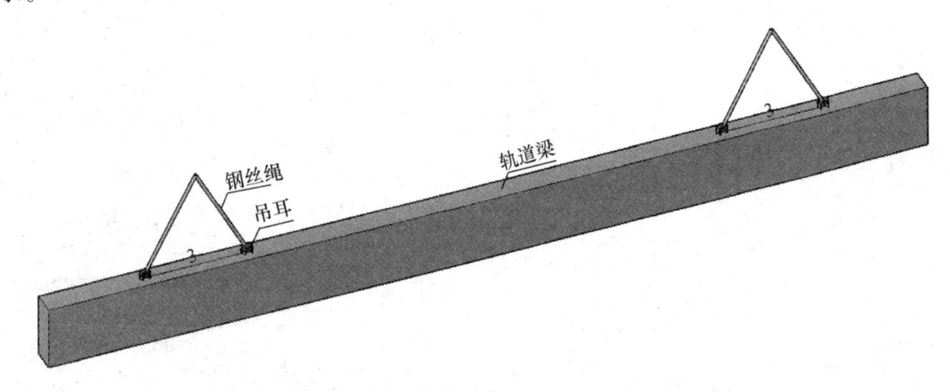

图 12 轨道梁吊耳布置示意图

吊耳采用加劲板组合式吊耳，吊耳与顶板之间熔透焊，为增强吊耳危险截面强度，在吊耳孔两侧贴加强板。如图 13 所示。

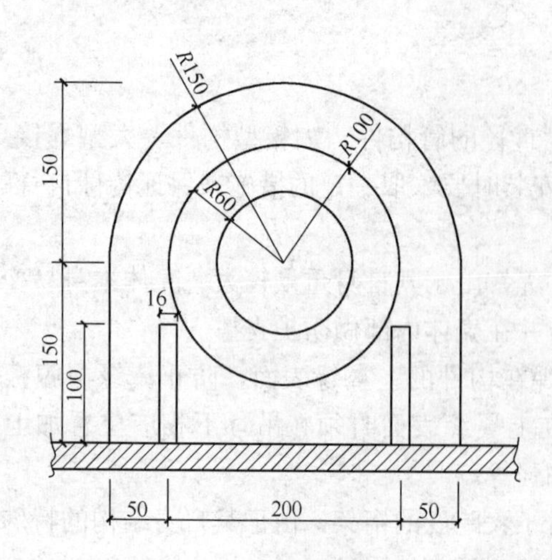

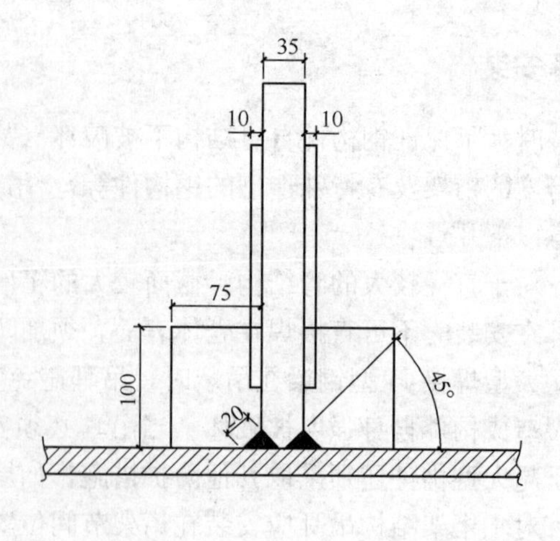

图 13　轨道梁吊耳详图

8　结语

由于吊装作业多属于高风险施工作业，吊耳作为吊装中构件与起重吊索具的连接点，其重要性不言而喻，所以吊耳的使用都必须经过严格选型和设计才能用于吊装作业，其吊耳的选型要综合考虑构件的重量、结构形式和吊装方案。

本文通过对吊耳各样式应用范围、吊耳受力和焊缝强度计算分析，给出了实际工程应用吊耳的校核办法，尽量消除危及吊装安全的潜在隐患，为设计与施工提供了有益的参考。

昆明南站高架屋盖钢结构提升施工技术

徐小翼　刘　焱　郭绍斌

（江油市科建钢结构工程有限责任公司）

摘　要　昆明南站项目屋盖面积大、吨位大、高度高，如何实现顺利安装是本工程施工的焦点。通过采用计算机同步控制液压提升技术，减少了高空拼装和焊接工程量，减少了支撑脚手架，降低了成本，有效地提高了工作效率，确保总工期按时完成，为类似的工程施工提供了实践经验和借鉴。

关键词　大跨度；整体提升；钢桁架＋网架

1　工程概况

新建昆明南站为特大型车站建筑，位于昆明市呈贡县吴家营片区，总建筑面积 334736.5m^2，建筑最高点 52.15m（最高点至东广场地面）。昆明南站是集国有铁路、地铁、公交、出租等市政交通设施为一体的特大型综合交通枢纽。车站北接沪昆客专、渝昆、枢纽客车线及车底出入线段，南端衔接云桂、昆玉线（图 1）。

图 1　昆明南站建筑效果图

本工程主站房区域一层布置出站厅，采用钢筋混凝土框架结构；二层（基本站台及承轨层）：承轨层采用型钢混凝土梁与型钢混凝土柱结构，站台层采用混凝土梁柱板结构；三层（高架候车厅层）采用型钢混凝土柱与混凝土梁板结构，温度缝处采用钢桁架结构体系；四层（商业夹层）采用钢结构；屋面采用钢管混凝土柱＋梯形桁架＋网架结构，框架抗震等级为一级。

站房总用钢量为 55128t，其中屋盖钢结构用钢量为 8500t，屋面钢结构投影长 411m，宽 155.8m，屋顶标高 41.35m，由管桁架＋螺栓球网架构成，其下设南北商业夹层、东西立面幕墙柱及西木亭结构三部分（图 2～图 4）。

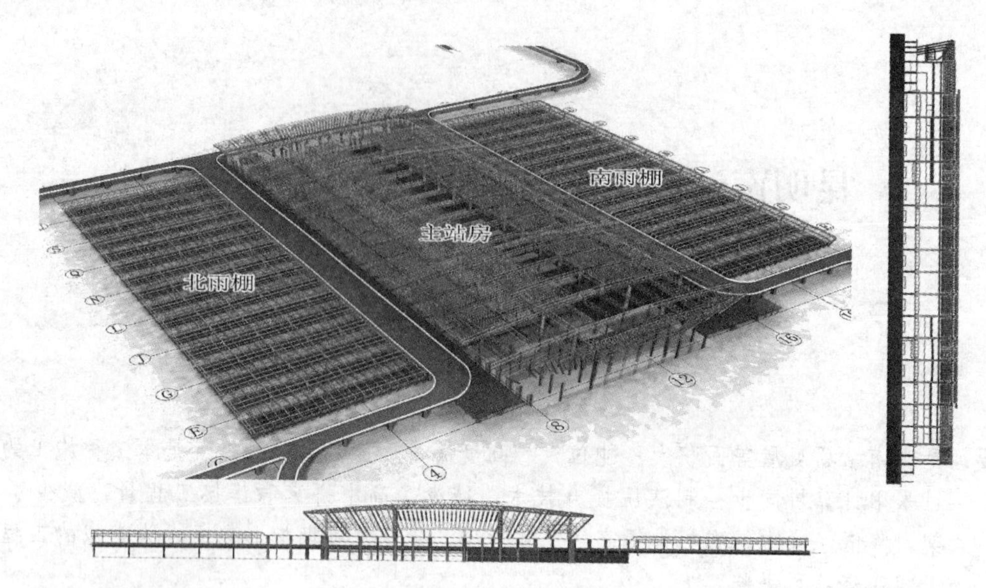

图 2　昆明南站立体示意图一

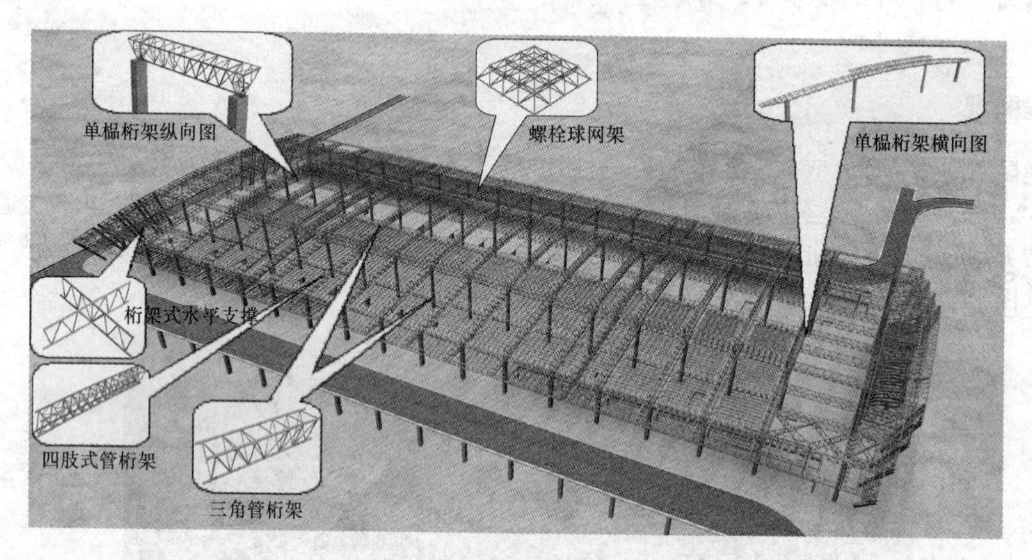

图 3　昆明南站立体示意图二

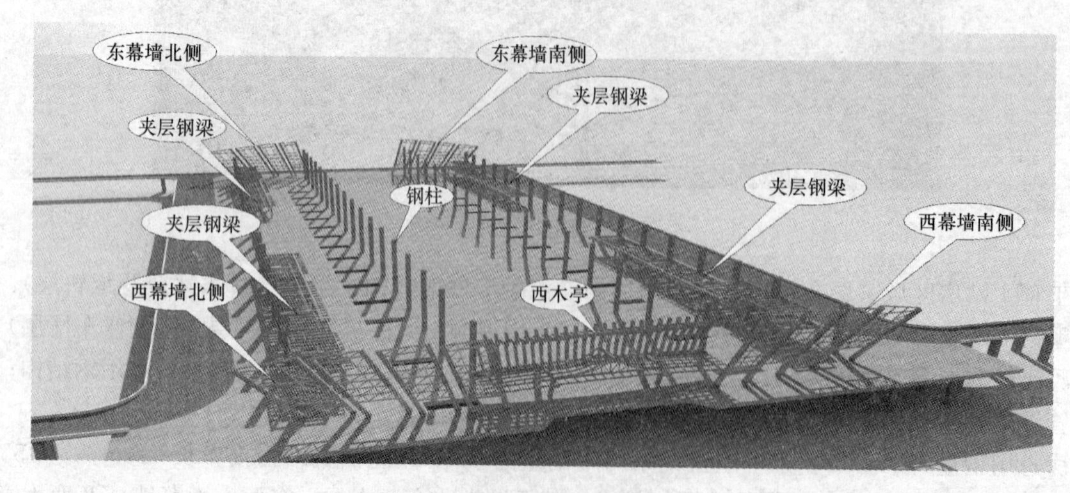

图 4　昆明南站立体示意图三

2 桁架提升安装

2.1 施工总体思路

根据现场实际工况并结合土建施工进度，屋盖钢结构计划分为六个区拼装提升，施工顺序根据土建进度先施工 W1 区（1350t）、然后施工 W2 区（650t），再施工 W3 区（900t）、W4 区（1100t）、W5 区（2000t），最后进行 W6 区（2000t）钢结构的拼装及提升工作，桁架、网架、檩条、马道、水电设备管线全部在 9.35m 楼板上施工完成，施工机械采用 25t、50t 汽车吊散拼吊装，每区拼装完成后进行整体提升。提升单元施工分区及提升分区具体如图 5 所示。

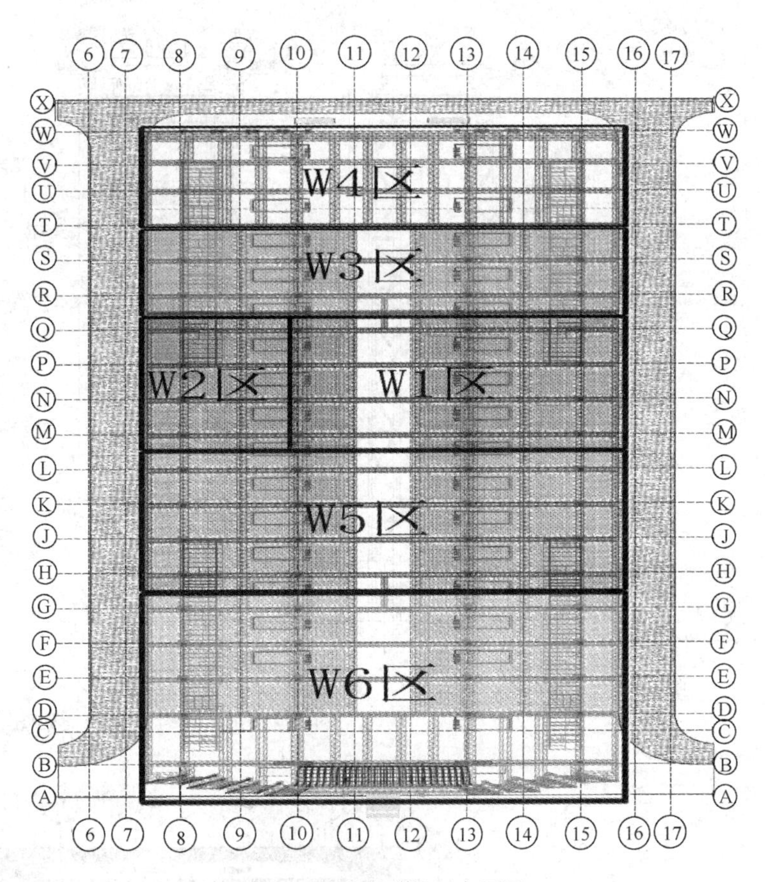

图 5 屋盖提升分区布置图

2.2 桁架提升支架设置

昆明南站屋盖划分为六个区来提升，提升支架的布置及设置是以保证结构提升过程中的整体受力及变形控制为原则进行布置，根据结构的整体布置情况，提升支架设置主要分为两种类型：一种为直接利用屋盖钢柱作为提升支撑柱，在柱顶设置提升设施承重结构；另一种为三角式组合式提升支架，组合式提升支架为自稳定结构体系，可保证提升过程中支架的可靠性（图 6～图 8）。

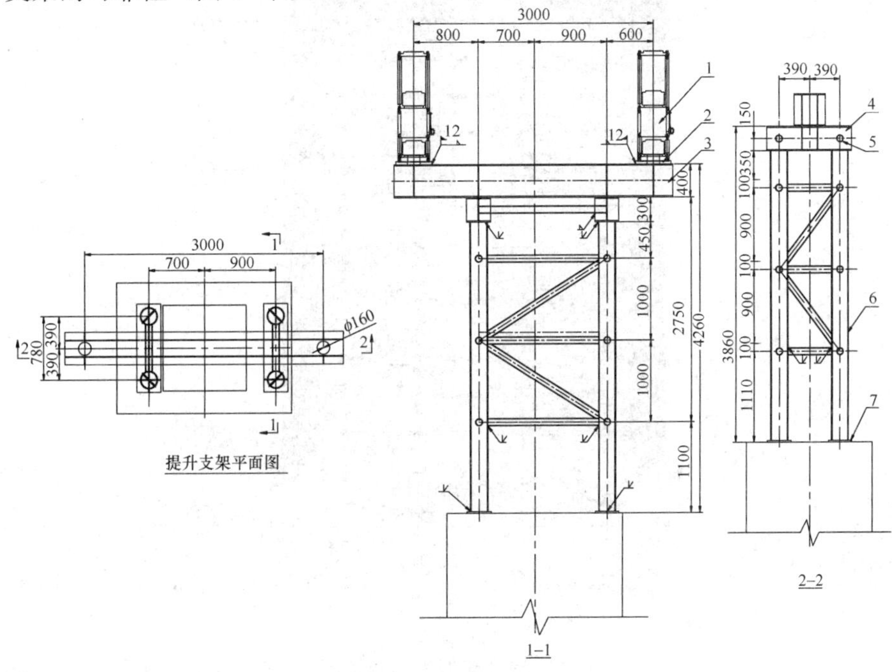

图 6 柱提升支架图

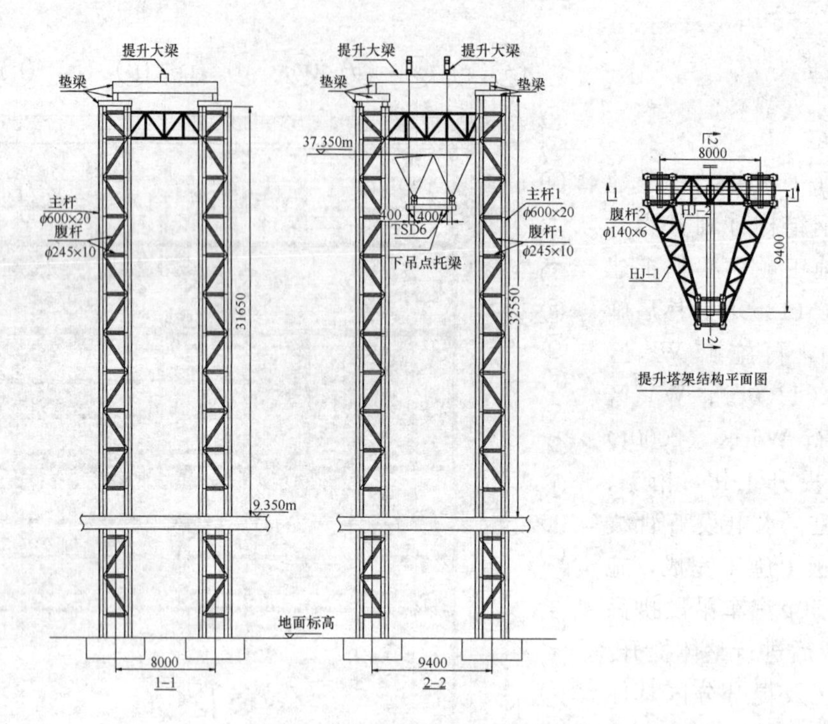

图7 三角式组合式提升支架图

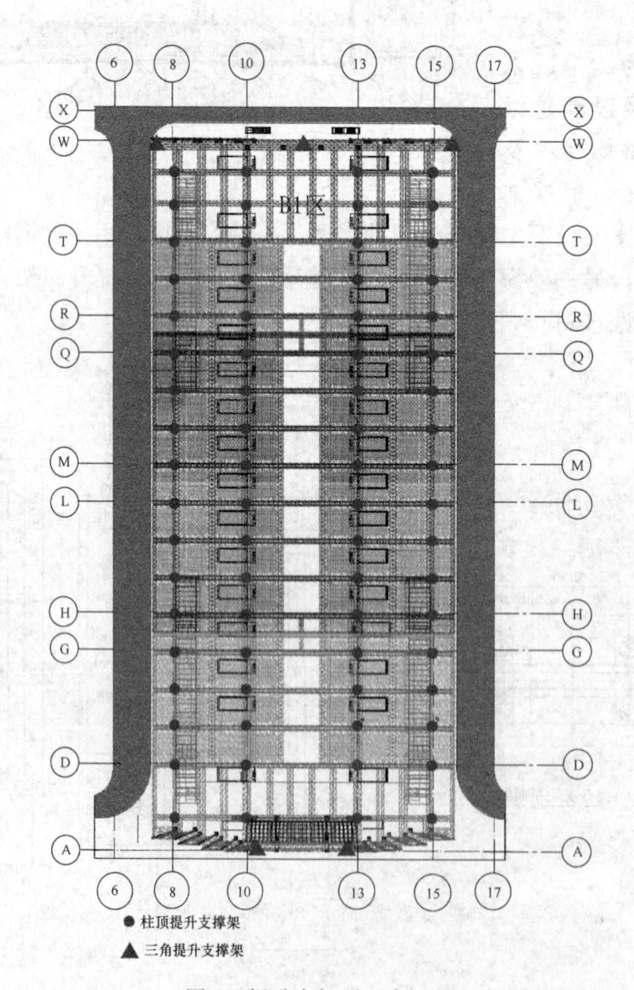

图8 提升支架平面布置图

3 桁架提升施工流程

3.1 各区提升流程

1）W1 区提升见图 9。

2）W2 区提升见图 10。

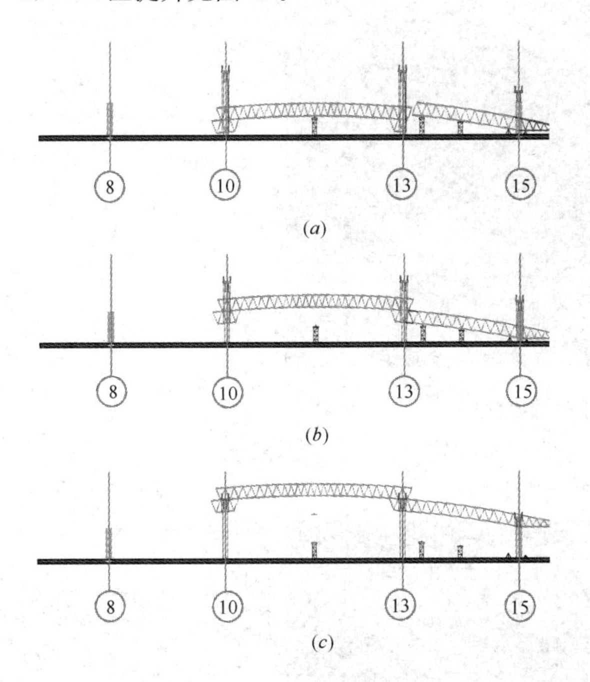

图 9　W1 区提升流程

（a）W1 区拼装 10～15 轴间桁架、网架；

（b）W1 区 10～13 轴提升 6m 与侧面结构连接；

（c）W1 区 10～15 轴提升到位

8 10 13 15

(a)

8 10 13 15

(b)

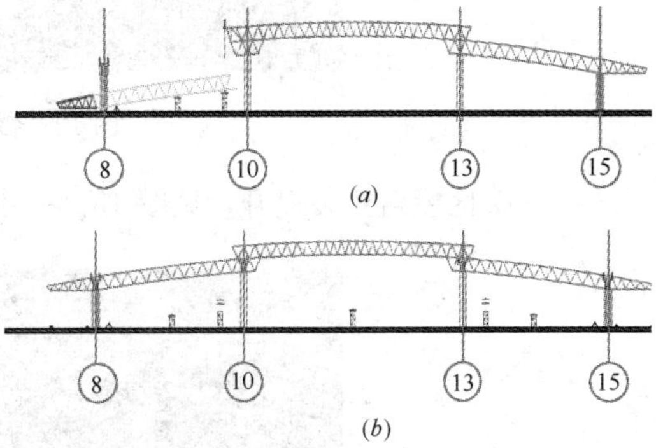

图 10　W2 措升流程

（a）拼装 W2 区 8～10 轴线桁架、网架；

（b）W1 区 10～15 轴提升到位

3）W3、W4、W5、W6 区提升见图 11。

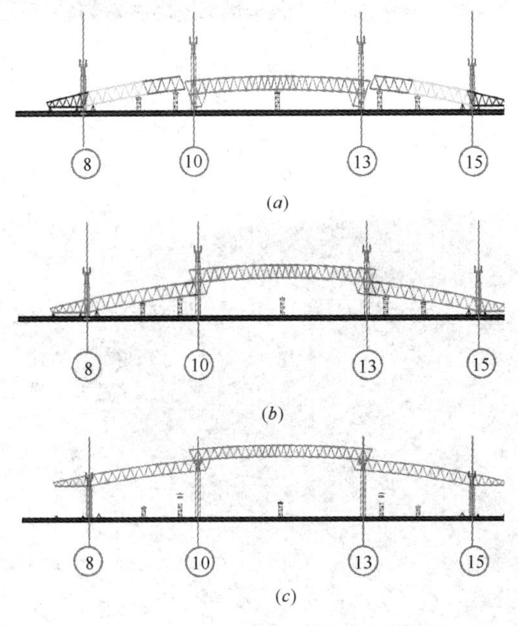

图 11　W3～W6 区提升流程

（a）拼装 8～15 轴间桁架、网架；（b）8～15 轴提升 6m 与侧面结构连接；（c）10～15 轴提升到位

3.2 整体提升流程

流程一：W1 区 10～13 轴提升 6m 后与 13～15 轴钢结构连接，见图 12。

图 12 整体提升流程一

流程二：W2 区屋盖拼装提升，见图 13。

图 13 整体提升流程二

流程三：W3 区屋盖提升，见图 14。

图 14 整体提升流程三

流程四：W4 区屋盖提升，见图 15。

图 15　整体提升流程四

流程五：W5 区屋盖提升，见图 16。

图 16　整体提升流程五

流程六：W6 区屋盖提升完成，见图 17。

图 17　整体提升流程六

3.3　各区施工过程测量控制

1）利用控制网对原位拼装段构件进行精确定位测量。

2）地面拼装先对主桁架端部进行测量，确定主桁架端部相互间位置关系并与设计值进行拟合。采用模型取点转换的方法，将图纸中待拼装单元在整体设计中的坐标根据拼装单元的大小转换为拼装场地的局部坐标。根据胎架与投影轴线及特征点之间的位置关系，采用在控制线上架设经纬仪的方法对胎架的平面位置进行调整，用全站仪检测胎架各部位的高差，对胎架的高程进行调整，以便构件开始拼装时，各构件能快速准确就位。

3）为保证各区提升就位时能顺利对接，应根据地面拼装段对接口的实测坐标数据来调整桁架顶部对接口的坐标数据，从而保证提升后可顺利对接合拢。

4 卸载流程

在钢屋盖卸载过程中，必须遵循“以结构计算分析为依据、以结构安全为宗旨、以变形谐调为核心、以实时监控为手段”的原则，严格按照计算机模拟计算结果进行卸载。

卸载条件：提升就位后，弦杆补装完毕，腹杆补装完毕，准备卸载。

卸载方式：采用提升器分级下降卸载，卸载共分5级，依次为20%，40%，60%，80%，在确认各部分无异常的情况下，可继续卸载至100%。直至提升器钢绞线松弛，不再受力。钢屋盖桁架结构自重荷载完全转移到柱顶支座上，结构受力形式转化为设计工况。

5 结语

随着我国综合国力的不断提升，国家经济的发展及国际影响力的日益提高，使得大跨度结构越来越多，同时钢结构施工工艺技术不断得到发展与创新。本工程实践证明该提升技术是一项新颖的钢结构安装施工技术，实现大吨位、大跨度、大面积的钢结构整体提升，有效地降低了桁架拼装高度，保证了施工质量，加快了拼装速度，取得了良好的经济效益和社会效益。

大跨度钢结构管桁架施工监测技术

谭星晨　李　康　李　鹏

（徐州中煤百甲重钢科技股份有限公司，徐州　221116）

摘　要　大跨度管桁架钢架构建筑空间跨度大、安装精度要求高，采用正确合理的监测方法是钢结构施工质量和结构安全的重要保障。施工监测方法及监测结果作为工程过程控制和监督的重要依据，其合理性及准确性尤为重要。本文结合神皖合肥庐江电厂 2×660MW 发电机组工程——条形煤场封闭钢结构工程施工实例，对其大跨度管桁架在施工中采取的测量方法和控制精度措施进行了阐述，通过全站仪实际操作及相关计算分析与实际施工中的监测，提出了鉴于本工程管桁架钢结构结构合理的监测技术。

关键词　管桁架；控制精度；大跨度；测量方法

近几年来，随着我国经济的快速发展和建筑设计施工技术水平的日臻成熟完善，公共建筑和标志性建筑采用钢结构的越来越多。大跨度连体桁架钢结构因外观独特、造型新颖、结构强度稳定性好，在实际工程中也常被采用。神皖合肥庐江电厂 2×660MW 发电机组工程——条形煤场封闭钢结构工程就是采用大跨度的设计方案。本工程桁架结构具有跨度大、重量重的特点，因此其安装精度控制难度较高。目前控制测量方法主要有包括平面控制测量、高程控制测量和三维控制测量。在大跨度桁架钢结构施工过程中，应根据现场实际情况和检测任务的精度要求，选择合理的测量方法。

1　工程概况及管桁架安装方法

本工程主体结构型式为空间管桁架结构体系，管管相贯节点。共 30 榀主桁架，两端为山墙主桁架，中间 28 榀为预应力管桁架。山墙主桁架为四管桁架，宽度为 3m，中间桁架为倒三角桁架，宽度为 4m，桁架间距为 6m。工程总长度为 290m，跨度为 145m，桁架矢高为 37.5m，桁架顶部最高点的高度为 41.982m，桁架轴测图见图 1。桁架采用上弦双支座支撑，支座采用球铰支座，支座底部标高为 +1.5m，料场内标高为±0.000。预应力钢拉索采用热聚乙烯（双 PE 护层）高强钢拉锁 RESC5－151，接头及锚具采用热浸锌处理，拉锁的水平间距为 85.211m，拉锁中间对称设置 5 根撑杆。预应力张弦桁架、连系桁架、支撑檩条用桁架、水平支撑和山墙结构刷环氧富锌底漆二遍，厚度不小于 60μm；二道环氧云铁中间漆，厚度不小于 120μm；最后刷丙烯酸聚氨酯面漆，厚度不小于 60μm. 总干漆膜厚度不少于 240μm。

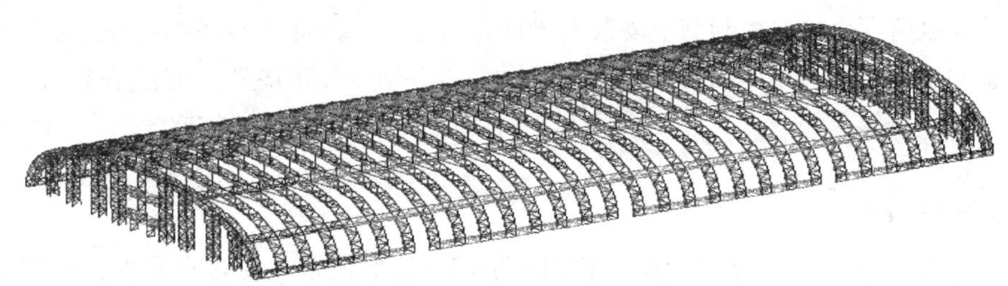

图 1　桁架轴侧图

本工程为新建工程，场地相对开阔，根据该工程现场条件及工程的结构特征，准备对该工程管桁架分两个区同时进行施工，其中一区为1～30轴，从30轴往1轴方向进行安装，二区为31～60轴，从31轴往60轴方向进行安装。

所有管桁架杆件均在工厂进行相贯线切割，发运至工地后进行分段组装。根据本工程的跨度，将该工程管桁架分A、B、C、D四段，安装顺序为先将组装好的A、D段吊装至设计位置，用塔架进行临时支撑，然后将B、C段吊装至临时塔架进行对接，B、C段对接完毕形成E段后，在地面进行挂索并初步张拉，然后用两台130T履带吊将E段吊装至高空与A、D段进行空中对接，对接完成后将次桁架进行安装，两榀桁架形成稳定单元后，再进行最终张拉。施工方案示意见图2。

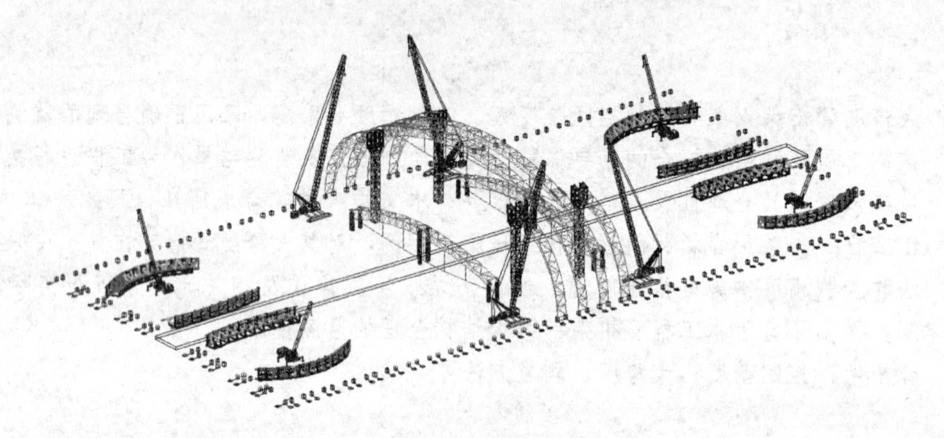

图2 施工方案示意

2 监测重难点分析

监测重难点分析见表1。

监测重难点 表1

类型	内容
测量主要内容	总控制网复核、钢结构施工控制网的建立、所钢桁架安装测量监控； 预埋件定位、平整度及标高复测；支撑架安装定位、测放及检查； 高空组拼前桁架结构控制点定位轴线及标高测放； 高空组拼后桁架控制点定位及标高检查
重点	控制网的建立和传递，高空组拼前控制点定位轴线及标高测放；桁架就位及下挠度监测等
难点	钢构件的吊装定位决定了整个结构的安装精度和施工质量。因此如何进行吊装定位是本工程施工测量工作的重点

3 管桁架钢结构施工监测

3.1 支撑塔架的安装测量

支撑塔架的安装精度直接关系到其上安装构件的定位精度，因此支撑塔架的安装精度非常关键。支撑塔架安装测量的总体思路：放样出塔架中心位置→安装塔架→校正塔架→测量塔架标高→精确测量塔架标高。

（1）塔架的定位

塔架的定位程序如下：

1）根据塔架设计位置、桁架平面投影布置和塔架与桁架的位置关系，在平面内求出塔架中心点及塔架支柱的控制坐标（x，y）。

2）在内业获得各个塔架中心点的三维坐标，并填写在预先设计好的表格上；

3）选择满足精度要求的全站仪、水准仪等测量设备；

4）在内业将控制点的坐标以及塔架的坐标输入全站仪；

5）在就近的控制点上架设全站仪，利用全站仪的内置放样程序，由测量人员根据测量结果指挥手持小棱镜的司尺人员至塔架的位置，这个过程是不断进行测量、比较、调整工作的过程，直至将塔架位置放样在地面上。

（2）塔架垂直度测量

塔架就位时，塔架支座中心线须与基础中心线基本对齐后方可松钩。然后用千斤顶调整塔架位置，使塔架支柱底座中心线与基础中心线重合。

塔架垂直度测量示意图见图3，测量程序具体如下：

1）选定塔架任一支柱作为塔架安装控制点，在支柱的互相垂直的两条轴线上架设两台经纬仪。

2）先瞄准塔架柱下部已标注的中线标志，再扬起望远镜进行观测，如经纬仪的竖丝始终与塔架柱中心线重合，则说明塔架柱是垂直的，否则将进行重新定位。

塔架柱身垂直允许偏差必须满足本工程的规范要求，根据规范要求，当塔架高度≤10m时，为±10mm，当塔架高超过10m时，则为塔架高度的1/1000，但不得大于20mm。

塔架柱复测结束后，需在柱顶进行中心定位，并做好十字线，标记鲜明。同时，应根据实际情况测出主桁架的实际支顶位置。

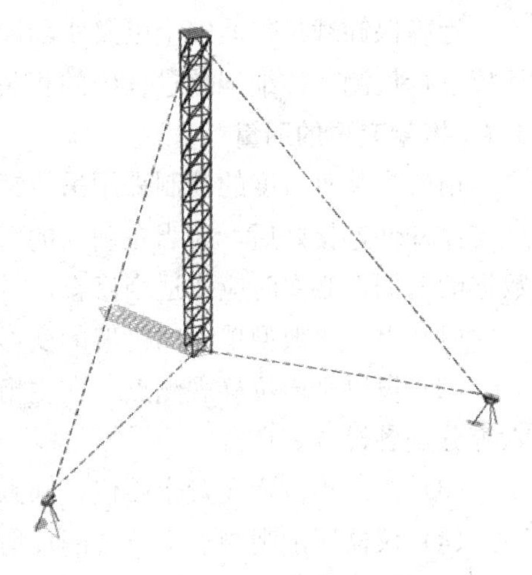

图3 塔架垂直度测量示意图

（3）塔架标高测量

本工程中塔架标高控制主要为塔架顶部标高。测量方法如下：

1）首先选好测量基准点，然后根据塔架顶部标高与基准点的相对位置关系，确定塔架顶部标高。

2）根据基准点与塔架顶部相对位置关系，利用全站仪进行塔架顶部标高的控制。

3.2 桁架安装对接测量

根据支撑塔架的布置图确定各个塔架的平面位置坐标，并用全站仪在实际位置将塔架的中心位置放样出来，塔架的高度根据该处主桁架的下弦底面标高来确定，塔架安装到设计标高以下300mm后，将设计坐标精确放样到塔架上，同时在四面做好定位标记。主桁架对接的测量要点有：

（1）主桁架高空拼接测量控制的好坏，直接关系到屋盖的合拢及整个屋盖体系的形成，因此主桁架对接拼装点及轴线交接点，用全站仪测量临时支撑顶面标高及主桁架两条下弦的标高，使其标高与桁架设计图纸上的标高一致。

（2）主桁架拼装完后，用全站仪再对桁架进行复测，比较实测坐标（三维）与设计坐标的差值，根据 X、Y 坐标的差值调整该分段桁架的平面位置，根据 Z 坐标的差值调整屋架的标高位置。

（3）桁架位置的控制：

桁架的平面位置测量与标高控制的方法类似，采用全站仪进行。对桁架的平面位置的控制分上下弦分别定位。

① 下弦的定位

用全站仪将下弦底面的桁架控制点放样到塔架支座上，采用放样程序。

② 上弦的定位

在下弦底面的主桁架控制点与塔架上对应点重合，以及主桁架标高控制到位后方能进行上弦的定位测量。

为保证安装质量和桁架的管口对口质量，在进行桁架的安装测量时，需对每个管口进行测量，确保管口位置符合设计要求和规范要求。

3.3 卸载过程测量

该工程桁架卸载后的下挠度直接反映了整个结构的稳定性，该指标十分重要，根据卸载方案，卸载采用分级同步卸载方式，卸载过程中需要全程密切监控测量。最关键的为主桁架卸载测量。

主桁架的卸载测量：

在桁架的支撑点位置设置观测点，每个测量点必须作好标记，以保证卸载前后测点在同一个位置。主桁架安装完卸载之前，用全站仪测量每一个测量点的标高，待主桁架卸载完后，依次对上述各点再测量其标高，比较卸载前后的标高变化，可知屋盖的下挠度。

为确保卸载过程的安全以及实际卸载下挠量与计算的差别，在卸载过程中安排两台全站仪和一台经纬仪进行检测，详细记载过程中的相关记录，及时根据实际情况调整卸载步骤和卸载量。

3.4 桁架变形的测量

桁架吊装垂直度的控制采用吊线锤和仪器相结合的方法检查。每个桁架单元拼装、吊装完毕并及时用支撑杆件连接好后，应当在确定的每天的同一时间测量测设点的屋盖桁架控制节点变形数据作为控制数据的依据，必要时应作适当修整，具体操作方法如下：

（1）以一个典型单元的桁架的变形观测为例；

（2）设置竖向位移观测点，在主桁架上设置观测点，其中下弦中央设置一点，下弦中央两边的两个六等分点各设置一点。

（3）在适当位置设置全站仪，联测两个以上测量已知点的标高，获得设站点的高程。

（4）仪器照准观测点上设置的反射片中心，用内置测量程序进行测量，获得该点中心的标高。

（5）在该设站上尽可能多地测量观测点，并获得其中心点的标高。

（6）在该设站上无法观测的观测点，应测量其中心点坐标。

（7）桁架单元安装临时固定好，次结构也安装完后，进行桁架竖向位移的测量。

（8）比较相同部位不同时间的中心标高值，即为该部位钢桁架的挠度值。

4 建模分析

根据管桁架钢结构设计图，建立实体计算模型，对管桁架的自重荷载、卸载时结构应力分布，卸载后结构的竖向位移等进行模拟分析计算，一阶段结构变形见图4，二阶段结构变形见图5。结果显示管

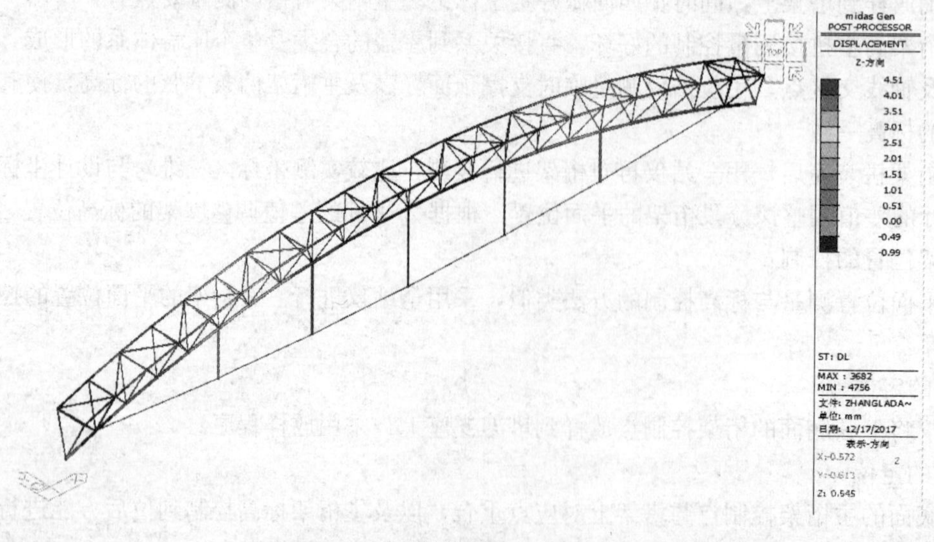

图4 一阶段结构变形（单位：mm）

桁架最大竖向位移发生在结构跨中部位，计算机模拟出的145m管桁架的预应力起拱值为，一阶段拉索内力控制值11kN是为起拱5mm，二阶段拉索内力控制值688kN是为起拱49mm。

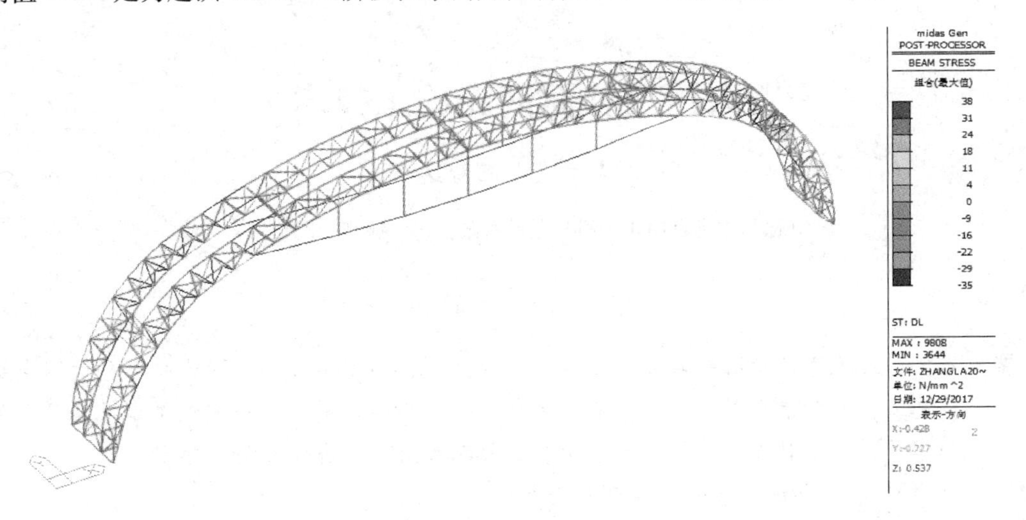

图5　二阶段结构变形（单位：mm）

5　监测记录

除管桁架在胎架上拼装过程中，对胎架支撑点及时进行监测外，在桁架端部和跨中各设置一个长期监测点，监测点布置图见图6，监测频率为每周一次，对一阶段、二阶段拉锁预应力施工提供有力数据。

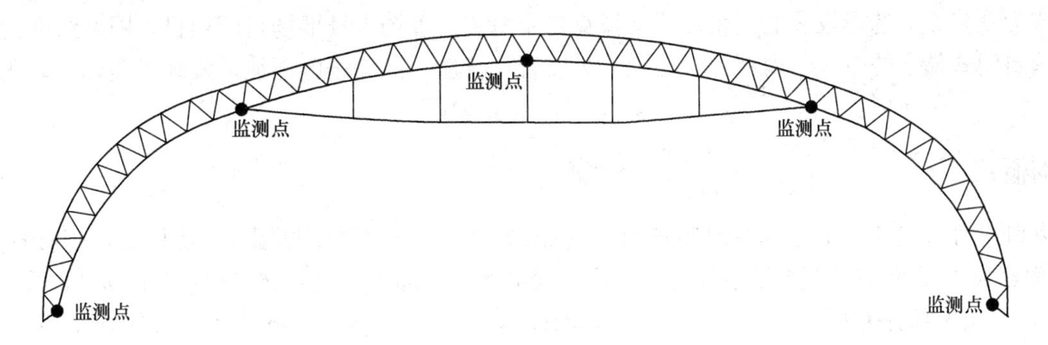

图6　监测点布置图

监测数据　　**表2**

预应力拉锁阶段	拱中心顶部变形监测点	拉索内力控制值	拉索的伸长值控制值
第一阶段	5mm	11kN	3mm
第二阶段	49mm	688kN	140mm

6　检查分析

从表6.1监测数据上可以看出，通过对管桁架整个施工及卸载过程中的监测测量，桁架跨中的起拱值与计算模拟的结果相差较小，桁架跨中的起拱值符合设计和规范要求。

7　结语

神皖合肥庐江电厂2×660MW发电机组工程——条形煤场封闭钢结构工程，施工过程中采取了多项监测措施来保证钢结构安装施工精度满足设计和规范要求。对于大跨度管桁架钢结构施工的监测，要充分考虑结构复杂程度、测点布置等因素，建立合理的施工监测系统，并通过计算机模拟和相关计算分析，为施工监测数据提供可靠依据，保证大跨度管桁架施工质量和结构安全。

大跨度柱面网壳施工技术

李立武　王智达

（徐州中煤百甲重钢科技股份有限公司，徐州　221116）

摘　要　本文通过策克口岸海关监管场1号堆场封闭项目的安装方案，对大跨度柱面网壳结构采用分施工段安装方式以及安装关键控制点进行了介绍，提出了小吨位吊车散装可避免大吨位吊车吊装空中对接的风险，节省大量的吊装费用，为类似项目提供参考。

关键词　柱面网壳；180m跨度；分施工段安装

1　前言

近两年，随着国家大气污染治理力度的日趋加大，挡风抑尘墙（网）技术在环保验收上难以通过，各大煤炭企业或者钢铁企业对露天煤场及料场实施全封闭措施。由于工期、造价、跨度的需求，柱面网壳结构成为众多企业选择较多的封闭形式。策克口岸海关监管场1号堆场封闭项目，网壳跨度达180m，全程采用封闭式储运的模式，内部抑尘处理，为监管场营造了优美场区环境，实现了美化、靓化、绿化目标。

2　结构概况

策克口岸海关监管场1号堆场封闭项目，网壳结构，网壳轴测图见图1。螺栓球、焊接球混合节点，跨度为180m，跨中设置6根格构柱，格构柱顶部网壳局部为5层。该工程总长度为144m，支座间距为9m，支座大部分为双向，四角为三向，地面标高±0.000，支座底标高为＋1.200m，网壳顶标高为41.32m，总建筑面积25920m^2。该工程网壳杆件Φ219×14和Φ245×14选用Q345B钢的高频焊管，其余截面选用Q235B钢的高频焊管。螺栓球材质为采用45号钢，焊接球选用Q345B钢，高强度螺栓选用40Cr，M36（含M36）螺栓以下性能等级为10.9S，M36以上为9.8S，套筒选用45号钢，封板锥

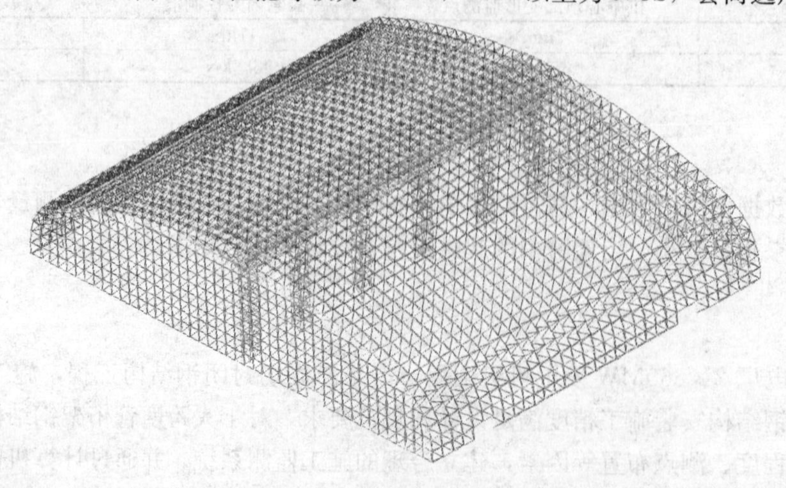

图1　网壳轴测图

头材质与对应的钢管材质相同，选用 Q235B 和 Q345B 钢锻件。

3 安装方案

（1）格构柱安装

格构柱为管桁架结构，节点形式均采用相贯节点，根据以往工程的施工经验，将格构柱在地面分片拼装，然后再组装成整体，最后采用双机抬吊就位。起吊时，50t 主机慢速起吊，25t 辅机起吊柱角配合主机起吊，当柱子吊起距地面 200mm 时稍停，检查汽车吊稳定性、绑扎牢固性、格构柱变形情况、制动器的灵敏性等，均无异常后，才能继续吊装。起吊过程中，25t 辅吊一直吊着柱脚，不能让柱脚碰地，直至柱子垂直后，25t 辅吊才可卸去吊钩，然后 50t 主吊将柱子吊至安装位置的正上方，安装人员扶着柱脚位置，缓慢下落插入地脚螺栓，随之拧紧螺母，最后卸去吊钩。格构柱吊装就位示意见图 2。

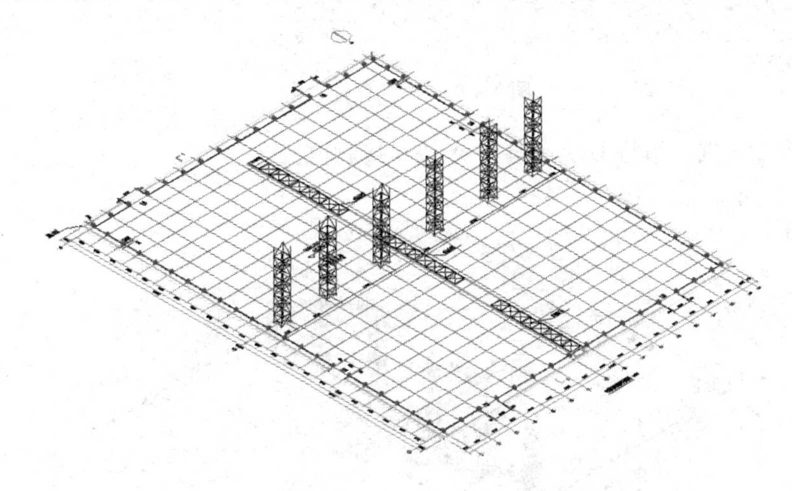

图 2　格构柱吊装就位示意

（2）格构柱顶部双层网壳安装

按照格构柱的位置，将格构柱顶部的双层网壳从 17 往 1 轴方向分为 A、B、C、D、E 五块，并将这五块网壳就近在格构柱附近组装成块，然后采用 4 台 25t 汽车吊按照 A→B→C→D→E 的顺序先后将块状网壳汽车吊至设计位置高空对接就位。块状网壳安装示意图见图 3～图 8，流程如下：

第一步：A、B、C、D、E 五块地面拼装。

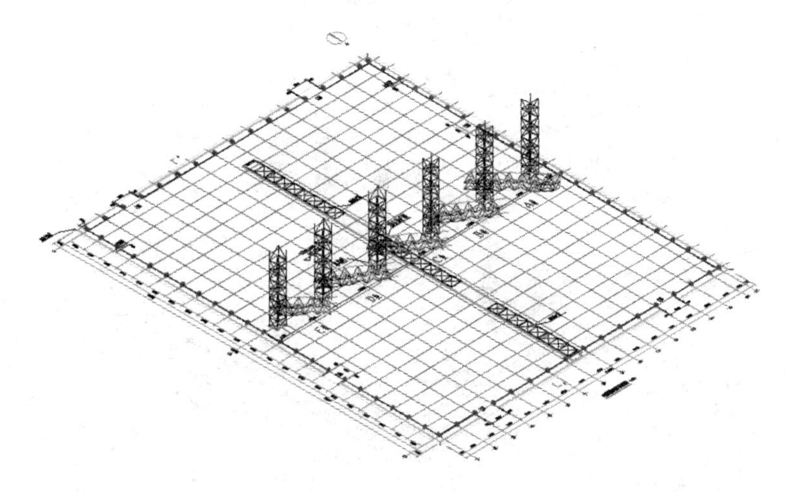

图 3　双层网壳地面拼装示意

第二步：用四台 25t 汽车吊将 A 块吊装就位。

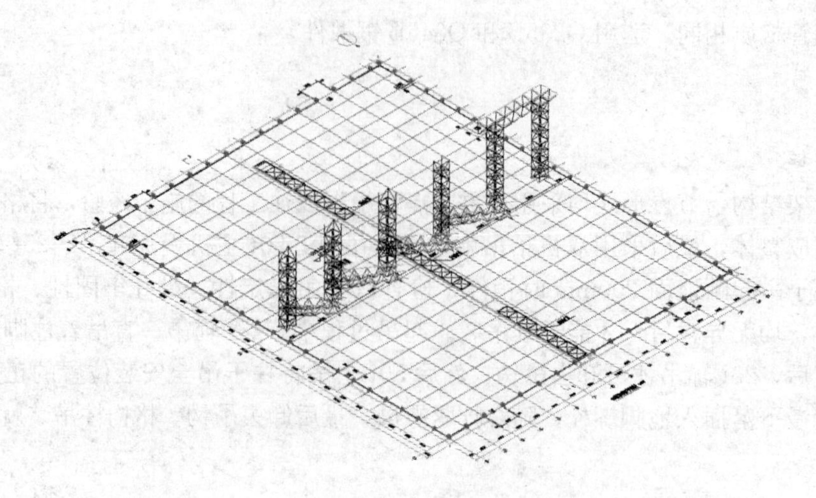

图 4　A 块吊装就位示意

第三步：用四台 25t 汽车吊将 B 块吊装与 A 块对接就位。

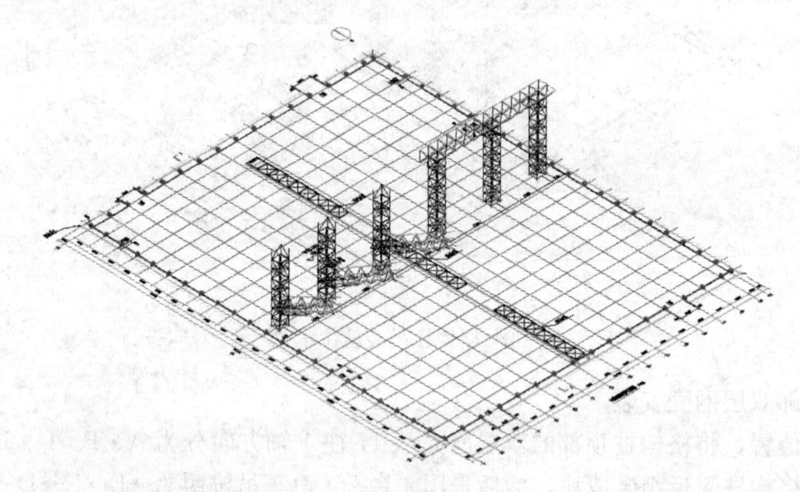

图 5　B 块吊装就位示意

第四步：用四台 25t 汽车吊将 C 块吊装与 B 块对接就位。

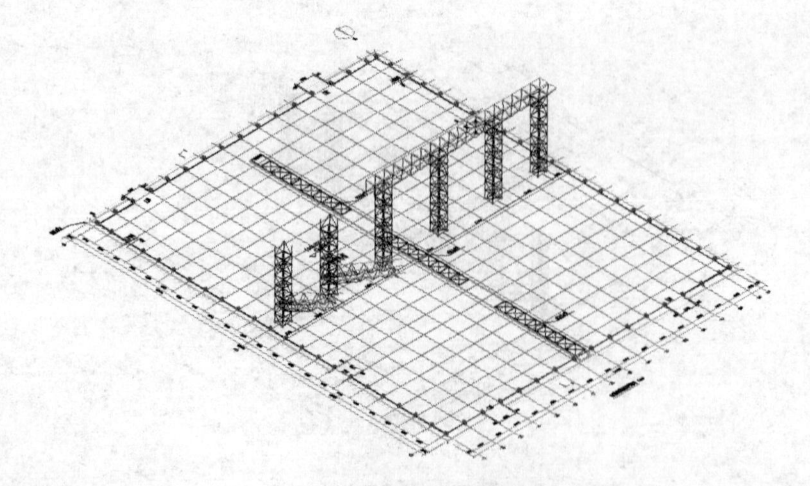

图 6　C 块吊装就位示意

第五步：用四台 25t 汽车吊将 D 块吊装与 C 块对接就位。

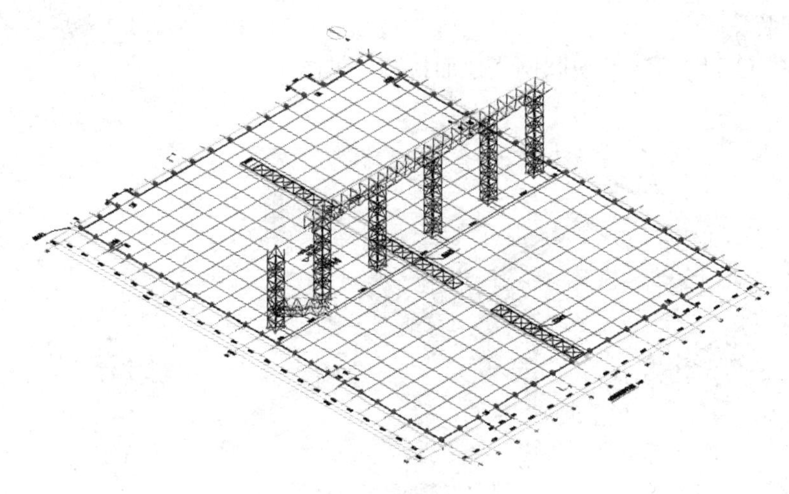

图7　D块吊装就位示意

第六步：用四台25t汽车吊将E块吊装与D块对接就位。

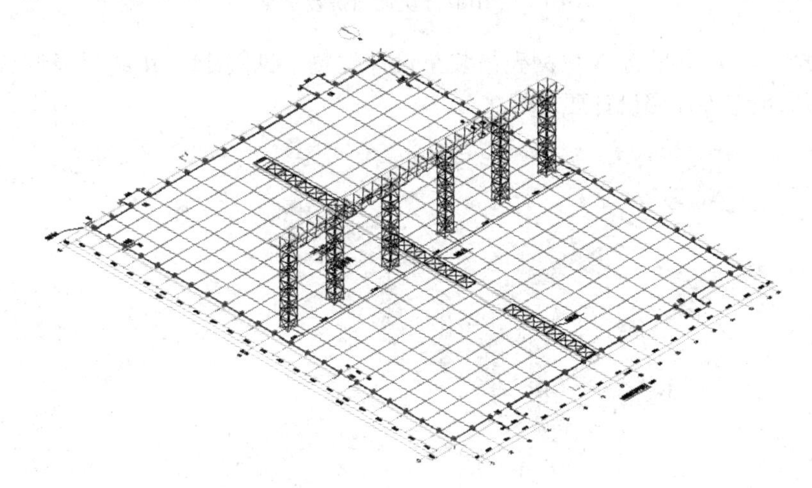

图8　E块吊装就位示意

（3）16～17轴山墙网壳安装

1）山墙网壳分块

根据公司类似山墙网壳的安装方案，将该工程的山墙网壳分为A、B、C、D、E、F、G七块，其中A、B、C、D、E、F六块采用地面分块拼装成块，然后采用两台25t汽车吊按照A→B→C→D→E→F的顺序分块吊装至设计位置，并在每块的中间位置对称张拉缆风绳，保证块状单元的稳定性。当块状单元全部安装完毕后，采用四台汽车吊，两台50t、两台25t，对G块网架高空散装。山墙分块示意见图9。

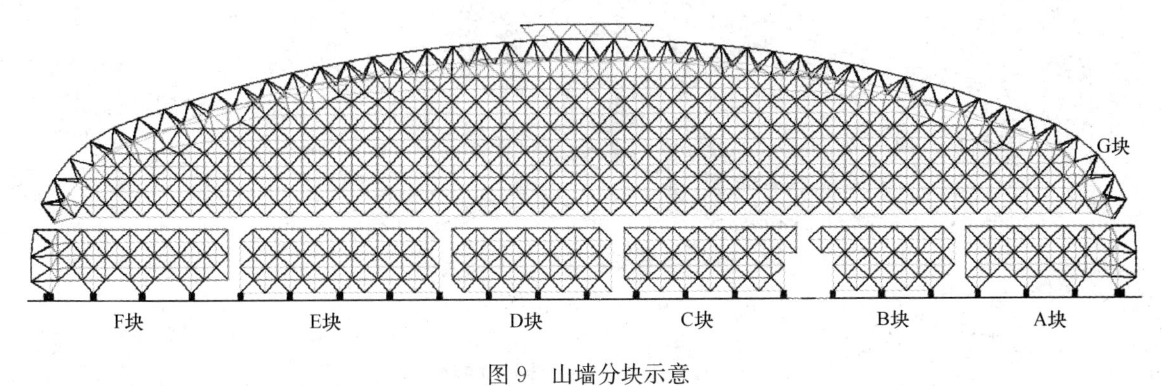

图9　山墙分块示意

2）山墙网壳安装流程

第一步：A、B、C、D、E、F 块状网壳地面拼装，见图 10。

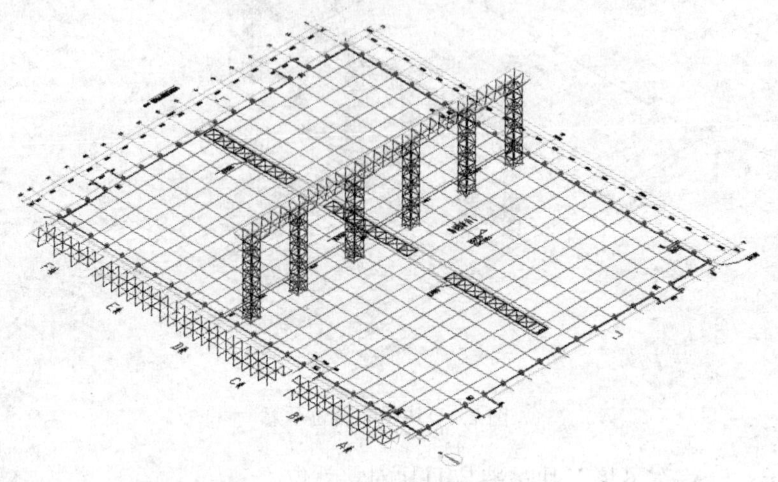

图 10　山墙分块地面拼装示意

第二步：用两台 25t 汽车吊将 A 块网壳吊装至设计位置，见图 11。用缆风绳调整好垂直度后，将支座底板与基础顶部预埋件按照设计要求焊接。

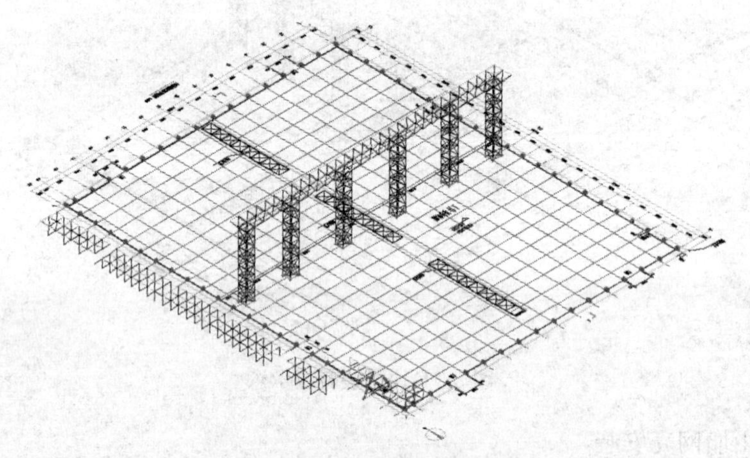

图 11　山墙 A 快吊装就位示意

第三步：用两台 25t 汽车吊将 B 块网壳吊装至设计位置与 A 块网壳对接，见图 12 。用缆风绳调整好垂直度后，将支座底板与基础顶部预埋件按照设计要求焊接。

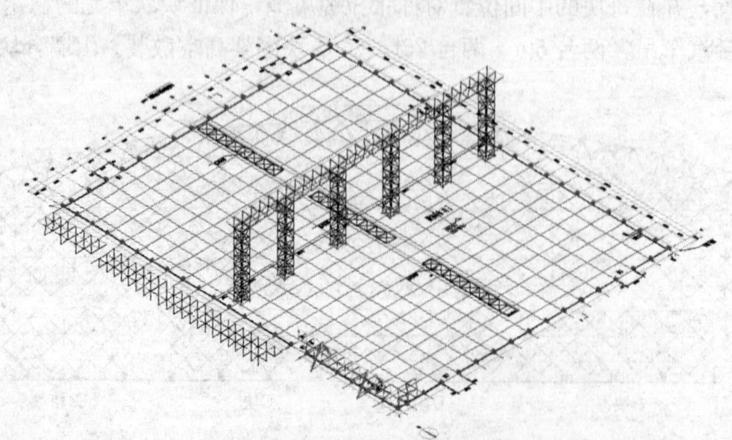

图 12　山墙 B 块吊装就位示意

第四步：用两台 25t 汽车吊将 C 块网壳吊装至设计位置与 B 块网壳对接，见图 13 。用缆风绳调整好垂直度后，将支座底板与基础顶部预埋件按照设计要求焊接。

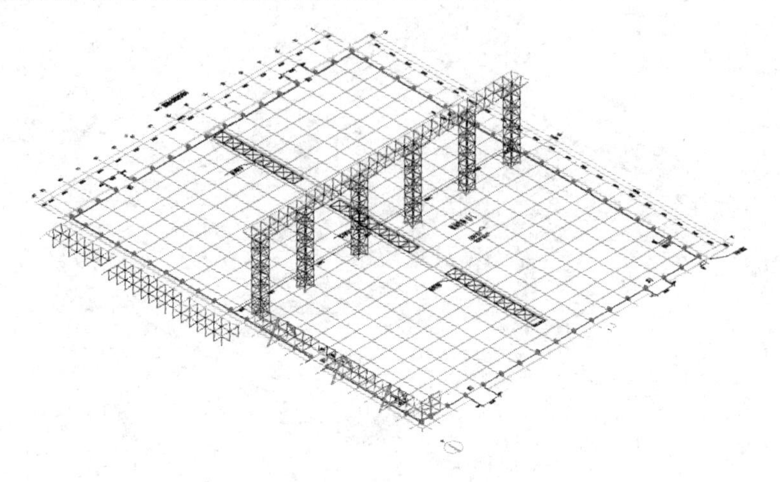

图 13　山墙 C 块吊装就位示意

第五步：用两台 25t 汽车吊将 D 块网壳吊装至设计位置与 C 块网壳对接，见图 14。用缆风绳调整好垂直度后，将支座底板与基础顶部预埋件按照设计要求焊接。

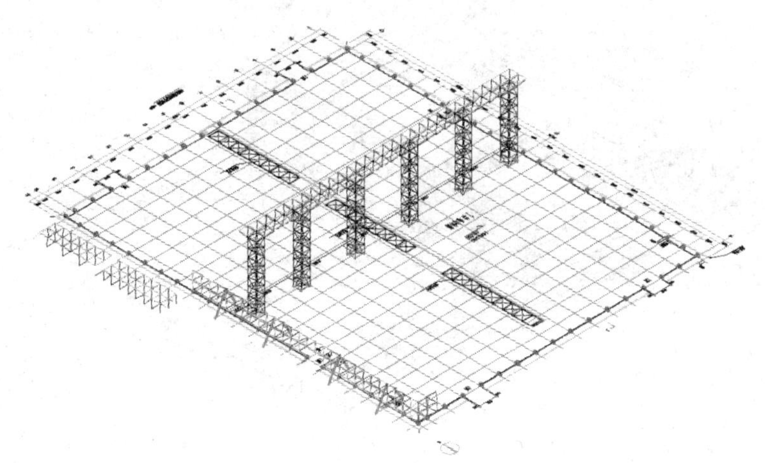

图 14　山墙 D 块吊装就位示意

第六步：用两台 25t 汽车吊将 E 块网壳吊装至设计位置与 D 块网壳对接，见图 15。用缆风绳调整好垂直度后，将支座底板与基础顶部预埋件按照设计要求焊接。

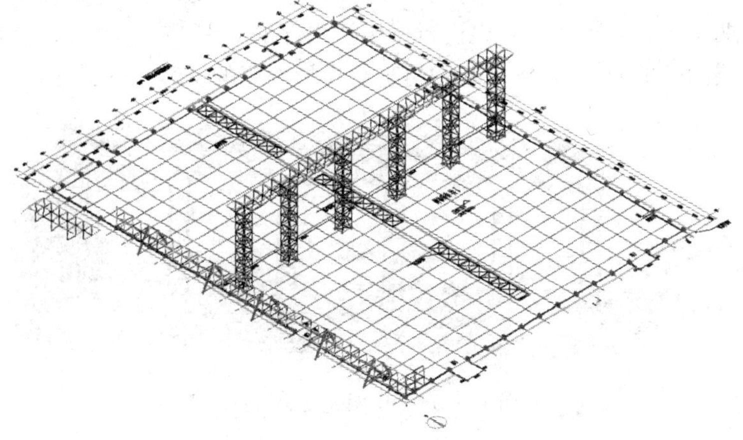

图 15　山墙 E 块吊装就位示意

第七步：用两台 25t 汽车吊将 F 块网壳吊装至设计位置与 E 块网壳对接，见图 16。用缆风绳调整好垂直度后，将支座底板与基础顶部预埋件按照设计要求焊接。

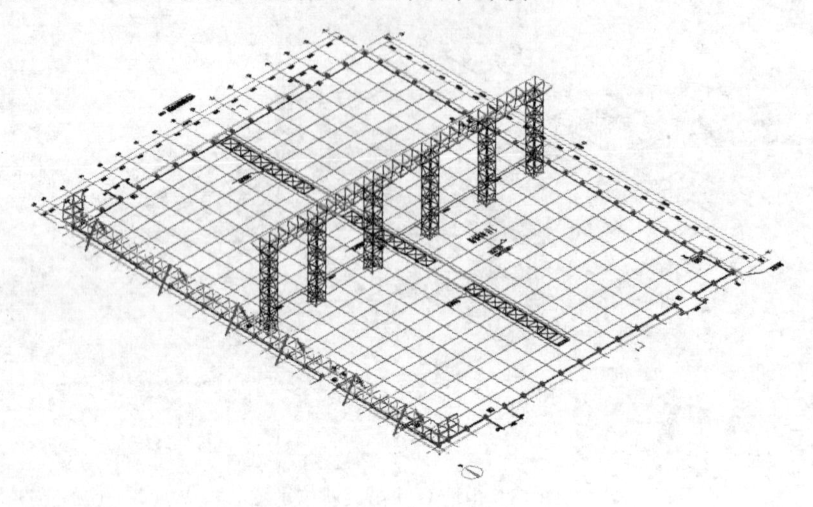

图 16　山墙 F 块吊装就位示意

第八步：用四台汽车吊，两台 50t、两台 25t，高空散装 G 块至完成，见图 17。

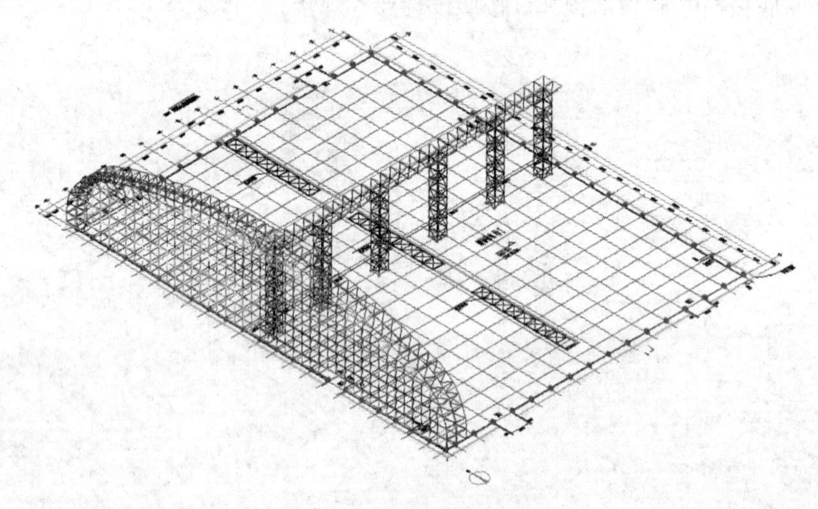

图 17　G 块散装完成示意

（4）16～1 轴网壳安装

当 16～17 轴网壳安装完成后，准备四台汽车吊，两台 50t、两台 25t，开始进行 16～1 轴网壳的散装工作，散装工作分两步进行，第一步：先进行格构柱顶部的 3～5 层网壳的分层安装工作（每层安装过格构柱后再进行上层网壳的安装），第二步：再进行拱形网壳的安装工作。见图 18。

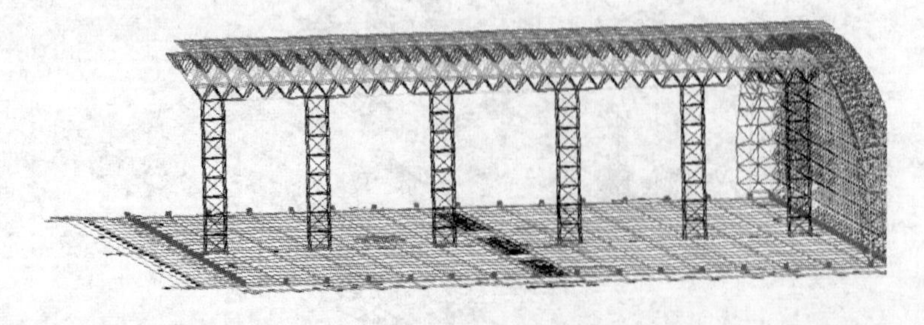

图 18　3～5 层网壳安装示意

4 网壳安装关键控制点

（1）基础的标高、轴线，严格按照施工规范要求进行复测，对不符合要求的进行整改至符合要求。

（2）格构柱的垂直度及标高应严格按照规范要求进行调整，以保证后续网壳的顺利安装。

（3）各工况均采用 MST 软件进行仿真验算，对出现超应力杆件进行提前加固或者替换。

（4）根据各工况吊点反力及起吊高度，两台汽车吊起吊时按照每台汽车吊起重量≤80％的额定载荷来控制，四台汽车吊起吊时按照每台汽车吊起重量≤75％的额定载荷来控制。

（5）多台汽车吊吊装时，采用专人指挥，保证起吊过程的同步。

（6）汽车吊支腿处及网架放置在地面处的地耐力应进行复核，提前做好支点措施准备。

（7）山墙分块吊装时，垂直度利用缆风绳调整符合要求后应及时将支座与基础预埋件焊接。

（8）拱形网壳散装前，务必先进行两格构柱间 3～5 层网壳的分层安装工作。

（9）格构柱两侧拱形网壳散装闭合位置，根据 MST 仿真验算选在变形最小处。

5 结语

本工程根据结构的特点及市场机械的资源情况，对该工程分区段施工，每个区段均采用小吨位汽车吊吊装（≤50t），弥补了口岸地区缺少大吨位汽车吊（>50t）的缺陷。本工程从山墙到拱形网壳，大部分采用小吨位吊车散装的方案，避免了类似结构大吨位吊车吊装空中对接的风险，节省了大量的吊装费用。通过本工程的实施，证明了柱面网壳高空散装方案速度快、费用省、安全度高、质量可靠的优势。

洛阳新能源专用车联合厂房设计与施工技术探讨

张振玲　代锁芳　牛成伟　田金锋

（洛阳振华建设集团有限公司，洛阳　471000）

摘　要　本文介绍了洛阳市银隆新能源产业园专用车联合厂房设计、施工技术及质量控制措施。

关键词　门式刚架；设计；施工技术

1　工程概况

洛阳市银隆新能源产业园专用车联合厂房项目包括专用车联合厂房车间 6 个：环卫车总装车间，环卫车焊接车间，搅拌车焊接车间，罐车焊装车间，搅拌车总装车间，涂装车间。每个车间为单层，门式刚架结构局部二层辅房。建成后可生产多种型号的新能源车及配套电池（图 1、图 2）。

图 1　项目效果示意图

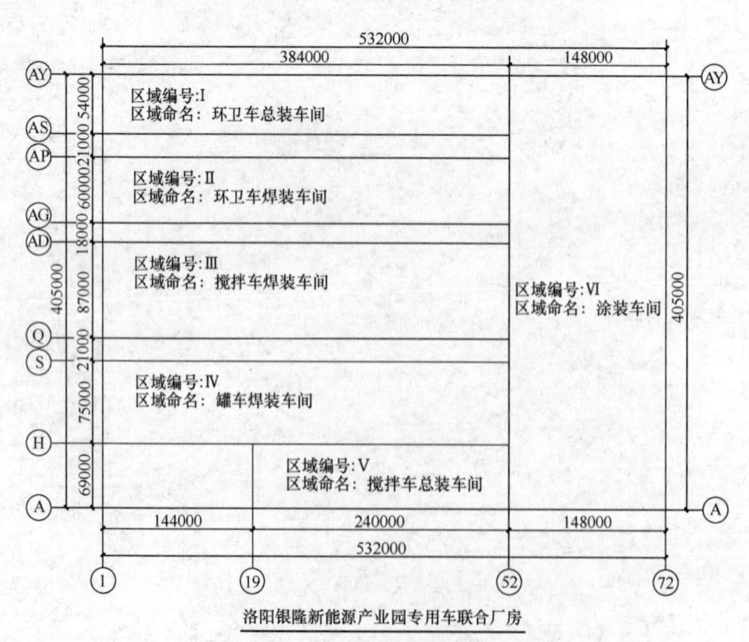

图 2　项目设计平面图

2 联合厂房设计要点

2.1 门式刚架和吊车梁的设计

下面将以搅拌车总装车间为例进行简要的设计说明。厂房长度为6×23=138m，宽度为24+21=45m，屋面坡度为8%，双坡屋面，建筑面积为6400m^2，其中：24m跨有32/5t桥式吊车一台，20t/5t桥式吊车二台，21m跨有10t桥式吊车一台，5t单梁桥式吊车一台，柱顶标高11.500，屋面为角驰Ⅱ暗扣式单层压型钢板+75厚吸音保温棉+不锈钢丝网，墙面为单层压型钢板。本工程建筑结构安全等级为二级，设计使用年限为50年，屋面活荷载对于刚架构件，其受荷水平投影面积大于60m^2，取为0.3kN/m^2，雪荷载为0.45kN/m^2，故取较大值为0.45kN/m^2；屋面活荷载对于檩条，屋面板等局部构件取值则为0.5kN/m^2；基本风压为0.45kN/m^2，地面粗糙度类别为B类；抗震设防烈度为6度。门式刚架构件材质采用Q345B；吊车梁材质采用Q345C，其他檩条，墙梁，支撑材质采用Q235B。计算软件采用PKPM的STS软件。

考虑制作安装简便，门式刚架柱，梁均采用实腹式焊接H型钢，门式刚架用STS软件进行分析计算时，对屋面活荷载考虑其各跨的不利布置，对吊车的竖向及水平荷载，当参于组合的吊车台数为2台时，对其进行折减，折减系数取为0.9。由于桥式吊车起重量为32t，已超出《门式刚架轻型房屋钢结构技术规范》（下称轻钢规范）的适用范围，故刚架柱采用《钢结构设计规范》（下称钢结构规范）验算，由于吊车梁可作为柱子的侧向支承点，故下柱平面外计算长度取为7.5m即基础面至牛腿面的长度，上柱平面外计算长度取为4.6，即牛腿面至柱顶的长度；而对于屋面变截面梁，由于钢结构规范只能用等效截面来验算，会存在一定误差，所以屋面变截面梁的强度和稳定仍按轻钢规范来验算，其平面外计算长度取为两屋面隅撑之间的距离，对于屋面变截面梁的挠度则按钢结构规范从严控制。

对门式刚架进行人工干预的优化调整后，单榀刚架采用的截面见图3，经计算，刚架柱的强度、稳定、长细比及翼缘的宽厚比均满足钢结构规范的规定要求；腹板的高厚比虽超过限值，但根据钢结构规范5.4.6条规定，按腹板计算高度边缘范围内两侧各$20t_w\sqrt{(235/f_y)}$的有效截面计算，其强度、稳定仍满足规范要求，故腹板不采取纵向加劲肋加强，另根据钢结构规范8.4.2条规定，$h_0/t_w>80\sqrt{(235/f_y)}$，腹板采取横向加劲肋加强，间距<2m。对于屋面变截面梁，由于腹板高度变化率为150/8.15=18.4mm/m≤60mm/m，腹板的受剪板幅考虑屈曲后强度利用，屋面变截面梁按压弯构件计算的强度、稳定及翼缘的宽厚比均满足轻钢规范的规定要求。对于刚架构件的变形，24m跨屋面梁在恒载标准值+活载标准值作用下，其挠度$V_T=71\text{mm}<[V_T]=24000/250=96\text{mm}$；21m跨屋面梁在恒载标准值+活载标准值作用下，其挠度$V_T=53\text{mm}<[V_T]=21000/250=84\text{mm}$；在风荷载标准值作用下，刚架柱顶最大水平位移$\delta=12.7\text{mm}<[\delta]=(11500+600)/400=30\text{mm}$；故结构构件的变形均满足钢结构规范的规定要求。

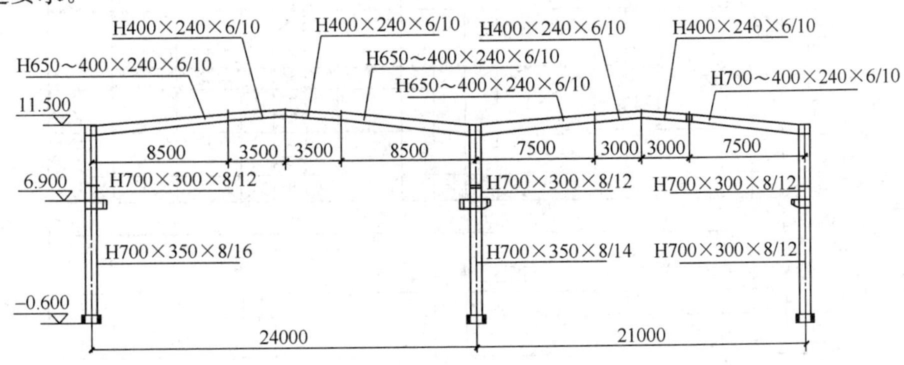

图3 门式刚架截面图

钢柱柱脚采用双腹壁靴梁式整体柱脚，靴梁高 400mm，柱身底端（包括靴板和肋板）铣平支承于底板并用双面角焊缝连接，柱翼缘与底板采用部分熔透焊缝，熔深不小于 $t/3$，双面贴角焊缝厚度为 10mm。刚架构件采用摩擦型高强度螺栓连接，其翼缘与端板采用全熔透对接焊缝，焊缝质量等级为二级；腹板与端板则采用双面角焊缝，按照二级焊缝标准做外观检查。

抗风柱截面为 H400×240×6/10，按上下两端铰接的压弯构件计算，在山墙面设置 2 道隅撑作为其侧向支承点，上端与屋面梁下翼缘用弹簧板连接，连接节点见图 4，考虑到屋面梁翼缘和腹板均较薄，侧向刚度很差，容易扭转失稳，故调整檩条的布置，使距抗风柱轴线位置 100 处有一檩条并设置隅撑，通过该隅撑把抗风柱上端的集中风荷载直接而有效地传到屋面梁上翼缘处，然后再传到端部横向水平支撑钢结构柱与基础通过地脚螺栓连接，根据施工图设计和规范要求地脚螺栓的最大调节量为 2.5mm，对安装精度要求非常高。若预埋偏差超过允许范围，将会造成钢柱底脚板上的孔与地脚螺栓不对应，影响钢柱的安装，进而影响上部结构的安装及现场的施工进度。

吊车梁不设制动结构，其中：32t 吊车梁采用 H900×(380/250)×10×(16/10)，10t 吊车梁采用 H700×(280/200)×8×(12/8)，翼缘与腹板间的连接焊缝采用双面角焊缝，按照二级焊缝标准做外观检查，在腹板两侧每隔 1m 设一道横向加劲肋，其上端与梁理论/29 上翼缘刨平顶紧。吊车梁通过突缘式支座支承于钢牛腿上，其上翼缘与钢柱的侧向连接见图 5，设置此吊车梁隅撑既能克服柱子在吊车的纵向水平力作用下的扭转，减少吊车梁在吊车行驶过程中的晃动，又能使吊车梁更符合纵向系杆的受力条件。

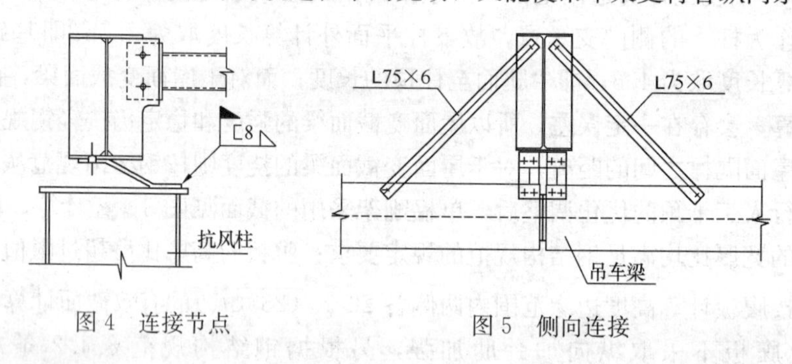

图 4　连接节点　　　　图 5　侧向连接

2.2　屋面和柱间支撑的设计

由于 24m 跨间设有 32t 吊车，考虑到吊车吨位较大，房屋在吊车运行时容易出现扭转和晃动，为了加强房屋的整体刚度，24m 跨间的屋面除设置角钢的横向水平支撑外，同时在屋盖边缘两侧设置角钢的纵向水平支撑，以形成一封闭的支撑体系；21m 跨间仅设有 10t 和 5t 吊车各一台，故在其屋面仅设置张紧圆钢的横向水平支撑，不设置纵向水平支撑。屋面及柱间支撑布置见图 6。

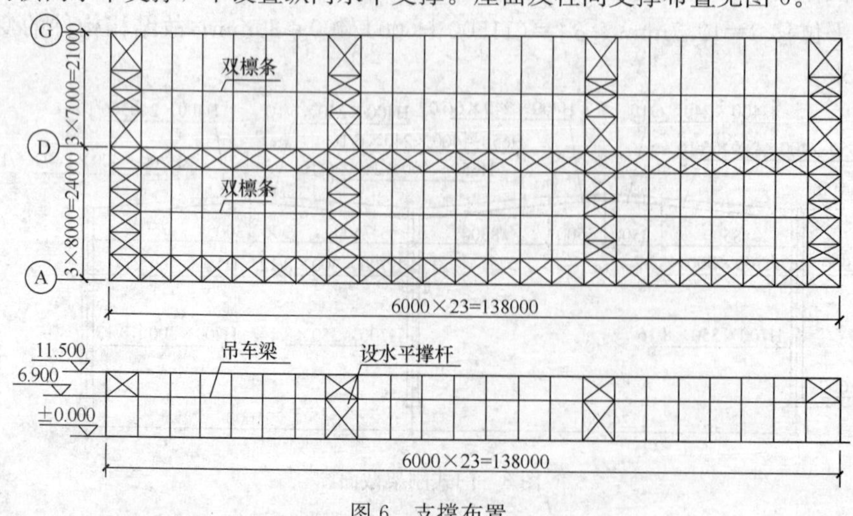

图 6　支撑布置

屋面支撑体系的内力计算按以下 2 点考虑：①山墙面传来的风荷载考虑仅由两端支撑桁架承受；②屋面交叉支撑仅考虑一根杆件受拉，另一杆件则退出工作。24m 跨间的纵横向水平支撑截面的选用主要由受拉构件的长细比［λ］＝400 控制，采用单角钢 L63×5；21m 跨间的圆钢的横向水平支撑则只验算其强度即可，采用圆钢 ϕ20；刚性系杆则按两端铰接的轴压杆件计算，除验算强度、稳定性外，还需验算其长细比不超出受压构件的容许长细比［λ］＝200，经计算，除 D 轴线位置通长系杆采用焊接圆管 ϕ127×3，其余位置系杆均采用焊接圆管 ϕ102×3，在屋脊处考虑所受轴力较小，由双檩条兼作通长刚性系杆。

柱间支撑体系的内力计算按以下 2 点考虑：①对于上柱柱间支撑，山墙面传来的风荷载考虑仅由两端交叉支撑承受。而对于下柱柱间支撑，风荷载、吊车纵向水平力则由 2 道柱间支撑均匀分布承担；②柱间交叉支撑仅考虑一根杆件受拉，另一杆件则退出工作。上柱柱间支撑截面的选用主要由受拉构件的长细比［λ］＝400 控制，同时考虑最小构造截面要求，采用单角钢 L75×6；下柱柱间支撑截面采用角钢 2L75×6 的双片支撑，双片支撑之间设角钢 L56×5 的斜缀条；吊车梁兼作通长刚性系杆，在设下柱柱间支撑的开间，考虑柱有伸出牛腿，而吊车梁又无制动结构，纵向水平力将通过吊车梁传至下柱柱间支撑，两者存在较大偏心，将引起此开间柱子的扭转，故在此柱子开间牛腿标高处设置水平撑杆作为柱间支撑体系的组成部分，此水平撑杆按受压杆件控制其长细比不超出容许值［λ］＝200，采用 2L125×70×7 的双片撑杆，长肢向下，双片撑杆之间设角钢 L56×5 的斜缀条。

2.3　檩条和墙梁的设计

考虑柱距较小，为安装简便起见，檩条采用冷弯 C 型钢，按单跨简支构件设计，截面为 C160×70×20×2.3；在跨中位置设置一道圆钢 ϕ12 的拉条；在每个跨间距檐口位置最近的两檩条间设置圆钢 ϕ12 的斜拉条，同时在此檩条间设置的直拉条外套 ϕ33.5×2.5 的圆管作为刚性撑杆；屋脊位置处的两檩条间设置的直拉条也外套 ϕ33.5×2.5 的圆管作为檩条的侧向支撑，使其符合刚性系杆的条件，拉条设置见图 7。由于屋面采用的是暗扣式的压型钢板，其对檩条上翼缘约束很弱，不能阻止檩条上翼缘的侧向失稳，同时在风吸力作用下，檩条下翼缘受压，将产生侧向弯扭失稳，故在靠近檩条上、下翼缘处均设置此拉条系统。

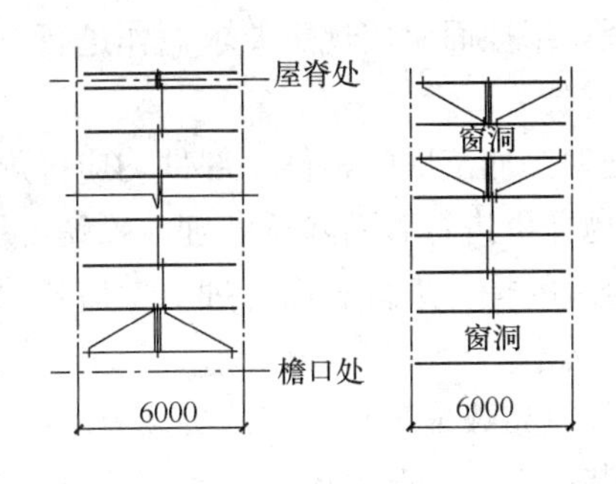

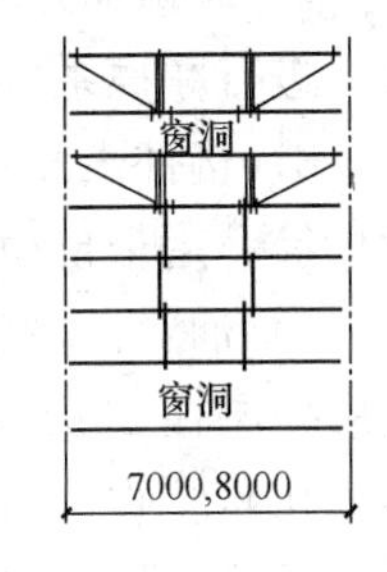

图 7　拉条设置

考虑各墙面均有较大条形窗，需较平整的窗洞，墙梁也采用冷弯 C 型钢，按单跨简支构件设计，纵向墙面 6m 柱距的墙梁截面为 C160×70×20×2.3，在跨中位置设置一道圆钢 ϕ12 的拉条，山墙面 7m、8m 柱距的墙梁截面分别为 C200×70×20×2.0、C200×70×20×2.5，在跨间三分点处各设置一道圆钢 ϕ12 的拉条，斜拉条及刚性撑杆做法同檩条，拉条设置见图 7，由于窗口位置处的墙板自重必须由墙梁来承受，会使墙梁发生下挠，同时在风吸力作用下，墙梁内翼缘受压，经计算其受压稳定性不能满足要求，故同檩条一样，在靠近墙梁内、外翼缘处均设置此拉条系统。

3　联合厂房施工技术

3.1　施工准备工作

工程所用的钢板、高强度螺栓、圆钢、焊条、油漆等，必须按规定要求由合格供应商提供，进场后检查产品合格证书，并按规定现场抽样送检。其他辅助材料，如自攻螺栓、拉铆钉、焊剂、氧气、乙炔、二氧化碳等，由合格供应商供应，并按规定项目进行质量检查。所有采购的原材料均提前制定采购计划，并具体明确每批次材料的到货期限、规格、型号、质量要求、数量，以及采用的技术标准。

3.2 钢构件制作

(1) 工艺流程

材料检验→材料矫直→放样→号料→切割→加工（矫正、成型、制孔）→对接（焊接）→ X光检验→校正→组装→焊接→校正→划线→制孔→除锈→试装→装配→质量检验→涂层→编号、发送现场。

(2) 材料加工及质量控制

1）放样：存加工面上和大样板上进行精确放样，放样后须经质量人员检验，以确保零部件、构件加工的几何尺寸等准确无误。

2）下料切割：包括气割、剪切和剖口，采用下料切割的主要设备有多头数控切割机、小车式火焰切割机、剪板机等。切割前应用矫正机对钢板或型材进行矫正。对接焊接钢板或型材，还必须进行检验和探伤，确认合格后才准切割。加工的要求应按标准检验切割面、几何尺寸、形位公差、切口截面、飞溅物等，检验合格后进行合理堆放，做上合格标识和零件编号。

3）构件组装：构件组装前都应必须放大样，端头板焊接前应进行端头铣平处理，组装构件均为点焊成型，待检验后才准交付正式焊接。

4）组装件手工焊接：手工焊采用电弧焊及CO_2气体保护焊，焊接人员均按规定考核持证上岗，焊接后由检验人员进行外观检验和超声波探伤检验。

5）制孔：钢结构构件采用移动式钻床加划线的模板进行钻孔，构件钻孔后均需经质量员检验，合格后做上合格标识才准转序。

6）矫正：矫正工作贯穿钢结构制作的整个过程，确保构件的尺寸、质量、形状满足设计及规范要求。

7）摩擦面处理：摩擦面应按规定要求制作进行，摩擦面加工同时用相同的材料和加工方法制作试件，进行摩擦系数试验。

8）构件表面处理：加工后的零件、部件均应按规定进行边缘加工，去除毛刺、焊渣、焊接飞溅物、污垢等，用全自动抛丸机进行表面除锈处理。除锈等级应在Sa2.5级以上。

9）油漆：除锈后的构件进行表面清理，然后喷涂底漆，油漆的要求应按设计规定，每道油漆的厚度应控制在$25\mu m \pm 5$。

10）验收：构件成品数量达到一跨试拼装要求时，在技术人员的指导下进行一次试拼装，以检查构件的整体质量及安装情况，确保现场能顺利安装，同时由专职检验人员对构件检验、合格后在构件上贴上合格证。

3.3 钢结构安装

(1) 安装流程

钢柱吊装→水平支撑吊装→钢屋架吊装→钢檩条吊装→斜支撑安装→拉条安装→校正→补漆→天沟安装→中间验收→屋面板安装。

(2) 柱子吊装

1）将柱子按照图纸位置运送到安装位置附近，在地脚螺栓上拧上调节螺母，用水准仪将调节螺母上表面抄平。采用单点吊装的方法，吊点选在靠近柱头1/3处，吊车位置选在中间柱子轴线处，每次可吊装二根柱子。安装完相邻两根钢柱后，将其间的各种支撑安装就位，为屋面钢梁的安装创造条件。

2）钢柱安装时利用调节螺母调整标高，缆风绳调节柱的垂直度，垂直度标高调整好后将地脚板下的调节螺母二次复拧拧紧，保证柱脚板被上下螺母夹紧。

3）柱脚板下的二次灌浆为C30细石混凝土，屋面梁、拉条安装校正后即可灌浆。

(3) 钢梁吊装

1）钢梁拼接组装。门式刚架跨度为2×26m，钢梁全长52m，分为4段，进行各段梁的预拼装，在构件的下翼缘板下用木方垫好找平；两构件的端头板对接好后，用高强螺栓连接；每榀钢梁拼装完毕后，要对构件的整体尺寸进行复验。

2）首先进行1、2、3组合梁的吊装，采用1台16t吊车进行起吊，后用另一台16t吊车起吊4号钢梁。

（4）屋面檩条的安装

先利用16t汽车吊将檩条每4根为一捆吊到安装位置附近，用铁线临时固定。在钢梁上拴挂安全绳，以安装完的钢梁作为操作平台安装屋面檩条（图8）。檩条安装完毕后进行屋面檩条间拉条的安装。

（5）吊车梁的安装

经计算，每段吊车梁的重量在1850kg的范围以内，每段梁之间用螺栓连接，采用分段吊装的方式。吊装就位后，用经纬仪找直，水准仪调平，保证吊车梁的中心轴线顺直。

（6）屋面板安装

1）屋面板安装顺序

安装屋面檩条→屋面板就位→拉设麻线→安装屋面板、钢天沟→安装采光板。

2）屋面板安装

屋面板安装时，特别要注意安全及板的损伤问题。首先确定安装起始点，确定好安装方向后，把山墙边的封口板先安装固定好，接着将第一块安装就位，并将其固定，要保证与檩条垂直。第一块安装完后，接着安装第二块、第三块板，依次进行（图9）。

图8　屋面檩条的安装

图9　屋面板安装

在安装过程中，要注意搭接部分的防水处理。板搭接长度为200～300mm。

屋面的质量要求，屋面板应做到平整，不漏水，应符合设计要求和现行国家标准的要求。

4　结语

通过新能源产业园专用车联合厂房的深化设计，钢结构构件制作和施工安装的实践，使我们单层门式刚架厂房的设计施工有了新的认识和提高，为今后类似的工程积累了丰富的经验。

广州万达剧场钢结构外罩安装施工技术

王　权　徐文美　朱树成

（江苏沪宁钢机股份有限公司，宜兴　214231）

摘　要　广州万达文化旅游项目剧场功能为文艺演出秀场。剧场主体采用内筒外框混凝土结构，外罩为单层双曲网格，整体造型呈旋扭状，由A、B凹面相交形成极高值脊，整体受力，外罩施工难度大，精度要求高。根据现场实际条件和结构特点，运用计算机仿真技术进行模拟分析，采取现场分块安装的方式，圆满完成施工任务。

关键词　钢结构；单层双曲网格；现场分块安装

1　工程概况

广州万达文化旅游项目剧场位于广州万达文化旅游城，功能为文艺演出秀场。该项目建筑面积5万m^2，其中地下2万m^2，地上3万m^2。建成后将装配有大型水下移动升降式舞台、超大型水下特种设备，表演时一次性储水量可达8435m^3。项目采用直径56m钢结构屋面、半球形不规则分片式天幕穹顶、移动式冰舞台及演绎吊挂系统、复杂多变的静态模拟舞动丝绸状钢构幕墙，施工难度极大，是万达集团投资建设的第三个世界级顶尖“舞台秀”表演建筑。项目完工后，现场最多可容纳约2000人同时观看表演，将成为亚洲乃至世界顶尖级水秀剧场（图1）。

图1　广州万达剧场效果图

剧场主体采用内筒外框结构，核心筒及外框梁柱均为混凝土结构，主体外轮廓直径近108m，核心筒直径58m，顶标高＋30.65m，筒外框架地下1层，地上4层，顶标高＋20.85m。外轮廓以外区一层为地下室，地下室顶部主要用作停车场、绿化及正常交通行走等（图2）。

外罩由PIP159×6～PIP500×35共18种规格的钢管组成的单层双曲钢结构网格，外罩立面高度30.65m。，整体造型呈旋扭状，由A、B凹面相交形成极高值脊，整体受力（图3、图4）。

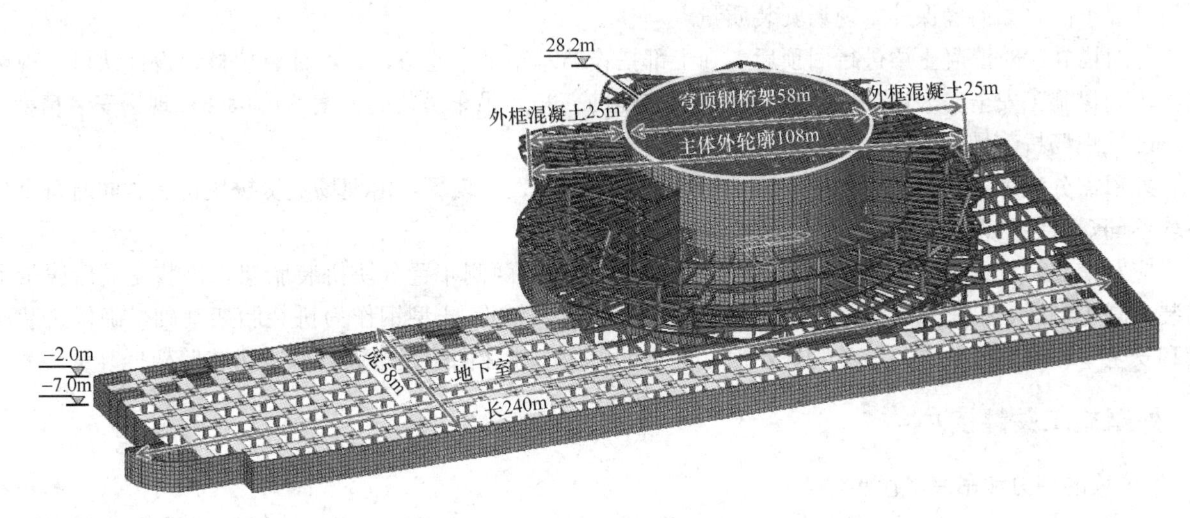

图 2　剧场主体结构

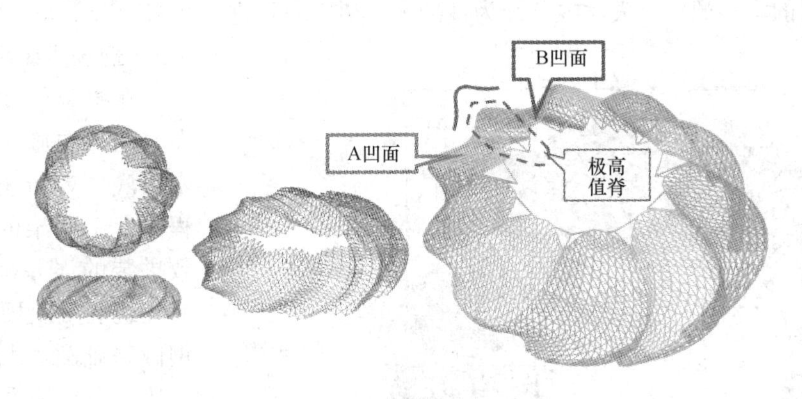

图 3　广州万达剧场外罩效果图

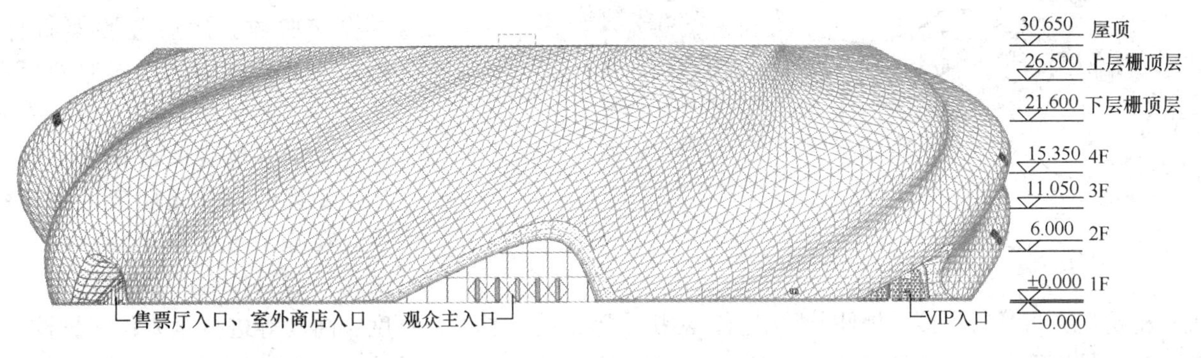

图 4　广州万达剧场外罩立面图

2　钢结构施工难点及应对措施

（1）加工难度大

外罩大多数钢管呈弯扭状，制作周期较长，精度控制难度大。

应对措施：通过钢结构深化设计软件，准确建模，详细出图，确保构件尺寸的完整精确。采用中频弯管、数控切割等设备，保证构件加工精度。加强质量检查，确保加工质量。

（2）现场安装难度大

地面大部分位置有地下室结构，现场机械作业过程中如何对楼板进行加固，确保施工安全。双曲造型精度要求高，如何确保外罩现场安装质量。

应对措施：对混凝土梁进行回顶后，在上部搭设路基箱吊车通道，并经计算校核、设计认可、现场验收，确保施工安全。采用分块吊装、临时支撑辅助、350t 吊车吊装的方案，确保外罩现场安装精度。

（3）现场拼装量大

外罩需分块吊装，受运输条件限制，所有钢管均需散发至现场，由现场负责按块拼装。同时每个分块均不同，拼装胎架搭设量大。

应对措施：详细规划现场场地布置，在 350t 吊车通道两侧布置分块拼装胎架，拼装完成后履带吊吊装，减少倒运、措施量。地面平整后浇筑混凝土硬化，铺设 H 型钢作为拼装胎架基础，确保拼装质量和安全。将外罩分块进行分类管理，尺寸类似的分块安排在同位置拼装，减少拼装胎架拆改量。

3 外罩施工关键技术

3.1 分块的划分和吊装顺序

外罩的吊装选用 350t 履带吊进行作业，根据外罩的结构特点及履带吊的起重能力将外罩共分为 74 个分块。外罩分块的吊装顺序以大厅中分线为基准向古树方向行进，如图 5 所示。

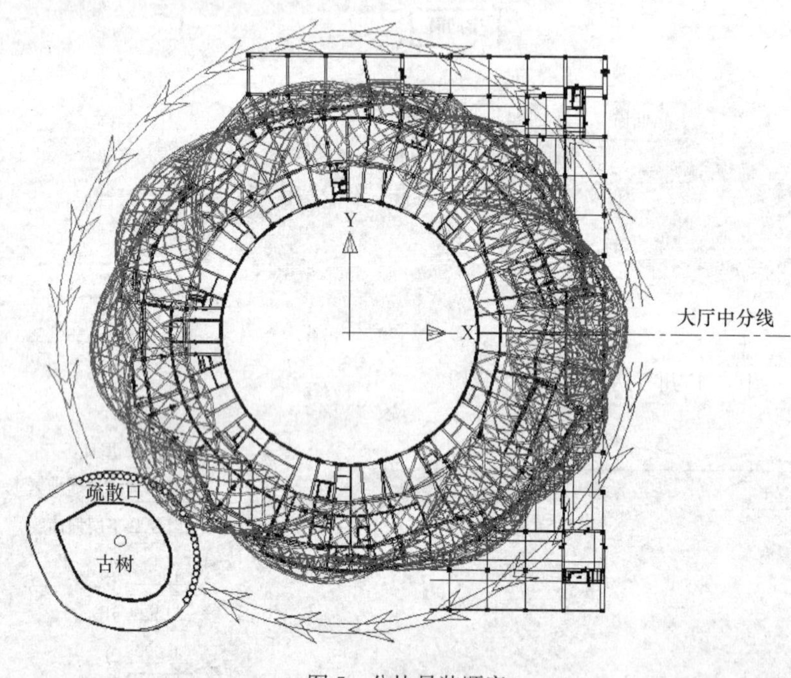

图 5 分块吊装顺序

3.2 现场拼装技术

在拼装前详细绘制拼装胎架布置图，向施工人员进行详细技术交底。为防止构件在组装的过程中由于胎架的不均匀沉降而导致拼装的误差，现场场地在平整后浇筑混凝土硬化，并铺设 H 型钢做基础梁。胎架搭设时，先进行放 X、Y 的投影线、放标高线、检验线及支点位置，形成控制网，并提交验收。然后竖胎架直杆，根据支点处的标高设置胎架模板及斜撑。胎架搭设后不得有明显的晃动，并经验收合格后方可使用。胎架旁应建立胎架沉降观察点。在施工过程中观察标高有无变化，如有变化应及时调整，待沉降稳定后方可进行焊接。杆件上胎架前，对拼装胎架的总长度、宽度、高度等进行全方位测量校正，然后对杆件搁置位置建立控制网格，然后对各点的空间位置进行测量放线，设置好杆件放置的限位块。复核、交验合格后进行分段拼装。

杆件拼装流程：弦杆定位→直腹杆、斜腹杆定位→交验→焊接→交验→等待吊装。

3.3 现场安装技术

从结构分析可知，分块的形式基本可以分为两种，一种是有向外倾斜趋势的分块，另一种是有向内倾斜趋势的分块。

形式一：向外倾斜：由图 6 可知，分块 A 的倾斜方向与楼板的走势一致，若想直接吊装就位势必会导致钢丝绳与混凝土楼板碰撞，因此直接吊装就位法不可行。

结合以往工程中的经验，选择先将分块 A 的上端拎起，下端处于自由状态，然后将分块 A 吊至安装位置附近，在就近的混凝土柱子上预设抱箍，并以抱箍为着力点，借助手拉葫芦将分块 A 的下端拉

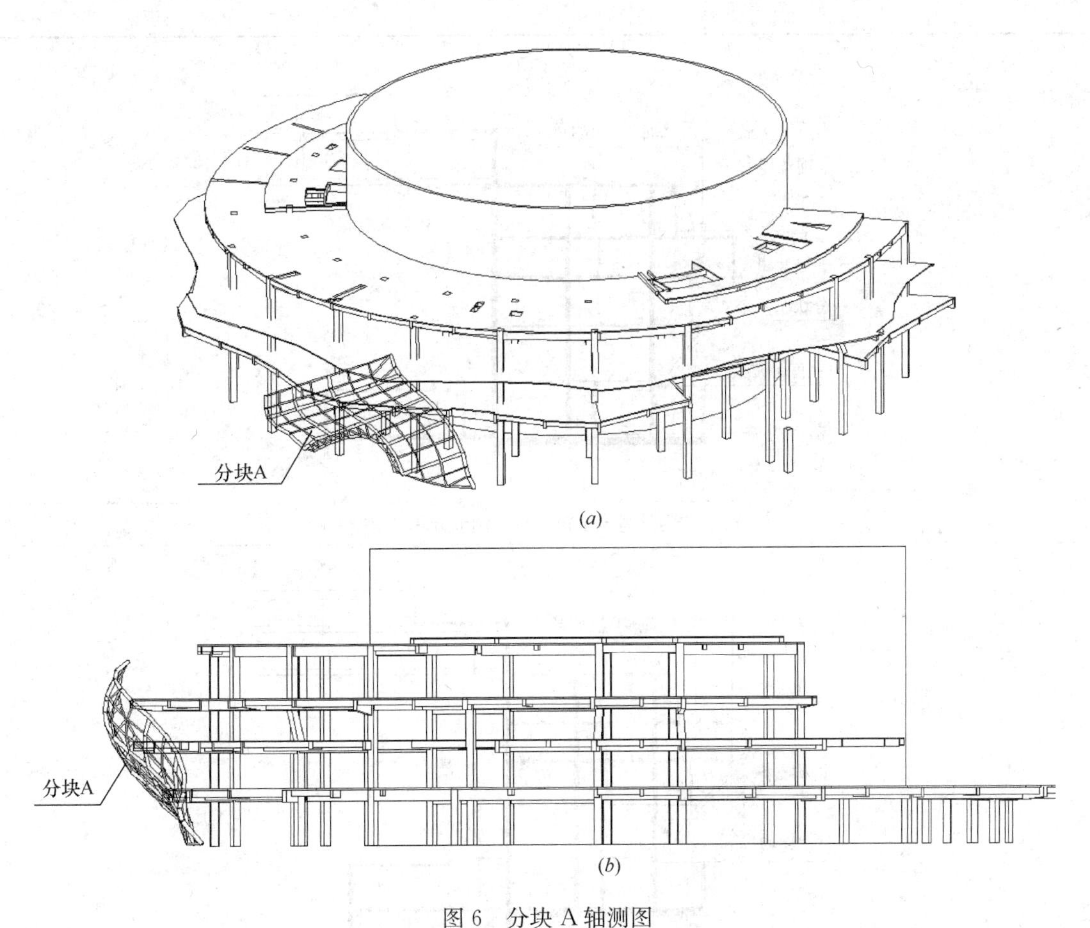

图 6　分块 A 轴测图

(a) 分块 A 的轴测图一；(b) 分块 A 的轴测图二

设就位，分块 A 的下端就位后需设置限位卡码来确保调整其上端时，其下端不会再有位移。分块 A 的上端借助“手拉葫芦＋钢丝绳”进行微调，调整就位后安排 2 台 25t 汽车吊将临时支撑吊入，分块 A 安装结束。

分块 A 带有水平连杆的，应及时将水平连杆与楼面封边混凝土梁连接起来，以增加其空间稳定性。分块 A 的下端与抗震球支座连接时，应提前将抗震球支座四周限位，避免分块安装过程中产生位移，待整体结构施工完成后再限位接触，见图 7。

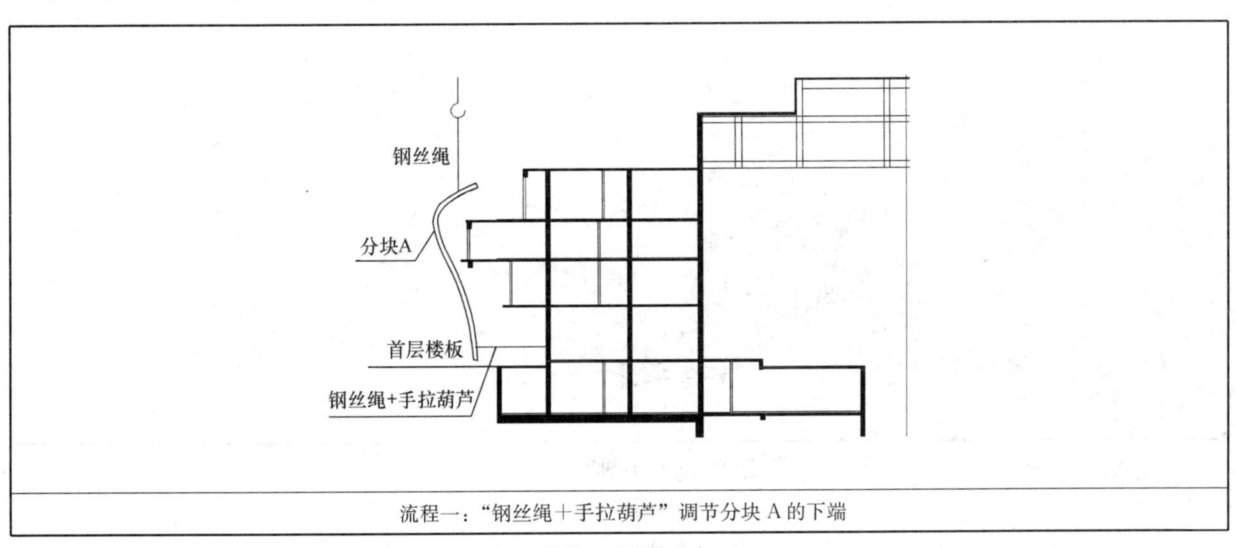

图 7　分块 A 吊装示意（一）

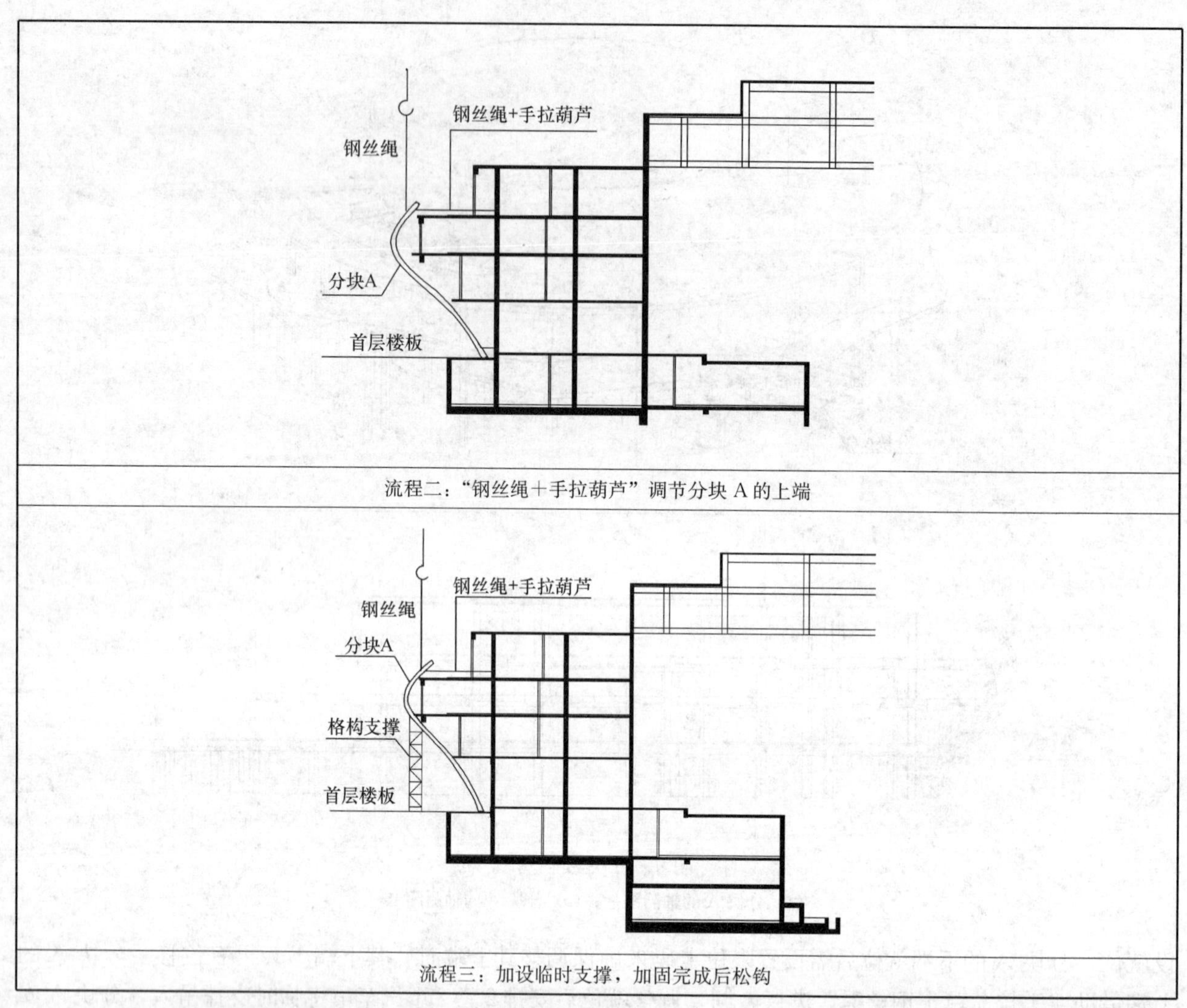

流程二："钢丝绳＋手拉葫芦"调节分块A的上端

流程三：加设临时支撑，加固完成后松钩

图7　分块A吊装示意（二）

形式二：向内倾斜，内倾斜的分块基本位于外倾斜分块的上方，且可借助履带吊直接吊装就位，不会受混凝土结构的影响，如图8所示。

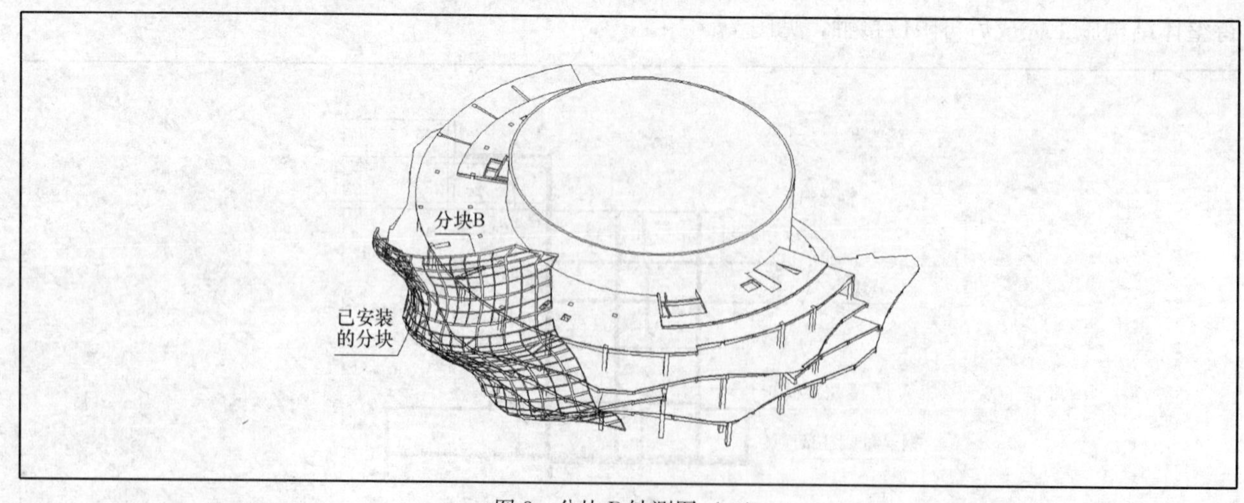

图8　分块B轴测图（一）

(a) 分块B的轴测图一

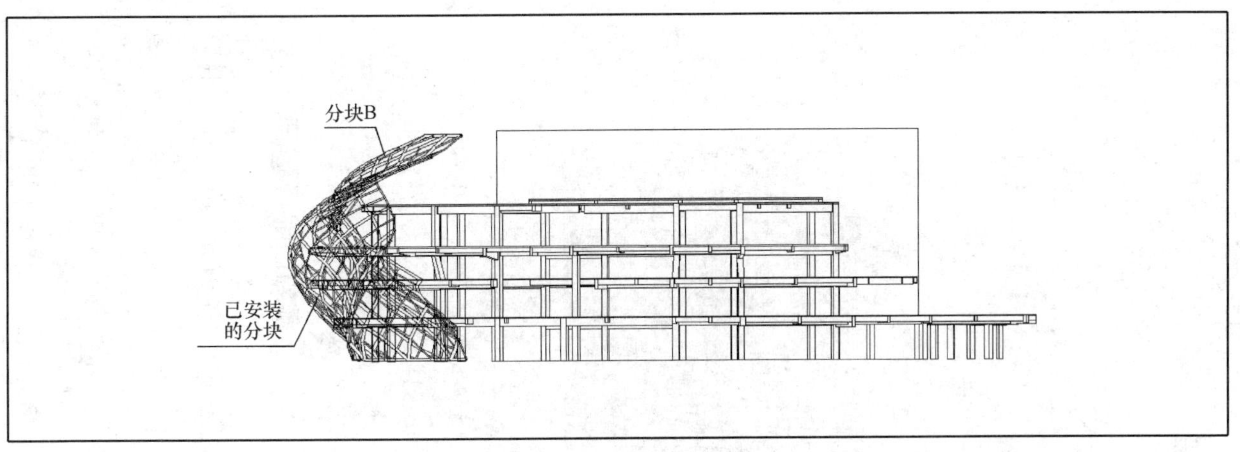

图 8　分块 B 轴测图（二）

(*b*) 分块 B 的轴测图二

为使分块 B 吊起后的状态接近安装时的状态，吊装时在分块 B 上布设 4 个吊点，一个吊点单独使用钢丝绳，另外三个吊点均采用“钢丝绳＋手拉葫芦”进行调节，如图 9 所示。

分块 B 吊装就位后，其下端与下部分块间连接，其上端采用两根 ϕ299×16 的圆管支撑，支撑生根于楼板转换平台上，传力路线为：ϕ299×16 的钢管支撑→转换平台→混凝土梁→混凝土柱（图 10）。

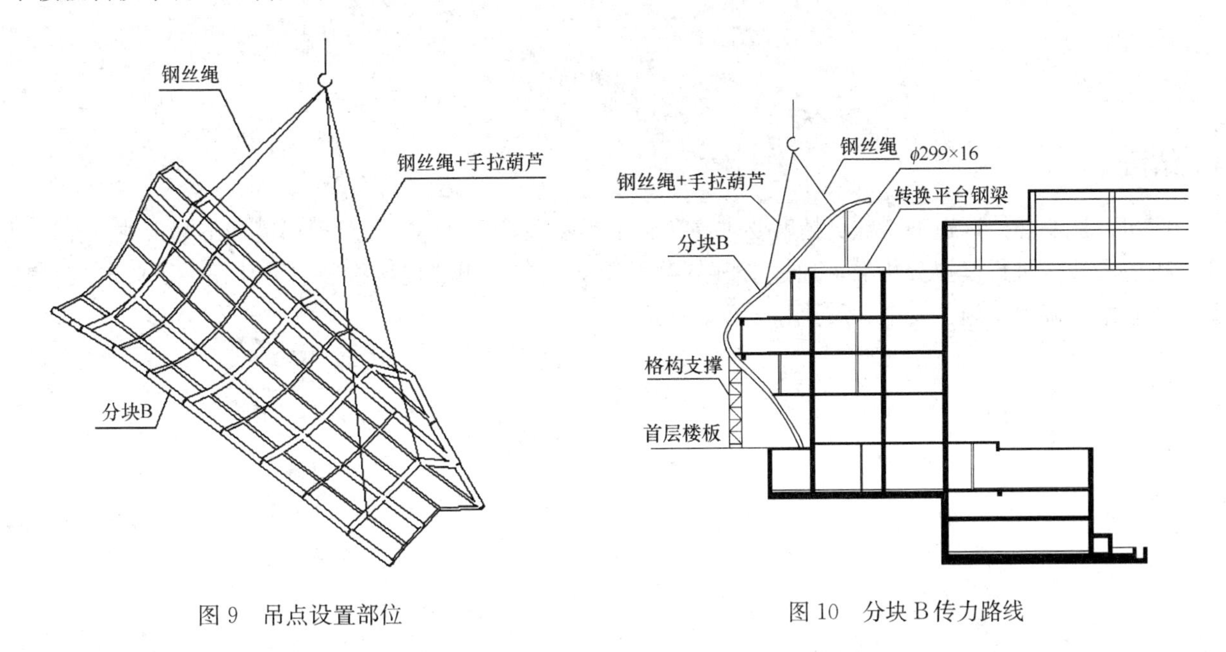

图 9　吊点设置部位

图 10　分块 B 传力路线

3.4　钢结构施工全过程案值模拟分析

通常设计单位对结构分析是在建立整体结构模型之后，同时施加荷载来进行的。但实际上建筑物是分区分部进行施工的，且即使是相同的部分也会存在施工顺序和加载条件的不同。这种施工状态下的结构体系和原设计状态结构体系的不同，会导致原设计分析结果与实际结构效应存在差异。当结构体系随工程进度而变化时，构件的内力处于动态调整阶段，其最大变形和应力有可能发生在施工阶段，因此为了预测施工阶段的变形和应力变化，进行施工阶段分析是十分必要的。根据拟定的施工方案，采用有限元软件 MIDAS/Gen 2017 对广州万达剧场钢结构的施工全过程进行模拟分析。

数据模拟结果显示，该施工次序合理可行，所有施工步骤的结构变形、结构应力及支撑反力均满足设计要求，处于可控范围之内（图 11）。

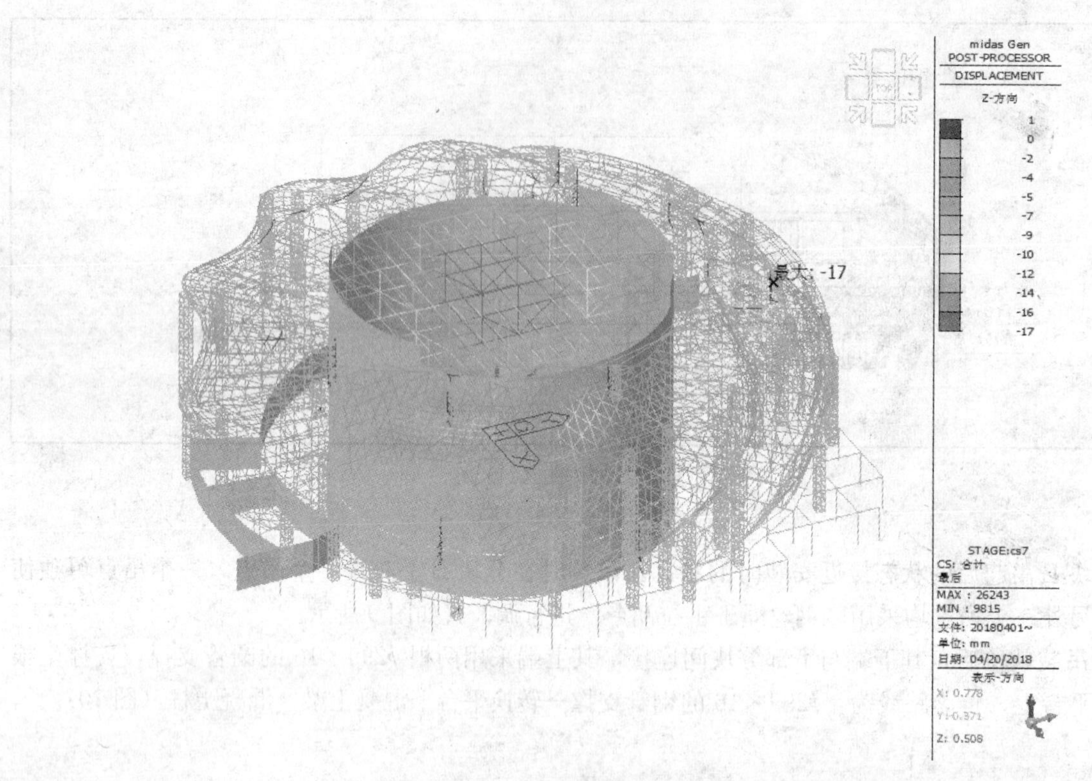

图 11　数据模拟分析

4　结语

广州万达剧场外罩造型特殊、精度要求高、施工难度大，同时还需面对现场诸多不利条件。在运用计算机仿真技术进行模拟分析后，通过合理划分吊装分块，采用“现场拼装、分块吊装、临时支撑辅助”的方案，确保了施工安全、质量和进度。

中建三局一公司钢结构公司简介

中建三局一公司钢结构公司，是以钢结构制造安装为核心业务的专业公司。我们拥有房屋建筑工程施工总承包特级、钢结构工程专业承包壹级，中国钢结构制造企业特级，金属围护系统承包商特级和建筑金属屋(墙)面设计与施工特级等行业资质。业务范围包括超高层建筑、城市综合体、会展中心、体育场馆、文化设施、交通枢纽、仿古塔桅、路桥工程、工业厂房等。

近年来，我们承接了雄安第一标——雄安市民服务中心项目，全球最大单体洁净厂房惠科第8.6代薄膜晶体管液晶显示器件项目，全球最大垃圾焚烧电厂深圳东部电厂，高度为565米的沈阳宝能环球金融中心二期工程，跨度为120米的马鞍山深水航道试验厅项目，国内首次采用钢结构的仿古建筑杭州雷峰塔新塔等。随着系列项目的相继落成，公司建立了“1+6”的市场布局，即公司总部+华东、华南、北方、中南、西南、西北六大国内区域市场，并开拓了巴基斯坦、马来西亚、斯里兰卡、迪拜等多个海外区域市场。在加工与制造环节上，公司布局1+n模式的制造加工基地，拥有年产能70万吨的自动化加工生产线。如今，我们已经成长为一家集钢结构设计、制造、安装、检测全产业链一体化的国内一流钢结构企业。

中建三局一公司钢结构公司秉承“敢为天下先，永远争第一”的企业品格，致力于成为国际一流的钢结构全产业链企业。

核心价值观：品质保障 价值创造

企业精神：诚信 创新 超越 共赢

企业品格：敢为天下先 永远争第一

河南科技馆新馆

深圳华星光电T7

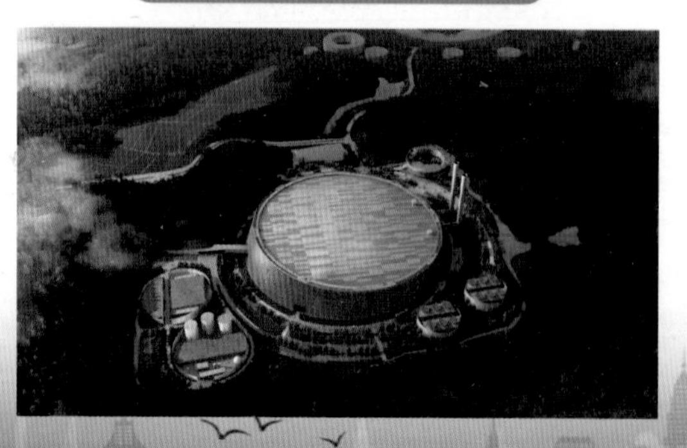

深圳市东部环保电厂

雄安高铁站